EUROPA-FACHBUCHREIHE
Umweltschutz und Umwelttechnik

AF839112

Fachwissen Umwelttechnik

Bearbeitet von Lehrern, Biologen, Technikern und Ingenieuren an beruflichen Schulen, Fachschulen und Produktionsstätten

9. überarbeitete und erweiterte Auflage

VERLAG EUROPA-LEHRMITTEL · Nourney, Vollmer GmbH & Co. KG
Düsselberger Straße 23 · 42781 Haan-Gruiten

Europa-Nr.: 34915

Autoren von Fachwissen Umwelttechnik:

Hartmut Fritsche	Dipl.-Ing. (FH)	Massen
Gregor Häberle	Dr.-Ing.	Tettnang
Verena Häberle	MSc ETH	Zürich
Claus-Dieter Paul	Dipl.-Biol.	Frankfurt a. M.

Bildbearbeitung:

Zeichenbüro des Verlags Europa-Lehrmittel GmbH & Co. KG, Ostfildern

Leiter des Arbeitskreises:

Dr.-Ing. Häberle, Tettnang

Diesem Buch wurden die neuesten Ausgaben der DIN-Blätter und der VDE-Bestimmungen zugrunde gelegt. Verbindlich sind jedoch nur die DIN-Blätter und VDE-Bestimmungen selbst.

Die DIN-Blätter können von der Beuth-Verlag GmbH, Burggrafenstraße 6, 10787 Berlin, bezogen werden. Die VDE-Bestimmungen sind bei der VDE-Verlag GmbH, Bismarckstraße 33, 10625 Berlin, erhältlich.

9. Auflage 2024

Druck 5 4 3 2 1

Alle Drucke derselben Auflage sind parallel einsetzbar, da sie bis auf die Korrektur von Druckfehlern identisch sind.

ISBN 978-3-8085-3487-8

Satz: Satz+Layout Werkstatt Kluth GmbH, 50374 Erftstadt
Umschlag: braunwerbeagentur, Radevormwald unter Verwendung der Fotos von
© li-graphics – stock.adobe.com und © MEV Agency UG
Druck: Nikolaus Bastian Druck und Verlag GmbH, 54343 Föhren

Vorwort zur 9. Auflage
Preface to the 9th Edition

Die **Umwelt** und unser **Klima** sind die Grundlage für jede wirtschaftliche Tätigkeit. Arbeiten *für* die Umwelt und das Klima sowie *mit* der Umwelt sind Gegenstände der **Umwelttechnik**. Die nach politischen Entscheidungen oft entstehenden Herausforderungen für Lösungen erfordern **spezielle Umwelttechniken,** z. B. bei der **Energiewende** für den Stromtransport oder die Stromspeicherung. In Produktionsprozessen oder durch Gebrauch entstehende unvermeidbare Abfallstoffe werden in **modernen Verfahren der Umwelttechnik** zu Stoffen umgesetzt, die kein Gefährdungspotenzial darstellen und dazu noch wirtschaftlich von Nutzen sind. Ferner sind auch für die Umwelttechnik und den **Umwelt- und Klimaschutz** die Themen Industrie 4.0/5.0 und **Digitalisierung** von wesentlicher Bedeutung. Wichtige Berufe der Umwelttechnik sind:

- **Fachkraft für Kreislauf- und Abfallwirtschaft,**
- **Fachkraft für Abwassertechnik,**
- **Fachkraft für Wasserversorgung,**
- **Fachkraft für Rohr-, Kanal- und Industrieservice,**
- **Fachkraft für Umwelttechnik und Arbeitssicherheit sowie**
- **Fachkraft für Klimaschutz.**

Diesen Berufen liegen gemeinsame Kernqualifikationen zugrunde. Die Rahmenlehrpläne der Berufe sind nach **Lernfeldern** gegliedert, die in wesentlichen Teilen berufsübergreifend übereinstimmen.

Zielgruppen: Das vorliegende Lehrbuch **„Fachwissen Umwelttechnik“** richtet sich an Angehörige der genannten Berufe, und zwar für deren Grundausbildung zur Fachkraft, aber auch für deren Weiterbildung zum Techniker oder Meister. Darüber hinaus richtet sich das Buch an **umweltschutz-technische Assistenten** sowie an **Chemie- und Biologielaboranten,** die sich im Bereich der Umwelttechnik weiterbilden, ebenso an Schüler von Fachschulen und Technischen Gymnasien. **Studierenden der Umwelttechnik** an Hochschulen und Universitäten bietet das Buch eine verständliche Einführung in das vielschichtige Fachgebiet, auch unter Berücksichtigung klimatischer Auswirkungen.

Methodische Schwerpunkte des Buchs sind didaktische Reduktion bei der Beschreibung chemischer, physikalischer, biologischer und technischer Vorgänge, informationsreiche „farblich sprechende“ Bilder und Tabellen, zahlreiche Merksätze, Fragen zur Wiederholung und Vertiefung wie bei einem Prüfungsbuch sowie ein ausführliches Sachwortverzeichnis für das selbstorganisierte Lernen.

Die Bilder und Tabellen des Buchs sowie die Lösungen der im Buch gestellten Fragen und Aufgaben zur Wiederholung und Vertiefung sind über die **Europathek** abrufbar. Dies erleichtert das Lernen in der Gruppe und auch das Präsentieren der gewonnenen Erfahrungen.

Neu ins Buch der 9. Auflage wurden infolge der Weiterentwicklung der Umwelttechnik, des Umweltschutzes und des Klimaschutzes, der allgemeinen Technik sowie dem damit verbundenen Grundlagenwissen u. a. aufgenommen:

- Energiekonzepte,
- bei PV-Anlagen: Batteriespeichersystem, Mini-PV-Anlagen, Brandschutz, Energieertragsrechnung,
- Möglichkeiten der CO_2-Speicherung, CO_2-intensive Herstellungsprozesse, CO_2-Sensoren,
- Vorteile und Nachteile des Einsatzes von Wasserstoff,
- Gebäudeenergiegesetz,
- Leistungsberechnung von Wärmepumpen.

Wir wünschen unseren Leserinnen und Lesern viel Erfolg und Freude bei ihrem Einstieg in die Grundlagen und Anwendungsmöglichkeiten der modernen Umwelttechnik. Hinweise und Ergänzungen, die zur Verbesserung und Weiterentwicklung des Buchs beitragen, nehmen wir gerne entgegen unter der Verlagsadresse oder per E-Mail an lektorat@europa-lehrmittel.de.

Sommer 2024 Autoren und Verlag

Inhaltsverzeichnis
Contents

Formelzeichen dieses Buches
Formula Symbols of this Book

Kleinbuchstaben

Formelzeichen	Bedeutung
a	Beschleunigung
b	1. Breite, 2. Molalität
c	1. Konzentration, 2. Ausbreitungsgeschwindigkeit, 3. elektrochemisches Äquivalent, 4. spez. Wärmekapazität
d	1. Durchmesser, 2. Abstand
e	1. Elementarladung, 2. Regelabweichung
f	Frequenz
g	1. Fallbeschleunigung, 2. Ortskoeffizient
h	Höhe
i	zeitabhängige Stromstärke
k	allgemeine Konstante
l	Länge
m	1. Masse, 2. Reglerausgangsgröße
n	1. Drehzahl, Umdrehungsfrequenz, 2. ganze Zahl 1, 2, ..., 3. Stoffmenge
p	1. Druck, 2. Polpaarzahl
r	1. Radius, 2. Rate
s	Strecke, Dicke
t	Zeit
u	zeitabhängige Spannung
v	Geschwindigkeit
w	1. Energiedichte, 2. Führungsgröße
x	1. Regelgröße, 2. Stoffmengenanteil
y	Stellgröße
z	1. ganze Zahl, 2. Störgröße, 3. Ladungszahl

Großbuchstaben

Formelzeichen	Bedeutung
A	1. Fläche, 2. Ablenkkoeffizient, 3. Aktivität
B	magn. Flussdichte
C	1. Kapazität, 2. Wärmekapazität
D	1. Durchmesser, 2. Flussdichte, 3. Richtgröße Feder, 4. Energiedosis
E	1. elektr. Feldstärke, 2. Beleuchtungsstärke, 3. Absorption
EW	Einwohnerwert
F	1. Kraft, 2. Fehler, 3. Faraday-Konstante
G	1. Gewichtskraft, 2. elektr. Leitwert
H	1. Äquivalentdosis, 2. magn. Feldstärke, 3. Energieinhalt
I	1. elektr. Stromstärke, 2. Lichtstärke
J	Stromdichte
JAZ	Jahresarbeitszahl
K	1. Koeffizient, 2. Korrektur
L	1. Pegel, 2. Induktivität
M	1. molare Masse, 2. Dreh-, Kraftmoment
N	1. Teilchenzahl, 2. Windungszahl
P	Wirkleistung
Q	1. Ladung, 2. Wärme, 3. Blindleistung
R	1. elektr. Widerstand, 2. Festigkeit
S	1. Strahlungsdichte, 2. Steilheit, 3. Scheinleistung
T	1. Temperatur in K, 2. Periodendauer, 3. Dreh-, Kraftmoment, 4. Halbwertszeit
U	elektr. Spannung
V	1. Volumen, 2. Verstärkungsfaktor

Weitere Großbuchstaben

Formelzeichen	Bedeutung
W	1. Arbeit, 2. Energie
X	1. Teilchenzahl, 2. Blindwiderstand
Y	elektr. Scheinleitwert
Z	1. Scheinwiderstand, 2. Impedanz

Griechische Kleinbuchstaben

Formelzeichen	Bedeutung
α (Alpha)	1. Winkel, 2. Temperaturbeiwert
β (Beta)	1. Winkel, 2. Massenkonzentration, 3. Volumenanteil
γ (Gamma)	1. Winkel, 2. Leitfähigkeit, 3. Ausdehnungskoeffizient
ε (Epsilon)	1. Permittivität, 2. Absorptionskoeffizient, 3. Leistungszahl
ζ (Zeta)	Arbeitsgrad
η (Eta)	Wirkungsgrad
ϑ (Theta)	Temperatur in °C
κ (Kappa)	Wärmeleitfähigkeit
λ (Lambda)	Wellenlänge
μ (My)	1. Permeabilität, 2. Reibungszahl
π (Pi)	Zahl 3,1415926...
ϱ (Rho)	1. Dichte, 2. spez. Widerstand
σ (Sigma)	1. Konzentration, 2. mechan. Spannung
τ (Tau)	1. Zeitkonstante, 2. Transmission
φ (Phi)	1. Winkel, 2. Phasenverschiebung
ω (Omega)	Winkelgeschwindigkeit

Griechische Großbuchstaben

Formelzeichen	Bedeutung
Δ (Delta)	Differenz
Φ (Phi)	1. Lichtstrom, 2. magn. Fluss

Spezielle Formelzeichen werden gebildet, indem man an die Formelzeichen-Buchstaben einen Index oder mehrere Indizes anhängt oder sonstige Zeichen dazusetzt.

Indizes und Zeichen für Formelzeichen
Indexes and Signs for Formula Symbols

Index, Zeichen	Bedeutung
Ziffern, Zeichen	
0	1. Ausgangs-, 2. Einstrahlung, 3. Leerlauf, 4. im Vakuum
1	1. Eingang, 2. Reihenfolge, 3. hoher Wert
2	1. Ausgang, 2. Reihenfolge, 3. niedriger Wert
3, 4, …	1. Reihenfolge, 2. Anzahl
1/2	Halbwertszeit
( )	Angabe eines Stoffes
^ z. B. $\hat{u}$	Maximalwert, Höchstwert
˅ z. B. $\check{u}$	Tiefstwert, Kleinstwert
' z. B. u'	1. bezogen auf, 2. Hinweis
△	in Dreieckschaltung
Y	in Sternschaltung
Kleinbuchstaben	
a	1. Ausgangsstoff, 2. Ausgang, 3. außen, 4. Ableit-, 5. Jahr (anno)
ab	abgegeben
amb	1. Umgebung, 2. Luft
auf	aufgenommen
b	1. Bit, 2. Blind-
c	1. Grenz- (cut off), 2. Gleichgewichts-
d	1. Dauer, 2. Dämpfung
e	Eingang
eff	Effektivwert
ges	Gesamt-
h	hoch, oben
hin	hinwärts
i	1. innen, 2. der Teile, 3. induziert
Fortsetzung Kleinbuchstaben	
in	Eingang (input)
k	1. Kurzschluss-, 2. kinetisch
m	1. magnetisch, 2. Mittelwert, 3. gemessen
max	maximal, höchstens
mec	mechanisch
min	minimal, mindestens
n	1. Nenn-, 2. Normal
out	Ausgang (output)
p	1. parallel, 2. Druck-, 3. Prüf-
pH	pH-Wert
r	1. in Reihe, 2. relativ, 3. Reaktions-, 4. Remanenz-
rück	rückwärts
s	1. Serie, 2. in Wegrichtung, 3. stöchiometrisch, 4. Soll-, 5. spezifisch
t	tief, unten
th	thermisch
u	Spannungs-
v	1. Vor-, 2. Verlust, 3. Vergleich-, 4. visuell, Licht-
w	1. Wirk, 2. Wellen, 3. Wind
x	1. Unbekannte, 2. in x-Richtung
y	1. in y-Richtung, 2. Sternschaltung
z	Zwischen-
zu	zugeführt
zul	zulässig
Großbuchstaben	
A	1. Abgas, 2. Avogadro-, 3. Anlage, 4. Anlagenerdung, 5. Strommesser
Fortsetzung Großbuchstaben	
B	1. Basis, 2. Betriebs-
C	1. kapazitiv, 2. Takt
D	1. Daten, 2. Drain-
E	1. Entladen, 2. Emitter, 3. Erde
F	1. Fehler-, 2. Vorwärts (forward)
G	1. Gewicht, 2. Gate, 3. Generator
H	1. Höhe, 2. Hall-, 3. Hysterese
K	1. Kanal, 2. Katode
L	1. Lösemittel, 2. Verbrennungsluft
N	1. Bemessungs-, 2. Nutz-
R	1. Rückwärts-, 2. rechts, 3. rot
S	1. Schalt-, 2. Schleife, 3. Signal-
T	Transformator-
U	Umgebung
V	1. Volumen-, 2. Spannungsmesser
Y	1. Sternschaltung, 2. am Y-Eingang
Griechische Kleinbuchstaben	
α (alpha)	in Richtung des Winkels α
φ (Phi)	Phasenverschiebung betreffend
Δ (Delta)	eine Differenz betreffend

Die Indizes können kombiniert werden, z. B. bei v_{maxhin} maximale Geschwindigkeit der Hinreaktion. Indizes, die aus mehreren Buchstaben bestehen, können bis auf den Anfangsbuchstaben gekürzt werden, wenn keine Missverständnisse zu befürchten sind. Zur Kennzeichnung von Werkstoffen können deren Symbole verwendet werden, z. B. T_{Cu} Temperatur von Kupfer.
Stoffangaben von Konzentrationen können durch Indizes erfolgen, z. B. c_{HJ} für Konzentration von Jodwasserstoff, oder durch Stoffangabe in angehängter Klammer, z. B. c (HJ).

1 Umwelttechnik, Umweltschutz, Klimaschutz

1.1 Umwelt
Environment

Das Wort Umwelt wurde erstmals verwendet in der Studie (dem Aufsatz) „Umwelt und Innenwelt der Tiere" (J. von Uexküll, 1909). In der Folgezeit entstand in den USA der Begriff Human Environment Protection, ins Deutsche übersetzt *Umweltschutz*.

Darunter wurde, gründend auf religiösen Motiven, das *einfache* Leben verstanden, um die Umwelt zu erhalten. In Europa wurde dieser Gedanke vor allem durch die Studie von 1972 „Grenzen des Wachstums" des Club of Rome (1968 als Vereinigung politischer Honoratioren gegründet) verbreitet, wobei vor allem ein einfaches Leben zur Schonung der (damals erstmals so benannten) Ressourcen (natürliche Hilfsquellen) zwecks Erhaltung der Schöpfung gefordert wurde.

> Beim ursprünglichen Umweltschutz forderten gute Menschen, dass alle Menschen einfacher leben.

Diese Art des Umweltschutzes, seit einigen Jahren erweitert um den Klimaschutz, war bisher nicht erfolgreich. Die Bevölkerung kaufte immer größere Autos, flog mit den Abgas erzeugenden Flugzeugen immer längere Strecken, heizte die Wohnungen immer stärker und fand Wege, im Hochsommer kühl zu leben und sogar Wintersport zu treiben.

> Der Umweltschutz und Klimaschutz durch einfaches Leben ist zwar ehrenvoll, infolge des Wohlstandsdenkens aber fast wirkungslos.

Dagegen entwickelte sich die *Umwelttechnik* zu einer das ganze Leben durchdringenden Technik. Sie stellt den Umweltschutz bestmöglich her. Diese Umwelttechnik wird von zahllosen Menschen umgesetzt. Ein Teil ihrer Arbeitsplätze ist dem sekundären Bereich, also der Produktion von Gütern, zuzuordnen, ein anderer Teil dem tertiären Bereich, also den Dienstleistungen **(Bild 1)**.

> Umwelt- und Klimaschutz führen über die Umwelttechnik zu vielen Arbeitsplätzen.

Bild 1: Fachkraft für Abwassertechnik bei der Arbeit

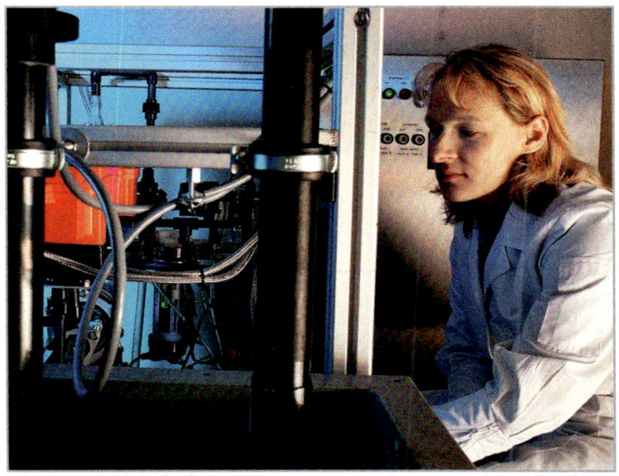

Bild 2: Umwelttechnische Assistentin bei der Wasseruntersuchung (www.siemens.com)

1.2 Arbeitsbereiche
Working Areas

Die Arbeitsplätze in der Umwelttechnik setzen die Qualifikationen von Angelernten über die Fachkraft bzw. den Facharbeiter, den Meister oder Techniker bis zum Ingenieur, Biologen oder sonstigen Naturwissenschaftler voraus **(Bild 2)**. Hierbei ist Wissen u. a. über chemische, physikalische und biologische Zusammenhänge (Abschnitte 2, 3) sowie über Umwelt- und Klimabelastungen (Abschnitte 5, 6, 9) unentbehrlich.

Fachkräfte der Umwelttechnik

Als Ausbildungsberuf mit dreijähriger Ausbildung für die **Umwelttechnik im engeren Sinne** gibt es die Fachkräfte für Wasserwirtschaft, für Wasserversorgungstechnik, für Abwassertechnik, für Rohr-, Kanal- und Industrieservice sowie Kreislauf- und Abfallwirtschaft. Die Fachkraft für Abwassertechnik betreut die Kläranlagen (Bild 1, vorhergehende Seite). Nach mehrjähriger Tätigkeit kann die Meisterprüfung abgelegt werden, z. B. für die Leitung eines Klärwerks.

Laboruntersuchungen werden von Assistentinnen bzw. Assistenten der Umwelttechnik vorgenommen (Bild 2, vorhergehende Seite (Abschnitt 4)). Diese arbeiten in Anlagen der Umwelttechnik und bei Behörden, z. B. bei den Umweltschutzämtern bzw. Abfallwirtschaftsämtern.

Umweltspezialist in der Produktion

Facharbeiter technischer Fachrichtungen können durch Besuch einer Technikerschule „Techniker für Umwelttechnik" werden. Sie können dann leitend in Anlagen der Umwelttechnik arbeiten oder in sonstigen Betrieben Aufgaben des Umweltschutzes übernehmen, z. B. als Beauftragte für das Abfallwesen.

Techniker der Fachrichtung Umwelttechnik entwickeln und bauen Geräte für die Umwelttechnik, also z. B. spezielle Geräte für Wasserwerke **(Bild 1)**. Sie installieren Anlagen, die dem Umweltschutz dienen, z. B. für das Recyceln von Wasser **(Bild 2)**.

Umweltberatung und Zertifizierung

Die groß gewordene Bedeutung des Umweltschutzes (den Klimaschutz eingeschlossen) hat dazu geführt, dass Betriebe und Dienststellen Bedarf an Umweltschutz-Beratung haben. Zu nennen sind:

- Umwelt-, Klimaschutzbeauftragte,
- Abfallberater bei Entsorgungsbetrieben,
- Kundenberater bei Energieversorgern,
- Energieberater,
- Berater für das Öko-Audit,
- Umweltgutachter und
- Zertifizierer der Entsorgungsbetriebe.

Entsorgungswirtschaft

Es gibt in Deutschland über 1500 Betriebe, die Entsorgung betreiben. Es handelt sich dabei um Betriebe vom Einmannbetrieb bis zum Großbetrieb. Ihr Jahresumsatz beträgt zusammen hunderte Millionen von €. Allein im Entsorgungsgeschäft sind knapp 200 000 Menschen tätig.

> Die umwelttechnischen Fachkräfte im engeren Sinne können in allen Bereichen der Wirtschaft und des öffentlichen Dienstes tätig sein.

Bild 1: Prüfung einer Entsalzungsanlage von Meerwasser

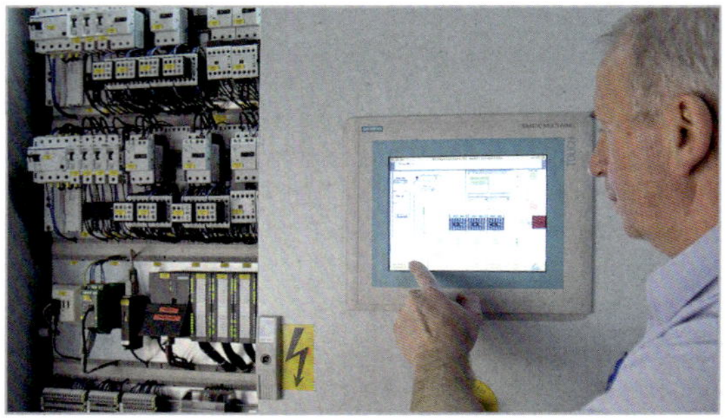

Bild 2: Umwelttechniker an einer Anlage zum Wasserrecyceln in einem Hallenbad

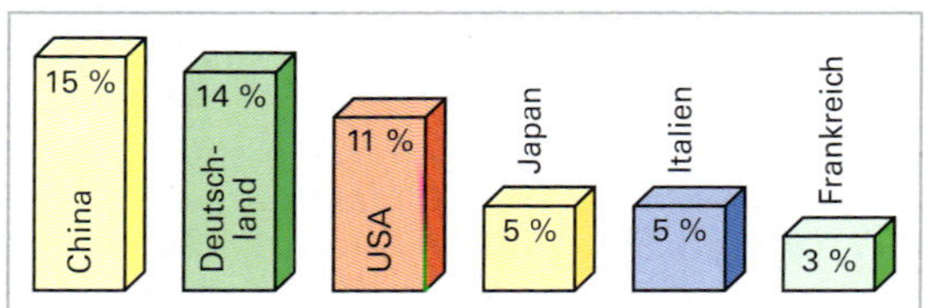

Bild 3: Anteile am Weltmarkt für Umwelttechnikgüter (Umweltbundesamt, 2023)

Umweltgerechte Produktion

Die **Umwelttechnik im weiteren** Sinne ist heute in allen Wirtschaftsbereichen maßgebend. Deshalb sind alle dort Beschäftigten im *Umweltgeschäft* tätig. Vor allem nach dem Erkennen der Bedeutung des Klimaschutzes arbeiten Facharbeiter, Techniker und Ingenieure mit oder ohne Umwelt-Zusatzqualifikation in allen Produktionszweigen daran, dass die Umwelt, inkl. des Klimas, nicht belastet oder wieder in den ursprünglichen Zustand gebracht wird. Das betrifft z. B. den Bau von Kraftfahrzeugen ebenso wie den Rückbau der Wasserstraßen.

> Das Umweltgeschäft mit der Umwelttechnik umfasst alle Bereiche der Wirtschaft und der Politik.

Ausgeprägt ist das Umweltgeschäft bei
- Maschinenbau mit Kraftfahrzeugtechnik,
- Elektrotechnik mit Kraftwerksbau,
- Gas- und Wasserinstallation mit Heizungsbau,
- Chemotechnik, Pharmatechnik,
- Land- und Forstwirtschaft.

Internationaler Stand

Im Umweltgeschäft liegt Deutschland nach China und vor den USA weltweit an 2. Stelle **(Bild 3, vorhergehende Seite)**. Der Umsatz umweltrelevanter Produkte beträgt dabei Hunderte von Milliarden €. Genaue Angaben sind nicht möglich, da Grenzen zwischen Umweltrelevanz und Nicht-Umweltrelevanz kaum anzugeben sind.

1.3 Umweltkonzepte
Environmental Concepts

Jeder Betrieb und jede Dienststelle soll den Umweltschutz und Klimaschutz durch geeignete Konzepte sicherstellen.

Im Rahmen eines Umweltkonzepts, dieses umfasst auch ein Nachhaltigkeitskonzept, werden ökologische Ziele und damit verbundene Maßnahmen für die bekannten Umweltbereiche gesamthaft beschrieben **(Bild 1)**. Durch ein Gesamtkonzept für den Umwelt- und Klimaschutz, z. B. eines Unternehmens, wird versucht, in allen betrieblichen Bereichen die geeigneten Anforderungen in die betrieblichen Abläufe zu integrieren. Umweltauflagen sind auch als betriebswirtschaftliches Instrument zu benutzen, um möglichst alle Vorteile eines umweltbewussten Verhaltens für das Unternehmen auszuschöpfen.

Das Sich-Bekennen zum Umwelt- und Klimaschutz mittels eines Umweltkonzepts wird von großen Unternehmen in deren jährlichem Umweltbericht zum Ausdruck gebracht **(Bild 2)**. Das Umweltkonzept sieht hier z. B. vor, die Energie der Abluft von Trockneranlagen für Lackierungen durch Wärmerückgewinnung anderweitig zu nutzen. Ferner reicht dieses Umweltkonzept über definierte Maßnahmen der Müllvermeidung bis hin zu Maßnahmen des Erzielens einer hohen Energieeffizienz (DIN VDE 0100-801).

Umweltkonzepte, auch den Klimaschutz betreffend, werden nicht nur von Unternehmen erarbeitet und angewendet, sondern auch von anderen Einrichtungen **(Bild 3)**. Von wesentlicher Bedeutung sind die Umweltkonzepte von Ländern, Kommunen und Verbänden. Hier wird oft als Umweltziel der minimale Eingriff in die Natur, einschließlich der Klimabelastungen, formuliert. Daraus wird dann ein Umweltkonzept abgeleitet, so z. B. bei Bewerbungen um Standorte zum Austragen olympischer Wettkämpfe:

- Vermeiden von zusätzlichem Verbrauch bisher unbebauter Flächen,
- Errichten neuer Bauten auf brachliegenden Gewerbeflächen,
- Rückbauen nicht mehr benötigter Anlagen, z. B. Parkplätze, nach den olympischen Spielen.

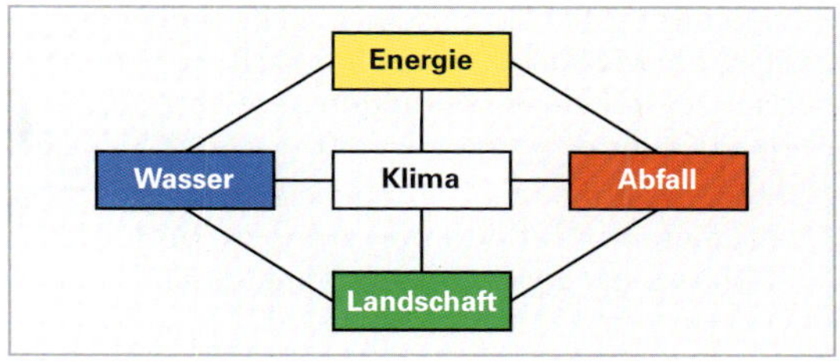

Bild 1: Zu berücksichtigende Bereiche in Umweltkonzepten

> Nachhaltigkeit ist ein Kernelement der BMW Group Strategie und umfasst alle Stufen von der Lieferkette über die Produktion bis zum Lebenszyklus der Produkte. Von Anfang an beziehen wir ökologische, soziale und ökonomische Effekte in unsere Aktivitäten und Planungen ein. Eine kontinuierliche Reduktion an Ressourcen, Wasser, Abfall, CO2-Emissionen und Energie in der Produktion ist für die BMW Group ein fester Bestandteil des Umweltmanagements. ... Das Unternehmen treibt die Kreislaufwirtschaft im Unternehmen und gemeinsam mit seinen Partnern voran - von der Lieferkette über die Produktion und die Nutzungsphase bis hin zum Recycling unserer Produkte.

Bild 2: Auszug aus einem Umweltbericht (Umwelterklärung) eines Automobilkonzerns

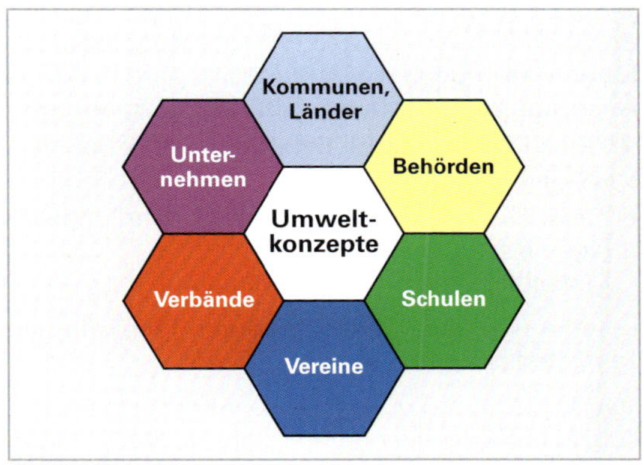

Bild 3: Anwender von Umweltkonzepten

Ein weiteres Ziel könnte sein, ein Nahverkehrskonzept zu entwickeln, mit welchem z. B. 60 % der Besucher zu den Veranstaltungen anreisen können.

> Ein Umweltkonzept enthält Ziele und davon abgeleitete Maßnahmen zum Umwelt- und Klimaschutz sowie zur Nachhaltigkeit.

Das Umweltkonzept der Automobilindustrie erstreckt sich von der Produktentwicklung über die Produktion und die Nutzung bis hin zur Verwertung **(Bild 1)**. Bereits bei der Produktentwicklung neuer Fahrzeugmodelle wird im Sinne eines ganzheitlichen Ansatzes auch das Nutzungsende des Fahrzeugs unter dem Gesichtspunkt der Nachhaltigkeit betrachtet. Bauteile moderner Fahrzeuge können deshalb zum größten Teil verwertet werden. Kunststoffteile werden heute zu deren besserer Verwertung markiert. Demontageinformationen sind für die Verwerter weltweit standardisiert. Auf die Emissionen sowohl bei der Produktion der Fahrzeuge als auch bei deren Nutzung wird aus Gründen des Umwelt- und Klimaschutzes großer Wert gelegt.

> Umweltkonzepte sollen den gesamten Lebenszyklus eines Produkts umfassen.

Bezogen auf abfallwirtschaftliche Aufgabenstellungen können Umweltkonzepte verschiedene Ausprägungen umfassen **(Bild 2)**. Dementsprechend sind die zugehörigen Einrichtungen, z. B.

- Abfallanlagen, Recyclingzentren,
- mechanisch-biologische Abfallbehandlungsanlagen oder
- Klärschlammverwertungsanlagen,

unter Anwendung zweckmäßiger Technologien zu planen und umzusetzen.

Das Ausarbeiten von Umwelt- und Klimaschutzkonzepten erfordert neben planerischer Kompetenz und eigentlichem Fachwissen auch Spezialwissen in umwelttechnischen Themen, z. B.

- Ökosysteme,
- Wasserkreislauf und Gewässergüte,
- Verschmutzung von Luft, Wasser, Boden,
- Abfallvermeidung, Abfallverwertung,
- Funktion von Abfallentsorgungseinrichtungen,
- Funktion von Wasserversorgungsanlagen,
- Funktion von Kreislauf- und Abfallwirtschaftsbetrieben,
- Energieerzeugung, Ernergieversorgung,
- Rechtsvorschriften und Richtlinien,
- Arbeitsorganisation,

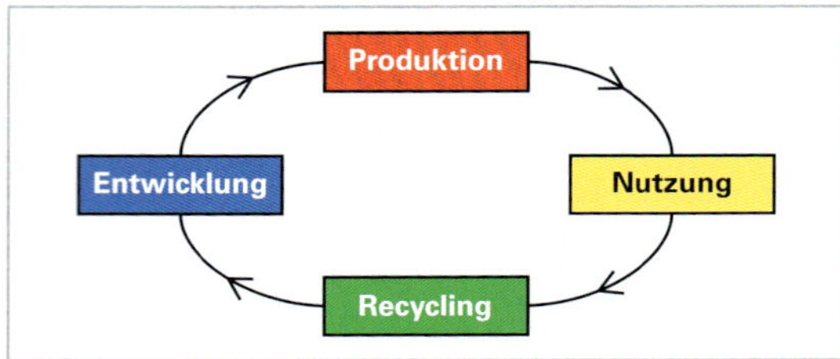

Bild 1: Umweltkonzept im Lifecycle (Lebenszyklus) von Produkten

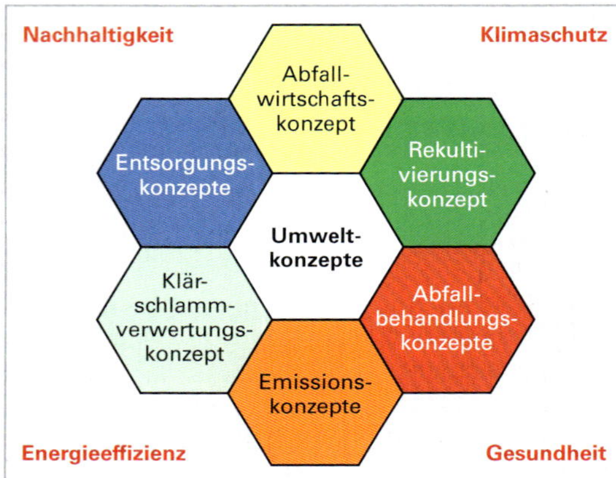

Bild 2: Ausprägungen von Umweltkonzepten (Beispiele)

- Nutzung von Informationssystemen,
- Unfallverhütung, Arbeitsschutz,
- mechanische und elektrotechnische Grundkenntnisse.

Das Umsetzen eines Umwelt- und Klimaschutzkonzepts erfordert ferner Fähigkeiten im Organisieren und Kontrollieren. Letzteres wird meist von sogenannten Beauftragten in Unternehmen oder Institutionen wahrgenommen sowie über Umwelt-, Klimaschutz-Audits sichergestellt.

> Für die Aufstellung eines Umweltkonzepts sind Kenntnisse von Chemie, Physik und Biologie sowie Normung erforderlich.

Wiederholung und Vertiefung

1. **Erklären Sie den Begriff Umweltkonzept.**
2. **Wodurch unterscheiden sich Umweltziele von Umweltkonzepten?**
3. **Nennen Sie Beispiele von Umweltkonzepten.**
4. **Was versteht man unter einem Umweltkonzept, welches den gesamten Lebenszyklus eines Produktes umfasst?**
5. **Welche Wissenskomponenten sind erforderlich, um ein Umweltkonzept erarbeiten zu können?**

1.4 Mobilitätskonzepte
Mobility Conceptions

Der Umweltschutz und auch die Umwelttechnik tangieren die Mobilität (lat. mobilis = beweglich) der Menschen entscheidend. Die Diskussionen um die Endlichkeit der fossilen Energieträger, die Zunahme der Weltbevölkerung, deren Älterwerden (demografischer Wandel) sowie der Klimawandel und die damit verbundene Notwendigkeit eines besseren Klimaschutzes, vereint mit dem Technologiefortschritt, führen zu Veränderungen der Fahrzeug-Antriebe und der Mobilität der Menschen **(Bild 1)**. Dies führt auch zu neuen oder veränderten Dienstleistungen **(Bild 2)**.

> Die neue Mobilität betrifft hinsichtlich der Fahrzeuge insbesondere deren Art, Größe, Nutzung, Antriebstechnologie sowie deren Steuerung bzw. Lenkung.

Manche Zukunftsforscher vertreten die Meinung, dass die bisherigen Automobile kleiner würden, die Anzahl der Zweiradfahrzeuge zunehme, viele Personen Fahrzeuge lieber mieten möchten im Sinne von Car- oder Bike-Sharing anstatt sie selbst zu besitzen. Dies würde zu einer geringeren Zahl von Autos führen. Fahrzeuge sollen durch Elektromotoren anstelle durch Benzin- oder Dieselmotoren angetrieben werden, was dann Einfluss auf die Herstellung der Antriebskomponenten hat. Die Steuerung der Fahrzeuge erfolgt autonom, also automatisiert. Die Fahrzeuge werden dabei untereinander informationstechnisch vernetzt sein **(Bild 3)**, weshalb Unfälle und Staus sich reduzieren sollen. Intelligente Verkehrsflussregelungen sind hierzu Voraussetzung.

Diese von den Zukunftsforschern angestellten Überlegungen sollen zum Schutz der Umwelt (inkl. Klima) und somit zum Wohle des Menschen sein. Die Notwendigkeit hierzu wird mit dem zunehmenden Anteil der Weltbevölkerung begründet, welche künftig in Städten lebt (urbane Räume, lat. urbs = Stadt). Der dadurch zunehmenden Luftbelastung ist entgegen zu wirken.

> Die künftige Urbanisierung erfordert Maßnahmen zum Schutz der Umwelt, verbunden mit sehr anspruchsvoller Technik.

Interessant erscheinen diese Überlegungen insbesondere deshalb, weil in den letzten Jahren

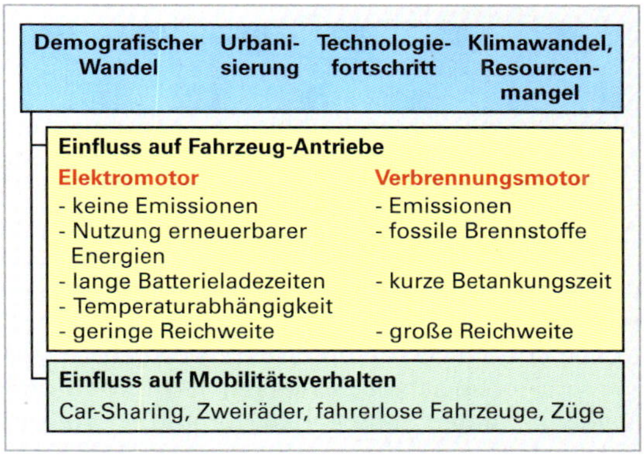

Bild 1: Einflüsse auf Fahrzeug–Antriebe und Mobilitätsverhalten

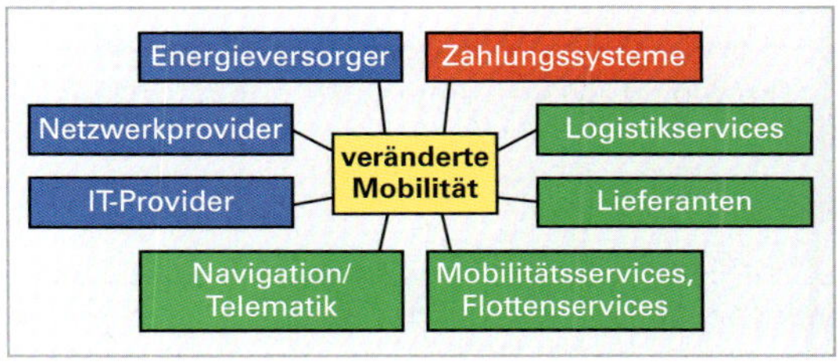

Bild 2: Mobilität und Dienstleistungen

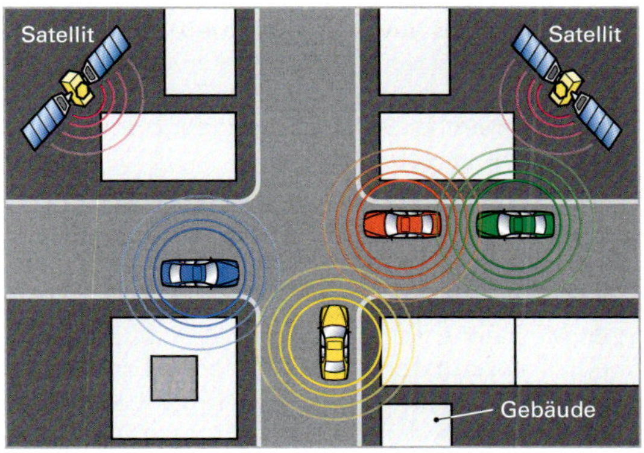

Bild 3: Intelligente Verkehrsregelungen im digitalen Zeitalter

die Autos im Straßenverkehr stets größer und komfortabler ausgestattet wurden, z.B. mit Klimaanlagen, Sitzheizungen, Standheizungen. Bei Abkehr von fossilen Brennstoffen muss den Notwendigkeiten der Elektrifizierung Rechnung getragen werden. Darüber hinaus ist mit Veränderungen im Transportwesen zu rechnen, z.B. mit fahrerlosen Fahrzeugen, ggf. auch Drohnen.

Die sogenannte **Digitalisierung** ist hierbei von sehr großer Bedeutung.

1.5 Digitalisierung Digitalization

Unter Digitalisierung (lat. digitus = Finger, hier: zum Zählen) versteht man die informationstechnische Verarbeitung von Daten. Die Weiterentwicklung der elektronischen Bauelemente mit über Software programmierten Funktionen und deren Integration in z. B. mechanische, pneumatische oder hydraulische Komponenten (Mechatronik) ermöglicht ein umfassendes Automatisieren von technischen Prozessen. Aufgrund von leistungsfähigen Sensoren, Aktoren, Computern, Datennetzen und Datenbanken sind Ferndiagnosen, Fernsteuerungen oder Fernwartungen mittels Internettechnologie (Web- oder Cloudtechnologie) möglich.

> Die Digitalisierung unterstützt durch Nutzung aktueller computerbasierter Techniken das Bewältigen der täglichen Aufgabenstellungen.

Diese Erweiterungen in den technischen Systemen, verbunden mit daraus resultierenden neuen automatisierbaren Funktionen oder durch vernetzte Computer unterstützte Prozesse, führten dazu, dass heute viele Themen mit der Kennung 4.0, zT. 5.0, ergänzt sind, so z. B. Industrie 4.0, Umwelttechnik 4.0, Abfallwirtschaft 4.0, Wasserwirtschaft 4.0, Energie 4.0. Ebenso ist in diesem Zusammenhang vielen Themen der Begriff Smart (engl. smart = intelligent) vorangestellt **(Bild 1)**.

Begonnen hat die 4.0-Kennzeichnung mit **Industrie 4.0**, da bzgl. der industriellen Weiterentwicklung derzeit vier Zeitepochen gesehen werden: das Zeitalter der Dampfmaschine, der arbeitsteiligen Massenfertigung mittels z. B. Fließbändern, der IT-unterstützten Automatisierung sowie der webbasierten (internettechnologie-basierten) Vernetzung von mit Computern ausgestatteten Systemen (Cyber Physical Systems CPS, eng. cyber = künstlich, hier: von Computern erzeugte künstliche Welt betreffend).

> Eine große Herausforderung ist der Umgang mit der Cyberkriminalität, also der Verbreitung und Abwehr von Computerviren für Sabotage und Spionage.

Aufgrund der funktionalen Leistungsfähigkeit und Reduzierung von Gewicht und Größe kommt im Arbeitsleben den z. B. am Körper getragenen Computern (Wearables) künftig eine große Bedeutung zu **(Bild 2)**. Mittels **Augmented Reality AR** (engl. augmented = erweitert, computerunterstützte Erweiterung der Realitätswahrnehmung) ist eine Betrachtung von realer Welt mit visueller Bereitstellung von Informationen, d. h. Texten, Bildern, über spezielle Brillen möglich **(Bild 3)**. Auf diese Weise, oder auch durch gesprochene Informationen, kann der Mensch insbesondere bei manuellen Tätigkeiten angeleitet werden. Durch **künstliche Intelligenz KI** können Systeme ihre Abläufe selbst optimieren/anpassen, z. B. ein Roboter seine Bewegungen → Industrie 5.0.

Als **Internet der Dinge** (Internet of Things, IoT) bezeichnet man intelligente Systeme, die miteinander vernetzt sind und sich selbst zum Datenaustausch steuern können.

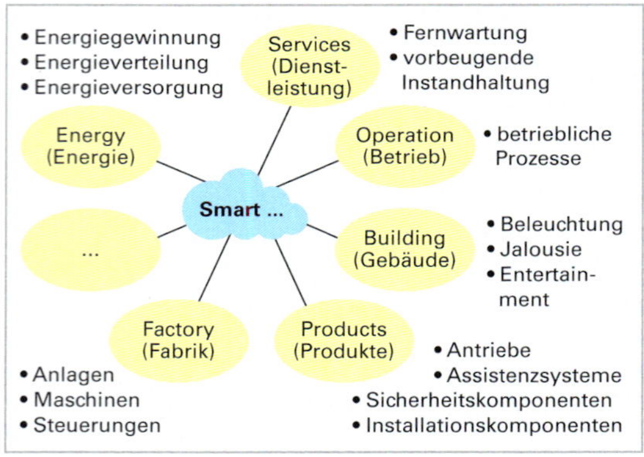

Bild 1: Beispiele von Smarter Technik

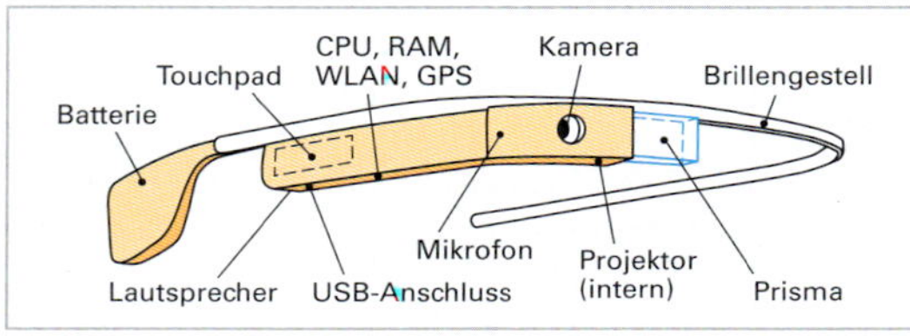

Bild 2: Brille als Wearable mit Projektor und Prisma

Bild 3: Elektroinstallation unterstützt durch AR (www.siemens.com)

1.6 Energiekonzepte
Energy Concepts

Neben den Mobilitätskonzepten und der Digitalisierung sind im Rahmen der sogenannten **Transformationen** (transformation = Umgestaltung) oder *Wenden* auch neue Energiekonzepte umzusetzen. Hierbei soll die Abkehr von den fossilen Energieträgern Kohle, Erdöl, Erdgas geschaffen werden. **Energiemanagementsysteme** sollen zu einem effizienten Energieverbrauch führen. Ziel dabei ist, klimaschädliche CO_2-Emissionen (Kohlenstoffdioxid) zu reduzieren (Abschnitt 6.8).

Die fossilen Energieträger sollen durch die sogenannten **regenerativen (erneuerbaren) Energieträger** ersetzt werden **(Bild 1).** Diese sind die Sonnenenergie, Windenergie, Biomasse und Wasserkraft (Abschnitt 7). Diese Transformation bedeutet, dass mit fossilen Energien betriebene

- elektrische Energie erzeugende Anlagen (Kraftwerke) durch Windkraft-, Wasserkraft-, Photovoltaik-Anlagen (PV-Anlagen) oder auch Brennstoffzellen (Abschnitt 7.6),
- Kraftfahrzeuge durch elektrisch betriebene Kraftfahrzeuge (Abschnitt 8.2),
- Heizungsanlagen durch mit Biomasse betriebene Heizungsanlagen, z. B. Pelletheizungen, (Abschnitt 7.10) oder durch elektrisch unterstützte Heizungsanlagen, z. B. Wärmepumpen (Abschnitt 7.11) oder
- Hochöfen durch Hochöfen betrieben mit grünem Wasserstoff (Abschnitt 7.6.3)

ersetzt werden.

Elektrische Energiespeicher, also Batterien, sind insbesondere bei über Wind und Sonne erzeugtem Strom, da nicht ständig erzeugbar, sowie elektrisch betriebenen Kraftfahrzeugen von wesentlicher Bedeutung (Abschnitt 2.7.12).

> Die Abkehr von den fossilen Brennstoffen erfordert andere Technologien z. B. in der Energieerzeugung, Antriebstechnik, Verfahrenstechnik und Wärmetechnik.

Die Wirksamkeit von Energiemanagementsystemen bei industriellen Anlagen oder Gebäuden erfordert Einrichtungen zum automatisierten **Steuern und Regeln** (**Bild 2,** Abschnitt 11.7). Diese setzen wiederum geeignete **Sensoren** und **Aktoren** voraus (Abschnitt 4.5). Monitoring-Systeme für eine ständige Beobachtung des Energieverbrauchs sind hierbei unverzichtbar. Weitere Voraussetzungen zum Energieeinsparen in Gebäuden sind deren Ausstattungen (Abschnitt 7.12).

Beim Umweltschutz hat in den zurückliegenden Jahren der Teil des Klimaschutzes verstärkt an Bedeutung gewonnen. Dies führte und führt zu einer ausgeprägteren **Elektrifizierung** der Systeme und Anlagen. Dadurch sind für die Beschäftigten im Bereich des Umwelt- und Klimaschutzes zunehmend elektrotechnische Kenntnisse, auch die elektrotechnische Sicherheit betreffend, erforderlich (Abschnitte 2.7, 6.4, 7, 8, 11).

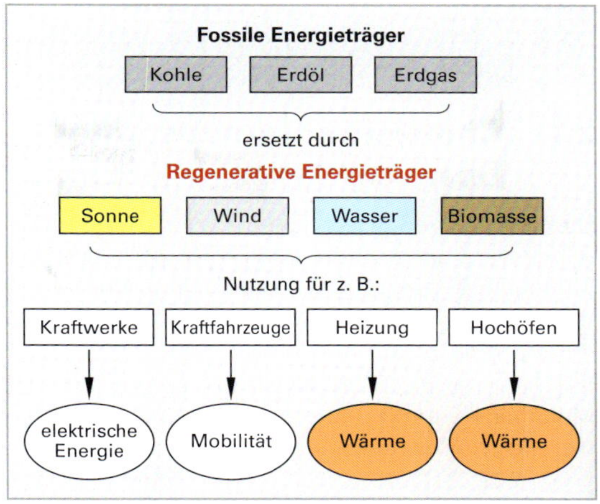

Bild 1: Ersatz fossiler Energieträger durch regenerative Energieträger

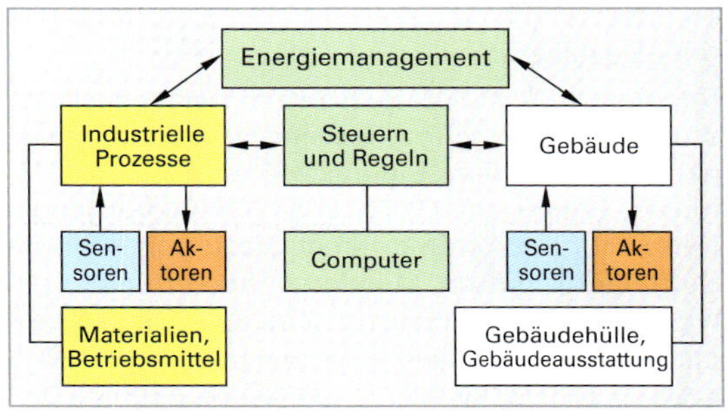

Bild 2: Zusammenhänge beim Energiemanagement

Wiederholung und Vertiefung

1. **Erklären Sie den Begriff Transformation.**
2. **Inwiefern sind Sensoren bei Einrichtungen zum automatisierten Steuern und Regeln wesentlich?**
3. **Welches Ziel soll mit der Abkehr von fossilen Energieträgern erreicht werden?**
4. **Was versteht man unter Digitalisierung?**
5. **Was versteht man unter künstlicher Intelligenz?**

2 Chemische und physikalische Grundlagen

2.1 Chemische Grundbegriffe Chemical Basics

Die Chemie (von griech. chēmeía = Kunst der Metallverwandlung) untersucht Stoffe, erforscht ihre Eigenschaften, ergründet ihre Zusammensetzung und beschreibt die Vorgänge bei stofflichen Veränderungen.

Stoffe kommen in der Natur nur selten rein vor. Meist sind sie mit anderen vermischt und bilden Gemenge (Mischungen) **(Bild 1)**.

> Gemenge kann man mit physikalischen Methoden trennen.

Trennverfahren sind z. B. Filtrieren, Zentrifugieren oder Destillieren.

Chemische Verbindungen setzen sich aus *Grundstoffen* (chemischen Elementen) zusammen, haben aber andere Eigenschaften als diese Elemente. Chemische Reaktionen (chem. Vorgänge) führen zur Entstehung neuer Stoffe mit anderen Stoffeigenschaften. Man kann die Verbindungen wieder in die Grundstoffe scheiden. Diesen Vorgang nennt man Analyse (von lat. analysis = Auflösung). Den umgekehrten Vorgang, nämlich den Aufbau einer chemischen Verbindung aus einfacheren Stoffen, nennt man Synthese (von lat. synthesis = Zusammenfügung, Verknüpfung).

> Reine Stoffe lassen sich mit physikalischen Mitteln nicht in weitere Stoffe zerlegen.

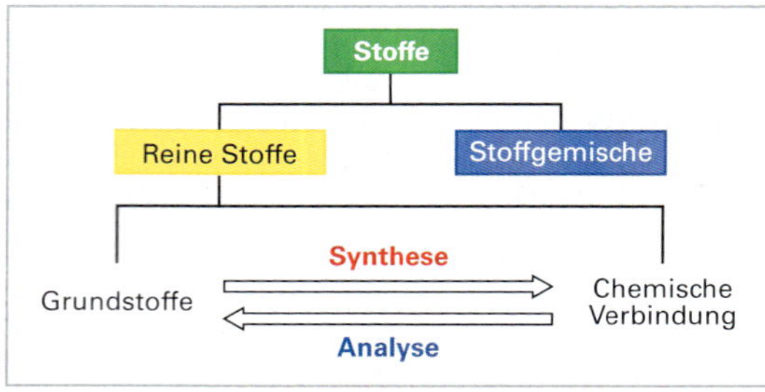

Bild 1: Übersicht über die Arten der Stoffe

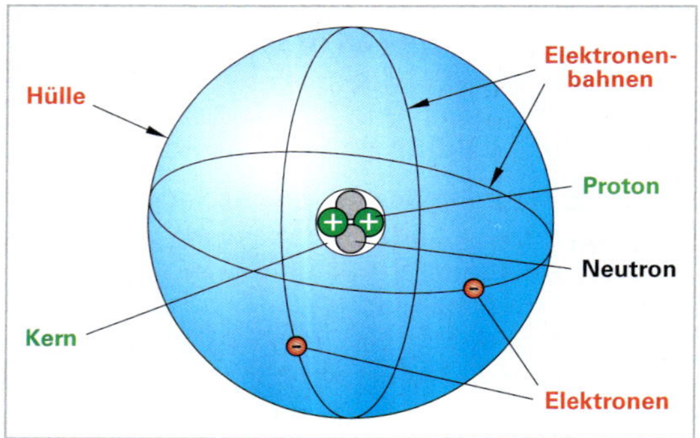

Bild 2: Modell eines Heliumatoms

Tabelle 1: Eigenschaften der Elementarteilchen

Elementarteilchen	Elektrische Ladung	Masse
Proton	$e^+ = 1{,}602 \cdot 10^{-19}$ C	$1{,}673 \cdot 10^{-24}$ g
Neutron	keine	$1{,}675 \cdot 10^{-24}$ g
Elektron	$e^- = 1{,}602 \cdot 10^{-19}$ C	$9{,}109 \cdot 10^{-28}$ g

e positive oder negative elektrische Elementarladung

2.1.1 Aufbau der Atome

Die kleinsten, chemisch nicht weiter trennbaren Teilchen eines Grundstoffs sind die *Atome* (von griech. átomos = unteilbar). Ein Atom enthält einen winzigen Kern (Durchmesser etwa $0{,}01 \cdot 10^{-12}$ m) und eine demgegenüber etwa 10 000-mal größere Atomhülle **(Bild 2)**. Der Atomkern ist aus elektrisch positiv geladenen *Protonen* und elektrisch neutralen *Neutronen* zusammengesetzt. Elektrisch negativ geladene *Elektronen* bilden die Atomhülle **(Tabelle 1)**. Im neutralen Atom ist die Zahl der Elektronen in der Hülle gleich der Zahl der Protonen im Kern. Die Masse eines Atoms ist fast ganz im Kern vereinigt. Ein Proton bzw. ein Neutron ist 1840-mal so schwer wie ein Elektron. Die Massenzahl eines Atoms ist folglich die Summe aus Protonenzahl und Neutronenzahl.

Alle Atome eines Grundstoffs haben die gleiche Anzahl Protonen, also die gleiche Kernladungszahl. Nur die Zahl der Neutronen kann bei den Atomen eines Grundstoffs verschieden sein. Ein chemisches Element kann daher unterschiedliche Isotope enthalten (von griech. ísos = gleich und tópos = Ort, gemeint ist „gleicher Ort" im Periodensystem der Elemente).

> Isotope sind Atome desselben Grundstoffs, die im Kern zwar gleich viele Protonen, aber eine unterschiedliche Anzahl Neutronen besitzen.

Die *relative Atommasse* eines Grundstoffs kann man aus den Anteilen seiner Isotope und deren Massenzahlen berechnen.

Beispiel: Wasserstoff H hat die relative Atommasse von $A_r = 1{,}0079$. Dieses Gas enthält 99,21 % Wasserstoff ^1H (nur 1 Proton bildet den Kern), 0,79 % schweren Wasserstoff ^2H (Deuterium mit Kern aus 1 Proton und 1 Neutron) sowie etwa 10^{-15} % überschweren Wasserstoff ^3H (Tritium mit Kernen aus 1 Proton und 2 Neutronen). Die *absolute* Masse (von lat. absolutus = losgelöst) der Atome erhält man durch Multiplizieren der *relativen* Atommasse (von lat. relativus = bezüglich) mit der atomaren Masse *u*. Die atomare Masse beträgt ein Zwölftel der Masse des Kohlenstoffisotops ^{12}C ($u = 1{,}660\,565\,5 \cdot 10^{-24}$ g).

92 chemische Elemente kommen in der Natur vor, die restlichen 12 der bisher bekannten Grundstoffe werden künstlich hergestellt. Die Elemente unterscheiden sich voneinander durch die Zahl der *Nukleonen* ihrer Atome (Kernbausteine, von lat. nucleus = Kern). Die chemischen Reaktionen bestehen in Veränderungen der Elektronenhüllen.

> Die Hülle eines elektrisch neutralen Atoms enthält so viele Elektronen wie sich Protonen im Atomkern befinden.

Die Elektronen nehmen ganz bestimmte Energiezustände ein (Energiestufen oder Energieniveaus), die man mit den Buchstaben K bis Q bezeichnet. Die fortschreitende Besetzung der Energieniveaus mit Elektronen **(Bild 1)** ergibt das Periodensystem der Elemente. Im Chloratom z. B. ist das K-Niveau mit 2 Elektronen besetzt, das L-Niveau mit 8 Elektronen und schließlich das M-Niveau mit 7 Elektronen.

Die Hauptgruppen des Periodensystems enthalten Atome, bei denen die Zahl der Außenelektronen mit der Hauptgruppennummer übereinstimmt. Eine Ausnahme ist Helium mit zwei Elektronen.

Wiederholung und Vertiefung

1. **Wie unterscheiden sich chemisches Element und chemische Verbindung?**
2. **Erklären Sie die chemischen Begriffe Analyse und Synthese.**
3. **Aus welchen Bausteinen ist ein Atom aufgebaut?**
4. **Vergleichen Sie die Anzahl der Elektronen auf der Atomhülle mit der Zahl der Protonen im Kern eines neutralen Atoms.**
5. **Aus welchen Atomarten besteht ein chemisches Element?**
6. **Wie kann man die relative Atommasse eines chemischen Elements berechnen?**
7. **Nach welchen Ordnungsprinzipien ist das Periodensystem der Elemente aufgebaut?**

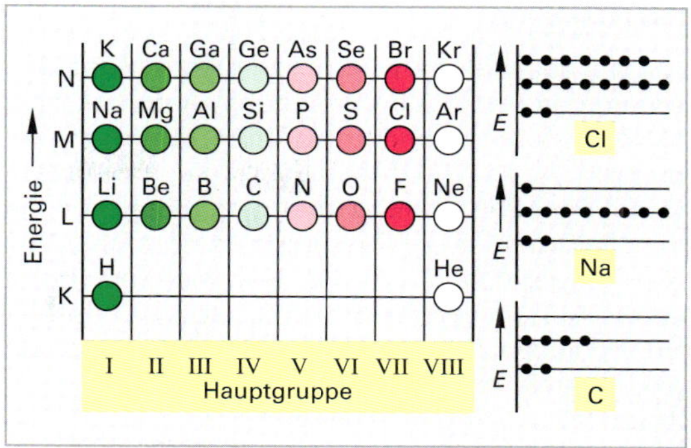

Bild 1: Fortschreitende Besetzung der Energieniveaus der Hauptgruppenelemente bis Kr

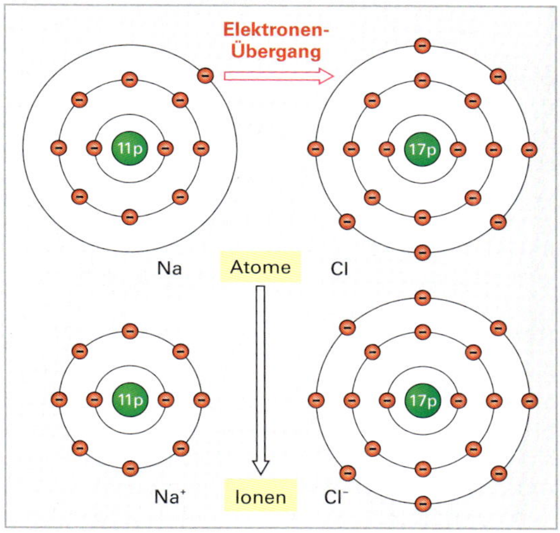

Bild 2: Ionenbindung durch Elektronenübergang

2.1.2 Chemische Bindungen

Atome können sich miteinander verbinden. Es entstehen dann größere Aggregate, nämlich Moleküle (von lat. moles = Masse; hier: kleine Masse) oder Kristalle. Die Grundstoffgase z. B. enthalten meist Moleküle aus zwei gleichartigen Atomen wie H_2, O_2, Cl_2 oder N_2. Ausnahmen davon sind die einatomigen Edelgase, Metalldämpfe mit Einzelatomen sowie das dreiatomige Ozon O_3.

> Chemische Verbindungen bestehen aus Molekülen oder Ionenkristallen, die aus verschiedenartigen Atomen zusammengesetzt sind.

Ionenbindung

Atome der Elemente mit wenigen Außenelektronen, das sind die im Periodensystem links stehenden Metalle, können ein Außenelektron oder mehrere Außenelektronen an Atome der Elemente mit vielen Außenelektronen abgeben, d. h. an die Nichtmetalle im Periodensystem rechts. Ein Natriumatom Na kann z. B. sein Außenelektron an die Außenschale eines Chloratoms Cl liefern. Durch diesen **Elektronenübergang** entstehen ein positives Na^+-Ion Kation und ein negatives Cl^--Ion Anion **(Bild 2, vorhergehende Seite)**.

> Durch Elektronenübergang von einem Atom zum anderen entstehen positiv geladene Ionen und negativ geladene Ionen.

Beide Ionen erreichen auf diese Weise die besonders stabilen Achterschalen (Elektronenoktette). Zwischen den beiden Ionenarten wirken elektrostatische Anziehungskräfte, die nach allen Richtungen des Raums ausgehen und zur Entstehung eines Ionenkristalls führen können **(Bild 1)**. Ein Ionenkristall leitet den elektrischen Strom nicht, weil die Ionen fest an ihren Platz gebunden sind.

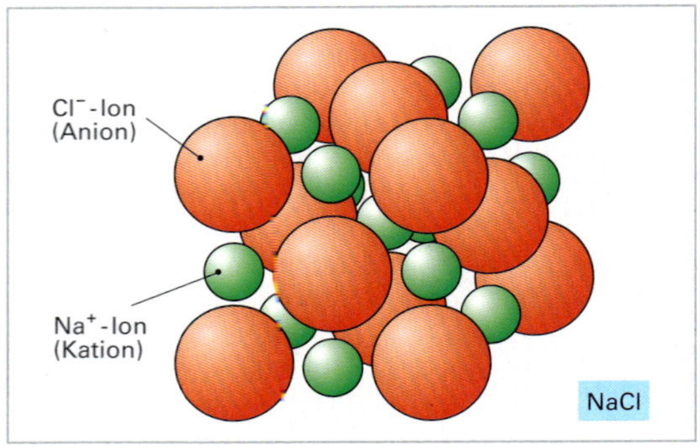

Bild 1: Ionenkristall von Natriumchlorid

Atombindung

Bei der Atombindung nähern sich gleiche oder ähnliche Atome so weit, dass sich die äußeren Elektronenschalen überlappen. Dadurch bilden sich *gemeinsame Elektronenpaare* **(Bild 2)**. Die Atombindung nennt man deshalb auch **Elektronenpaarbindung**. Im Überlappungsbereich sind beide Elektronen etwa gleich weit von beiden Atomkernen entfernt und werden fast gleich stark von beiden Kernen angezogen. Das Elektronenpaar gehört also beiden Atomen gemeinsam an.

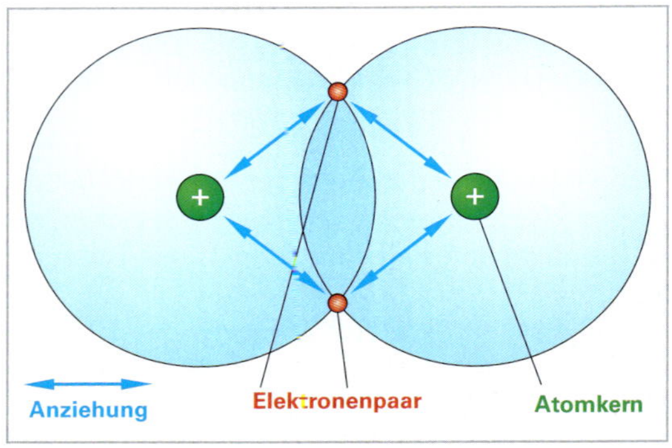

Bild 2: Gemeinsames Elektronenpaar der Atombindung

> Atombindungen treten nur zwischen Nichtmetall-Atomen auf.

Eine Atombindung kann man durch einen Strich darstellen, z. B. Cl-Cl. Der Strich ersetzt dabei ein bindendes Elektronenpaar. Die Doppelbindung (zwei Elektronenpaare) wird durch zwei parallele Striche angezeigt, z. B. O=O, und die Dreifachbindung durch drei wie in N≡N.

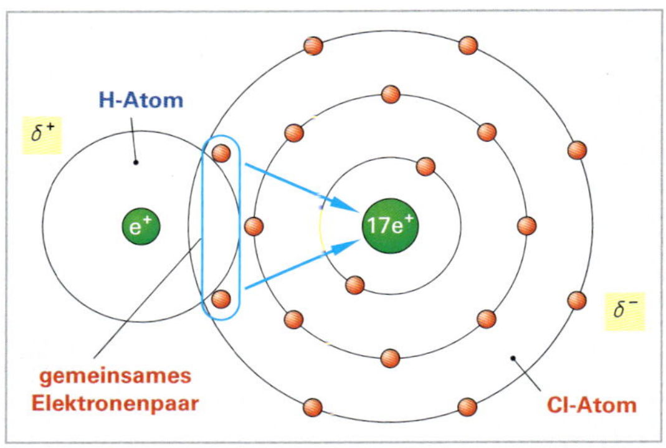

Bild 3: Polarisierte Atombindung beim HCl-Molekül

Polarisierte Atombindung

Atome gleicher Art, z. B. Chlormoleküle Cl_2, können *reine* Atombindungen aufbauen. Bei Molekülen aus verschiedenen Atomen zieht der Kern des stärker elektronegativen Elements das gemeinsame Elektronenpaar näher zu sich heran, z. B. im Chlorwasserstoffmolekül HCl der Kern des Chloratoms das gemeinsame Elektronenpaar mit dem Wasserstoffatom **(Bild 3)**. Dadurch entsteht zwischen den beteiligten Atomen eine unsymmetrische Ladungsverteilung. Das Cl-Atom bekommt eine negative Teilladung δ^- (δ griech. Kleinbuchstabe Delta) und das H-Atom eine positive Teilladung δ^+. Diese Teilladungen sind immer kleiner als die Ladung eines einfach geladenen Ions.

Atombindungen, bei denen die beteiligten Atome elektrische Teilladungen tragen, nennt man polarisierte Atombindungen.

Ein Maß für die Anziehung, die ein Atomkern auf das gemeinsame Elektronenpaar einer Atombindung ausübt, ist die **Elektronegativität**. Sie ist willkürlich für das am stärksten elektronegative Element, das Fluor F, mit 4,0 festgelegt **(Tabelle 1)**.

Die Differenz der Elektronegativitäten zweier Atome, die miteinander verbunden sind, ist ein Maß für die Polarität der Atombindung.

Durch diese polarisierten Atombindungen können sich *Molekulardipole* ausbilden. Ein Molekulardipol ist z.B. das HCl-Molekül, das gewinkelt gebaute Wassermolekül H_2O oder das Ammoniak-Molekül NH_3, dessen Atome auf den Ecken eines Tetraeders sitzen, nicht aber das symmetrisch gestaltete Kohlenstoffdioxid-Molekül CO_2 **(Bild 1)**.

Molekulardipole haben zwei entgegengesetzt geladene Seiten.

Wasserstoffbrücken

Sind Wasserstoffatome an stark elektronegative Atome, z.B. Fluor, Sauerstoff oder Stickstoff, gebunden, erhalten sie eine verhältnismäßig hohe Teilladung. Dadurch ziehen die H-Atome die elektronegativen Atome anderer Moleküle elektrostatisch an. So lagern sich die H-Atome von Fluorwasserstoff HF an die Fluoratome benachbarter Moleküle an oder die H-Atome der H_2O-Moleküle an die Sauerstoffatome naher Wassermoleküle **(Bild 2)**.

Beim Wasser bewirken die Wasserstoffbrücken den Aufbau des Eiskristalls. Wasserstoffbrücken bewerkstelligen auch den Zusammenhalt des DNA-Doppelmoleküls (Abschnitt 3.1).

Die Bindungsenergie einer Wasserstoffbrücken-Bindung ist wesentlich schwächer als die einer Atombindung.

Die Bindung zwischen Wasserstoffatomen und elektronegativen Atomen in polarisierten Atombindungen nennt man Wasserstoffbrückenbindung.

Tabelle 1: Elektronegativitäten der Hauptgruppenelemente

H 2,20	–	–	–	–	–	–
Li 0,97	Be 1,47	B 2,01	C 2,50	N 3,07	O 3,50	F 4,00
Na 1,01	Mg 1,23	Al 1,47	Si 1,74	P 2,06	S 2,44	Cl 2,83
K 0,91	Ca 1,04	Ga 1,82	Ge 2,02	As 2,20	Se 2,48	Br 2,74
Rb 0,89	Sr 0,99	In 1,49	Sn 1,49	Sb 1,82	Te 2,01	J 2,21
Cs 0,86	Ba 0,97	Tl 1,44	Pb 1,55	Bi 1,67	Po 1,76	At 1,96

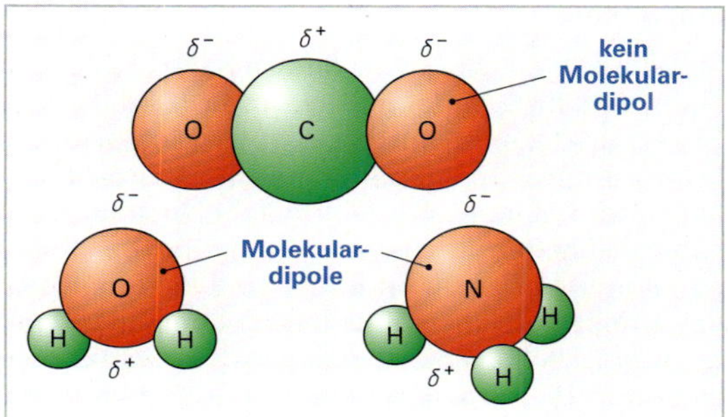

Bild 1: Entstehung von Molekulardipolen

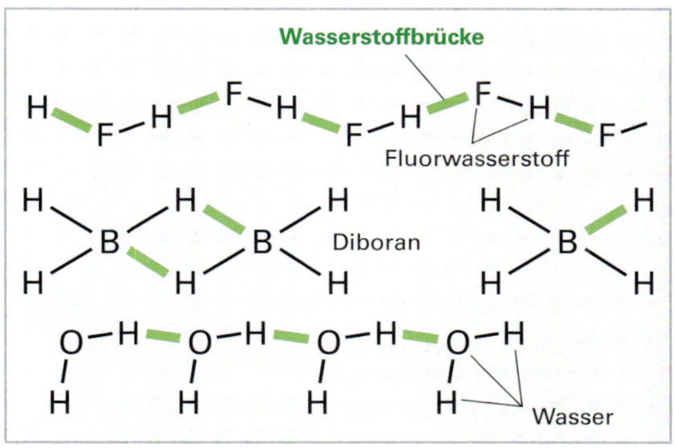

Bild 2: Wasserstoffbrücken-Bindung

Weitere zwischenmolekulare Kräfte

Zwischen den einzelnen Molekülen können auch Anziehungskräfte auftreten, die nach dem holländischen Chemiker van der Waals, 1837 bis 1923, **Van-der-Waals-Kräfte** genannt werden. Die ständigen Bewegungen der Elektronen um den Atomkern verursachen schnell wechselnde Dipolmomente in einem Molekül.

Dadurch ziehen sich Moleküle gegenseitig an, unabhängig vom Aufbau ihrer Elektronenhüllen. Auch die Anziehung von Edelgasatomen hat diese Ursache.

> Die Van-der-Waals-Kräfte sind die schwächsten Kräfte, mit denen sich Moleküle gegenseitig anziehen.

Beträgt die Bindungsenergie einer Atombindung etwa 100 kJ/mol, ist die Bindungsenergie einer Wasserstoffbrückenbindung nur rund 10 kJ/mol und die Energie der Van-der-Waals-Bindung ungefähr 1 kJ/mol.

Metallbindung

Metalle kristallisieren in den meisten Fällen in einer von drei Metallgitterformen **(Bild 1)**. Die Gitterpunkte sind durch positive Metall-Ionen (Atomrümpfe) besetzt. Im kubisch-raumzentrierten Gitter hat jedes Metall-Ion acht Nachbarn, im kubisch-flächenzentrierten Gitter und im hexagonalen Gitter zwölf. In Bild 1 sind die Ionen zur besseren Übersicht weit entfernt voneinander gezeichnet, in Wirklichkeit liegen sie viel dichter beieinander. Die abgegebenen Elektronen von den äußersten Schalen der Atome bewegen sich frei zwischen den positiven, fest an ihren Platz gebundenen Metall-Ionen **(Bild 2)**. Die **Beweglichkeit** der freien Elektronen in einem Metall erklärt auch die elektrische Leitfähigkeit der Metalle. Der elektrische Strom besteht im Metall in der Bewegung der freien Elektronen, die sich nur dort durch das Gerüst fester Metall-Ionen hindurchzwängen.

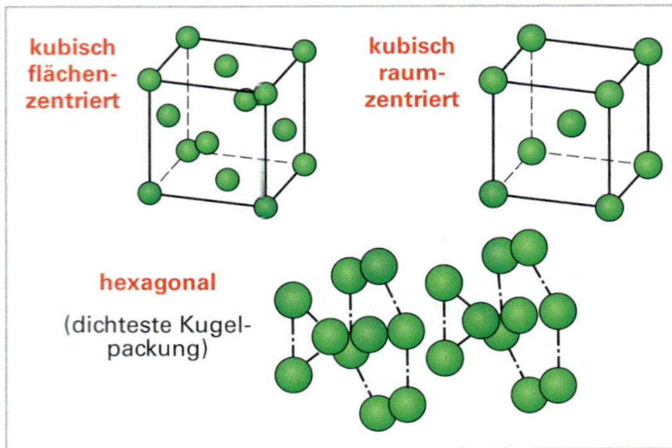

Bild 1: Kristallgitter der Metalle

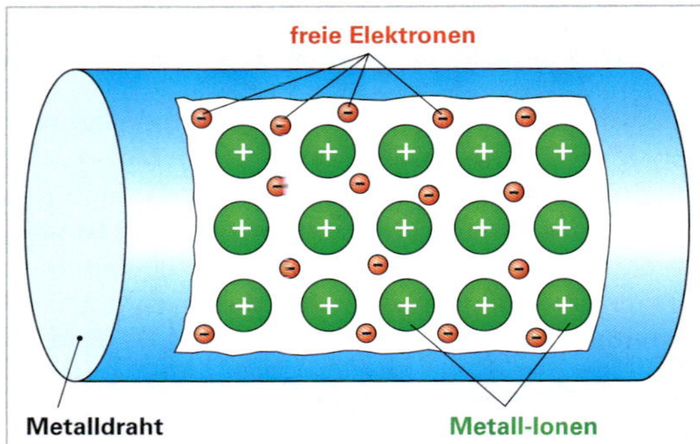

Bild 2: Metallbindung (Gerüst positiver Ionen und frei bewegliche Elektronen)

2.1.3 Anorganische Reaktionen

Ionenreaktionen

Zwischen Ionen können chemische Reaktionen stattfinden, wenn sich die Ionen frei bewegen und miteinander vermischen können. Den Zerfall von Stoffen in frei bewegliche Ionen in der Schmelze oder in einer Lösung nennt man *elektrolytische* **Dissoziation** (von lat. dissociare = trennen).

$$NaCl \leftrightharpoons Na^+ + Cl^-$$
$$HCl + H_2O \leftrightharpoons H_3O^+ + Cl^-$$
$$NaOH \leftrightharpoons Na^+ + OH^-$$

- **Basen** sind Stoffe, die in positive Metall-Ionen und negative *Hydroxid-Ionen* OH^- dissoziieren.
- **Laugen** sind wässerige Lösungen von Basen.
- **Säuren** zerfallen im Wasser in *Hydronium-Ionen* H_3O^+ und Säurerest-Ionen, z.B. in Cl^-, SO_4^{2-} oder NO_3^-.
- **Salze** liegen schon im Kristallgitter als Ionen vor. Sie dissoziieren in Lösung oder in der Schmelze in positive *Metall-Ionen* und negative *Säurerest-Ionen*.

Wiederholung und Vertiefung

1. **Wodurch unterscheidet sich die Ionenbindung von der Atombindung?**
2. **Warum bilden die Salze mit Ionenbindung einen Ionenkristall?**
3. **Welche Ausnahmen gibt es von der Regel, dass Grundstoffgase Moleküle aus zwei Atomen enthalten?**
4. **Was versteht man unter a) einer Doppelbindung und b) einer Dreifachbindung?**
5. **Unter welchen Umständen entstehen Molekulardipole?**
6. **Zwischen welchen Atomen kann sich eine Wasserstoffbrückenbindung ausbilden?**
7. **Wie kommt es zur elektrischen Leitfähigkeit der Metalle?**
8. **Erklären Sie die Van-der-Waals-Bindung.**

Beim Vermischen leicht löslicher Elektrolyte können schwer lösliche Salze als Niederschlag ausfallen:

$Ag^+ + NO_3^- + Na^+ + Cl^- \rightarrow AgCl \downarrow + Na^+ + NO_3^-$

oder kurz: $Ag^+ + Cl^- \rightarrow AgCl \downarrow$

Redox-Reaktionen (Elektronenübergänge)

Redox-Reaktionen (Kunstwort aus **Red**uktion und **Ox**idation) sind ebenfalls anorganische Reaktionen **(Bild 1)** und bezeichnen die Vorgänge der **Reduktion** (von lat. reducere = zurückführen) und der **Oxidation** (von griech. oxýs = scharf, sauer), die immer gemeinsam auftreten **(Bild 1)**.

> Die Oxidation besteht aus einer Abgabe von Elektronen, die Reduktion aus deren Aufnahme.

Gibt ein Atom Elektronen ab, nimmt sie ein anderes Atom auf. Die Oxidation von Magnesium z. B.

$$2Mg + O_2 \rightarrow 2MgO$$

setzt sich aus zwei Teilvorgängen zusammen:

$2Mg \rightarrow 2Mg^{2+} + 4e^-$ (Oxidation = Elektronenabgabe)

$O_2 + 4e^- \rightarrow 2O^{2-}$ (Reduktion = Elektronenaufnahme)

Die Thermit-Reaktion

$$Fe_2O_3 + 2Al \rightarrow 2Fe + Al_2O_3$$

besteht aus den Teilvorgängen

$2Al \rightarrow 2Al^{3+} + 6e^-$ (Oxidation)

$2Fe^{3+} + 6e^- \rightarrow 2Fe$ (Reduktion)

Die Sauerstoff-Ionen O^{2-} wechseln nur ihre Bindungspartner, weil sich deren elektrische Ladung ändert.

Säure-Base-Reaktionen (Protonenübergänge)

Eine Base, z. B. ein Metallhydroxid, kann man mit einer Säure neutralisieren, z. B. NaOH mit HCl:

$Na^+ + OH^- + H_3O^+ + Cl^- \rightarrow Na^+ + Cl^- + 2H_2O$

Bei jeder Neutralisation reagieren in wässeriger Lösung nur die Hydronium-Ionen H_3O^+ der Säure mit den Hydroxid-Ionen OH^- der Base. Die Metall-Ionen der Base und die Säurerest-Ionen der Säure bleiben unverändert.

Neutralisation: $H_3O^+ + OH^- \rightarrow H_2O + H_2O$

Bei der Neutralisation wechselt ein Wasserstoff-Ion H^+ seinen Platz. Das H^+-Ion ist aber ein Wasserstoffatom, dem sein Elektron fehlt, d. h., H^+ ist ein Proton.

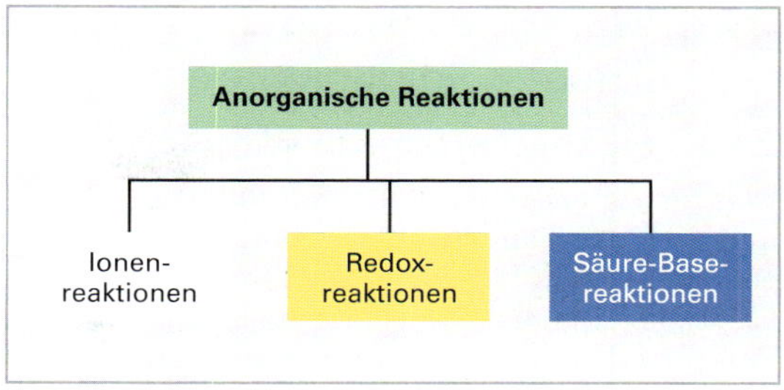

Bild 1: Übersicht über anorganische Reaktionen

> Säuren können Protonen abgeben (Protonendonatoren = Protonenspender) und Basen Protonen aufnehmen (Protonenakzeptoren = Protonenfänger).

Chemische Reaktionen mit Protonenübergang nennt man *protolytische Reaktionen* oder kurz *Protolysen* (von Proton und griech. l´ysis = das Lösen).

Beispiele:

a) $NH_3 + H_2O \rightarrow NH_4^+ + OH^-$

Teilvorgänge:

$H_2O \rightarrow OH^- + H^+$ (H_2O wirkt als Säure)

$H^+ + NH_3 \rightarrow NH_4^+$ (NH_3 wirkt als Base)

b) $HCl + H_2O \rightarrow H_3O^+ + Cl^-$

Teilvorgänge:

$HCl \rightarrow Cl^- + H^+$ (HCl wirkt als Säure)

$H^+ + H_2O \rightarrow H_3O^+$ (H_2O wirkt als Base)

Wasser kann sowohl als Säure wie auch als Base wirken, d. h., Wasser ist ein *Ampholyt* (von griech. amphotéros = jeder von beiden, zwitterhaft).

Wiederholung und Vertiefung

1. **Was versteht man unter Basen und was unter Laugen?**
2. **In welche Ionen dissoziieren Säuren in wässriger Lösung?**
3. **Welche Ionen enthält ein Salzkristall?**
4. **Was versteht man unter einer Redox-Reaktion?**
5. **Erklären Sie die Thermit-Reaktion (Eisen(III)-oxid mit Aluminium) als Reaktion mit Elektronenübergang.**
6. **Warum ist die Neutralisation einer Lauge mit einer Säure eine Reaktion mit Protonenübergang?**
7. **Beschreiben Sie das Lösen von Ammoniak in Wasser als Protolyse.**
8. **Was versteht man unter einem Ampholyt?**

2.2 Wässrige Lösungen
Aquatic Solutions

2.2.1 Eigenschaften von Wasser

Wasser ist zwischen 0 °C und 100 °C eine klare und farblose Flüssigkeit, die geruchlos und geschmacksfrei ist. In dicker Schicht schimmert die Flüssigkeit bläulich wie das feste Eis. Natürliches Wasser ist je nach Herkunft mit verschiedenen anderen Stoffen verunreinigt, z. B. beim Regenwasser mit Staub und gelösten Gasen, und beim Grundwasser zusätzlich noch mit gelösten Salzen (z. B. Hydrogencarbonaten, Sulfaten, Chloriden).

Wasser, chemisch Wasserstoffoxid H_2O, hat als kleinste Teilchen Moleküle **(Bild 1)**. In ihnen sind je zwei Wasserstoffatome mit einem Sauerstoffatom verbunden. Das O-Atom besitzt auf der äußersten Schale zwei Elektronenpaare und zwei einzelne Elektronen, also zusammen sechs Elektronen. Sauerstoff bildet mit den Elektronen der Wasserstoffatome zwei gemeinsame Elektronenpaare, mit jedem H-Atom ein Paar. Dadurch entstehen für das Sauerstoffatom wie für die beiden Wasserstoffatome edelgasähnliche Hüllen.

Die große Kernladung des O-Atoms (8 Protonen) zieht die beiden gemeinsamen Elektronenpaare trotz der abschirmenden Wirkung der inneren Schale näher zu sich heran. Die Ladungsverschiebung macht aus dem Wassermolekül einen elektrischen **Dipol** (von griech. dis = zweifach und lat. polus = Drehpunkt). Das gewinkelte Wassermolekül wird auf der Sauerstoffseite etwas negativ und auf der Seite der Wasserstoffatome zum Teil positiv geladen (Teilladungen δ^- und δ^+). Die beiden positiven Wasserstoffatome stoßen sich gegenseitig ab. Dadurch stellt sich ein Bindungswinkel von 105,05° ein. Dieser Bindungswinkel wird wegen der Übersichtlichkeit oft weggelassen.

> Das gewinkelt aufgebaute Wassermolekül ist ein elektrischer Dipol.

Wegen der Dipolwirkung löst Wasser polare Stoffe und viele Ionenkristalle. Wasser vermag Salze, Basen und Säuren elektrolytisch zu dissoziieren (in bewegliche Ionen zu trennen, von lat. dissociare = vereinzeln, trennen) oder mit bestimmten Ionen *Komplexe* (von lat. complexus = das Umfassen) zu bilden. Wassermoleküle ziehen sich durch Dipolkräfte gegenseitig an. Außerdem entstehen Wasserstoffbrücken-Bindungen jeweils zwischen einem Wasserstoffatom und dem Sauerstoffatom eines benachbarten Wassermoleküls.

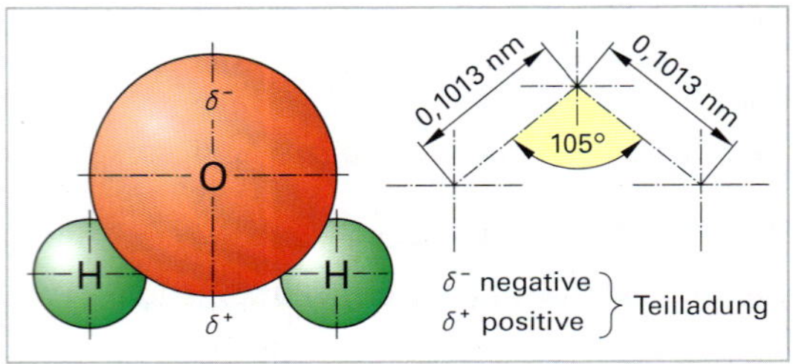

Bild 1: Aufbau des Wassermoleküls

Tabelle 1: Eigenschaften von Wasser

Größe (Merkmal)	Wert
Relative Molekülmasse	18,02
Dichte bei 0 °C	0,999868 g/cm³
Dichte bei +4 °C	1,00000 g/cm³
Schmelztemperatur (bei 1013 hPa)	0 °C = 273,15 K
Siedetemperatur (bei 1013 hPa)	100 °C = 373,15 K
Spezifische Wärmekapazität	4,1855 kJ/(kg · K)
Schmelzwärme	334 kJ/kg
Verdampfungswärme	2257 kJ/kg
Permittivitätszahl	87,69 (bei 0 °C)

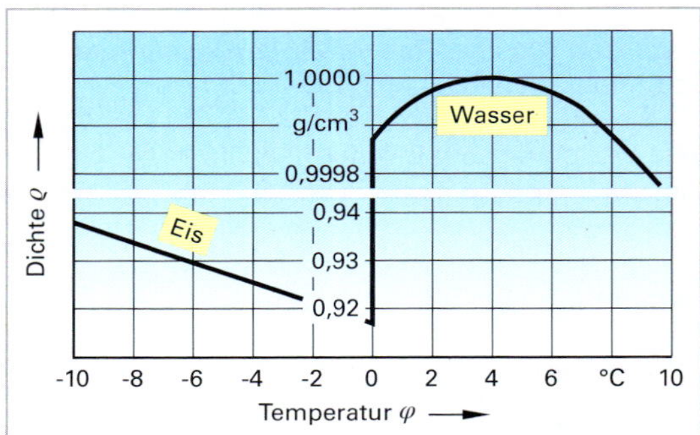

Bild 2: Anomalie der Dichte des Wassers

Die Anziehungskräfte zwischen den Molekülen sind der Grund, warum Wasser eine höhere Schmelztemperatur und eine höhere Siedetemperatur hat als ähnliche Verbindungen, z. B. HCl, **(Tabelle 1)**.

Spezifische Wärmekapazität, Schmelzwärme und Verdampfungswärme liegen für Wasser auch weit höher als bei anderen vergleichbaren chemischen Verbindungen (Tabelle 1). Deshalb sind z. B. Ozeane gute Wärmespeicher. Sie gleichen das Klima (Seeklima) aus. Die zwischenmolekularen Kräfte verursachen auch die hohe Oberflächenspannung des Wassers.

Die erstaunlichste Eigenschaft des Wassers ist sein Verhalten bei Erwärmung, die *Anomalie der Dichte* (von griech. anōmalía = Unebenheit). Erwärmt man z. B. Eis von –20 °C, dehnt es sich aus wie jeder andere Stoff **(Bild 2, vorhergehende Seite)**. Schmilzt das Eis, nimmt sein Volumen jedoch bei 0 °C um 8,3 % ab. Bei weiterem Erwärmen geht das Volumen bis zu +4 °C nochmals um 0,013 % zurück. Erst danach steigt es mit zunehmender Temperatur an. Umgekehrt dazu verhält sich die Dichte.

> Wasser hat bei +4 °C seine größte Dichte (1 kg/L).

Die Elementarzelle des Eiskristalls ist ein Tetraeder (von griech. tetra = vier und hédra = Fläche). In der Mitte und an jeder Ecke sitzt ein Wassermolekül. Die Molekulardipole richten sich so aus, dass jedes H-Atom auf das O-Atom eines benachbarten H_2O-Moleküls zeigt **(Bild 1)**. Dadurch entstehen Wasserstoffbrücken, die neben der Anziehung der Dipole für den Zusammenhalt sorgen. Diese Ordnung der Elementarzelle setzt sich im ganzen Eiskristall fort, es wird weiträumiger. Schmilzt das Eis, lagern sich die Moleküle im Wasser dichter zusammen. Im Wasser von 0 °C sind noch kristalline Strukturen aus je 8 H_2O-Molekülen vorhanden. Bei weiterem Erwärmen brechen diese Strukturen vollends zusammen. Ein Anwachsen der Dichte bis +4 °C ist die Folge. Darüber erst beanspruchen die Moleküle wegen der größeren Wärmebewegung mehr Platz.

> Die Dichteanomalie des Wassers ist auf die lockere Struktur der Eiskristalle zurückzuführen, die Wassermoleküle rücken erst beim Schmelzen nach und nach dichter zusammen.

Die Ausdehnung des Wassers beim Gefrieren um etwa 9 % vermag Felsen zu sprengen, wenn das Wasser im Winter in Spalten und Risse eindringen kann. Durch Verwitterung entsteht so aus Gestein neuer Erdboden (Erosion).

Über und unterhalb von +4 °C ist die Dichte ϱ von Wasser geringer. Deshalb kühlt das Wasser auf dem Grund eines Sees bei Frost gewöhnlich nur bis +4 °C ab **(Bild 2)**. An der Oberfläche bildet sich das spezifisch leichtere Eis. Tiefe Gewässer gefrieren also nicht bis zum Grund. Dort haben Organismen eine Überlebenschance.

Wiederholung und Vertiefung

1. **Warum führt der gewinkelte Aufbau des Wassermoleküls zu einem Dipol?**
2. **Was versteht man unter der Anomalie des Wassers?**
3. **Erklären Sie die Temperaturen der Wasserschichten unter einer Eisdecke eines zugefrorenen Sees.**

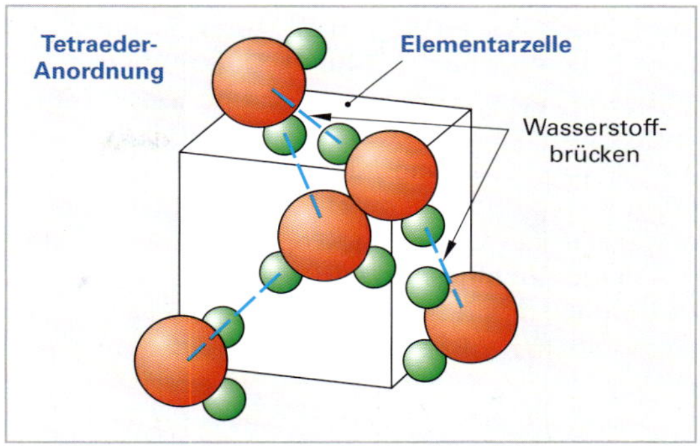

Bild 1: Wasserstoffbrücken-Bindung zwischen den Wassermolekülen im Eiskristall

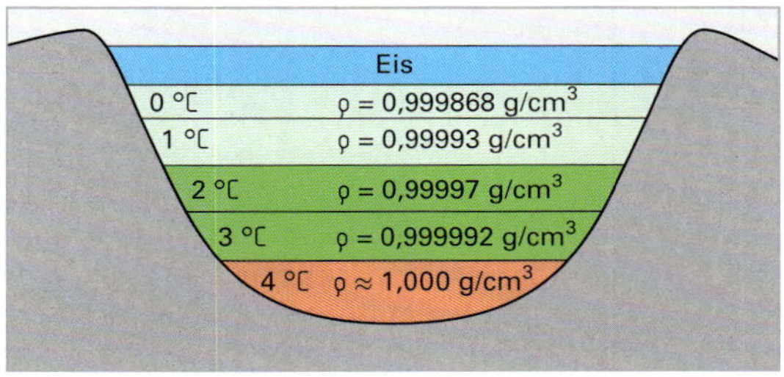

Bild 2: Temperaturverteilung in Gewässern

2.2.2 Wasser als Lösemittel

Wasser kann feste Stoffe, Flüssigkeiten oder Gase lösen, z. B. feste Molekülkristalle wie Zucker oder Ionenkristalle wie Kochsalz, den flüssigen Alkohol oder das Gas Kohlenstoffdioxid. Der zu lösende Stoff setzt sich in vielen Fällen mit dem Lösemittel chemisch um. So „löst" z. B. eine Säure unedle Metalle. Sieht man von solchen chemischen Reaktionen ab, ist der Lösemechanismus von Molekülen oder von Ionen in Wasser prinzipiell gleich. Entweder enthalten die Moleküle polare Gruppen, an die sich Wassermoleküle (Dipole) anlagern können, oder die Ionen umgeben sich mit einem Mantel aus H_2O-Dipolmolekülen. Diese **Hydration** (von griech. hýdōr = Wasser) vergrößert die Moleküle oder Ionen.

Der **Lösungsvorgang** besteht also aus der *Solvation* (von lat. solvere = lösen), dem An- und Umlagern mit Wasserdipolen und der *Dispersion* (von lat. dispersio = Zerstreuung), also dem Verteilen der gelösten Partikel in der Flüssigkeit.

> Unter Hydration versteht man das Umgeben von polaren Molekülen oder Ionen mit einer Hülle aus den Dipolmolekülen des Wassers.

Beim Lösen eines Ionenkristalls, z. B. von Natriumchlorid, lagern sich H_2O-Molekulardipole an die Kristalloberfläche **(Bild 1)**. Durch die elektrostatische Anziehung von Ionen und Wasserdipolen wird **Hydrationsenergie** frei. Die Hydrathülle um die Ionen schwächt ihre gegenseitige Anziehung so weit ab, dass sich die hydratisierten Ionen frei in der Lösung bewegen können. Je kleiner die Ionen sind und je größer ihre elektrische Ladung ist, desto fester halten sie ihre Hydrathülle und desto größer ist ihre Hydrationsenergie.

> Lösen sich Ionenkristalle in Wasser, umgeben sich die Ionen mit einem Wassermantel (Hydrathülle), wobei sich die Wasserdipole der Art der Ionenladung entsprechend ausrichten.

Zum Lösen muss die Hydrationsenergie der Ionen die Gitterenergie des Ionenkristalls überwinden. Die Summe der Hydrationsenergien z. B. der Na^+- und der Cl^--Ionen beträgt 775 kJ/mol gegenüber der Gitterenergie des Natriumchlorid-Kristalls von 767 kJ/mol. Die Hydrationsenergien von Ag^+ und Cl^- ergeben zusammen 844 kJ/mol, die Gitterenergie des Silberchlorid-Kristalls beträgt jedoch nur 874 kJ/mol. Wasser kann also Silberchlorid nicht lösen.

> Der Lösungsvorgang ist ***exotherm*** (Wärme erzeugend), wenn die Solvationsenergie (Summe der Hydrationsenergien der unterschiedlich geladenen Ionen) größer ist als die Gitterenergie.

Das Lösen z. B. von Ammoniumnitrat ist jedoch ein ***endothermer*** (ein Wärme erfordernder) Vorgang. Hierbei ist die Solvationsenergie etwas kleiner als die Gitterenergie. Trotzdem löst sich der Stoff von selbst in Wasser. Die Differenz aus Gitterenergie und Solvationsenergie wird der Umgebung entzogen (Kältemischung). Triebfeder für endotherme Lösungsvorgänge ist die größere Unordnung der gelösten Teilchen in der Lösung gegenüber der höheren Ordnung im Ionenkristall.

> In der Natur strebt jeder von selbst ablaufende Vorgang auf eine vergrößerte Unordnung zu.

Die Gasteilchen über einer Flüssigkeit in einem dicht verschlossenen Gefäß üben auf die Gefäßwände einen Druck aus, den man *Dampfdruck* nennt. Dieser Druck hängt nur von der Temperatur ab, nicht jedoch von der Größe der Flüssigkeitsoberfläche. Hat sich im Gasraum der Sättigungsdampfdruck

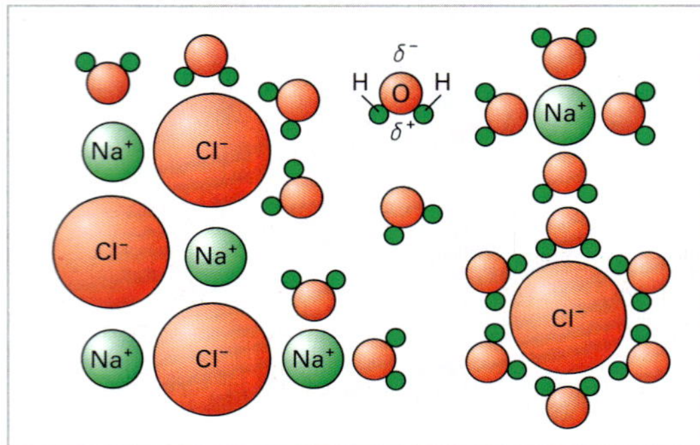

Bild 1: Lösen eines Ionenkristalls in Wasser

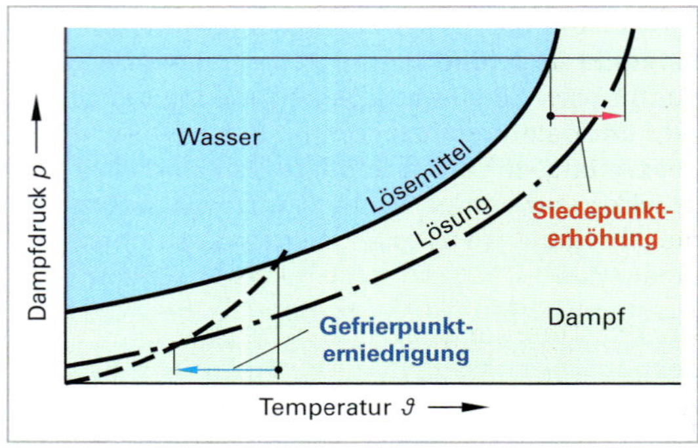

Bild 2: Dampfdruckkurve einer Flüssigkeit

eingestellt, treten durch eine größere Oberfläche zwar mehr Moleküle aus der Flüssigkeit in das Gas über, vom Gas werden aber genauso viele Teilchen von den Anziehungskräften der Flüssigkeit wieder eingefangen. Es stellt sich also ein Gleichgewichtszustand zwischen den beiden Phasen ein. **Phase** (von griech. phásis = Erscheinung) nennt man den gleichförmigen (homogenen) Zustand eines festen, flüssigen oder gasförmigen Körpers.

> Der Dampfdruck entsteht, wenn Teilchen aus der flüssigen in die gasförmige Phase übergehen.

Der gleiche Mechanismus wie bei einer Flüssigkeit bewirkt auch bei einem festen Körper einen Dampfdruck (Sublimationsdruck). Von einem festen Stoff reißen sich ebenfalls Teilchen infolge ihrer Wärmebewegung los und gehen unmittelbar in das Gas über (sublimieren; von lat. sublimare = erhöhen). Der Dampfdruck fester Körper ist geringer als der von Flüssigkeiten.

> Der Dampfdruck fester Stoffe oder von Flüssigkeiten hängt vom Stoff und von der Temperatur ab.

Aus der Dampfdruckkurve **(Bild 2, vorherige Seite)** kann man ablesen, wie sich der Druck mit der Temperatur ändert.

Ist z. B. im Wasser ein nichtflüchtiger Stoff gelöst, verringert sich der Dampfdruck für jede Temperatur. Die Ursachen sind Hydration und Anziehung zwischen den Teilchen des gelösten Stoffes und den Molekülen des Lösemittels. Sie behindern das Entweichen in den Gasraum und führen zu einer *Gefrierpunkterniedrigung und Siedepunkterhöhung* der Lösung (Bild 2, vorige Seite).

Man verwendet die **Gefrierpunkterniedrigung** eines Salz-Wasser-Gemischs z. B. beim Salzstreuen im Winter, um Eisbildung zu vermeiden. Die Fixpunktverschiebungen „Gefrierpunkterniedrigung" bzw. „Siedepunkterhöhung" sind der Anzahl der gelösten Teilchen in der Volumeneinheit der Lösung, z. B. je Liter, proportional. Die Dampfdruckkurve einer Flüssigkeit kann man noch durch die Übergänge fest–gasförmig und fest–flüssig zu einem **Zustandsdiagramm** erweitern **(Bild 1)**.

Für den Übergang fest–flüssig zeigt Wasser eine Besonderheit, für die der Dipolcharakter der Wassermoleküle verantwortlich ist. Erhöhter Druck verringert die Schmelztemperatur. Der Druck zwingt die lockere Struktur des Eises in die des dichteren Wassers überzugehen. Wasser nimmt bei gleicher Temperatur einen kleineren Raum ein als festes Eis.

Im **Tripelpunkt** des Wassers (von franz. triple = dreifach) können sogar alle drei Phasen (fest–flüssig–gasförmig) nebeneinander bestehen. Der Tripelpunkt von Wasser liegt bei 273,16 K (+0,0099 °C) und 611,6 Pa. Die Dampfdruckkurve endet im *kritischen Punkt* (647 K ≈ + 374 °C und 22,1 MPa für Wasser).

Die Anziehungskraft zwischen Ionen und H_2O-Dipolmolekülen erklärt das Verdünnungsbestreben von Lösungen, das den biologisch bedeutsamen **osmotischen Druck** bewirkt **(Bild 2)**. Wassermoleküle können durch halbdurchlässige Scheidewände treten, z. B. durch Biomembranen, nicht aber größere Molekülaggregate oder hydratisierte Ionen. Der im Inneren entstehende osmotische Druck kann mehrere Bar (1 bar = 10^5 Pa) betragen. Dies reicht aus, um z. B. Wasser aus dem Boden bis in die höchsten Verästelungen von Bäumen zu treiben.

Wiederholung und Vertiefung

1. **Was versteht man unter der Hydration von Ionen?**
2. **Wodurch unterscheiden sich beim Lösungsvorgang Solvation und Dispersion?**

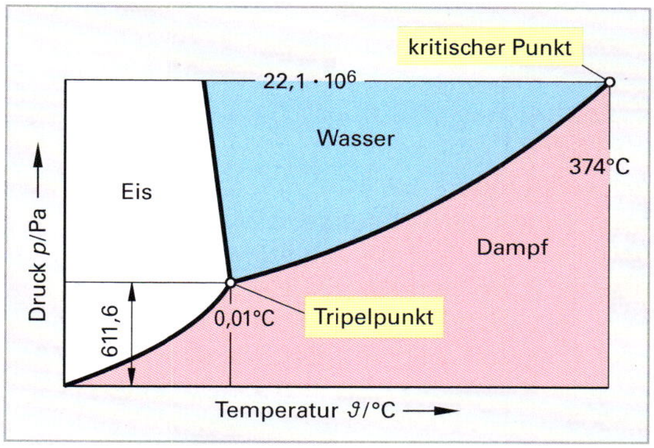

Bild 1: Zustandsdiagramm von Wasser (nicht maßstäblich)

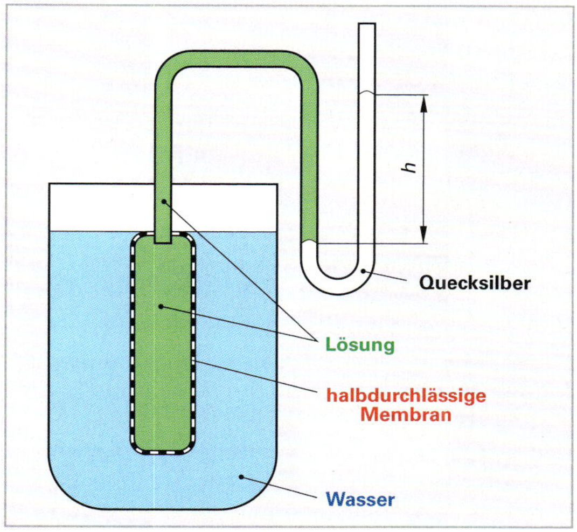

Bild 2: Messen des osmotischen Drucks

3. **Unter welcher Bedingung ist ein Lösungsvorgang a) exotherm und b) endotherm?**
4. **Was versteht man unter der Phase eines Stoffes?**
5. **Wie kommt der Dampfdruck einer Flüssigkeit zustande?**

2.2.3 Konzentration von Lösungen

Die Konzentration einer Lösung gibt an, wie viel vom gelösten Stoff in der Lösung ist. Die Zusammensetzung der Lösung lässt sich mit einer oder meist zwei der folgenden physikalischen Größen beschreiben: Masse *m*, Stoffmenge *n*, Volumen *V* und Teilchenzahl *N*.

Die Stoffmenge ist, wie auch die Masse, eine SI-Basisgröße (SI von franz. Système International d'Unités = Internationales Einheitensystem) mit der Einheit Mol (Einheitenzeichen mol).

Ein **Mol** ist die Stoffmenge, die aus ebenso vielen Teilchen besteht, wie Atome in 12 g des Kohlenstoffisotops ^{12}C enthalten sind.

Verwendet man das Mol, müssen die Einzelteilchen genau bezeichnet sein. Man muss wissen, ob es sich um Atome, Ionen, Moleküle oder um Atomgruppen handelt. Ein Mol (1 mol) einer chemischen Verbindung, z.B. der Schwefelsäure H_2SO_4, sind so viele Gramm, wie die relative Molekülmasse angibt, z.B. für H_2SO_4: 2 · 1,00794 g + 32,066 g + 4 · 15,9994 g = 98,08 g. Je 1 mol verschiedener Stoffe enthalten gleich viele Teilchen. Die Anzahl der elementaren Teilchen in einem Mol nennt man *Avogadro-Konstante* N_A (nach Amedeo Avogadro, ital. Physiker und Chemiker, 1776 bis 1856). Sie hat den Wert
$N_A = 6{,}022140857 \cdot 10^{23}$ /mol.

Die Teilchenanzahl N kann aus der Stoffmenge n berechnet werden. Schwefelsäuremoleküle z.B. dissoziieren beim Lösen in Wasser:

$$H_2SO_4 + 2H_2O \rightleftharpoons 2H_3O^+ + SO_4^{2-}$$

1 mol Schwefelsäure (98,08 g) reagiert mit 2 mol Wasser (36,03 g) zu 2 mol Hydronium-Ionen (38,05 g) und 1 mol Sulfat-Ionen (96,06 g).

Molare Masse M nennt man die stoffmengenbezogene Masse, also den Quotienten aus Masse und Stoffmenge.

Die molare Masse eines chemischen Elements oder einer chemischen Verbindung hat als Zahlenwert die relative Atommasse bzw. die relative Molekülmasse sowie die Einheit g/mol.

Die Zusammensetzung von Lösungen kann man nach DIN 1310 als *Anteil i* des gelösten Stoffes in der Lösung angeben. Wenn 18 g Natriumchlorid NaCl in 82 g Wasser gelöst sind (gibt 100 g Lösung), ist der Massenanteil w_i = 18 g/100 g = 18 % (oder 180 ‰).

Anteile können auch mit Quotienten der Einheiten beschrieben werden, z.B. w_i = 0,135 g/g = 135 mg/g = 13,5 %.

Angaben wie „Gewichtsprozent", „Volumenprozent" oder „Molprozent" sind veraltet und sollen (nach DIN 1310) z.B. durch w_i = 2 %, x_i = 3 % oder φ_i = 4 % ersetzt werden **(Tabelle 1, folgende Seite)**.

Den Gehalt einer Lösung kann man auch durch die *Molalität* (molale Konzentration) b_i angeben.

$$N = N_A \cdot n \quad (1)$$

$$M = \frac{m}{n} \quad (2)$$

N	Teilchenzahl	n	Stoffmenge (in mol)
N_A	Avogadro-Konstante (6,0221367 · 10^{23}/mol)	M	Molare Masse
		m	Masse

$$w_i = \frac{m_i}{m} \quad (3)$$

$$\varphi_i = \frac{V_i}{V_0} \quad (4)$$

$$x_i = \frac{n_i}{n} \quad (5)$$

$$X_i = \frac{N_i}{N} \quad (6)$$

w_i	Massenanteil	V_i	Volumen vom gelösten Stoff
m_i	Masse gelöster Stoff	V_0	Volumen der Lösung
m	Masse der Lösung	X_i	Teilchenzahlanteil
x_i	Stoffmengenanteil	N_i	Teilchenzahl vom gelösten Stoff
n_i	Stoffmenge gelöster Stoff	N	Teilchenzahl Lösung
n	Stoffmenge der Lösung		
φ_i	Volumenanteil (Phi)		

$$\beta_i = \frac{m_i}{V_0} \quad (7)$$

$$\sigma_i = \frac{V_i}{V_0} \quad (8)$$

$$c_i = \frac{n_i}{V_0} \quad (9)$$

$$C_i = \frac{N_i}{V_0} \quad (10)$$

β_i	Massenkonzentration	n_i	Stoffmenge vom gelösten Stoff
m_i	Masse gelöster Stoff	σ_i	Volumen-konzentration
V_0	Volumen der Lösung	V_i	Volumen vom gelösten Stoff
c_i	Stoffmengen-konzentration	N_i	Teilchenzahl vom gelösten Stoff
C_i	Teilchenzahl-konzentration		

$$\beta_i = M \cdot c_i \quad (11)$$

$$b_i = \frac{n}{m_L} \quad (12)$$

β_i	Massenkonzentration	b_i	Molalität
M	molare Masse	n	Stoffmenge (in mol)
c_i	Stoffmengen-konzentration	m_L	Lösemittelmasse

Im Gegensatz dazu ist die **molare Konzentration** die Anzahl der Mole der gelösten Substanz in einem Liter der Lösung.

Eine Zusammenstellung der einzelnen Größen für die Zusammensetzung von Lösungen zeigt Tabelle 1, folgende Seite.

Konzentration und Dichte

Bei gleichbleibender Temperatur nimmt die Dichte einer Lösung mit steigender Konzentration im Allgemeinen zu. Seltene Ausnahmen von dieser Regel sind z. B. die Lösungen von gasförmigem Ammoniak NH_3 oder von Cyanwasserstoff HCN in Wasser. Beide Stoffe dissoziieren, sobald sie sich lösen:

$$NH_3 + H_2O \rightleftharpoons NH_4^+ + OH^-$$
$$HCN + H_2O \rightleftharpoons H_3O^+ + CN^-$$

Die Wasserdipole des Lösemittels umhüllen die Ionen. Diese Hydration führt in den Ausnahmefällen zu einer mehr aufgelockerten Struktur der Lösung gegenüber dem reinen Lösemittel bei gleicher Temperatur.

Löslichkeit

Eine Mischphase, z. B. eine Lösung, besteht aus mehreren Stoffen.

> Gasförmige Mischphasen nennt man Gasgemische, flüssige Mischphasen bezeichnet man als Lösungen und feste Mischphasen als Mischkristalle, feste Lösungen oder bei Metallen als Legierungen.

Es gibt Flüssigkeiten mit polaren Molekülen ähnlichen Aufbaus, die sich unbegrenzt mischen, z. B. Alkohol und Wasser. In den meisten Fällen löst sich aber ein Stoff nur bis zu einer bestimmten Grenze im Lösemittel.

> Eine Lösung ist gesättigt, wenn sie nichts mehr von dem gelösten Stoff aufnehmen kann.

Bei Mischphasen aus Flüssigkeiten und darin gelösten festen Stoffen bleibt ein fester *Bodenkörper* aus den nicht mehr gelösten Anteilen übrig. Darüber steht die **gesättigte Lösung**. Unter bestimmten Bedingungen können bei einigen Stoffen *übersättigte Lösungen* entstehen, z. B. durch Erwärmen bis zum vollständigen Lösen des Bodenkörpers und anschließendem, vorsichtigen Abkühlen.

> Unter der Löslichkeit eines Stoffes in einem Lösemittel versteht man die Konzentration der gesättigten Lösung.

Meist nimmt die Löslichkeit fester Stoffe mit steigender Temperatur zu **(Bild 1)**. Dagegen sinkt die Löslichkeit von Gasen immer mit zunehmender Temperatur. Gase lösen sich aber mit steigendem Druck besser in einer Flüssigkeit.

Tabelle 1: Größen für die Zusammensetzung von Lösungen

Benennung	Formelzeichen	SI-Einheit
Massenanteil	w_i	1
Volumenanteil	φ_i	1
Stoffmengenanteil	x_i	1
Teilchenzahlanteil	X_i	1
Massenkonzentration	β_i	g/L
Volumenkonzentration	σ_i	1
Stoffmengenkonzentration	c_i	mol/L
Teilchenzahlkonzentration	C_i	1/L
Molalität	b_i	mol/kg

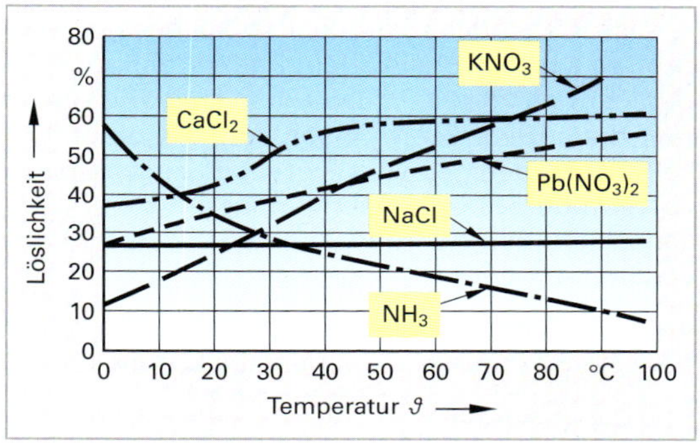

Bild 1: Temperaturabhängigkeit der Löslichkeit (in Massenanteilen)

> Die Löslichkeit fester Stoffe in Flüssigkeiten nimmt mit größerer Temperatur zu, bei Gasen jedoch ab.

Wiederholung und Vertiefung

1. **Erklären Sie die Wirkungsweise einer halbdurchlässigen Membran.**
2. **Welches Formelzeichen und welche Einheit hat die Basisgröße Stoffmenge?**
3. **Wie groß ist 1 mol einer chemischen Verbindung, die aus Molekülen besteht?**
4. **Wie berechnet man die molare Masse eines Stoffes?**
5. **Wodurch kann man die Massenkonzentration einer Lösung in die Stoffmengenkonzentration umrechnen?**
6. **Welchen Vorteil bringt die Angabe der Stoffmengenkonzentration beim Vergleich zweier Lösungen?**
7. **Erklären Sie den Begriff „gesättigte" Lösung.**
8. **Welchen Einfluss hat eine Temperaturerhöhung auf die Löslichkeit eines festen Stoffes in Wasser?**

2.3 Organische Lösemittel
Organic Solvents

Lösungen, im weitesten Sinne verstanden, sind *homogene* (gleichmäßige) Gemische verschiedener Stoffe **(Tabelle 1)**. Auch die kleinsten Raumteilchen einer Lösung scheinen gleichartig zusammengesetzt zu sein. Die einzelnen Moleküle, Atome oder Ionen sind miteinander vermischt und äußerst fein zerteilt. Unter **Lösungen** (im engeren Sinn) versteht man homogene Gemenge von festen, flüssigen oder gasförmigen Stoffen, die in einem *flüssigen Lösemittel* fein verteilt sind. Meist ist das Lösemittel in so großem Überschuss vorhanden, dass die Partikel des gelösten Stoffes kaum mehr Anziehungskräfte aufeinanderausüben können. **Lösemittel** sind Flüssigkeiten, die andere Stoffe lösen können, ohne sich selbst oder den gelösten Stoff bleibend chemisch zu verändern. D.h., Lösungen lassen sich physikalisch wieder in den löslichen Stoff und in das Lösemittel trennen.

Je nach Teilchengröße des gelösten Stoffes in der Lösung unterscheidet man die Lösungsarten

- *echte* Lösungen,
- *kolloide* (leimartige) Lösungen und
- *Suspensionen* (Aufschwemmungen) **(Tabelle 2)**.

2.3.1 Lösungsvorgang

Ein Stoff A löst sich umso besser in einem anderen Stoff B, je ähnlicher die Wechselwirkungskräfte zwischen den Teilchen des Stoffes A und denen des Stoffes B sind **(Bild 1)**.

Stoffe mit Kohlenwasserstoffketten, die nicht oder nur wenig polar sind, z.B. Fette oder Wachse, lösen sich in Kohlenwasserstoffen, z.B. in Benzin, aber auch in Xylol oder Tetrachlormethan. Lösemittel größerer Polarität (Seite 18) können polare Harze lösen, z.B. Celluloseester, Polyester oder Polyvinylacetate. Bei den Lösemitteln Monochlormethan, Butanol, Trichlorethan, Ethylacetat, Aceton steigt die Polarität der Moleküle in dieser Reihenfolge an. Bei nicht polaren Lösemitteln wirken lediglich die schwächeren Van-der-Waals-Kräfte.

> Lösemittel haben eine ähnliche Struktur wie der gelöste Stoff.

Moleküle mit polarisierten Atombindungen besitzen ein Dipolmoment (Dipolladung × Dipollänge), wenn die Ladungsverschiebungen innerhalb des

Tabelle 1: Lösungen

Gase in Gasen	Gase in Flüssigkeiten	Gase in festen Stoffen
Unbegrenzt mischbar.	Löslichkeit ist druck- und temperaturabhängig.	Einbau der Gasmoleküle in das Kristallgitter.
Flüssigkeiten in Flüssigkeiten	**Feste Stoffe in Flüssigkeiten**	**Feste Stoffe in festen Stoffen**
Lassen sich unbegrenzt mischen, unvollständig lösen oder sind ineinander unlöslich.	Löslichkeit begrenzt und meist temperaturabhängig.	Gelöste Komponenten besetzen Plätze im Kristallgitter oder sind im Gitter eingelagert.

Tabelle 2: Arten von Lösungen

Lösungsart	Teilchen	Teilchengröße
Echte Lösung	Moleküle, Ionen	$< 1\ nm = 10^{-9}\ m$
Kolloide Lösung	Molekülzusammenballung	1 nm ... 500 nm
Suspension	feste Partikel	$> 1\ \mu m$

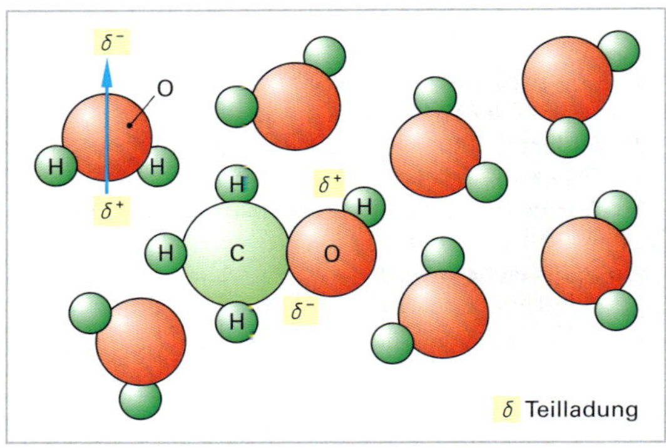

Bild 1: Lösen von Methanol in Wasser

Moleküls unsymmetrisch sind, wie z.B. beim Methanol-Molekül (Bild 1). Die Molekulardipole richten sich in einem elektrischen Feld aus.

Schieben sich diese Lösemitteldipole zwischen unterschiedliche elektrische Ladungen in der Lösung, z.B. zwischen positive und negative Ionen, schwächen sie das ursprünglich vorhandene elektrische Feld der Ladungen. Die ungleichartigen Ladungen polarer Stoffe ziehen sich dann nicht mehr so stark an.

Ein Maß für die Feldschwächung durch die Molekulardipole ist die Permittivitätszahl (Dielektrizitätszahl) ε_r des Stoffes. Sie gibt an, wievielmal so groß die Kapazität eines Kondensators (Seite 63) wird, wenn man den betreffenden Stoff als Dielektrikum (anstelle des Vakuums) verwendet. Die Permittivitätszahl ist umso größer, je größer das Dipolmoment ist und je leichter sich die Dipolmoleküle in der Flüssigkeit drehen lassen **(Tabelle 1)**.

Nernst-Thomson-Regel:

> Lösemittel mit hoher Permittivitätszahl fördern die Dissoziation von Elektrolyten, weil sie die elektrostatische Anziehung zwischen positiven und negativen Ladungen herabsetzen.

Organische Lösemittel lassen sich je nach Stärke der Polarität ihrer Moleküle in einer Reihe anordnen **(Tabelle 2)**. Diese Reihe ist auch für die viel verwendeten *Lösemittelmischungen* nützlich. Mit zunehmendem Abstand in der Reihe nimmt die Mischbarkeit der Lösemittel ab.

Lösemittelmischungen haben die Lösungseigenschaften ihrer Bestandteile.

Wiederholung und Vertiefung

1. **Wodurch unterscheiden sich *echte* Lösungen von *kolloiden*?**
2. **Erklären Sie das Prinzip für Lösungen „Ähnliches wird von Ähnlichem gelöst".**
3. **Warum fördern Lösemittel mit hoher Permittivitätszahl die Dissoziation von Elektrolyten?**
4. **Aus welchem Grund verwendet man häufig Lösemittelmischungen anstelle der reinen Lösemittel?**

2.3.2 Eigenschaften organischer Lösemittel

Es gibt verschiedene Gesichtspunkte, organische Lösemittel anzuordnen. Ansteigende oder fallende Polarität der Lösemittelmoleküle ist z. B. ein solches Ordnungsprinzip.

Hier die wichtigsten Gruppen:

- **Alkohole**, z. B. Methanol, Ethanol, Propanol, Butanol, Octanol, Cyclohexanol.
- **Glykole**, z. B. Ethylenglykol, Diethylenglykol.
- **Ether** und **Glykolether**, z. B. Diethylether, Dibutylether, Anisol, Dioxan, Tetrahydrofuran; Di-, Tri- und Polyethylenglykolether.
- **Ketone**, z. B. Aceton, Butanon, Cyclohexanon.
- **Ester**, z. B. Essigsäureester.
- **Stickstoffverbindungen**, z. B. Dimethylformamid, Pyridin, Acetonitril.

Tabelle 1: Permittivitätszahlen einiger Stoffe

Stoff	Permittivitätszahl ε_r
Luft (0 °C, 1013 hPa)	1,000576
Cyclohexan	2,0
1,4-Dioxan	2,2
Benzol	2,3
Toluol	2,4
Diethylether	4,3
Trichlormethan	4,8
Chlorbenzol	5,7
Essigsäureethylester	6,0
Dichlormethan	9,1
Pyridin	12,3
2-Propanol	18,6
1-Propanol	20,7
Methanol	33,6
Nitrobenzol	35,7
N,N-Dimethylformamid	38,0
1,2-Ethandiol	37,0
Wasser	87,69
Formamid	109,0

Tabelle 2: Mischreihe organischer Lösemittel

Lösemittel	Summenformel	Polarität
Wasser (zum Vergleich)	H_2O	
Formamid	CH_3NO	
Morpholin	C_4H_9NO	
Nitromethan	CH_3NO_2	
Acetonitril	C_2H_3N	
Methanol	CH_4O	
Ethanol	C_2H_6O	
Anilin	C_6H_7N	
Aceton	C_3H_6O	
1,4-Dioxan	$C_4H_8O_2$	
Tetrahydrofuran	C_4H_8O	
Pyridin	C_5H_5N	
2-Butanon	C_4H_8O	
Diethylether	$C_4H_{10}O_7$	
Dichlormethan	CH_2Cl_2	
Tetrachlorethan	$C_2H_2Cl_4$	
Chloroform	$CHCl_3$	
Dichlorethan	$C_2H_4Cl_2$	
Trichlorethan	C_2HCl_3	
Benzol	C_6H_6	
Toluol	C_7H_8	
Tetrachlormethan	CCl_4	
Cyclopentan	C_5H_{10}	
Heptan	C_7H_{16}	
Hexan	C_6H_{14}	

- **Schwefelverbindungen**, z. B. Schwefelkohlenstoff, Dimethylsulfoxid, Sulfolan.
- **Nitroverbindungen**, z. B. Nitrobenzol.

- **Halogenkohlenwasserstoffe**, z. B. Dichlormethan, Chloroform, Tetrachlormethan, Tri- und Tetrachlorethen, Ethylenchlorid.
- **Kohlenwasserstoffe**, z. B. Benzine, Petrolether, Cyclohexan, Methylcyclohexan, Dekalin, Terpene, Benzol, Toluol, Xylole.

Für die Auswahl eines Lösemittels sind neben dem geforderten Lösungsvermögen und außer seinem Preis noch wichtig:

- Dichte der Flüssigkeit,
- Viskosität,
- Schmelz- und Siedepunkt (bzw. -bereich),
- Flüchtigkeit, Verdunstungsgeschwindigkeit,
- Flammpunkt,
- Zündtemperatur,
- untere und obere Explosionsgrenze,
- Toxizität (Giftigkeit).

Viele organische Lösemittel verdunsten leicht und lösen sich in der Luft auf. Sie können also beim Einatmen oder durch die Haut ins Körperinnere von Menschen gelangen. Manche der Lösemittel sind giftig (Abschnitt 3.3). Sie sind nach ihrer *Toxizität* (Giftigkeit) in Gefährdungsgruppen eingeteilt.

Gefährdungsgruppe I (sehr gesundheitsschädlich): z. B. Benzol, Schwefelkohlenstoff, Tetrachlorethan, Dichlorethan, Tetrachlormethan, Trichlorethen, Tetrahydrofuran, Dioxan, Methanol.

Gefährdungsgruppe II (mittelmäßig gesundheitsschädigend): z. B. Dichlorbenzol, Toluol, Xylol, Cyclohexan, Methylcyclohexanon, Methylacetat.

Gefährdungsgruppe III (wenig oder nicht gesundheitsschädigend): Alle Lösemittel, die nicht zur Gruppe I oder II gehören.

Besonders gefährdet sind Menschen, die längere Zeit Lösemitteldämpfen ausgesetzt sind. Deshalb sind der *Arbeitsplatz-Grenzwert* (AGW, Abschnitt 3.3) und der Biologische Grenzwert BGW der Lösemittel einzuhalten. Diese Konzentrationen gibt man in mg je m^3 Luft oder als Volumengehalt in mL (Milliliter) je m^3 an. Zahlenmäßig gleich wie mL/m^3 ist das ppm (engl. parts per million = $1 : 10^6$).

Die Arbeitsplatz-Grenzwerte (AGW) sind die höchstzulässigen Konzentrationen von Stoffen als Gas, Dampf oder als Schwebstoff in der Luft am Arbeitsplatz.

Die BGW-Werte gelten insbesondere für den Umgang mit Krebs erzeugenden (kanzerogenen) und krebsverdächtigen Stoffen.

Tabelle 1: Gefahrenklassen brennbarer Flüssigkeiten

Gefahren-kategorie	Flamm-punkt in °C	Siede-punkt in °C	Gefahrbeschreibung nach GHS
1	< 23	< 35	Flüssigkeit und Dampf extrem entzündbar
2	< 23	> 35	Flüssigkeit und Dampf leicht entzündbar
3	23–60	Keine Angabe	Flüssigkeit und Dampf entzündbar

Der **AGW** ist die durchschnittliche Konzentration eines Stoffes in der Luft am Arbeitsplatz, bis zu der akute oder chronische Gesundheitsschäden eines Beschäftigten nicht zu erwarten sind.
Der **BGW** ist die Konzentration eines Stoffes im biologischem Material (z. B. Blut, Urin), bis zu der die Gesundheit eines Beschäftigten nicht beeinträchtigt wird.

Viele organische Lösemittel sind feuergefährlich oder brennbar. Das bedeutet, dass sie bei 50 °C einen Dampfdruck von 0,3 MPa oder noch weniger entwickeln. Brennbare Flüssigkeiten haben einen **Flammpunkt** (Flammtemperatur).

Der Flammpunkt ist die niedrigste Temperatur, bei der die Flüssigkeit unter einem Luftdruck von 1013 hPa Dämpfe entwickelt, die über der Flüssigkeit mit Luft eine durch Fremdzündung entflammbare Mischung ergeben.

In der Regel gilt: Je niedriger der Siedepunkt einer Flüssigkeit ist, desto tiefer liegt auch ihr Flammpunkt.

Die **Brenntemperatur** ist höher als der Flammpunkt. Bei ihr brennen die Dämpfe nach dem Entflammen von selbst weiter. Nach dem Flammpunkt einer Flüssigkeit und ihrer Wasserlöslichkeit weist man den Lösemitteln **Gefahrenklassen** zu **(Tabelle 1)**.

Eine brennbare Flüssigkeit kann sich an heißen Körpern entzünden

Die *Zündtemperatur* ist die niedrigste Temperatur, bei der das *zündwilligste* Gemisch des brennbaren Stoffes mit Luft sich gerade noch von selbst entzündet.

Nach der Zündtemperatur teilt man die feuergefährlichen Stoffe in fünf **Temperaturklassen** ein, die man früher auch *Zündgruppen* nannte **(Tabelle 1)**. Explosionsgefährlich sind Stoffgemengen, wenn sie durch Flammen oder Funkenzündung explodieren können. Im Gemisch mit Luft sind die Dämpfe vieler organischer Lösemittel innerhalb bestimmter Grenzen explosiv **(Tabelle 2)**.

Die Explosionsgrenzen der Mischung eines brennbaren Gases oder Dampfes mit Luft bezeichnen die obere und untere Grenzkonzentration, zwischen denen das Gemisch durch Erhitzen auf die Zündtemperatur oder durch Funken explodieren kann.

Diese Grenzen hängen vom Druck und von der Temperatur ab. Sie werden bei 1013 hPa und 0 °C gemessen. Die Explosionsgrenzen gibt man als Konzentration des brennbaren Gases in der Luft meist als Volumenanteil in % (Vol.%) oder in g/m^3 an.

Organische Lösemittel darf man nicht über das Abwasser entsorgen. Unter den Lösemitteln gibt es viele wassergefährdende Stoffe. Sie verunreinigen Gewässer oder verändern sie nachteilig in ihren Eigenschaften, z.B. für den biologischen Abbau in einer Kläranlage. Die Wassergefährdung wird vor allem durch Gifte für Bakterien, Fische und Säugetiere im Wasser bestimmt. Auch das Abbauverhalten und die Langzeitwirkungen der Stoffe gehen in die Bewertung ein. Je nach Grad der Wassergefährdung teilt man die Stoffe in **Wassergefährdungsklassen** (WGK, Abschnitt 3.5) ein **(Tabelle 3)**.

Organische Lösemittel verwendet man zum Entfetten von Metallen, zum chemischen Reinigen von Textilien, bei den Trennverfahren der Extraktion, Extraktivdestillation oder bei der physikalischen Absorption. Lösemittel sind in Lacken, Druckfarben und Klebstoffen enthalten.

Wiederholung und Vertiefung

1. **Wodurch unterscheiden sich die Gefährdungsgruppen bei Lösemitteln?**
2. **Erläutern Sie die Begriffe Arbeitsplatz-Grenzwert AGW und Biologischer Grenzwert BGW.**
3. **Wodurch unterscheidet sich die Flammtemperatur einer brennbaren Flüssigkeit von ihrer Brenntemperatur?**
4. **Warum muss man beim Entsorgen organischer Lösemittel auf die Wassergefährdungsklasse (WGK) achten?**

Tabelle 1: Temperaturklassen brennbarer Flüssigkeiten

Klasse	Zündtemperatur	Beispiele
T 1	> 450 °C	Aceton, Benzol
T 2	300 °C ... 450 °C	Dioxan, Ethanol
T 3	200 °C ... 300 °C	Butylglykol
T 4	135 °C ... 200 °C	Benzaldehyd, Diethylether
T 5	100 °C ... 135 °C	Schwefelkohlenstoff

Tabelle 2: Explosionsgrenzen von Lösemitteln

Lösemittel	Explosionsgrenzen (in Luft)	
	untere in Vol.%	obere in Vol.%
Aceton	1,6	15,3
Benzol	1,4	6,6
Cyclohexan	1,2	8,3
Dioxan	2,0	22,0
Dichlorethylen	9,7	12,8
Ethanol	3,7	19,0
Methanol	6,7	36,0
Schwefelkohlenstoff	1,25	50,0
Toluol	1,3	6,7

Tabelle 3: Wassergefährdungsklassen (WGK)

Klasse	Erklärung	Beispiele
1	schwach wassergefährdend	Methanol, Ethanol, Propanol, Aceton
2	wassergefährdend	Dioxan, Pyridin, Nitrobenzol
3	stark wassergefährdend	Benzol, Tetrachlormethan

2.3.3 Wichtige organische Lösemittel

Für organische Lösemittel und ihre besonderen Gefahren gelten die H-Sätze (Hazard engl. = Gefahr, **Tabellen Abschnitt 12.1**). Die P-Sätze (Precaution engl. = Schutz) legen die zu treffenden Sicherheitsmaßnahmen fest **(Tabellen Abschnitt 12.1)**.

Die physikalischen Eigenschaften der Lösemittel, wie relative Molekülmasse, Dichte, Schmelzpunkt und Siedepunkt sowie maximaler Arbeitsplatz-Grenzwert AGW und Wassergefährdungsklasse (WGK-Wert), sind in **Tabelle 1, folgende Seite,** zusammengefasst. Besondere Eigenschaften brennbarer Lösemittel finden sich in **Tabelle 1, übernächste Seite**.

Tabelle 1: Eigenschaften organischer Lösemittel, AGW-Werte und Wassergefährdungsklasse WGK

Lösemittel	Relative Molekülmasse	Dichte in g/mL	Schmelzpunkt in °C	Siedepunkt in °C	AGW-Wert		WGK
					mg/m³	mL/m³	
Methanol	32,04	0,787	97,8	64,6	100	20	1
Ethanol	46,07	0,794	–114,5	78,5	960	500	1
Propan-1-ol	60,09	0,804	–126	97	500	200	1
Propan-2-ol	60,09	0,785	–89,5	82,4	500	200	1
Ethandiol	62,07	1,113	–11,5	198	26	10	1
Diethylether	74,12	0,715	–116	34,5	1200	400	1
1,4-Dioxan	88,12	1,034	11,8	101,3	73	20	2
Tetrahydrofuran	72,11	0,889	–108,5	66	150	50	1
Aceton	58,08	0,791	–95	56	1200	500	1
Essigsäureethylester	88,10	0,902	–82,4	77	1400	400	1
Formamid	45,04	1,134	2,6	210	40	20	–
N, N-Dimethylformamid	73,10	0,945	–61	153	30	10	1
Pyridin	79,10	0,982	–41,8	115,5	15	5	2
Acetonitril	41,05	0,783	–44,9	81,6	34	20	2
Schwefelkohlenstoff	76,14	1,263	–111,6	46,3	30	10	2
Dimethylsulfoxid	78,13	1,104	18,5	189	170	50	1
Nitrobenzol	123,11	1,204	5,7	210,9	5	1	2
Dichlormethan	84,94	1,326	–96,7	39,8	260	75	2
Trichlormethan	119,39	1,483	–63,5	61,2	50	10	3
Tetrachlormethan	153,82	1,594	–22,9	76,7	65	10	3
Trichlorethen	131,40	1,464	–73	86,9	270	50	3
Cyclohexan	84,16	0,778	6,5	115	700	200	1
Toluol	92,13	0,866	–95	110,6	190	50	2
Dipenten	136,23	0,840	–89	177,6	–	–	1

Einwertige Alkohole

Methanol (Methylalkohol) ist eine farblose und leicht bewegliche Flüssigkeit, die schwach alkoholisch riecht.

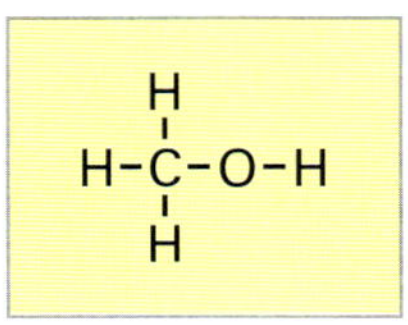

Methanol CH_3OH brennt mit bläulicher Flamme zu Kohlenstoffdioxid und Wasserdampf:

$$2CH_3OH + 3O_2 \rightarrow 2CO_2 + 4H_2O$$

Methanol mischt sich beliebig mit Ethanol, Diethylether und Wasser. CH_3OH ist giftig: Im menschlichen Körper oxidiert es zu Formaldehyd und Ameisensäure. Die Flüssigkeit oder der CH_3OH-Dampf schädigen das Zentralnervensystem und besonders die Sehnerven bis zur Erblindung. Häufigste Ursache für Vergiftungen ist das Verwechseln mit Ethanol. Schon 25 g Methanol wirken auf Menschen tödlich.

Methanol löst Mineralsalze, z. B. NaCl, NH_4Cl, $AgNO_3$, $CuSO_4$, NH_4NO_3, $CaCl_2$, NaJ. Es löst Nitrozellulose, weniger aber Öle und Fette. CH_3OH findet Verwendung als Lösemittel in Lacken und Firnissen, als Extraktionsmittel und als Reinigungsmittel. Es hält bei –30 °C bis –60 °C Verunreinigungen wie HCN, H_2S oder organische Schwefelverbindungen zurück. Methanol wird als Treibstoff für manche Brennstoffzellen (Abschnitt 7.7) verwendet und ist nur eingeschränkt für kosmetische Mittel zugelassen.

Ethanol (Ethylalkohol, „Alkohol", Weingeist, Spiritus) ist eine farblose, klare und hygroskopische (wasseranziehende) Flüssigkeit, die würzig riecht, aber brennend schmeckt.

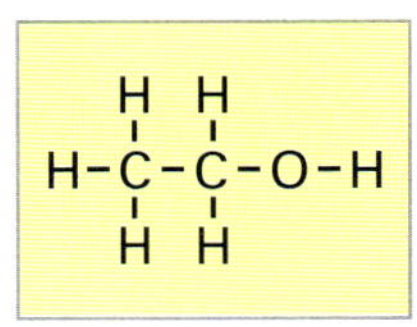

Ethanol ist leicht entzündlich und brennt mit schwach leuchtender, blassblauer Flamme zu Kohlenstoffdioxid und Wasser:

$$C_2H_5OH + 3O_2 \rightarrow 2CO_2 + 3H_2O$$

Tabelle 1: Besondere Eigenschaften feuergefährlicher Lösemittel

Lösemittel	Flammpunkt in °C	Zündtemperatur in °C	Explosionsgrenzen (in Luft) in Vol.%	Lösemittel	Flammpunkt in °C	Zündtemperatur in °C	Explosionsgrenzen (in Luft) in Vol.%
Methanol	10	455	5,5 ... 36,5	Dimethylformamid	58	440	2,2 ... 15,2
Ethanol	16	425	3,7 ... 19	Pyridin	17	–	1,8 ... 12,4
Propan-1-ol	22	360	2,5 ... 9,2	Acetonitril	2	–	4 ... 16
Propan-2-ol	13,5	425	2,5 ... 10,2	Schwefelkohlenstoff	– 20	102	1,3 ... 50
Diethylether	– 41	170	1,8 ... 48	Dimethylsulfoxid	95	270	2,8 ... 22
Ethandiol	117	410	1,8 ... 12,8	Nitrobenzol	88	–	–
1,4-Dioxan	10	379	2,0 ... 22	Cyclohexan	– 17	259	1,2 ... 8,3
Tetrahydrofuran	– 17	260	1,5 ... 12	Benzol	– 11	560	1,4 ... 8,0
Aceton	– 20	540	2,2 ... 13	Toluol	6	535	1,3 ... 6,8
Essigsäureethylester	4	460	2,0 ... 10,0	Dipenten	40	255	0,9 ...

Ethanol vermischt sich mit Benzin, Benzol, Diethylether, Chloroform und Wasser in jedem Verhältnis. Die polare OH-Gruppe des Alkohol-Moleküls zieht die ebenfalls polaren Wasser-Moleküle an. Dadurch erwärmt sich die Flüssigkeit C_2H_5OH beim Mischen mit Wasser etwas.

Ethanol löst Fette, Öle und Harze. C_2H_5OH dient zur Herstellung von *Essenzen* (von lat. essentia = Wesen). Das sind konzentrierte Geruchs- oder Geschmacksstoffe aus pflanzlichen oder tierischen Substanzen. Ethanol ist das wichtigste Lösemittel für Duftstoffe (in Parfüms zu 80% bis 90%) und Kosmetika (40% bis 60%). C_2H_5OH ist Bestandteil alkoholischer Getränke. Brennspiritus enthält 92,4% Ethanol. Ethanol hat einen kleineren Brennwert (Energiegehalt) als Benzin und wird als Treibstoffzusatz für Ottomotoren verwendet.

Propanole (Propan-1-ol, Propylalkohol; Propan-2-ol, Isopropylalkohol, fälschlich auch „Isopropanol" genannt) sind farblose Flüssigkeiten von schwach alkoholischem Geruch und etwas bitterem Geschmack. 1-Propanol ist sehr hygroskopisch. Die Propanole sind leicht entzündlich:

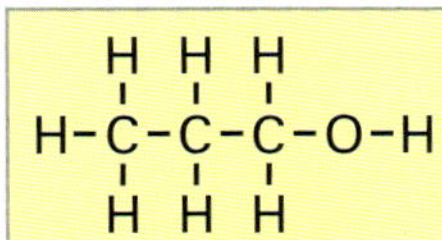

a) Propan-1-ol

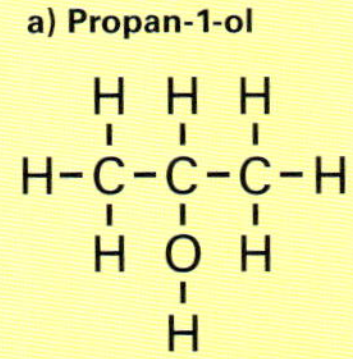

b) Propan-2-ol

$$2C_3H_7OH + 9O_2 \rightarrow 6CO_2 + 8H_2O$$

Propanol reizt die Augen und die Schleimhäute. Die Dämpfe wirken betäubend. Man verwendet die Propanole als Lösemittel für Harze, Rizinusöl, Celluloseester, für Kosmetika und Einreibemittel, als Dispergiermittel in Bohnerwachsen, für Reinigungsmittel und zur Lösemittel-Extraktion. Außerdem dienen sie zum Entfrosten und als Frostschutzmittel.

Alkanole $C_nH_{2n+1}OH$ (einwertige Alkohole) riechen charakteristisch. Je mehr C-Atome im Molekül sind, desto höher ist ihr Siedepunkt und desto schlechter mischen sie sich mit Wasser.

Mehrwertige Alkohole

Ethan-1,2-diol (Ethylenglykol, „Glykol"), ist eine farb- und geruchlose, stark hygroskopische, zäh-viskose und süßliche, brennbare Flüssigkeit (*Glykol* von griech. glykýs = süß). Sie mischt sich beliebig mit Alkoholen, Aceton und Wasser, dagegen nur schwer mit Benzin, kaum mit Diethylether (zu nur 0,79%) und überhaupt nicht mit Benzol oder Chloroform. Verschlucken der Flüssigkeit schädigt vor allem die Nieren. Die mittlere tödliche Dosis beträgt 1,4 mL je kg Körpergewicht. 1,2-Ethandiol verwendet man zum Herstellen von Polyestern,

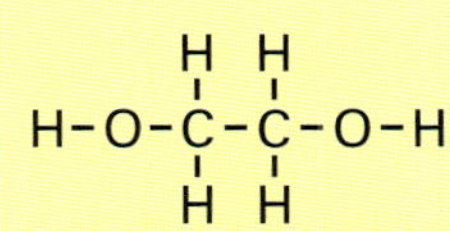

als Enteisungsmittel für Flugzeuge und in Kühlerschutzmitteln („Frostschutz"). Mischungen aus 40% bis 50% Ethandiol mit Wasser gewähren einen Kälteschutz von –28°C bis –38°C durch Herabsetzen des Gefrierpunkts der Flüssigkeit. 1,2-Ethandiol löst Harze, Cellulosenitrat und dient als Lösemittel für Druckfarbstoffe.

Mehrwertige Alkohole, z. B. $C_nH_{2n}(OH)_2$, $C_nH_{2n-1}(OH)_3$, $C_nH_{2n-2}(OH)_4$, schmecken süß, und zwar umso mehr, je größer die Zahl der OH-Gruppen im Molekül ist.

Mit der Anzahl der OH-Gruppen steigt auch die Wasserlöslichkeit, während die Löslichkeit in Ethanol und Diethylether abnimmt.

Ether

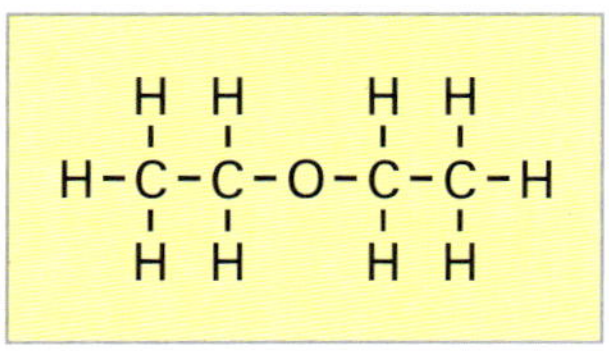

Diethylether ist eine wasserklare, leicht bewegliche und süßlich riechende Flüssigkeit, die sehr schnell verdunstet. Die Dämpfe sind leicht entzündlich und – gemischt mit Luft – schon bei einer Konzentration von 1,8 Vol.% explosiv. Gasförmiger Diethylether hat eine größere Dichte als Luft und „kriecht" am Boden. Beim Strömen oder Umschütteln lädt sich die Flüssigkeit elektrostatisch auf (Gefahr der Funkenbildung!). Umfülltrichter und Ether-Rohrleitungen sind deshalb zu erden. H_5C_2-O-C_2H_5 oxidiert an der Luft und bildet schwerflüchtige Peroxide, die heftig explodieren können (häufigste Unfallursache!). Diethylether wirkt durch Lähmung des Zentralnervensystems narkotisierend.

Diethylether löst sich zu 7% in Wasser. Er ist aber gut löslich in konzentrierter Salzsäure, Benzol, Chloroform, in Methanol, Ethanol und anderen Alkoholen, in Petrolether, Ölen und den meisten Lösemitteln für Fette. Diethylether verwendet man als Lösemittel für Eisen(III)-chlorid, Alkaloide, fette und etherische Öle, Fette, Wachse, Harze, Farben und für Jod, Phosphor und Schwefel.

Gemischt mit Ethanol dient Diethylether zum Lösen von Kollodiumwolle und zum Gelieren von Nitrozellulose.

Diethylether oxidiert an der Luft und kann zu heftigen Explosionen führen.

Heterocycloalkane

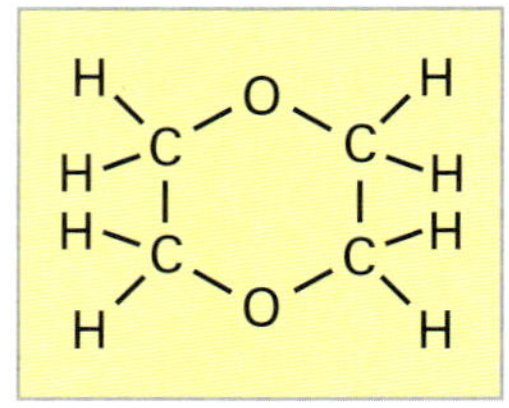

1,4-Dioxan ist eine farblose und etwas ölige Flüssigkeit, die aromatisch riecht und entzündbar ist. Die Dämpfe wirken narkotisch, reizen Augen, Atemwege und Lungen. Sie können zu schweren Nierenschäden und Leberschäden führen. Die Haut vermag Dioxan aufzunehmen. Der Stoff steht im Verdacht, krebsauslösend zu sein. Dioxan mischt sich beliebig mit Wasser, Ethanol, Diethylether und den üblichen organischen Lösemitteln. Es bildet an der Luft explosive Peroxide. 1,4-Dioxan ist ein universelles Lösemittel für Harze, Öle, Wachse, Celluloseester und -ether, für Fette und Farbstoffe.

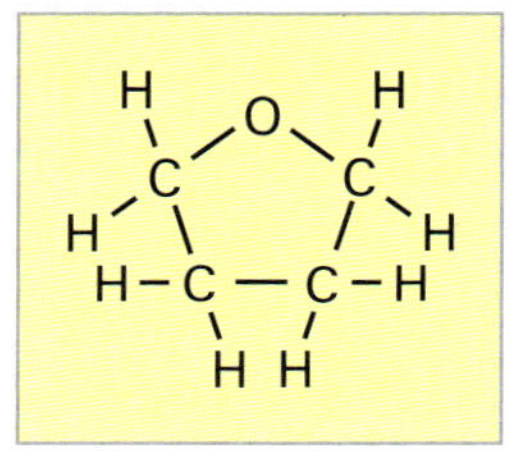

Tetrahydrofuran (THF, Tetramethylenoxid, Oxolan) ist eine klare, farblose und entzündbare Flüssigkeit, die acetonähnlich riecht und narkotisch wirkt. Sie verdunstet leicht. Mit dem Sauerstoff der Luft bilden sich explosive Peroxide. THF ist mischbar mit Aceton, Alkoholen, Estern, Ethern, Ketonen, Kohlenwasserstoffen und Wasser. Das azeotrope Wassergemisch enthält 94,6% Tetrahydrofuran und siedet bei 63,2°C. THF löst Cellulosenitrat, Polyvinylchlorid, Polystyrol und Polyurethane. Es ist Bestandteil von Klebstoffen, Lacken und Druckfarben.

Heterocycloalkane sind gesättigte Ringverbindungen mit außer dem Wasserstoff mindestens zwei Atomsorten im Ring, z. B. C und O.

Ketone

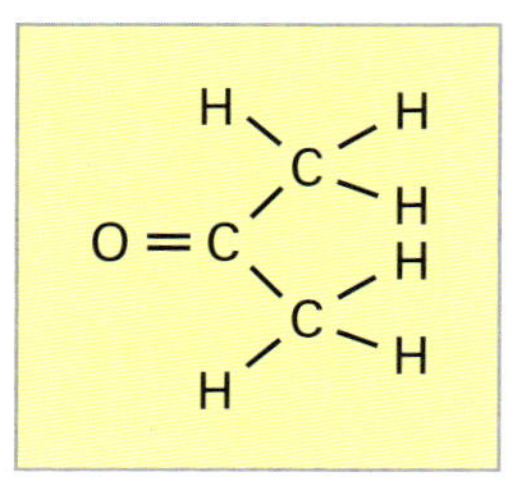

Aceton (2-Propanon, Dimethylketon) ist eine farblose und klare, feuergefährliche Flüssigkeit, die charakteristisch riecht und mit leuchtender Flamme brennt. Aceton hat einen niedrigen Siedepunkt (56°C) und ist leicht flüchtig. Die Dämpfe rufen Bronchienreizung, Kopfschmerzen und

Müdigkeit hervor und narkotisieren. Mit Ethanol, Diethylether, Benzol, Chloroform und Wasser sowie mit fetten und etherischen Ölen ist Aceton beliebig mischbar. Aceton löst Fette, Wachse und Harze, Asphalt und Schellack, Acetyl- und Nitrocellulose sowie Vinylharze. Daher verwendet man Aceton als technisches Lösemittel, in Abbeizmitteln für Öl- und Lackfarben, als Nagellackentferner, zum Kleben von Celluloid und zum Lösen von Celluloseacetat.

Ester

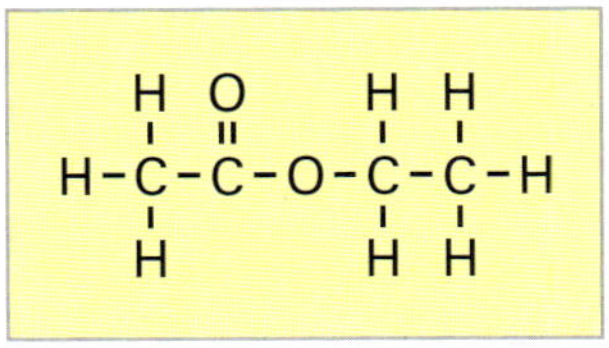

Essigsäureethylester (Ethylacetat, Essigester) ist eine farblose, leicht flüchtige Flüssigkeit von angenehm obstartig-erfrischendem Geruch, die sich leicht entzünden lässt. Die Dämpfe reizen Augen und Atemwege, sie wirken in größerer Konzentration betäubend. Essigsäureethylester löst sich in der 10-fachen Wassermenge, mischt sich mit Chloroform, Ethanol und Diethylether in jedem Verhältnis. Es zerfällt an Licht und Luft langsam in Essigsäure und Ethanol. $H_3C\text{-}COO\text{-}C_2H_5$ ist ein wichtiges Lösemittel, z. B. für Acetyl- und Nitrocellulose. Es wird bei der Herstellung von Celluloid, Cellophan, Lacken und Kunstharzen verwendet und ist wesentlicher Bestandteil vieler Speziallösemittel.

Stickstoffverbindungen

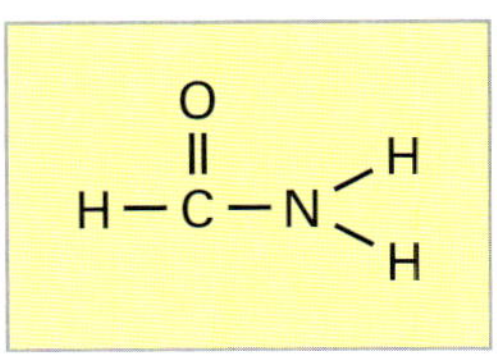

Formamid (Ameisensäureamid) ist eine farblose, hygroskopische und etwas zähe Flüssigkeit, die sich beim Sieden zersetzt. Formamid reizt die Haut und die Dämpfe die Schleimhäute. Es wird verdächtigt, Krebs zu erzeugen. Formamid mischt sich mit Aceton, Alkoholen, Dioxan, Essigsäure, Glykolen und Phenol in jedem Verhältnis, nicht jedoch mit Ethern, Kohlenwasserstoffen und Chlorkohlenwasserstoffen. Wegen seiner sehr hohen Permittivitätszahl ($\varepsilon_r = 109$) löst Formamid viele anorganische Salze, z. B. die Chloride von Aluminium, Blei, Eisen, Kobalt, Kupfer, Nickel, Zinn und Zink. Es löst außerdem Kalium- und Natriumacetat, Casein, Celluloseacetat, Gelatine, Glucose, Nylon, Lignin, Polyvinylalkohol, Stärke und Tannin.

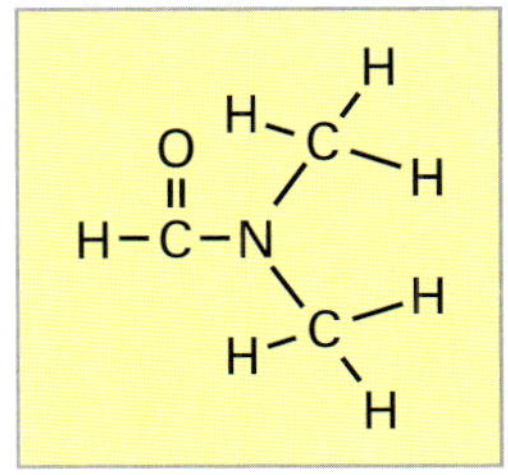

N,N-Dimethylformamid (DMF) ist eine farblose, bewegliche und entzündbare Flüssigkeit, die durch die Haut aufgenommen wird. Die Dämpfe reizen die Schleimhäute und können Schädigungen von Leber und Nieren verursachen. Wahrscheinlich nehmen auch Embryos Schaden. DMF mischt sich mit Wasser und den meisten organischen Lösemitteln, allerdings nicht mit Kohlenwasserstoffen (Alkanen). Dimethylformamid ist ein universelles Lösemittel für Pigmente und Anstrichmittel, Cellulosederivate, Polyacrylnitril, Polyvinylchlorid, Polyurethane, Polyamide, Epoxidharze und Naturharze. Es eignet sich in der Petrochemie auch als Abtrennmittel für Acetylen, Butadien und Benzol.

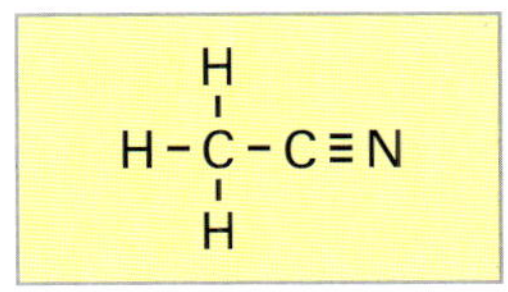

Acetonitril (Essigsäurenitril, veraltet auch „Methylcyanid") ist eine farblose, angenehm etherartig riechende Flüssigkeit, die mit leuchtender, pfirsichroter Flamme brennt. Die Dämpfe sind beim Einatmen ebenso giftig wie die Flüssigkeit beim Verschlucken oder auf der Haut. $H_3C\text{-}CN$ mischt sich beliebig mit Aceton, Diethylether, Ethanol, Methanol, Tetrachlormethan und Wasser. Es löst die meisten anderen organischen Lösemittel, nicht aber Petrolether. Wegen seiner hohen Permittivitätszahl ist Acetonitril ein häufig benutztes Lösemittel für viele anorganische Salze, organische Verbindungen und für Fette.

Schwefelverbindungen

$$S=C=S$$

Schwefelkohlenstoff CS_2 (Kohlenstoffdisulfid) ist eine farblose, sehr leicht entzündliche und stark lichtbrechende Flüssigkeit. Die Dämpfe haben eine 2,5-mal höhere Dichte als Luft. CS_2 ist leicht entzündbar. Mit Luft gemischt ist CS_2 sehr explosiv. Schwefelkohlenstoff ist giftig. Die Dämpfe beeinflussen das Nervensystem. CS_2 löst sich gut in Alkohol, Benzol, Chloroform, Ether, Tetrachlormethan, in fetten und etherischen Ölen, kaum jedoch in Wasser (zu nur 0,2 %).

Schwefelkohlenstoff ist ein technisches Lösemittel vor allem für Brom, Jod, Phosphor, Schwefel und viele organische Stoffe. Es dient zur Fabrikation von Viskoseseide. Wegen seiner Toxizität ersetzt man es heute meist durch andere Lösemittel.

Dimethylsulfoxid (DMSO) ist eine farb- und geruchlose, hygroskopische und entzündbare Flüssigkeit von leicht bitterem Geschmack, die sich in Wasser und organischen Lösemitteln löst, aber nicht in Kohlenwasserstoffen. DMSO kann von der Haut aufgenommen werden. Wegen seiner hohen Permittivitätszahl ($\varepsilon_r = 46{,}7$) ist es ein ausgezeichnetes Löse- und Extraktionsmittel.

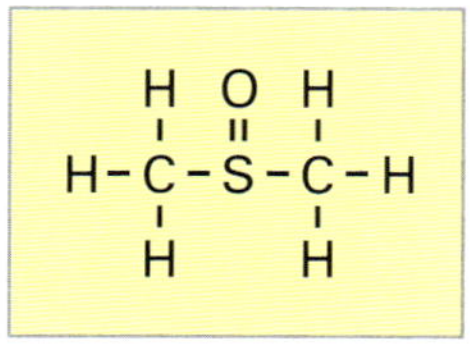

Nitroverbindungen

Nitrobenzol ist eine schwach gelblich gefärbte, giftige und entzündbare Flüssigkeit, die nach Bittermandeln riecht und das Licht stark bricht. In Wasser löst sich Nitrobenzol nur in Spuren. Gelangt $C_6H_5NO_2$ über die Atmungsorgane, durch den Mund oder durch die Haut in den Körper, kommt es zu schweren Vergiftungen. Schwächegefühl, Erbrechen, Krämpfe und Bewusstlosigkeit sind die Folge. Das Blut nimmt keinen Sauerstoff mehr auf.

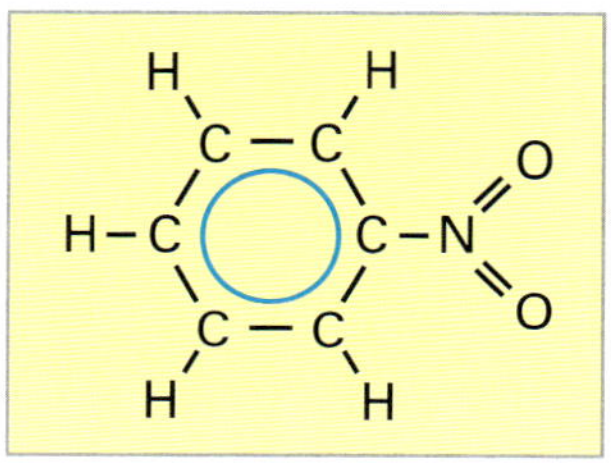

Nitrobenzol mischt sich mit Benzol, Ethanol, Diethyl- und Petrolether sowie mit Ölen. Weil es giftig ist, dient es nur selten als Lösemittel.

Chlorkohlenwasserstoffe

Dichlormethan (Methylenchlorid) ist eine farblose, niedrig siedende und unbrennbare Flüssigkeit von chloroformartigem Geruch. Die Dämpfe reizen die Augen; längeres Einatmen berauscht und führt zu Kopfschmerzen, Schwindel, Erbrechen und zur Bewusstlosigkeit. Es besteht der begründete Verdacht, dass Dichlormethan Krebs erzeugend ist.

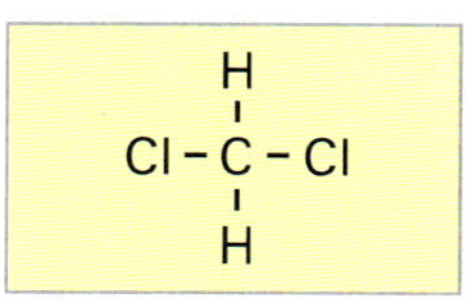

CH_2Cl_2 lässt sich mit Ethanol, Dimethylformamid und Ether unbegrenzt mischen, löst sich aber nur zu 2 % in Wasser. Dichlormethan verwendet man als Löse- und Extraktionsmittel für fette Öle, Coffein und Kakaobutter. Es löst Celluloseester, Harze, Mineralöle und Wachse. CH_2Cl_2 dient als Fleckenreinigungs-, Abbeiz- und Metallentfettungsmittel, ferner zum Kleben von Filmen.

Trichlormethan $CHCl_3$ (Chloroform) ist eine klare, farblose, unbrennbare Flüssigkeit, die eigenartig süßlich riecht und beim Einatmen oder oraler Aufnahme (mit dem Mund) betäubend wirkt. $CHCl_3$ schädigt wie viele Chlorkohlenwasserstoffe die Leber und ist Krebs erzeugend.

Licht und Sauerstoff zersetzen Chloroform allmählich zu Phosgen $COCl_2$ und Chlorwasserstoff HCl (Aufbewahrung in braunen Flaschen!). Trichlormethan ist in Aceton, Benzin, Benzol, Ethanol, Ether und Fetten leicht löslich, in Wasser nur zu 0,82 %. Es ist als Lösemittel für Jod, Schwefel, Phosphor, Paraffine, Fette, Harze, Öle und Kautschuk von Bedeutung.

Tetrachlormethan CCl_4 (Tetrachlorkohlenstoff, Kohlenstofftetrachlorid, „Tetra“) ist eine klare, farblose, unbrennbare und chloroformähnlich riechende Flüssigkeit, die das Licht stark bricht. Wärme und Licht zersetzen CCl_4 u. a. zu dem giftigen Phosgen $COCl_2$. Deshalb darf es nicht mehr als Feuerlöschmittel („Halon“) verwendet werden. CCl_4 ist ein Zellgift. Die Dämpfe narkotisieren ähnlich wie Chloroform und rufen Kopfschmerzen, Übelkeit und Schwindel hervor. Bei längerer Einwirkung schädigt Tetrachlormethan Nieren und Leber schwer. CCl_4 wird mit Grund verdächtigt, Krebs erregend zu sein. In Wasser ist Tetrachlormethan nur sehr schwer löslich (nur zu 0,077 %), leicht dagegen in Benzin, Benzol, Ethanol, Ether, etherischen und fetten Ölen. CCl_4 löst Jod, Fette, Harze, Kautschuk und Öle. Tetrachlormethan darf wegen seiner Giftigkeit nicht mehr als Reinigungs-, Entfettungs-, Löse- oder Verdünnungsmittel verwendet werden. CCl_4 ist sehr beständig. Es wird nur sehr langsam zersetzt (Lebensdauer 60 bis 100 Jahre) und kann in die Stratosphäre gelangen. Dort beteiligt es sich mit den FCKW (Fluor-Chlor-Kohlenwasserstoffe) an der Zerstörung der Ozonschicht, weil ultraviolette Strahlen die Moleküle abbauen.

Tetrachlorethen $Cl_2C = CCl_2$ (Perchlorethylen, „Per“) ist eine chloroformartig riechende und nicht brennbare Flüssigkeit, die zwar in Wasser unlöslich ist, sich aber mit den meisten organischen Lösemitteln mischt. Die Dämpfe reizen Augen und Atemwege und wirken betäubend. Die Haut kann das flüssige Tetrachlorethen aufnehmen. Es schädigt dann Leber und Nieren. C_2Cl_4 steht im Verdacht, Krebs zu erregen. C_2Cl_4 wird bevorzugt zur Textilreinigung und als Entfettungsmittel für Metalle verwendet. Für kosmetische Artikel ist es verboten.

Chlorkohlenwasserstoffe (CKW) darf man nicht in die Stratosphäre gelangen lassen.

Sie bauen dort ähnlich wie die Fluorchlorkohlenwasserstoffe FCKW die Ozonschicht ab.

Chlorkohlenwasserstoffe (CKW) haben meist eine hohe Dichte, sinken im Wasser nach unten und vermischen sich nicht, bleiben also im Grundwasser.

Vom Boden werden sie nur langsam abgebaut. Sie sind giftig und stehen im Verdacht, Krebs zu erzeugen.

Kohlenwasserstoffe

Benzine sind Gemische von Kohlenwasserstoffen mit 5 bis 12 Kohlenstoffatomen in den Molekülen **(Tabelle 1)**. Benzine sind meist wasserhelle, leicht verdunstende, leicht entzündbare Flüssigkeiten mit typischem Geruch. Sie sind in Chloroform, Ethanol oder Ether leicht löslich, in Wasser jedoch praktisch unlöslich. Die Benzine sind gute Lösemittel für Fette, Öle und Harze. Man verwendet *Petrolether* (Pentan-Heptan-Gemisch) als Fleckenreinigungsmittel, zur Textilreinigung und zur Extraktion von Fetten. *Benzin II* (Benzinum, enthält C_5H_{12} bis C_9H_{20}) dient als Lösemittel für Öle, Fette und Kautschuk sowie zum Entfernen von Pflasterresten. *Waschbenzin* (Zusammensetzung: C_6H_{14} bis C_9H_{20}) wird in Wäschereien, in der Textilindustrie und zum Reinigen von Maschinenteilen und Motoren benutzt. Testbenzin (TB1, bestehend aus C_7H_{16} bis $C_{10}H_{22}$) gebraucht man für die Herstellung von Lacken, Schuhcremes und Bohnerwachs.

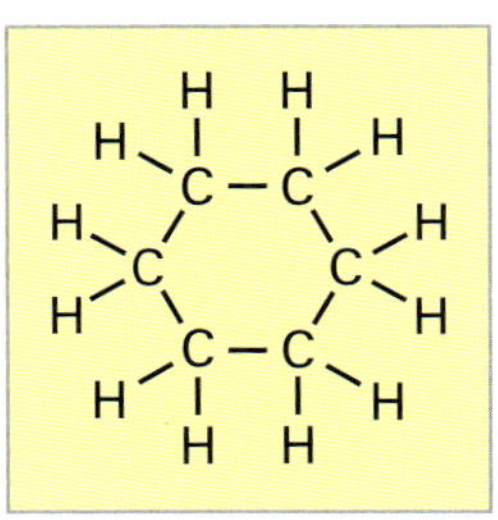

Cyclohexan C_6H_{12} ist eine farblose, leicht entzündbare Flüssigkeit, deren Dämpfe Augen und Atemwege reizen. Sie führen zu Bewusstlosigkeit, schädigen Nieren und Leber. C_6H_{12} ist aber weniger toxisch als Benzol. Cyclohexan

Tabelle 1: n-Alkane (Benzin-Bestandteile)

Name und Formel	Dichte in g/mL	Schmelzpunkt in °C	Siedepunkt in °C
Pentan C_5H_{12}	0,626	–130,8	36,2
Hexan C_6H_{14}	0,664	–93,5	68,8
Heptan C_7H_{16}	0,684	–90,5	98,3
Oktan C_8H_{18}	0,702	–57,0	125,8
Nonan C_9H_{20}	0,718	–51,0	150,6
Decan $C_{10}H_{22}$	0,734	–30,1	173,8
Undecan $C_{11}H_{24}$	0,746	–26,5	196,5
Dodecan $C_{12}H_{26}$	0,751	–12,0	214,5

ist unlöslich in Wasser, löst sich aber in Kohlenwasserstoffen, Chlorkohlenwasserstoffen, Ethanol und Ether. C_6H_{12} verwendet man als Lösemittel für Harze und Lacke sowie zum Extrahieren etherischer Öle.

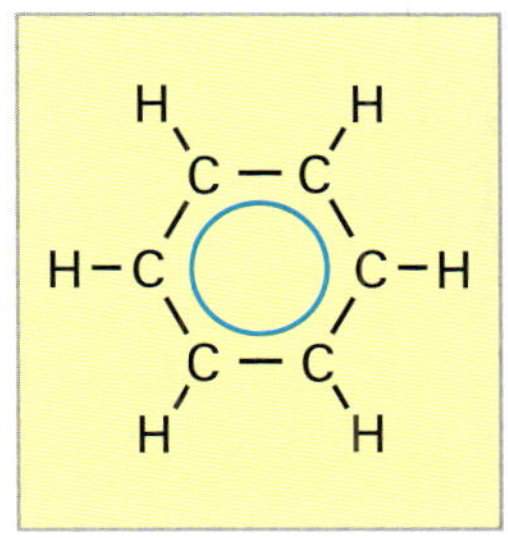

Benzol ist eine farblose, leicht bewegliche, leicht entzündbare und stark lichtbrechende Flüssigkeit, die eigenartig riecht. Die Dämpfe führen zu Kopfschmerzen, Ohrensausen, Schwindel, Erbrechen und Bewusstlosigkeit. Benzoldämpfe erweisen sich bei längerem Einatmen als starkes Gift, das Leber, Nieren und das Knochenmark schädigt, Krebs erzeugend wirkt und Leukämie hervorruft. Das flüssige Benzol ist ein Hautgift, das die gleichen Erkrankungen verursacht. Benzol ist praktisch unlöslich in Wasser (Löslichkeit 0,15 %), mischt sich jedoch beliebig mit Aceton, Ethanol und Diethylether. Als Lösemittel für Jod, Phosphor, Asphalt, Harze, Kautschuklacke, Fette, Öle und Wachse findet Benzol wegen seiner Toxizität nur noch eingeschränkt Verwendung. Man mischt es aber noch Motorkraftstoffen bei.

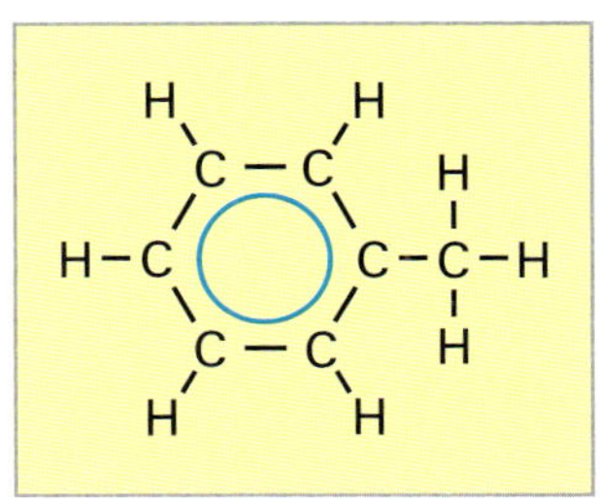

Toluol ist eine farblose und klare, leicht bewegliche, stark lichtbrechende Flüssigkeit, die benzolartig aromatisch riecht. Sie ist leicht entzündbar und verbrennt mit leuchtender, aber stark rußender Flamme. Die Dämpfe betäuben in starker Konzentration, reizen Augen und Atemwege. Die Haut vermag ebenfalls das flüssige Toluol aufzunehmen. Toluol ist praktisch unlöslich in Wasser (nur zu 0,047 %), mit Aceton, Benzol, Chloroform, Ethanol, Diethylether, Schwefelkohlenstoff, etherischen und fetten Ölen aber beliebig mischbar. Als Lösemittel und Lackverdünnungsmittel kann Toluol in den meisten Fällen das Benzol ersetzen, das viel gesundheitsschädlicher ist.

Terpene-Lösemittel

sind eine Alternative zu den halogenierten Lösemitteln, also z. B. zu Di- und Trichlormethan, Trichlorethen oder Tetrachlormethan.

Dipenten $C_{10}H_{16}$ ist z. B. der Hauptbestandteil des Hoechst-Lösemittels Depanol. Dipenten wird aus Holzterpentinöl, aus Kautschuk, etherischen Ölen oder als Nebenprodukt der Campher-Synthese gewonnen. Dipenten ist eine farblose, ölige und lichtbrechende Flüssigkeit, die nach Zitrone riecht. Die Permittivitätszahl beträgt 2,4. Dipenten löst sich in Alkoholen, in Wasser aber nur zu maximal 0,05 %. Es ist brennbar.

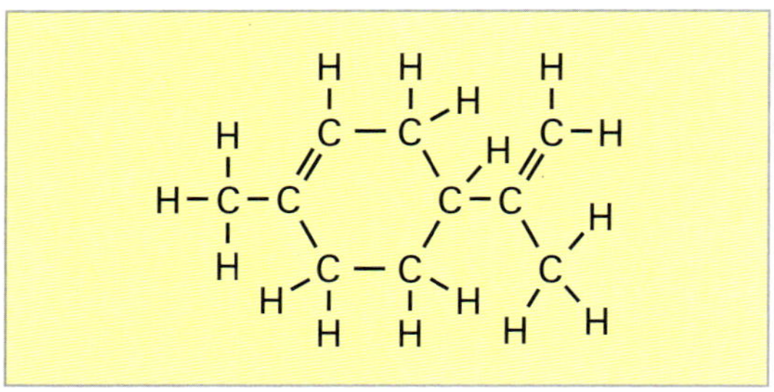

Terpene werden häufig als natürliche Lösemittel bezeichnet, sind aber trotzdem nicht immer harmlos.

2.4 Disperse Systeme
Disperse Systems

Disperse Systeme sind Gemische aus zwei oder mehr Phasen (Zustandsformen). Die eine, die *disperse Phase* (von lat. dispergere = zerstreuen, verteilen), z. B. Partikel, Bläschen, Tröpfchen, ist in der anderen, dem **Dispersionsmittel** (kontinuierliche Phase, z. B. Gas, Flüssigkeit, Feststoff), fein verteilt und innig mit ihr vermischt, jedoch nicht oder kaum gelöst.

> Disperse Systeme bestehen aus zwei oder mehr Phasen, bei denen die dispersen Phasen im Dispersionsmittel verteilt sind.

2.4.1 Grundbegriffe

Die disperse Phase und das Dispersionsmittel können fest, flüssig oder gasförmig sein **(Tabelle 1)**. Die Eigenschaften eines dispersen Systems sind weitgehend durch die Teilchengröße der dispersen Phase bestimmt. Den Grad der Zerteilung eines Stoffes nennt man *Dispersionsgrad.*

> Mit zunehmendem Dispersionsgrad verringert sich die Teilchengröße.

Disperse Systeme lassen sich nach dem Dispersionsgrad einteilen **(Tabelle 1, folgende Seite)**. In feindispersen Systemen bestehen die Teilchen der dispersen Phase aus einzelnen Molekülen *(molekulardispers)* oder Ionen *(ionendispers).* Feindisperse Systeme sind *echte Lösungen.* In grobdispersen Systemen, z. B. in Suspensionen, setzt sich die disperse Phase wegen der Schwerkraft im Laufe der Zeit ab, sie *sedimentiert* (von lat. sedere = setzen, absetzen).

Tabelle 1: Beispiele disperser Systeme

Beispiel	disperse Phase	Dispersionsmittel	Erläuterungen
Rauch, Staub	fest	gasförmig	Aerosol[1]: feste Schwebstoffe im Gas.
Nebel	flüssig	gasförmig	Aerosol[1]: Flüssigkeitströpfchen im Gas.
Schaum	gasförmig	flüssig	Gasbläschen in Flüssigkeit, z. B. Seifenschaum.
Emulsion[2]	flüssig	flüssig	Flüssigkeitstropfen in Flüssigkeit, z. B. Milch, Butter.
Suspension[3]	fest	flüssig	Aufschlämmung fester Teilchen in Flüssigkeit, z. B trübes Wasser.
feste Suspension	fest	fest	Feste Teilchen in Festkörper, z. B. Milchglas.
feste Emulsion	flüssig	fest	Flüssigkeitstropfen im festen Stoff, z. B. Töpferton.
fester Schaum	gasförmig	fest	Gasbläschen in festem Stoff, z. B. Bimsstein.

[1] von griech. aér = Luft und lat. solutus = gelöst, [2] von lat. emulgere = ausmelken,
[3] von lat. suspendere = aufhängen, schweben.

2.4.2 Kolloide Lösungen

Kolloide Systeme sind ein schwer abzugrenzender Zwischenzustand zwischen *homogenen* (einheitlichen) und *heterogenen* (uneinheitlichen) Mischungen. Kolloide Lösungen mit Teilchendurchmesser unter 100 nm erscheinen auch durch ein Mikroskop betrachtet als homogen, weil die Wellenlängen des Lichts größer als die Abmessungen der Teilchen sind (Licht hat Wellenlängen von 400 nm für violettes bis 750 nm für rotes Licht). Mit einem besonderen Effekt, dem *Tyndall-Effekt* (nach dem engl. Physiker Tyndall, 1820 bis 1893), kann man aber die kolloiden Teilchen sichtbar machen **(Bild 1)**. Seitlich einfallendes Licht lässt die kolloide Lösung trüb erscheinen. Ähnlich macht auch ein Sonnenstrahl, wenn er durch die Ritzen einer geschlossenen Jalousie ins Zimmer fällt, die Staubteilchen im Raum sichtbar. In kolloiden Lösungen sieht man unter dem *Ultramikroskop* Teilchen bis 10 nm Durchmesser als einen kleinen Lichtfleck. Die völlig ungeordnete Wärmebewegung der Lösemittelmoleküle stößt die kolloiden Teilchen so herum, dass sie entgegen der Schwerkraft in der Schwebe bleiben.

Die kolloiden Teilchen sind so klein, dass sie normale Filter (mittlere Porenweite etwa 5 µm) durchlaufen. Es gibt aber **Ultrafilter** aus tierischen, pflanzlichen oder künstlich hergestellten Membranen, nämlich aus Pergamentpapier, Kollodiumhaut, Cellophan, Polyamiden, PVC, Polysulfonen oder Teflon. Diese Filter können echte Lösungen von kolloiden trennen **(Bild 2)**. Die Trennung von Kolloiden nennt man *Dialyse* (von griech. diálysis = Trennung). Im **Dialysator** können Teilchen mit weniger als 1 nm Durchmesser den Ultrafilter passieren. Das strömende Wasser um die Membranhülse nimmt diese Teilchen mit. Der Ultrafilter hält die kolloid gelösten Stoffe zurück. Höhere Temperatur oder eine elektrische Spannung an Elektroden zu beiden Seiten der Membran beschleunigen die Dialyse (*Elektrophorese* = Bewegung elektrisch geladener Teilchen im elektrischen Feld in sonst nichtleitenden Flüssigkeiten).

Wiederholung und Vertiefung

1. **Was versteht man unter einem dispersen System?**
2. **Erklären Sie die Begriffe disperse Phase und Dispersionsmittel.**
3. **Unter welchen Bedingungen nennt man einen dispersen Stoff kolloiddispers?**
4. **Welche Eigenschaften unterscheiden kolloide von echten Lösungen?**
5. **Beschreiben Sie den Tyndall-Effekt.**
6. **Welche Eigenschaft besitzen Ultrafilter?**

Tabelle 1: Einteilung disperser Systeme

System	Teilchendurchmesser in der dispersen Phase
feindispers (molekular- oder ionendispers)	< 1 nm
kolloiddispers	1 nm ... 100 nm
grobdispers	> 0,1 µm

kolloid = leimartig, von griech. kólla = Leim und eidos = Form, Aussehen.

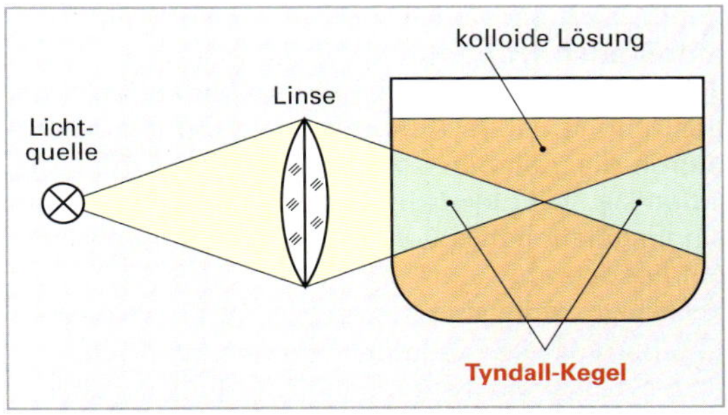

Bild 1: Tyndall-Effekt in kolloiden Lösungen

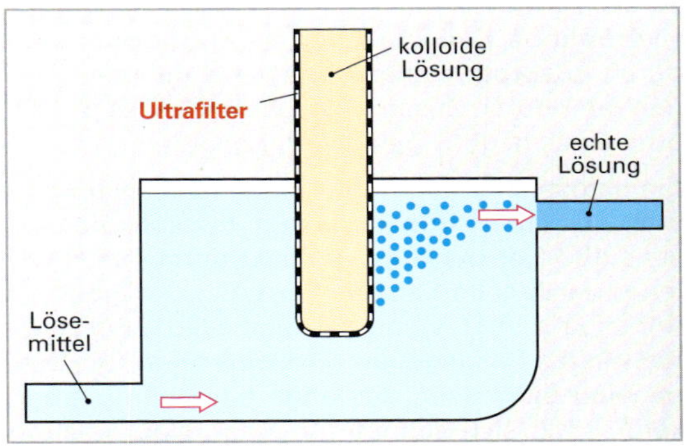

Bild 2: Dialysator

2.4.3 Besondere Eigenschaften kolloider Lösungen

Man unterscheidet kugelförmige *(Sphärokolloid)*, z. B. Ag oder Pt, blättchenförmige *(Laminarkolloid)*, z. B. $Fe(OH)_3$, und fadenförmige kolloide Teilchen (Linearkolloid), z. B. V_2O_5. Die unterschiedliche Teilchenform und die Konzentration bestimmen die *Viskosität*.

> Sphärokolloide sind niederviskos, gleich konzentrierte Linearkolloide haben eine wesentlich höhere Viskosität.

Die fein verteilten kolloiden Teilchen besitzen eine vergleichsweise große Oberfläche, an der sich auch Atome mit ungepaarten Elektronen befinden. Die kolloiden Teilchen haben das Bestreben zu *adsorbieren* (von lat. ad = hinzu und sorbere = schlucken). Die Teilchen wollen sich also zusammenballen (Ausflockung, Koagulation, von coagulatum (lat.) = Geronnenes).

Hydrophobe Kolloide

Wasserabstoßende Kolloide nennt man **hydrophob** (von griech. hydrophóbos = wassermeidend), bezogen auf irgend ein beliebiges Lösemittel auch *lyophob* (von griech l'yein = lösen). Je größer die Oberfläche der kolloiden Teilchen, desto höher ist ihr Adsorptionsvermögen. Adsorbieren die Teilchen bevorzugt nur eine Ionenart, laden sie sich gleichsinnig auf **(Bild 1)**. Die gleichsinnig geladenen kolloiden Teilchen stoßen sich in der Lösung ab.

> Ein Ausflocken kolloider Lösungen verhindert
> 1. eine elektrische Aufladung der Teilchen oder
> 2. das Umhüllen mit Lösemittel-Molekülen.

Hydrophobe Kolloide koagulieren (flocken aus) durch Adsorption entgegengesetzt geladener Ionen oder durch Zusammenschütten eines positiv oder eines negativ geladenen Kolloids.

Ein gelöstes Kolloid nennt man auch *Sol* (Kunstwort aus lat. solutio = Lösung). Ein kolloides Arsensulfid-Sol (As_2S_3) z. B. flockt durch die H_3O^+-Ionen verdünnter Salzsäure aus. Eine Koagulation findet auch statt, wenn z. B. ein $Fe(OH)_3$-Sol zu einem As_2S_3-Sol gegeben wird. Eine feine Ton-Suspension in Wasser, die lange bestehen bleiben kann, setzt sich schnell ab, wenn NaCl-Lösung oder $MgCl_2$-Lösung dazukommt.

Hydrophile Kolloide

Wasseranziehende Kolloide nennt man **hydrophil** (von griech. philos = freundlich, Freund) oder allgemein für auch andere Lösemittel *lyophil*. Hydrophile kolloide Teilchen stabilisieren sich durch Hydration, d. h., ein Wassermantel umgibt die Teilchen **(Bild 2)**. Bei manchen Kolloiden ist die Anlagerung von H_2O-Molekülen so stark, dass das Sol zu einem *Gel* erstarrt (von lat. gelatus = erstarrt), z. B. bei Gelatine, bei konzentrierter Kieselsäurelösung oder einer $Al(OH)_3$-Lösung.

> Kolloiddisperse Systeme kommen als Sol (kolloide Lösung) oder als Gel (gallertartige Masse) vor.

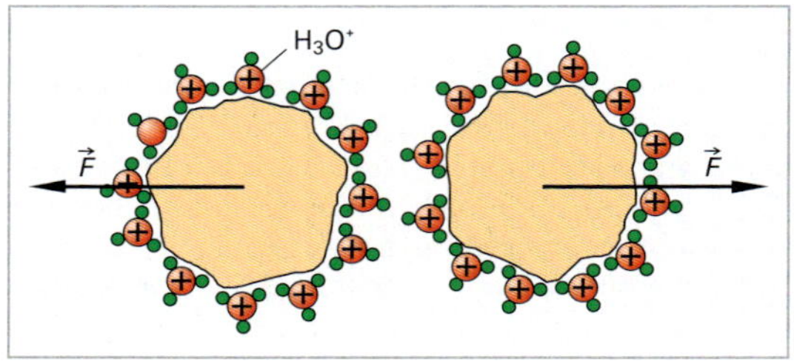

Bild 1: Abstoßung hydrophober Kolloide

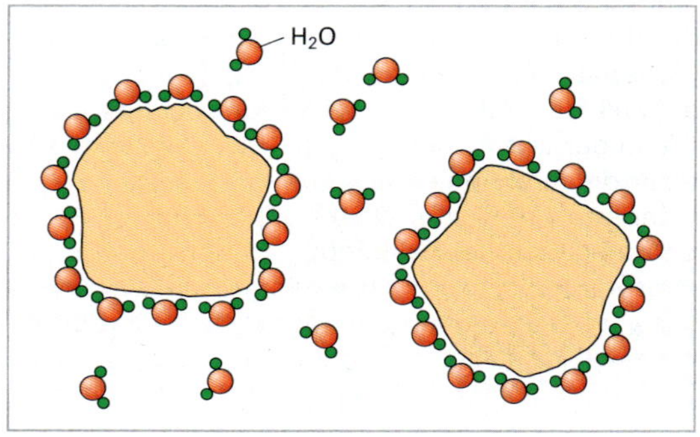

Bild 2: Hydration hydrophiler Kolloide

Durch Verdünnen mit Wasser löst sich ein Gel wieder zu einem Sol. Im Gel bilden die kolloiden Teilchen ein unregelmäßiges, weitmaschiges Gerüst, das mit Wasser durchtränkt ist. Oft bricht mechanisches Schütteln die wenigen örtlichen Bindungen auf und das Gel verflüssigt sich. Ohne mechanische Störung erstarrt die Flüssigkeit nach einiger Zeit wieder zu einem Gel.

Getrocknete Gele nehmen Wasser auf, dehnen sich dabei aus und quellen. Trockenes Kieselsäure-Gel (Silacagel) besitzt für Wasser ein hohes Adsorptionsvermögen und wird deshalb als Trocknungsmittel eingesetzt.

Es gibt auch große Moleküle mit einem hydrophilen und einem hydrophoben Teil, z. B. Seifen (die Salze höherer Fettsäuren) oder synthetische Waschmittel. In der Waschlauge umhüllen die Waschmittelteilchen Schmutzteile mit ihrer hydrophoben Hälfte. Das angelagerte Wasser an der hydrophilen Hälfte trägt den Schmutz als Kolloid fort.

Schutzkolloide

Hydrophile Kolloide, z. B. Stärke, Eiweiß oder Gelatine, können andere, hydrophobe Kolloide umhüllen, z. B. Metalle wie Platin (für Katalysatoren), und sie so in der Lösung stabilisieren. Hydrophobe Kolloide kann man mit hydrophilen Kolloiden (Schutzkolloiden) in der wässrigen Lösung halten.

2.5 Chemische Reaktionen
Chemical Reactions

2.5.1 Reaktionswärme und Aktivierungsenergie

Alle chemischen Reaktionen sind mit einem Energieumsatz verbunden. Meist entsteht dabei Wärme oder der chemische Vorgang verbraucht Wärme. Wird Wärme frei, spricht man von einer **exothermen Reaktion** (von griech. éxō = außen, draußen und griech. thermós = warm). Der Energiegehalt der Reaktionsprodukte ist dann geringer als der Energiegehalt der Ausgangsstoffe. Wenn der chemische Vorgang Wärme aufnimmt, heißt die Reaktion **endotherm** (von griech. éndon = innen, innerhalb). Dabei vergrößert sich der Energiegehalt der Reaktionsprodukte.

> Exotherme Reaktionen liefern Wärme, endotherme Reaktionen nehmen Wärme auf.

Die Reaktionsprodukte haben einen anderen Energieinhalt (H_r) als die Ausgangsstoffe(H_a). Die Reaktionswärme wird in kJ für einen Umsatz von so vielen Gramm angegeben, wie den relativen Atommassen bzw. Molekülmassen entsprechen.

Beispiele:

1. Die unvollständige Verbrennung von $2 \cdot 12$ g = 24 g Kohlenstoff mit 32 g Sauerstoff liefert 222 kJ.
   $2C + O_2 \leftrightharpoons 2CO \quad | \quad \Delta H = -222$ kJ/mol
2. Um $(12 + 2 \cdot 16)$ g = 44 g Kohlenstoffdioxid mit 12 g Kohlenstoff zu reduzieren, braucht man 172 kJ.
   $CO_2 + C \leftrightharpoons 2CO \quad | \quad \Delta H = +172$ kJ/mol

Sehr viele exotherme Reaktionen benötigen eine Anregung *(Aktivierung)*, um in Gang zu kommen. So kann man z.B. ein Gemisch von zwei Volumenteilen Wasserstoff und einem Volumenteil Sauerstoff jahrelang aufbewahren. Erst ein Funke bringt das Knallgasgemisch zur Explosion **(Bild 1)**. Bei exothermen und endothermen Vorgängen ist erst der „Berg" der **Aktivierungsenergie** zu überwinden, ehe die Reaktion selbstständig weiterlaufen kann **(Bild 2)**.

> Oft ist eine Aktivierungsenergie notwendig, um eine chemische Reaktion auszulösen.

Katalysatoren (Kontaktstoffe) setzen die Aktivierungsenergie herab und beschleunigen dadurch die chemische Reaktion **(Bild 3)**. Dabei bildet einer der Ausgangsstoffe mit dem Katalysator Zwischenverbindungen. Nach der Reaktion liegt der Katalysator aber unverändert vor (siehe auch Abschnitt 9.6.3).

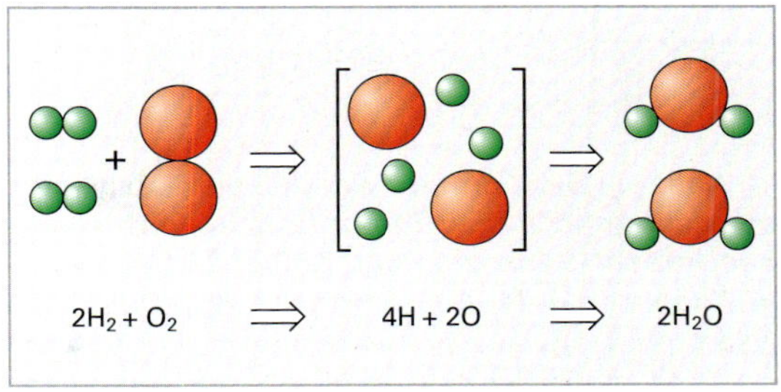

Bild 1: Aktivierung eines Knallgas-Gemischs

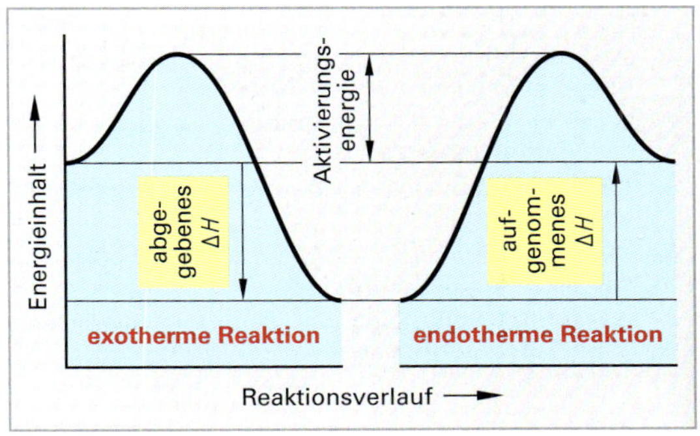

Bild 2: Aktivierungsenergie bei exothermen und endothermen Reaktionen

$$\Delta H = H_r - H_a \quad (1)$$

ΔH Reaktionswärme
H_r Energieinhalt der Reaktionsprodukte
H_a Energieinhalt der Ausgangsstoffe

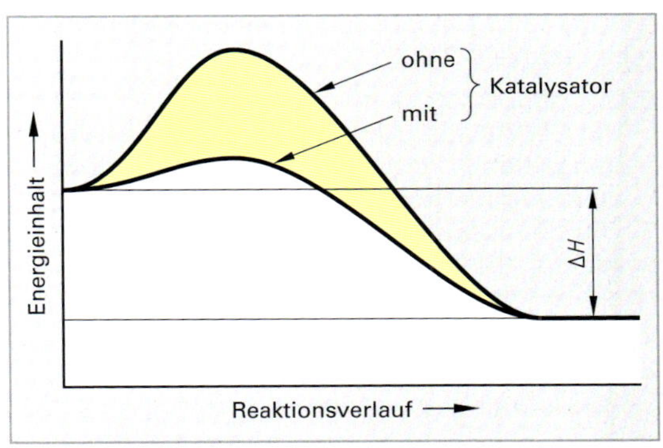

Bild 3: Wirkung von Katalysatoren

Ein Katalysator vermindert die Aktivierungsenergie.

Im Auto mit Benzinmotor wandelt ein Katalysator bei genügend hoher Temperatur unverbrannte Benzinreste, Stickoxide und Kohlenstoffmonoxid in Abgase, z. B. N_2, CO_2 und H_2O, um. Der Katalysator besteht aus Platin-Rhodium, im Verhältnis 1 : 10 mit Nickeloxid vermischt und auf einem keramischen Träger fein verteilt (Abschnitt 9.6.3).

Wiederholung und Vertiefung

1. **Was versteht man unter a) einem endothermen und b) einem exothermen Vorgang?**
2. **Wozu brauchen viele chemische Vorgänge eine Aktivierungsenergie?**
3. **Warum können sich exotherme Vorgänge selbst beschleunigen?**
4. **Welche Wirkungen hat ein Katalysator bei einer chemischen Reaktion?**
5. **Welche Aufgabe hat der Abgas-Katalysator beim Auto mit Benzinmotor?**

2.5.2 Reaktionsgeschwindigkeit

Je nach Art der reagierenden Stoffe läuft ein chemischer Vorgang langsam oder schnell ab. Höhere Temperatur bedeutet schneller bewegte Teilchen, umso öfter stoßen sie auch zusammen.

Eine Temperaturerhöhung um etwa 10 K verdoppelt die Reaktionsgeschwindigkeit.

Eine größere Teilchenoberfläche erhöht ebenfalls den Stoffumsatz und damit die Reaktionsgeschwindigkeit.

Die Geschwindigkeit eines chemischen Vorgangs hängt von der Konzentration der reagierenden Stoffe, vom Zerteilungsgrad, von der Temperatur und von der Wirksamkeit der Katalysatoren ab.

Reagieren Gase oder gelöste Stoffe miteinander, beeinflussen der Gasdruck bzw. die Konzentration die Häufigkeit des Zusammenstoßens der Teilchen. Im gleichen Volumen treffen bei höherem Gasdruck oder bei größerer Konzentration mehr Teilchen aufeinander.

Unter der **Reaktionsgeschwindigkeit** versteht man die Änderung der Konzentration der beteiligten Stoffe in der Zeiteinheit, z. B. in 1 s. Die Reaktionsgeschwindigkeit hängt von der Anzahl der Teilchenzusammenstöße in der Zeit ab. Für die Reaktion

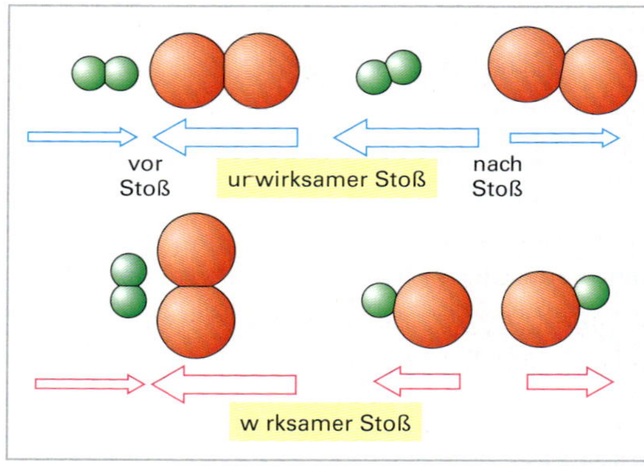

Bild 1: Unwirksamer und wirksamer Teilchenzusammenstoß

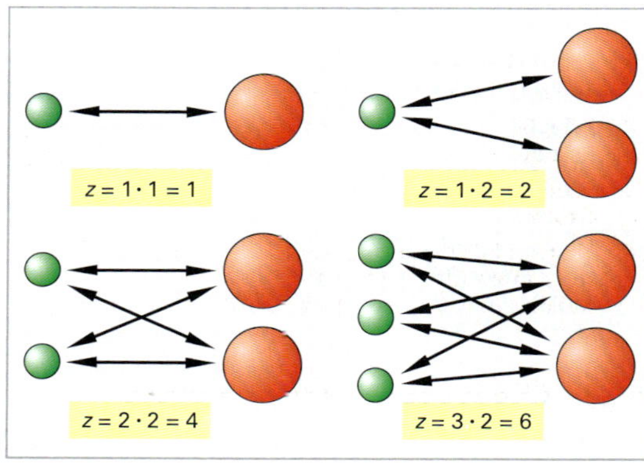

Bild 2: Zusammenstöße z in Abhängigkeit von der Konzentration

$$A + B \rightleftharpoons C$$

(reagierende Stoffe) (Reaktionsprodukt)

müssen für die Hinreaktion die Teilchen A und B mit einer Mindestenergie und in richtiger Orientierung zusammenstoßen **(Bild 1)**. Nicht jeder Zusammenprall ist erfolgreich. Die Stoßzahl z ist proportional der Konzentration $c(A)$ des Stoffes A und proportional der Konzentration $c(B)$ des Stoffes B **(Bild 2)**.

Geschwindigkeit v_{hin} der Hinreaktion:

$$v_{hin} = k_{hin} \cdot c(A) \cdot c(B)$$

(k_{hin} ist ein Proportionalitätsfaktor)

Für die Rückreaktion gelten entsprechende Überlegungen.

Die Geschwindigkeit $v_{rück}$ ist proportional der Konzentration des Stoffes C im Reaktionsraum:

$$v_{rück} = k_{rück} \cdot c(C)$$

Die meisten chemischen Reaktionen sind umkehrbar. Sie können in beiden Richtungen verlaufen und führen in einem abgeschlossenen System nicht zu einem vollständigen Umsatz. Kann jedoch einer der entstehenden Stoffe aus dem System entweichen, so läuft die Reaktion vollständig ab. Bei der Ammoniaksynthese z. B. ist die Hinreaktion exotherm und die Umkehrreaktion endotherm **(Bild 1)**.

Im gleichen Volumen unterschiedlicher Gase sind bei gleichem Druck und gleicher Temperatur stets gleich viele Teilchen enthalten. Führt bei einem chemischen Vorgang die Hinreaktion zu einer Volumenverminderung, bei der NH_3-Synthese z. B. um die Hälfte, so kommt es bei der Rückreaktion zu einer entsprechenden Volumenvergrößerung.

Wiederholung und Vertiefung

1. **Was versteht man unter der Reaktionsgeschwindigkeit eines chemischen Vorgangs?**
2. **Wievielmal größer ist die Reaktionsgeschwindigkeit durchschnittlich bei 40 °C gegenüber 10 °C?**
3. **Welchen Einfluss hat die Konzentration eines Stoffes auf die Reaktionsgeschwindigkeit?**
4. **Warum kann man Holzwolle mit einem Streichholz anzünden und weshalb gelingt dies nicht bei einem massiven Holzstück?**

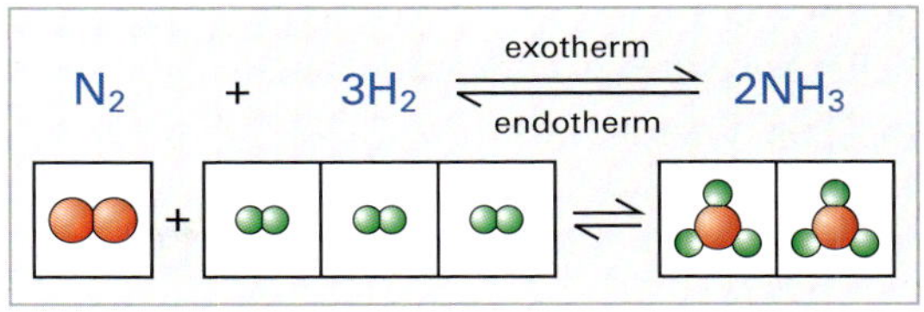

Bild 1: Bildung und Zerfall von Ammoniak-Molekülen

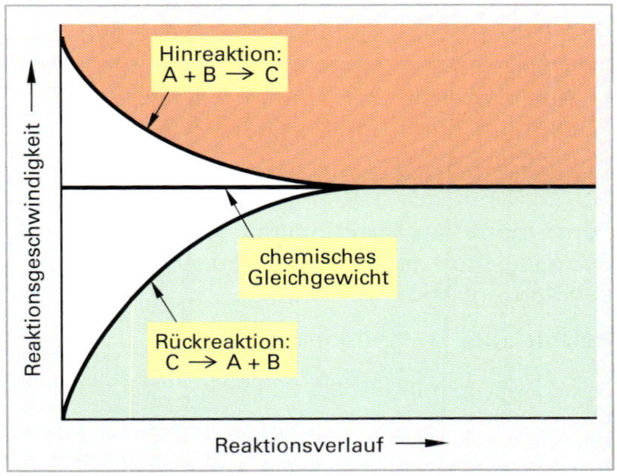

Bild 2: Einstellen des chemischen Gleichgewichts

2.5.3 Chemisches Gleichgewicht

Im Verlauf der Hinreaktion nehmen die Konzentrationen $c(A)$ und $c(B)$ der Ausgangsstoffe A und B im Reaktionsraum ab und die Konzentration $c(C)$ des Reaktionsprodukts C nimmt zu **(Bild 2)**. Ändern sich die Konzentrationen nicht mehr, ist das *chemische Gleichgewicht* erreicht. Es ist dann

$$v_{hin} = v_{rück}$$

Beim chemischen Gleichgewicht ist die Geschwindigkeit der Hinreaktion ebenso groß wie die Geschwindigkeit der Rückreaktion.

Die chemischen Reaktionen kommen aber nur scheinbar zum Stillstand. In Wirklichkeit herrscht ein *dynamisches* Gleichgewicht. Ständig laufen Hinreaktionen und Rückreaktionen ab. In gleicher Zeit bilden sich nämlich so viele Reaktionsprodukte wie wieder in Ausgangsstoffe zerfallen.

Im Gleichgewicht ist $k_{hin} \cdot c(A) \cdot c(B) = k_{rück} \cdot c(C)$.

Die Größe $K_c = k_{hin}/k_{rück}$ hängt nur von der Temperatur ab. Ein Katalysator ändert die Lage des Gleichgewichts nicht.

$$K_c = \frac{c(C)}{c(A) \cdot c(B)} \quad (1)$$

K_c	Gleichgewichtskoeffizient ($K_c = k_{hin}/k_{rück}$)
$k_{hin}, k_{rück}$	Proportionalitätsfaktoren
$c(A)$, $c(B)$, $c(C)$	Konzentrationen der Stoffe A, B, C

Eine chemische Reaktion hat das Gleichgewicht erreicht, wenn das Produkt der Konzentrationen der Endprodukte in einem konstanten Verhältnis K_c zum Produkt der Konzentrationen der Ausgangsstoffe steht.

Dieses **Massenwirkungsgesetz** haben 1867 die norwegischen Chemiker Guldberg (1836 bis 1902), und Waage (1833 bis 1900) gemeinsam entdeckt. Damals sprach man noch von „wirksamer Masse“ und meinte damit die Konzentration eines Stoffes.

Ist der Koeffizient $K_c < 1$, liegt das chemische Gleichgewicht mehr auf der Seite der Ausgangsstoffe. Ist dagegen $K_c > 1$, liegt das Gleichgewicht näher bei den Reaktionsprodukten.

Beispiel: Wasserstoff H_2 reagiert z.B. mit Jod J_2 zu Jodwasserstoff HJ:

$$H_2 + J_2 \rightleftharpoons 2HJ \rightarrow H_2 + J_2 \rightleftharpoons HJ + HJ$$

$$K_c = \frac{c(HJ) \cdot c(HJ)}{c(H_2) \cdot c(J_2)} = \frac{[c(HJ)^2]}{c(H_2) \cdot c(J_2)}$$

(Die Gleichgewichtskonstante hat hier bei 356 °C den Wert von $K_c = 67$, bei 508 °C ist $K_c = 40$.)

> Aus den Faktoren der chemischen Gleichung werden im Massenwirkungsgesetz die Exponenten.

Führt man dem Reaktionsraum zusätzlich einen Ausgangsstoff im Überschuss zu, erhöht sich dessen Konzentration.

Beispiel: Bei der Ammoniaksynthese

$$N_2 + 3H_2 \rightleftharpoons 2NH_3$$

$$K_c = \frac{[c(NH_3)]^2}{c(N_2) \cdot [c(H_2)]^3}$$

vergrößert sich der Nenner von K_c, wenn z.B. Wasserstoff im Überschuss zugegeben wird. K_c bleibt aber konstant. Als Folge davon entstehen mehr Reaktionsprodukte.

Entweicht das Reaktionsprodukt (oder eines der Reaktionsprodukte) aus dem Reaktionsraum, verschiebt sich das **Gleichgewicht** ebenfalls zugunsten der Endprodukte. Entfernt sich eine Phase (eine Zustandsform) ständig von dem System, fallen z.B. aus einer Flüssigkeit dauernd feste Reaktionsprodukte aus, läuft der chemische Vorgang vollständig in der Richtung ab, die zu dem entweichenden Stoff führt.

> Jede Störung des chemischen Gleichgewichts fördert den Vorgang, der das Gleichgewicht wiederherstellt.

Eine Temperaturerhöhung begünstigt eine endotherme Reaktion, Abkühlen dagegen eine exotherme. Druckerhöhung unterstützt eine Gasreaktion, die eine Volumenverminderung bewirkt. Druckminderung fördert einen Vorgang, der eine Volumenvergrößerung hervorruft.

Bei der Ammoniak-Herstellung aus den Elementen ist eine möglichst niedrige Temperatur und ein hoher Druck anzustreben, damit sich viel Ammoniak NH_3 bildet. Für die NH_3-Synthese ist ein Katalysator zur Beschleunigung der Reaktion nötig, der allerdings erst bei 500 °C voll wirksam wird. Eine wirtschaftliche Produktion erfordert dabei einen hohen Druck, z.B. von 20 MPa.

Allgemein:

> Ein Stoffsystem im dynamischen Gleichgewicht weicht einem äußeren Zwang aus.

Das System verändert sich so, dass die Ursache des Zwangs vermindert wird.

Diese **Gesetzmäßigkeit** vom *„kleinsten Zwang"* hat der französische Chemiker Henry le Chatelier, 1850 bis 1936, formuliert.

Das Verschieben des Gleichgewichts ist bei chemischen Prozessen von Bedeutung für den Umweltschutz. Je höher die Produktausbeute ist, desto weniger Sonderabfall entsteht in Form von Nebenprodukten.

Wiederholung und Vertiefung

1. **Warum ist das chemische Gleichgewicht immer ein dynamisches Gleichgewicht?**
2. **Nennen Sie die Bedingungen für das chemische Gleichgewicht.**
3. **Was versteht man unter dem Massenwirkungsgesetz?**
4. **Woran erkennt man in der Formel des Massenwirkungsgesetzes die Faktoren der zugehörigen chemischen Gleichung?**

2.5.4 Ionenprodukt des Wassers und pH-Wert

In Lösungen zerfallen chemische Verbindungen durch **elektrolytische Dissoziation** in frei bewegliche Ionen. Auch Wassermoleküle selbst prallen infolge der Wärmebewegung aufeinander und dissoziieren, allerdings nur zu einem außerordentlich geringen Teil:

$$2H_2O \rightleftharpoons H_3O^+ + OH^-.$$

1 L reines Wasser enthält bei 22 °C nur 1,9 µg freie Hydroniumionen H_3O^- und 1,7 µg Hydroxidionen OH^-.

Die Ionen umgeben sich mit einem Wassermantel (der Hydrathülle). Die benachbarten Wassermoleküle unterstützen also die Dissoziation **(Bild 1, folgende Seite)**.

Das Massenwirkungsgesetz wendet man auf eine vereinfachte Schreibweise der Wasserdissoziation an (das Hydronium-Ion H_3O^+ als H^+ geschrieben):

$$H_2O \rightleftharpoons H^+ + OH^- \Rightarrow$$

$$K_c = \frac{c(H^+) \cdot c(OH^-)}{c(H_2O)} = 0{,}18 \cdot 10^{-15}\ \text{mol/L}$$

Wegen der sehr kleinen Dissoziation ändert sich die Wasserkonzentration kaum merklich:

$$c\,(H_2O) = (1000\ \text{g/L})/(18\ \text{g/mol}) = 55{,}5\ \text{mol/L}.$$

Man erhält das Ionenprodukt des Wassers:

$$c(H^+) \cdot c(OH^-) = K_c \cdot c(H_2O)$$
$$= 0{,}18 \cdot 10^{-15}\ \text{mol/L} \cdot 55{,}5\ \text{mol/L} = 10^{-14}\ \text{mol}^2/\text{L}^2$$

Im reinen, *neutralen* Wasser zerfallen H_2O-Moleküle in gleich viele H^+-Ionen wie OH^--Ionen:

$$c(H^+) \cdot c(OH^-) = 10^{-14}\ \text{mol}^2/\text{L}^2$$

> Für neutrale, wässrige Lösungen gilt:
> $c(H^+) = c(OH^-) = 10^{-7}$ mol/L

Fügt man H^+-Ionen (Säure-Zuschuss) zu, verringert sich die Zahl der OH^--Ionen. Ein Zusatz von OH^--Ionen zum neutralen Wasser (bei Laugen) verkleinert die Anzahl der H^+-Ionen entsprechend. Das Produkt $c\,(H^+) \cdot c\,(OH^-)$ bleibt bei gleicher Temperatur konstant. (In beiden Fällen reduziert sich die Eigendissoziation des Wassers.) In sauren Lösungen überwiegen also die H^+-Ionen:

$$c(H^+) > 10^{-7}\ \text{mol/L (d.h. } c(OH^-) < 10^{-7}\ \text{mol/L).}$$

In basischen (alkalischen) Lösungen (Laugen) überwiegen die OH^--Ionen:

$$c(OH^-) > 10^{-7}\ \text{mol/L (d.h. } c(H^+) < 10^{-7}\ \text{mol/L).}$$

Zum Kennzeichnen von Säuren und Laugen **(Tabelle 1)** verwendet man den **pH-Wert** (von lat. potentia hydrogenii = Kraft des Wasserstoffs) für die Wasserstoff-Ionenkonzentration.

> Der pH-Wert ist der negative Zehner-Logarithmus des Zahlenwerts der Wasserstoff-Ionenkonzentration in mol/L (mol/Liter).

Wiederholung und Vertiefung

1. **Zeigen Sie, dass das Massenwirkungsgesetz ein Sonderfall des Prinzips des kleinsten Zwanges ist.**
2. **Wodurch kann man eine exotherme Reaktion beschleunigen?**

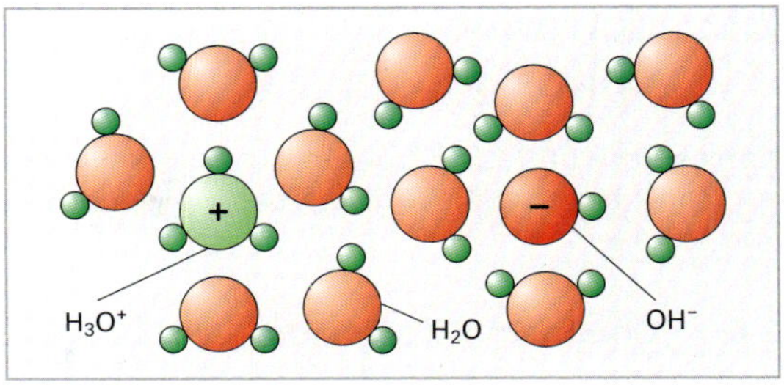

Bild 1: Eigendissoziation des Wassers

Tabelle 1: pH-Werte

pH-Wert	Kennzeichnung	
1	stark	sauer
2, 3	mittel	sauer
4, 5, 6	schwach	sauer
7	neutral	
8, 9, 10	schwach	alkalisch
11, 12	mittel	alkalisch
13, 14	stark	alkalisch

$$c(H^+) = \frac{1}{10^{pH}} \quad (1)$$

$$\text{pH-Wert} = -\lg c(H^+) \quad (2)$$

$c(H^+)$ Konzentration der Wasserstoffionen
$[c(H^+)] = \text{mol/L}$

3. **Wie verhält sich das Gleichgewicht: $2CO + O_2 \rightleftharpoons 2CO_2$ bei Druckerhöhung?**
4. **Warum laufen chemische Fällungsreaktionen vollständig ab?**
5. **Weshalb kann man aus einem Salz die leichter flüchtige Säure mit einer schwer flüchtigen Säure austreiben?**
6. **Zu welchem Prozentsatz dissoziieren Wassermoleküle in reinem Wasser bei 22 °C?**
7. **Wie gibt man den Gehalt an Ionen in reinem Wasser an?**
8. **Was versteht man unter dem pH-Wert einer Lösung?**
9. **Wie groß ist die OH^--Ionenkonzentration in einer sauren Lösung mit dem pH-Wert 3?**

2.6 Korrosion
Corrosion

Korrosion (von lat. corrodere = zernagen) führt zur Zerstörung von Werkstoffen, insbesondere von Metallen.

2.6.1 Chemische Korrosion

Bei der chemischen Korrosion entstehen durch Einwirkung von angreifenden Stoffen Verbindungen der Metalle.

Erhitzter Stahl oxidiert zu Eisen(II, III)-oxid (Hammerschlag, Fe_3O_4). Silber läuft schwarz zu Silbersulfid an, wenn die Luft durch schwefelhaltige Abgase verunreinigt ist. Kupfer einer elektrischen Leitung mit Gummiisolation verbindet sich mit dem Schwefel des Gummis zu elektrisch nicht leitendem Kupfersulfid, wenn es nicht durch Verzinnung geschützt ist. Luftsauerstoff zusammen mit Essigsäure kann Kupfer zum giftigen Grünspan oxidieren. Aluminium überzieht sich an der Luft mit einer elektrisch isolierenden Schicht Aluminiumoxid Al_2O_3. Das ist meist erwünscht, weil dann die Oxidation zum Stillstand kommt. Aluminium wird aber von Laugen angegriffen, z. B. vom feuchten Mauerwerk. Ebenfalls von Laugen wird Blei angegriffen.

2.6.2 Elektrochemische Korrosion

Meist wird die Korrosion durch elektrochemische Wirkungen hervorgerufen. Elektrochemische Korrosion setzt einen *Elektrolyten* (elektrisch leitende Flüssigkeit) voraus, insbesondere Wasser.

Elektrochemische Spannungsreihe

Bringt man ein Metall in einen Elektrolyten, so löst sich das Metall infolge seines *Lösungsdruckes* in winziger Menge in Form von positiv geladenen Ionen auf **(Bild 1)**. Dadurch lädt sich das Metall durch die zurückbleibenden Elektronen negativ auf. Wegen der negativen Ladung des Metalls bildet sich ein Gleichgewicht, sodass die Auflösung zum Stillstand kommt.

> Metalle in einem Elektrolyten streben an, sich als Ionen aufzulösen.

Bringt man zwei Metallstücke mit verschiedenen Lösungsdrücken in einen Elektrolyten, so entstehen infolge der verschiedenen Lösungsdrücke verschieden starke Ladungen und damit eine elektrische Spannung zwischen den Metallstücken. Misst man die Spannungen der verschiedenen Metalle gegen eine von Wasserstoff umspülte Elektrode (Normalelektrode), so erhält man verschiedene Spannungen (Potenziale) und damit die elektrochemische Spannungsreihe **(Tabelle 1)**.

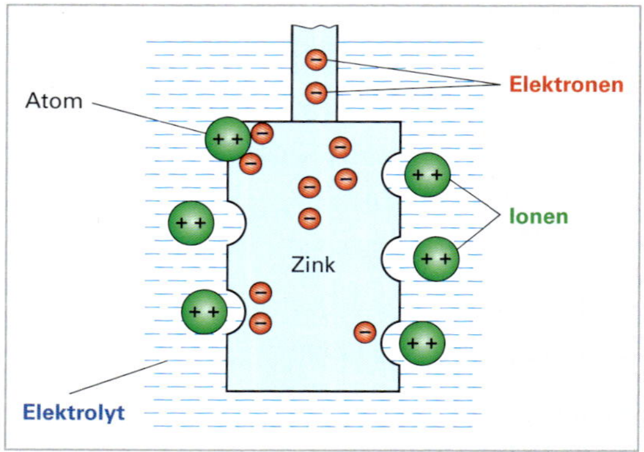

Bild 1: Entstehung der negativen Ladung einer Zinkplatte durch Ionenauflösung (Halbzelle)

Tabelle 1: Elektrochemische Spannungsreihe

Element	Ionen	Normalpotenzial[1]	Übliches Potenzial[2]
Gold	Au^{3+}	+1,4 V	+0,31 V
Quecksilber	Hg^{2+}	+0,85 V	+0,25 V
Kohlenstoff	–	+0,74 V	+0,24 V
Sauerstoff	O^{2-}	+0,4 V	+0,3 V
Kupfer	Cu^{2+}	+0,35 V	+0,14 V
Zinn	Sn^{4+}	+0,05 V	+0,01 V
Wasserstoff	$H+$	0 V	0 V
Blei	Pb^{2+}	−0,13 V	−0,08 V
Zinn	Sn^{2+}	−0,14 V	−0,06 V
Nickel	Ni^{2+}	−0,24 V	−0,15 V
Cadmium	Cd^{2+}	−0,40 V	−0,20 V
Eisen	Fe^{2+}	−0,44 V	−0,3 V
Zink	Zn^{2+}	−0,76 V	−0,6 V
Aluminium	Al^{3+}	−1,67 V	−0,15 V
Lithium	Li^{+}	−3,02 V	–

[1] in 1-molarer Lösung von H_3O^+-Ionen bei 25 °C
[2] in luftgesättigtem Wasser mit pH = 6 bei 25 °C

> Die elektrochemische Spannungsreihe gibt die Spannung der Stoffe gegen eine Normalelektrode an.

Die Spannung *zwischen* zwei beliebigen Stoffen in einem Elektrolyten bestimmter Konzentration ist so groß wie die Differenz ihrer Spannungen in der Spannungsreihe. Man bezeichnet diese Anordnung als **elektrolytisches Element** **(Bild 1, folgende Seite)**.

Beispiel:
Wie groß ist nach der elektrochemischen Spannungsreihe die Spannung zwischen Kupfer und Eisen?

Lösung:
Nach Tabelle 1, vorhergehende Seite, ist die Normalspannung von Kupfer +0,35 V und von Eisen –0,44 V. Die Spannung zwischen Kupfer und Eisen beträgt +0,35 – (–0,44 V) = 0,79 V.

Die in der Spannungsreihe „edlere" (positivere) Elektrode bildet in einem elektrolytischen Element den Pluspol. Verbindet man die beiden Elektroden eines elektrolytischen Elements leitend miteinander, so stellt sich wegen der elektrischen Spannung im Verbindungsstück ein Strom von der edleren zur unedleren (negativeren) Elektrode ein **(Bild 2)**. Dieser Strom fließt im Elektrolyten in Form von bewegten Ionen vom Minuspol zum Pluspol, also von der unedleren zur edleren Elektrode. Dadurch werden von der negativen Elektrode ständig Metall-Ionen aufgelöst **(Bild 3)**, sodass diese unedlere Elektrode zerstört wird.

Die negative Elektrode eines elektrolytischen Elements wird aufgelöst, wenn ein elektrischer Gleichstrom durch den Elektrolyten fließen kann.

Korrosion durch Elementbildung

Häufig bestehen Teile von Werkstücken aus verschiedenen Metallen. Tritt zu diesen ein Elektrolyt, so entstehen elektrolytische Elemente. Wenn diese Metalle leitend miteinander verbunden sind, sind die elektrolytischen Elemente kurzgeschlossen. Im Element fließt dann ein Kurzschlussstrom, den man **Korrosionsstrom** nennt. Dabei korrodiert die Elektrode, von der aus der Gleichstrom in den Elektrolyten eintritt. Diese negative Elektrode des kurzgeschlossenen Elements wird **Anode** genannt (von griech. anodos = Eingang).

Die positive Elektrode (**Katode** von griech. Kathodos = Hinabweg, auch Kathode), an welcher der Strom aus dem Elektrolyten in die Elektrode eintritt, bleibt korrosionsfrei, weil sich die positiven Ionen auf sie zu bewegen.

Gleichstrom kann Korrosion hervorrufen, wobei die Stromeintrittstelle in den Elektrolyten korrodiert und die Stromeintrittstelle in die Elektrode korrosionsfrei bleibt.

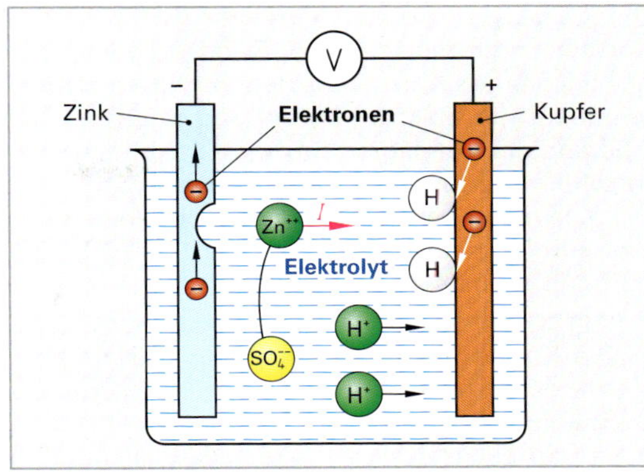

Bild 1: Vorgänge im elektrolytischen Element
(siehe auch Abschnitte 2.7.12, 2.7.13)

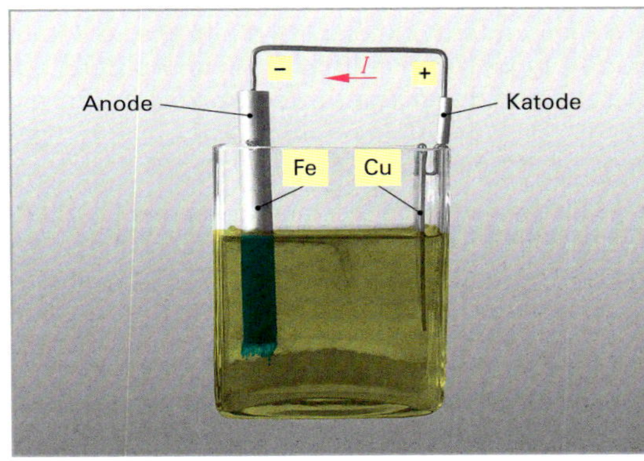

Bild 2: Kurzgeschlossenes elektrolytisches Element

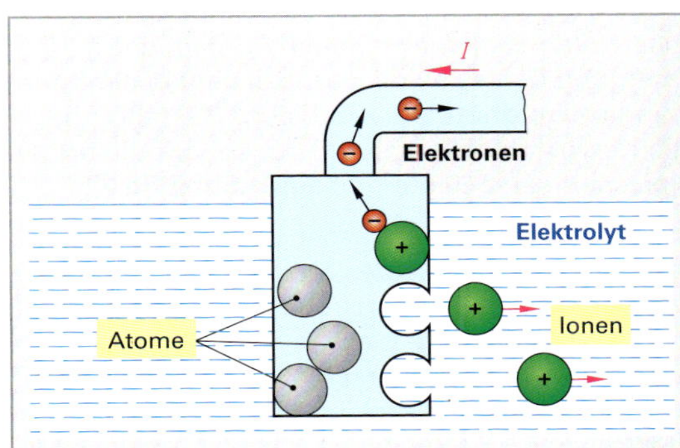

Bild 3: Stoffabtragung an der Austrittselektrode

An der Stromeintrittstelle (positive Elektrode) entsteht als Nebeneffekt atomarer Wasserstoff *(Polarisation)*. Dadurch wird der elektrische Strom behindert. Tritt aber Luftsauerstoff als *Depolarisator* auf, so wird der Wasserstoff ständig zu Wasser oxidiert.

Die Stärke der Korrosion hängt von der Stärke des Korrosionsstroms ab. Dieser Strom ist beim kurzgeschlossenen Korrosionselement umso größer, je stärker der Elektrolyt wirkt und je größer der Abstand der beteiligten Stoffe in der elektrochemischen Spannungsreihe ist. Zur Verhinderung der Korrosion werden korrosionsanfällige Teile, z.B. von Flugzeugen, nicht mit Salz enteist, sondern mit Harnstoff oder Glykol.

> Die Korrosionsgefahr ist umso größer, je weiter Metalle in der elektrochemischen Spannungsreihe auseinander liegen, je stärker der Elektrolyt ist und je besser sich Luft im Elektrolyten lösen kann.

Berühren sich Werkstücke aus verschiedenen Metallen und tritt ein Elektrolyt hinzu, so entsteht *Berührungskorrosion* **(Bild 1).** Auch Rußteile auf Metall können zur Berührungskorrosion führen, da der Kohlenstoff des Rußes in der Spannungsreihe eine hohe positive Spannung hat.

Bei Metallen sind die Kristalle meist nicht einheitlich aufgebaut. So sind z.B. im Stahl Ferritkristalle (reines Fe) und Eisenkarbidkristalle Fe_3C nebeneinander vorhanden. Bei Feuchtigkeitszutritt entstehen kleine *Lokalelemente.* Bei ihnen bildet der Fe-Kristall den negativen Pol, der zerfressen wird **(Bild 2).**

Die von der Anode (Austrittselektrode) losgelösten Stoffe können mit anderen Stoffen des Elektrolyten chemische Verbindungen eingehen. Bei Eisen bildet sich meist Eisenhydroxid, das in Rost übergeht. Dieses oxidierte Eisen liegt in der Spannungsreihe oberhalb von Eisen. Deshalb nimmt die Korrosion beschleunigt zu, sobald die ersten Korrosionserscheinungen auftreten **(Bild 3).**

Im Erdboden oder in Wasser kann an ausgedehnten Teilen aus demselben Metall Korrosion auftreten. Eine Spannung wird dabei am gleichen Metall durch *verschiedene* Elektrolyte erzeugt, z.B. im Erdboden, wenn er verschiedenartig beschaffen ist. Auch durch verschiedenen Luftzutritt zum Elektrolyt an verschiedenen Stellen desselben Metalls wird Spannung und damit Korrosion erzeugt.

Streustromkorrosion

Auch durch den Betriebsstrom in elektrischen Anlagen, vor allem in Gleichstromanlagen, ist Korrosion zu erwarten, wenn er den Betriebsstromkreis verlässt und durch einen Elektrolyten fließt. Diesen Strom nennt man **Streustrom**.

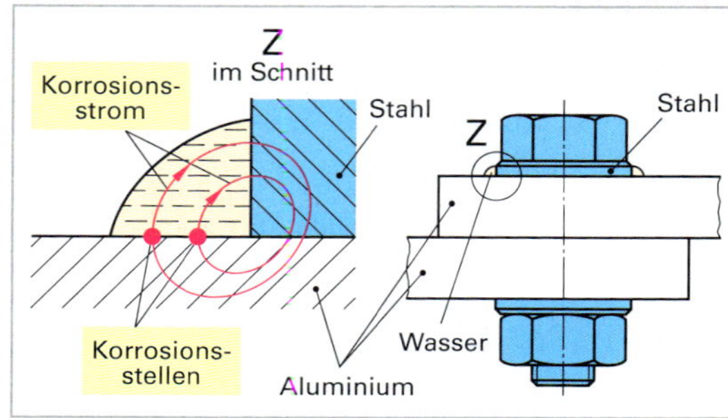

Bild 1: Berührungskorrosion an Sammelschienenverschraubung

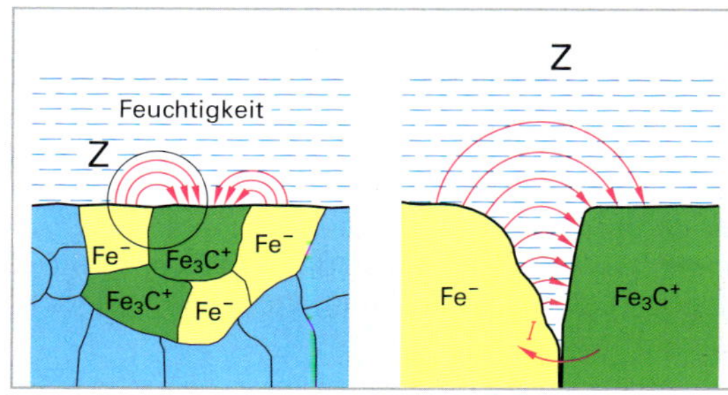

Bild 2: Korrosion durch Lokalelemente im Stahl

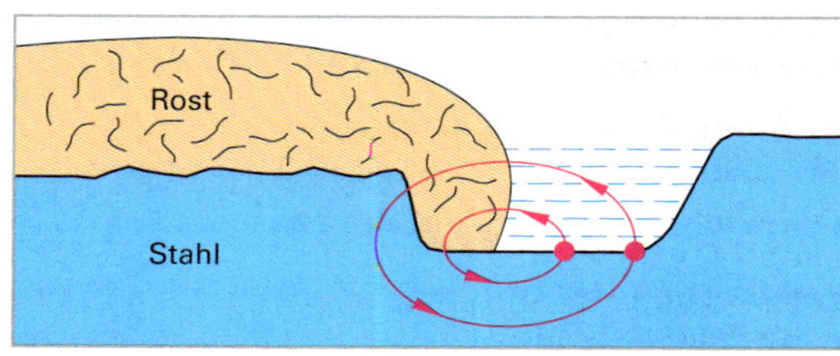

Bild 3: Korrosion an einem Stahlstück mit einzelnen Roststellen

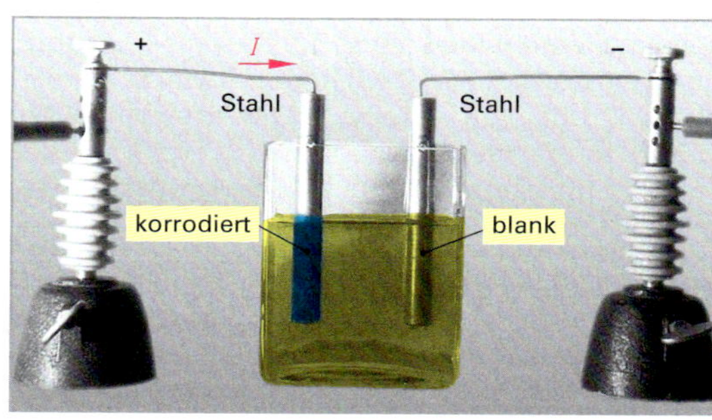

Bild 4: Korrosion an der Stromeintrittselektrode

Will man die Wirkung der Korrosion zeigen, ist ein besonderer Elektrolyt erforderlich. Für Versuche mit Eisen kann man dazu die Lösung von 10 g Kaliumhexacyanoferrat (III) (Rotes Blutlaugensalz) in 1 L (Liter) Wasser verwenden. Dieses eignet sich, weil es in Wasser schon mit wenigen Eisen (II)-Ionen einen dunkelblauen Belag bildet. Der Elektrolyt wird nachfolgend als Versuchselektrolyt bezeichnet.

Taucht man zwei blanke, entfettete Stahlbolzen in den Versuchselektrolyten und schließt man diese an Gleichspannung an, so bildet sich an der positiven Elektrode fast sofort eine dunkle Schicht, die immer dicker wird **(Bild 4, vorhergehende Seite)**. Die negative Elektrode bleibt dagegen blank.

Bei der Streustromkorrosion ist der Pluspol die Stromeintrittselektrode (Anode) in den Elektrolyten, der Minuspol die Stromaustrittselektrode (Katode) aus dem Elektrolyten. Die Korrosionsgeschwindigkeit kann je nach Stromstärke erheblich größer sein als bei der Korrosion durch Elementbildung.

Bei der Korrosion wird die Anode (Stromeintrittsstelle in den Elektrolyten) zerstört, das ist bei der Streustromkorrosion der Pluspol und bei der Korrosion durch Elementbildung der Minuspol.

Verwendet man in einer Schaltung nach Bild 4, vorhergehende Seite, als Eintrittselektrode „korrosionsfesten" Edelstahl, so erfolgt trotzdem eine Blaufärbung der Eintrittselektrode. Dort entsteht also ebenfalls Korrosion. Streustromkorrosion zerstört alle Metalle an der Stromeintrittstelle in den Elektrolyten.

Bei Aluminium kann der Korrosionsverlauf anders sein. An der Stromeintrittstelle entsteht atomarer Sauerstoff, der das Aluminium mit einer dichten Oxidschicht überzieht. Dadurch kommt die Korrosion zum Stillstand. Andererseits kann bei Aluminium der Streustrom an der Stromaustrittstelle atomaren Wasserstoff erzeugen, der dort die schützende Oxidschicht zerstört. Wenn dann noch eine schwache Lauge hinzukommt, tritt chemische Korrosion des Aluminiums ein.

Streustromkorrosion kann in allen Gleichstromanlagen auftreten, z. B. an den Anschlüssen von Kraftfahrzeugen **(Bild 1)**. Korrosionsgefährdet sind auch alle größeren Metallteile im Erdboden in der Umgebung von mit Gleichstrom betriebenen Straßenbahnen **(Bild 2)**.

Die Korrosion durch Streustrom wird vermieden, wenn der in Metallteile, z. B. eine metallene Rohrleitung, eingetretene Streustrom die Metallteile nicht in das Erdreich hinein verlassen kann. Das geschieht durch Verbindung der Metallteile mit dem Minuspol der Gleichstromanlage **(Bild 3)**. Man bezeichnet das als **Streustromableitung**.

Die Korrosion durch Wechselstrom ist sehr viel schwächer, da wegen seines raschen Wechsels die Wirkungen an den Elektroden sich gegenseitig zum großen Teil aufheben.

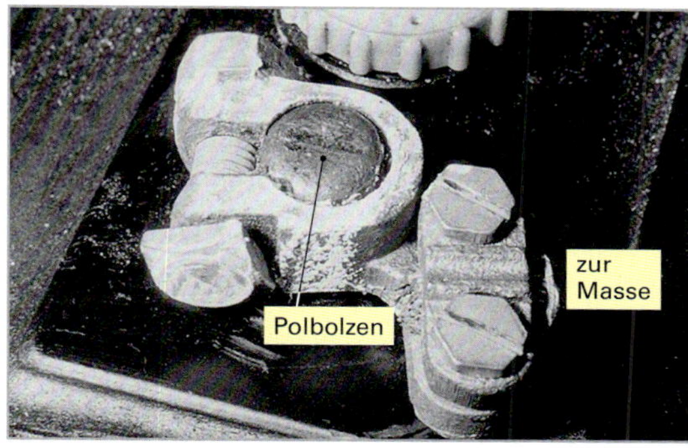

Bild 1: Korrosion an einer lockeren Batterieklemme

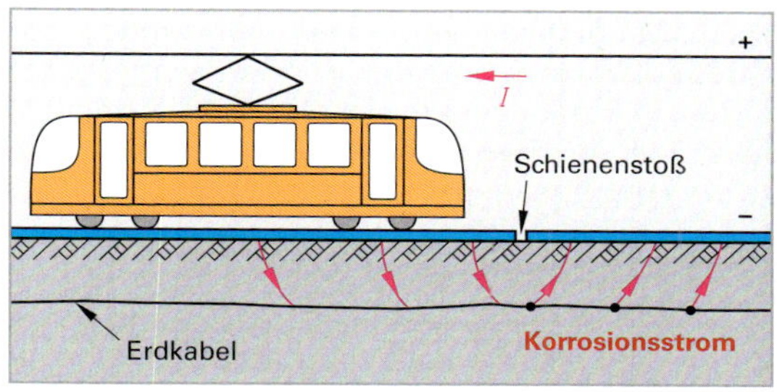

Bild 2: Korrosion an einem Bleimantelkabel durch Erdströme infolge schlechter Überbrückung des Schienenstoßes

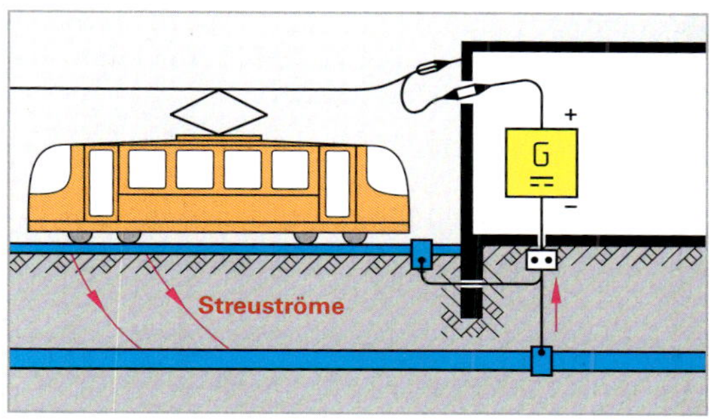

Bild 3: Streustromableitung an einem Rohrnetz

> Elektrischer Strom, vor allem Gleichstrom, kann eine chemische Wirkung und damit Korrosion hervorrufen.

2.6.3 Korrosionsschutz

Für die Bundesrepublik Deutschland schätzt man den Schaden durch Korrosion auf jährlich 60 Milliarden €.

Konstruktive Schutzmaßnahmen

Die Verwendung von Kunststoffen verringert die Korrosion. Bei Metallen verringert eine ausreichende Belüftung das Ansammeln eines Elektrolyten und damit die Korrosion. Wenn die Verbindung von verschiedenen Metallen unvermeidlich ist, verwendet man elektrisch isolierende Zwischenlagen **(Bild 1)**.

> Korrosionsgefährdete Bauteile sollen so konstruiert sein, dass die Korrosion wenig Angriffsflächen findet, z. B. durch die Verwendung von Kunststoffen anstelle von Metall.

Nach Möglichkeit vermeidet man wegen der Streustromkorrosion das Fließen von Gleichstrom im Erdboden. Wo sich das nicht vermeiden lässt, werden Streuströme durch *Streustromableitung* unwirksam gemacht.

Oberflächenschutz

In einfachen Fällen verhindert das Einfetten den Zutritt des Elektrolyten. Besser schützen Farbaufträge. Diese enthalten jedoch oft giftige Bestandteile. Es werden auch thermoplastische Überzüge durch Spritzen oder Wirbelsintern (Aufblasen von Kunststoffpulver auf die erwärmten Werkstücke) aufgebracht. Chemisch oder elektrochemisch aufgebrachte Überzüge kommen vor allem bei Stahl und bei Aluminium vor.

Metallüberzüge können z. B. durch Feuermetallisieren oder durch Galvanisieren aufgebracht werden. Das Überzugsmaterial schützt dann auch bei Beschädigungen, wenn es unedler als das zu schützende Metall ist, z. B. bei verzinktem Stahl **(Bild 2)**.

Schutzstrom

Metallteile im Erdboden oder im Wasser können besonders wirksam durch elektrischen Schutzstrom vor Korrosion geschützt werden. Das zu schützende Metall muss dabei die Elektrode sein, in die der Strom aus dem Elektrolyten eintritt, also die Katode **(Bild 3)**. Dieser katodische Korrosionsschutz kann durch eine **Opferanode**, z. B. aus Magnesium, oder durch Fremdstrom bewirkt werden.

Eine Opferanode aus Metall, z. B. Magnesium, wird im Laufe der Jahre verbraucht und gibt Metall-Ionen in die Umgebung ab. Wird beim Korrosionsschutz durch Fremdstrom eine Graphitanode verwendet, so entwickelt sich an ihr etwas Kohlenstoffdioxid, der gasförmig entweicht. Eine Abgabe von Ionen erfolgt dagegen nicht.

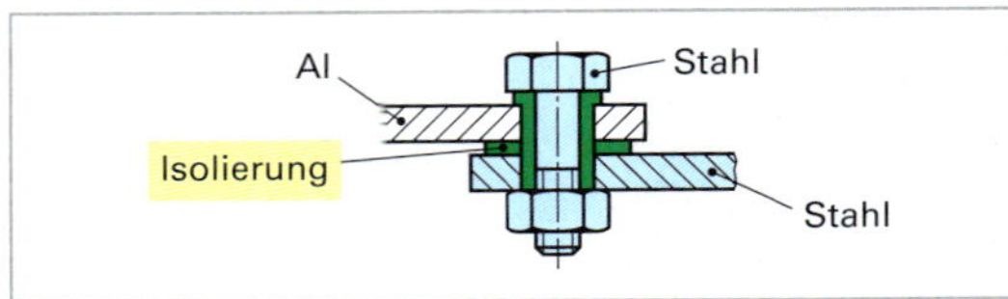

Bild 1: Verbindung mit isolierender Zwischenlage

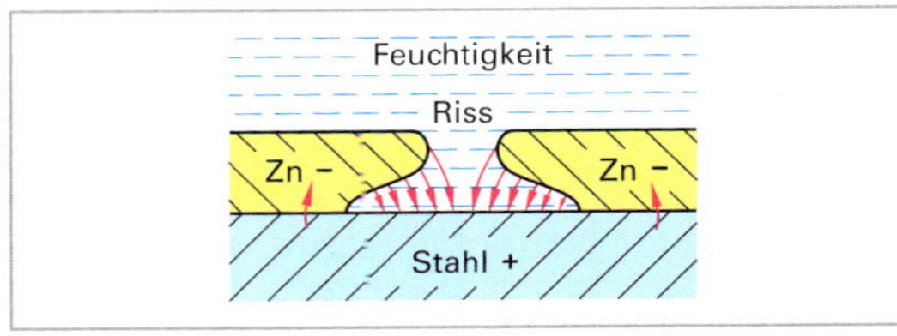

Bild 2: Schutzwirkung einer beschädigten Zinkschicht

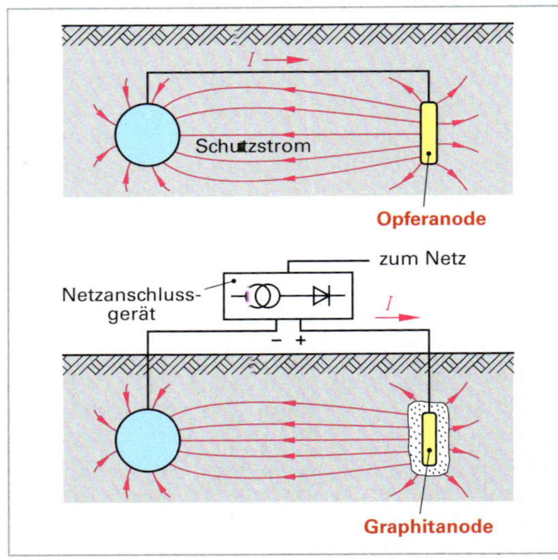

Bild 3: Katodischer Korrosionsschutz

Wiederholung und Vertiefung

1. **Welche Art der Korrosion ist die häufigste?**
2. **In welcher Form suchen sich Metalle in einem Elektrolyten aufzulösen?**
3. **Wie kann man die Spannung zwischen zwei verschiedenen Metallen, die sich in einem Elektrolyten befinden, bestimmen?**
4. **Welche Elektrode in einem elektrolytischen Element wird zerstört?**
5. **Von welchen Umständen hängt die Korrosionsgefahr ab?**
6. **Warum rostet Stahl auch ohne weiteres Metall?**
7. **Beurteilen Sie die korrodierende Wirkung von Gleichstrom und von Wechselstrom.**

2.6.4 Mikrobiologisch induzierte Korrosion

Durch Mikroorganismen, insbesondere Bakterien, mikroskopisch kleine Pilze, Algen und Flechten, können fast alle Werkstoffe verändert und sogar zerstört werden **(Bild 1)**. Das bezeichnet man als mikrobiologisch induzierte (lat. inducere = herbeiführen) Korrosion bzw. als mikrobielle Korrosion. Nach Schätzungen sind bei bis zu 20 % aller Korrosionsschäden Mikroorganismen beteiligt.

Biofilme

Eine Voraussetzung für die mikrobiologisch induzierte Korrosion ist die Besiedelung der Werkstoffoberfläche durch Mikroorganismen in Form von aufwachsenden festhaftenden Belägen, die als Biofilme bezeichnet werden **(Bild 2)**. Die sich vermehrenden Mikroorganismen unterschiedlichster Arten sind dabei in eine selbst produzierte schleimige Grundmasse aus Kohlenhydraten, aber auch Eiweißen und Fetten, eingebettet, die sie sowohl einige Zeit vor dem Austrocknen als auch vor dem Wegschwemmen schützen kann. Biofilme sind eine natürliche Erscheinung. Mehr als 90 % aller Mikroorganismen wachsen angeheftet an eine Unterlage.

Allein das Vorhandensein von Biofilmen führt bei technischen Anlagen zu Problemen. So werden z.B. bei Wärmeaustauschern der Wärmedurchgang erschwert und der Strömungswiderstand teilweise drastisch erhöht **(Bild 3)**. Bei Anlagen der Nahrungsmittelindustrie können Biofilme dazu führen, dass das hergestellte Produkt mit Mikroorganismen kontaminiert ist.

Mikrobiologisch induzierte Korrosion von organischen Werkstoffen

Besonders leicht werden organische Stoffe durch mikrobiologisch induzierte Korrosion verändert und unbrauchbar gemacht. Hier stellen die Werkstoffe die Nahrung für die Mikroorganismen dar und dienen zur Bildung von Zellmasse und Stoffwechselenergie. Der Pilzbefall von Holz ist berüchtigt. Auch Schäden an Pappe und Papier, an Textilien und Gummi zeigen die korrosive Tätigkeit von Pilzen und Bakterien. Technische Fette, Schmier- und Kühlmittel sowie Treibstoffe können von Mikroorganismen befallen und damit zumindest verunreinigt werden, vor allem wenn sie mit Kondenswasser in Berührung kommen.

Kunststoffe wie Polyamid, Polyethylen, Polyvinylchlorid oder Polyurethan sind häufig außerordentlich chemikalienbeständig, werden aber nicht immer von Mikroorganismen verschont, können korrodieren und dadurch unbrauchbar werden. Mehr als 250 Kunststoffe abbauende Bakterienarten sind bisher bekannt.

Gerade das Problem der mikrobiologisch induzierten Korrosion zeigt aber, wie schwierig es im Einzelfall sein kann, die Forderungen des Umwelt-

Anorganische Werkstoffe	**Metallische Werkstoffe**	**Organische Werkstoffe**
• Naturstein	• Eisenmetalle	• Kunststoffe
• Beton	• Nichteisenmetalle	• Holz, Papier
• Keramik		• Gummi
• Glas		• Farben

Bild 1: Beispiele für durch mikrobiologisch induzierte Korrosion gefährdete Werkstoffe

Bild 2: Biofilm an einem Wärmeaustauscher

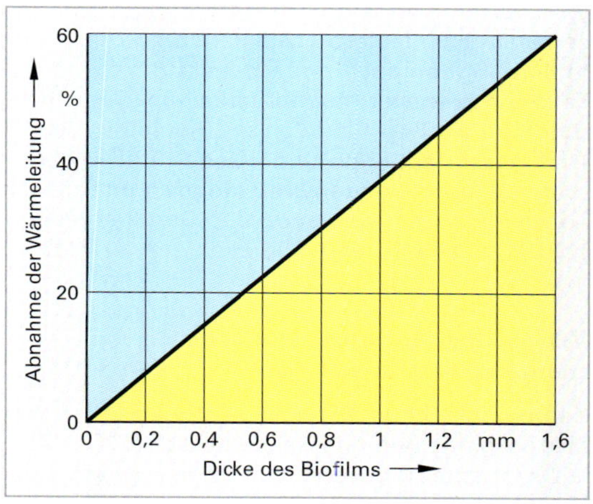

Bild 3: Verringerung der Wärmeleitung durch einen Biofilm

schutzes mit den Erfordernissen des technischen Einsatzes von Stoffen zu verbinden. Einerseits sollen Kunststoffe umweltverträglich sein, wenn sie entsorgt werden müssen (das erfordert eine leichte Abbaubarkeit durch Mikroorganismen), andererseits sollen sie für industrielle Anwendungen beständig und korrosionsfest sein.

Mikrobiologisch induzierte Korrosion von metallischen Werkstoffen

Viele *Metalle* werden durch Mikroorganismen angegriffen. In den Biofilm ausgeschiedene Stoffwechselprodukte, wie Säuren (z. B. Schwefelsäure, schweflige Säure, Salpetersäure, Kohlensäure), Lösemittel und Enzyme, beschleunigen stark die Vorgänge im Zusammenhang mit der elektrochemischen Korrosion (Abschnitt 2.6.2). Beispielsweise produzieren Schwefelbakterien Schwefelsäure, wobei sie selbst noch eine Säurekonzentration von $c(H_2SO_4) = 0{,}5$ mol/L vertragen. Die durch sie angesäuerten Grubenwässer von Bergwerken führen zur Korrosion von Schienen und anderen metallischen Bauteilen, die dadurch in kürzester Zeit zerstört werden. Ähnliches geschieht in Kanalrohren. In eisenhaltigem Wasser fördern Eisenbakterien die Rostkorrosion von unlegierten und unter bestimmten Bedingungen auch hochlegierten Stählen. Stahlrohre korrodieren innen auch ohne Sauerstoff durch die Tätigkeit spezieller Mikroorganismen. Das führte schon zu großen Schäden an Pipelines. Selbst Trinkwasserleitungen und offene Kühlkreislaufsysteme unterliegen mikrobiologisch induzierter Korrosion, was insbesondere in Sterilbereichen, bei Luftwäschern und Klimaanlagen zu Problemen führt.

Mikrobiologisch induzierte Korrosion von anorganischen Werkstoffen

Natursteine, Beton, Keramik und Glas werden von Mikroorganismen ebenfalls korrodiert. Der Zerfall wertvoller Bauwerke aus Kalksandstein oder Marmor in der mit Schwefeldioxid verschmutzten Luft der Ballungsgebiete hat eine seiner Ursachen in der Tätigkeit von Mikroorganismen, die unter diesen Bedingungen gedeihen und Säuren produzieren **(Bild 1)**. Wachsen schwefelsäureproduzierende Bakterien auf zementgebundenen Baustoffen, z. B. Beton, kann dieser zerstört werden, wie die chemische Reaktion des Zementbindemittels Calciumhydroxid $Ca(OH)_2$ mit Schwefelsäure H_2SO_4 zeigt:

$$Ca(OH)_2 + H_2SO_4 \rightarrow CaSO_4 + 2\,H_2O$$

Bild 1: Steinzerfall durch mikrobielle Korrosion

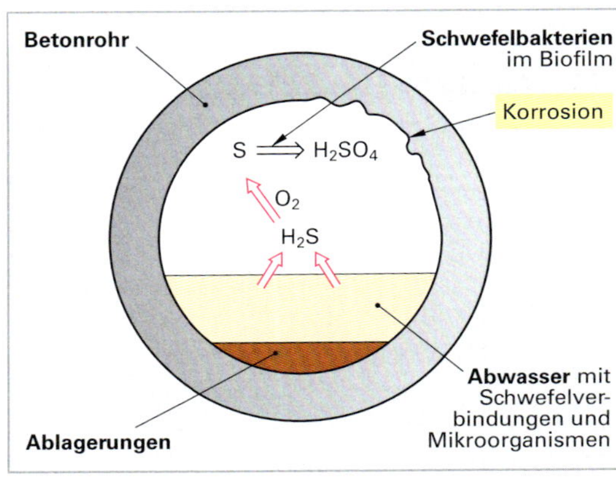

Bild 2: Biogene Schwefelsäurekorrosion in einem Abwasserkanal aus Beton

Aus Calciumhydroxid entsteht Calciumsulfat bzw. Gips $CaSO_4$. Während wasserunlösliches Calciumhydroxid die mechanische Stabilität von Zement garantiert, ist Gips wegen seiner Wasserlöslichkeit auswaschbar. Voraussetzung für diese Vorgänge ist das Vorhandensein von Schwefelverbindungen im Abwasser, z. B. aus Eiweißen **(Bild 2)**. Abwassermikroorganismen bilden über Sulfide Schwefelwasserstoffgas H_2S, das mit Luftsauerstoff zu elementarem Schwefel oxidiert. Schwefelbakterien nutzen diesen, wobei sie als Endprodukt des Zellstoffwechsels Schwefelsäure ausscheiden. So wurden bereits Abwasserkanäle aus Beton stellenweise durch biogene Schwefelsäurekorrosion zerstört und das Abwasser verunreinigte das umgebende Erdreich.

> Mikroorganismen können Korrosion begünstigen oder verursachen. Man spricht dann von mikrobiologisch induzierter Korrosion.

2.7 Physikalische Grundbegriffe
Physical Basics

In den Anlagen der Umwelttechnik wirken Größen aller Arten, insbesondere mechanische und elektrische Größen. *Formelzeichen* sind Abkürzungen für die Größen **(Tabelle 1)**. In Büchern sind sie *kursiv* (schräg) gedruckt. *Einheiten* ergänzen den Zahlenwert einer Größe. *Einheitenzeichen* sind die Abkürzungen der Einheiten. Einheitenzeichen werden in Büchern *nicht kursiv* (senkrecht) gedruckt.

> Eine spezielle Größe, z.B. eine Messgröße, besteht aus Zahlenwert und Einheit.

2.7.1 Mechanische Größen

Basisgrößen der Mechanik sind Länge, Masse und Zeit (Tabelle 1).

> Alle Größen der Mechanik lassen sich durch die Basisgrößen Länge, Masse und Zeit ausdrücken.

Oft setzt man vor das Einheitenzeichen ein *Vorsatzzeichen*. Die Vorsätze bedeuten einen Bruchteil oder ein Vielfaches der Einheit **(Tabelle 2)**.

Abgeleitete Größen

Die *Geschwindigkeit* v eines Körpers gibt an, welche Strecke s der Körper in der Zeit t zurücklegt.

Geschwindigkeit

$$v = \frac{s}{t} \quad (1)$$

$$v = \frac{\Delta s}{\Delta t} \quad (2)$$

v Geschwindigkeit
s Strecke
t Zeit
Δs Streckenabschnitt
Δt Zeitabschnitt

Aus den Formeln berechnet man die Einheit der Größe. Aus der Formel $v = \frac{s}{t}$ folgt

$$[v] = \frac{[s]}{[t]} = \frac{\mathbf{m}}{\mathbf{s}}$$

$[v]$ sprich: „Einheit von v".

Ändert sich aus einem beliebigen Grund die Geschwindigkeit v, dann tritt eine *Beschleunigung* a (von engl. acceleration) ein. Ist diese negativ, so spricht man auch von einer *Verzögerung*.

Tabelle 1: Wichtige Basisgrößen

Größe	Formelzeichen	Einheit	Einheitenzeichen
Länge	l, oft s	Meter	m
Masse	m	Kilogramm	kg
Zeit	t	Sekunde	s
Stromstärke	I	Ampere	A
Spannung	U	Volt	V

Tabelle 2: Häufige Vorsätze

Vorsatzzeichen	Vorsatz	Zahlenwert	Beispiel
n	Nano	10^{-9}	100 nm = 0,1 µm
µ	Mikro	10^{-6}	100 µm = 0,1 mm
m	Milli	0,001	2 mm = 0,002 m
c	Centi	0,01	4 cm = 0,04 m
d	Dezi	0,1	5 dm = 0,5 m
k	Kilo	1000	2 km = 2000 m
M	Mega	10^6	2,6 Ms = $2{,}6 \cdot 10^6$ s
G	Giga	10^9	3 GW = $3 \cdot 10^9$ W = $3 \cdot 10^6$ kW
T	Tera	10^{12}	6 TW = $6 \cdot 10^3$ GW

Beschleunigung

$$a = \frac{\Delta v}{\Delta t} \quad (3)$$

$$a = \frac{\Delta s}{(\Delta t)^2} \quad (4)$$

a Beschleunigung
v Geschwindigkeit
Δv Änderung von v
Δs Streckenabschnitt
Δt Zeitabschnitt

Aus der Formel $a = \Delta s : (\Delta t)^2$ folgt für

$$[a] = [\Delta s] : [(\Delta t)^2] = [s] : [t^2] = \mathbf{m/s^2}$$

Die Masse in kg ist eine vom Ort unabhängige Kenngröße eines jeden Körpers. Um eine Masse zu beschleunigen, muss man Kraft aufwenden.

Grundgesetz der Mechanik

Kraft

$$F = m \cdot a \quad (5)$$

F Kraft
m Masse
a Beschleunigung

Für die Einheit der Kraft erhält man

$$[F] = [m] \cdot [a] = \mathbf{kg \cdot m/s^2}$$

Für diese Einheit gibt es einen *besonderen Einheitennamen*, weil die Kraft eine sehr wichtige Größe ist. Dieser Einheitenname darf auch selbst als Einheit bezeichnet werden.

> Die Einheit der Kraft hat den besonderen Einheitennamen Newton (nach dem englischen Physiker Isaac Newton, 1643–1727) mit dem Einheitenzeichen N.

Die Kraft ist Bestandteil weiterer Größen. Wirkt eine Kraft auf einen Hebelarm *r* **(Bild 1)**, so wird ein *Drehmoment M* (oft auch Moment oder Kraftmoment genannt) hervorgerufen. Daraus folgt:

Drehmoment

$$M = F \cdot r \quad (1)$$

und $[M] = [F] \cdot [r] =$ **Nm**

Für das Drehmoment ist kein besonderer Einheitenname gebräuchlich, es bleibt also bei Newtonmeter bzw. Nm und bei Kleinmotoren mNm.

> Der Kleinbuchstabe m bedeutet in Berechnungen den Vorsatz Milli, wenn er vor dem Einheitenzeichen steht und die Einheit Meter, wenn er hinter einem Einheitenzeichen steht.

Drückt eine Kraft *F* gleichmäßig auf eine Fläche *A* (von engl. Area), entsteht ein *Druck p*.

Druck

$$p = \frac{F}{A} \quad (2)$$

und $[p] = [F] : [A] =$ **N/m²**

Für die Druck-Einheit gibt es den besonderen Einheitennamen Pascal (nach dem franz. Physiker Blaise Pascal 1623–1662) mit dem Einheitenzeichen Pa. **1 Pa = 1 N/m²**.

Für den Druck ist noch die Einheit Bar mit dem Einheitenzeichen bar üblich. Dabei ist

1 bar = 10^5 Pa = 0,1 MPa und
1 mbar = 10^2 Pa = 100 Pa.

Wird ein Körper durch eine Kraft *F* eine Strecke *h* angehoben, so wird Arbeit *W* (von engl. work) verrichtet **(Bild 2)**.

Arbeit

$$W = F \cdot h \quad (3)$$

und $[W] = [F] \cdot [h] =$ **Nm**

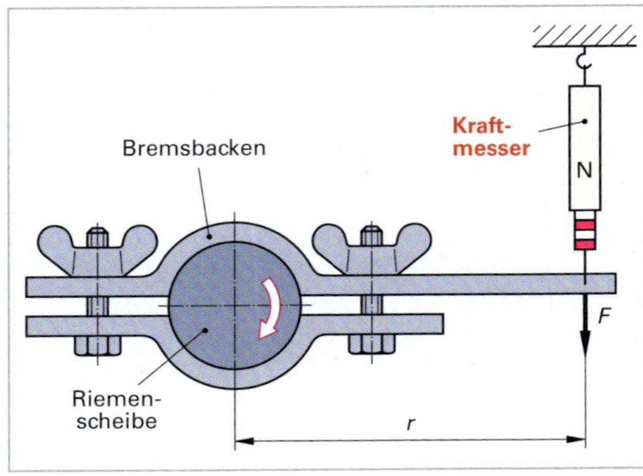

Bild 1: Messung eines Drehmoments (Kraftmoments)

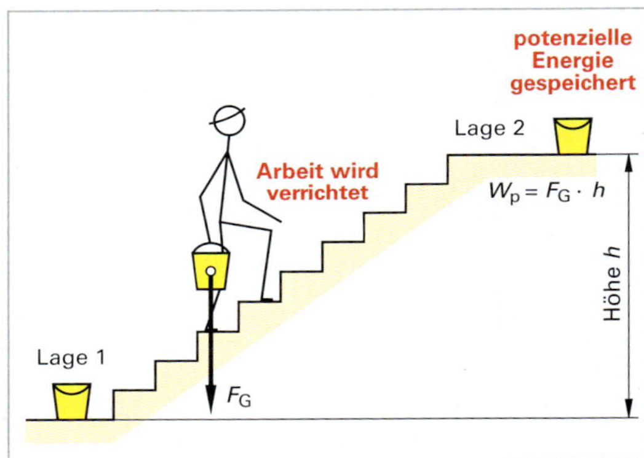

Bild 2: Verrichten von Arbeit beim Heben

Hier muss die Schreibweise Nm eingehalten werden, weil mN als Milli-Newton gelesen würde. Auch für Nm gibt es den besonderen Einheitennamen (nach dem franz. Physiker) Joule mit dem Einheitenzeichen J.

> Die Einheit Joule für die Arbeit ist in allen Physikbereichen geeignet.

1 Newtonmeter = 1 Joule, **1 Nm = 1 J**

Die Einheit Joule darf für das Drehmoment nicht verwendet werden, da dieses keine Arbeit darstellt.

Die zum Anheben erforderliche Kraft kann man mit dem Grundgesetz der Mechanik berechnen. Durch die Erdanziehung wirkt auf jeden Körper eine Kraft. Unser Planet Erde verursacht beim freien Fall eine örtlich verschiedene *Fallbeschleu-*

nigung (Erdanziehungsbeschleunigung, Ortskoeffizient) g von etwa 9,81 m/s² in Europa. Die daraus folgende Kraft muss man zum Anheben aufwenden.

Kraft

$$F = m \cdot g \quad (1)$$ und $[F] = [m] \cdot [g] =$ **N**

Auf jeden Körper wirkt in Europa wegen der Erdanziehungskraft ein Ortskoeffizient (Fallbeschleunigung) von etwa 9,81 m/s².

Zum Verrichten einer Arbeit W ist eine *Leistung* P (von engl. power) erforderlich, die umso größer sein muss, je kürzer die zur Verfügung stehende Zeit t ist.

Leistung

$$P = \frac{W}{t} \quad (2)$$ und $[P] = [W] : [t] =$ **J/s**

Der besondere Einheitenname für diese sehr wichtige Einheit ist das nach einem englischen Ingenieur benannte Watt mit dem Einheitenzeichen W. **1 W = 1 J/s = 1 Nm/s.**

Wegen $P = W : t$ und $W = P \cdot t$ verwendet man für die Arbeitseinheit statt Joule oft die Wattsekunde (Ws). Dieselbe Einheit verwendet man für alle Energiearten, z.B. Wärmeenergie oder elektrische Energie.

1 Nm = 1 J = 1 Ws

Für periodische (sich ständig wiederholende) Vorgänge, z.B Umdrehungen, gibt man für die Anzahl k der Vorgänge je Zeit t die **Frequenz** f (lat. frequentia = Häufigkeit) an.

Frequenz

$$f = \frac{k}{t} \quad (3)$$ und $[f] = [k] : [t] = 1/s =$ **Hz**

Die Einheit 1/s hat im deutschen Sprachraum den nach einem deutschen Physiker benannten Einheitennamen Hertz mit dem Einheitenzeichen Hz. International wird die Einheit cps (von cycles per second) verwendet. Die Frequenz wird in allen Bereichen der Physik angewendet, z.B. auch in der Elektronik.

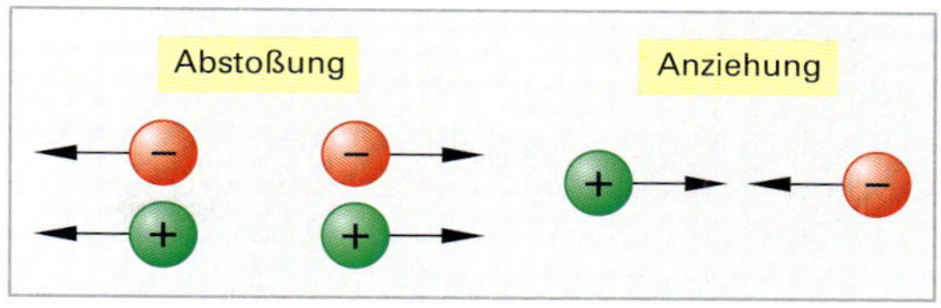

Bild 1: Wirkungen elektrischer Ladungen

Tabelle 1: Abgeleitete elektrische Größen

Größe	Formelzeichen	Einheit	Einheitenzeichen
Ladung	Q	Coulomb, Amperesekunde	C, As 1 C = 1 As
Spannung	U	Volt	V
Kapazität	C	Coulomb je Volt Farad	As/V F
Arbeit*	W	Joule, Wattsekunde	J, Ws 1 J = 1 Ws
Leistung*	P	Watt	W = Nm/s
Frequenz*	f	Hertz	Hz = 1/s

* Diese Größen werden mit derselben Bedeutung auch in der Mechanik verwendet.

Die **Umdrehungsfrequenz** n ist die Anzahl k der Umdrehungen je Zeit t.

Drehzahl

$$n = \frac{k}{t} \quad (4)$$ und $[n] = [k] : [t] =$ **1/s**

Die Umdrehungsfrequenz wird auch Drehzahl genannt und oft im 60-Fachen von 1/s in der Einheit 1/min angegeben.

2.7.2 Elektrische Größen

Elektrische Ladung

Vom Atomaufbau (Seite 16) ist bekannt, dass es positive elektrische Ladungen gibt, z.B. der Atomkerne, und negative Ladungen der Elektronen. Diese Ladungen (Q) üben aufeinander Kräfte aus **(Bild 1)**. Elektrische Ladungen sind positiv oder negativ. Elektrische Ladungen haben den nach einem französischen Physiker benannten Einheitennamen Coulomb mit dem Einheitenzeichen C **(Tabelle 1)**. Dabei handelt es sich um eine abgeleitete Einheit.

Elektrische Stromstärke

Ladungen können einem Körper zugeführt oder von einem Körper abgeführt werden. Wird einem Körper innerhalb von 1 s eine Ladung Q von 1 C zugeführt, dann fließt ein elektrischer Strom I mit der elektrischen Stromstärke von 1 Coulomb je Sekunde = 1 C : 1 s = 1 As/s = 1 A.

> Ein elektrischer Strom I fließt, wenn Ladungen Q zugeführt oder abgeführt werden.

Die elektrische Stromstärke I, meist kurz Stromstärke I genannt, ist eine Basisgröße **(Tabelle 1, Seite 53)**. Ihre Einheit ist das nach einem französischen Physiker benannte Ampere mit dem Einheitenzeichen A.

Stromstärke

$$I = \frac{Q}{t} \quad \text{und } [I] = [Q] : [t] = \text{As} : \text{s} = \mathbf{A}$$ 1

> Ein elektrischer Strom I von 1 A fließt, wenn sich in 1 s die Ladung Q um 1 C ändert.

Für die elektrischen Größen werden dieselben Vorsätze wie bei den mechanischen Größen verwendet (Seite 53).

Elektrische Spannung

Elektrische Ladungen treten immer paarweise auf. In einem abgeschlossenen System, z. B. dem Planeten Erde, sind immer gleich viele positive wie negative Ladungen vorhanden. Meist liegen diese Ladungen dicht beieinander, sodass sich ihre Wirkungen nach außen aufheben. Werden elektrische Ladungen voneinander getrennt, so muss gegen die Anziehungskraft gearbeitet, also Arbeit aufgewendet werden **(Bild 1)**. Die je Ladung aufgewendete Arbeit bezeichnet man als elektrische Spannung.

> Die elektrische Spannung U ist die zur Ladungstrennung aufgewendete Arbeit W je Ladung Q.

Die elektrische Spannung U hat die Einheit J/As mit dem nach einem italienischen Physiker benannten Einheitennamen Volt mit dem Einheitenzeichen V (Tabelle 1, vorhergehende Seite).

Spannung

$$U = \frac{W}{Q} \quad \text{und } [U] = [W] : [Q] = \text{J/As} = \mathbf{V}$$ 2

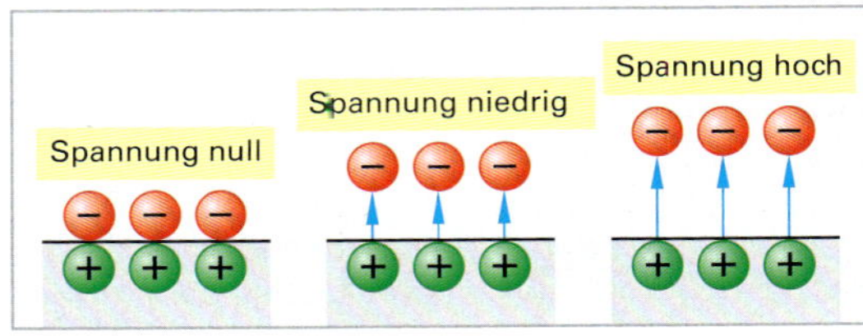

Bild 1: Entstehung der Spannung

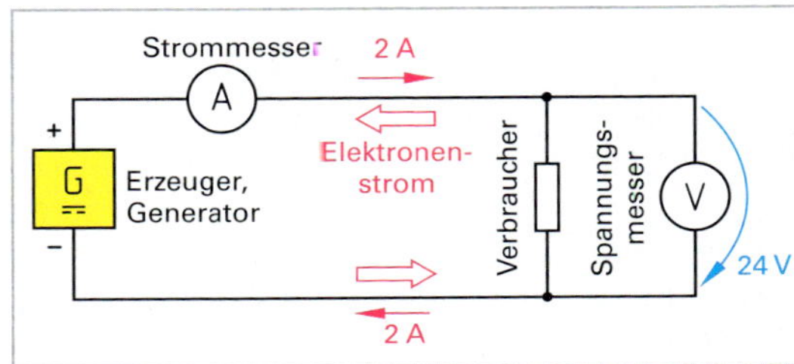

Bild 2: Stromrichtung und Stromkreis

Die elektrische Spannung ist die Ursache des elektrischen Stroms. Deshalb besteht jeder *Stromkreis* der Physik aus einem Spannungserzeuger (Generator), einer Leitung und Verbrauchsmitteln. Die Leitung besteht aus mindestens zwei *Leitern*, nämlich einem Leiter vom Generator zum Verbrauchsmittel und einem Leiter zurück. Im Verbrauchsmittel wird die im Generator aufgebrachte Arbeit wieder freigesetzt, zum großen Teil als Wärme. In der Elektroinstallation bezeichnet man als **Stromkreis** Überstromschutzeinrichtung, Leitung und Verbrauchsmittel ab dem Stromkreisverteiler.

Für die **Stromrichtung** hat man die Bewegungsrichtung der (gedachten) positiven Ladungsträger vereinbart. Dann fließt außerhalb des Spannungserzeugers der Strom vom Pluspol zum Minuspol, innerhalb aber vom Minuspol zum Pluspol. In Metallen besteht der Strom aus Elektronen. Diese bewegen sich entgegengesetzt zum Strom **(Bild 2)**.

> Der elektrische Strom fließt im Verbrauchsmittel vom Pluspol zu Minuspol.

Man unterscheidet **Gleichstrom** (DC von Direct Current), **Wechselstrom** (AC von Alternating Current) und **Mischstrom** **(Bild 1, folgende Seite)**. Gleichstrom fließt mit gleicher oder annähernd gleicher Stromstärke. Beim *Einphasenwechselstrom AC* des öffentlichen Netzes ändern sich die Stromstärke und die Stromrichtung nach einer Sinusfunktion. Man spricht von Sinusstrom. Drei derartige Ströme bilden den *Dreiphasenwechselstrom*, meist **Drehstrom** genannt (Seite 78).

Die in Schaltungen eingetragenen Stromrichtungen und Spannungsrichtungen sind nicht unbedingt identisch mit der tatsächlichen Stromrichtung bzw. Spannungsrichtung. Derartige **Bezugspfeile** geben die Richtung an, in welcher man den Strom oder die Spannung als positiv bezeichnet **(Bild 2)**. Ist der Zahlenwert der Größe negativ, dann ist die Richtung entgegengesetzt (Bild 2).

Diese Bezugspfeile verwendet man auch bei Wechselstrom **(Bild 3)**. Fließt der Strom kurzzeitig in die Richtung des Bezugspfeils, dann bezeichnet man ihn als positiv und gibt bei Zahlenangaben einen positiven Wert an.

Elektrischer Widerstand

Die Ladungsträger, aus denen der Strom besteht, bewegen sich in der Leitung sowie in den Verbrauchsmitteln durch die Atome hindurch. Dadurch entsteht ein *elektrischer Widerstand*. Die Stromstärke ist umso größer, je größer die Spannung und je kleiner der elektrische Widerstand ist.

Ohm'sches Gesetz

Das nach dem deutschen Physiker Ohm benannte Ohm'sche Gesetz (oder ohmsche Gesetz) beschreibt den Zusammenhang der Größen Stromstärke, Spannung und Widerstand.

Merkformel

$$I = \frac{U}{R} \quad (1) \qquad R = \frac{U}{I} \quad (2) \qquad U = R \cdot I \quad (3)$$

I Stromstärke U Spannung R Widerstand

und $[R] = [U] : [I] = \mathbf{V/A} = \mathbf{\Omega}$

Für die Einheit V/A des elektrischen Widerstandes wird der nach dem deutschen Physiker benannte Einheitenname Ohm, Kurzzeichen Ω, verwendet. Ω ist der griech. Großbuchstabe Omega, wird hier aber ausgesprochen als „Ohm". Der Kehrwert des Widerstandes *R* wird als *Leitwert G* bezeichnet.

Leitwert

$$G = \frac{1}{R} \quad (4) \qquad \text{und } [G] = [1]:[R] = 1/\Omega = \mathbf{S}$$

An Stelle von 1/Ω verwendet man in Deutschland den nach dem deutschen Ingenieur genannten Einheitennamen Siemens mit dem Einheitenzeichen S.

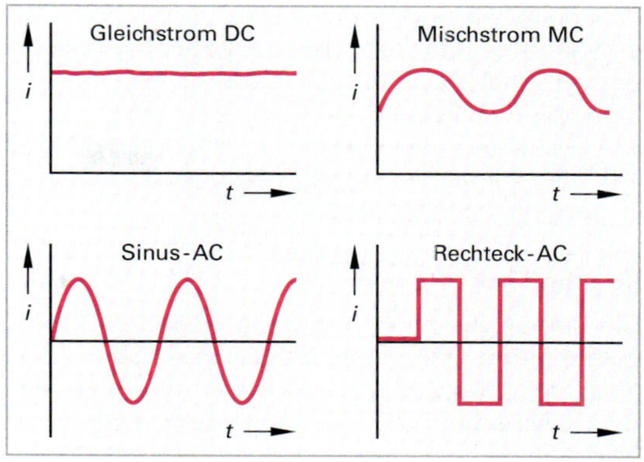

Bild 1: Stromarten

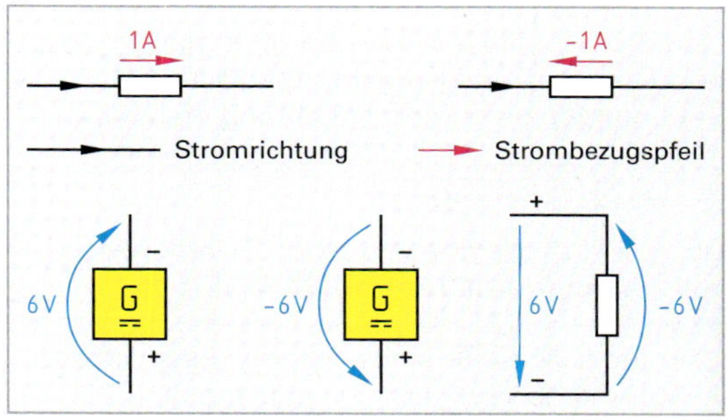

Bild 2: Bezugspfeile für Stromstärke und Spannung

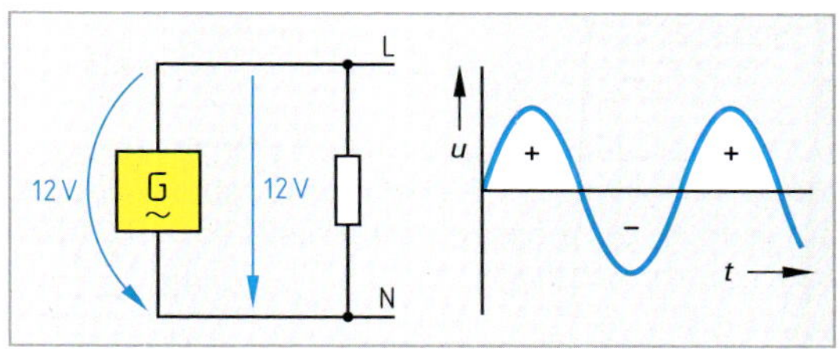

Bild 3: Bezugspfeile in einem AC-Stromkreis

2.7.3 Schaltung von Zweipolen

Als Zweipole bezeichnet man elektrische Betriebsmittel, die zwei Anschlüsse (Pole) haben, z.B. Widerstände, Batterien, Spulen oder Kondensatoren.

Reihenschaltung nennt man eine Schaltung von mehreren Zweipolen, bei denen der 2. Pol eines Zweipols mit dem 1. Pol des folgenden verbunden ist **(Bild 1, folgende Seite)**. Dann fließt durch alle Zweipole derselbe Strom.

> In der Reihenschaltung ist der Strom überall gleich.

Parallelschaltung nennt man die Schaltung von mehreren Zweipolen, wenn einerseits die einen

Pole der Zweipole miteinander verbunden sind und andererseits die anderen Pole auch miteinander verbunden sind **(Bild 2)**. Dadurch liegt an allen Zweipolen dieselbe Spannung.

> In der Parallelschaltung liegt an allen Gliedern dieselbe Spannung.

Kirchhoff'sche Regeln

Die Reihenschaltung mit der speisenden Stromquelle bildet eine **Masche** (Bild 1). An allen Gliedern der Masche liegen Spannungen. In der Reihenschaltung ist die speisende Spannung so groß wie die Summe der Teilspannungen.

$U = U_1 + U_2 + \dots$

Umfährt man die Masche und zählt man die Spannungen der Umfahrungsrichtung positiv und die Spannungen der anderen Richtung negativ, so erhält man

$U - U_1 - U_2 - \dots = 0$

Das gilt für jede Masche eines Stromkreises bei vollständiger Umfahrung **(Bild 3)**.

> In jeder Masche eines Stromkreises ist die Summe der Spannungen gleich null.

Maschenregel $\sum U = 0$ **1**

Bei der Parallelschaltung tritt eine Stromverzweigung mit einem als Punkt dargestellten Knoten auf (Bild 2). Bei jedem **Knoten** fließt so viel Strom zu wie Strom abfließt.

$I = I_1 + I_2 + I_3 + \dots$

$I - I_1 - I_2 - I_3 - \dots = 0$

Das gilt für jeden Knoten eines Stromkreises, wenn der abfließende Strom entgegengesetzt zum zufließenden gezählt wird.

Knotenregel $\sum I = 0$ **2**

Berechnungsformeln für Schaltungen von passiven Zweipolen

Aus dem Ohm'schen Gesetz und den Kirchhoff'schen Regeln folgen die Berechnungsformeln für Reihenschaltung und die Parallelschaltung.

Parallelschaltung bei mehr als 2 Widerständen

1. Bekannte Widerstände in Leitwerte $G = 1/R$ umrechnen,
2. G vom gesuchten Glied ausrechnen,
3. R aus G berechnen mit $R = 1/G$.

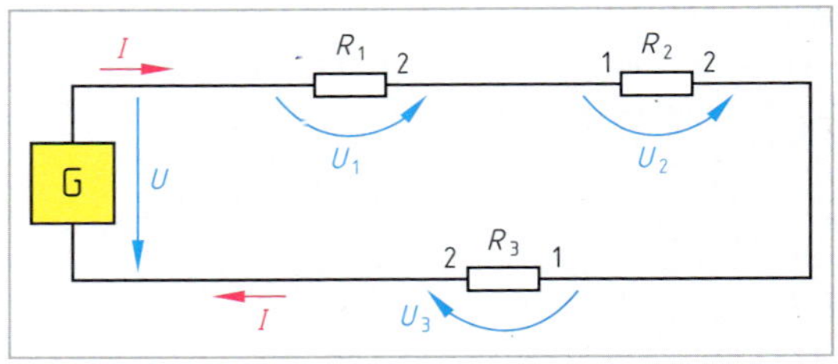

Bild 1: Reihenschaltung von Widerständen

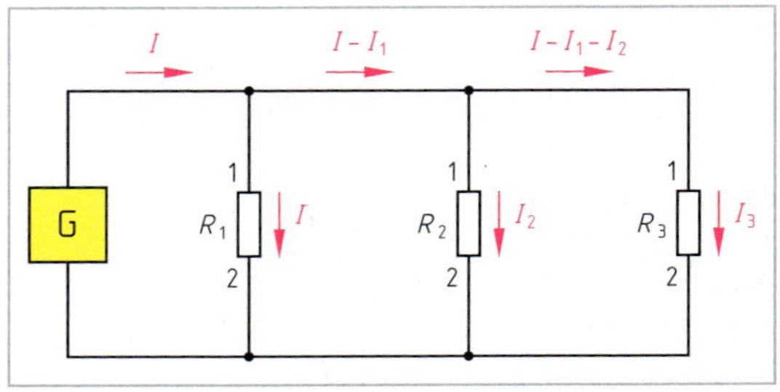

Bild 2: Parallelschaltung von Widerständen

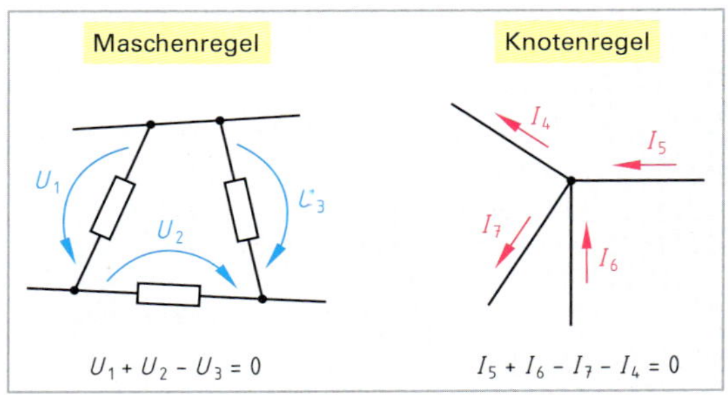

Bild 3: Kirchhoff'sche Regeln

Reihenschaltung

Widerstand $R = R_1 + R_2 + \dots$ **3**

Spannung $U = U_1 + U_2 + \dots$ **4**

Parallelschaltung

Leitwert $G = G_1 + G_2 + \dots$ **5**

Strom $I = I_1 + I_2 + \dots$ **6**

Widerstand bei 2 Einzelwiderständen

Widerstand $R = \dfrac{R_1 \cdot R_2}{R_1 + R_2}$ **7**

2.7.4 Strommessung, Spannungsmessung

Die Messung von Strom und Spannung wird in der Praxis häufig mit einem analogen oder digitalen Multimeter **(Bild 1)** vorgenommen. Die meisten Multimeter bieten zusätzliche Funktionen wie z. B. die direkte Widerstandsmessung oder die Prüfung von Halbleitern.

www.beha-amprobe.com, www.fluke.com, www.gmc-instruments.de

Bevor das Messgerät mit der Messschaltung verbunden wird, muss der richtige Modus (Messart) und Messbereich eingestellt werden. Kann die Höhe der zu messenden Größe nicht abgeschätzt werden, so wird mit der Messung zunächst im höchsten Messbereich begonnen, um das Messgerät nicht zu beschädigen.

> Zur Strommessung wird das Messgerät in Reihe zum Widerstand (in den Stromkreis) geschaltet **(Bild 2)**.

Ströme über 10 A werden mit einem Zangen-Amperemeter gemessen. Hierbei wird eine Messzange um den stromdurchflossenen Leiter gelegt und durch Erfassung des vom Strom verursachten Magnetfelds die Stromstärke bestimmt.

> Zur Spannungsmessung muss das Messgerät parallel zum Widerstand geschaltet werden **(Bild 3)**.

Grundsätzlich treten in der Praxis Messfehler auf, deren Auswirkung auf den zu messenden Wert beurteilt werden muss. Bei der Verwendung digitaler Messinstrumente sind klassische Ablesefehler, z. B. durch schräge Blickrichtung zum Zeiger (Parallaxe), ausgeschlossen.

Dennoch können systematische Messfehler eine Rolle spielen, insbesondere, wenn Strom und Spannung an einem Bauteil gleichzeitig gemessen werden sollen. Ob die Strom- oder die Spannungsmessung fehlerhaft ist, hängt von der Anordnung der beiden Messinstrumente im Stromkreis ab. Setzt sich der gemessene Strom aus dem Strom durch das Bauteil und dem Strom durch das Spannungsmessgerät zusammen, so erfolgt die Messung nach der **Stromfehlermethode**. Bei der **Spannungsfehlermethode** wird die Summe aus der Spannung am Bauteil und dem Spannungsfall am Strommesser gemessen.

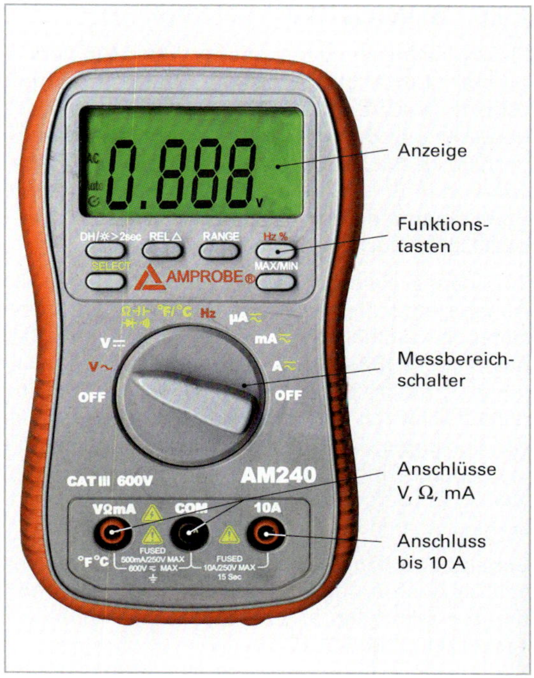

Bild 1: Digitalmultimeter

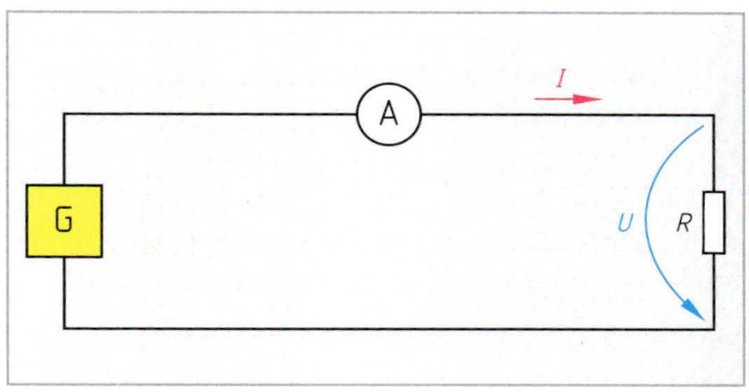

Bild 2: Strommessung

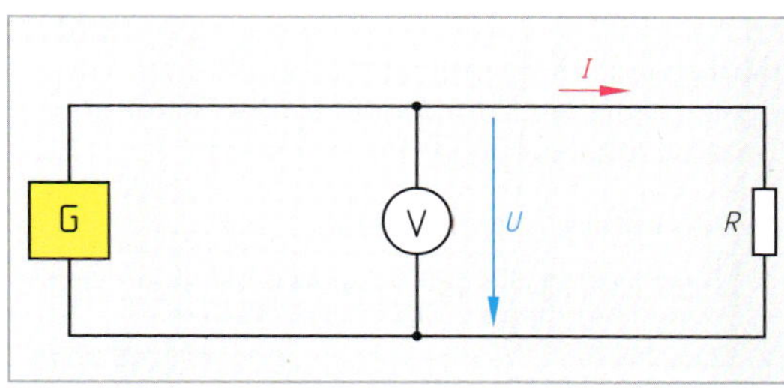

Bild 3: Spannungsmessung

Zur Minimierung dieser Messfehler sollten stets Spannungsmesser mit möglichst hohem Innenwiderstand und Strommesser mit möglichst niedrigem Innenwiderstand eingesetzt werden.

2.7.5 Schaltzeichen, Schaltpläne

Elektrotechnische Bauelemente werden in Schaltplänen durch grafische Symbole dargestellt **(Bild 1)**. Diese Symbole sind nach DIN EN 60617 genormt und dürfen sowohl horizontal als auch vertikal gezeichnet werden. Häufig sind insbesondere in Schaltplänen von Import-Geräten die Bauelemente davon abweichend nach nordamerikanischer Norm dargestellt.

Zu jedem Schaltzeichen gehört im Schaltplan die Angabe einer Betriebsmittelkennzeichnung, eine laufende Nummer sowie der Wert oder genaue Typ des Bauteils **(Bild 2)**. Die Betriebsmittelkennzeichnung ist durch DIN EN IEC 81346-2 genormt und richtet sich nach der Hauptaufgabe des Bauteils in der Schaltung. Der Größenwert des Bauteils darf auch ohne Einheitszeichen angegeben werden, wenn diese aufgrund des Schaltzeichens offensichtlich ist, z. B. ohne Ω bei ohmschen Widerständen.

Schaltpläne können abhängig von ihrem Zweck in ihrer Ausführung variieren. Sehr häufig kommt der **Stromlaufplan** *in aufgelöster Darstellung* zur Anwendung **(Bild 3)**. Hierbei werden die einzelnen Bauteile gemäß ihrer Stromdurchlauffolge dargestellt, wobei die Reihenfolge nicht der mechanischen Anordnung entsprechen muss. Falls nicht anders gekennzeichnet, wird die Signalflussrichtung immer von links nach rechts bzw. von oben nach unten angenommen.

Soll das Zusammenwirken der Bauteile zum Ausdruck kommen, so wird ein **Wirkschaltplan** erstellt. Die Anordnung der Bauteile entspricht dabei in etwa dem realen mechanischen Aufbau.

Im **Übersichtsschaltplan** werden mehrere parallel verlaufende Leiter als eine einzelne Linie gezeichnet. Die Anzahl der Leiter wird dabei durch mehrere Querstriche (Form 1) oder durch Querstriche mit Ziffern (Form 2) angegeben **(Bild 4)**. Häufig werden bei dieser Darstellungsform zusätzlich einzelne Komponenten der Schaltung zu Funktionsblöcken zusammengefasst.

Wiederholung und Vertiefung

1. **Beschreiben Sie das Vorgehen bei einer Spannungsmessung an einem Verbraucher.**
2. **Beschreiben Sie das Vorgehen bei einer Strommessung an einem Verbraucher.**
3. **Erklären Sie den Begriff *Spannungsfehlermethode*.**
4. **Aus welchen Teilen besteht eine vollständige Bezeichnung eines Schaltzeichens?**
5. **Wodurch unterscheiden sich Stromlaufplan in aufgelöster Darstellung und Wirkschaltplan?**

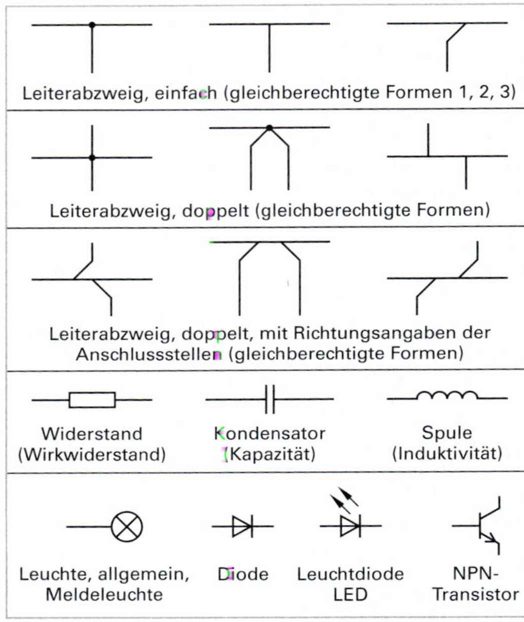

Bild 1: Beispiele für Schaltzeichen

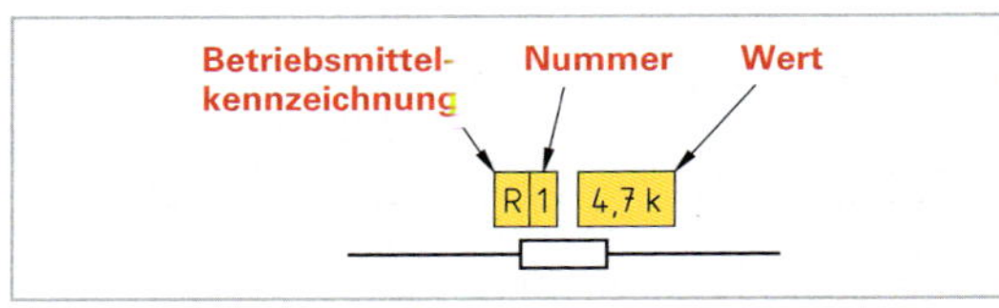

Bild 2: Vollständige Bezeichnung von Schaltzeichen

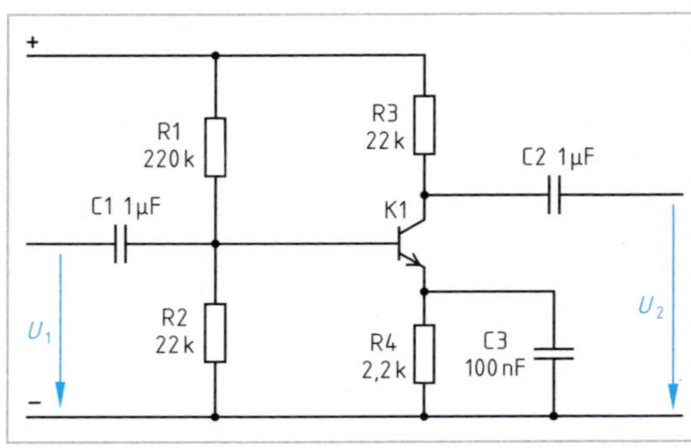

Bild 3: Stromlaufplan in aufgelöster Darstellung

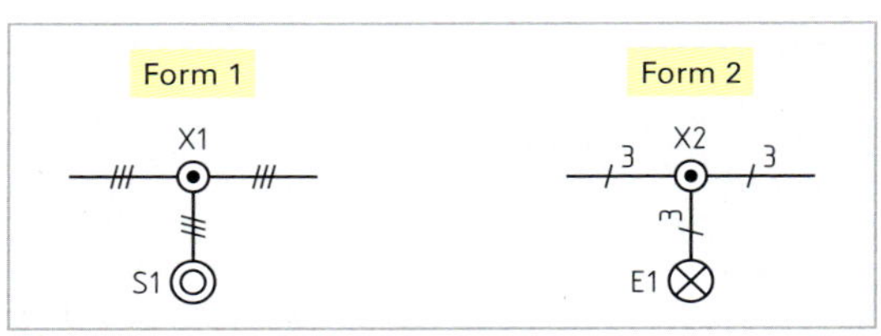

Bild 4: Übersichtsschaltplan (Auszug)

2.7.6 Generatorprinzip, Trafoprinzip

Die Spannungserzeugung mithilfe des magnetischen Feldes (Seite 205) wird allgemein als *Induktion* bezeichnet.

Generatorprinzip (Induktion durch Bewegung)

Wird ein elektrischer Leiter in einem magnetischen Feld quer zu den Feldlinien bewegt, so wirken Kräfte auf die Ladungsträger (Elektronen) im Leiter. Hierdurch werden positive und negative Ladungen getrennt, wodurch eine Spannung erzeugt wird **(Bild 1)**.

Die Höhe der Spannung hängt von der wirksamen Länge des Leiters, der Höhe der magnetischen Flussdichte sowie von der Geschwindigkeit der Bewegung ab.

induzierte Spannung

$$u_i = l \cdot v \cdot B \quad (1)$$

$[B] = \mathbf{T}$ (Tesla)

u_i	induzierte Spannung	v	Geschwindigkeit
l	wirksame Leiterlänge	B	magnetische Flussdichte

Durch die induzierte Spannung wird ein Stromfluss verursacht, dessen Richtung sich mithilfe der Generatorregel bestimmen lässt **(Bild 2)**. Generatorregel = Rechte-Hand-Regel.

Trafoprinzip (Induktion der Ruhe)

Ändert sich der magnetische Fluss durch eine Leiterschleife, so wird in ihr eine Spannung induziert. Dieses Prinzip findet in Transformatoren (Trafos) Anwendung, in denen meist mehrere Leiterschleifen zu einer Spule zusammengeschaltet sind.

Die Höhe der induzierten Spannung ist von der Anzahl der Windungen sowie von der Schnelligkeit der Änderung des magnetischen Flusses abhängig.

induzierte Spannung

$$u_i = -N \cdot \frac{\Delta\Phi}{\Delta t} \quad (2)$$

magnetischer Fluss

$$\Phi = B \cdot A \quad (3)$$

A	Fläche	$\Delta\Phi$	Flussänderung
B	magnetische Flussdichte	Φ	magnetischer Fluss
u_i	induzierte Spannung	Δt	Zeit, in der die Flussänderung erfolgt
N	Anzahl der Windungen		

Je kürzer die Zeit ist, in der sich der magnetische Fluss Φ ($[\Phi]$ = **Wb** (Weber)) ändert, umso höher ist die induzierte Spannung **(Bild 3)**.

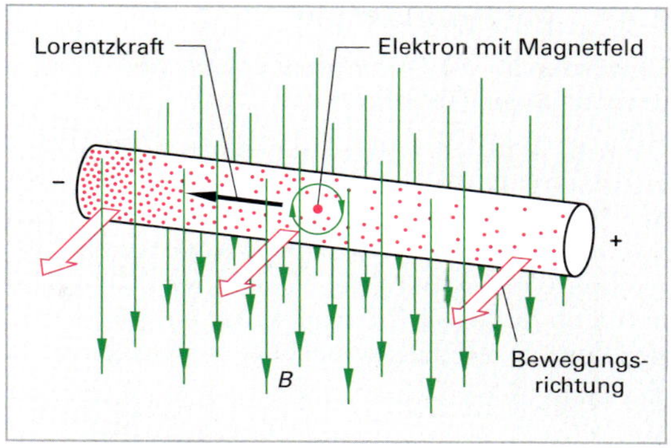

Bild 1: Generatorprinzip

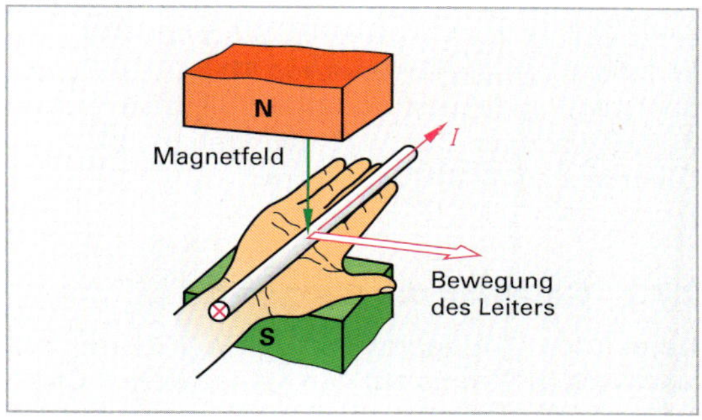

Bild 2: Generatorregel (Rechte-Hand-Regel)

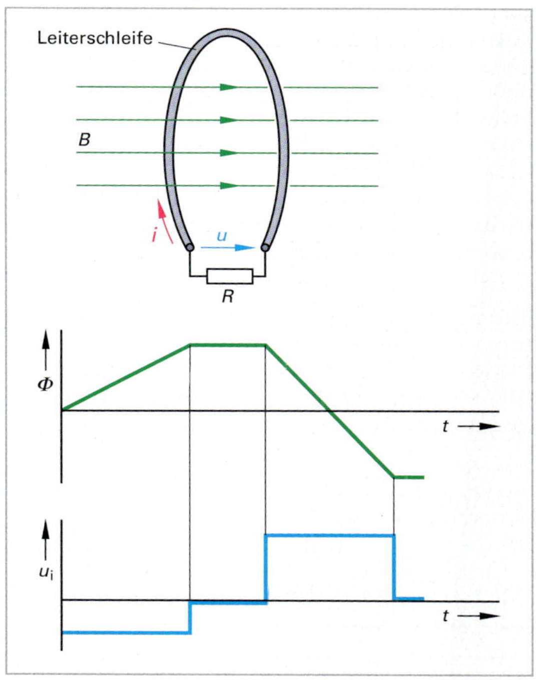

Bild 3: Trafoprinzip (Transformatorprinzip)

2.7.7 Stromwirkungen

Es werden im Wesentlichen vier Stromwirkungen unterschieden **(Tabelle 1)**.

Obwohl jeder Stromwirkung ein typischer Anwendungsfall zugeordnet werden kann, treten in der Praxis die Wirkungen immer als Kombinationen auf. Dabei können die Nebenwirkungen sogar überwiegen. Bei einer klassischen Glühlampe entfallen nur etwa 2 % bis 5 % der aufgenommenen Energie auf die gewünschte Lichtwirkung.

Die Nebenwirkungen sind meist unerwünscht und können weitreichende Folgen haben. Unerwünschte Wärmewirkung verschlechtert stets den Wirkungsgrad eines Bauteils und kann dessen Lebensdauer verkürzen. Störende Magnetfelder sind oft die Ursache von Mess- und Datenübertragungsfehlern. Aufgrund der chemischen Wirkung können sich Verbindungen metallischer Leiter im Laufe der Zeit lockern.

2.7.8 Gefahren der Elektrizität

Neben der Brandgefahr stellt die Wirkung des elektrischen Stroms auf den menschlichen Organismus ein besonderes Risiko dar. Im Herzmuskel erzeugen spezielle Schrittmacherzellen elektrische Reize und sorgen so für eine koordinierte Zusammenarbeit der Muskelzellen. Bereits sehr geringe Stromstärken von außen können lebensbedrohliche Störungen verursachen **(Bild 1, Tabelle 2)**. Da der Stromfluss durch den menschlichen Körper zur Verkrampfung der Muskeln führt, kann der Verunfallte den spannungsführenden Leiter nicht mehr loslassen. Bei hohen Stromstärken im Amperebereich erleidet der Verunfallte darüber hinaus meist schwere Verbrennungen.

Für die Folgen eines Elektrounfalls sind neben der Stromstärke auch die Art des Stroms, die Einwirkungsdauer sowie der Stromweg entscheidend. Wegen der Gefahr von Spätfolgen soll auch bei leichten elektrischen Schlägen der Rettungsdienst **(Notrufnummer 112)** verständigt werden.

Aufgrund der elektrischen Leitfähigkeit des menschlichen Körpers darf eine im Stromkreis befindliche Person keinesfalls berührt werden. Bei Hochspannungsanlagen ist eine Rettung nur unter Einhaltung bestimmter Sicherheitsregeln (vgl. DIN VDE 0105-100) möglich.

Ströme über 50 mA sind lebensgefährlich.

Tabelle 1: Wirkungen des elektrischen Stroms

Wirkung	Beispiele
Wärmewirkung	Tauchsieder, Herdplatte, Schmelzsicherung
Lichtwirkung	Leuchtstofflampe, Leuchtdiode (LED)
Chemische Wirkung	Galvanisierung, Batterie/Akku
Magnetische Wirkung	Elektromagnet, Elektromotor

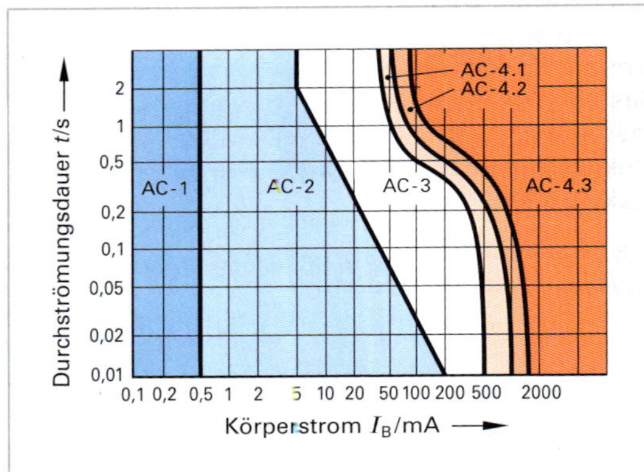

Bild 1: Sicherheitskurven nach DIN IEC/TS 60479-1 für AC 50 Hz von linker Hand zu Fuß

Tabelle 2: Wirkungen bei Stromfluss

Zone	Physiologische Wirkung
AC-1	Normalerweise keine Wirkung.
AC-2	Meist keine schädliche Wirkung.
AC-3	Meist kein organischer Schaden, krampfartige Muskelreaktionen möglich und Schwierigkeiten beim Atmen.
AC-4	Herzstillstand, Atemstillstand und schwere Verbrennungen zusätzlich zu den Wirkungen der Zone 3.
AC-4-1	Wahrscheinlichkeit von Herzkammerflimmern, ansteigend bis etwa 5 %.
AC-4-2	Wahrscheinlichkeit von Herzkammerflimmern, ansteigend bis etwa 50 %.
AC-4-3	Wahrscheinlichkeit von Herzkammerflimmern über 50 %.

Bei einem Körperwiderstand des Menschen von etwa 1 kΩ können 50 mA schon bei AC 50 V erreicht werden (Seite 243).

Spannungen über AC 50 V oder DC 120 V sind lebensgefährlich.

2.7.9 Kapazität und Induktivität

Kapazität

Jeder elektrisch leitende Körper kann Ladungen aufnehmen. Dabei bildet sich um den Körper ein elektrisches Feld, in dem Energie gespeichert ist **(Bild 1)**. Die Fähigkeit eines Körpers, elektrische Ladungen zu speichern, nennt man *Kapazität*.

Während bei Leiteranordnungen diese Energiespeicherung unerwünscht ist, ist bei **Kondensatoren** die Bildung von Kapazitäten beabsichtigt. Um die Kapazität zu erhöhen, wird in den durch das elektrische Feld durchdrungenen Raum ein Material eingebracht, dessen Teilchen durch das elektrische Feld ausgerichtet werden können (Dielektrikum).

Die Kapazität gibt an, um wie viel sich die Ladung je Volt angelegter Spannung erhöht **(Bild 2)**.

Kapazität

$$C = \frac{Q}{U} \quad (1)$$

und $[C] = [Q] : [U] =$ As/V = **F** (Farad)

C Kapazität
Q Ladung
U Spannung

Induktivität

Energie liegt sowohl im elektrischen Feld als auch im magnetischen Feld gespeichert vor. Dieses Prinzip ist bei **Spulen**, die auch als Induktivitäten bezeichnet werden, meist erwünscht.

Um jeden stromdurchflossenen Leiter bildet sich ein magnetisches Feld. Wird der Strom abgeschaltet **(Bild 3)**, so baut sich das magnetische Feld ab. Da der Abbau des magnetischen Feldes eine Änderung des magnetischen Flusses zur Folge hat, wird nach dem Gesetz der Induktion (Abschnitt 2.7.6) eine Spannung induziert. Weil hier die Flussänderung nicht von außen verursacht wird, spricht man von **Selbstinduktion**. Im betrachteten Moment wirkt die Induktivität als Spannungserzeuger, wobei die induzierte Spannung so gerichtet ist, dass der ursprüngliche Zustand des Stroms erhalten bleibt (Lenz'sche Regel).

Die Induktivität gibt das Verhältnis an, in der die induzierte Spannung zur zeitlichen Stromänderung steht.

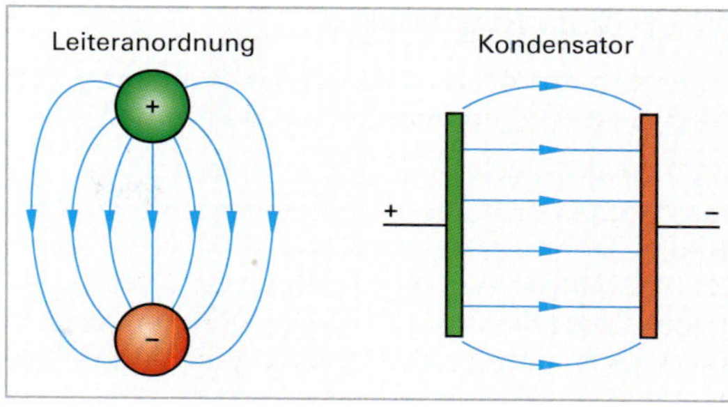

Bild 1: Elektrische Felder (siehe Seite 204)

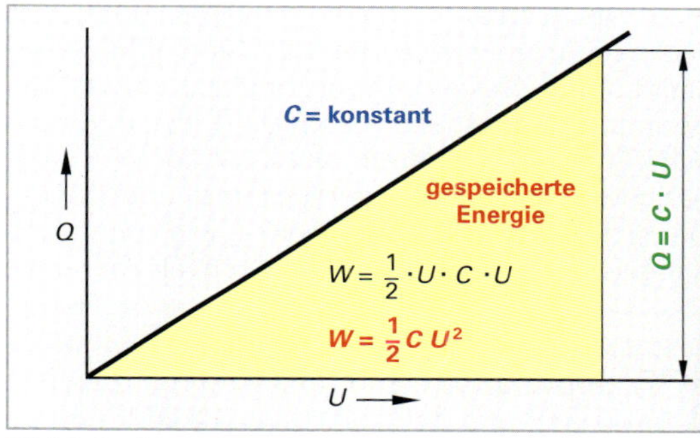

Bild 2: Ladung eines Kondensators

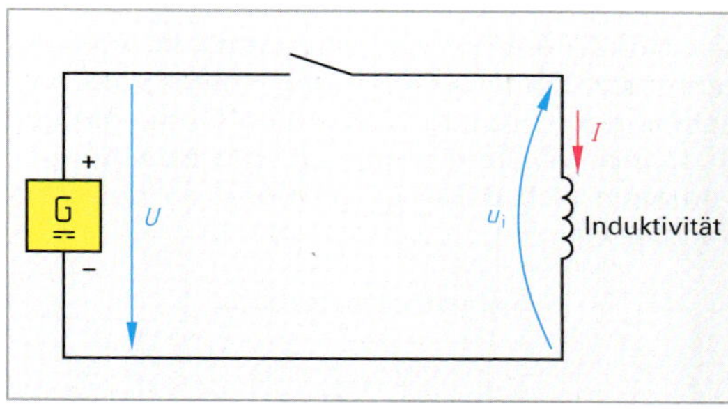

Bild 3: Induktion beim Öffnen des Stromkreises

Induktivität

$$L = \left| \frac{u_i \cdot \Delta t}{\Delta i} \right| \quad (2)$$

und $[L]$ = Vs/A = **H** (Henry)

L	Induktivität	Δi	Stromänderung
u_i	induzierte Spannung	Δt	Zeit, in der die Stromänderung erfolgt

Eine Induktivität hat dann 1 Henry, wenn eine Stromänderung von 1 Ampere in 1 Sekunde eine Selbstinduktionsspannung von 1 Volt verursacht.

2.7.10 Transformatoren

Transformatoren dienen zur Umwandlung von Wechselspannungen und Wechselströmen.

Ein Transformator besteht im Wesentlichen aus zwei Spulen auf einem gemeinsamen Eisenkern **(Bild 1)**. Der Kern ist meist aus mehreren dünnen Blechen aufgebaut. Diese sorgen dafür, dass der magnetische Fluss in geordneten Bahnen verläuft und Verluste durch Verwirbelungen (Wirbelströme) gering gehalten werden.

Wird an die Eingangswicklung *(Primärwicklung)* eine Wechselspannung angelegt, so fließt ein Wechselstrom durch die Wicklung und verursacht in ihr ein sich proportional zur angelegten Spannung änderndes Magnetfeld. Die magnetische Energie wird durch den Eisenkern zur Ausgangswicklung *(Sekundärwicklung)* übertragen. Der sich ändernde magnetische Fluss in der Ausgangswicklung induziert eine Wechselspannung.

> Eingangs- und Ausgangswicklung eines Transformators sind elektromagnetisch gekoppelt und galvanisch voneinander getrennt.

Die Höhe der Ausgangsspannung ist von der Höhe der Eingangsspannung sowie vom Verhältnis der Windungszahlen von Eingangs- und Ausgangswicklung abhängig. Die Spannungen verhalten sich dabei proportional zu den Windungszahlen.

Spannungsübersetzung

$$\frac{U_1}{U_2} = \frac{N_1}{N_2}$$ 1

U_1	Eingangsspannung	N_1	Windungszahl (primär)
U_2	Ausgangsspannung	N_2	Windungszahl (sekundär)

Unabhängig von den Begriffen Eingangswicklung und Ausgangswicklung bezeichnet man als *Oberspannungswicklung* die Wicklung mit der hohen Spannung und als *Unterspannungswicklung* die Wicklung mit der niederen Spannung.

Da beim idealen Transformator die aufgenommene Leistung der abgegebenen Leistung entspricht, muss das Produkt aus Spannung und Strom auf beiden Seiten gleich groß sein. Daraus ergibt sich, dass sich die Ströme umgekehrt proportional (reziprok) zu den Windungszahlen verhalten.

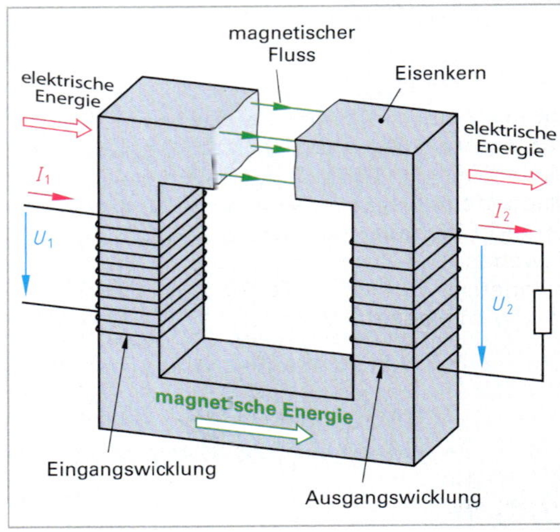

Bild 1: Prinzip des Transformators

Stromübersetzung

$$\frac{I_1}{I_2} = \frac{N_2}{N_1}$$ 2

I_1	Primärstrom	N_1	Windungszahl (primär)
I_2	Sekundärstrom	N_2	Windungszahl (sekundär)

Beispiel:
Ein Wechselstrommotor mit 24 V und einer Stromaufnahme von 1 A soll mithilfe eines Transformators am 230-V-Netz betrieben werden.

a) Wie viele Windungen muss die Ausgangswicklung besitzen, wenn die Eingangswicklung 2400 Windungen haben soll?

b) Welcher Strom wird dem Netz entnommen?

Lösung:

a) $N_2 = (U_2 : U_1) \cdot N_1 = (24\,\text{V} : 230\,\text{V}) \cdot 2400$
$= \mathbf{250\,Wdg.}$

b) $I_1 = (N_2 : N_1) \cdot I_2 = (250 : 2400) \cdot 1\,\text{A}$
$= \mathbf{104{,}2\,mA}$

Wiederholung und Vertiefung

1. **Von welchen Faktoren hängt bei der Induktion der Bewegung die Höhe der induzierten Spannung ab?**
2. **Nennen Sie die vier Stromwirkungen.**
3. **Definieren Sie den Begriff der Kapazität.**
4. **Weshalb hat beim Abschalten einer stromdurchflossenen Spule der Strom das Bestreben, in seiner ursprünglichen Richtung weiterzufließen?**
5. **Erklären Sie den prinzipiellen Aufbau eines Transformators.**

2.7.11 Motorprinzip

Befindet sich ein stromdurchflossener Leiter in einem magnetischen Feld, so wirkt eine Kraft auf den Leiter (Lorentzkraft). Sie entsteht durch das Zusammenspiel des bestehenden äußeren Magnetfelds und dem vom Strom verursachten Magnetfeld des Leiters **(Bild 1)**. Sie versucht, den Leiter in Richtung des geschwächten Feldes zu bewegen. Der Strom muss dazu senkrecht zum magnetischen Feld verlaufen. Liegt der Leiter schräg im Magnetfeld, so trägt nur die senkrechte Komponente des Verlaufs zur Kraftbildung bei.

Die Richtung der resultierenden Kraft ergibt sich aus der Addition der Feldlinien (Bild 1). Einfacher lässt sich die Richtung mithilfe der **Motor-Regel** bestimmen **(Bild 2)**.

> Der Betrag der Kraft ist abhängig von der Stärke der Magnetfelder sowie von der wirksamen Länge des Leiters.

Kraft

$$F = I \cdot l \cdot B$$ (1)

F	Kraft	l	wirksame Länge
I	Stromstärke	B	magnetische Flussdichte

Beispiel:

Welche Stromstärke muss durch einen Leiter fließen, wenn sich dieser auf einer Länge von 50 cm quer zu einem magnetischen Feld mit $B = 1{,}5\,\text{T}$ befindet und eine Kraft von 15 N erzeugt werden soll?

Lösung:

$I = F : (l \cdot B) = 15\,\text{N} : (0{,}5\,\text{m} \cdot 1{,}5\,\text{T}) = \mathbf{20\,A}$

Die Krafterzeugung durch Ströme in Magnetfeldern kommt bei Motoren zur Anwendung **(Bild 3)**. Der den Strom hinführende Schenkel der Leiterschleife wird nach der Motor-Regel nach links ausgelenkt. Im rückführenden Schenkel fließt der Strom in die entgegengesetzte Richtung. Daher wird der rückführende Schenkel nach rechts ausgelenkt, wodurch eine Drehbewegung der Leiterschleife zustande kommt. Befindet sich der zuvor rückführende Schenkel oben, so muss die Stromrichtung durch den Leiter umgepolt werden, damit die Drehbewegung beibehalten wird. Soll ein Motor mit Gleichstrom betrieben werden, ist aus diesem Grund ein *Stromwender* notwendig.

Zur Erhöhung der Gesamtkraft werden in Motoren mehrere Leiter in Reihe geschaltet.

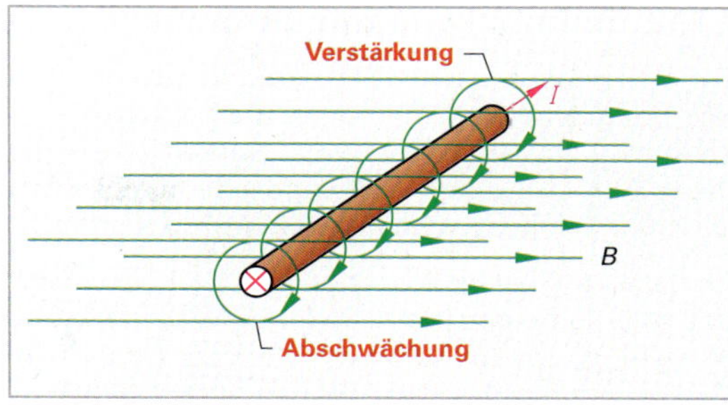

Bild 1: Strom im magnetischen Feld

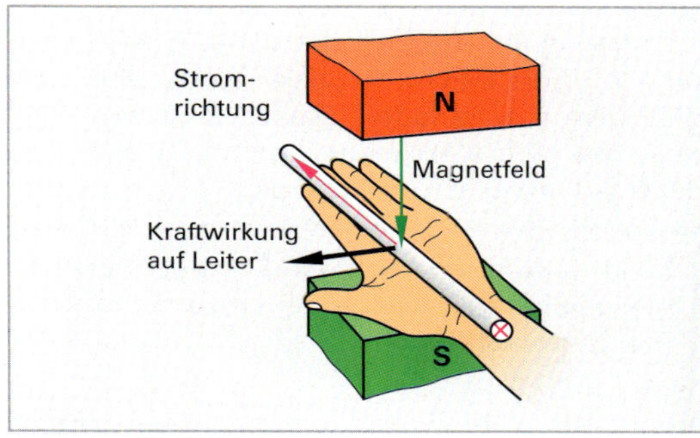

Bild 2: Motor-Regel (Linke-Hand-Regel)

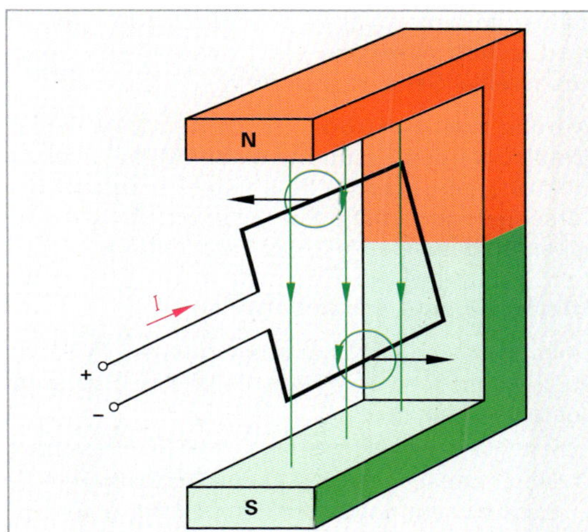

Bild 3: Prinzip eines Motors

Wiederholung und Vertiefung

1. **Wie kommt die Kraft zustande, die auf einen stromdurchflossenen Leiter im Magnetfeld wirkt?**
2. **Von welchen Faktoren ist die Höhe der Kraft abhängig?**
3. **Beschreiben Sie die Ermittlung der wirkenden Kraft mithilfe der Motor-Regel.**

2.7.12 Elektrochemische Stromquellen

Bei elektrochemischen Stromquellen handelt es sich um galvanische Elemente. Sie sind nach dem italienischen Mediziner Luigi Galvani benannt. Diese Elemente sind in der Lage, chemische Energie direkt in elektrische Energie umzuwandeln.

An der Grenzfläche zwischen Elektrode und Elektrolyt versucht das Metall in Ionenform in Lösung zu gehen (Lösungsdruck). Gleichzeitig ist der Elektrolyt bestrebt, Metall-Ionen an die Elektrode abzugeben (osmotischer Druck).

Überwiegt der Lösungsdruck, so wird die Elektrode negativ. Dominiert der osmotische Druck, dann wird die Elektrode positiv gegenüber dem Elektrolyten aufgeladen. Dieser chemische Vorgang hat eine elektrische Spannung zwischen Elektrolyt und Elektrode zur Folge.

> Elektrochemische Stromquellen sind Energiespeicher und dienen der netzunabhängigen Stromversorgung.

Ordnet man chemische Elemente in einer Reihe nach ihrer Spannung gegenüber einer definierten Lösung des jeweiligen Salzes, wobei als Gegenelektrode eine Wasserstoffelektrode benutzt wird, erhält man eine elektrochemische Spannungsreihe (Seite 46, Tabelle 1).

Werden zwei Elektroden aus unterschiedlichem Metall oder aus Grafit und einem Metall in einen Elektrolyten getaucht, so entsteht aufgrund des verschiedenen Lösungsdrucks der Metalle zwischen beiden eine elektrische Spannung.

Primärelemente, Primärbatterien

Es handelt sich um Spannungsquellen, in denen durch chemische Vorgänge elektrische Spannungen entstehen.

> Die chemische Energie kann im Primärelement nur einmal in elektrische Energie umgewandelt werden.

Taucht man beispielsweise einen Kupferstab und einen Zinkstab in verdünnte Schwefelsäure, so hat das Zink den höheren Lösungsdruck. Es wird dem Kupfer gegenüber negativ **(Bild 1)**. Die Zinkelektrode (Stromeintritt in den Elektrolyt) bildet die Anode, die Kupferelektrode die Katode (auch Kathode). Dieses Element wurde etwa im Jahre 1800 von Allessandro Volta erfunden (Bild 1).

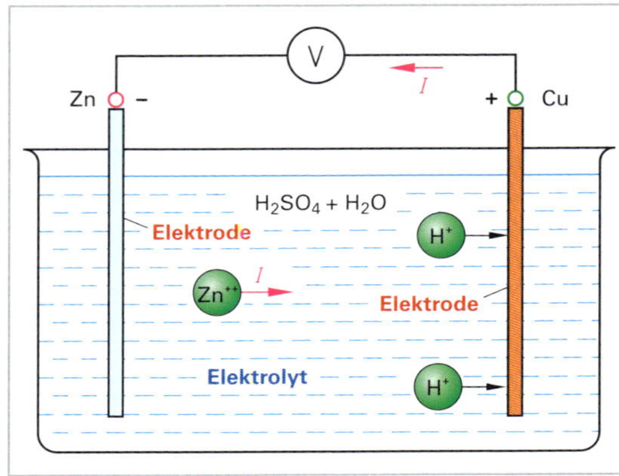

Bild 1: Volta-Element

Bild 2: Primärelemente, Batterien

Beim Betrieb des Volta-Elements laufen folgende Reaktionen ab:

Anode: $Zn \rightarrow Zn^{2+} + 2\,e^-$

Katode: $2\,H^+ + 2\,e^- \rightarrow H_2$

Gesamtreaktion: $Zn + 2\,H^+ \rightarrow Zn^{2+} + H_2$

Diese Reaktionen laufen an den Elektroden irreversibel ab, d. h., sie sind nicht umkehrbar.

> Einzelne oder zusammengeschaltete Primärelemente werden im Handel als Batterien (Primärbatterien) bezeichnet **(Bild 2)**.

Technisch bedeutende Primärelemente sind:

- Kohle-Zink-Zellen
- Alkali-Mangan-Zellen,
- Lithium- Zellen und
- Silber-Zink-Zellen.

Zink-Kohle-Zelle

Die handelsübliche Zink-Kohle-Zelle, besteht aus einem Zinkbecher, in den eine eingedickte Salmiaklösung (NH_4Cl) und Braunstein (MnO_2) gefüllt sind **(Bild 1)**. In der Braunsteinschicht steckt ein Kohlestab.

Der positive Pol besteht aus Mangandioxid und der negative aus Zink. Der Kohlestab ist für den Transport der Elektronen zuständig.

Die Bemessungsspannung einer gefertigten Zn-C-Zelle beträgt 1,5 V.

Die Zink-Kohle-Batterie ist weltweit ein Klassiker unter den Batterien. Für diese Batterie spricht ihr günstiger Preis. Sie ist für weniger anspruchsvolle Anwendungen optimal geeignet, z.B. Fernbedienungen und Kinderspielzeuge.

Von Nachteil ist, dass die Zink-Kohle-Elemente auslaufen können. Da das Zink das unedlere Metall ist, wird es beim Entladen abgebaut. Verbrauchte Batterien sollten deshalb möglichst schnell entsorgt werden. Mangandioxid ist ein Gefahrstoff für die Umwelt und die Gesundheit.

Alkali-Mangan-Zelle

Diese Zelle wird durch einen Separator in einen inneren und einen äußeren Bereich geteilt. Die Separatorhülse besteht aus Vlies und dient zur Trennung der Elektroden, ist jedoch für Ionen durchlässig. Die Kathode bildet die Hülse aus Mangandioxid und Grafit. Zinkpulver und Zusätze bestimmter Metalle, z.B. Blei, bilden die Anode. Kalilauge fungiert als Elektrolyt. Die Ableitungselektrode (Nagel) ist aus Kupfer oder Messing, die mit der negativen Bodenplatte verbunden ist. Das Gehäuse ist mit der positiven Polkappe verbunden **(Bild 2)**.

Die Alkali-Mangan-Zelle zählt zu den wichtigsten elektrochemischen Energiespeichern. Aufgrund höherer Kapazität, besserer Belastbarkeit und längerer Lagerfähigkeit hat sie die Zink-Kohle-Batterie aus vielen Bereichen verdrängt.

Das Anwendungsgebiet reicht vom Fotoapparat bis hin zum portablen Player.

Eine Zelle liefert 1,5 V Bemessungsspannung.

Umweltproblematisch sind die Schwermetalle und die ätzende Kalilauge.

Lithium-Zelle

Die Anoden sind bei diesen Primärelementen grundsätzlich aus Lithium. Es gibt ein Fülle möglicher Kombinationen, bezüglich des Kathodenmaterials und dem verwendeten Elektrolyten.

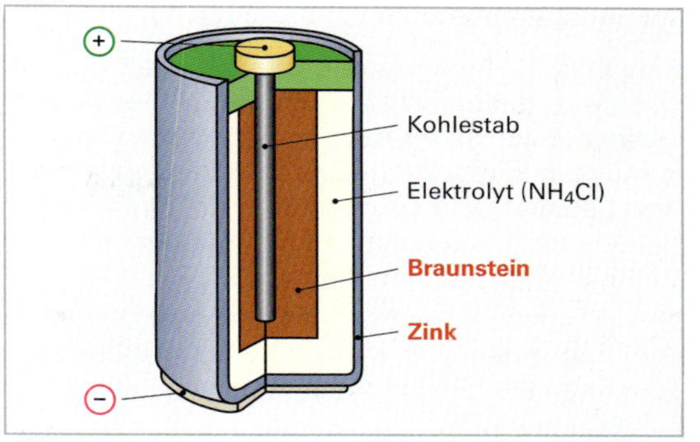

Bild 1: Zink-Kohle-Zelle

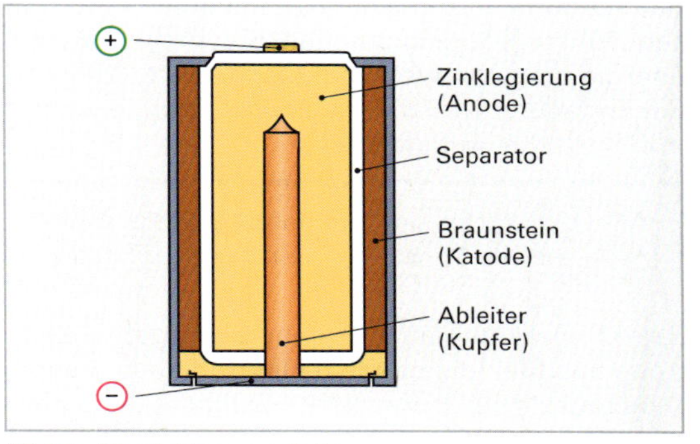

Bild 2: Alkali-Mangan-Zelle

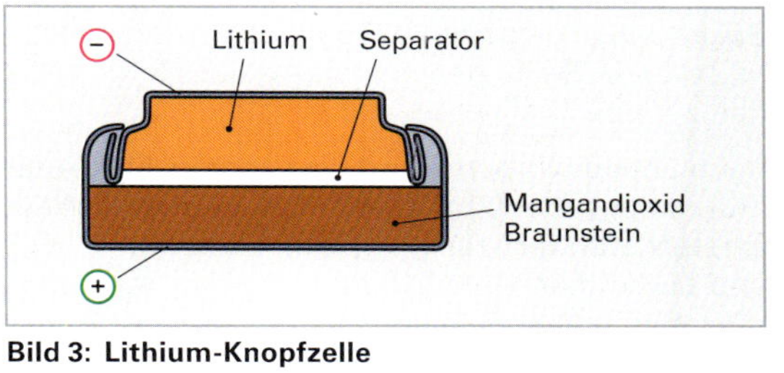

Bild 3: Lithium-Knopfzelle

Die Zusammensetzung richtet sich insbesondere auf die zu erzielende Bemessungsspannung und Ladekapazität. Für den positiven Pol wird z.B. Mangandioxid verwendet. Die Zelle liefert 3 Volt. Zellen in Knopfform **(Bild 3)** werden z.B. für digitale Thermometer verwendet.

Lithium-Zellen haben gegenüber anderen Primärzellen mit wässrigen Elektrolyten den Vorteil, dass sie eine höhere Energiedichte, größere Zellenspannung, geringere Selbstentladung sowie einen weitgefassten Temperaturbereich für Lagerung und Einsatz aufweisen. Diese Batterien sind optimal für Langzeitanwendungen.

Korrodierende Lithium-Zellen können Brände verursachen, wenn Feuchtigkeit hinzukommt.

Sekundärelemente, Sekundärbatterien

Galvanische Sekundärelemente bestehen aus zwei Materialien, die als Elektrode dienen und in einen Elektrolyt getaucht sind. Diese Elemente müssen zuerst aufgeladen werden. Erst nach dem Ladevorgang können diese als Spannungsquelle genutzt werden. Daher stammt die Bezeichnung Sekundärelement.

> Schaltungen aus mehreren Sekundärelementen werden als Akkumulatoren oder Sekundärbatterien bezeichnet.

Beim Aufladen wird im Akkumulator (Akku) die zugeführte elektrische Energie in chemische Energie umgewandelt und gespeichert. Während der Entladung wird die chemische Energie wieder in elektrische umgeformt.

> Akkumulatoren sind wiederaufladbare elektrochemische Speicher für elektrische Energie.

Beim Bleiakkumulator besteht die negative Elektrode aus Blei, die positive Elektrode aus Blei-IV-Oxid und als Elektrolyt dient verdünnte Schwefelsäure **(Bild 1)**.

Die Zellenspannung beträgt 2 V. Um höhere Spannungen erzeugen zu können, werden mehrere Zellen in Reihe geschaltet. Akku-Zellen stellen demzufolge 12 V bereit.

Beim Entladevorgang wird die negative Elektrode (Pb) zu Bleisulfat ($PbSO_4$), der frei werdende Wasserstoff wandert zur positiven Elektrode (PbO_2) und bildet hier in Verbindung mit der Schwefelsäure Bleisulfat und Wasser.

Die Spannung an den Klemmen eines Bleiakkumulators steigt beim Laden bis 2,7 V an. Der Ladevorgang ist ab diesem Zeitpunkt beendet. Beim Abschalten des Ladestroms fällt die Spannung sprunghaft auf 2 V ab, prägnant in der grafischen Darstellung erkennbar **(Bild 2)**.

Bei der Entladung entsteht Wasser und führt zur Säuredichteverringerung. Die Säuredichte ist ein Maß für den Ladungszustand der Zelle. Ein Bleiakku ist bei 1,28 g/cm³ Säuredichte vollgeladen, 1,12 g/cm³ normal entladen und 1,06 g/cm³ tief entladen.

> Batteriesäure ist stark ätzend, deshalb sind beim Umgang Schutzbrille, Schutzhandschuhe und säurefeste Schürze zu tragen.

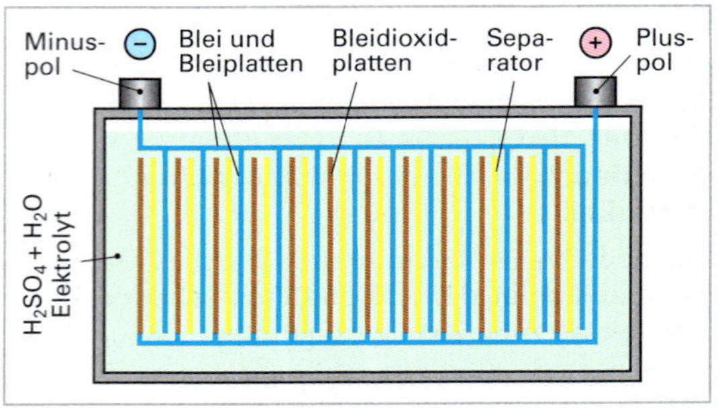

Bild 1: Bleiakkumulator

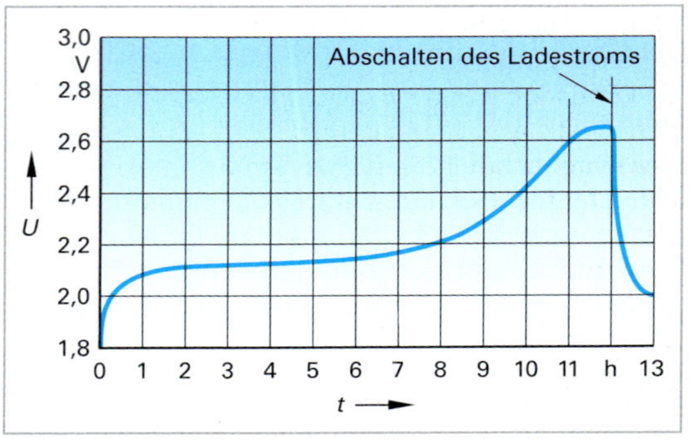

Bild 2: Spannungsverlauf beim Laden

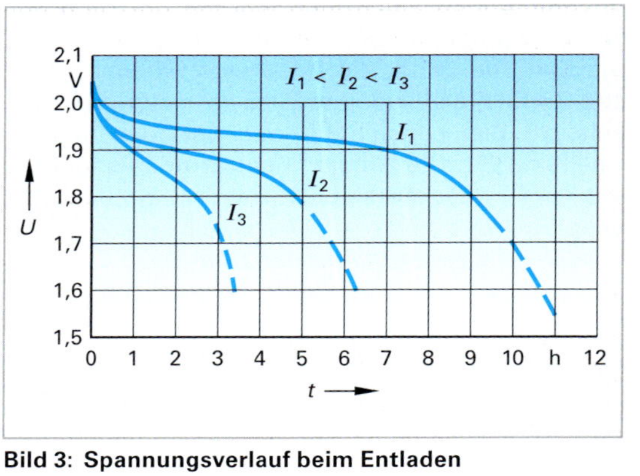

Bild 3: Spannungsverlauf beim Entladen

Die Reaktionen der Entladung werden beim Ladevorgang wieder rückgängig gemacht.

$$Pb + PbO_2 + 2H_2SO_4 \underset{\text{Laden}}{\overset{\text{Entladen}}{\rightleftarrows}} 2PbSO_4 + 2H_2O$$

Die Entladedauer verkürzt sich bei zunehmendem Stromverbrauch **(Bild 3)**. Der Bleiakkumulator gilt als entladen, wenn die Zellenspannung 1,83 V erreicht hat.

Lithium-Ionen-Akkumulator

Im Rahmen der Elektromobilität und Photovoltaik finden umfangreiche Forschungen auf dem Gebiet der Akkumulatoren statt. Hierbei sind auch Batteriepakete (Module) bestehend aus Lithium-Ionen-Zellen von Bedeutung **(Bild 1)**.

Die negative Elektrode (Anode beim Entladen) besteht aus einer dünnen Cu-Folie, auf welche z.B. Graphit mit eingelagerten Li-Ionen, Leitfähigkeitsadditive, z.B. leitfähiges Kohlenstoffpulver, sowie eine Paste zum Binden aufgebracht sind. Die positive Elektrode (Kathode beim Entladen) besteht aus einer Al-Folie mit Metalloxiden aus Nickel, Cobalt, Mangan oder Eisen sowie Lithium-Ionen-Einlagerungsverbindungen (Intercalationen). Beim Laden und Entladen wandern die Lithium-Ionen (Li^+) durch den Elektrolyt von einer Elektrode zur anderen. Der Separator schützt die Elektroden vor direktem Kontakt. Der Elektrolyt besteht aus einem gelösten Lithiumsalz, z.B. Lithiumhexafluorophosphat. Ist der Elektrolyt nicht flüssig, spricht man von Lithium-Polymer-Akkumulatoren (**Festkörperakkumulatoren**).

Beim Entladen fließen von der Anode Elektronen über den externen Stromkreis zur positiven Elektrode (Kathode). Gleich viele Li^+-Ionen wandern von der Anode durch den Elektrolyt zu Kathode. Die über den externen Stromkreis bei der Kathode ankommenden Elektronen werden dort von den Metallverbindungen aufgenommen (Bild 1). Dies können je nach Akkumulatortyp Cobalt-, Nickel-, Mangan- oder Eisen-Ionen sein. Das Lithium liegt im entladenen Zustand des Akkumulators in der positiven Elektrode weiterhin in Ionenform vor. Die Reaktionsgleichungen an Anode und Kathode sind verschieden **(Bild 2)**. Bei der Redoxreaktion laufen Oxidation und Reduktion (Abschnitt 2.7.13) gleichzeitig ab.

> Beim Lithium-Ionen-Akkumulator wandern Li^+-Ionen über den Elektrolyt zwischen den Elektroden.

Zellenspannung, Temperaturempfindlichkeit, Ladeschlussspannung (Spannungswert, bei dem auf Laden mit konstanter Spannung geschaltet wird), Entladeschlussspannung (Spannungswert, unterhalb dem der Zelle keine nutzbare Energie mehr entnommen werden kann) und maximaler Lade- oder Entladestrom sind bauartbedingt verschieden und abhängig vom Elektrodenmaterial und Elektrolyt.

> Jede Lithium-Ionen-Akkumulatorart unterscheidet sich in ihren Eigenschaften.

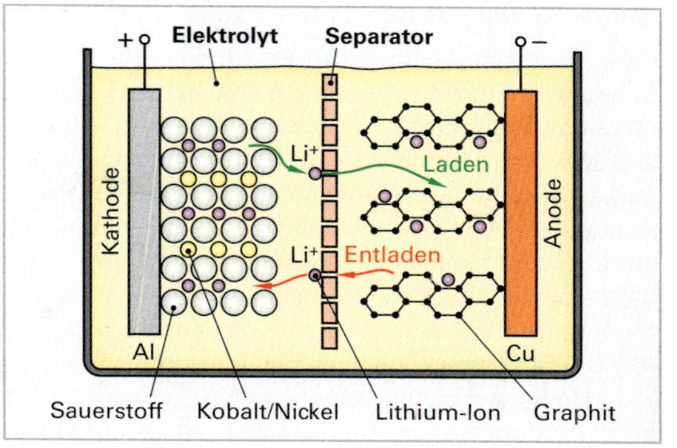

Bild 1: Aufbau einer Lithium-Ionen-Zelle

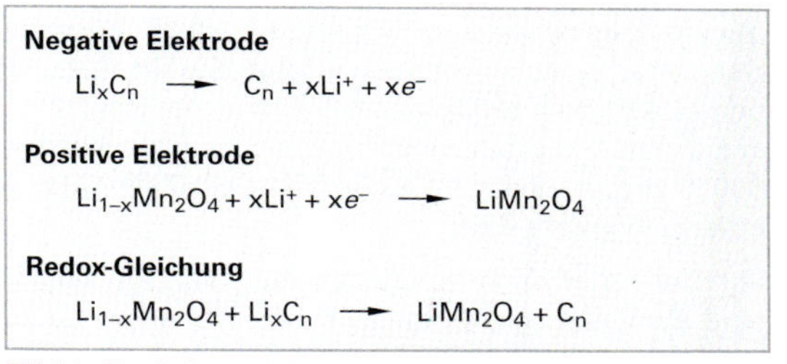

Negative Elektrode

$Li_xC_n \rightarrow C_n + xLi^+ + xe^-$

Positive Elektrode

$Li_{1-x}Mn_2O_4 + xLi^+ + xe^- \rightarrow LiMn_2O_4$

Redox-Gleichung

$Li_{1-x}Mn_2O_4 + Li_xC_n \rightarrow LiMn_2O_4 + C_n$

Bild 2: Reaktionsgleichungen beim Entladen

Tiefe Entladungen sowie hohe Ströme beim Laden beeinflussen die Akkumulator-Lebensdauer. Laderegler messen daher zu Beginn des Ladevorgangs die Leerlaufspannung und steigern den Ladestrom bis zum vorgesehenen Maximalwert. Die obere Spannungsgrenze einer Zelle ist zu meiden, weil dann Prozesse in den Zellen einsetzen, die sie schädigen und zu einer Kapazitätsabnahme führen.

> Lithium-Ionen Akkumulatoren sind empfindlich bzgl. Übertemperaturen und Überladungen.

Das Zusammenschalten einzelner Lithium-Ionen-Zellen zu einem Modul (Batteriepaket) erfordert zum Betrieb eine Steuerungselektronik sowie einen Kühlkreislauf. Die Laderregler besitzen einen Ausgleichsregler (Balancer), der durch Ladungsverschiebung von geladenen Zellen auf weniger geladene für eine gleichmäßige Ladungsverteilung aller Zellen sorgt.

Die Weiterentwicklung der Lithium-Ionen-Zellen liegt in der Optimierung des Elektrodenmaterials und des Elektrolyten, z.B. bei Lithium-Schwefel-Akkumulatoren.

Gefahren von Lithium-Ionen-Akkumulatoren

Lithium-Ionen-Akkumulatoren für Fahrzeuge können eine Energiedichte von z. B. 120 Wh/kg besitzen, etwa das Vierfache von Bleiakkumulatoren **(Bild 1).** Im Falle einer Überhitzung des Lithium-Ionen-Akkumulators kann dieser seine gespeicherte chemische Energie als thermische Energie freisetzen und sich dabei selbst zerstören. Mit steigender Temperatur baut sich in der Zelle Druck auf, brennbare Gase treten aus und ein explosionsartiges Abbrennen des Akkumulators kann die Folge sein (thermal runaway = thermisches Durchgehen). Lithium-Ionen-Zellen müssen daher auch vor direkter Sonnenbestrahlung geschützt werden. In Fahrzeugen ist eine Kühlung vorzusehen.

Ab 80 °C beginnt der Elektrolyt zu verdampfen, womit ein Druckaufbau einhergeht. Ab 130 °C fängt der Separator an zu schmilzen, infolge Kurzschluss an den Elektroden entsteht weitere Wärme. Bei 250 °C erzeugt das Kathodenmaterial Gase, spätestens bei 600 °C zersetzt es sich. Es entsteht ein Zellenbrand innerhalb kurzer Zeit.

Lithium-Ionen-Akkumulatoren mit über 100 Wh/kg sind als Gefahrgut eingestuft, ihr Transport ist zu kennzeichnen **(Bild 2).** Entsprechende Tests sind daher vor iher Beförderung von einem zertifizierten Labor vorzunehmen **(Bild 3).** Derartige Akkumulatoren dürfen nur in feuerbeständig abgetrennten Räumen oder in mit ausreichendem räumlichen Abstand abgetrennten Bereichen gelagert werden. Eine geeignete Brandmeldeanlage ist vorzusehen. Durch Detektieren der Elektrolyt-Lösemitteldämpfe sind Brandgefahren frühzeitig erkennbar.

> Auf ordnungsgemäße Handhabung und Verwendung der vom Hersteller empfohlenen Ladegeräte ist bei Lithium Ionen-Akkumulatoren unbedingt zu achten.

Einsatz von Akkumulatoren

Die Zyklenzahl (Anzahl der Lade-/Entladezyklen, **Tabelle 1, folgende Seite**) eines Akkumulators hängt stark von dessen Betriebsweise ab. Insbesondere Temperatur, Lade- und Entladeströme beeinflussen die Lebensdauer von Akkumulatoren. Bei hohen Temperaturen und schnellem Laden mittels hoher Ladeströme werden die chemischen Vorgänge beschleunigt, der Innenwiderstand nimmt ab, der Alterungsprozess des Akkumulators wird vorangetrieben und somit die Zyklenzahl verringert. Niedrige Temperaturen führen zu einer Zunahme des Innenwiderstands und somit zu einem großen Spannungsfall unter Last.

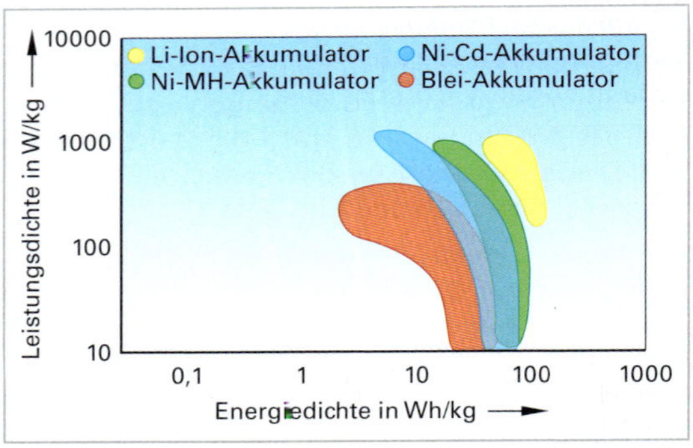

Bild 1: Leistungsdichte und Energiedichte von Akkumulatoren

Bild 2: Gefahrenkennzeichnung für Lithium-Ionen-Akkumulatoren-Transport: „Gefahr der Klasse 9 – Verschiedene gefährliche Stoffe und Gegenstände"

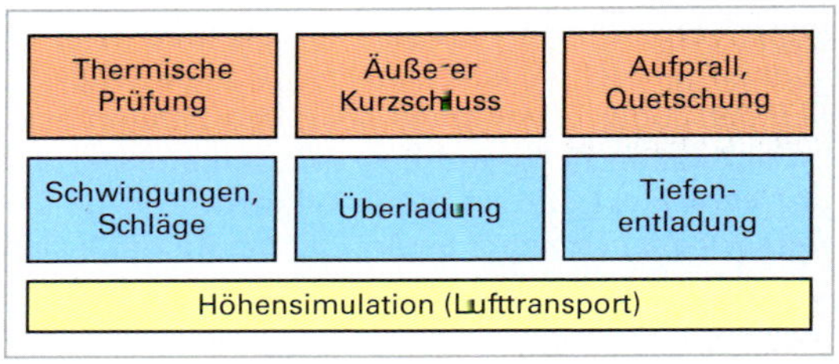

Bild 3: Tests zur Transportzulassung von Lithium-Ionen-Akkumulatoren

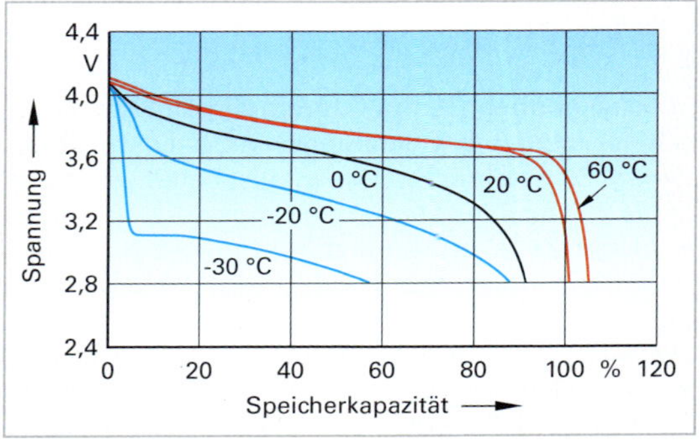

Bild 4: Temperaturabhängigkeit der gespeicherten Kapazität

Es steht beim Entladen also weniger Kapazität zur Verfügung **(Bild 4, vorhergehende Seite)**. Bei Elektrofahrzeugen wird mittels Vorheizen des Akkumulators diesem Effekt z. T. entgegengewirkt. Das Lagern von Akkumulatoren bei niedrigen Temperaturen wirkt sich hingegen positiv aus, weil die Selbstentladung durch die langsamer verlaufenden chemischen Prozesse geringer ist.

Bei NiMH-Akkumulatoren führen Teilentladungen zum sogenannten **Memory-Effekt**. Er kommt zustande, wenn solch ein Akkumulator mehrfach im teilentladenen Zustand wieder aufgeladen wird. Vor dem Laden „merkt" (memory = Speicher) sich der Akkumulator diese Teilentladung und stellt bei den nachfolgenden Entladungen nicht mehr seine volle Nennkapazität zur Verfügung. Bei Lithium-Ionen-Akkus tritt dieser Effekt nicht auf.

Der **Batterieträgheitseffekt** (Lazy-Battery-Effect) tritt wie der Memory-Effekt durch unvollständige Entladung vor dem Wiederaufladen des Akkumulators auf. Allerdings fällt dabei die Akkumulatorspannung nicht wie beim Memory-Effekt weit vor Erreichen der Nennlademenge plötzlich stark ab, sondern bleibt über den gesamten Entladevorgang etwas kleiner als bei einer nicht vom Batterieträgheitseffekt betroffenen Zelle. Der Batterieträgheitseffekt tritt insbesondere bei NiMH-Akkus auf. Mittels eines geeigneten Ladegerätes kann durch mehrmaliges vollständiges Entladen und Aufladen dieser Effekt beseitigt werden.

Ein Überladen von Akkumulatoren muss durch die Ladeelektronik (Batteriemanagement) verhindert werden, damit die Akku-Zellen nicht zerstört werden. Die Ladeschlussspannung ist relativ genau einzuhalten. Im Elektrolyt kann bei Überladung Wasser zu Wasserstoff und Sauerstoff zersetzt werden, sodass sich infolge des entstehenden Knallgases Explosionsgefahr einstellt. Heiße Gegenstände dürfen nicht in die Nähe derartiger Akkumulatoren gebracht werden.

> Zündquellen, z. B. Funken, Kurzschlüsse, elektrostatische Entladungen, sind in der Umgebung von Akkumulatoren unbedingt zu vermeiden.

Tabelle 1: Vergleich verschiedener Akkumulatoren-Technologien

Merkmal	Blei-Säure	NiCd/NiMH	Li-Ionen/Li-Polymer
Zellenspannung	2,1 V	1,2 V/1,2 V	3,6 V
Kosten	niedrig	mäßig/hoch	sehr hoch
Selbstentladung	5 % je Monat	5 bis 20 %/30 % je Monat	ca.5 bis 10 % je Monat
Zyklenzahl	1000 bis 2000	2000 bis 4000	2000 bis 8000
Überladetoleranz	hoch	mäßig/schwach	schwach
Energiedichte (Wh/L)	60 bis 75	50 bis 150/140 bis 300	220 bis 350/500
Energiedichte (Wh/kg)	30 bis 40	40 bis 60/60 bis 80	100 bis 200/400
Wirkungsgrad (%)	80 bis 90	90/80	90 bis 95
Vorteile	• zuverlässig, günstig, • hohe Belastbarkeit, • geringe Selbstentladung, • kurzzeitig hohe Stromstärken, z. B. für Notstromaggregate, • kein Memory-Effekt.	• leichter als Blei-Säure-Akku, • robust, • lange Lebensdauer, • schnelles Aufladen, • Tiefentladung möglich.	• hohe Energiedichte, • kein Memory-Effekt, • Vergrößerung der Zyklenfestigkeit durch flaches Auf- und Entladen, • geringe Selbstentladung.
Nachteile	• großes Gewicht, • temperaturempfindlich • keine Schnellladung möglich, • keine Tiefentladung möglich.	• Entsorgungsproblem von NiCd-Akkus (Verbot wegen giftigem Cadmium seit 2017), • hohe Selbstentladung (NiMH), • Lazy-Batterie-Effekt (NiMH), • Memory-Effekt (NiMH), • temperaturempfindlich.	• empfindlich gegenüber hohen Lade- und Entladeströmen → Alterung, • Schutzbeschaltung zur Stabilisierung von Strom, Spannung, Temperatur, • begrenztes Lithium-Vorkommen.

2.7.13 Elektrolyse

Bei der Elektrolyse (mittels Elektrizität trennen) findet eine chemische Reaktion statt, die in einem Elektolyten (wässrige Lösung oder Schmelze) durch einen elektrischen Strom bewirkt wird. Ursache der Reaktion ist bei Elektrolysen der erzwungene Ladungstransport durch eine angelegte Gleichspannung. Unter Wirkung des elektrischen Stroms werden Stoffe aus dem Elektrolyten freigesetzt oder abgeschieden.

Bei der Elektrolyse wird elektrische Energie in chemische Energie umgewandelt.

Elektrolytische Abscheidung von festen Stoffen

Bei der Elektrolyse wird an zwei Elektroden im Elektrolyten, z. B. ein Zinkstab am Pluspol und ein Stahlstab am Minuspol in einer wässrigen Lösung von Zinkchlorid $ZnCl_2$, eine konstante Gleichspannung angeschlossen **(Bild 1).** Fließt ein Gleichstrom durch die Zinkchloridlösung so werden die positiven Zink-Ionen Zn^{2+} des Elektrolyten von der negativen Elektrode (im Verbraucher die Katode) angezogen. Dort werden fehlende Elektronen aufgenommen, was zur Abscheidung (Reduktion) der positiven Zn-Ionen zu metallischem Zink führt. Gleichzeitig geben durch denselben Strom am Pluspol die Atome des metallischen Zinks Elektronen ab, sodass Zn^{2+}-Ionen (Oxidation) in die Lösung gehen.

Aufnahme von positiver Ladung bzw. Abgabe von negativer Ladung führt zu Oxidation, Abgabe von positiver Ladung bzw. Aufnahme von negativer Ladung führt zu Reduktion.

Beim gegenüberliegenden Pluspol werden Cl-Ionen aus dem Elektrolyten angezogen. Diese geben Elektronen ab (Oxidation), sodass Chlorgas Cl_2 abgeschieden wird.

Die Elektrolyse kann mit den beiden gleichzeitig ablaufenden chemischen Vorgängen Reduktion und Oxydation (Redoxreaktion) beschrieben werden.

Reduktion an der Katode:
$Zn^{2+} + 2\,e^- \rightarrow Zn$.

Oxidation an der Anode:
$2Cl^- \rightarrow Cl_2 + 2\,e^-$.

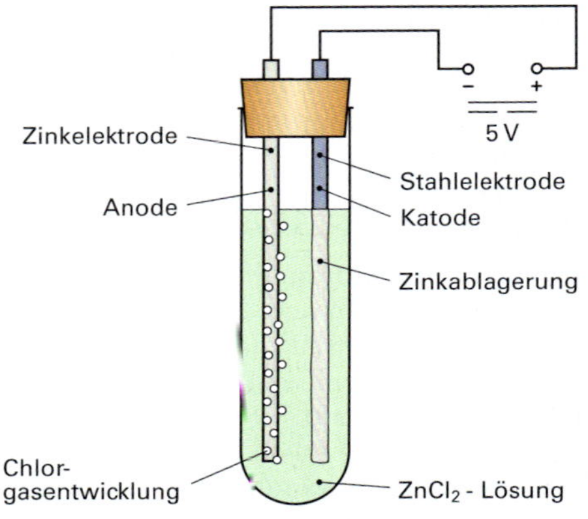

Bild 1: Elektrolyse einer Zinkchloridlösung

Zwei Elektronen (2 e^-) führen zur Abscheidung von einem Zinkatom Zn und einem Chlormolekül Cl_2.

Faraday'sche Gesetze

Im Jahre 1832 stellte der englische Physiker Michael Faraday die Grundgesetze der Elektrolyse (Faraday'sche Gesetze) auf. Diese beschreiben die Beziehung zwischen den an den Elektroden abgeschiedenen Stoffmengen n und der elektrischen Ladung Q (Seite 55).

Die bei einer Elektrolyse an beiden Elektroden umgesetzten, z. B. abgeschiedenen, Massen sind proportional der durch den Elektrolyten bewegten Ladung Q.

1. Faraday'sche Gesetz

$$m \sim Q \quad (1)$$

m	Masse des Stoffes, z. B. in g
Q	Ladung, z. B. in As
~	Zeichen für proportional (verhältnisgleich)

Beim **2. Faraday'schen Gesetz** geht es um die Ladung, die zum Abscheiden von 1 Mol des Stoffes (Seite 26) erforderlich ist. Am einfachsten ist das bei einwertigen Ionen, z. B. Wasserstoff-Ionen H^+ oder Natrium-Ionen Na^+. Wasserstoff hat das Atomgewicht 1 und Natrium 23 (Periodensystem Seite 542). Zum Entladen und Abscheiden von 1 Mol braucht man bei H^+ und bei Na^+ die Ladung von 94685 As. Diese Ladung wird **Faraday-Konstante** genannt.

Faraday-Konstante

$$F = 96485 \text{ As/mol}$$ (1)

Die Faraday-Konstante ist die erforderliche Ladung zum Entladen von 1 Mol einwertiger Ionen.

Für die Abscheidung von einem Mol eines Ions mit der Ladungszahl z wird die Ladung $Q = z \cdot F$ benötigt.

Ladung für *n* Mole

$$Q = F \cdot n \cdot z$$ (2)

F	Faraday-Konstante
Q	Ladung eines Stoffes
n	Stoffmenge (in Mol)
z	Ladungszahl

Wenn gleichzeitig an beiden Elektroden Umsetzungen erfolgen, so genügt dafür die erforderliche Ladung wie für eine Elektrode. Durch Ersetzen von Q durch $I \cdot t$ und Umstellen nach n erhält man die Stoffmenge in mol. Die Stromstärke muss dabei konstant sein.

abgeschiedene Stoffmenge

$$n = \frac{I \cdot t}{z \cdot F}$$ (3)

n	elektrolytisch abgeschiedene Stoffmenge (Anzahl der Mole)
I	Stromstärke
t	Zeit
z	Ladungszahl (Wertigkeit)
F	Faraday-Konstante

Für die Entladung von x-wertigen Ionen braucht man das x-Fache der Ladung für einwertige Ionen. Daraus folgt, dass sich zwei Stoffmengen n_1 und n_2 zueinander verhalten wie ihre Ladungszahlen (Wertigkeiten) z_1 und z_2 (Periodensystem, Seite 542).

2. Faraday'sches Gesetz

$$\frac{n_1}{n_2} = \frac{z_1}{z_2}$$ (4)

n_1, n_2	Stoffmengen
z_1, z_2	Ladungszahlen (Wertigkeiten)

Beispiel 1:
Wie groß ist die molare Masse M (Seite 26) von H_2?

Lösung:

H hat Atomgewicht 1, H_2 also $M = 2$ g/mol

Die Masse in g eines abgeschiedenen Stoffes ist so groß wie das Produkt aus molarer Masse M und Anzahl n der Mole. Allerdings treten bei der Elektrolyse wie bei jedem technischen Prozess Verluste auf. Diese werden bei der Berechnung durch den Wirkungsgrad berücksichtigt. Der Wirkungsgrad η der Elektrolyse wird auch *Stromausbeute* genannt.

abgeschiedene Stoffmasse

$$m = \frac{M \cdot I \cdot t \cdot \eta}{z \cdot F}$$ (5)

m	elektrolytisch abgeschiedene Masse eines Stoffes
M	molare Masse
I	Stromstärke
t	Zeit
F	Faraday-Konstante
η	Wirkungsgrad, Stromausbeute
z	Ladungszahl

Beispiel 2:
Welche Masse an Elektrolytzink wird an der Katode abgeschieden, wenn in einer Elektrolysezelle 60 min lang mit der Stromstärke $I = 3$ A und einem Wirkungsgrad von 90 % elektrolysiert wird? Werte aus Tabellenbuch: M(Zn) = 63,39 g/mol, Ladungszahl für Zink $z = 2$.

Lösung:

$$m = \frac{M \cdot I \cdot t \cdot \eta}{z \cdot F}$$

$$= \frac{63{,}39 \text{ g/mol} \cdot 3 \text{ A} \cdot 3600 \text{ s} \cdot 0{,}9}{2 \cdot 96485 \text{ As/mol}} = \mathbf{3{,}19 \text{ g}}$$

Beispiel 3:
Beim Beispiel 2 entsteht an der Anode gasförmiges Cl, das nach oben als gasförmiges Cl_2 aufsteigt. Die Stromausbeute ist hier $\eta = 0{,}6$. Wieviel g Cl_2 werden in 60 min erzeugt? Werte aus dem Tabellenbuch: M(Cl) = 35 g/mol, Ladungszahl für Cl^- ist $z = 1$.

Lösung:

$$m = \frac{M \cdot I \cdot t \cdot \eta}{z \cdot F}$$

$$= \frac{35 \text{ g/mol} \cdot 3 \text{ A} \cdot 3600 \text{ s} \cdot 0{,}6}{1 \cdot 96485 \text{ As/mol}} = \mathbf{2{,}35 \text{ g}}$$

2.7.14 Temperatur und Wärme

Temperatur

Festkörper, Flüssigkeiten und Gase sind aus kleinsten, sich ständig bewegenden Teilchen aufgebaut. Durch Wärmezufuhr bewegen sich die Teilchen stärker und ihre Verbindung untereinander wird gelockert. Die Wärmebewegung der Teilchen ist bei wärmeren Stoffen energiereicher als bei kälteren.

Temperaturskalen

Zum Feststellen eines Wärmezustands bzw. einer Temperatur werden z.B. Thermometer eingesetzt. Gemessen wird meist mit der Skale mit Einteilung Grad Celsius (°C). Diese ist an zwei Fixpunkten ausgerichtet: dem **Schmelzpunkt** von Eis bei 0°C und dem **Siedepunkt** von Wasser bei 100°C **(Bild 1)**. Es existieren weitere Temperaturskalen, z.B. die Fahrenheit-Skale und die Kelvin-Skale. Das Formelzeichen für Temperaturangaben in °C ist der griechische Kleinbuchstabe ϑ (Theta).

> Der Nullpunkt 0 K (Kelvin) der Kelvin-Skale entspricht in der Celsius-Skale –273,15°C, bezeichnet als absoluter Nullpunkt.

Temperaturen in K nennt man absolute Temperaturen (Bild 1). Das Formelzeichen hierfür ist *T*. Temperaturen in °C können in absolute Temperaturen in K umgerechnet werden.

$$T = (\vartheta + 273{,}15\,°\mathrm{C}) \cdot \frac{\mathrm{K}}{°\mathrm{C}} \qquad (1) \qquad \text{und } [T] = \mathbf{K}$$

T absolute Temperatur in K ϑ Temperatur in °C

Thermische Ausdehnung

Wird ein Gegenstand erwärmt, so entsteht aufgrund der höheren Teilchenbewegung eine Volumenvergrößerung ΔV. Diese ist bei Gasen am stärksten, bei Festkörpern am wenigsten stark ausgeprägt. Der *Volumenausdehnungskoeffizient* γ ist materialspezifisch verschieden **(Tabelle 1)**.

$$\gamma = \frac{\Delta V}{V_0 \cdot \Delta T} \qquad (2) \qquad \text{und } [\gamma] = \frac{[\Delta V]}{[V_0]\cdot[\Delta T]} = \frac{\mathrm{m}^3}{\mathrm{m}^3 \cdot \mathrm{K}} = \mathbf{K^{-1}}$$

γ Volumenausdehnungskoeffizient (Gamma)
V_0 Anfangsvolumen
ΔV Volumenvergrößerung ΔT Temperaturänderung

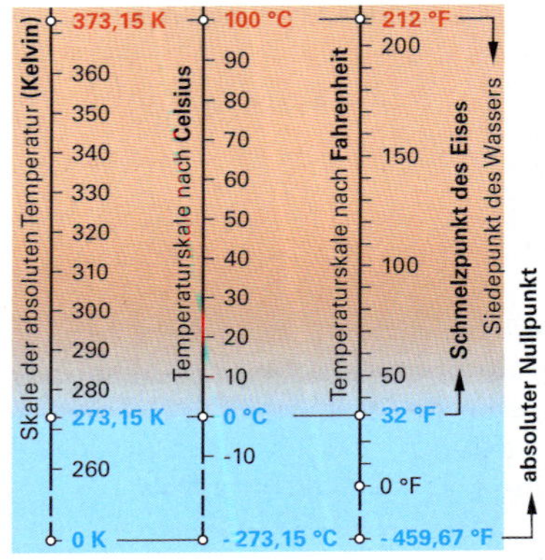

Bild 1: Temperaturskalen in K, °C und °F

Tabelle 1: Volumenausdehnungskoeffizient γ

Material	γ in $10^{-3} \cdot \mathrm{K}^{-1}$
Luft	3,67
Alkohol	1,4
Wasser (20°C)	0,2
Quecksilber	0,18

Tabelle 2: Spezifische Wärmekapazität *c*

Material	*c* in $\frac{\mathrm{kJ}}{\mathrm{kg} \cdot \mathrm{K}}$
Aluminium	0,888
Kupfer	0,386
Wasser (flüssig)	4,18
Glas	0,84

Wärmekapazität und spezifische Wärmekapazität

Wird einem Stoff durch Wärmeübertragung Energie zugeführt, steigt seine Temperatur. Die zugeführte Energie wird als Wärmeenergie *Q* mit der Einheit Joule (J) bezeichnet. Sie ist proportional zum Temperaturanstieg ΔT und zur Masse *m* des Stoffes. Durch Einführen einer materialspezifischen Konstanten *c* erhält man die Wärmeenergie.

$$Q = c \cdot \Delta T \cdot m \qquad (3) \qquad \text{und } [Q] = [c]\cdot[\Delta T]\cdot[m] = \frac{\mathrm{J}}{\mathrm{kg}\cdot\mathrm{K}} \cdot \mathrm{K} \cdot \mathrm{kg} = \mathbf{J}$$

Q Wärmeenergie   *c* spez. Wärmekapazität
ΔT Temperaturänderung   *m* Masse

Dabei ist *c* die *spezifische Wärmekapazität*, d.h. die Wärmemenge, die erforderlich ist, um 1 kg eines Stoffes um 1 K zu erwärmen **(Tabelle 2)**.

Erster Hauptsatz der Wärmelehre

Die innere *Energie* ΔU eines Körpers ist die Summe der kinetischen und potenziellen Energien aller Teilchen des Körpers. Sie kann durch Zufuhr von mechanischer Arbeit W, z.B. durch Hämmern auf einen Werkstoff, oder von Wärmeenergie Q, z.B. durch Erhitzen, erhöht werden.

> Erster Hauptsatz der Wärmelehre: Die Änderung der inneren Energie ΔU eines Körpers ist gleich der Summe der ihm zugeführten Arbeit W und der ihm zugeführten Wärmemenge Q, es gilt: $\Delta U = W + Q$.

Zweiter Hauptsatz der Wärmelehre

Stellt man eine heiße Tasse Tee in einen Raum, so kühlt das Teewasser auf Raumtemperatur ab, d.h. der Tee gibt Wärme an seine kältere Umgebung ab.

> Zweiter Hauptsatz der Wärmelehre: Wärme geht niemals von selbst von einem Körper niederer Temperatur zu einem Körper höherer Temperatur über.

Wärmeübertragung und Wärmewiderstand

Thermische Energie (Wärme) kann durch Wärmeleitung, Konvektion oder Wärmestrahlung übertragen werden **(Bild 1)**.

Wärmeleitung bedeutet Energietransport durch Teilchenstöße. Innerhalb von und zwischen Festkörpern tritt sie besonders stark auf. **Konvektion** ist immer mit Stofftransport verknüpft, d.h. Wärme wird durch Bewegung von Materie, z.B. Flüssigkeiten oder Gase, transportiert. Bei der **Wärmestrahlung** wird Energie durch elektromagnetische Wellen, z.B. Infrarotstrahlung, übertragen. Je wärmer ein Körper ist, desto stärker ist die von ihm ausgehende Wärmestrahlung.

Für den Wärmewiderstand R_{th} eines Bauelements gilt:

$$R_{th} = \frac{\Delta T}{\Phi} \quad (1) \qquad \text{und } [R_{th}] = \frac{[\Delta T]}{[\Phi]} = \frac{\mathbf{K}}{\mathbf{W}}$$

R_{th} Wärmewiderstand
Φ Wärmestrom (Phi), Wärmeleistung
ΔT Temperaturänderung

Der Wärmestrom Φ (oft auch $\dot{Q}$) entspricht der Wärmeenergie ΔQ, die in einer Zeitspanne Δt übertragen wird, d.h. $\Phi = \Delta Q / \Delta t$.

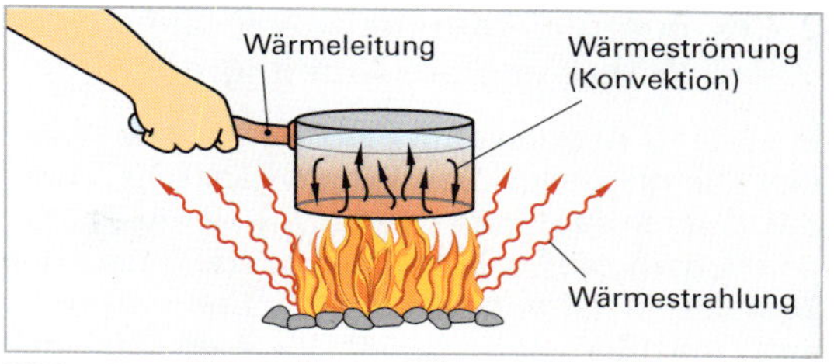

Bild 1: Wärmeübertragung

Tabelle 1: Spezifische Wärmeleitfähigkeit κ

Material	κ in $\frac{\mathrm{W}}{\mathrm{m \cdot K}}$
Aluminium	237
Kupfer	401
Wasser (bei 27 °C)	0,609
Weichholz	0,13

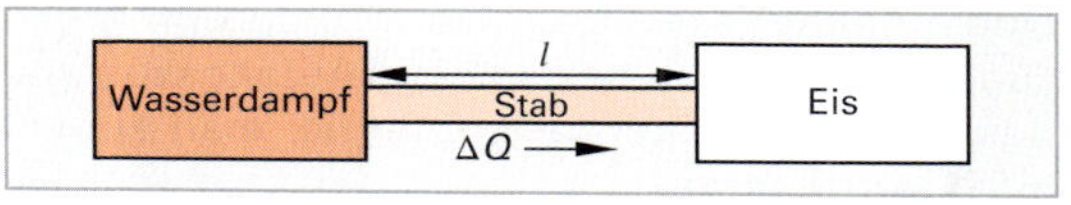

Bild 2: Wärmeleitender Stab

Ein wärmeleitender Stab der Länge l kann Wärmeenergie ΔQ vom wärmeren zum kälteren Ende übertragen **(Bild 2)**. Der Wärmewiderstand R_{th} des Stabs kann berechnet werden:

$$R_{th} = \frac{l}{\kappa \cdot A} \quad (2) \qquad \text{und } [R_{th}] = \frac{[l]}{[\kappa] \cdot [A]} = \frac{\mathrm{m}}{\frac{\mathrm{W}}{\mathrm{m \cdot K}} \cdot \mathrm{m}^2} = \frac{\mathbf{K}}{\mathbf{W}}$$

R_{th} Wärmewiderstand
κ Wärmeleitfähigkeit (Kappa, auch Lambda λ)
l Stablänge
A Querschnittsfläche

Die Wärmeleitfähigkeit κ ist materialabhängig **(Tabelle 1)**. Liegen thermisch leitende Schichten hintereinander, z.B. Isolationsschichten zur Wärmedämmung, oder parallel zueinander, so gilt für den Gesamtwärmewiderstand R_{thges}:

Reihenschaltung

$$R_{thges} = R_{th1} + R_{th2} + \ldots \quad (3) \qquad \text{und } [R_{thges}] = \frac{\mathbf{K}}{\mathbf{W}}$$

Parallelschaltung

$$\frac{1}{R_{thges}} = \frac{1}{R_{th1}} + \frac{1}{R_{th2}} + \ldots \quad (4) \qquad \text{und } \left[\frac{1}{R_{thges}}\right] = \frac{\mathbf{W}}{\mathbf{K}}$$

R_{thges} Gesamtwärmewiderstand
R_{th1}, R_{th2} Einzelwärmewiderstände

2.7.15 Energie, Energieumwandlung, Wirkungsgrad, Arbeitsgrad

Energie ist Arbeitsvermögen. Die Begriffe Arbeit und Energie stellen dieselbe physikalische Größe dar. Jedoch sagt man mit der Arbeit etwas über den Vorgang aus, mit der Energie etwas über den Zustand. Meist entsteht Energie durch Arbeitsaufwand **(Bild 2, Seite 54)**. Ihr Formelzeichen ist *W* (work), auch *E*, die Einheit ist Newtonmeter (Nm), Wattsekunde (Ws) oder Joule (J).

Bei der mechanischen Energie unterscheidet man die **potenzielle Energie** (lat. potentia = Vermögen, Macht) und die kinetische Energie (griech. kinesis = Bewegung). Die **Spannenergie**, die in einem Körper aufgrund seiner elastischer Verformung steckt, ist eine Ausprägung der potenziellen Energie.

Durch Anheben eines Eimers wird diesem Arbeit zugeführt. Gegenüber seinem Anfangszustand besitzt er nun potenzielle Energie, man spricht auch von Energie der Lage oder **Lageenergie**. Ähnlich verhält es sich beim Zusammendrücken einer Feder. Die zusammentgedrückte Feder enthält ebenfalls eine Energie **(Bild 1)**.

Die **kinetische Energie** ist die in bewegten Massen gespeicherte Energie. Sie nimmt linear mit der Masse und quadratisch mit der Geschwindigkeit zu. Bei rotierenden Körpern wird die kinetische Energie *Rotationsenergie* genannt **(Bild 2)**. Anstelle von v steht in Formel 4 die Winkelgeschwindigkeit ω und anstelle der Masse m das Massenträgheitsmoment J.

In elektrischen und magnetischen Feldern ist ebenfalls Energie gespeichert, z.B. in Feldern von Kondensatoren und Spulen. **Chemische Energie** kann in chemischen Verbindungen enthalten sein, die dann bei chemischen Reaktionen freigesetzt wird, z.B. bei Batterien. **Thermische Energie** entsteht oft bei Energieumwandlungen in Form von Wärmeenergie. Bei Explosionen entsteht z.B. Schallenergie. Die Sonne liefert **Strahlungsenergie**, welche durch Photovoltaikanlagen in elektrische Energie gewandelt wird.

Energieumwandlungen finden in technischen Prozessen im Grunde immer statt. Von großer Bedeutung ist die Energieumwandlung bei der Energieversorgung **(Bild 1, folgende Seite)**. Hier finden meist Umwandlungen in mehrere Energiearten statt. Ebenso finden beim Anwenden der elektrischen Energie wieder weitere Energieumwandlungen statt, z.B. beim

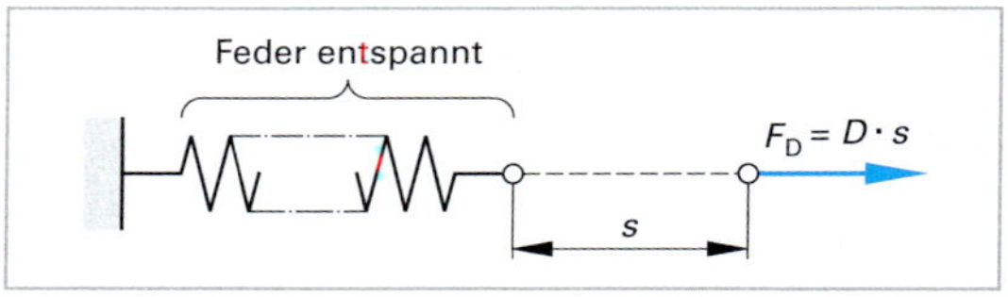

Bild 1: Energie einer Feder (Verformungsenergie)

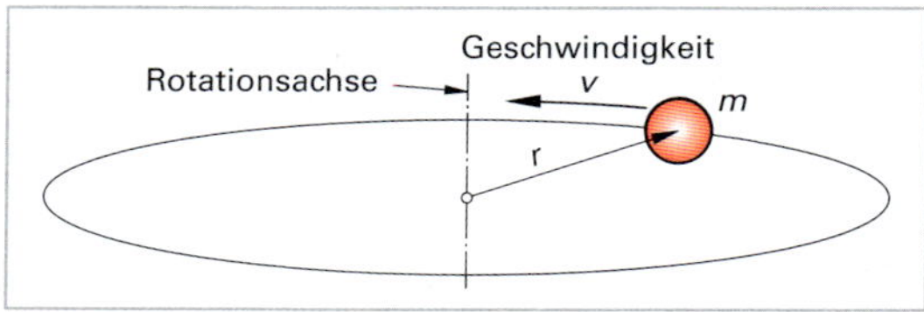

Bild 2: Energie eines rotierenden Körpers

potenzielle Energie

$$W_p = m \cdot g \cdot h \quad (1)$$

kinetische Energie

$$W_k = \frac{1}{2} \cdot m \cdot v^2 \quad (2)$$

Spannenergie

$$W_D = \frac{1}{2} \cdot D \cdot s^2 \quad (3)$$

Rotationsenergie

$$W_{rot} = \frac{1}{2} \cdot J \cdot \omega^2 \quad (4)$$

elektrische Energie Kondensator

$$W_{Kond} = \frac{1}{2} \cdot C \cdot U^2 \quad (5)$$

magnetische Energie Spule

$$W_{Spule} = \frac{1}{2} \cdot L \cdot I^2 \quad (6)$$

Elektrische Energie

$$W_{el} = U \cdot I \cdot t \quad (7)$$

Photonenenergie

$$W_{Ph} = h_P \cdot f \quad (8)$$

Ruheenergie der Masse

$$W_{Masse} = m \cdot c^2 \quad (9)$$

Wirkungsgrad

$$\eta = \frac{P_{ab}}{P_{zu}} \quad (10)$$

$$\eta_g = \eta_1 \cdot \eta_2 \cdot \eta_3$$

$[W] = [E] = Nm = Ws = J$

W	Energie (E)	P_{ab}	abgegebene Leistung
m	Masse	P_{zu}	zugeführte Leistung
g	Ortskoeffizient $g = 9{,}81\ m/s^2$	ω	Winkelgeschwindigkeit
h	Höhe	D	Richtgröße Feder
v	Geschwindigkeit	C	Kapazität
s	Weg, Dehnung	U	Spannung
J	Massenträgheitsmoment	L	Induktivität
		I	Stromstärke
		c	Lichtgeschwindigkeit
η	Wirkungsgrad (Eta)	f	Frequenz
η_g	Gesamtwirkungsgrad	t	Zeit
h_P	Planck´sches Wirkungsquantum ($h_P = 6{,}55 \cdot 10^{-34}$ Js)		

- Erzeugen von Licht,
- Antreiben von Motoren,
- Heizen von Wohnungen oder
- Aufladen von Batterien.

Grundsätzlich gilt der **Energieerhaltungsatz** bei der Umwandlung einer Energieform in eine andere, d. h. Energie geht in einem System nicht verloren.

Der **Wirkungsgrad** ist eine wichtige Größe von elektrischen Maschinen und Transformatoren. Der Leistungswirkungsgrad ist das Verhältnis von abgegebener Leistung zu zugeführter Leistung. Man nennt ihn meist nur Wirkungsgrad. Der Wirkungsgrad ist immer < 1.

Die entstehende Verlustleistung ist z. B. der Wärmeerzeugung oder dem Spannungsfall an Leitungen geschuldet **(Bild 2)**. Wärme tritt beim Betrieb elektrischer Maschinen oder Transformatoren als unerwünschte Nebenwirkung auf.

Beispiel:
Ein Motor nimmt 5 kW Leistung auf, und gibt 4 kW mechanische Leistung ab. Wie groß ist sein Wirkungsgrad?

Lösung:

$$\eta = \frac{P_{ab}}{P_{zu}} = \frac{4\ \text{kW}}{5\ \text{kW}} = \mathbf{0{,}8}$$

Beim Hintereinanderschalten von Maschinen und Transformatoren sind die einzelnen Wirkungsgrade zu multiplizieren **(Bild 3)**. Daher führen vielfältige Energieumwandlungen zu großen Leistungsverlusten und sind möglichst zu vermeiden.

Der Gesamtwirkungsgrad η_g eines Systems ist kleiner als die jeweiligen Einzelwirkungsgrade.

Bei elektrischen Maschinen ist der Wirkungsgrad von der Belastung abhängig **(Bild 4)**. Daher sind Motoren entsprechend ihrem geplanten Einsatz sorgfältig auszuwählen.

Als **Arbeitsgrad** oder Nutzungsgrad ist das Verhältnis von abgegebener zu zugeführter Arbeit definiert.

Arbeitsgrad

$$\zeta = \frac{W_{ab}}{W_{zu}} \quad (1)$$

ζ Arbeitsgrad (Zeta)
W_{ab} abgegebene Arbeit
W_{zu} zugeführte Arbeit

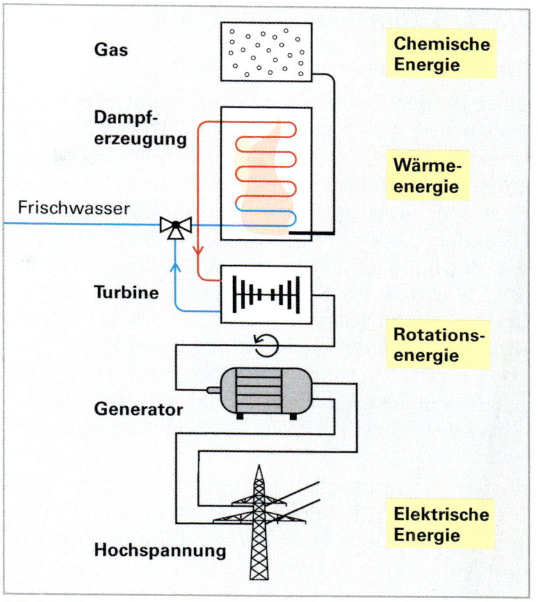

Bild 1: Energieumwandlungen

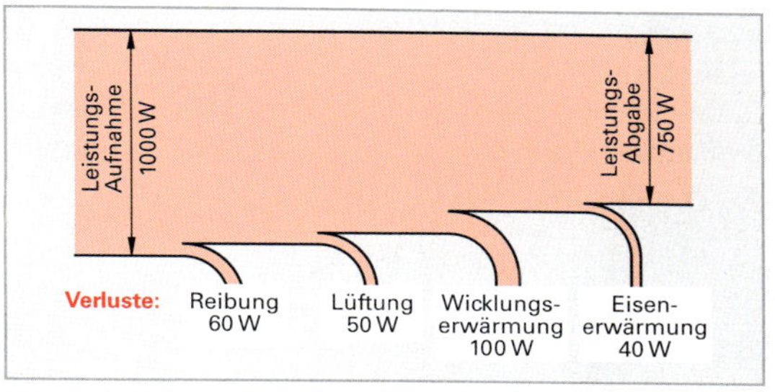

Bild 2: Leistungsfluss bei einem Umformer

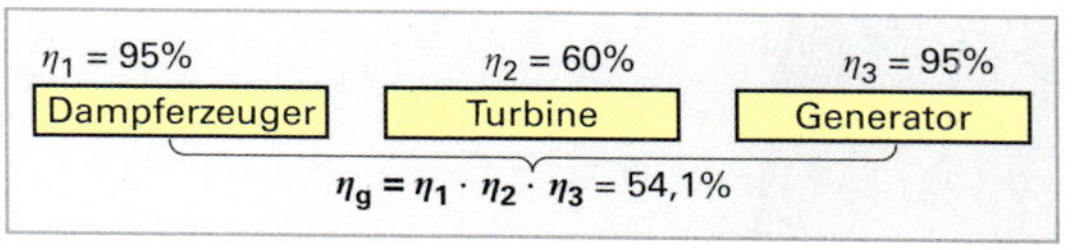

Bild 3: Gesamtwirkungsgrad einer Anlage
(siehe Seite 304)

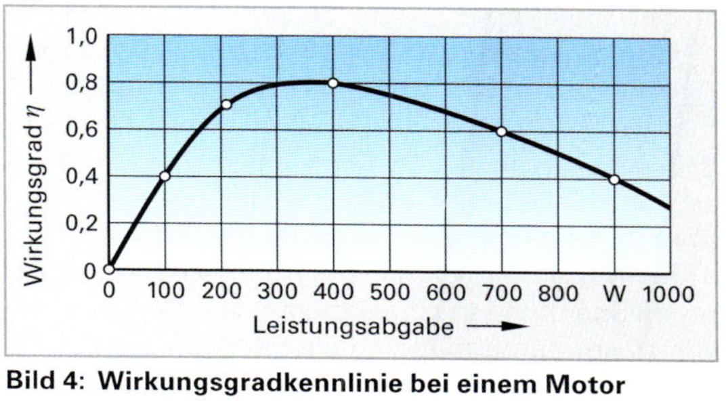

Bild 4: Wirkungsgradkennlinie bei einem Motor

2.7.16 Stromversorgungsnetz

Drehstromnetz

Den elektrischen Anlagen der Umwelttechnik wird der Strom fast immer über ein Drehstromnetz (Dreiphasennetz) zugeführt. Die drei Wechselspannungen (3 AC) dazu werden in einem Dreiphasengenerator erzeugt. Dieser besteht aus einem rotierenden Läufer (Rotor) mit einem Magneten und drei Wicklungssträngen im fest stehenden Ständer **(Bild 1)**. In den drei Spulensträngen ändert sich bei Drehung des Läufers dauernd der Magnetismus, sodass drei Spannungen induziert werden.

> Dreiphasenspannung besteht aus drei miteinander verketteten Wechselspannungen.

An den Generator ist das Drehstromnetz angeschlossen **(Bild 2)**. Zu den einzelnen Kundenanlagen führt dadurch ein *Vierleiternetz* **(Bild 3)**. Aus diesem Netz können sechs Wechselspannungen entnommen werden, nämlich drei **Leiterspannungen** (Außenleiterspannungen) zwischen je zwei Außenleitern L1, L2, L3 und drei Spannungen zwischen je einem Außenleiter und dem Neutralleiter N (**Sternspannungen** oder *Phasenspannungen* genannt). Dabei sind die Leiterspannungen um einen Faktor *(Verkettungsfaktor)* größer als die Sternspannungen.

Bei Drehstrom ist der **Verkettungsfaktor** $\sqrt{3}$.

$$U = \sqrt{3} \cdot U_Y \quad (1)$$

U Leiterspannung
U_Y Sternspannung

Beispiel:
Die Spannung an der Beleuchtungssteckdose beträgt 230 V. Wie groß ist die Leiterspannung am Hausanschluss?

Lösung:

$U = U_Y \cdot \sqrt{3} = 230\,V \cdot \sqrt{3} = 398{,}4\,V \approx \mathbf{400\,V}$

> Das übliche Versorgungsnetz stellt uns sowohl Wechselstrom als auch Drehstrom von wahlweise 230 V oder 400 V zur Verfügung.

Schließt man an das Drehstromnetz eine Maschine an, die denselben Aufbau wie der Generator hat (Bild 2), so dreht sich der Läufer. Es liegt also ein **Drehstrommotor** vor. Bei ihm rufen die angeschlossenen Spannungen ein **magnetisches Drehfeld** hervor. Daher nennt man den Dreiphasenstrom Drehstrom (Drehstrommotoren, Abschnitt 8.1.2).

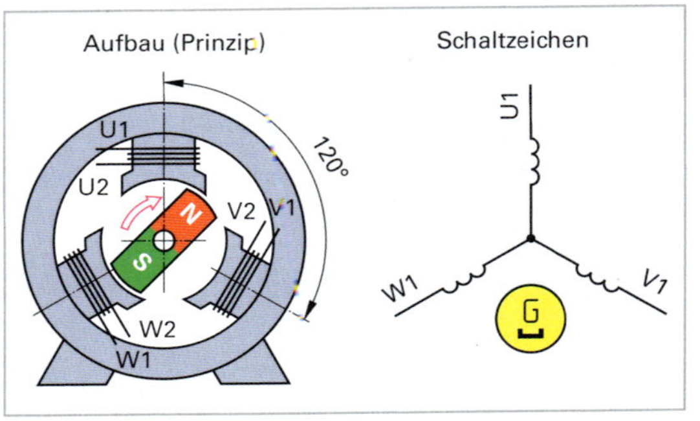

Bild 1: Aufbau eines Drehstromgenerators

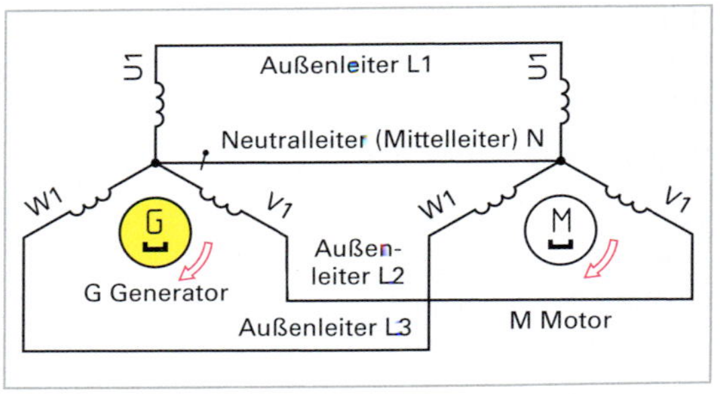

Bild 2: Drehstromnetz mit Synchrongenerator Synchronmotor

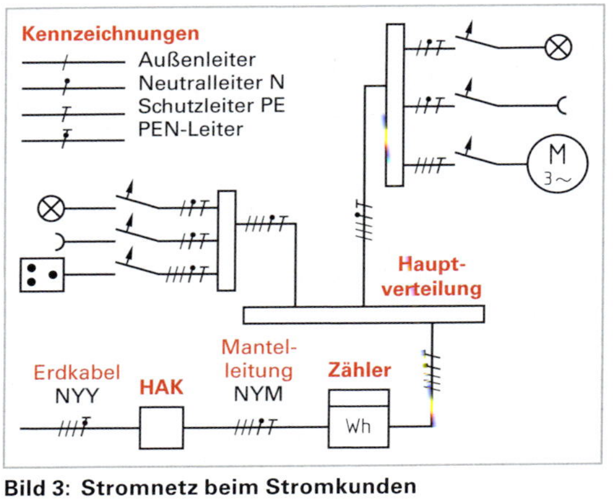

Bild 3: Stromnetz beim Stromkunden

Meist ist der Neutralleiter N mehrfach geerdet. Man bezeichnet ihn dann als PEN-Leiter, weil er aus dem Schutzleiter PE (von Protection Earth) und dem Neutralleiter N besteht (Abschnitt 6.4.10).

Der Anlage des Stromkunden wird der Drehstrom meist über ein Vierleiter-Kabelnetz 400 V/230 V des Verteilungsnetzbetreibers VNB zugeführt **(Bild 3)**. Im Hausanschlusskasten HAK oder auch später wird der PEN-Leiter aufgeteilt in Schutzleiter PE und Neutralleiter N.

Schaltungen bei Drehstrom

An das Drehstromnetz können sowohl Verbrauchsmittel (Lasten) für Einphasen-Wechselstrom angeschlossen werden, z. B. Leuchten mit Lampen, als auch Lasten für Drehstrom, z. B. Drehstrommotoren. Bei den Drehstromlasten sind drei Wicklungsstränge vorhanden, die miteinander elektrisch verbunden werden.

Sternschaltung Y nennt man die Schaltung der drei Stränge, bei der die Enden der Stränge U, V und W miteinander verbunden sind **(Bild 1, vorherige Seite)**. Der Neutralleiter N kann zum *Sternpunkt* führen. Bei symmetrischer Belastung der Stränge, z. B. bei Motoren, kann N auch entfallen und wird nicht angeschlossen.

Dreieckschaltung Δ oder **D** nennt man die Schaltung der drei Stränge, bei der die Stränge U, V, W ringförmig miteinander verbunden sind **(Bild 1)**.

> An die Dreieckschaltung wird kein Neutralleiter angeschlossen.

Wegen des Verkettungsfaktors (Formel 1, Seite 78) sind am gleichen Netz die Strangspannungen U_{Str} je nach Schaltung verschieden. (Ausführung der Schaltungen am Klemmenbrett Seite 375).

Elektrische Leistung und Arbeit

Die **elektrische Leistung *P*** (von Power) ist umso größer, je größer Spannung U und wirksame Stromstärke I sind. Bei Gleichstrom DC ist der Strom I stets voll wirksam. Rechnet man bei AC mit derselben Formel, erhält man die *Scheinleistung* (Formel 4). Bei Wechselstrom kann die wirksame Stromstärke um den Leistungsfaktor $\cos \varphi$ kleiner sein. Die mit Formel 5 berechnete Leistung nennt man *Wirkleistung*.

Die **elektrische Arbeit *W*** (von work) ist das Produkt von Leistung P (bei AC von Wirkleistung) und Zeit t. Man verwendet die Einheiten Wattsekunde Ws oder Kilowattstunde kWh (Formel 6).

Beispiel:

3 Widerstände von je 33 kΩ mit $\cos \varphi = 1$ sind in Reihe geschaltet und liegen an AC 230 V. Wie groß sind

a) Gesamtwiderstand, b) Stromstärke,
c) Leistungsaufnahme der Reihenschaltung?

Lösung:

a) $R = 3 \cdot 33\ \text{k}\Omega = \mathbf{99\ k\Omega}$
b) $I = U/R = 230\ \text{V}/(99\ \text{k}\Omega) = \mathbf{2{,}32\ mA}$
c) $P = U \cdot I = 230\ \text{V} \cdot 2{,}32\ \text{mA} = 533{,}6\ \text{mW} = \mathbf{0{,}534\ W}$

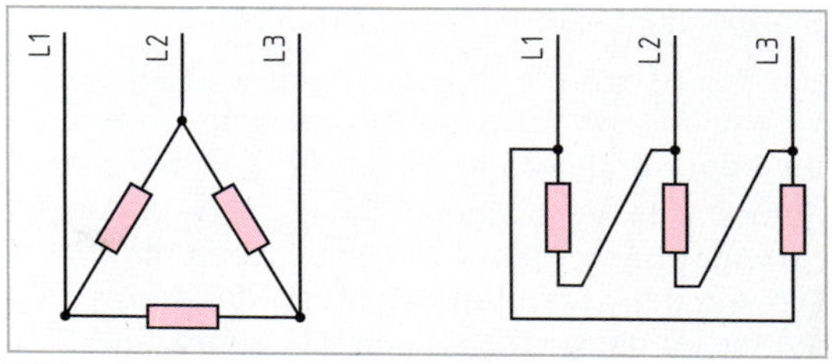

Bild 1: Darstellungen der gleichen Dreieckschaltung von Widerständen

Strangspannung bei Schaltung Y

$$U_{Str} = \frac{U}{\sqrt{3}} \qquad (1)$$

Strangspannung bei Schaltung Δ

$$U_{Str} = U \qquad (2)$$

U_{Str} Strangspannung (Spannung am Strang)
U Netzspannung (Spannung zwischen 2 Außenleitern)
(Bilder 1 und 2, folgende Seite)

elektrische Leistung bei DC

$$P = U \cdot I \qquad (3)$$

Scheinleistung bei AC

$$S = U \cdot I \qquad (4)$$

Wirkleistung bei AC

$$P = U \cdot I \cdot \cos \varphi \qquad (5)$$

Leistungen bei 3AC siehe folgende Seite

Arbeit

$$W = P \cdot t \qquad (6)$$

I Stromstärke
P Wirkleistung
S Scheinleistung
U Spannung
W Arbeit
$\cos \varphi$ Wirkfaktor, Leistungsfaktor

Einheiten

[I] = Ampere = A
sprich: Einheit von Strom = Ampere
[P] = Watt = W
[S] = Voltampere = VA
[t] = Sekunde = s, Minute = min oder Stunde = h
[U] = Volt = V
[W] = Wattsekunde = Ws = Joule = J

Elektrische Leistungen bei Drehstrom

Bei der Schaltung **Bild 1** sind drei gleich große Wirkwiderstände in **Stern** geschaltet. Dann ist an jedem Widerstand die **Strangspannung** nach Formel 1 der vorherigen Seite $U_{Str} = U/\sqrt{3}$ und der Strangstrom an jeder Anschlussklemme $I_{Str} = I$. Die von der gesamten Schaltung der drei Widerstände aufgenommene **Scheinleistung** S ist

$$S = 3\,U_{Str} \cdot I_{Str} = 3 \cdot \frac{U}{\sqrt{3}} \cdot I$$

Scheinleistung

$$S = \sqrt{3} \cdot U \cdot I \quad (1)$$

Für die **Wirkleistung** P muss der **Leistungsfaktor** $\cos\varphi$ ergänzt werden, also

Wirkleistung

$$P = \sqrt{3} \cdot U \cdot I \cdot \cos\varphi \quad (2)$$

In der Schaltung **Bild 2** sind dieselben Widerstände in **Dreieck** geschaltet. Dann ist die Strangspannung an jedem Widerstand $U_{Str} = U$. Der Strom verzweigt sich an jedem Anschlusspunkt und wegen der Phasenverschiebung ist der Leiterstrom I das $\sqrt{3}$-Fache vom Strangstrom I_{Str}. Dann sind entsprechend der obigen Formeln wieder

$$S = 3\,U_{Str} \cdot I_{Str} = 3 \cdot U \cdot \frac{I}{\sqrt{3}} \rightarrow \text{Formeln 1 und 2.}$$

> Bei gleich großen Widerständen am Drehstromnetz sind für die Y-Schaltung und Δ-Schaltung die Leistungs-Formeln gleich.

An jedem der drei Widerstände liegt je nach Schaltung eine Spannung, die so groß ist wie die Netzspannung (Dreieckschaltung) oder davon der $\sqrt{3}$-Teil (Sternschaltung). Wegen der quadratischen Abhängigkeit von Leistung und Spannung betragen deshalb bei gleich großen Widerständen in der Dreieckschaltung die Leistung und die Stromstärke jeweils das 3-Fache gegenüber der Sternschaltung.

> Am gleichen Netz betragen in Dreieckschaltung bei gleichen Strängen die Leistungen und die Ströme das Dreifache wie in Sternschaltung.

Davon wird z. B. bei der Spannungssteuerung von Glühöfen Gebrauch gemacht. In der Sternschaltung ist deren Wärmeleistung nur ein Drittel der Leistung in der Dreieckschaltung.

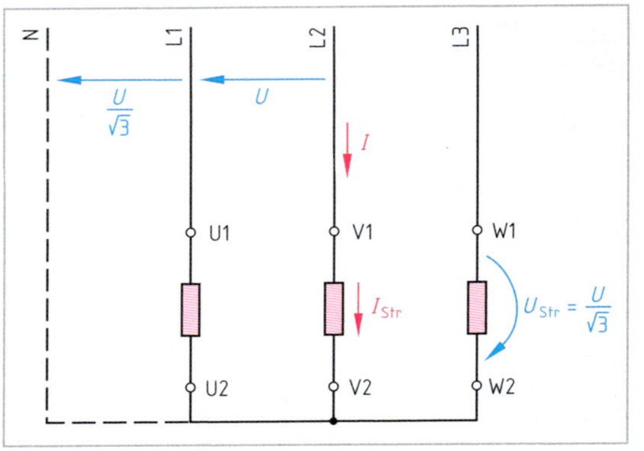

Bild 1: Ströme und Spannungen in der Sternschaltung

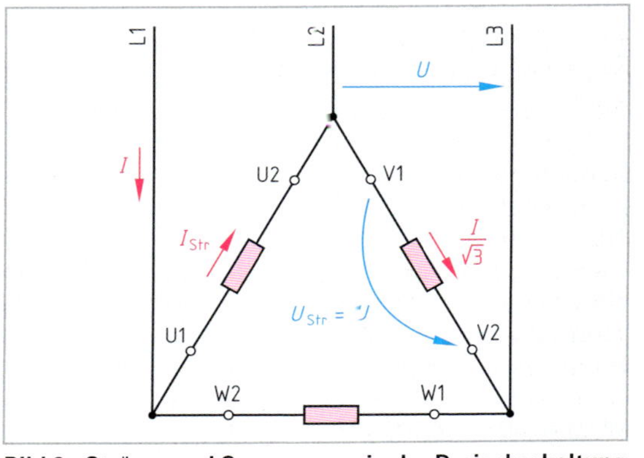

Bild 2: Ströme und Spannungen in der Dreieckschaltung

Für Motoren kann davon nur ein beschränkter Gebrauch gemacht werden. Beim Stern-Dreieckschalter erfolgt der Anlauf in der Sternschaltung. Dadurch ist der Stromstoß beim Einschalten kleiner als bei einer direkten Einschaltung in Dreieckschaltung. Danach muss bei voller Last die Umschaltung in die Dreieckschaltung erfolgen. Unterbleibt die Umschaltung bei voller Last, würde der Motor so viel Strom aus dem Netz ziehen, bis er trotz herabgesetzter Spannung die volle Leistung erbringen könnte. Er würde also mehr Strom aufnehmen als in Dreieckschaltung.

Wiederholung und Vertiefung

1. **Welche beiden Schaltungen sind bei Drehstrom verbreitet?**
2. **Welcher Leiter kann bei Drehstrom nicht immer angeschlossen werden?**
3. **Was versteht man unter Strangspannung?**
4. **Mit welcher Formel berechnet man bei Drehstrom die Wirkleistung einer Stern-Schaltung von Heizwiderständen?**
5. **Warum muss der zweistufige Stern-Dreieckschalter nach dem Hochlaufen des Motors auf die Dreieckstufe gestellt werden?**

3 Biologische Grundlagen

Die Biologie befasst sich mit den Erscheinungen der Biosphäre, also der belebten Natur.

3.1 Struktur und Funktion von Zellen
Structure and Function of Cells

3.1.1 Begriffe

Zellen sind die kleinsten Einheiten der Lebewesen. Neben *Wachstum, Fortpflanzung, Stoffwechsel, Bewegung* und *Reizbarkeit* dient der Aufbau aus einer oder mehreren Zellen als wichtiges Kennzeichen des Lebens **(Bild 1)**.

Die unter dem Begriff **Mikroorganismen** zusammengefassten Bakterien, kleinen Algen und Pilze sowie tierischen Einzeller leben als Einzeller (Abschnitt 3.4), während die Zellen der vielzelligen Pflanzen und Tiere in den Geweben und Organen Funktionseinheiten bilden. Dabei entwickeln sich die Zellen zu verschiedenen Zelltypen mit besonderen Leistungen. So enthalten Organe und Organsysteme des Menschen hunderte verschiedener Zelltypen, wie Sinneszellen, Nervenzellen, Muskelzellen, Blutzellen, Geschlechtszellen, Leberzellen oder Hautzellen.

> Organismen bestehen aus Zellen. Man unterscheidet einzellige und vielzellige Organismen.

Chemische Stoffe aus der Umwelt, die mit Organismen in eine Wechselwirkung treten, üben ihre Wirkung meist auf Zellen aus und beeinflussen deren Strukturen und Funktionen.

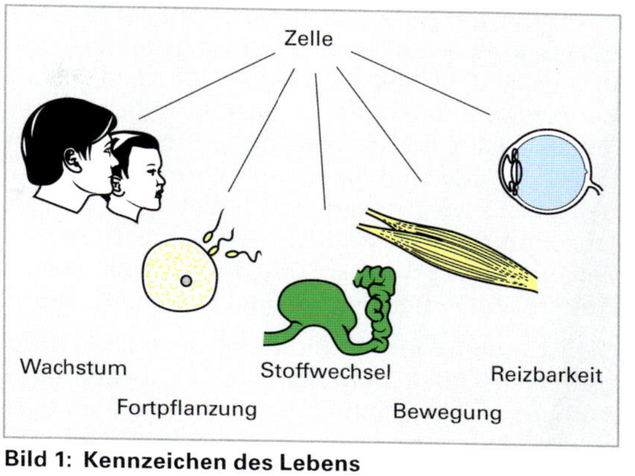

Bild 1: Kennzeichen des Lebens

3.1.2 Aufbau der Zellen

Die wichtigsten Bestandteile von Zellen sind unabhängig von ihrer Gestalt und speziellen Leistung *das Zellplasma, die Membranen, der Zellkern, das Zellskelett* und die *Zellorganellen*. **Zellorganellen** sind die „Organe der Zelle", also Strukturen mit spezieller Funktion **(Bild 2)**.

Zellplasma

Das Zellplasma (Cytoplasma) umfasst die Zellorganellen, das Zellskelett und das Cytosol. Das Cytosol ist die leicht zähflüssige Grundsubstanz des Zellplasmas, die vor allem aus Wasser besteht.

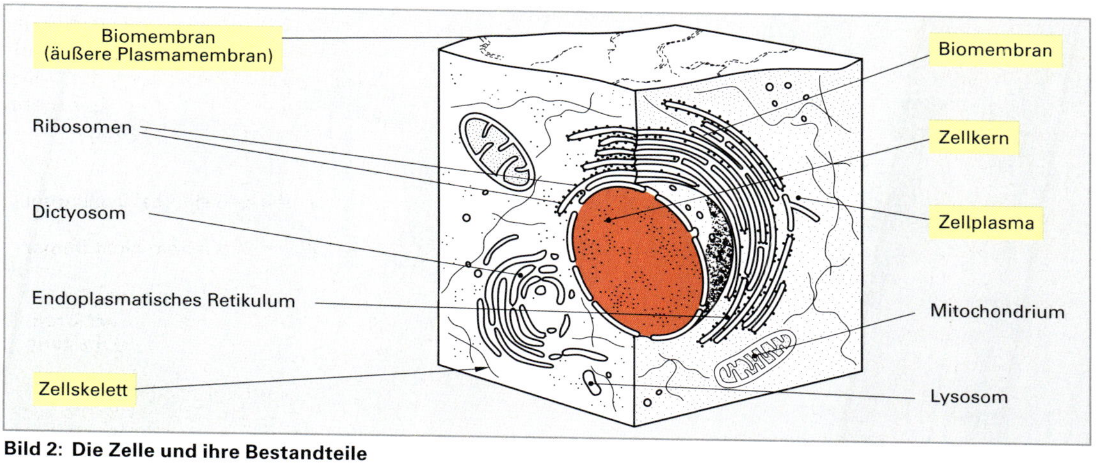

Bild 2: Die Zelle und ihre Bestandteile

Biomembranen

Biomembranen begrenzen Zellen nach außen (äußere Plasmamembran). Außerdem durchziehen sie das Innere der Zelle als Begrenzungen der Zellorganellen und des Zellkerns und unterteilen die Zelle in verschiedene Reaktionsräume. Von der Funktion her stellen Biomembranen sowohl Hemmschwellen als auch Filter für bestimmte Stoffe (selektive Filter) dar und sind damit eine Voraussetzung für den Zellstoffwechsel und den geregelten Stoffaustausch mit der Umwelt. Die Biomembranen aller Zellen und Organismen sind ähnlich aus Lipiden (Fetten) und Proteinen (Eiweiße) aufgebaut **(Bild 1)**.

Die Grundstruktur der Biomembran ist eine *Doppelschicht aus Lipidmolekülen,* die wegen ihres Aufbaus aus hydrophilen (wasserliebenden bzw. wasserlöslichen) und lipophilen (fettliebenden bzw. fettlöslichen) Anteilen in den wässrigen Lösungen der Zellen leicht Membranen ausbilden. Die **Lipidschicht** ist durchlässig für Wasser, kleine ungeladene wasserlösliche Moleküle und kleine fettlösliche Moleküle, aber nicht durchlässig für Ionen und größere wasserlösliche Moleküle.

> Biomembranen bestehen aus doppelten Lipidschichten mit eingelagerten Proteinen. Sie grenzen Zellen nach außen ab und unterteilen sie im Inneren in unterschiedliche Reaktionsräume.

Biomembranen sind keine starren Gebilde, sondern unterliegen einer ständigen Neubildung, Verschmelzung und Gestaltänderung. Sie können schnell aufgebaut und abgebaut werden, was die Bildung von Membranbläschen ermöglicht und das Einschleusen und Ausschleusen von Partikeln und Flüssigkeiten aus der Zelle erlaubt (übernächste Seite).

Ferner sind verschiedene **Membranproteine** in die Lipidschicht eingebettet. Sie

- verfestigen die Biomembran als Strukturproteine,
- beschleunigen Stoffwechselreaktionen als membrangebundene Enzyme,
- bilden als *Tunnelproteine* Kanäle für den Austausch von Wasser und Ionen oder
- pumpen als *Carrierproteine* (Trägerproteine, von engl. carrier = Träger) größere Moleküle durch die Biomembran **(Bild 1, folgende Seite)**.

Typisch für die äußere Biomembran tierischer und menschlicher Zellen sind Signal- und Empfängerproteine (Rezeptorproteine), die z. B. der Verständigung zwischen den Zellen dienen, indem sie gezielt chemische Signale aus der Umgebung der Zelle aufnehmen und in sie weiterleiten. Das können Hormone oder Nervenüberträgerstoffe wie das Acetylcholin sein, das Skelettmuskelzellen zum Zusammenziehen veranlasst **(Bild 2, folgende Seite)**. Rezeptorproteine enthalten häufig Kohlenhydratketten und werden dann als Glykoproteine bezeichnet.

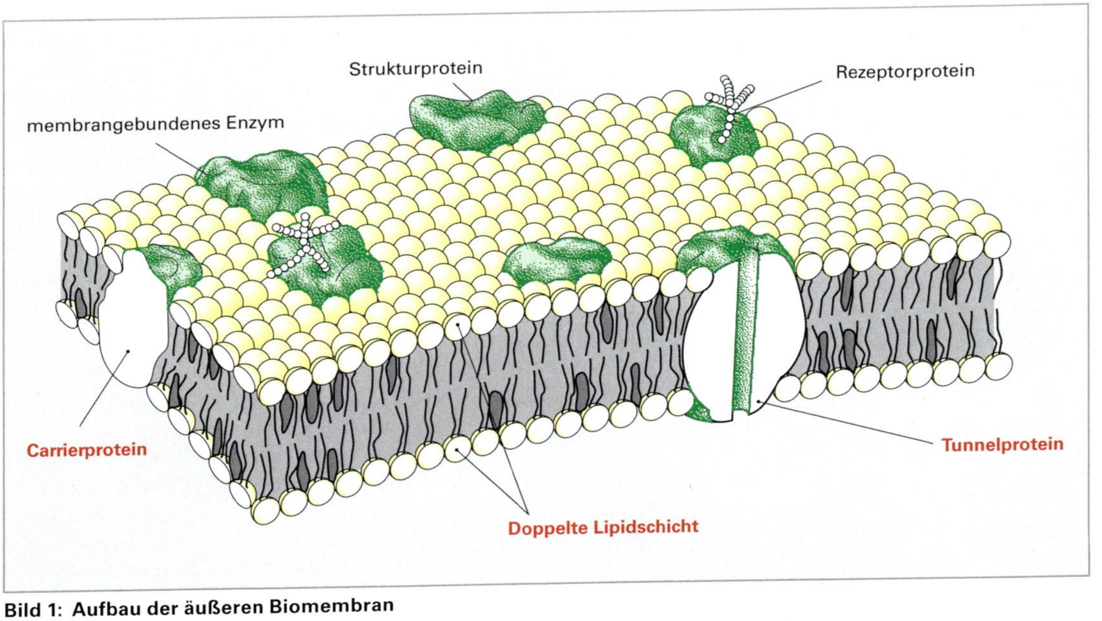

Bild 1: Aufbau der äußeren Biomembran

Transport durch Biomembranen

Ungeregelt und ohne Energie aus dem Zellstoffwechsel gelangen einige kleinere Moleküle durch Diffusion entsprechend ihrem Konzentrationsgefälle durch die Lipidschicht der Biomembran (passiver Transport). Dazu gehören Wasser, Sauerstoff, Kohlenstoffmonoxid, Kohlenstoffdioxid, Stickstoff, Narkosegase, Harnstoff, aber auch eher fettlösliche Moleküle, z.B. Ethanol, Narkosemittel und organische Lösemittel. So kann z.B. Benzol unkontrolliert in die Zelle gelangen, sie zu einer Umwandlung in eine Tumorzelle anregen und damit Krebs erzeugen.

Dem Bedarf angepasst laufen Transportvorgänge durch die Biomembran ab, wenn sie durch besondere *Membranproteine* beschleunigt werden. Nach ihrer Wirkung unterscheidet man Tunnelproteine und Carrierproteine.

Tunnelproteine lassen z.B. Wasser, das als Lösemittel und Reaktionspartner für Stoffwechselreaktionen überall zur Verfügung stehen muss, beschleunigt durch erleichterte Diffusion, die Biomembranen passieren. Andere Tunnelproteine ändern auf einen Reiz hin ihre räumliche Gestalt und bilden kurzzeitig Membrantunnel für diffundierende Ionen, die wegen ihrer Ladung die Lipidschicht sonst nicht passieren können.

Größere Moleküle, z.B. die für den Stoffwechsel wichtigen Aminosäuren und Zucker, werden mithilfe von stoffspezifischen **Carrierproteinen** durch die Biomembran gepumpt. Im Fall des für die Energiegewinnung notwendigen Traubenzuckers (Glucose) geschieht das durch eine erleichterte Diffusion. Ein Glucosecarrierprotein transportiert das relativ große Molekül beschleunigt und gezielt durch die Biomembran in das Zellinnere.

Müssen Moleküle gegen ein Konzentrationsgefälle durch die Biomembran geschleust werden, z.B. Aminosäuren und einige Ionen, sind ebenfalls besondere Carrierproteine nötig. Darüber hinaus wird noch Energie benötigt, die durch den Stoffwechsel der Zelle bereitgestellt wird (aktiver Transport). Fremdstoffe, z.B. Arzneistoffe oder Schadstoffe, können immer dann Biomembranen durchdringen, wenn sie entweder fettlöslich oder körpereigenen carriertransportierten Molekülen so ähnlich sind, dass sie passiv oder aktiv transportiert werden können.

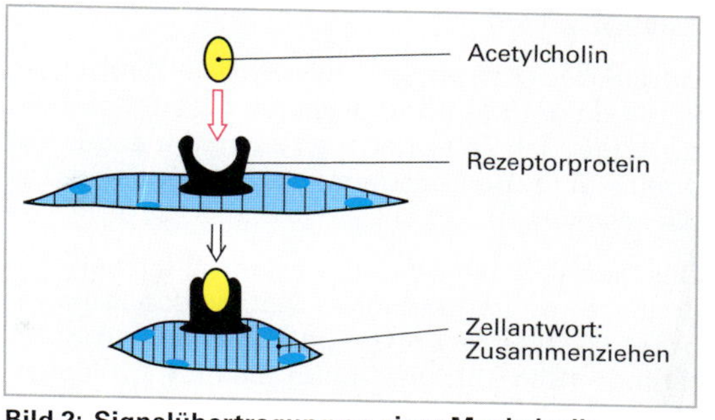

Bild 2: Signalübertragung an einer Muskelzelle

Wiederholung und Vertiefung

1. **Welches sind die Bedingungen des Lebens?**
2. **Welche Lebewesen gehören zu den Mikroorganismen?**
3. **Welche Zellbestandteile haben alle Zellen gemeinsam?**
4. **Was versteht man unter dem Zellplasma?**
5. **Welche Aufgabe haben die Biomembranen einer Zelle?**
6. **Erklären Sie den Aufbau einer Biomembran.**
7. **Welche Stoffe können durch die Lipidschicht der Biomembran diffundieren?**
8. **Unter welchen Bedingungen können Schadstoffe eine Biomembran durchdringen?**

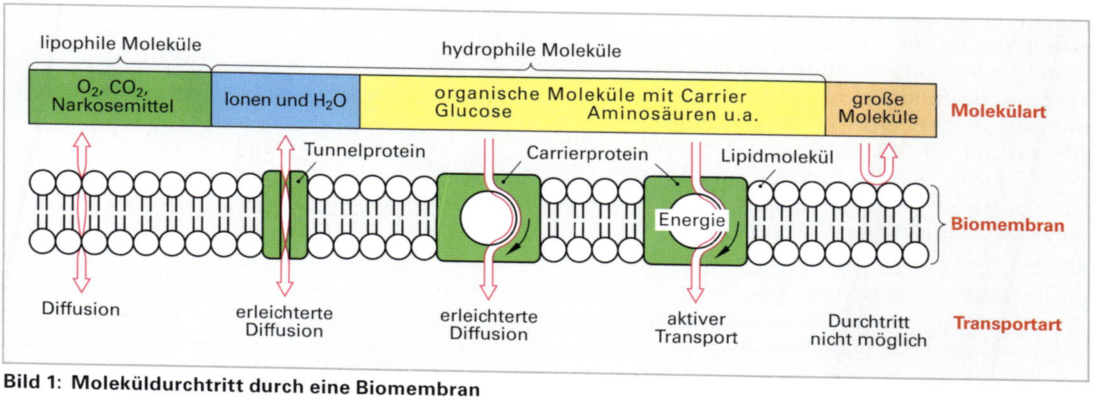

Bild 1: Moleküldurchtritt durch eine Biomembran

Zellorganellen

Durch den Austausch von Biomembranen in Form kleiner Membranbläschen (Vesikel) wirken die folgenden Zellorganellen zusammen: das Endoplasmatische Reticulum, die Dictyosomen und die Lysosomen.

Das **Endoplasmatische Retikulum** (ER) ist ein alle Zellbereiche verbindendes Netzwerk aus membranumschlossenen Gängen und flachen Hohlräumen **(Bild 1)**. Damit bildet das ER Transportwege für Stoffe, die innerhalb der Zelle bewegt oder nach außen abgegeben werden.

Die Membranaußenseiten des ER sind mit Ribosomen besetzt, den Zellorganellen für die Proteinbiosynthese (folgende Seite und Abschnitt 3.2). Fertige Proteine werden in das Innere des ER zum Weitertransport abgegeben. Bereiche ohne Ribosomen enthalten Enzyme, die für die Stoffumwandlung zahlreicher Stoffe benötigt werden, z.B. Arzneistoffe und Schadstoffe in der Leber.

> Das ER bildet Hohlräume für den Stofftransport.

Als **Dictyosomen** werden stapelartig angeordnete Hohlräume bezeichnet, von deren Rändern sich ständig Membranbläschen (Golgi-Vesikel) abschnüren **(Bild 2)**. Sie speichern Sekrete, z.B. Schleim, Verdauungsenzyme, Hormone oder Milchproteine, und transportieren sie mithilfe der Golgi-Vesikel aus der Zelle heraus (Exocytose).

Lysosomen sind von den Dictyosomen abstammende Membranbläschen, die Verdauungsenzyme enthalten **(Tabelle 1 und Bild 3)**. Sie sind verantwortlich für den Abbau funktionsunfähiger Zellbestandteile und für die innerzellige Verdauung größerer Partikel, z.B. von Nährstoffen. Solche Partikel können die Zellmembran nicht durchdringen und werden daher in kleine Membranbläschen aufgenommen, die sich nach innen abschnüren (Endocytose) und mit den Lysosomen vereinigen. Dort findet der enzymatische Abbau und die Verwertung der Restmoleküle statt. Fresszellen (Phagocyten) sind Spezialisten beim „Fressen" (Phagocytose) von Bakterien im Blut und in Entzündungsherden (Bild 3).

> Dictyosomen speichern Sekrete und transportieren sie aus der Zelle, Lysosomen sind für die innerzellige Verdauung verantwortlich.

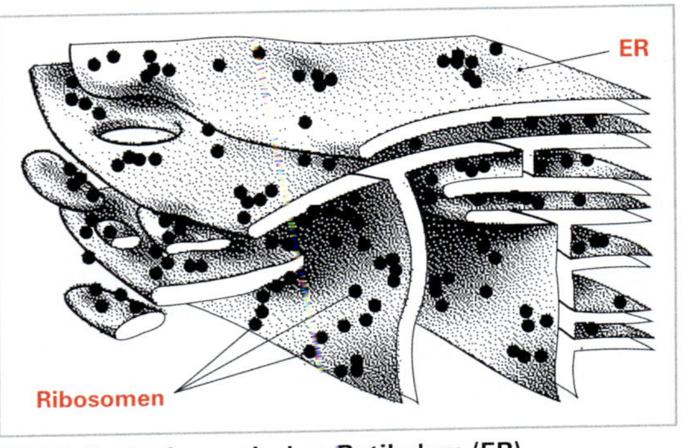

Bild 1: Endoplasmatisches Retikulum (ER)

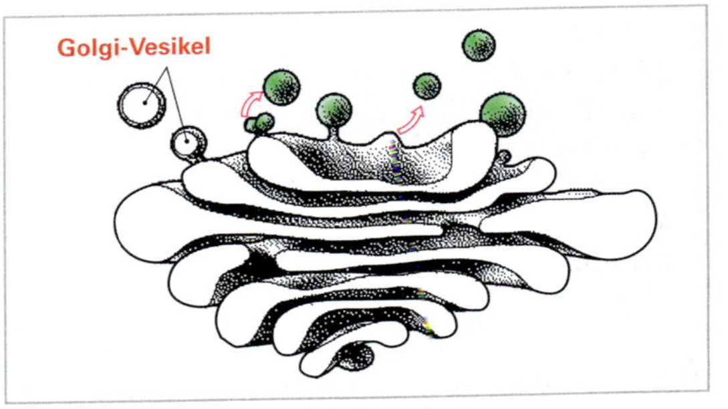

Bild 2: Dictyosom mit Golgi-Vesikeln

Tabelle 1: Abbau von Biomolekülen durch Lysosomenenzyme

Biomoleküle	Enzyme	Endprodukte
Proteine	Proteasen	Aminosäuren
Nukleinsäuren	Nukleasen	Nukleotide
Kohlenhydrate	Amylasen	Glucose
Lipide	Lipasen	Glycerin, Fettsäuren

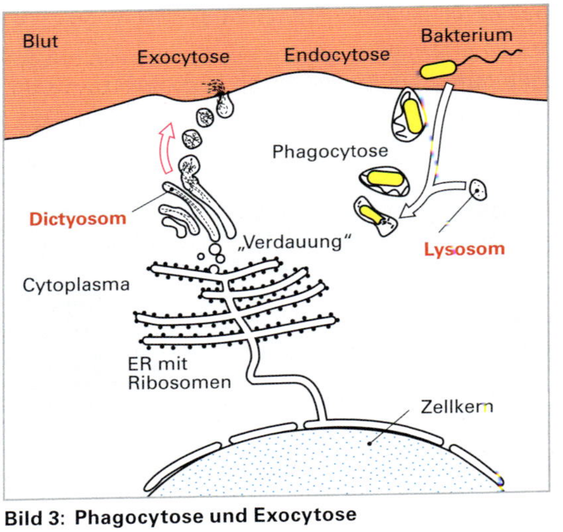

Bild 3: Phagocytose und Exocytose

Mitochondrien kommen in allen pflanzlichen und tierischen Zellen als große, gut im Lichtmikroskop erkennbare Zellorganellen vor **(Bild 1)**. Sie sind die „Kraftwerke der Zelle", weil in ihnen vor allem energiereicher Traubenzucker (Glucose) durch biologische Oxidation in Stoffwechselenergie für sämtliche Lebensprozesse umgewandelt wird. Weil dafür Sauerstoff benötigt wird, spricht man auch von der Zellatmung (Abschnitt 3.2). Stark beanspruchte Zellen, wie z. B. menschliche Leberzellen und Nierenzellen, besitzen bis zu mehreren tausend Mitochondrien.

Typisch für Mitochondrien ist ihre Hülle aus zwei Biomembranen (Bild 1). Die innere Membran ist zur Oberflächenvergrößerung stark gefaltet und enthält zahlreiche eingebaute Enzyme. Diese werden für die vielfältigen Reaktionen im Zusammenhang mit der biologischen Oxidation benötigt.

> Mitochondrien gewinnen Energie in der Zelle durch biologische Oxidation.

Ribosomen sind besonders klein und nicht mit dem Lichtmikroskop sichtbar. Sie sind die Zellorganellen für die Proteinbiosynthese (Abschnitt 3.2). In der Regel sind sie an das Endoplasmatische Retikulum angelagert **(Bild 2)**. Ribosomen sind aus einer großen und einer kleinen Untereinheit zusammengesetzt und nicht von einer Biomembran begrenzt.

> Ribosomen sind die Zellorganellen für die Proteinbiosynthese.

Ein *Zellskelett* (Cytoskelett) aus fädigen und röhrenartigen Proteinfasern befindet sich im Cytoplasma der Zelle und kann im Lichtmikroskop sichtbar gemacht werden. Die Fasern erlauben der Zelle einerseits die Beibehaltung der äußeren Gestalt und sind andererseits an Bewegungsabläufen in der Zelle beteiligt **(Bild 3)**.

Die röhrenförmigen Proteinfasern können schnell aufgebaut und abgebaut werden, wodurch sich die große Dynamik dieser Strukturen ergibt. So sind die Fasern z. B. am Bläschentransport beteiligt und bilden das Zentralkörperchen (Centriol) und die Spindelfasern für die Bewegung der Chromosomen bei der Zellteilung (Abschnitt 3.1.3). Geißeln und Wimpern für die Bewegung ganzer Zellen, z. B. Bakterien, enthalten ebenfalls diese Fasern.

Für das Zusammenziehen von Muskelzellen sind fadenförmige Proteinfasern verantwortlich, die durch ihre Tätigkeit chemische Energie in mechanische Bewegung umwandeln.

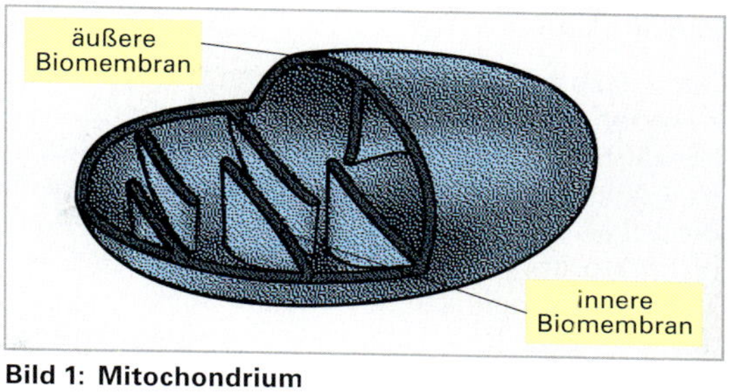

Bild 1: Mitochondrium

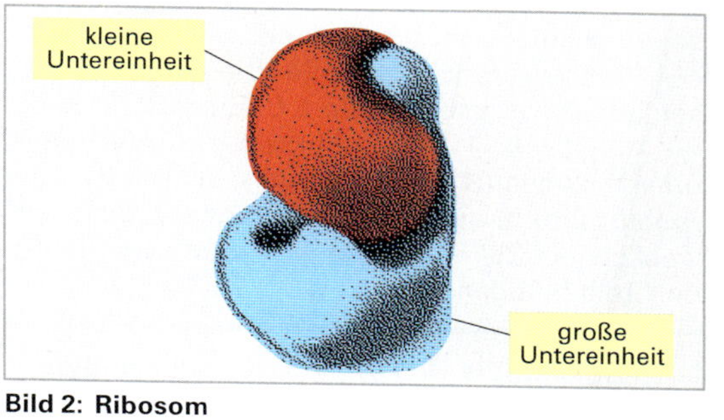

Bild 2: Ribosom

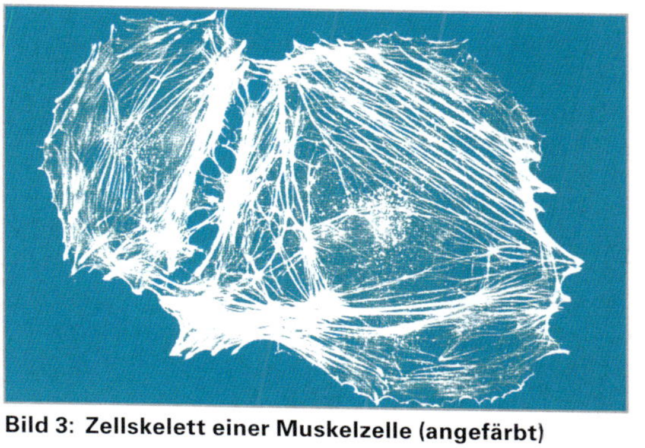
Bild 3: Zellskelett einer Muskelzelle (angefärbt)

> Das Zellskelett bewahrt die Zellgestalt.

Wiederholung und Vertiefung

1. **Welche Aufgaben haben das Endoplasmatische Retikulum, die Dictyosomen und die Lysosomen?**
2. **Zu welchen Endprodukten werden die Proteine bei der Verdauung in der Zelle abgebaut?**
3. **Was versteht man unter Phagocytose?**
4. **Warum bezeichnet man die Mitochondrien als Kraftwerk der Zelle?**
5. **Mit welchem Zellorganell bilden Ribosomen eine Einheit?**

Zellkern und DNA

Der **Zellkern** (Nucleus) ist gut im Lichtmikroskop zu sehen. In ihm befindet sich die Desoxyribonukleinsäure, abgekürzt DNS bzw. international DNA (A = Acid statt S = Säure). Sie ist der Speicher für die Erbinformation und damit Träger der **Gene** (Erbfaktoren). Dabei bezeichnet man als Gene jene DNA-Abschnitte, welche die mit dem genetischen Code verschlüsselten Informationen für die Synthese aller Proteine der Zelle bzw. des Organismus besitzen (Abschnitt 3.2.4). Beim Menschen schätzt man die Zahl der Gene auf 20 000 bis 25 000, verantwortlich für die Vielzahl unterschiedlicher Proteine, wie z.B. Enzyme, Hormone, Antikörper, Hämoglobin (roter Blutfarbstoff) oder Kollagen (Bindegewebefasern). Der Zellkern regelt mithilfe dieser Gene den gesamten Stoffwechsel der Zelle und gibt die Erbinformation bei den Zellteilungen weiter.

> Gene sind die Bauanleitungen für die Synthese von Proteinen.

Die **DNA** ist eine lange, unverzweigte Desoxyribosephosphatkette, in der jedes Zuckermolekül (Desoxyribose) mit jeweils einer der vier Stickstoffbasen (basische Stickstoffverbindung) Adenin, Guanin, Thymin und Cytosin (A, G, T, C) verbunden ist **(Bild 1)**. Aus Stabilitätsgründen sind jeweils zwei DNA-Moleküle zu einem DNA-Doppelstrang über lösbare Wasserstoffbrücken miteinander verbunden und bilden eine Doppelhelix (Doppelspirale). Wegen unterschiedlicher räumlicher Strukturen können sich dabei nur jeweils Adenin und Thymin (bilden zwei Wasserstoffbrücken) sowie Guanin und Cytosin (bilden drei Wasserstoffbrücken) als komplementäre Stickstoffbasen gegenüberliegen. Lautet z.B. die Reihenfolge eines DNA-Molekülabschnitts TCGCAATA, so hat der dazugehörige zweite DNA-Molekülabschnitt die Reihenfolge AGCGTTAT (Bild 1). Solche Folgen bilden die Gene. Damit sie bei der Zellteilung unverändert und vollständig von Zelle zu Zelle weitergegeben werden können, wird die gesamte DNA vor jeder Zellteilung kopiert (Abschnitt 3.1.3).

Dazu öffnen zunächst besondere Enzyme die DNA-Doppelhelix **(Bild 2)**. An die freiliegenden Stickstoffbasen werden die entsprechenden DNA-Bausteine angelagert und zu neuen DNA-Molekülen verknüpft. Bei der Zellteilung erhält dann jede Tochterzelle eine DNA-Doppelhelix mit allen Genen und damit die vollständige Erbinformation.

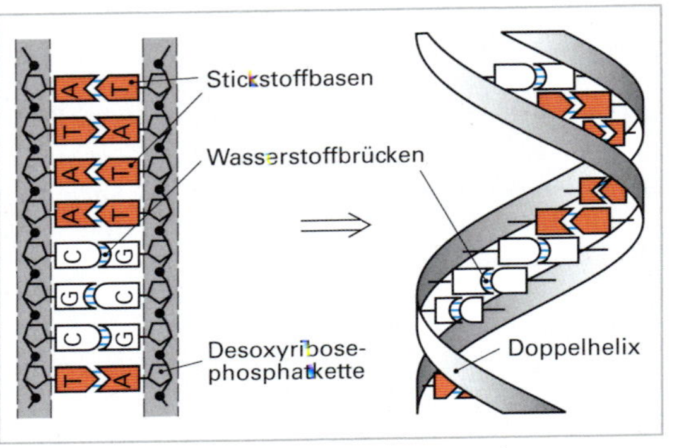

Bild 1: Ausschnitt aus einem DNA-Doppelstrang

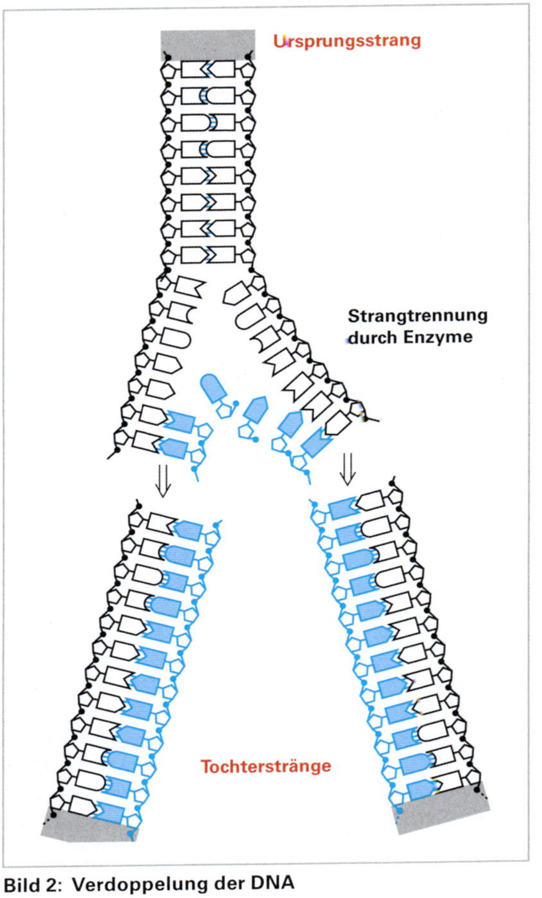

Bild 2: Verdoppelung der DNA

> Die DNA im Zellkern wird vor einer Zellteilung kopiert.

Chromatin und Chromosomen

Bei Säugetieren und dem Menschen ist die DNA in jeder Zelle ungefähr zwei Meter lang bei einer Dicke von etwa 2 nm. Um in den Zellkern zu passen, muss dieses Molekül entsprechend verdichtet werden. So ist der bereits zu einer Doppelspirale verkürzte DNA-Doppelstrang zusätzlich um Proteinkomplexe (Nucleosomen) gewunden, die ihrerseits Bestandteile von mehrfachen Aufwicklungen sind. Die so auf Bruchteile der Ausgangslänge verkürzte Erbsubstanz wird als **Chromatin** bezeichnet **(Bild 1)**. Nur in dieser Anordnung sind die Gene funktionsfähig und sorgen in der aktiven, sich nicht teilenden Zelle für die Herstellung der zelleigenen Proteine.

Jeweils vor Beginn und bis nach der Zellteilung wird das Chromatin durch weitere Verdichtungen in die noch kompaktere, aber inaktive Form der Chromosomen gebracht. Da bereits vor der Zellteilung die Erbsubstanz verdoppelt wurde, besteht ein Chromosom aus zwei identischen Chromatiden. Die Chromatiden sind noch am Centromer (Ansatzstelle, von lat. centrum = Mittelpunkt und griech. méros = Teil) miteinander verbunden.

> Chromatin ist der Arbeitszustand der Erbsubstanz DNA, Chromosomen sind der Zustand der DNA während der Zellteilung.

Chromosomen sind jeweils so charakteristisch, dass man z. B. die 2 × 23 menschlichen Chromosomen mittels Mikroskop im Karyogramm (bildliche Darstellung der Chromosomen, von griech. Karyon = Kern) individuell unterscheiden kann **(Bild 2)**. Dies ermöglicht z. B. Chromosomenanalysen, die häufig an weißen Blutkörperchen durchgeführt werden. Mit dieser wichtigen Untersuchungsmethode wird die Bestimmung der Chromosomenzahlen sowie der Nachweis von Defekten einzelner Chromosomen möglich. Diese als Mutationen (Erbänderungen, von lat. mutare = verändern) bezeichneten Veränderungen können z. B. durch ionisierende Strahlen oder Umweltschadstoffe verursacht werden (Abschnitt 3.1.4).

Chromosomenanalysen werden durchgeführt bei der Überwachung strahlengefährdeter Personen, bei der Untersuchung der Auswirkungen von Schadstoffen auf die Erbanlagen, bei der Züchtungskontrolle von Pflanzen und Tieren, bei der vorgeburtlichen Untersuchung von Erbkrankheiten, bei Risikoschwangerschaften und bei Vaterschaftsnachweisen.

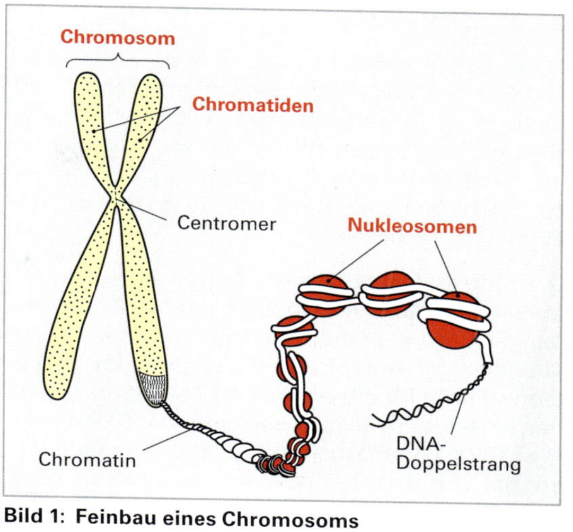

Bild 1: Feinbau eines Chromosoms

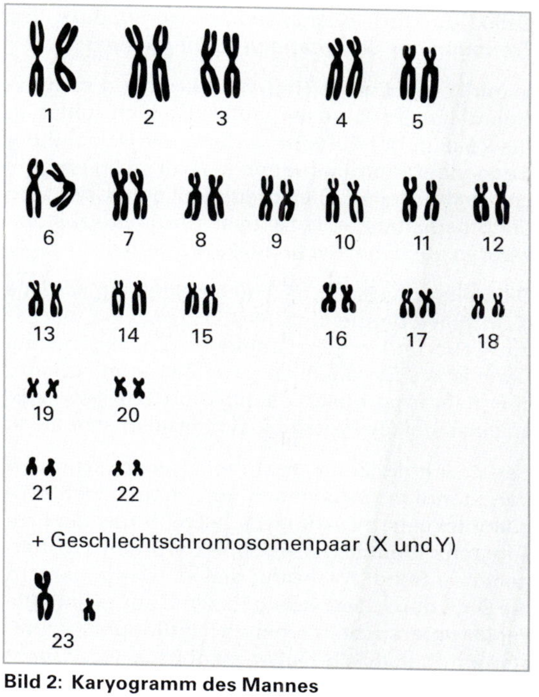

Bild 2: Karyogramm des Mannes

Bei sich sexuell fortpflanzenden Organismen enthalten alle Körperzellen einen doppelten Chromosomensatz. Ein Chromosomensatz mit allen Genen stammt von der Mutter, der zweite vom Vater. Bei der Befruchtung kommen sie zusammen, sodass die befruchtete Eizelle wieder den doppelten Chromosomensatz enthält. Bei den anschließenden Zellteilungen werden diese Chromosomensätze dann von Zelle zu Zelle weitergegeben.

3.1.3 Zellteilung

Neue Zellen entstehen, wenn sich vorhandene Zellen teilen. Aus einzelligen Organismen werden dadurch neue, selbstständige Einzeller. Bei vielzelligen Lebewesen führen die als **Mitose** (von griech. Mitos = Faden) bezeichneten Zellteilungen zu Wachstum und Gewebsdifferenzierung des Organismus **(Bild 1)**.

Die Mitose dauert je nach Zelltyp zwischen Minuten und Stunden **(Bild 2)**. In der **Prophase** werden die Chromosomen aus dem Chromatin durch knäuelartige Aufspiralisierung gebildet. Nachdem sich die Membran um den Zellkern aufgelöst hat, heften sich an das Centromer der Chromosomen (Bild 1, vorhergehende Seite) Spindelfasern an, die von den Centriolen auswachsen. Durch deren koordinierte Bewegung werden in der **Metaphase** alle Chromosomen in einer Ebene der Zelle (Äquatorialebene) so angeordnet, dass eine Trennung der Chromatiden leicht möglich ist.

In der **Anaphase** weichen die Chromatiden durch Spindelfaserzug auseinander. Danach teilt sich die Zelle in der **Telophase** durch die Ausbildung trennender Biomembranen in zwei völlig erbgleiche Tochterzellen. Gleichzeitig mit dem Übergang der Erbsubstanz in den aktiven Chromatinzustand werden auch die neuen Zellkerne gebildet.

Der Zeitraum bis zur nächsten Zellteilung wird als **Interphase** bezeichnet (Bild 2). Zunächst wächst die Zelle und ergänzt fehlende Zellorganellen. Dann ist sie für einen längeren Zeitraum entsprechend ihrer normalen Zellfunktion aktiv, was z. B. an einer starken Proteinbiosynthese erkennbar ist.

Bevor sich die Zelle erneut teilt, gesteuert durch den ständigen Austausch von chemischen Signalmolekülen mit anderen Zellen, muss die Erbsubstanz identisch verdoppelt werden (vorhergehende Seite). Während dieses Vorgangs wird die DNA durch besondere Enzyme auf eventuelle Fehler untersucht, die bei der Verdoppelung entstehen oder durch Umwelteinflüsse verursacht sind. Dadurch wird die genetische Information möglichst unversehrt erhalten.

> Durch die Mitose entstehen Tochterzellen mit gleicher genetischer Information.

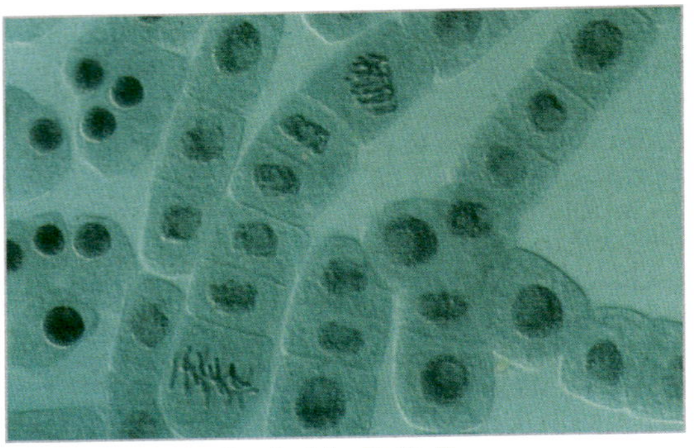

Bild 1: Zwiebelzellen bei der Zellteilung

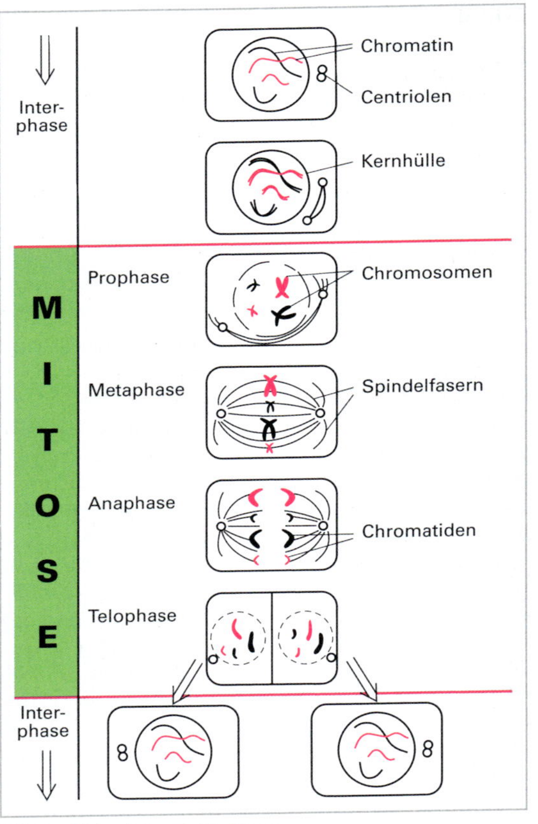

Bild 2: Ablauf der Zellteilung

Wiederholung und Vertiefung

1. **Was versteht man unter einem Gen?**
2. **Nennen Sie Beispiele für Proteine.**
3. **Wie wird gewährleistet, dass bei der Zellteilung jede Tochterzelle die vollständige Erbinformation erhält?**
4. **Wozu werden Chromosomenanalysen durchgeführt?**
5. **Worin unterscheiden sich das Chromatin und die Chromosomen?**
6. **Erklären Sie die Mitose.**

3.1.4 Mutationen

Änderungen der Erbinformation durch Veränderungen der DNA nennt man Mutationen (Erbsprünge, von lat. mutatio = Veränderung). Sie führen zu Fehlern bei der Synthese der Proteine. In sehr seltenen Fällen kommt es dadurch zu einer Verbesserung der Funktionseigenschaften der Proteine und damit zu einer Verbesserung der Eigenschaften von Lebewesen. Neben anderen Faktoren sind in diesem Fall Mutationen die Voraussetzung für die Evolution (von lat. evolutio = das Aufwickeln), d.h. die Entwicklung aller Lebewesen aus Urformen und die damit verbundene Formenvielfalt bei der Entstehung neuer Arten **(Bild 1)**.

Bild 1: Formenvielfalt durch Mutationen

> Mutationen sind Änderungen der Erbinformation, bei denen die Proteine der Zelle verändert werden.

Die meisten Mutationen führen zu einer Verschlechterung der Funktion der Proteine bis hin zum völligen Ausfall. Stoffwechselstörungen und Tumore können die Folge sein, wenn Körperzellen mutiert sind. Zum Tod der Zelle führt eine Mutation, die z.B. den vollständigen Ausfall eines Enzyms verursacht und damit lebenswichtige Stoffwechselreaktionen unmöglich macht. Sind Geschlechtszellen durch Mutationen verändert, können auch nachfolgende Generationen geschädigt und dann möglicherweise erbkrank sein.

Je nach Art der Änderung der Erbinformation unterscheidet man zwischen Genmutationen, Genommutationen und Chromosomenmutationen.

Genmutationen betreffen einzelne Gene. Sie sind mikroskopisch nicht erkennbar. Häufig sind nur einzelne Bausteine der DNA vertauscht worden, verloren gegangen oder neu hinzugekommen. Beim Menschen sind mehrere tausend Erbkrankheiten bekannt, die auf Enzymdefekten als Folge von Genmutationen beruhen **(Tabelle 1)**.

Tabelle 1: Beispiele für Krankheiten, deren Ursache Genmutationen sind

Krankheit	Erklärung
Albinismus	Farbstoffmangel in Haut und Augen
Bluterkrankheit	Gestörte Blutgerinnung
Mukoviszidose	Abnorm zähe Drüsensekretbildung
Phenylketonurie	Protein-Stoffwechselstörung
Rot-Grün-Blindheit	Angeborene Farbenblindheit

Genommutationen sind Veränderungen der Chromosomenzahl. Beim Downsyndrom ist z.B. das Chromosom 21 dreifach statt normal doppelt vorhanden (Trisomie 21). Bei Kulturpflanzen kommen häufig vollständige Chromosomensätze vermehrt vor, was eine Verbesserung der Leistungsfähigkeit, z.B. beim Weizen, zur Folge hat.

Chromosomenmutationen sind Veränderungen der Chromosomenstruktur, die genauso wie die Genommutationen im Lichtmikroskop sichtbar sind. Sie entstehen häufig durch Chromosomenbrüche, wobei die Bruchstücke frei im Zellkern liegen bleiben oder auch an andere Chromosomen angelagert werden können. Auch Ringchromosomen und Chromosomen mit mehreren Centromeren sowie anderen Schäden zählen zu den Chromosomenmutationen **(Bild 2)**.

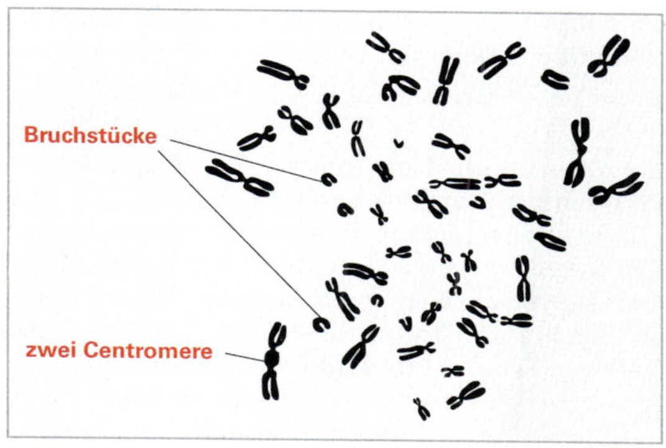

Bild 2: Chromosomenmutationen

3.1.5 Mutagene Faktoren

Mutationen treten gelegentlich als Spontanmutationen ohne erkennbare Ursachen auf. Weit häufiger werden die Veränderungen an der DNA aber durch mutagene (erbgutverändernde) Faktoren hervorgerufen, wie energiereiche Strahlung (Ionen erzeugende Strahlung) und durch chemische Mutagene **(Bild 1)**.

> Mutationen entstehen spontan oder werden durch energiereiche Strahlung oder chemische Mutagene verursacht.

In Hautzellen kann kurzwellige UV-Strahlung durch ihre hohe Energie bewirken, dass nebeneinander liegende Thyminstickstoffbasen der DNA fälschlicherweise miteinander reagieren (Bild 1). Der Informationsgehalt der Erbsubstanz ist dadurch an dieser Stelle zerstört.

Stark ionisierende Strahlung, z. B. Röntgenstrahlung oder radioaktive Strahlung, ist energiereicher als UV-Strahlung. Die durch sie verursachten DNA-Schäden sind häufig so groß, dass diese als Chromosomenbrüche im Lichtmikroskop zu sehen sind. Die Fehler führen zum Absterben der Zelle oder zu Mutationen.

Chemische Mutagene bzw. gentoxische Stoffe gelangen, nachdem sie durch Einatmen, Verschlucken oder über die Haut aufgenommen wurden, mit dem Blut zu den Zellen. Dort reagieren sie aufgrund ihrer chemischen Eigenschaften direkt mit der DNA, sie schädigen Enzyme, die für die DNA-Verdoppelung und DNA-Reparatur benötigt werden, oder sie behindern die Zellteilung.

Mehrere hundert chemische Stoffe stehen im Verdacht, mutagen zu sein. Sie schädigen das Erbgut menschlicher Keimzellen, sodass es bei den Nachkommen zu Erbschäden kommen kann, oder sie verursachen in Körperzellen Veränderungen bis hin zum Tod der Zelle oder zur Tumorentstehung **(Tabelle 1 und Bild 1, folgende Seite)**.

> Chemische Mutagene gelangen durch Einatmen, Verschlucken oder über die Haut in den Organismus.

Bromuracil ist z. B. ein Mutagen, das der DNA-Base Thymin chemisch sehr ähnlich ist und sich deshalb an ihrer Stelle in das DNA-Molekül einlagert. Bei der nächsten Zellteilung wird bei der Verdoppelung der DNA im gegenüberliegenden DNA-Strang nicht die DNA-Base Adenin, sondern stattdessen Guanin eingefügt (Seite 86). Entsprechend reagiert salpetrige Säure HNO_2 mit der DNA-Base Adenin zu der normal nicht vorkommenden Base Hypoxanthin (H), die als Partner im gegenüberliegenden DNA-Strang nicht mehr Thymin, sondern dann Cytosin bindet.

Bedeutende chemische Mutagene sind alkylierende (einen Alkanrest einführende) Stoffe, die durch ihre Reaktion mit der DNA den Verlust von DNA-Basen verursachen. Alkylierungsmittel sind häufig Synthesezwischenprodukte sowie Bestandteile von Insektiziden und Desinfektionsmitteln.

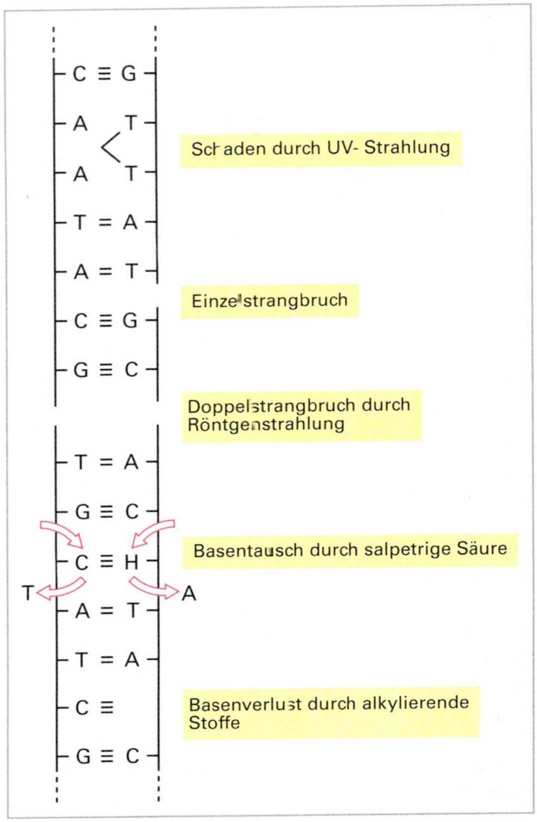

Bild 1: DNA-Schäden durch mutagene Faktoren

Tabelle 1: Beispiele für chemische Mutagene

Mutagen	Vorkommen/Verwendung
Benzo(*a*)pyren	Stoff im Zigarettenrauch
Bromuracil	Basenanaloger Stoff
Ethylenoxid	Desinfektionsmittel
Hydrazin	Lösemittel
Salpetrige Säure	Farbstoffherstellung
Senfgas	Chemischer Kampfstoff
Trichlormethan	Lösemittel

Zellen sind bereits unter natürlichen Bedingungen ständig Mutagenen ausgesetzt, z.B. UV-Strahlen und natürlicher Radioaktivität. In Anpassung daran haben sich im Verlauf der Entwicklung des Lebens bei allen Organismen wirkungsvolle DNA-Reparatursysteme entwickelt, die bei jeder Erbsubstanzverdoppelung die DNA mithilfe besonderer Enzyme auf falsch eingesetzte oder fehlende DNA-Basen überprüfen und diese Fehler korrigieren. Das ist wegen der komplementären DNA-Basen im DNA-Doppelstrang möglich. Werden diese Reparatursysteme allerdings überfordert, z.B. durch starke UV-Strahlung, massive Röntgendiagnostik, radioaktiven „Fallout" oder durch viele in der Umwelt vorkommende chemische Mutagene, kommt es zu vermehrten Mutationen.

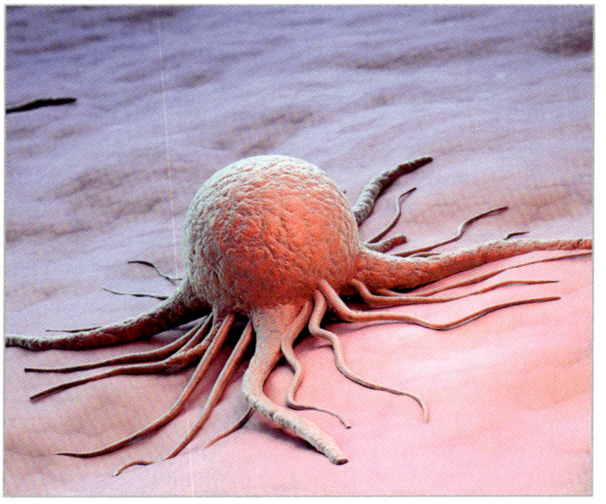

Bild 1: Krebszelle

3.1.6 Mutationen und Krebs

Mutationen sind die Hauptursache für die Umwandlung einer normalen Zelle in eine Tumorzelle, den Ursprung eines bösartigen Tumors **(Bild 1)**. Die meisten chemischen Mutagene wirken daher auch kanzerogen (Krebs erzeugend, von lat. cancer = Krebs). Zwei Gentypen sind bevorzugt an dieser Entwicklung beteiligt: Onkogene (Krebsgene), die das Wachstum der Zelle regulieren und Krebs verursachen, wenn diese Funktion durch eine Mutation aufgehoben wird, sowie Tumorsuppressorgene (von lat. suppressor = Unterdrücker), die vor unplanmäßigen Zellteilungen schützen, aber Krebs verursachen, wenn sie durch eine Mutation ausfallen.

> Am Anfang von Krebs steht meist eine durch Strahlung oder chemische Mutagene verursachte Mutation.

In der Regel sind bis zum Auftreten aller Zeichen bösartiger Entartung einer Tumorzelle, nämlich

- unkontrollierte und schnelle Zellteilung,
- Verlust der typischen Zellgestalt,
- Verlust der typischen Zellfunktion,
- Ausbildung von Tochtergeschwülsten (Metastasenbildung),

mehrere Mutationen nacheinander notwendig. Das dauert oft Jahre und wird als Latenzzeit (von lat. latens = verborgen) bezeichnet. Jede Phase dieser Krebsentstehung (Kanzerogenese) kann durch umweltbedingte oder genetische Faktoren beschleunigt, umgangen oder übersprungen werden. Umweltbedingt ist beispielsweise der Einfluss von *Promotoren*. Das sind Stoffe, die selbst keine Mutationen auslösen, aber die Krebsentstehung beschleunigen (z.B. manche Dioxine).

Die meisten Krebserkrankungen haben ihren Ursprung in Tumorzellen der äußersten Schichten von Haut und Schleimhäuten (innere Auskleidungen der Atemorgane und Verdauungsorgane), wo der Organismus unmittelbar mit gentoxischen und kanzerogenen Stoffen aus Nahrungs- und Genussmitteln oder Chemikalien in Kontakt kommt. Deswegen regelt das Chemikaliengesetz (ChemG), dass Stoffe auf gefährliche Eigenschaften, wie z.B. mutagene und kanzerogene Eigenschaften, untersucht werden müssen (Abschnitt 5.3.6). Mithilfe von **Gentoxizitätsprüfungen** werden die genetischen Risiken vererbbarer Schäden und mögliche kanzerogene Eigenschaften der untersuchten Stoffe erfasst. Dazu stehen zahlreiche Prüfsysteme zur Verfügung, die mit Bakterien, z.B. Ames-Test, Hefen und tierischen Zellen der Fruchtfliege, der Maus und des Hamsters durchgeführt werden.

Wiederholung und Vertiefung

1. **Was versteht man unter Mutationen?**
2. **Welche Mutationsarten sind im Lichtmikroskop zu erkennen?**
3. **Nennen Sie Faktoren, die zu Mutationen führen können.**
4. **Geben Sie Beispiele für chemische Mutagene.**
5. **Wodurch schützen sich Zellen vor mutagenen Einflüssen?**
6. **Nennen Sie die Kennzeichen einer Tumorzelle.**
7. **Mit welchen Prüfsystemen lassen sich Gentoxizitätsprüfungen durchführen?**

3.2 Stoffwechselprozesse
Metabolic Processes

Mit ihrer Umwelt sind alle Lebewesen durch einen Austausch von Stoffen und den Durchsatz von Energie verbunden (Abschnitt 3.4.4). Dieser *Stoff- und Energiewechsel* ermöglicht ihnen den Zellstoffwechsel, das Wachstum, die Fortpflanzung, die selbstständige Bewegung und die Fähigkeit zur Reizbeantwortung. Stammt die Energie für diese Lebenserscheinungen aus der Nahrung, also aus der Verwertung energiereicher organischer Moleküle, sind die betreffenden Lebewesen *heterotroph* (von griech. heteros = anders, fremd und trophe = Nahrung). Die direkte Verwertung der Sonnenenergie zur Bildung energiereicher organischer Moleküle bei den Pflanzen wird als *fotoautotroph* (von griech. autos = selbst) bezeichnet **(Bild 1)**.

Das wichtigste Molekül im Energiestoffwechsel aller Lebewesen ist das *ATP* (Adenosintriphosphat, **Bild 2**), die wichtigsten mit Energieumsatz verknüpften Stoffwechselprozesse sind die **Fotosynthese** und die **biologische Oxidation**.

3.2.1 ATP (Adenosintriphosphat)

In allen Zellen ist das ATP-Molekül Speicher und Überträger von chemischer Energie. Sein Energiegehalt rührt von der „inneren Spannung" her, die das ATP-Molekül durch vier benachbarte negative Ladungen in seinem Triphosphatanteil hat **(Bild 3)**. Dadurch kann jederzeit und an jedem Ort in der Zelle die letzte Phosphatgruppe PO_4^{3-} unter Energieabgabe abgespalten werden.

$$ATP \rightarrow ADP + PO_4^{3-} + 30\ kJ/mol$$

Das Phosphat kann jetzt in vielen anderen Stoffwechselreaktionen seinen Energiebetrag an ein anderes Molekül weitergeben, das dann seinerseits durch die energetische Kopplung energiereich und damit reaktionsfähig wird **(Bild 4)**. Das übrig bleibende ADP-Molekül (Adenosindiphosphat) ist somit energieärmer als das ATP und wird gleichsam wie ein Akkumulator durch energieliefernde Reaktionen, z.B. durch die biologische Oxidation, aufgeladen, indem wieder eine Phosphatgruppe (P) angelagert wird. Die Übertragung von Phosphatgruppen an andere Moleküle, die dadurch energiereicher werden, wird *Phosphorylierung* genannt.

> ATP ist als Energieträger und Energiespeicher an vielen Stoffwechselreaktionen in den Zellen beteiligt.

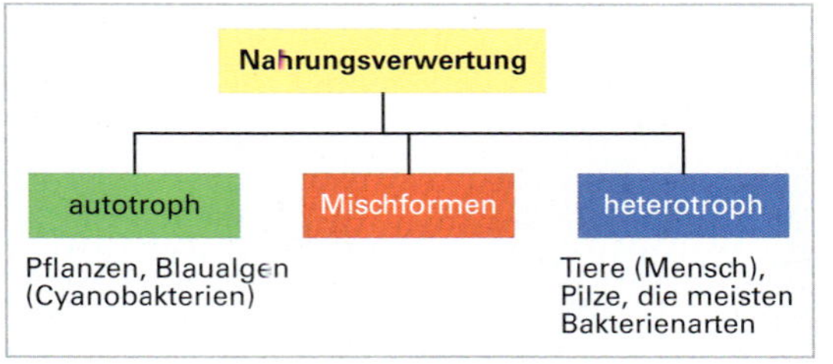

Bild 1: Autotrophe und heterotrophe Lebewesen

Bedeutung von ATP in der Zelle

- Jederzeit und überall verfügbare, portionierte Energie.
- Zeitliche und räumliche Trennung von Energie verbrauchenden und Energie liefernden Reaktionen.
- Beteiligt an Zellbewegung, am Stofftransport gegen ein Konzentrationsgefälle, am Auf- und Abbau von Stoffen.

Bild 2: ATP als Energieüberträger in der Zelle

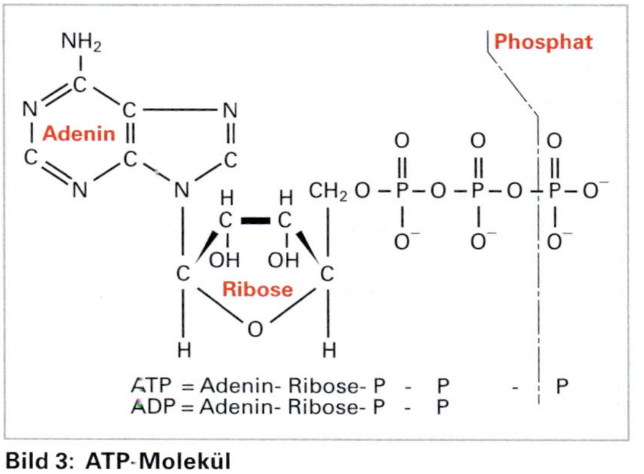

Bild 3: ATP-Molekül

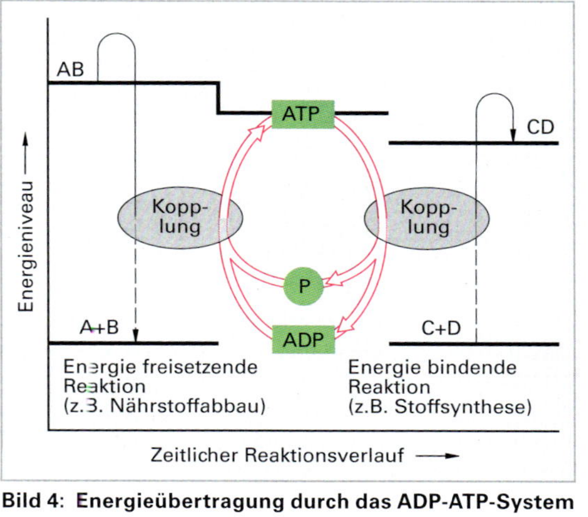

Bild 4: Energieübertragung durch das ADP-ATP-System

3.2.2 Fotosynthese

Das Leben auf der Erde hängt von der Sonne als Energiequelle ab. Die Pflanzen als autotrophe Lebewesen verwerten die Lichtenergie direkt, um Kohlenstoffdioxid CO_2 in energiereiche Kohlenhydrate zu überführen, was als *Fotosynthese* bezeichnet wird. Die vereinfachte Summenformel lautet:

$$\text{Lichtenergie} + 6\,CO_2 + 6\,H_2O \rightarrow C_6H_{12}O_6 + 6\,O_2 \quad \Delta H = +\,2800\ \text{kJ/mol}$$

Die in Abhängigkeit von den Umweltfaktoren Lichtintensität, Temperatur und Kohlenstoffdioxidkonzentration produzierten organischen Verbindungen, zunächst der Traubenzucker (*Glucose*, $C_6H_{12}O_6$) sowie die daraus gebildeten übrigen Stoffe, sind Energievorrat und Baustoff für die Pflanze selbst **(Bild 1)**. Pflanzen stehen deshalb am Anfang der Nahrungskette, vor allem für Tiere und Menschen (Abschnitt 3.4.4). Diese können organische Stoffe nur konsumieren, aber aus CO_2 nicht selbst produzieren und sind daher auf Lebewesen angewiesen, die Fotosynthese betreiben.

Durch die Fotosynthese werden jährlich bis zu 1000 Milliarden Tonnen Biomasse gebildet. Das entspricht etwa einer Energie von 10^{18} kJ, rund 1% der auf die Erde eingestrahlten Sonnenenergie. Auch die heute in der Industrie verwendeten fossilen Vorräte an Rohstoffen und Energie wie Kohle, Erdöl und Erdgas sind die Überreste von Lebewesen und damit indirekt Produkte der Fotosynthese. Da die fossilen Vorkommen langfristig begrenzt sind, werden organische Energierohstoffe und Chemierohstoffe zunehmend aus nachwachsenden Pflanzen gewonnen (**nachwachsende Rohstoffe**).

Fotosyntheseprodukte

Primäre Pflanzenstoffe (in allen Pflanzen)
Glucose und weitere Kohlenhydrate (z. B. Stärke, Cellulose, Fructose, Saccharose),
Aminosäuren und Proteine,
Lipide (Wachse und Öle),
Nukleinsäuren.

Sekundäre Pflanzenstoffe (nicht in allen Pflanzen)
z. B. Vitamine, Aromastoffe, Farbstoffe, Latexmilch, Nikotin, Coffein, Digoxin, Cannabinoide, Morphin.

Bild 1: Produkte der Fotosynthese (Beispiel)

Die Fotosynthese in den **Chloroplasten** (von griech. chloros = hellgrün), den für die Fotosynthese zuständigen Zellorganellen, ist ein komplizierter Vorgang **(Bild 2 und Bild 1, folgende Seite)**. Außer dem Farbstoff *Chlorophyll* (von griech. chloros und phyllon = Blatt) sind noch fast 100 andere Verbindungen beteiligt. Viele davon sind Enzyme, ohne deren katalytische Wirkung Reaktionen wie die Fotosynthese nicht ablaufen können. Sie sind an die stark gefaltete Innenmembran der Chloroplasten angelagert und erlauben den geordneten Ablauf der **Lichtreaktionen** der Fotosynthese. Dadurch werden die energiereichen Zwischenprodukte hergestellt, die für die Synthese der Kohlenhydrate notwendig sind.

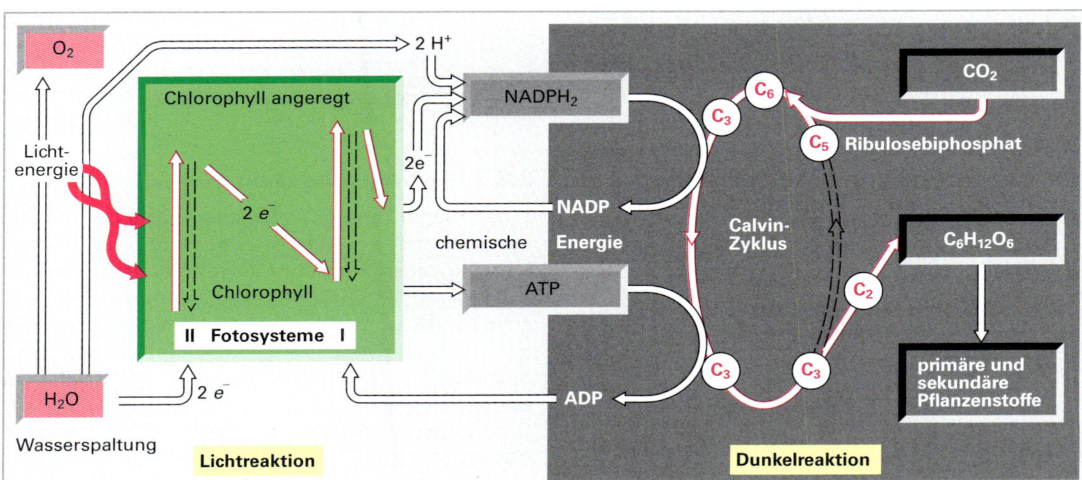

Bild 2: Ablauf der Fotosynthese

Die Blau- und Rotanteile des Sonnenlichts werden von Chlorophyllmolekülen der in Serie geschalteten **Fotosysteme I und II** absorbiert **(Bild 2, vorhergehende Seite)**. Dadurch werden Elektronen auf ein höheres Energieniveau gehoben. Die Elektronen werden zuerst vom Fotosystem II zum Fotosystem I weitergegeben. Dabei wird ein Teil der Energie zur ATP-Bildung aus ADP und Phosphat genutzt (Fotophosphorylierung).

Das Chlorophyll des Fotosystems II, das durch den Elektronenverlust positiv geladen wurde, entreißt seinerseits dem Wasser Elektronen und gelangt dadurch wieder in den ungeladenen Grundzustand (Wasserspaltung bzw. Fotolyse):

$$2\,H_2O \rightarrow O_2 + 4\text{ Protonen }(H^+) + 4\text{ Elektronen }(e^-)$$

Der Sauerstoff O_2 aus dem Wasser wird an die Atmosphäre abgegeben.

Vom Fotosystem I werden ebenfalls durch Lichtenergie Elektronen abgegeben, die vom Fotosystem II wieder zu ersetzen sind. Die Elektronen gelangen zum NADP (Nicotinamidadenindinukleotidphosphat). Zusammen mit Protonen (H^+) aus der Wasserspaltung entsteht der energiereiche Wasserstoffüberträger $NADPH_2$, der zusammen mit dem ATP für die Dunkelreaktion der Fotosynthese benötigt wird **(Bild 2, vorhergehende Seite)**:

$$NADP + 2\,H^+ + 2\,e^- \rightarrow NADPH_2$$

In der lichtunabhängigen **Dunkelreaktion** in der Grundsubstanz der Chloroplasten (Stroma) geben die Zwischenprodukte ATP und $NADPH_2$ ihre Energie bei der Synthese von Glucose ab **(Bild 2)**. Das für die Glucosebildung benötigte CO_2 stammt aus der Luft. Es wird in einer zyklischen Reaktionsfolge (Calvin-Zyklus) an eine Kohlenhydratverbindung mit fünf Kohlenstoffatomen (C_5-Molekül) angelagert (Ribulosebiphosphat). Das entstehende C_6-Molekül ist nicht stabil und wird unmittelbar in zwei Moleküle Phosphoglycerinsäure (C_3-Molekül) zerlegt. Die anschließende Reaktion unter $NADPH_2$-Verbrauch zu zwei Molekülen Glycerinaldehydphosphat (C_3-Molekül) benötigt Energie, die durch das ATP geliefert wird **(Bild 2, vorhergehende Seite)**.

Ribulosebiphosphat muss regeneriert werden, um im nächsten Durchlauf des Zyklus wieder CO_2 anlagern zu können. Es werden deshalb von jeweils zwölf Molekülen Glycerinaldehydphosphat zehn über verschiedene Zwischenreaktionen wieder zu sechs Molekülen Ribulosebiphosphat (C_5-Molekül) umgebaut und stehen erneut als Anlagerungspartner für CO_2 zur Verfügung (Bilanz: zehn C_3-Moleküle → sechs C_5-Moleküle).

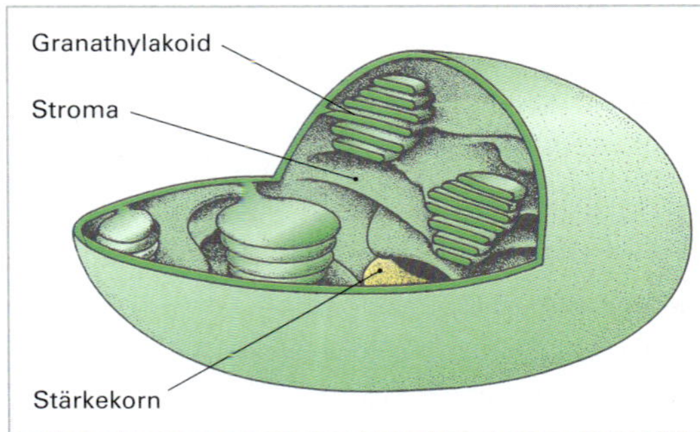

Bild 1: Chloroplast

Summengleichung der Lichtreaktion:

$12\,H_2O + 12\,NADP + 18\,ADP + 18\text{ Phosphate} \rightarrow$
$6\,O_2 + 12\,NADPH_2 + 18\,ATP$

Summengleichung der Dunkelreaktion:

$6\,CO_2 + 12\,NADPH_2 + 18\,ATP \rightarrow$
$C_6H_{12}O_6 + 6\,H_2O + 12\,NADP + 18\,ADP + 18\text{ Phosphate}$

Bild 2: Summengleichungen der Lichtreaktion und der Dunkelreaktion der Fotosynthese

Zwei Moleküle Glycerinaldehydphosphat (C_3-Molekül) werden aus dem Zyklus ausgeschleust und zu einem Glucosemolekül ($C_6H_{12}O_6$) verbunden. Dieses dient als Grundchemikalie für die Synthese weiterer Verbindungen des Pflanzenstoffwechsels und ist somit das wichtigste Produkt bei der Fotosynthese.

Die Fotosynthese ist die Grundlage des Lebens. Die Lichtreaktion bildet $NADPH_2$ und ATP, die bei der Dunkelreaktion zur Bildung von Kohlenhydraten aus dem Kohlenstoffdioxid der Luft benötigt werden.

3.2.3 Biologische Oxidation

Alle Lebensformen benötigen Energie für ihre Lebenstätigkeit und alle beziehen sie aus der Verwertung energiereicher organischer Moleküle. Pflanzliche Organismen synthetisieren organische Moleküle durch die Fotosynthese selbst. Die anderen Lebewesen müssen sie mit der Nahrung aufnehmen. Die wirkungsvollste Methode der Energiefreisetzung aus diesen Molekülen ist die Oxidation durch Luftsauerstoff (*biologische Oxidation* oder Zellatmung). Die Zellorganellen dafür sind die Mitochondrien („Kraftwerke der Zelle"), die bei den Tier- und Pflanzenzellen vorkommen.

Bakterien besitzen keine Mitochondrien, gewinnen aber ebenfalls Energie durch die Oxidation der aufgenommenen Nahrung. Das gilt jedoch nicht für Bakterienarten, die ohne freien Sauerstoff (anaerob) leben und die ihre Energie durch das Vergären von organischen Molekülen gewinnen, z.B. bei der alkoholischen Gärung, der Milchsäuregärung und bei Fäulnisprozessen. Hier ist die Energieausbeute allerdings wesentlich kleiner (Abschnitt 3.4.3).

Bei der biologischen Oxidation wird Glucose $C_6H_{12}O_6$ in chemische Energie zurückverwandelt. Die Summengleichung dieses Vorgangs ist formal eine Umkehrung der Fotosynthese:

$$C_6H_{12}O_6 + 6\,O_2 \rightarrow 6\,CO_2 + 6\,H_2O \quad \Delta H = -2800\ \text{kJ/mol}$$

Genauso wie die Fotosynthese ist auch die biologische Oxidation eine Abfolge vieler Einzelreaktionen, die durch Enzyme katalysiert werden **(Bild 1)**. Sie lässt sich in die Glykolyse (von griech. glykys = süß und lysis = Auflösung), den Zitronensäure-Zyklus und die Atmungskette unterteilen.

Energiereiche Kohlenhydrate, vor allem Stärke, werden durch Enzyme zu Glucose (C_6-Molekül) abgebaut. Durch die **Glykolyse** entstehen daraus zwei Moleküle Brenztraubensäure (C_3-Molekül) und zwei Moleküle ATP. Nach Abspaltung von CO_2 wird die so gebildete aktivierte Essigsäure (C_2-Molekül) in den **Zitronensäure-Zyklus** eingeschleust und an ein Molekül mit vier Kohlenstoffatomen angelagert. Die entstehende Zitronensäure (C_6-Molekül) wird über verschiedene Zwischenreaktionen und zweimaliges Abspalten von CO_2 wieder zu der Ursprungsverbindung mit vier Kohlenstoffatomen umgelagert, die dann erneut Essigsäure aus der Glykolyse aufnehmen kann, womit ein neuer Umlauf des Zyklus beginnt. Viele Verbindungen des Zitronensäure-Zyklus sind Ausgangsstoffe für die Synthese wichtiger Stoffe, wie z.B. Aminosäuren, Hormone, Chlorophyll. Deshalb spricht man auch von einer *Zellstoffwechsel-Drehscheibe.*

Sowohl bei der Glykolyse als auch im Zitronensäure-Zyklus wird aus den Molekülen Wasserstoff H_2 abgespalten und an den Wasserstoffüberträger NAD angelagert, der die gleiche Funktion wie das NADP in der Fotosynthese hat und zu $NADH_2$ wird (Bild 1).

In der **Atmungskette** wird der Wasserstoff stufenweise enzymatisch in hintereinander geschalteten Redoxreaktionen unter Bildung von Wasser durch den Luftsauerstoff oxidiert. Die dabei freigesetzte Energie dient zum Aufbau der energiereichen Verbindung ATP und nicht wie bei der Knallgasreaktion zur explosionsartigen Wärmefreisetzung:

$$2\,NADH_2 + 6\,ADP + 6\,\text{Phosphat} + O_2 \rightarrow 2\,NAD + 6\,ATP + 2\,H_2O + \text{Energie}$$

Insgesamt werden durch den oxidativen Abbau eines Moleküls Glucose zwölf Moleküle $NADH_2$ gebildet und 38 Moleküle ATP gewonnen, die für alle Lebensprozesse notwendig sind.

Auch der Abbau anderer Kohlenhydrate sowie von Proteinen und Fetten kann in die Stoffwechselreaktionen der biologischen Oxidation münden und damit Energie liefern.

> Die biologische Oxidation der Nährstoffe dient der Energiegewinnung.

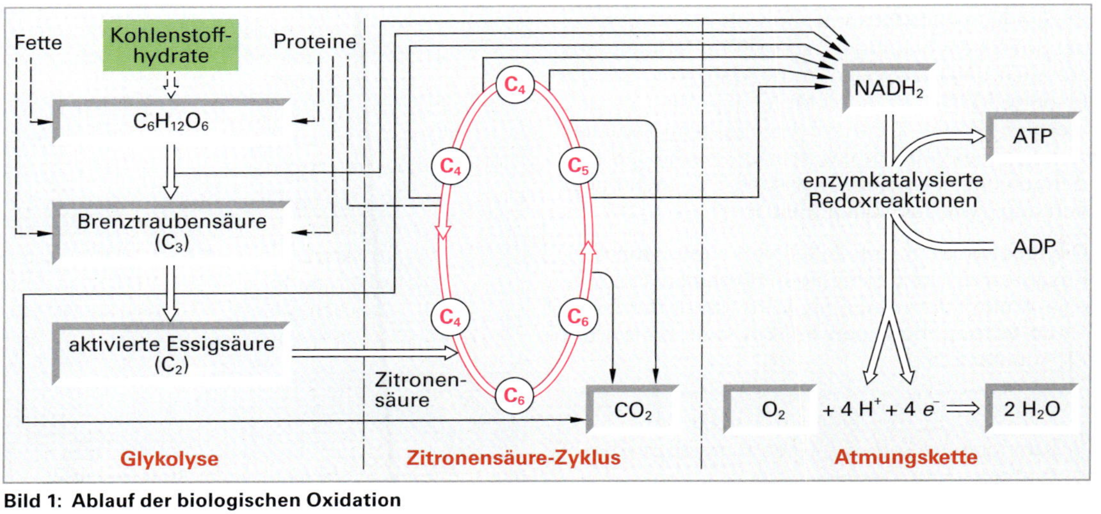

Bild 1: Ablauf der biologischen Oxidation

3.2.4 Proteinbiosynthese

Proteine

Proteine (von griech. protos = der Erste) machen mehr als die Hälfte der Trockenmasse einer Zelle aus. Menschen besitzen wahrscheinlich über 100 000 verschiedene Proteine, die im Zusammenhang mit dem Stoffwechsel und dem Aufbau der Zellen und Gewebe viele Aufgaben übernehmen **(Tabelle 1)**.

> Proteine sind Bausteine des Lebens und bestimmen den Stoffwechsel, den Aufbau und die Funktion von Zellen und Organismen.

Proteine sind als Kettenmoleküle aus vielen *Aminosäuren* zusammengesetzt. Insgesamt gibt es 20 verschiedene Aminosäuren **(Tabelle 2)**. Alle sind im Grundgerüst gleich und unterscheiden sich nur durch die Seitenketten („Reste"), die z. B. größer oder kleiner, positiv oder negativ geladen sind. Proteinketten bestehen aus bis zu mehreren tausend Aminosäuren **(Tabelle 3)**.

Die verschiedenen Proteine unterscheiden sich durch ihre jeweilige *Aminosäure-Sequenz* (Zahl und Reihenfolge der Aminosäuren je Proteinmolekül). Dabei bedingt jede Aminosäure-Sequenz durch inner- und zwischenmolekulare Bindungen, z. B. durch Ionen-Bindung, Wasserstoffbrücken und Van-der-Waals-Kräfte, eine bestimmte Faltung der Aminosäurekette zu einer charakteristischen *Raumstruktur* des Proteins, die für die Funktion des Proteins notwendig ist. Gut erkennbar ist die Bedeutung der Raumstruktur bei den Enzymen, die als Biokatalysatoren chemische Reaktionen beschleunigen, sowohl im Organismus als auch beispielsweise im Reagenzglas. Für die Enzymwirkung ist jener Molekülbereich verantwortlich (aktives Zentrum), der räumlich genau an den Stoff angepasst ist, dessen chemische Bindungen durch die Enzymwirkung z. B. gelöst oder verknüpft werden sollen **(Bild 1)**.

Die Ribosomen in den Zellen verknüpfen die Aminosäuren zu funktionsfähigen Proteinen. Die richtige Aminosäure-Sequenz wird dabei durch die Gene vorgegeben, den Funktionseinheiten der Erbsubstanz DNA.

> Ein Gen auf der DNA informiert über die Aminosäure-Sequenz eines zu erzeugenden Proteins.

Tabelle 1: Beispiele für Proteinfunktionen

Proteintyp	Funktionen (Beispiele)
Enzyme	im Darm zur Verdauung
Speicherproteine	Milcheiweiß als Nahrungsmittel
Transportproteine	Hämoglobin zum Sauerstofftransport im Blut
Kontraktile Proteine	Bewegung ermöglichende Proteine in Muskelfasern
Schutzproteine	Antikörper im Blut zur Abwehr von Infektionen
Hormone	Insulin zur Blutzuckerregulation
Strukturproteine	als Grundsubstanz für Bindegewebe, Haare, Nägel
Signalproteine	in Biomembranen für Nervenüberträgerstoffe

Tabelle 2: Aminosäuren und ihre Abkürzungen

Glycin	Gly	Methionin	Met	Tyrosin	Tyr
Alanin	Ala	Tryptophan	Trp	Threonin	Thr
Valin	Val	Phenylalanin	Phe	Cystein	Cys
Leucin	Leu	Asparagin	Asn	Lysin	Lys
Isoleucin	Ile	Asparaginsäure	Asp	Arginin	Arg
Prolin	Pro	Glutamin	Gln	Histidin	His
Serin	Ser	Glutaminsäure	Glu		

Tabelle 3: Beispiele von Aminosäuren

Grundformel	Beispiel für Reste	Aminosäure
COOH H–C–Rest H_2N	H	Glycin
	CH_3	Alanin
	CH_2-COOH	Asparaginsäure
	CH_2-⌬	Phenylalanin
	CH_2-CH_2-CH_2-CH_2-NH_2	Lysin

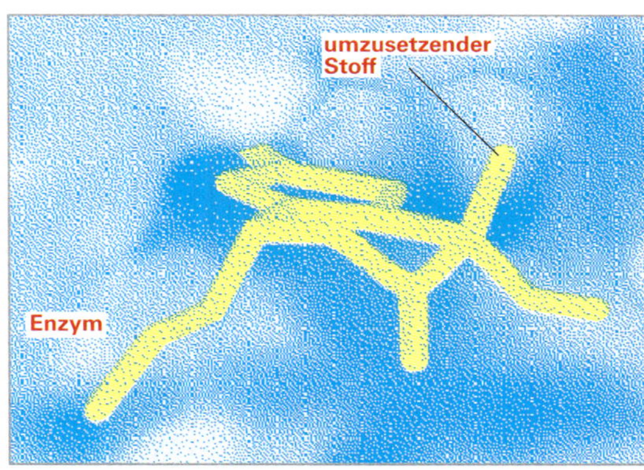

Bild 1: Enzym und umzusetzender Stoff in einer Computersimulation

Proteinbiosynthese und genetischer Code

Die Informationen über die Aminosäure-Sequenzen der Proteine befinden sich auf der DNA als sogenannte Gene. Da Proteine in ihren Ketten 20 *verschiedene* Aminosäuren enthalten, sind zu ihrer Verschlüsselung auch 20 informatorische Einheiten auf der DNA notwendig. Die DNA verfügt aber nur über die vier verschiedenen Basen Adenin, Thymin, Cytosin und Guanin, abgekürzt A, T, C und G (Seite 86). Deshalb sind jeweils drei benachbarte Basen auf einem DNA-Strang zu informatorischen Einheiten zusammengefasst *(genetischer Code)*.

Die Synthese eines Proteins beginnt damit, dass von dem dazugehörigen Gen auf der DNA im Zellkern eine Kopie in Form einer Boten-RNA (**mRNA**, von engl. messenger = Bote) angefertigt wird **(Bild 1, folgende Seite)**. An die freiliegenden Basen der geöffneten DNA lagern sich die entsprechenden komplementären RNA-Bausteine an und verbinden sich zur mRNA. Die RNA unterscheidet sich von der DNA lediglich durch den Zucker Ribose statt Desoxyribose und durch den Ersatz der Base Thymin der DNA durch die funktionell gleichwertige Base Uracil, abgekürzt mit U. Die Umschreibung der DNA in eine mRNA ist vorteilhaft, weil die Genkopie leicht aus dem Zellkern zu den Ribosomen im Zellplasma transportiert werden kann und weil von einem Gen zahlreiche Genkopien hergestellt werden können, die nach Beendigung ihrer Aufgabe wieder zerstört werden. Die Zuordnung des genetischen Drei-Buchstaben-Codes (Codons) der RNA zu den Aminosäuren zeigt **Tabelle 1**. So steht beispielsweise das **Codon** UUU für die Aminosäure Phenylalanin, AAG für Lysin. Da aus A, U, C und G 64 verschiedene Codons gebildet werden können, existieren für zahlreiche Aminosäuren mehrere Codons. Zusätzlich signalisiert AUG als Startcodon den Anfang eines Gens und ein entsprechendes Stoppcodon, z.B. UAA, das Ende (**Bild 1**).

Die für die Proteinsynthese notwendigen Aminosäuren stammen aus dem enzymatischen Abbau von Nahrungsproteinen. Diese Aminosäuren werden an Transport-RNA-Moleküle (**tRNA**, engl. transfer = Transport) gebunden und zu den Ribosomen mit der mRNA transportiert. Für jede der 20 verschiedenen Aminosäuren gibt es eine spezielle tRNA mit einer Region aus drei freiliegenden Basen, welche die entsprechenden Dreibasensegmente (Codons) der mRNA als Partner erkennen können.

Bei der Proteinsynthese bewegen sich die Ribosomen an der mRNA schrittweise entlang. Bei jedem Schritt wird diejenige tRNA mit ihrer angehängten Aminosäure kurz gebunden, die das passende Dreibasensegment zum Codon der mRNA besitzt. Die Aminosäure löst sich von der tRNA und verbindet sich mit der bereits vorhandenen Aminosäurekette. Diese Schritte werden so oft wiederholt, bis ein Stoppcodon das Ende signalisiert. Alle Aminosäuren befinden sich damit an der vom Gen definierten Position (Aminosäure-Sequenz) und das fertige Protein löst sich vom Ribosom. Nach der Faltung in die entsprechende Raumstruktur ist das Protein dann funktionsfähig, beispielsweise als Enzym, Hormon, Antikörper oder Milchprotein.

Tabelle 1: Genetischer Code

1. Base	2. Base U	2. Base C	2. Base A	2. Base G	3. Base
U	Phe	Ser	Tyr	Cys	U
	Phe	Ser	Tyr	Cys	C
	Leu	Ser	Stopp	Stopp	A
	Leu	Ser	Stopp	Trp	G
C	Leu	Pro	His	Arg	U
	Leu	Pro	His	Arg	C
	Leu	Pro	Gln	Arg	A
	Leu	Pro	Gln	Arg	G
A	Ile	Thr	Asn	Ser	U
	Ile	Thr	Asn	Ser	C
	Ile	Thr	Lys	Arg	A
	Met/Start	Thr	Lys	Arg	G
G	Val	Ala	Asp	Gly	U
	Val	Ala	Asp	Gly	C
	Val	Ala	Glu	Gly	A
	Val	Ala	Glu	Gly	G

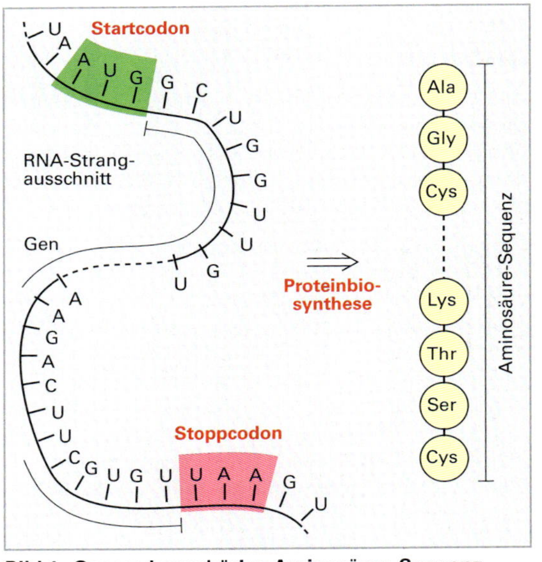

Bild 1: Gen und zugehörige Aminosäure-Sequenz

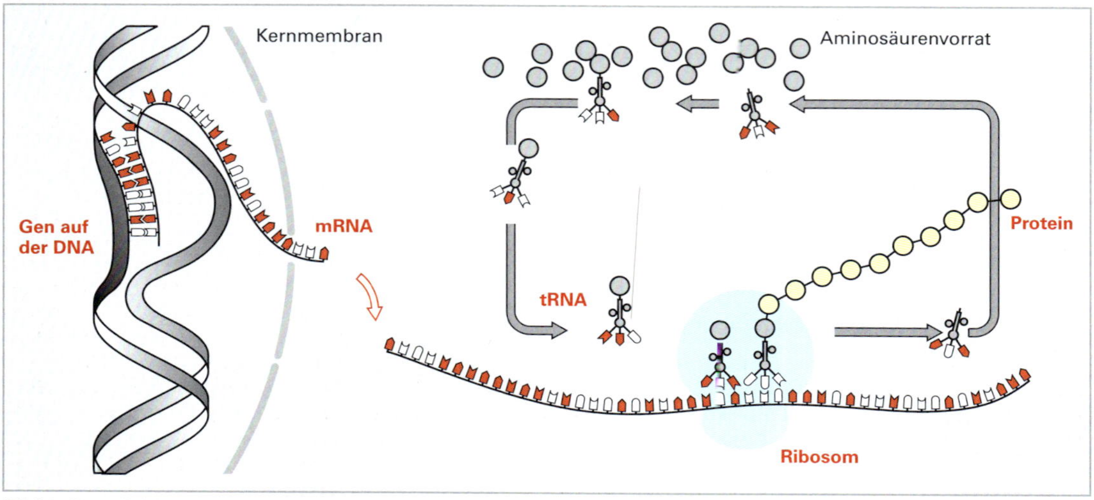

Bild 1: Proteinbiosynthese in einer Zelle

Gentechnik

Alle Viren, Mikroorganismen, Pflanzen, Tiere und Menschen haben auf ihrer DNA Informationen über Proteine gespeichert, wobei alle Lebewesen denselben genetischen Code zur Verschlüsselung des Aufbaus ihrer Proteine verwenden.

Diese Tatsache nutzt die **Gentechnik**. Ihre Entwicklung begann nach 1970 und erlaubt heute eine Optimierung von Zellen durch eine Neuprogrammierung der DNA. Gentechnische Methoden erlauben, z. B. Gene in der DNA zu finden, zu isolieren und zu charakterisieren. Dann können Gene außerhalb des Organismus mit anderen Genen kombiniert werden, auch mit Genen *artfremder* Lebewesen. Diese neukombinierten Gene werden in Empfängerzellen, z. B. Bakterien, Hefezellen oder auch Säugerzellen, zurückverpflanzt, wo sie dann den gentechnisch veränderten Organismus (GVO) zur Produktion der entsprechenden, auch artfremden, Proteine veranlassen. 1982 kam das Proteinhormon Humaninsulin (menschliches Insulin) auf den Markt, das die Versorgung zuckerkranker Menschen besser gewährleistet als das Insulin von Schweinen oder Rindern, dessen Aminosäure-Sequenz nicht völlig mit dem menschlichen Insulin übereinstimmt. Humaninsulin wird mithilfe von gentechnisch veränderten *Escherichia-coli*-Bakterien preiswert in großen Bioreaktoren produziert. Dazu wurde das menschliche Gen für das Protein Insulin mit gentechnischen Methoden in die Bakterien-DNA eingepflanzt.

Durch die Kenntnis des genetischen Codes und durch die Möglichkeit, DNA-Stücke bzw. Gene zu verändern oder vollständig synthetisch herzustellen, ist es möglich, Proteine für besondere Aufgaben zu verändern. So werden z. B. Mikroorganismen für die biologische Abwasserreinigung angeboten, die nach einer gentechnischen Veränderung neben ihren eigenen auch Enzyme anderer Mikroorganismenarten synthetisieren und damit ein wesentlich erweitertes Abbauspektrum für Schadstoffe aufweisen.

> Die Gentechnik ermöglicht die gezielte Veränderung von Genen sowie ihre Übertragung in andere Organismen, die damit neue Fähigkeiten erlangen, die von den Menschen genutzt werden können.

Wiederholung und Vertiefung

1. **Worin unterscheiden sich autotrophe und heterotrophe Lebewesen?**
2. **Welche Funktion hat das ATP?**
3. **Wie lautet die Summengleichung der Fotosynthese?**
4. **Nennen Sie primäre und sekundäre Pflanzenstoffe.**
5. **Erläutern Sie die Reaktion der Licht- und der Dunkelreaktion bei der Fotosynthese.**
6. **Wie lautet die Summengleichung der biologischen Oxidation?**
7. **Worin liegt die Bedeutung des Zitronensäurezyklus?**
8. **Schildern Sie den Ablauf der Proteinbiosynthese.**

3.3 Einwirkung von Schadstoffen auf den Organismus
Effect of Pollutants on the Organism

3.3.1 Schadstoffe

Schadstoffe sind in der Umwelt vorhandene oder in sie gebrachte Stoffe mit schädlicher Wirkung für Menschen, Tiere, Pflanzen und Sachgüter. Mit solchen Stoffen beschäftigt sich die Toxikologie (von griech. toxikón = Pfeilgift), die Lehre von den schädlichen Wirkungen von Chemikalien auf Organismen.

> Schadstoffe sind Stoffe mit toxischer (giftiger) Wirkung auf Organismen.

Menschen nehmen Stoffe mit toxischer Wirkung über Einatmen (inhalativ, von lat. inhalare = hauchen), die Haut (dermal, von gr. derma = Haut) oder mit der Nahrung und Getränken auf (oral, von lat. oral = zum Mund gehörig). Da sie Zellen und Organe schädigen, sind solche Stoffe z.B. gemäß Chemikaliengesetz ChemG und dem Globalen Harmonisierten System zur Einstufung und Kennzeichnung von Chemikalien GHS Gefahrstoffe (**Tabelle 1** und Abschnitt 5.3.7). Mögliche Gesundheitsschädigungen hängen von der Art und Stärke der Toxizität (Giftigkeit) eines Stoffes ab, sowie vom Alter, Geschlecht und weiteren Merkmalen des Menschen.

Bei chronischer Toxizität zeigt sich eine Wirkung erst nach einer Exposition (Einwirkung) von mehr als sechs Monaten. Viele Stoffe sind in Abhängigkeit von der Konzentration sowohl akut als auch chronisch toxisch **(Tabelle 2)**.

Tabelle 2: Akut und chronisch toxische Wirkungen am Beispiel von Benzol

Wirkungsart	Erklärung
akute Wirkung	Örtlich reizend. In höheren Konzentrationen: Schwindel, Kopfschmerzen, Bewusstlosigkeit. Tod durch Atemlähmung.
Chronische Wirkung (> 6 Monate)	Krebs erzeugende Wirkung auf das blutbildende Knochenmark. Benzol erzeugt Blutkrebs (Leukämie).

Zur Bewertung der akuten Toxizität dient der Wert LD_{50} (Abkürzung für letale, d.h. tödliche Dosis).

Tabelle 1: Gefahren für die menschliche Gesundheit durch Gefahrstoffe (GHS)

Gefahrenklasse	Erläuterungen
Akute Toxizität	Stoffe und Gemische, die schädliche Wirkungen hervorrufen, wenn sie in einer Einzeldosis oder innerhalb von 24 Stunden in mehreren Dosen oral oder dermal verabreicht oder 4 Stunden lang inhaliert werden **(Tabelle 1, Seite 185)**.
Ätzung bzw. Reizung der Haut	Stoffe und Gemische, die Hautschädigungen nach einer Einwirkzeit von bis zu 4 Stunden hervorrufen **(Tabelle 2, Seite 185)**.
Schwere Augenschädigung/ Reizung	Stoffe und Gemische, die beim Einbringen in das Auge Schäden hervorrufen.
Sensibilisierung der Atemwege oder Haut	Stoffe und Gemische, die bei Einatmen eine Überemfindlichkeitsreaktion (Allergie) der Atemwege hervorrufen können oder die bei Hautkontakt eine allergische Reaktion auslösen können.
Keimzellmutagenität	Stoffe und Gemische, die vererbbare Mutationen in den Keimzellen hervorrufen können.
Karzinogenität (Krebs erzeugend)	Stoffe und Gemische, die im Körper Krebs erzeugen oder die Krebshäufigkeit erhöhen können.
Reproduktions-Toxizität	Stoffe und Gemische, die die Fortpflanzungsfähigkeit (Sexualfunktion und Fruchtbarkeit) beeinträchtigen und/oder Entwicklungsschäden bei Nachkommen verursachen. Wirkungen auf oder über das Stillen gehören ebenfalls dazu.
Spezifische Zielorgan-Toxizität (einmalige (und wiederholte) Exposition)	Stoffe und Gemische, die nach einmaliger (oder wiederholter) Exposition spezifische nichtletale Wirkungen auf die Gesundheit hervorrufen können. Dazu gehören alle eindeutigen Auswirkungen auf die Gesundheit, die Körperfunktionen beeinträchtigen können, sofern diese Wirkungen nicht ausdrücklich von anderen Gefahrenklassen erfasst werden.
Aspirationsgefahr	Stoffe und Gemische, die beim Eindringen in die Luftröhre und den unteren Atemtrakt schwerwiegende akute Wirkungen auf die Lunge hervorrufen können.

LD_{50} ist die Dosis (Menge) eines Stoffes in mg je kg Körpergewicht, die bei einmaliger Aufnahme und 14-tägiger Beobachtungszeit 50% der Versuchstiere tötet.

3.3.2 Verhalten von Schadstoffen im Organismus

Bevor Schadstoffe in Zellen toxische Wirkungen ausüben können, müssen sie in entsprechenden Konzentrationen zu den Zellen gelangen. Das ist im Wesentlichen abhängig von der Aufnahme in den Körper, von der Aufnahme in das Blut (Absorption, in der Medizin auch Resorption genannt), von der Verteilung im Körper, von Veränderungen durch den Stoffwechsel (Metabolismus bzw. Biotransformation) und von der Ausscheidung (Elimination) aus dem Körper.

Aufnahme und Absorption durch die Lunge, den Magen-Darm-Trakt und die Haut

Schadstoffe gelangen durch Einatmen, durch Verschlucken oder durch die Haut in den Körper und werden dort absorbiert (lat. absorbere = aufnehmen, **Bild 1**).

> Schadstoffe gelangen durch Einatmen, Verschlucken oder durch die Haut in den Körper.

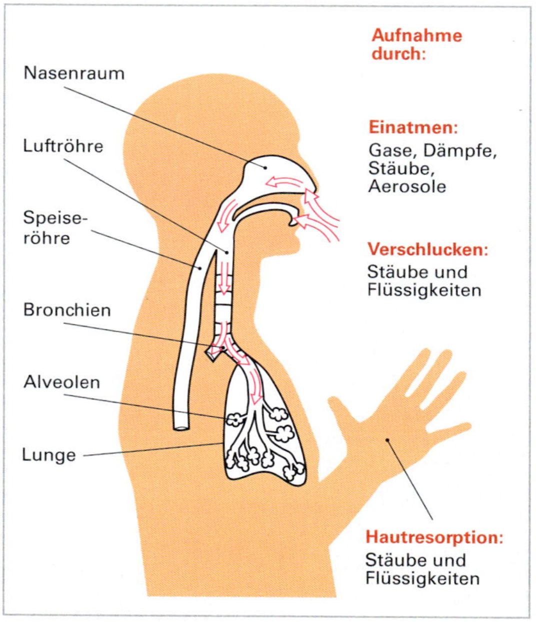

Bild 1: Aufnahme von Schadstoffen in den Körper

Beim Einatmen kommen Schadgase oder schadstoffhaltige Aerosole (= Luft + flüssige oder feste Schwebstoffe) über die Luftwege in die Lunge **(Tabelle 1)**. Schleimhautreizende, wasserlösliche Gase und große Aerosolpartikel, z. B. Schwefeldioxid, Ammoniak, Sand, werden vom Schleim in den Luftwegen gebunden und über Flimmerhaare wieder nach außen befördert, unterstützt durch Niesen und Husten. Wasserunlösliche Gase, z. B. Chlorgas, Schwefelwasserstoff, Ozon, Nervenkampfstoffe, und kleinste Aerosolpartikel (< 1 µm), gelangen über die Bronchien bis in die Lungenbläschen (Alveolen), deren Gesamtoberflächen etwa 100 m^2 betragen. Hier bleiben sie und schädigen das Lungengewebe direkt, z. B. beim Auslösen von Krebs durch Asbestfasern, oder sie diffundieren durch die etwa 1 µm dünnen Biomembranen in das Blut (Absorption) und werden dann im Körper verteilt **(Bild 2)**.

Schadstoffe, die mit der Nahrung durch Verschlucken in den Magen-Darm-Trakt gelangen, werden bevorzugt im Dünndarm (Oberfläche etwa 200 m^2) in die Darmschleimhaut aufgenommen. Fettlösliche Stoffe diffundieren schnell in die Blutgefäße, die den Darm umspinnen. Toxische Metalle, z. B. Blei, Thallium, Kobalt, Mangan, gelangen in das Blut, weil sie beim Transport durch die Biomembranen dieselben Systeme benutzen können wie körpereigene Stoffe.

Tabelle 1: Toxische Aerosolbestandteile

Aerosolbestandteile	Beispiele
Säuren	Schwefelsäure, Salzsäure
Organische Verbindungen	Lösemittel, Nitroverbindungen
Stäube	Asbeststaub
Rauch	Ruß mit Schwermetallen
Organismen	Bakterien, Pilze

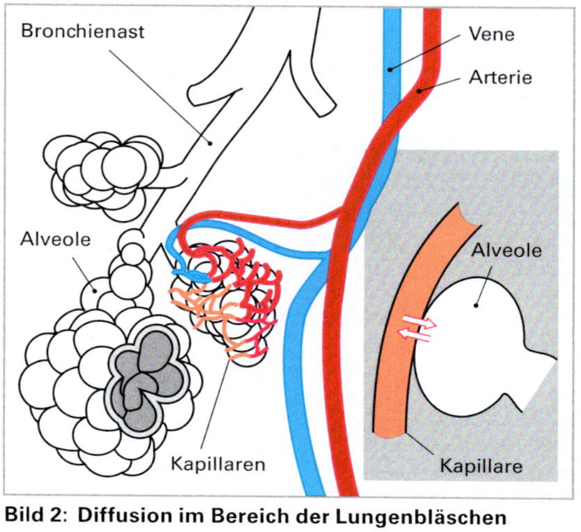

Bild 2: Diffusion im Bereich der Lungenbläschen

Die pH-Werte im Magen und im Darm können chemische Reaktionen begünstigen. Durch sie werden unter Umständen untoxische Stoffe zu toxischen Stoffen umgewandelt, z. B. die Bildung der stark Krebs erzeugenden Nitrosamine im Magen aus Nitrit und sekundären Aminen, die aus Fisch, Gemüse und Säften stammen können.

Die Aufnahme durch die Haut ist für fettlösliche Schadstoffe möglich (z. B. organische Lösemittel, Phenol, Anilin, einige Pflanzenbehandlungsmittel), da die Oberhaut mit ihrer Hornschicht nur gut gegen wasserlösliche Stoffe schützt **(Bild 1)**. Die darunter liegende Lederhaut enthält viele Blutgefäße, in welche die Schadstoffe diffundieren und dann im Körper verteilt werden.

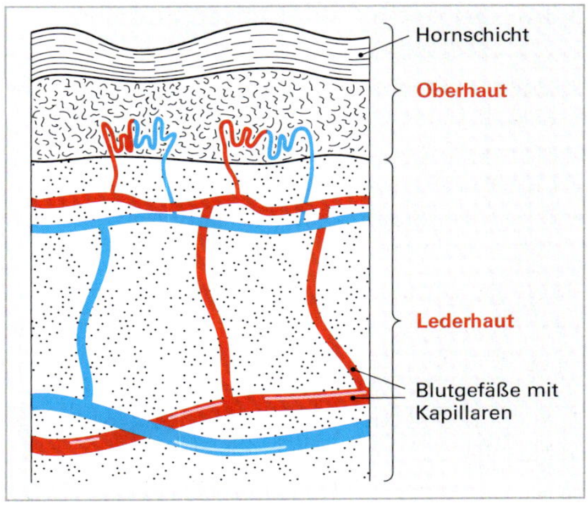

Bild 1: Schnitt durch die Haut

Verteilung, Biotransformation und Ausscheidung

Absorbierte Stoffe verteilen sich mit dem Blutstrom im ganzen Körper. Dabei gelangen viele toxische Stoffe nicht sofort in die Zellen, sondern werden zunächst an besondere Blutproteine gebunden oder in Geweben und Organen (Leber, Niere) zurückgehalten. Das geschieht z. B. mit fettlöslichen Stoffen im Fettgewebe und im Nervengewebe. Das kann als Schutz vor hohen toxischen Stoffkonzentrationen günstig sein, weil die Stoffe aus den Speichern verzögert freigesetzt werden und damit die Ausscheidung aus dem Körper erleichtert wird **(Bild 2)**.

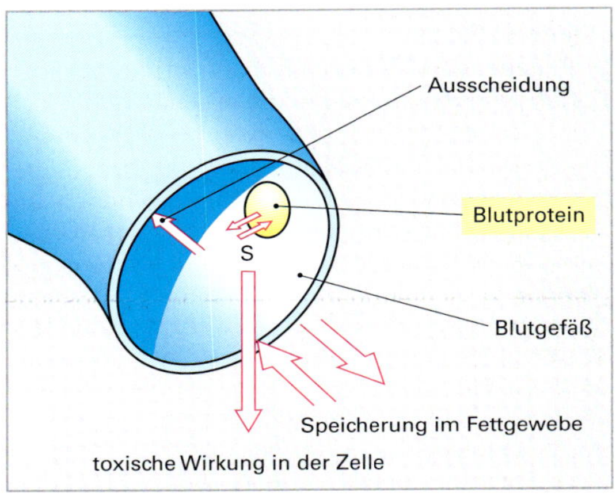

Bild 2: Verhalten von toxischen Substanzen (S) nach der Absorption

Die Ausscheidung wasserlöslicher Stoffe mit dem Urin über die Niere oder mit der Gallenflüssigkeit über den Darm ist gut möglich. Fettlösliche Stoffe, z. B. viele toxische Stoffe, müssen vor der Ausscheidung erst in wasserlösliche Moleküle umgewandelt werden *(Biotransformation)*. Das geschieht in der Leber durch besondere Enzyme in zwei Phasen **(Bild 3)**. Auf diese Weise werden viele toxische Stoffe unschädlich gemacht und können ausgeschieden werden (körpereigene Entgiftung bzw. Bioinaktivierung). Die Biotransformation kann aber auch durch die enzymatische Umwandlung dazu führen, dass zunächst ungefährliche Stoffe toxisch werden (körpereigene Giftung bzw. Bioaktivierung).

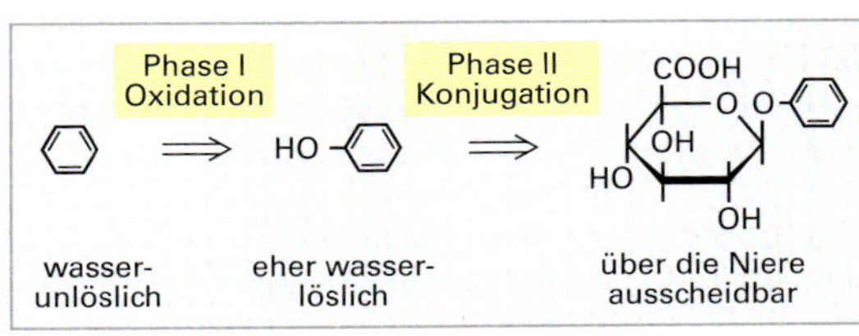

Bild 3: Biotransformation von Benzol in der Leber

> Durch die Biotransformation in der Leber wird die Ausscheidung von Schadstoffen erleichtert.

Von großer Bedeutung für die toxischen Wirkungen von Schadstoffen ist die Ausscheidungsgeschwindigkeit. Schnell ausscheidbare Stoffe haben nur eine kurze Wirkzeit und erreichen daher keine hohen Wirkstoffkonzentrationen. Stoffe, die verzögert ausgeschieden werden, wirken länger im Körper. Das kann bei chronischer Belastung dazu führen, dass sie angereichert werden (Bioakkumulation), wodurch sich ihre Konzentration im Körper ständig erhöht. Zu den Stoffen mit Bioakkumulation gehören z. B. Bleisalze und das als Insektizid bis 1972 in Deutschland verwendete DDT.

3.3.3 Schadstoffwirkungen in Zellen

Toxische Stoffe, die in die Zelle aufgenommen werden, binden sich reversibel (umkehrbar) oder irreversibel (nicht umkehrbar) an

- die Erbsubstanz DNA,
- Enzyme, und besonders an
- Rezeptorproteine (von lat. receptus = aufgenommen).

Dadurch werden Stoff-Rezeptor-Komplexe ausgebildet, durch welche die Rezeptormoleküle (lat. recipere = aufnehmen) in ihrer räumlichen Struktur so verändert werden, dass sie ihre Aufgabe in den Membranen, Zellorganellen und im Zellkern nicht mehr wahrnehmen können (Abschnitt 3.1.2). Das kann zu Zellschäden, z. B. zur Zellrückbildung, zu Mutationen, zur Umwandlung in eine Tumorzelle (Transformation) oder zum Zelltod (Nekrose) führen.

> Schadstoffe können mit allen Strukturen in der Zelle reagieren und diese schädigen.

Die Stärke der biologischen Wirkung bzw. Schädigung ergibt sich aus der aufgenommenen Dosis eines Schadstoffes (g/kg bzw. mg/kg Körpergewicht), welche die Konzentration am Rezeptor bestimmt (Dosis-Wirkungsbeziehung). Diesen Zusammenhang formulierte der Arzt Paracelsus schon im 16. Jahrhundert in dem Satz: „Alle Dinge sind Gift und nichts ist ohne Gift; allein die Dosis macht, dass ein Ding kein Gift ist."

Die Kenntnisse der Dosis-Wirkungsbeziehungen bilden die Grundlage für die **Risikoabschätzung** von toxischen Stoffen und ionisierender Strahlung. Sie werden zur Festlegung von gesetzlichen Grenzwerten herangezogen (Abschnitt 3.3.4). Die grafischen Darstellungen von Dosis-Wirkungsbeziehungen ergeben typische Kurvenverläufe **(Bild 1)**. Die biologische Wirkung ist zunächst umso stärker, je mehr Schadstoffmoleküle vorhanden sind und Stoff-Rezeptor-Komplexe bilden können. Sind schließlich alle vorhandenen Rezeptormoleküle besetzt, kann es selbst bei weiterer Dosiserhöhung keine Wirkungssteigerung mehr geben.

Dosis-Wirkungskurven werden gewöhnlich im halblogarithmischen Maßstab dargestellt. Dadurch lässt sich insbesondere im Bereich niedriger Konzentrationen besser abschätzen, ob es für den toxischen Stoff eine Schwellendosis gibt oder nicht. Unterhalb einer Schwellendosis lässt sich keine biologische Wirkung mehr feststellen, z. B. bei Ethanol, das mit einer gewissen Geschwindigkeit vom Organismus abgebaut wird **(Tabelle 1)**. Keine Schwellendosis haben viele mutationserzeugende und krebserzeugende Stoffe sowie ionisierende Strahlung. Für sie gibt es möglicherweise keine ungefährliche Dosis.

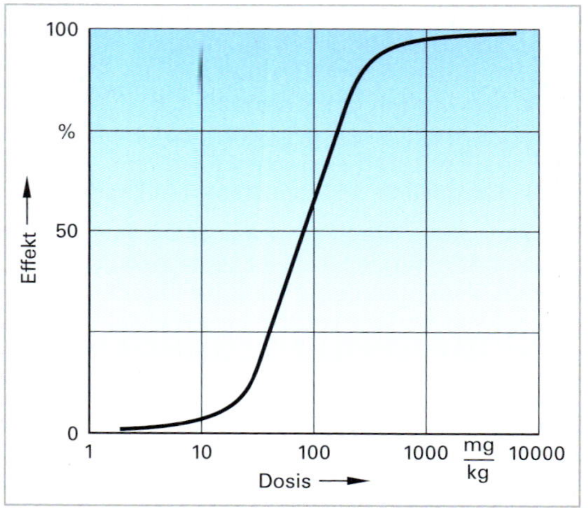

Bild 1: Dosis-Wirkungskurve in halblogarithmischer Darstellung

Tabelle 1: Toxische Wirkungen von Ethanol bei steigender Konzentration (mg Ethanol/mL Blut)

Ethanolkonzentration	Toxische Wirkungen
0,3	Erste Gangstörungen.
0,5 bis 1,0	Einschränkung des Gesichtsfeldes und der Aufmerksamkeit, erste Sprachstörungen, verlängerte Reaktionszeit.
1,0 bis 1,5	Enthemmung, Koordinationsfähigkeit stark eingeschränkt.
1,5 bis 2,5	Reaktionszeit stark verlängert, Sprach-, Gleichgewichts- und Koordinationsstörungen.
2,5 bis 3,5	Lähmungserscheinungen, Bewusstseinstrübungen, fehlendes Erinnerungsvermögen.
3,5 bis 5,0	Tiefe Bewusstlosigkeit, Lebensgefahr.

Wiederholung und Vertiefung

1. **Erklären Sie den Begriff Schadstoff.**
2. **Was versteht man unter dem LD_{50}-Wert?**
3. **Wie gelangen Schadstoffe in den Organismus?**
4. **Warum dringen viele organische Lösemittel gut über die Haut in den Organismus ein?**
5. **Welche Rolle spielt die Leber bei der Biotransformation von Stoffen?**

3.3.4 Grenzwerte von Schadstoffen

Durch den Gesetzgeber werden Grenzwerte als zulässige Höchstmengen festgelegt und dienen dem menschlichen Gesundheitsschutz vor Schäden, die durch die Aufnahme von Schadstoffen in Nahrungsmitteln, Trinkwasser und der Luft sowie durch den Umgang mit Schadstoffen am Arbeitsplatz entstehen können **(Tabelle 1)**. Richtwerte sollen vor erheblichen Nachteilen und Belästigungen schützen. Sie sind Empfehlungen.

Einschränkend gilt, dass sich Grenzwerte nur auf die Wirkung einer einzelnen Reinsubstanz beziehen. Für die Wirkungsabschätzung der oft vorkommenden Substanzgemische sind Grenzwerte und Richtwerte meist nicht anwendbar.

> Grenzwerte dienen dem Schutz des Menschen vor Schadstoffen in Nahrungsmitteln, Trinkwasser, Atemluft und am Arbeitsplatz.

Werte NOEL und ADI

Grenzwerte können nur für solche toxischen Stoffe festgelegt werden, für die es eine Schwellendosis gibt, bei der auch bei langfristiger Verabreichung kein toxischer Effekt beobachtet werden kann, was in Tierversuchen nachgewiesen werden muss. Ausgehend von diesem Wert für NOEL (von engl. No Observed Effect Level) kann für den Menschen der ADI-Wert (von engl. Acceptable Daily Intake = zulässige tägliche (d) Aufnahme) festgelegt werden, der vorsorglich um einen Sicherheitsfaktor (meist 100) niedriger als der NOEL ist und der auch bei lebenslanger Aufnahme des Stoffes keine gesundheitsschädlichen Effekte auslösen darf. ADI-Werte gibt es z. B. im Lebensmittelbereich für Lebensmittelzusatzstoffe, Schwermetalle und Rückstände von Pflanzenschutz- und Schädlingsbekämpfungsmitteln **(Tabelle 2)**.

MIK-Wert

Für bestimmte Luftschadstoffe außen und in Innenräumen, z. B. Gase, Dämpfe, Rauch, Ruß, Staub, werden MIK-Werte (Maximale Immissions-Konzentration) als Richtwerte ohne Rechtsverbindlichkeit für kurzfristige und dauernde Einwirkungen festgelegt. Sie sind ein Beurteilungskriterium für Schadstoffkonzentrationen, die keine nachteiligen Wirkungen für Menschen, Tier und Pflanzen haben. Dabei wird die besondere Empfindlichkeit von Kindern, Schwangeren, kranken und alten Menschen berücksichtigt sowie die eventuell zeitlich unbegrenzte Schadstoffaufnahme **(Tabellen 3 und 4)**.

Tabelle 1: Einheiten von Grenz- und Richtwerten

Art	Einheit	Art	Einheit
NOEL	mg/kg	AGW	mg/m³, mL/m³
ADI-Wert	mg/(kg · d)	BGW-Wert	µg/L, mg/L, %, mg/m³, mL/m³
MIK-Wert	mg/m³		

Tabelle 2: ADI-Werte

Stoff	ADI-Wert (je Tag und kg Körpergewicht)
Glutamat (Geschmacksverstärker)	30 mg/kg
Aspartam (Süßstoff)	40 mg/kg
Nitrat	3,7 mg/kg
DDT (Insektizid)	10 µg/kg

Tabelle 3: Biologische Wirkungen von Luftschadstoffen (Beispiele)

Schadstoff	Biologische Wirkung (konzentrationsabhängig)
Asbeststaub	Krebserkrankungen, vor allem Lunge und Rippenfell.
Schwermetallstaub (z. B. Cadmium)	Störungen des Immunsystems und des Nervensystems, Leber- und Nierenschäden, Krebs.
Kohlenstoffmonoxid (CO)	Stört den Sauerstofftransport im Blut, Atemlähmung.
Chlorkohlenwasserstoffe (CKW)	Viele CKW, vor allem Lösemittel, sind giftig, erbgutverändernd, Krebs erzeugend, fruchtschädigend.
Ozon	Schleimhautreizungen, Atembeschwerden.
Schwefeldioxid (SO_2)	Haut- und Schleimhautreizungen, Atembeschwerden, Atemwegerkrankungen.
Stickstoffoxide (NO_x)	Schleimhautreizungen, Atemwegerkrankungen.

Tabelle 4: MIK-Werte

Schadstoff	MIK-Wert
Schwebstaub (ohne Inhaltsstoffe)	0,15 mg/m³
Cadmium als Bestandteil des Schwebstaubs	0,02 µm/m³
Kohlenstoffmonoxid	10,00 mg/m³
Schwefeldioxid	0,10 mg/m³
Stickstoffdioxid	0,05 mg/m³

3.3.5 Grenzwerte für Gefahrstoffe am Arbeitsplatz

Im Rahmen des vorsorgenden Gesundheitsschutzes wurden in der an EU-Richtlinien angepassten Verordnung zum Schutz vor Gefahrstoffen (Gefahrstoffverordnung – **GefStoffV**) für gesundheitsschädliche Arbeitsstoffe Grenzwerte als Arbeitsplatz-Grenzwerte (AGW) und Biologische Grenzwerte (BGW) definiert. Sie finden sich auch in den Technischen Regeln für Gefahrstoffe **TRGS** wieder (TRGS 900, TRGS 903). Diese Werte werden für Stoffe angegeben, für die es eine ungefährliche Schwellendosis gibt. Sie sind auf eine täglich achtstündige Einwirkung bei einer Wochenarbeitszeit von 40 Stunden (in Schichtbetrieb 42 Stunden) bezogen und gelten für gesunde Personen im erwerbsfähigen Alter **(Tabelle 1)**.

AGW (Arbeitsplatz-Grenzwert)

Der Arbeitsplatz-Grenzwert ist der Grenzwert für die zeitlich gewichtete durchschnittliche Konzentration eines Stoffes als Gas, Dampf oder Schwebstoff in der Luft am Arbeitsplatz in Bezug auf den oben genannten Zeitraum. Er gibt an, bei welcher Konzentration eines Stoffes akute oder chronische schädliche Auswirkungen auf die Gesundheit im Allgemeinen nicht zu erwarten sind. Da diese Definition des AGW weitgehend dem bis 2005 gültigen MAK-Wert (Maximale Arbeitsplatz-Konzentration) entspricht, sind die Einzelwerte meist unverändert geblieben. Die Liste der aktuellen Arbeitsplatzgrenzwerte findet sich in den Technischen Regeln für Gefahrstoffe TRGS 900.

> Für gesundheitsschädliche Arbeitsstoffe werden Grenzwerte festgesetzt, bei denen im Allgemeinen die Gesundheit eines Beschäftigten nicht beeinträchtigt wird.

BGW (Biologischer Grenzwert)

Die Festlegung Biologischer Grenzwerte ist von zunehmender Bedeutung. Diese Werte gelten für Stoffe, die vom Beschäftigten durch Einatmen, über die Haut oder durch Verschlucken aufgenommen werden und dann im biologischen Material (z. B. Blut oder Urin) durch entsprechende Untersuchungen, das so genannte **Biomonitoring** (von engl. to monitor = überwachen), nachweisbar sind.

Definiert wird der Biologische Grenzwert als der Grenzwert für die toxikologisch-arbeitsmedizinisch abgeleitete Konzentration eines Stoffes im entsprechenden biologischen Material, bei dem im Allgemeinen die Gesundheit eines Beschäftigten nicht beeinträchtigt wird. Mit dieser Definition entspricht der BGW weitgehend dem bis 2005 gültigen BAT-Wert (Biologischer-Arbeitsstoff-Toleranzwert), sodass die bisherigen Werte meist übernommen wurden.

Die für krebserzeugende und erbgutverändernde Stoffe festgelegten TRK-Werte (Technische Richt-Konzentration) existieren seit 2005 nicht mehr und können lediglich im Rahmen der aktuellen Überwachungs- und Beobachtungsverfahren als Orientierung dienen. Sie wurden/werden durch risikobasierte AGW ersetzt.

Tabelle 1: AGW und BGW

Gefahrstoff	AGW (mg/m³)	BGW
Allg. Staubgrenzwert (einatembare Fraktion)	10,0	
Ameisensäure	9,5	
Ammoniak	14,0	
Blei	0,1	400 µg/L (Blut)
Chlor	1,5	
Diethylether	1.200,0	
Essigsäure	25,0	
Ethanol	380,0	
Formaldehyd	0,37	
Kohlenstoffdioxid	9.100,0	
Kohlenstoffmonoxid	35,0	5% (Blut)
Methanol	130,0	30 mg/L (Urin)
Nickel	1,0	
Nikotin	0,5	
Quecksilber	0,02	25 µg/g (Urin)
Salpetersäure	2,6	
Stickstoffdioxid	0,95	
Schwefeldioxid	2,7	
Toluol	190,0	0,6 mg/L (Blut)
Trichlormethan	2,5	
Xylol	220,0	1,5 mg/L (Blut)

Wiederholung und Vertiefung

1. **Erläutern Sie die Bedeutung von Grenzwerten und Richtwerten.**
2. **Was versteht man unter der Schwellendosis?**
3. **In welchem Zusammenhang stehen der ADI-Wert und der NOEL-Wert?**
4. **Wie ist der Arbeitsplatz-Grenzwert definiert?**
5. **Wie kann die Einhaltung der Biologischen Grenzwerte überprüft werden?**

3.4 Mikroorganismen
Microorganisms

Als Mikroorganismen bezeichnet man die meist einzelligen Kleinstlebewesen. Man kann sie als Einzellebewesen nicht mit bloßem Auge sehen, sondern benötigt dazu ein Mikroskop.

3.4.1 Lebewesen des mikrobiologischen Bereichs

Mit vielen Millionen Arten sind die Mikroorganismen keine einheitliche Gruppe von Lebewesen, sondern zu ihnen zählen ganz unterschiedliche Lebensformen **(Bild 1)**.

> Zu den Mikroorganismen zählen Bakterien, mikroskopisch kleine Pilze, Mikroalgen, tierische Mikroorganismen und Viren.

Bakterien sind trotz ihres vergleichsweise einfachen Baus eine sehr erfolgreiche Lebensform mit vielen Arten. Bakterien haben sich in der Erdgeschichte vor mehr als drei Milliarden Jahren aus Urformen des Lebens entwickelt und seitdem das Erscheinungsbild der Erde entscheidend mitgeprägt. Einige tausend Bakterienarten sind derzeit beschrieben und können kultiviert werden. *Escherichia coli, (E. coli)*, ist das wohl bekannteste Bakterium. Dieser reguläre Darmbewohner von Tieren und Menschen gehört zu den wissenschaftlich bestuntersuchten Lebewesen. In der Umwelttechnik wird *E. coli* u. a. als Indikator für die sanitäre Gewässer- und Trinkwassergüte eingesetzt.

Pilze. Nur die mikroskopisch kleinen zählen zu den Mikroorganismen, so Hefen und Schimmelpilze.

Mikroalgen. Die meist einzelligen kleinen Algen betreiben Fotosynthese wie die grünen Pflanzen.

Tierische Mikroorganismen. Dazu zählen die tierischen Einzeller wie Amöbe und Pantoffeltierchen, aber auch *einzellige Parasiten*, die für Infektionskrankheiten mit vielen Todesfällen verantwortlich sind, z. B. die Erreger der Tropenseuche Malaria.

Viren gelten nicht als Organismen, sondern sind *verpackte Erbsubstanz* (DNA oder RNA). Als *Parasiten* sind sie wegen des Fehlens eines eigenen Stoffwechsels zur Fortpflanzung auf andere Zellen angewiesen und befallen je nach Virenart Bakterien, Pflanzen, Tiere oder den Menschen und zwingen deren Zellen, neue Viren zu bilden. Da sie dabei Erbsubstanz übertragen, sind sie im Sinne gesetzlicher Regelungen des Arbeitsschutzes *Biostoffe* und damit Mikroorganismen (Abschnitt 5.3.9).

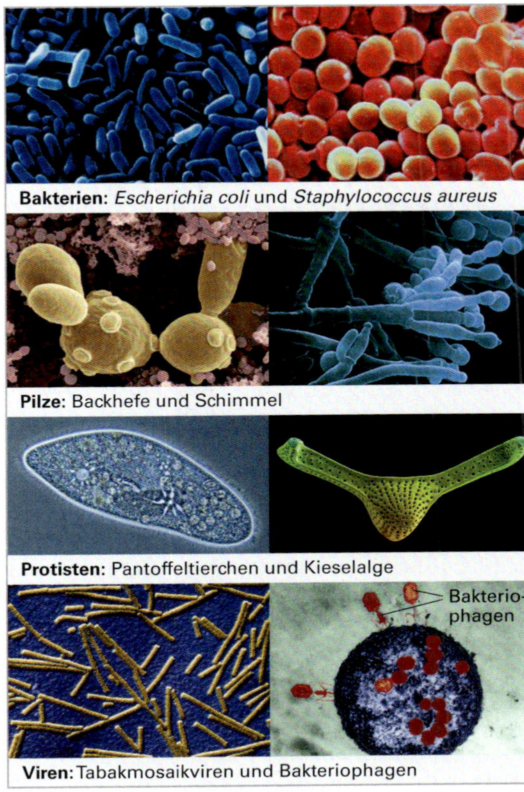

Bakterien: *Escherichia coli* und *Staphylococcus aureus*
Pilze: Backhefe und Schimmel
Protisten: Pantoffeltierchen und Kieselalge
Viren: Tabakmosaikviren und Bakteriophagen

Bild 1: Verschiedene Mikroorganismen

3.4.2 Vorkommen von Mikroorganismen

Mikroorganismen, im Allgemeinen auch einfach als *Keime* bezeichnet, kommen in riesigen Individuenzahlen dort vor, wo als Lebensvoraussetzung Feuchtigkeit und irgendeine Energie- und Nährstoffquelle vorhanden sind, also in praktisch allen Lebensräumen **(Tabelle 1, folgende Seite)**.

In den obersten Schichten des *Bodens* existieren die meisten Mikroorganismen, sowohl nach Arten- als auch Individuenzahl. Hier sorgen Bakterien und Pilze mit ihrem Stoffwechsel u. a. dafür, dass organische Stoffe abgebaut werden und daraus für das Pflanzenwachstum lebensnotwendige Nährstoffe entstehen. Außerdem setzen Bodenmikroorganismen den durch die Pflanzen in organischen Molekülen gebundene Kohlenstoff durch Verrottung frei, der dann als Kohlenstoffdioxid in die Atmosphäre zurückgelangt (Abschnitt 3.4.4).

Mikroorganismen finden sich abgesehen vom Grundwasser in allen *Gewässern*. Hier sorgen sie für den Abbau der organischen Stoffe, z. B. auch in biologischen Kläranlagen.

Zusätzlich dienen die Bakterien und Algen als Nahrung für die übrigen Wasserlebewesen und stehen damit am Anfang der Nahrungskette. Am häufigsten kommen Mikroorganismen als sogenannte *Biofilme* auf Oberflächen in wasserhaltiger Umgebung vor **(Bild 1).** In technischen Systemen führt die Biofilmbildung als sogenanntes *Biofouling* teilweise zu erheblichen Problemen und ist u.a. die Ursache für die *mikrobiologisch induzierte Korrosion* (Abschnitt 2.6.4).

Wegen der geringen Masse der Einzelzellen werden Mikroorganismen frei bzw. an Flüssigkeitströpfchen oder Staub haftend über große Strecken mit der *Luft* verfrachtet und verteilt. Je höher der Luftstaubgehalt ist, desto mehr Mikroorganismen befinden sich dort.

Viele **Mikroorganismenarten** leben in einer Lebensgemeinschaft zum gegenseitigen Nutzen mit anderen Lebewesen, z.B. anderen Mikroorganismen, Pflanzen, Tieren und Menschen, was als *Symbiose* bezeichnet wird. Neben Biofilmen sind weitere Beispiele die bis zu 1000 verschiedenen Darmbakterienarten des Menschen. Diese sogenannte *Darmflora* verhindert die Besiedelung des Darms durch krankmachende (pathogene) Mikroorganismen aus der Nahrung. Außerdem unterstützt uns die Darmflora bei der Verdauung, versorgt uns mit einigen Vitaminen und hilft bei der Entgiftung von Fremdstoffen. Ähnliches gilt für die Hautflora, die gleichfalls für eine normale Hautfunktion unverzichtbar ist.

Mikroorganismen besiedeln auch *extreme Standorte* bezüglich Temperatur, Druck, Salzgehalt oder pH-Wert und werden deshalb als *extremophile* (Freunde des Extremen) *Mikroorganismen* bezeichnet.

So finden sich vor allem Bakterien in heißen Quellen und Geysiren bei Temperaturen über 70 °C. Auch bei mehr als 110 °C vermehren sich noch bakterienähnliche Mikroorganismen, die nahe tiefen unterseeischen Tiefseevulkanen leben. Salzliebende Mikroorganismen gedeihen in Gewässern bei einem Salzgehalt bis über 30 %. Die meisten Mikroorganismen benötigen pH-Werte um 7 für die schnellstmögliche Vermehrung. Einige Schwefelbakterienarten brauchen pH-Werte um 1, am anderen Ende der pH-Skala sind es Werte um pH 12, die bestimmte Arten vorziehen, weil sie dann keine Konkurrenten haben.

Mikroorganismen konnte man aus Treibstofftanks, aus Ölschlämmen, aus Hydrauliköl, aus Erdöllagerstätten bis in 4000 Metern Tiefe, ewigem Eis oder aus Bereichen isolieren, die absolut von Sauerstoff abgeschlossen sind. Es gibt wohl keinen Bereich auf der Erdoberfläche, der *steril*, d.h. frei von Mikroorganismen ist. Selbst im für höhere Lebewesen tödlichen erdnahen Weltraum können Mikroorganismen die lebensfeindlichen Bedingungen erstaunlich lange überdauern.

Tabelle 1: Beispiele für Keimzahlen

Bereich	Anzahl Keime			
Boden	bis	10^{12}	je	g
Luft				
Außenluft	bis	500	je	m^3
Raumluft	bis	2000	je	m^3
Wasser				
Flusswasser	bis	10^7	je	mL
Trinkwasser	max.	100	je	mL
Rohabwasser	über	10^6	je	mL
Lebensmittel				
Rohmilch	bis	10^7	je	mL
Hackfleisch	bis	10^6	je	g
Mensch				
Dickdarminhalt	bis	10^{11}	je	g
Speichel	bis	10^8	je	mL
Handoberfläche	bis	10^4	je	cm^2

Bild 1: Biofilme in einer Abwasserleitung

Mikroorganismen kommen überall vor, es gibt auf der Erdoberfläche praktisch keine sterilen Bereiche.

Wiederholung und Vertiefung

1. **Was versteht man unter Mikroorganismen?**
2. **Welche Lebewesen werden dem mikrobiologischen Bereich zugeordnet?**
3. **Warum gelten Viren nicht als Organismen und werden trotzdem den Mikroorganismen zugeordnet?**
4. **Was versteht man unter dem Begriff Symbiose?**
5. **Was versteht man unter extremophilen Mikroorganismen?**

3.4.3 Bau und Lebensweise von Mikroorganismen

Beim Umgang mit Biostoffen kommt man in erster Linie mit Bakterien, Pilzen und Viren in Berührung. Deshalb werden diese drei Mikroorganismengruppen im Folgenden näher dargestellt.

Bakterien – Bau und Lebensweise

Bakterien sind eine sehr erfolgreiche Lebensform mit ungeheurer Artenvielfalt. Sie kommen in allen Lebensbereichen vor und sind in der Regel unentbehrliche Partner der übrigen Lebensformen, in einzelnen Fällen aber auch Gegner (Seite 114).

Bakterienaufbau

Bakterien unterscheiden sich von pflanzlichen und tierischen Zellen durch den einfacheren Bau und das Fehlen eines Zellkerns. Bakterien werden deshalb als *Prokaryoten* (Organismen im Vorkern-Stadium) bezeichnet, im Gegensatz zu den *Eukaryoten* (Organismen mit echtem Zellkern), zu denen die Pilze, Pflanzen und Tiere gehören.

Bakterien lassen sich im Wesentlichen von ihrem Aussehen her auf drei Grundformen zurückführen: *Kugelige Bakterien, Stäbchen und gekrümmte Stäbchen* **(Bild 1)**.

Kugelige Bakterien haben etwa 1 µm Durchmesser. Stäbchenförmige Bakterien, wie das bekannte Bakterium *E. coli*, sind durchschnittlich etwa 1 µm breit und bis zu 6 µm lang. Gekrümmte Stäbchen sind schrauben- oder spiralförmig.

Bakterienzellen sind von einer *Zellwand* umgeben, die sie gegen mechanische Belastungen schützt **(Bild 2)**. Als zusätzliche Hilfe gegen Austrocknung und andere schädliche Einflüsse bilden viele Bakterienarten eine äußere *Schleimhülle* oder Schleimkapsel aus Vielfachzuckern (Polysacchariden) aus.

Zwischen Zellwand und *Cytoplasma* liegt die *äußere Plasmamembran*, die den Stoffaustausch mit der Umwelt regelt. *Membraneinstülpungen* dienen der Oberflächenvergrößerung. Sie enthalten Enzyme für die Energiegewinnung aus der Verwertung organischer Stoffe und entsprechen den Mitochondrien der höheren Zellen.

Als Zellorganellen finden sich zahlreiche *Ribosomen*, die für die Synthese der Proteine nach Anleitung der Gene benötigt werden und welche die bakterientypischen hohen Stoffwechselleistungen ermöglichen. So kann eine Bakterienzelle unter günstigsten Bedingungen in fünf Sekunden so viel Stoffe umsetzen, wie ihrer Zellmasse entspricht.

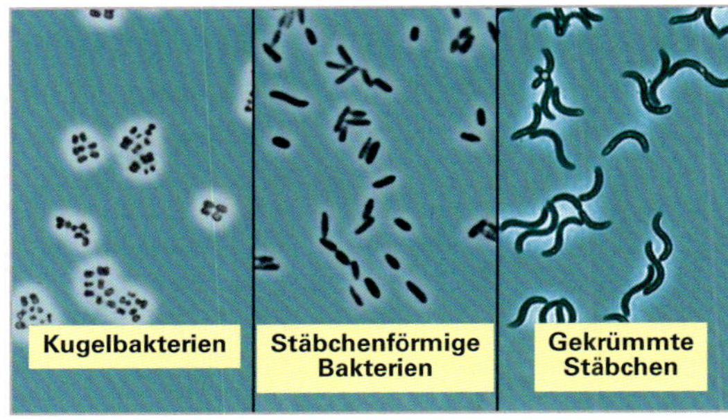

Bild 1: Grundformen von Bakterien

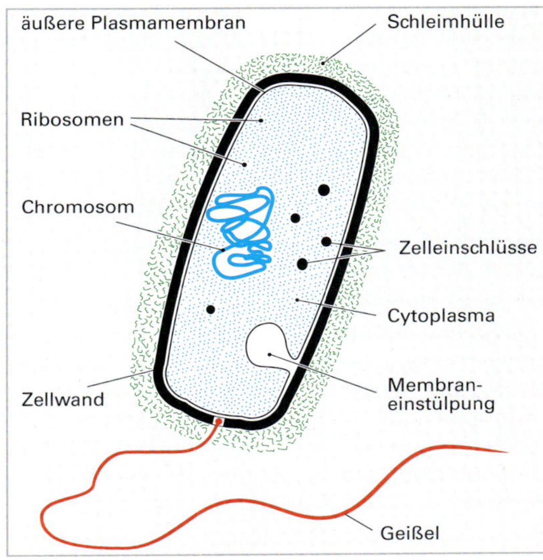

Bild 2: Bau eines stäbchenförmigen Bakteriums

Zelleinschlüsse enthalten von der Zelle gebildete Reservestoffe (Stärke und Fett), die in Notzeiten zur Energiegewinnung dienen.

Die meisten beweglichen Bakterienarten schwimmen, was ihnen durch eine oder mehrere schlagende und rotierende *Geißeln* ermöglicht wird. Die restlichen beweglichen Arten können auf festen Oberflächen gleiten oder kriechen. Kugelige Bakterien sind geißellos und damit unbeweglich.

Zahlreiche Bakterienarten überdauern ungünstige Lebensbedingungen wie große Hitze, Trockenheit und Nahrungsmangel als widerstandsfähige *Sporen*, die im Zellinneren gebildet und anschließend freigesetzt werden. Sie enthalten eine Kopie des Erbmaterials der Zelle, das durch die vielschichtige, stabile Sporenhülle geschützt wird. Bei wieder günstigen Lebensbedingungen keimen die Sporen erneut zu Bakterien aus und pflanzen sich wieder fort.

Alle Bakterienarten besitzen nur ein einziges, *ringförmiges Chromosom*, das die gesamte Erbinformation enthält. Die DNA liegt frei in der Zelle und ist nicht durch einen Zellkern geschützt.

Die *ungeschlechtliche Fortpflanzung* von Bakterien erfolgt durch einfache Zweiteilung nach der Verdopplung der DNA **(Bild 1)**.

> Bakterien teilen sich in kurzer Zeit ungeschlechtlich durch Zweiteilung.

Stoffwechsel

Die meisten Bakterienarten ernähren sich wie die Tiere, der Mensch und die Pilze *heterotroph* von energiereichen organischen Stoffen, die zur Energiegewinnung abgebaut werden (Seite 95). Je nach Bakterienart können Bakterien dabei praktisch alle natürlich vorkommenden organischen Stoffe abbauen und ermöglichen damit die Reinigung von Abwasser, Abluft und belasteten Böden.

Die mittels Enzymen im Energiestoffwechsel ablaufenden Abbauvorgänge erfolgen in der Regel durch aerobe Atmung, anaerobe Atmung oder Gärung.

Energiegewinnung durch **aerobe Atmung** *(biologische Oxidation)*, bei der Elektronen und Wasserstoff auf Sauerstoff O_2 übertragen werden, ist am effektivsten und deshalb auch bei Bakterien weit verbreitet (Seite 95). Luftsauerstoff benötigende Bakterienarten werden als *aerobe Bakterien* (oder einfach als *Aerobier*) bezeichnet.

Als Nährstoffe dienen Aerobiern dabei in erster Linie häufig vorkommende organische Stoffe wie Kohlenhydrate und Fette:

$$\text{Glucose} + O_2 \xrightarrow{\text{aerobe Bakterien}} CO_2 + H_2O + \text{viel Energie (ATP)}$$

bzw. verallgemeinert, wie z. B. in Kläranlagen:

$$\text{Organische Stoffe} + O_2 \xrightarrow{\text{aerobe Bakterien}} CO_2 + H_2O + \text{Bakterienvermehrung (Klärschlamm).}$$

Wegen ihres schnellen Stoffwechsels erreichen Aerobier große Wachstums- und Produktbildungsgeschwindigkeiten. Aerobier sind vorteilhaft in der biotechnischen Produktion, z. B. von Essigsäure, Aminosäuren, Waschmittelenzymen, sowie in der aeroben Abwasserreinigung in Kläranlagen (Seite 408).

Energiegewinnung durch **anaerobe Atmung** gibt es nur bei Bakterien. Hier werden unter sauerstofffreien Bedingungen, z. B. in Gewässersedimenten, luftfreiem wässrigem Schlamm in Kläranlagen oder schlecht durchlüfteten Böden, ebenfalls Stoffe zu Kohlenstoffdioxid oxidiert,

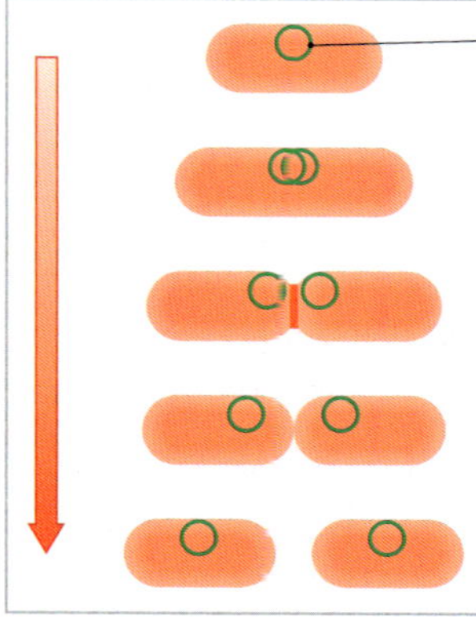

Bild 1: Zweiteilung von Bakterien (Querteilung)

Tabelle 1: Beispiele anaerober Atmungstypen

Typ	Hauptreaktion		
Eisenatmung	Fe^{3-}	→	Fe^{2-}
Nitratatmung	NO^{3-}	→	NO^{2-}
Sulfatatmung	SO_4^{2-}	→	H_2S
Carbonatatmung	CO^2	→	CH_4
Schwefelatmung	S	→	H_2S

wobei statt Sauerstoff alternative Stoffe als Reaktionspartner dienen (**Tabelle 1** und Seite 446). Dabei wird allerdings weniger Energie gewonnen als bei der aeroben Atmung.

Ein Beispiel ist die Nitratatmung *(Denitrifikation)* in der weitergehenden Abwasserreinigungsstufe einer Kläranlage, bei der Stickstoff entsteht, der in die Atmosphäre entweicht (Seite 410):

$$2NO_3^- + 10H^+ \xrightarrow{\text{anaerobe atmende Bakterien}} 2OH^- + 4H_2O + N_2 + \text{relativ wenig Energie (ATP)}$$

Anaerob atmende Bakterien spielen eine bedeutende Rolle in den Kohlenstoff-, Stickstoff- und Schwefelkreisläufen, bei der Methanbildung sowie bei der Korrosion (Seite 51).

Gärungen sind eine weitere Form der anaeroben Energiegewinnung bestimmter Bakterienarten. Hierbei werden energiereiche organische Stoffe, vor allem Zucker und Aminosäuren, bei Fehlen von Sauerstoff oder anderen Reaktionspartnern, enzymatisch soweit wie möglich abgebaut. Allerdings ist ohne Sauerstoff keine vollständige energetische Verwertung dieser Stoffe möglich, sodass die von den Zellen ausgeschiedenen Endprodukte des Gärungsstoffwechsels immer noch recht energiereich sind. Ein Beispiel ist die Milchsäuregärung:

$$\text{Glucose} \xrightarrow{\text{vergärende Bakterien}} \text{Milchsäure} + \text{wenig Energie (ATP)}$$

Weitere Beispiele von Gärungen bei anaeroben Bakterien *(Anaerobier)* sind die alkoholische Gärung, die Buttersäure-Gärung und die Propionsäure-Gärung.

Der vergleichsweise geringe Energiegewinn bei Gärungsprozessen erlaubt den Zellen keine großen Wachstumsraten, was sie mit großen Stoffumsatzraten kompensieren. Das nutzt man für die biotechnische Produktion, z.B. von Bioethanol und Milchsäure, sowie bei der *anaeroben Abwasserreinigung* hoch verschmutzter Industrieabwässer (Seite 412).

> Bakterien gewinnen je nach Bakterienart Energie durch aerobe Atmung, anaerobe Atmung oder Gärungen.

Bild 1: Hefezellen im Rasterelektronenmikroskop

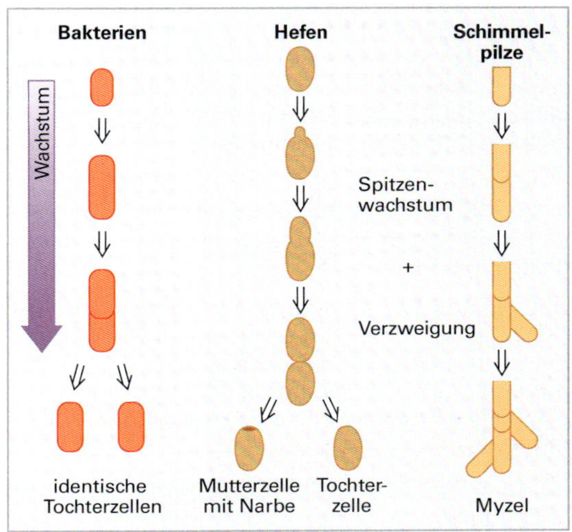

Bild 2: Vergleich der ungeschlechtlichen Fortpflanzung von Bakterien, Hefen und Schimmelpilzen

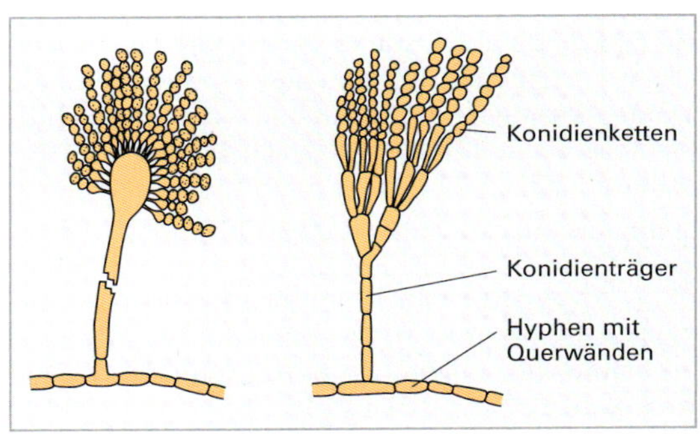

Bild 3: Verschiedene Schimmelpilztypen

Pilze

Die Pilze mit mehr als 100000 Arten gehören als Eukaryoten zu den zellkernhaltigen höheren Lebewesen. Zu den Mikroorganismen zählen nur mikroskopisch kleine Pilze wie *Hefen* und *Schimmelpilze*.

Aufbau der Pilze

Der Zellaufbau der Pilze aus Zellplasma, Biomembranen, Zellorganellen und Zellkern entspricht dem aller höheren Zellen (Abschnitt 3.1.2).

Hefen sind einzellig, von runder oder ovaler Gestalt und mit etwa 10 µm erheblich größer als Bakterien. Bekanntester Vertreter der Hefen ist die Back- bzw. Brauhefe *Saccharomyces cerevisiae* **(Bild 1).**

Hefezellen sind von einer robusten *Zellwand* umgeben, die als Hauptbestandteil den Vielfachzucker Chitin enthält. Charakteristisch sind *Sprossnarben*, die übrigbleiben, wenn sich Tochterzellen bei der *Sprossung* von der Mutterzelle abtrennen **(Bild 2)**. Hefen pflanzen sich in der Regel *ungeschlechtlich durch Knospung* bzw. *Sprossung* fort. Dabei wächst aus der Mutterzelle eine Ausstülpung, die neue Zellorganellen sowie den durch *Mitose* gebildeten Zellkern mit den Chromosomen erhält (Seite 88). Hat sich die Knospe bis zur Größe der Mutterzelle entwickelt, löst sie sich und lebt als Tochterzelle, die sich durch Knospung weiter vermehrt. Von jeder Knospung bleibt eine Narbe zurück, die die Nährstoffversorgung durch die Zellwand erschwert. Ist eine Zelle völlig mit Narben bedeckt, stirbt sie.

Schimmelpilze sind mehrzellige Hyphenpilze **(Bild 3)**. Als *Hyphen* werden die fadenförmigen Zellen bezeichnet, die sich stark verzweigen und dann das mit bloßem Auge sichtbare watteartige *Myzel* (Fadengeflecht) bilden. Hyphenpilze wachsen durch Zellteilungen an der Spitze der Zellfäden (Luftmyzel) in Richtung erreichbarer Nährstoffe.

Schimmelpilze pflanzen sich meist *ungeschlechtlich* durch **Sporen** fort, die als Konidien bezeichnet werden. Sie entstehen durch Zellteilungen in den Konidienträgern. Die Konidienträger mit den Konidien sind als in die Luft ragender *Schimmel* mit bloßem Auge sichtbar, besonders da zum UV-Schutz je nach Schimmelart die Sporen schwarz, grau, braun, rot, grün oder gelb gefärbt sind. Die 2 bis 3 µm großen Pilzsporen sind außerordentlich widerstandsfähig gegen Trockenheit und überdauern lange Zeiträume. Gelangen sie durch die Luft in eine lebensfreundliche Umgebung, keimen sie zu einem neuen *Pilzmyzel* aus.

Stoffwechsel der Pilze

Pilze ernähren sich wie die Tiere, der Mensch und die meisten Bakterien *heterotroph* (fremdernährt) von kohlenstoffliefernden, energiereichen organischen Stoffen, die sie mittels Enzymen zur Energiegewinnung verwerten und zum Aufbau neuer Zellbestandteile verwenden (Seite 88).

Hefen bevorzugen leicht vergärbare Kohlenhydrate, die sie auf süßen Früchten und in Fruchtsäften finden, wenn sie durch den Wind verdriftet dorthin gelangen.

Hefen vom Typ *Saccharomyces sind fakultativ (wahlweise) anaerob*. Sie gewinnen Energie aus Zuckern sowohl effektiv mit Sauerstoff (aerob) durch biologische Oxidation als auch bei Abwesenheit von Sauerstoff (anaerob) weniger effektiv durch *alkoholische Gärung*.

Schimmelpilze findet man überall dort, wo Feuchtigkeit, Sauerstoff und organische Stoffe vorkommen. Dabei bevorzugen sie als Nahrung Kohlenhydrate, insbesondere Glucose. Durch die Ausscheidung entsprechender Enzyme können sie allerdings auch Stärke verwerten. Die daraus erhaltene Glucose nehmen die Schimmelpilze als *strikte Aerobier* in die Zellen auf, wo sie durch biologische Oxidation verstoffwechselt werden (Abschnitt 3.2.3).

Insbesondere Penicillium-Arten treten als Grün- oder Blauschimmel auf zucker- und stärkehaltigen Produkten wie Früchten, Brot, Käse und Kartoffeln auf **(Bild 1)**. Dasselbe gilt für Aspergillus-Arten, die teilweise noch giftige Stoffe wie *Aflatoxine* bilden.

> Hefen und Schimmelpilze sind komplizierter als Bakterien aufgebaut, nicht aktiv beweglich und vermehren sich vorwiegend ungeschlechtlich.

Bild 1: Verschimmeltes Brot

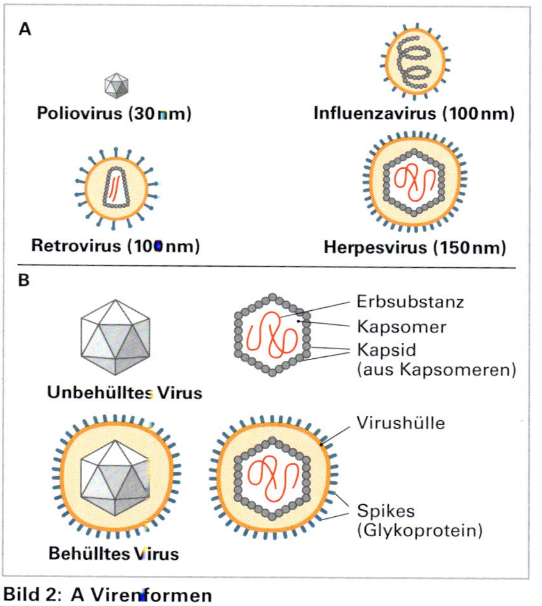

Bild 2: A Virenformen
B Bau unbehüllter und behüllter Viren

Viren

Viren (Einzahl: das Virus) besitzen keinen eigenen Stoffwechsel und müssen zur Fortpflanzung Lebewesen befallen. In deren Zellen vermehren sie sich mithilfe ihrer Erbsubstanz und des von ihnen manipulierten Stoffwechsels der Wirtszellen. Danach verlassen die neuen Viren die häufig absterbenden Zellen, infizieren weitere Zellen und auch weitere Lebewesen. Viren finden sich in allen Arten von Lebewesen (Mikroorganismen, Pflanzen, Tiere, Mensch). Dabei sind die Virenarten auf jeweils einen Wirtsorganismus spezialisiert. Bakterien infizierende Viren heißen *Bakteriophagen* oder einfach *Phagen*.

Bau und Vermehrung von Viren

Viren sind im Verlauf der Evolution wahrscheinlich als selbstständig gewordene Nukleinsäuremoleküle der unterschiedlichsten Lebewesen entstanden und kommen daher in vielen Formen vor **(Bild 2, vorhergehende Seite).** Die *Erbsubstanz* der Viren besteht entweder aus RNA oder DNA. In beiden Fällen liegen die Nukleinsäuren je nach Virenart meist einzelsträngig oder auch doppelsträngig vor (Seite 86). Das Erbmaterial ist von einem schützenden *Kapsid* umgeben, welches aus regelmäßig angeordneten Proteinuntereinheiten *(Kapsomere)* besteht. Bei nicht behüllten Virenarten sind bestimmte Kapsidproteine als verzuckerte Proteine (Glykoproteine) ausgebildet und für das Anheften an die jeweiligen Wirtszellen und das Auslösen einer Immunreaktion (Antigenität) als Abwehrmechanismus der Wirtszelle verantwortlich.

Behüllte Viren sind von einer *Virushülle* umgeben. Deren Grundstruktur ist eine doppelte Lipidschicht, die von der Wirtszelle stammt und beim Ausschleusen der Viren mitgenommen wird. Sie enthält zusätzlich vireneigene Enzyme und Glykoproteine, die als *Spikes* aus der Hülle herausragen und für die Erkennung und Anheftung an die Wirtszelle notwendig sind. Außerdem sind sie auch für die Abwehr durch das Immunsystem der Wirtszelle verantwortlich. Behüllte Viren sind sehr widerstandsfähig gegenüber *Desinfektionsmitteln*.

Da Viren keinen eigenen Stoffwechsel besitzen, benötigen sie für ihre *Vermehrung* immer eine Wirtszelle. Unabhängig von der Virenart verläuft die Vermehrung dabei in folgenden Schritten **(Bild 1):**

- *Andocken* und *Aufnahme*. Nach zufälligem Kontakt mit der Wirtszelle erkennen Glykoproteine der Virushülle nach dem Schlüssel-Schloss-Prinzip die für sie spezifischen Rezeptormoleküle der äußeren Biomembran der Wirtszelle und binden sich an sie. Die Virushülle verschmilzt mit der Biomembran der Wirtszelle und das Kapsid mit dem Erbmaterial gelangt in die Zelle.
- *Entpacken*. Enzyme der Wirtszelle verdauen das Kapsid, sodass das Viruserbmaterial freigesetzt wird.
- *Synthese* und *Montage*. Das Viruserbmaterial programmiert die Wirtszelle um und veranlasst die ständige Vervielfältigung der Viruserbmoleküle sowie die Synthese der Kapsid- und Hüllproteine sowie der Virenenzyme. Das Viruserbmaterial und Kapsidproteine fügen sich in der Wirtszelle zu bis zu tausenden neuen Viren zusammen *(Reifung)*. Die gebildeten Glykoproteine der Virushüllen werden an die äußere Biomembran der Wirtszelle transportiert.
- *Freisetzung* aus der Wirtszelle. Dabei nehmen die Viren ihre aus Teilen der Wirtszellmembran und eigenen Glykoproteinen bestehende Hülle mit und befallen nun weitere Zellen.

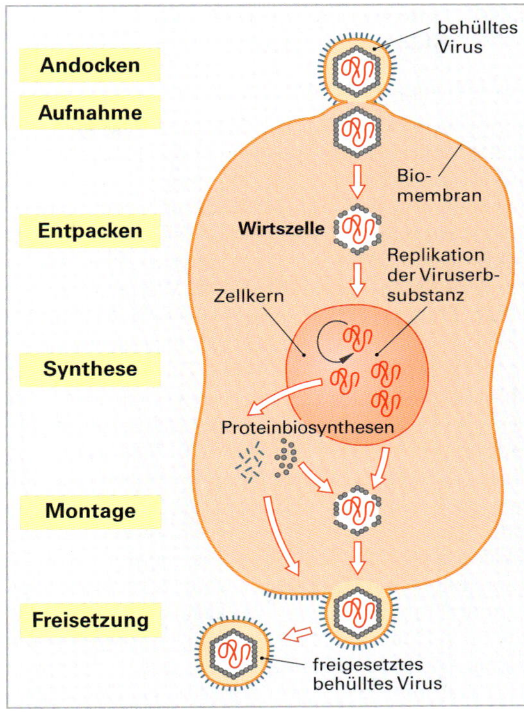

Bild 1: Vermehrungszyklus behüllter Viren

> Viren sind lediglich verpacktes Erbmaterial und benötigen zu ihrer Vermehrung Wirtszellen.

Wiederholung und Vertiefung

1. **Wodurch unterscheiden sich Bakterien von den höheren Lebewesen?**
2. **Welche Grundformen der Bakteriengestalt gibt es?**
3. **Wie ist die Erbsubstanz von Bakterien organisiert?**
4. **Warum gibt es die Sporenbildung bei manchen Bakterienarten?**
5. **Wie pflanzen sich Bakterien fort?**
6. **Welche Formen der Energiegewinnung gibt es bei Bakterien?**
7. **Wie kommt es, dass man auf der Zellwand von Hefen Sprossnarben findet?**
8. **Wie unterscheiden sich Schimmelpilze von den Hefen?**

3.4.4 Lebensbedingungen von Mikroorganismen

Vermehrung und Kultivierung

Vermehrung und Wachstum sind bei Mikroorganismen miteinander gekoppelt. Wachstum ist die Biomassezunahme einer Zelle. Beim Erreichen einer bestimmten Masse teilen sich dann die Zellen. Also verdoppeln sich bei jedem Teilungsschritt die Zellzahl und Biomasse, was einer *exponentiellen Vermehrung* entspricht **(Bild 1)**. Wegen ihres raschen Stoffwechsels vermehren sich Mikroorganismen sehr schnell. Viele Bakterienarten teilen sich bis zu dreimal pro Stunde. Damit übertreffen Mikroorganismen alle anderen Lebewesen, was wir z.B. zur Abwasserreinigung oder zur Biogaserzeugung nutzen. Könnten sich z.B. Bakterien ständig ungehindert alle 20 Minuten teilen, würden sich 1000 g Bakterienmasse innerhalb von dreieinhalb Stunden auf rund eine Tonne vervielfachen. Nach sieben Stunden wären es bereits mehr als tausend, nach zehn Stunden dann fast eine Million Tonnen **(Tabelle 1)**. Die Voraussetzungen für eine solche Vermehrung sind allerdings unbegrenzt *optimale Wachstumsbedingungen*, was in der Natur praktisch nie vorkommt, sonst wäre die Erde innerhalb kürzester Zeit von Mikroorganismen überwuchert. Anders liegen die Verhältnisse bei der *Kultivierung* von Mikroorganismen, z.B. in einem Bioreaktor oder einem *Belebtschlammbecken* der Kläranlage (Seite 409). Hier vermehren sich Mikroorganismen ungehindert, solange alle Wachstumsbedingungen optimal sind, d.h. *Nährmedium*, *Temperatur*, *pH-Wert* und häufig *Sauerstoff*.

Ein Nährmedium, auch Kulturmedium genannt, ist die Mikroorganismennahrung und enthält neben Wasser alle für die Vermehrung erforderlichen Bestandteile wie eine *Kohlenstoff-* und *Energiequelle*, vor allem Kohlenhydrate und Fette, *Mineralstoffe* als Stickstoff-, Phosphor- und Schwefelquelle, *Spurenelemente* und *Wachstumsfaktoren*.

Mikroorganismennährmedien in der Umwelttechnik sind z.B. mit organischen Stoffen belastete Abwässer, organisch belastete Böden, organische Luftschadstoffe oder organische Materialien für Biogasanlagen und Biomassekraftwerke. Für die Kultivierung von Mikroorganismen zu Produktionszwecken werden Nährmedien für jede Mikroorganismenart zur optimalen Zellvermehrung und Produktbildung hergestellt.

Mit *Agar*, einem Geliermittel aus Algen, kann man flüssige Nährmedien zu Nährböden verfestigen, auf denen im Labor zu Nachweis- und Identifizierungszwecken Mikroorganismen z.B. in Agarplatten kultiviert werden können.

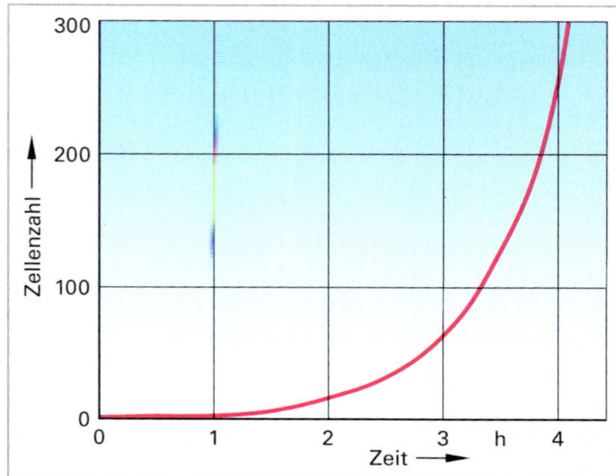

Bild 1: Exponentielle Vermehrung z.B. von Bakterien

Tabelle 1: Bakterienvermehrung bei einer Verdopplungszeit von 30 min (gerundet)

Zeit in h	Zellzahl	Zeit in h	Zellzahl
0	1	3,5	128
0,5	2	4	256
1	4	4,5	512
1,5	5	5	1000
2	16	10	10^6
2,5	32	20	10^{12}
3	64	40	10^{24}

Geeignete Temperaturen für die Kultivierung der meisten Mikroorganismen liegen zwischen 20 °C und bis zu 40 °C, wobei Pilze eher bei um die 30 °C optimal wachsen und viele Bakterien etwas höhere Temperaturen bevorzugen. Entsprechende Unterschiede gelten auch für den richtigen pH-Wert für optimale Stoffwechselleistungen. Die meisten Bakterien bevorzugen einen neutralen pH-Wert um 7, während Pilze, z.B. Hefen, einen eher sauren pH-Wert zwischen 4 und 5 benötigen, um gut zu wachsen.

Luftsauerstoff ist für die meisten Mikroorganismenarten wegen der effektiven Energiegewinnung durch die biologische Oxidation unentbehrlich. Einige Mikroorganismenarten haben als Anpassung an besondere Umweltbedingungen alternative Verfahren zur Energiegewinnung entwickelt. So etwa die alkoholische Gärung bei der Backhefe. Sie verläuft ohne Sauerstoff, also *anaerob*, liefert allerdings auch nur einen Bruchteil der Energie, die sonst aus der gleichen Menge Nahrung gewonnen werden kann.

Im Hinblick darauf, in welcher Weise Sauerstoff zum Leben benötigt wird oder nicht, lassen sich Mikroorganismen wie folgt einteilen:

- *Strikte Aerobier* benötigen zum Wachstum Sauerstoff **(Tabelle 1)**.
- *Wahlweise Anaerobier* können bei Anwesenheit und Abwesenheit von Sauerstoff leben und wachsen.
- *Aerotolerante Anaerobier* betreiben Gärungsstoffwechsel auch bei Anwesenheit von Sauerstoff.
- *Strikte* Anaerobier können nur bei völliger Abwesenheit von Sauerstoff wachsen.

> Für eine optimale Kultivierung benötigen Mikroorganismen passende Nährmedien, geeignete Temperaturen und pH-Werte sowie meistens Sauerstoff.

Widerstandsfähigkeit von Mikroorganismen

Mikroorganismen besitzen insgesamt eine erhebliche Toleranz gegenüber schlechten Umweltbedingungen wie z. B. Hitze, Kälte, Trockenheit, falschem pH-Wert oder falschem Salzgehalt. So überleben Bakterien ohne Wachstum teilweise monate- bis jahrelang z. B. im Boden, Schlamm, Flusswasser, Abwasser, Klärschlamm, Kläranlagenablauf, in Gülle, Exkrementen oder auf Geldscheinen. Insbesondere *Bakteriensporen* sind widerstandsfähig gegen große Hitze, Trockenheit und viele chemische Desinfektionsmittel (Seite 116).

Ein großes Problem ist die zunehmende *Resistenz* (Widerstandsfähigkeit) von krankmachenden (pathogenen) Bakterien gegenüber Antibiotika (Seite 107). Diese speziell für bakterienverursachte Infektionen vorgesehenen Arzneimittel, die häufig ihrerseits von Bakterien und Pilzen gebildet werden, hemmen das Wachstum anderer Bakterien oder töten sie ab. Die Ursachen für eine Antibiotikaresistenz der Bakterien sind Mutationen in ihrem Erbgut (Seite 89).

3.4.5 Bedeutung der Mikroorganismen

Vier Fünftel der Zeitspanne seit der Entstehung des Lebens haben Mikroorganismen die Erde alleine besiedelt und alle Lebensräume erobert. Heute sind sie überwiegend unentbehrliche Partner der übrigen Lebensformen, in einzelnen Fällen auch Gegner.

Bedeutung der Mikroorganismen insgesamt

Mikroorganismen garantieren als *Destruenten* (Zersetzer) durch ihren Stoffwechsel die Stoffkreisläufe von Kohlenstoff, Sauerstoff, Stickstoff und Schwefel in der Natur und setzen auf diese Weise nach Schätzungen jährlich bis zu 100 Milliarden Tonnen organische Stoffe um (ausführlich Abschnitt 3.5.4).

Tabelle 1: Sauerstoffverhalten von Mikroorganismen

O_2-Bedarfstyp	Beispiele
Strikte Aerobier	*Bacillus subtilis*, Penicillium chrysogenum (Schimmelpilz)
Anaerobier	
wahlweise	*E. coli*, Milchsäurebakterien, Backhefe
aerotolerante	*Streptococcus pneumoniae* (Bakterium)
strikte	*Clostridium botulinum* (Bakterium)

Bild 1: Erdölförderung auf dem Meer

Bild 2: Kreidefelsen auf Rügen

Mikroorganismen nahmen und nehmen Einfluss auf die *Gestaltung der Erdoberfläche*. Bakterien waren wesentlich an der Bildung von Rohstofflagerstätten beteiligt. *Erzlagerstätten* und *Schwefelablagerungen* gehen z. B. häufig auf die Stoffwechseltätigkeit von Eisen- und Schwefelbakterien zurück. Entsprechendes gilt für *Kohle-, Erdgas- und Erdölvorkommen* **(Bild 1)**. Diese fossilen Rohstoffe entstanden durch die konservierende Stoffwechseltätigkeit vor allem anaerober Bakterien, die über Jahrmillionen auf den sauerstofffreien Boden von Seen und Meeren abgesunkene tote Kleinstlebewesen zersetzten. Im Verlauf von Millionen Jahren entstand durch den Druck der darüber liegenden Schichten unter Sauerstoffabschluss das Erdölmuttergestein. Unterhalb von 1500 Metern Tiefe und bei den entsprechenden Temperaturen zwischen 80 °C bis

150 °C lösen sich dann die organischen Stoffe als Erdöl. Auch große Teile des Kalksteins und der Kreide entstanden durch das Zusammenwirken unterschiedlicher Umweltfaktoren (u. a. pH-Wert, Temperatur) mit der Lebenstätigkeit verschiedener Mikroorganismenarten, die Calciumcarbonat $CaCO_3$ zum Aufbau ihrer Skelettschalen verwendet haben **(Bild 2, vorhergehende Seite)**.

Mikroorganismen sind darüber hinaus wichtige Partner in *Symbiosen* (Seite 106). Andererseits verursachen sie *Erkrankungen* von Pflanzen und Tieren.

Bedeutung der Mikroorganismen für Menschen

Mikroorganismen sind als *Erreger von Infektionskrankheiten* von Bedeutung sowie als *Verderber von Lebensmitteln*, wo sie die Ursache von lebensmittelbedingten Infektionen und Vergiftungen sind. Auf der anderen Seite produzieren wir mithilfe von Mikroorganismen zahlreiche *Bioprodukte* wie z. B. Back- und Futterhefe, Starterkulturen für Käse- und Milchprodukte, Ethanol (Bier, Wein), Essigsäure, Aminosäuren, Zitronensäure, Milchsäure, Vitamine, Enzyme, Aromastoffe sowie Antibiotika, Antikörper und Hormone, wie z. B. Insulin.

Bedeutung der Mikroorganismen für umwelttechnische Berufe

Die überragenden Stoffwechselfähigkeiten von Mikroorganismen zum Abbau und damit zur Beseitigung von fast allen organischen Stoffen werden in der Umwelttechnik bei der Beseitigung von Umweltbelastungen neben den klassischen mechanischen und thermischen Verfahren in besonderer Weise genutzt. Diese Nutzung biotechnischer Verfahren wird auch als **graue Biotechnik** bzw. **Biotechnologie** bezeichnet.

Nützliche Anwendungen sind die

- *biologische Behandlung von Abfall* (Abschnitt 9.3.7),
- *biologische Behandlung von Altlasten* (Abschnitt 9.7.3 und 9.7.4),
- *biologischen Verfahren bei der Luftreinhaltung* (Abschnitt 9.6.3),
- *biologische Verringerung der Nitratwerte im Trinkwasser* (Abschnitt 9.2.3),
- *biologische Stufe der Abwasserreinigungsanlagen* (Abschnitt 9.2.8),
- *biologische Stufe bei der anaeroben Abwasserreinigung* (Abschnitt 9.2.9),
- *biologische Behandlung von Klärschlamm* (Abschnitt 9.2.11) und
- *biologischen Verfahren bei der Nutzung nachwachsender Rohstoffe wie Biogas und Bioethanol* (Abschnitt 7.10.1 und 7.10.3).

Bild 1: Übertragung von Krankheitserregern durch Tröpfchen in der Atemluft

3.4.6 Gefährdungen durch Mikroorganismen

Da Mikroorganismen überall vorkommen, haben Menschen auch überall Kontakt mit ihnen. Beschäftigte in der Umwelttechnik, insbesondere die Beschäftigten in allen Bereichen der Abfall- und Abwassertechnik, führen jedoch Tätigkeiten durch, bei denen **Biostoffe**, also Mikroorganismen, gemäß der Biostoffverordnung BioSoffV Infektionen, sensibilisierende oder toxische Wirkungen hervorrufen können. Diese Biostoffe treten in höheren Konzentrationen auf und werden z. B. in abwassertechnischen Anlagen prozessbedingt auch vermehrt. Allerdings haben die Beschäftigten in der Regel gemäß der BioStoffV einen *„nicht gezielten, unbeabsichtigten Umgang mit Biostoffen"*. Entsprechend dem Risiko einer Infektionserkrankung werden Biostoffe in vier Risikogruppen eingeteilt, denen entsprechende Schutzstufen zugeordnet sind (Abschnitt 5.3.9).

Unter einer **Infektion** versteht man die Aufnahme eines Krankheitserregers in den Körper, z. B. über den Mund, über die Haut und Schleimhaut, über die Atemwege **(Bild 1)** sowie durch Wunden, und seine nachfolgende Entwicklung oder Vermehrung im Organismus (Abschnitt 6.4.6). Eine wichtige Rolle spielen dabei sogenannte *Schmierinfektionen*. Hier werden Krankheitserreger durch Berühren von Gegenständen übertragen, die mit infektiösen Körpersekreten, z. B. Speichel, Urin oder Stuhl, verschmutzt sind. Die Keime passieren dann die Haut oder Schleimhäute des Menschen und können eine Infektion auslösen. Wegen unzureichender Hygiene werden auf diese Art und Weise besonders häufig Erkältungskrankheiten und Magen-Darm-Infektionen verursacht.

Gegenüber vielen Krankheitserregern ist der Mensch durch sein Immunsystem abwehrbereit, sodass es nicht zum Ausbruch einer Infektionskrankheit kommt oder nur zu leichteren uncharakteristischen Krankheitszeichen. Ist die natürliche Abwehrbereitschaft (Immunabwehr) gestört oder nicht vorhanden, vermehren sich die Krankheitserreger und führen zur *Infektionskrankheit* (übertragbare Krankheit) **(Tabelle 1)**.

Seuchen sind hoch ansteckende, durch Mikroorganismen hervorgerufene Infektionskrankheiten. So haben Tuberkulose, Cholera, Pest, Fleckfieber, Gelbfieber und die mittlerweile ausgerotteten Pocken weit mehr Menschen umgebracht als alle Kriege.

> Mikroorganismen verursachen Infektionskrankheiten, helfen aber auch bei der Bekämpfung durch die Produktion von Antibiotika und Impfstoffen.

3.4.7 Schutzimpfung und Hygienemaßnahmen

Zur *Infektionsvorbeugung* wurden und werden ständig *Impfstoffe* entwickelt. Bei einer *aktiven Schutzimpfung* wirkt der Impfstoff als *Antigen* und besteht aus abgeschwächten oder abgetöteten Krankheitserregern oder Teilen davon (z. B. einzelne Proteine, Erbgutbruchstücke). Diese aktivieren das Immunsystem und regen es zur Bildung der gegen diese Antigene gerichteten menschlichen *Antikörper* an, sodass der Organismus gegen den entsprechenden Krankheitserreger für länger oder sogar lebenslang geschützt ist. Bei der *passiven* **Immunisierung** werden Antikörper geimpft, um bei einer bereits bestehenden Infektion einen schnellen Schutz zu gewähren. Diese Impfung ist wegen des Abbaus der zugeführten Antikörper allerdings nur wenige Wochen wirksam.

Nach dem Arbeitsschutzgesetz müssen Arbeitgeber zum Schutz von Beschäftigten am Arbeitsplatz *Gefährdungsbeurteilungen* durchführen, wenn dort Biostoffe vorkommen (Abschnitt 6.4.5 und 6.4.6). Im Fall der abfall- und abwassertechnischen Anlagen ergab sich, dass dort Biostoffe erfahrungsgemäß der Risikogruppe 1 und 2 angehören. Daher müssen dort die für die Schutzstufe 2 geltenden allgemeinen Grundlagen der *Hygiene* eingehalten sowie die entsprechenden Sicherheitsmaßnahmen getroffen werden (Abschnitt 5.3.9 und 6.4.6).

Weitergehende Maßnahmen zur Infektionsvorbeugung sind die Sterilisation und die Desinfektion.

Tabelle 1: Beispiele von Infektionskrankheiten

Infektionskrankheit	Impfung möglich
Bakterien	
Cholera	ja
Diphtherie	ja*
Haemophilus influenzae B	ja*
Keuchhusten (Pertussis)	ja*
Salmonellenerkrankung	nein
Scharlach	ja
Syphilis	nein
Typhus	ja
Tuberkulose	ja
Tripper (Gonorrhoe)	nein
Wundstarrkrampf (Tetanus)	ja*
Viren	
AIDS	nein
COVID-19	ja
Ebolafieber	nein
FSME (Zecken-Virus)	ja
Gebärmutterhalskrebs (Papillomaviren)	ja*
Gelbfieber	ja
Gelbsucht (Hepatitis B)	ja*
Gürtelrose	ja
Hirnhautentzündung	ja*
Kinderlähmung (Poliomyelitis)	ja*
Masern	ja*
Mumps	ja*
Pocken	ja
Röteln	ja*
Tollwut	ja
Virusgrippe (Influenza)	ja
Windpocken (Varizellen)	ja*
Tierische Mikroorganismen	
Amöbenruhr	nein
Malaria	ja
Schlafkrankheit	nein

* Standardimpfung in Deutschland

Die **Sterilisation** umfasst alle Maßnahmen, die der *Abtötung aller Mikroorganismen* einschließlich deren Ruhestadien (z. B Sporen) durch physikalische oder chemische Verfahren dienen.

Eine **Desinfektion** umfasst alle Maßnahmen, die Gegenstände oder die Haut in einen Zustand versetzen, in der sie nicht mehr infizieren können. Die verschiedenen Desinfektionsverfahren bezwecken also die *Abtötung von krankheitserregenden Mikroorganismen* bzw. *Biostoffe*.

> Sterilisation tötet *alle* Mikroorganismen, Desinfektion nur die krankheitserregenden.

Eine Sterilisation ist in umwelttechnischen Betrieben nur in den Laboren nötig, die z. B. Keimzahlbestimmungen durchführen, wofür *steril* gearbeitet werden muss. Je nach Sterilisiergut kommen infrage: *Feuchte Hitze*, z. B. Dampfsterilisation im Autoklaven (gasdichter Druckbehälter), *Trockene Hitze*, z. B.

Heißluftsterilisation, Ausglühen, Abflammen, *Gase*, z. B. Ethylenoxid, Formaldehyd, Wasserstoffperoxid, *Ionisierende Strahlung* außer UV-Strahlung oder die *Sterilfiltration* für Flüssigkeiten und Gase.

Im Bereich umwelttechnischer Betriebe sind Mikroorganismen durch Maßnahmen der Produktions- und Personalhygiene so weit wie möglich zu vermindern und Krankheitserreger durch Desinfektion auszuschließen. Dies gelingt mit Desinfektionsmitteln, wobei jeweils deren Wirkungsspektrum zu beachten ist **(Tabelle 1)**. Um eine Verbreitung von Biostoffen zu verhindern, muss eine Desinfektion immer *vor* einer Reinigung stehen. Für Produktionsanlagen gibt es vielfach kombinierte Desinfektions- und Reinigungsverfahren, ansonsten ist ein *Hygiene- und Desinfektionsplan* zu befolgen.

Neben der Desinfektion von Trinkwasser durch UV-Strahlung sind im Umweltbereich *chemische Desinfektionsmittel* und *Desinfektionsverfahren* weit verbreitet. Sie sind geeignet für die *Hautdesinfektion* (z. B. Hände, **Bild 1**), die *Fließwegdesinfektion* (geschlossene Leitungswege und Behälter), die *Flächen-* und *Umgebungsdesinfektion* (Wischdesinfektion offener Flächen, nicht produktberührende Oberflächen von Anlagen, Maschinen, Böden, Wänden u. a.), die *Raumdesinfektion* (Luft und Oberflächen in geschlossenen Räumen) und die *Wasserdesinfektion*.

Mit gasförmigem Ozon und Chlor kann Trink- und Badewasser desinfiziert werden. *Flüssige Desinfektionsmittel* enthalten als Wirkstoffe alleine oder in Kombinationen: *Alkohole, Aldehyde, Halogene, Phenolderivate* oder *oberflächenaktive Stoffe* (z. B. Ammoniumverbindungen). Außerdem werden Säuren und Laugen verwendet. Bei der Anwendung dieser Desinfektionsmittel sind folgende Auswahlkriterien von Bedeutung:

- *Wirkungsspektrum* entsprechend den Wirkungsbereichen **(Tabelle 1)**,
- *wirksame Konzentration*,
- *Einwirkungsdauer* (30 Sekunden bis einige Stunden, um die Keimzahl um 99,999 % zu vermindern),
- *Wirkungsbeeinträchtigung* durch niedrige Temperaturen (Kältefehler), Reinigungsmittel (Seifenfehler) und Proteine (Eiweißfehler),
- *Materialverträglichkeit* sowie
- *Gesundheits-* und *Umweltbelastungen*.

Tabelle 1: Wirkungsspektrum von Desinfektionsmitteln und Desinfektionsverfahren

Wirkungsbereich	Wirkung
A (bakterizid und fungizid)	Abtötung vegetativer Bakterien und Pilze
B (viruzid)	Inaktivierung von Viren
C (sporozid)	Abtötung von Sporen des Milzbranderregers
D (sporozid)	Abtötung von Sporen des Wundstarrkrampferregers

Bei flüssigen Desinfektionsmitteln und -sprays sind die Gebrauchshinweise zur Dosierung und Anwendung genau zu beachten (Sicherheitsdatenblätter). Das Tragen von Schutzhandschuhen und Schutzbrille ist erforderlich, außer bei der *hygienischen Händedesinfektion* (Bild 1). Bei dieser ist das Desinfektionsmittel *mindestens 30 Sekunden* in die Hände einzureiben. Dabei sind alle Handbereiche zu erfassen.

Wiederholung und Vertiefung

1. **Welche Wachstumsbedingungen sind für Mikroorganismen von Bedeutung?**
2. **Was versteht man unter einem Nährmedium?**
3. **In welcher Weise haben Mikroorganismen die Erdoberfläche mitgestaltet?**
4. **Was versteht man unter grauer Biotechnologie und welche Anwendungen kennen Sie?**
5. **Was ist der Unterschied zwischen einer Infektion und einer Infektionskrankheit?**
6. **Was ist der Unterschied zwischen einer aktiven Schutzimpfung und einer passiven Immunisierung?**
7. **Unterscheiden Sie Sterilisation und Desinfektion.**

Bild 1: Hygienische Händedesinfektion mit einem alkoholhaltigen Desinfektionsmittel

3.5 Ökologische Grundbegriffe
Ecological Basics

Die *Ökologie* (von griech. oikos = Haus, Haushalt) ist die Lehre von der Struktur und den Aufgaben der Natur und von den wechselseitigen Beziehungen der Lebewesen gegenüber ihrer belebten und unbelebten Umwelt. Damit ist die Ökologie eine Wissenschaft, die vielfältig mit anderen Wissenschaftsbereichen verflochten ist **(Bild 1)**.

Sehr eng ist die Beziehung der Ökologie zum *Umweltschutz* (inkl. Klimaschutz), der alle Maßnahmen umfasst, um die natürlichen Existenzgrundlagen aller Lebewesen zu erhalten sowie eingetretene Umweltschäden zu beheben **(Bild 2)**.

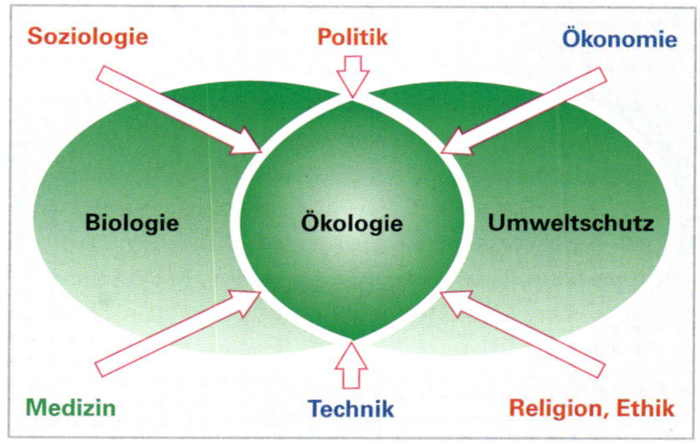

Bild 1: Systemwissenschaft Ökologie

Bild 2: Umweltschäden

3.5.1 Kennzeichen ökologischer Systeme

Abiotische und *biotische* (von griech. bios = Leben) **Umweltfaktoren** wirken auf die Lebewesen in der natürlichen Umwelt ein **(Bild 3)**. *Abiotische* Umweltfaktoren entstammen der unbelebten Natur. Dazu gehören Boden, Wasser und die Luft (Abschnitt 3.5.2).

Für die einzelnen Arten der Mikroorganismen, Pflanzen und Tiere gibt es jeweils einen charakteristischen Lebensraum, der durch die Summe seiner abiotischen Umweltfaktoren gekennzeichnet ist und der als *Biotop* (von bios und griech. topos = Ort) bezeichnet wird.

Jedes Lebewesen lebt innerhalb seines Biotops mit anderen Lebewesen zusammen, die z.B. als Artgenossen, als Nahrung, als Konkurrent, als Feind oder als Schutz in Erscheinung treten. Sie sind damit *biotische* Umweltfaktoren. Solche Lebensgemeinschaften bezeichnet man als *Biozönosen* (von bios und griech. koinos = gemeinsam).

Bilden Biotope und Biozönosen durch gemeinsame Stoff- und Energiekreisläufe eine funktionelle Einheit, ergibt sich ein **natürliches Ökosystem**. Dies ist z.B. beim Wald der Fall: Im Zusammenwirken von Boden und Klima einerseits und den davon abhängigen Bodenpflanzen, Bäumen und Waldtieren andererseits zeigt sich der Systemcharakter.

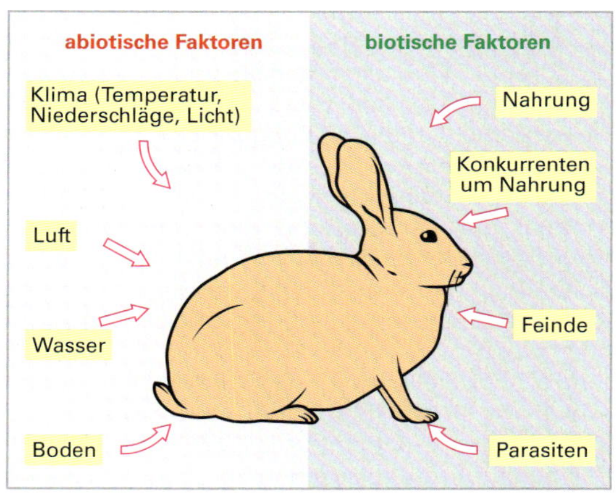

Bild 3: Abiotische und biotische Umweltfaktoren

Beispiele für unterschiedlich strukturierte, natürliche Großökosysteme sind die Meere, Seen, Grasland-, Wald- und Wüstenökosysteme, Hochgebirge und Fließgewässer. Durch anthropogene (von griech. anthropos = Mensch und genes = verursachen) Einflüsse gefährdete Ökosysteme sind z.B. die Antarktis, der tropische Regenwald und die Tundra. In Deutschland sind das Wattenmeer, das Hochgebirge, die Mischwälder, Naturwiesen und Moore wegen der zunehmenden Anzahl von Menschen und Nutztieren, also durch anthropogene Einflüsse, gefährdet.

Natürliche Ökosysteme haben u.a. folgende Eigenschaften:

- *Komplexität.* Eine große Artenzahl und charakteristische Artenkombinationen sowie eine Vielfalt abiotischer Faktoren sind die Voraussetzung für stabile Gleichgewichte. Sie können gut Störungen kompensieren, die von außen einwirken **(Bild 1).**
- *Stabilität.* Auf Störungen reagiert das System selbstregulierend. So regeln u. a. Wetterbedingungen, das Nahrungsangebot oder die Räuber-Beute-Verhältnisse langfristig immer wieder ein dynamisches Gleichgewicht zwischen den Lebewesen im System.
- *Produktivität.* Durch die pflanzliche Fotosynthese wird die Sonnenenergie als chemische Energie im Biomassezuwachs gebunden.
- *Stoff- und Energiekreisläufe.* Die in der Biomasse gespeicherte Energie wird in Nahrungsketten eingespeist und hält damit den Stoffkreislauf in Gang (Abschnitt 3.4.4).

> In einem Ökosystem wirken Lebewesen, unbelebte natürliche Bestandteile und technische Elemente zusammen, die untereinander und mit ihrer Umwelt in energetischen, stofflichen und informatorischen Wechselwirkungen stehen.

Durch den Einfluss des Menschen sind *anthropogene Ökosysteme* entstanden, die ihre Stabilität und Produktivität allein der Steuerung durch den Menschen verdanken. Hierzu gehören z.B. Agrarökosysteme (Land- und Forstwirtschaft), die sich in Deutschland auf fast zwei Dritteln der Fläche ausdehnen. Solche Ökosysteme sind wegen ihrer mangelnden Fähigkeit zur Selbstregulation als Folge einer fehlenden Artenvielfalt anfällig für Schädlinge und Krankheiten, was durch den Einsatz von Pflanzenbehandlungsmitteln ausgeglichen werden muss **(Bild 2)**. Hört der menschliche Eingriff auf, verwandeln sich diese Ökosysteme wieder in einen natürlichen bzw. natürlich erscheinenden Zustand zurück, was bei Flächenstilllegungen, aufgelassenen Bergbauflächen und Industriebrachen deutlich zu sehen ist.

Die großflächige Verwandlung der ursprünglichen Naturlandschaft in eine gegliederte funktionsfähige Kulturlandschaft **(Bild 3)** und die Schaffung industrieller und städtischer Ökosysteme zeigt, dass in anthropogenen Ökosystemen vielfach technische Elemente überwiegen (Techno-Ökosysteme).

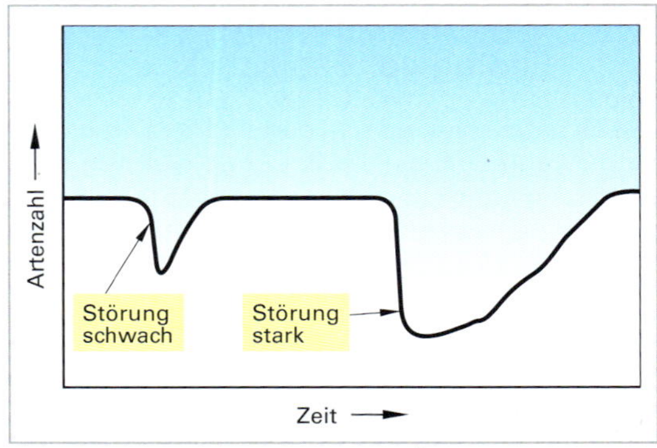

Bild 1: Reaktionen eines stabilen Ökosystems auf verschieden starke Störungen

Bild 2: Monokultur

Bild 3: Kulturlandschaft

Alle Großökosysteme der Erde stehen miteinander durch globale Stoff- und Energiekreisläufe in Verbindung und bilden in ihrer Gesamtheit die **Ökosphäre** der Erde.

3.5.2 Abiotische Umweltfaktoren

Der *Boden,* das *Wasser* und die *Luft* bestimmen als abiotische Faktoren die Lebensfähigkeit und räumliche Verteilung der Lebewesen in einem Ökosystem. Das gilt auch für den Menschen, der allerdings durch schädliche Eingriffe Böden, Wasser und Luft teilweise so stark belastet, dass die Selbstregulationsfähigkeit der Ökosysteme überlastet wird und es zu dauerhaften Schäden kommt (Abschnitt 6.1).

Umweltfaktor Boden

Die Entstehung des Bodens ist das Ergebnis andauernder physikalischer, chemischer und biologischer Vorgänge. Dabei entscheidet die Zusammensetzung des Bodens sowohl über *Bodenart* und *Bodenleben* als auch über die Wachstumsmöglichkeiten von Pflanzen und davon abhängig über das Vorkommen verschiedener Tierarten **(Tabellen 1 bis 3)**.

Böden erfüllen wichtige Aufgaben. Sie liefern den Pflanzen Wasser, weil sie Niederschlagswasser zu rund zwei Drittel speichern können. Entsprechend der Bodenqualität stellen sie den Pflanzen auch Nährstoffe zur Verfügung. Rund 2% sind für die Pflanzen in der Bodenlösung verfügbar oder an Austauscher gebunden (Ton und Humus, **Bild 1**). Der Rest wird als Reservenährstoffe durch Verwitterung und mikrobiologischen Abbau mit einer jährlichen Rate von bis zu 0,4% mobilisiert. Das ist in einem natürlichen Ökosystem ausreichend, um den Bedarf für das Pflanzenwachstum und den Bodenverlust durch Erosion zu ersetzen. Für wasserlösliche anorganische Stoffe dienen Böden als **Filter** durch die Adsorption (Bindung) dieser Stoffe an Bodenteilchen, die dadurch bis zu einer gewissen Grenze aus dem Wasser entfernt werden können. Organische Stoffe werden meist durch die Bodenbakterien biologisch zu Kohlenstoffdioxid und Wasser abgebaut. Dies gilt auch für viele Schadstoffe, die auf diese Weise nicht bis in das Grundwasser gelangen.

Der Mensch nutzt Böden als bewirtschaftete *Kulturböden,* was zu Belastungen führen kann durch

- Änderung der Bodenzusammensetzung (durch Bodenbearbeitung, Bepflanzung, Düngung und durch den Einsatz von Pflanzenbehandlungsmitteln),
- Bodenverbrauch für Siedlungs- und Verkehrsflächen,
- Bodenerosion und Bodenverdichtung als Folge der Intensivlandwirtschaft und
- Schadstoffeintrag.

Tabelle 1: Bestandteile des Bodens

Bestandteil	Anteil
anorganisch (mineralisch)	48 %
organisch (Humus)	2 %
Wasser	38 %
Luft	20 %

Tabelle 2: Eigenschaften wichtiger Bodenarten

Bodenart	Besondere Eigenschaften
Sand	geringe Wasserspeicherung, sehr gut durchlüftet, **nährstoffarm**
Lehm	gute Wasserspeicherung, gut durchlüftet, **nährstoffreich**
Ton	gute Wasserspeicherung, schlecht durchlüftet, **nährstoffreich**
Mergel, Löss	gute Wasserspeicherung, gut durchlüftet, **sehr nährstoffreich**
Kalk	geringe Wasserspeicherung, gut durchlüftet

Tabelle 3: Bodenlebewesen (oberste 30 cm des Bodens)

Lebewesen	Anzahl pro m³ Boden
Mikroorganismen	
Bakterien	60000000000000
kleine Pilze	1000000000
andere Einzeller	500000000
kleine Algen	1000000
Tiere	
niedere Würmer	10000000
Insekten	250000
Regenwürmer	200

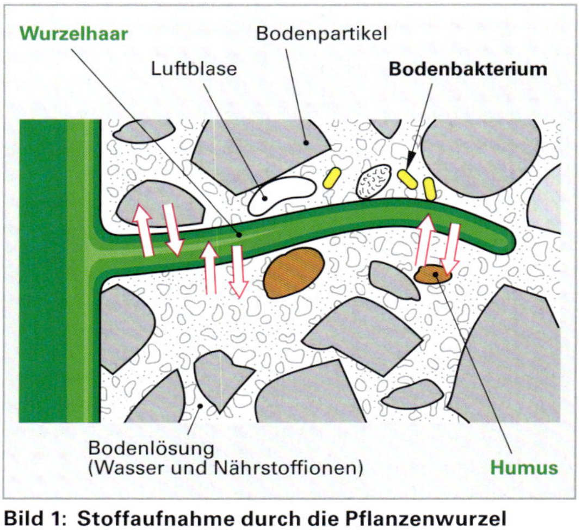

Bild 1: Stoffaufnahme durch die Pflanzenwurzel

Neben dem Boden ist das *Klima* ein abiotischer Umweltfaktor. Klimaelemente sind Wasser, Luft, Licht und die Temperatur.

Umweltfaktor Wasser

Die ersten Zellen sind im Wasser entstanden. Seit dieser Zeit ist Wasser für alle Lebewesen unverzichtbar, denn es ist ein Lösemittel und Transportmittel für Biomoleküle und dient in den Zellen als Reaktionspartner für viele Stoffwechselreaktionen. So bestehen die meisten Lebewesen zu weit mehr als 50 % aus Wasser.

Viele Lebewesen nutzen Wasser als Lebensraum (aquatische Ökosysteme). Landlebewesen müssen ihren Wasserhaushalt (Wasseraufnahme und Wasserabgabe) regeln und benötigen ausreichend Wasser, um den unvermeidbaren Verlust durch Ausscheidung und Verdunstung auszugleichen.

Für die unbeweglichen Pflanzen sind vor allem die Grundwasservorkommen wichtig und wachstumsbegrenzend. Spezielle Anpassungen haben Trockenpflanzen entwickelt. Viele besitzen einen wirkungsvollen Verdunstungsschutz, z. B. durch kleine, behaarte oder mit Wachs überzogene Blätter oder durch eine Blattrückbildung zu Dornen wie bei den Kakteen. Für eine ausreichende Wasserversorgung besitzen Trockenpflanzen häufig Wasserspeicher in den Wurzeln und im Stamm.

Tiere verlieren Wasser durch Verdunstung und durch Ausscheidungen (Urin, Kot). Deshalb suchen sie einen Ort mit genügend Feuchtigkeit auf, um den Wasserverlust auszugleichen. Einen guten Verdunstungsschutz bieten z. B. verhornte Haut, Haare, Federn oder wasserundurchlässiges Chitin wie bei den Insekten.

Für höhere Tiere und den Menschen ist bereits ein Wasserverlust von 10 % tödlich. Ein Mensch benötigt deshalb täglich rund 2,4 Liter Wasser. Im wasserreichen Deutschland werden etwa 75 % des Trinkwasssers aus Grundwassser gewonnen, das sich ständig aus versickerndem Wasser aus Niederschlägen und den Gewässern nachbildet.

> Trinkwasser ist für den Menschen ein unverzichtbares Lebensmittel.

In vielen Erdregionen herrscht allerdings eine zunehmende Wasserknappheit (Trockengürtel der Erde), da die Süßwasservorräte auf der Erde sehr ungleich verteilt sind. Eine weltweit ausreichende Wasserversorgung ist ein bisher ungelöstes Problem, aber für die Überlebensfähigkeit der Ökosysteme und des Menschen wichtig.

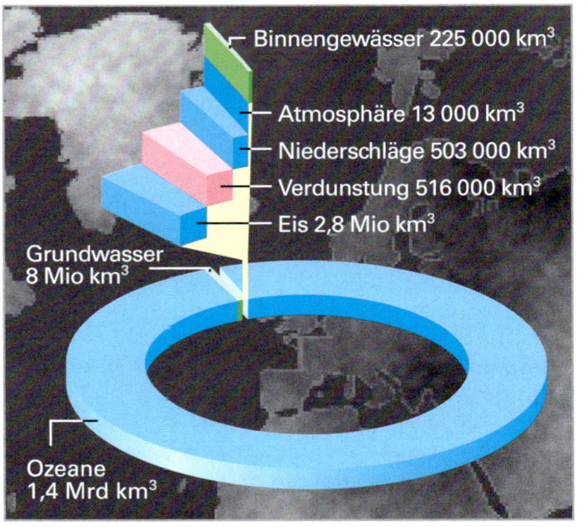

Bild 1: Wasserkreislauf der Erde (Blauer Planet)

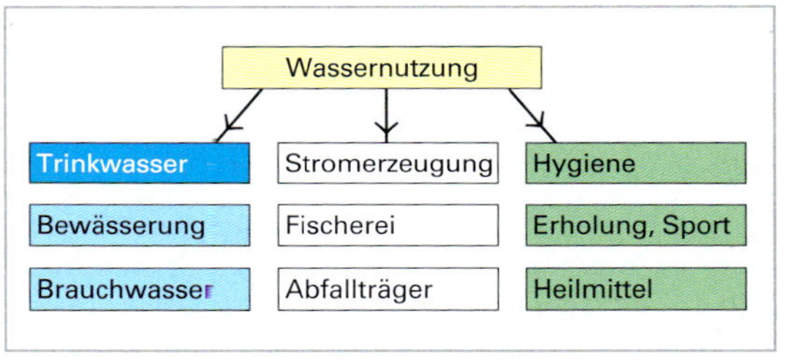

Bild 2: Wassernutzung durch den Menschen

Die erreichbaren Süßwasservorräte (freies und gebundenes Oberflächenwasser) machen nur 0,3 % des Gesamtwasservolumens der Erde von knapp 1400 Millionen km³ aus, das sich in einem Kreislauf aus Verdunsten, Aufsteigen und Niederschlag befindet **(Bild 1)**.

Wasser wird vom Menschen zwar in erster Linie als Trinkwasser benötigt, es wird aber unmittelbar und mittelbar weitergehend genutzt **(Bild 2)**.

Umweltfaktor Luft

Die Erde ist von einer Lufthülle *(Atmosphäre)* umgeben, bei der man verschiedene Schichten unterscheidet **(Tabelle 1, folgende Seite)**. Sie ist im Wesentlichen ein Stickstoff-Sauerstoff-Gemisch mit wechselnden Anteilen an Wasserdampf **(Tabelle 2, folgende Seite)**. Das Leben auf der Erde hat die Zusammensetzung der Lufthülle wesentlich beeinflusst. Das gilt besonders für Sauerstoff O_2 und Kohlenstoffdioxid CO_2.

Der Sauerstoffgehalt erhöhte sich durch die Sauerstoffproduktion der pflanzlichen Fotosynthese innerhalb der letzten 1000 Millionen Jahre auf etwa 21 % **(Bild 1)**. Seit 100 Millionen Jahren ist der Sauerstoffgehalt fast unverändert, während das Treibhausgas CO_2 durch seine Bindung bei der Fotosynthese in den sich ausbreitenden Landpflanzen und in fossilierten Stoffen kontinuierlich auf einen Volumenanteil von 0,02 % absank, was die erste größere Eiszeit vor etwa 2 Millionen Jahren einleitete. Ursache waren die starke Verminderung des Treibhauseffektes sowie Veränderungen der Erdumlaufbahn um die Sonne. Die Kälte verringerte das Pflanzenwachstum und die CO_2-Bindung. Daher gelangte wieder mehr CO_2 in die Atmosphäre und verstärkte erneut den Treibhauseffekt, weshalb der Eiszeit nach einigen 10 000 Jahren eine Warmzeit folgte. Die Abfolge von Eiszeiten und Warmzeiten ist über das CO_2 (Pendeln zwischen 0,02 % und 0,027 %) mit dem Pflanzenwachstum in Form eines instabilen schwingenden Regelkreises verknüpft.

Besonders instabil wird das System durch den gegenwärtigen CO_2-Anstieg infolge menschlicher Einflüsse (Abschnitte 6.1.3 und 6.8). Die Erderwärmung soll daher mit weltweiten Maßnahmen auf 1,5° C gegenüber dem Mittelwert der Jahre 1850 bis 1900 begrenzt werden. Die Treibhausgas-Emissionen der EU sollen bis 2030 um 55 % im Vergleich zu 1990 gesenkt werden.

Angeregt durch die Sonnenenergie finden in der Atmosphäre ständig chemische Reaktionen statt. So entsteht z. B. durch UV-Strahlung der Sonne aus dem Luftsauerstoff das instabile *Ozon* (O_3), was zur Bildung einer dünnen Ozonschicht in der Stratosphäre führt. Da Ozon die kurzwellige UV-B-Strahlung der Sonne absorbiert, schützt sie die Biosphäre weitgehend vor der mutagenen und in hoher Dosis tödlichen Wirkung der UV-Strahlung. Diesen UV-Schutz gibt es erst seit 400 Millionen Jahren. Er ermöglichte die Besiedelung des Landes durch Pflanzen und Tiere, denn erst zu diesem Zeitpunkt war durch die Fotosynthese der Wasserpflanzen so viel Sauerstoff in der Atmosphäre, dass eine entsprechende Ozonbildung möglich war.

Tabelle 1: Schichtungen der Atmosphäre

Schicht	Dicke	Besonderheiten
Troposphäre	0 km ... 11 km	Lebewesen, Wettergeschehen, Temperaturabfall
Stratosphäre	11 km ... 50 km	Ozonschicht (Maximum in 16 km Höhe), Temperaturanstieg
Mesosphäre	50 km ... 85 km	Temperaturabfall
Thermosphäre	85 km ... 300 km	Temperaturanstieg
Exosphäre	ab 300 km	Übergang in den Weltraum

Tabelle 2: Zusammensetzung trockener Luft

Bestandteil	Volumenanteil in %
Stickstoff (N_2)	78,08
Sauerstoff (O_2)	20,95
Edelgas Argon (Ar)	0,93
Kohlenstoffdioxid (CO_2)	0,041
Summe	etwa 99,996

Rest: Methan, Wasserstoff, Kohlenstoffmonoxid, Ozon, Ammoniak, Stickstoffoxide, Wasserdampf, Schwefeldioxid, gewerbliche Abgase, Staub, Schwebstoffe, Mikroorganismen und weitere Spurengase.

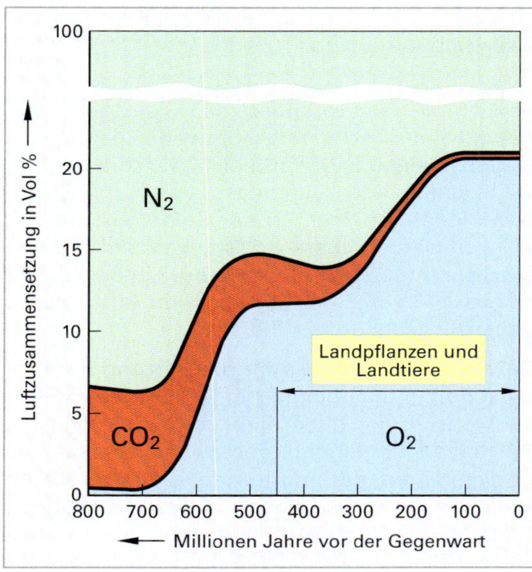

Bild 1: Zusammensetzung der Erdatmosphäre in der Vergangenheit (stark vereinfacht)

Wiederholung und Vertiefung

1. **Was versteht man unter Biotop und was unter Biozönose?**
2. **Welche Systemeigenschaften haben Ökosysteme?**
3. **Warum sind anthropogene Ökosysteme eher anfällig für Schädlinge und Krankheiten?**
4. **Welche Faktoren führen zur Bodenbelastung?**
5. **Wie groß sind die erreichbaren Süßwasservorräte?**
6. **Welche Rolle spielt Wasser im Stoffwechsel?**
7. **Wie erklärt man sich die Veränderung des atmosphärischen O_2-Gehalts und CO_2-Gehalts in der Vergangenheit?**
8. **Wodurch erfolgt der UV-Schutz?**

3.5.3 Biotische Umweltfaktoren

Lebewesen sind nicht nur von abiotischen Umweltfaktoren wie Boden, Wasser und Luft abhängig, sondern werden auch durch die übrigen Lebewesen *(biotische Umweltfaktoren)* beeinflusst **(Bild 1)**. Diese Faktoren bestimmen daher für alle Lebewesen die jeweilige *ökologische Nische,* in der sie innerhalb ihres Ökosystems leben können.

Unterschiedlichste ökologische Nischen ermöglichen das Miteinander vieler Arten in einem Ökosystem und bilden die Voraussetzung für die Einstellung des **biologischen Gleichgewichts** und damit für die Stabilität eines Ökosystems. Die Fähigkeit, nach kleineren Störungen wieder in den biologischen Gleichgewichtszustand zurückzukehren, ist umso ausgeprägter, je größer die Artenvielfalt ist und je vielschichtiger die gegenseitigen Wechselbeziehungen sind: Veränderungen einzelner Systemelemente lösen Gegenbewegungen anderer Elemente aus, um den vorherigen Zustand wiederherzustellen. So bedingt z. B. das Räuber-Beute-Verhältnis das Schwingen um den stabilen Gleichgewichtspunkt eines Ökosystems, bei dem unter sonst unveränderten Bedingungen die Zahl der Tiere im Mittel konstant bleibt **(Bild 2)**.

> Ökosysteme erlangen ihre Stabilität durch Vielfalt.

Starke Störungen verändern den Gleichgewichtszustand eines Ökosystems. Entweder „kippt" das System in einen anderen Gleichgewichtszustand, z. B. in aufeinander folgende Eiszeiten und Warmzeiten, oder die Grenzen der Selbstregulationsfähigkeit werden überschritten, was zum Ökosystemzusammenbruch führen kann. Ein Beispiel ist die „Verwüstung" der Sahelzone in Afrika durch menschliche Eingriffe **(Bild 3)**.

Die wichtigste Ursache für die Störung der biologischen Gleichgewichte ist immer wieder der Mensch, der nicht mehr in das biologische Gleichgewicht eingebunden zu sein scheint. Die Möglichkeiten der modernen Industriegesellschaft bringen zwar einem Teil der Menschheit wachsenden Wohlstand, belasten aber die Ökosphäre durch Umweltverschmutzung, Klimawandel, Landschaftszerstörung und Erschöpfung der natürlichen Hilfsquellen (Abschnitt 6). Das explosive Wachstum der Erdbevölkerung verschärft die Situation dramatisch. So beträgt der tägliche Geburtenüberschuss derzeit 180 300 Menschen **(Bild 4)**.

Biotische Umweltfaktoren

- **Konkurrenz** – um Nahrung und Raum
- **Wechselbeziehungen** – zwischen Räuber und Beute; zwischen Parasit und Wirt; zwischen Artgenossen
- **Krankheitserreger**

Bild 1: Beispiele für biotische Umweltfaktoren

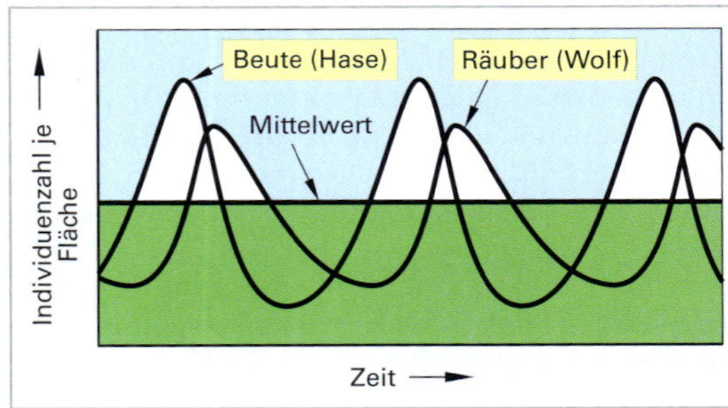

Bild 2: Idealisiertes Räuber-Beute-Verhältnis

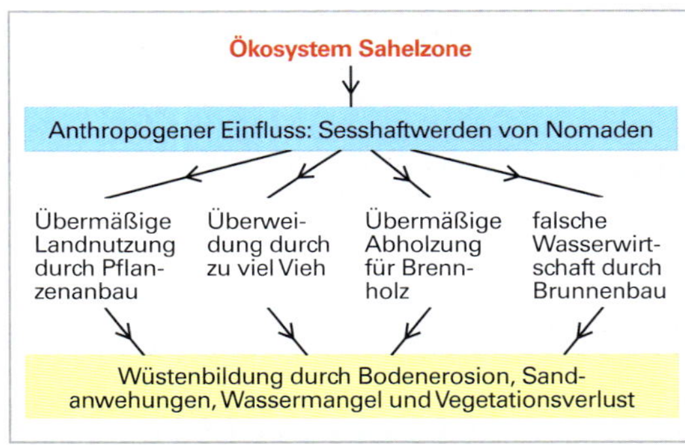

Bild 3: Ökosystemzerstörung in der Sahelzone

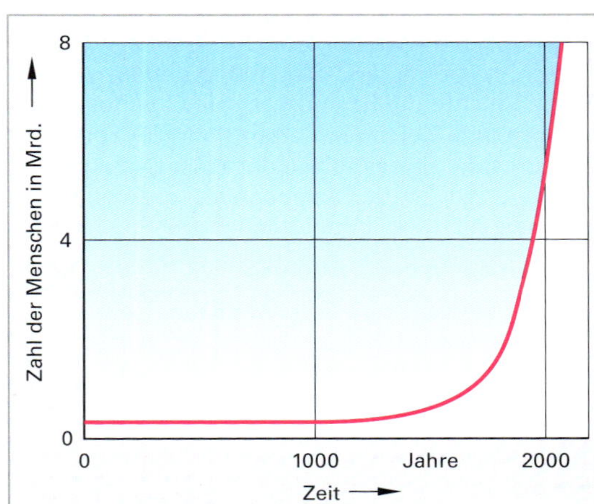

Bild 4: Wachstum der Erdbevölkerung

3.5.4 Ökologische Kreisläufe

Die Erde ist als Lebensraum ein geschlossenes System. Alle Lebewesen sind darin über *Nahrungsketten* miteinander verknüpft, in denen die Nährstoffe und Energie weitergegeben werden. Während Nährstoffe weitgehend im Kreis fließen und rezykliert (wieder in den Kreislauf bringen, nach lat. cyclus = Kreislauf) werden, wird Energie lediglich durchgesetzt. Bei ihrer Weitergabe zwischen den Lebewesen geht ständig Energie als Wärme verloren, die durch Sonnenenergie ersetzt werden muss **(Bild 1)**.

Produzenten, Konsumenten und Destruenten

In den Ökosystemen ergänzen sich die Lebewesen als Produzenten, Konsumenten und Destruenten.

Produzenten (Erzeuger) sind alle Grünpflanzen. Durch die Fotosynthese binden sie fast 1 % der einfallenden Sonnenenergie in organischen Molekülen als Energievorrat und Baustoff. Damit sind sie selbsternährend (autotroph) und stehen außerdem am Beginn der Nahrungskette für die übrigen Lebewesen.

Konsumenten (Verbraucher) sind die Tiere und der Mensch. Sie verwerten fremdernährt (heterotroph) durch Nahrungsaufnahme direkt oder indirekt zwischen 1 % und 10 % der durch die Produzenten gebundenen Sonnenenergie (Abschnitt 3.2.2). Die Energie wird an die Konsumenten stufenweise innerhalb von Nahrungsketten oder in verzweigten, das biologische Gleichgewicht stabilisierenden *Nahrungsnetzen* weitergegeben **(Bild 2)**. Da jede Stufe nur rund 10 % der Ausgangsenergie der vorherigen Stufen nutzen kann, nimmt die Zahl der Arten und Individuen und entsprechend der Biomasse von Stufe zu Stufe ab **(Bild 3)**. Diese Tatsache ist wichtig für die Sicherung der menschlichen Ernährung. So ist die Produktion von pflanzlichen Proteinen energetisch wesentlich günstiger als die von tierischem Protein **(Tabelle 1)**.

Destruenten (Zersetzer) sind die Bodenorganismen (Bakterien, Pilze, Kleinsttiere). Sie verwerten ebenfalls heterotroph die organische Restmasse (Pflanzenreste, Kadaver, Exkremente) der Produzenten und Konsumenten als Nahrung. 90 % bis 99 % der für die pflanzliche Biomassebildung benötigten Energie wird so verarbeitet. Diese Verwesungstätigkeit führt zur Humusbildung und zur Mineralisation. Damit werden organische Stoffe in anorganische Verbindungen wie Kohlenstoffdioxid, Wasser und Stickstoffsalze überführt und stehen dann über die *Nährstoffvorräte* wieder den Produzenten zur Verfügung.

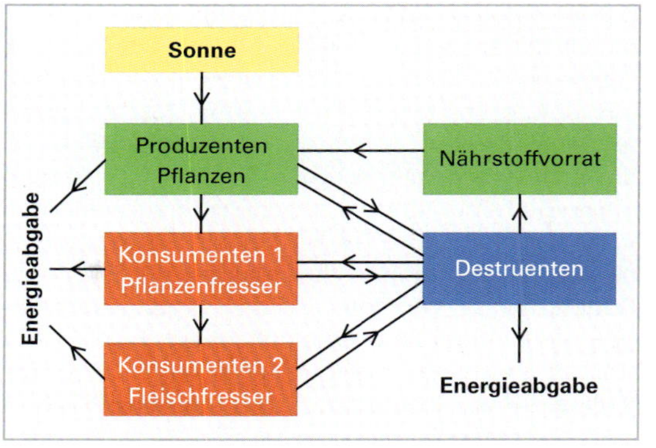

Bild 1: Energiedurchsatz und Nährstoffkreislauf in einer Nahrungskette

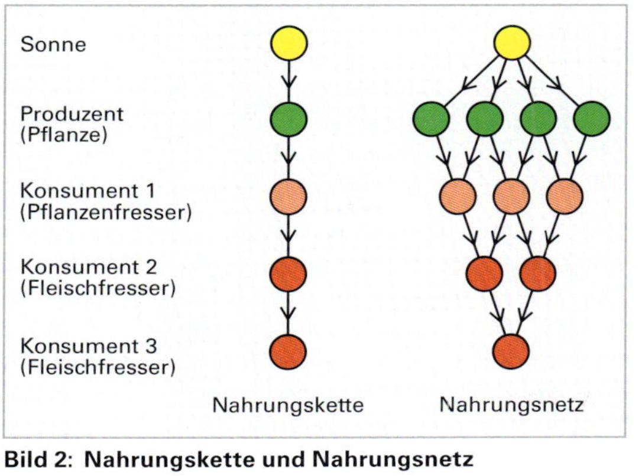

Bild 2: Nahrungskette und Nahrungsnetz

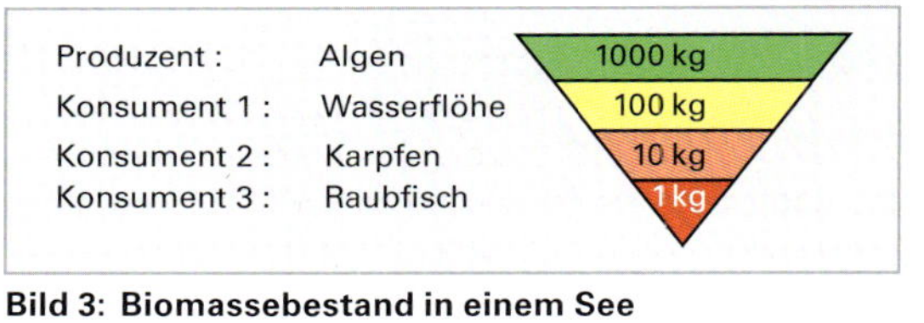

Bild 3: Biomassebestand in einem See

Tabelle 1: Energiebedarf zur Erzeugung von Protein in kJ/g

Proteinquelle	Energiebedarf	Proteinquelle	Energiebedarf
Weizen	58	Hähnchen	620
Reis	168	Schwein	780
Thunfisch	340	Milch	1.100
Eier	553	Rind	3.350

Komponenten eines Ökosystems sind Pflanzen als Produzenten, Tiere und Menschen als Konsumenten sowie Bakterien und Pilze als Destruenten.

Den weitaus größten Anteil an der globalen Biomasse bilden die Elemente Kohlenstoff, Sauerstoff, Wasserstoff, Stickstoff, Schwefel und Phosphor, aus denen vor allem die Proteine, Kohlenhydrate und Fette der Lebewesen gebildet werden. Da die Erde ein geschlossenes System ist, werden diese Elemente ständig rezykliert in sogenannten **biogeochemischen Kreisläufen**. In Form anorganischer Verbindungen durchlaufen die Elemente Boden, Wasser und Luft, in Form organischer Verbindungen durchlaufen sie die Lebewesen.

Kreisläufe von Kohlenstoff und Sauerstoff

Der Kohlenstoffkreislauf und Sauerstoffkreislauf bilden ein verflochtenes Kreislaufsystem, dessen Stoffbilanz durch die Stoffwechselprozesse Fotosynthese und biologische Oxidation der Produzenten, Konsumenten und Destruenten in einem intakten Ökosystem ausgeglichen ist und sich im biologischen Gleichgewicht befindet. Durch diese Stoffwechselvorgänge werden in der Welt jährlich etwa $1{,}5 \cdot 10^{11}$ Tonnen Biomasse umgesetzt **(Bild 1)**.

Der **Kohlenstoffvorrat** für die Landlebewesen entstammt der Atmosphäre in Form von CO_2. Der CO_2-Anteil in der Atmosphäre beträgt aber nur 0,042 %. Daher reagiert die Ökosphäre sehr empfindlich auf anthropogene Veränderungen, wie z. B. die gegenwärtige gesteigerte CO_2-Freisetzung durch die Verbrennung fossiler Rohstoffe (urzeitliche Kohlenstoffvorräte) und durch Brandrodung. Diese Freisetzung steigert den Treibhauseffekt (Abschnitt 6.1.3).

Stickstoffkreislauf

Proteine und die DNA sind die wichtigsten stickstoffhaltigen Biomoleküle. Für Pflanzen ist **Stickstoff** wachstumsbegrenzend, da sie meist nicht den Stickstoff in der Luft (> 78 %) nutzen können, sondern ihn in Form seiner Salze (Nitrate und Ammonium) aus dem Boden aufnehmen müssen. Über die Nahrungsketten wird der Stickstoff in pflanzlichen Proteinen an die Konsumenten weitergegeben. Durch den Tod der Lebewesen und durch stickstoffhaltige Ausscheidungen, z. B. Harnsäure und Harnstoff in Gülle, Mist, gelangen die Stickstoffverbindungen in den Boden zurück. Sie werden durch spezialisierte Bakterienstämme (Destruenten) wieder in pflanzenverwertbare Stickstoffsalze umgewandelt **(Bild 2 und Tabelle 1)**. Stickstoffverluste an die Atmosphäre *(Denitrifikation)* werden durch die *Stickstoff-Fixierung* aus der Luft ausgeglichen. Die dafür verantwortlichen Bakterienstämme leben entweder frei im Boden oder sie befinden sich als Knöllchenbakterien in Symbiosen mit Pflanzen, z. B. Sojabohne, Erbse, Klee oder Lupine.

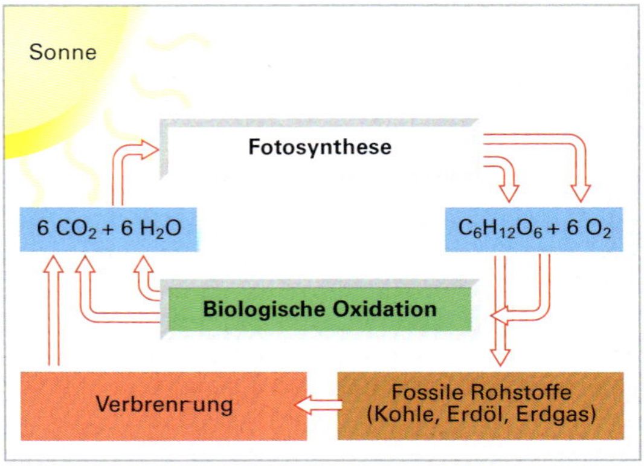

Bild 1: Kohlenstoff- und Sauerstoffkreislauf

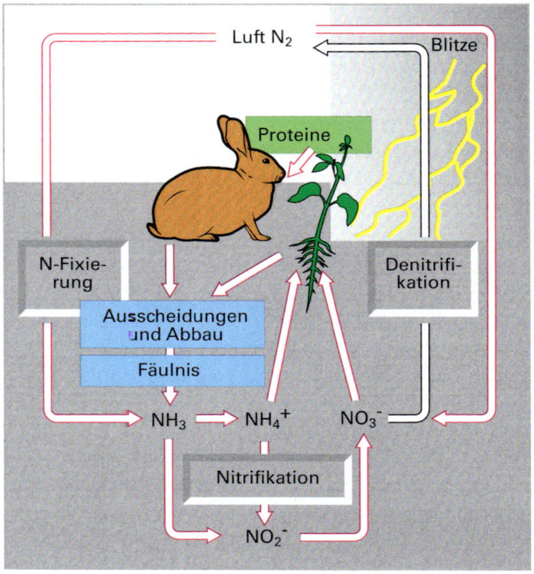

Bild 2: Stickstoffkreislauf

Tabelle 1: Prozesse im Stickstoffkreislauf

Prozess	Lebewesen	Produkt
Proteinbiosynthese	alle Lebewesen	Proteine
Ammonifikation	Fäulnisbakterien	Ammoniak (NH_3), Ammonium-Ionen (NH_4^+)
Nitrifikation	Nitritbakterien, Nitratbakterien	Nitrit-Ionen (NO_2^-), Nitrat-Ionen (NO_3^-)
Denitrifikation	Denitrifizierende Bakterien	Stickstoff (N_2), Lachgas (N_2O)
Stickstoff-Fixierung	Knöllchenbakterien	Ammonium-Ionen (NH_4^+)

Schwefelkreislauf

Für ihre Proteine benötigen alle Lebewesen **Schwefel**, der in den Ökosystemen im Kreislauf geführt wird **(Bild 1)**. Gespeist wird der Kreislauf durch die Freisetzung von Schwefel und von Schwefelverbindungen aus Vulkanen und aus verwitterndem Sediment, z.B. aus Gips ($CaSO_4$) oder Bittersalz ($MgSO_4$). In Form gelöster *Sulfat-Ionen* (SO_4^{2-}) wird Schwefel von Pflanzen aufgenommen und verwertet. Mit der pflanzlichen Nahrung gelangt der Schwefel zu den Tieren und den Menschen. Der Kreislauf ist geschlossen, wenn der Schwefel aus den Proteinen der toten Pflanzen und Tiere z.B. durch Fäulnisbakterien im Boden anaerob zu Schwefelwasserstoff (H_2S) abgebaut und anschließend von Schwefelbakterien mit Sauerstoff zu Sulfat für die Pflanzen oxidiert wird.

In die Atmosphäre gelangt Schwefel als H_2S und Schwefeldioxid (SO_2), gebildet von Bodenbakterien. Große Mengen SO_2 stammen aus der Verbrennung schwefelhaltiger fossiler Brennstoffe. Dieser zusätzliche Eintrag ist die Ursache für den sauren Regen und die Bodenversauerung, die lebenswichtige biologische Bodenprozesse stört.

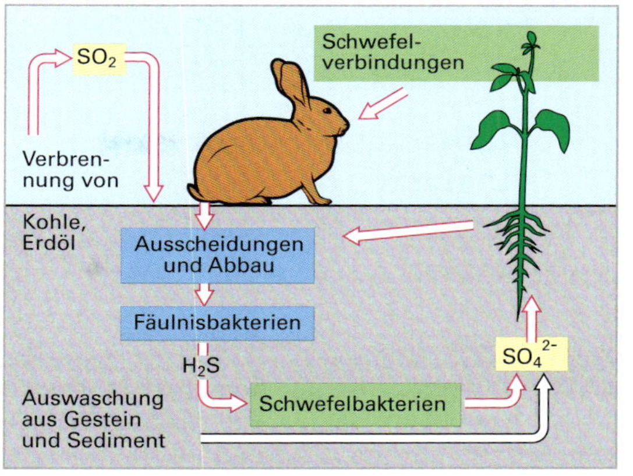

Bild 1: Schwefelkreislauf (vereinfacht)

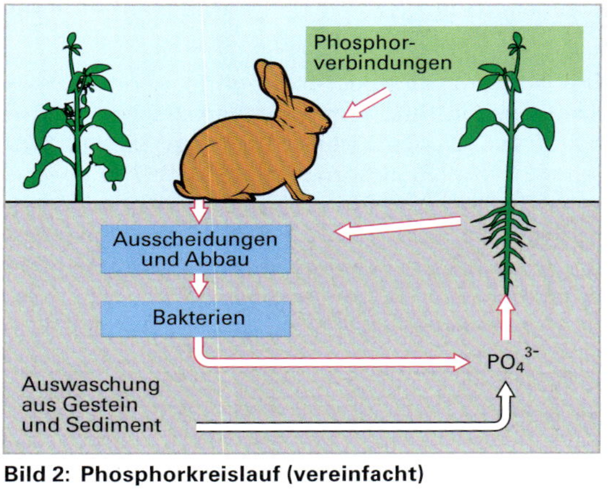

Bild 2: Phosphorkreislauf (vereinfacht)

Phosphorkreislauf

Phosphor ist für alle Lebewesen unentbehrlich und insbesondere für das Pflanzenwachstum das begrenzende Element. Besonders phosphorhaltig sind die DNA und RNA sowie das Adenosintriphosphat (ATP), das für den Energiestoffwechsel aller Lebewesen eine Schlüsselrolle spielt (Abschnitt 3.2).

In den ökologischen Kreislauf kommt **Phosphor** als gelöste *Phosphat-Ionen* (PO_4^{3-}) durch die Auswaschung aus verwitterndem Gestein, Boden und Sedimenten **(Bild 2)**. Wegen der geringen Verwitterungsrate ist Phosphat insgesamt knapp und wird deshalb in den Ökosystemen ständig recycelt. Pflanzen nehmen Phosphat über ihre Wurzeln auf. Über die Nahrungskette kann Phosphor dann zu den Tieren und den Menschen gelangen und dient u.a. für den Energiestoffwechsel und den Knochenaufbau.

Mit abgestorbenen Pflanzen, den Kadavern und Exkrementen tierischer Lebewesen gelangen die Phosphorverbindungen in den Boden zurück, wo sie durch spezielle Mikroorganismen wieder zu pflanzenverfügbaren Phosphaten umgewandelt werden. Besonders durch die Intensivlandwirtschaft wird dem Boden viel Phosphor entzogen, der wieder zu ersetzen ist. Das geschieht durch Rückführung organischer Abfälle, z.B. Gülle, oder durch phosphathaltigen Mineraldünger. Dessen Phosphor wird in Minen gewonnen, wobei die Vorkommen begrenzt sind. Nachhaltiger Umgang mit Phosphor ist notwendig.

> Die Elemente Kohlenstoff, Sauerstoff, Stickstoff, Schwefel und Phosphor werden in der Ökosphäre in Kreisläufen ständig recycelt.

Wiederholung und Vertiefung

1. **Welche biotischen Umweltfaktoren gibt es?**
2. **Was versteht man unter einer ökologischen Nische?**
3. **Erklären Sie das Schwingen eines Räuber-Beute-Verhältnisses um einen Gleichgewichtspunkt.**
4. **Wie kann ein Ökosystem auf Störungen reagieren?**
5. **Was versteht man unter Destruenten?**
6. **Erläutern Sie den Stickstoffkreislauf.**
7. **Welche Bedeutung haben die Elemente Schwefel und Phosphor für Lebewesen?**

4 Analytik

4.1 Aufgaben der chemischen Analytik
Functions of Chemical Analysis

Von vielen der im Handel befindlichen Chemikalien gehen Gefahren durch Anreicherung im Boden, Grundwasser, Oberflächenwasser sowie in der Atmosphäre aus. Stoffe gelangen über Atemluft, Hautkontakt oder mit der Nahrung in den menschlichen Körper. Nahrungsmittelhersteller informieren auf den Verpackungen ihrer Produkte über deren Zusammensetzung **(Bild 1)**.

Die aufgenommene Stoffmenge wirkt gemäß ihrer Konzentration, ihren physikalischen Eigenschaften, wie Teilchengröße oder Löslichkeit, sowie ihrem Reaktionsverhalten. Durch chemische Reaktionen können aus den inkorporierten Stoffen (lat. incorporare = einverleiben, aufnehmen) mehr oder weniger giftige Folgeprodukte entstehen. Zur Beurteilung des Risikos einer Gefahrstoffexposition (lat. expositio = Aussetzung) müssen die mittlere Konzentration des betreffenden Stoffs und die Expositionsdauer bekannt sein **(Tabelle 1)**. Die **analytische Chemie** (griech. analysis = Auflösung) hat die Aufgabe, mit chemischen, elektrochemischen, physikalischen oder biologischen Methoden Stoffe einer zu untersuchenden Probe nachzuweisen (qualitative Analyse) und mengenmäßig möglichst genau zu erfassen (quantitative Analyse).

Die Festlegung der Wirkungsschwelle eines bestimmten Schadstoffs ist von der Empfindlichkeit der Untersuchungsmethoden abhängig und wird als *No Observed Effect Level* (NOEL = Dosis ohne erkennbare Wirkung) bezeichnet (Abschnitt 3.3.4).

Die Methoden der **klassischen Analytik** beruhen auf chemischen Reaktionen, die zur Bildung von Niederschlägen (Fällungsreaktionen) oder zu Produkten mit auffallender Farbe (Farbreaktionen) führen. Unter hohem Zeitaufwand werden Stoffmengen direkt bestimmt. Die Nachweisgrenze liegt bei 0,001 %. Die Bedeutung spurenanalytischer Methoden nimmt zu, da zahlreiche Chemikalien bereits in sehr kleinen Konzentrationen toxisch (griech. toxikon = Pfeilgift) wirken. Mittels **instrumenteller Analytik** sind Stoffe bis in den Pikogramm-Bereich (10^{-12} g) nachweisbar. **(Tabelle 2)**.

Bild 1: Analysenauszug für ein Mineralwasser

Tabelle 1: Konzentrationsangaben

Verdünnung	Gew.-% Vol.-%	g/kg L/m³	mg/kg mL/m³ ppm	µg/kg µL/m³ ppb
1 : 100	1	10	10000	
1 : 1000	10^{-1}	1	1000	
1 : 10000	10^{-2}	10^{-1}	100	
1 : 100000	10^{-3}	10^{-2}	10	
1 : 1000000	10^{-4}	10^{-3}	1	1000
1 : 10000000	10^{-5}	10^{-4}	10^{-1}	100
1 : 100000000	10^{-6}	10^{-5}	10^{-2}	10
1 : 1000000000	10^{-7}	10^{-6}	10^{-3}	1

% (Prozent) : Teile auf 100 Teile
‰ (Promille) : Teile auf 1000 Teile
ppm (parts per million): Teile auf 1 Million Teile
ppb (parts per billion) : Teile auf 1 Milliarde Teile
ppt (parts per trillion) : Teile auf 1 Billion Teile

Tabelle 2: Nachweisgrenzen

Nachweismethode	Konzentration 10^{0} 10^{-3} (‰) 10^{-6} (ppm) 10^{-9} (ppb) 10^{-12} (ppt) 10^{-15}
Gravimetrie	
Kolorimetrie	
Spektralfotometrie	
Fluorometrie	
Polarografie	
Chromatografie (Gas)	
Chromatografie (DC)	
Massenspektrometrie	

‰, ppm, ppb, ppt siehe Tabelle 1

4.2 Analytische Schnelltests
Analytical Tests

Bereits im 17. Jahrhundert erkannte der englische Naturwissenschaftler R. Boyle, dass sich der Pflanzenfarbstoff Lackmus als Indikator (lat. indicare = anzeigen) zur schnellen, einfachen Unterscheidung von sauren und alkalischen Lösungen eignet. Die von ihm angewandte *Tüpfelmethode* gilt als älteste mikrochemische Untersuchungsmethode. Der österreichische Chemiker F. Feigl entwickelte daraus die moderne **Tüpfelanalyse**. Die Nachweise beruhen auf charakteristischen Reaktionen, die mit sehr kleinen Chemikalienmengen auf Tüpfelplatten oder speziell vorbehandelten Filterpapieren durchgeführt werden.

Vorproben, z. B. die Flammenfärbung, nützt die analytische Chemie schon lange als Schnelltests, um erste Hinweise auf die Zusammensetzung einer Probe zu erhalten **(Tabelle 1)**.

Der Einsatzbereich der im Handel erhältlichen Schnelltests erstreckt sich nicht nur auf die verschiedenen Arbeitsgebiete des Umweltschutzes, sondern umfasst auch eine Vielzahl branchenspezifischer Verfahren. So dient beispielsweise der **Hemmstofftest** zum Nachweis von Antibiotikarückständen und Sulfonamidrückständen in der Milch **(Bild 1)**.

Die Reagenzien werden in Form von Testsets oder Testkits zum Kauf angeboten und eignen sich je nach Ausführung zur qualitativen, halbquantitativen oder quantitativen Analyse **(Bild 2)**. Die Tests müssen vor allem folgende Anforderungen erfüllen:

- einfache Handhabung,
- ortsunabhängige Verwendbarkeit,
- geringer Material-, Arbeits- und Zeitaufwand,
- ausreichende Messgenauigkeit bei möglichst hoher Selektivität (lat. selectio = Auswahl),
- rasch verfügbares, reproduzierbares Ergebnis,
- günstiges Preis-Leistungs-Verhältnis,
- lange Haltbarkeit.

Titrimetrische Verfahren. *Titrationen* (frz. le titre = Gehalt, Verhältnis) ermöglichen die Bestimmung der Konzentration eines Bestandteils der zu analysierenden Lösung durch Zugabe einer *Maßlösung.*

Die Maßlösung wird aus einer Tropfflasche, einem Präzisionstropfer oder einer Titrierpipette in kleinen Anteilen einem vorgelegten Volumen der Probenlösung zugesetzt. Ein geeigneter In-

Tabelle 1: Flammenfärbung

Element	Symbol	Farbe	Spektrallinien (nm)
Lithium	Li	rot	670,8
Natrium	Na	gelb	589,3
Kalium	K	violett	768,2/404,4
Rubidium	Rb	violett	780/421
Cäsium	Cs	blau	458
Calcium	Ca	ziegelrot	622/553,3
Strontium	Sr	rot	604,5/460,7
Barium	Ba	grün	524,2/513,7
Gallium	Ga	violett	417,2/403,3
Indium	In	violettblau	452,1
Tallium	Tl	grün	535

Bild 1: Hemmstofftest in der Landwirtschaft

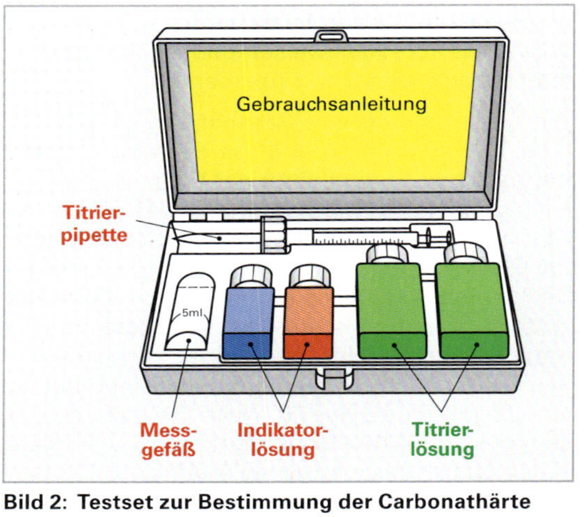

Bild 2: Testset zur Bestimmung der Carbonathärte

Tabelle 1: Farben und Umschlagbereich von Indikatoren

Indikator	Umschlagbereich pH	Farbwechsel
Brillantgrün	0,0 … 2,6	gelb – grün
Kresolrot	0,2 … 1,8	rot – gelb
Thymolblau	1,2 … 2,8	rot – gelb
Bromkresolgrün	3,8 … 5,4	gelb – blau
Lackmus	5,0 … 8,0	rot – blau
Thymolblau	8,0 … 9,6	gelb – blau
Titangelb	12,0 … 13,0	gelb – rot

dikator zeigt durch Farbumschlag den Endpunkt der chemischen Reaktion zwischen Reagenz und zu bestimmendem Stoff an **(Tabelle 1)**. Aus dem Volumen und der Konzentration der verbrauchten Maßlösung wird die Konzentration des gesuchten Stoffs ermittelt. Werden Titrierpipetten verwendet, ist die gesuchte Konzentration direkt auf der Pipettenskale abzulesen **(Bild 1)**.

> Titrimetrische Verfahren beruhen auf chemischen Reaktionen, die schnell und quantitativ verlaufen sowie stöchiometrisch eindeutig sind.

Titrimetrische Schnelltests werden z. B. zur Ermittlung der Acidität, der Alkalität, des Calciumgehalts, der Carbonathärte, der Gesamthärte, der Chlorid- oder Sulfit-Ionenkonzentration sowie des Sauerstoffgehalts einer Probenlösung verwendet.

Kolorimetrische Verfahren. Bei der *Kolorimetrie* (lat. colorare = färben) erfolgt die Konzentrationsbestimmung anhand einer Farbreaktion. Der Aggregatzustand der zu analysierenden Probe und die angestrebte Nachweisempfindlichkeit bestimmen die anzuwendende Testmethode.

Die Durchführung von Gasanalysen erfolgt mithilfe von *Prüfröhrchen-Mess-Systemen.* Jedes Prüfröhrchen besteht aus einer Glashülse, die abhängig vom nachzuweisenden Stoff mit einem spezifischen Reaktionssystem ausgestattet ist **(Bild 2)**. Die Glashülsen sind an den Enden zugeschmolzen. Dadurch hat das Analyseverfahren unter gleichen Bedingungen immer das gleiche Ergebnis. Unmittelbar vor Durchführung einer Messung wird das Prüfröhrchen an den Enden geöffnet und auf eine Balgpumpe gesteckt. Nach Freigabe des zusammengedrückten Balges läuft der Saugvorgang selbsttätig ab und eine genau festgelegte Gasmenge strömt durch das Prüfröhrchen.

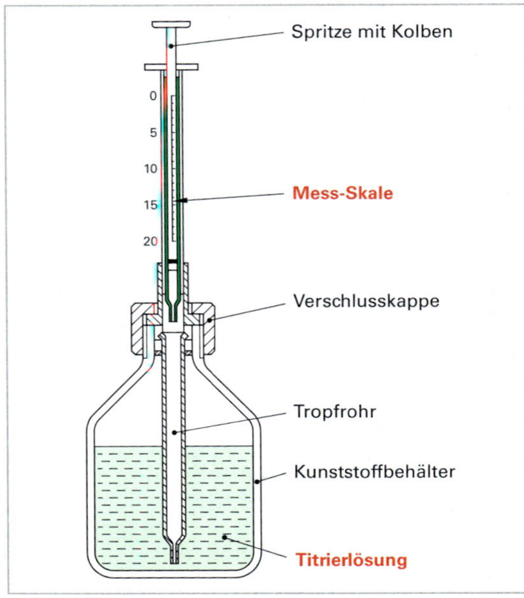

Bild 1: Titrierpipette mit Behälter zur Bestimmung der Gesamthärte

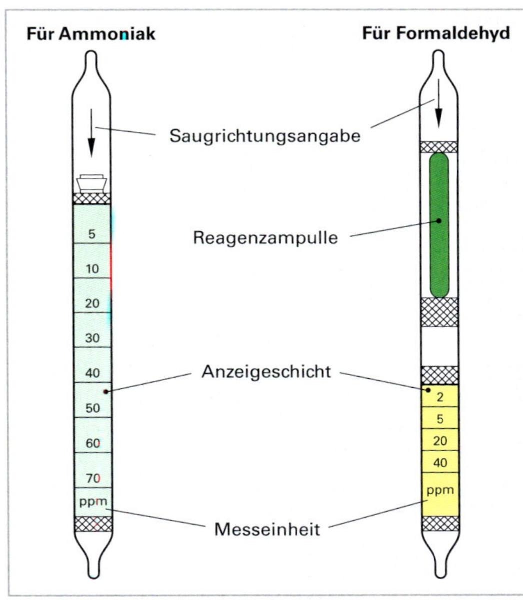

Bild 2: Prüfröhrchen

> Prüfröhrchen sind auf das Fördervolumen und den zeitlichen Verlauf des Volumenstromes abgestimmt.

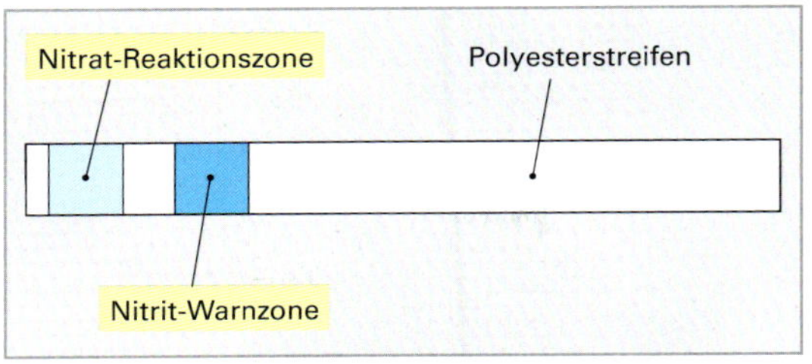

Bild 1: Teststäbchen (Nitrat)

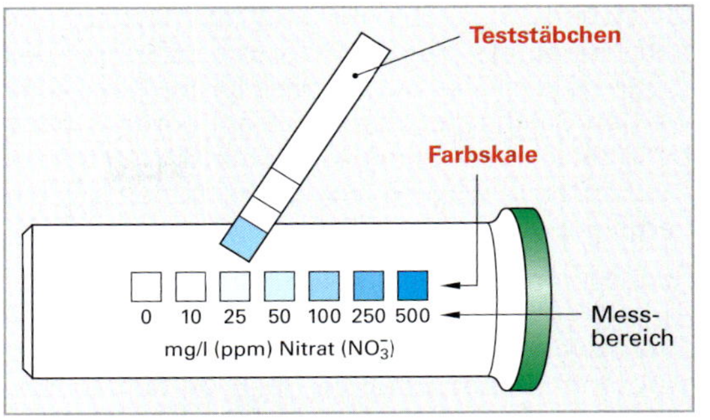

Bild 2: Konzentrationsbestimmung mit Teststäbchen

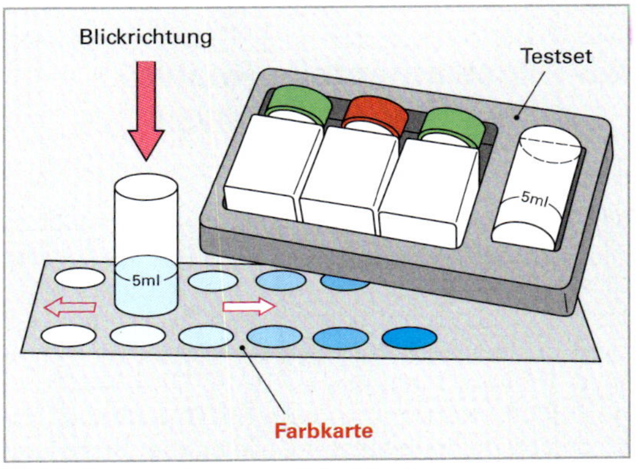

Bild 3: Reagenziensatz mit Farbkarte

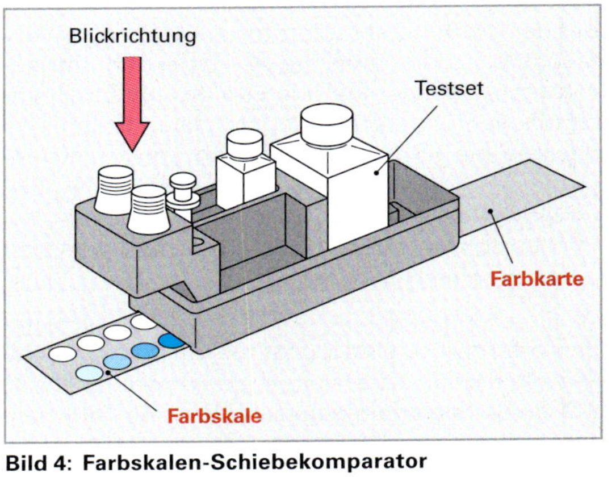

Bild 4: Farbskalen-Schiebekomparator

Der Stoffumsatz im Prüfröhrchen verläuft etwa proportional zur Masse des reagierenden Stoffs. Da die Kalibrierung der Prüfröhrchen in Volumenprozent oder ppm (parts per million) erfolgt, kann die zu bestimmende Stoffkonzentration direkt über die Länge der entstandenen Farbzone oder anhand der Farbintensität durch Farbvergleich mit einem Standard ermittelt werden. Wegen ihrer Messgenauigkeit und Selektivität sind Prüfröhrchen-Mess-Systeme zur Luftüberwachung sowie zur Prozesskontrolle geeignet. Sehr kleine Stoffkonzentrationen, komplexe Stoffgemische oder chemisch sehr ähnliche Stoffe begrenzen die Einsatzmöglichkeiten.

Wegen der besonders einfachen Handhabung werden zur halbquantitativen Bestimmung zahlreicher gelöster Stoffe für jeweils eine Analyse *Teststäbchen* verwendet. Jedes Stäbchen besteht aus einem Polyesterstreifen, der an einem Ende mit den erforderlichen Reagenzien imprägniert ist **(Bild 1)**. Die Reaktionszone wird kurz in die zu analysierende Probenlösung eingetaucht, danach wird überschüssige Flüssigkeit abgeschüttelt. Nach Ablauf der Reaktionszeit vergleicht man die Färbung der Reaktionszone mit der Farbskale auf der Verpackung und kann die vorliegende Stoffmengenkonzentration ablesen **(Bild 2)**. Teststäbchen ermöglichen eine aussagekräftige Vorkontrolle im Bereich ab 1 mg/L. Sie eignen sich deshalb zur Durchführung von *Screening-Tests* (engl. screening = Überprüfung). Dabei werden aus einer großen Anzahl von Proben diejenigen herausgesucht, die empfindlichere Analysemethoden erfordern.

Bei *Farbkarten-Tests* setzt man einer bestimmten Volumenmenge der Probenlösung spezielle Reagenzien zu. Die Konzentrationsbestimmung erfolgt anschließend durch Vergleich der bei der Reaktion entstandenen Farbe mit den abgedruckten Standards der zugehörigen Farbkarte **(Bild 3)**.

Testsätze mit *Farbskalen-Schiebekomparatoren* (lat. comparare = vergleichen) sind eine Weiterentwicklung der Farbkarten-Tests **(Bild 4)**. Durch die Verwendung größerer Schichtdicken und die optimale Anordnung der Reaktionsgefäße werden Stoffkonzentrationen bis zu 0,01 mg/L erfasst. Ein weiterer Vorteil besteht darin, dass sich solche Testsysteme auch zur Analyse schwach gefärbter Lösungen eignen. Unmittelbar vor der Messung wird das Probenglas mit der zu untersuchenden Lösung und den Reagenzien beschickt.

Ein zweites Glas, das nur die Probenlösung enthält, dient als Vergleichsprobe (Blindprobe). Während das Glas mit der Messprobe über einer weißen Fläche der Farbkarte angeordnet wird, befindet sich die Blindprobe über der Farbskala. Die Farbkarte wird so lange verschoben, bis der Farbeindruck in beiden Gläsern gleich erscheint.

Zur Konzentrationsbestimmung in gefärbten oder trüben Probenlösungen eignen sich Testsätze mit *Drehscheibenkomparatoren* oder *Küvettenkomparatoren* **(Bilder 1 und 2)**. Die nach dem Durchlichtverfahren arbeitenden Tests werden für Analysen im mittleren Empfindlichkeitsbereichen benötigt.

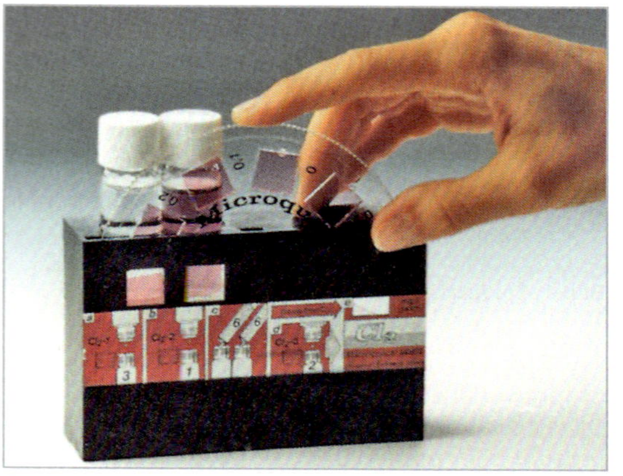

Bild 1: Drehscheibenkomparator

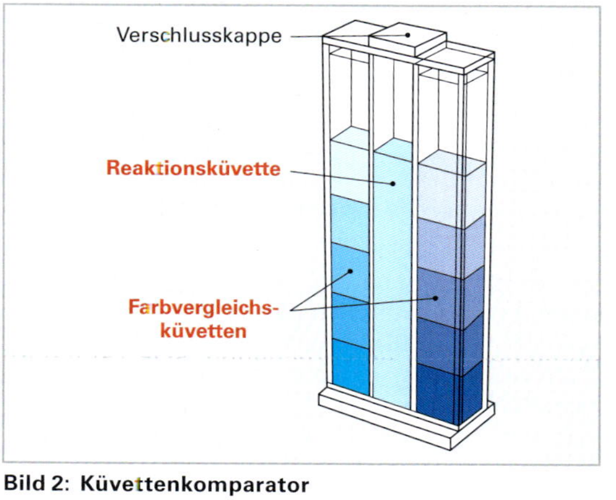

Bild 2: Küvettenkomparator

4.3 Instrumentelle Analytik
Instrumental Analysis

4.3.1 Einführung

Mithilfe der zahlreichen Analysemethoden im Rahmen der instrumentellen Analytik lassen sich in einem Umweltlabor diejenigen Stoffe identifizieren und quantifizieren, die in Proben aus dem Boden, dem Wasser oder der Luft vorkommen können. Viele dieser Stoffe sind bereits in geringsten Konzentrationen für Organismen toxisch und deshalb hat der Gesetzgeber Richt- und Grenzwerte erlassen, die durch instrumentelle Analyseverfahren zu überwachen sind **(Tabelle 1)**.

Bei der großen Zahl von Stoffen ist es nicht einfach, die für die jeweilige Aufgabenstellung geeignete Analysenmethode und das entsprechende Messgerät auszuwählen. In vielen Fällen sind deshalb die Probenvorbereitung und Analysenverfahren vorgeschrieben, z.B. durch DIN-, EN- und ISO-Normen, VDI-Richtlinien, EU-Richtlinien, EPA-Verfahren sowie weitere europäische und internationale Normen.

Wie in allen Bereichen, in denen genaue Messungen erforderlich sind, spielt die **analytische Qualitätssicherung AQS** auch in der Umweltanalytik, z.B. in Abwasserreinigungsanlagen und Trinkwassergewinnungsanlagen, eine entscheidende Rolle. Hierbei müssen analytische Verfahren u.a. standardisiert werden, um sie vergleichbar zu machen.

Ein wichtiges Werkzeug der AQS zur Sicherung der Analysenqualität ist die *Methodenvalidierung*. Mit ihrer Hilfe wird der dokumentierte Nachweis erbracht, dass eine Analysenmethode zuverlässig ist und die an sie gestellten Forderungen zu jeder Zeit und unabhängig von der ausführenden Person erfüllt.

Tabelle 1: Toxische Stoffe (Beispiele)

Stoff	ungefähre tödliche Menge (mg/kg Körpergewicht)
Botulinus Toxin A (Bakteriengift)	0,00000003
TCDD (ein Dioxin)	0,07
Parathion (Insektizid)	10,2
Cadmium (Schwermetall)	50,0
DDT (Insektizid)	400,0
NaCl (Kochsalz)	14000,0

Für eine Methodenvalidierung sind folgende Parameter von besonderer Bedeutung:

- Präzision,
- Richtigkeit,
- Linearität,
- Robustheit,
- Spezifität und
- Nachweisgrenze.

Während die Präzision angibt, wie gut die Messwerte einer Analysenmethode aufgrund *zufälliger Fehler* miteinander übereinstimmen, ist die Richtigkeit ein Maß für die Abweichung des Messwertes vom richtigen (d.h. wahren) Wert aufgrund eines *systematischen Fehlers*. Die Messergebnisse einer Analysenmethode sind genau, wenn zufällige und systematische Fehler so klein wie möglich sind. Eine hohe Genauigkeit ist das wesentliche Ziel der Validierung der Analysemethoden **(Bild 1)**.

Der Konzentrationsbereich, in dem das Messsignal direkt proportional zur Konzentration des zu messenden Stoffes ist, bestimmt die Linearität einer Analysenmethode. Er sollte möglichst groß sein. Robust ist eine Analysenmethode, wenn sie wenig empfindlich gegenüber Änderungen der analytischen Rahmenbedingungen ist, z.B. sich ändernde Umgebungstemperaturen. *Spezifität* gewährleistet, dass die Analysenmethode nur den zu bestimmenden Stoff misst und nicht andere Stoffe, die sich in der Probe befinden können. Als Nachweisgrenze gilt die geringste Konzentration des zu analysierenden Stoffes in der Probe, die noch messbar ist.

Ist eine Analysenmethode validiert und damit die angemessene Genauigkeit bewiesen, dann wird für den Anwender dieser Methode im Allgemeinen eine entsprechende *SOP* (Standard Operating Procedure) erstellt. Diese Standardvorgehensweise ist die verbindliche textliche Beschreibung der Vorgehensweise bei der Analyse einschließlich der Prüfung der Ergebnisse und deren Dokumentation.

Durch instrumentelle Analytik werden Stoffe aus einer Probe identifiziert und quantifiziert.

4.3.2 Probenahme und Probenvorbereitung

Laboranalysegeräte liefern bei entsprechender Sorgfalt zuverlässige und richtige Analyseergebnisse. Voraussetzung dafür ist aber die fachgerechte Probenahme, Probenlagerung und Probenvorbereitung vor der Messung. Diese vorbereitenden Schritte bergen die größten Fehlerquellen im gesamten Ablauf einer Analyse und sind deshalb mit der gleichen Sorgfalt durchzuführen wie die Bestimmung im Analysegerät selbst **(Bild 2)**.

Für die **Probenahme**, d.h. für die repräsentative Entnahme einer Teilmenge aus den meist nicht gleichförmigen Untersuchungsmaterialien, gibt es Techniken, die in der Regel durch entsprechende Richtlinien und Verfahren festgelegt sind. So wird man beispielsweise bei der Probenahme von Feststoffen, z.B. Böden, Schlämmen, Abfall, Altlasten, mehrere Proben aus unterschiedlichen Bereichen des Untersuchungsgutes ziehen und sie anschließend zu einer Mischprobe vereinigen und zur endgültigen Analysenprobe weiterverarbeiten **(Bild 1, nachfolgende Seite)**.

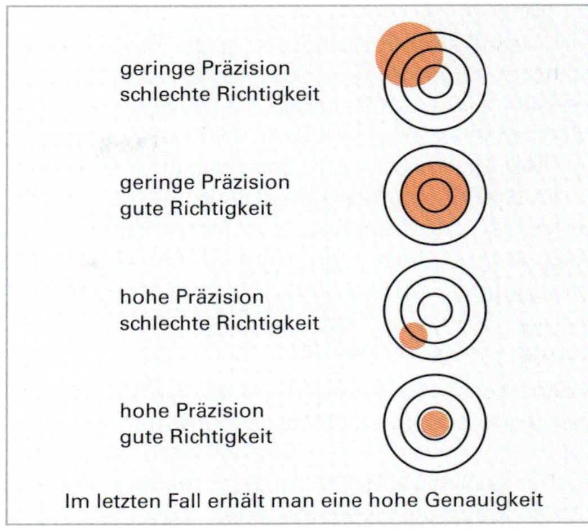

Bild 1: Zusammenhang zwischen Präzision, Richtigkeit und Genauigkeit (schematisch)

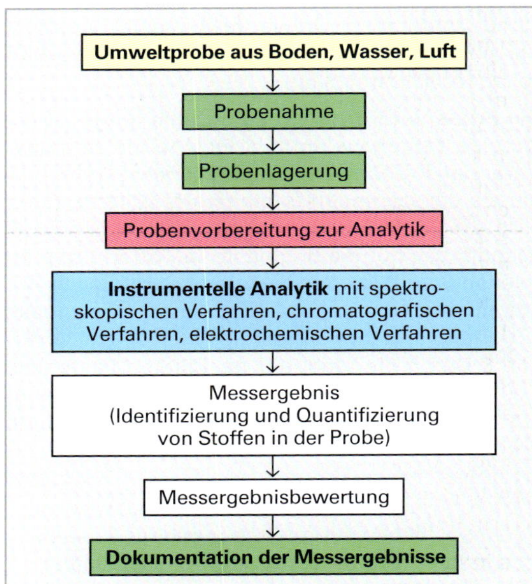

Bild 2: Ablauf der Analyse von Umweltproben

Bei der **Probenlagerung** muss gewährleistet werden, dass keine Fremdstoffe in die Probe gelangen, z. B. durch ungereinigte Geräte und Gefäße, dass keine Bestandteile aus der Probe ausgetragen werden, z. B. durch Diffusion durch ungeeignete Behältermaterialien, und dass die Probe nicht durch chemische Reaktionen verändert wird, z. B. durch den Stoffwechsel von Mikroorganismen. Speziell diese Veränderungen können durch entsprechende Probenkonservierungsmaßnahmen wie Kühlen, Tiefgefrieren und chemische Konservierung vermindert werden.

Die **Probenvorbereitung** dient dazu, störende Begleitstoffe aus einer Probe zu entfernen oder um die Probe aus stark verdünnten Lösungen anzureichern. Dies kann z. B. durch *Extraktion* (lat. extrahere = herausziehen) mit einem Lösemittel oder durch Festphasenextraktion geschehen. Letztere ist ein wichtiges Verfahren zur Wasseranalyse, bei dem z. B. Tenside, Pestizide, Arzneimittelrückstände und andere Umweltproblemstoffe mittels Chromatographie-Verfahren bestimmt werden sollen (Abschnitt 4.3.5).

Die Probe wird dazu auf eine Säule aufgegeben, die eine Festphase enthält, welche die zu analysierenden Probenbestandteile zunächst fester bindet als die störenden Begleitstoffe **(Bild 2)**. Dann wird die Säule mit einem geeigneten Lösemittel gespült, das nur die Begleitstoffe entfernt und im zweiten Schritt werden die interessierenden Stoffe mit einem anderen Lösemittel aus der Festphase extrahiert und stehen für die Analyse zur Verfügung. Durch die Wahl der geeigneten Festphase – es steht ein großes Angebot unterschiedlichster Festphasen zur Verfügung – lässt sich fast jede Probe entsprechend aufbereiten.

> Zuverlässige und richtige Ergebnisse werden nur bei fachgerechter Probennahme, Probenlagerung, Probenvorbereitung und validierter Bestimmung im Analysegerät erzielt.

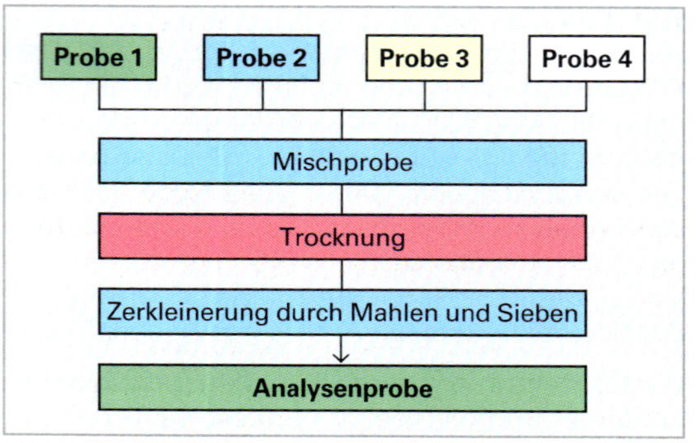

Bild 1: Schema der Probenbehandlung aus einer Bodenprobe

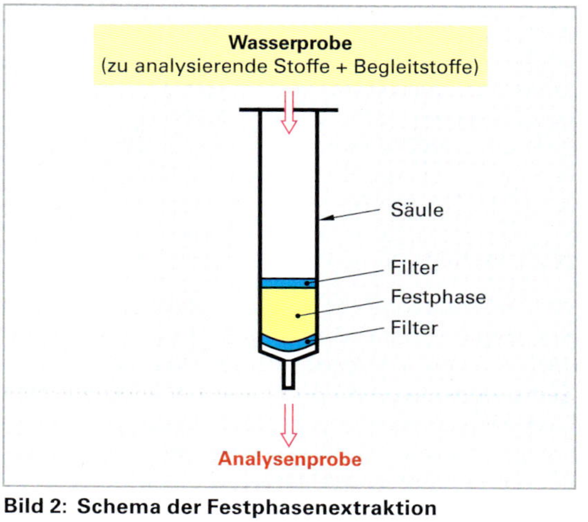

Bild 2: Schema der Festphasenextraktion

Tabelle 1: Physikalische Untersuchungsmethoden in der Umweltanalytik (Beispiele)

Verfahren	Arten
Spektroskopische Verfahren	UV/Vis-Spektroskopie, Infrarot-Spektroskopie, Atomabsorptions-Spektroskopie, ICP-Atomemissions-Spektroskopie, Massen-Spektroskopie
Chromatografische Verfahren	Dünnschicht-Chromatografie, Hochdruck-Flüssigkeits-Chromatografie, Gas-Chromatografie
Elektrochemische Verfahren	pH-Wertmessung, Leitfähigkeitsmessung, Redoxpotenzialmessung

4.3.3 Verfahren der instrumentellen Analytik

Neben chemischen, biologischen und mikrobiologischen Untersuchungsmethoden werden in der Umweltanalytik vor allem physikalische Untersuchungsmethoden eingesetzt. Dafür benötigt man spezielle Analysegeräte für **spektroskopische Verfahren** (lat. spectrum = Bild in der Vorstellung und griech. scopein = sehen), **chromatografische Verfahren** (griech. chroma = Farbe und graphein = schreiben) und **elektrochemische Verfahren** **(Tabelle 1)**. Zunehmend werden Geräte mit unterschiedlichen Verfahren gekoppelt. In einem Arbeitsgang lassen sich ggf. Einzelstoffe trennen und anschließend die Einzelkonzentrationen bestimmen. Häufig steigt die Nachweisempfindlichkeit bei der Kopplung unterschiedlicher Verfahren.

4.3.4 Analysegeräte für spektroskopische Verfahren

Bei den im Folgenden besprochenen spektroskopischen Verfahren wird die Wechselwirkung der vom Analysegerät ausgesandten elektromagnetischen Strahlung mit Molekülen oder Atomen der zu analysierenden Stoffe (meist als *Probe* bezeichnet) gemessen. Meist wird dazu die **Absorption** (lat. absorbere = verschlucken) bestimmt, also die stoffkonzentrationsabhängige Strahlungsschwächung, die beim Durchdringen des zu analysierenden Stoffes auftritt. Trägt man in einem Diagramm die absorbierte Strahlung in Abhängigkeit von der Wellenlänge der elektromagnetischen Strahlung auf, erhält man ein stoffspezifisches Absorbtionsspektrum. Dieses ist wie ein Fingerabdruck der Probe und erlaubt damit als sogenannte qualitative Analyse (Analyse der Stoffart) die Identifizierung anhand von Vergleichsspektren **(Bild 1)**.

UV/Vis-Spektralfotometer

Als ältestes und universell einsetzbares spektroskopisches Verfahren dienen UV/Vis-Spektralfotometer in der Umweltanalytik in der Regel zur **Konzentrationsbestimmung** zahlreicher anorganischer und organischer Stoffe in Lösungen **(Tabelle 1)**.

UV/Vis-Spektralfotometer erzeugen monochromatisches Licht (griech. mono = ein; chroma = Farbe) jeder gewünschten Wellenlänge im Bereich ultravioletter (UV-) Strahlung zwischen 200 nm und 400 nm bzw. sichtbares Licht (Vis, von engl. visible = sichtbar) von 400 nm bis 800 nm. Das ist notwendig, weil man zur Stoffmengenkonzentrationsbestimmung möglichst bei der Wellenlänge misst, bei der dieser Stoff am stärksten Licht absorbiert, d.h. im **Absorptionsmaximum**, dem Bereich der größten analytischen Empfindlichkeit (Bild 1).

Zur Analyse wird die Stoffprobenlösung in eine *Küvette* gefüllt und in den monochromatischen Lichtstrahl des Fotometers mit der Strahlungsleistung Φ_0 gebracht **(Bild 2 und 3)**. Weil das zu angeregten Zuständen der Elektronen der Stoffmoleküte in der Probe führt, ist die nach dem Durchgang durch die Probe aus der Küvette austretende Strahlungsleistung Φ durch die Absorptionseigenschaften der Probe geschwächt worden, was der Sensor im Fotometer misst.

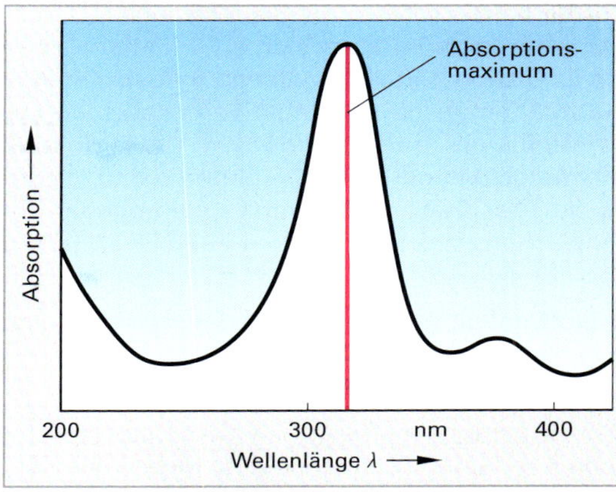

Bild 1: Beispielspektrum eines Stoffes im UV-Bereich

Tabelle 1: In UV/Vis-Spektralfotometern bestimmbare Stoffe (Beispiele)

Umweltbereich Wasser	Umweltbereich Boden und Luft
Ammonium, BSB, Chloroxid, Chlorid, Chlorophyll, Chromat, CSB, Eisen, Fluorid, Hydrazin, Jodid, Kalium, Natrium, Nitrat, Nitrit, Phosphat, Resthärte, Sauerstoff, Sulfat, Sulfit, Tenside, TOC	Aluminium, Blei, Cadmium, Chlor, Gold, Kupfer, Nickel, Ozon, Stickstoff (gesamt), Schwefedioxid

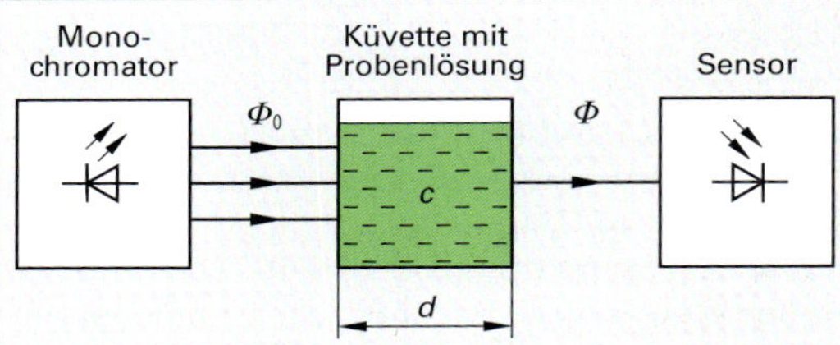

Φ_0 Strahlungsleistung eintretend
Φ Strahlungsleistung austretend
c Stoffmengenkonzentration der Problenlösung
d Schichtdicke der Küvette (optische Weglänge)

Bild 2: Prinzip der Fotometrie

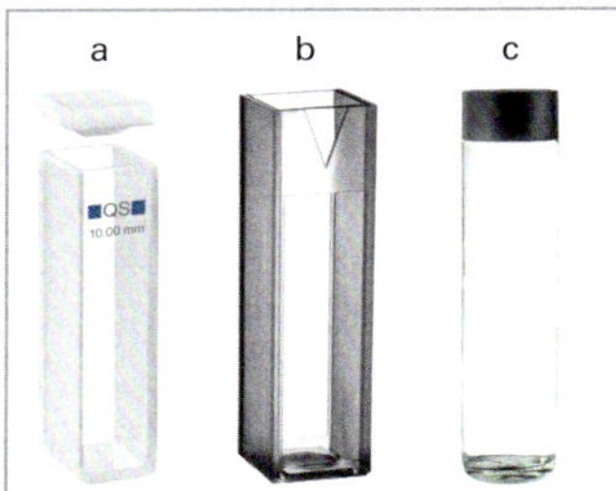

a Quarzglasküvette für UV-Bereich
b Kunstoffküvette für Vis-Bereich
c Rundglasküvette für Vis-Bereich

a und b haben standardmäßig eine Schichtdicke (optische Weglänge) von 1 cm

Bild 3: Küvetten für UV/Vis-Spektralfotometer

Das Verhältnis Φ/Φ_0 ist die *Transmission* τ (Durchlässigkeit). Von ihr leitet sich als wichtige Größe die *Extinktion A* ab (lat. extinctio = Auslöschung), die mathematisch der negative dekadische Logarithmus der Transmission τ ist. Die Extinktion A einer gelösten Stoffprobe nimmt damit im Gegensatz zur Transmission τ mit zunehmender Abschwächung des Lichtstrahls zu und ist abhängig von der

- Stoffmengenkonzentration c der Probenlösung,
- Schichtdicke d der Küvette und dem
- *molaren dekadischen* Extinktionskoeffizienten ε.

Der Extinktionskoeffizient ε ist eine stoffspezifische Konstante für die gewählte Messwellenlänge. Es gilt:

$$A = \varepsilon \cdot c \cdot d \quad (1)$$

bzw. umgeformt:

$$c = \frac{A}{\varepsilon \cdot d} \quad (2)$$

Dieses sogenannte *Lambert-Beer'sche Gesetz* ist die Grundlage für die quantitative Analyse (Analyse der zahlenmäßigen Zusammensetzung, hier Stoffmengenkonzentrationsbestimmung), weil die Extinktion A bei Einhaltung entsprechender Messbedingungen proportional zur Stoffmengenkonzentratkion der Probe ist. Die Extinktion A ist daher auch die Größe, die meist am Display des Fotometers als Messwert direkt angezeigt und die zur Grundlage der Berechnung des Messergebnisses benutzt wird **(Bild 1)**.

Mithilfe des Lambert-Beer'schen Gesetzes lässt sich die Stoffmengenkonzentration des zu analysierenden gelösten Stoffes direkt berechnen, wenn der Extinktionskoeffizient ε bekannt ist. Ist der Wert ε nicht bekannt, wird zunächst eine **Kalibrierkennlinie** erstellt. Ausgehend von einer Stammlösung des zu analysierenden Stoffes mit bekannter Stoffmengenkonzentration wird eine Verdünnungsreihe hergestellt. Diese Kalibrierlösungen werden im Fotometer vermessen und die erhaltenen Extinktionen A gegen die bekannen Stoffmengenkonzentrationen der Kalibrierlösungen beispielsweise in einem Diagramm als Kalibriefkennlinie aufgetragen **(Bild 2)**.

Die Bestimmung der Stoffmengenkonzentrationen c der zu analysierenden Probe muss dann unter den gleichen Bedingungen, wie Küvette mit gleicher Schichtdicke, gleicher Wellenlänge etc., erfolgen. Das Messergebnis erhält man entweder durch Eintragen des Messwerts in das Kalibrierkennliniendiagramm oder bei modernen Fotometern durch eine Auswertesoftware **(Bild 3)**.

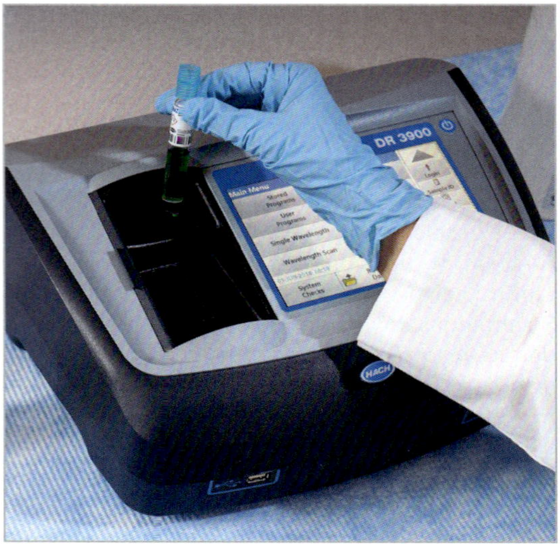

Bild 1: Vis-Spektralfotometer zur Bestimmung umweltrelevanter Stoffe

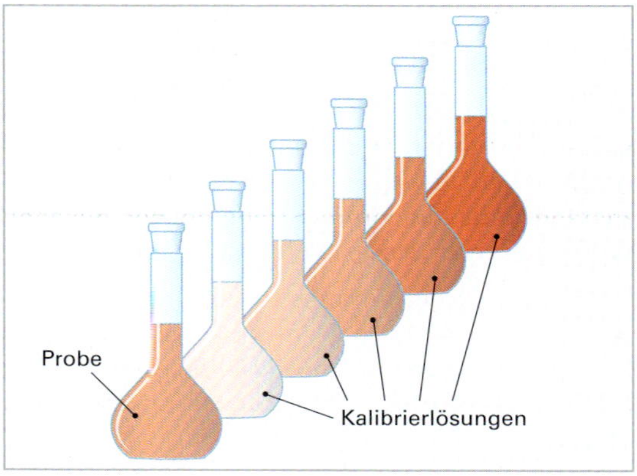

Bild 2: Kalibrierlösungen und unbekannte Probe

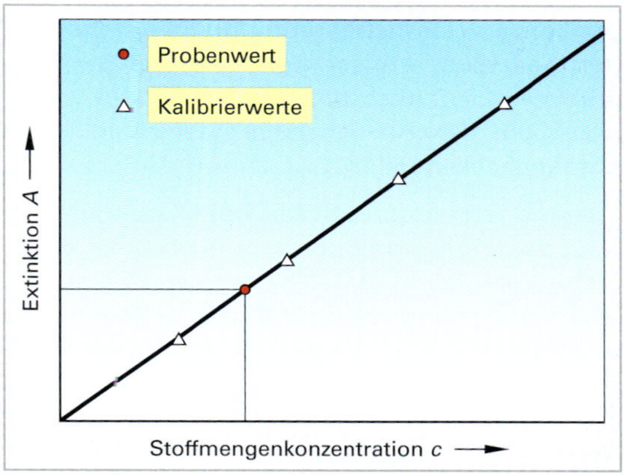

Bild 3: Stoffmengenkonzentrationsbestimmung einer Probe mittels Kalibrierkennlinie

Infrarot-Spektrometer

Infrarot-Spektrometer (IR-Spektrometer) strahlen IR-Strahlung mit Wellenlängen zwischen 2,5 µm und 50 µm bzw. mit Wellenzahlen (Zahl der Schwingungen einer Welle je Länge) von 400/mm bis 20/mm durch die zu analysierende Probe. Durch Absorption der IR-Strahlung werden die Atome oder bestimmte Molekülteile (z.B. die Gruppen OH, C=C, C=O, C–H, C≡N) der Probenmoleküle zu jeweils charakteristischen Schwingungen und Rotationen angeregt. Die daraus folgende Schwächung der IR-Strahlung wird gemessen und als Transmission (Durchlässigkeit) in Abhängigkeit von der Wellenzahl aufgetragen, wodurch man ein stoffspezifisches Spektrum erhält **(Bild 1)**. Durch den Vergleich mit Standardspektren aus einem Spektrenkatalog lassen sich Umweltproben untersuchen **(Tabelle 1)**.

> Die IR-Spektroskopie ermöglicht die Identifizierung von Stoffen in Umweltproben.

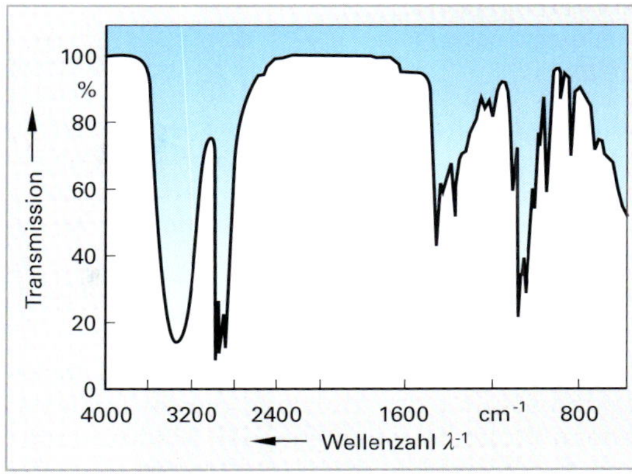

Bild 1: IR-Spektrum des Lösemittels Butanol

Tabelle 1: Durch IR bestimmbare Stoffe (Beispiele)

Umweltbereich Wasser	Umweltbereich Boden/Luft
Verunreinigungen durch Kohlenwasserstoffe (Benzin, Benzol, Trichlorethen, Tetrachlorethen, Heizöl), Tenside, Pflanzenbehandlungsmittel	Verunreinigungen durch organische Lösemittel, Analyse und Bestimmung von Asbest, Quarzstaub, Kohlenstoffdioxid

Atomabsorptions-Spektrometer

Freie Atome absorbieren je nach Atomart UV-Strahlung oder Licht (Vis-Strahlung), wenn sie z.B. durch starkes Erhitzen in einen angeregten Zustand gebracht werden. Bei der Rückkehr in den Ausgangszustand wird wiederum Strahlung der gleichen Wellenlänge emittiert (von lat. emittere = ausstrahlen). Da die Wellenlänge, bei der die Absorption bzw. Emission stattfindet, spezifisch für die verschiedenen Elemente ist, wird dies bei der *Atomabsorptions-Spektroskopie* (AAS) zur Konzentrationsbestimmung von Metallen genutzt **(Tabelle 2)**.

Metallhaltige Proben, z.B. aus Böden oder Klärschlämmen, werden im AAS-Gerät zunächst in eine heiße Gasflamme (etwa 2200 °C) oder in einen Grafitrohrofen (bis zu 3000 °C) gebracht, wodurch die Atome aus ihren chemischen Verbindungen freigesetzt werden. Durch diese Atomwolke wird Strahlung derjenigen Wellenlänge geschickt, die von dem zu analysierenden Metall absorbiert werden kann. Dabei ist die Absorption proportional zur Konzentration.

> Die Atomabsorptions-Spektroskopie dient zum Nachweis und zur Konzentrationsbestimmung von Metallen in Umweltproben, auch im Spurenbereich.

ICP-Atomemissions-Spektrometer

Eine Ergänzung der AAS ist die ICP-Atomemissions-Spektroskopie (ICP-AES), die z.B. bei der

Tabelle 2: Durch AAS und IPC-AES bestimmbare Metalle (Beispiele)

Umweltbereich Wasser	Umweltbereich Boden/Luft
Arsen, Blei, Bor, Calcium, Eisen, Kupfer, Natrium, Phosphor, Quecksilber	Blei, Cadmium, Chrom, Kalium, Magnesium, Nickel, Strontium, Tantal, Titan, Uran, Zink, Zirkon

Bestimmung schwer verdampfender Elemente, wie Bor, Uran und Wolfram, Vorteile bietet und bei der in einer Umweltprobe im Gegensatz zur AAS mehrere Elemente gleichzeitig bestimmt werden können. Bei diesem Verfahren werden die verschiedenen Atome der Probe zur Emission von Licht entsprechender Wellenlängen angeregt, nachdem sie in einer Argonplasmafackel (bis 7500 °C) atomisiert wurden. Das heiße Plasma entsteht in einem induktiv eingekoppelten Hochfrequenzfeld (Inductive Coupled Plasma = ICP) durch Ionisation des Edelgases. Die Intensitäten der emittierten Strahlungen entsprechen der Konzentration der Metalle.

> Die Atomemissions-Spektroskopie ermöglicht die gleichzeitige Messung mehrerer Metalle in einer Umweltprobe bis in den Spurenbereich.

Massen-Spektrometer

Plasma-Massen-Spektrometer (ICP-MS, ICP von Inductive Coupled Plasma) sind Geräte mit großer Analysengeschwindigkeit und hoher Nachweisempfindlichkeit. Mit ihnen lassen sich selbst kleinste Stoffmengen in Umweltproben bestimmen. Man kann in einer Staubprobe z. B. die Elemente Al, As, Ba, Be, Bi, Ca, Cd, Co, Cr, Cu, Fe, K, Mg, Mn, Mo, Na, Ni, P, Pb, S, Sb, Se, Sn, Sr, Te, Ti, V, W, Zn gleichzeitig bis 10^{-12} g bestimmen **(Tabelle 1)**.

Bei ICP-MS dient eine heiße Argonplasmafackel zur Ionisierung der Moleküle der zu analysierenden Probe. Die entstehenden Molekül-Ionen sind teilweise nicht stabil und zerfallen weiter zu geladenen und ungeladenen Bruchstücken (Fragmentierung). Vom ICP-MS-Gerät werden die gebildeten positiv geladenen Ionen (Kationen) entsprechend ihrem Verhältnis von Masse *m* und Ladung *z* (*m/z*-Verhältnis) durch angelegte und sich kontinuierlich ändernde elektrische und magnetische Felder aufgetrennt und als Massenspektrum registriert **(Bild 1)**.

> Ein ICP-MS trennt die Moleküle einer Probe nach ihrer Molekülmasse und ermöglicht die qualitative und quantitative Bestimmung von Elementen und Verbindungen bis 10^{-12} g.

4.3.5 Analysegeräte für chromatografische Verfahren

Meist sind Umweltproben Stoffgemische, die zur Analyse in Einzelstoffe getrennt werden müssen. Vor allem für die Trennung kleiner Mengen organischer Stoffgemische eignen sich bevorzugt instrumentelle chromatografische Verfahren wie die *Hochleistungs-Flüssigkeits-Chromatografie* (HPLC = High Performance Liquid Chromatography) und die *Gas-Chromatografie (GC)* **(Bild 2)**.

Bei beiden Verfahren befindet sich das Probenstoffgemisch gelöst in einer gasförmigen oder flüssigen Phase und wird durch eine **Trennsäule** transportiert, die mit einer stationären Phase ausgekleidet ist. Die Trennung im Verlauf des Transports beruht auf unterschiedlich starken chemisch-physikalischen Wechselwirkungen der einzelnen Stoffe mit der stationären Phase, wodurch der Transport durch die Säule von dem Stoff abhängig unterschiedlich verzögert wird. In einem **Chromatogramm** wird der Zeitpunkt erfasst, an dem die getrennten Einzelstoffe die Säule verlassen **(Bild 2, folgende Seite)**.

Tabelle 1: Durch Massen-Spektrometrie bestimmbare Stoffe (Beispiele)

Umweltbereich Wasser	Umweltbereich Boden/Luft
fast alle Elemente von Lithium bis Uran, z. B. in der Trinkwasser-, Brauchwasser- und Abwasseranalytik	praktisch alle Elemente von Lithium bis Uran, z. B. in Staubproben, Böden, Klärschlämmen, Abfällen und Altlasten

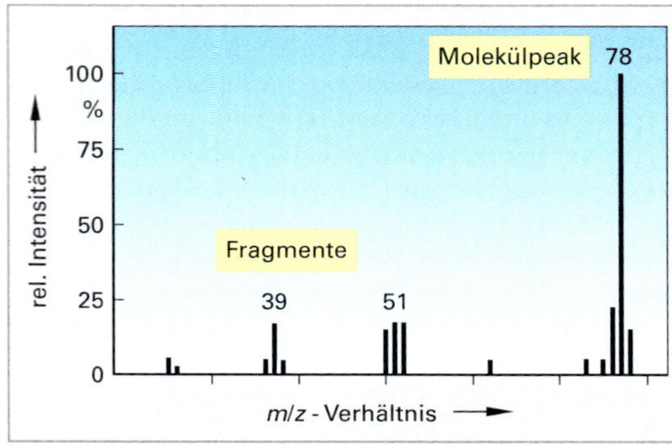

Bild 1: Massenspektrum von Benzol C_6H_6
(molare Masse = 78)

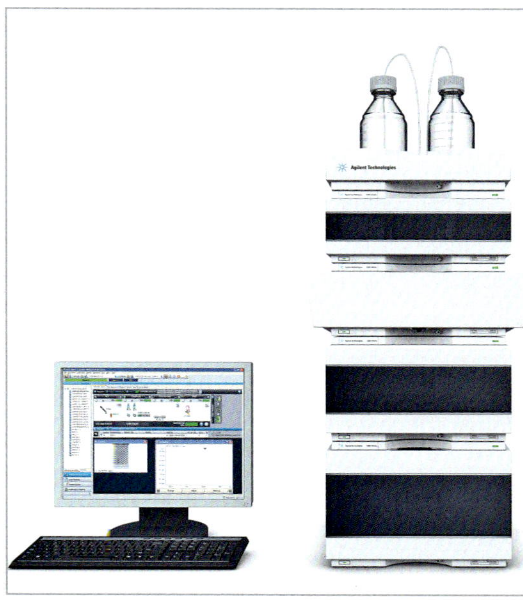

Bild 2: HPLC-Anlage für die Umweltanalytik

> Chromatografische Verfahren dienen der zerstörungsfreien Trennung von Stoffgemischen und erlauben die qualitative und quantitative Bestimmung der Einzelstoffe.

HPLC-Anlage

Die Löslichkeit von Stoffen in einem Lösemittel ist die Voraussetzung für die Trennung eines Stoffgemischs mit HPLC sowie für die qualitative und quantitative Bestimmung der Einzelstoffe. Bevorzugt dient deshalb die HPLC zur Analyse von Umweltproben aus temperaturempfindlichen organischen Stoffen mit höherer molarer Masse und Ionen **(Tabelle 1)**.

Eine HPLC-Anlage besteht aus den Komponenten Lösemittelvorrat (mobile Phase), Hochdruckpumpe, Probenaufgabeventil (Injektor, von lat. injectare = hineingeben), Trennsäule mit stationärer Phase, Sensorsystem (evtl. mehrere gekoppelt) und Signalverarbeitung **(Bild 1)**. Zur Analyse wird die Probe durch das Probenaufgabeventil in das Lösemittel gebracht und mit Drücken von bis zu 40 MPa = 400 bar mit konstantem Fluss durch die Trennsäule befördert. Da sich die verschiedenen Stoffe der Probe meist in ihren physikalisch-chemischen Eigenschaften, z. B. Löslichkeit, Ladung, Polarität, Molekülgröße, unterscheiden, treten sie in verschieden starke Wechselwirkungen mit der stationären Phase, die nicht mit der mobilen Phase mischbar ist. Die Stoffe werden deshalb unterschiedlich stark im Transport durch die Trennsäule behindert, sodass sie die Trennsäule einzeln und zeitverzögert verlassen. Ein Sensorsystem registriert in einem Chromatogramm die einzelnen Stoffe abhängig von der *Retentionszeit* (lat. retentio = Zurückhaltung). Das ist die Zeit zwischen Probenaufgabe und Verlassen der Trennsäule **(Bild 2)**.

> Die HPLC dient zur Bestimmung von gelösten organischen, temperaturempfindlichen Stoffen mit höherer molarer Masse oder von Ionen.

Universelle und häufig verwendete Sensoren sind **Durchflussfotometer**, welche die Absorption von UV/Vis-Strahlung jedes die Trennsäule verlassenden Stoffes messen. Für besondere Anwendungen sind aber auch weitere Sensoren üblich **(Bild 3)**. Wegen der hohen Nachweisempfindlichkeit und Selektivität ist die Kopplung eines Massen-Spektrometers an die HPLC-Anlage besonders vorteilhaft.

Zur qualitativen Analyse dienen bei der HPLC die stoffspezifischen Retentionszeiten. Durch Veränderungen im chromatografischen System, z. B. Wahl der stationären Phase, Fließmittelwahl, Temperaturanpassung, lässt sich erreichen, dass sich auch Stoffe trennen lassen, die sich nur geringfügig unterscheiden.

Tabelle 1: Mit HPLC bestimmbare Stoffe (Beispiele)

Umweltbereich Wasser	Umweltbereich Boden/Luft
Anionen, Kationen, polyzyklische aromatische Kohlenwasserstoffe, Phenole, Pflanzenbehandlungsmittel, Amine	polyzyklische aromatische Kohlenwasserstoffe, Nitrophenole, organische Säuren, Aldehyde, Isocyanate, Anionen

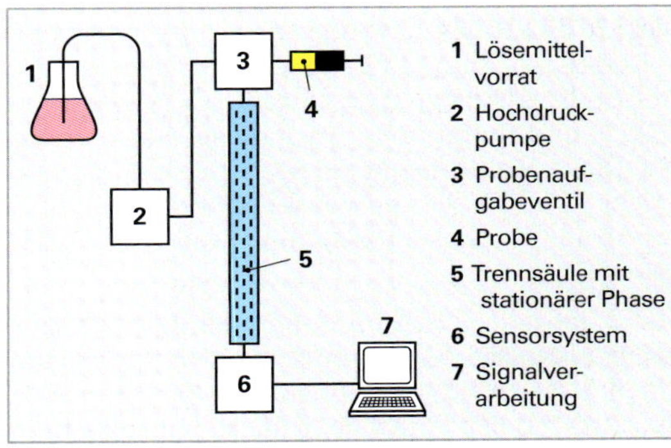

Bild 1: Aufbau einer HPLC-Anlage

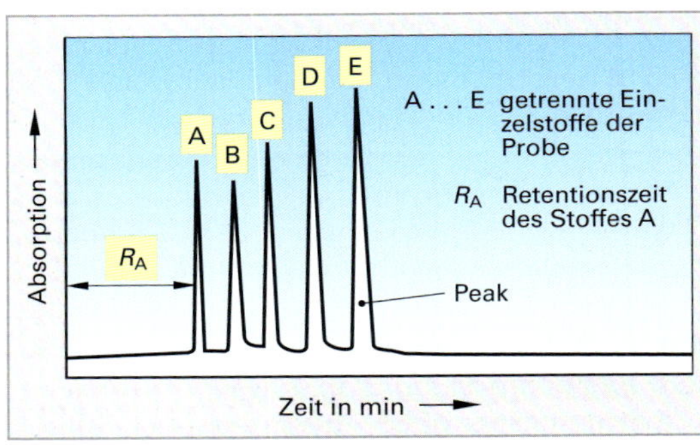

Bild 2: Chromatogramm mit Stoffpeaks

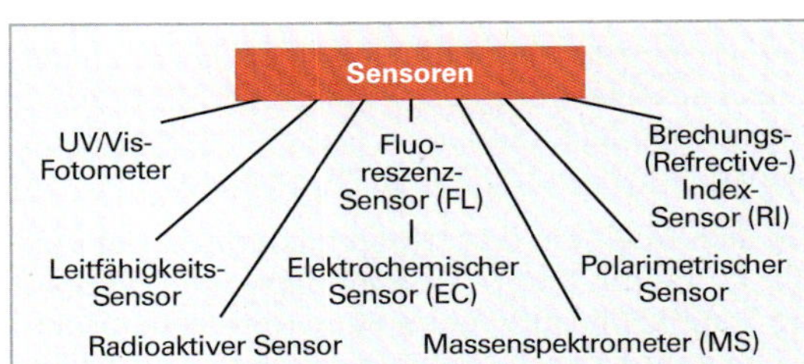

Bild 3: Sensoren in der HPLC

Zur quantitativen Bestimmung der verschiedenen Stoffe dienen die jeweiligen Peakflächen. Ihre Größe ist proportional zur Konzentration. Die Bestimmung erfolgt meist computergestützt mittels PC-Software.

Ionenchromatografie-Anlage (IC-Anlage)

Für die instrumentelle Umweltanalytik in den Bereichen Boden, Wasser und Luft hat die *Ionenchromatografie IC* als eigenständiges HPLC-Verfahren eine herausragende Bedeutung erlangt.

Dabei ist die Bestimmung *anorganischer Anionen* im Trinkwasser zur Kontrolle der Grenzwerte nach der Trinkwasserverordnung (TrinkwV) eine der wichtigsten Anwendungen der IC. Nach DIN EN ISO 10304-1 werden die Konzentrationen der gelösten Anionen Bromid (Br^-), Chlorid (Cl^-), Fluorid (F^-), Nitrit (NO_2^-), Nitrat (NO_3^-), Phosphat (PO_4^{3-}) und Sulfat (SO_4^{2-}) auf diese Weise ermittelt. Diese Methode gilt auch für die Bestimmung dieser Ionen im Grundwasser, Oberflächenwasser Abwasser, Sickerwasser und Meerwasser **(Tabelle 1)**.

Die gleichzeitige Bestimmung wichtiger *anorganischen Kationen* wie Ammonium (NH_4^+), Calcium (Ca_2^+), Kalium (K^+), Magnesium (Mg_2^+) und Natrium (Na^+) beispielsweise in Trink-, Oberflächen- oder Mineralwasser lässt sich ebenfalls schnell mittels Ionenchromatografie durchführen **(Bild 1)**.

Prinzipiell lassen sich Ionen mit diesem Verfahren auch in Aerosolen und Stäuben nachweisen und bestimmen.

> Mit der Ionenchromatografie können umweltrelevante Ionen in wässrigen Lösungen qualitativ und quantitativ bestimmt werden.

Praktisch erfolgt die Ionenchromatografie in einem *Ionenchromatografen*, dessen prinzipieller Aufbau dem einer HPLC-Anlage entspricht **(Bild 1, vorhergehende Seite)**.

Das Kernstück der IC-Anlage ist die Trennsäule, die je nach zu trennenden Ionen als Anionenaustauschersäule mit positiv geladener stationärer Phase oder als Kationenaustauschersäule mit negativ geladener stationärer Phase ausgeführt ist.

Die sich in einem wässrigen Lösemittel befindliche Probe mit den zu trennenden Ionen wird auf die Trennsäule aufgegeben und mittels der Hochdruckpumpe durch sie hindurch befördert. Dabei treten die Ionen, abhängig von ihrer Größe und Ladungsstärke, mit der entgegengesetzt geladenen stationären Phase der Trennsäule in verschieden starke Wechselwirkungen, was den Transport durch die Säule entsprechend behindert und zu unterschiedlichen ionenspezifischen Retentionszeiten führt **(Tabelle 2)**.

Tabelle 1: Mit IC bestimmbare Stoffe (Beispiele)

Umweltbereich Wasser, Boden, Luft	
Anionen:	Bromid, Chlorid, Fluorid, Nitrit, Nitrat, Phosphat, Sulfat
Kationen:	Ammonium, Kalium, Calzium, Magnesium, Natrium

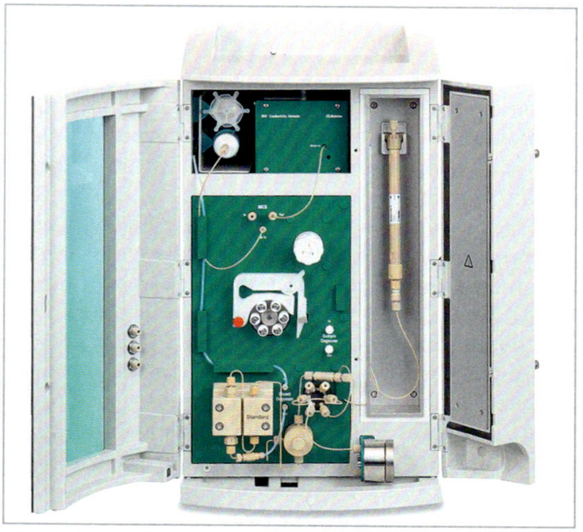

Bild 1: Ionenchromatografie-Anlage (IC-Anlage)

Tabelle 2: Typische Reihenfolge der Retentionszeiten bei der IC (Beispiele)

Anionen:	Fluorid ▶ Chlorid ▶ Nitrit ▶ Phosphat ▶ Bromid ▶ Nitrat ▶ Sulfat
Kationen:	Natrium ▶ Kalium ▶ Calcium ▶ Magnesium

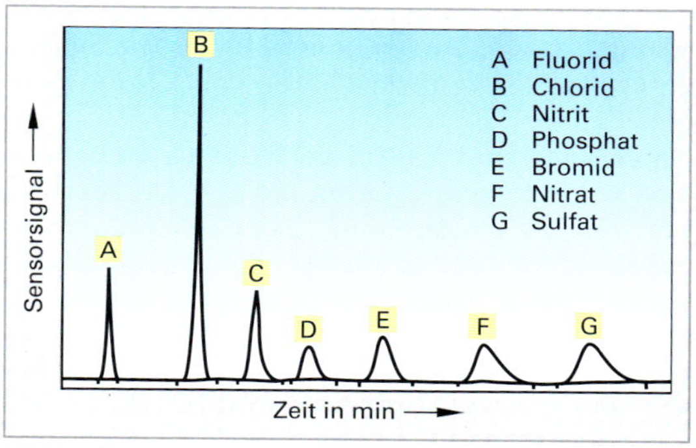

Bild 2: Chromatogramm eines Teststandards für Anionen

Am Säulenende registriert ein Leitfähigkeits-Sensor in einem Chromatogramm die elektrische Leitfähigkeit der die Säule zeitverzögert einzeln verlassenden Ionen als Stoffpeaks **(Bild 2)**. Die Größe der jeweiligen Peakflächen ist dabei proportional der Ionenkonzentration in der aufgegebenen Probe.

Gas-Chromatografie-Anlage (GC-Anlage)

Voraussetzung für die Trennung eines Stoffgemisches sowie die qualitative und quantitative Bestimmung der Einzelstoffe durch GC ist die Verdampfbarkeit der Probe, die sich dabei nicht zersetzen darf. Selbst schwerflüchtige Stoffe lassen sich untersuchen, wenn sie vorher durch chemische Reaktionen in temperaturstabile, verdampfbare Verbindungen umgewandelt wurden **(Tabelle 1)**.

> Die GC dient zur Bestimmung von temperaturunempfindlichen und unzersetzt verdampfbaren Stoffen.

Eine GC-Anlage besteht ähnlich wie eine HPLC-Anlage aus Gasvorrat für das Trägergas als mobile Phase, Probenaufgabeventil (Injektor), Trennsäule mit stationärer Phase, Sensorsystem und Signalverarbeitung **(Bild 1)**. Zur Analyse wird die Probe durch das beheizte Probenaufgabeventil in den gasförmigen Zustand überführt und mithilfe des Trägergases (Helium, Wasserstoff, Argon, Stickstoff oder Kohlenstoffdioxid) gleichmäßig durch die beheizte Trennsäule bewegt. Die Trennsäule ist mit der stationären Phase ausgekleidet, die je nach Trennaufgabe aus verschiedenen Trennflüssigkeiten, z. B. Silikonöle, Polyethylenglykole, besteht, die auf Trägermaterialien aufgebracht sind. Die Trennleistung einer Trennsäule ist umso größer, je länger die Säule ist. Deshalb werden in der Umweltanalytik Dünnfilm-Trennkapillaren aus Quarzglas mit einer Länge bis zu 150 m und einem Innendurchmesser zwischen 0,1 mm bis 0,5 mm bevorzugt. Die Trennwirkung beruht darauf, dass sich die verschiedenen Stoffe der Probe jeweils unterschiedlich stark in der mobilen gasförmigen und stationären flüssigen Phase lösen. Stoffe mit höherer Löslichkeit in der stationären Phase wandern daher langsamer durch die Säule. Das Sensorsystem am Ende der Trennsäule registriert in einem Chromatogramm die einzelnen Stoffe abhängig von ihrer Retentionszeit **(Bild 2)**.

Für alle Stoffe geeignet und einfach einsetzbar ist ein *Wärmeleitfähigkeits-Sensor*. Er nutzt zur Detektion (Aufdeckung) die geringere Wärmeleitfähigkeit der Analysenstoffe gegenüber dem Trägergas aus. Für die Spurenanalytik dienen *Flammenionisations-Sensoren*, *Elektroneneinfang-Sensoren* und als Universalsensor *Massen-Spektrometer*. Die Signalverarbeitung erfolgt meist durch elektronische Bestimmung der Peakflächen, z. B. durch einen PC mit entsprechender Hardware und Software.

Tabelle 1: Mittels GC bestimmbare Stoffe (Beispiele)

Umweltbereich Wasser	Umweltbereich Boden/Luft
gasförmige organische und anorganische Stoffe, z. B. aromatische Kohlenwasserstoffe, halogenierte Kohlenwasserstoffe, Lösemittel, Pflanzenbehandlungsmittel, Dioxine, Furane, Phenole, polychlorierte Biphenyle	wie im Bereich Wasser, zusätzlich Deponiegas, Biogas, Bodenluft, Motorabgase, Innenraumluft, Luftschadstoffe

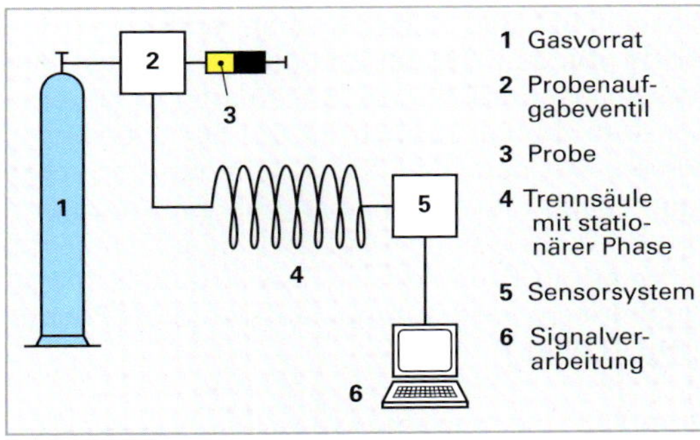

Bild 1: Aufbau einer GC-Anlage

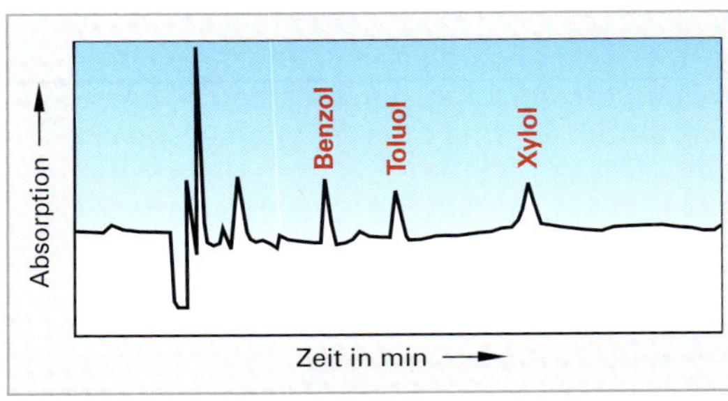

Bild 2: Chromatogramm eines Lösemittelgemischs

Wiederholung und Vertiefung

1. **Nennen Sie Untersuchungsmethoden der Umweltanalytik.**
2. **Welche Analyseverfahren werden zu den spektroskopischen Verfahren gerechnet?**
3. **Wie erstellt man in der Fotometrie eine Kalibrierkennlinie?**
4. **Wie bestimmt man Stoffe in der IR-Spektroskopie?**
5. **Welche Atome lassen sich bei der AAS bevorzugt nachweisen?**
6. **Welche Vorteile kennzeichnen Massen-Spektrometer?**
7. **Was versteht man unter einem Chromatogramm und welche Informationen liefern die Peaks eines Chromatogramms?**

4.4 Klassische Verfahren der Umweltanalytik

Approved Processes of Environmental Analysis

4.4.1 Bestimmung des Phenolindex durch Fotometrie

Mit diesem Verfahren kann der Phenolindex in Wasserproben bestimmt werden. Unter Phenolindex versteht man die Massenkonzentration von Phenol und seiner verwandten Verbindungen in Wasser. Bei den Phenolen handelt es sich um Stoffe, die den Geruch und den Geschmack von Wasser beeinträchtigen. Sie können in höheren Konzentrationen toxisch (giftig) auf Lebewesen wirken. Mit dem hier beschriebenen Verfahren kann bestimmt werden, wie groß die Konzentration im Wasser von Phenol einschließlich seiner verwandten Produkte ist. Das Ergebnis dieser Bestimmung wird bezogen auf den Stoff Phenol, C_6H_5OH **(Bild 1)**.

Grundlage des Verfahrens

Phenol und seine verwandten Verbindungen bilden in alkalischer Lösung mit dem Reaktionspartner 4-Aminoantipyrin, in der Gegenwart von Kaliumperoxidisulfat, einen Farbstoff, dessen Intensität mit einem Fotometer gemessen werden kann. Der gebildete Antipyrinfarbstoff hat sein Absortionsmaximum bei einer Wellenlänge von 460 nm. Die übliche Angabe des Ergebnisses erfolgt in der Einheit mg/L.

Störende Stoffe in der Probe

Wenn die Probe Chlor oder Jod enthält, müssen diese oxidierenden Substanzen durch den Zusatz von Ascorbinsäure zerstört werden. Wasserinhaltsstoffe, die mit 4-Aminoantipyrin farbige Stoffe bilden oder durch eine Eigenfärbung erkennbar sind, können einen erhöhten Phenolindex vortäuschen. In diesem Fall muss auf ein geeignetes Verfahren, z. B. die Chromatografie, ausgewichen werden.

Probenahme

Wasserproben zur Bestimmung des Phenolindex werden lichtgeschützt in braunen Glasflaschen oder Flaschen aus Teflon genommen. Da Phenolverbindungen sowohl chemisch wie auch biologisch oxidiert werden können, sind die Proben spätestens nach 4 Stunden zu untersuchen.

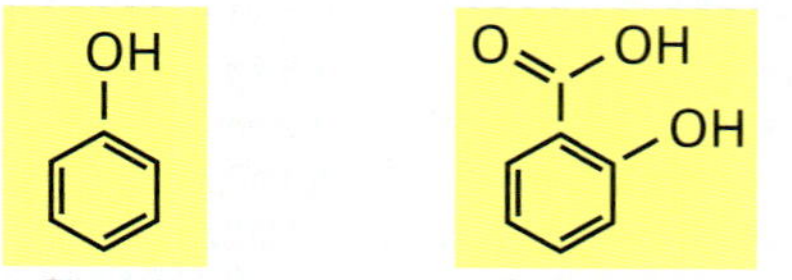

Bild 1: Chemische Strukturen

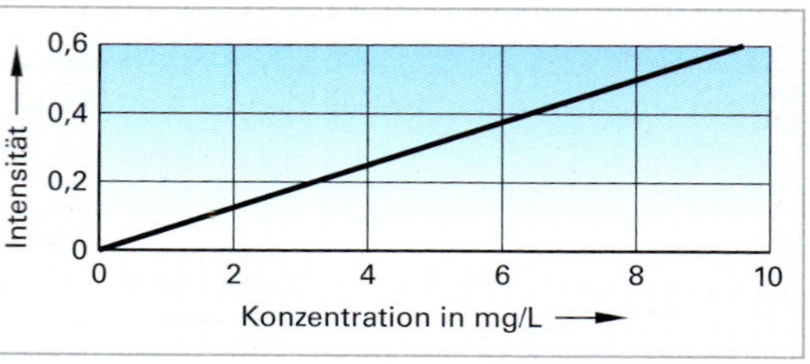

Bild 2: Kalibrierkurve für ein Fotometer

Auswertung

Entsprechend des zu erwartenden Phenolindex ist aus einer Phenolstandardlösung eine Kalibrierkurve zu erstellen. Sie sollte den zu erwartenden Messbereich gleichmäßig überdecken **(Bild 2)**.

> In Abwasserproben vorhandene Phenolverbindungen werden als Phenolindex mit einem Fotometer bestimmt.

4.4.2 Bestimmung des Ammonium-Stickstoffs durch Fotometrie

Ammonium-Stickstoff ist in vielen oberirdischen Gewässern, häuslichen und gewerblichen Abwässern und im Grundwasser vorhanden. Er wird zudem sehr häufig durch die intensive landwirtschaftliche Nutzung von Feldern in Gewässer eingetragen. Bei einem Ammoniumgehalt von über 1 mg/L ist ein Gewässer für Fischereizwecke nicht mehr geeignet.

Die chemische Form, in der Ammonium-Stickstoff in Wasser vorliegt, hängt vom pH-Wert ab. Innerhalb von leicht saurem Wasser, pH < 7, überwiegt die Form des NH_4^+, des Ammoniumions. Es entspricht der weniger umweltschädlichen Form der Ammoniumverbindungen. Bei einem basischen Wasser, pH > 7, liegt der Ammoniumstickstoff überwiegend in der Form des Ammoniak NH_3 vor. Ammoniak ist schon in der geringen Konzentration von 0,5 mg/L für viele Fische schädlich.

Grundlage des Verfahrens

Ammonium-Ionen reagieren bei einem pH-Wert von 12,6 mit Hypochloritionen und Salicylsäure in Gegenwart eines Katalysators zu einem blauen Farbstoff **(Bild 1, vorherige Seite)**. Dieser hat sein Absorptionsmaximum bei einer Wellenlänge von 655 nm und kann in einem Fotometer gemessen werden. Das Ergebnis wird in mg/L angegeben.

Störende Stoffe in der Probe

Verschiedene stickstoffhaltige Verbindungen, z. B. Amine, werden bei der Bestimmung mit erfasst und täuschen einen höheren Gehalt vor. Der in der Landwirtschaft als Düngemittel eingesetzte Harnstoff hat keinen störenden Einfluss auf die Analyse. Auch Nitratverbindungen stören die Analyse nicht.

Probenahme

Wasserproben zur Bestimmung des Ammoniumstickstoffs können in Glasflaschen und Polyethylenflaschen genommen werden. Beim Vorliegen höherer Ammonium-Konzentrationen müssen sie möglichst sofort analysiert werden.

Auswertung

Entsprechend des zu erwartenden Gehalts an Ammoniumstickstoff ist zur Auswertung aus einer Ammoniumstandardlösung eine Kalibrierkurve anzufertigen. Sie sollte den zu erwartenden Messbereich gleichmäßig überdecken.

> In Gewässern vorhandenes Ammonium schädigt schon in geringen Konzentrationen Fische.

4.4.3 Bestimmung des Sulfatgehalts durch komplexometrische Titration

Sulfat ist z. B. ein Bestandteil von gipshaltigen Gesteinen und kommt in Gewässern als Sulfation vor **(Bild 1)**. Daher haben viele Gewässer einen Sulfatgehalt von 10 mg/L bis 20 mg/L. Bei höheren Sulfatkonzentrationen wird über anaerobe Vorgänge durch Reduktion aus Sulfat der giftige Schwefelwasserstoff gebildet.

Grundlage des Verfahrens

Die in der Wasserprobe enthaltenen Kationen werden über einen Ionenaustauscher **(Bild 2)** gegen Wasserstoff-Ionen ausgetauscht. Die verbliebenen Sulfat-Ionen werden nach dem Ionenaustausch durch eine genau bekannte Menge an Barium-Ionen ausgefällt.

Die überschüssigen Barium-Ionen werden durch eine Titration mithilfe des Komplexbildners EDTA (Ethylendiamin-tetraacetat) bestimmt. Der Komplexbildner EDTA reagiert mit den Metall-Ionen in einer wässrigen Lösung (komplexometrische Titration). Die Massenkonzentration der Sulfat-Ionen wird aus der Differenz des Volumens der vorgegebenen und der zurücktitrierten Bariumlösung errechnet. Das Ergebnis wird in mg/L angegeben.

> Komplexometrische Titration ermöglicht die Bestimmung einer unbekannten Konzentration von Metall-Ionen.

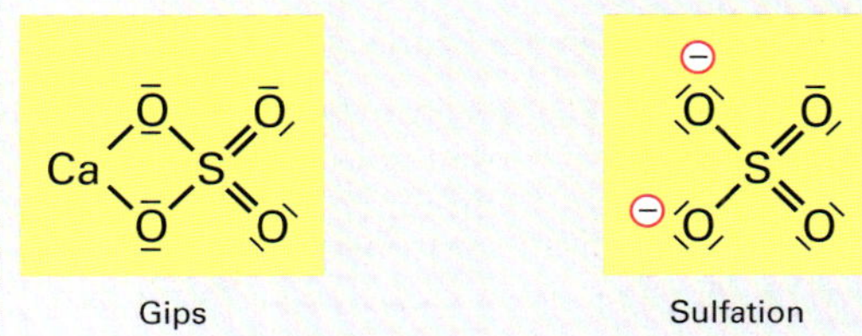

Bild 1: Chemische Strukturen

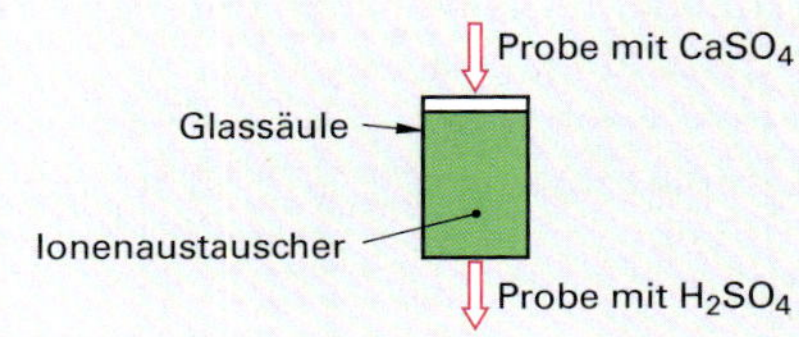

Bild 2: Funktion des Ionenaustauschers

Massenkonzentration ß

$$ß = \frac{[(c_B \cdot V_B) - (c_T \cdot V_T)] \cdot f}{V_W} \quad (1)$$

- V_B Volumen der zugesetzten Bariumchloridlösung in mL
- V_T Verbrauch an EDTA-Lösung in mL
- c_B Stoffmengenkonzentration der Bariumchloridlösung in mol/L
- c_T Stoffmengenkonzentration der EDTA-Lösung in mol/L
- f Äquivalenzfaktor für Sulfat-Ionen $f = 96 \cdot 10^3$ mg/mol
- V_W Volumen der Wasserprobe in mL
- $ß$ Massenkonzentration in mg/mL

Störende Stoffe in der Probe

Trübungen der Wasserprobe stören die Sulfatbestimmung und werden vor der Analyse durch Filtration entfernt. Sulfit-Ionen sind bei erhöhter Temperatur flüchtig und müssen durch Aufkochen der angesäuerten Probe entfernt werden.

Probenahme

Wasserproben zur Bestimmung der Sulfatkonzentration können in Glasflaschen und Polyethylenflaschen genommen werden.

> Die komplexometrische Titration ermöglicht die Überwachung von umweltrelevanten Stoffen, z. B. Sulfat, in Wasser.

Beispiel:

Von einer 100 mL Wasserprobe soll nach dem Ionenaustausch der Sulfatgehalt bestimmt werden. Hierzu wird die Probe mit 25,0 mL Bariumchloridlösung, Stoffmengenkonzentration 0,05 mol/L, versetzt. Nach der Fällungsreaktion mit den Sulfationen wird der verbliebene Anteil an Bariumchloridlösung mit 24,3 mL einer EDTA-Lösung, Stoffmengenkonzentration 0,05 mol/L, bestimmt. Wie groß ist die Massenkonzentration der Sulfationen in der Wasserprobe?

Lösung:

$$ß = \frac{[(c_B \cdot V_B) - (c_T \cdot V_T)] \cdot f}{V_W}$$

$$= \frac{[(0{,}05 \cdot 25{,}0) - (0{,}05 \cdot 24{,}3)] \cdot 96 \cdot 10^3}{100}$$

$$= \mathbf{33{,}6\ mg/L}$$

4.4.4 Bestimmung von Fluorid mit der ionensensitiven Elektrode

Fluoridverbindungen kommen in fast allen Grund- und Oberflächenwassern vor. Ihre natürliche Konzentration liegt meist unter einem Wert von 1 mg/L. Durch industrielle Abwässer kann der Fluoridgehalt erhöht sein.

Grundlage des Verfahrens

Bei Kontakt einer Fluorid-Ionensensitiven Elektrode **(Bild 1)** mit einer Wasserprobe, die Fluorid enthält, stellt sich zwischen der Messelektrode und der Bezugselektrode eine Kettenspannung ein. Der Wert dieser Spannung steigt mit dem Zahlenwert der Konzentration der Fluorid-Ionen an und wird als Messsignal verwendet. Die Messung

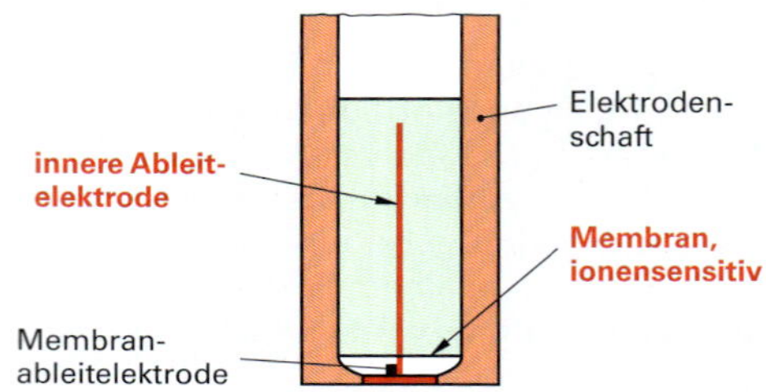

Bild 1: Fluorid-Ionensensitive Elektrode

wird bei einem pH-Wert von 5,6 bis 6,0 durchgeführt. Der pH-Wert wird mit Salzsäure oder Natriumhydroxidlösung eingestellt.

Störungen bei der Messung

Hohe Temperatur und Abweichungen vom pH-Wert beeinflussen das Messverhalten der Elektrode und haben Einfluss auf das Ergebnis.

Probenahme

Die Probenahme erfolgt in Kunststoffflaschen. Der Fluoridgehalt muss so bald wie möglich, spätestens nach drei Tagen, gemessen werden. Vor der Messung des Fluoridgehalts wird die Wasserprobe durch ein Membranfilter von Schwebstoffen gereinigt.

Wenn bei der Durchführung von Reihenuntersuchungen die Konzentrationen der Fluoridionen ungefähr bekannt sind, sollen die Messungen bei der niedrigsten Konzentration beginnen, um Verschleppungen von Fluoridionen zu vermeiden.

Auswertung

Die Auswertung erfolgt durch den Vergleich mit Kalibrierlösungen.

> Durch den Einsatz ionensensitiver Messelektroden wird die Konzentrationsüberwachung in Wasser bei vielen Stoffen vereinfacht.

Wiederholung und Vertiefung

1. **Welche Wirkungen haben Phenole auf die Güte von Wasser?**
2. **Beschreiben Sie die Wirkung von Sulfationen auf die Wasserqualität.**
3. **Beschreiben Sie das Vorkommen von Ammonium und Ammoniak in Abhängigkeit vom pH-Wert des Gewässers.**

4.5 Sensorik
Sensorics

4.5.1 Sensor

In der Technik versteht man unter Sensorik (von lat. sensus = gefühlt) die Lehre von der Wirkung technischer Sensoren, z. B. zur automatischen Bestimmung der Trübung einer Flüssigkeit. Sensoren bestehen aus einem *Sensorelement* und der *Signalverarbeitungsstufe* **(Bild 1)**. Oft wird nach Auswertung des Sensorsignals ein Aktor (lat. actor = Treiber), z. B. ein Motor, angesteuert. Aktoren wandeln elektrische Signale oft in nichtelektrische Größen um.

Beim Farbsensor **Bild 2** wird das vom zu untersuchenden Objekt ausgehende (reflektierte) Licht aufgeteilt und gelangt durch ein Rotfilter, Grünfilter und Blaufilter auf drei Lichtfühler, z. B. Fotodioden **(Bild 3)**. Nach Verstärkung gelangen die zunächst analogen (kontinuierlichen) Signale, das R-Signal (Rotsignal), G-Signal (Grünsignal) und B-Signal (Blausignal), über drei AD-Umsetzer (Analog-Digital-Umsetzer) als digitale Signale zu einem Mikrocontroller (kleiner Computer). Dieser wertet die eingehenden Lichtsignale aus und meldet über einen EA-Baustein (Eingabe-Ausgabe-Baustein) die aktuelle Farbe. Linsensystem, Farbfilter und Lichtfühler bilden das Sensorelement.

> Sensoren bestehen aus einem Sensorelement und einer Signalverarbeitungsstufe.

4.5.2 Sensoren in Messanlagen

Die Auswertung der Sensorsignale erfolgt meist durch einen PC (Personalcomputer) oder eine Speicherprogrammierbare Steuerung SPS (Abschnitt 11.7). Das analoge oder digitale Signal eines Sensors kann einer speziellen Datenerfassungskarte des PC zugeführt werden. Ferner kann auch eine elektronische Baugruppe die Spannungsimpulse des Digitalsignals z. B. in Stromimpulse für eine USB-Schnittstelle des PC umsetzen. Ist das Sensorsignal analog, so muss ein AD-Umsetzer (Analog-Digital-Umsetzer, siehe folgende Seite) vor der USB-Schnittstelle vorhanden sein **(Bild 4)**.

Bei großen Messanlagen ist es zweckmäßig, Sensoren zu verwenden, die durch ihre Mikrocontroller intelligent sind. Derartige Sensoren können auch an eine gemeinsame zweiadrige Leitung, genannt Bus (Feldbus, Abschnitte 7.12.10, 11.7.3), angeschlossen werden **(Bild 1, folgende Seite)**.

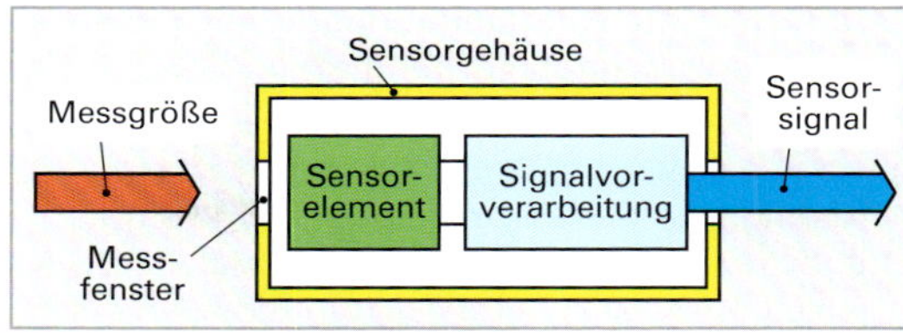

Bild 1: Begriffe beim Sensor

Bild 2: Farbsensor

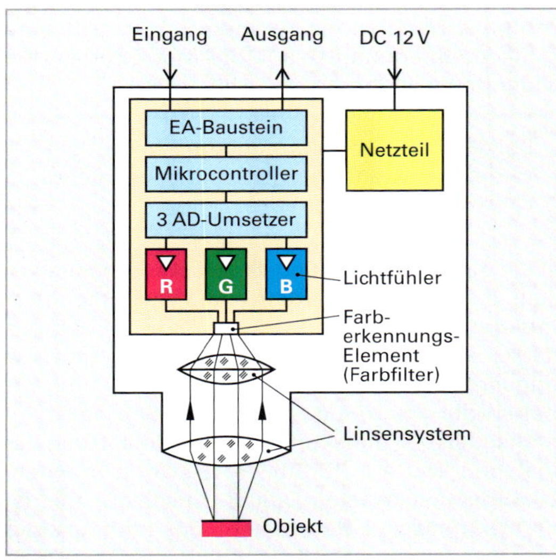

Bild 3: Wirkungsweise des Farbsensors

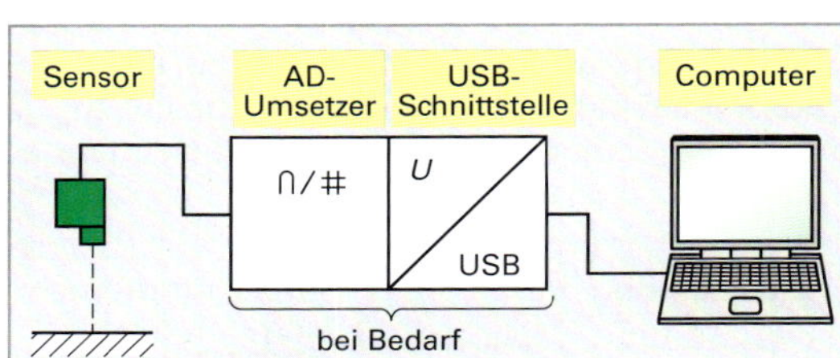

Bild 4: Aufbau einer kleinen Messanlage

Der PC oder die SPS kann anhand der Sensorsignale Auswertungen vornehmen und ggf. geeignete Aktoren ansteuern.

Intelligente Sensoren erlauben die Signalübertragung über einen Bus, z.B. AS-i, PROFINET, KNX, auch wireless (drahtlos), und ermöglichen ggf. das Ansteuern von Aktoren.

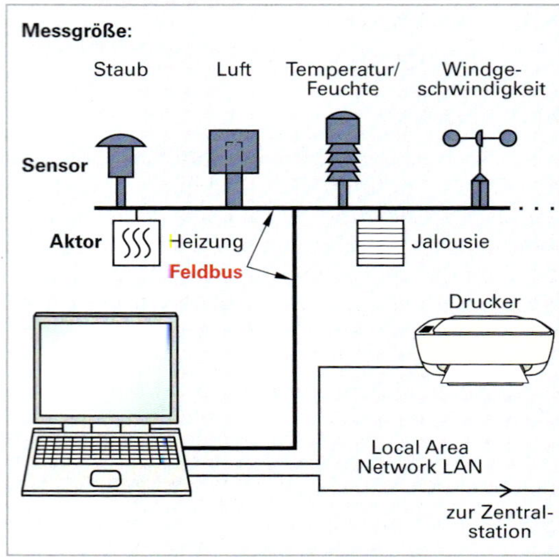

Bild 1: Messanlage mit Bus (Bussystem)

4.5.3 Elemente der Signalverarbeitung

Sensorelemente erzeugen meist *analoge* Signale (analog von griech. análogos = verhältnisgleich). Ein Signal des Sensorelements ist seine Ausgangsgröße, meist eine Spannung, die verhältnisgleich seiner Eingangsgröße, z.B. der Temperatur, ist. Es kommt darauf an, kleine Eigenschafts-Änderungen des Sensorelements, z.B. Widerstandsänderungen, als Spannungsänderung zu verwerten. Bei der Brückenschaltung **(Bild 2)** sind die Widerstände so bemessen, dass der Spannungsmesser im Ausgangszustand die Spannung null anzeigt. Ändert sich der Widerstand R_x, z.B. infolge zunehmender Temperatur, so tritt eine deutliche Spannung U_x auf. Sie ist größer, als die Widerstandsänderung erwarten lässt.

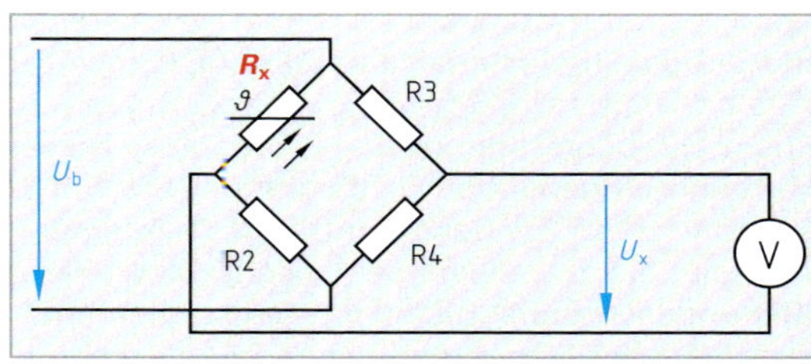

Bild 2: Brückenschaltung zur Temperaturmessung

Bei einer Brückenschaltung führt eine kleine Widerstandsänderung zu einer beträchtlichen Spannungsänderung.

Ist die Ausgangsspannung der Brückenschaltung zu klein, so kann diese mittels eines Verstärkers fast unbegrenzt angehoben werden **(Bild 3)**. Der Verstärker ist eine elektronische Schaltung, welche die Eingangsspannung und die Eingangsleistung bis fast an die Grenze der angelegten Betriebsspannungsquelle U_b anheben kann. Die Umsetzung der analogen Werte in Digitalwerte erfolgt in einem **AD-Umsetzer** (Analog-Digital-Umsetzer). Das ist ein elektronisches Bauelement, das mithilfe einer Betriebsspannung die Analogwerte in Digitalwerte umsetzt. Die Digitalwerte werden dabei nicht in Zahlenwerte des Zehnersystems umgesetzt, sondern in *binäre* Zahlenwerte (binär von lat. binarius = Zwei enthaltend). Binäre Zahlenwerte bestehen aus *Binärziffern* (Ziffern mit nur zwei Zeichen 0 und 1), die man Bits (von binary digits) nennt.

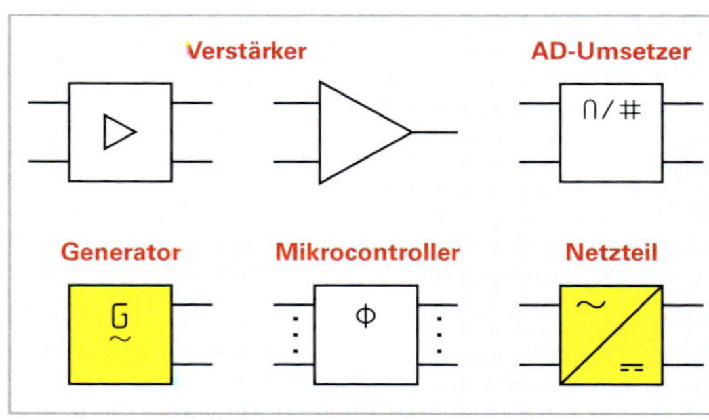

Bild 3: Baugruppen für die Signalverarbeitung

Das Analogsignal eines Sensorelements wird mittels AD-Umsetzer zu einem Digitalsignal in Form einer Bitfolge umgesetzt.

Ist zum Betrieb eines Sensors eine Wechselspannung höherer Frequenz als 50 Hz erforderlich, so erzeugt diese ein *Generator*, der an die Betriebsspannung angeschlossen ist (Bild 3). Intelligente Sensoren enthalten einen Mikrocontroller mit EA-Baustein (Eingabe/Ausgabe) zur Signalverarbeitung und Kommunikation mit einem Computer. Die Stromversorgung der Baugruppen erfolgt mittels Netzteil (Netzanschlussgerät) des Sensors (Bild 3).

4.5.4 Sensorelemente

Sensorelemente erfassen die vom Sensor zu verarbeitenden Zustände, z. B. die Temperatur. Leider werden Sensorelemente auch verkürzt als Sensoren bezeichnet, obwohl sie keinen vollständigen Sensor bilden.

Wirkwiderstände als Sensorelemente sind in Temperatursensoren, Drucksensoren und manchen Gassensoren enthalten. Für Temperatursensoren werden z. B. Platindrähte verwendet **(Bild 1)**. Ihr Widerstand erhöht sich je K Temperaturerhöhung um etwa 0,4 %. Drucksensoren können **DMS** (Dehnungsmessstreifen) enthalten **(Bild 2)**. Die DMS sind z. B. auf der Membran einer Druckmessdose befestigt. Bei auftretendem Druck biegt sich die Membran etwas. Dadurch wird der DMS gedehnt, sodass seine Leiter durch Dehnung einen kleineren Querschnitt bekommen und ihr Widerstand größer wird. Die Widerstandsänderung wird mittels einer Brückenschaltung (Bild 2, vorhergehende Seite) als Spannungsänderung ausgewertet. Mittels Druckmessung kann z. B. die Kontrolle des Grundwassers erfolgen. In der Anordnung nach **Bild 3** ist der Druck umso größer, je höher der Grundwasserstand ist. Ein Gassensor zur Gasanalyse nach **Bild 4** beruht auf den verschiedenen Wärmeleitfähigkeiten von Gasen.

Kapazitäten (Kondensatoren) und **Induktivitäten** (Spulen) sind wegen ihrer Blindwiderstände als Sensorelemente für Längen, Kräfte und Drücke geeignet, wenn sie mit Wechselspannung betrieben werden. Der kapazitive Fühler **(Bild 5)** kann zur Messung der Höhe einer leitenden Flüssigkeit verwendet werden. Mit zunehmender Flüssigkeitshöhe wird die wirksame Kondensatorfläche größer und damit der Blindwiderstand kleiner. Bei einem induktiven Fühler nach **Bild 6** taucht ein beweglicher Eisenkern (Tauchanker) in eine Spule. Je tiefer dieser Kern eintaucht, desto größer ist der Blindwiderstand des Sensorelements.

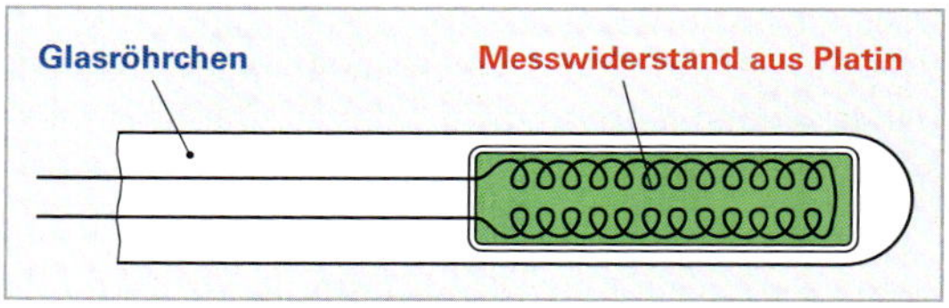

Bild 1: Sensorelement für Temperaturmessung

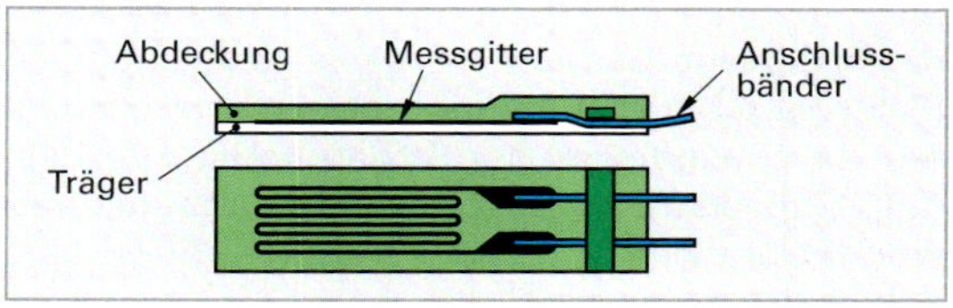

Bild 2: Dehnungsmessstreifen

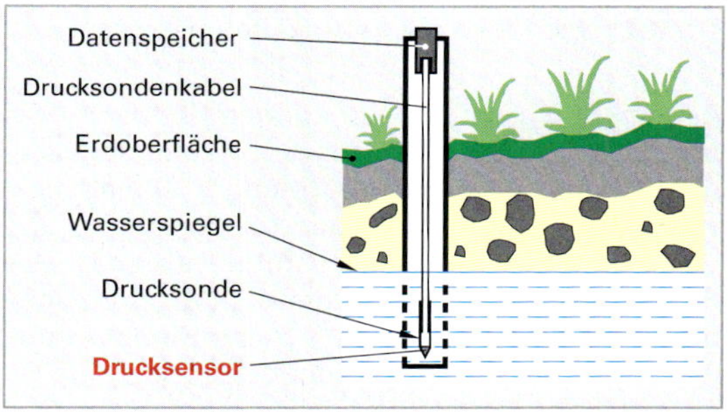

Bild 3: Grundwasserkontrolle mittels Drucksensor

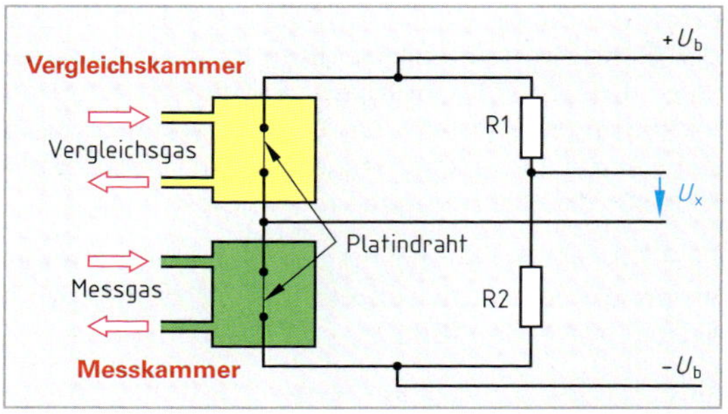

Bild 4: Gasanalyse nach dem Wärmeleitverfahren

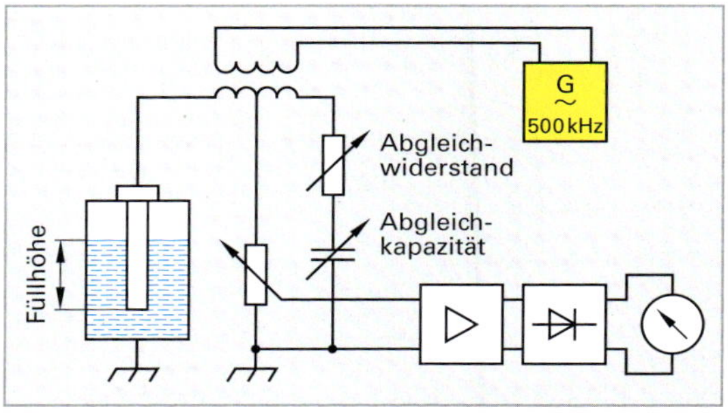

Bild 5: Kapazitiver Füllhöhenmesser mit Messanlage

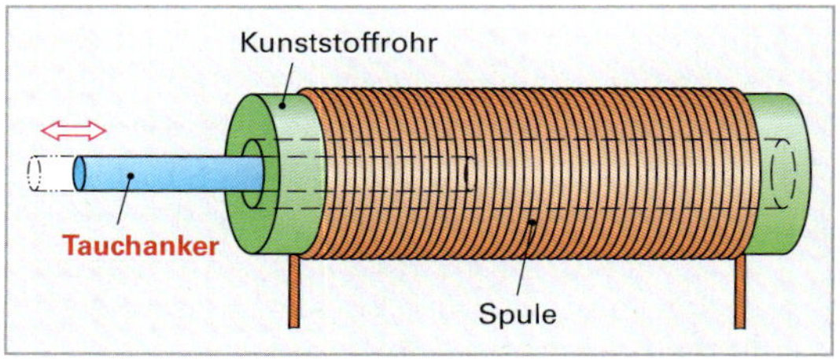

Bild 6: Aufbau des Tauchanker-Sensorelements

Durchfluss-Sensorelemente beruhen auf der Kraftwirkung auf Ionen, die sich quer zu einem Magnetfeld bewegen *(Lorentzkraft)*, oder auf der Beeinflussung von mechanischen oder elektromagnetischen Wellen durch ein sich bewegendes Material.

Beim Sensorelement **Bild 1** fließt die leitende Flüssigkeit durch ein isolierendes Rohr mit zwei Elektroden. Infolge der Lorentzkraft werden die Ionen je nach ihrer Ladung an die beiden Elektroden bewegt. Dadurch tritt zwischen den beiden Elektroden eine Spannung auf, die proportional der Geschwindigkeit der Strömung ist. Wird ein mit wechselstromgespeister Elektromagnet verwendet, so tritt zwischen den Elektroden eine Wechselspannung auf.

> Induktive Durchfluss-Sensoren sind nur für elektrisch leitende Flüssigkeiten geeignet.

Bei einem Durchfluss-Sensorelement nach dem *Laufzeitverfahren* senden zwei versetzt angeordnete Ultraschall-Sender-Empfänger Signale aus, von denen sich eines gegen die Strömung und eines mit der Strömung ausbreitet **(Bild 2)**. Das Signal mit der Strömung hat eine größere Ausbreitungsgeschwindigkeit als das Signal gegen die Strömung. Zunächst sendet Sender 1 ein Signal, das Empfänger 2 empfängt. Sobald es dort ankommt, sendet Sender 2 ein Signal, das Empfänger 1 empfängt. Das Senden und Empfangen erfolgt in dieser Weise fortlaufend. Die Differenz der Sendefrequenzen ist dann proportional der Durchflussgeschwindigkeit. Bei einem anderen Verfahren werden die Laufzeiten zweier Signale der Sender 1 und 2 gemessen, deren Differenz ein Maß für die Strömungsgeschwindigkeit ist.

Eine Messstrecke für das Laufzeitverfahren muss einen großen Querschnitt haben, damit keine Wirbel entstehen **(Bild 3)**.

Chemische Sensorelemente werden z.B. zur *Messung von Gasen* verwendet. Beim Sensorelement **Bild 4** wird durch eine Heizwendel eine Temperatur von 550 °C erzielt. Wegen des Katalysators reagiert bei dieser Temperatur CO mit O_2. Durch die entstehende Wärme erhöht sich der Widerstand der Heizwendel, sodass die Widerstandsänderung ein Maß für den CO-Gehalt ist.

> Für Konzentrationsmessung von Gasen werden meist chemische oder elektrochemische Sensorelemente verwendet.

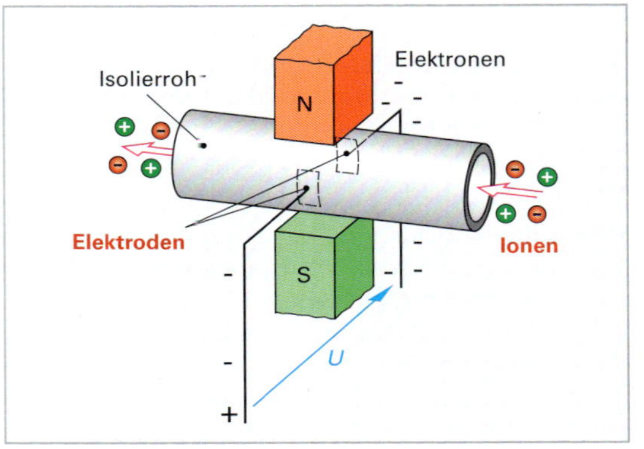

Bild 1: Induktives Durchfluss-Sensorelement

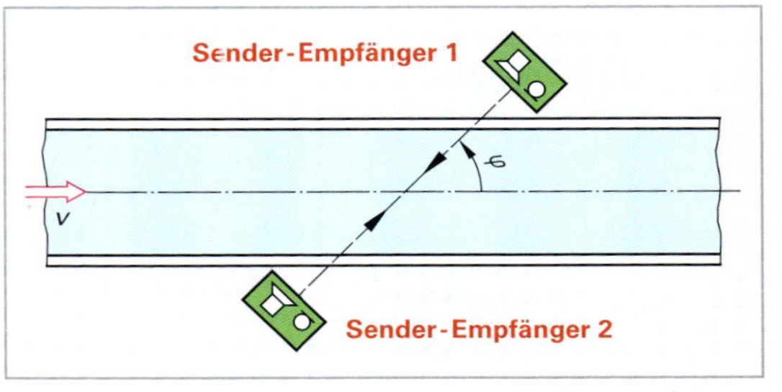

Bild 2: Prinzipielle Anordnung beim Laufzeitverfahren

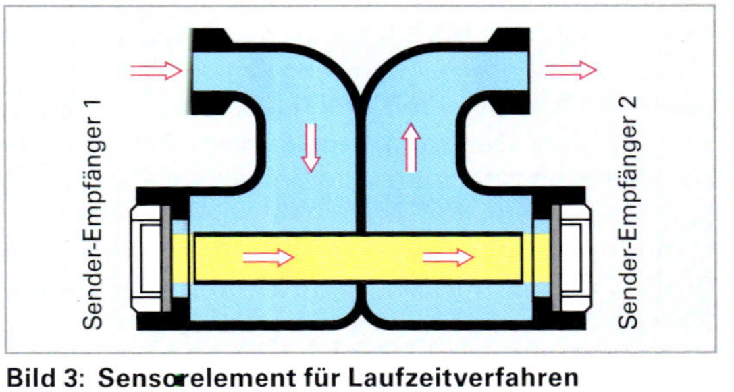

Bild 3: Sensorelement für Laufzeitverfahren

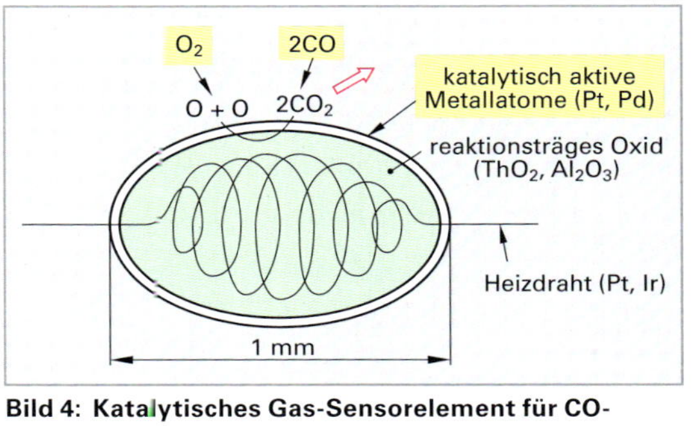

Bild 4: Katalytisches Gas-Sensorelement für CO-Messung

Beim *Sauerstoff-Sensorelement* **Bild 1** sind die Oberflächen eines Zirkondioxid-Körpers ZrO_2 mit perforiertem (durchlöchertem) Platin Pt beschichtet. Zur Minuselektrode kann der Luftsauerstoff O_2 durch eine kleine Öffnung gelangen. Bei 350 °C werden im ZrO_2 die eindiffundierten Sauerstoffmoleküle ionisiert. An der Pt-Elektrode mit Luft entstehen mehr Sauerstoff-Ionen als an der Pt-Elektrode der Abgasseite. Dadurch entsteht zwischen den beiden Elektroden eine Spannung, die ein Maß ist für das Luftangebotsverhältnis λ (Lambda). Derartige Lambda-Sensoren sind in Kraftfahrzeugen mit Ottomotor vor dem Katalysator und in ähnlicher Form dahinter angeordnet.

Das Sauerstoff-Sensorelement **Bild 2** ist im Prinzip ein elektrolytisches Element. Dabei besteht die Pluselektrode aus Gold, die Minuselektrode aus Blei und der Elektrolyt aus einer schwachen Säure mit pH=6. Ohne Sauerstoff überzieht sich die Goldelektrode mit gasförmigem Wasserstoff (Polarisation), sodass fast keine Spannung abgegeben wird. Durch eine Teflon-Membran gelangt Sauerstoff an die Goldelektrode, der die Polarisation als Depolarisator aufhebt. Die Spannung des Elements ist dadurch ein Maß für die Sauerstoffkonzentration. Anwendung der Sauerstoffmessung siehe λ-Sonde (Lambda-Sonde), Abschnitt 9.6.3.

Bei *Leitfähigkeits-Sensorelementen* ist je nach Elektrodenmaterial der Einfluss von Gasen auf die Leitfähigkeit verschieden. Beim Sensorelement **Bild 3** liefern sechs verschiedene Elektroden je nach Gasmischung ein verschiedenes Bild der sechs Leitfähigkeiten der einzelnen Elektroden.

Elektrochemische Sensorelemente können Stoffe erfassen, die im Sensorelement Reaktionen beeinflussen. Diese Sensorelemente bestehen aus einem Bezugselektrolyten, einer Messelektrode, die auf bestimmte Ionen anspricht (ionensensitive Elektrode), und einer Bezugselektrode (Referenzelektrode). Beim Sensorelement zur Erfassung des pH-Wertes **(Bild 4)** ist die Messelektrode eine mit Kaliumchloridlösung gefüllte Glaselektrode. Diese Elektrode ist unten durch eine Glasmembran abgeschlossen. Eine Silberelektrode leitet die Spannung ab. Bezugselektrode ist eine Silberelektrode in Kaliumchloridlösung. Die angezeigte Spannung folgt annähernd dem Logarithmus der H_3O^+-Ionenkonzentration.

Bei nicht zu hohen Anforderungen an die Genauigkeit können Messelektrode und Bezugselektrode räumlich verbunden sein **(Bild 1, folgende Seite)**. Diese Einstab-Messkette ist durch Eintauchen in die zu untersuchende Flüssigkeit betriebsbereit.

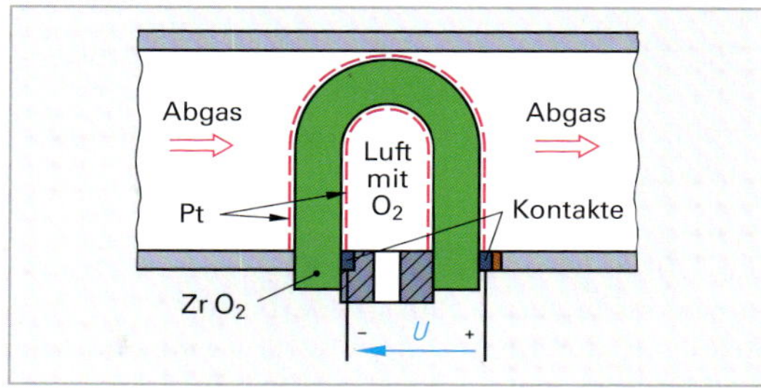

Bild 1: Sauerstoff-Sensorelement mit Zirkoniumoxid

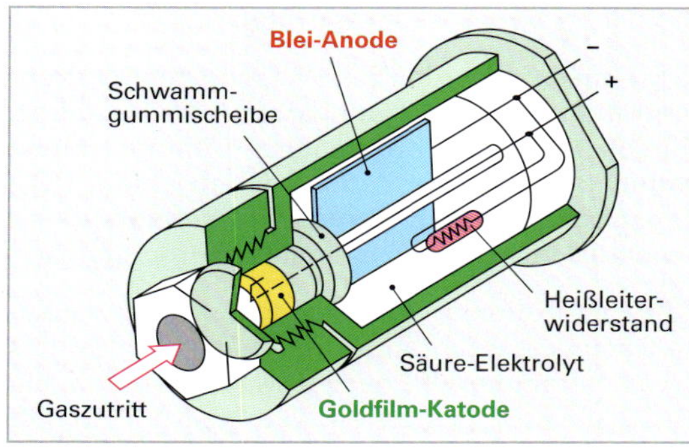

Bild 2: Elektrolytisches Sauerstoff-Sensorelement

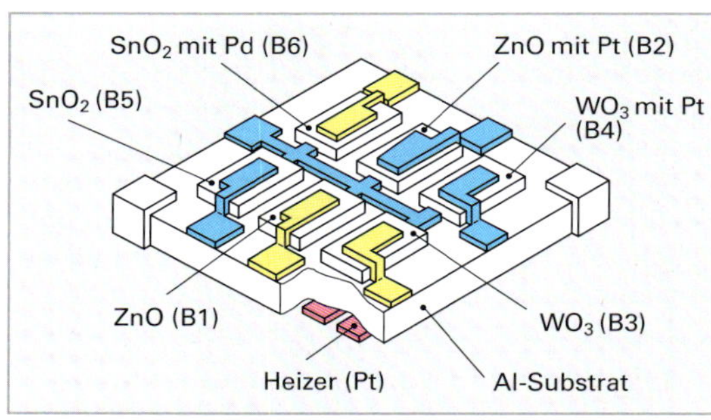

Bild 3: Multi-Sensorelement in Dickschichttechnik

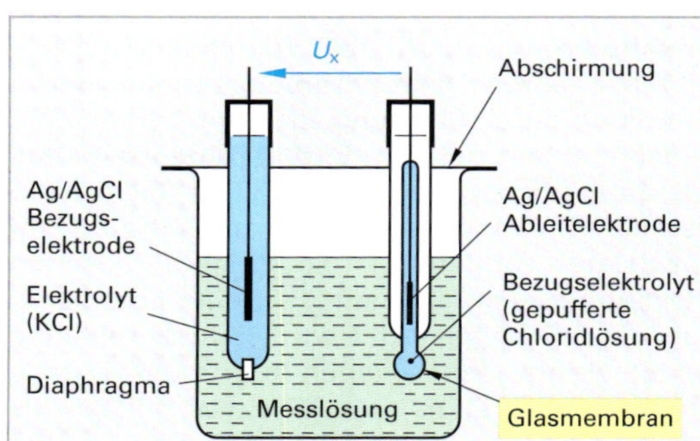

Bild 4: Sensorelement für Erfassung des pH-Wertes

Einstab-Messketten arbeiten wie Sensorelemente mit Messelektrode und Bezugselektrode, sind aber einfacher zu handhaben und etwas weniger genau.

Zur Trübungsmessung werden **Streulicht-Sensorelemente** verwendet. Diese beruhen auf dem Streulicht, das beim Durchstrahlen eines getrübten Mediums entsteht und mittels fotoelektronischer Bauelemente (**optische Sensorelemente**) gemessen wird **(Bild 2)**. Dabei ist die Stärke des Streulichts ein Maß für die Trübung.

CO_2-Sensoren werden zur Messung der CO_2-Konzentration verwendet und können als Raumluftsensor für eine Lüftersteuerung dienen. Meist enthält der Raumluftsensor neben einem CO_2-Sensor auch einen Temperatursensor, einen Feuchtigkeitssensor und einen Luftdrucksensor.

Kohlenstoffdioxid CO_2 kann außer über sonstige Gasmessverfahren (siehe oben) auch mittels Infrarotstrahlung (IR) nachgewiesen werden. Ein IR-CO_2-Sensor besitzt ein Gehäuse mit Schlitzen, eine IR-Strahlungsquelle, eine Messkammer, einen Interferenzfilter und den IR-Detektor (Empfänger, Sensorelement, **Bild 3**). Die IR-Strahlung wird durch das Gasgemisch der Raumluft zum Sensorelement geleitet. Der Filter sorgt dafür, dass nur die Wellenlänge des zu messenden Gases das Sensorelement erreicht **(Bild 4)**. Alle anderen Strahlungswellenlängen werden absorbiert, also nicht zum IR-Sensorelement durchgelassen. Die Strahlungsintensität wird gemessen. Ihr ist ein Gaskonzentrationswert zugeordnet.

Gasmessungen können über Strahlungsmessungen und Absorptionsfilter durchgeführt werden.

Rauchwarnmelder (RWM, Rauchsensor) enthalten ebenfalls eine Strahlungsquelle, deren Strahlung durch Streuung zu einem Strahlungssensorelement gelangt **(Bild 1, folgende Seite)**. Als Strahlungsquelle kommen LEDs (Licht Emittierende Diode) oder IREDs (Infrarot-ED) zum Einsatz. Deren Strahlung ist so gerichtet, dass ein Strahlungssensorelement, z.B. eine Fotodiode, zunächst nicht bestrahlt wird (Bild 1, folgende Seite). Dringt jedoch Rauch in den RWM, dann streut der Lichtstrahl der LED etwas, sodass das Strahlungssensorelement angesteuert wird und ein akustisches Signal auslöst.

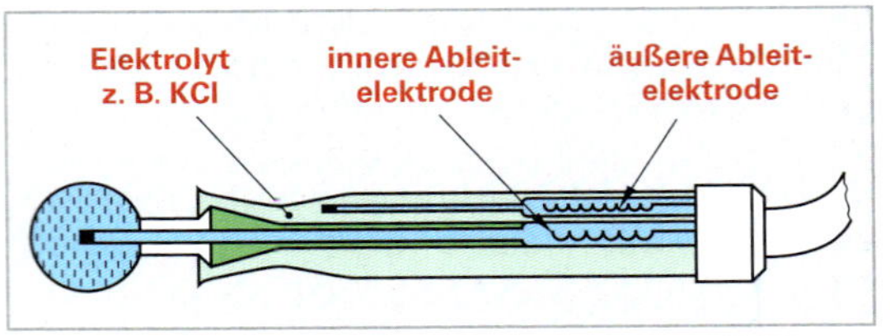

Bild 1: Einstab-Messkette für Messung des pH-Wertes

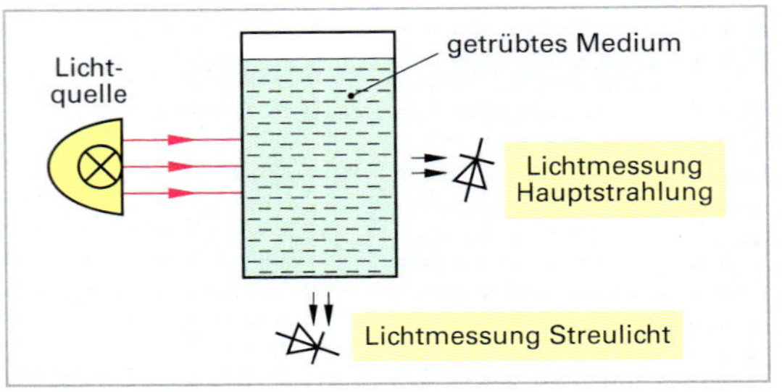

Bild 2: Prinzip der Trübungsmessung

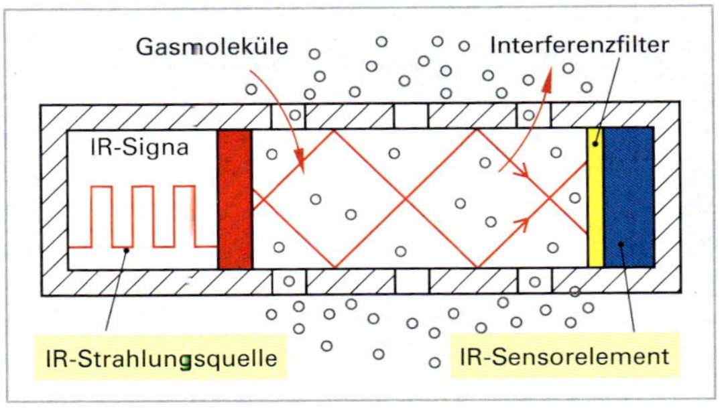

Bild 3: Aufbau eines IR-CO_2-Sensors

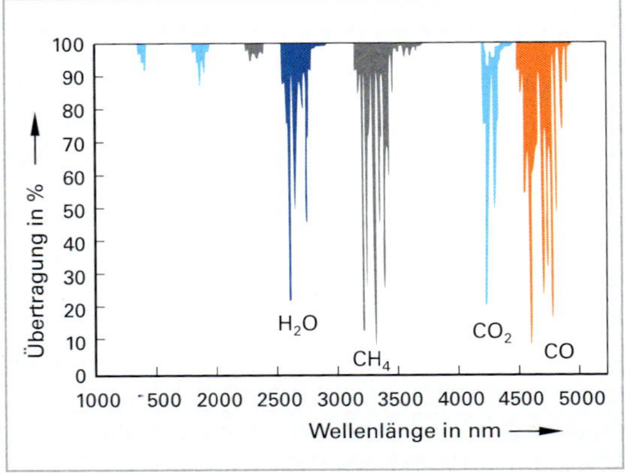

Bild 4: IR-Absorption verschiedener Gase

Bei manchen RWM ist zusätzlich noch ein thermisches Sensorelement (Differenzialsensor) enthalten. Dieses spricht auf die zeitliche Zunahme der umgebenden Wärme an, die bei einem entstandenen Brand natürlich um so größer ist, je näher das Feuer am Brandmelder liegt.

Es gibt auch RWM mit einem integrierten Lüfter, um rascher an Luftproben des Raums zu kommen. Man bezeichnet diese RWM als Ansaugrauchwarnmelder.

> Rauchwarnmelder beruhen auf dem Messen von Streustrahlung.

Mit **radiometrischen Messungen** (Messungen mithilfe von radioaktiven Stoffen) können Flüssigkeitsstände und auch Trübungen erfasst werden **(Bild 2)**. Als Strahler werden Gammastrahler, z. B. Cäsium-137 oder Kobalt-60, verwendet. Als Detektoren (lat. detectus = entdeckt) werden Sensorelemente verwendet, die einen Kristall enthalten, der bei Bestrahlung mit Gammastrahlen Lichtblitze aussendet. Dieser Szintillationskristall (lat. scintillare = funkeln) bildet den Eingang eines Fotovervielfachers **(Bild 3)**. Die schwache Lichtstrahlung des Szintillationskristalls setzt an einer Fotokatode des Fotovervielfachers wenige Elektronen frei. Diese werden durch die anliegende Spannung zur nächsten Elektrode beschleunigt, wo sie durch ihren Aufprall zusätzliche Elektronen (Sekundärelektronen) freisetzen. Das wiederholt sich dann an den nächsten Elektroden (Dynoden), sodass zuletzt trotz der schwachen Lichtblitze ein messbarer Strom vorhanden ist. Dieser ist ein direktes Maß für die Gammastrahlung.

Optische Sensorelemente kommen ferner bei Lichtschranken, Laserscannern und Vision Sensoren zum Einsatz.

Bei **Lichtschranken** versteht man unter Licht sowohl rotes Licht als auch Infrarotstrahlung. Lichtschranken bestehen aus einem Lichtsender und einem Lichtsensor als Empfänger. Bei Einweglichtschranken stehen Sender und Empfänger sich gegenüber **(Bild 4)**. Dies trifft auch bei Gabellichtschranken zu. Der Abstand zwischen Sender (Laser) und Empfänger (Maulweite) liegt im cm-Bereich.

Bei Reflektionslichtschranken sind Sender und Empfänger im gleichen Modul untergebracht. Der ausgesendete Lichtstrahl (LED, Laser) wird über einen Reflektor reflektiert. Die Reichweite des Lichtstrahls ist reflektorabhängig, z. B. 20 m.

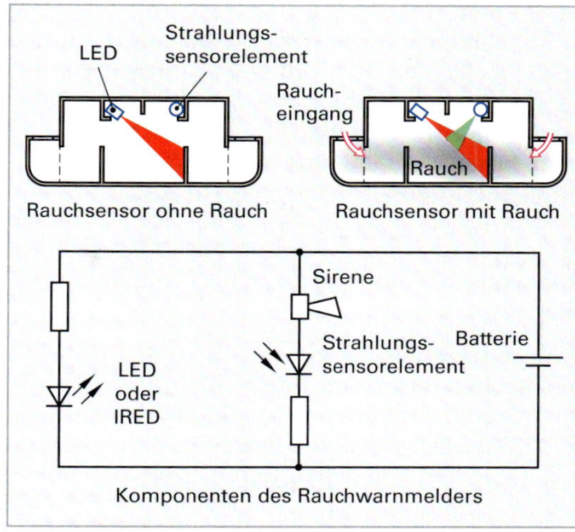

Bild 1: Wirkungsweise eines Rauchwarnmelders

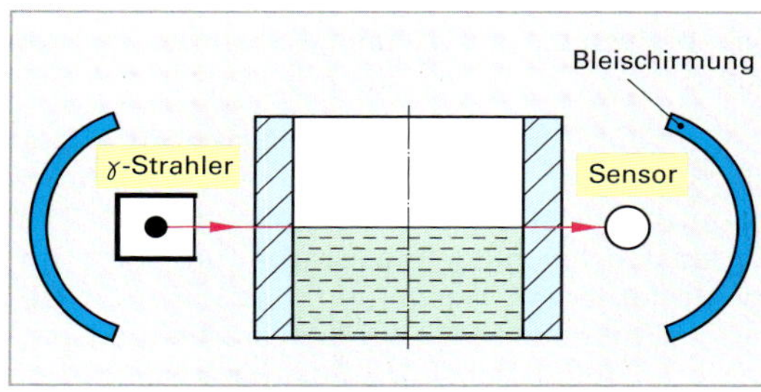

Bild 2: Radiometrische Füllhöhenüberwachung

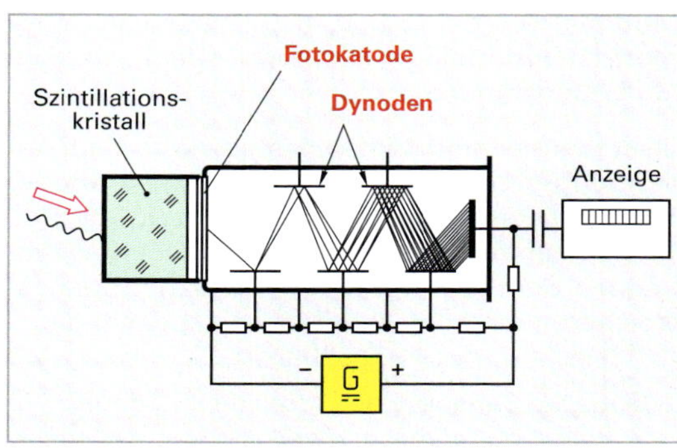

Bild 3: Detektor für radiometrische Sensorik

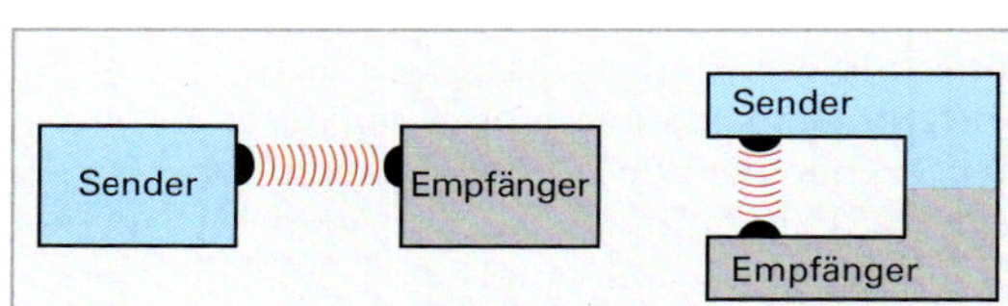

Bild 4: Einweg-/Gabellichtschranke

Die Funktionsweise von **Laserscannern** beruht auf zeilenweisem oder rasterweisem Scannen von Oberflächen durch einen Laserstrahl. Der Laserstrahl wird z. B. über drehbare Polygonspiegel gesteuert reflektiert **(Bild 1).** Die Objekterkennung oder Konturenerkennung erfolgt durch Auswertung der Intensität der reflektierten Strahlen. Diese werden von Foto-Halbleiter-Bauelementen erfasst, z. B. Fotoelementen, Fotodioden, Fototransistoren, Fotothyristoren und Fotowiderständen.

Ein Laserscanner besteht aus dem Scankopf, einer Ansteuerelektronik und einem Computer, z. B. ein PC oder Embedded-PC (eingebettet im System). Die Reichweite von Laser-Scannern beträgt z. B. 7 m. Innerhalb dieses Bereichs werden Bewegungen erkannt und bereichsabhängig Signale erzeugt, anhand derer eine Anlage abgeschaltet oder ein Warnsignal (Hupe, Warnlicht) ausgegeben werden kann. Laserscanner besitzen einen Scanbereich bis 360° und eine Scanfrequenz von 50 Hz.

Bei **Vision Sensoren** (vision = Sehkraft) erfolgt die Bildaufnahme über CCD-Sensoren (Charge Coupled Device) und ein Objektiv **(Bild 2).** Zum Bildauswerten sind Bildverarbeitungsalgorithmen erforderlich. Ausgeführt sind Vision Sensoren als Embedded-PC oder Bildverarbeitungsprozessoren mit Speicher. Die Funktionen der Vision Sensoren werden mittels Standardmodulen von den Herstellern bereitgestellt oder können programmiert werden, z. B. zum Erkennen von Codes oder zum Ermitteln von Konturen oder Positionen von Gegenständen.

Laserscanner und Vision Sensoren finden Anwendung z. B. bei der Identifikation und/oder Positionserkennung von Bauteilen bzw. Objekten **(Bild 3),** bei der Überprüfung von Sicherheitsabständen oder Flüssigkeitsfüllständen, Zugangsabsicherungen oder Oberflächeninspektionen.

> Optische Sensoren erfordern eine angepasste Beleuchtung der zu erkennenden Objekte.

Laserscanner können aber auch zur Entfernungsmessung von Gegenständen eingesetzt werden. Entfernungsmessungen erfolgen durch Ermitteln der Strahllaufzeiten zwischen Sensor und Objekt **(Bild 4).** Laserimpulse werden vom Messobjekt reflektiert und über eine Linse auf einen optoelektronischen Empfänger fokussiert. Mittels bekannter Lichtgeschwindigkeit und gemessener

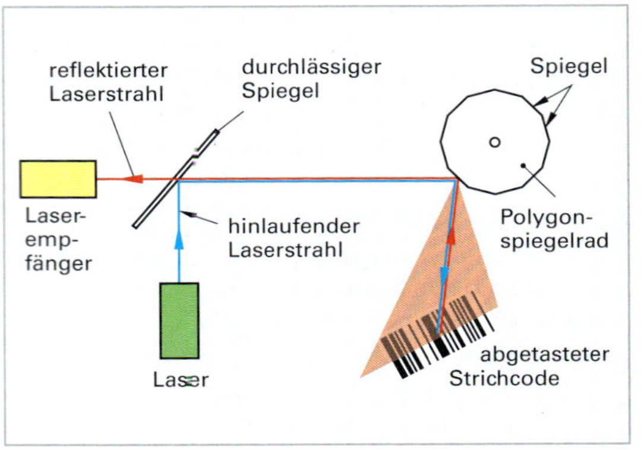

Bild 1: Laserscanner

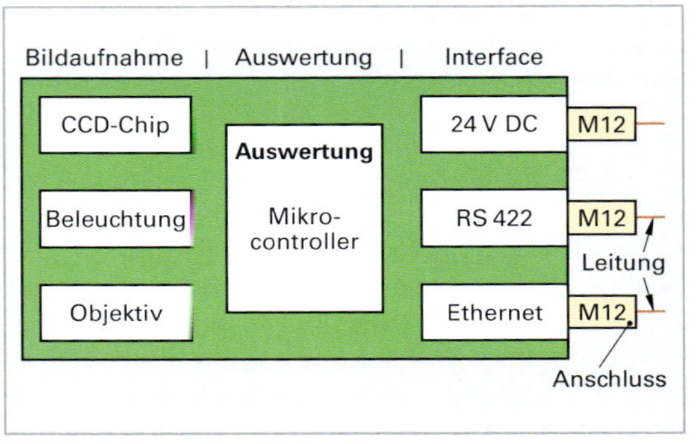

Bild 2: Aufbau eines Vision Sensors

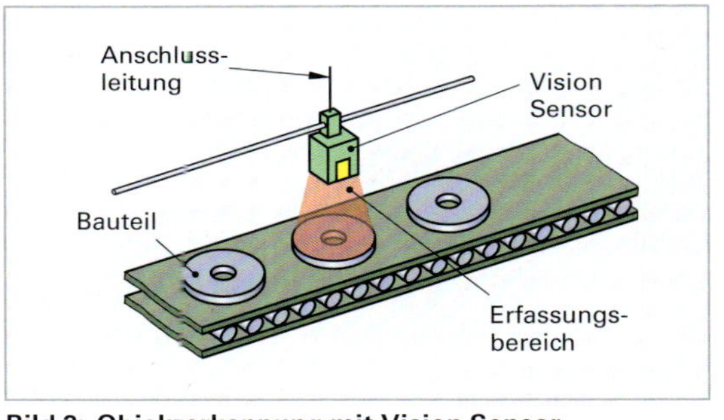

Bild 3: Objekterkennung mit Vision Sensor

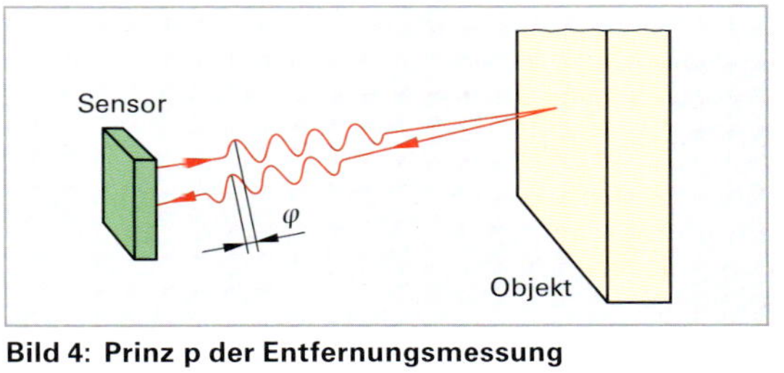

Bild 4: Prinzip der Entfernungsmessung

Laufzeit der Impulse sowie einer zusätzlichen Messung der Phasenverschiebungen φ zwischen gesendeten und reflektierten Laserimpulsen wird die Entfernung berechnet. Die Entfernungsmessung kann auch zur Längenmessung eines Gegenstandes dienen (www.wenglor.com).

Ultraschallsensorelemente senden Ultraschallimpulse aus. Treffen die vom Sensorelement gesendeten Ultraschallimpulse auf ein Objekt, dann werden sie dort reflektiert **(Bild 1)**. Aus der Laufzeit zwischen dem Aussenden des Ultraschallimpulses und dem Empfang des Echos berechnet der Sensor die Entfernung. Bei Verwenden von Reflektoren, z.B. ein Stück Blech, wird ein Gegenstand erkannt, wenn das Stück Blech von ihm verdeckt ist. Die gemessene Entfernung kann in ein proportionales Strom- bzw. Spannungssignal umgewandelt werden.

Die Schallfrequenzen liegen je nach Anwendung zwischen 20 kHz und 50 MHz. Je höher die Frequenz ist, umso kleinere Veränderungen können an Objektoberflächen erkannt werden. Der Bereich für eine sichere Erkennung eines Objekts ist anhand der Schallkeulen der Sensoren erkennbar **(Bild 2)**. Der Erfassungsbereich der Schallkeulen in Querrichtung ist bei manchen Sensoren einstellbar.

Ultraschallsensoren finden insbesondere Anwendung beim Erkennen von Objektpositionen, von transparenten Medien sowie von bewegten, spiegelnden Flüssigkeitsoberflächen. Ferner werden sie zum Auswerten ungleichmäßiger Oberflächen, von Objekten, z.B. im Zusammenhang mit Rissprüfungen, zur Füllstandsmessung in Flüssigkeitsbehältern und zum Ermitteln von Flüssigkeitsströmungen eingesetzt. Ultraschallsensoren beruhen auf der Laufzeitmessung des Ultraschalles (www.pepperl-fuchs.de).

> Ultraschallsensoren erkennen Objekte unabhängig von Beleuchtung und Hintergrund.

Radarsensorelemente stoßen gebündelte hochfrequente elektromagnetische Funkwellen, z.B. 24-GHz-Wellen, als Signal aus und messen die Zeit, die das vom Objekt reflektierte Echosignal benötigt. Entfernung, Lage oder Geschwindigkeit des angepeilten Objekts sind dann berechenbar. Anwendungen können sein Bewegungsmelder, Füllstandsmelder, Geschwindigkeitsmessung.

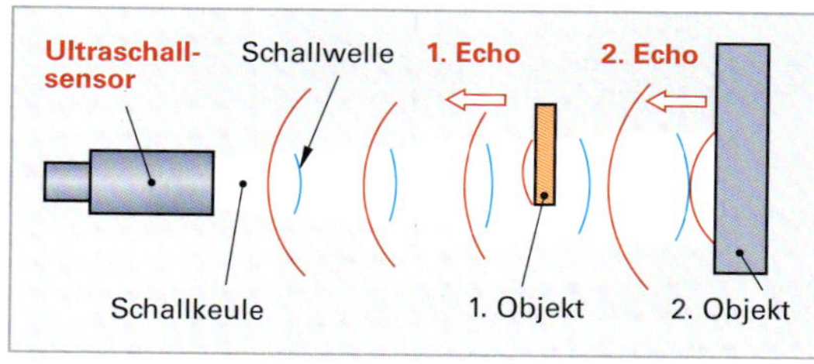

Bild 1: Wirkungsweise eines Ultraschallsensors

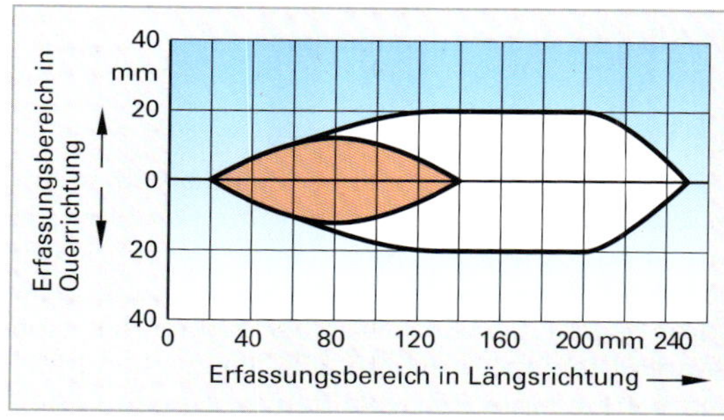

Bild 2: Schallkeule eines Ultraschallsensors

Näherungssensorelemente können auf Basis von Ultraschall, Radar, Infrarotstrahlung, Kapazitäten oder Induktivitäten wirken.

Ist das zu erfassende Objekt aus Metall, z.B. wenn ein Näherungsschalter als Grenztaster (Endschalter) einer maschinellen Anlage verwendet werden soll, so sind induktive oder kapazitive Näherungssensoren geeignet. Handelt es sich bei den Objekten um Menschen oder Tiere, dann werden Ultraschall-, Radar- oder Infrarotstrahlungs-Sensorelemente verwendet.

Wiederholung und Vertiefung

1. **Beschreiben Sie den Aufbau eines Temperatur-Sensorelements.**
2. **In einem Klärwerk soll die Füllhöhe eines Turmes für Klärschlamm überwacht werden. Welche Sensorelemente kommen dafür in Betracht?**
3. **Welche Möglichkeiten gibt es, den Durchfluss von Flüssigkeiten durch Rohre zu überwachen?**
4. **Warum können Sensoren, die auf der Lorentzkraft beruhen, nur bei leitenden Flüssigkeiten angewendet werden?**
5. **Nennen Sie ein Sensorelement, mit dem die Durchflussgeschwindigkeit von elektrisch isolierenden Flüssigkeiten erfasst werden kann.**
6. **Mit welchen Sensorelementen können die Konzentrationen von Gasen gemessen werden?**
7. **Mit welchen Sensorelementen kann die Luft auf den Gehalt von Kohlenstoffmonoxid überwacht werden?**

5 Umweltrecht

Das Umweltrecht umfasst über 15000 Gesetze und Verordnungen. Das Klimarecht ist in Entwicklung.

5.1 Gesetzgebung Legislation

Die Gesetze zum Umweltrecht sind meist Bundesgesetze, seltener Landesgesetze.

5.1.1 Gewaltenteilung

Der Kirchenvater Augustinus, 354 bis 430, meinte über den Staat: „Was ist ein Staat anderes als eine Räuberbande, wenn keine Gerechtigkeit herrscht." Nun ist aber Gerechtigkeit kein fassbarer Begriff. So wird ein Unternehmer, der eine Windkraftanlage errichten will, die das Landratsamt wegen einer Bürgerinitiative „Gegen Vogelmord" nicht zulässt, diese Entscheidung als ungerecht ansehen, während die Vogelschützer sie als gerecht erkennen.

> Staatliche Entscheidungen können dem einen als ungerecht und dem anderen als gerecht erscheinen.

Der Staat erscheint umso weniger ungerecht, je mehr die staatlichen Entscheidungen vom Staat selber überprüft werden. Nach dem Franzosen de Montesquieu, 1689 bis 1755, ist ein Staat freiheitlich, wenn die staatliche Gewalt geteilt ist in *Legislative* (Gesetzgebung, von lat. legislatio = Gesetzgebung), *Exekutive* (Ausführende Gewalt, von lat. executivus = ausführend) und *Judikative* (Richterliche Gewalt, von lat. iudicatus = Recht gesprochen). In demokratischen Staaten ist diese Gewaltenteilung *weitgehend* eingehalten **(Bild 1)**.

> Ein Staat verhält sich gegen seine Bürger am ehesten gerecht, wenn die Staatsgewalt geteilt ist in Legislative, Exekutive und Judikative.

Die Gewaltenteilung erschwert natürlich den Inhabern der staatlichen Gewalt ihre Arbeit. Staaten ohne Gewaltenteilung haben aber immer nur eine beschränkte Lebenszeit. Das traf z. B. zu auf

- das nationalsozialistische Deutschland 1933 bis 1945
- die realsozialistische DDR 1947 bis 1989,
- die realsozialistische Sowjetunion 1917 bis 1990.

Dagegen sind Staaten mit Gewaltenteilung über längere Zeit ziemlich stabil, z. B.

- das Römische Reich von 753 vor Christus bis fast 800 nach Christus,
- Großbritannien von 1042 bis heute,
- USA von 1763 bis heute,
- Frankreich von 1789 bis heute und
- Bundesrepublik Deutschland von 1949 bis heute.

Wegen der Gewaltenteilung unterliegen die Umwelttechnik und der Umweltschutz dem Einfluss aller drei Staatsgewalten. Während die für den Umweltschutz grundlegenden Gesetze von der Legislative gemacht werden, stammen die Durch-

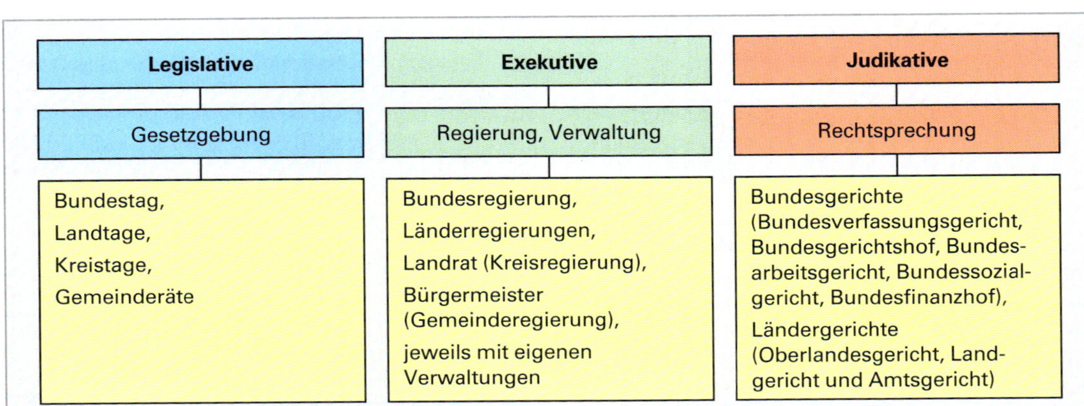

Bild 1: Gewaltenteilung in einem freiheitlichen Bundesstaat, z. B. Deutschland

führungsverordnungen von der Exekutive und die Judikative legt im Streitfall aus, was zu geschehen hat.

5.1.2 Entstehung von Gesetzen

Für die Umwelttechnik und den Umweltschutz sowie den Klimaschutz gelten verschiedenartige gesellschaftliche Vereinbarungen, die man im weitesten Sinne Normen (von lat. norma = Regel) nennen kann **(Bild 1)**. Auf der staatlichen Gewalt beruhen Gesetze und darauf beruhen Verordnungen. Verordnungen der EU (Europäische Union) nennt man Richtlinien. Vereinbarungen der Hersteller und Anwender sind Normen im engeren Sinne, z. B. DIN-Normen.

> Die Umwelttechnik und der Umwelt-, Klimaschutz sind durch vielerlei Normen geregelt.

Auch für die Umwelttechnik gibt es EU-Richtlinien, z. B. die Maschinen-Richtlinie und den Europäischen Abfallkatalog. Dennoch sind Landesgesetze und vor allem Bundesgesetze maßgebend. Die Normen der Industrie, z. B. DIN, sind verbindlich, wenn das von einem Gesetz gefordert wird.

Gesetze können bei Bundesstaaten, z. B. Deutschland, in der Legislative des gesamten Bundesstaates oder von Teilen davon, z. B. in den Ländern, entstehen. Es gibt also Bundesgesetze und Landesgesetze. Die Zuständigkeit ist in Deutschland im Grundgesetz (GG) festgelegt.

> Nach Artikel 74 des GG unterliegt der Umwelt- und Klimaschutz meist der konkurrierenden Gesetzgebung.

Bei der *konkurrierenden* Gesetzgebung können die Bundesländer Gesetze erlassen, sofern keine Regelung durch ein Bundesgesetz erfolgt. Ist ein Landesgesetz vorhanden und wird später ein Bundesgesetz veröffentlicht, so gilt das Bundesgesetz.

> Bundesrecht bricht Landesrecht.

Die Entstehung eines Gesetzes, z. B. des Kreislaufwirtschaftsgesetzes, wird nachfolgend anhand eines Bundesgesetzes von Deutschland erklärt **(Bild 2)**. Landesgesetze und Gesetze anderer Staaten mit Gewaltenteilung entstehen entsprechend.

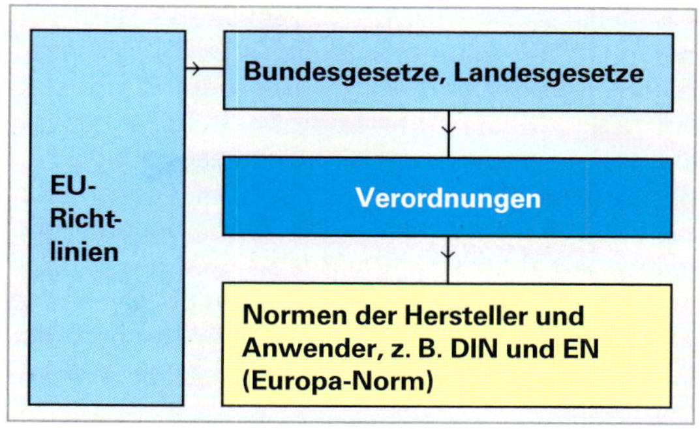

Bild 1: Normen für Umweltschutz

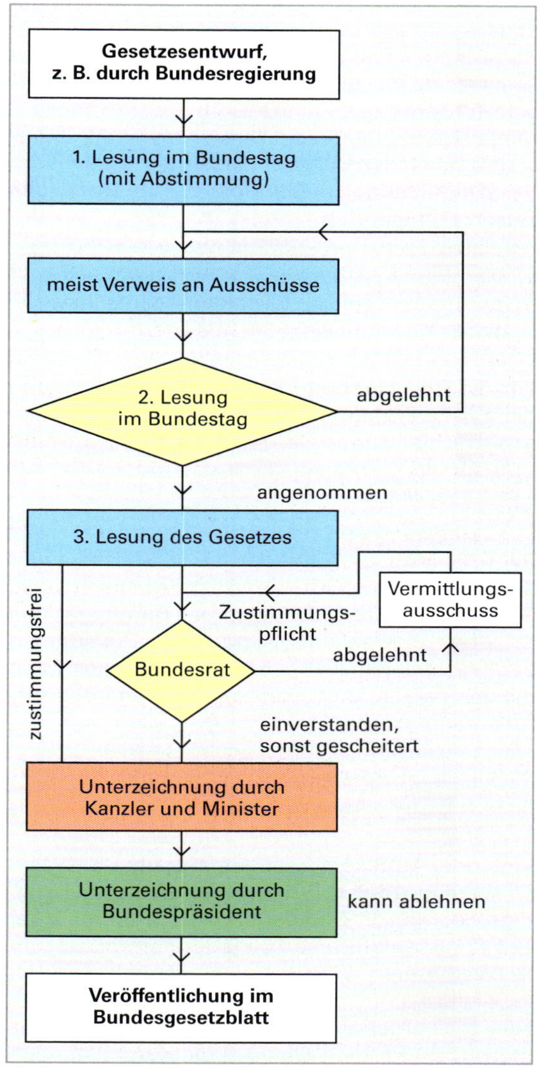

Bild 2: Entstehung eines Bundesgesetzes

Ein Gesetzesentwurf *(Gesetzesvorlage)* wird von der dazu berechtigten Stelle, z.B. der Bundesregierung oder dem Bundesrat, dem Bundestag vorgelegt. Dieser stimmt darüber in der 1. Lesung ab. Meist werden dann die Gesetzesvorlagen an den zuständigen Ausschuss geleitet. Dieser leitet die Vorlage nach Änderungen wieder an den Bundestag zur 2. Lesung. Bei Bedarf geht die Vorlage erneut an einen Ausschuss. Wird in der 3. Lesung das Gesetz als Entwurf beschlossen, so geht der Entwurf an den Bundesrat, sofern dieser zustimmen muss.

Ist dieser bei strittigen Entwürfen nicht einverstanden, so geht der Entwurf zum Vermittlungsausschuss und danach erneut zum Bundesrat. Kommt keine Einigung zustande, so entsteht auch kein Gesetz. Bei Einverständnis erfolgt die Unterschrift (Gegenzeichnung) durch den zuständigen Minister und den Bundeskanzler sowie die Unterschrift durch den Bundespräsidenten. Erst mit der Veröffentlichung im Bundesgesetzblatt ist das Gesetz rechtskräftig.

> Der Weg zu einem rechtskräftigen Gesetz ist durch zahlreiche Berichtigungsinstanzen gegen Machtmissbrauch gesichert.

Für die Gesetzgebung haben die Abgeordneten die größte Bedeutung, und zwar für die Bundesgesetze die Mitglieder des Bundestages (MdB) und für die Landesgesetze die Mitglieder der Landtage (MdL).

Der Bundestag von Deutschland besteht zzt. aus über 700 MdB. Die Landtage der 16 Bundesländer bestehen je nach Größe des Landes aus etwa 30 MdL bis fast 170 MdL. Auch der Bundesrat von zzt. etwa 70 Mitgliedern und einem Präsidenten besteht meist aus Abgeordneten, nämlich MdL, die von den Landesregierungen für den Bundesrat ernannt werden.

> Die Abgeordneten entscheiden über Gesetze, z.B. der Umwelttechnik.

MdL oder MdB kann man fast nur über eine Partei werden **(Bild 1)**. Vor Wahlen, z.B. des Landtags, werden in Mitgliederversammlungen der einzelnen Wahlbezirke von jeder Partei Delegierte (Wahlfrauen, Wahlmänner) gewählt. Die Delegierten kommen dann zur Kandidatenaufstellung zusammen und wählen dort die Kandidaten (Bewerber) für die Wahl. Auf die Kandidatenaufstellung nimmt der Parteivorstand Einfluss, evtl.

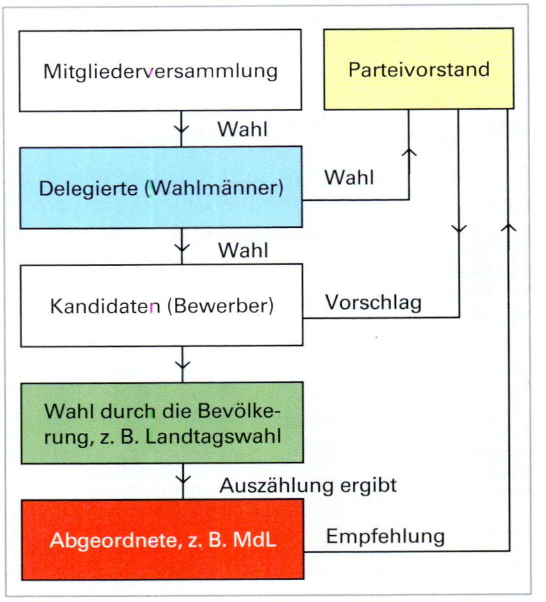

Bild 1: Wahl zum Abgeordneten (vereinfacht)

auch durch Festsetzung der Reihenfolge auf dem Wahlformular. Die stimmberechtigten Einwohner des Wahlkreises haben auf die Kandidatenaufstellung keinen Einfluss und wählen dann bei der eigentlichen Wahl meist nur die Partei. Die Auszählung der abgegebenen Stimmen ergibt dann, ob der Kandidat MdL bzw. MdB geworden ist.

> Die Anzahl der Wählerstimmen und meist die Reihenfolge der Kandidaten auf dem Wahlformular entscheiden über die Abgeordneten.

Als Kandidaten für MdL oder MdB bewerben sich immer viel mehr Personen, als gewählt werden können, weil Abgeordnete eine große Bedeutung und entsprechende Verdienstmöglichkeiten haben. Weitere Information: www.bundestag.de

Wiederholung und Vertiefung

1. **Welche zwei Arten von Gesetzen sind für den Umweltschutz von Bedeutung?**
2. **In welche Teile soll die staatliche Gewalt geteilt sein?**
3. **Nennen Sie die Organe der Legislative.**
4. **Welche Bedeutung hat die Judikative für den Umweltschutz?**
5. **Welche Aufgabe hat der Bundesrat bei der Gesetzgebung?**

5.2 Einführung in das Umweltrecht
Introduction in Environmental Law

5.2.1 Rechtliche Begriffe

Wie jedes Recht wird das Umweltrecht durch Rechtsnormen festgelegt **(Bild 1)**.

- **Rechtsverordnungen** (Verordnungen) erlässt die Exekutive aufgrund von Gesetzen der Legislative,
- **Verwaltungsvorschriften** der Exekutive legen die Ausführung durch die Behörden fest,
- **Normen** der Hersteller und Anwender sind gesetzesähnlich, wenn ihre Anwendung von einem Gesetz vorgeschrieben ist.

Derartige Normen gelten meist als anerkannte Regeln der Technik. Davon zu unterscheiden ist der Stand der Technik, der über die anerkannten Regeln hinausgeht.

Man unterscheidet mehrere Rechtsarten **(Bild 2)**. Für das Umweltrecht sind vor allem das **Strafrecht** und das **Zivilrecht** bedeutsam. Die Rechtsprechung erfolgt durch Richter verschiedener Gerichte (Strafkammer, Zivilkammer). Richter haben eine sehr starke Stellung, da sie nur den Gesetzen folgen müssen, aber keinen Anweisungen unterliegen. Deshalb unterscheiden sich Gerichtsurteile von Fall zu Fall.

Vor Gericht tritt ein *Kläger* auf, z.B. beim Strafprozess der Staatsanwalt, und ein *Angeklagter* bzw. beim Zivilprozess der *Beklagte,* der meist durch einen Anwalt (Rechtsanwalt) als Verteidiger unterstützt wird **(Bild 3)**. Grundsätzlich hat der Kläger die Beweislast. Er muss also den Beweis führen, dass der Angeklagte bzw. Beklagte schuldig ist. Davon wird aber im Umweltrecht oft abgewichen. Man bezeichnet dieses umstrittene Verfahren als **Beweislastumkehr**.

> Bei Beweislastumkehr muss der Beschuldigte seine Unschuld nachweisen.

Das Urteil wird bei einem Prozess von einem Richter oder von einem Richterkollegium gesprochen. Für das Urteil wird dabei unterschieden, ob der Angeklagte vorsätzlich, also mit Absicht, gehandelt hat oder fahrlässig, also unachtsam. Bei der Fahrlässigkeit wird zwischen grob fahrlässig und leicht fahrlässig unterschieden.

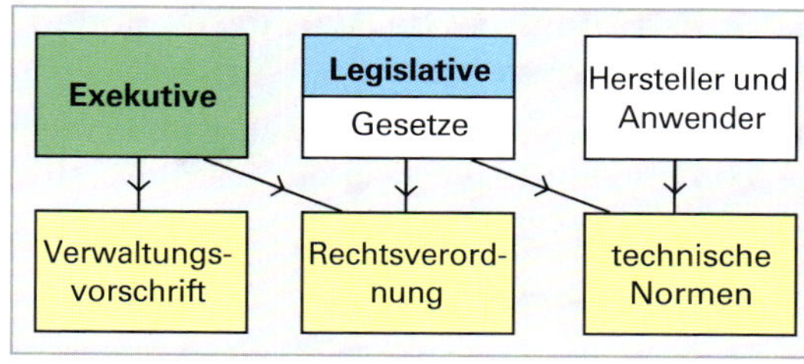

Bild 1: Arten der Rechtsnormen

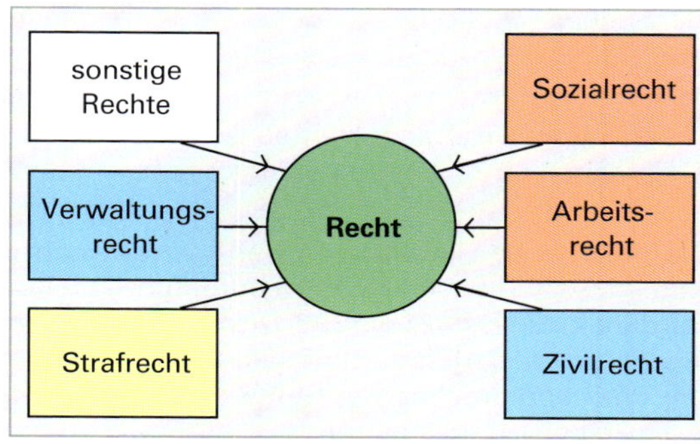

Bild 2: Beispiele von Rechtsarten

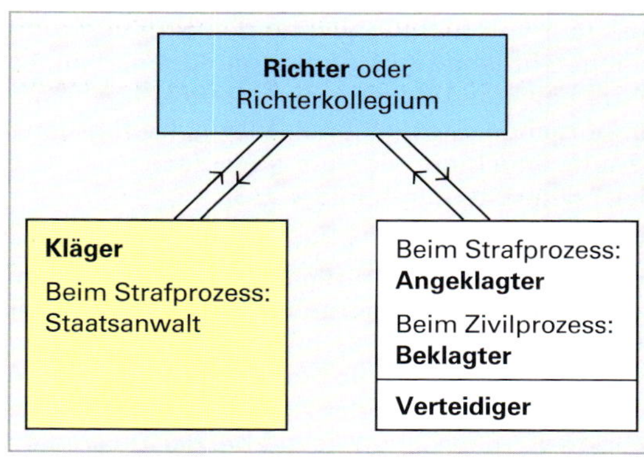

Bild 3: Personen beim Gerichtsprozess

Wiederholung und Vertiefung

1. **Wie kommt eine Rechtsverordnung zustande?**
2. **Erklären Sie die Begriffe „anerkannte Regeln der Technik" und „Stand der Technik".**
3. **Welche Rechtsarten sind für das Umweltrecht von Bedeutung?**
4. **Erklären Sie den Begriff Beweislastumkehr.**
5. **Welche beiden Arten der Fahrlässigkeit werden bei einem Prozess unterschieden?**

5.2.2 Maßnahmen bei Verstößen gegen das Umweltrecht

Bei Verstößen gegen das Umweltrecht werden gegen den Verursacher von der Exekutive strafende Maßnahmen eingeleitet.

Umweltstrafrecht

Das Umweltstrafrecht wird bei Vergehen gegen das Umweltrecht angewendet **(Bild 1)**. Die Strafen können dabei immer nur gegen natürliche Personen, also Menschen, ausgesprochen werden, nicht gegen juristische Personen, z. B. nicht gegen eine GmbH oder Aktiengesellschaft.

> Nach dem Strafrecht können nur natürliche Personen ab 14 Jahren belangt werden.

Die strafbaren Handlungen des Umweltrechts sind im **Strafgesetzbuch StGB** aufgeführt, insbesondere in den §§ 324 bis 330. Die Strafen reichen bei Vorsatz meist bis zu fünf Jahren Freiheitsentzug oder entsprechenden Geldstrafen, bei Fahrlässigkeit bis zu drei Jahren.

Strafbar sind Gewässerverunreinigung, Bodenverunreinigung und Luftverunreinigung, aber auch Verursachen von Lärm, von Erschütterungen und von nicht ionisierenden Strahlen, umweltgefährdende Abfallbeseitigung, unerlaubtes Betreiben von Anlagen, unerlaubter Umgang mit gefährlichen Stoffen und Gütern, Gefährdung schutzbedürftiger Gebiete sowie schwerer Fall einer Umweltstraftat **(Bilder 2, 3)**.

Eine Bestrafung kann nur bei einem Verschulden der betreffenden natürlichen Person erfolgen. Allerdings gilt in Unternehmen das Prinzip der Allzuständigkeit der Geschäftsleitung. Deren Mitglieder können also auch bestraft werden, wenn ihnen die Verletzung der Aufsichtspflicht vorgeworfen werden kann. Wichtig bei der Delegation von Aufgaben des Umweltschutzes sind daher

- Nachweis der Qualifikation des Beauftragten,
- schriftliche Arbeitsanweisungen und
- Dokumentation durchgeführter Kontrollen.

Achtundzwanzigster Abschnitt, Straftaten gegen die Umwelt.

§ 324. Gewässerverunreinigung. (1) Wer unbefugt ein Gewässer verunreinigt oder sonst dessen Eigenschaften nachteilig verändert, wird mit Freiheitsstrafe bis zu fünf Jahren oder mit Geldstrafe bestraft.

(2) Der Versuch ist strafbar.

(3) Handelt der Täter fahrlässig, so ist die Strafe Freiheitsstrafe bis zu drei Jahren oder Geldstrafe.

Bild 1: Strafandrohung des StGB für Gewässerverunreinigung § 324

§ 325 a. Verursachen von Lärm, Erschütterung und nichtionisierenden Strahlen. (1) Wer beim Betrieb einer Anlage, insbesondere einer Betriebsstätte oder Maschine, unter Verletzung verwaltungsrechtlicher Pflichten Lärm verursacht, der geeignet ist, außerhalb des zur Anlage gehörenden Bereichs die Gesundheit eines anderen zu schädigen, wird mit Freiheitsstrafe bis zu drei Jahren oder mit Geldstrafe bestraft.

(2) Wer beim Betrieb einer Anlage, insbesondere einer Betriebsstätte oder Maschine, unter Verletzung verwaltungsrechtlicher Pflichten, die dem Schutz vor Lärm, Erschütterung oder nichtionisierenden Strahlen dienen, die Gesundheit eines anderen, ihm nicht gehörende Tiere oder fremde Sachen von bedeutendem Wert gefährdet, wird mit Freiheitsstrafe bis zu fünf Jahren oder mit Geldstrafe bestraft.

(3) Handelt der Täter fahrlässig, so ist die Strafe

1. in den Fällen des Absatzes 1 Freiheitsstrafe bis zu zwei Jahren oder Geldstrafe,
2. in den Fällen des Absatzes 2 Freiheitsstrafe bis zu drei Jahren oder Geldstrafe.

(4) Die Absätze 1 bis 3 gelten nicht für Kraftfahrzeuge, Schienen-, Luft- oder Wasserfahrzeuge.

Bild 2: Auszug aus StGB § 325a

§ 330 … Ein …schwerer Fall liegt … vor, wenn der Täter

1. ein Gewässer, den Boden oder ein Schutzgebiet … derart beeinträchtigt, dass die Beeinträchtigung … erst nach längerer Zeit beseitigt werden kann,
2. die öffentliche Wasserversorgung gefährdet,
3. einen Bestand von Tieren oder Pflanzen einer streng geschützten Art nachhaltig schädigt oder …

Bild 3: Auszug aus StGB § 330

Recht der Ordnungswidrigkeiten

Ordnungswidrigkeiten aus dem Bereich des Umweltschutzes sind in vielen Einzelgesetzen zum Umweltschutz enthalten, z. B. im Wasserhaushaltsgesetz. Das Ordnungswidrigkeitengesetz sieht nur Geldbußen vor. Geldbußen können auch juristische Personen treffen.

Sowohl bei den Vergehen nach dem Strafgesetzbuch wie auch bei Ordnungswidrigkeiten nach den verschiedenen Umweltgesetzen wird bisher keine Beweislastumkehr angewendet. Der Staatsanwalt muss also dem Angeklagten seine Schuld nachweisen.

5.2.3 Umwelthaftung

Die Umwelthaftung ist Bestandteil des Zivilrechts. Sie hat die Aufgabe, den Geschädigten für eingetretene Schädigungen zu entschädigen, also Schadensersatz durch den Schädiger zu bewirken.

Haftung infolge deliktischen Verschuldens

Ein Delikt ist eine unerlaubte Handlung, z.B. Verunreinigung der Luft. Wenn infolge eines Delikts jemand einen Schaden erleidet, so haftet der Verursacher für diesen Schaden.

> Bei einem deliktischen Verschulden hat der Geschädigte Anspruch auf Schadensersatz.

Die Bestimmungen über den Schadensersatz bei deliktischem Verschulden sind im **Bürgerlichen Gesetzbuch (BGB)** enthalten **(Bild 1)**. Die Schadensersatzpflicht tritt sowohl bei Vorsatz als auch bei Fahrlässigkeit einschließlich der leichten Fahrlässigkeit ein. Schadensersatz kann nach Absatz 2, Bild 1, auch verlangt werden, wenn ein zum Schutz eines anderen erlassenes Gesetz, z.B. das *Kreislaufwirtschaftsgesetz*, verletzt wurde. Damit kann bei Verletzung aller Umweltgesetze von den Betroffenen, z.B. Nachbarn, Schadensersatz verlangt werden. Die Deliktfähigkeit beginnt mit der Vollendung des 7. Lebensjahres, sofern die Einsicht in den Schaden ersichtlich ist. Ab dem 18. Lebensjahr gilt jeder ohne Einschränkung als deliktfähig.

> Verletzung der Umweltgesetze kann zu Schadensersatzverpflichtung auch ohne Nachweis des Schadens führen.

Beispiel:
Ein Elektroinstallateur verbrennt die PVC-Isolation von Leitungsresten in seinem Hof. Welche Maßnahmen kann ein geschädigter oder übelwollender Nachbar ergreifen?

Lösung:

1. Anzeige zur Einleitung eines Strafverfahrens,
2. Einleitung eines Zivilprozesses zur Erlangung von Schadensersatz.

Im Gegensatz zu den Bestimmungen des Strafrechts wird bei deliktischem Verschulden im zivilrechtlichen Umweltrecht oft die Beweislastumkehr angewendet. Der Betroffene muss also seine Unschuld nachweisen.

Fünfundzwanzigster Titel. Unerlaubte Handlungen

§ 823. [Schadensersatzpflicht] (1) Wer vorsätzlich oder fahrlässig das Leben, den Körper, die Gesundheit, die Freiheit, das Eigentum oder ein sonstiges Recht eines anderen widerrechtlich verletzt, ist dem anderen zum Ersatze des daraus entstehenden Schadens verpflichtet.

(2) Die gleiche Verpflichtung trifft denjenigen, welcher gegen ein den Schutz eines anderen bezweckendes Gesetz verstößt. Ist nach dem Inhalte des Gesetzes ein Verstoß gegen dieses auch ohne Verschulden möglich, so tritt die Ersatzpflicht nur im Falle des Verschuldens ein.

Bild 1: § 823 des BGB

Beispiel:
Ein Maler hat in seinem Schuppen Büchsen mit Farbresten. Plötzlich sind die Büchsen verschwunden. Ein Nachbar vermutet unerlaubte Abfallbeseitigung durch Verbrennen und zeigt den Maler an. Welche Folgen treten zivilrechtlich ein?

Lösung:

Der Maler muss der ermittelnden Polizei nachweisen, dass er die Farbreste ordnungsgemäß entsorgt hat, z.B. an ein ordentliches Entsorgungsunternehmen abgegeben hat. Kann er den Nachweis nicht führen, so kann er auf Schadensersatz verklagt werden (Beweislastumkehr).

Als deliktisches Verschulden wird auch die Verletzung der *Verkehrssicherungspflicht* angesehen. Danach ist jeder, der eine Gefahrenquelle betreibt oder schafft, z.B. eine Werkstatt führt, verpflichtet, Vorkehrungen so zu treffen, dass kein anderer Schaden erleidet. In der Praxis bedeutet dies, dass eine Organisation aufzubauen ist, die eine Gefährdung nach dem *Stand der Technik* vermeidet.

> Jede Geschäftsleitung muss sicherstellen, dass eine Gefährdung nach dem Stand der Technik ausgeschlossen ist.

Die Verletzung von Organisationspflichten und Verkehrssicherungspflichten kann durch eine Beweislastumkehr vermutet werden. Es ist dann Sache der Geschäftsleitung, den Nachweis zu führen, dass nach dem Stand der Technik eine Gefährdung anderer nicht abzusehen ist.

In Bezug auf die Umwelthaftung ist dieser Nachweis erleichtert, wenn eine Zertifizierung nach dem Umwelt-Audit (Abschnitt 11.2) erfolgt ist. Diese Zertifizierung wird von verschiedenen Organisationen vorgenommen, z.B. vom TÜV (Technischer Überwachungsverein).

Verschuldensunabhängige Umwelthaftung

Nach dem **Umwelthaftungsgesetz** (UmweltHG) muss der Anlageninhaber einer im UmweltHG aufgeführten Anlage, z. B. einer Feuerung, für Umwelteinwirkungen haften, auch wenn kein Verschulden vorliegt **(Bild 1)**. Diese Gefährdungshaftung entspricht der Haftung des Halters eines Kraftfahrzeugs.

> Inhaber einer für die Umwelt erheblichen Anlage unterliegen der Gefährdungshaftung.

Anders als bei einem Kraftfahrzeug gilt die Haftung auch für noch nicht in Betrieb befindliche Anlagen und für stillgelegte Anlagen **(Bild 2)**.

Nach dem UmweltHG wird selbst dann gehaftet, wenn der Schaden, z. B. eine Emission, innerhalb der behördlich genehmigten Werte liegt, und sogar dann, wenn die Gefährlichkeit einer Emission nach dem Stand der Technik überhaupt nicht erkennbar war. Ausgeschlossen von der Haftung sind Fälle höherer Gewalt sowie unwesentliche und ortsübliche Schäden.

> Die Haftung nach dem UmweltHG erstreckt sich auch auf künftige Schäden, die zum Zeitpunkt des Entstehens nicht erkennbar waren.

Allerdings erstreckt sich die Haftung nur auf Personenschäden und Beschädigungen von individuellen (einer Person gehörigen) Sachen, nicht aber auf Ökoschäden, z. B. Beeinträchtigung des Naturschutzes, und auch nicht auf entgangenen Gewinn des Geschädigten.

Im UmweltHG ist die *Ursachenvermutung* festgelegt, die zu einer Verdachtshaftung führt. Danach muss der Geschädigte nur noch beweisen, dass die Anlage geeignet ist, den Schaden zu verursachen. Die Ursachenvermutung ist nur widerlegt, wenn der Inhaber der Anlage nachweisen kann, dass die Anlage bestimmungsgemäß betrieben wurde. Es liegt also eine Beweislastumkehr vor.

Auch nach dem **Wasserhaushaltsgesetz** (WHG) kann Schadenersatz aufgrund der Gefährdungshaftung verlangt werden, hier sogar bezüglich des entgangenen Gewinns. Allerdings ist nach dem WHG die Ursachenvermutung nicht möglich.

Die verschiedenen Umweltgesetze, z. B. UmweltHG oder WHG, sind nicht unumstritten, da sie den einen zu wirtschaftsfeindlich sind und den anderen nicht weit genug gehen. Deshalb unterliegen sie einer gewissen Entwicklung.

Das trifft z. B. für solche Schäden zu, die aus vielen Quellen verursacht werden oder erst in einem größeren Abstand auftreten (Summations- und Distanzschäden), z. B. Waldschäden. Diese Schäden unterliegen zzt. dem UmweltHG nicht. Jedoch wird von Teilen der Politik angestrebt, die gesetzlichen Bestimmungen auch auf Summations- und Distanzschäden auszudehnen.

> **§ 1. Anlagenhaftung bei Umwelteinwirkungen.** Wird durch eine Umwelteinwirkung, die von einer im Anhang 1 genannten Anlage ausgeht, jemand getötet, sein Körper oder seine Gesundheit verletzt oder eine Sache beschädigt, so ist der Inhaber der Anlage verpflichtet, dem Geschädigten den daraus entstandenen Schaden zu ersetzen.

Bild 1: § 1 des UmweltHG

> **§ 2. Haftung für nichtbetriebene Anlagen.** (1) Geht die Umwelteinwirkung von einer noch nicht fertiggestellten Anlage aus und beruht sie auf Umständen, die die Gefährlichkeit der Anlage nach ihrer Fertigstellung begründen, so haftet der Inhaber der noch nicht fertiggestellten Anlage nach § 1.
>
> (2) Geht die Umwelteinwirkung von einer nicht mehr betriebenen Anlage aus und beruht sie auf Umständen, die die Gefährlichkeit der Anlage vor der Einstellung des Betriebs begründet haben, so haftet derjenige nach § 1, der im Zeitpunkt der Einstellung des Betriebs Inhaber der Anlage war.

Bild 2: § 2 des UmweltHG

Wiederholung und Vertiefung

1. **Gegen wen können Strafen bei Vergehen gegen das Umweltstrafrecht ausgesprochen werden?**
2. **Welche Personen können bei Ordnungswidrigkeiten mit einer Geldbuße belegt werden?**
3. **Was versteht man unter einem Delikt?**
4. **In welchen Fällen einer Schädigung tritt Schadensersatzpflicht ein?**
5. **Welche Anforderung ist an die Organisation eines Betriebes zu stellen, der erheblichen Einfluss auf die Umwelt darstellt?**
6. **Auf welche Weise ist der Nachweis der Verkehrssicherungspflicht möglich?**
7. **Was versteht man unter Gefährdungshaftung?**
8. **Nennen Sie Besonderheiten des Umwelthaftungsgesetzes.**

5.3 Gesetze und Verordnungen
Laws and Regulations

5.3.1 Naturschutz und Landschaftspflege

Zur Sicherstellung des Naturschutzes und der Landschaftspflege wurden das Gesetz über Naturschutz und Landschaftpflege (**Bundesnaturschutzgesetz, BNatSchG**) sowie als zuständige Bundesbehörde das Bundesamt für Naturschutz geschaffen. Dieses Bundesamt ist eine selbstständige Bundesoberbehörde im Geschäftsbereich des Bundesministeriums für Umwelt, Naturschutz, nukleare Sicherheit und Verbraucherschutz. Neben Verwaltungsaufgaben führt das Bundesamt für Naturschutz auch wissenschaftliche Forschungen durch **(Bild 1)**.

Als Maßnahmen zum Schutz, zur Pflege und zur Entwicklung von Natur und Landschaften sind manche Teile von Natur und Landschaften besonders gekennzeichnet.

Naturschutzgebiete dienen zum Erhalt von Biotopen (Lebensgemeinschaften), *Nationalparks* zum Erhalt eines möglichst artenreichen heimischen Tierbestandes und Pflanzenbestandes, *Landschaftsschutzgebiete* zum Erhalt oder Wiederherstellen der Leistungsfähigkeit des Naturhaushalts oder der Nutzungsfähigkeit der Naturgüter und *Naturparks* zur Erholung des Menschen. *Naturdenkmale* sind Objekte oder Gebiete, die zu schützen sind.

Als Maßnahme zum Schutz und zur Pflege von wild lebenden Tierarten und Pflanzenarten ist im BNatSchG der **Artenschutz** festgeschrieben **(Bild 2)**. Dieser enthält auch Schutzvorschriften für besonders geschützte Tierarten und Pflanzenarten **(Bild 3)**. Ferner sind der Biotopschutz im BNatSchG, die Bundesartenschutzverordnung BArtSchV und das Bundesjagdgesetz zu beachten.

> Die Bundesländer können Vorschriften erlassen, die weiter gehen als das BNatSchG.

Einfuhrgenehmigungen oder Ausfuhrgenehmigungen für Tiere und Pflanzen mancher Arten werden nicht oder nur mit Auflagen erteilt.

Das BNatSchG enthält Bußgeldvorschriften sowie Strafvorschriften für Ordnungswidrigkeiten gegenüber Tieren und Pflanzen. Mit Freiheitsstrafe von bis zu fünf Jahren kann bestraft werden, wer z.B. Blumen vom Aussterben bedrohter Pflanzen pflückt.

Aufgaben des Bundesamtes für Naturschutz

- Gesetzlich bedingte Verwaltungsaufgaben des Bundes auf den Gebieten des Naturschutzes und der Landschaftspflege
- Fachliche und wissenschaftliche Unterstützung des Bundesministeriums für Umwelt, Naturschutz und nukleare Sicherheit
- Wissenschaftliche Forschung auf den Gebieten Naturschutz und Landschaftspflege
- Erledigung von Aufgaben im Auftrag oder mit Zustimmung des Bundesministeriums für Umwelt, Naturschutz und nukleare Sicherheit

Bild 1: Aufgaben des Bundesamtes für Naturschutz

Artenschutz

- Schutz von Tieren, Pflanzen und ihren Lebensgemeinschaften vor Beeinträchtigungen durch den Mensch
- Schutz, Pflege, Entwicklung und Wiederherstellung der Biotope wild lebender Tierarten und Pflanzen
- Ansiedlung von Tieren und Pflanzen verdrängter wild lebender Arten innerhalb ihres natürlichen Verbreitungsgebietes

Bild 2: Aufgaben des Artenschutzes

§ 44 Vorschriften für besonders geschützte und bestimmte andere Tier- und Pflanzenarten. (1) Es ist verboten,

1. wild lebenden Tieren der besonders geschützten Arten nachzustellen, sie zu fangen, zu verletzen oder zu töten oder ihre Entwicklungsformen aus der Natur zu entnehmen, zu beschädigen oder zu zerstören,
2. wild lebende Tiere der streng geschützten Arten und der europäischen Vogelarten während der Fortpflanzungs-, Aufzucht-, Mauser-, Überwinterungs- und Wanderungszeiten erheblich zu stören; eine erhebliche Störung liegt vor, wenn sich durch die Störung der Erhaltungszustand der lokalen Population einer Art verschlechtert,
3. Fortpflanzungs- oder Ruhestätten der wild lebenden Tiere der besonders geschützten Arten aus der Natur zu entnehmen, zu beschädigen oder zu zerstören,
4. wild lebende Pflanzen der besonders geschützten Arten oder ihre Entwicklungsformen aus der Natur zu entnehmen, sie oder ihre Standorte zu beschädigen oder zu zerstören (Zugriffsverbote).

Bild 3: Auszug aus dem BNatSchG

> Das vorsätzliche Verletzen oder Beschädigen von Tieren und Pflanzen besonders geschützter Arten ist strafbar.

5.3.2 Gewässerschutz

Ohne Wasser gibt es kein Leben. Der Schutz des Wassers ist deshalb von großer Bedeutung. Das gesamte Wasser auf der Erde nennt man die **Hydrosphäre** (von griech. hýdōr = Wasser und sphaíra = Kugel). Sie nimmt einen Raum von etwa 1,34 · 10^{18} m^3 ein **(Bild 1)**. Ein Teil des Wassers nimmt auf der Erde an einem Kreislauf aus Verdunsten, Aufsteigen und Ausfall als Regen teil.

Das **Gewässerschutzrecht** regelt die Entnahme und den Gebrauch des Wassers, wenn dadurch seine Qualität oder die Zusammensetzung beeinträchtigt werden kann. Grundlagen sind vor allem die Bundesgesetze zur Ordnung des Wasserhaushalts (*Wasserhaushaltsgesetz – WHG*), das Gesetz über die Abgaben für das Einleiten von Abwasser in Gewässer (Abwasserabgabengesetz – AbwAG) und über die Umweltverträglichkeit von Wasch- und Reinigungsmitteln (*Wasch- und Reinigungsmittelgesetz – WRMG*). Daneben ergänzen und konkurrieren gelegentlich Gesetze der Länder und zunehmend Regelungen, Vorschriften und Richtlinien der Europäischen Gemeinschaft (EG), bzw. der Europäischen Union (EU), z.B. die EU-Wasserrahmenrichtlinie, die EU-Grundwasserrichtlinie, die EU-Nitratrichtlinie und die EG-Richtlinie Kommunales Abwasser.

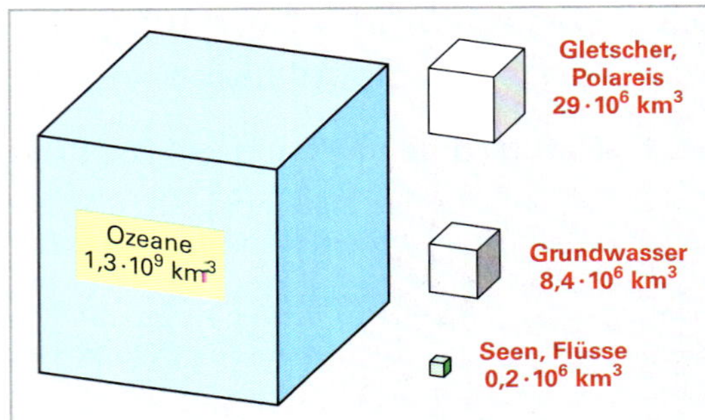

Bild 1: Wasservolumen der Hydrosphäre

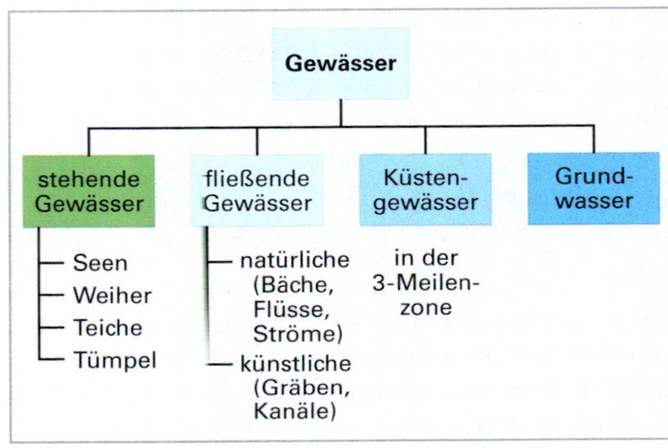

Bild 2: Arten der Gewässer

Gewässer

Als Gewässer gelten in diesen Gesetzen, Vorschriften und Regelungen fließende oder stehende oberirdische Wasseransammlungen **(Bild 2)**. Fließende Gewässer kann man in natürlich entstandene und in künstlich hergestellte unterteilen. Ein natürliches, größeres Fließgewässer ist ein *Fluss*. Das Wasser fließt in einer Bodenvertiefung, dem Flussbett. *Strom* nennt man einen breiten Fluss und *Bach* ein kleines fließendes Gewässer. Künstlich sind Gräben und Kanäle gebaut. Ein *Graben* ist eine längere, in der Erde ausgehobene Vertiefung. Unter einem *Kanal* versteht man eine Verbindung an der Erdoberfläche, meist als besonderer Weg für Schiffe. Zu den stehenden oberirdischen Wasseransammlungen zählen Seen, Weiher, Teiche und die nur zeitweise bestehenden *Tümpel*. Ein *See* ist eine größere mit Wasser gefüllte Bodenvertiefung auf dem Festland. Das stehende Binnengewässer lässt bei genügender Tiefe eine Wasserzirkulation zu. Niederschläge, Grundwasser oder Flüsse speisen das Seewasser. Im Verlauf von Flüssen gibt es Durchgangsseen oder Endseen. Ein Teich ist ein kleines, stehendes Gewässer. Teiche sind so flach, dass man sie ablassen kann. *Weiher* nennt man einen Teich, ebenfalls ohne Tiefenzone, mit überwachsenen Ufern. Auch ist der Boden in seiner ganzen Ausdehnung von höheren Pflanzen besiedelt. Das *Grundwasser* ordnet das Wasserhaushaltsgesetz ebenfalls als Gewässer ein, auch *Küstengewässer* innerhalb der Drei-Meilen-Zone.

Das **Grundwasser** ist unterirdisches Wasser, das die Hohlräume in der Erdrinde ausfüllt und damit verbindet. Das Wasser stammt von Niederschlägen, von Regen und Schnee, das durch Poren, Haarrisse, Klüfte und Spalten im Boden versickert. Man leitet auch aufbereitetes Oberflächenwasser dem Grundwasser zu (Anreicherung).

> Das Grundwasser wird teils aus Niederschlägen, teils von Sickerwasser gespeist oder künstlich durch aufbereitetes Oberflächenwasser angereichert.

Ströme, Flüsse und Bäche versickern zum Teil durch das Gewässerbett (Uferfiltration) und gelangen als Sickerwasser in den Untergrund. Das Grundwasser sammelt sich über Gesteinsschichten, die wasserundurchlässig sind. Die Oberfläche des Grundwassers nennt man den *Grundwasserspiegel*.

Das Grundwasser steht in den lockeren Sedimenten (Absatzgestein nach lat. sedimentum = Bodensatz) und in den Rinnen des Gesteins. Die Schwerkraft verursacht eine Bewegung des Grundwassers, Reibungskräfte können ebenfalls dazu beitragen.

Gewässer gehören zum Naturhaushalt. Sie sind so zu bewirtschaften, dass sie dem Wohle der Allgemeinheit dienen und zugleich dem Einzelnen nutzen. Jede Beeinträchtigung, die vermieden werden kann, muss unterbleiben. Wasser soll stets in der benötigten Menge, am richtigen Ort und in geeigneter Güte zur Verfügung stehen.

Zur Nutzung des Wassers, nämlich zum Entnehmen, Ableiten, Aufstauen, Absenken und Einleiten, wird eine behördliche *Erlaubnis* oder *Bewilligung* benötigt.

- Eine Erlaubnis ist eine Befugnis, die jederzeit widerrufen werden kann, also eine Art Unbedenklichkeitsbescheinigung für die Nutzung.
- Eine Bewilligung erteilt ein Recht auf eine bestimmte Nutzung ohne den Vorbehalt des Widerrufs. Die Bewilligung ist nur bei der öffentlichen Wasserversorgung oder der Nutzung der Wasserkraft üblich. Beeinträchtigt diese Wassernutzung das Wohl der Allgemeinheit, lässt sich auch eine Bewilligung widerrufen.

> Eine Erlaubnis zur Wassernutzung kann widerrufen werden, eine Bewilligung nur unter erschwerenden Umständen.

Abwasser

Ein Wassernutzer hat *Mitwirkungspflichten* und *Duldungspflichten.* Betriebe, die Gewässer benutzen und die mehr als 750 m^3 Abwasser je Tag einleiten dürfen (meist Direkteinleiter), müssen einen oder mehrere **Betriebsbeauftragte** für Gewässerschutz bestellen. Der Gewässerschutzbeauftragte spielt bei der Eigenüberwachung eine ähnliche Rolle wie der Immissionsschutzbeauftragte:

- Er überwacht, ob die Bedingungen, Vorschriften und Auflagen in seinem Betrieb im Interesse des Gewässerschutzes eingehalten werden.
- Er kontrolliert regelmäßig die Abwasseranlagen, prüft, ob sie funktionieren und ob sie richtig gewartet werden.
- Er misst die Menge des Abwassers und überprüft die Wassereigenschaften.
- Er zeichnet Kontroll- und Messergebnisse auf, teilt dem verantwortlichen Betriebsleiter die Mängel mit und schlägt Maßnahmen zur Mängelbeseitigung vor.

Tabelle 1: Anforderungen an die Abwasserqualität (je nach Branche)

Schadstoffe	Max. Konzentration in mg/L
Anforderungen nach allgemein anerkannten Regeln der Technik	
Aluminium	2 ... 3
Chemischer Sauerstoffbedarf CSB	100 ... 600
Eisen	3
Fluorid	20 ... 50
Kohlenwasserstoffe	10
Phosphor	2
Stickstoff aus Ammoniumverbindungen	20 ... 100
Stickstoff aus Nitrit	5
Anforderungen nach Stand der Technik	
Organische Halogenverbindungen	1
Arsen	0,1
Barium	2
Blei	0,5
Cadmium	0,1 ... 0,2
Chlor (freies)	0,5
Chrom	0,5
Cr^{6+}-Ionen	0,1
Kobalt	1
Kupfer	0,5
Nickel	0,5
Quecksilber	0,05
Selen	1
Silber	0,1
Zinn	2
Zink	2

Der Gewässerschutzbeauftragte klärt außerdem die Betriebsangehörigen über die Maßnahmen und über die Einrichtungen auf, um die Belastung der Gewässer zu vermeiden oder so gering wie möglich zu halten. Der Leiter des Betriebs muss den Gewässerschutzbeauftragten bei der Erfüllung seiner Aufgaben unterstützen.

> Direkteinleiter müssen Gewässerschutzbeauftragte bestellen.

Wer Gewässer benutzt, muss dulden, dass die zuständigen Behörden Vorgänge und Anlagen überwachen. Der Betrieb muss prüfen lassen, ob die beantragte Nutzung zulässig und unter welchen Bedingungen und Auflagen sie möglich ist. Betritt der Behördenvertreter den Betrieb, sind ihm die nötigen Auskünfte für seine Prüfungen zu erteilen.

Bei der Abwasserbeseitigung unterscheidet das Wasserhaushaltsgesetz zwischen *Direkteinleiter* und *Indirekteinleiter.* **Direkteinleiter** sind z.B. die Abwasserbehandlungsanlagen der Gemeinden, da sie ihr Abwasser direkt in den *Vorfluter* leiten.

> Vorfluter sind Gewässer, wie z.B. Bach, Kanal, Fluss oder See, in die mit wasserrechtlicher Erlaubnis Abwasser eingeleitet wird.

Es gibt auch große Industriebetriebe, die Direkteinleiter sind. Vor dem Einleiten in die Vorfluter müssen die Direkteinleiter die Abwasser-Schadstoffe nach den *allgemein anerkannten Regeln der Technik* (a.a.R.d.T.) und gefährliche Schadstoffe nach dem *Stand der Technik* (S.d.T.) beseitigt oder unter die Grenzwerte erniedrigt haben **(Tabelle 1, vorhergehende Seite)**.

Die a.a.R.d.T. sind weniger streng als die Anforderungen nach dem Stand der Technik. Bei den a.a.R.d.T. muss eine Übereinstimmung von Fachleuten vorliegen. Stand der Technik ist der Entwicklungsstand fortschrittlicher Verfahren oder Einrichtungen.

Die Klärung der Abwässer erfolgt zum großen Teil durch Bakterien unter Zugabe von Sauerstoff durch Abbau zu Kohlenstoffdioxid, Wasser und Schlamm (Seite 408). Deshalb ist der **BSB** (Biochemischer Sauerstoffbedarf) eine wichtige Kenngröße für die in der Abwasserbehandlungsanlage zu verarbeitende Schmutzfracht. Wegen der Messung des BSB geht man vom Sauerstoffbedarf beim Abbau im Laufe von 5 Tagen aus und spricht dann vom BSB_5 **(Tabelle 1)**.

> Der Wert von BSB_5 gibt an, wie viele Gramm Sauerstoff gebraucht werden, um die biologisch abbaubaren Stoffe von 1 L Abwasser innerhalb von 5 Tagen aerob abzubauen.

Durchschnittlich sind je Liter Abwasser 300 mg Sauerstoff für den Stoffabbau erforderlich. Der durchschnittliche Wasserverbrauch der deutschen Bevölkerung ist 200 L/d (200 Liter je Tag, d von lat. dies = Tag). Deshalb werden je Einwohner in Deutschland durchschnittlich gebraucht 200 L/d · 300 mg/L = 60 g/d Sauerstoff, weil das verbrauchte Wasser als Abwasser zurückkommt. Diese Größe bezeichnet man als **Einwohnerwert EW**:

$$EW = 60 \text{ g } BSB_5/\text{d}.$$

Der Einwohnerwert EW ist weltweit nicht einheitlich und kann örtlich verschieden sein. Er wird durch Messungen festgestellt.

Tabelle 1: Grenzwerte der Abwässer aus kommunalen Abwasserbehandlungsanlagen

Größenklasse der Anlage	1	2	3	4	5
Zulauffracht in kg/d BSB_5(roh)	< 60	60 … 300	300 … 600	600 … 6000	≥ 6000
angeschlossene EW in Tausend	< 1	1 … 5	5 … 20	20 … 100	≥ 100
Ablauf					
BSB_5 in mg/L	40	25	20	20	15
NH_4-N in mg/L	–	–	10	10	10
$N_{anorg.}$ in mg/L	–	–	–	18	13

nach Angaben der Abwasserverordnung

> Der Einwohnerwert *EW* gibt den BSB_5 an, welcher für den biologischen Abbau derjenigen Schmutzfracht verantwortlich ist, die jeder Einwohner durchschnittlich täglich produziert.

Beim Abwasser von Gewerbebetrieben verwendet man einen Erfahrungswert in der Weise, dass man für deren BSB_5 eine virtuelle (scheinbare) Anzahl von Einwohnern angibt, z.B. 50000 Einwohner. Diese Anzahl der Einwohner nennt man **Einwohnergleichwert EGW**.

Beispiel:

Eine deutsche Stadt hat 150000 Einwohner und der Einwohnergleichwert der Gewerbebetriebe umfasst 80000 Einwohner. a) Wie groß ist der tägliche BSB_5 der Stadt? b) Wie viele kg Sauerstoff sind im Laufe von 30 Tagen erforderlich?

Lösung:

a) $BSB_5 = (150000 + 80000) \cdot 60 \text{ g } BSB_5/\text{d} \cdot 1 \text{ d}$
$= 230000 \cdot 60 \text{ g } BSB_5/\text{d} \cdot 1 \text{ d} = \mathbf{13800 \text{ kg}}$

b) $BSB_5 = (150000 + 80000) \cdot 60 \text{ g } BSB_5/\text{d} \cdot 30 \text{ d}$
$= 13800 \text{ kg/d} \cdot 30 \text{ d} = \mathbf{414000 \text{ kg}}$

Indirekteinleiter sind nach dem Wasserhaushaltsgesetz Haushalte, Gewerbe- und Industriebetriebe, die ihr Abwasser in die öffentliche Kanalisation und schließlich in die Abwasseranlage einleiten, z.B. in die kommunale Abwasserbehandlungsanlage.

> Direkteinleiter leiten ihr Abwasser direkt in den Vorfluter, Indirekteinleiter in die vorhandene Kanalisation.

Die Länder der Bundesrepublik Deutschland haben Abwasser-Beseitigungspläne erstellt, die ein Einleiten nur erlauben, wenn die Fracht an Schadstoffen nach den allgemein anerkannten Regeln der Technik so klein wie möglich ist. Meist müssen die Gemeinden das Abwasser beseitigen, das auf ihrem Gebiet anfällt.

> Abwasser wird beseitigt durch Sammeln, Fortleiten, Behandeln, Einleiten, Versickern, Verregnen oder Verrieseln.

Außerdem gehört das Entwässern von Klärschlamm zur Abwasser-Beseitigung.

Daneben weisen die Abwasser-Beseitigungspläne **Wasserschutzgebiete** aus, in denen die Gewässer besonders geschützt sind. Dort dürfen Düngemittel und Pflanzenschutzmittel nicht in das Grundwasser eintreten.

Direkteinleiter zahlen nach dem Abwasserabgabengesetz (AbwAG) Gebühren, deren Höhe sich nach der Schmutzfracht richtet (Verursacherprinzip). Die Schmutzfracht wird mit Schadeinheiten *SE* bewertet **(Tabelle 1)**. Die Gebühr beträgt z.B. 35,79 € im Jahr je *Schadeinheit.* Das eingenommene Geld soll zweckgebunden verwendet werden, um den Zustand der Gewässer zu verbessern.

> Die Abwasserabgaben sollen die Direkteinleiter dazu bewegen, ihre Abwässer zu klären, bevor sie Geld für Schmutzfrachten bezahlen müssen.

Der Einleiter kann für sich niedrigere Grenzwerte selbst festlegen und durch ein behördlich vorgeschriebenes Messprogramm nachweisen (Messlösung). Die zuständige Behörde prüft außerdem unangemeldet durch Stichproben das Abwasser. Einige Bundesländer haben Eigenkontroll-Verordnungen erlassen, welche die Direkteinleiter verpflichten, ihre Abwässer ständig zu kontrollieren und die Ergebnisse der Kontrollen zu protokollieren.

Kann der Einleiter mindestens drei Monate lang niedrigere Werte einhalten, als bisher genehmigt waren (wenigstens 20% Abweichung), und kann er diese Werte nachweisen, wird die Zahl der Schadeinheiten für den Veranlagungszeitraum erniedrigt. Umgekehrt erhöht sich die Zahl der Schadeinheiten, wenn die Schwellenwerte oder die Abwassermenge überschritten sind.

Tabelle 1: Schadeinheiten und Schwellenwerte

Schadstoffe bzw. Schadstoffgruppen	Schadeinheit SE	Schwellenkonzentration	Jahresmenge
Oxidierbare Stoffe in CSB	50 kg O_2	20 mg/L	250 kg
Phosphor	3 kg	0,1 mg/L	15 kg
Stickstoff	25 kg	5 mg/L	125 kg
Organische Halogenverbindungen als AOX	2 kg Halogen	100 µg/L	10 kg
Metalle und Verbindungen:			
Quecksilber	20 g	1 µg/L	100 g
Cadmium	100 g	5 µg/L	500 g
Blei	500 g	50 µg/L	2,5 kg
Chrom	500 g	50 µg/L	2,5 kg
Nickel	500 g	50 µg/L	2,5 kg
Kupfer	1 kg	100 µg/L	5 kg
Giftigkeit gegenüber Fischeiern	6000 m^3/G_{EI}	$G_{EI} = 2$	

G_{EI} ist der Verdünnungsfaktor, der im Fischeitest nicht mehr giftig ist. ($G_{EI} = 2$ entspricht: 1 Teil Abwasser + 1 Teil Frischwasser)

Trinkwasser

Für das Trinkwasser gelten besondere Vorschriften. Sie sind notwendig, weil dieses Wasser als Lebensmittel gilt. Es muss so beschaffen sein, dass weder der Genuss noch der Gebrauch die menschliche Gesundheit bedroht, vor allem nicht durch Krankheitserreger.

Das Rohwasser stammt aus oberirdischen Gewässern, aus Flüssen, Seen oder Talsperren, aus Regenwasser, in Zisternen aufgefangen, oder aus Grundwasser, als Quellwasser, uferfiltriert oder künstlich angereichert.

Die **Trinkwasserverordnung** *(TrinkwV)* regelt die Beschaffenheit des Trinkwassers und des Wassers für Lebensmittelbetriebe, die Überwachung des Wassers durch das Gesundheitsamt und die Pflichten des Betreibers einer Wasserversorgungsanlage.

> Für Trinkwasser sind besonders strenge Regeln zu beachten, weil Trinkwasser ein Lebensmittel ist.

Das Trinkwasser muss frei von Krankheitskeimen sein. Die übrigen Keime sollen nach einer Bebrütungstemperatur von 20 °C und 36 °C die Gesamtzahl 100 je Milliliter nicht erreichen. In desinfiziertem Wasser darf die Gesamtkeimzahl 20 je mL Wasser bei einer Bebrütungstemperatur von 20 °C nicht überschreiten. Für Pflanzenbehandlungsmittel und Schädlingsbekämpfungsmittel gelten die Grenzwerte 0,1 µg/L als Einzelstoff und 0,5 µg/L als Summe der Behandlungsmittel. Muss man Trinkwasser mit Chlor, Natrium-, Magnesium- oder Calciumhypochlorit desinfizieren, soll nach der Behandlung noch mindestens 0,1 mg Chlor Cl_2 in einem Liter Wasser enthalten sein.

Die Grenzwerte der Konzentrationen gesundheitsschädlicher Stoffe **(Tabelle 1)** müssen im Trinkwasser nach dem Stand der Technik so niedrig wie möglich sein (Minimierungsgebot).

> Die Bezeichnung „Stand der Technik" gleicht den Maßstab des Erlaubten an die technische Entwicklung an.

Wassergefährdende Stoffe

Die wassergefährdenden Stoffe teilt man in drei **Gefährdungsklassen** ein: WGK 1 bis WGK 3 **(Tabelle 2)**. Diese Einteilung nimmt die Länderarbeitsgemeinschaft Wasser (LAWA) in der Verordnung über Anlagen zum Umgang mit wassergefährdenden Stoffen (AwSV) vor. Außerdem gefährden die Reinheit des Trinkwassers:

- Säuren und Laugen,
- Alkalimetalle,
- Siliciumverbindungen mit > 30 % Si,
- metallorganische Verbindungen,
- Halogene,
- Bleisalze,
- flüssige und wasserlösliche Kohlenwasserstoffe,
- Mineralöle und Teeröle sowie deren Produkte,
- Alkohole, Aldehyde, Ketone, Ester,
- halogen-, stickstoff- und schwefelhaltige organische Verbindungen und
- Gifte.

Waschmittel und *Reinigungsmittel* können in Gewässer gelangen. Stoffe, die grenzflächenaktive Substanzen oder organische Lösemittel enthalten, zählen auch zu den Wasch- und Reinigungsmitteln. Waschmittel und Reinigungsmittel müssen gewässerschonend sein. Sie dürfen nach dem Gesetz über die Umweltverträglichkeit von Wasch- und Reinigungsmitteln (*Wasch- und Reinigungsmittelgesetz – WRMG*) die Trinkwasserversorgung nicht gefährden. Ihr Phosphatanteil soll 20 % nicht überschreiten. Heute sind 80 % aller Wasch- und Reinigungsmittel frei von Phosphaten. Manche Wasserwerke mischen dem Wasser bei Bedarf allerdings kleine Phosphatmengen bei, um die Wasserleitungsrohre vor Korrosion zu schützen.

Tabelle 1: Problemstoffe im Trinkwasser

Stoff	Grenzwert (in mg/L)
Arsen	0,01
Blei	0,01
Cadmium	0,003
Quecksilber	0,001
Nitrat	50
Nitrit	0,5
Polyzyklische aromatische Kohlenwasserstoffe	0,0001
Tetrachlorethen	0,01
Trihalogenmethane	0,05
Pflanzenschutzmittel und Biozidprodukte	einzeln: 0,0001 gesamt: 0,0005

Tabelle 2: Wassergefährdungsklassen

Klasse	Bedeutung	Beispiele
WGK 1	schwach wassergefährdend	Aceton, Ameisensäure, Ammoniumchlorid, Biodiesel, Kraftstoff, Essigsäure, Ethanol, Ethylbenzol, Glycerin, Kaliumchlorid, Methanol, Natriumchlorid, Paraffine, Schwefelsäure, Zitronensäure.
WGK 2	wassergefährdend	Anilin, Chloroform, Dieselkraftstoff, Heizöl, Natriumsulfit, Schwefelkohlenstoff.
WGK 3	stark wassergefährdend	Altöl, Arsensäure, Benzol, Blausäure, Chromschwefelsäure, Lindan, Quecksilbersalze.

Wiederholung und Vertiefung

1. **Was versteht man unter der Hydrosphäre?**
2. **Wie entsteht das Grundwasser?**
3. **Wodurch unterscheidet sich eine Erlaubnis von einer Bewilligung?**
4. **Welche Aufgaben hat der Gewässerschutzbeauftragte?**
5. **Erklären Sie den Begriff „Vorfluter".**
6. **Welchen Zweck verfolgt das Abwasserabgabengesetz?**
7. **Was versteht man unter einer BSB_5-Fracht?**
8. **Welche Anforderungen stellt man an das Trinkwasser?**
9. **Wodurch wird Abwasser beseitigt?**
10. **Welche Eigenverantwortung überträgt die Messlösung auf Direkteinleiter?**

5.3.3 Immissionsschutz

Ziel des Gesetzes BImSchG

Das *Bundes-Immissionsschutzgesetz BImSchG* soll dazu beitragen, insbesondere dem Entstehen von Luftverunreinigungen, Lärm, Wärme und nicht ionisierenden Strahlen entgegenzuwirken. So besitzt dieses Gesetz Vorschriften für

- die Errichtung und den Betrieb von Anlagen,
- das Herstellen und Inverkehrbringen von Brennstoffen, Treibstoffen und Schmierstoffen,
- die Beschaffenheit und den Betrieb von Fahrzeugen,
- die Überwachung der Luftverunreinigung,
- Luftreinhaltepläne und
- Lärmminderungspläne.

Verordnung über genehmigungsbedürftige Anlagen

Anlagen, die schädliche Umwelteinwirkungen und Klimaauswirkungen hervorrufen können **(Tabelle 1)**, sind genehmigungsbedürftig, wenn sie

- gewerblichen Zwecken dienen,
- im Rahmen wirtschaftlicher Unternehmungen verwendet werden,
- bestimmte Leistungsgrenzen überschreiten,
- eine bestimmte Größe überschreiten oder wenn sie
- mehr als 12 Monate nach Inbetriebnahme am selben Ort betrieben werden.

> Die Genehmigungsbedürftigkeit einer Anlage hängt von der Ausbringung (Menge der Erzeugnisse), der Leistung, dem Durchsatz, dem Fassungsvermögen, dem Flammpunkt oder den zu bearbeitenden Stoffen ab.

Die Genehmigung muss sich auf alle Anlagenteile, die zum Betrieb erforderlich sind, beziehen. Stehen mehrere Anlagen derselben Art in einem engen räumlichen und betrieblichen Zusammenhang, so ist eine Genehmigung auch dann notwendig, wenn die Anlagen nur zusammen, also nicht einzeln, die maßgebenden Leistungsgrenzen oder Anlagegrößen überschreiten. Wird die Leistungsgrenze oder Anlagengrenze einer bestehenden Anlage irgendwann durch Erweiterung überschritten, bedarf die gesamte Anlage dann erneut der Genehmigung. Für Anlagen, die überwiegend der Entwicklung und Erprobung neuer Verfahren, Einsatzstoffe, Brennstoffe oder Erzeugnisse dienen, kann ein vereinfachtes Genehmigungsverfahren angewendet werden.

Tabelle 1: Genehmigungsbedürftige Anlagen

Bereich	Anlagenart, Anlagenaufgabe	Genehmigungsbedarf
Wärmeerzeugung, Bergbau, Energie	Kraftwerke, Heizkraftwerke, Feuerungsanlagen, Gasturbinenanlagen, Gaserzeugungsanlagen.	Für Feuerungsleistungen von mehr als 50 MW.
Steine, Erden, Glas, Keramik, Baustoffe	Zementherstellung, Glasherstellung, Herstellung von Bitumen, Teer, Schmelzen mineralischer Stoffe.	Bei Produktionsleistung von 200 t oder mehr je Stunde.
Stahl, Eisen, Metalle	Anlagen zum Schmelzen, Sintern, Erzeugen von Stahl, Walzen von Metallen, Aufbringen metallischer Schutzschichten auf Metalloberflächen, Herstellung von Metallpulvern.	Genehmigungsbedarf ist abhängig von der Durchsatzleistung, z. B. t je Stunde, t je Tag.
Chemische Erzeugnisse, Arzneimittel, Mineralölraffination	Herstellung von Chemikalien, Halogenerzeugnissen, Kunststoffen, Chemiefasern, Kunstharzen, Waschmitteln, Pflanzenschutzmitteln, Gewinnung von Schmierstoffen, Ölen.	Genehmigungs bedürftig sind insbesondere Anlagen zur fabrikmäßigen Herstellung.
Oberflächenbehandlung, Verarbeitung von Kunststoffen, Harzen	Anlagen zum Beschichten, Lackieren, Imprägnieren, Bedrucken. Anlagen zum Überziehen von Stoffen mit Bitumen, Teer, Harzen.	Anlagen mit einer Einsatzmenge von 250 kg oder mehr organischer Lösemittel je Stunde.
Holz, Zellstoffe	Papierherstellung, Herstellung von Holzfasern, Holzfaserspanplatten.	Ab einer Papierbahnlänge von 75 m.
Nahrungs-, Genussmittel, Futtermittel	Anlagen zum Halten oder zur Zucht von Geflügel, Schweinen. Anlagen zur Verarbeitung von Kartoffeln, Gemüse, Fleisch, Fisch ab 1 t je Tag.	Ab 7000 Hühnerplätzen, 700 Mastschweineplätzen, 250 Sauenplätzen.

Verordnung über Kleinfeuerungsanlagen

Kleinfeuerungsanlagen für Einzelöfen brauchen nicht genehmigt zu werden. Sie dürfen nur mit bestimmten Brennstoffen betrieben werden **(Tabelle 1, folgende Seite)**. Im Dauerbetrieb sind Kleinfeuerungsanlagen für feste Brennstoffe so zu betreiben, dass ihre Abgasfahne heller ist als der Grauwert 1 der Ringelmann-Skala **(Bild 1, folgende Seite)**. Es sind jährliche Messungen vom Schornsteinfeger durchzuführen **(Bild 2, folgende Seite)**.

Bei Feuerungsanlagen für feste Brennstoffe mit einer Nennwärmeleistung von mehr als 4 kW gibt es vorgeschriebene Emissionsgrenzwerte hinsichtlich Staubpartikeln und Kohlenstoffmonoxid im Abgas **(Tabelle 2)**. Die Grenzwerte variieren je nach Anlagentyp und Anlagenbaujahr. Bei Bedarf sind Filter einzubauen oder es ist für einen Anlagenersatz zu sorgen.

Gestrichenes, lackiertes oder beschichtetes Holz sowie Reste von Sperrholz, Spanplatten oder sonst verleimtem Holz dürfen nur in Betrieben der Holzverarbeitung, Holzbearbeitung verfeuert werden.

Bei Ölfeuerungsanlagen und Gasfeuerungsanlagen sind in Abhängigkeit der Nennwärmeleistung und der Anlagenerrichtung unterschiedliche Grenzwerte für die Abgasverluste einzuhalten **(Tabelle 3)**. Die Abgase müssen frei von Ölderivaten (Ölreste, Ölabkömmlinge) sein.

Von staubförmigen Emissionen im Abgas wird die Rußzahl visuell (mit bloßem Auge) anhand von drei Einzelmessungen ermittelt **(Bild 1)**.

> Schornsteinfegermeister oder zertifizierte Betriebe führen an den genannten Feuerungsanlagen regelmäßig Messungen durch.

Bei Messung der Sauerstoffkonzentration:

$$q_A = (\vartheta_A - \vartheta_L) \cdot \left(\frac{A_2}{21 - c(O_2)} + B \right) \quad (1)$$

Bei Messung der Kohlenstoffdioxidkonzentration:

$$q_A = (\vartheta_A - \vartheta_L) \cdot \left(\frac{A_1}{c(CO_2)} + B \right) \quad (2)$$

q_A	Abgasverlust
ϑ_A	Abgastemperatur in °C
ϑ_L	Verbrennungslufttemperatur in °C
$c(O_2)$	Konzentration Sauerstoff im Abgas
$c(CO_2)$	Konzentration Kohlenstoffdioxid im Abgas
A, B	Konstanten nach **Tabelle 4**

Tabelle 3: Grenzwerte für Abgasverluste

Nennwärmeleistung in kW	Abgasverluste
über 4 bis 25	11 %
über 25 bis 50	10 %
über 50	9 %

Tabelle 1: Brennstoffe für Kleinfeuerungsanlagen

Brennstoff	Beispiele
Kohle	Steinkohle, Steinkohlenbriketts, Steinkohlenkoks, Braunkohle, Braunkohlenbriketts, Braunkohlenkoks.
Holz	Naturbelassenes Holz, Reisig, Zapfen, Sägemehl, Späne, Rinde.
fKW	Heizöl, Methanol, Ethanol.
Gas	Erdgas, Erdölgas, Flüssiggas, Wasserstoffgas, Klärgas (Biogas), Koksofengas, Grubengas, Stahlgas, Hochofengas, Raffineriegas, Sythesegas.

fKW flüssige Kohlenwasserstoffe

Tabelle 2: Grenzwerte für Staub, CO (Beispiel)

Baujahr Anlage	Staub	Kohlenstoffmonoxid CO
vor 21.3.2010	0,15 g/m³	4 g/m³
2010 bis 2014	0,075 g/m³	2 g/m³
seit 2015	0,02 g/m³	0,4 g/m³

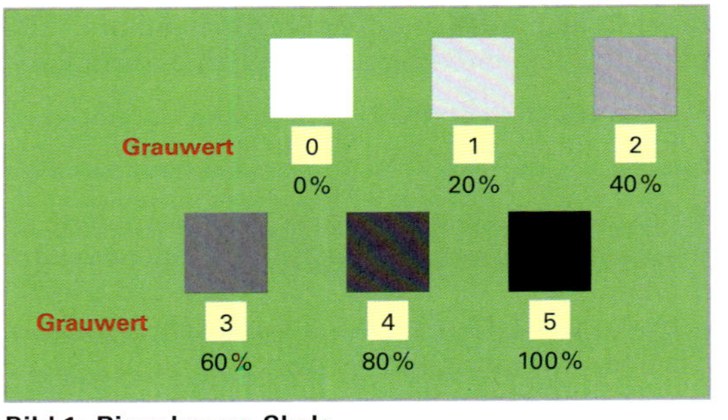

Bild 1: Ringelmann-Skala

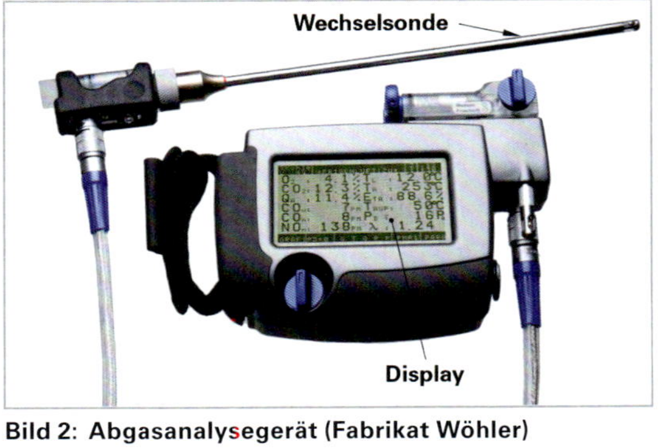

Bild 2: Abgasanalysegerät (Fabrikat Wöhler)

Tabelle 4: Konstanten zur Abgasverlustrechnung

Konstante	Heizöl	Erdgas	Stadtgas	Kokereigas	Flüssiggas
A_1	0,50	0,37	0,35	0,29	0,42
A_2	0,68	0,66	0,63	0,60	0,63
B	0,007	0,009	0,011	0,011	0,008

Verordnung über Großfeuerungsanlagen

Großfeuerungsanlagen besitzen eine Feuerungswärmeleistung von mindestens 50 MW. Bei ausschließlichem Einsatz von gasförmigen Brennstoffen gilt diese Verordnung für Feuerungsanlagen ab 100 MW Feuerungsleistung. Für Abfallverbrennungsanlagen, Nachverbrennungsanlagen oder Feuerungsanlagen, mit deren Abgasen oder Flammen Güter in direkter Berührung erwärmt oder getrocknet werden, gelten andere Verordnungen.

Bei Großfeuerungsanlagen (≥ 50 MW, < 100 MW) müssen verschiedene **Emissionsgrenzwerte** (Abgasgrenzwerte) im Tagesmittelwert eingehalten werden **(Tabelle 1)**. Für Altanlagen gelten Übergangsregelungen, ggf. hilft eine Filternachrüstung. Allerdings gibt es für diese Grenzwerte und Altanlagen oft auch erlaubte Abweichungen, z. B.:

- Werden andere feste Brennstoffe als Kohle oder Holz eingesetzt, dürfen die staubförmigen Emissionen an Arsen, Blei, Chrom, Kobalt, Nickel oder deren Verbindungen 0,5 mg/m^3 im Abgas nicht überschreiten.
- Altanlagen bis 100 MW mit Steinkohlenstaub-Feuerungen und flüssigem Ascheabzug dürfen im Abgas höchstens 300 mg/m^3 Stickstoffoxide besitzen.
- Die Emissionen an Schwefeloxiden dürfen 400 mg/m^3 im Abgas bei Altanlagen mit Rostfeuerungen oder Steinkohlenstaub-Feuerungen mit einer Feuerungswärmeleistung bis 100 MW nicht überschreiten.
- Altanlagen mit Wirbelschichtfeuerungen für Kohle mit einer Feuerungswärmeleistung bis 300 MW dürfen Schwefeloxide höchstens mit 200 mg/m^3 im Abgas emittieren.
- Bei Altanlagen für flüssige Brennstoffe (nicht leichtes Heizöl) mit einer Feuerungswärmeleistung zwischen 50 MW und 100 MW dürfen die Emissionen an Stickstoffoxiden 300 mg/m^3 im Abgas nicht überschreiten.

Der Emissionsgrenzwert in mg/m^3 bezieht sich bei Großfeuerungsanlagen für flüssige und gasförmige Brennstoffe auf einen Sauerstoffgehalt von 3%, für feste Brennstoffe und Biobrennstoffe auf einen Sauerstoffgehalt von 6 %, bei Gasturbinenanlagen auf einen Sauerstoffgehalt von 15% im Abgas.

Bei Gasturbinenanlagen liegen die Emissionsgrenzwerte je nach Brennstoff, z. B. Erdgas oder Dieselkraftstoff, zwischen 50 mg/m^3 und 100 mg/m^3 im Tagesmittelwert. Jedoch gibt es auch hier erlaubte Ausnahmen.

Tabelle 1: Typische Abgasgrenzwerte in mg/m^3

Brennstoffform	Staub	Kohlenmonoxid	Stickstoffoxide	Schwefeloxide
fest (nicht Bio)	10	150	200	350
flüssig	10	80	100	200
gasförmig	10	100	85	35
Bio	10	150	250	175

Alle Werte sind Tagesmittelwerte.

Bild 1: Erforderliche Messungen zum Betreiben von Großfeuerungsanlagen

Als einatembarer Staub (Gesamtstaub) gelten Partikel kleiner 100 µm, auch E-Staub genannt. Partikel kleiner 10 µm können bis in die Alveolen (Lungenbläschen) vordringen. Sie werden als A-Staub, auch Feinstaub, bezeichnet.

> Für die festgelegten Emissionsgrenzwerte von Großfeuerungsanlagen und Gasturbinenanlagen gibt es viele Ausnahmeregelungen.

Zum Betreiben der Feuerungsanlagen sind Messungen durchzuführen, z. T. auch fortlaufende **(Bild 1)**.

TA Luft

Die TA Luft (Technische Anleitung zur Reinhaltung der Luft) dient dem Schutz vor schädlichen Umwelteinwirkungen durch Luftverunreinigungen **(Bild 1)**. Luftverunreinigungen können durch Rauch, Ruß, Staub, Gase, Aerosole, Dämpfe oder Geruchsstoffe entstehen.

Zu beachten sind in diesem Zusammenhang alle Verordnungen BImSchV zur Durchführung des Bundes-Immissionsschutzgesetzes BImSchG. Für darin angegebene Grenzwerte gelten viele Ausnahmen und verschiedene Zeiträume. Auch dürfen Grenzwerte z. T. begrenzt häufig in einem Zeitraum überschritten werden.

Immissionen im Sinne dieser Anleitung sind auf Lebewesen oder Pflanzen einwirkende Luftverunreinigungen **(Bild 2)**. Die TA Luft legt fest

- Grenzwerte von gesundheitsschädlichen Immissionen **(Tabelle 1),**
- Immissionswerte, die zu Belästigungen führen,
- erforderliche Schornsteinhöhen sowie
- Anforderungen an Altanlagen.

Das Messen der Immissionswerte erfordert das Einhalten einer vorgegebenen Vorgehensweise. Die Immissionen sind in 1,50 m bis 4 m Höhe über Erdboden sowie in mehr als 1,50 m seitlichem Abstand von Bauwerken zu messen. Weiter gibt es Vorgaben für das Beurteilungsgebiet (Summe der Beurteilungsflächen innerhalb eines Kreises mit einem Radius, welcher der 50-fachen Schornsteinhöhe entspricht), die Beurteilungsfläche (quadratische Teilflächen sind meist 1 km^2), den Messzeitraum, die Messstellen, die Messverfahren und die Messhäufigkeit.

Emissionen sind die von einer Anlage ausgehenden Luftverunreinigungen. Anlagen, die luftverunreinigende Emissionen abgeben, z. B. beim Umgang mit staubenden Gütern, müssen mit Einrichtungen zur Emissionsbegrenzung ausgerüstet sein. Hierbei sind die Massenkonzentrationen und die von einer Anlage ausgehenden Massenströme mit Verunreinigungen zu vermindern, z. B. durch Kapselung von Anlagenteilen oder Optimierung von Betriebsabläufen **(Tabelle 2)**. So ist beim Befüllen geschlossener Transportbehälter mit staubenden Gütern die verdrängte Luft zu erfassen und zu entstauben.

Bei Anlagen mit einem Emissionsmassenstrom an staubförmigen Stoffen von mehr als 1 kg/h sollen kontinuierliche Messungen vorgenommen werden. Hinsichtlich dampfförmiger und gasför-

Teil 2 Immissionswerte
§ 2 Immissionsgrenzwerte, Alarmschwelle und kritischer Wert
§ 3 Immissionsgrenzwerte und Alarmschwelle für Stickstoffdio
§ 4 Immissionsgrenzwerte für Partikel (PM10)
§ 5 Zielwert, Immissionsgrenzwert, Verpflichtung in Bezug auf
§ 6 Immissionsgrenzwert für Blei
§ 7 Immissionsgrenzwert für Benzol
§ 8 Immissionsgrenzwert für Kohlenmonoxid
§ 9 Zielwerte, langfristige Ziele, Informationsschwelle und Ala
§ 10 Zielwerte für Arsen, Kadmium, Nickel und Benzo[a]pyren
§ 11 Festlegung von Gebieten und Ballungsräumen
§ 12 Einstufung der Gebiete und Ballungsräume für Schwefeldio

Bild 1: Auszug aus 39. BImSchV über Luftqualitätsstandards und Emissionshöchstmengen

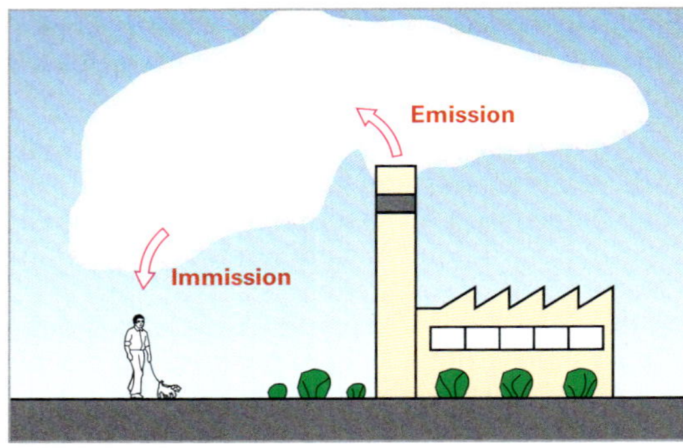

Bild 2: Zusammenwirken von Immission und Emission

Tabelle 1: Grenzwerte von gesundheitsschädlichen Immissionen (Jahresmittelwerte)

Schadstoff	Grenzwert in µg/m^3
Partikel PM_{10}	40
Blei	0,5
Benzol	5
Tetra-Chlorethen	10
Kohlenstoffmonoxid	10 000
Schwefeldioxid	50
Stickstoffdioxid	40

Tabelle 2: Umgang mit staubenden Gütern

Art	Maßnahmen
Aufbereitung und Herstellung	Kapselung, Erfassung staubhaltiger Abgase und Zuführung zu einer Entstaubungseinrichtung.
Transport, Be- und Entladung	Geschlossene Behältnisse, Absaug- und Entstaubungseinrichtungen.
Lagerung	Siloeinsatz, Abdeckungen, Windschutzbepflanzungen, Begrünung, Befeuchtung.

miger Emissionen sind in der TA Luft Grenzwerte vorgegeben, bei deren Überschreiten fortlaufende Messungen während des Betreibens einer Anlage durchgeführt werden sollen **(Tabelle 1)**.

Kontinuierliche Messungen sind erforderlich, wenn die Emissionsgrenzwerte bzw. erlaubten Massenströme (Emissionen) in mehr als 10 % der Betriebszeit überschritten werden.

Im Einzelnen sind in der TA Luft Regelungen getroffen für Emissionen von staubförmigen Stoffen, Kohlenstoffmonoxid, organischen Stoffen, Stickstoffoxiden und Schwefeloxiden bei Anlagen wie z. B.

- Feuerungsanlagen für den Einsatz von Kohle, Koks, Torf, Holz mit einer Feuerungswärmeleistung von weniger als 50 MW,
- Feuerungsanlagen für den Einsatz von Heizölen mit einer Feuerungswärmeleistung von weniger als 50 MW,
- Feuerungsanlagen für den Einsatz von gasförmigen Brennstoffen mit einer Feuerungswärmeleistung von weniger als 100 MW,
- Verbrennungsmotoranlagen,
- Gasturbinenanlagen,
- Zementherstellungsanlagen,
- Schmelzanlagen für mineralische Stoffe,
- Glasherstellungsanlagen,
- Eisenerz-Sinteranlagen,
- Schmelzanlagen für Aluminium,
- Gießereianlagen für Nichteisenmetalle,
- Anlagen der chemischen und pharmazeutischen Industrie,
- Anlagen zur Oberflächenbehandlung,
- Anlagen zum Erzeugen von Nahrungsmitteln, Genussmitteln und Futtermitteln oder
- Anlagen zum Beseitigen von festen und flüssigen Stoffen durch Verbrennen.

In der TA Luft sowie den BImSchV sind die erlaubten Emissionswerte der genehmigungsbedürftigen Anlagen festgelegt.

Abgasableitungen bei genehmigungsbedürftigen Anlagen müssen über Schornsteine erfolgen **(Bild 1)**. Der Schornstein muss mindestens 10 m über dem Erdboden und mindestens 3 m über dem Dachfirst eines angrenzenden Gebäudes hoch sein **(Bild 2)**. Bei Überschreiten der Immissionsgrenzwerte sind zunächst Verminderungen der Emissionen anzustreben. Ist dies nicht möglich, muss der Schornstein so hoch gebaut

Tabelle 1: Grenzwerte von Emissionen

Stoff	Emission in g/h
Schwefeldioxid	1800
Stickstoffoxide	1800
Kohlenmonoxid	500
Chlor	15
Schwefelwasserstoff	15
Ammoniak	150

5.5 Ableitung von Abgasen

5.5.1 Allgemeines

Abgase sind so abzuleiten, dass ein ungestörter Abtransport mit der freien Luftströmung ermöglicht wird; in der Regel ist eine Ableitung über Schornsteine erforderlich.

Bild 1: Auszug aus TA Luft

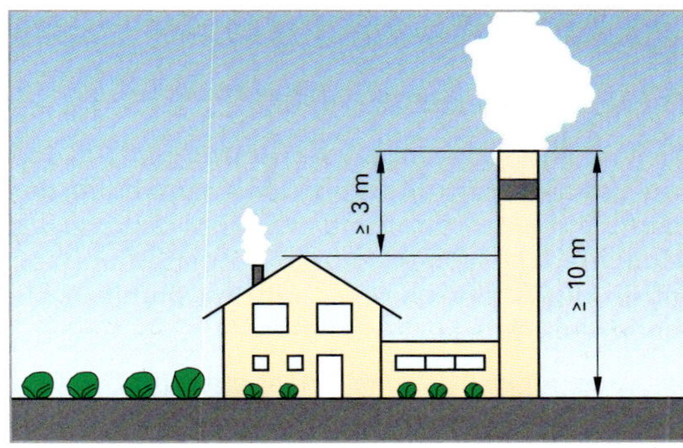

Bild 2: Mindestmaße bei der Schornsteinhöhe

werden, dass die Immissionsgrenzwerte nicht überschritten werden. Die Schornsteinhöhe soll jedoch nicht mehr als 250 m betragen.

Abgasüberlagerungen von mehreren Schornsteinen dürfen die Emissionesgrenzwerte ebenfalls nicht überschreiten.

Das Beurteilen von Belästigungen durch *Geruchsimmissionen* basiert auf relativen Häufigkeiten der Geruchsstunden im Jahr und besonderer Gewichtungsfaktoren, z. B. für Schweine, Kühe. Die Schornsteinhöhen sind davon abhängig.

TA Lärm

Die TA Lärm (Technische Anleitung Lärm) enthält Vorschriften zum Schutz gegen Lärm. Lärm ist Schall, der z. B. Nachbarn gefährden, erheblich benachteiligen oder erheblich belästigen kann. Der Schallpegel L wird nach der Frequenzbewertungskurve A, welche die Empfindlichkeit des menschlichen Gehörs berücksichtigt, in dB(A) gemessen (dB Kurzzeichen für Dezibel). Je nach Gebiet sind verschiedene Immissionsrichtwerte zum Schutz vor Lärm festgelegt **(Tabelle 1)**. Hierbei gelten für Tag und Nacht unterschiedliche Richtwerte. Die Nachtzeit erstreckt sich von 22 Uhr bis 6 Uhr.

Zur Abwehr von Gefahren für die öffentliche Sicherheit oder zur Abwendung eines betrieblichen Notstands dürfen diese Richtwerte überschritten werden. Sie dürfen auch dann überschritten werden, wenn Nachbarn oder Dritte durch den von einer Anlage ausgehenden Lärm nicht gestört werden. Die Genehmigung zum Errichten von neuen Anlagen, die starken Lärm verursachen, verlangt jedoch grundsätzlich Lärmschutzmaßnahmen nach dem jeweiligen Stand der Technik.

> Je nach Gebiet gelten unterschiedliche Immissionsrichtwerte.

Verkehrslärmschutzverordnung

Die Verkehrslärmschutzverordnung gilt für den Bau von Straßen und von Schienenwegen der Eisenbahn oder Straßenbahn. Zum Schutz der Nachbarschaft vor Verkehrslärm gelten am Tag und in der Nacht unterschiedliche Immissionsrichtwerte **(Tabelle 2)**.

Der Lärmpegel *L* (Beurteilungspegel) für Straßen wird in Verbindung mit verschiedenen Korrekturwerten berechnet **(Bild 1, folgende Seite)**.

Zu berücksichtigen sind hierbei insbesondere

- die stündliche Verkehrsstärke,
- der Anteil Lkw, Pkw,
- die Art der Straße, z. B. Bundesstraße,
- der Zustand der Straße,
- zulässige Höchstgeschwindigkeiten,
- Steigungen und Gefälle,
- Störeinwirkungen durch lichtzeichengeregelte Kreuzungen oder Einmündungen,
- Einwirkungen durch sonstige Umwelteinflüsse, z. B. Lärmschutzwälle.

Die Berechnung der Beurteilungspegel bei Schienenwegen erfolgt in ähnlicher Weise.

Weitere Lärmschutzverordnungen

Die Sportanlagenlärmschutzverordnung gilt für die Errichtung, die Beschaffenheit und den Betrieb von Sportanlagen. Die hierfür ermittelten Immissionsrichtwerte unterscheiden sich auch tagsüber. Die Ruhezeit von 13 bis 15 Uhr an Sonn- und

Tabelle 1: Immissionsrichtwerte zum Schutz vor Lärm außerhalb von Gebäuden

Gebiet	Richtwert Tag, dB(A)	Richtwert Nacht, dB(A)
Gewerbegebiet	70	70
Gebiet mit vorwiegend gewerblichen Anlagen	65	50
Gebiet mit gewerblichen Anlagen und Wohnungen (gleichmäßig verteilt)	60	45
Gebiet mit vorwiegend Wohnungen	55	40
Wohngebiet	50	35
Kurgebiet, Krankenhausgebiet	45	35

Tabelle 2: Immissionsrichtwerte bei Verkehrslärm

Gebiet	Grenzwert Tag, dB(A)	Grenzwert Nacht, dB(A)
Gewerbegebiet	69	59
Kerngebiet, Dorfgebiet, Mischgebiet	64	54
Wohngebiet, Kleinsiedlungsgebiet	59	49
Gebiet mit Krankenhaus, Kurheim, Altenheim oder Schule	57	47

Lärmpegel für Straßen

$$L = L_m + D_v + D_{StO} + D_S + D_A + D_D + D_B + K$$

1

L	Lärmpegel in dB(A)
L_m	Mittelungspegel in dB(A) nach **Bild 1, folgende Seite**
D_v	Korrektur für zuverlässige Höchstgeschwindigkeit in Abhängigkeit vom Lkw-Anteil
D_{StO}	Korrektur für Straßenoberfläche
D_S	Korrektur für Steigungen und Gefälle
D_A	Korrektur für unterschiedliche Abstände von Emissionsort und Immissionsort
D_D	Korrektur für Boden- und Meteorologiedämpfung
D_B	Korrektur durch topografische Gegebenheiten, bauliche Maßnahmen
K	Korrektur für Störeinwirkungen durch Ampelanlagen

Die Korrekturwerte sind der Verkehrslärmschutzverordnung zu entnehmen:
www.gesetze-im-internet.de/bimschv_16/BJNR010360990.html

Feiertagen ist nur zu berücksichtigen, wenn die Nutzungsdauer der Sportanlage zwischen 9 Uhr und 20 Uhr vier Stunden oder mehr beträgt **(Tabellen 1 und 2)**. Die genannten Immissionsgrenzwerte dürfen kurzzeitig überschritten werden.

Die **Rasenmäherlärm-Verordnung** gilt für den Betrieb von Rasenmähern. Sie gilt nicht für land- oder forstwirtschaftliche Geräte. In dieser Verordnung sind die zulässigen Geräuschemissionswerte in Abhängigkeit der Schnittbreite des Rasenmähers festgelegt. Diese Grenzwerte liegen etwa bei 100 dB(A). Mit solchen Rasenmähern darf man an Werktagen nur zwischen 7 Uhr und 19 Uhr den Rasen mähen. Je nach kommunalen Regelungen ist eine Mittagsruhe zwischen 13 bis 15 Uhr einzuhalten. Elektromäher dürfen an Werktagen je nach Kommune auch bis 22 Uhr betrieben werden.

> Die Betriebszeiten für Rasenmäher sind oft kommunal geregelt.

Tabelle 1: Immissionsrichtwerte bei Sportanlagen

Gebiet	Richtwert Tag 1, dB(A)	Richtwert Tag 2, dB(A)	Richtwert Nacht, dB(A)
Gewerbegebiet	65	60	50
Kerngebiet, Dorfgebiet, Mischgebiet	60	55	45
Wohngebiet	50	45	35
Gebiet mit Krankenhaus, Kurheim, Pflegeheim	45	45	35

Tag 1 außerhalb der Ruhezeit,
Tag 2 innerhalb der Ruhezeit

Tabelle 2: Lärm und Ruhe auf Sportanlagen

Zeitraum	Werktag	Sonn-, Feiertag
Tag	6 bis 22 Uhr	7 bis 22 Uhr
ruhebedürftige Nacht	22 bis 24 Uhr 0 bis 6 Uhr	22 bis 24 Uhr 0 bis 7 Uhr
Ruhezeiten sonst	6 bis 8 Uhr 20 bis 22 Uhr	7 bis 9 Uhr 13 bis 15 Uhr 20 bis 22 Uhr

Wiederholung und Vertiefung

1. **Welche Anlagen sind genehmigungsbedürftig?**
2. **Welche Größen beeinflussen die Genehmigungsbedürftigkeit einer Anlage?**
3. **Wie wird die Rußzahl ermittelt?**
4. **Was versteht man unter einer Großfeuerungsanlage?**
5. **Für welche Stoffe müssen bei Großfeuerungsanlagen fortlaufende Messungen durchgeführt werden?**
6. **Nennen Sie Maßnahmen zum Umgang mit staubenden Gütern.**

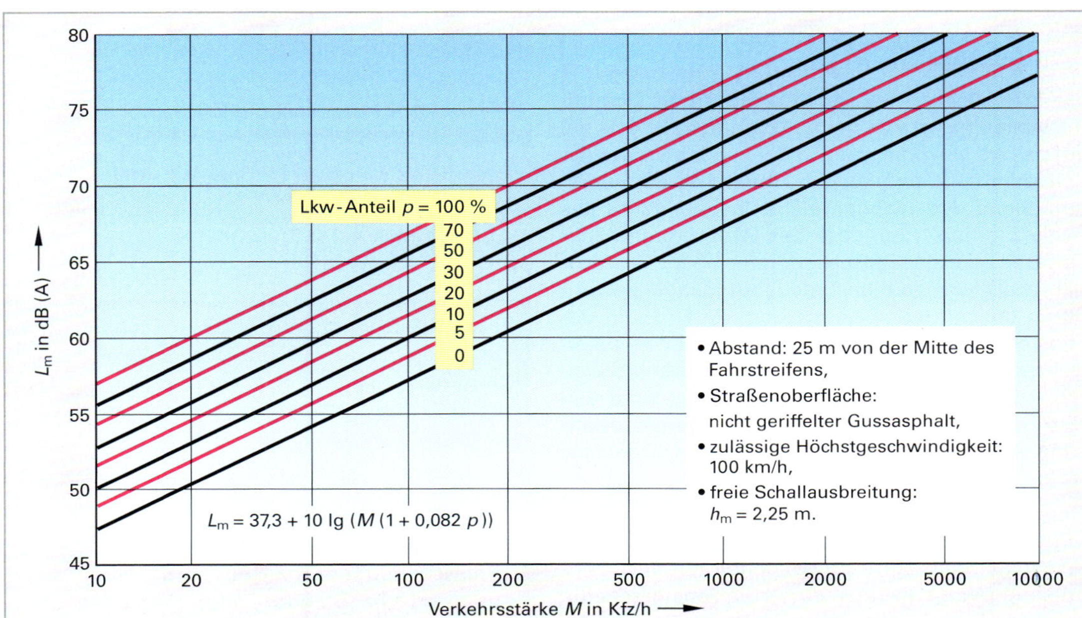

Bild 1: Diagramm Mittelungspegel L_m

5.3.4 Lichtimmissionen

Licht gehört zu den Immissionen und Emissionen im Sinne des Bundes-Immissionsschutzgesetzes (BImSchG). Licht kann nach Art, Dauer und Ausmaß zu Belästigungen von Anwohnern führen.

Genehmigungsbedürftige Anlagen sind nach dem BImSchG so zu errichten und zu betreiben, dass schädliche Umwelteinwirkungen durch Licht nicht hervorgerufen werden können und dass Vorsorge gegen solche schädliche Umwelteinwirkungen, insbesondere durch die dem Stand der Technik entsprechenden Maßnahmen zur Emissionsbegrenzung, getroffen wird.

Nicht genehmigungsbedürftige Anlagen sind so zu errichten und zu betreiben, dass solche schädlichen Umwelteinwirkungen durch Licht verhindert werden, die nach dem Stand der Technik vermeidbar sind, und dass unvermeidbare schädliche Umwelteinwirkungen auf ein Mindestmaß beschränkt werden **(Bild 1)**.

Licht emittierend sind künstliche Lichtquellen, z. B. Scheinwerfer zur Beleuchtung von Sportstätten, von Verladeplätzen sowie Lichtreklamen und hell beleuchtete Flächen. Anlagen zur Beleuchtung des öffentlichen Straßenraums, Beleuchtungsanlagen von Kraftfahrzeugen und dem Verkehr zuzuordnende Signalleuchten gehören nicht zu den Anlagen im Sinne des § 3 Abs. 5 des BImSchG. Ferner fallen nicht darunter Einrichtungen, die Sonnenlicht reflektieren. Für Laser gelten besondere Bestimmungen.

Die Erheblichkeit der Belästigung durch Lichtimmissionen hängt von der Nutzung des Gebiets ab, auf das sie einwirken, sowie der Tageszeit oder der Zeitdauer der Einwirkungen **(Tabelle 1)**. Die Raumaufhellung des Wohnbereichs, insbesondere des Schlafzimmers, aber auch des Wohnzimmers, der Terrasse oder des Balkons, durch eine in der Nachbarschaft vorhandene Beleuchtungsanlage wird durch die mittlere Beleuchtungsstärke $\bar{E}_F$ in der Fensterebene beschrieben. Die Angaben in Tabelle 1 beziehen sich auf zeitlich konstantes und weißes oder annähernd weißes Licht (das Licht von Natriumdampf-Hochdrucklampen gilt noch als annähernd weiß), das mehrmals in der Woche jeweils länger als eine Stunde eingeschaltet ist.

Gemessen wird in Räumen bei geöffneten Fenstern auf der Fensterebene, bei Balkonen oder Terrassen an den Begrenzungsflächen für die Wohnnutzung. Wird von innen durch die Fensterscheibe gemessen, so ist die Beleuchtungsstärke außen das *k*-Fache des Messwertes innen **(Tabelle 2)**.

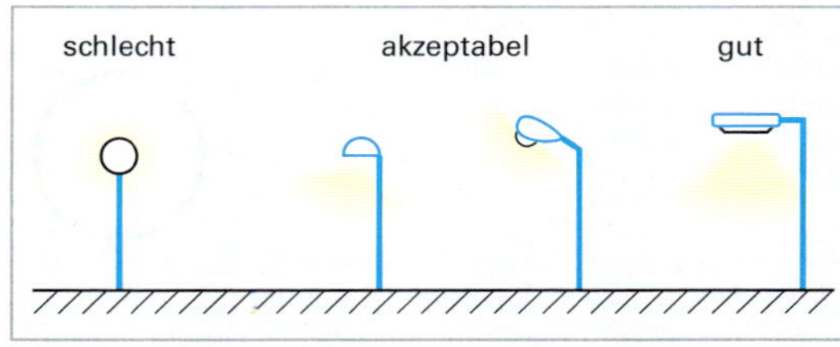

Bild 1: Beeinflussungsmöglichkeiten des Strahlungsbereichs einer Lichtquelle

Tabelle 1: Immissionsrichtwerte

Immissionsort (Einwirkungsort) Gebietsart	m. Beleuchtungsstärke $\bar{E}_F$ in lx	
	6 Uhr bis 22 Uhr	22 Uhr bis 6 Uhr
Kurgebiete, Krankenhäuser, Pflegeanstalten	1	1
Wohngebiete, Erholungsgebiete	3	1
Dorfgebiete, Mischebiete	5	1
Kerngebiete, Gewerbegebiete, Industriegebiete	15	5

m. mittlere

mittlere Beleuchtungsstärke

$$\bar{E}_F = \frac{1}{n} \sum_{i=1}^{n} \left[E_{Fon,\,i} - E_{Fout,\,i}\right]$$

$\bar{E}_F$ mittlere Beleuchtungsstärke in lx
E_{Fon} Beleuchtungsstärke bei eingeschalteter Beleuchtungsanlage in lx
E_{Fout} Beleuchtungsstärke bei ausgeschalteter Beleuchtungsanlage in lx
n Anzahl Messpunkte
i Messpunkte 1, 2, 3 ...

Tabelle 2: Korrekturfaktoren für Fensterscheiben

Art der Verglasung	Faktor *k*
Doppelverglasung	1,25
Dreifachverglasung	1,4
Wärmeschutzverglasung	1,7

Belästigungen durch Licht sind durch Maßnahmen wie Blenden oder geringere Beleuchtungsstärken zu minimieren.

5.3.5 Abfallrecht

Vermeidung und Entsorgung von Abfällen

Abfälle im Sinne des **Kreislaufwirtschaftsgesetzes KrWG** sind bewegliche Sachen, deren sich der Besitzer entledigt, entledigen will oder entledigen muss. Sie sind auch im Falle der Verwertung so lange Abfälle, bis sie oder die aus ihnen gewonnenen Stoffe oder erzeugte Energie dem Wirtschaftskreislauf wieder zugeführt werden (Kreislaufwirtschaft). Abfälle, die nicht verwertet werden können, sind Abfälle zur Beseitigung.

Nach dem Kreislaufwirtschaftsgesetz KrWG sind alle Bürger zum Vermeiden von Abfällen verpflichtet **(Bild 1)**. Die Pflicht zur Verwertung von Abfällen ist einzuhalten, soweit dies technisch möglich und wirtschaftlich zumutbar ist. Hierbei sind selbstverständlich auch Gesichtspunkte der Umweltverträglichkeit, z.B. entstehende Schadstoffe, verbrauchte Energien, zu berücksichtigen. Abfälle, die nicht verwertet werden, sind dauerhaft von der Kreislaufwirtschaft auszuschließen.

Die Abfallentsorgung umfasst das Gewinnen von Stoffen oder von Energie aus Abfällen (Abfallverwertung) und das dauerhafte Ablagern von Abfällen. Ferner gehören hierzu auch die erforderlichen Maßnahmen des Einsammelns, Behandelns und Lagerns. Beim Entsorgen ist der Grundsatz der Rücksichtnahme zum Wohl der Allgemeinheit einzuhalten **(Bild 2)**. Nur in zugelassenen Anlagen oder Einrichtungen dürfen Abfälle gelagert, behandelt und abgelagert (deponiert) werden. Die Entsorgung von Abfällen unterliegt der Überwachung durch die zuständige Behörde (meist Stadt- oder Landkreise).

> Die Abfallbeseitigung umfasst das Bereitstellen, Überlassen, Einsammeln, Befördern, Behandeln, Lagern und Ablagern von Abfällen, die nicht verwertet werden.

Im Sinne der Kreislaufwirtschaft ist jeder, der Erzeugnisse entwickelt, herstellt, bearbeitet oder vertreibt, für seine Produkte verantwortlich **(Bild 3)**. In diesem Zusammenhang ist z.B. bei Verpackungen und Behältnissen auf die ordnungsgemäße Verwertbarkeit oder Beseitigung zu achten. Erzeugnisse, deren Entsorgung die Freisetzung schädlicher Stoffe nicht oder nur mit sehr hohem Aufwand verhindert, dürfen nicht am Markt angeboten werden. Bestimmte Erzeugnisse müssen, z.B. wegen des Schadstoffgehalts des Abfallguts oder wegen besonderer Verwertbarkeit, gekennzeichnet sein.

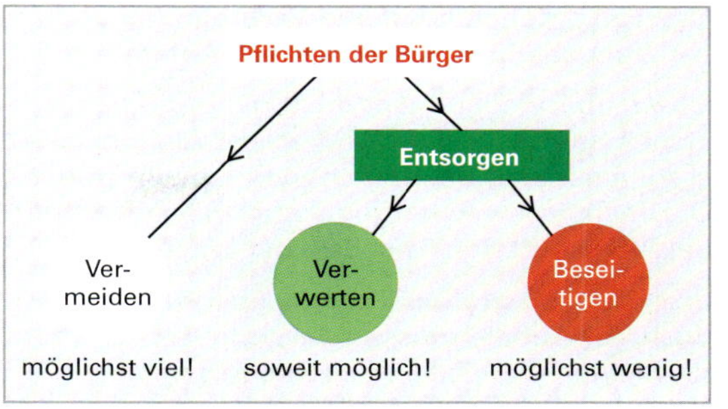

Bild 1: Prinzip der Kreislaufwirtschaft

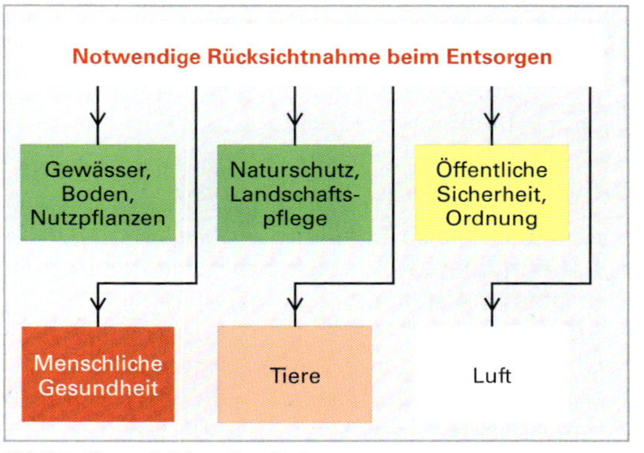

Bild 2: Grundsätze des Entsorgens

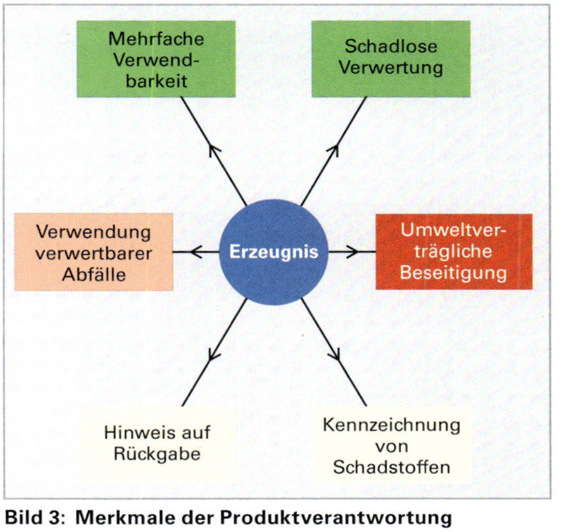

Bild 3: Merkmale der Produktverantwortung

Die Vorschriften des KrWG gelten nicht für solche zu beseitigenden Stoffe, für die es besondere Gesetze gibt, z.B. das *Tiergesundheitsgesetz TierGesG* oder das *Atomgesetz AtG*.

Lagerung, Behandlung und Verbrennung überwachungsbedürftiger Abfälle (TA Abfall)

Unter überwachungsbedürftigen Abfällen versteht man Abfälle, die das Wohl der Allgemeinheit stark nachteilig beeinträchtigen können **(Bild 1)**. Die Technische Anleitung Abfall (TA Abfall) enthält Vorschriften hinsichtlich der Entsorgung.

Erzeuger von großen Mengen überwachungsbedürftiger Abfälle müssen ein **Abfallkonzept** zum Vermeiden, Verwerten und Beseitigen dieser Abfälle nachweisen **(Bild 2)**. Ferner ist jährlich eine **Abfallbilanz** nach Art, Menge und Verbleib der verwerteten oder beseitigten Abfälle zu erstellen.

> Betriebe mit großen Mengen überwachungsbedürftiger Abfälle müssen jährlich eine Abfallbilanz erstellen.

Die TA Abfall gilt insbesondere bei der

- Aufstellung von Abfallentsorgungsplänen,
- Genehmigung für das Errichten und den Betrieb ortsfester Abfallentsorgungsanlagen,
- Zuordnung von Abfällen zum Entsorgen,
- Überwachung der Abfallentsorgung und der
- Genehmigung zum Einsammeln und Befördern von Abfällen.

Tabelle 1: Entsorgung nicht verwertbarer Abfälle

Entsorgungsart	Anwendung	Abfallbeispiele
Chemisch-physikalische, biologische Behandlung	Abfälle mit umweltgefährdenden Stoffen, die zur Entsorgung abgetrennt, umgewandelt oder unschädlich gemacht werden können.	Schlämme aus Löseprozessen, magnesiumhaltige Abfälle
Verbrennung	Abfälle mit organischen Stoffen, die thermisch zerstört werden können.	Pflanzenöle, Lösemittelgemische
Oberirdische Ablagerung	Abfälle, die keine erheblichen Geruchsbelästigungen oder Schädigungen durch toxische, organische Stoffe erzeugen. Abfälle, die unter Ablagerungsbedingungen keine Schadstoffe freisetzen.	Bauschutt, Zinkschlamm, Bleischlamm, Bohrschlamm, Galvanikschlamm, Farbmittel
Untertägige Ablagerung	Abfälle mit hohem wasserlöslichen Anteil, die keine Erreger übertragbarer Krankheiten enthalten. Abfälle, die nicht selbstentzündlich oder explosibel sind oder deren Abgase nicht toxisch explosibel sind.	Strahlmittelrückstände, Batterien, anorganische Destillationsrückstände
Monoablagerung	Abfälle, die streng getrennt zu lagern sind.	Salzschlacken, Gipsschlamm, Schwefel

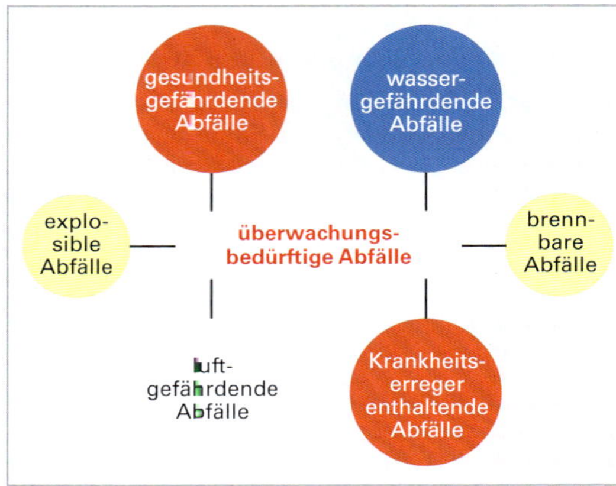

Bild 1: Eigenschaften überwachungsbedürftiger Abfälle

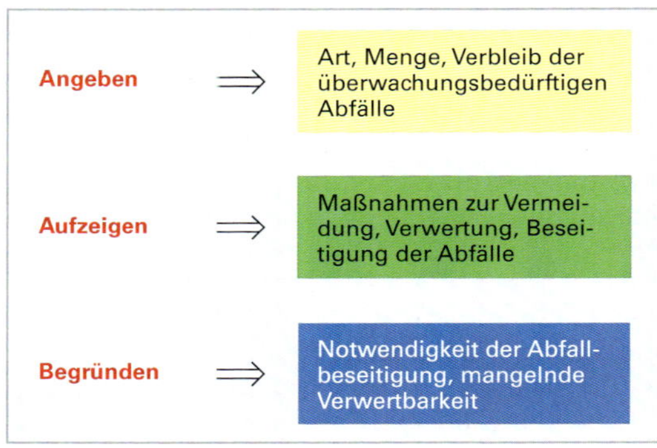

Bild 2: Aktivitäten für ein Abfallkonzept

Abfälle, die nicht verwertet werden können, müssen in einer Abfallentsorgungsanlage behandelt oder abgelagert werden **(Tabelle 1)**. Hierzu muss der Abfall einer Abfallentsorgungsanlage zugeordnet werden. Dieses Zuordnen erfolgt anhand der Beurteilung der Eigenschaften des Abfalls, wie z. B.

- Zusammensetzung,
- Aussehen,
- Geruch,
- Brennverhalten oder
- Reaktion mit Wasser oder mit anderen Stoffen.

Zum Behandeln von Abfällen werden chemisch-physikalische und biologische Verfahren, z. B. Kompostierung, oder thermische Verfahren, z. B. Verbrennen, angewendet. Danach können (Rest-) Abfälle in Deponien (lat. deponere = ablagern) abgelagert werden (Abschnitt 9.4).

> In einer Deponie können besondere Abfälle zeitlich unbegrenzt abgelagert werden.

Abfallentsorgungsanlagen sind prinzipiell gleichartig aufgebaut **(Bild 1)**. Für die einzelnen Bereiche sind entsprechende Brandbekämpfungseinrichtungen und Reinigungsmöglichkeiten vorzusehen. Hinsichtlich Rohrleitungen und Abdichtungen sind entsprechende Vorkehrungen zu treffen, sodass austretende Stoffe nicht den Untergrund verunreinigen. Regelmäßige Prüfungen auf Dichtheit sind vorzunehmen. Die Einrichtung einer Abfallentsorgungsanlage bedarf eines Zulassungsverfahrens **(Bild 2)**.

Abfälle müssen wegen deren unterschiedlicher Entsorgung getrennt gelagert werden. In chemisch physikalischen Behandlungsanlagen sind die

- organischen Abfälle, wie Abfälle mit halogenhaltigen organischen Lösemitteln, nitrithaltige oder cyanidhaltige Abfälle, sowie auch die
- anorganischen Abfälle, wie alkalische, salpetersäurehaltige oder chromathaltige Abfälle,

getrennt zu lagern.

In Verbrennungsanlagen sind für feste, pastöse, flüssige oder schlammige Abfälle getrennte Lagerbereiche einzurichten. Dies gilt auch für Abfälle, die halogenhaltige organische Verbindungen besitzen.

Krankenhausspezifische (medizinische) Abfälle, z.B. Körperteile oder Organabfälle, erfordern gekühlte Lagerräume von höchstens 10 °C, wenn sie länger als 48 Stunden gelagert werden.

Für eine Abfallentsorgungsanlage muss ein personeller **Organisationsplan** (Organigramm) existieren. Ab einer Anlagengröße von mehr als zehn zugelassenen Abfallarten, jährlich mehr als 5000 t Abfallentsorgung und mehr als sechs Beschäftigten muss eine personell getrennte Organisationseinheit *Kontrolle* aufgebaut werden. Das Personal einer Abfallentsorgungsanlage muss qualifiziert sein. Eine aufgabenspezifische Schulung und Weiterbildung muss sichergestellt sein.

Das Betreiben einer Abfallentsorgungsanlage verlangt eine *Betriebsordnung*, ein *Betriebshandbuch* und das Führen eines *Betriebstagebuches* **(Bild 3)**. Das Betriebstagebuch ist vom Leiter der Organisationseinheit Kontrolle mindestens wöchentlich abzuzeichnen und mindestens fünf Jahre aufzubewahren. Störungen, die z.B. einen Stillstand der Anlage verursachen, sind der zuständigen Behörde unverzüglich zu melden.

> Das Betreiben einer Entsorgungsanlage erfordert einen Organisationsplan.

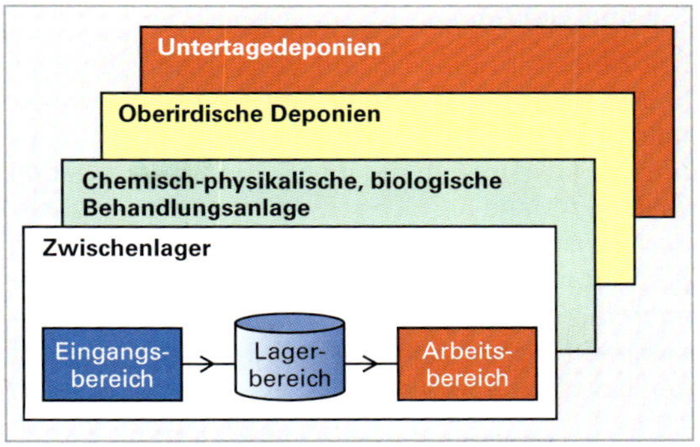

Bild 1: Aufbau verschiedener Abfallentsorgungsanlagen

Beantragung einer Abfallentsorgungsanlage

1. Angaben zum Antragsteller
2. Angaben zum Betreiber
3. Angaben zum Entwurfsverfasser
4. Begründen der Notwendigkeit der Anlage
5. Angaben zur Anlage (Größe, Kosten, Betriebszeitraum)
6. Angaben zum Grundstück und zur Bebauung
7. Angaben zu planungsrechtlichen Ausweisungen des Standortes (wasserrechtliche, naturschutzrechtliche Ausweisungen)
8. Beschreibung der Standortverhältnisse
9. Beschreibung des Vorhabens (Abfallarten, Umgang mit Abwasser, Energieversorgung, Einrichtungen, Emissionen)
10. Beschreibung der Auswirkungen des Vorhabens auf die Umwelt
11. Beschreibung der Maßnahmen zur Vermeidung, Verminderung der Umweltauswirkungen

Bild 2: Wichtige Punkte im Antrag auf Zulassung einer Abfallentsorgungsanlage

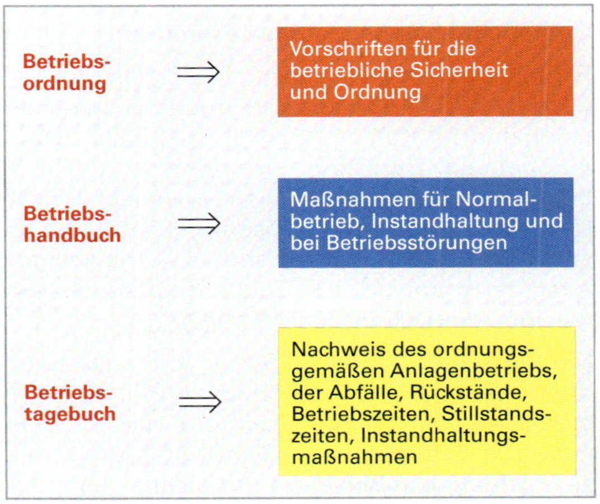

Bild 3: Erforderliche Dokumentationen zum Betreiben einer Abfallentsorgungsanlage

Siedlungsabfälle

Die Anforderungen an die Verwertung, Behandlung oder sonstige Entsorgung von Siedlungsabfällen sind in der **Technischen Anleitung (TA) Siedlungsabfall** zusammengefasst. Als Siedlungsabfall werden Abfälle bezeichnet, die im täglichen Leben des Menschen in seiner Siedlung (Wohnort) entstehen **(Tabelle 1)**. Die Grundsätze der **TA Abfall** gelten auch für Siedlungsabfälle, insbesondere vom Einsammeln bis zum Entsorgen sowie beim Genehmigen bzw. Betreiben von Abfallentsorgungsanlagen.

Bereits an der Stelle des Anfalls sind die Abfälle vom Bürger in verwertbare Bestandteile und in nicht verwertbaren restlichen Abfall zu trennen und zum Abholen bereitzustellen. Schadstoffbelastete Produkte müssen ebenfalls getrennt erfasst werden. Die entsorgungspflichtige Körperschaft, z.B. der Landkreis, soll die anfallenden verwertbaren Stoffe mit geeigneten Systemen erfassen und soll sicherstellen, dass diese Stoffe einer Verwertung zugeführt werden.

Beim Erfassen von Bioabfällen müssen Belästigungen durch Gerüche, Insekten oder Nagetiere vermieden werden. Die Verwertung von Klärschlamm oder Fäkalschlamm auf landwirtschaftlich oder gärtnerisch genutzten Flächen verlangt zur Wahrung des Boden- und Grundwasserschutzes die Beachtung der **Klärschlammverordnung** *AbfKlärV*.

> Bei Siedlungsabfällen ist wegen der nachfolgenden Verwertung auf eine strikte Abfalltrennung zu achten.

Gebrauchte halogenhaltige Lösemittel

Für halogenhaltige (H) Lösemittel ist die **Verordnung HKWAbfV** über die Entsorgung gebrauchter halogenierter Kohlenwasserstoff-Abfälle (HKW) maßgebend. Derartige Lösemittel werden z.B. beim Reinigen von Materialien verwendet **(Bild 1)**. Nach Gebrauch sind die Lösemittel getrennt entsprechend dem Hauptbestandteil des jeweiligen Ausgangsprodukts, z.B. Trichlormethan, zu halten. Ein Vermischen ist nicht erlaubt.

Die Vertreiber von Lösemitteln in Mengen von mehr als 10 L je Monat sind verpflichtet, gebrauchte unvermischte Lösemittel zurückzunehmen. Die Behälter von Lösemitteln müssen mit einem Text nach **Bild 2** gekennzeichnet sein. Das Entsorgen erfolgt in Sonderabfallverbrennungsanlagen.

Tabelle 1: Siedlungsabfälle

Abfall	Erklärung	Entsorgung
Bauschutt	Mineralische Stoffe aus Bautätigkeiten.	Verwertung soweit möglich, sonst Deponierung.
Bioabfall	Organische Küchenabfälle.	Biologische Behandlung, z.B. Kompostierung.
Bodenaushub	Erde, Steine.	Verwertung, sofern keine Belastung vorliegt.
Fäkalien	Exkremente des Menschen.	Entsorgung über Abwasserbehandlungsanlagen.
Fäkalschlamm	Anfallender Schlamm bei Behandlung von Abwasser in Kleinkläranlagen.	Verwertung nach biologischer Behandlung.
Gartenabfall	Pflanzliche Abfälle.	Biologische Behandlung, z.B. Kompostierung.
Hausmüll	Feste Abfälle aus privaten Haushalten, die in vorgeschriebenen Behältern regelmäßig gesammelt werden.	Auf Trennung von Wertstoffen ist zu achten. Der Rest ist zu deponieren bzw. zu verbrennen.
Klärschlamm	Anfallender Schlamm bei Behandlung von Abwasser in kommunalen oder industriellen Abwasseranlagen.	Deponierung oder Verwertung nach z.B. biologischer Behandlung.
Sperrmüll	Feste Abfälle, die wegen ihrer Sperrigkeit getrennt vom Hausmüll zu sammeln sind.	Auf Wiederverwendung und Verwertung ist zu achten. Thermische Behandlung, Deponierung.
Straßenkehricht	Abfälle aus Straßenreinigung, z.B. Streumittel, Laub.	Wiederverwertung beachten, Deponierung nach Behandlung.

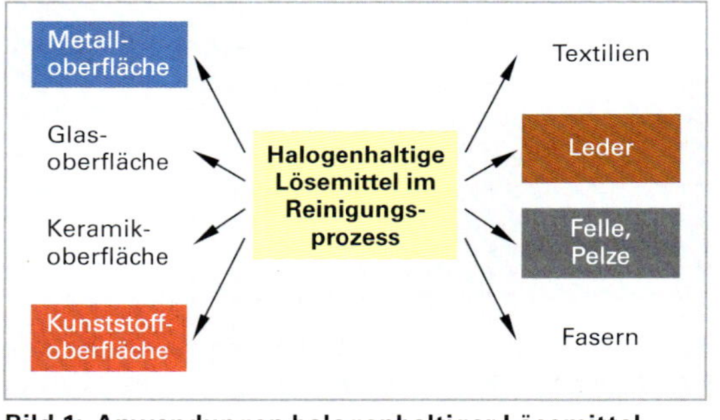

Bild 1: Anwendungen halogenhaltiger Lösemittel

> Dieses Lösemittel ist nach Gebrauch einer Verwertung oder Entsorgung zuzuführen! Unsachgemäße Beseitigung gefährdet die Umwelt! Nach Gebrauch ist jede Beimischung von Fremdstoffen oder Lösemitteln anderer Art verboten.

Bild 2: Kennzeichnung von Lösemittelbehältern

Verbot von Halogenkohlenwasserstoffen

Halogenkohlenwasserstoffe (FCKW und Halone) dürfen nach der FCKW-Halon-Verbots-Verordnung nur in begrenztem Umfang eingesetzt werden, z.B. noch im Bereich der Forschung und Entwicklung. Für manche Produkte, die derartige Stoffe enthalten, ist der Einsatz dieser Stoffe ab einer bestimmten Menge im Verhältnis zur gesamten Produktmenge verboten **(Bild 1)**. Produkte, die diese FCKW enthalten, müssen z.B. auf ihrer Verpackung mit der Aufschrift „Enthält ozonabbauende FCKW" gekennzeichnet sein.

> FCKW gefährden die Ozonschicht und dürfen daher nur sehr begrenzt verwendet werden.

Bei Druckgas, Reinigungsmitteln, Lösemitteln und Kältemitteln darf die Masse an Halogenkohlenwasserstoffen von Bild 1 höchstens 1 % betragen. Bei Schaumstoffen zur Herstellung von Verpackungsmaterial, Geschirr oder Dämmstoffen ist der Einsatz dieser Stoffe verboten. Auf Antrag kann die zuständige Landesbehörde in begründeten Fällen Ausnahmen von diesen Regelungen erteilen.

Sind zum Schutz von Leben und Gesundheit des Menschen bei der Brandbekämpfung in Löschmitteln die Stoffe Bromchlordifluorethan $C_2H_2BrClF_2$, Bromtrifluormethan $CBrF_3$ und Dibromtetrafluorethan $C_2Br_2F_4$ zwingend erforderlich, so können befristete Genehmigungen zur Verwendung erteilt werden. Das Umweltbundesamt ist hierbei einzuschalten.

Verpackungsabfälle

Die **Verpackungsverordnung (VerpackV)** verfolgt nachfolgende Ziele:

Verpackungen müssen aus umweltverträglichen und die stoffliche Verwertung nicht belastenden Materialien hergestellt werden. Verpackungen sollen soweit möglich wiederbefüllbar sein. Sie müssen auf das notwendige Maß reduziert und verwertbar sein. Dies gilt jedoch nicht für Verpackungen, die z.B. für das Befördern von Chemikalien erforderlich sind.

Hinsichtlich der verschiedenen Verpackungen **(Tabelle 1)** gibt es für die Hersteller und Vertreiber Rücknahmepflichten. Diese Pflichten entfallen, wenn Hersteller und Vertreiber sich an einem flächendeckenden Abholungssystem beim Endverbraucher oder in dessen Nähe beteiligen. Eine regelmäßige Abholung muss dabei sichergestellt sein.

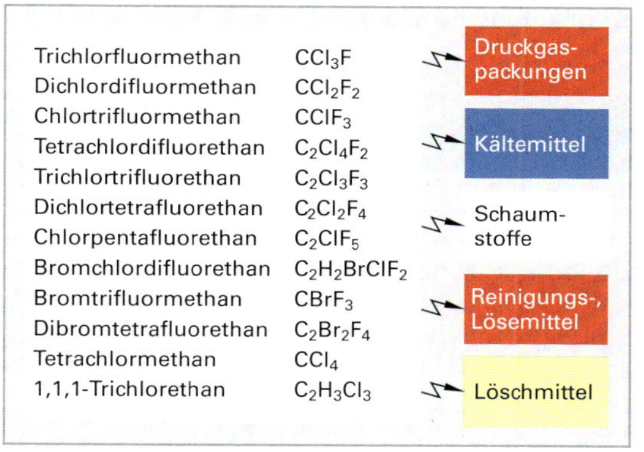

Bild 1: Einzuschränkende Anwendungen von Halogenkohlenwasserstoffen

Tabelle 1: Verpackungen

Verpackungsart	Beispiele	Anwendung
Transportverpackung	Fässer, Kanister, Kisten, Säcke, geschäumte Schalen, Paletten, Schrumpffolien, Kartonagen	Zum Schutz vor Beschädigung der Ware auf dem Weg vom Hersteller zum Vertreiber.
Verkaufsverpackung	Becher, Beutel, Dosen, Eimer, Flaschen, Fässer, Kanister, Kisten, Säcke, Schalen, Schachteln, Tragetaschen, Kartonagen	Für den Transport der Ware zum Endverbraucher nach Hause.
Umverpackung	Folien, Kartonagen	Zusätzliche Verpackung um die Verkaufsverpackungen.

Wiederholung und Vertiefung

1. **Erklären Sie den Begriff überwachungsbedürftiger Abfall.**
2. **Welche Aufgabe hat eine Abfallbilanz?**
3. **Welche Kriterien dienen der Zuordnung von Abfällen zu einer Abfallentsorgungsanlage?**
4. **Erklären Sie den grundsätzlichen Aufbau einer Abfallentsorgungsanlage.**
5. **In welche Bestandteile sind Abfälle zu trennen?**
6. **Welche Verordnung ist bei der Verwertung von Klärschlamm zu beachten?**
7. **Wozu werden halogenhaltige Lösemittel verwendet?**
8. **Warum dürfen FCKW nur in begrenztem Umfang verwendet werden?**
9. **Welche Aufgabe hat eine Transportverpackung?**

5.3.6 Gefahrstoffe

Mensch und Umwelt muss man vor den Wirkungen gefährlicher Stoffe, Erzeugnisse und Stoffgemischen schützen. Die *Gefahrstoffe* sind richtig einzustufen und deutlich zu kennzeichnen **(Bild 1)**.

Stoffe sind nach dem Chemikaliengesetz (ChemG) chemische Grundstoffe oder chemische Verbindungen, natürlich vorkommend oder künstlich hergestellt. Auch Hilfsstoffe zum Stabilisieren (Beständigmachen, nach lat. stabilis = feststehend, standhaft) oder Verunreinigungen gehören dazu.

Gemische sind Gemenge, Zubereitungen oder Lösungen, die aus mehreren Stoffen zusammengesetzt sind.

Erzeugnisse nennt man Stoffe oder Gemische, deren Funktion eher von der hergestellten Form oder Oberfläche bestimmt wird als von ihrer chemischen Zusammensetzung.

Die Entstehung von Gefahrstoffen muss man möglichst verhindern, die Gefahr abwenden oder die gefährlichen Stoffe wenigstens erkennbar machen.

> Gefahrstoffe einzustufen bedeutet, sie einem Gefährlichkeitsmerkmal zuzuordnen.

Die *Gefährlichkeitsmerkmale* kann man zunächst grob in Brandgefahren und Gesundheitsgefahren einteilen **(Tabelle 1)**.

> Gefährlich sind Stoffe, von denen eine Brandgefahr oder Gefahren für die Gesundheit oder Umwelt ausgehen.

Brandfördernde Stoffe brennen selbst meist nicht, erhöhen aber die Brandgefahr und die Heftigkeit eines ausgebrochenen Brandes, wenn sie mit dem brennbaren Stoff in Kontakt kommen. Meist geben sie Sauerstoff ab, der die Verbrennung unterstützt, z. B. Kaliumpermanganat $KMnO_4$ oder Kaliumchlorat $KClO_3$.

Explosive (explosionsgefährliche) Stoffe können fest, flüssig, pastenförmig oder gelatinös sein. Sie reagieren auch ohne Zutritt von Luftsauerstoff exotherm, z. B. durch mechanischen Druck oder durch Detonationsstöße. Sie entwickeln schlagartig Gase, detonieren (von franz. détoner = sehr stark explodieren), deflagrieren schnell (von lat. deflagrare = verpuffen, niederbrennen) und explodieren bei (teilweisem) Einschluss und Erhitzen, z. B. Ammoniumdichromat $(NH_4)_2Cr_2O_7$ oder Ammoniumperchlorat NH_4ClO_4. Nach der Zündung pflanzen sich die Flammen selbsttätig fort.

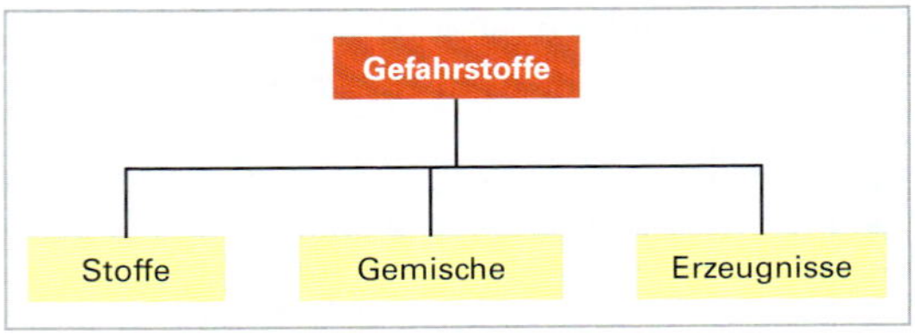

Bild 1: Einteilung der Gefahrstoffe

Tabelle 1: Gefährlichkeitsmerkmale

Brandgefahr	Gesundheitsgefährdung
brandfördernd	sehr giftig, giftig
explosionsgefährlich	gesundheitsschädlich
hoch entzündlich	ätzend, reizend
leicht entzündlich	sensibilisierend
entzündlich	Krebs erzeugend
	fortplanzungsgefährdend
	erbgutverändernd
Umweltgefährdung	

Hoch entzündliche Stoffe haben als Flüssigkeit einen sehr niedrigen Flammpunkt (< 0 °C) und Siedepunkt (≤ 35 °C), z. B. Dimethylether $H_3C{-}O{-}CH_3$, oder sie sind als Gas mit einer bestimmten Menge Luft vermischt (Explosionsbereich) schon bei gewöhnlicher Temperatur und Normaldruck explosiv, z. B. *n*-Butan $H_3C{-}CH_2{-}CH_2{-}CH_3$.

Leicht entzündliche Stoffe

- können sich bei normaler Temperatur auch ohne Energiezufuhr an der Luft erhitzen und schließlich entzünden, z. B. Kalium auf Wasser,
- lassen sich im festen Zustand leicht entzünden, wenn eine Zündquelle auch nur kurzzeitig einwirkt (nach Entfernen der Zündquelle brennen oder glimmen sie gefährlich weiter),
- haben als Flüssigkeit einen sehr niedrigen Flammpunkt (< 21 °C) oder
- entwickeln mit Wasser oder feuchter Luft gefährlich viel hoch entzündliche Gase.

Entzündliche Stoffe haben im flüssigen Zustand einen niedrigen Flammpunkt (≥ 21 °C und ≤ 55 °C), z. B. Benzin.

Gesundheitsschädigende Stoffe können in den Körper durch Einatmen, Verschlucken oder durch Aufnahme über die Haut eindringen.

Sehr giftige Stoffe verursachen schon in kleinen Mengen akute (dringend, vordringlich nach lat. acutus = scharf, spitz) bzw. chronische (langsam entwickelnd nach griech. chronicós = zeitlich lang) Gesundheitsschäden oder führen zum Tode

(Tabelle 1). Die letale (lat. letalis = tödlich) Dosis wird an Ratten untersucht (siehe Abschnitt 3.3).

> Die letale Dosis LD_{50} ist die Menge des Giftes in mg je kg Körpergewicht, bei der 50% der untersuchten Lebewesen sterben.

Giftige Stoffe führen selbst in kleinen Mengen zu Schäden, *gesundheitsschädliche* (minder giftige) Stoffe erst bei größeren Mengen.

Ätzende Stoffe zerstören bei Berührung lebende Gewebe.

Reizende Stoffe rufen ohne zu ätzen Entzündungen hervor, wenn sie mit den Augen, der Haut oder mit Schleimhaut, z.B. der Atemwege, in Kontakt kommen.

Sensibilisierende Stoffe (nach lat. sensibilis = empfindlich) rufen Reaktionen der Überempfindlichkeit hervor. Durch erneuten Kontakt mit diesen Stoffen können charakteristische Störungen auftreten.

Krebserzeugende Stoffe können Krebs erregen oder dessen Häufigkeit erhöhen.

Fortpflanzungsgefährdende (reproduktionstoxische) **Stoffe** rufen bei den Nachkommen Schäden hervor, die nicht vererbbar sind, oder erhöhen die Häufigkeit des Auftretens dieser Schäden. Sie können auch die Fortpflanzung beeinträchtigen.

Erbgutverändernde Stoffe verursachen vererbbare genetische (von griech. génesis = Zeugung, Schöpfung) Schäden.

Umweltgefährliche Stoffe oder deren Umwandlungsprodukte verändern den Naturhaushalt des Wassers, des Bodens, der Luft oder des Klimas, auch die Lebensbedingungen von Menschen, Tieren, Pflanzen oder Mikroorganismen. Dadurch können Gefahren für die Umwelt entstehen.

Kennzeichnung von Gefahrstoffen

Eine Kennzeichnung ist nötig, um auf die Gefahren im Umgang mit Gefahrstoffen aufmerksam zu machen, damit sie getrennt von anderen Stoffen eingesammelt und vielleicht noch verwertet werden können oder weil man sie wegen ihres Schadstoffgehalts an den Hersteller zurückgeben muss.

Zur Kennzeichnung des gefährlichen Stoffes ist sein Name, seine korrekte chemische Bezeichnung und evtl. seine Konzentration auf einem Kennzeichnungsschild anzugeben. Zur genaueren Identifizierung dient die CAS-Nummer (Registriernummer des Chemical Abstract Service), z.B. 64-17-5 für Ethanol, bzw. die EG-Nummer des Stoffverzeichnisses der Europäischen Union. Ferner enthält die Stoffkennzeichnung ein **Gefahrenpiktogramm** **(Tabelle 3, Seite 181)**, ferner Gefahrenhinweise (H-Sätze) und Sicherheitsratschläge (P-Sätze, Abschnitt 12.1) sowie schließlich den Namen des Herstellers oder des Einführers.

Tabelle 1: Letale Dosis LD_{50} giftiger Stoffe in mg/kg Körpergewicht

Aufnahme	sehr giftig	giftig	gesundheitsschädlich
Verschlucken	< 25	25...200	200...2000
Berühren mit der Haut	< 50	50...400	400...2000
Einatmen	< 0,5	0,5... 2	2...20

> Die Kennzeichnung von Gefahrstoffen soll den Anwender vor Gefahren warnen und die gefährlichen Stoffe leichter überwachen lassen.

Verbot von Gefahrstoffen

Einige der gefährlichen Stoffe dürfen nicht oder nur eingeschränkt in Verkehr gebracht werden. Meist darf man sie auch nicht zu Gemischen verwenden oder für Erzeugnisse, welche diese Stoffe freisetzen können. Ausnahmeregelungen gelten für Forschung oder wissenschaftliche Ausbildung und für Apotheken. Zusätzliche Ausnahmen bedürfen einer behördlichen Genehmigung, die dann erteilt wird, wenn Sicherheitsvorkehrungen Mensch und Umwelt schützen und wenn eine sichere Entsorgung gewährleistet ist.

Benzin (Ottomotorkraftstoff) ist ein Gemisch aus Kohlenwasserstoffen, das durch Destillation von Erdöl in Raffinerien hergestellt wird. Es verdunstet leicht, ist feuergefährlich und wassergefährdend.

Früher enthielt Benzin *Bleiverbindungen*, um die Klopffestigkeit zu erhöhen. Wegen der von diesen Zusätzen ausgehenden Umweltbelastungen wurde 1976 mit dem Benzinbleigesetz BzBlG der Bleigehalt auf 0,15 g pro Liter begrenzt. Da Blei und seine Verbindungen das Nervensystem schädigen und die Blutbildung beeinträchtigen, hat der Gesetzgeber bleihaltiges Normalbenzin verboten. Auch für *Chlor- und Bromverbindungen* als Benzinzusatz gilt ein entsprechendes Verbot.

Fahrzeuge mit Katalysator dürfen nur mit bleifreiem Benzin betankt werden, da Blei als Katalysatorgift wirkt.

5.3.7 Kennzeichnung von Gefahrstoffen nach GHS

Die Kennzeichnung von Gefahrstoffen nach dem Globally Harmonized System of Classifikation and Labelling of Chemicals (Globales harmonisiertes System zur Einstufung und Kennzeichnung von Chemikalien, GHS) ist weltweit einheitlich. Sie gilt für alle Tätigkeiten mit Gefahrstoffen. Die Grundsätze von GHS werden innerhalb der Europäischen Union durch die CLP-Regulation (Regulation on Classification, Labelling and Packaging of Substances and Mixtures), Verordnung über die Einstufung, Kennzeichnung und Verpackung von Stoffen und Gemischen, umgesetzt. Das Ziel von GHS ist es, weltweit die Gefahren für Mensch und Umwelt bei der Herstellung, dem Transport und der Verwendung von Gefahrstoffen auf ein Minimum zu reduzieren.

> Das Ziel des GHS besteht darin, die von Stoffen und Zubereitungen ausgehenden Gefahren für Mensch und Umwelt auf ein Minimum zu reduzieren.

Die Einstufungskriterien beziehen sich auf einheitliche toxikologische Gesichtspunkte bei giftigen Gefahrstoffen sowie auf einheitliche Flammpunkte und Siedepunkte bei entzündlichen Gefahrstoffen und auf die Gefahren für Wasserorganismen.

Gefahrenbeschreibung nach GHS

Die Art der Gefahren wird durch die Einteilung in vier Gefahrengruppen und 28 Gefahrenklassen beschrieben:

- Gefahrengruppe 1: Zurzeit nicht in Gebrauch.
- Gefahrengruppe 2: Gefahren durch physikalisch-chemische Eigenschaften.
- Gefahrengruppe 3: Gesundheitsgefahren durch toxische Eigenschaften.
- Gefahrengruppe 4: Gefahren für die Umwelt.

Die Kennzeichnung der Gefahrenklasse erfolgt durch eine Indexnummer, welche die konkrete Gefahr kennzeichnet. Die Gefahrengruppe 2, mit physikalisch-chemischen Gefahren, wird nach GHS in 16 Gefahrenklassen unterteilt **(Tabelle 1)**.

> Die Kennzeichnung nach GHS erfolgt weltweit einheitlich.

Tabelle 1: Gefahrengruppe 2 (Gefahren durch physikalisch-chemische Eigenschaften)

Gefahrenklasse	Gefahren
2.1	Explosive Stoffe, Gemische und Erzeugnisse mit Explosivstoff
2.2	Entzündbare Gase
2.3	Entzündbare Aerosole
2.4	Oxidierende Gase
2.5	Unter Druck stehende Gase
2.6	Entzündbare Flüssigkeiten
2.7	Entzündbare Feststoffe
2.8	Selbstzersetzliche Stoffe und Mischungen
2.9	Selbstentzündliche (pyrophore) Flüssigkeiten
2.10	Selbstentzündbare (pyrophore) Feststoffe
2.11	Selbsterhitzungsfähige Stoffe und Zubereitungen
2.12	Stoffe und Gemische, die mit Wasser entzündbare Gase entwickeln
2.13	Entzündend (oxidierend) wirkende Flüssigkeiten
2.14	Oxidierende Feststoffe
2.15	Organische Peroxide
2.16	Auf Metalle korrosive Wirkungen

Beispiel:
Ein Feststoff, der bei Kontakt mit Wasser entzündbare Gase entwickelt, soll mit Gefahrengruppe und Gefahrenklasse gekennzeichnet werden.

Lösung:

Die Kennzeichnung erfolgt mit Gefahrengruppe 2 und Gefahrenklasse 12.

Die Gefahrengruppe 3 von der Gefahren für die menschliche Gesundheit ausgehen, wird in 10 Gefahrenklassen gegliedert **(Tabelle 1, folgende Seite)**. Die Gefahrengruppe 4 mit Gefahren für die Umwelt hat nach GHS weltweit nur eine Gefahrenklasse. Im Raum der Europäischen Union gibt es eine weitere Gefahrenklasse **(Tabelle 2, folgende Seite)**.

Kennzeichnung mit Piktogrammen

Die Kennzeichnung von Gefahrstoffen nach GHS erfolgt weltweit durch 9 Gefahrenpiktogramme.

Tabelle 1: Gefahrengruppe 3 (Gesundheitsgefahren durch toxische Eigenschaften)

Gefahrenklasse	Gefahren
3.1	Akute Toxizität
3.2	Ätzung bzw. Reizung der Haut
3.3	Schwere Augenschädigung/ Reizung
3.4	Sensibilisierung der Atemwege oder Haut
3.5	Keimzellmutagenität
3.6	Karzinogenität (Krebs erregend)
3.7	Reproduktionstoxizität
3.8	Spezifische Zielorgantoxizität nach einmaliger Exposition
3.9	Spezifische Zielorgantoxizität nach mehrmaliger Exposition
3.10	Aspirationsgefahr

Tabelle 2: Gefahrengruppe 4 (Gefahren für die Umwelt)

Gefahrenklasse	Gefahren
4.1	Gewässergefährdend
4.2	Die Ozonschicht schädigend (zusätzliche Gefahrenklasse der Europäischen Union)

Sie bestehen aus einer rot umrandeten Raute mit einem schwarzen Symbol auf weißem Grund. Die GHS- Piktogramme entsprechen in ihrem Aussehen weitgehend den Gefahrensymbolen. Sie ersetzen die schwarzen Symbole auf orangefarbenem Untergrund, die in der Europäischen Union bis 2015 zur Anwendung kamen. Für die Kennzeichnung von Zubereitungen aus mehreren Stoffen endete die Übergangsfrist 2015. Die Piktogrammsymbole geben die Bedeutung an **(Tabelle 3)**.

> Unterschiedliche Gefahren stellt man durch unterschiedliche Symbole mittels Piktogrammen dar.

Neu hinzugekommen sind die Piktogramme mit den GHS-Nummerierungen GHS04, GHS07 und GHS08.

Die Gefahrenpiktogramme werden für die verschiedenen Gefahrenhinweise (H-Sätze) angewendet und weisen auf entsprechende Sicherheitshinweise (P-Sätze) hin (Abschnitt 12.1).

Tabelle 3: Gefahrenpiktogramme und Nummerierung nach GHS

GHS-Nummerierung	Gefahrenpiktogramm	Bedeutung
GHS01		Explosionsgefahr
GHS02		Hochentzündliche und leichtentzündliche Gefahrstoffe
GHS03		Brandfördernde bzw. oxidierend wirkende Gefahrstoffe
GHS04		Warnung vor komprimierten Gasen
GHS05		Ätzende Gefahrstoffe
GHS06		Sehr giftige und giftige Gefahrstoffe
GHS07		Achtung, Gefahr
GHS08		Besondere Gesundheitsgefahren
GHS09		Umweltgefährlich

Kennzeichnung mit Signalworten

Mit den Signalworten *Achtung* und *Gefahr* erfolgt ein Hinweis auf den Gefährdungsgrad des Gefahrstoffes. Die Signalworte müssen unterhalb des Gefahrenpiktogramms angebracht werden **(Tabelle 1, folgende Seite)**. Sie ersetzen die früher verwendeten Gefahrenbezeichnungen, wie z. B. sehr giftig (T+), giftig (T) oder ätzend (C).

Das Vorliegen einer größeren Gefahr wird durch das Signalwort „Gefahr“ hervorgehoben. Das Vorliegen einer kleineren Gefahr wird durch das Signalwort „Achtung“ hervorgehoben.

> Die Kennzeichnung nach GHS erfolgt durch eine rot umrandete Raute mit einem schwarzen Symbol auf weißem Grund und wird zusätzlich durch die Signalworte ergänzt.

Tabelle 1: Zuordnung der Signalworte

Merkmal	Zuordnung der Signalworte				
Gefahrenpiktogramm					
GHS-Nummerierung	GHS06	GHS06	GHS07	GHS02	GHS02
Gefahrenbeschreibung	Lebensgefahr	giftig	gesundheitsschädlich	extrement-zündbar	leicht-entzündbar
Signalwort	Gefahr	Gefahr	Achtung	Gefahr	Gefahr

Systematik der Hazard Classes und Precautionary-Statements

Je nach Einstufung in die Gefahrenklassen werden den Gefahrstoffen zur Kennzeichnung bestimmte Hazard Classes (Gefahrenhinweise) zugeordnet. Diese werden im deutschen Sprachraum auch als **H-Sätze** bezeichnet.

> Hinweise auf konkrete Gefahren erfolgen durch die Kennzeichnung mit den H-Sätzen (Hazard Classes).

Die Sicherheitshinweise (Precautionary-Statements) bzgl. Gefahren werden im deutschen Sprachraum als **P-Sätze** bezeichnet.

> Den Gefahren entsprechende Sicherheitshinweise erfolgen durch die Kennzeichnung mit den P-Sätzen (Precautionary-Statements).

Der Aufbau der H-Sätze und P-Sätze besteht aus dem jeweiligen Signalbuchstaben „H" für Hazard Classes oder „P" für Precautionary-Statements und einer dreiziffrigen Nummer. Die Kennzeichnungen durch die H-Sätze und P-Sätze orientiert sich an den vorhandenen Gefährdungen und den entsprechenden Schutzmaßnahmen **(Tabellen Seiten 529 bis 532)**.

> Die H-Sätze und P-Sätze bestehen aus dem entsprechenden Signalbuchstaben, der durch eine dreiziffrige Zahl ergänzt ist.

Nummerierung der H-Sätze

Die Nummerierung der H-Sätze steht in direktem Zusammenhang mit den Gefahrengruppen.

Tabelle 2: Gruppennummern der H-Sätze und Gefahrenhinweise

H-Sätze	Gefahrenhinweise
0..	Sonderfälle innerhalb der EU
1..	Zurzeit nicht in Gebrauch
2..	Hinweis auf physikalisch-chemische Gefahren
3..	Hinweis auf Gesundheitsgefahren
4..	Hinweis auf Umweltgefahren

Die erste Ziffer des Zahlencodes der H-Sätze gibt die jeweilige Gefahrengruppe an **(Tabelle 2)**.

Die folgenden beiden Ziffern bilden die laufende Gefahrennummer innerhalb der jeweiligen Gefahrengruppe. Beispiele sind:

- Gefahren durch physikalisch-chemische Eigenschaften, Gefahrengruppe 2. Die Kennzeichnung H221 bedeutet entsprechend: „Hoch entzündbares Gas".
- Gefahren durch toxische Eigenschaften, Gefahrengruppe 3. So bedeutet die Kennzeichnung H300: „Tödlich bei Verschlucken".
- Gefahren für die Gewässer, Gefahrengruppe 4. So bedeutet die Kennzeichnung H412 „Schädlich für Wasserorganismen".

Nummerierung der P-Sätze

Die erste Ziffer der P-Sätze **(Tabelle 1, folgende Seite)** gibt die jeweilige Gruppe der Sicherheitshinweise an.

Die folgenden Ziffern konkretisieren den Sicherheitshinweis, z. B.:

- P102: Darf nicht in die Hände von Kindern gelangen.
- P103: Vor Gebrauch Etikett lesen.
- P222: Berührung mit Luft vermeiden.

- P381: Entfernung sämtlicher Zündquellen, falls ohne Gefahr möglich.
- P405: Unter Verschluss lagern.
- P501: Inhalt bzw. Behälter ... (Entsorgungsweg angeben) zuführen.

Gefahrenkategorien

Um die Gefährlichkeit innerhalb einer Gefahrenklasse zu differenzieren, werden die Gefahrenklassen nach GHS zusätzlich in Gefahrenkategorien untergliedert **(Bild 1)**. Dies ermöglicht eine genaue Unterscheidung nach der Schwere der vorliegenden Gefahr. So gibt es z. B. in der Gefahrenklasse 2.6 „entzündbare Flüssigkeiten" drei Gefahrenkategorien. Diese sind abhängig von Flammpunkt und Siedepunkt.

Bei der Gefahrenklasse 3.1 „akute Toxizität" werden in Abhängigkeit der Giftigkeit vier Gefahrenkategorien unterschieden. Die durch GHS festgelegten Grenzen der Kategorieeinstufung weichen zum Teil von den Einstufungsgrenzen des bisher bekannten EU-Systems ab. Dies kann dazu führen, dass Gefahrstoffe mit einer Einstufung von „gesundheitsschädlich" zukünftig als „giftig" eingestuft werden.

> Nach GHS erfolgt eine Einteilung der Gefahrenklassen in Gefahrenkategorien, je nach Schwere der vorliegenden Gefahren.

Gefahrenkategorien der Gefahrengruppe 2

Innerhalb der Gefahrengruppe 2, mit ihren Gefahrenklassen 2.1 bis 2.16, erfolgt die Einteilung in Gefahrenkategorien nach physikalisch-chemischen Eigenschaften. Bei einem Gefahrstoff der Gefahrenklasse 2.12, der mit Wasser entzündbare Gase freisetzt, kann es sich um Gase handeln, die sich an der Luft selbst entzünden oder sich nur in Gegenwart einer Zündquelle entzünden. Je nachdem, welche Art von Gasen und in welcher Menge diese freigesetzt werden, ist die vorhandene Gefährdung unterschiedlich hoch. Dies spiegelt sich bei der Einstufung in die Gefahrenkategorien wider. Die Einstufung in Gefahrenkategorie 1 entspricht der höchsten Gefährdung. Die Einstufung in Kategorie 3 entspricht der niedrigsten Gefährdung.

Tabelle 1: Gruppennummern der P-Sätze und Sicherheitshinweise

P-Sätze	Sicherheitshinweise
1..	Allgemeine Sicherheitshinweise
2..	Vorsorgemaßnahmen
3..	Empfehlungen zur Handhabung
4..	Hinweise zur Lagerung
5..	Hinweise zur Entsorgung

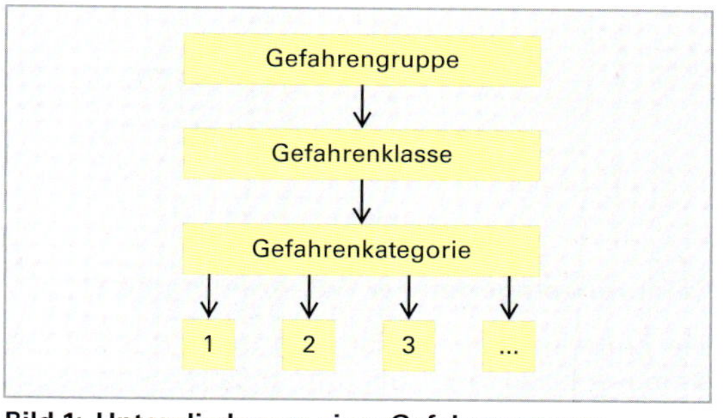

Bild 1: Untergliederung einer Gefahrengruppe

> Eine Einstufung in Gefahrenkategorie 1 der jeweiligen Gefahrenklasse kennzeichnet einen Gefahrstoff mit der höchsten Gefährdung.

Innerhalb der Gefahrenklasse 2.6 „entzündbare Flüssigkeiten" unterscheidet man verschiedene Gefahrenkategorien **(Tabelle 1, folgende Seite)**.

Die Einstufung in die jeweilige Gefahrenkategorie erfolgt in Abhängigkeit der gefahrenrelevanten Eigenschaften, der Flammpunkttemperatur und der Temperatur des Siedepunkts. Der Flammpunkt ist definiert als die Temperatur einer Flüssigkeit, bei der sich über der Oberfläche Dämpfe in solchen Mengen entwickeln, dass diese mit einer Zündquelle, z. B. einer Flamme oder einem Funken, gerade entzündet werden können. Es besteht daher akute Entzündungsgefahr.

Zur vollständigen Darstellung der Gefahrenkategorieeinteilung sind der entsprechende H-Satz mit Signalwort und das zugehörige Piktogramm mit aufgeführt. Sie machen die Kategorieneinstufung ersichtlich.

> Die Einstufung in Gefahrenkategorien entzündbarer Flüssigkeiten erfolgt unter Berücksichtigung der Flammpunkte und Siedepunkte.

Tabelle 1: Gefahrenkategorien innerhalb der Gefahrenklasse 2.6

Gefahren-kategorie	Flammpunkt in °C	Siedepunkt in °C	H-Satz Signalwort	Gefahrbeschreibung	Piktogramm
1	< 23	< 35	H224 Gefahr	Flüssigkeit und Dampf extrem entzündbar.	
2	< 23	> 35	H225 Gefahr	Flüssigkeit und Dampf leicht entzündbar.	
3	23 bis 60	Keine Angabe	H226 Achtung	Flüssigkeit und Dampf entzündbar.	

Gefahrenkategorien der Gefahrengruppe 3

Die Einteilung der Gefahrengruppe 3 mit ihren Gefahrenklassen 3.1 bis 3.10 in Gefahrenkategorien erfolgt aufgrund toxikologischer Erkenntnisse oder einer ätzenden Wirkung.

Innerhalb der Gefahrenklasse 3.1 „akute Toxizität", werden z. B. die Gefahrenkategorien über den Aufnahmeweg in den Körper und ihrer toxischen Wirkung differenziert **(Tabelle 1, folgende Seite).**

Die Differenzierung (Unterscheidung) über den Aufnahmeweg erfolgt nach:

- akuter oraler Toxizität (Aufnahme durch Verschlucken),
- akuter inhalativer Toxizität (Aufnahmen durch Einatmen),
- akuter dermaler Toxizität (Aufnahme über die Haut).

Die akute Toxizität beschreibt die schädlichen Wirkungen, die innerhalb von 24 Stunden auftreten, wenn ein toxischer Stoff in einer Einzeldosis oral (durch Verschlucken) oder dermal (über die Haut) aufgenommen wird. Bei toxischen Stoffen, die über die Atemwege aufgenommen werden, erfolgt die Beurteilung der schädlichen Wirkung über einen Zeitraum von vier Stunden.

Die Angabe der Dosis entspricht der letalen Dosis, LD_{50}. Sie wird im Tierversuch ermittelt und hat den Tod von 50 % der Versuchstiere zur Folge. Die Angabe des LD_{50}-Wertes erfolgt in der Einheit mg Wirkstoff pro kg Körpergewicht.

Die akute Toxizität wird in 4 Gefahrenkategorien eingeteilt. Toxische Stoffe der Gefahrenkategorie 1 haben die stärkste Wirkung, toxische Stoffe der Gefahrenkategorie 4 die schwächste Wirkung.

Die Gefahrenkategorieeinteilung toxischer Stoffe der Gefahrenklasse 3.1 wird in Tabelle 1, folgende Seite, wiedergegeben. Zur vollständigen Darstellung der Gefahrenkategorieeinteilung werden der entsprechende H-Satz, das Signalwort und das entsprechende Piktogramm mit aufgeführt.

> Die Gefährdung durch akut toxische Gefahrstoffe wird über den Aufnahmeweg und die letale Dosis unterschieden.

Die zur Gefahrenklasse 3.2 zählenden Wirkungen der ätzenden oder reizenden Gefahrstoffe werden durch die schädigende Wirkung auf die Haut oder Augen beschrieben.

Die Bezeichnung „hautätzend" beschreibt die irreversible Schädigung der Haut, nach einer Einwirkdauer von unter 3 Minuten bis maximal 4 Stunden. Hautätzende Stoffe werden in Gefahrenkategorie 1 und jeweils 3 Unterklassen eingeteilt **(Tabelle 2, folgende Seite).**

Die Bezeichnung „hautreizend" beschreibt reversible Schädigung der Haut innerhalb von maximal 4 Stunden Einwirkung. Eine Einteilung erfolgt nach dem Grad der Hautschädigung in die Gefahrenkategorie 2, 3 oder 4. Eine Schädigung ist in Gefahrenkategorie 2 am höchsten, in Gefahrenkategorie 4 am geringsten.

> Ein Stoff mit der Kennzeichnung „hautätzend" kann eine Hautzerstörung innerhalb von wenigen Minuten hervorrufen.

Tabelle 1: Gefahrenkategorien innerhalb der Gefahrenklasse 3.1

Gefahrenkategorie / Merkmal	1	2	3	4
Symbol				
Signalwort	Gefahr	Gefahr	Gefahr	Achtung
Aufnahme oral	H300 Lebensgefahr bei Verschlucken.	H300 Lebensgefahr bei Verschlucken.	H301 Giftig bei Verschlucken.	H302 Gesundheitsschädlich bei Verschlucken.
Dosis (mg/kg)	< 5	5 bis 50	50 bis 300	300 bis 2000
Aufnahme dermal	H310 Lebensgefahr bei Hautkontakt.	H310 Lebensgefahr bei Hautkontakt.	H311 Giftig bei Hautkontakt.	H312 Gesundheitsschädlich bei Hautkontakt.
Dosis (mg/kg)	< 50	50 bis 200	200 bis 1000	1000 bis 2000
Aufnahme inhalativ	H330 Lebensgefahr bei Einatmen.	H330 Lebensgefahr bei Einatmen.	H331 Giftig bei Einatmen.	H332 Gesundheitsschädlich bei Einatmen.
Dosis Dämpfe (mg/L)	< 0,5	0,5 bis 2,0	2,0 bis 10,0	10,0 bis 20,0
Gase (mL/L)	< 0,1	0,1 bis 0,5	0,5 bis 2,5	2,5 bis 20,0
Aerosole (mg/L)	< 0,05	0,05 bis 0,5	0,5 bis 1,0	1,0 bis 5,0

Gefahrenkategorien der Gefahrengruppe 4

Innerhalb der Gefahrengruppe 4, mit ihren Gefahrenklassen 4.1 und 4.2, existieren eine Gefahrenkategorie für Stoffe mit der Eigenschaft „akut gewässergefährdend" und drei Gefahrenkategorien für Stoffe mit den Eigenschaften „chronisch gewässergefährdend" **(Tabelle 1, folgende Seite).**

Akut gewässergefährdende und chronisch gewässergefährdende Gefahrstoffe der Gefahrenkategorien 1 und 2, sind mit dem Gefahrenpiktogramm GHS09, Umwelt, zu kennzeichnen.

Die Einstufungen chronisch gewässergefährdender Gefahrstoffe der Gefahrenkategorien 3 und 4 erfordern keine Kennzeichnung mit diesem Piktogramm.

> Für Mikroorganismen sehr giftige Gefahrstoffe sind mit einem Gefahrenpiktogramm zu kennzeichnen.

Tabelle 1, folgende Seite, zeigt die Gefahrenkategorien gewässergefährdender Stoffe und deren Kennzeichnungen.

Gefahren für die Ozonschicht zählen ebenfalls zur Gefahrengruppe 4. Die Einstufung eines Gefahrstoffes in die Gefahrenklasse 4.2 „Gefährlich für die Ozonschicht" erfolgt dann, wenn das schädigende Potenzial bekannt ist oder der begründete Verdacht besteht. Für den Fall, dass ein Gemisch mehr als 1 % eines ozonschädigenden Stoffes enthält, wird das ganze Gemisch als ozonschädigend eingestuft. Die Kennzeichnung erfolgt ohne ein entsprechendes Signalwort und ohne Piktogramm, mit dem entsprechenden H-Satz H420: Schädigt die öffentliche Gesundheit und die Umwelt durch Ozonabbau in der äußeren Atmosphäre.

Tabelle 2: Kategorien hautätzender Stoffe

Kategorie	Dauer der Exposition
1A	Weniger als 3 Minuten.
1B	3 Minuten bis 1 Stunde.
1C	1 Stunde bis 4 Stunden.

> Enthält ein Gemisch mehr als 1 % eines ozonschädigenden Stoffes, wird es als ozonschädigend eingestuft.

Tabelle 1: Beispiele für Gefahrenkategorien innerhalb der Gefahrenklasse 4.1

Gefahren-kategorie	Gefahrbezeichnung	Beschreibung	H-Satz	Signalwort	Piktogramm
1	Akut gewässergefährdend	Sehr giftig für Wasserorganismen	H400	Gefahr	
1	Akut gewässergefährdend und chronisch gewässergefährdend	Sehr giftig für Wasserorganismen, Langzeitwirkung	H410	Achtung	
2	Chronisch gewässergefährdend	Giftig für Wasserorganismen, Langzeitwirkung	H411	Achtung	
3	Chronisch gewässergefährdend	Schädlich für Wasserorganismen, Langzeitwirkung	H412	–	–
4	Chronisch gewässergefährdend	Kann für Wasserorganismen schädlich sein, Langzeitwirkung	H413	–	–

Kennzeichnungsbeispiele nach GHS

Jede Verpackung eines Gefahrstoffes muss nach GHS gekennzeichnet sein **(Bild 1)**. Wichtige Bestandteile der Kennzeichnung sind neben den Gefahrenpiktogrammen die Aufzählung der Gefahrenhinweise und der Schutzmaßnahmen sowie Angaben des Invehrkehrbringers bzw. des Herstellers.

Wiederholung und Vertiefung

1. **Beschreiben Sie die Bedeutung von GHS bei der Kennzeichnung und der Einstufung von Gefahrstoffen.**
2. **Welcher Gefahrengruppe sind Gesundheitsgefahren durch toxische Eigenschaften zugeordnet?**
3. **In welche Gefahrenklasse sind Stoffe und Gemische, die mit Wasser entzündbare Gase freisetzen, eingeordnet?**
4. **Beschreiben Sie die Einteilung in Gefahrenkategorien brennbarer Flüssigkeiten.**
5. **Welche Einstufungen existieren für gewässergefährdende Gefahrstoffe?**
6. **Beschreiben Sie die Systematik der Nummerierung durch H-Sätze.**
7. **Welche H-Sätze kennzeichnen „Gefahren durch toxische Eigenschaften"?**
8. **Welche Kennzeichnung erhält ein Gefahrstoff mit dermal (die Haut betreffend) toxischen Eigenschaften und einer Dosisangabe LD_{50}: 225 mg/kg Körpergewicht?**

Musterlösemittel	**(600-001-001-X)**	**2,5 Liter**
	Flüssigkeit und Dampf leicht entzündbar	H225
	Giftig beim Verschlucken	H301
	Giftig bei Hautkontakt	H311
	Giftig beim Einatmen	H331
Gefahr	Von Hitze, Funken, offener Flamme und heißen Oberflächen fernhalten. Nicht rauchen	P210
Firma Muster 12345 Chemiestadt	An gut belüftetem Ort lagern und Behälter dicht verschlossen halten	P403/233
Tel. 40(0)12345-12-34567	Bei Berührung mit der Haut: Mit reichlich Wasser und Seife waschen	P302/352

Bild 1: Kennzeichnungsbeispiel nach GHS

5.3.8 Transporte

Güter befördert man mit unterschiedlichen Transportmitteln **(Bild 1)**. Aufgabe des Transportes ist es, das zu transportierende Gut unversehrt am Zielort abzuliefern, ohne dabei unterwegs der Umwelt nachhaltigen Schaden zuzufügen. Deshalb haben die am Transport beteiligten Personen Pflichten zu befolgen **(Tabelle 1)**. Hierzu gehören insbesondere, dass

- geschultes Personal eingesetzt wird,
- die Güter entsprechend ihrer Art in geeigneten Behältnissen mit bei Bedarf richtiger Kennzeichnung befördert werden und
- Beladevorschriften eingehalten werden.

> Güter, die beim Transport für Personen, Tiere und Natur gefährlich werden können, müssen vom Versender nach der Gefahrgutverordnung des jeweiligen Verkehrsträgers gekennzeichnet sein.

Die Kennzeichnung der zu transportierenden Gefahrgüter erfolgt mit Symbolen der **Gefahrstoffverordnung (GefStoffV)** durch schwarzen Aufdruck auf orangenem Grund. Die meisten Gefahrgutverordnungen lehnen sich an die **Gefahrgutverordnung Straße GGVS** an.

Auch Abfälle können Gefahrgüter sein. Beim Transport von Abfällen gelten zusätzlich die Vorschriften des Abfallgesetzes. Danach dürften Abfälle gewerbsmäßig oder im Rahmen wirtschaftlicher Unternehmen nur mit Genehmigung der zuständigen Behörde eingesammelt und befördert werden. Hierzu sind Angaben über Art, Herkunft, Zusammensetzung, Menge und vorgesehene Entsorgung bzw. Verwertung zu machen. Eine Befreiung dieser Transportgenehmigung kann beantragt werden **(Bild 2)**.

> Gefahrgutbeauftragte sollen die notwendige Sicherheit bei Gefahrguttransporten gewährleisten.

Für die **Gefahrgutbeauftragten** wird in der Gefahrgutbeauftragten-Verordnung GbV eine regelmäßige Schulung vorgeschrieben. Auch hier gibt es Ausnahmeregelungen. So muss ein Handwerksbetrieb, der jährlich weniger als 25 t Gefahrengüter versendet oder befördert, keinen Gefahrgutbeauftragten bestellen. Die zuständige Überwachungsbehörde ist das Gewerbeaufsichtsamt.

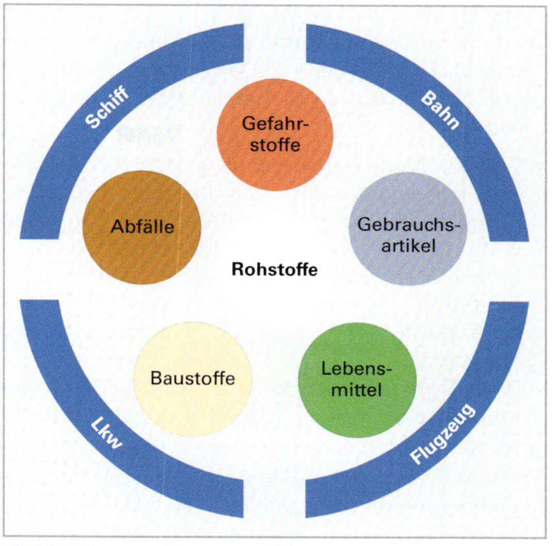

Bild 1: Transportieren von Gütern

Tabelle 1: Pflichten beim Transport

Ausführender	Erklärung	Pflichten
Beförderer	Fahrzeugbenutzer für Transport, z. B. Spediteur	Einsatz von geschultem Personal, Schutzausrüstung, geeignete Fahrzeuge, Beförderung nur zugelassener Güter.
Absender	Vertragspartner des Beförderers	Einstufung der Gefahrgüter, Erstellen des Beförderungspapiers, Bereitstellen von Unfallmerkblättern, Gefahrgutkennzeichnung.
Verlader	Unmittelbarer Besitzer oder Selbstbeförderer	Beförderung nur zugelassener Güter, Prüfung der Verpackung, Ladungssicherung.
Fahrzeugführer	Lenker des Fahrzeugs	Kein Transport beschädigter Güter, Einhaltung der Beladevorschriften, Fahrzeugkennzeichnung, Beachtung Unfallmerkblatt.

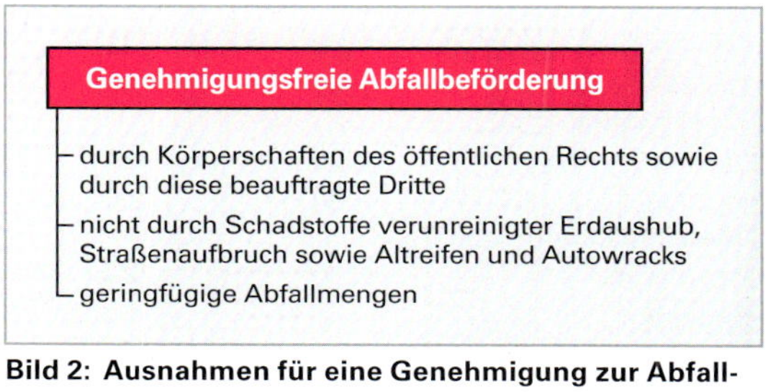

Bild 2: Ausnahmen für eine Genehmigung zur Abfallbeförderung

In der *Gefahrgutverordnung Straße GGVS* werden zu transportierende Güter nach Gefahrenklassen unterschieden **(Tabelle 1)**. Dementsprechend sind beim Transportieren Sicherheitsmaßnahmen zu beachten.

- Druckgasflaschen müssen stehend transportiert werden. Sie sind vor Umfallen, Hitze und Nässe zu schützen. Die Schutzkappen müssen während des Transports aufgeschraubt sein.
- Entzündbare feste Stoffe können insbesondere in Staubform gefährlich sein, da dann durch Mischung mit Luft explosive Gemenge entstehen können.
- Beim Transport radioaktiver Stoffe ist die *Strahlenschutzverordnung* (*StrlSchV*) zu beachten.

> Beim Transport müssen gefährliche Güter richtig gelagert und verpackt sein sowie sich in geeigneten Behältnissen befinden.

Die orangefarbenen **Warntafeln** enthalten als obere Ziffernfolge die Gefahrnummer (Kemler-Zahl, **Bild 1**). Ein vorangestelltes X bedeutet, dass eine Berührung mit Wasser verboten ist **(Bild 2)**. Die erste Ziffer gibt die Hauptgefahr an, die zweite und die dritte Ziffer verweisen auf zusätzliche oder besonders hohe Gefahren. Die untere Ziffernfolge auf der Warntafel kennzeichnet nach Empfehlungen der UN (United Nations) den Gefahrenstoff **(Tabelle 2)**.

Tabelle 2: UN-Stoffnummern, Gefahrnummern

Stoff	UN-Nummer	Gefahrnummer
Acetylchlorid	1717	83
Aluminiumchlorid, wasserfrei	1726	X 886
Ameisensäure-methylester (Methylformiat)	1243	33
Benzin	1115	33
Benzol	1114	33
Chlorwasserstoff, wasserfrei	1050	286
Ethylbenzol	1175	33
Gasöl, Heizöl, Dieselkraftstoff	1202	30
Leichtöl, Kerosin	1223	30
Methanol (Methylalkohol)	1230	336
Petroleum	1270	30
Phosphor	1381	436
Sauerstoff, flüssig	1073	225
Stickstoff, flüssig	1977	22

Tabelle 1: Gefahrenklassen

Klasse	Gruppe	Beispiele
1a	Explosivstoffe und Gegenstände mit Explosivstoff	Munition, Patronen, Knallkörper, Leuchtsätze
1b	Mit explosiven Stoffen geladene Gegenstände	Nitroglycerin, Dynamite, Ammoniumdichromat
1c	Feuerwerkskörper, Zündwaren	Quecksilber(II)-Fulminat, Trinitrophenol
2	Verdichtete, verflüssigte oder unter Druck gelöste Gase	Ethin (Acetylen), Sauerstoff, Stickstoff
3	Entzündbare Flüssigkeiten	Mineralöle, Benzine, Alkohole, Benzol, Aceton, Terpentin
4.1	Entzündbare feste Stoffe	Holz, Kohle, Wolle, Schwefel, Magnesium, Aluminium
4.2	Selbstentzündliche Stoffe	Aluminiumalkyle, Magnesiumalkyle, Zinkalkyle
4.3	In Berührung mit Wasser entzündliche Gase entwickelnde Stoffe	Alkalimetalle, Calciumphosphid, Calciumcarbid, Aluminiumcarbid
5.1	Entzündend (oxidierend) wirkende Stoffe	Chlorate, Salpetersäure, Perchlorsäure, Ammoniumperchlorat
5.2	Organische Peroxide	Dicumenylperoxid, Diacetylperoxid
6.1	Giftige Stoffe	Cyanid, Arsen
6.2	Ekel erregende oder ansteckungsgefährliche Stoffe	Medizinische Abfälle
7	Radioaktive Stoffe	Uran, Plutonium
8	Ätzende Stoffe	Schwefelsäure, Salpetersäure, Perchlorsäure, Phenole, Bariumhydroxid, Bromaceton
9	Sonstige gefährliche Stoffe	Branntkalk

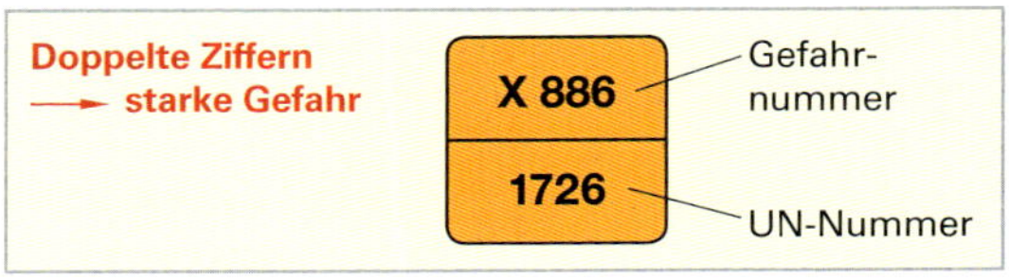

Bild 1: Warntafel für Gefahrstofftransport

- X Berührung mit Wasser ist verboten
- 0 ohne Bedeutung
- 1 explosiver Stoff
- 2 Entweichen von Gas
- 3 entzündbarer flüssiger oder gasförmiger Stoff
- 4 entzündbarer fester Stoff
- 5 Brand fördernder Stoff
- 6 giftiger Stoff
- 7 radioaktiver Stoff
- 8 ätzender Stoff
- 9 Gefahr einer spontanen heftigen Reaktion

Bild 2: Bedeutung der Angaben im oberen Feld der Warntafel für Gefahrstofftransport

5.3.9 Biostoffverordnung

Die *Biostoffverordnung BioStoffV* dient dem Schutz aller Beschäftigten vor der Gefährdung ihrer Sicherheit und Gesundheit durch biologische Arbeitsstoffe *(Biostoffe)* bei der Arbeit **(Bild 1)**. Diese Biostoffe können den Menschen durch Infektionen, übertragbare Krankheiten, Toxinbildung, sensilibisierende oder sonstige, die Gesundheit schädigende Wirkungen gefährden. Die gesetzliche Grundlage für die BiostoffV liefert das **Arbeitsschutzgesetz (ArbSchG)**.

Biostoffe werden in vier *Risikogruppen* eingestuft, wobei ausschließlich das Risiko einer Infektionserkrankung bei *gesunden* Arbeitnehmern maßgeblich ist **(Tabelle 1)**. Nicht berücksichtigt wurden spezifische Wirkungen bei besonders empfindlichen Menschen, z.B. wegen bestehender Krankheit, Medikamenteneinnahme oder Schwangerschaft. Für die Einstufung sind Infektionsweg, Infektionsdosis, Schwere der möglichen Infektionserkrankung, Übertragungswege, Behandlungsmöglichkeiten und Vorsorgemaßnahmen, z.B. Impfungen, heranzuziehen. Entsprechend den Risikogruppen gibt es die Schutzstufen 1 bis 4, die *Hygienemaßnahmen* und *Sicherheitsmaßnahmen* empfehlen oder vorschreiben.

> Biostoffe können beim Menschen Infektionen, sensibilisierende und/oder toxische Wirkungen hervorrufen.

Die BioStoffV unterscheidet zwischen dem *beabsichtigten* Umgang mit Biosstoffen, z.B. in der Forschung und biotechnischen Industrie, und dem *nicht gezielten*, unbeabsichtigten Umgang, z.B. in der Landwirtschaft, dem Gesundheitsbereich und allen Bereichen der Abwasser- und Abfallwirtschaft sowie in Biogasanlagen. Biostoffe finden sich in der Biotonne, im Restmüll und eventuell auch im Abfall, der durch das DSD(Duales System Deutschland) entsorgt wird. Beim Sammeln, Transportieren, Lagern, Behandeln, Verwerten und Ablagern dieser Abfälle muss deshalb die BioStoffV beachtet werden. In Abfällen ist erfahrungsgemäß mit Biostoffen der *Risikogruppe 2* zu rechnen. Die Beschäftigten sind in der Entsorgung oder Abfallverwertung teilweise hohen Konzentrationen von luftgetragenen Bakterien und Pilzen ausgesetzt, wobei z.B. kaum ein Unterschied zwischen einer Biotonne und einer Restmülltonne besteht. Daher müssen die allgemeinen Grundregeln der Hygiene eingehalten sowie die entsprechenden Sicherheitsmaßnahmen getroffen werden.

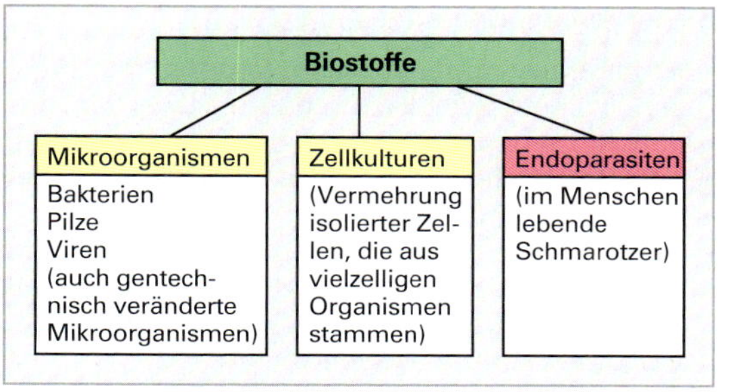

Bild 1: Arten von Biostoffen

Tabelle 1: Risikogruppen für Biostoffe

Gruppe	Erklärung
Risikogruppe 1	Biostoffe, bei denen es unwahrscheinlich ist, dass sie beim Menschen eine Krankheit verursachen.
Risikogruppe 2	Biostoffe, die eine Krankheit beim Menschen hervorrufen können und eine Gefahr für Beschäftigte darstellen können. Eine Verbreitung des Stoffes in der Bevölkerung ist unwahrscheinlich. Eine wirksame Vorbeugung oder Behandlung ist normalerweise möglich.
Risikogruppe 3	Biostoffe, die eine schwere Krankheit beim Menschen hervorrufen können und eine ernste Gefahr für Beschäftigte darstellen. Die Gefahr einer Verbreitung in der Bevölkerung kann bestehen, doch ist normalerweise eine wirksame Vorbeugung oder Behandlung möglich.
Risikogruppe 4	Biostoffe, die eine schwere Krankheit beim Menschen hervorrufen und eine ernste Gefahr für Beschäftigte darstellen. Die Gefahr einer Verbreitung in der Bevölkerung ist unter Umständen groß. Normalerweise ist eine wirksame Vorbeugung oder Behandlung nicht möglich.

> Im Bereich der Abwasser- und Abfallwirtschaft gehören Biostoffe meist der Risikogruppe 2 an.

Zu den in einem **Hygieneplan** zu dokumentierenden einfachen und wirkungsvollen Hygienemaßnahmen gehören vor allem:

- Verbot, an Arbeitsplätzen Nahrungs- und Genussmittel zu sich zu nehmen,
- Hände gründlich reinigen,
- außerhalb des Arbeitsbereichs verschmutzte Arbeitskleidung ablegen,
- Schutzkleidung und andere Kleidung getrennt aufbewahren,
- den Arbeitsbereich regelmäßig reinigen.

Sicherheitsmaßnahmen sind u. a.:

- Arbeiten mit lebensfähigen Organismen müssen in einem System durchgeführt werden, das den Prozess physisch von der Umwelt trennt, z. B. Betreiben von Kompostieranlagen in geschlossenen Räumen.
- Abgase aus dem abgeschlossenen System müssen so behandelt werden, dass das Freiwerden von Biostoffen minimal gehalten wird, z. B. durch Abluftreinigung.
- Sammlung von Proben, Hinzufügen von Werkstoffen zu einem abgeschlossenen System und Übertragen lebensfähiger Organismen in ein anderes abgeschlossenes System müssen so durchgeführt werden, dass das Freiwerden von Biostoffen minimal gehalten wird.
- Abwässer müssen vor der endgültigen Ableitung durch erprobte Mittel inaktiviert werden.
- Beschäftigte müssen Schutzkleidung tragen.
- Dekontaminations- und Waschanlagen einschließlich entsprechender Mittel für Desinfektion, Reinigung und Hautschutz müssen für die Beschäftigten bereitstehen.

Lediglich empfohlen werden folgende Sicherheitsmaßnahmen:

- das Einrichten abgeschlossener Systeme innerhalb kontrollierter Bereiche, z. B. Sortierkabinen in Wertstoffsortierwerken und Kompostierungswerken,
- das Anbringen von Biogefahrenzeichen in kontrollierten Bereichen **(Bild 1)**,
- das Festlegen einer Zugangsbeschränkung ausschließlich für das vorgesehene Personal von kontrollierten Bereichen und
- eine Belüftung des kontrollierten Bereichs, um eine Luftverseuchung auf einem Mindeststand zu halten.

> Allgemeine Hygienemaßnahmen und Sicherheitsmaßnahmen schützen die Beschäftigten im Bereich der Abfallwirtschaft.

Eine wichtige Bestimmmung der BioStoffV ist die Pflicht des Arbeitgebers, die Arbeitsbedingungen hinsichtlich einer möglichen Gefährdung für die Beschäftigten zu beurteilen. Entsprechend müssen die Beschäftigten beim Arbeiten mit Biostoffen anhand einer arbeitsbereichs- und stoffbezogenen **Betriebsanweisung** unterwiesen werden.

Diese enthält u. a. folgende Punkte:

- Hinweise auf die mit den vorgesehenen Tätigkeiten verbundenen Gefahren,

Bild 1: Symbol für Biogefährdung

- erforderliche Schutzmaßnahmen,
- Verhaltensregeln mit Anweisungen über das Verhalten bei Unfällen und Betriebsstörungen sowie zur ersten Hilfe.

> Beschäftigte sind durch arbeitsbereichsbezogene und stoffbezogene Betriebsanweisungen zu unterweisen.

Eine *arbeitsmedizinische Vorsorgeuntersuchung* muss vor der Aufnahme einer Tätigkeit stattfinden. Bei einer Infektion durch Biostoffe ist dem Betreffenden eine medizinische Untersuchung anzubieten. Außerdem ist Beschäftigten, die Biostoffen ausgesetzt sein können, eine Impfung anzubieten, wenn ein wirksamer Impfstoff zur Verfügung steht.

> Beschäftigte müssen arbeitsmedizinisch betreut werden.

Wiederholung und Vertiefung

1. **Welche Arten von Biostoffen werden unterschieden?**
2. **Zu welcher Risikogruppe gehören die Biostoffe, mit denen Beschäftigte im Bereich der Abfallwirtschaft umgehen?**
3. **Welche Beschäftigten sind unter Umständen durch die BioStoffV nicht ausreichend geschützt?**
4. **Was muss in einer Betriebsanweisung gemäß der BioStoffV geregelt werden?**
5. **Anhand welcher Kriterien werden Biostoffe den 4 Risikogruppen zugeordnet?**

5.3.10 Pflanzenschutzgesetz

Das Gesetz zum Schutz der Kulturpflanzen *(Pflanzenschutzgesetz PflSchG)* hat den Zweck, Pflanzen und Pflanzenerzeugnisse vor Schadorganismen und Krankheiten zu schützen. Andererseits soll es Gefahren für die Gesundheit von Mensch und Tier sowie Gefahren für den Naturhaushalt abwenden, die durch die Anwendung von Pflanzenschutzmitteln entstehen können **(Bild 1)**.

Im Rahmen des Gesetzes regelt die **Pflanzenschutz-Sachkundeverordnung** den Sachkundenachweis für die gewerblichen Anwender (z.B. Landwirte, Forstwirte, Gärtner, Winzer) und Verkäufer von Pflanzenschutzmitteln. Damit soll sichergestellt werden, dass man Pflanzenschutzmittel nur entsprechend *guter fachlicher Praxis* einsetzt. Dazu gehört insbesondere die Beachtung der Grundsätze des *integrierten Pflanzenschutzes,* der andere als chemische Pflanzenschutzmaßnahmen vorrangig berücksichtigt, um die Anwendung von Pflanzenschutzmitteln zu reduzieren **(Bild 2)**.

Für den Umweltschutz sind vor allem die Bestimmungen des Pflanzenschutzgesetzes von Bedeutung, die sich mit der Zulassung und Anwendung von Pflanzenschutzmitteln befasssen.

Die Verordnung über Pflanzenschutzmittel und Pflanzenschutzgeräte (**Pflanzenschutzmittelverordnung**) regelt die Zulassung für Pflanzenschutzmittel und die Anforderungen an die Beschaffenheit von Pflanzenschutzgeräten und deren Dosierungsvorrichtungen. Die Zulassungspflicht für Pflanzenschutzmittel fordert den Nachweis der Wirksamkeit, Pflanzenverträglichkeit und Unbedenklichkeit für die Gesundheit von Mensch und Tier sowie für Boden, Wasser (insbesondere Grundwasser), Luft und das Wirkungsgefüge zwischen ihnen. Die maximale Zulassungsdauer für Pflanzenschutzmittel beträgt zehn Jahre. Eine weitere Zulassung kann man beim Bundesamt für Verbraucherschutz und Lebensmittelsicherheit als Zulassungsbehörde beantragen.

Die **Pflanzenschutz-Anwendungsverordnung**, die regelmäßig dem Stand der wissenschaftlichen Erkenntnis angepasst wird, erlässt Anwendungsverbote, z.B. für den Wirkstoff Atrazin in Herbiziden (Unkrautvernichtungsmittel). Atrazin wurde früher im Maisanbau eingesetzt, ist aber als Chlorkohlenwasserstoffverbindung nur schwer abbaubar, im Boden beweglich und neigt zur Versickerung in das Grundwasser. Für umweltgefährliche Pflanzenschutzmittel gelten teilweise Anwendungsverbote oder Anwendungsbeschränkungen, z.B. in Naturschutzgebieten, Nationalparks, bei Naturdenkmälern und in Biotopen.

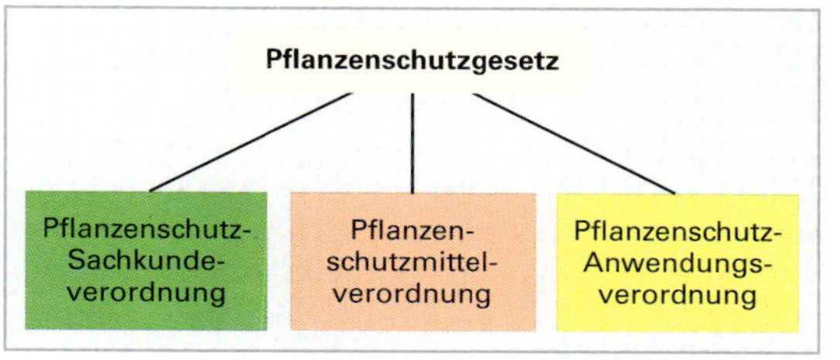

Bild 1: Gesetzliche Regelungen im Pflanzenschutzrecht

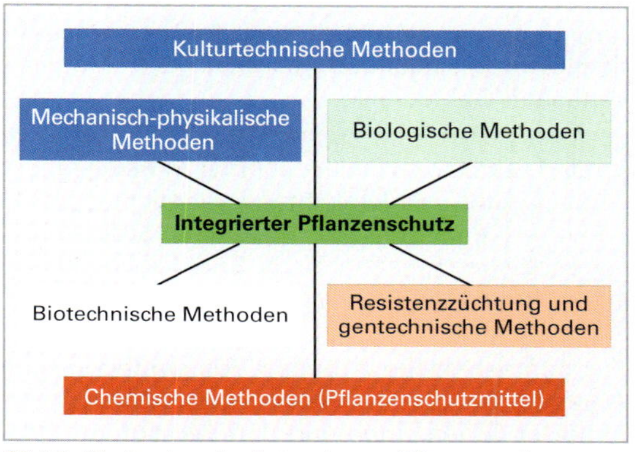

Bild 2: Methoden des integrierten Pflanzenschutzes

Die Anwendung von Pflanzenschutzmitteln ist bei Nachweis der Sachkunde im Freiland auf landwirtschaftlich, forstwirtschaftlich oder gärtnerisch genutzten Flächen erlaubt. Dazu zählen auch Hausgärten und Kleingärten, aber keine Wege, Plätze oder ähnliche Flächen. Grundsätzlich verboten ist die Anwendung von Pflanzenschutzmitteln in oder unmittelbar an oberirdischen Gewässern und Küstengewässern. Ausnahmen sind nur mit Genehmigung möglich.

> Die Pflanzenschutz-Anwendungsverordnung soll dem Schutz von Mensch, Tier und Naturhaushalt dienen und besonders auch das Trinkwasser und Grundwasser schützen.

5.3.11 Gentechnikgesetz

Das Gesetz zur Regelung der Gentechnik *(Gentechnikgesetz GenTG)* verfolgt mehrere Ziele. Es soll unter Berücksichtigung ethischer Werte, Leben und Gesundheit von Menschen, die Umwelt in ihrem Wirkungsgefüge, Tiere, Pflanzen und Sachgüter vor schädlichen Auswirkungen gentechnischer Verfahren und Produkte schützen und Vorsorge gegen das Entstehen solcher Gefahren treffen. Weiter soll dieses Gesetz gewährleisten, dass sowohl mit konventionellen, ökologischen als auch gentechnisch veränderten Anbauformen Produkte, insbesondere Lebens- und Futtermittel, erzeugt und in den Verkehr gebracht werden können. Außerdem schafft es den rechtlichen Rahmen für die Erforschung, Entwicklung, Nutzung und Förderung der wissenschaftlichen, technischen und wirtschaftlichen Möglichkeiten der Gentechnik.

> Das Gentechnikgesetz schützt Lebewesen, Sachgüter und Umwelt vor möglichen Gefahren der Gentechnik und schafft den rechtlichen Rahmen für die Entwicklung und Förderung gentechnischer Möglichkeiten.

Für gentechnische Arbeiten, für gentechnische Anlagen, für die Freisetzung gentechnisch veränderter Organismen und den Verkauf von Produkten, die aus gentechnisch veränderten Organismen bestehen oder sie enthalten, besteht eine **Genehmigungs- und Kennzeichnungspflicht**.

Gentechnische Arbeiten dienen der Erzeugung gentechnisch veränderter Organismen (GVO), also z. B. Viren, Bakterien und Pilze sowie Pflanzen und Tiere, deren genetisches Material in einer Weise verändert wurde, wie es unter natürlichen Bedingungen nicht vorkommt. Weiter zählt dazu die Verwendung, Vermehrung, Lagerung, Zerstörung oder Entsorgung von GVO, solange noch keine Genehmigung zur Freisetzung in die Umwelt oder für das Inverkehrbringen erteilt wurde. In *gentechnischen Anlagen* werden gentechnische Arbeiten im geschlossenen System durchgeführt, um den Kontakt der GVO mit Menschen und Umwelt zu begrenzen.

Verordnungen regeln die Gesetzesdurchführung **(Bild 1)**. Die **Gentechnik-Sicherheitsverordnung** legt Sicherheitsstufen und die erforderlichen Sicherheitsmaßnahmen fest **(Bild 2)**. Angaben zu Inhalt, Form und Fristen für Aufzeichnungen über gentechnische Arbeiten finden sich in der *Gentechnik-Aufzeichnungsverordnung*. Anmeldungen und Genehmigung von gentechnischen Vorhaben werden durch die *Gentechnik-Verfahrensverordnung* festgelegt. Vor der Genehmigung gewerblich genutzter gentechnischer Anlagen der Sicherheitsstufe 3 und 4 ist eine öffentliche

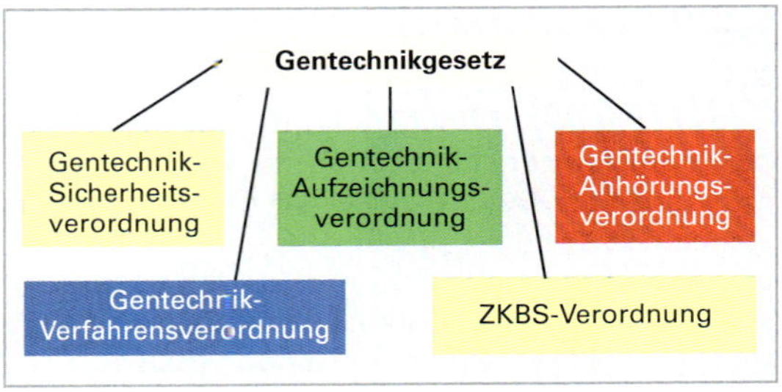

Bild 1: Gesetzliche Regelungen im Gentechnikrecht

Sicherheitsstufe 1

Gentechnische Arbeiten, bei denen nach dem Stand der Wissenschaft *nicht von einem Risiko* für die menschliche Gesundheit und die Umwelt auszugehen ist.

Sicherheitsstufe 2

Gentechnische Arbeiten, bei denen nach dem Stand der Wissenschaft von einem *geringen Risiko* für die menschliche Gesundheit oder die Umwelt auszugehen ist.

Sicherheitsstufe 3

Gentechnische Arbeiten, bei denen nach dem Stand der Wissenschaft von einem *mäßigen Risiko* für die menschliche Gesundheit oder die Umwelt auszugehen ist.

Sicherheitsstufe 4

Gentechnische Arbeiten, bei denen nach dem Stand der Wissenschaft von einem *hohen Risiko* oder dem *begründeten Verdacht* eines solchen Risikos für die menschliche Gesundheit oder die Umwelt auszugehen ist.

Bild 2: Sicherheitsstufen bei gentechnischen Arbeiten

Anhörung vorgeschrieben, geregelt durch die *Gentechnik-Anhörungsverordnung*. Die unabhängige Zentrale Kommission für die Biologische Sicherheit (ZKBS) bewertet Sicherheitsfragen, gibt Empfehlungen, berät die Bundesregierung sowie die Länder und nimmt Stellung zu beantragten gentechnischen Vorhaben der Sicherheitsstufen 3 und 4. Einzelheiten dazu stehen in der *ZKBS-Verordnung*.

Das Gentechnikgesetz gilt nicht für die Anwendung gentechnisch veränderter Organismen am Menschen, z. B. bei der Gentherapie, bei der Körperzellen in ihrer genetischen Zusammensetzung verändert werden (somatische Gentherapie). Gentechnische Arbeiten an menschlichen Geschlechtszellen sind nach dem *Embryonenschutzgesetz* generell verboten.

Bei Verstößen gegen das Gentechnikgesetz drohen Geldbußen bzw. Geldstrafen oder Freiheitsstrafen. Außerdem besteht eine weit reichende Schadensersatzpflicht.

5.4 Betriebsbeauftragte für Umweltschutz
Environmental Officer

Sind in einem Unternehmen Anlagen vorhanden, die wegen des Umweltschutzes besonders zu überwachen sind, so benötigt das Unternehmen mindestens einen Betriebsbeauftragten, oft sogar mehrere Betriebsbeauftragte, mit geeigneter fachlicher Qualifikation **(Bild 1)**. Die Art des Betriebsbeauftragten hängt von der Art des Betriebes ab. In der Metallindustrie unterscheidet man hauptsächlich zwischen dem Immissionschutzbeauftragten, dem Gewässerschutzbeauftragten und dem Abfallbeauftragten (Beauftragter für Rückstände). In vielen Fällen wird vom Immissionsschutzbeauftragten bzw. Gewässerschutzbeauftragten auch die Aufgabe des Abfallbeauftragten wahrgenommen.

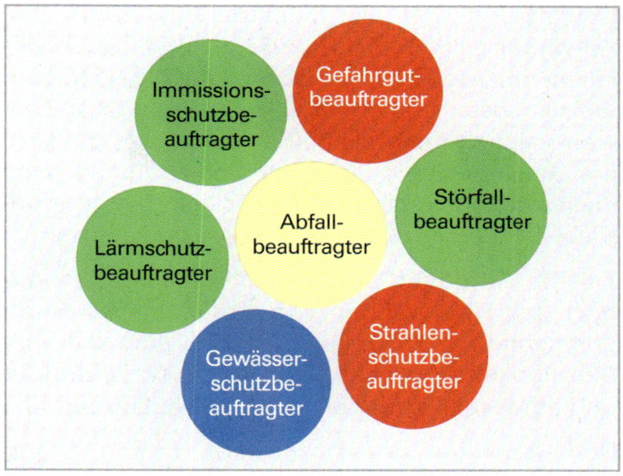

Bild 1: Beispiele für Betriebsbeauftragte

> Das Ernennen von Betriebsbeauftragten ist eine Forderung des Gesetzgebers.

Stellung im Unternehmen

Die Namen der jeweiligen Betriebsbeauftragten müssen vom Unternehmen den entsprechenden Behörden schriftlich mitgeteilt werden. Die Betriebsbeauftragten, für die ähnlich wie bei Betriebsräten ein besonderer Kündigungsschutz besteht, sollen in einem Unternehmen direkt an die Unternehmensleitung bzw. Geschäftsleitung berichten **(Bild 2)**.

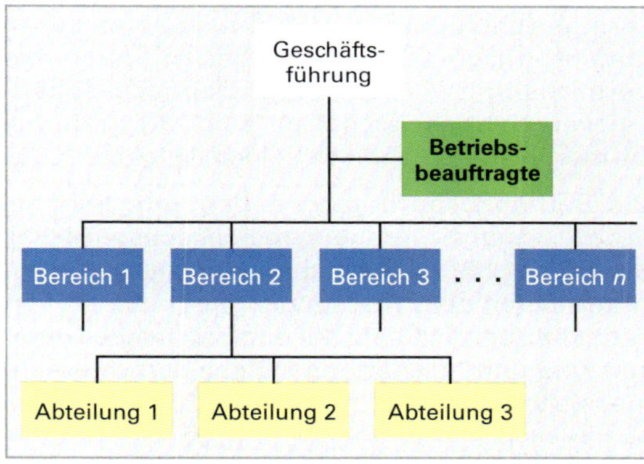

Bild 2: Stellung der Betriebsbeauftragten im Unternehmen

> Betriebsbeauftragte besitzen einen besonderen Kündigungsschutz.

Um Interessenskonflikte zu vermeiden, soll ein Betriebsbeauftragter keine weiteren *unternehmerischen* Aufgaben wahrnehmen. Er besitzt kein Weisungsrecht. Der Betriebsbeauftragte kann also z.B. keine Stilllegung eines Produktionszweiges anordnen, wenn zulässige Grenzwerte überschritten werden. Er hat vielmehr eine **beratende Funktion** gegenüber der Unternehmensleitung. Von einer unmittelbaren Verantwortung ist er freigestellt. Unterlässt allerdings der Betriebsbeauftragte es, rechtzeitig auf eine Überschreitung von Grenzwerten hinzuweisen, macht er sich strafbar.

Ein Betriebsbeauftragter ist kein Zuträger von Daten an Behörden. Er ist wie andere Betriebsangehörige zu betrieblicher Loyalität verpflichtet.

> Betriebsbeauftragte besitzen kein Weisungsrecht.

Aufgaben und Rechte

Zu den Aufgaben eines Betriebsbeauftragten gehören **(Bild 1, folgende Seite)**

- das Überwachen des Betriebs auf Einhaltung von Vorschriften,
- das Informieren der Betriebsangehörigen sowie
- das Einflussnehmen bei Investitionsentscheidungen zum Erzielen von Verbesserungen beim betrieblichen Umweltschutz.

Je nach Art des Betriebsbeauftragten unterscheiden sich manche Aufgaben. Der **Immissionsschutzbeauftragte** muss die Entwicklung und Einführung von Verfahren fördern, die zur Einhaltung der gesetzlichen Luftreinhaltevorschriften dienen.

Gewerbebetriebe oder Industriebetriebe, die ihre Abwässer nicht in die öffentliche Kanalisation einleiten, müssen einen **Gewässerschutzbeauftragten** (Betriebsbeauftragten für Gewässerschutz) stellen, wenn täglich mehr als 750 m^3 Abwasser direkt in ein Gewässer eingeleitet werden. Hauptaufgabe dieses Betriebsbeauftragten ist also die innerbetriebliche Verbesserung des Gewässerschutzes.

Zu den Aufgaben eines **Abfallbeauftragten** gehört das Überwachen von Abfällen und deren gesetzmäßige Entsorgung. Ferner sind von ihm Möglichkeiten hinsichtlich abfallvermeidender und abfallverwertender Techniken aufzuzeigen.

Der **Lärmschutzbeauftragte** soll die Einhaltung der Grenzwerte des Lärms einer Anlage gewährleisten. Der Lärmschutzbeauftragte eines Flughafens beobachtet z. B. den Flugbetrieb unter Lärmgesichtspunkten. Hieraus muss er Lärmminderungsvorschläge erarbeiten. Auch die Vermittlung zwischen Flughafengesellschaft, Luftverkehrsgesellschaften und Bürgern bei Lärmproblemen gehört zu seinen Aufgaben.

Die Betriebsbeauftragten haben verschiedene **Rechte**, wenn sie ihre Aufgaben ausüben **(Bild 2)**. Sie dürfen die betrieblichen Anlagen jederzeit kontrollieren oder Messungen durchführen. Ferner haben sie ein Recht auf entsprechende Unterstützung und Ausstattung seitens der Unternehmensleitung.

> Betriebsbeauftragte dürfen bei der Ausübung ihrer Aufgaben nicht behindert werden.

Zur Steuerung der Umweltschutzaktivitäten eines Unternehmens werden von den Betriebsbeauftragten **Aktivitätenpläne** erstellt **(Tabelle 1)**. In diesen sind die auf absehbare Zeit wichtigsten realisierbaren Ziele des Unternehmens mit Angabe von Terminen und Zuständigkeiten festgehalten.

Tabelle 1: Aktivitätenplan (Auszug, Beispiel)

Aktivität	beschrieben	eingeführt	Routine	zuständig
Definition Abfallarten	Mai	Juni	Juli	US
Konzept Abfallentsorgung	Juli	Sept.	Dez.	MW
Konzept Vermeidung, Verminderung, Verwertung von Abfall	Sept.	Dez.	Febr.	MW

US Bereich Umweltschutz;
MW Bereich Materialwirtschaft

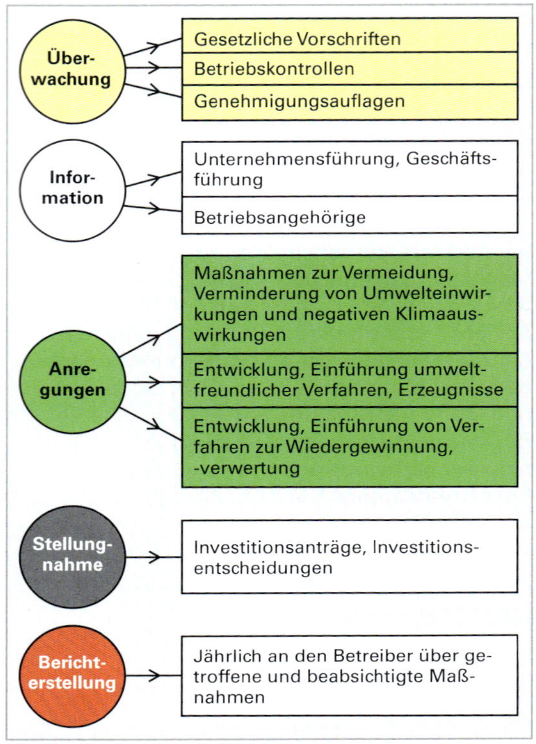

Bild 1: Aufgaben der Betriebsbeauftragten

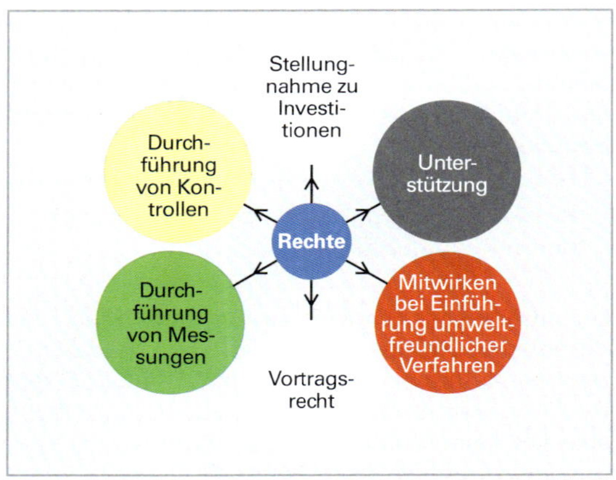

Bild 2: Rechte der Betriebsbeauftragten

Da ein Betriebsbeauftragter kein Weisungsrecht besitzt, ist es unbedingt erforderlich, dass die Unternehmensleitung voll hinter der Umsetzung eines Aktivitätenplans steht. Strebt ein Unternehmen im Rahmen eines **Öko-Audits** (von lat. audire = hören) eine Zertifizierung (Beurkundung), z. B. durch den TÜV (Technischer Überwachungsverein), an, so ist eine solche Vorgehensweise zwingend.

5.5 Umwelthaftung, Umweltstrafrecht
Environmental Liability, Environmental Criminal Law

5.5.1 Zivilrechtliche Haftung

Mit der zivilrechtlichen Haftung wird durch den Schadensersatz ein Ausgleich für bereits eingetretene Schäden geschaffen. Man unterscheidet die verschuldensunabhängige Haftung und die verschuldensabhängige Haftung **(Bild 1)**. Das Umwelthaftungsgesetz regelt Schadensfälle, die über Luft, Wasser oder Boden eingetreten sind **(Bild 2)**. Hierbei beschränkt sich die Haftung auf Sachschäden oder Personenschäden. Schäden, die eine Beeinträchtigung von Naturschutzinteressen darstellen, z. B. Biotopschutz, ohne dass dadurch eine persönliche Eigentumsverletzung verbunden ist, werden nicht ausgeglichen.

Inhaber gewerblicher bzw. industrieller Anlagen, z. B. von Galvanikanlagen, haften für die von der Anlage ausgehenden Umwelteinwirkungen. Hierbei ist es unerheblich, ob den Inhaber ein Verschulden trifft oder nicht. Der Inhaber haftet auch für Schäden, die beim Betrieb der Anlage innerhalb der behördlich genehmigten Werte und Auflagen eintreten. Im Schadensfall muss der Anlageninhaber nachweisen, dass er seine Anlage bestimmungsgemäß betrieben hat, z. B. dass wiederholt öffentlich-rechtliche Kontrollen ohne Beanstandungen durchgeführt wurden. Der Geschädigte hingegen muss nur beweisen, dass die Anlage geeignet war, den entstandenen Schaden zu verursachen (Ursachenvermutung).

> Der Inhaber einer Anlage haftet für die Auswirkungen der Anlage auf die Umwelt.

Nach dem *Wasserhaushaltsgesetz WHG* ist zu Schadensersatz verpflichtet, wer durch Einleiten und Einbringen von Stoffen in Gewässer einen Gewässerschaden anrichtet **(Bild 3)**. Die Haftung erstreckt sich auf den gesamten entstandenen Schaden, also z. B. auch auf einen entgangenen Gewinn. Auch hier haftet ein Anlageninhaber selbst dann, wenn ihn kein direktes Verschulden trifft.

Bei der verschuldensabhängigen Haftung ist derjenige zu Schadensersatz verpflichtet, dessen vorsätzliches oder fahrlässiges Handeln zu Schadensfällen führt. Dies gilt auch, wenn Zustände geschaffen werden, von denen Gefahren für andere ausgehen können, und dann zumutbare Vorkehrungen nicht getroffen werden, um eine Schädigung der anderen abzuwenden.

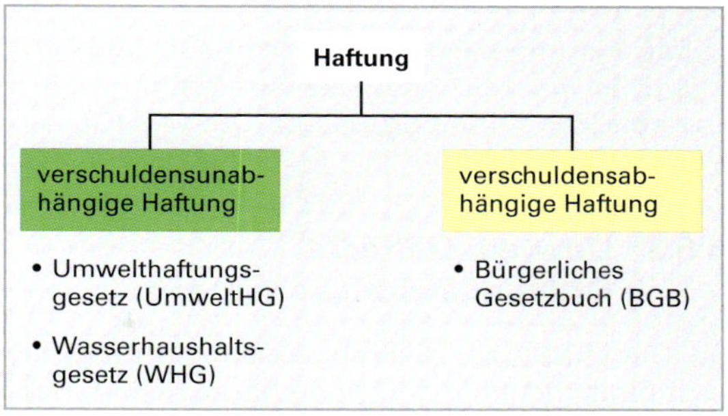

Bild 1: Arten der Haftung

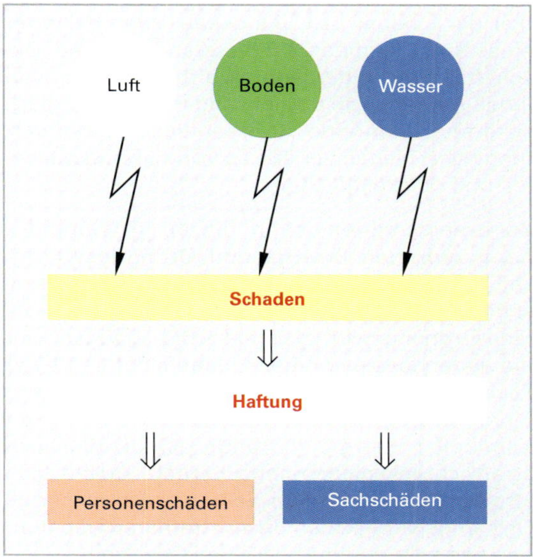

Bild 2: Schadensregelungen durch das Umwelthaftungsgesetz

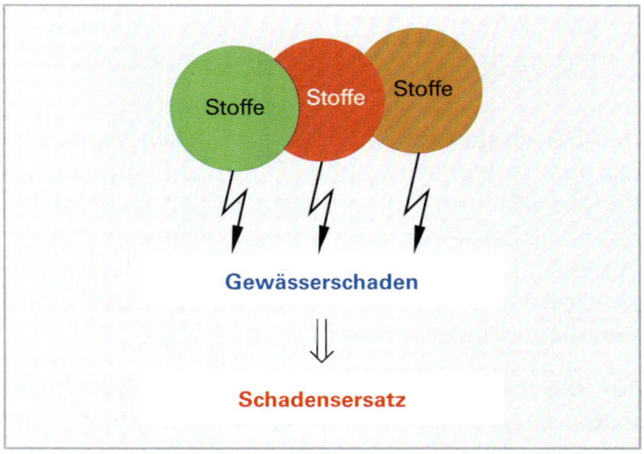

Bild 3: Schadensersatz bei Gewässerschaden

Die Haftung nach dem Wasserhaushaltsgesetz ist weitreichender als die Haftung nach dem Umwelthaftungsgesetz (UmweltHG).

5.5.2 Umweltstrafrecht, Ordnungswidrigkeitenrecht

Im Gegensatz zur zivilrechtlichen Haftung, die sich meist gegen das *Unternehmen* richtet, richtet sich die strafrechtliche Verantwortung gegen *Betriebsangehörige* **(Bild 1)**. Zunächst stehen hier der Inhaber bzw. die gesetzlichen Vertreter eines Unternehmens, z. B. Vorstandsmitglied, Geschäftsführer, in der Verantwortung. Werden von ihnen Aufgaben an Betriebsangehörige delegiert, so droht ihnen eine strafrechtliche Verantwortung meist wegen Verletzung von Aufsichtspflichten und Kontrollpflichten.

Zu unterscheiden ist in diesem Zusammenhang zwischen Straftat und Ordnungswidrigkeit **(Bild 2)**. Eine Ordnungswidrigkeit wird ausschließlich mit einer Geldbuße belegt (OWiG). Eine Ordnungswidrigkeit hat z. B. begangen, wer die Instandsetzung einer Anlage nicht von einer Fachkraft auf diesem Gebiet durchführen lässt. Einer Straftat wird vorsätzliches Handeln mit krimineller Energie zugrunde gelegt. Wer sich strafrechtlich nicht richtig verhält, macht sich strafbar. Von politischer Seite werden bisherige Ordnungswidrigkeiten oft zu strafbaren Handlungen gemacht durch Ändern von Gesetzen.

In einem Unternehmen liegt die strafrechtliche Verantwortung nicht beim Unternehmen, sondern bei den Betriebsangehörigen.

Das **Strafgesetzbuch StGB** enthält die Vorschriften des Umweltstrafrechts. Darin ist festgeschrieben, in welchen Fällen Bestrafungen zu erfolgen haben **(Bild 3)**. Danach können Freiheitsstrafen von bis zu fünf Jahren angeordnet werden, wenn ein Gewässer, z. B. durch Einleiten von Altöl in die Kanalisation, verunreinigt wird.

Für die Betriebsbeauftragten, z. B. für Immissionsschutz, Abfall oder Gewässerschutz, beschränkt sich die strafrechtliche Verantwortung im Wesentlichen auf die Kontrollpflichten und Informationspflichten. Diese Beschränkung gilt jedoch nicht für den Umweltverantwortlichen einer Geschäftsführung.

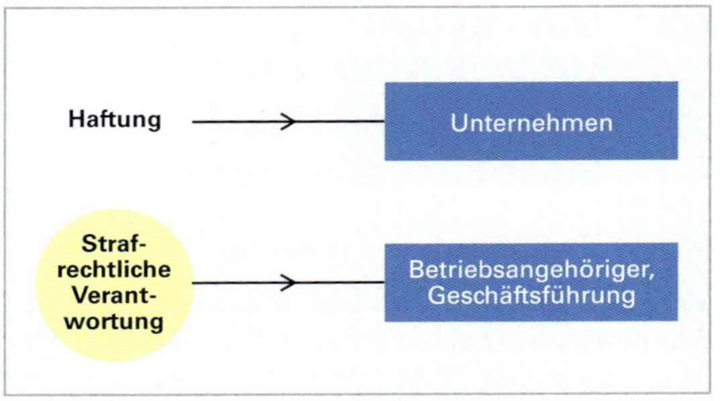

Bild 1: Unterschied zwischen Haftung und strafrechtlicher Verantwortung

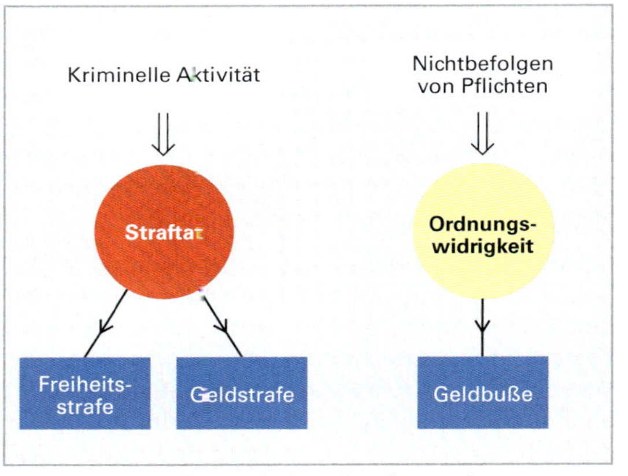

Bild 2: Unterschied zwischen Straftat und Ordnungswidrigkeit

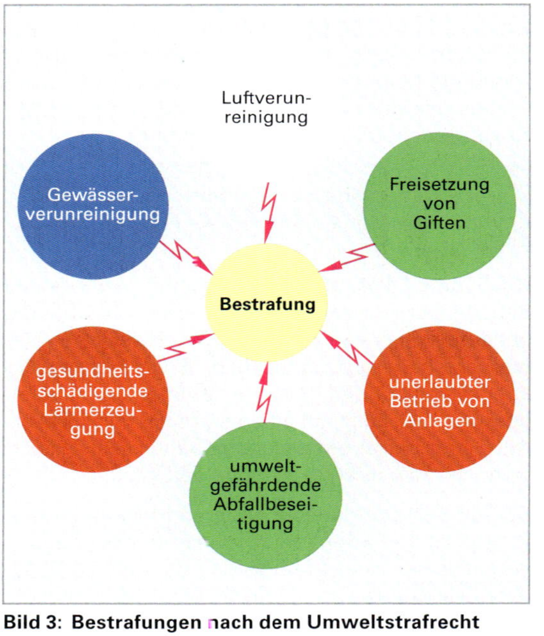

Bild 3: Bestrafungen nach dem Umweltstrafrecht

6 Umwelt- und Klimabelastungen

6.1 Boden, Wasser, Luft
Soil, Water, Air

6.1.1 Bodenbelastungen

Der Boden ist die oberste, belebte Verwitterungsschicht der Erdrinde. Sie besteht aus einem System von mineralischen und organischen Festkörpern mit Hohlräumen. Die Hohlräume sind mit Luft oder mit Wasser gefüllt. Temperaturwechsel, Gefrieren von Wasser in den Gesteinsspalten oder das Lösen und Kristallisieren von Salzen zerkleinern das feste Gestein. Es entstehen lockere Verwitterungsprodukte. Abgestorbene Pflanzen, Tierleichen und Exkremente bilden die tote organische Substanz. Bodentiere und Mikroorganismen wandeln sie zu Humus und Kohlenstoffdioxid um.

In Kläranlagen der Abwasserreinigung fallen große Mengen von *Klärschlamm* an. Dieser wird meist in Faulbehältern und ohne in Wasser gelöstem Sauerstoff bei 30 °C bis 35 °C stabilisiert, damit er sich nicht weiter umsetzt. Der landwirtschaftlich oder gärtnerisch genutzte Klärschlamm darf nur wenig mit Schwermetallen oder mit organischen Problemstoffen belastet sein. Für organische Halogenverbindungen gelten Grenzwerte (AOX-Grenzwerte, absorbierbare organisch gebundene Halogene).

Das „X" bedeutet zusammengefasst die Halogene Chlor, Brom und Jod. Der AOX-Wert darf 500 mg je kg Schlammtrockenmasse nicht erreichen. Auch die Grenzwerte für Schwermetalle dürfen nicht überschritten sein **(Tabelle 1)**.

> Der AOX-Wert ist die Summe der an Aktivkohle adsorbierbaren organischen Halogenverbindungen.

Kleingärten und Hausgärten sind stärker durch anorganische Schadstoffe belastet als landwirtschaftlich genutzte Böden. Meist sind es Zink und Blei **(Bild 1)**, Chrom, Kupfer und Cadmium, die (in abnehmender Reihenfolge) Gartenböden schädigen. Örtlich findet man hier auch Quecksilber, Arsen und Thallium vor.

Flächen im Einzugsbereich des Erzbergbaus, der weiterverarbeitenden Hüttenindustrie, der Metallindustrie sowie ehemalige Überflutungsflächen von Flüssen sind häufig hoch belastet.

Tabelle 1: Grenzwerte für Schwermetalle im Klärschlamm (Trockenmasse)

Metall	Grenzwert in mg/kg
Blei	100
Cadmium	1,5
Kupfer	60
Nickel	50
Quecksilber	1
Zink	200

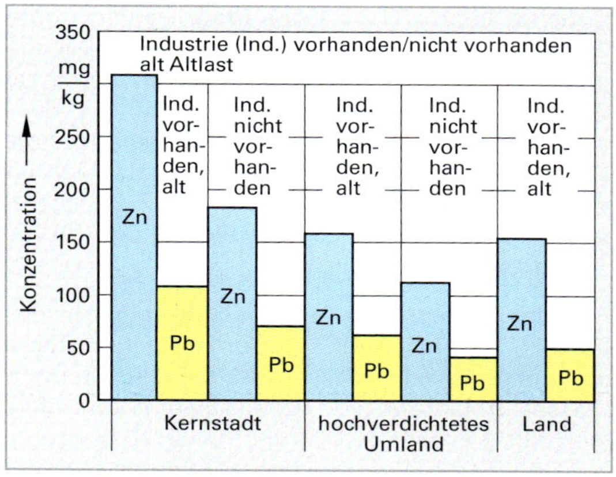

Bild 1: Bodenbelastung durch Schwermetalle

6.1.2 Wasserbelastungen

Wasser ist unabdingbar für alle Lebensvorgänge auf der Erde. Quellwasser und Grundwasser, Seen, Flüsse oder Talsperren liefern Trinkwasser. Die *Wassergüte* von Flüssen und Bächen (Fließgewässer) lässt sich in vier Klassen einteilen **(Tabelle 1, folgende Seite)**.

In der Bundesrepublik haben Fließgewässer im Winter meist *Temperaturen* um den Gefrierpunkt. Im Sommer herrschen ortsabhängige Temperaturen. Die Sommertemperaturen steigen mit zunehmendem Abstand vom Quellgebiet bis zu rund 26 °C an.

Der **pH-Wert** liegt in natürlichen Fließgewässern nahe bei pH 7 (Neutralwert). In kalkarmen Gewässern ist er zwischen 6 und 7, mittlere und hohe Wasserhärte heben ihn auf 7 bis 8,5 an. Saure Niederschläge und Schneeschmelzen können den pH-Wert kalkarmer Fließgewässer bis unter 4 herabdrücken, also in den sauren Bereich hinein.

Natürliches Oberflächenwasser (Seewasser und Flusswasser) und Grundwasser (Quell- und Brunnenwasser) enthalten neben gelösten Gasen (O_2, N_2, CO_2) vor allem Salze und organische Verbindungen, die aus Böden oder Gesteinen herausgelöst oder durch Abwässer eingeleitet wurden. Die häufigsten mineralischen Bestandteile sind die Salze von Calcium und Magnesium (Härtebildner), meist Hydrogencarbonate, Chloride und Sulfate.

Die **elektrische Leitfähigkeit** des Wassers in $1/(\Omega \cdot m)$ ist ein Maß für den Gehalt an Ionen im Wasser. Bei konstantem ph-Wert eignen sich Leitfähigkeitsmessungen zum schnellen Ermitteln zeitlicher und räumlicher Änderungen im Salzgehalt, z.B. bei Abwassereinleitungen. Der natürliche **Chlorid-Gehalt** des Wassers liegt unter 20 mg/L. Industrielle und häusliche Abwassereinleitungen sowie gelöstes Streusalz von Straßen können die Chloridwerte so erhöhen, dass die Gewässerflora (Flora = Pflanzenwelt) und die Wasserfauna (Fauna = Tierwelt) beeinträchtigt werden. Konzentrationen über 200 mg/L schaffen Probleme für die Landwirtschaft und für die Trinkwasserversorgung.

Aus der Atmosphäre gelangt **Sauerstoff** in das Wasser. Davon kann Wasser umso mehr aufnehmen, je größer die Wasseroberfläche ist, je mehr Wasserturbulenzen (von lat. turbulentus = unruhig, stürmisch) es gibt, je kräftiger die Luftbewegung, je niedriger die Wassertemperatur und je geringer der Sättigungsgrad (mit Sauerstoff) ist. Auch die Fotosynthese der Wasserpflanzen setzt Sauerstoff frei. Andererseits verbraucht der Abbau organischer Stoffe durch Mikroorganismen im Wasser sowie die Atmung der Wassertiere Sauerstoff.

Das Lösungsgleichgewicht der *Sauerstoff-Konzentration* mit der Atmosphäre führt zu einem Sättigungswert von 14,6 mg/L bei 0°C und 9,1 mg/L bei 20°C. Der „fischkritische" Wert liegt bei 4 mg/L, kleinere Konzentrationen schädigen empfindliche Fischarten.

Der biochemische Sauerstoff-Bedarf BSB gibt an, wieviel mg Sauerstoff je Liter Wasser Mikroorganismen brauchen, um in bestimmter Zeit, z.B. in 5 Tagen (BSB_5), die organischen Substanzen im Wasser durch Oxidation abzubauen.

Bei der Messung des **BSB** sind weitere Bedingungen vorgeschrieben, z.B. eine Temperatur von 20°C und Dunkelheit. Welche Werte dabei und für andere Schadstoffe als *erhöht,* als *hoch* und als *sehr hoch* gelten, zeigt **Tabelle 1, folgende Seite**.

Tabelle 1: Güte von Fließgewässern

Güteklasse	Beschreibung
I (unbelastet bis sehr wenig belastet)	Gewässerabschnitte mit reinem, fast sauerstoffgesättigtem und nährstoffarmem Wasser.
I–II (wenig belastet)	Abschnitte mit geringer Nährstoffzufuhr und mit wenig Sauerstoffzehrung.
II (mäßig belastet)	Mäßige Verunreinigung, noch gute Sauerstoff-Versorgung.
II–III (kritisch belastet)	Belastung mit organischen, Sauerstoff zehrenden Stoffen verursacht kritischen Zustand.
III (stark verschmutzt)	Starke organische, Sauerstoff zehrende Verschmutzung und niedriger Sauerstoffgehalt, örtlich Faulstoff-Ablagerungen.
III–IV (sehr stark verschmutzt)	Lebensbedingungen durch sehr starke Verschmutzung mit organischen, Sauerstoff zehrenden Stoffen eingeschränkt, durch toxische Einflüsse noch verstärkt, ausgedehnte Faulstoff-Ablagerungen.
IV (übermäßig verschmutzt bis ökologisch zerstört)	Übermäßige Verschmutzung durch organische, Sauerstoff zehrende Stoffe, z.B. in Abwässern, Fäulnisprozesse vorherrschend, kein oder nur wenig Sauerstoff. Starke toxische Belastung führt zu biologischer Verödung.

Organisch gebundenen **Kohlenstoff** misst man als **TOC-Wert** (von lat. Total Organic Carbon = gesamter, organisch gebundener Kohlenstoff).

Der TOC-Wert in mg/L gibt den Kohlenstoffanteil der gelösten oder suspendierten (aufgeschwemmten oder schwebenden), festen organischen Stoffe im Wasser an.

Der *DOC-Wert* (von engl. Dissolved Organic Carbon = gelöster, organisch gebundener Kohlenstoff) berücksichtigt nur den Kohlenstoffanteil der gelösten organischen Stoffe.

Zu viele *Nährstoffe* im Wasser, nämlich Verbindungen des Phosphors und des Stickstoffs, fördern die Massenentwicklung von Pflanzen, z.B. von Algen. **Phosphor-Verunreinigungen** stammen zu

- 48% aus der Landwirtschaft,
- 38% von kommunalen Kläranlagen,
- 8% von der Regenwasserbehandlung und
- 6% von industriellen Einleitern.

Die **Phosphatbelastung** durch Kläranlagen wurde in den vergangenen Jahren stark vermindert, weil nur noch phosphatfreie Waschmittel im Handel sind und bei der Abwasserbehandlung Phosphat entfernt wird. Die Gewässer-Überwachung misst den Gesamtphosphorgehalt und den Gehalt an Orthophosphat (Salz der Orthophosphorsäure H_3PO_4). Unbelastete Quellbäche haben eine Gesamtphosphorkonzentration von 1 mg/L bis 10 mg/L und Gewässeroberläufe, die durch Laubwälder fließen, 20 mg/L bis 100 mg/L.

Mit **Stickstoff-Verbindungen** verunreinigen die Gewässer

- die Landwirtschaft zu 60%,
- die Kläranlagen zu 28%,
- die industriellen Einleiter zu 9% und
- die Regenwasserbehandlung zu 3%.

Im Wasser ist Stickstoff in den NH_4^+-Ionen und NO_3^--Ionen gebunden enthalten und nur wenig als gelöste Stickstoff-Moleküle N_2. Algen nehmen den anorganisch gebundenen Stickstoff auf und wandeln ihn in Proteine um. Ammonium-Ionen NH_4^+ belasten den Sauerstoff-Haushalt besonders stark, weil 1 mg dieser Ionen 4,5 mg Sauerstoff bei der Oxidation durch Mikroorganismen (Nitrifikation) bindet. In Gewässern mit pH-Wert >7 entsteht daneben Ammoniak NH_3, ein Gift für Fische. Unbelastete Gewässer enthalten weniger als 0,1 mg/L an Ammonium-Stickstoff. Nitrate werden nur vereinzelt eingetragen, bilden sich aber auch durch Mikroorganismen bei der Oxidation von Ammonium über das Nitrit (NO_2^-) zum Nitrat (NO_3^-). Im unbelasteten Wasser findet man etwa 1 mg/L Stickstoff aus Nitraten (Abschnitt 3.5.4).

Verbindungen von **Schwermetallen** gibt es in Gewässern in gelöster und ungelöster Form. Ein hoher Anteil ist in den Schwebstoffen im Wasser enthalten, die in Stillwasserzonen zu Boden sinken können. Die Schwermetalle werden meist durch häusliche und industrielle Abwässer eingeleitet. Sie sind nicht abbaubar und reichern sich in Organismen an. In unbelasteten Gewässern hat man in 1 L Wasser 0,01 g bis 0,04 g Cadmium festgestellt, 1 mg bis 5 mg Chrom, je 0,5 g bis 2 mg Nickel und Blei und 0,005 g bis 0,02 g Quecksilber.

Die moderne Messtechnik kann **organische Problemstoffe** bis in den Nanogramm-Bereich nachweisen. *Trichlormethan* (Chloroform, $CHCl_3$) z.B. gelangt als Lösemittel in Gewässer. Es fällt bei der Zelluloseherstellung an, wenn Chlor zum Bleichen verwendet wird, und es entsteht als Nebenprodukt beim Herstellen von Chlorkohlenwasserstoffen.

Tabelle 1: Belastung der Gewässer

Bedarf oder Schadstoff	Konzentration in mg/L		
	erhöht	hoch	sehr hoch
Sauerstoffbedarf (BSB_5)	6	12	24
TOC-Gehalt	10	20	40
Chloride	200	400	800
Phosphor:			
in Orthophosphaten,	0,5	1	2
im Gesamtphosphat	1	2	4
Stickstoff:			
im Ammonium,	2	4	8
im Nitrat	5	10	20
Cadmium	0,5	1	2
Chrom	10	20	40
Nickel	5	10	20
Blei	15	30	60
Quecksilber	0,5	1	2
Trichlormethan	1	2	4
Hexachlorbenzol	2 ng/L	5 ng/L	10 ng/L

$CHCl_3$ löst sich zu 8,2 g in 1 L Wasser bei 20°C, gast aber in Fließgewässern zum Teil auch wieder aus.

Gewässerbelastungen erfolgen z.B. durch Phosphate, Stickstoffverbindungen und Schwermetalle.

6.1.3 Luftbelastungen

Verbrennungsvorgänge in häuslichen, gewerblichen und industriellen Feuerungsanlagen sowie in Verbrennungsmotoren verursachen rund 75% der *Luftschadstoff-Emissionen* (von lat. emissio = Hinausschicken, Aussenden). Der Rest der Luftverunreinigungen sind Stäube und organische Verbindungen.

Schwebstaub entsteht bei Verbrennungsvorgängen, beim Umschlag von Schüttgütern, bei der Stahlveredelung, in Gießereien und in Zementwerken. Der Staub (Teilchen mit 0,5 μm bis 0,5 mm Durchmesser) enthält selten toxische Bestandteile.

Auch kleine Flüssigkeitsteilchen können in der Luft schweben, z.B. beim Nebel. Man nennt solche kolloide Systeme aus Gasen, z.B. Luft, und den darin fein verteilten festen oder flüssigen Substanzen (Schwebstoffe) **Aerosole** (von griech. aēr = Luft und lat. solutus = gelöst). Die Teilchen können auch elektrisch geladen sein.

Kohlenstoffdioxid CO_2 entsteht, wenn Kohlenstoff oxidiert, z.B. durch Verbrennen C-haltiger Brennstoffe oder beim Verrotten organischer Stoffe. Auch das Brennen von Kalk und die Zementherstellung emittieren CO_2 (Seite 293).

Bezogen auf die Energieeinheit, z.B. auf 1 kJ, ist die Emission bei festen Brennstoffen, z.B. bei Kohle, am höchsten und für gasförmige Brennstoffe, z.B. Erdgas, am niedrigsten, weil Gase meist viel Wasserstoff enthalten. H_2 ruft als Verbrennungsprodukt H_2O hervor. Neben anderen Gasen verstärkt das Kohlenstoffdioxid den *Treibhauseffekt* **(Tabelle 1)**.

Die Atmosphäre lässt von der einfallenden *Sonnenstrahlung* vor allem Licht mit Wellenlängen von 400 nm bis 750 nm zur Erde durch. 16 % der einfallenden Strahlung absorbieren Wasserdampf, Ozon und Staub in der Luft und 3 % die Wolken, die aber 20 % in den Weltraum zurückwerfen. 6 % beträgt die Streureflexion der Luft und 4 % reflektiert der Erdboden. Die Erdoberfläche adsorbiert 51 % der Sonnenstrahlung und erwärmt sich dadurch. Diese Wärme strahlt die Erde als Infrarotstrahlen mit Wellenlängen zwischen 4 µm und 100 µm wieder zum Weltraum ab. Die Lufthülle der Erde absorbiert zum Teil diese Rückstrahlung (*natürlicher Treibhauseffekt,* Abschnitt 6.8) und hebt damit die Durchschnittstemperatur in Bodennähe von lebensfeindlichen –18 °C auf erträgliche 15 °C an.

In der Luft verursachen den natürlichen Treibhauseffekt zu 65 % Wasserdampf, zu 25 % Kohlenstoffdioxid, zu 2 % Methan und zu 8 % andere Atmosphärenbestandteile.

H_2O-Dampf absorbiert die Infrarotstrahlung mit Wellenlängen von $\lambda < 8$ µm und $\lambda > 18$ µm fast vollständig, CO_2 die Strahlung zwischen $\lambda = 13$ µm und $\lambda = 18$ µm. Nach außen ins Weltall ist also nur die Strahlung in einem atmosphärischen „Fenster" ($\lambda = 8$ µm bis 13 µm) möglich.

Eine Änderung der CO_2-Konzentration **(Bild 1)** oder der H_2O-Konzentration wirkt sich lediglich im Randbereich des Fensters aus. Dagegen absorbiert das Ozon O_3 in der *Troposphäre* (untere, etwa 11 km dicke Schicht der Atmosphäre) und *Stratosphäre* (Luftschicht zwischen 11 km und 50 km Höhe) einen Teil der IR-Strahlung mit $\lambda = 9{,}5$ µm bis 10 µm.

Kohlenstoffmonoxid CO bildet sich bei der unvollständigen Verbrennung durch Sauerstoffmangel in kleinen Feuerungsanlagen und Ottomotoren bei niedriger Temperatur und meist im Leerlauf. Der Kraftfahrzeugverkehr erzeugt etwa 70 % aller CO-Emissionen. Daneben geben auch Herstellungsprozesse im Bereich Stahl, Steine und Erden sowie die Herstellung von Aluminium Kohlenstoffmonoxid ab.

Tabelle 1: Treibhausgase

Gase	Verweilzeit in Jahren	Relative Strahlungswirkung in Zeitspanne		
		20 Jahre	100 Jahre	500 Jahre
CO_2	> 100	1	1	1
CH_4	10,5	35	11	4
N_2O	132	260	270	170
CCl_3F	65	4500	3400	1400
CCl_2F_2	130	7100	7100	4100
$CHClF_2$	16	4200	1600	540

Die Strahlungswirkung ist auf CO_2 bezogen.

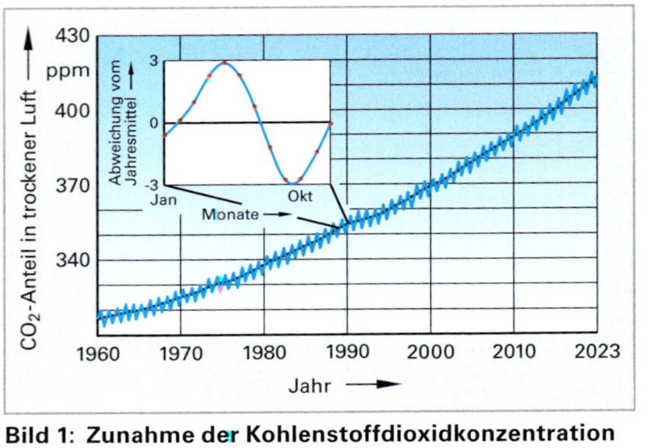

Bild 1: Zunahme der Kohlenstoffdioxidkonzentration in der Atmosphäre (Messstation: Mauna Loa, Hawaii)

Schwefeldioxid SO_2 ist das Verbrennungsprodukt schwefelhaltiger Brennstoffe, z.B. Stein- und Braunkohle oder Öl. Auch Prozesse der Erdöl- und Erdgas-Produktion, der Metallherstellung und der Chemie emittieren SO_2. In den festen Brennstoffen für Kraftwerke ist der Schwefelgehalt am höchsten. Er nimmt in der Reihenfolge der Brennstoffe für Industrie, Kleinverbraucher, Haushalte und Verkehr ab. Schwefeldioxid bildet mit dem gelösten und feinverteilten Wasser in der Luft *schweflige* Säure:

$$SO_2 + H_2O \rightarrow H_2SO_3$$

Die schweflige Säure H_2SO_3 ist Bestandteil des sauren Regens.

Stickstoffoxide NO_x entstehen durch Oxidation des Stickstoffs in Brennstoffen durch den Sauerstoff der Luft bei über 600 °C. Oberhalb 1300 °C bilden sich Stickoxide direkt aus den Bestandteilen der Luft. Zunächst emittieren alle Quellen Stickstoffmonoxid NO, das dann der Luftsauerstoff weiter zu Stickstoffdioxid NO_2 oxidiert. Besonders das Ozon dient dabei als Oxidationsmittel. Umgekehrt spaltet kurzwellige ultraviolette Strahlung (Wellenlänge $\lambda < 420$ nm) die NO_2-Moleküle:

$$NO_2 \rightarrow NO + O$$

Der atomare Sauerstoff O bildet wieder Ozon:

$$O + O_2 \rightarrow O_3$$

Die höchste Emission je Einheit verbrauchter Energie stammt aus dem Verkehrsbereich, die niedrigste, spezifische Emission von Kleinfeuerungsanlagen der Haushaltungen.

> Stickstoffoxide entstehen aus dem Stickstoff der Brennstoffe bei Verbrennungen und direkt aus den Luftbestandteilen bei hohen Temperaturen und Drücken.

NO_x bezeichnet summarisch die Stickstoffoxide N_2O (Lachgas), NO und NO_2.

Nimmt die Feuchtigkeit der Luft NO_2 auf, entsteht *Salpetersäure* HNO_3:

$$4NO_2 + 2H_2O + O_2 \rightarrow 4HNO_3$$

> Saurer Regen (pH-Wert < 5,6) bildet sich aus Schwefeloxid und den Stickoxiden in der Luft, die mit dem Regen ausgewaschen oder aus Aerosolen abgesetzt werden.

Der saure Regen verursacht die Übersäuerung des Bodens, die verstärkte Korrosion von Metallen und ist für die Schäden in den Wäldern und an Bauwerken verantwortlich (Abschnitt 2.4.6).

Ammoniak NH_3 entsteht durch die Tierhaltung und durch die Düngemittelverwendung in der Landwirtschaft. Die Produktion stickstoffhaltiger Düngemittel, die Herstellung von Ammoniak und Soda sowie die Verkokung von Braunkohle bei tiefen Temperaturen emittieren ebenfalls Ammoniak. Kleine Mengen NH_3 entstehen durch Feuerungen, bei der Rauchgasentstickung und durch Katalysatoren in den Kraftfahrzeugen.

Methan CH_4 produzieren meist die Tierhaltung und zu 30 % die Abfalldeponien. Es entsteht außerdem bei der Gewinnung und Verteilung von Brennstoffen, im Steinkohlebergbau und bei der Erdgasversorgung. Weiterhin emittiert der Straßenverkehr CH_4, auch stationäre Verbrennungsprozesse, die Abwasserbehandlung sowie die Klärschlammnutzung.

Flüchtige organische Verbindungen (VOC von engl. Volatile Organic Compounds) sind sehr niedrig siedende Stoffe, z. B. Alkane, aromatische Kohlenwasserstoffe, Terpene, Chlorkohlenwasserstoffe, Ester, Aldehyde, Ketone, Fluorchlorkohlenwasserstoffe oder Halone. Sie bilden sich etwa zur Hälfte bei unvollständiger Verbrennung, vor allem in Kraftfahrzeugen, durch Verdunsten in Tankbelüftungen, durch undichte Vergaser und bei der Verteilung von Kraftstoffen. Erhebliche Emissionen bewirken auch Lösemittel und Produktionsprozesse in den Bereichen Mineralöl und Chemie sowie bei der Nahrungs- und Genussmittelherstellung. Natürlichen Ursprungs sind die Faulgase eines Moores oder das Ausdünsten etherischer Öle von Nadelwäldern. Die VOC sind Vorläuferstoffe zu den Fotooxidantien und bewirken sekundär eine Luftverunreinigung.

Fotooxidantien

Die Stickstoffoxide der Luft setzen sich bei starker Sonneneinstrahlung mit Kohlenwasserstoffen und dem Luftsauerstoff um und bilden Oxidationsmittel.

> Fotooxidantien entstehen aus organischen Stoffen und Bestandteilen der Luft durch starke Sonneneinstrahlung und haben oxidierende Eigenschaften.

Zu den Fotooxidantien zählen Ozon, Salpetersäure oder das Peroxyacetylnitrat (abgekürzt PAN: $H_3C–CO–O–NO_2$), das Schleimhäute und Augen reizt und ab einer Konzentration von 0,05 mg/m^3 Pflanzen schädigt. Die Fotooxidantien werden für Waldschäden verantwortlich gemacht („Waldsterben"), sorgen aber andererseits für den schnellen Abbau bodennaher Luftverunreinigungen.

Ozon O_3 bildet sich in der Nähe des Bodens als eines der Fotooxidantien. Es ist ein farbloses, sehr giftiges Gas der Dichte $\rho = 2{,}143$ g/L. Ozon ist das stärkste aller Oxidationsmittel, es reizt Augen und Schleimhäute. Seine Toxizität beruht auf der Zersetzung ungesättigter Fettsäuren im Körper durch Oxidation. Das Gas verursacht Atembeschwerden und Bronchitis bis zu Lungenödemen (von griech. oidēma = Schwellung, Geschwulst; hier Gewebewasser in der Lunge).

Der AGW von Ozon beträgt 0,2 mg/m^3 = 200 µm/m^3 (≙ 0,1 mL/m^3), der MIK-Wert 0,12 mg/m^3.

Der MIK-Wert (Maximale Immissions-Konzentration) ist der Grad an Luftverunreinigung, der nach derzeitiger Kenntnis noch keine nachteilige Wirkung auf Menschen, Tiere und Pflanzen hat.

Die MIK-Werte legt die DIN/VDI-Kommission zur Reinhaltung der Luft fest (VDI = Verein Deutscher Ingenieure). *Immission* (von lat. immissio = das Hineinlassen) ist das Einwirken z. B. von Luftverunreinigungen auf Menschen, Tiere und Pflanzen.

Ozon dient als Leitsubstanz bei der Messung von *Smog* (Kunstwort aus engl. smoke = Rauch und fog = Nebel). Smog tritt meist im Sommer auf. Dabei entsteht Ozon durch fotolytische Spaltung der Autoabgase (von griech. phōtós = Licht und lýsis = das Auflösen). Als Schwellenwert der O_3-Konzentration, bei dem die Gesundheit noch nicht beeinträchtigt ist, gelten 0,11 mg/m^3 (Acht-Stunden-Mittelwert). Ab 0,18 mg/m^3 (Ein-Stunden-Mittelwert) wird die Bevölkerung unterrichtet und ab 0,36 mg/m^3 (Ein-Stunden-Mittelwert) gewarnt.

In großer Höhe zwischen 10 km und 35 km entsteht Ozon durch die UV-Strahlen der Sonne aus dem Luftsauerstoff **(Bild 1)**. Die Konzentration beträgt dort in der Stratosphäre etwa 10 ppm (parts per million), also ein O_3-Molekül auf rund 100000 Luftmoleküle. Die energiereichen UV-Strahlen mit Wellenlängen $\lambda < 243$ nm zerlegen Sauerstoffmoleküle durch *Fotolyse* (Zerlegung durch Licht):

$O_2 \rightarrow 2O$ 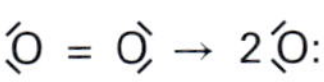

Der atomare Sauerstoff lagert sich an andere Sauerstoffmoleküle an:

$O + O_2 \rightarrow O_3$ 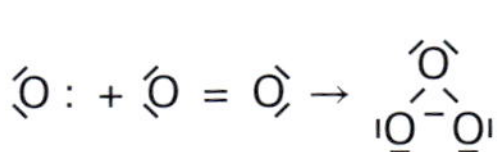

UV-Strahlung mit $\lambda < 400$ nm aktiviert andererseits den Ozonzerfall:

$O_3 \rightarrow O_2 + O$ 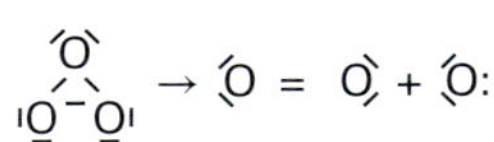

Dies ist eine exotherme Reaktion. Prallen die Sauerstoffatome auf weitere Ozon-Mokeküle, wird ebenfalls Wärme frei:

$O + O_3 \rightarrow 2O_2$ 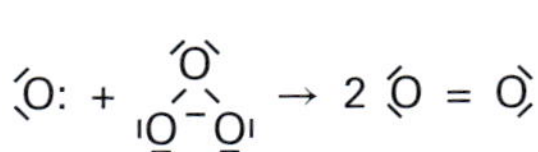

Bildung und Zerfall von Ozon sind in einem dynamischen Gleichgewicht. Dabei entsteht eine gleichbleibende O_3-Konzentration, wenn nicht in das Gleichgewicht eingegriffen wird.

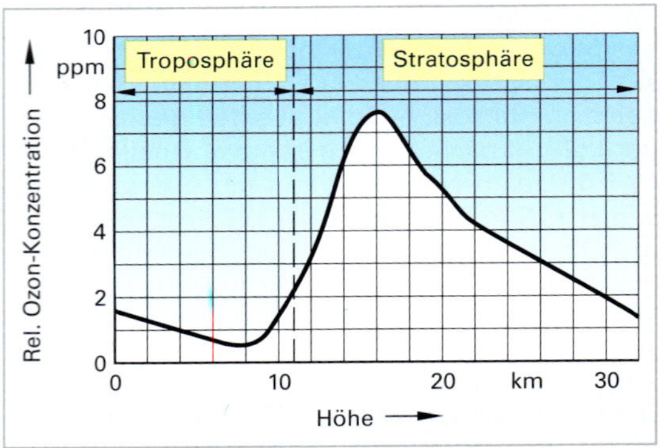

Bild 1: Ozonverteilung in der Atmosphäre

Die Bildung von Ozon und der Ozonzerfall in großen Höhen wandelt die kurzwelligen UV-Strahlen in Wärme um, die in der Stratosphäre gespeichert bleibt.

Modellhaft lassen sich diese Vorgänge verstehen, wenn man die Atmosphäre mit einem Eimer vergleicht, der ein Loch im Boden hat. Oben fließt Ozon hinein (O_3-Bildung durch UV-Strahlen) wie ein ständig gleichbleibender Wasserstrahl. Das Sonnenlicht selbst spaltet wieder das Ozon: Das bedeutet das Loch im Eimer. Im Eimer bleibt aber immer eine bestimmte Schicht Wasser, wenn oben so viel zuläuft wie unten durch das Leck herausrinnt.

Dieser Mechanismus deutet auch an, dass die Ozonschicht von Natur aus sehr dünn ist. Würde man alles Ozon der Atmosphäre mit dem Luftdruck, der in Meereshöhe herrscht, zusammendrücken, bliebe eine etwa 3 mm dicke Ozonschicht übrig. Entsprechend misst man an den geografischen Orten die Ozonsäule in Dobson-Einheiten (nach dem engl. Physiker Dobson, 1889 bis 1976).

Eine Dobson-Einheit (1 DU nach engl. Dobson Unit) entspricht einer 10 µm hohen Ozonsäule, reduziert auf Normbedingungen (0 °C und 1013 hPa).

Der langjährige Ozon-Mittelwert ist etwa 370 DU. In den Monaten September bis November sind die meteorologischen Bedingungen über der Antarktis für einen Abbau der Ozonschicht besonders günstig. Über dem Südpol der Erde, der Antarktis, ist es kälter und stürmischer als über der Arktis, dem Gebiet um den Nordpol. Sinkt die Ozonsäule örtlich unter 220 DU, spricht man von einem „Ozonloch". Die Ausdehnung dieses Ozonlochs über der Antarktis betrug z.B. 2015 29600000 km^2. Das ist eine etwa so große Fläche wie China, Russland, Indien zusammen.

Die Ozonschicht wird von bestimmten Stoffen angegriffen, die man auch „Ozonkiller" nennt (von engl. to kill = töten, umbringen). Um im oben genannten Eimer-Vergleich zu bleiben: Diese Stoffe schlagen zusätzliche Löcher in den Boden des Eimers, ohne dass sich am Zufluss etwas ändert.

Als Ozonkiller wirken meist Abbauprodukte von Spurengasen, die in der *Troposphäre* (unterste, etwa 12 km dicke Schicht der Atmosphäre) freigesetzt werden, z.B. Stickstoffoxide NO_x von der Nitrat-Atmung der Bakterien *(Denitrifikation)* nach Stickstoffdüngung. Auch hochfliegende Flugzeuge setzen NO_x frei. Chloride aus Vulkanausbrüchen gelangen in die Stratosphäre und tragen zum Ozonabbau bei, ebenfalls Monochlormethan CH_3Cl aus den Ozeanen oder von Brandrodungen.

Die Hauptquellen für den Ozon-Abbau sind aber die *Fluorchlorkohlenwasserstoffe* FCKW und die *Halone* (von engl. **Hal**ogenated hydrocarb**on**), also Halogenkohlenwasserstoffe, z.B. Bromchlordifluormethan $CBrClF_2$ (Halon 1211) oder Bromtrifluormethan $CBrF_3$ (Halon 1301). Die Halone, heute ebenso wie die FCKW weitgehend verboten, benutzte man in Handfeuerlöschern und in stationären Anlagen zur Brandbekämpfung **(Tabelle 1)**.

Die Stickoxide greifen direkt das Ozon an:

$$N_2O + O_3 \rightarrow 2NO + O_2$$
$$NO + O_3 \rightarrow NO_2 + O_2$$
$$NO_2 + O_3 \rightarrow NO + 2O_2$$

Die FCKW und die Halone gelangen durch Luftströmungen in die *Stratosphäre* (Schicht der Atmosphäre von 12 km bis 50 km Höhe über dem Erdboden). Kurzwellige UV-Strahlen zerlegen sie dort in Chlorradikale und Bromradikale (Atome mit ungepaarten Elektronen), die als Katalysatoren der Ozon-Spaltung wirken:

$$Cl + O_3 \rightarrow ClO + O_2$$
$$ClO + O \rightarrow Cl + O_2$$

oder

$$Br + O_3 \rightarrow BrO + O_2$$
$$BrO + O \rightarrow Br + O_2$$

Die entstehenden „Ozonlöcher" lassen die gefährliche UV-Strahlung zur Erdoberfläche gelangen. Die ultravioletten Strahlen führen dort außerdem zur Anreicherung des bodennahen Ozons **(Bild 1, vorhergehende Seite)**.

Tabelle 1: Ozonabbauende Stoffe

Stoff	Atmospärische Verweildauer in Jahren	Relative Ozonzerstörung in der Zeitspanne	
		10 Jahre	40 Jahre
CCl_3F	65	1	1
CCl_2F_2	130	0,96	0,96
$C_2Cl_3F_3$	90	0,56	0,64
$C_2C_{l2}F_4$	200	0,71	0,71
$CHClF_2$	15	0,17	0,10
CCl_4	50	1,25	1,20
$C_2H_3Cl_3$	7	0,75	0,26
$CBrF_3$	110	10,4	10,8
CH_3Br	1,5	5,4	1,2

Die relative Ozonzerstörung ist im Verhältnis zu der des FCKWs R 11 (Trichlorfluormethan CCl_3F) angegeben.

Ozonkiller bauen Ozon ab. Die Folge ist, dass weniger UV-Strahlung absorbiert wird und mehr UV-Strahlung zur Erdoberfläche gelangt.

Wegen der seit Jahren weitgehend verbotenen Verwendung von FCKW und Halonen hat sich das Ozonloch in den letzten Jahren verkleinert auf 10 Mio km^2. Es wuchs aber bis 2023 wieder auf 26 Mio km^2 an, was der Fläche von Russland und China zusammen entspricht. Der Grund wird insbesondere in Vulkanausbrüchen und Kriegen vermutet.

Wiederholung und Vertiefung

1. **Welche Prozesse tragen vor allem zur Verunreinigung der Luft bei?**
2. **Was versteht man unter einem Aerosol?**
3. **Welche Leitsubstanz ist charakteristisch für den Treibhauseffekt und welche für Smog (Sommer-Smog)?**
4. **Wodurch entsteht der saure Regen?**
5. **Welche Luftbestandteile begrenzen die Infrarotstrahlung durch das atmosphärische Fenster?**
6. **Welche Schicht der Lufthülle der Erde nennt man a) Troposphäre und welche b) Stratosphäre?**
7. **Wodurch entstehen bodennahe Stickstoffoxide?**
8. **Welche Anlagen haben die höchste spezifische Emission an Stickstoffoxiden NO_X?**
9. **Welche Stoffe sind Fotooxidantien und woraus werden sie gebildet?**
10. **Erklären Sie die Begriffe Emission und Immission.**
11. **Beschreiben Sie das Gleichgewicht bei Bildung und Zerfall von Ozon in der Stratosphäre.**
12. **Bei welcher Ozonkonzentration spricht man von einem Ozonloch?**

6.2 Belastung durch Strahlung
Radiation Exposure

6.2.1 Strahlungsarten

Strahlung geht von einer Strahlungsquelle aus und besteht entweder aus Energie in Form von elektromagnetischen *Wellen*, z.B. in der Fernsehtechnik, oder aus *Korpuskeln* (Teilchen), z.B. bei der Alphastrahlung der Atomtechnik. Beide Arten können gemeinsam bei einer Strahlung vorkommen, z.B. bei der Radioaktivität.

Strahlung kann so energiereich sein, dass sie auf ihrem Weg Elektronen aus den Atomen herausschlägt, sodass Ionen entstehen. In der Umwelttechnik unterscheidet man deshalb oft zwischen nicht ionisierender Strahlung und ionisierender Strahlung.

6.2.2 Elektrisches Feld

In physikalischen Feldern treten Kräfte auf. Alle Felder kann man als Modell durch Feldlinien erklären. Das sind Linien, entlang deren eine Kraft wirksam ist (Kraftlinien). Es gibt z.B. ein elektrisches Feld und damit elektrische Feldlinien zwischen einer Gewitterwolke und dem Erdboden **(Bild 1)**.

Ein elektrisches Feld entsteht durch Trennen elektrischer Ladungen und damit durch eine elektrische Spannung. Elektrische Felder sind immer zwischen Spannung führenden Teilen vorhanden, z.B. zwischen den Drähten der Elektroinstallation **(Bild 2)** oder zwischen Spannung führenden Leitungen und dem Erdboden **(Bild 3)**.

> Jede elektrische Spannung erzeugt ein elektrisches Feld.

Es gibt homogene (gleichförmige) und nicht homogene elektrische Felder. Bei homogenen Feldern verlaufen die Feldlinien parallel und im gleichen Abstand, z.B. in der Mitte von Bild 1. Bei nicht homogenen Feldern sind die Abstände der Feldlinien verschieden und die Feldlinien verlaufen nicht parallel (Bild 2, siehe auch Seite 63).

Die elektrische Feldstärke zwischen zwei leitenden Teilen ist umso größer, je größer die Spannung zwischen diesen Teilen ist und je kleiner der Abstand dieser Teile ist.

> Die Einheit der elektrischen Feldstärke ist Volt je Meter = V/m.

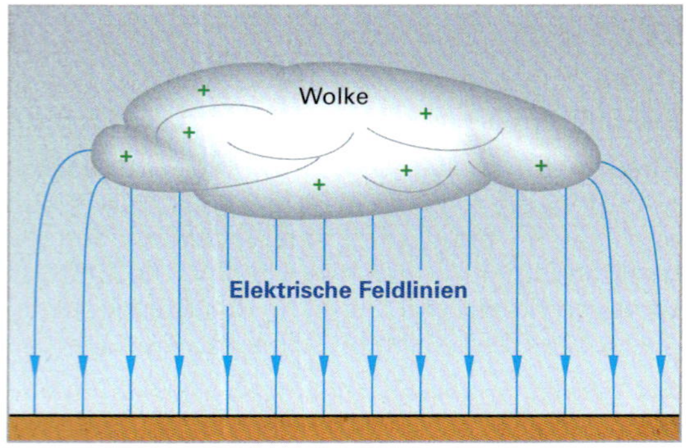

Bild 1: Elektrisches Feld einer Gewitterwolke

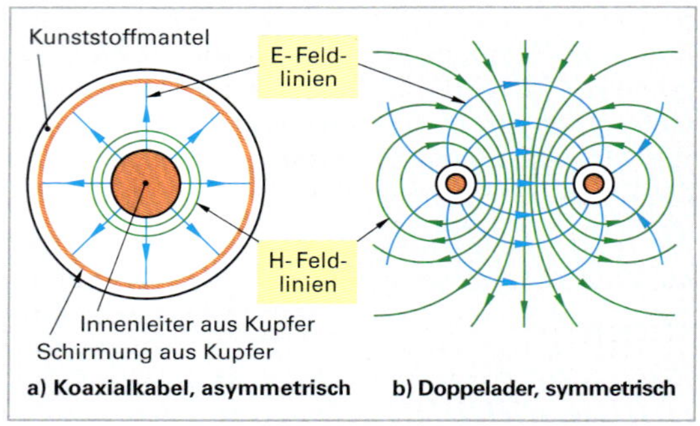

Bild 2: Elektrische und magnetische Feldlinien bei elektrischen Leitungen

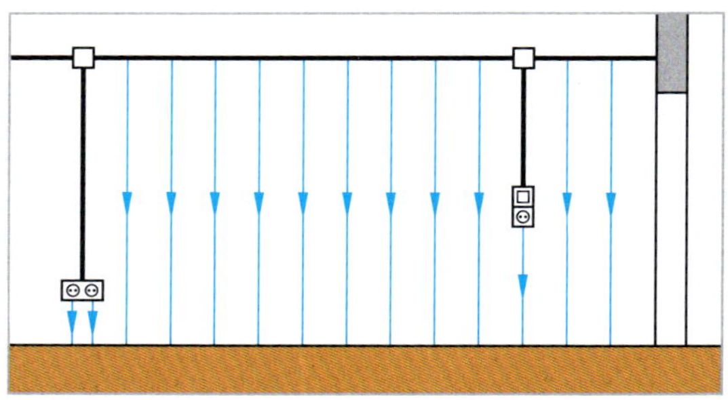
Bild 3: Elektrisches Feld zwischen einer Installationsleitung und dem Erdboden

Beim homogenen elektrischen Feld:

$$E = \frac{U}{d} \quad (1)$$

E elektrische Feldstärke
U elektrische Spannung
d Abstand zwischen den Spannung führenden Teilen
$[U] = V$
$[d] = m$
$[E] = [U]/[d] = V/m$

Beispiel:

Ein Leitungsseil einer Freileitung führt gegen Erde eine Spannung von 220 kV und hat vom Erdboden einen Abstand 40 m. Wie groß ist direkt unterhalb des Leitungsseils die elektrische Feldstärke?

Lösung:

$E = U/d = 220\ \text{kV} : 40\ \text{m} = \mathbf{5{,}5\ kV/m}$

Die Formel gilt für Gleichspannung und für Wechselspannung dann, wenn für die Spannung der *Effektivwert* eingesetzt wird. Bei Gleichspannung spricht man von einem *statischen Feld* (Gleichfeld), bei Wechselspannung je nach Frequenz von einem *niederfrequenten* Feld oder einem *hochfrequenten* Feld (siehe Abschnitt 6.2.4).

Auf der Erde sind von Natur aus statische elektrische Felder wirksam. Die Feldstärke beträgt bei schönem Wetter bis 500 V/m und bei Gewitter bis 20 kV/m.

6.2.3 Magnetisches Feld

Magnetische Felder treten dann auf, wenn ein elektrischer Strom fließt. Die magnetischen Feldlinien verlaufen ringförmig um den elektrischen Strom **(Bild 1)**.

Die magnetische Feldstärke um einen in Luft verlaufenden Leiter ist umso größer, je größer die Stromstärke ist und je kürzer an der Messstelle die magnetische Feldlinie ist. Bei kreisrunder Form ist deren Länge l im Abstand r dann $l = r \cdot \pi$.

Die Einheit der magnetischen Feldstärke ist Ampere je Meter = A/m.

Auf der Erde ist ein natürliches magnetisches Feld wirksam. Dieses kommt durch Kreisströme (bewegte Elektronen) in den Atomen zustande. Die Feldstärke beträgt in Mitteleuropa etwa 30 A/m und an den Polen etwa 50 A/m.

Bei magnetischen Feldern gibt man meist die *magnetische Flussdichte B (magnetische Induktion)* als Maß für die Feldstärke an. In Luft ist B um den Faktor 1,257 µVs/(Am) größer als die magnetische Feldstärke H. Die magnetische Flussdichte hat die Einheit Voltsekunde je Quadratmeter mit dem Einheitennamen Tesla (1 Vs/m² = 1 T).

Aus den Formeln erkennt man, dass die Wirkung des Feldes umso kleiner ist, je größer der Abstand von der Ursache ist. Das gilt allgemein für elektrische und magnetische Felder.

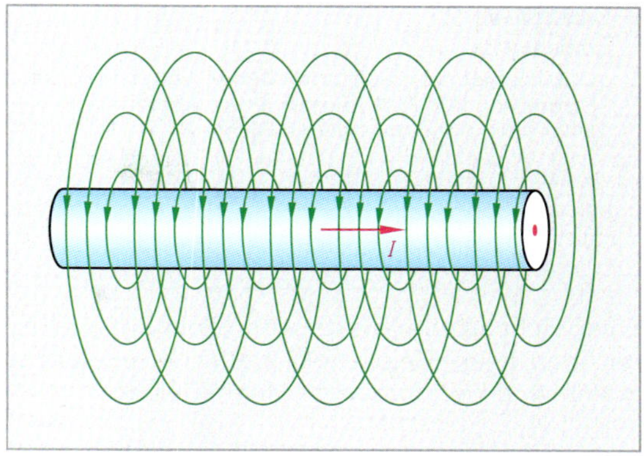

Bild 1: Magnetisches Feld eines Strom führenden Leiters in Luft

Beim kreisrunden magnetischen Feld:
magnetische Feldstärke

$[H] = [I]/[r] = \text{A/m}$

$$H = \frac{I}{\pi \cdot r} \quad (1)$$

Beim Magnetfeld in Luft:
magnetische Flussdichte

$$B = \mu_0 \cdot H \quad (2)$$

magnetische Flussdichte

$[B] = \text{Vs/m}^2 = \text{T}$

$$B = \frac{0{,}4 \cdot I}{r} \cdot \frac{\mu\text{Vs}}{\text{Am}}$$

H magnetische Feldstärke
I Stromstärke
r Abstand vom Strom
B magnetische Flussdichte
μ_0 magnetische Feldkonstante 1,257 µVs/(Am)

Die Wirkung eines Feldes ist umso kleiner, je größer der Abstand von der Ursache des Feldes ist.

Die magnetische Flussdichte wird mit speziellen Messgeräten gemessen.

Beispiel:
Durch einen von Luft umgebenen Leiter fließt ein Strom von 500 A. Wie groß ist im Abstand von r = 10 cm die magnetische Flussdichte B?

Lösung:

B = 0,4 µVs/(Am) · I/r

= 0,4 µVs/(Am) · 500 A/0,1 m = 2000 µT = **2 mT**

Entsprechend zum elektrischen Feld unterscheidet man beim Magnetfeld statische, niederfrequente und hochfrequente Magnetfelder.

6.2.4 Elektromagnetische Felder

Liegt an einem Leiter gegen Erde eine elektrische *Wechselspannung* (Spannung wechselnder Richtung), so entsteht zwischen Leiter und Erde ein *elektrisches Wechselfeld* (elektrisches Feld wechselnder Richtung). Leiter und Erde bilden zusammen mit der isolierenden Luft einen Kondensator, der für die Wechselspannung einen Widerstand darstellt. Es fließt also ein (von der Frequenz abhängiger) Wechselstrom. Fließt ein Wechselstrom durch einen Leiter, ruft er ein *magnetisches Wechselfeld* (Magnetfeld wechselnder Richtung) hervor. Deshalb ist mit jedem elektrischen Wechselfeld ein magnetisches Wechselfeld verbunden. Die Verbindung ist umso enger, je höher die Frequenz ist. Beide Felder zusammen bilden ein *elektromagnetisches Feld* (siehe auch Abschnitt 9.8).

Bei Wechselspannung entstehen elektromagnetische Felder mit einem E-Anteil (elektrischer Anteil) und einen B-Anteil (magnetischer Flussdichte-Anteil).

Niederfrequente elektromagnetische Felder

Diese Felder entstehen durch Wechselströme mit Frequenzen (Anzahl der Perioden je Sekunde) bis etwa 1 Kilohertz = 1 kHz. Sie werden vor allem durch Wechselströme der Energieversorgung hervorgerufen, z. B. von 16 2/3 Hz der Eisenbahn oder 50 Hz der öffentlichen Versorgung. Während biologische Wirkungen von Gleichfeldern üblicher Stärke nicht bekannt sind, können starke niederfrequente elektromagnetische Felder schädlich wirken, z. B. bei Menschen mit einem Herzschrittmacher.

Im täglichen Leben erzeugen vor allem Elektrogeräte niederfrequente Felder, deren Stärke allerdings mit der Entfernung stark abnimmt **(Bild 1)**. Schon in einem Abstand von 1 m ist z. B. die magnetische

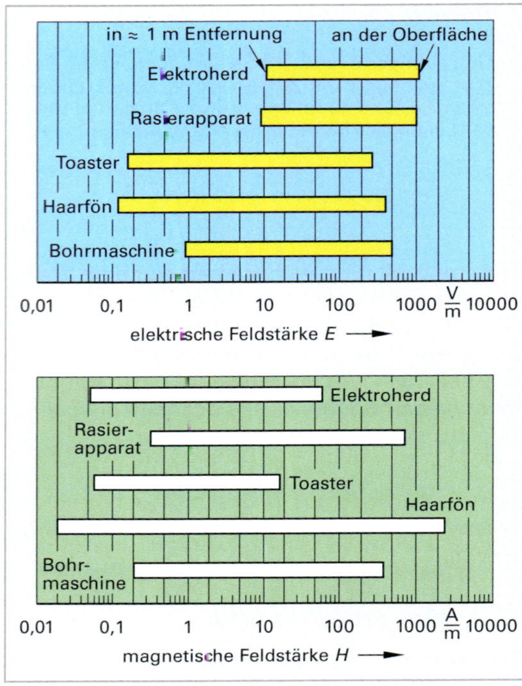

Bild 1: Elektrische und magnetische Felder bei Haushaltsgeräten (linke Grenze: in etwa 1 m Entfernung; rechte Grenze: an der Geräte-Oberfläche)

Feldstärke einer Bohrmaschine weniger als das 0,001-Fache der Feldstärke am Gerät selber.

Unter Hochspannungs-Freileitungen treten senkrecht unter den Freileitungsseilen nahe am Boden elektrische Feldstärken von z. B. 5 kV/m auf und magnetische Feldstärken von z. B. 10 A/m **(Bild 1, folgende Seite)**. Mit zunehmendem Abstand gehen die Feldstärken stark zurück.

Niederfrequente elektromagnetische Felder (NF-Felder) sind nicht ionisierend und ihre biologischen Wirkungen sind bis zu hohen Feldstärken schwach. Im Inneren der menschlichen Körper erzeugen die Wechselfelder sehr schwache elektrische Ströme. Bei 50 Hz bewirken 10 kV/m oder 240 A/m eine meist unbedenkliche Stromdichte im Körper von etwa 4 mA/m². Im ungünstigsten Fall können aber kleinere Feldstärken die Funktion von Herzschrittmachern stören.

Niederfrequente elektromagnetische Felder können bei ausreichender Feldstärke Herzschrittmacher stören.

Grenzwerte von elektromagnetischen Feldern geben höchstzulässige Werte von Feldern an, bei denen nach Ansicht der die Grenzwerte bekannt gebenden Stelle keine Gefährdung auftritt. Grenzwerte werden von einer großen Zahl von Normungsstellen bekannt gegeben, und zwar in verschiedener Höhe **(Tabelle 1)**.

Die Grenzwerte von elektromagnetischen Feldern sind je nach veröffentlichender Stelle sehr verschieden.

Bei niederfrequenten elektromagnetischen Feldern werden die Werte für das elektrische Feld und für das magnetische Feld getrennt angegeben. Dabei wird unterschieden, ob die Einwirkung lang dauernd ist, z. B. am Arbeitsplatz, oder nur zeitweise anhält.

Hochfrequente elektromagnetische Felder

Die Frequenz *f* gibt die Anzahl der Perioden je Sekunde an. Sie hat die Einheiten cps (cycles per second) und in Deutschland Hertz = Hz.

Für die Umwelttechnik wesentliche hochfrequente Felder haben Frequenzen von 100 kHz bis 300 GHz (= $300 \cdot 10^9$ Hz). Bei diesen hohen Frequenzen kann sich die Energie in Form von Wellen von den Leitungen lösen und in den Raum *strahlen*. Die Ausbreitungsgeschwindigkeit dieser Strahlungsenergie beträgt in Luft c = 300 000 km/s. Damit kann man aus der Frequenz *f* die Wellenlänge λ berechnen.

In Luft oder Vakuum:

$$c = f \cdot \lambda \quad (1)$$

c Lichtgeschwindigkeit 300 000 km/s
f Frequenz
λ Wellenlänge (λ griech. Kleinbuchstabe Lambda)

Beispiel:
Ein Mobilfunknetz arbeitet mit 900 MHz. Wie groß ist die Wellenlänge?

Lösung:

$c = f \cdot \lambda \Rightarrow \lambda = c/f$ = 300 000 km/s/900 MHz = **0,333 m**

Je höher die Frequenz einer elektromagnetischen Strahlung ist, desto kleiner ist ihre Wellenlänge.

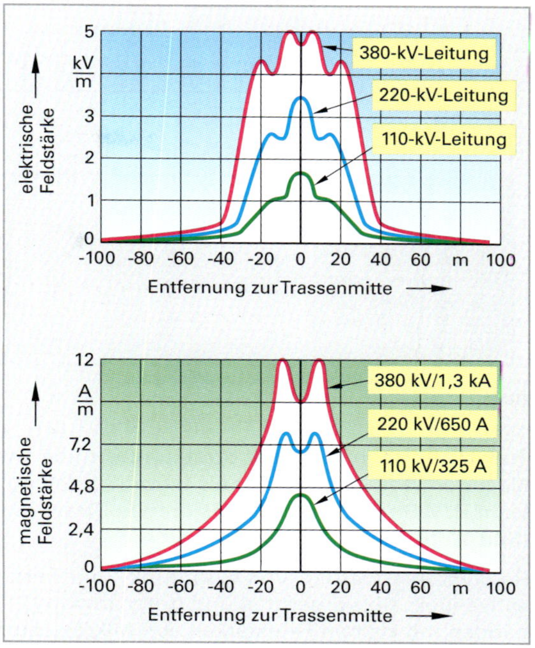

Bild 1: Elektrische und magnetische NF-Felder unter Hochspannungsleitungen

Tabelle 1: Grenzwerte bei 50 Hz/60 Hz

Feldstärke	Quelle, Anwendung
elektrisches Feld	
100 V/m	NCRP, empfohlen für Arbeitsplätze
1 000 V/m 1 kV/m	ACGIH, Personen mit Herzschrittmacher
5 kV/m	ICNIRP, Privatpersonen, z. B. in Deutschland
10 kV/m	ICNIRP, dauernder Aufenthalt am Arbeitsplatz
10 kV/m	ACGIH, zeitweiser Aufenthalt am Arbeitsplatz
magnetisches Feld	
10 µT	NCRP, empfohlen für Arbeitsplätze
100 µT	ICNIRP, Privatpersonen, mit Herzschrittmacher, z. B. in Deutschland
1 000 µT	ICNIRP, Privatpersonen, für zeitweisen Aufenthalt
5 000 µT	ICNIRP, für zeitweisen Aufenthalt am Arbeitsplatz

NCRP National Council of Radiation Protection = Nationalrat für Strahlungsschutz.
ICNIRP = International Commission on Non-Ionizing-Radiation Protection = internationale Kommission für nicht ionisierende Strahlung.
ACGIH = American Conference of Governmental Industrial Hygienist = amerikanische Konferenz von regierungsnahen Industrie-Hygienikern

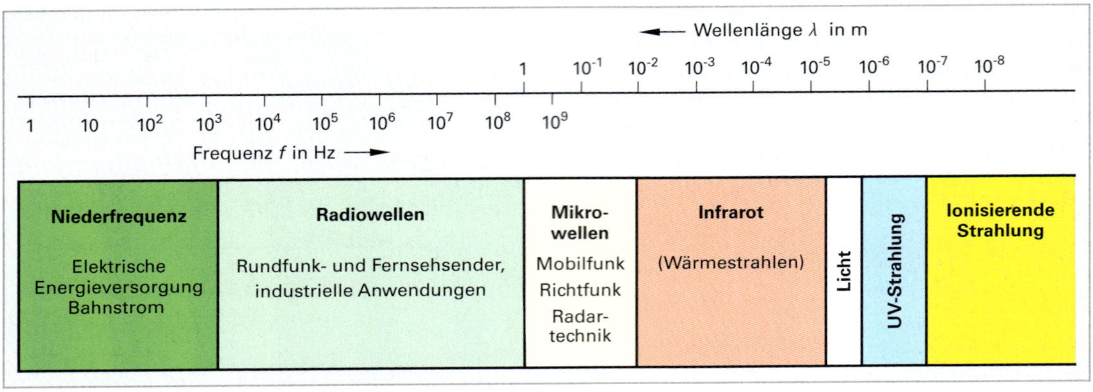

Bild 1: Spektrum elektromagnetischer Wellen

Natürliche hochfrequente Strahlung kommt mit kleineren Wellenlängen vor als Infrarotstrahlung, Licht, UV-Strahlung und ionisierende Strahlung **(Bild 1)**.

Radiowellen werden von Rundfunk- und Fernsehsendern hervorgerufen und treten in den Gebäuden mit kleinen Feldstärken auf. Mikrowellen dienen dem Mobilfunk, z.B. den Smartphones, und der Erwärmung in Mikrowellengeräten. Beim Senden treten beim Mobilfunk verhältnismäßig große Feldstärken auf, Mikrowellengeräte arbeiten mit sehr großen Feldstärken.

> Elektromagnetische Felder mit Frequenzen von 1 kHz bis 2,2 GHz dienen mit verschiedenen Feldstärken vor allem der Signalübertragung.

Bei Frequenzen über 10 GHz bzw. Wellenlängen von weniger als 30 mm tritt mit wachsender Frequenz Infrarotstrahlung, Lichtstrahlung, UV-Strahlung und ionisierende Strahlung auf.

Umwelttechnisch relevant sind Sonnenstrahlung (Seite 211) und ionisierende Strahlung (Seite 212). Mit Hochspannung betriebene Bildschirmgeräte, emittieren ebenfalls elektromagnetische Strahlen. Besonders energiereich und dadurch ionisierend sind dabei Strahlen mit Wellenlängen von 0,02 nm bis 0,06 nm. Ohne ionisierende Strahlung und ohne Hochspannung arbeiten Flachbildschirme.

Bei den Monitoren treten außerdem statische Felder, niederfrequente Felder sowie mechanische Schwingungen in Form von Schall (20 Hz bis 15 kHz) und Ultraschall (15 kHz bis 409 kHz) auf. Keine dieser Felder bzw. Schwingungen erreichen aber eine Gefahrengrenze.

Bei hochfrequenten Feldern:

$$S \approx E \cdot H \qquad (1)$$

S Leistungsflussdichte, Strahlungsdichte
E elektrische Feldstärke
H magnetische Feldstärke
$[S]$ = V/m · A/m = VA/m² = W/m²

Tabelle 1: Grenzwerte hochfrequenter Felder nach BImSchV

f in MHz	*S* in W/m²	*E* in V/m	*H* in A/m
10 bis 400	2	28	0,073
400 bis 2000	$0{,}005 \cdot f$	$1{,}375 \cdot \sqrt{f}$	$0{,}0037 \cdot \sqrt{f}$
2000 bis 300000	9,8	61	0,16

***f* ist in den Formeln in MHz einzusetzen.**
H magnetische Feldstärke
E elektrische Feldstärke
f Frequenz
S Leistungsflussdichte, Strahlungsdichte

Bei den hochfrequenten elektromagnetischen Feldern sind die elektrischen Felder fest mit den magnetischen Feldern verbunden. Multipliziert man die elektrische Feldstärke E mit der magnetischen Feldstärke H, erhält man eine *Leistungsflussdichte (Strahlungsdichte) S*.

> Bei hochfrequenten elektromagnetischen Feldern gibt man die Leistungsflussdichte in Watt je Quadratmeter (W/m²) an.

Grenzwerte hochfrequenter elektromagnetischer Strahlung sind je nach veröffentlichender Stelle sehr verschieden. Nach der BImSchV (Bundes-Immissionsschutzverordnung) sind die Grenzwerte je nach Frequenz angegeben **(Tabelle 1)**. Diese

Werte beruhen auf den Empfehlungen der ICNIRP (von International Commission on Non-Ionizing Radiation Protection = Internationale Kommission für Schutz vor nicht-ionisierender Strahlung).

Es fällt auf, dass bei höheren Frequenzen die Grenzwerte erheblich höher liegen. Das liegt daran, dass bei höheren Frequenzen die Eindringtiefe des elektrischen Stroms in den menschlichen Körper geringer ist, sodass auch weniger schädliche Wirkung auftritt.

Je höher beim Mobilfunk die Frequenz ist, desto größer dürfen die Grenzwerte sein, weil dann eine kleinere Wirkung im Körper erfolgt.

Spezifische Absorptionsrate SAR

Die spezifische Absorptionsrate SAR (von Specific Absorption Rate) gibt an, wie viel Leistung in W je kg Körpergewicht vom menschlichen Körper oder einem Teil davon absorbiert und in Temperaturerhöhung $\Delta\vartheta$ umgesetzt wird, wenn der Körper bzw. der Körperteil einem hochfrequenten elektromagnetischen Feld ausgesetzt ist.

- SAR > 4 bzw. $\Delta\vartheta > 1$ K, gefährlich,
- SAR 1 bis 4 bzw, $\Delta\vartheta < 1$ K, meist ungefährlich,
- SAR 0,4 bzw. $\Delta\vartheta < 0{,}5$ K, ungefährlich,
- SAR 0,1 bzw. $\Delta\vartheta$ nicht feststellbar, ungefährlich.

Wenig gekühlte Körperteile, z. B. das Auge, sind stärker gefährdet als andere, z. B. das Herz.

6.2.5 Elektrosmog

Unter Smog versteht man einen Nebel, der durch Abgase unangenehm schmierig ist. Die durch elektrische und magnetische Felder aller Art erfüllte Umwelt wird gelegentlich als mit Elektrosmog (elektrischem Smog) erfüllter Bereich angesehen.

Elektrosmog ist die unfreundliche Bezeichnung für elektrische und magnetische Felder in der Umgebung von Menschen.

Im Gegensatz zu den elektrischen bzw. magnetischen Gleichfeldern, an die sich die Menschheit im Laufe der Entwicklung gewöhnt hat, treten in der Natur elektromagnetische Felder kaum auf. Deshalb wird oft vermutet, dass elektromagnetische Felder schädlich sind und besser als Elektrosmog zu bezeichnen sind (Abschnitt 9.8).

Bild 1: Antennen an einem Antennenmast

Tabelle 1: Drahtlose Kommunikationssysteme

System	Erklärung
Betriebsfunk, Bündelfunk	kommerzielle Nutzer mit Lizenz, z. B. Speditionen, Taxiunternehmen
Mobilfunk mit Datenfunk	Netze D1, D2, E1, E2, LTE, 5G. Frequenzen 900 MHz bis 3,6 GHz
Seefunk, Seenotfunk	Verbindung zwischen Schiffen und vom Schiff zur Feststation
Satellitenfunk	Verbindung zwischen See-, Land- und Luftfahrzeugen und zur Feststation über Satelliten
Flugfunk	Verbindung zwischen Bodenstation und Flugzeugen

Elektrosmog besteht aus hochfrequenten und niederfrequenten elektromagnetischen Feldern, die nicht ionisierend wirken.

Ein großer Teil des Elektrosmogs wird Sendern zugeschrieben, die z. B. für Rundfunk, Fernsehen und drahtloses Telefonieren arbeiten. Dabei wird dieser hochfrequente Anteil des Elektrosmogs von Antennen abgestrahlt **(Bild 1)**.

Während Antennen für Rundfunk- und Fernsehanstalten ziemlich selten sind und damit wenig Interesse der Menschen erregen, haben bezüglich Elektrosmog die verschiedenen Mobilfunksysteme mit ihren zahlreichen Antennen große Aufmerksamkeit erhalten **(Tabelle 1)**.

Der hochfrequente Anteil des Elektrosmogs stammt aus Antennen.

Der ursprünglich weniger beachtete niederfrequente Teil des Elektrosmogs rührt aus den überall vorhandenen Elektroinstallationen der Gebäude her.

Wirkungen auf den Menschen

Allgemein anerkannte Wirkung von nicht ionisierenden hochfrequenten elektromagnetischen Feldern ist die mit ihnen verbundene Wärmeentwicklung im Körper. Aus den Messwerten ist ersichtlich, dass die Leistungen der Sender sehr verschieden sind und ebenso ihre typischen Leistungsflussdichten **(Tabelle 1, Bild 1)**.

Aus Tabelle 1 ist ersichtlich, dass nicht die großen Sender zu hohen Leistungsflussdichten führen, sondern das Handy (Smartphone) oder ein schnurloses Telefon. Das ist darin begründet, dass diese Geräte dicht am Körper betrieben werden. Besonders ungünstig ist der übliche Betrieb dicht am Kopf. Dabei kann die von der Strahlung beim Senden des Gerätes hervorgerufene Strahlung im ungünstigen Fall so groß sein, dass eine Schädigung des Auges eintritt.

> Die höchsten Strahlungsflussdichten treten am Handy und am schnurlosen Telefon auf.

Dagegen ist die übliche Leistungsflussdichte von Mobilfunkmasten keineswegs groß. Das liegt auch daran, dass die Strahlung derartiger Masten horizontal gerichtet ist, sodass in unmittelbarer Nähe unterhalb des Mastes die Leistungsflussdichte klein ist **(Bild 2)**.

Nicht allgemein anerkannt sind schädliche Wirkungen auf das Nervensystem bei Einhaltung der Grenzwerte. Diese werden aber vermutet, und zwar bei niederfrequenten und bei hochfrequenten elektromagnetischen Feldern.

Bei niederfrequenten Feldern sind am ehesten dort schädliche Einflüsse zu befürchten, wo sie sehr lange auf den Menschen einwirken. Das ist im Wohnbereich vor allem im Schlafzimmer zu erwarten.

(Weitere Informationen www.elektrosmog.de und Schutz gegen Elektrosmog, Abschnitt 9.8).

Tabelle 1: Daten von Sendern von hochfrequenten elektromagnetischen Feldern

Messgröße	Rundfunk	Fernsehen	Mobilfunkmast	Smartphone
P	100 kW	300 kW	50 W	≤ 2 W
f in MHz	88–108	174–216	890–1880	890–1880
S_G in W/m²	2	2	4,5	–
d_G in m	250	150	8	0
d in m	1500	1500	50	0,03
S in W/m²	0,05	0,02	0,001	≤ 2

d_G Abstand für Grenzwertmessung
d typischer Messabstand
S typischer Messwert der Leistungsflussdichte bei d
f Frequenz
P Senderleistung
S_G Grenzwert der Leistungsflussdichte

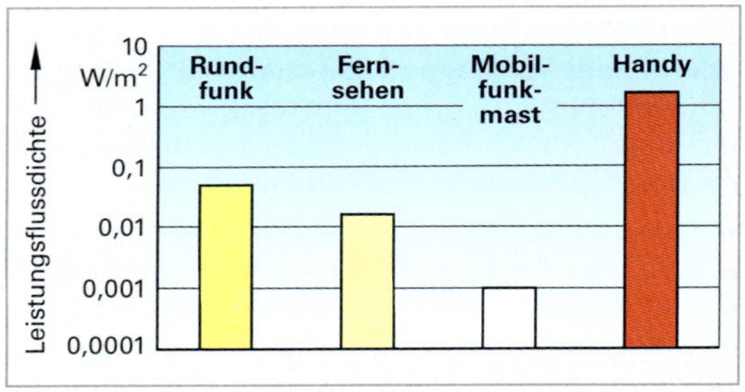

Bild 1: Vergleich typischer Leistungsflussdichten

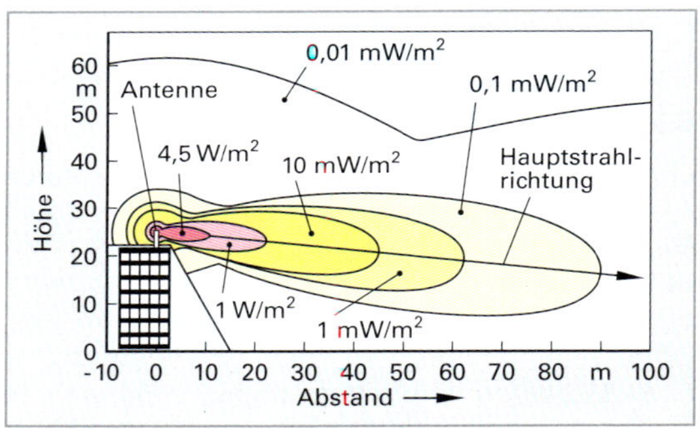

Bild 2: Strahlung bei einem Mobilfunkmast

Wiederholung und Vertiefung

1. **Wie kommen elektrische Felder zustande und wie magnetische?**
2. **Welche Einheiten haben die Feldstärken der elektrischen Felder und der magnetischen Felder?**
3. **Was versteht man unter ionisierenden Strahlen?**
4. **Durch welche Größe gibt man die Wirkung hochfrequenter elektromagnetischer Felder an?**
5. **Welche Bestandteile hat ein elektromagnetisches Feld?**
6. **Nennen Sie vier Quellen von niederfrequenten elektromagnetischen Feldern.**
7. **Geben Sie die Grenzwerte von elektromagnetischen Feldern mit 50 Hz für Privatpersonen in Deutschland an.**
8. **Wie groß sind die Grenzwerte für elektromagnetische Felder mit 2,2 GHz nach der BImSchV?**

6.2.6 Sonnenstrahlung

Die senkrecht stehende Sonne strahlt bei klarem Himmel durchschnittlich 1,12 kW auf jeden Quadratmeter Erdboden ein. Die Stärke der auftreffenden Strahlung (Bestrahlungsstärke) hängt von der Jahreszeit, der Tageszeit, der geografischen Breite, der Höhenlage und vom Wetter ab **(Tabelle 1)**.

Die **Infrarotstrahlung** (IR) dringt etwas in die Haut ein: 15% der Dosis an der Oberfläche erreichen Gewebeschichten der Unterhaut. Die Strahlen erwärmen die Hautschichten und beschleunigen das Ausheilen von Entzündungen. Kurzwellige IR-Strahlen können in die Augen eindringen, ohne dass man die Strahlen bemerkt. Sie schädigen die Netzhaut ohne Vorwarnung. Die IR-Strahlen können die Augenlinse durch Erwärmen trüben (grauer Star, Glasbläserstar).

Sichtbare Strahlung (VIS, von engl. visible spectrum = sichtbares Spektrum, Licht) kann bei genügender Intensität vor allem im kurzwelligen Bereich die Prozesse des Sehvorgangs im Auge überlasten (engl. Blue-light-hazard = Blaulicht-Gefahr).

> Ultraviolette Strahlen (UV-Strahlen) besitzen eine umso höhere Energie, je kürzer ihre Wellenlänge, d.h. je größer ihre Frequenz ist.

UV-Strahlen sind der energiereichste Teil der optischen Strahlung der Sonne. Unter ihrer Einwirkung entsteht im Körper das Vitamin D_3, das zur Stärkung des Knochengerüsts gebraucht wird. Ultraviolette Strahlen bräunen die Haut und verdicken die oberste Hautschicht (Lichtschwielen).

Die beiden letztgenannten Schutzmechanismen der Haut wirken sich je nach Hauttyp und UV-Strahlungsgewöhnung unterschiedlich aus **(Tabelle 2)**. UV-B-Strahlen verbrennen die Haut (Sonnenbrand), UV-A-Strahlen können Allergien auslösen, vor allem nach Einnahme gewisser Medikamente, und die Augen entzünden (Bindehautentzündung). Als Spätwirkungen von UV-Strahlen treten frühzeitiges Altern der Haut und evtl. Hautkrebs auf.

Messstellen in ganz Deutschland messen zur Gesundheitsvorsorge ständig die UV-Strahlung und gewichten sie nach ihrer biologischen Wirkung **(Bild 1, folgende Seite)**. Der veröffentlichte UVI (UV-Index) ergibt den erwarteten Tagespitzenwert der sonnenbrandwirksamen UV-Strahlung und gilt für den Hauttyp II bei ungebräunter Haut **(Tabelle 3)**.

Die Sonnenbrandschwelle bzw. minimale erythemwirksame Dosis (MED) ist die kleinste Strahlendosis in J/m², die eine Hautrötung hervorruft (erythem = zur Hautrötung führend, nach griech. erýthema = Errötung). Sie setzt meist durch einen UV-Strahlenfluss von 200 J/m² bei $\lambda = 297$ nm ein. Die MED kann für den Einzelnen erhöht werden, wenn etwa 10 min vor dem Sonneneinfluss ein Sonnenschutzmittel aufgetragen wird. Der Sonnenschutzfaktor des Mittels gibt nach Herstellermeinung an, um wie viel sich die MED erhöht. Trotzdem sollte von 10 Uhr bis 15 Uhr das Sonnenbaden vermieden werden.

Tabelle 1: Wellenlängen der Sonnenstrahlung

Bereich	Wellenlängen λ in nm	Aufteilung
UV-C	< 280	0,1%
UV-B	280 bis 320	0,6%
UV-A	320 bis 400	5,6%
Licht	400 bis 800	52,0%
Infrarot	800 bis 50000	41,7%

Tabelle 2: Hautverträglichkeit von UV-Strahlen

Hauttyp	Wirkung der UV-Strahlen
I	Immer schnell Sonnenbrand, keine oder kaum Bräunung.
II	Fast immer Sonnenbrand, nur mäßige Bräunung nach wiederholten Bestrahlungen.
III	Mäßig oft Sonnenbrand, fortschreitende Bräunung nach mehreren Bestrahlungen.
IV	Selten Sonnenbrand, deutliche und schnell einsetzende Bräunung.

Tabelle 3: Bedeutung des UVI (UV-Index)

UVI	Bedeutung
>8	UV-Belastung sehr hoch, Sonnenbrand in weniger als 20 min möglich, Schutzmaßnahme unbedingt erforderlich.
6 bis 7	UV-Belastung hoch, Sonnenbrand ab 20 min möglich, Schutzmaßnahme erforderlich.
3 bis 5	UV-Belastung mittel, Sonnenbrand ab 30 min möglich, Schutzmaßnahme empfehlenswert.
1 bis 2	UV-Belastung schwach, Sonnenbrand unwahrscheinlich, Schutzmaßnahme nicht erforderlich.

Wiederholung und Vertiefung

1. **Wie groß ist die durchschnittliche Stahlungsdichte der Sonne bei klarem Himmel?**
2. **Welchen Einfluss hat die Frequenz der Sonnenstrahlung auf ihre Energie?**
3. **Welche biologische Wirkung haben IR-Strahlen und welche haben UV-Strahlen?**
4. **Was versteht man unter der MED?**
5. **Welche Spätwirkung haben UV-B-Strahlen?**

6.2.7 Ionisierende Strahlen

Ionisierende Strahlen rufen in der Luft Ionen hervor, z.B. Sauerstoffionen und Stickstoffionen, sodass diese Luft elektrisch schwach leitend wird.

> Ionisierende Strahlen bewirken einen kleineren Isolationswiderstand der Luft und Änderung der Stoffeigenschaften.

In biologischen Systemen, z.B. Organen von Personen, wirken ionisierende Strahlen meist nachteilig.

Strahlung mit einer Energie über 12,4 eV kann direkt oder indirekt ionisieren. Direkt durch den Aufprall von Teilchenstrahlen, z.B. von Elektronen, Protonen oder α-Teilchen (Heliumkerne), und indirekt z.B. durch Röntgen-, γ-Strahlen oder Neutronenstrahlen. Neutronen erzeugen durch Rückstoß Protonen und die Röntgenstrahlen bzw. γ-Strahlen setzen bei Atomen oder Molekülen Elektronen frei.

In der Atomphysik rechnet man mit der Energieeinheit *Elektronvolt* (eV). Ein Elektronvolt (1 eV) ist die Energie, die ein Elektron aufnimmt, wenn es eine Spannung von 1 V durchläuft. Die Ladung des Elektrons beträgt $e = 0{,}1602 \cdot 10^{-18}$ C.

Radioaktivität

Die meisten Atomkerne sind von Natur aus *stabil* (von lat. stabilus = feststehend, dauerhaft). Einige *Nuklide* (von lat. nucleus = [Frucht-]kern) sind jedoch instabil. Sie kommen bei *Isotopen* aller chemischen Elemente vor, deren Ordnungszahl im Periodensystem größer als 80 ist. Isotope eines Grundstoffs sind Arten desselben chemischen Elements, deren Atomkerne zwar gleiche Protonenzahl, aber verschiedene Neutronenzahl besitzen.

Uran U besteht z.B. aus drei natürlichen Isotopen ^{234}U, ^{235}U und ^{238}U, die alle drei *radioaktiv* sind (von lat. radius = Strahl und activus = tätig, wirksam), also von selbst strahlen. Außerdem gibt es noch künstlich hergestellte Isotope, z.B. ^{233}U. Alle Urannuklide enthalten 92 Protonen und auf der Hülle in neutralem Zustand ebenfalls 92 Elektronen. Die hochgesetzte Zahl vor dem chemischen Zeichen bedeutet die Massenzahl des Isotops. Die Neutronenzahl ist die Differenz zwischen Massenzahl und Protonenzahl.

Die instabilen Radionuklide zerfallen in einer bestimmten, für das Isotop charakteristischen Zeit. Bei dieser **Kernumwandlung** entsteht eine ionisierende Strahlung. Ein Magnetfeld kann diese radioaktive Strahlung in drei Teile aufspalten **(Bild 2)**. Man unterscheidet **α-Strahlen**, **β-Strahlen** und **γ-Strahlen**.

Das magnetische Feld lenkt die α-Strahlen und die β-Strahlen in entgegengesetzte Richtungen ab. Die γ-Strahlen lassen sich weder durch ein magnetisches noch durch ein elektrisches Feld von ihrem geraden Weg abbringen.

> α-Strahlen bestehen aus schnell fliegenden Heliumkernen (He^{2+}).

Bei der natürlichen Radioaktivität besitzen die α-Strahlen Energien von 4,0 MeV bis 8,8 MeV (entspricht 15000 km/s bis 20000 km/s).

β-Strahlen sind Elektronen, die fast Lichtgeschwindigkeit erreichen können. Sie erlangen eine für das Nuklid charakteristische Energie, bei Radium z.B. höchstens 3,28 MeV.

γ-Strahlen wirken wie durchdringende elektromagnetische Wellen sehr kurzer Wellenlänge (0,01 pm = $0{,}01 \cdot 10^{-12}$ m bis 10 pm = $10 \cdot 10^{-12}$ m), also von höherer Frequenz als Röntgenstrahlen.

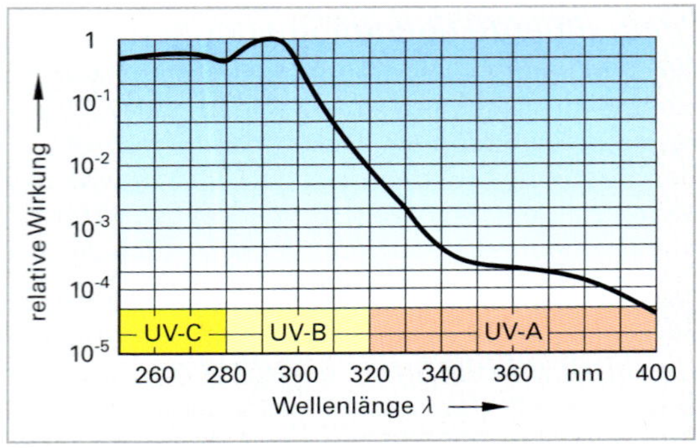

Bild 1: Biologische Wirkung ultravioletter Strahlen

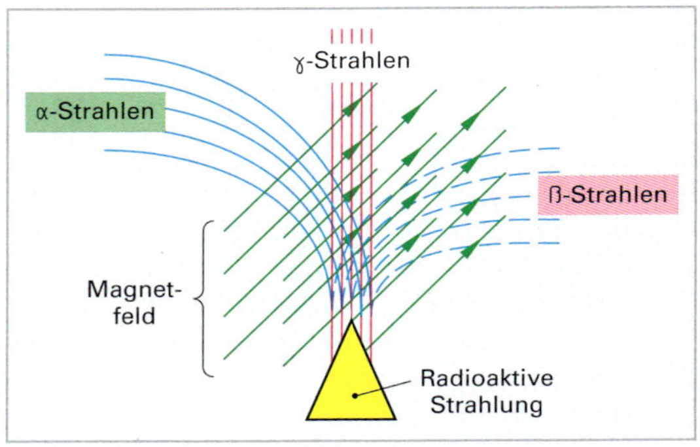

Bild 2: Aufspalten radioaktiver Strahlung durch ein Magnetfeld

Im Spektrum elektromagnetischer Wellen folgen die γ-Strahlen den Röntgenstrahlen **(Bild 1)**. Einzelne radioaktive Atomkerne zerfallen plötzlich und regellos. Trotzdem gibt es im statistischen Mittel eine für jedes radioaktive Isotop charakteristische *Halbwertszeit* $T_{1/2}$. Nach einer Halbwertszeit ist die Stärke der Strahlung um die Hälfte gesunken, nach zwei Halbwertszeiten auf ein Viertel usw.

> Die Halbwertszeit eines Radionuklids ist die Zeitspanne, nach der die Hälfte des Ausgangsmaterials zerfallen und umgewandelt ist.

Die *Aktivität A* einer radioaktiven Substanz ist ein Maß für ihren Zerfall in einer bestimmten Zeit, d.h. für die Zahl der Atomumwandlungen in einer Sekunde. Ihre Einheit ist das *Becquerel* (1 Bq = 1/s).

Wiederholung und Vertiefung

1. **Was versteht man unter den Isotopen eines Grundstoffs?**
2. **Welche Eigenschaft besitzen radioaktive Stoffe?**
3. **Was versteht man unter der Halbwertszeit eines Radionuklids?**

Radioaktiver Zerfall

Zerfällt ein radioaktives Nuklid, z.B. ^{235}U, entstehen neue Atomkerne, die meist ebenfalls wieder radioaktiv sind, z.B. ^{231}Th. Dieses Nuklid kann nochmals zerfallen und ein drittes Nuklid bilden, z.B. ^{231}Pa usw. Der Zerfall setzt sich fort, bis ein stabiles Endprodukt erreicht ist, bei den Beispielen schließlich ^{207}Pb.

> Eine radioaktive Zerfallsreihe ist eine Reihe von aufeinanderfolgenden Radionukliden.

Die natürlichen Radionuklide bilden oberhalb der Ordnungszahl 80 drei Zerfallsreihen. Die *Thorium-Familie* **(Bild 2, Tabelle 1)** hat Thorium 232 als *Mutternuklid.* Außerdem gibt es noch die *Uran-Radium-Familie* mit Uran-238 als Mutternuklid und Radium-226 als eines der Tochternuklide sowie die *Uran-Actinium-Familie,* vom Uran-235 ausgehend. Die *Neptunium-Familie* beginnt mit dem künstlich hergestellten Neptunium-237 der Ordnungszahl 93.

> Sendet ein radioaktiver Kern α-Teilchen aus (Helium-Kern: 2 Protonen und 2 Neutronen), sinkt die Ordnungszahl um 2 und die Massenzahl um 4.

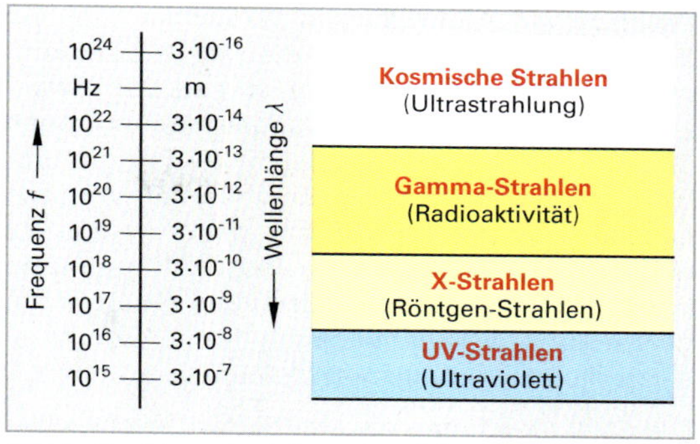

Bild 1: Spektrum ionisierender elektromagnetischer Wellen

Aktivität

$$A = (\ln 2) \cdot \frac{N}{T_{1/2}} = 0{,}69314718 \cdot \frac{N}{T_{1/2}} \quad (1)$$

A	Aktivität in Bq
N	Teilchenzahl
$T_{1/2}$	Halbwertszeit
ln	natürlicher Logarithmus

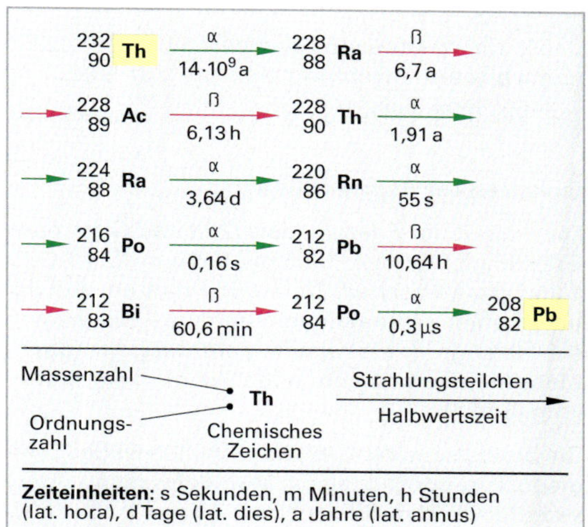

Bild 2: Thorium-Zerfallsreihe

Tabelle 1: Thorium-Familie

Chem. Zeichen	Element	Chem. Zeichen	Element
Ac	Actinium	Ra	Radium
Bi	Wismut	Rn	Radon
Pb	Blei	Th	Thorium
Po	Polonium		

Emittiert ein Atomkern ein β-Teilchen, z. B. ein Elektron (β^--Zerfall), bleibt die Massenzahl konstant, die Ordnungszahl steigt um 1 an. Dem Atomkern wird eine negative Ladungseinheit entzogen und aus einem Neutron entsteht ein Proton. Gibt der Kern aber ein Positron ab (β^+-Zerfall), wird aus einem Proton ein Neutron, d. h., die Ordnungszahl nimmt um eine Einheit ab, und die Massenzahl bleibt gleich. Beim Aussenden von γ-Strahlen ändert sich nur der Energiegehalt des Nuklids, Massenzahl und Ordnungszahl bleiben unverändert.

Der Stoff, durch den die emittierten Teilchen fliegen, bestimmt die Reichweite der α-Strahlen und der β-Strahlen. In Luft von 15 °C und Normaldruck (1013 hPa) kommen α-Teilchen aus Radium (^{226}Ra) 3,4 cm weit und von Uran (^{235}U) 2,63 cm. β-Strahlen, die fast Lichtgeschwindigkeit erreichen können, haben in Luft je nach Energie schon Reichweiten im Meter-Bereich. Auf ihrem Weg hinterlassen α-Strahlen und β-Strahlen ionisierte Atome.

γ-Strahlen durchdringen die Stoffe weitgehend oder treten mit den Stoffteilchen in Wechselwirkung (Fotoeffekt, Comptoneffekt oder Paarerzeugung). Letzten Endes wandelt sich die Energie radioaktiver Strahlung immer in Wärme um.

Die Energiedosis ist das Verhältnis der absorbierten Strahlungsenergie zur durchstrahlten Masse.

Einheiten der Radioaktivität

Die Einheit der *Energiedosis D* ist das *Gray* (nach Gray, engl. Physiker, 1905 bis 1965), wobei 1 Gy = 1 J/kg ist. Menschen, Tiere und Pflanzen sind der natürlichen radioaktiven Strahlung ausgesetzt, die meist größer ist als die *anthropogene* (durch Menschen verursachte oder beeinflusste) Strahlung **(Bild 1)**.

Die biologische Wirkung der Strahlen ist der Energiedosis proportional. Ein Maß dafür ist die *Äquivalentdosis H* in *Sievers* (Sv): 1 Sv = 1 J/kg, also die gleiche SI-Einheit (von franz. Système International d'Unités = Internationales Einheitensystem) wie die Energiedosis. Ein *Bewertungsfaktor q* gibt die relative biologische Wirksamkeit verschiedener Strahlungsarten an. Der Bewertungsfaktor ist 1 für β-Strahlen und γ-Strahlen. Für α-Strahlen, Protonen-Strahlen oder Neutronen-Strahlen hat *q* Werte von 5 bis 10.

In biologischen Systemen lösen radioaktive Strahlen chemische Reaktionen aus. Sie zerlegen

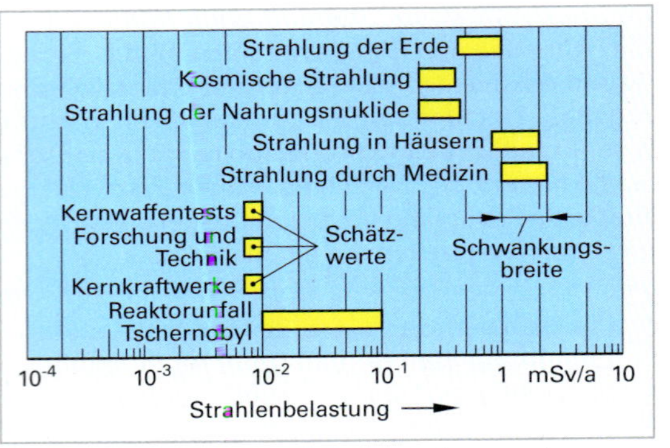

Bild 1: Durchschnittliche Strahlenbelastung des Menschen in Deutschland

Äquivalentdosis

$$H = q \cdot D \quad (1)$$

H	Äquivalentdosis	$[H]$ = Sv
q	Bewertungsfaktor	
D	Energiedosis	$[D]$ = Gy

z. B. Wasser in H^+ und OH^- oder bilden zusammen mit dem Luftsauerstoff daraus reaktionsfähige Atomgruppen (Radikale). Radioaktive Strahlen töten dadurch Zellen ab, lösen Mutationen aus oder verursachen Krebs. 1 Sv bis 2 Sv führen zu akuter Strahlenkrankheit, Dosen über 6 Sv sind tödlich.

Natürliche Radioaktivität

Natürliche Strahlung verursachen Radionuklide in der Erdkruste, z. B. Uran-238, Thorium-232 und Kalium-40 **(Tabelle 1, folgende Seite)**. Dieser *terrestrische* Anteil (von lat. Terra = Erde) beträgt ungefähr 0,42 mSv im Jahr. Aus dem Weltraum stammt der *kosmische* Anteil mit 0,2 mSv/a bis 0,5 mSv/a (kosmisch von griech. kosmos = Weltall), der mit zunehmender Höhe stark anwächst (a von lat. annus = Jahr). Diese kosmische Strahlung („Höhenstrahlung") ist sehr energiereich. Sie besteht hauptsächlich aus Protonen. Bei Flügen in großer Höhe sind Flugzeugbesatzung und Passagiere einer beachtlichen Strahlenbelastung ausgesetzt. In der Atmosphäre erzeugt die kosmische Strahlung ständig radioaktive Nuklide, z. B. Kohlenstoff-14.

Mit seiner Nahrung nimmt der Mensch auch Radionuklide auf, etwa 0,25 mSv/a. Tritium T_2 z. B. löst sich zwar nur in geringem Maß in Wasser (etwa 20 mL T_2 je Liter Wasser), verbindet sich aber mit dem Sauerstoff der Luft meist zu HTO

(T-haltiges Wasser), seltener zu T_2O (Tritiumoxid), und nimmt wegen der langen Halbwertszeit von über 12 Jahren am Wasserkreislauf teil. Gewässer enthalten etwa 2 Bq/L. Dieser hohe Gehalt ist meist noch die Folge der früheren Kernwaffenversuche. Ohne anthropogenen Einfluss läge der Wert unter 1 Bq/L.

In den rund 12 Litern Luft, die man je kg Körpergewicht in der Stunde ein- und ausatmet, sind Radon-219, Radon-222 und Radon-220 enthalten, die im Boden entstehen, sowie ihre Folgeprodukte Polonium-218,-214, Blei-214 und Wismut-214 **(Bild 1)**.

Radon kann zu einem bestimmten Prozentsatz das Bodengestein verlassen. Ein Teil der Radon-Atome kann von dort in die Atmosphäre diffundieren. Die radioaktiven Elemente Polonium, Blei und Wismut lagern sich überwiegend an Aerosole an und gelangen so über die Atemwege in die Lunge. Dort schädigt die α-Strahlung das Bronchien-Epithel (oberste Zellschicht der Bronchien). Die Aktivitätskonzentration von Radon ist im Freien etwa 14 Bq/m^3 und in Wohnungen fast 50 Bq/m^3. Damit ist Radon für den Strahlenschutz von Bedeutung. Insgesamt beträgt die natürliche Radioaktivität ungefähr 2,4 mSv/a, davon entfallen 1,35 mSv/a auf die Strahlenexposition (Ausgesetztsein) der Lunge.

Künstliche Radioaktivität

Von den künstlich erzeugten Nukliden sind nur die Radionuklide für den Umweltschutz von Bedeutung, die entweder eine lange Halbwertszeit haben oder sehr giftig sind. Nach dem Tschernobyl-Reaktorunfall am 26.4.1986 war zunächst das freigesetzte Jod-131 gefährlich. Die Halbwertszeit von 8 Tagen sorgte aber für einen raschen Abbau. Später bereitete für Mitteleuropa das langlebige Cäsium-134 mit einer Halbwertszeit von 2 Jahren und Cäsium-137 Sorge, das erst nach 30 Jahren Strahlung zur Hälfte abgebaut ist. Strontium, Plutonium breiteten sich nur lokal aus.

Die bedeutendste Quelle künstlicher Strahlung sind medizinische Anwendungen, z. B. die Röntgendiagnostik, Computertomografie und Tumor-Therapie. Jeder Bürger in Deutschland nimmt dadurch durchschnittlich etwa 1,5 mSv im Jahr auf.

Tabelle 1: Radioaktive Elemente

Radionuklide		Strahlungsart	Halbwertszeit
Wasserstoff-3 (Tritium)		β	12,3 a
Natrium-22		β, γ	2,6 a
Kalium-40		β, γ	$1{,}27 \cdot 10^9$ a
Kobalt-60	[künstlich]	β, γ	5,3 a
Krypton-85	[künstlich]	β, γ	10,8 a
Strontium-90	[künstlich]	β	28,5 a
Jod-131	[künstlich]	β, γ	8 d
Xenon-133	[künstlich]	β, γ	5,3 d
Caesium-137	[künstlich]	β, γ	30 a
Iridium-192	[künstlich]	β, γ	74 d
Blei-214		α, β, γ	26,8 m
Wismut-214		α, β, γ	19,7 m
Radon-220 (Thoron)		α, β, γ	55 s
Radon-222 (Radon)		α, β, γ	3,82 d
Radium-226		α, β, γ	1600 a
Thorium-232		α, β, γ	$14 \cdot 10^9$ a
Uran-235		α, β, γ	$0{,}7 \cdot 10^9$ a
Uran-238		α, β, γ	$4{,}5 \cdot 10^9$ a
Plutonium-238	[künstlich]	α, γ	$87{,}7 \cdot 10^9$ a
Plutonium-239	[künstlich]	α, γ	24110 a
Americium-241	[künstlich]	α, γ	433 a

Zeiteinheiten: s Sekunden, m Minuten, h Stunden (lat. hora), d Tage (lat. dies), a Jahre (lat. annus)

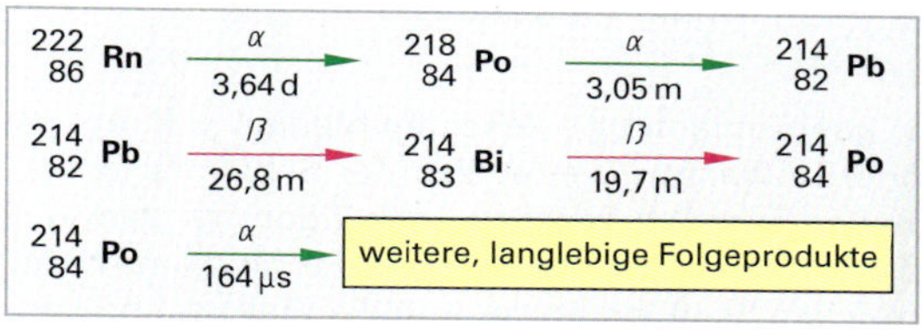

Bild 1: Umwandlungsreihe von Radon-222

Kernkraftwerke verursachen im Normalbetrieb weit weniger radioaktive Strahlung als die natürliche Radioaktivität oder die Medizin.

Wiederholung und Vertiefung

1. **Beschreiben Sie a) α-Strahlen, b) β-Strahlen und c) γ-Strahlen.**
2. **Wie ändern sich die Massenzahl und die Ordnungszahl, wenn ein Nuklid ein α-Teilchen aussendet?**
3. **Welchen Einfluss hat das Emittieren eines Elektrons (β-Teilchen) auf die Massenzahl und auf die Ordnungszahl eines Nuklids?**
4. **Was versteht man unter der Energiedosis eines radioaktiven Stoffes?**
5. **Was gibt bei der radioaktiven Strahlung die Äquivalentdosis je Jahr an?**
6. **Welcher Zusammenhang besteht zwischen der Energiedosis und der Äquivalentdosis?**
7. **Beurteilen Sie die Strahlungs-Umweltbelastung von Kernkraftwerken im Normalbetrieb.**
8. **Welche Bedeutung haben künstliche radioaktive Stoffe mit langer Halbwertszeit?**
9. **Wie groß ist die natürliche Radioaktivität von Radon?**

6.3 Lärm
Noise

Lärm, z. B. Verkehrs-, Arbeits- oder Industrielärm, ist hörbarer Schall, der die Stille oder die gewollte Aufnahme eines Schalls stört. Lärm kann die Gesundheit schädigen **(Tabelle 1)**. Schwerhörigkeit ist die Folge lange andauernden Lärms (Seite 169).

6.3.1 Schallwellen

Unter Schall versteht man mechanische Schwingungen und Wellen eines elastischen Mediums. Das Medium kann Gas, Flüssigkeit oder fester Stoff sein (Körperschall). *Hörbarer Schall* sind Schwingungen im Frequenzbereich zwischen 16 Hz und 16 kHz **(Bild 1)**. Unterhalb der Grenze von 16 Hz spricht man von *Infraschall,* oberhalb von 16 kHz von *Ultraschall.* In der Lautstärke nach oben ist der Hörbereich durch die *Schmerzgrenze,* nach unten durch die *Hörschwelle* begrenzt.

> In Luft von +15 °C beträgt die Ausbreitungsgeschwindigkeit 340 m/s.

In gasförmigen und flüssigen Medien, z. B. in Luft oder in Wasser, breitet sich der Schall als Längswellen aus: Die Teilchen schwingen bei den Verdichtungen und Verdünnungen des Mediums in der gleichen Richtung, in der sich die Welle ausbreitet.

Eine Schallwelle kann man durch die Frequenz oder die Wellenlänge beschreiben. Unter der **Frequenz** f versteht man die Anzahl Schwingungen je Zeit. Die Frequenz misst man als Schwingungszahl je Sekunde mit der Einheit Hertz (Hz).

Wellenlänge λ ist der räumliche Abstand bis zur nächsten Wiederkehr der gleichen Phase, z. B. der Abstand von einer Verdichtung bis zur nächsten.

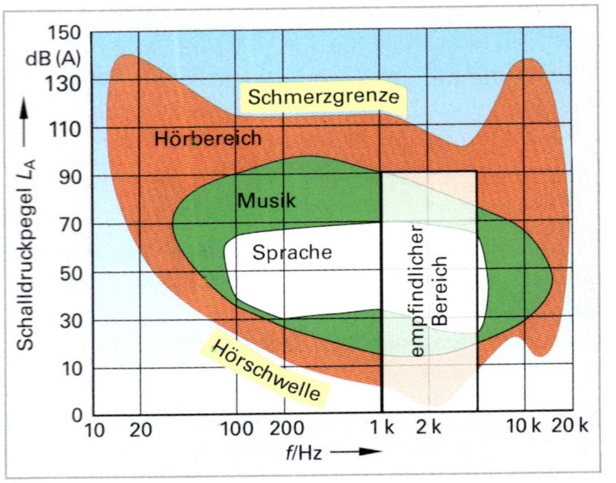

Bild 1: Hörbereich

Ausbreitungsgeschwindigkeit

$$c = f \cdot \lambda \quad (1)$$

c	Ausbreitungsgeschwindigkeit in m/s
f	Frequenz in Hz (= 1/s)
λ	Wellenlänge in m

Beispiel:
In Luft von 15 °C hat der Kammerton a' (440 Hz) eine Wellenlänge von $\lambda = c/f = 340$ m/s/(440 1/s) = **0,7727 m.**

Manchmal wird zur Kennzeichnung einer Welle auch die *Wellenzahl* angegeben. Das ist die Anzahl der Wellen je Länge, also der Kehrwert der Wellenlänge.

Beispiel:
Beträgt die Wellenlänge 0,2 m, so ist die Wellenzahl 1/(0,2 m) = 5/m.

Schallwellen breiten sich in unterschiedlichen Stoffen mit verschiedenen Geschwindigkeiten aus, in Eisen etwa 17-mal schneller als in Luft.

Tabelle 1: Bewerteter Schalldruckpegel und Lärmwirkung

Pegel db(A)	Geräuschquelle	Lärmwirkung	Pegel db(A)	Geräuschquelle	Lärmwirkung
20	absolute Ruhe	Konzentrationsverbesserung	80	Lkw, Staubsauger	Gehörschäden nach mehrtägiger Einwirkung
30	sehr ruhiges Zimmer	Entspannung	90	Kreissäge	Gehörschäden nach mehrstündiger Einwirkung
40	Wohnstraße nachts	keine Aufwachreaktion	100	Disco-Musik	Gehörschäden
50	Wohnstraße tags, normale Unterhaltung	Aufwachen bei leichtem Schlaf	110	landendes Flugzeug	schwer zu ertragen, Schmerzschwelle erreicht
60	Hauptverkehrsstraße nachts	Schlafstörungen, Gespräche schwer verständlich	120	Düsentriebwerk-probelauf	schmerzhaft
70	Hauptverkehrsstraße	spürbare Stressreaktionen	130	Tiefflieger	schnelle Gehörschäden

In Luft wächst die Ausbreitungsgeschwindigkeit um etwa 0,7 m/s, wenn die Temperatur um 1 K zunimmt:

Ausbreitungsgeschwindigkeit

$$c_{Luft} = 331{,}6 \cdot \sqrt{1 + 0{,}00366 \cdot \vartheta} \quad (1)$$

c_{Luft} Ausbreitungsgeschwindigkeit in m/s
ϑ Temperatur in °C

Schallwellen breiten sich aus, weil die schwingungsfähigen Teilchen des Mediums, z. B. die Sauerstoff- und Stickstoffmoleküle der Luft, nacheinander gleichartige Schwingungen ausführen können. Bei der Schallausbreitung findet kein Transport von Stoffen statt, nur Energie wird übertragen.

6.3.2 Schalldruck

Der gehörte Schall, die Stärke der Sinnesempfindung, hängt von der Schall-Leistung ab **(Bild 1, vorhergehende Seite).**

Die Stärke der Empfindung ist dem Logarithmus des Reizes proportional. Deshalb gibt man für die subjektive Bewertung von Schallstärken logarithmische Pegelwerte an. Der *Schalldruckpegel* L_p in dB (Dezibel, sprich dezi-bell; nach Bell, amerikanischer Wissenschaftler, 1847 bis 1922) ist der 20-fache Zehnerlogarithmus vom Verhältnis zweier Schalldrucke:

Schalldruckpegel

$$L_p = 20 \cdot \lg \frac{p}{p_o} \quad (2)$$

L_p Schalldruckpegel in dB
p Schalldruck
p_o Bezugsschalldruck

Als Bezugsschalldruck verwendet man den kleinsten Schalldruck bei der Frequenz 1 kHz, den ein Ton haben muss, um gerade noch gehört zu werden. Der Bezugsschalldruck beträgt 20 N/m^2 = 20 Pa.

Der *bewertete Schalldruckpegel* L_A, L_B oder L_C ist die Summe aus Schalldruckpegel und einer Korrektur, welche die Frequenzabhängigkeit der Lautstärkeempfindung berücksichtigt **(Bild 1).**

Die Pegel in dB(B) oder dB(C) bewerten die niedrigen Frequenzen höher als Pegelangaben in dB(A). Daher misst man beim **Schallschutz** z. B. die Schalldruckpegel in dB(A). Die anderen Pegelangaben braucht man für Sonderaufgaben, z. B. bei der Materialprüfung.

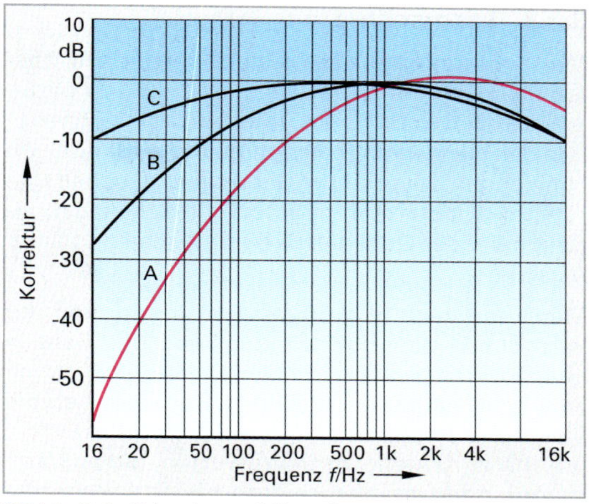

Bild 1: Schalldruckpegel-Korrekturen A, B, C

Bewerteter Schalldruckpegel

$$L_A = L_p + s_A \quad (3)$$

L_A bewerteter Schalldruckpegel in dB(A)
L_p Schalldruckpegel in dB
s_A Korrektur Kurve A von Bild 1
Berechnung für L_B und L_C entsprechend

Beispiel:
Ein Ton von 100 Hz aus einem Lautsprecher hat einen Schalldruckpegel von 80 dB. Wie groß ist der bewertete Schalldruckpegel in dB(A)?

Lösung:

$L_A = L_p + s_A = 80\ \text{dB} + (-18\ \text{dB}) = 62\ \text{dB(A)}$

Der bewertete Schalldruckpegel L_A in dB(A) entspricht ziemlich genau dem menschlichen Hörvermögen.

Wiederholung und Vertiefung

1. **Nennen Sie die Frequenzgrenzen des hörbaren Schalls.**
2. **Wie berechnet man bei Schallwellen die Ausbreitungsgeschwindigkeit aus Frequenz und Wellenlänge?**
3. **Wie groß ist der Bezugsschalldruck (die Hörschwelle) des Schalldruckpegels?**
4. **Um wie viele dB muss der Schalldruckpegel zunehmen, damit man etwa eine Verdopplung der Lautstärke empfindet?**
5. **Bei welcher Tonfrequenz braucht der bewertete Schalldruckpegel in dB(A) keine Korrektur?**

6.3.3 Lärmschutz

Maßnahmen zum Lärmschutz setzen am besten direkt an der Lärmquelle an (**primärer Lärmschutz**). Entweder man unterbindet das Entstehen des Lärms durch geeignete Konstruktion von Fahrzeugen, Maschinen, Gebäuden, Haushaltsgeräten u.Ä. oder man begrenzt die Schallausbreitung nahe der Quelle, z.B. durch Kapselung einer Maschine.

Man kann auch in größerer Entfernung von der Lärmquelle den Übertragungsweg des Schalls abschneiden (**sekundärer Lärmschutz**), z.B. durch eine Schallschutzwand **(Bild 1)**. Dabei können die Lärmschutzmaßnahmen den Schall reflektieren, um ihn zur Quelle zurückzuwerfen *(Schalldämmung)*, oder sie absorbieren die Schallenergie und wandeln diese in Wärme um *(Schalldämpfung)*.

Persönlichen Schallschutz, auch passiven Schallschutz, nennt man die Verwendung von Kopfhörern oder von Ohrstöpseln.

Zu den konstruktiven Maßnahmen zählt z.B. die Kapselung von Maschinen (zusätzliches Maschinengehäuse) oder die federnde Aufstellung von Maschinen, die durch eine Unwucht Lärm erzeugen. Bewirkt eine schwingende Platte in der angrenzenden Luft Druckschwankungen, die sich als Luftschall ausbreiten können, sorgen Löcher in der Platte für einen Druckausgleich zwischen Vorderseite und Rückseite der Platte *(akustischer Kurzschluss)*.

> Lochplatten, die Schwingungen unterworfen sind, emittieren keinen Schall.

Körperschall, die Fortleitung von Schall in festen Stoffen, lässt sich durch elastische Zwischenschichten dämpfen, z.B. mit Gummi, Mineralfasern, Kork oder Stahlfedern. Trittschall unterbinden weiche Fußbodenbeläge oder elastische Schichten wie Schaumstoff- oder Fasermatten. Die Schallabsorption ist umso größer, je weicher das Material beschaffen und je stärker es belastet ist.

Bei der **Luftschalldämpfung** verhindert eine Trennfläche den Schalldurchtritt, z.B. eine Decke oder eine Wand. Sie reflektiert vorwiegend den Schall und wirft ihn zum Ausgangspunkt zurück.

Hohe Dämmung bietet eine sehr schwere und biegeweiche Wand. Noch wirksamer ist eine zwei- oder mehrschalige Konstruktion. Der Schall wird umso mehr gedämmt, je größer und je schwerer die Wand und je höher die Frequenz ist. Ein senkrecht aufprallender Schall wird besser eingedämmt als schräg einfallender oder der Schall, der von vielen Seiten auftritt. Sehr wichtig ist die sorgfältige Dichtung aller Schlitze und Öffnungen.

Bild 1: Schallschutzwand

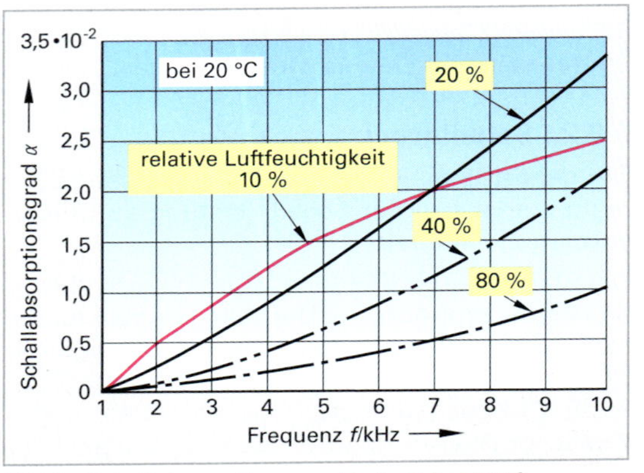

Bild 2: Schallabsorptionsgrad in Luft bei 20°C

Aufgeschüttete Lärmschutzwälle, meist mit Gebüschen bewachsen (Lärmschutzbepflanzung), dienen ebenfalls zum Abriegeln des Schalls, z.B. an Schnellstraßen. Oft sind sie mit Schallschutzwänden kombiniert (Bild 1).

Breitet sich der Schall aus, absorbiert die Luft einen Teil der Energie durch innere Reibung der bewegten Luftteilchen **(Bild 2)**. Der Schallabsorptionsgrad α ist in Luft das Verhältnis der durchgehenden Schallleistung zur auftreffenden je Meter Schallweg. Er hängt von der Luftfeuchtigkeit ab und wächst proportional mit dem Quadrat der Frequenz. Die Abhängigkeit von der Frequenz kann man bei einem Gewitter feststellen: Der Donner hört sich in Gewitternähe viel heller an als in einiger Entfernung.

Die Ausbreitung des Schalls sorgt wegen der Verteilung der Energie auch ohne Luftabsorption für eine Abnahme des Schallpegels, und zwar z. B. um 6 dB bei Verdopplung des Abstands von der Schallquelle.

Schalldruckpegel

$$L_p = L_N - 10 \cdot \lg(4\pi r^2)$$

L_p Schalldruckpegel in der Entfernung r
L_N Leistungspegel des Schallsenders
r Entfernung in Meter

Eine starke Dämpfung erfährt eine Schallwelle durch äußere Reibung an porösen Grenzflächen, z. B. an textilen Stoffen.

Der Schall muss möglichst tief in die Schallschluckstoffe eindringen können, damit er sich in den Hohlräumen und Verästelungen „tot läuft" **(Bild 1)**. Diese *porösen Absorber* sind besonders bei hohen Frequenzen wirksam **(Bild 2)**. Umströmt die Luft die Fasern in den Poren, wandelt sich die Schallenergie durch Reibung in Wärme um. Erst bei einer Dicke der Matten über 10 cm werden tiefe Frequenzen merklich gedämpft.

Für die **Schalldämmung** durch absorbierende Flächen versteht man unter dem *Schallabsorptionsgrad* α das Verhältnis der von einer Fläche absorbierten Schallenergie zur auf die Fläche einfallenden Schallenergie. Die Fläche kann z. B. 1 m² betragen.

> Schallabsorbierende Flächen sind umso wirksamer, je größer die dem Schall ausgesetzten Flächen sind.

Zum Dämpfen von Frequenzen zwischen 300 Hz und 3 kHz eignen sich **Resonanzabsorber** **(Bild 3)**. Sie besitzen eine Lochplatte, die mit Abstand vor einer porösen Dämmplatte angeordnet ist. Wegen des Luftpolsters kann das Lärmfrequenzspektrum weitgehend abgedeckt werden. Das Luftpolster hinter den Löchern der Platte gerät in Resonanz und absorbiert den Schall.

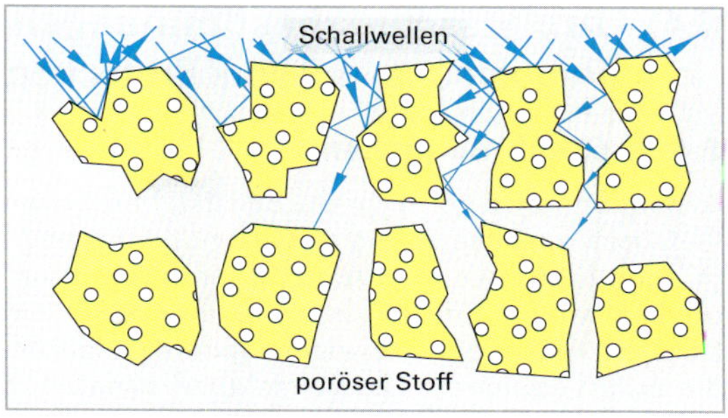

Bild 1: Wirkung eines Schalldämmstoffs

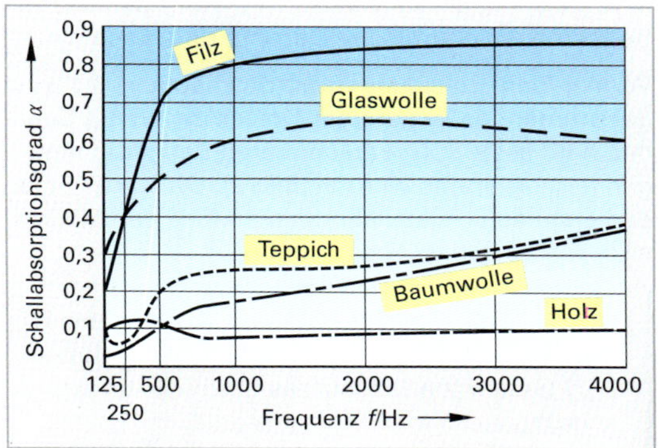

Bild 2: Schallabsorptionsgrad von Stoffen

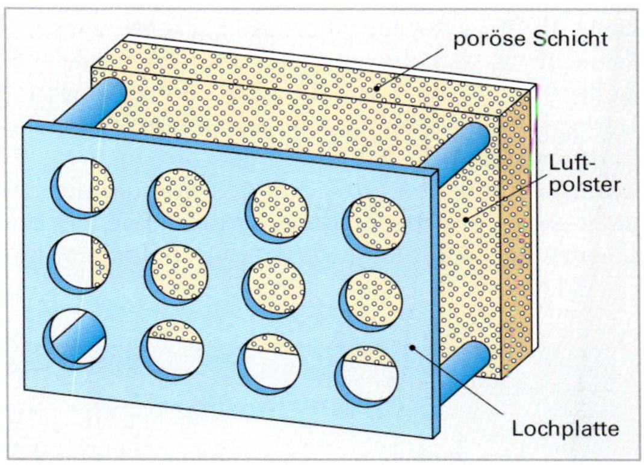

Bild 3: Resonanzabsorber

Wiederholung und Vertiefung

1. **Wodurch unterscheiden sich der primäre Lärmschutz vom sekundären?**
2. **Was bewirkt eine federnde Aufstellung einer Maschine?**
3. **Wodurch kann man die Ausbreitung von Trittschall dämpfen?**
4. **Wie kann man eine Wohnsiedlung vor dem Lärm einer Autobahn schützen?**
5. **Was versteht man unter dem Schallabsorptionsgrad bei absorbierenden Flächen?**
6. **Wodurch kann Lärm gedämpft werden?**
7. **Erklären Sie die Wirkungsweise von Resonanzabsorbern.**

6.4 Arbeitsschutzbestimmungen
Regulations for Work Protection

6.4.1 Gefahrenquellen

Arbeitnehmer sind in ihrem Berufsleben vielen Gefahren ausgesetzt, die zu Gesundheitsschädigungen führen können **(Bild 1)**. Viele Gefahrenquellen wirken auf den Arbeitnehmer ohne sein Dazutun. Hierzu gehören insbesondere Gefahren, die durch geeignete Umweltschutzmaßnahmen in ihrer Wirkung vermindert oder sogar ausgeschlossen werden könnten, z. B. Lärm, Strahlenbelastungen, Belastungen mit biologischen Arbeitsstoffen, chemische Dämpfe und Gase.

Vermeidbare Belastungen werden häufig nicht ernst genommen, da in geringer Dosierung wenig Schaden oder keine sofort erkennbaren Beeinträchtigungen hervorgerufen werden **(Bild 2)**. Oft ist der Schaden erst nach vielen Jahren erkennbar, dann jedoch nicht mehr heilbar (Abschnitt 6.4.7).

> Die Pflichten und Rechte von Arbeitgebern und Arbeitnehmern hinsichtlich des Arbeits- und Gesundheitsschutzes sind im **Arbeitsschutzgesetz ArbSchG** geregelt.

Je nach Arbeitsplatz ist der Arbeitnehmer unterschiedlichen Gefahrenquellen ausgesetzt **(Tabelle 1)**. Bei einer langjährigen Dauereinwirkung können hieraus die so genannten Berufskrankheiten resultieren. Die Tarifparteien (Arbeitgeberverbände, Arbeitnehmerverbände) haben in Tarifverträgen für Arbeitnehmer, die unvermeidbaren schädlichen Einwirkungen ständig ausgesetzt sind, Lohnzuschläge vereinbart, wie z. B. die Lärmzulage. Allerdings wird dadurch der gesundheitliche Schaden, z. B. die Schwerhörigkeit, nicht verhindert (Abschnitt 6.4.7).

Das Entsprechende gilt, wenn Personen in staubiger Umgebung arbeiten. Hier treten nach mehreren Jahren Schädigungen der Atemwege und der Lungen ein.

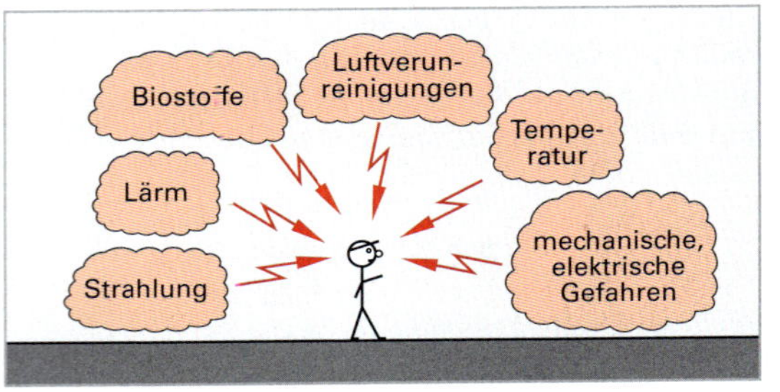

Bild 1: Belastende Einflüsse am Arbeitsplatz

Tabelle 1: Gefahrenquellen an Arbeitsplätzen

Arbeitsplatz	Gefahrenquelle	Auswirkung
Arbeitsmaschine	Lärm Kühlschmierstoff Späne	Schwerhörigkeit Hautkrankheiten Schnittwunden
Galvanik	Säuren	Hautkrankheiten
Lackiererei	Laugen Farbmittel Phosphate Methanol	Erkrankungen der Atmungsorgane
Schleiferei	Kobaltstaub Schleifschlamm	Krebs erregend Hautkrankheiten
Schreinerei	Staub Abbeizmittel	Lungenkrebs Hautkrankheiten, Lungenschädigungen
Schweißerei	Kohlenstoffmonoxid Zinkoxid Chromate	Erkrankungen der Atmungsorgane, Krebs erregend

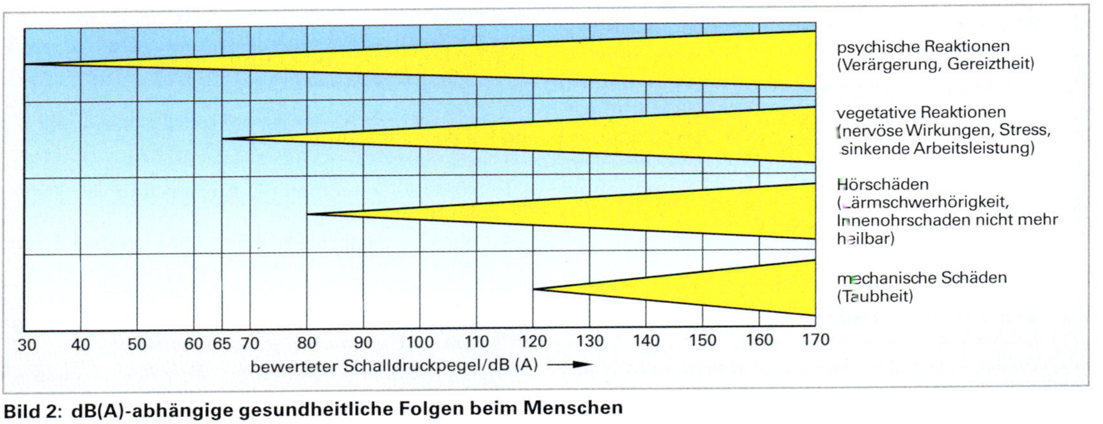

Bild 2: dB(A)-abhängige gesundheitliche Folgen beim Menschen

Der Arbeitgeber ist verpflichtet, den Arbeitnehmer auf die Gefahren am Arbeitsplatz hinzuweisen und entsprechende Schutzmaßnahmen zu veranlassen.

6.4.2 Vorschriften und Gesetze

Für einen wirksamen Arbeitsschutz des Arbeitnehmers gibt es umfassende Vorschriften und Richtlinien **(Bild 1)**. Die Belange des Arbeitsschutzes sind untrennbar mit dem betrieblichen Umweltschutz verbunden. Deshalb sind von besonderer Bedeutung das Bundesimmissionsschutzgesetz, die Gefahrstoffverordnung, die Biostoffverordnung und das Chemikaliengesetz.

Entsprechend den Gesetzen und Verordnungen gibt es zuständige **Aufsichtsinstitutionen**:

- Gewerbeaufsichtsämter,
- Umweltschutzämter der Landkreise,
- Umweltbundesamt,
- Berufsgenossenschaften.

Für den Umgang mit gefährlichen Arbeitsstoffen sind Tabellen heranzuziehen, in denen Werte für maximale Konzentrationen festgehalten sind **(Bild 2)**. Die **Arbeitsplatz-Grenzwerte AGW** geben die Konzentrationen an, die nach heutigen Erkenntnissen bei einer Wochenarbeitszeit von 40 Stunden zu keinen gesundheitlichen Schädigungen führen. Die **Biologischen Grenzwerte BGW** geben den arbeitsmedizinisch ermittelten, toxikologisch erlaubten Grenzwert für Beschäftigte an. Diese Grenzwerte sind für die zu treffenden Schutzmaßnahmen und die messtechnische Überwachung am Arbeitsplatz heranzuziehen. Zum Schutz des Arbeitnehmers dienen ferner die *H-Sätze* und *P-Sätze* der **Gefahrstoffverordnung** zum Kennzeichnen von Gefahrstoffen (Bild 2 und Abschnitte 3.3.5, 5.3.7, 12.1).

Hinsichtlich der räumlichen Gegebenheiten der Arbeitsplätze bzw. sonstiger Betriebsflächen sind die Vorschriften der **Arbeitsstättenverordnung** einzuhalten **(Bild 3)**. Lassen sich Gase, Dämpfe, Nebel oder Stäube nicht vermeiden, so sind ab gewissen Konzentrationen Absaugeinrichtungen vorzusehen. Arbeitsplätze im Freien sind so zu gestalten, dass sich die Arbeitnehmer bei jeder Witterung sicher bewegen können. Die Arbeitsplätze und Verkehrswege müssen beleuchtet sein, wenn das Tageslicht nicht ausreicht. Auf Baustellen sind z. B. Tagesunterkünfte mit Sitzgelegenheiten und mindestens 0,75 m^2 freie Bodenfläche je Arbeitnehmer einzurichten.

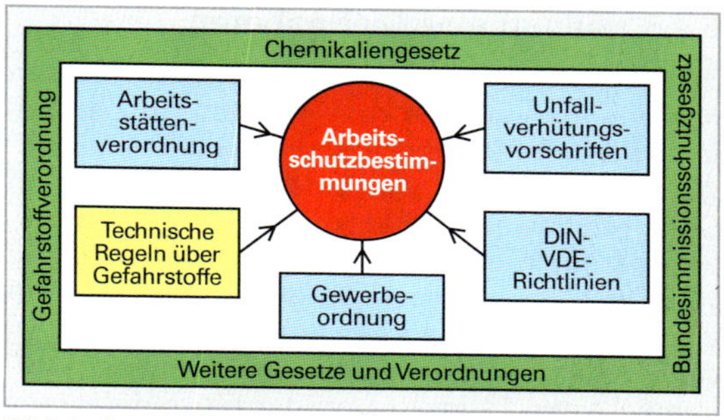

Bild 1: Gesetze, Vorschriften und Richtlinien zum Arbeitsschutz

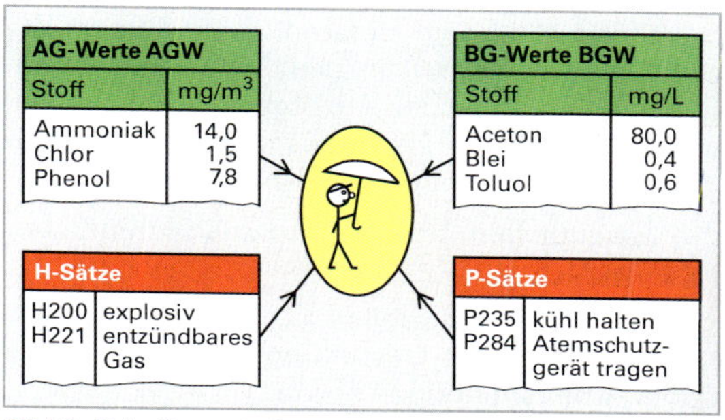

Bild 2: Tabellen mit Grenzwerten und Hinweisen beim Umgang mit Gefahrstoffen

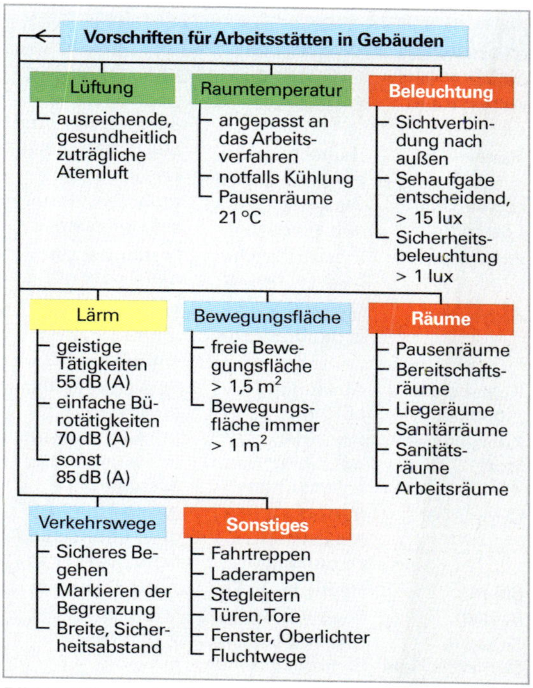

Bild 3: Allgemeine Vorschriften für Gebäude mit Arbeitsstätten (Beispiele)

6.4.3 Allgemeine Maßnahmen

Zum Schutz der Arbeitnehmer muss ein Unternehmen Maßnahmen zum Arbeitsschutz ergreifen. Hierzu gehört das Erstellen von Betriebsanweisungen **(Bild 1)**. Für jeden Gefahrstoff sind Gefahrenhinweise, Schutzmaßnahmen und Verhaltensregeln aufzuzeigen. Allein der Aushang von DIN/EN-Sicherheitsdatenblättern ist nicht ausreichend. Anhand der Betriebsanweisungen sind die Arbeitnehmer vor der erstmaligen Aufnahme einer Tätigkeit und danach mindestens jährlich einmal zu unterweisen.

Der Arbeitgeber ist verpflichtet zu ermitteln, welche Stoffe in seinem Unternehmen Gefahrstoffe sind. Die Produkthersteller und Lieferanten von Gefahrstoffen müssen den Arbeitgeber auf Verlangen unterstützen, indem sie die ausgehenden Gefahren und die zu ergreifenden Maßnahmen mitteilen.

Die wesentlichen **Arbeitsschutzmaßnahmen** beruhen auf

- regelmäßigen Kontrollen,
- einer wirksamen Gestaltung von Arbeitsplatz und Arbeitsmethoden sowie
- dem Einsatz alternativer, weniger gefährlicher Stoffe **(Bild 2)**.

Tabelle 1: Maßnahmen zur Gefahrenminderung

Gefahrenquelle	Maßnahme	Bemerkungen
Asbeststaub	Atemschutz	Asbestverwendung ist verboten.
Beizen	Hautschutz, Absaugung, Lüftung	Meist werden Säuren eingesetzt.
CKW-haltige Lösemittel	Wässrige Lösungen einsetzen.	CKW-Lösemittel sind wirksamer.
Farbmittel	Wasserlösliche Lacke einsetzen.	Farbmittel sind meist sehr giftig.
Klebstoffe	Hautschutz, Absaugung, Lüftung	Geringen Lösemittelgehalt einhalten.
Kohlenstoffmonoxid	Absaugung, Lüftung	Bei Verbrennungsprozessen.
Kühlschmierstoff	Rechtzeitige Erneuerung, Hautschutzmittel	Kühlschmierstoffe können Krebs erzeugen.
Lärm	Kapselung von Maschinen, Dämmung	Je nach Arbeitsplatz unterschiedliche Pegel.
Säuren, Laugen	Hautschutz, Absaugung, Lüftung	Auch die Augen schützen.
Schwere Elemente, Teile	Sicherheitshelm, Sicherheitsschuhe	Z.B. im Baugewerbe.
Staub	Absaugung	Bei Bedarf Atemschutz.

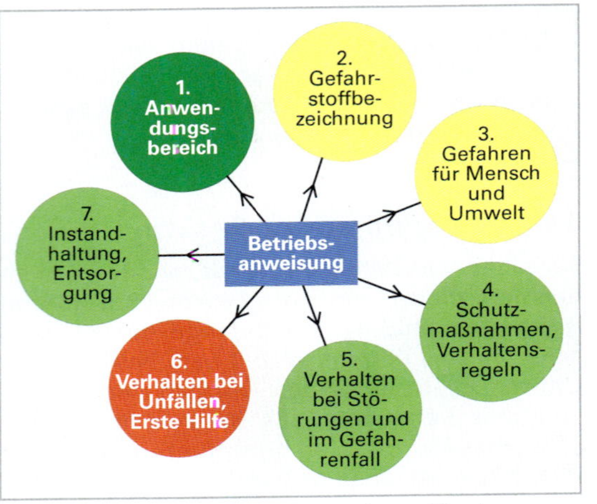

Bild 1: Aufbau einer Betriebsanweisung für einen Gefahrstoff

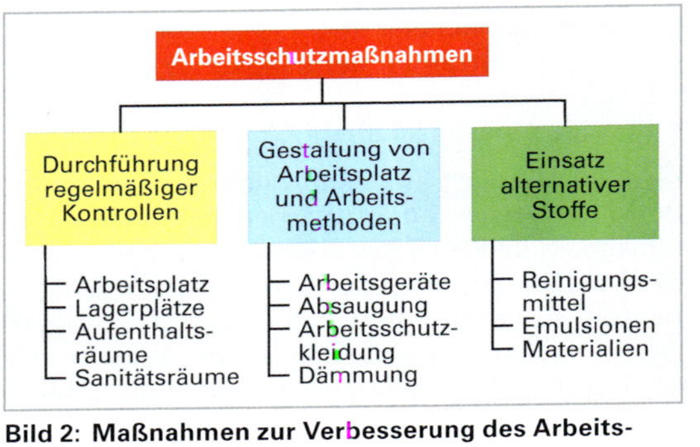

Bild 2: Maßnahmen zur Verbesserung des Arbeitsschutzes (Beispiele)

Besonders wichtig bei den Schutzmaßnahmen ist das Verhindern des Freiwerdens von Gefahrstoffen. Dann folgen das Erfassen und Beseitigen von Gefahrstoffen nach dem Stand der Technik, das Durchführen lüftungstechnischer Maßnahmen und schließlich das Anwenden persönlicher Schutzmaßnahmen.

Je nach Gefahrenquelle sind unterschiedliche Maßnahmen zu ergreifen **(Tabelle 1)**.

Die Arbeitgeber sind verpflichtet, an Arbeitsplätzen auftretende Gefahren zu minimieren.

Wiederholung und Vertiefung

1. **Nennen Sie Gefahrenquellen, die in ihrer Wirkung gerne unterschätzt werden.**
2. **Erklären Sie den Begriff Berufskrankheit.**
3. **Erklären Sie den Begriff AGW.**

6.4.4 Persönliche Schutzausrüstung und Atemschutzgeräte

Persönliche Schutzausrüstung

Persönliche Schutzausrüstung (PSA) ist durch den Unternehmer bereitzustellen, wenn Gefahren für den Menschen bei seiner Arbeit durch technische Maßnahmen nicht völlig auszuschließen sind. Alle Beschäftigte sind verpflichtet, die angeordnete PSA zu benutzen.

Beschäftigte müssen sich bei Tätigkeiten mit Gefahrstoffen durch geeignete PSA vor gesundheitsschädlichen Einwirkungen schützen **(Bild 1)**. Auch bei vielen manuellen Tätigkeiten an Maschinen oder Tätigkeiten mit Abfällen ist der Einsatz von PSA zum Schutz vor vielfältigen Gefahren unumgänglich.

Daher besteht auf vielen Betriebsgeländen in Bereichen laufender Maschinen generell die Tragepflicht einer *Gestellschutzbrille* zum Schutz der Augen vor wegfliegenden Splittern oder spritzenden Flüssigkeiten. Ebenso kann PSA als Ergänzung von vorhandenen technischen Maßnahmen zum Einsatz kommen, z. B. der Einsatz eines *Atemschutzgerätes* als gezielte Ergänzung zu einer Absauganlage.

> Persönliche Schutzausrüstung schützt die Beschäftigten vor Gefahren, die nicht völlig auszuschließen sind, und muss von den Beschäftigten verwendet werden.

Kategorien persönlicher Schutzausrüstung

Persönliche Schutzausrüstung wird in drei Kategorien eingeteilt. Diese Einteilung beruht auf der zu erwartenden Gefährdung und den damit notwendigen Maßnahmen zum Schutz des Beschäftigten.

PSA der Kategorie I dient zum Schutz vor geringfügigen Risiken. Für diesen Fall ist anzunehmen, dass die Beschäftigten nur einer geringfügigen Gefährdung ausgesetzt sind. Sie sind in der Lage, über den Einsatz der Schutzausrüstung selbstständig zu entscheiden, ohne sich zu gefährden. Dies können *Handschuhe* sein, die vor der Einwirkung einer erhöhten Temperatur schützen sollen **(Bild 2)**. PSA der Kategorie I hat im Alltag eine untergeordnete Bedeutung. Meist sind die Risiken eines Gesundheitsschadens höher und es wird PSA der Kategorie II und III angeordnet.

Bild 1: Gezielter Einsatz von PSA bei Tätigkeiten mit Gefahrstoffen

Bild 2: Gummihandschuhe zum Schutz vor erhöhter Temperatur bei Reinigungsarbeiten

> PSA der Kategorie I schützt vor kleinen Gefährdungen.

PSA der Kategorie II dient zum Schutz vor mittleren Risiken, die ernste Verletzungen oder bleibende Schäden verursachen können. Oftmals sind mechanische Gefahren der Auslöser. So kommt es durch Werkzeuge zu Verletzungen an Händen oder durch schwere Lasten zu Verletzungen an den Füßen und Händen bei der Durchführung von Transportarbeiten. Zum Schutz der Füße wird das Tragen von *Sicherheitsschuhen* vorgeschrieben. Ihre Sohle ist besonders widerstandsfähig gegen das Eindringen spitzer Körper **(Bild 1)**. Eine Stahlkappe schützt den Zehenbereich gegen Verletzungen durch das Abstellen schwerer Lasten **(Bild 2)**.

Der Einsatz von PSA der Kategorie II wird durch den Arbeitgeber angeordnet, denn die Beschäftigten haben jederzeit damit zu rechnen, gefährdet zu werden.

Zur PSA der Kategorie II zählen z. B.:

- Gestellschutzbrillen,
- Chemikalienschutzhandschuhe,
- Gehörschutz.

> PSA der Kategorie II schützt vor mittleren Risiken, die ernste Verletzungen oder langfristige Gesundheitsschäden zur Folge haben können.

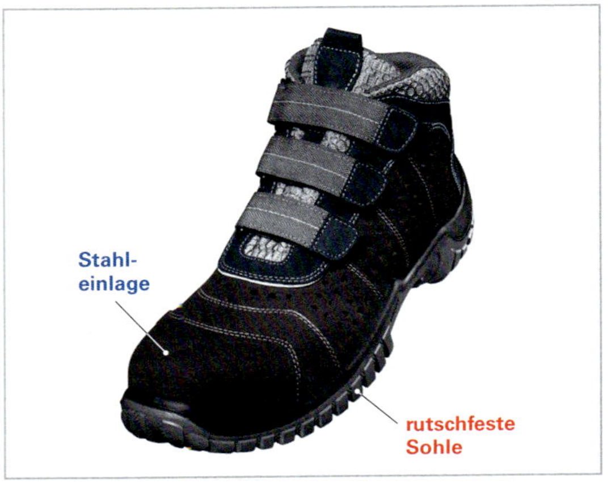

Bild 1: Sicherheitsschuh

Bild 2: Schnitt durch einen Sicherheitsschuh

PSA der Kategorie III dient zum Schutz gegen tödliche Gefahren oder bleibende Schäden. Häufig sind hier chemische Gefahren der Auslöser. Der Einsatz von PSA der Kategorie III wird durch den Arbeitgeber angeordnet, denn die Beschäftigten sind vor tödlichen Gefahren jederzeit zu schützen. Für den Arbeitgeber besteht Unterweisungspflicht. Er muss die Beschäftigten entsprechend den Unfallverhütungsvorschriften der Deutschen Gesetzlichen Unfallversicherung schulen (§ 31 DGUV V1). Die Beschäftigten müssen die Anwendung dieser PSA üben.

Zu den tödlichen Gefahren zählt die Aufnahme toxischer Stoffe über die Atmungsorgane oder die Haut, ebenso wie die erstickende Wirkung von Gasen wie Stickstoff oder Argon, die zum Verdrängen von Luftsauerstoff zur Anwendung kommen. Hiergegen besteht ein wirksamer Schutz nur durch den Einsatz entsprechender *Atemschutzgeräte* oder *Schutzanzüge*. Zum Schutz gegen erstickende Gase ist ein Atemschutzgerät notwendig, welches von der Umgebungsluft unabhängig arbeitet **(Bild 3)**.

> PSA der Kategorie III schützt vor tödlichen Gefahren oder irreversiblen Schäden.

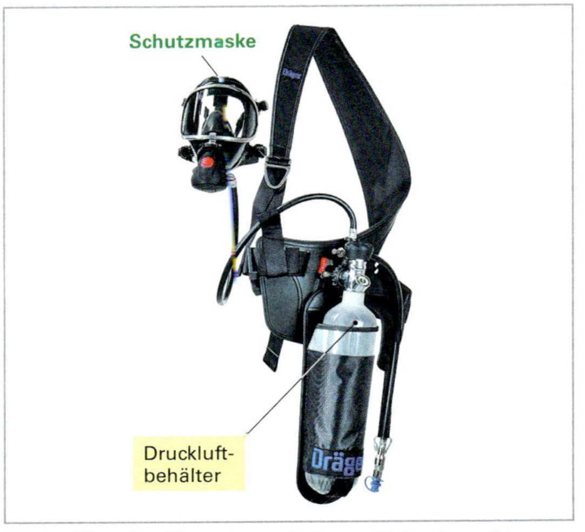

Bild 3: Von der Umgebungsluft unabhängiges Atemschutzgerät

PSA-Benutzungsverordnung

Durch die PSA-Benutzungsverordnung (PSA-BV) wird die Bereitstellung persönlicher Schutzausrüstung durch den Arbeitgeber, sowie deren Benutzung durch die Beschäftigten geregelt. Die

PSA-BV ist eine deutsche Verordnung zur Umsetzung von EU-Richtlinien im Arbeitsschutz.

So darf der **Arbeitgeber** nach der PSA-BV nur persönliche Schutzausrüstung auswählen und den Beschäftigten bereitstellen, die

- den Anforderungen der Verordnung über das Inverkehrbringen von persönlichen Schutzausrüstungen entsprechen,
- ausreichenden Schutz gegenüber der zu verhütenden Gefährdung bieten, ohne selbst eine größere Gefährdung mit sich zu bringen,
- für die am Arbeitsplatz vorhandenen Bedingungen geeignet sind,
- den ergonomischen und gesundheitlichen Anforderungen der Beschäftigten entsprechen.

PSA muss den **Beschäftigten** individuell angepasst sein. Sie ist grundsätzlich für den Gebrauch durch eine Person bestimmt.

Die Beschäftigten und der Arbeitgeber haben die Aufgabe, durch Wartungs-, Reparatur- und Ersatzmaßnahmen die PSA während der gesamten Benutzungsdauer in guter Funktion und in hygienisch einwandfreiem Zustand zu halten.

Für den Einsatz von PSA besteht die Pflicht zur Unterweisung nach § 3 PSA-BV. Innerhalb der Unterweisungen muss der Unternehmer

- die Beschäftigten in der sicherheitsgerechten Benutzung von PSA unterweisen,
- soweit erforderlich eine Schulung in der Benutzung durchführen,
- die Übung des Einsatzes von PSA der Kategorie 3 veranlassen,
- für jede bereitgestellte persönliche Schutzausrüstung die erforderlichen Informationen für die Beschäftigten in verständlicher Form und Sprache bereithalten.

> Die PSA-Benutzungsverordnung (PSA-BV) regelt die Bereitstellung der persönlichen Schutzausrüstungen (PSA) durch den Arbeitgeber sowie deren Benutzung durch die Beschäftigten.

Der Einsatz von PSA wird durch entsprechende Gebotzeichen angeordnet. Eine Auswahl dieser Gebotszeichen ist in Abschnitt 6.4.16, Kennzeichnungen für Sicherheit und Gesundheit, zu sehen.

Gefahrstoffe in der Atemluft

Gefahrstoffe, die in der Atemluft eine Konzentration aufweisen, die den Arbeitsplatz-Grenzwert überschreitet, gelangen oft unbemerkt in einer schädlichen Menge über die Atemwege in den Körper. Sie können in der Form eines Gases, Dampfes, Nebel oder als Staub vorliegen. Durch die orale (lat. os = Mund) Aufnahme können schon nach kurzer Einwirkdauer erste Gesundheitsschäden verursacht werden. Hierzu zählt z. B. der Gefahrstoff Kohlenstoffmonoxid. Die Angabe des AGW von Kohlenstoffmonoxid liegt bei 35 mg/m^3. Da es sich hierbei um ein geruchloses Gas handelt, kann nur ein geeigneter **Atemschutz** vor den Gesundheitsgefahren durch Kohlenstoffmonoxid schützen.

Als Unternehmer ist man verpflichtet, einen geeigneten Atemschutz zur Verfügung zu stellen, wenn die Beschäftigten durch Einatmen von Schadstoffen oder durch Sauerstoffmangel gefährdet werden können.

Zu diesen Schadstoffen zählen z. B.:

- gasförmige Gefahrstoffe,
- staubförmige Gefahrstoffe,
- viele radioaktive Stoffe,
- Mikroorganismen in Aerosolen.

Akuter Sauerstoffmangel besteht, wenn die Atemluft weniger als 17 Vol.-% Sauerstoff enthält. Sauerstoffmangel kann Bewusstlosigkeit und Tod zur Folge haben. Weiterhin können Gehirnzellen geschädigt werden.

Gase, Dämpfe, Nebel und Stäube in der Atemluft

Als **Gas** bezeichnet man einen gasförmigen Stoff, z. B. Erdgas oder Kohlenstoffmonoxid.

Als **Dampf** bezeichnet man ein Gas, das noch in Kontakt mit der Flüssigkeit steht, aus der es durch Verdampfung hervorgegangen ist.

Als **Nebel** werden fein verteilte Flüssigkeitströpfchen bezeichnet, die keinen Kontakt zu der Flüssigkeit haben, aus der sie entstanden sind.

Als **Staub** bezeichnet man feste Partikel mit geringem Korndurchmesser. Staub wird häufig durch Luftbewegungen aufgewirbelt.

Auswahlkriterien für Atemschutzgeräte

Entscheidend bei der Auswahl eines Atemschutzgerätes ist neben der Art der Gefährdung auch die Umgebungsatmosphäre.

Atemschutzgeräte, die mit einem Filter arbeiten, sogenannte **Filtergeräte** **(Bild 1)**, dürfen nur dann zum Einsatz gebracht werden, wenn in der Umgebungsluft des Einsatzortes ein Sauerstoffgehalt vorhanden ist, der 20 Vol.-% zu Beginn der Tätigkeiten nicht unterschreitet. Der Sauerstoffgehalt darf sich während der Einsatzzeit des Filtergerätes nicht nachteilig verändern. Filtergeräte werden als Partikelfilter, Gasfilter oder Kombinationsfilter eingesetzt.

Atemschutzgeräte, die unabhängig von der Umgebungsatmosphäre arbeiten, sogenannte **Isoliergeräte**, können bei Sauerstoffmangel eingesetzt werden. Sie werden über eine Schlauchleitung mit Atemluft versorgt oder führen einen Luftvorrat in Pressluftflaschen mit.

> Der Einsatz von Atemschutzgeräten muss auf die Umgebung abgestimmt sein, Filtergeräte benötigen für ihren Einsatz einen ausreichenden Sauerstoffgehalt in der Umgebungsluft.

Wirkungsweise von Gasfiltern

Gasfilter dienen der kurzzeitigen Gefahrenverhinderung. Ihre Wirkung beruht darauf, dass Schadstoffe innerhalb gewisser Grenzen aus der Umgebungsluft entfernt werden. Daher müssen die Art der Schadstoffe und die Konzentration in der Luft bekannt sein.

Nicht gegen alle Gase gibt es wirksame Filter. Zum Beispiel können CO und CO_2 nicht wirkungsvoll aus der Atemluft entfernt werden. Auch ein Sauerstoffmangel wird durch Filtergeräte nicht behoben.

Gasfilter sind keine universell einsetzbaren Atemschutzgeräte. Sie werden in unterschiedliche Schadstoffklassen eingeteilt. Diese sind an der Kennfarbe und z.B. dem Kennbuchstaben A, E, B oder K zu unterscheiden. Den Kennbuchstaben und Farbkennzeichnungen sind entsprechende Anwendungen gegenübergestellt **(Tabelle 1)**. Darüber hinaus gibt es weitere Gasfiltertypen mit weiteren Kennbuchstaben und Kennfarben, z.B. für CO, Hg, NO und spezielle Gase (www.arbeitsbedarf24.de).

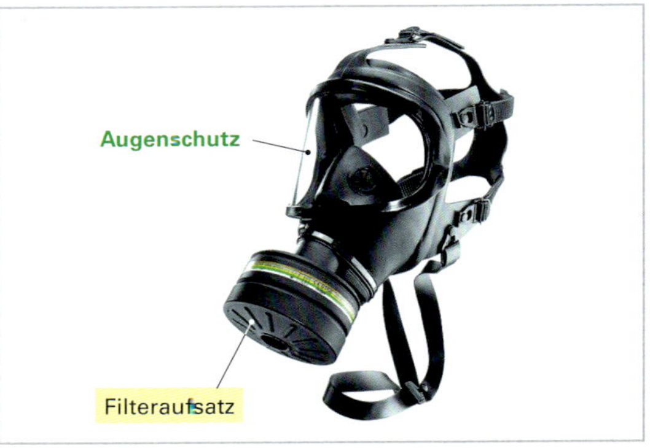

Bild 1: Atemschutzgerät nach dem Filterprinzip

Tabelle 1: Beispiele für Gasfiltertypen

Kennbuchstaben	Kennfarbe	Anwendung
A	Braun	Organische Gase und Dämpfe. Siedepunkt >65 °C.
B	Grau	Anorganische Gase und Dämpfe. Chlorgas, Schwefelwasserstoff, Blausäure.
E	Gelb	Schwefeldioxid, Chlorwasserstoffgas.
K	Grün	Ammoniak, organische Ammoniakderivate.
Kombinierter Schutz von A, B, E, K mittels Gasfiltertyp ABEK mit Kennfarben Braun – Grau – Gelb – Grün.		

Tabelle 2: Leistungsfähigkeit der Gasfilterklassen

Filterklasse	Bauart	Höchstzulässige Konzentration
1	Kleinfilter	1 000 mL/m³ = 0,1 Vol.-%
2	Normalfilter	5 000 mL/m³ = 0,5 Vol.-%
3	Kanisterfilter	10 000 mL/m³ = 1,0 Vol.-%

Liegen unterschiedliche Gefahrstoffe gleichzeitig in der Luft vor, kommen entsprechend gekennzeichnete Mehrbereichsfilter zum Einsatz. Sie sind an der Bezeichnung ABEK zu erkennen.

Die Leistungsfähigkeit unterschiedlicher Filterklassen ist an deren Kennziffern 1, 2 oder 3 zu erkennen **(Tabelle 2)**. Diese Klassifizierung gilt jedoch nur für die Gasfiltertypen A, B, E, K.

Die Gebrauchsdauer eines Gasfilters hängt vom jeweiligen Arbeitseinsatz ab. Anhand vom Geschmack oder Geruch kann der Durchbruch von Gasen oder Dämpfen wahrgenommen werden. Sobald dies der Fall ist, ist die Aufnahmekapazität des Gasfilters erschöpft.

> Gasfiltergeräte sind entsprechend der in der Umgebungsluft vorkommenden Gefahrstoffe und deren Konzentration auszuwählen.

Wirkungsweise von Partikelfiltern

Partikelfilter bestehen in der Regel aus Flächengebilden (Vliese) natürlicher oder künstlicher Fasern. An ihnen scheiden sich die in der Einatemluft enthaltenen Partikel ab.

Partikelfilter werden entsprechend ihrer Abscheideleistung in drei Filterklassen eingeteilt. Partikelfilter sind durch die Kennzeichnung **FFP** (Filtering Facepiece = Filternde Gesichtsmaske), die **Partikelfilterklasse** 1 bis 3 und die Kennfarbe Weiß gekennzeichnet:

- FFP1, feste Partikel, geringe Abscheideleistung,
- FFP2, feste Partikel und Tröpfchenaerosole, mittlere Abscheideleistung,
- FFP3, feste Partikel und Tröpfchenaerosole, hohe Abscheideleistung.

Die Kennzeichnung mit der höheren Partikelfilterklasse schließt das Anwendungsgebiet der niedrigeren Partikelfilterklasse ein.

Wirkungsweise von Isoliergeräten

Nicht frei tragbare Isoliergeräte sind bei ihrer Anwendung von einer Versorgung mit Atemluft abhängig. Sie werden häufig als **ortsabhängige Atemschutzgeräte** bezeichnet. Die Atemluftversorgung erfolgt über eine Schlauchleitung. Unterschieden werden:

- Frischluft-Schlauchgeräte,
- Frischluft-Druckschlauchgeräte mit Handgebläse,
- Frischluft-Druckschlauchgeräte mit Motorgebläse,
- Druckluft-Schlauchgeräte.

Frei tragbare Isoliergeräte sind in ihrem Einsatz unabhängig von der Versorgung mit Atemluft **(Bild 1)**. Sie werden häufig als **ortsunabhängige Atemschutzgeräte** bezeichnet. Ihre Atemluftversorgung erfolgt über eine eigene Versorgung durch Druckgasflaschen. Unterschieden werden:

- Behältergeräte mit Druckluft,
- Behältergeräte mit Überdruck,
- Regenerationsgeräte.

Bild 1: Atemschutz durch ein Isoliergerät

Tabelle 1: Einteilung von Atemschutzgeräten

Merkmale	Gerätegruppen 1	2	3
Gewicht	< 5 kg	< 5 kg	> 5 kg
Atemwiderstand	gering	erhöht	erhöht
Beispiele	Filtergeräte	Schlauchgeräte	Pressluftgeräte

Einteilung in Gerätegruppen

Tätigkeiten unter Atemschutz machen eine arbeitsmedizinische Vorsorgeuntersuchung entsprechend den Gerätegruppen notwendig. Für den Umfang der Untersuchung sind die jeweilige körperliche Belastung und der Atemwiderstand ausschlaggebend. Atemschutzgeräte werden daher in entsprechende Gerätegruppen eingeteilt **(Tabelle 1)**.

> Die Auswahl eines Atemschutzgerätes hängt vom Einsatzgebiet ab.

Voraussetzungen zum Tragen von Atemschutzgeräten

Alle Träger von Atemschutzgeräten müssen eine theoretische **Ausbildung** erhalten. Diese muss durch praktische Übungen ergänzt werden. Es sind regelmäßige Wiederholungsunterweisungen erforderlich.

Träger von Bärten und Koteletten im Bereich der Dichtlinien der Atemschutzgeräte sind für das Tragen von Atemschutzgeräten nicht geeignet. Dieses gilt auch für Beschäftigte mit tiefen Narben oder besonderen Kopfformen, welche keinen ausreichenden Dichtsitz zulassen. Für Brillenträger sind spezielle Maskenbrillen einzusetzen.

Ungeeignet für Tätigkeiten mit Atemschutzgeräten sind folgende Personen:

- Jugendliche unter 18 Jahren im Rettungswesen und für Gerätegruppe 3 (Tabelle 1).

- Personen mit allgemeiner Körperschwäche für Gerätegruppen 1, 2, 3.
- Personen mit mehr als 30 % Übergewicht für Gerätegruppen 2, 3.
- Personen mit Diabetes für Gerätegruppen 2, 3.
- Personen, die an Alkoholismus leiden (Alkoholiker) für Gerätegruppen 1, 2, 3.
- Personen, welche an Epilepsie leiden, für Gerätegruppen 1, 2, 3.

Ärztliche Eignungsuntersuchungen

Beschäftigte, die innerhalb ihrer Berufsausübung Tätigkeiten mit Atemschutz ausüben, benötigen eine arbeitsmedizinische Eignungsuntersuchung nach den Grundsätzen der gesetzlichen Unfallversicherung (GUV) oder der Berufsgenossenschaften (BG). Sie erfolgt entsprechend der Gerätegruppe des Atemschutzes.

Wiederholung und Vertiefung

1. **Unter welchen Gesichtspunkten wird den Beschäftigten das Tragen von persönlicher Schutzausrüstung vorgeschrieben?**
2. **Vor welchen Gefahren soll ein Sicherheitsschuh schützen?**
3. **Ein Mitarbeiter soll für einen Teil seiner Tätigkeiten PSA der Kategorie III verwenden. Welche Schritte sind zuvor durch den Unternehmer zu veranlassen?**
4. **Was ist bei der Anwendung von Atemschutzgeräten zu beachten, die nach einem Filterprinzip funktionieren?**
5. **Erklären Sie die Wirkung von Partikelfiltern.**
6. **Welche Atemschutzgeräte sind auch für Tätigkeiten bei Sauerstoffmangel einsetzbar?**
7. **Welche Personen sind für die Durchführung von Tätigkeiten unter Atemschutz nicht geeignet?**

6.4.5 Arbeiten in Anlagen der Abfalltechnik

Abfälle sind bewegliche Sachen, deren sich ihr Besitzer entledigen will oder entledigen muss. In Anlagen der Abfalltechnik werden diese Abfälle mithilfe mechanischer, chemischer, physikalischer, thermischer oder biologischer Verfahren für eine weitere Nutzung vorbereitet oder in eine geordnete Endlagerung überführt.

Aufgrund der verschiedenartigen Verfahren und dem Umgang mit Abfall sind Beschäftigte der Abfallwirtschaft unterschiedlichen Gefährdungen ausgesetzt.

Bild 1: Beschäftigter mit Gehörschutz und Schutzbrille

Hierzu zählen insbesondere:

- physikalische,
- chemische und
- biologische Einwirkungen.

Gefährdungen durch physikalische, chemische und biologische Einwirkungen

In Arbeitsbereichen mit Splittermöglichkeiten und Lärmentwicklungen, z. B. zur Durchführung von Verdichtungsvorgängen von Abfall, ist zu prüfen, ob die geltenden Expositionswerte für die Lärm- und Vibrationsarbeitsschutzverordnung eingehalten werden. Gegebenenfalls sind Maßnahmen zum Augenschutz und zur Lärmminderung zu ergreifen oder den Beschäftigten entsprechende Schutzausrüstungen zur Verfügung zu stellen **(Bild 1)**.

Werden Beschäftigte bei ihrer Tätigkeit Belastungen durch Stäube oder Gefahrstoffen ausgesetzt, ist eine Gefährdungsbeurteilung gemäß den Vorgaben der Gefahrstoffverordnung durchzuführen. Gegebenenfalls sind entsprechende Schutzmaßnahmen zu ergreifen, z. B. die Installation einer wirksamen Staubabsaugung oder Bereitstellung einer entsprechend wirksamen Atemschutzausrüstung.

Spitze und scharfe Gegenstände aus Haushalten, oder unerlaubterweise in den Haushaltsabfall gelangte Spritzen und Kanülen aus Arztpraxen, stellen ein gesundheitliches Risiko und eine Infektionsgefahr dar. Daher ist bei Tätigkeiten mit Abfällen der direkte Kontakt mit den Abfällen zu vermeiden.

Bei Tätigkeiten in Anlagen der Abfalltechnik ist mit dem Auftreten physikalischer, chemischer und biologischer Gefährdungen zu rechnen, entsprechende Schutzmaßnahmen sind zu ergreifen.

Gefährdungsbeurteilung

Jeder Unternehmer hat gemäß § 5 des Arbeitsschutzgesetzes zum Schutze der Beschäftigten Gefährdungsbeurteilungen durchzuführen. Die Ergebnisse der Gefährdungsbeurteilung sind zu dokumentieren und entsprechende Arbeitsschutzmaßnahmen abzuleiten. Dies betrifft alle biologischen, physikalischen und chemischen Einwirkungen, denen die Beschäftigten ausgesetzt sind.

Zur Durchführung der Gefährdungsbeurteilung können folgende Schriften der gesetzlichen Unfallversicherung (GUV) oder der Berufsgenossenschaften (BG) herangezogen werden:

- GUV-I 8759: Gefährdungs- und Belastungskatalog „Beurteilung von Gefährdungen und Belastungen am Arbeitsplatz in der Abfallwirtschaft".
- GUV-I 8700: Beurteilung von Gefährdungen und Belastungen am Arbeitsplatz.
- Merkblatt der Berufsgenossenschaften A016: Gefährdungsbeurteilung.
- Merkblatt der Berufsgenossenschaften A017: Gefährdungs- und Belastungskatalog.

Betriebsanweisungen und Unterweisungen

Der Unternehmer hat die Ergebnisse der Gefährdungsbeurteilung sowie Herstellerinformationen zum Bedienen von Maschinen den Beschäftigten in Form schriftlicher Betriebsanweisungen zur Verfügung zu stellen. Diese sind in einer für die Beschäftigten verständlichen Form und Sprache aufzustellen. Sie regeln den Betrieb der Maschinen und Anlagen, die Sammlung und den Transport von Abfällen und das Verhalten in der Betriebsstätte zur Vermeidung von Gesundheitsgefahren und Unfällen.

> Die Betriebsanweisungen sind den Beschäftigten in einer Unterweisung und zusätzlich durch Aushang in der Betriebsstätte bekannt zu machen.

Die Beschäftigten haben diesen Anweisungen Folge zu leisten. Die Anweisungen sind verbindlich.

Sammlung und Transport von Abfällen

Abfälle dürfen von den Bereitstellungsplätzen nur dann abgeholt werden, wenn ein gefahrloser Transport möglich ist. Weiterhin sind Belastungen der Gesundheit durch manuelle Handhabung soweit wie möglich zu vermeiden.

Bild 1: Entsorgungsfahrzeug mit Automatisierungseinrichtungen

Durch eine automatisierte Ausrüstung werden manuelle Tätigkeiten weitgehend vermieden und Unfall- und Gesundheitsgefahren minimiert **(Bild 1)**.

Gefahrloses Sammeln und Transportieren wird unterstützt, wenn

- Informationen über die Bereitstellungsplätze vorhanden sind,
- die Tourenplanung bedarfsgerecht erfolgt,
- alle erforderlichen Einrichtungen und Hilfsmittel verfügbar sind,
- die bestimmungsgemäße Nutzung der Einrichtungen und Hilfsmittel sichergestellt wird.

> Besondere Unfallschwerpunkte beim Sammeln und Transportieren von Abfällen entstehen durch manuellen Eingriff in den Abfall, durch spitze oder scharfkantige Gegenstände, die aus dem Abfall herausragen, und durch den Fahrzeugverkehr an den Bereitstellungsplätzen.

Prüfung und Kontrolle der Arbeitsmittel

Alle Arbeitsmittel und Einrichtungen der Abfallwirtschaft sind in regelmäßigen Zeitabständen durch entsprechend ausgebildete Personen auf ihren sicheren Zustand zu überprüfen. Die Prüfabstände sind so festzulegen, dass Schäden rechtzeitig entdeckt und behoben werden können.

Alle Maschinen, Arbeitsmittel und Einrichtungen für Sammeln und Transportieren von Abfall sind arbeitstäglich vor Aufnahme der Tätigkeit auf Mängel zu überprüfen. Festgestellte Mängel sind zu beseitigen. Werden durch Mängel die Gesundheit und Sicherheit der Beschäftigten gefährdet, darf der Betrieb nicht aufgenommen werden.

6.4.6 Arbeiten in Anlagen der Abwassertechnik

Der Arbeitsschutz in Anlagen der Abwassertechnik **(Bild 1)** umfasst Schutzmaßnahmen zur Reduzierung der Gesundheitsgefahren der Beschäftigten in solchen Anlagen bei Tätigkeiten im Rahmen ihrer Aufgaben. Hierbei führen die Beschäftigten Tätigkeiten mit Abwasser und Klärschlamm durch.

> Beschäftigte in Anlagen der Abwassertechnik können bei ihrer Arbeit mit Krankheitserregern in Berührung kommen.

Prozessbedingt findet in Anlagen der Abwassertechnik eine Vermehrung von Biostoffen (biologischen Arbeitsstoffen) statt. Die Beschäftigten in diesen Anlagen kommen daher mit Biostoffen in Kontakt, ohne dass die Tätigkeiten gezielt hierauf ausgerichtet sind. Die Handhabung von Biostoffen im Sinne der BioStoffV (Abschnitt 5.3.9) erfordert besondere Arbeitsschutzmaßnahmen.

> Bei Tätigkeiten in Anlagen der Abwassertechnik sind zum Schutz vor dem Kontakt mit Biostoffen besondere Schutzmaßnahmen zu ergreifen.

Tätigkeiten in Anlagen der Abwassertechnik

Zu den Anlagen der Abwassertechnik gehören Anlagen jeder Art, die für die Aufnahme, Sammlung, Weiterleitung und Behandlung von Abwasser und Schmutzwasser bestimmt sind. Hierbei zählen z. B. Kanäle, Rückhaltebecken, Pumpstationen und Abwasserbehandlungsanlagen. Bei den anfallenden Tätigkeiten handelt es sich z. B. um

- Kontrolltätigkeiten,
- Begehung von Kanälen und Schächten,
- Beseitigung von Verstopfungen,
- Auswechseln defekter Apparate und Maschinen,
- Reinigung von Rechenwerken und Pumpensümpfen,
- Absaugen von Kanälen, Gruben und Abscheidern,
- Entnahme von Abwasserproben und Schlammproben,
- Arbeiten in Bereichen erhöhter Aerosolbildung, z. B. im Belüfterbereich einer Kläranlage.

Bild 1: Anlage der Abwassertechnik

Wege der Biostoffe in den Körper

Eine Reihe von Biostoffen kann zu Erkrankungen beim Menschen führen. Voraussetzung hierfür ist, dass der Krankheitserreger über einen Aufnahmeweg in den menschlichen Körper gelangt. Für Krankheitserreger können folgende Wege in den Körper eine Rolle spielen.

Aufnahme über den Mund kann erfolgen durch

- Nahrungsmittel und Getränke, die verunreinigt sind,
- Essen und Trinken ohne ausreichende Reinigung der Hände,
- Hand-Mund-Kontakt ohne ausreichende Reinigung der Hände,
- direkte Spritzer in den Mundbereich.

Aufnahme über Haut und Schleimhaut kann erfolgen durch

- jeden Kontakt mit der Haut und dem Gesicht,
- direkte Spritzer in Augen und Nase,
- vorhandene Hautverletzungen,
- ungeschützte aufgeweichte Haut.

Aufnahme über die Atemwege kann erfolgen durch

- Aerosole in Form von Tröpfchen oder Staub.

Aufnahme über tiefes Gewebe kann erfolgen durch

- auftretende Verwundungen der Unterhaut,
- auftretende Verwundungen der Muskulatur.

> Biostoffe können auf unterschiedlichen Wegen in den menschlichen Körper gelangen.

Gefährdungsbeurteilung und Schutzmaßnahmen in Anlagen der Abwassertechnik

Der Arbeitgeber ist verpflichtet, für jede Tätigkeit, bei der eine Exposition (lat. exponere = herausstellen, aussetzen; die auf einen Menschen wirkende Belastung) gegenüber biologischen Arbeitsstoffen auftreten kann, eine Gefährdungsbeurteilung durchzuführen und wirksame Schutzmaßnahmen festzulegen. Der Arbeitgeber hat die Ergebnisse der Gefährdungsbeurteilung den Beschäftigten in Form schriftlicher Betriebsanweisungen zur Verfügung zu stellen.

Zur Exposition biologischer Arbeitsstoffe kann es z. B. in Bereichen kommen, in denen Aerosole auftreten. Hierbei handelt es sich um Arbeitsplätze in der Nähe von Belebungsbecken oder in denen Tätigkeiten mit Hochdruckreiniger durchgeführt werden.

Bei der Reinigung von Rechenwerken und Sümpfen ist mit Verletzungen durch scharfkantige und spitze Gegenstände zu rechnen. Hierbei muss auch mit gebrauchten Spritzen aus der Drogenszene gerechnet werden. Es besteht akute Infektionsgefahr durch Krankheitserreger.

Eine besondere Gefährdung besteht nach einem Sturz in Becken oder Gruben. Hierbei kann es zu einer Aufnahme biologischer Arbeitsstoffe über den Mund und die Atemwege in den Körper kommen.

Wissenschaftliche Studien zeigen, dass Beschäftigte in Anlagen der Abwassertechnik gegenüber der restlichen Bevölkerung häufiger Antikörper gegen Hepatitis A im Blut besitzen. Hieraus wird indirekt auf ein erhöhtes Risiko für Beschäftigte in diesen Bereichen geschlossen. Um Gefährdungen durch biologische Arbeitsstoffe in Anlagen der Abwassertechnik zu minimieren oder auszuschließen, muss der Arbeitgeber die Gefahrenquellen durch bauliche, technische und organisatorische Maßnahmen beseitigen. Hierzu zählen auch die Einführung von Maßnahmen der Hygiene (von griech. hygieiné = Gesundheit) und der Einsatz der persönlichen Schutzausrüstung. Wenn eine völlige Abwehr der Gefährdung nicht möglich ist, ist z. B. das Tragen von geeigneter Einwegkleidung notwendig **(Bild 1)**.

> Der Arbeitgeber hat Gefährdungen durch bauliche, technische und organisatorische Maßnahmen auszuschließen oder zu minimieren.

Bild 1: Einwegoverall für Reinigungsarbeiten und Atemschutz gegen Aerosole

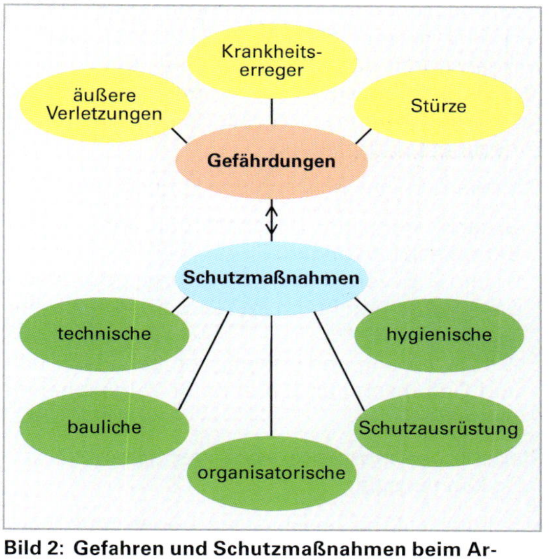

Bild 2: Gefahren und Schutzmaßnahmen beim Arbeiten in Anlagen der Abwassertechnik

Bezüglich der Minimierung der Gefährdung der Beschäftigten in Anlagen der Abwassertechnik sind z. B. die im Folgenden aufgeführten Maßnahmen zu berücksichtigen **(Bild 2)**.

Technische und bauliche Maßnahmen können sein:

- Minimierung einer Aerosolbildung durch geeignete Abdeckungen oder Änderungen der Belüftungstechnik.

- Verringerung der Fallhöhe bei stürzendem Wasser.
- Ausstattung von Spülfahrzeugen mit Fernbedienungen.
- Einbau von Absturzsicherungen, um einen Sturz in Becken zu vermeiden.
- Einbau gesicherter Standplätze für die Durchführung von Reinigungsarbeiten.

Hygienische Maßnahmen können sein:

- Einrichtungen zur Reinigung von verschmutztem Schuhwerk.
- Ausreichende Anzahl von Waschgelegenheiten mit fließendem Warm- und Kaltwasser.
- Nach Arbeitsende und vor dem Verlassen der Betriebsbereiche Hände waschen und desinfizieren.
- Pausenräume nicht mit verschmutzter Arbeitskleidung betreten.
- Getrenntes Aufbewahren von Arbeitskleidung und Straßenkleidung.

Durch die Einhaltung von Hygienemaßnahmen kann vor allem die Anzahl von Schmierinfektionen verringert werden **(Tabelle 1)**. Diese Maßnahmen werden durch das Aufstellen eines Reinigungsplans mit festgelegten Reinigungsintervallen für Arbeitsmittel unterstützt. Der Reinigungsplan ist konsequent einzuhalten.

Organisatorische Maßnahmen können sein:

- Unterweisung der Beschäftigten anhand von Betriebsanweisungen.
- Reinigung verschmutzter Arbeitsgeräte mit geeigneten Reinigungsmitteln direkt nach der Tätigkeit.
- Aufbewahrung und Verzehr von Lebensmitteln und Getränken nur in den dafür vorgesehenen Bereichen.

Maßnahmen mittels persönlicher Schutzausrüstung können sein:

- Schutzkleidung geschlossen tragen, um Hautkontakt mit biologischem Material zu vermeiden.
- Bei Tätigkeiten mit Spritzgefahr Gummischürze oder Overall tragen.
- Sicherheitsschuhe tragen, um vor mechanischen Verletzungen geschützt zu sein.
- Bei Tätigkeiten mit Abwasser und Schlämmen flüssigkeitsdichte Schutzhandschuhe verwenden.
- Atemschutz gegen Aerosole regelmäßig erneuern.

Ferner ist eine **Impfung** der Beschäftigten in derzeitigen Anlagen gegen Hepatitis A und B sehr zu empfehlen.

Tabelle 1: Krankheitserreger im Abwasser

Erreger	Hauptaufnahmeweg	Symptom/Erkrankung	Schutzmaßnahme
Bakterien			
Escherichia coli	Mund	Durchfall	Hygiene
Klebsiella pneumoniae	Atemwege	Lungenentzündung	Hygiene
Clostridium tetani	verletzte Haut	Wundstarrkrampf	Impfung
Viren			
Rota-Virus	Mund	Durchfall	Hygiene
Poliovirus	Mund	Kinderlähmung	Impfung, Hygiene
Hepatitis A-Virus	Mund	Gelbsucht	Impfung, Hygiene
Adenoviren	Mund	Augenentzündungen	Hygiene
Pilze			
Aspergillus fumigatus	Atemwege	allergische Erkrankungen	Hygiene, Atemschutz
Würmer			
Spulwürmer	Mund	Infektionen von Lunge und Darm	Hygiene

Einfache aber dennoch sehr wirksame Maßnahmen zum Schutz der Beschäftigten in Anlagen der Abwassertechnik sind Hygienemaßnahmen sowie eine geeignete PSA und eine geeignete Impfung.

Wiederholung und Vertiefung

1. **Nennen Sie Tätigkeiten, die in Anlagen der Abwassertechnik durchgeführt werden.**
2. **Weshalb sind bei Tätigkeiten in Anlagen der Abwassertechnik besondere Schutzmaßnahmen zu ergreifen?**
3. **Über welche Wege können Biostoffe in den Körper gelangen?**
4. **Nennen Sie zwei Arbeitsbereiche, in denen es zu einer Exposition von Biostoffen durch Aerosolbildung kommen kann.**
5. **Welche organisatorischen Maßnahmen schützen Beschäftigte vor Gefahren durch Biostoffe?**
6. **Welche technischen und welche baulichen Maßnahmen schützen Beschäftigte vor Gefahren durch Biostoffe?**
7. **Nennen Sie vier Hygienemaßnahmen zum Schutz der Beschäftigten vor Gefährdungen durch Biostoffe.**
8. **Welche Erkrankungen, durch Krankheitserreger im Abwasser, sind durch Maßnahmen der Hygiene vermeidbar?**

6.4.7 Arbeiten bei Lärm und Vibrationen

In der Lärm- und Vibrations-Arbeitsschutzverordnung (LärmVibrationsArbSchV) sind Maßnahmen zum Schutz der Beschäftigten vor gesundheitsschädlichen Einflüssen durch Lärm und Vibrationen beschrieben. Grundlage der zu ergreifenden Schutzmaßnahmen ist die Durchführung einer Gefährdungsbeurteilung nach § 5 ArbSchG. Alle daraus resultierenden Schutzmaßnahmen müssen dem jeweiligen Stand der Technik entsprechen und die Gefährdung der Beschäftigten ausschließen oder soweit wie möglich verringern. Der Stand der Technik ist der Entwicklungsstand fortschrittlicher Verfahren, Einrichtungen oder Betriebsweisen.

Bild 1: Zentrifugen zur Schlammbehandlung

Gesundheitsgefahren durch Lärm

Die Bezeichnung Lärm umfasst alle störenden, unerwünschten oder gesundheitsschädlichen Geräusche. Eine zu hohe Lärmbelastung wirkt sich nachteilig auf das Gehör aus und kann zu vielfältigen Gesundheitsbeeinträchtigungen führen. Anwohner stark frequentierter Verkehrsstraßen zeigen nachweislich ein höheres Risiko an Erkrankungen des Herz-Kreislaufsystems. Auch eine andauernde Lärmbelastung am Arbeitsplatz kann zu gesundheitlichen Schäden führen. Zu den typischen Lärmarbeitsplätzen in der Umwelttechnik zählen z. B. der Betrieb von Verdichtungsmaschinen für Abfälle oder Zentrifugen zur Behandlung von Schlämmen **(Bild 1)**.

> Eine andauernde Belastung durch Lärm wirkt sich nachteilig auf die Gesundheit der betroffenen Personen aus und ist zu vermeiden.

Etwa ein Drittel der bestätigten Berufskrankheiten fallen in die Kategorie der berufsbedingten Lärmschwerhörigkeit. Sie entwickelt sich über einen längeren Zeitraum hinweg und wird durch eine ständige Lärmbelastung durch Maschinen und Anlagen sowie durch laute Arbeitsprozesse hervorgerufen. Auch durch kurzzeitig auftretende Geräusche, z. B. bei Entspannungsvorgängen von Kompressoren auftretende Knallgeräusche, kann eine Lärmschwerhörigkeit entstehen.

Ein durch Lärm verursachter Gehörschaden ist nicht heilbar. Daher ist es wichtig, entsprechende Schutzmaßnahmen vor zu großer Lärmbelastung (Geräuschimmission) durch Lärmexposition (exposition = Freisetzung) zu ergreifen. Die Festlegung wirksamer Schutzmaßnahmen erfolgt auf der Basis von Lärmpegelmessungen **(Bild 2)**. Hierzu sind fachkundige Personen, in der Regel der Betriebsarzt oder die Fachkraft für Arbeitssicherheit, hinzuzuziehen.

Bild 2: Messung einer Lärmexposition
www.testo.com

Als Maßstab für die Lärmbelastung dient der Schalldruckpegel in dB(A). Der Schalldruckpegel ist ein logarithmisches Maß zur Beschreibung der Stärke eines Schallereignisses. Ein hoher Schalldruckpegel zeigt eine hohe Lautstärke an.

> Zur Vermeidung von Gesundheitsbeeinträchtigungen durch Lärm am Arbeitsplatz sind wirksame Schutzmaßnahmen zu ergreifen.

Zur Beurteilung eines Arbeitsplatzlärmpegels werden über einen Zeitraum von 8 Stunden hinweg Lärmmessungen durchgeführt und der Mittelwert wird gebildet. Durch den 8-Stunden-Zeitraum werden auch Schwankungen in der Lärmbelastung erfasst.

Angabe der Arbeitsplatzlärmpegel

Die Angabe eines Arbeitsplatzlärmpegels erfolgt als *Tageslärmexpositionspegel* $L_{EX\,8h}$ in dB(A), z. B. $L_{EX\,8h} = 75$ dB(A).

Schallereignisse, die nur kurzzeitig auftreten, z. B. Knallgeräusche bei Druckentlastungen, werden als Spitzenschalldruckpegel $L_{pC\,peak}$ in dB(C) angegeben, z. B. $L_{pC\,peak} = 130$ dB(C).

Peak bedeutet Spitzenwert.

Exposition (lat. exponere = herausstellen, aussetzen) bedeutet die auf einen Menschen wirkende Belastung.

> Bei der Lärmpegelmessung $L_{EX\,8h}$ am Arbeitsplatz wird die Lärmbelastung innerhalb von 8 Stunden gemessen.

Ermittlung der Lärmexposition

Lärmmessungen sind immer dann erforderlich, wenn keine gesicherte Aussage möglich ist, ob die Auslösewerte unterschritten werden. Für Lärmexpositionsmessungen sind die Normen DIN 45645-2 und DIN EN ISO 9612 anzuwenden. Die Ergebnisse sind 30 Jahre aufzubewahren.

Bei Erreichen oder Überschreiten der Schalldruckpegel $L_{EX\,8h} \geq 80$ dB(A) oder $L_{pC\,peak} \geq 135$ dB(C) sind folgende Maßnahmen durchzuführen:

- Alle im Lärmbereich Beschäftigten sind zu informieren und über die Gefahren durch Lärm zu unterweisen.
- Für die im Lärmbereich Beschäftigten sind geeignete Gehörschützer bereitzustellen und deren Benutzung ist zu empfehlen.
- Allen im Lärmbereich Beschäftigten sind arbeitsmedizinische Vorsorgeuntersuchungen nach Grundsätzen der gesetzlichen Unfallversicherung anzubieten.

Bei Erreichen oder Überschreiten der Schalldruckpegel $L_{EX\,8h} \geq 85$ dB(A) oder $L_{pC\,peak} \geq 137$ dB(C) sind nachfolgende Maßnahmen unumgänglich:

- Die Lärmbereiche sind zu kennzeichnen und der Zugang ist zu beschränken.
- Die Beschäftigten sind zu informieren.
- Alle Beschäftigten in diesem Bereich müssen Gehörschutz benutzen.
- Für die im Lärmbereich Beschäftigten sind regelmäßig Vorsorgeuntersuchungen zu veranlassen.

Tabelle 1: Wichtige Begriffe im Lärmschutz

Begriff	Erklärung
Beurteilungspegel	Ist der Lärmpegel, der die Wirkung eines Geräuschs auf das Gehör kennzeichnet. Seine Angabe erfolgt als Tageslärmexpositionspegel oder Spitzenschalldruckpegel.
Lärmbereiche	Sind alle Arbeitsbereiche, in denen Lärm auftritt und bei denen der ortsbezogene Beurteilungspegel 85 dB(A) oder der Höchstwert einen Spitzenschalldruckpegel von 137 dB(C) erreicht oder überschreitet.
Lärmexpositionsgrenzwerte	Lärmexposition bezeichnet den auf den Beschäftigten einwirkenden Lärm. Als Lärmexpositionsgrenzwerte gibt man den unteren Auslösewert und den oberen Auslösewert an. Durch sie erfolgt eine Unterscheidung bei den zu ergreifenden Arbeitsschutzmaßnahmen.
Unterer Auslösewert	Ein Tages-Lärmexpositionspegel von 80 dB(A) oder ein Spitzenschalldruckpegel von 135 dB(C) entspricht dem unteren Auslösewert. Ab diesem Wert sind Maßnahmen des Lärmschutzes zu empfehlen.
Oberer Auslösewert	Ein Tages-Lärmexpositionspegel von 85 dB(A) oder ein Spitzenschalldruckpegel von 137 dB(C) entspricht dem oberen Auslösewert. Ab diesem Wert sind Maßnahmen des Lärmschutzes durchzuführen.
Ototoxische Substanzen	Ototoxizität bedeutet wörtlich übersetzt Ohrgiftigkeit. Hierbei handelt es sich um Substanzen, welche die Entwicklung einer Lärmschwerhörigkeit verstärken können. Zu ihnen zählen Lösemittel wie z. B. Xylol und Toluol.

- Der Unternehmer ist verpflichtet, ein Lärmminderungsprogramm durchzuführen.

Hinsichtlich des Lärmschutzes sind besondere Begriffe zu unterscheiden **(Tabelle 1)**.

Bei der Ermittlung der Lärmexpositionswerte wird die dämmende Wirkung eines Gehörschutzes nicht berücksichtigt. Unabhängig von der Höhe der Lärmexposition besteht durch das Minimierungsgebot der Deutschen Gesetzlichen Unfallversicherungen (DGUV) und der Berufsgenossenschaften (BG) die Forderung, Lärmbelastungen an den Arbeitsplätzen zu vermeiden oder soweit wie möglich zu verringern.

Eine ständig vorhandene Lärmexposition kann zu einer medizinisch nicht heilbaren Lärmschwerhörigkeit führen.

Maßnahmen zum Schutz vor Lärm

Bei den zu ergreifenden Lärmschutzmaßnahmen handelt es sich bevorzugt um technische Maßnahmen. Sie verhindern Lärmemissionen an der Entstehung oder unterdrücken deren Ausbreitung. Das Ziel dieser Maßnahmen ist es, einen Lärmexpositionswert von 85 dB(A) zu unterschreiten. Ist dies nicht möglich, hat der Unternehmer, in Abhängigkeit der erreichten Expositionswerte, entsprechende wirksame Maßnahmen nach dem Stand der Technik zu treffen. Beispiele für Maßnahmen zum Schutz vor Lärm sind:

- Technische Maßnahmen, hierzu zählen der Einsatz lärmarmer Maschinen oder die Verwendung lärmarmer Technologien, um Lärm am Entstehungsort zu vermindern.
- Organisatorische Maßnahmen, z. B. die Beschränkung lärmintensiver Arbeiten auf bestimmte Zeiten.
- Persönliche Schutzmaßnahmen, diese beschränken sich in der Regel auf das Tragen von Gehörschutz **(Bilder 1, 2)**.

Persönliche Schutzausrüstung in Lärmbereichen

Ist die Vermeidung von Lärm nicht möglich, muss der Unternehmer bei Erreichen eines Lärmpegels von 80 dB(A) eine geeignete persönliche Schutzausrüstung, Gehörschützer, bereitstellen.

Gehörschützer verringern die Einwirkung des Lärms auf das Gehör, sodass eine Lärmschwerhörigkeit nicht entsteht oder sich nicht verschlimmert.

Bei Verwendung eines solchen Gehörschützers wird der maximal zulässige Lärmexpositionswert von 85 dB(A) bzw. der Spitzenschalldruckpegel von 137 dB(C) eingehalten.

Maßnahmen zum Schutz vor Lärm verhindern Lärm an seiner Entstehung, beschränken lärmintensive Arbeiten auf bestimmte Zeiten oder schützen den Beschäftigten durch das Tragen einer persönlichen Schutzausrüstung.

Bild 1: Gehörschutz in Kapselbauform

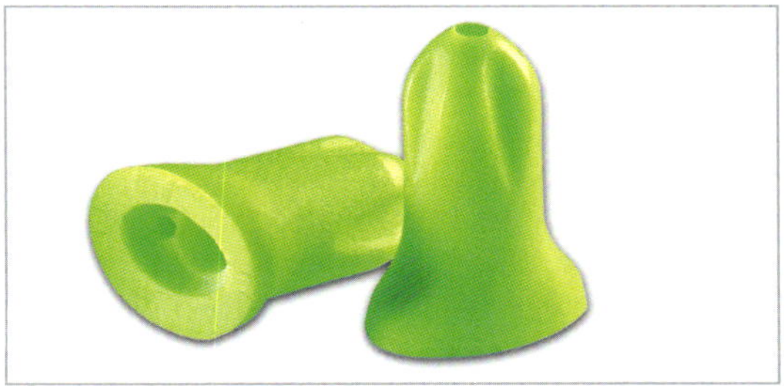

Bild 2: Gehörschutzstöpsel

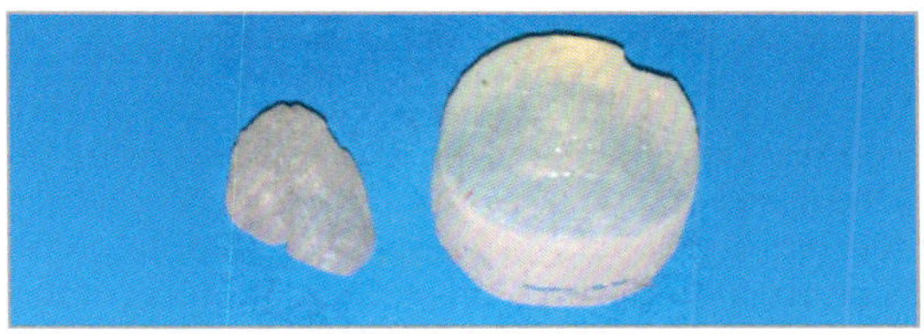

Bild 3: Otoplastik für Gehörgangsschutz gegen Wasser

Zu empfehlende Gehörschützer sind z. B.:

- Kapselgehörschützer, die beide Ohrmuscheln umschließen (Bild 1),
- Kapselgehörschutz mit lärmpegelabhängiger Lärmdämmung zur Verbesserung der Sprachwahrnehmung,
- Gehörschutzstöpsel, die im Gehörgang oder der Ohrmulde getragen werden (Bild 2).

Nicht geeignet für den Lärmschutz sind

- knetbare Plastiken, die dem Gehörgang des Trägers beim Einführen individuell angepasst werden **(Bild 3)**.

Unterweisung der Beschäftigten

Können bei Exposition durch Lärm die unteren Auslösewerte erreicht oder überschritten werden, ist durch den Unternehmer sicherzustellen, dass die betroffenen Beschäftigten eine Unterweisung erhalten. Diese muss auf den Ergebnissen einer Gefährdungsbeurteilung beruhen und Informationen über die mit Lärm verbundenen Gesundheitsgefährdungen geben.

Die Unterweisung muss vor Aufnahme der Beschäftigung und danach in regelmäßigen Abständen erfolgen. Sie ist in einer für die Beschäftigten verständlichen Form und Sprache durchzuführen. Wird der untere Auslösewert in Lärmbereichen erreicht oder überschritten, hat der Unternehmer den im Lärmbereich Beschäftigten auch arbeitsmedizinische Vorsorgeuntersuchungen anzubieten. Bei Erreichen der oberen Auslösewerte sind diese Vorsorgeuntersuchungen sogar zu veranlassen.

> Ein Unternehmer hat gegenüber seinen Mitarbeitern die Pflicht, gemäß den Lärmsituationen Unterweisungen vorzunehmen, arbeitsmedizinische Vorsorgeuntersuchungen anzubieten oder zu veranlassen.

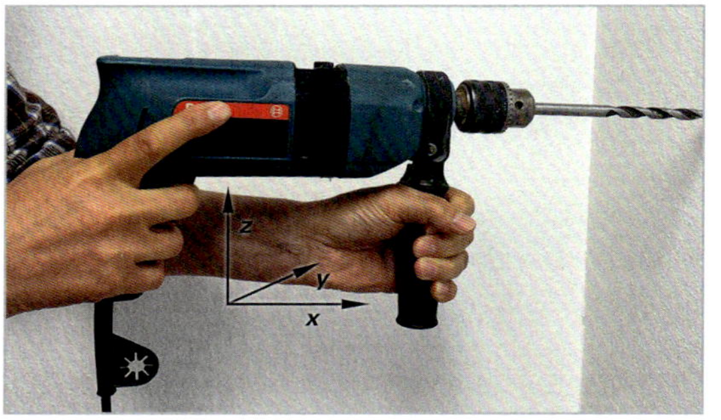

Bild 1: Beschleunigungsrichtungen bei Hand-Arm-Vibrationen

Bild 2: Beschleunigungsrichtungen bei Ganzkörper-Vibrationen

Gesundheitsgefahren durch Vibrationen

Der Begriff Vibration bezeichnet periodisch auftretende mechanische Schwingungen oder Erschütterungen. Die Wirkungen der Vibrationen auf den Menschen reichen von Belästigung und Leistungsminderung über Gesundheitsgefährdung bis hin zur Gesundheitsschädigung.

Besonders betroffen sind Tätigkeiten an Maschinen mit rotierenden Bauteilen, z. B. Zentrifugen, oder oszillierenden Bauteilen, z. B. Kompressoren mit großen Antriebsmotoren und Bohrmaschinen. Auch die Tätigkeit in einem Fahrzeug, z. B. einem Gabelstapler, kann zu einer Vibrationsbelastung führen.

Vibrationen, die über einen achtstündigen Arbeitstag hinweg auf den Beschäftigten einwirken, können z. B. Schmerzen in den Gelenken, im Brustkorbsowie Rücken- oder Kopfschmerzen verursachen.

Eine Belastung durch Vibrationen, die über Jahre hinweg besteht, kann zu bleibenden Schäden in der Wirbelsäule und in den Gelenken führen. Diese Schädigungen zählen zu den anerkannten Berufskrankheiten. Durch die Lärm- und Vibrations-Arbeitsschutzverordnung werden Maßnahmen zum Schutz der Beschäftigten vor Schädigungen durch Vibrationen vorgeschrieben.

> Vibrationen sind mechanische Schwingungen, die auf den menschlichen Körper übertragen werden und vielfältige gesundheitliche Schäden verursachen können.

Expositionsgrenzwerte und Auslösewerte

Zum Schutz vor Vibrationen sind Auslösewerte und Expositionsgrenzwerte für Hand-Arm-Vibrationen und Ganzkörpervibrationen definiert. Bei beiden Vibrationswerten handelt es sich um die auf den Körper oder Körperteile wirkenden Beschleunigungen mit der Einheit m/s^2.

Sie werden in der Richtung ihrer Wirkung auf den Körper gemessen und als horizontale Beschleunigungen in *x*-Richtung und *y*-Richtung oder vertikale Beschleunigungen in *z*-Richtung angegeben **(Bild 1, Bild 2)**.

Für Hand-Arm-Vibrationen beträgt

- der Auslösewert 2,5 m/s^2,
- der Expositionsgrenzwert 5 m/s^2.

Für Ganzkörper-Vibrationen beträgt

- der Auslösewert 0,5 m/s^2,
- der Expositionsgrenzwert 1,15 m/s^2 in *x*-Richtung und *y*-Richtung und 0,8 m/s^2 in *z*-Richtung.

Bei Erreichen der Auslösewerte hat der Unternehmer die Beschäftigten zu unterweisen und arbeitsmedizinische Vorsorgeuntersuchungen nach Grundsätzen der gesetzlichen Unfallversicherungen, z. B. der Untersuchung G46 (Vibrationsvorsorgeuntersuchungen), anzubieten. Der Unternehmer muss ein Programm zur Vibrationsminderung aufstellen und Schutzmaßnahmen nach dem Stand der Technik ergreifen. Zu diesen Schutzmaßnahmen zählt z. B. die Ausrüstung von Fahrzeugen mit vibrationsdämpfenden Fahrersitzen **(Bild 1)**.

Bei Erreichen der Expositionsgrenzwerte sind zusätzlich arbeitsmedizinische Vorsorgeuntersuchungen nach Grundsätzen der gesetzlichen Unfallversicherungen zu veranlassen. Das Überschreiten der Expositionsgrenzwerte ist nicht gestattet. Ansonsten sind unverzüglich Maßnahmen zu ergreifen, die ein dauerhaftes Unterschreiten der Expositionsgrenzwerte sicherstellen.

Zu den **Gesundheitsgefahren**, die durch Vibrationen verursacht werden, zählen

- Knochen- oder Gelenkschäden,
- Durchblutungsstörungen sowie neurologische Erkrankungen,
- Rückenschmerzen und Schädigungen der Wirbelsäule.

Gefährdungsbeurteilung

Zur Feststellung der Expositionsgrenzwerte und Auslösewerte ist durch die **LärmVibrationsArbSchV** eine Gefährdungsbeurteilung vorgeschrieben. Das Ergebnis der Gefährdungsbeurteilung ergibt als Maßstab für die Gesundheitsgefährdung der Beschäftigten den *Tagesvibrationsexpositionswert.* Er ist der über die Zeitdauer einer Acht-Stunden-Schicht gemittelte Vibrationsexpositionswert. Die Gefährdungsbeurteilung kann auf der Basis von Messungen oder durch Schätzung der Vibrationsbelastung mithilfe von Herstellerangaben durchgeführt werden. Die Messergebnisse sind 30 Jahre aufzubewahren.

> Bei Überschreiten der Auslösewerte ist mit gesundheitlichen Einschränkungen zu rechnen, die Expositionsgrenzwerte dürfen nicht überschritten werden.

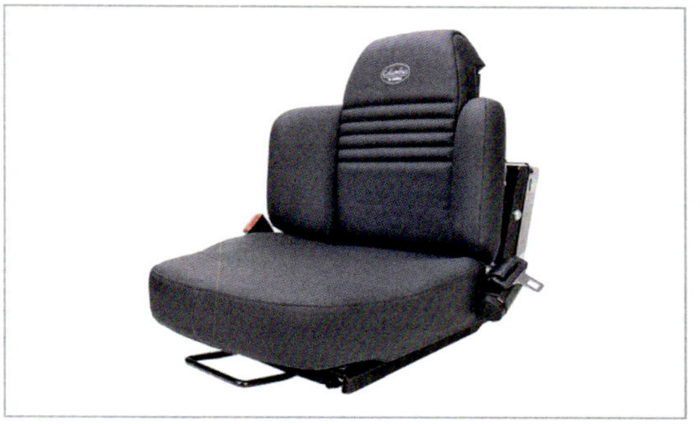

Bild 1: Fahrersitz zur Dämpfung der Vibrationsbelastung

Maßnahmen zum Schutz vor Vibrationen

Vibrationen müssen am Entstehungsort verhindert oder soweit wie möglich verringert werden. Technische Maßnahmen zur Minderung von Vibrationen haben Vorrang vor organisatorischen Maßnahmen.

Zu den **Schutzmaßnahmen** gehören insbesondere:

- alternative Arbeitsverfahren, welche die Stärke von Vibrationen verringern,
- Wartungsprogramme für Arbeitsmittel, Arbeitsplätze, Anlagen, Fahrbahnen zur Verringerung der Vibrationen,
- Schulung der Beschäftigten im bestimmungsgemäßen Einsatz und in der sicheren und vibrationsarmen Bedienung von Arbeitsmitteln,
- Begrenzung der Dauer und Intensität der Vibrationen,
- Arbeitspläne mit ausreichenden Zeiten für die Beschäftigten ohne belastende Vibrationen.

Wiederholung und Vertiefung

1. **Nennen Sie zwei Beispiele für Arbeitsplätze, bei denen eine erhöhte Gefährdung durch Lärmexposition besteht.**
2. **Welche Maßnahmen verhindern Lärm an seiner Entstehung oder seiner Ausbreitung?**
3. **Nennen Sie drei Beispiele für persönliche Schutzausrüstung in Lärmbereichen.**
4. **Welche Gesundheitsgefahren können durch Vibrationsbelastungen entstehen?**
5. **Durch welche Möglichkeiten können Vibrationen am Arbeitsplatz vermindert werden?**
6. **Welche Maßnahmen zum Schutz vor Vibrationen hat der Unternehmer bei Erreichen der Auslösewerte und der Expositionsgrenzwerte zu veranlassen?**

6.4.8 Arbeiten in engen Räumen und Behältern

In vielen Industriebetrieben und Dienstleistungsunternehmen im Entsorgungsbereich sind Lagerbehälter, Rührbehälter, Kanäle und Absetzgruben in unterschiedlichen Ausführungen im Einsatz. Kanäle und Absetzgruben werden aufgrund der Abmessungen auch als enge Räume bezeichnet. Bei planmäßig vorkommenden Inspektionen und Reinigungsarbeiten oder akut notwendigen Reparaturarbeiten muss man oft in einen Behälter oder einen engen Raum einsteigen. Ein solcher Einstieg wird als **Befahrvorgang** bezeichnet. Hierbei begibt sich ein Beschäftigter in das Innere eines Behälters oder eines engen Raums **(Bild 1)**. Die dabei auftretenden Gefährdungen sind sehr vielfältig. Daher ist die Durchführung des Befahrvorgangs sorgfältig zu planen und alle Gefährdungen sind zu minimieren.

Bild 1: Einstieg in eine Grube

Gefährdungen

In einem engen Raum besteht ein Luftvolumen von weniger als 100 m^3 ohne Vorhandensein eines natürlichen Luftzugs. Während des Befahrvorgangs kann daher die Gefahr von Sauerstoffmangel bestehen.

Die Abmessungen enger Räume in Länge, Höhe, Breite oder Durchmesser unterschreiten häufig 2 m. Hierdurch wird die Bewegungsfreiheit der Beschäftigten stark eingeschränkt.

An Behältereinbauten wie Mischvorrichtungen oder Messinstrumenten besteht für den Beschäftigten eine besondere Verletzungsgefahr.

Alle Tätigkeiten in Behältern und engen Räumen sind daher Tätigkeiten mit besonderer Gefährdung. Sie dürfen nur Personen übertragen werden, die mit den damit verbundenen Gefahren vertraut sind und eine spezielle Eignung für diese Tätigkeit aufweisen. Die Arbeiten sind besonders zu koordinieren und die Erlaubnis zu deren Durchführung ist schriftlich durch eine Befahrerlaubnis zu erteilen.

> Zur Durchführung von Tätigkeiten in Behältern und engen Räumen ist eine schriftlich erteilte Befahrerlaubnis notwendig.

Tabelle 1: Beispiele für Gefährdungen und Schutzmaßnahmen in Behältern und engen Räumen

Gefährdungen	Schutzmaßnahmen
Gesundheitsgefährliche Konzentrationen von Gefahrstoffen	Minimieren der Konzentration durch Spülvorgänge, Überwachen der Raumluftkonzentrationen.
Freisetzung von Gärgasen in Gruben	Absaugen der Gärgase.
Explosionsgefahr von brennbaren Flüssigkeiten, Stäuben oder Gasen	Minimieren der Konzentrationen, Staubablagerungen durch Saugvorrichtung entfernen.
Sauerstoffmangel	Anwendung von Atemschutzgeräten mit eigener Luftzufuhr.
Elektrische Betriebsmittel	Geräte mit Schutzkleinspannung betreiben.
Räumliche Enge und Zwangshaltung	Beschäftigte ergonomisch schulen, Ruhepausen einhalten.
Bewegliche Behältereinbauten wie Rührer und Klappen	Antriebsmotoren und Getriebe gegen Inbetriebnahme sichern, Energien abklemmen.
Eindringen von gefährlichen Stoffen während der Arbeit	Vor Beginn der Arbeit alle Zuleitungen demontieren.

Aufgrund der besonderen Gefahren bei Arbeiten in Behältern und engen Räumen werden durch Unfallverhütungsvorschriften der Deutschen Gesetzlichen Unfallversicherung (DGUV) oder der jeweiligen Berufsgenossenschaften (BG) besondere Schutzmaßnahmen vorgeschrieben **(Tabelle 1)**. Zur Festlegung der erforderlichen Schutzmaßnahmen muss der mit der Leitung der Arbeiten Beauftragte die konkret bestehenden Gefahren beurteilen und entsprechende Schutzmaßnahmen vor Beginn der eigentlichen Tätigkeiten festlegen.

Besondere Unfallschwerpunkte ergeben sich bei der Durchführung folgender Tätigkeiten, wie z. B.:

- Reinigungsarbeiten,
- Beseitigung von Restmengen,
- Erneuerung von feuerfestem Mauerwerk,
- Behandlung von Oberflächen,
- Durchführung von Sandstrahlarbeiten,
- Arbeiten unter Explosionsgefahr,
- Tätigkeiten mit Schweißgeräten und Schneidgeräten.

Alle Tätigkeiten in engen Räumen und Gruben sind Tätigkeiten mit einer besonderen Gefährdung und daher sorgfältig zu planen.

Auswahl der Beschäftigten

Ein wesentlicher Gesichtspunkt bei der Planung eines Befahrvorgangs ist die Auswahl der geeigneten Beschäftigten. Bei der Festlegung der Beschäftigten handelt es sich um die Auswahl

- einer zuverlässigen und sachkundigen Person als Aufsicht, z. B. eines Vorarbeiters,
- einer geeigneten und unterwiesenen Person als Sicherungsposten,
- einer für den Befahrvorgang geeigneten und unterwiesenen Person.

Nicht für die Durchführung eines Befahrvorgangs geeignet sind z. B. Personen,

- die an Alkoholismus erkrankt sind,
- die an Epilepsie erkrankt sind,
- bei denen Erkrankungen des Herz-Kreislaufsystems vorliegen,
- die eine allgemeine Körperschwäche aufweisen,
- die einer körperlichen und seelischen Belastung nicht gewachsen sind.

Die Durchführung eines Befahrvorgangs darf nur durch geeignete Personen durchgeführt werden, die keine gesundheitlichen Einschränkungen aufweisen.

Schutzmaßnahmen gegen Sauerstoffmangel, Einwirkung von Gefahrstoffen und biologischen Gefährdungen

Gegen das **Auftreten von Sauerstoffmangel** sind z. B. folgende Schutzmaßnahmen zu ergreifen:

- Belüften des Behälters und engen Raums vor dem Befahrvorgang.

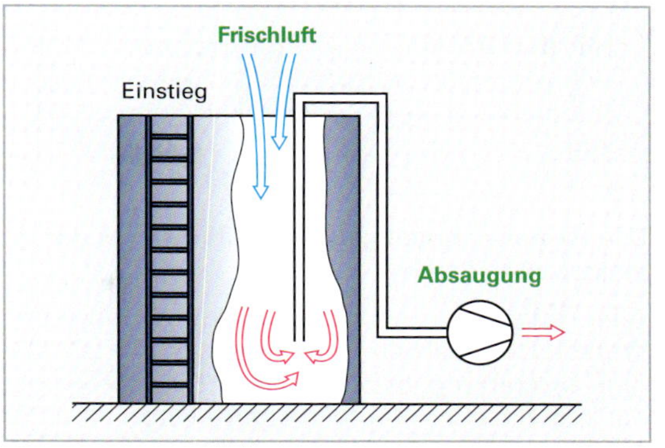

Bild 1: Belüftungseinrichtung für Behälter

- Überwachen der Sauerstoffkonzentration in der Behälterluft während des gesamten Befahrvorgangs. Diese darf 17 Vol.-% während der Tätigkeiten nicht unterschreiten.
- Ergreifen von lüftungstechnischen Maßnahmen, wie z. B. ein Gebläse während des Befahrvorgangs **(Bild 1)**.
- Verwenden eines umluftunabhängigen Atemschutzgerätes.

Die Behälterluft muss bzgl. der Sauerstoffkonzentration während des Befahrvorgangs ständig überwacht werden.

Gegen die **Einwirkung von Gefahrstoffen** sind z. B. folgende Schutzmaßnahmen zu ergreifen:

- Behälter und engen Raum komplett entleeren und reinigen.
- Abtrennen von Versorgungsleitungen für feste, flüssige und gasförmige Stoffe.
- Ausblasen des Behälters und engen Raums vor dem Befahrvorgang.
- Überwachung der Arbeitsplatz-Grenzwerte in der Behälterluft. Diese dürfen den AGW nicht überschreiten.
- Überwachung der Explosionsschutzgrenzen während des Befahrvorgangs.

Gegen die **Einwirkung von Biostoffen** sind z. B. folgende Schutzmaßnahmen zu ergreifen:

- Behälter und engen Raum vor Beginn der Arbeiten vollständig entleeren, reinigen und spülen.
- Entsprechend den Gefährdungen die Behälter oder enge Räume desinfizieren, sterilisieren oder eine geeignete persönliche Schutzausrüstung benutzen.
- Abtrennen von Versorgungsleitungen für feste, flüssige und gasförmige Stoffe.

Mit den Arbeiten darf erst begonnen werden, wenn die getroffenen Sicherheitsmaßnahmen auf ihre Wirksamkeit kontrolliert sind.

Schutzmaßnahmen gegen Gefährdungen durch elektrischen Strom

Alle Tätigkeiten in Behältern aus metallischen Werkstoffen werden in einer elektrisch leitfähigen Umgebung durchgeführt. Bei Berührung der metallischen Bauteile kann es im Fall eines schadhaften Betriebsmittels oder einer defekten Beleuchtungseinrichtung zu einem Stromfluss durch den Körper kommen (gefährlicher Körperstrom). Der Beschäftigte erhält einen elektrischen Schlag. Dieser kann zu sofortigem Tod oder ernsthaften gesundheitlichen Schäden führen. Auch in Absetzgruben oder Schächten besteht bei Berührung mit Bauteilen aus Metall, z. B. Steigleitern, die Gefahr eines elektrischen Körperstroms.

Elektrische Schutzkleinspannung

Ein wichtiger Schutz gegen die Gefahren des elektrischen Stroms sind Geräte, die mit Schutzkleinspannung (SELV = Safety Extra Low Voltage) betrieben werden. Sie werden über Sicherheitstransformatoren mit Schutzkleinspannung von maximal 50 V Wechselspannung versorgt **(Bild 1)**. Ihr Anschluss erfolgt über Spezialstecker, die nicht in normale Steckdosen passen. Vorteil der Schutzkleinspannung ist, dass im Fall eines Gerätedefektes vorkommende elektrischen Körperströme ohne gesundheitliche Folgen bleiben (Abschnitt 6.4.10).

Elektrische Schutztrennung

Bei Anwendung dieser Schutzmaßnahme werden elektrische Betriebsmittel durch einen Trenntransformator sicher vom Versorgungsnetz getrennt. Sie ist eine Schutzmaßnahme gegen Stromunfälle, wenn während der Durchführung von Tätigkeiten in engen Räumen die Gefahr besteht, dass Personen unter Spannung stehende Teile versehentlich berühren.

Hierbei ist es wichtig, dass die aktiven Teile des Ausgangsstromkreises weder Verbindung zu einem anderen Stromkreis haben, noch mit der Erde verbunden sein dürfen.

Wenn eine elektrische Schutztrennung wegen besonderer Gefährdung vorgeschrieben ist, darf an jedem Trenntransformator mit einer Sekundärwicklung nur jeweils ein Betriebsmittel angeschlossen werden. Für den Anschluss zweier Betriebsmittel werden zwei Sekundärwicklungen oder zwei Trenntransformatoren benötigt (Bild 1).

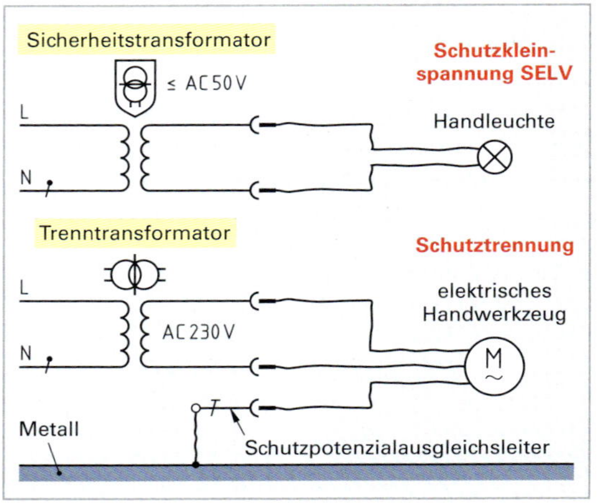

Bild 1: Stromversorgung bei elektrisch leitender Umgebung

Verhalten im Gefahrenfall

Bei Arbeiten in Behältern und engen Räumen müssen die Beschäftigtem mit einem Sicherungsposten jederzeit in Kontakt stehen. Dieser ist so auszurüsten, dass er jederzeit Hilfe holen kann, ohne dabei seinen Posten zu verlassen.

Für die Rettung hat der Unternehmer eine geeignete Ausrüstung bereitzuhalten. Diese muss zur Sicherstellung einer schnellen Rettung sich vor Ort befinden. Rettungskräfte dürfen in den Behälter oder engen Raum nur einsteigen, wenn sichergestellt ist, dass keine gefährlichen Konzentrationen an Gefahrstoffen oder ein Sauerstoffmangel vorliegen. In diesen Fällen ist ein Atemschutzgerät notwendig, welches von der Umgebungsluft unabhängig arbeitet.

Aufheben der Schutzmaßnahmen

Der Aufsichtführende darf die Schutzmaßnahmen erst aufheben, wenn die Arbeiten im Behälter oder engen Raum beendet sind und alle Beschäftigten diesen verlassen haben.

Wiederholung und Vertiefung

1. **Nennen Sie sieben Beispiele für Gefährdungen bei Arbeiten in engen Räumen und Behältern und Beispiele für wirksame Schutzmaßnahmen.**
2. **Bei welchen Tätigkeiten ergeben sich besondere Unfallschwerpunkte?**
3. **Welche Voraussetzungen müssen Beschäftigte zur Durchführung eines Befahrvorganges erfüllen?**

6.4.9 Arbeiten in elektrischen Anlagen

Personen für Arbeiten in elektrischen Anlagen

In Anlagen der Umwelttechnik sind meist elektrische Anlagen enthalten. Beim Arbeiten an elektrischen Teilen solch einer Anlage existiert das Risiko eines elektrischen Schlags. Dazu gehören z.B. das Anschließen von Motoren oder die Reinigung innerhalb von Schaltschränken.

Für jede Art von Arbeit in elektrischen Anlagen muss von einer **verantwortlichen Elektrofachkraft** eine Anweisung gegeben werden (DIN VDE 0105-100, DGUV V3 der Deutschen Gesetzlichen Unfallversicherung). Dabei handelt es sich um einen Meister, Techniker oder Ingenieur der Elektrotechnik, der für die Anlage verantwortlich ist.

Laien sind Personen, die keine elektrotechnische Ausbildung haben. Diese dürfen in der Regel nur in Anlagen bis AC 50 V oder DC 120 V arbeiten, z.B. im Kraftfahrzeug mit DC 12 V bzw. DC 24 V.

Elektrotechnisch unterwiesene Personen sind Personen, die von einer Elektrofachkraft in die Arbeit eingewiesen und bei Bedarf überwacht werden. Diese Personen dürfen unter Aufsicht durch eine Elektrofachkraft die Arbeiten im Versorgungsnetz bis AC 1000 V vornehmen, jedoch gewöhnlich nicht unter Spannung arbeiten.

Elektrofachkräfte sind Personen mit einer elektrotechnischen Ausbildung, z.B. als Elektroniker für Energie- und Gebäudetechnik, oder mit mehrjähriger Erfahrung als elektrotechnisch unterwiesene Person und spezieller Prüfung. Diese Personen dürfen Arbeiten unter Spannung bis AC 1000 V vornehmen. Bei höheren Spannungen erfordert das Arbeiten unter Spannung eine besondere Ausbildung.

Elektrofachkraft für festgelegte Tätigkeiten wird man durch mehrwöchige Ausbildung unter Aufsicht einer Elektrofachkraft. Diese „eingeschränkte Elektrofachkraft" darf selbstständig arbeiten, jedoch nur Arbeiten vornehmen, die Gegenstand der Ausbildung sind, z.B. Anschließen von Maschinen.

Sicherheitsregeln 1 bis 5

Bei Arbeiten in elektrischen Anlagen sind nachfolgende Regeln einzuhalten: Die Regeln 1 bis 3 sind *immer* einzuhalten, die Regeln 4 und 5 unter den dort genannten Bedingungen.

Sicherheitsregel 1: Freischalten.

Man versteht darunter das Abtrennen eines Anlagenteils von allen nicht geerdeten Leitern.

Bild 1: Sicherheitsschilder für Sicherheitsregel 2

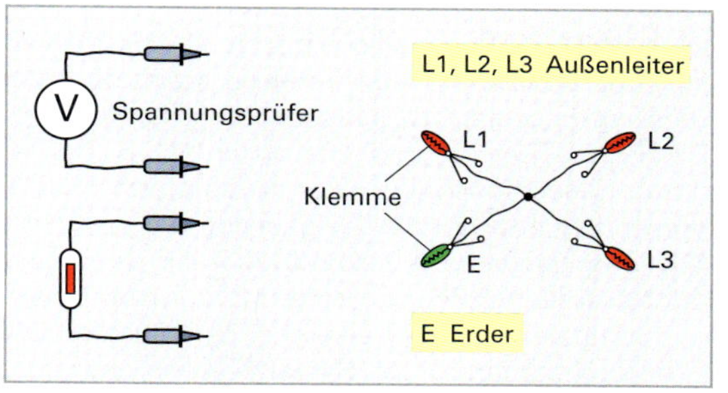

Bild 2: Prüfgeräte zur Sicherheitsregel 3 und Einrichtung zum Erden und Kurzschließen

Sicherheitsregel 2: Gegen Wiedereinschalten sichern.

Das Sichern kann z.B. durch Sicherungs-Sperrelemente erfolgen. Zusätzlich kann ein Schild angebracht werden **(Bild 1)**.

Sicherheitsregel 3: Spannungsfreiheit feststellen.

Die Spannungsfreiheit ist an der Arbeitsstelle durch eine Elektrofachkraft zu prüfen, z.B. mit Spannungsprüfer **(Bild 2)**.

Sicherheitsregel 4: Erden und Kurzschließen.

Das Erden und Kurzschließen ist bei Spannungen über AC 1000 V immer anzuwenden und bei Spannungen bis AC 1000 V nur bei Freileitungsnetzen und Kabelnetzen. Man verwendet dazu spezielle Einrichtungen (Bild 2). Zuerst erden, dann kurzschließen.

Sicherheitsregel 5: Benachbarte, unter Spannung stehende Teile abdecken oder abschranken.

Betrifft Spannung führende Teile eines anderen Stromkreises nahe der Arbeitsstelle.

Wiedereinschalten der Anlage

Nach Arbeitsende erfolgt die Aufhebung der Sicherheitsregeln in umgekehrter Reihenfolge von 5 bis 1. Das Einschalten erfordert, dass der Abschluss der Arbeit ausdrücklich gemeldet ist.

6.4.10 Schutzmaßnahmen gegen elektrischen Schlag

In elektrischen Anlagen können Fehler auftreten, die zu Unfällen führen. Gegen diese Fehler gibt es Schutzmaßnahmen je nach Art der Stromversorgung. Man bezeichnet die verschiedenen Arten als *Verteilungssysteme* und ab Hausanschluss einfach als *Systeme*.

Systemformen

In Deutschland erfolgt die öffentliche Stromversorgung ab Transformatorstation meist über ein *Vierleiternetz* bis zum Hausanschlusskasten HAK. Der PEN-Leiter ist ab Transformator z. B. bei jedem angeschlossenen Haus durch einen **Fundamenterder** oder **Ringerder** geerdet. Bis zum HAK liegt dann ein Netz in Verbindung mit Erde (T) und mit Neutralleiter (N), kombiniert (C von combined) mit Schutzleiter PE vor, also ein TN-C-System. Die Großbuchstaben für die Systemformen enthalten codiert ihre Eigenschaft **(Tabelle 1)**.

Tabelle 1: Kennzeichnung der Systemform

Stelle	Buchstabe	Bedeutung
1	T (frz. terre = Erde) I isoliert	Netz nahe am Transformator und sonst geerdet. Isoliert oder über Kondensator geerdet.
2	T (wie oben) N von neutral	Körper geerdet. Neutralleiter, Sternpunktleiter.
3 und 4	C combined S separated	N + PE kombiniert → PEN. N und PE getrennt.

Ab HAK oder auch danach wird der PEN aufgeteilt (S von separated) in einen PE-Leiter und einen N-Leiter. Dadurch liegt ab Auftrennung ein TN-S-System vor **(Bild 1)**. Wenn die Auftrennung des PEN nicht für alle Endstromkreise gilt, ist das ein TN-C-S-System **(Bild 2)**.

Bei den TN-Systemen muss der PE-Leiter vorhanden und sehr viel besser geerdet sein als jede sonst vorhandene Erdverbindung in der Anlage. Ist das nicht der Fall, so liegt ein TT-System vor **(Bild 3)**.

Beim IT-System ist der Endstromkreis durch einen sicheren Transformator vom Verteilungsnetz getrennt und dadurch gegen Erde isoliert (I) oder über die große Impedanz des Überwachungsgerätes geerdet **(Bild 4)**. Die leitenden Körper der Betriebsmittel sind geerdet (T). Beim IT-System ist der Fehlerstrom beim ersten Fehler so klein, dass keine Abschaltung erfolgt. Der Fehler wird aber optisch oder akustisch gemeldet. Bei einem zweiten Fehler erfolgt Abschaltung.

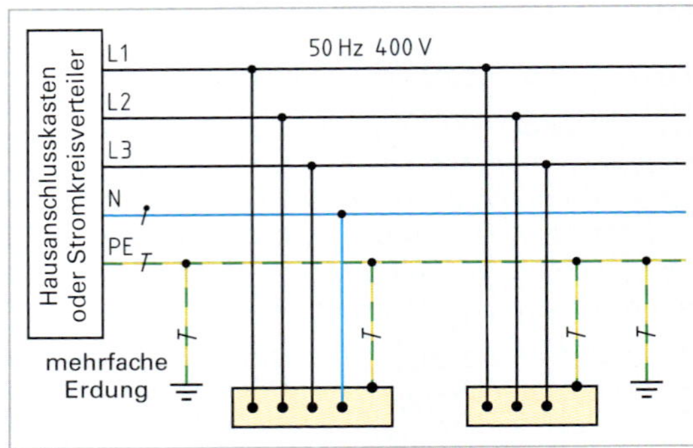

Bild 1: TN-S-System

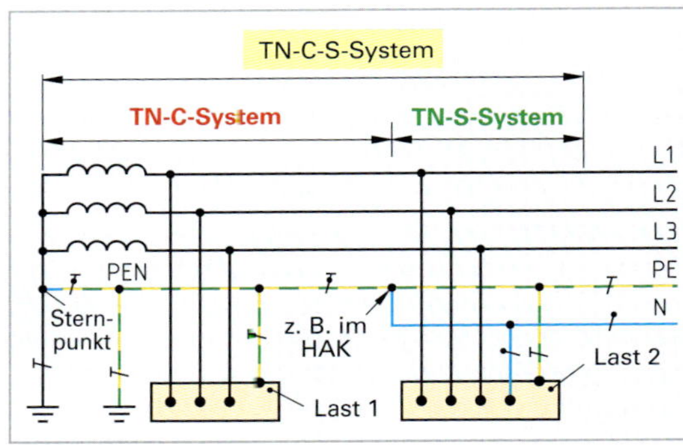

Bild 2: TN-C-S-System

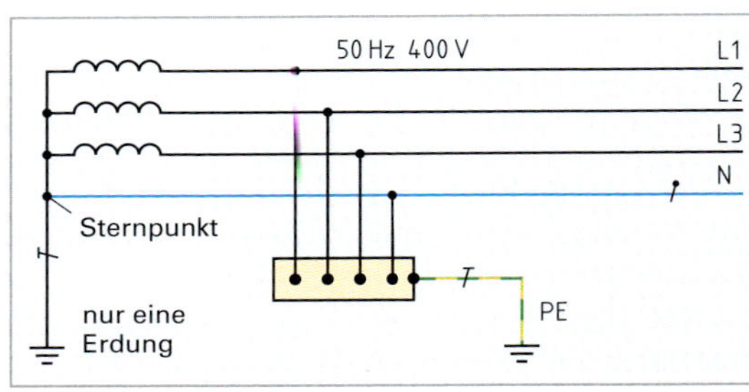

Bild 3: TT-System

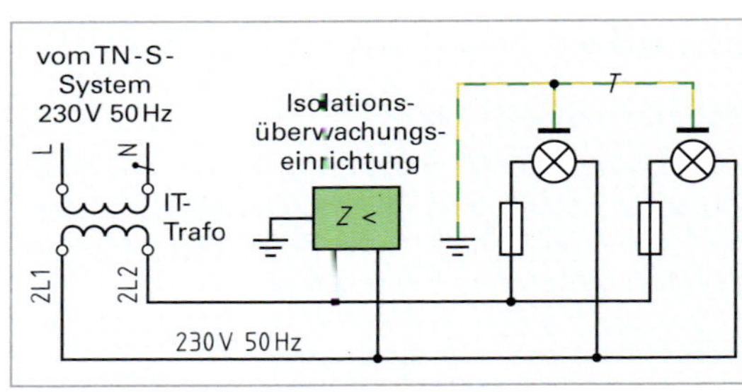

Bild 4: IT-System in der Verbraucheranlage, angeschlossen an TN-S-System

Stromgefährdung

Der elektrische Strom kann den Menschen vor allem schädigen, wenn sein Weg über das Herz führt. Der Herzschlag wird nämlich durch schwache Spannungsstöße vom Sinusknoten des Herzens gesteuert. Ein fremder elektrischer Wechselstrom AC stört Steuerung und Herzschlag. AC von 50 Hz und 50 mA können tödlich sein (Seite 62). Bei Gleichstrom DC besteht Todesgefahr erst bei 120 mA, da das Herz gegen DC weniger empfindlich ist. Bei einem Körperwiderstand des Menschen in trockener Umgebung von 1 kΩ sind die höchstzulässigen Berührungsspannungen

- bei AC 50 V und
- bei DC 120 V.

Der Strom gelangt in den menschlichen Körper durch *Berühren* von Spannung führenden Teilen. **Direktes Berühren** nennt man das Berühren aktiver (normal Spannung führender) Teile **(Bild 1)**. Einpoliges direktes Berühren führt zu einem Strom vom Außenleiter zur Erde, weil der PEN-Leiter in der Nähe der Transformatorstation geerdet ist. **Indirektes Berühren** nennt man das Berühren von normal spannungslosen Teilen, die durch Isolationsfehler Spannung führen **(Bild 2)**.

> Durch Körperschluss, Kurzschluss oder Erdschluss können an normalerweise spannungslosen Orten Spannungen auftreten.

Die Spannung führt beim Berühren zu einem Körperstrom **(Bild 3)**. Dessen Größe hängt von der Spannung und vom Körperwiderstand ab. Der Körperwiderstand setzt sich aus dem Körper-Innenwiderstand R_i und den Übergangswiderständen $R_{ü1}$ und $R_{ü2}$ zusammen. Die Übergangswiderstände sind je nach den Umständen sehr verschieden. Kleine

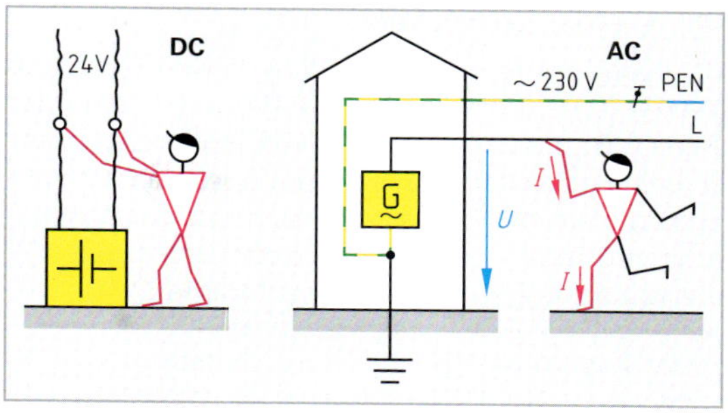

Bild 1: Direktes Berühren

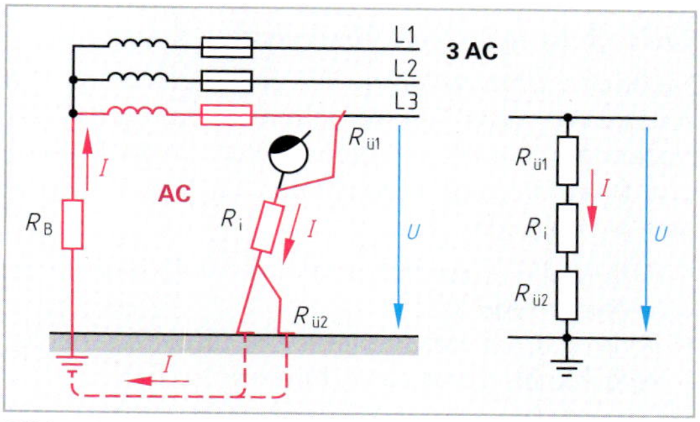

Bild 2: Berührungsspannung und Körperwiderstände bei Elektrounfällen

Übergangswiderstände, z. B. bei Feuchtigkeit, führen beim Berühren von Spannung zu starken Körperströmen und damit zu einer erhöhten Gefährdung.

Elektrische Anlagen müssen so sicher errichtet sein, dass direktes Berühren und indirektes Berühren nicht erfolgen kann. Den Schutz gegen direktes Berühren nennt man **Basisschutz**, den Schutz gegen indirektes Berühren **Fehlerschutz**.

> In elektrischen Anlagen müssen der Basisschutz und der Fehlerschutz erfüllt sein.

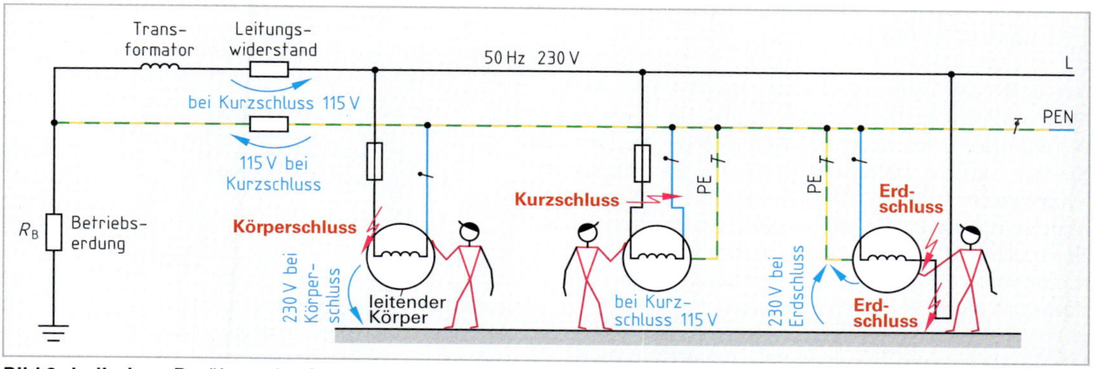

Bild 3: Indirektes Berühren der Spannung bei Körperschluss, Kurzschluss und Erdschluss ohne ordnungsgemäßen Fehlerschutz (Schutzmaßnahmen gegen indirektes Berühren)

Allgemeiner Basisschutz

Basisisolierung verhindert das direkte Berühren *aktiver Teile* (normal unter Spannung stehender Teile, z.B. blanker Leiter). Diese Isolierung muss so beschaffen sein, dass sie nur durch Zerstörung entfernt werden kann. *Abdeckung* oder *Umhüllung* verhindert ebenfalls direktes Berühren, z.B. die Abdeckung von Anschlussklemmen.

> Der Basisschutz erfolgt durch Isolierung, Abdeckung oder Umhüllung.

Basisschutz in fachlich überwachten Anlagen

Fachliche Überwachung ist gegeben, wenn die Anlage von einer Elektrofachkraft oder einer elektrotechnisch unterwiesenen Person betrieben und beaufsichtigt wird. Meist kann auch angewendet werden

- *Schutz durch Anordnung außerhalb des Handbereichs* **(Bild 1)**,
- *Schutz durch Hindernisse*, um die unbeabsichtigte Annäherung zu verhindern.

Maßnahmen für gleichzeitigen Basisschutz und Fehlerschutz

SELV (von Safety Extra Low Voltage) ist als Basisschutz geeignet bis AC 25 V oder DC 60 V, nur als Fehlerschutz bis AC 50 V und DC 120 V **(Tabelle 1)**: Aktive Teile nicht mit E (Erde) oder PE (von Protective Earth) verbinden, PE nicht an Körper, z.B. metallene Gehäuse, anschließen.

PELV (von Protective Extra Low Voltage) ist nur als Fehlerschutz bis AC 50 V oder DC 120 V geeignet, allgemeiner Basisschutz ist erforderlich, außer bis AC 12 V, DC 30 V. PELV-Stromkreise und die dazu gehörenden Körper dürfen geerdet sein.

> SELV und PELV erfordern VDE-gemäße Stromquellen **(Bild 2)**.

Doppelte oder verstärkte Isolierung verhindert eine gefährliche Berührungsspannung auch bei schadhafter Basisisolation. Alle leitfähigen Teile, die von aktiven Teilen nur durch die Basisisolierung getrennt sind, müssen in Schutzart IP2X umhüllt sein **(Bild 3)**. Bei diesen Betriebsmitteln der *Schutzklasse II* muss der Isolationswiderstand mindestens 2 MΩ betragen. Die leitfähigen Teile darf man nicht an PE anschließen.

> SELV, PELV und Schutzklasse II sind Schutzmaßnahmen ohne Schutzleiter PE.

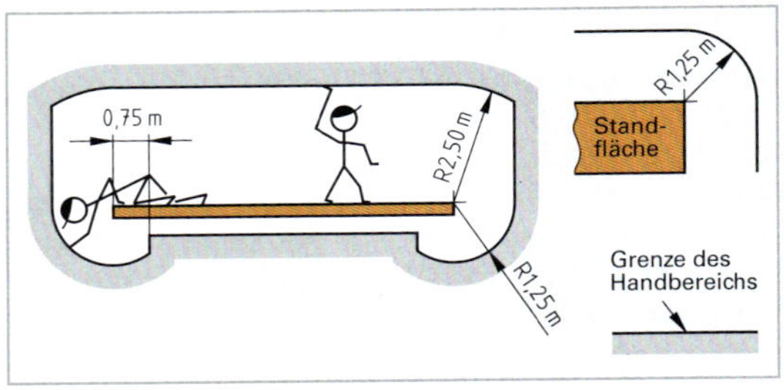

Bild 1: Handbereich

Tabelle 1: Höchstzulässige, bestehen bleibende Berührungsspannungen

Art	Anlage, Beispiel
AC 50 V, DC 120 V	Übliche Anlage, z.B. Wohnhaus, Büro oder Werkstatt.
AC 25 V, DC 60 V	Orte mit niedrigem Körperwiderstand des Menschen, z.B. im medizinischen Bereich.
AC < 25 V, DC < 60 V	Orte mit extrem niedrigem Körperwiderstand des Menschen, z.B. AC ≤ 12 V im Schwimmbecken.

AC Alternating Current = Wechselstrom, DC Direct Current = Gleichstrom

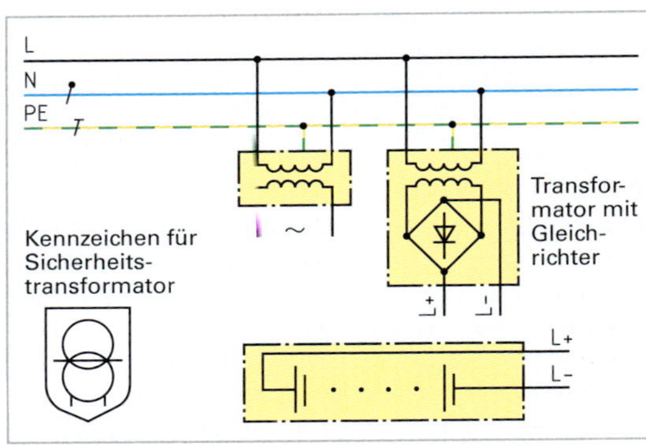

Bild 2: Stromquellen für SELV und PELV

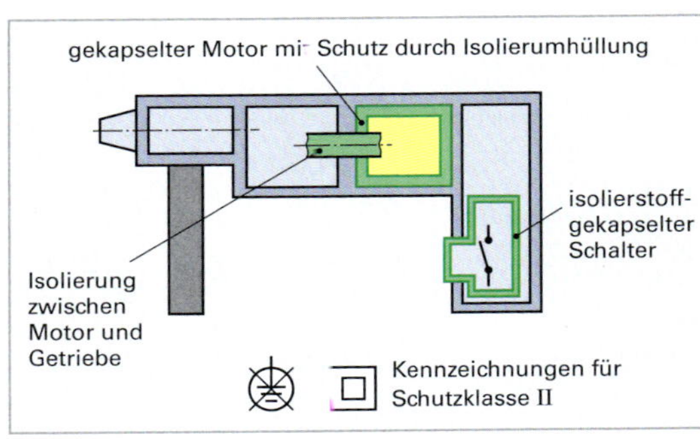

Bild 3: Handwerkzeug mit doppelter oder verstärkter Isolierung

Fehlerstrom-Schutzeinrichtungen RCDs

RCDs (von Residual Current protective Device) sind die wichtigsten Schalter für den Fehlerschutz. Solange kein Isolationsfehler gegen Erde vorhanden ist, summieren die Eisenkerne 1 und 2 der Summenstromwandler die Stromwirkungen, die sich dadurch aufheben **(Bild 1)**. Bei einem Fehlerstrom (Differenzstrom) I_Δ werden aber die Eisenkerne magnetisiert. Bei I_Δ als AC oder pulsierender DC **(Bild 2)** wird in der Wicklung des Eisenkerns 1 eine Spannung induziert, die den Schalter A auslöst. Bei I_Δ als „glatter" DC (Bild 2) entsteht im Eisenkern 2 ein magnetisches Gleichfeld. Dieses wird bei RCDs vom Typ B durch einen Hall-Generator **(Bild 3)** in eine Spannung U_H umgesetzt, die über eine Elektronik E den Strom abschaltet.

- Bemessungsströme I_N 25 A, 40 A, 63 A, 80 A, ...
- Bemessungsdifferenzströme $I_{\Delta N}$ 10 mA (nicht Typ B), 30 mA, 0,1 A, 0,3 A, 0,5 A, 1,0 A.

Ausführungsformen von RCDs

RCCB = RC operated Circuit Breaker,

RCBO = RCD mit Overload Breaker = RCD mit Leitungsschutzschalter (LS-Schalter).

CBRs (Circuit Breaker) für I_N über 63 A sind Leitungsschutzschalter oder Leistungsschalter mit RCUs = Fehlerstrom-Auslöser (Residual Current protective Unit). www.doepke.de

RCD-Typen nach Form der Fehlerströme

In AC-Stromkreisen mit Elektronik, z. B. bei Umrichtern mit Gleichstrom-Zwischenkreis, entstehen je nach Fehlerort I_Δ als AC, als pulsierende DC oder als „glatte" (nicht auf null gehende) DC (Bild 2). Je nach I_Δ nimmt man die RCDs vom Typ A oder Typ B und außerhalb Deutschlands auch vom Typ AC. Der Typ ist auf der RCD als stilisierter I_Δ angegeben **(Bild 4)**. *Selektive Geräte* S lösen stark verzögert aus, *kurzzeitverzögerte* K wenig verzögert.

RCMs (von Residual Current Monitors) bestehen aus Summenstromwandlern für jeden zu überwachenden Stromkreis und einer Auswerteeinheit.

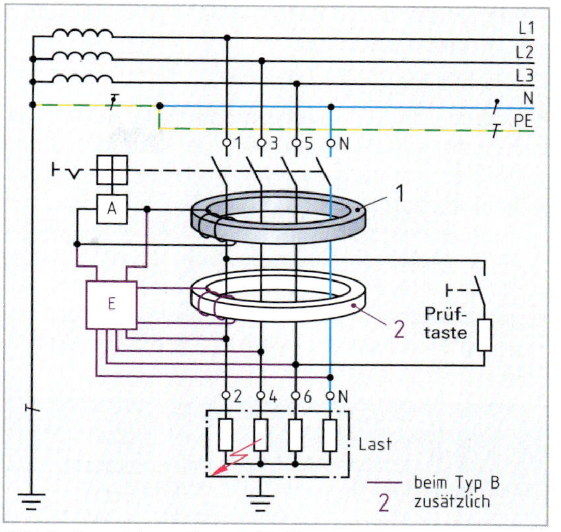

Bild 1: Anschluss einer RCD-Typ A, Typ B
(A Auslöser, E Elektronik für Auslösung)

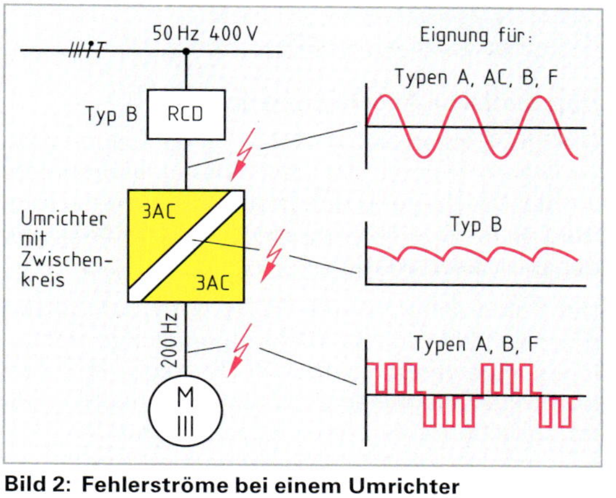

Bild 2: Fehlerströme bei einem Umrichter

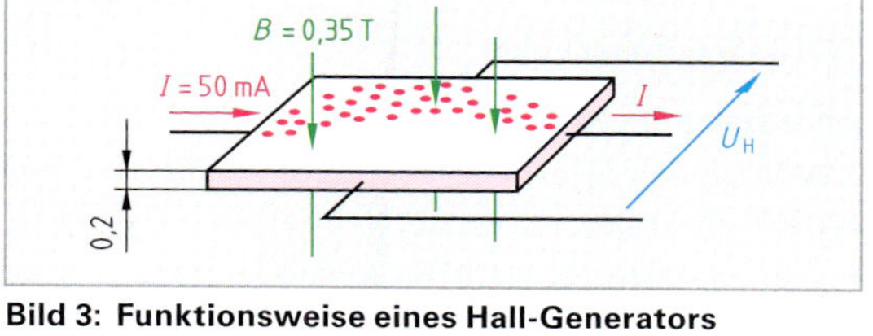

Bild 3: Funktionsweise eines Hall-Generators

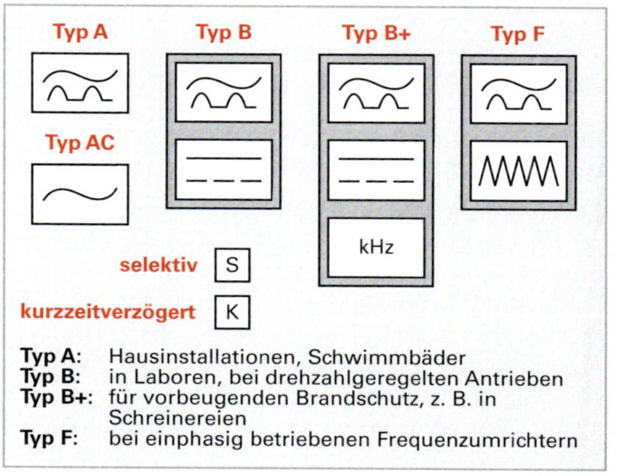

Typ A: Hausinstallationen, Schwimmbäder
Typ B: in Laboren, bei drehzahlgeregelten Antrieben
Typ B+: für vorbeugenden Brandschutz, z. B. in Schreinereien
Typ F: bei einphasig betriebenen Frequenzumrichtern

Bild 4: Kennzeichnungen an RCDs

Fehlerschutz durch automatische Abschaltung der Stromversorgung

Der Fehlerschutz fordert hier

- Schutzerdung durch Verbindung der leitfähigen Betriebsmittelkörper über einen Schutzleiter PE mit der Erdungsanlage,
- Schutzpotenzialausgleich über die Haupterdungsschiene HE durch Verbinden aller berührbaren Metallteile über den Schutzpotenzialausgleichsleiter PB (von Protected Bonding) mit HE,
- automatische Abschaltung innerhalb der festgelegten Abschaltzeiten (0,2 s bis 5 s, **Tabelle 1**).

Tabelle 1: Maximale Abschaltzeiten im Endstromkreis des TN-S-Systems bis 63 A[1]

Spannung gegen Erde	Abschaltzeit	
	bei AC	bei DC
50 V < U_0 ≤ 120 V	0,8 s	≤ 5 s
120 V < U_0 ≤ 230 V	0,4 s	1 s
230 V < U_0 ≤ 400 V	0,2 s	0,4 s

[1] für Steckdosen, sonst 32 A

Automatische Abschaltung durch RCD

Die öffentlichen Netze sind in Deutschland so zuverlässig errichtet, dass bei einem Isolationsfehler die Abschaltung durch die RCD sicher erfolgt **(Bild 1)**. Im Zweifelsfall kann das durch Messung nachgewiesen werden.

Der Fehlerschutz durch RCDs mit $I_{\Delta N} \leq 30$ mA muss seit 2007 in allgemein zugänglichen Neuanlagen angewendet werden bei Steckdosen ≤ 32 A und Endstromkreisen ≤ 32 A im Außenbereich für tragbare Betriebsmittel, z. B. eine Pumpe.

Damit ist ein zusätzlicher Basisschutz verbunden, weil die Anlage bei fehlerhafter Basisisolierung abgeschaltet wird. Bei anderen Stromkreisen kann der Bemessungsdifferenzstrom $I_{\Delta N}$ größer sein, bewirkt aber keinen zusätzlichen Schutz.

Automatische Abschaltung durch Überstrom-Schutzeinrichtung

Bei Isolationsfehlern entsteht über den Schutzleiter PE ein Kurzschluss **(Bild 2)**. Die Abschaltung muss kurzzeitig erfolgen (Tabelle 1). Bei diesem Fehlerschutz mittels z. B. Leitungsschutzschalter, Motorschutzschalter muss der Fehlerstrom zum Auslösen der Schutzeinrichtung erheblich größer sein als 30 mA. Deshalb muss ein Fachmann die sichere Funktion durch Messungen prüfen (siehe Tabellenbuch Elektrotechnik, Verlag Europa-Lehrmittel).

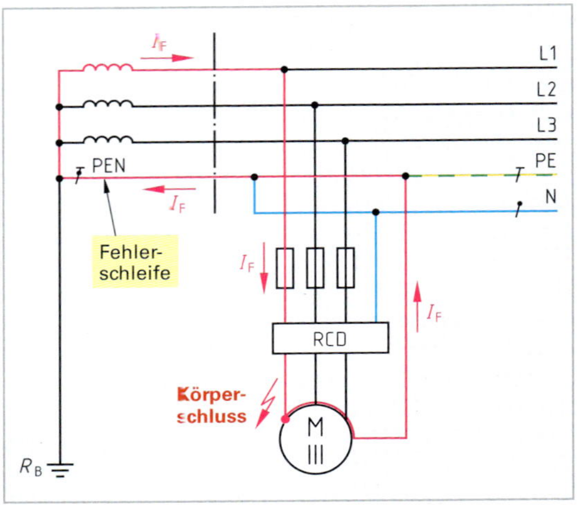

Bild 1: Schutz durch RCD im TN-C-S-System

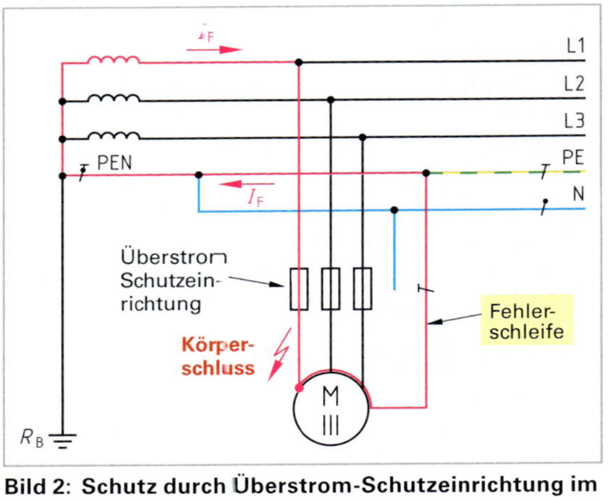

Bild 2: Schutz durch Überstrom-Schutzeinrichtung im TN-S-System

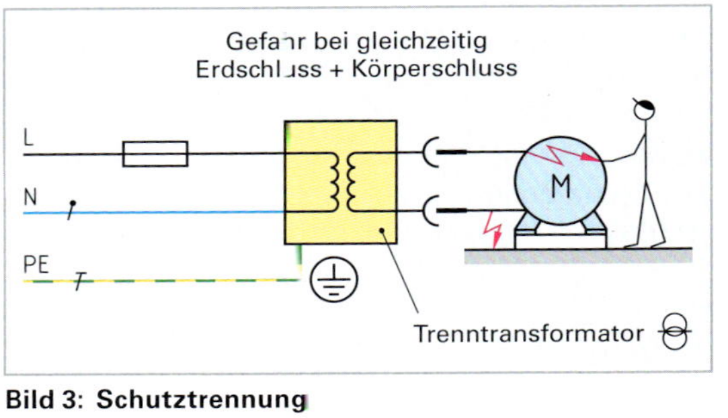

Bild 3: Schutztrennung

Schutztrennung

Der Fehlerschutz erfolgt hier durch Trennung, meist mittels Trenntransformator nach VDE 0570 **(Bild 3)**:

- Die Ausgangsnennspannung muss sein ≤ 500 V, sie ist meist 230 V.

- In allgemein zugänglichen Anlagen darf nur eine Last an den Trenntransformator angeschlossen sein.
- Aktive Teile dürfen nicht mit Erde oder anderen Stromkreisen verbunden sein.
- Körper der Verbrauchsmittel dürfen nicht an den PE angeschlossen sein.
- Flexible Leitungen müssen an Stellen mit mechanischer Beanspruchung sichtbar sein.

Schutz durch Meldung

Dieser Fehlerschutz ist in einem IT-System (IT von I = isoliert, T von franz. terre = Erde) möglich **(Bild 1)**. Bei diesem wird der Endstromkreis durch einen nicht geerdeten Transformator gespeist. Eine Isolationsüberwachungseinrichtung gibt beim 1. Fehler nur ein optisches und akustisches Signal. Erst bei einem 2. Fehler erfolgt Abschaltung, z.B. durch eine RCD. Anwendung in Operationsräumen von Krankenhäusern.

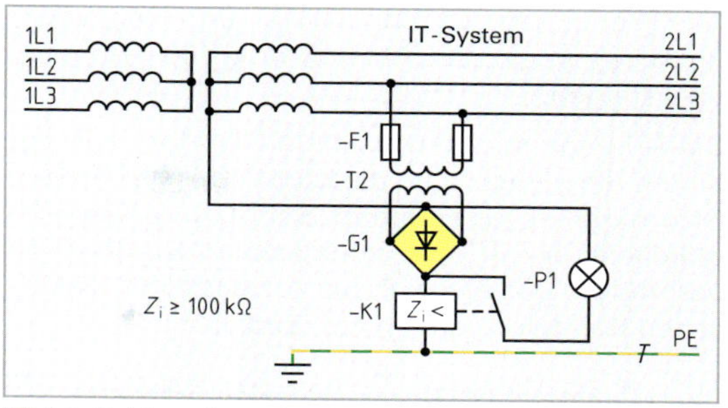

Bild 1: Fehlerschutz durch Meldung im IT-System

Fehlerschutz in fachlich überwachten Anlagen

Fachlich überwachte Anlagen (kein Normbegriff) sind Anlagen, die von „Elektrofachkräften oder elektrotechnisch unterwiesenen Personen betrieben und beaufsichtigt werden". Dazu gehören viele gewerbliche Anlagen, die von Fachkräften betreut werden.

In fachlich überwachten Anlagen

- muss der Basisschutz erfüllt sein,
- kann der zusätzliche Schutz durch RCD für Steckdosenstromkreise entfallen,
- können alle allgemeinen Maßnahmen zum Fehlerschutz sowie die folgenden angewendet werden.

Bei **Schutz durch nicht leitende Umgebung** müssen die leitfähigen Körper der Betriebsmittel so angeordnet sein, dass Personen nicht gleichzeitig zwei Körper oder einen Körper und ein fremdes leitfähiges Teil berühren können **(Bild 2)**.

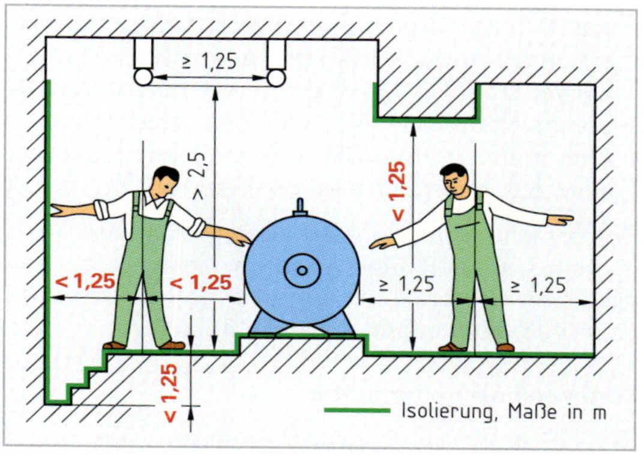

Bild 2: Fehlerschutz durch nicht leitende Umgebung

Die Isolierung muss mechanisch fest sein und eine Prüfspannung von 2 kV aushalten. Der Ableitstrom (Strom ohne eingeschaltete Lasten) darf nicht größer als 1 mA sein. Die Mindest-Isolationsimpedanz (Isolationswiderstand) des Fußbodens und der berührbaren Wände ist vorgeschrieben und muss von einem Fachmann gemessen werden (Tabellenbuch Elektrotechnik, Verlag Europa-Lehrmittel).

Bei **Schutztrennung mit mehreren Lasten** müssen

- Betriebsmittel Basisschutz haben,
- getrennte Stromkreise mechanisch geschützt sein, z.B. durch Isolierrohre,

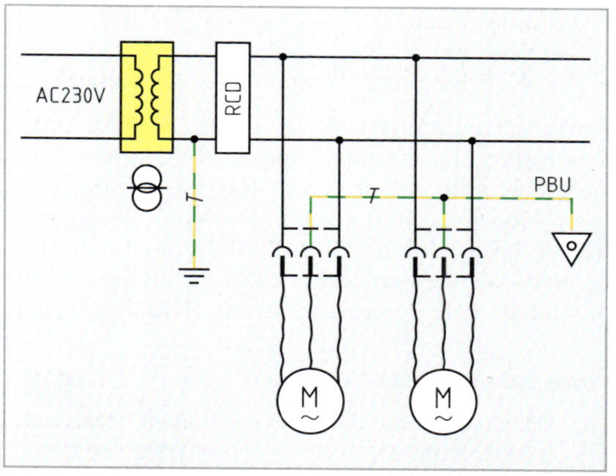

Bild 3: Schutztrennung mit ungeerdetem Schutzpotenzialausgleich

- Körper über ungeerdete, isolierte Schutzpotenzialausgleichsleiter PBU (von Protected Bonding = geschützt verbindend) verbunden sein **(Bild 3)**,
- beim Auftreten von je einem Fehler in verschiedenen Außenleitern automatische Abschaltungen erfolgen,
- die Leitungslängen des getrennten Stromkreises $\leq$ 500 m sein, weil sonst über die Ableitströme Verbindung zur Erde erfolgt.

Das Produkt aus Leitungslängen und Nennspannung soll wegen der Ableitströme 100 kVm nicht übersteigen.

Bei Arbeiten mit metallischem Standort, z.B. auf einem Blechdach, sind die Körper des getrennten Stromkreises über einen Schutzpotenzialausgleichsleiter mit dem metallischen Standort zu verbinden. Das tritt z.B. bei Arbeiten mit elektrischen Handwerkzeugen auf **(Bild 1)**.

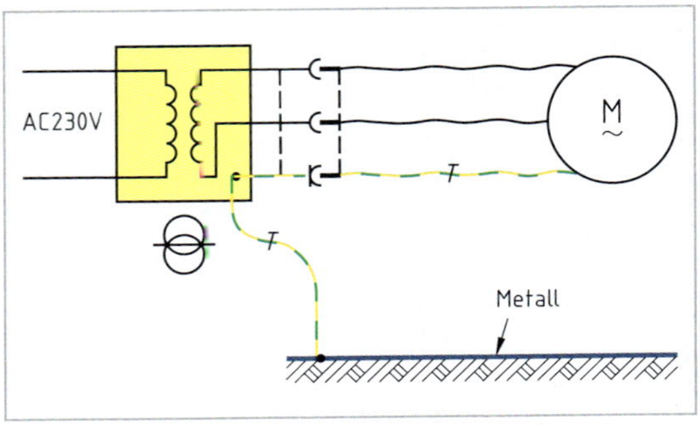

Bild 1: Schutztrennung bei metallischem Standort

Beim Fehlerschutz durch erdfreien örtlichen Schutzpotenzialausgleich müssen

- gleichzeitig berührbare Körper der Betriebsmittel und fremde, leitfähige Teile, z.B. Heizungskörper, über PBU (ungeerdete Schutzpotenzialausgleichsleiter) verbunden sein **(Bild 2)** und
- Personen vor Potenzialunterschieden geschützt sein, z.B. beim Betreten des Raums.

Der örtliche Schutzpotenzialausgleich wird auch in nicht fachlich überwachten Anlagen als zusätzlicher Fehlerschutz angewendet, ersetzt aber dann nicht den allgemeinen Fehlerschutz.

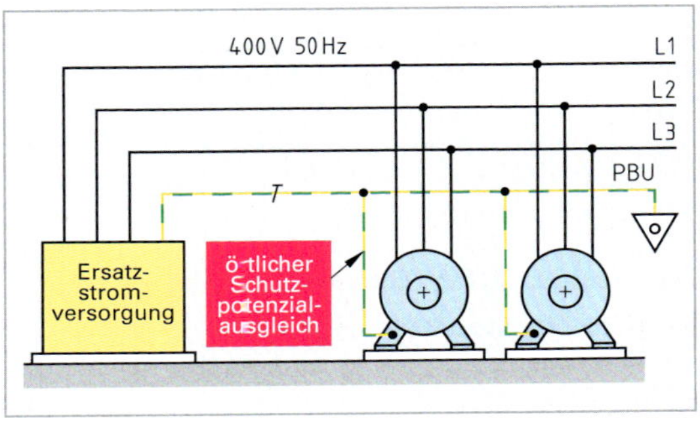

Bild 2: Erdfreier örtlicher Schutzpotenzialausgleich bei einer Ersatzstromversorgung

Kennzeichnung der Leiter

Die Leiter in elektrischen Anlagen sind nach Norm gekennzeichnet durch

- alphanumerische (aus Buchstaben und Ziffern bestehende) Zeichen und
- Farben oder Farbkombinationen **(Tabelle 1)**.

Außenleiter stehen im üblichen Betrieb unter Spannung und können Energie übertragen. **Neutralleiter** sind im üblichen Betrieb spannungslos gegen Erde und können Energie übertragen. **Schutzleiter** dienen dem Fehlerschutz, **Schutzpotenzialausgleichsleiter** dem Schutzpotenzialausgleich. PBE bedeutet geerdet, PBU ungeerdet.

Tabelle 1: Leiter in elektrischen Anlagen

Leiter	Kurzzeichen	Farben
Außenleiter	L, L1, L2, L3	BK oder BR oder GY
Neutralleiter	N	BU
Schutzleiter	PE	GN-YE
PEN-Leiter (PE +N)	PEN	GN-YE evtl. + BU an den Leiterenden
Schutzpotenzialausgleichsleiter	PB	GN-YE

BK (black) = schwarz, BR (brown) = braun,
BU (blue) = blau, GY (grey) = grau,
GN-YE (green-yellow) = gelb-grün
PB = Protected Bonding
PE = Protective Earth

Wiederholung und Vertiefung

1. **Welcher Stromweg im menschlichen Körper ist bei elektrischen Strömen besonders gefährlich?**
2. **Wie nennt man den Schutz gegen direktes Berühren?**
3. **Nennen Sie drei Maßnahmen, die gleichzeitig Basisschutz und Fehlerschutz bewirken.**
4. **Wie groß ist die höchstzulässige Berührungsspannung bei Wechselspannung, wenn sie nicht nur sehr kurzzeitig wirkt?**
5. **Wodurch unterscheiden sich die Typen A und B der RCDs in Hinblick auf ihr Schaltverhalten?**
6. **Wie groß darf der Bemessungsdifferenzstrom einer RCD sein, die als zusätzlicher Schutz verwendet wird?**
7. **Welcher Schalter ist für den Fehlerschutz durch automatische Abschaltung im Fehlerfall geeignet?**
8. **Warum ist die automatische Abschaltung im Fehlerfall durch eine Überstrom-Schutzeinrichtung weniger sicher als durch eine RCD?**
9. **Wie viele Lasten dürfen allgemein an einen Trenntransformator angeschlossen werden?**
10. **Warum dürfen bei Schutztrennung allgemein nicht mehr als eine Last angeschlossen werden?**
11. **Nennen Sie eine Anwendung des Fehlerschutzes durch Meldung im IT-System.**

6.4.11 Elektrische Geräte anschließen

Anschlussarten

Verbrauchsmittel sind die Betriebsmittel, welche die Energie des Verteilungsnetzes in andere Energiearten umsetzen, z. B. Heizgeräte oder Motoren.

Das Verlegen von Leitungen zu ortsfesten Betriebsmitteln wird von einer Elektrofachkraft für Energie- und Gebäudetechnik vorgenommen, dessen Betrieb im Installateurverzeichnis des VNB (Verteilungsnetzbetreiber) enthalten ist. Diese Verlegung wird nachfolgend nicht behandelt. Dagegen kann der Anschluss von ortsveränderlichen Betriebsmitteln durch eine elektrotechnisch unterwiesene Person notwendig sein. Dabei sind die Bestimmungen über Arbeiten in elektrischen Anlagen (Abschnitt 6.4.9) sowie über Schutz gegen elektrischen Schlag (Abschnitt 6.4.10) einzuhalten.

Ortsveränderliche Betriebsmittel werden über flexible Leitungen angeschlossen an

- Geräteanschlussdosen **(Bild 1),**
- Anschlussdosen mit Zugentlastung oder
- Stecker und Steckdosen **(Bilder 2 und 3).**

Die flexiblen Leitungen müssen nach den Umgebungsbedingungen ausgewählt werden. Unter normalen Bedingungen ist ihre Strombelastbarkeit umso größer, je größer der Querschnitt ist **(Tabelle 1).**

Vor dem Anschließen an Stecker oder Verbrauchsmittel sind die feindrähtigen Adern durch Endhülsen zu verfestigen (Bild 2). Das gilt aber nicht, wenn schraubenlose Verbindungsklemmen vorliegen. Das Verlöten der Aderenden ist nur bei Verwendung von dafür geeigneten Klemmen zulässig.

Tabelle 1: Strombelastbarkeit flexibler Leitungen mit Nennspannungen bis 1000 V bei Umgebungstemperatur 30 °C

Querschnitt in mm²	Isolierung PVC oder Gummi Belastbarkeit in A Anzahl Strom führende Adern		
	1	2	3
0,5	–	3	3
0,75	15	6	6
1	19	10	10
1,5	24	16	16
2,5	32	25	20
4	42	32	25

Weitere Werte siehe VDE 0298 Teil 4

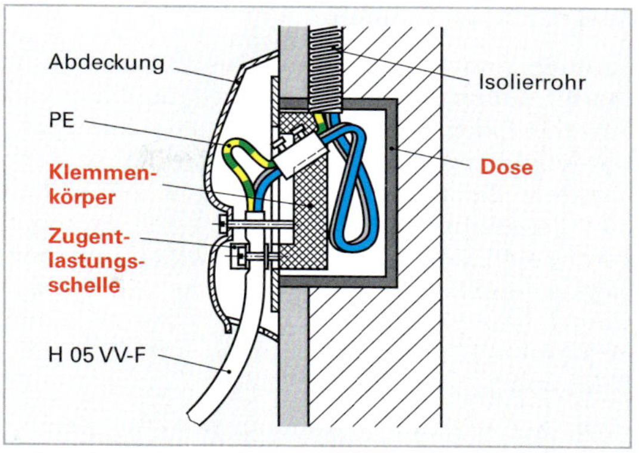

Bild 1: Anschluss mit Geräteanschlussdose

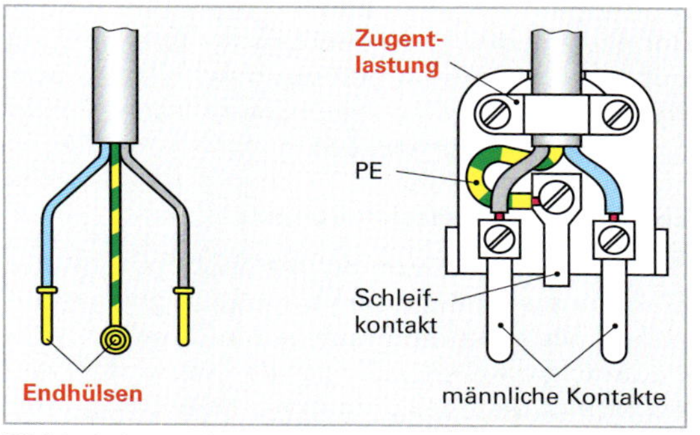

Bild 2: Leiterausformung und Steckeranschluss für 230 V

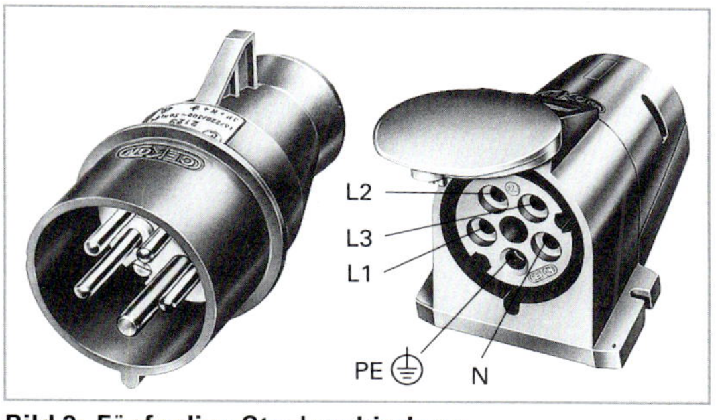

Bild 3: Fünfpolige Steckverbindung

An jeder Anschlussstelle der flexiblen Leitung muss

- eine Zugentlastung wirksam sein,
- die grüngelbe Ader (Schutzleiter PE) so lang sein, dass sie beim Abreißen der Leitung durch Gewaltanwendung als letzte getrennt wird,
- die grüngelbe Ader an die entsprechende Ader der Dose bzw. an den Schutzleiteranschluss des Verbrauchsmittels angeschlossen sein.

Wenn das Verbrauchsmittel zur Schutzklasse II gehört, ist gegebenenfalls ein vorhandener grüngelber Leiter der Anschlussleitung am Stecker anzuschließen, aber nicht am Verbrauchsmittel.

Austausch von Lampen

Lampen und herausnehmbares Zubehör, z. B. Starter, sollen grundsätzlich im spannungsfreien Zustand (nach Trennen vom Netz) ausgewechselt werden (VDE 0105-100). Davon gibt es Ausnahmen. Bei Niederspannung, z. B. AC 230 V, darf diese Arbeit unter Spannung erfolgen, sogar durch Laien, wenn der Basisschutz (Schutz gegen direktes Berühren) erfüllt ist. Lampen mit Bemessungsleistungen von z. B. 1000 W stellen dabei ein höheres Risiko dar als Lampen mit z. B. 40 W.

> Im Zweifelsfall sind Lampen erst nach dem Trennen vom Netz auszuwechseln.

Bei Hochspannung, z. B. bei Leuchtröhrenanlagen mit 7,5 kV, darf die Arbeit nur durch Elektrofachkräfte oder elektrotechnisch unterwiesene Personen vorgenommen werden.

Ersatz von Schmelzsicherungen

Das Auswechseln von Schmelzsicherungen der Elektroinstallation ist eine nicht ungefährliche Arbeit. Meist ist ein Freischalten (Trennen vom Netz) nicht möglich, z. B. bei einer Hausanschlusssicherung. Das Risiko ist umso höher, je größer der Bemessungsstrom der Sicherung ist. Deshalb muss diese Arbeit mit wenigen Ausnahmen mindestens von elektrotechnisch unterwiesenen Personen ausgeführt werden **(Tabelle 1)**.

> Das Auswechseln von Schmelzsicherungen soll in der Regel durch eine elektrotechnisch unterwiesene Person vorgenommen werden.

Ausnahmen bestehen bei den kleineren Bemessungsstromstärken der Sicherungstypen D (Diazed = Durchmesser gestuft) und D0 (Neozed = neue Typen gestuft) **(Bild 1)**.

Das Auswechseln von Gerätesicherungen fällt nicht unter diese Bestimmung, wenn die Geräte freigeschaltet sind, also vom Netz zuverlässig getrennt werden, z. B. durch Ziehen des Steckers.

Das Auswechseln von NH-Sicherungen (NH von Niederspannung-Hochleistung, **Bild 2**) muss mit einem Unterarmschutz vorgenommen werden, natürlich nicht von einem Laien.

Ersetzen von weiteren Geräten

Beim Ersetzen von weiteren Geräten, z. B. wegen Beschädigung, ist zu beachten, dass deren Daten zu den bisherigen Geräten passend sein müssen. Diese Daten kann man dem Leistungsschild entnehmen.

Tabelle 1: Auswechseln von Sicherungen unter Spannung

Sicherungssystem	Bemessungsspannung in V	Bemessungsstrom in A	Erlaubt oder verboten	
D, D0	≤ AC 400	≤ 63	Elektrofachkraft	Laie
		> 63	Elektrofachkraft (nicht erlaubt)	Laie (nicht erlaubt)
	≤ DC 25	beliebig	Elektrofachkraft	Laie
D0	≤ DC 120	≤ 2	Elektrofachkraft	Laie (nicht erlaubt)
D	DC 25...60	≤ 16	Elektrofachkraft	Laie (nicht erlaubt)

Elektrofachkraft oder elektrotechnisch unterwiesene Person

Laie

nicht erlaubt

AC von Alternating Current = Wechselstrom
DC von Direct Current = Gleichstrom
D Diazed-System
D0 Neozed-System

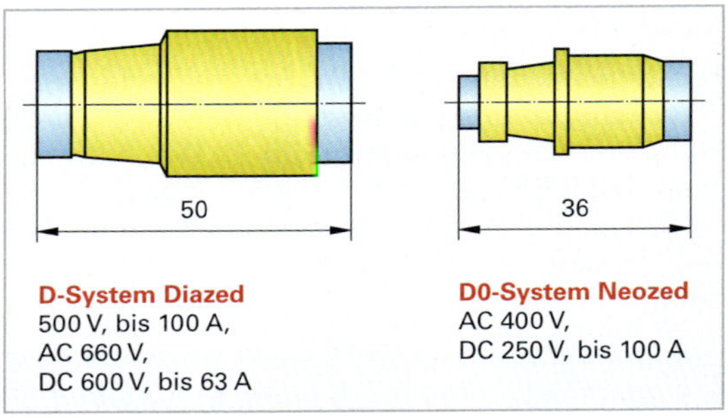

Bild 1: Schmelzsicherungen D und DO

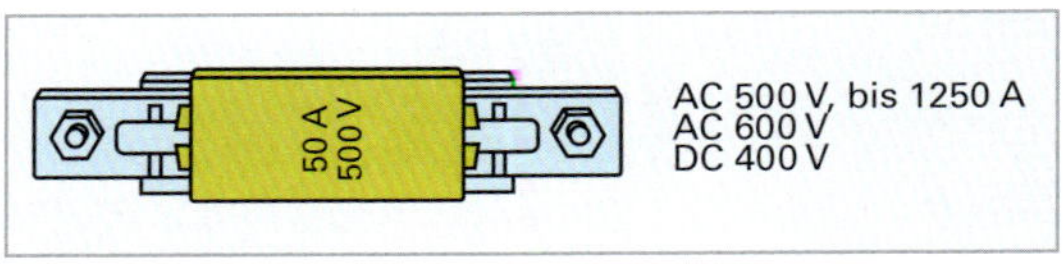

Bild 2: NH-Sicherung

6.4.12 Schutzarten elektrischer Betriebsmittel

Schutzart IP

Bei den elektrischen Betriebsmitteln ist, je nach-Verwendungszweck und Aufstellungsort, Schutz gegen zufälliges Berühren, Fremdkörper und Wasser erforderlich. Die Schutzarten werden durch eine alphanumerische Kennzeichnung angegeben. Diese besteht aus den Kennbuchstaben IP (von engl. international protection = internationaler Schutz) und meist zwei Kennziffern. Die erste Kennziffer gibt den **Fremdkörperschutz** und damit gleichzeitig den **Berührungsschutz** an, die zweite den **Wasserschutz** **(Tabelle 1)**.

Weicht bei einer elektrischen Maschine die Schutzart eines Teils ab, z. B. der Klemmenkasten eines Motors von der Schutzart des Gehäuses, so werden beide Schutzarten angegeben, z. B. Motor IP 44, Klemmenkasten IP 54.

Der Schutz ist für den Berührungsschutz und Fremdkörperschutz umso höher, je größer die zugehörende Kennziffer ist **(Tabelle 2)**.

Das Entsprechende gilt für den Wasserschutz. Beim Wasserschutz unterscheidet man senkrechtes Tropfwasser, schräges Tropfwasser, Sprühwasser und Strahlwasser **(Bild 1)**.

An die zweite Kennziffer kann ein Kennbuchstabe als 3. Stelle angehängt werden und sogar ein weiterer Kennbuchstabe als 4. Stelle. Der Kennbuchstabe der 3. Stelle gibt zusätzlich den *Berührungsschutz* an. Dabei bedeuten

A Handrückensicherheit,

B Fingersicherheit,

C Werkzeugsicherheit (Zugangssonde ∅ 2,5 mm),

D Drahtsicherheit (Zugangssonde ∅ 1 mm).

Tabelle 1: Aufbau der alphanumerischen Kennzeichnung für die Schutzart

Kennbuchstaben IP	Schutz gegen Berühren und gegen Eindringen von Fremdkörpern und Wasser
Erste Kennziffer 0...6	Schutz gegen Berühren und gegen Eindringen von Fremdkörpern
Zweite Kennziffer 0...9	Schutz gegen Eindringen von Wasser

Wird nur eine einzige Kennziffer für die Schutzart gebraucht, z. B. bei Beschreibungen, so wird die fehlende Kennziffer durch ein X ersetzt.

Tabelle 2: Bedeutung der ersten und zweiten Kennziffer nach IP

Schutz	Beschreibung
Berührungsschutz und Fremdkörperschutz	
IP 0X	Kein Berührungsschutz, kein Fremdkörperschutz
IP 1X	Schutz gegen Fremdkörper größer als 50 mm ∅ (Handrückenschutz)
IP 2X	Schutz gegen Fremdkörper größer als 12 mm ∅ (Fingerschutz)
IP 3X	Schutz gegen Fremdkörper größer als 2,5 mm ∅ (Werkzeugschutz)
IP 4X	Schutz gegen Fremdkörper größer als 1 mm ∅ (Drahtschutz)
IP 5X	Schutz gegen schädliche Staubablagerung im Inneren (Drahtschutz)
IP 6X	Schutz gegen Eindringen von Staub
Wasserschutz	
IP X0	KeinWasserschutz
IP X1	Schutz gegen senkrecht fallendes Tropfwasser
IP X2	Schutz gegen schrägfallendes Tropfwasser (15° gegen die Senkrechte)
IP X3	Schutz gegen Sprühwasser (bis 60° g. Senkr.)
IP X4	Schutz gegen Spritzwasser
IP X5	Schutz gegen Strahlwasser, z. B. aus einer Düse kommend
IP X6	Schutz bei Überflutung
IP X7	Schutz beim Eintauchen
IP X8	Schutz beim Untertauchen
IP X9K	Schutz gegen Hochdruck- oder Dampfstrahlreinigung

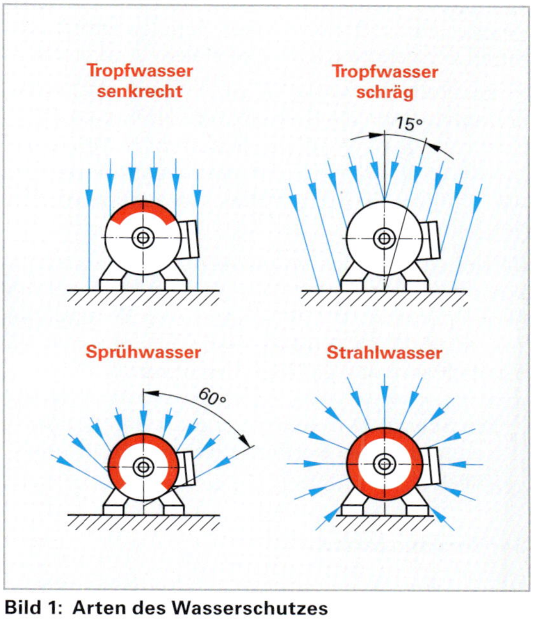

Bild 1: Arten des Wasserschutzes

Der Kennbuchstabe der 4. Stelle gibt eine ergänzende Angabe. Es bedeuten

H Betriebsmittel für Hochspannung,

M geprüft in Betrieb der beweglichen Teile,

S geprüft bei Stillstand der beweglichen Teile,

W geprüft bei festgelegten Wetterbedingungen.

Bei der Auswahl eines elektrischen Betriebsmittels ist es zweckmäßig, die Schutzart IP so niedrig festzulegen, wie es möglich ist. Je höher nämlich der Schutz ist, desto höher ist auch der Preis.

Außerdem hat sich gezeigt, dass elektrische Maschinen einer höheren Schutzart wegen ihrer geringen Durchlüftung zu Kondenswasserbildung neigen, wenn sie zeitweise außer Betrieb sind.

> Man wählt für elektrische Maschinen nicht eine höhere Schutzart IP als nötig.

In feuchten und nassen Bereichen und Räumen muss bei den Betriebsmitteln mindestens die Schutzart IP X1 (**Tropfwasserschutz**) vorhanden sein. Wird in den genannten Bereichen mit Strahlwasser umgegangen, werden dabei aber die Betriebsmittel nicht direkt angestrahlt, z. B. in Wagenwaschräumen, so muss bei den Betriebsmitteln die Schutzart IP X4 (**Spritzwasserschutz**) vorhanden sein. Sind die Betriebsmittel dem Wasserstrahl direkt ausgesetzt, so müssen sie die Schutzart IP X5 haben. Metallteile müssen gegen Korrosion geschützt werden, wenn sie ätzenden Dämpfen ausgesetzt sind, z. B. durch einen Schutzanstrich oder durch Verwendung korrosionsfester Werkstoffe.

In **geschützten Anlagen im Freien** (bei Überdachung) müssen die Betriebsmittel mindestens die Schutzart IP X1 (Tropfwasserschutz) haben. In **ungeschützten Anlagen im Freien** muss mindestens die Schutzart IP X3 (Sprühwasserschutz) vorhanden sein.

Betriebsmittel für den gewerblichen Einsatz haben oft eine hohe Schutzart IP **(Bild 1)**. Manchmal haben derartige Betriebsmittel zwei IP-Angaben, z. B. IP 65/IP 54 (**Bild 2**). Dann bezieht sich die zweite IP-Angabe auf den Anschluss.

> Die Schutzart IP enthält codiert den Schutz gegen direktes Berühren, Fremdkörper und Wasser.

Sonderschutzarten

Für die Kennzeichnung **explosionsgeschützter Betriebmittel** wird das **Kennzeichen EX** verwendet. Außerdem wird zusätzlich zum Kennzeichen die alphanumerische Kennzeichnung I für Schlagwetterschutz bzw. II für Explosionsschutz ergänzt. Für die Gruppe II erfolgt je nach Gas eine Unterscheidung IIA, IIB, IIC. Hierzu sind auch Temperaturklassen T1 bis T6 für maximale Temperaturen festgelegt. Die Art des Schutzes wird durch Kleinbuchstaben ebenfalls angegeben (siehe Seite 545).

Bild 1: Drehstrommotor mit Frequenzumrichter IP 55

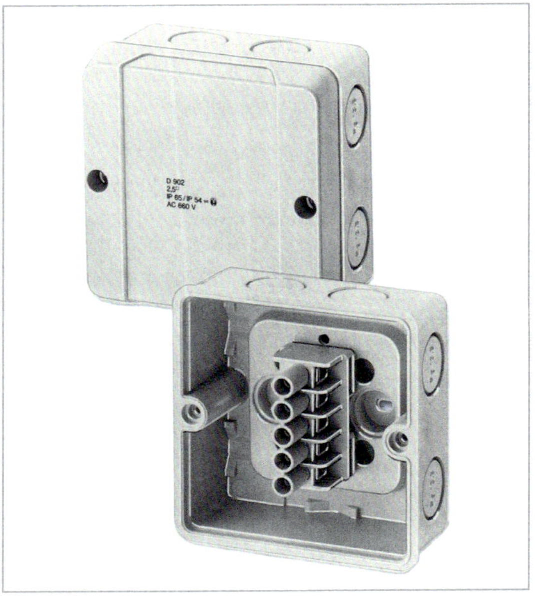

Bild 2: Abzweigdosen für Aufputzmontage IP 65/IP 54

Für die **Stoßbeanspruchung** von Gehäusen elektrischer Betriebsmittel ist in DIN EN 62262 (VDE 0470-100) der **IK-Code** von IK00 (keine Stoßbeanspruchung) bis IK11 (Schlagenergie 50 J) festgelegt. Anwendung findet der IK-Code z. B. für Steckdosen, Schalter, Leuchten, Verteilergehäuse.

6.4.13 Arbeiten auf Baustellen

Vorschriften der Berufsgenossenschaften

Unternehmer und Beschäftigte sind verpflichtet, die in einem Betrieb vorhandenen Maschinen, Geräte und Anlagen vorschriftsmäßig und unfallsicher einzurichten, zu erhalten und anzuwenden. Die in den Vorschriften der Deutschen Gesetzlichen Unfallversicherung (DGUV) geforderten Schutzeinrichtungen sind sicherzustellen. Mangelhafte Maschinen, Geräte, Anlagen und Fahrzeuge sind zu zerlegen oder aus dem Betrieb zu entfernen. Durch geeignete Mittel, z.B. Absperrungen bei Anlagen, ist deren Benutzung zu verhindern.

Unfallverhütungsvorschriften können bei den Berufsgenossenschaften angefordert werden.

Gräben und Gruben

Gräben und Gruben sind so abzuböschen oder zu befestigen, dass Personen darin nicht durch Abrutschen von Bodenmassen gefährdet werden. Entsprechende Schutzstreifen an den Rändern sind einzuhalten **(Bild 1)**. Gruben sind so abzusichern, dass keine Personen hineinstürzen können.

Vor dem Einsteigen in Gruben, dies gilt auch für das Einsteigen in Kanäle, muss sichergestellt sein, dass genügend Sauerstoff zur Verfügung steht und somit keine Vergiftungsgefahr besteht. Der Einsteigende ist derart abzusichern, dass seine Rettung jederzeit möglich ist, z.B. mittels Dreibock **(Bild 2)**.

Offene Güllegruben müssen mit einer nicht durchsteigbaren Umwehrung, z.B. einem Zaun, von mindestens 1,8 m Höhe abgesichert sein **(Bild 3)**. Neben den Gefahren des Hineinstürzens und der Vergiftung sind auch die Gefahren bzgl. des Erstickens und Explodierens zu beachten.

Leitern und Gerüste

Je nach Art der Leiter **(Bild 1, folgende Seite)** sind unterschiedliche Sicherheitsmaßnahmen zu beachten. Eine Leiter muss einen gesicherten Stand mit richtigem Anstellwinkel (65° bis 75°) besitzen, ein seitliches „Überhängen" durch den Benutzer darf nicht erfolgen, die Leitersprossen müssen rutschhemmend sein, ein sicheres Festhalten muss gewährleistet sein, die erlaubte Aufstiegshöhe der Leiter ist zu beachten. Bei Anlegeleitern beträgt die maximale Arbeitshöhe 7 m. Eingebaute Leitern (Stegleitern) von mehr als 5 m Länge erfordern ab 3 m über dem Boden beginnend einen durchgehenden Rückenschutz.

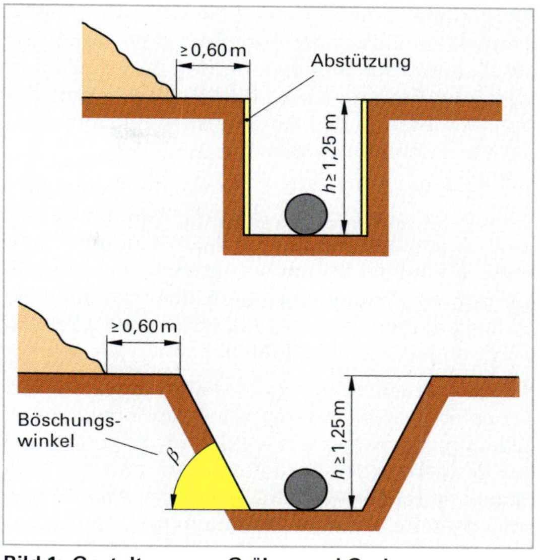

Bild 1: Gestaltung von Gräben und Gruben

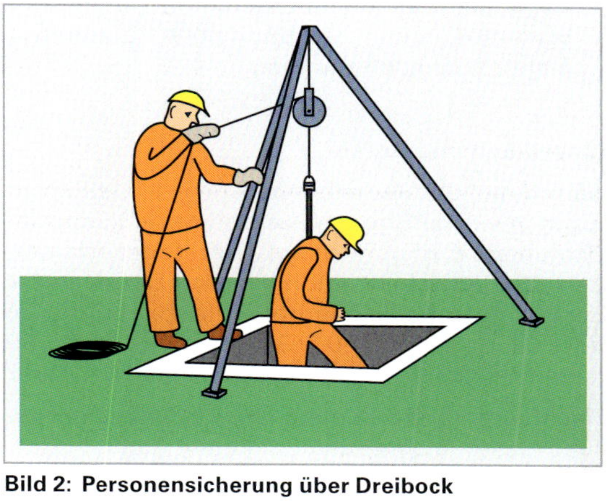

Bild 2: Personensicherung über Dreibock

Bild 3: Umwehrung einer offenen Güllegrube

Baugerüste müssen gegen Abstürzen (Brustwehr, Knieleiste, Fußleiste) von Personen gesichert sein, sofern die Standfläche des Benutzers 2 m über dem Erdboden liegt **(Bild 2)**. Ferner sind der Mindestabstand des Gerüsts zum Bauwerk und die Mindestbreite vorgeschrieben.

Bei Behelfsgerüsten, z. B. Stehleitern mit Laufbohlen, ist zu beachten, dass die Benutzung von jeweils nur einer Person erfolgt, die Bohlen nicht höher als auf der dritten Sprosse von oben liegen, die Bohlen mindestens 10 cm über die äußeren Sprossen überstehen und die Stehleitern Spreizsicherungen besitzen **(Bild 3)**.

Bei Fahrgerüsten müssen die Fahrrollen unverlierbar befestigt sein und gegen unbeabsichtigte Fahrbewegungen festgestellt werden können. Während des Verfahrens des Gerüsts ist der Aufenthalt von Personen nicht erlaubt. Die Standhöhe ist im Freien auf 8 m, in Räumen auf 12 m begrenzt. Leitern dürfen nur als Innenaufstiege verwendet werden.

> Mit Gruben, Leitern und Gerüsten muss derart umgegangen werden, dass Personen nicht zu Schaden kommen.

Maschinen und Geräte

Maschinen und Geräte müssen sicherheitstechnisch in einwandfreiem Zustand sein. Schutzeinrichtungen dürfen nicht außer Kraft gesetzt werden. Die Betriebsanleitungen sind zu beachten. Beschädigte Betriebsmittel sind zu reparieren oder auszusortieren. Die Geräte dürfen keine defekten elektrischen Anschlussleitungen besitzen.

Nachfolgende Beispiele dienen zur Sensibilisierung dieser Thematik:

- Je nach Arbeitsauftrag ist die persönliche Schutzausrüstung zu benutzen, z. B. Helm, Schutzbrille.
- Schlauchverbindungen bei Druckluftgeräten sind gegen unbeabsichtigtes Lösen zu sichern, vor dem Lösen solcher Verbindungen sind diese drucklos zu machen.
- Beim Bohren ist auf verdeckte Leitungen in den Wänden zu achten. Bohrmaschinen sind nur im Stillstand abzulegen. Langhaarige Beschäftigte müssen ein Haarnetz tragen.
- Bei Handtrennschleifmaschinen sind für die auszuführende Arbeit und passend zur Maschine geeignete Trennscheiben zu verwenden. Die Schutzhaube ist zu verwenden und einzustellen. Eine Schutzbrille muss getragen werden.
- Geräte und Maschinen sind so einzusetzen, dass keine Teile umherfliegen oder herabstürzen.

Bild 1: Arten von Stehhilfen

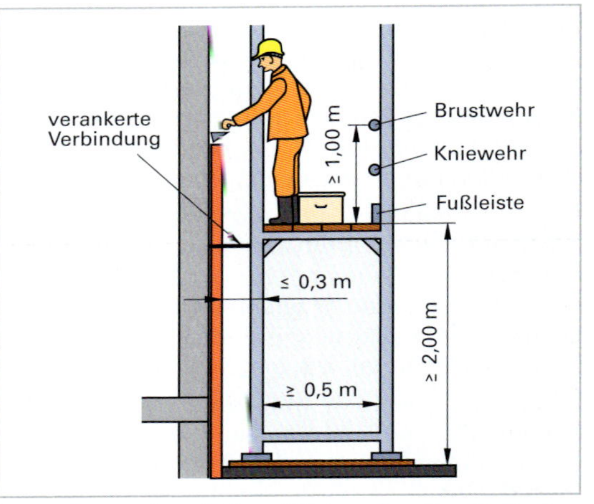

Bild 2: Baugerüst mit Standfläche $\geq$ 2 m über Erdboden

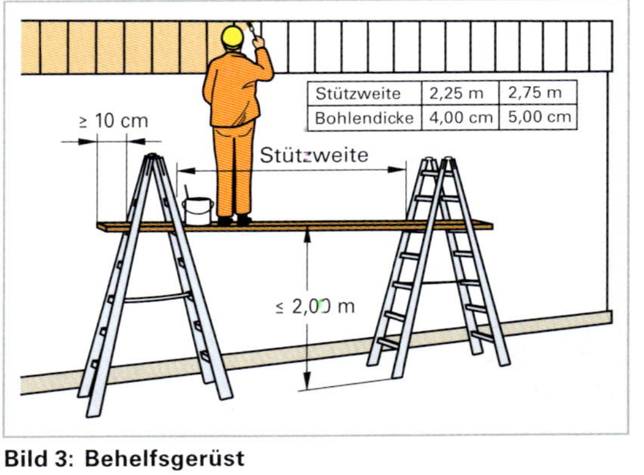

Bild 3: Behelfsgerüst

6.4.14 Arbeiten in Biogasanlagen

Biogas kann zusammen mit Sauerstoff aus der Umgebungsluft explosionsfähige Gemische bilden. Deshalb unterliegen die Geräte und Schutzsysteme einer Biogasanlage (Abschnitt 7.10.1) besonderen Prüfvorschriften. Vor Inbetriebnahme und nach einer wesentlichen Änderung ist eine Prüfung durch eine zugelassene Überwachungsstelle oder eine befähigte Person durchzuführen. Wiederkehrende Prüfungen auf ordnungsgemäßen Zustand hinsichtlich des Betriebs sind mindestens alle drei Jahre durchzuführen. Die Dichtheit der gasführenden Rohrleitungen und des Biogas-Speichers **(Bild 1)** muss der Hersteller bescheinigen. Liegt in den gasführenden Rohrleitungen ein innerer Überdruck von mehr als 0,5 bar (50 kPa) vor, ist eine Prüfung von einer befähigten Person vor Inbetriebnahme durchzuführen.

Den Beschäftigten in einer Biogasanlage sind vom Arbeitgeber angemessene Informationen über die Gefahren und die zu ergreifenden Schutzmaßnahmen zu geben. Für die bei der Arbeit benutzten Arbeitsmittel müssen Betriebsanweisungen zur Verfügung gestellt werden. Anhand dieser sind die beschäftigten Personen mindestens einmal jährlich zu unterweisen. Die Betriebsabläufe sind in einem Betriebsprotokoll zu dokumentieren.

> Die Beschäftigten einer Biogasanlage sind hinsichtlich auftretender Gefahren und fachgerechtem Anwenden der Arbeitsmittel zu schulen.

Bereiche, in denen eine explosionsfähige Atmosphäre auftreten kann, müssen in Zonen für explosionsgefährdete Bereiche (**Ex-Zonen**) eingeteilt werden **(Tabelle 1)**. Man unterscheidet die Zonen 0, 1 und 2 für brennbare Gase sowie die Zonen 20, 21 und 22 für brennbare Stäube. Je nach Zone sind Geräte und Schutzsysteme der Kategorien 1, 2 oder 3 einzusetzen (Abschnitt 12.6).

Tabelle 1: Explosionsfähige Atmosphären und ihre Zonen

Explosionsfähige Atmosphäre	Zone	Häufigkeit der Explosionsgefahr
Gas (Gas G) Staub (Dust D)	0 20	ständig oder langzeitig oder häufig
Gas Staub	1 21	mit gelegentlichem Auftreten im Normalbetrieb
Gas Staub	2 22	im Normalbetrieb nicht oder nur kurzzeitig

siehe Abschnitt 12.6.

Die Einteilung der **explosionsgefährdeten Bereiche** in Zonen ist in einem *Ex-Schutzzonenplan* darzustellen. Gärbehälter (Reaktor, Fermenter, Faulbehälter) und sonstige gasführende Einrichtungen, z. B. Endlager, in denen sich Biogas ansammeln kann, sind **Ex-Zonen** zuzuordnen (Seite 545). In Bereichen mit explosionsgefährlichen Gas-Luft-Gemischen dürfen keine durch Reibung, Schleif- oder Schlagvorgänge erzeugten Funken auftreten, auch keine elektrostatischen Aufladungen. In Ex-Zonen eingesetzte elektrische Betriebsmittel benötigen eine besondere Zulassung. Fahrwege sowie Zu- oder Abluftöffnungen eines Blockheizkraftwerkes (BHKW) dürfen nicht innerhalb von Ex-Zonen sein. Gefahrenbereiche sind zu kennzeichnen und gegen unbefugtes Betreten zu sichern.

> In einem *Explosionsschutz-Dokument* sind Explosionsgefährdungen, getroffene Vorkehrungen für einen Explosionsschutz und die Ex-Zonen vom Anlagenbetreiber zu beschreiben.

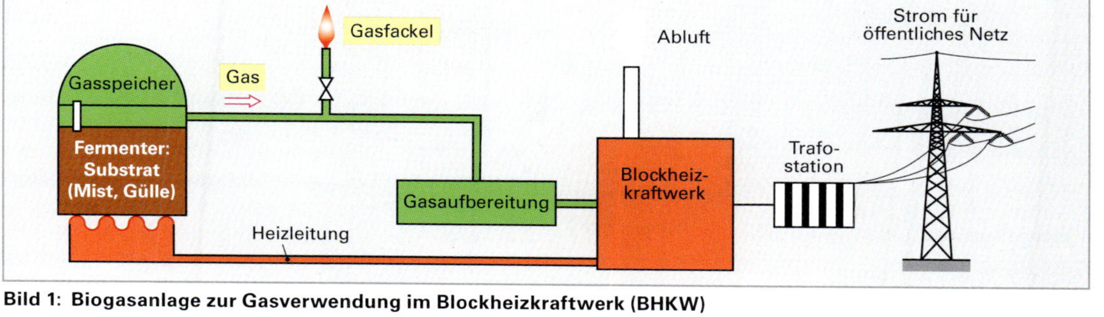

Bild 1: Biogasanlage zur Gasverwendung im Blockheizkraftwerk (BHKW)

In einer Biogas-Anlage mit BHKW sind folgende Bereiche bzgl. der Explosionsgefahren sicherheitstechnisch von Bedeutung (Bild 1, vorhergehende Seite):

- Gärbehälter (Fermenter, Reaktor, Faulbehälter),
- Gasspeicher,
- Gasaufbereitung,
- Sicherheitseinrichtungen, z. B. Über-/Unterdrucksicherung mit Abluftleitung,
- Einrichtungen und Armaturen am Fermenter,
- gasführende Rohrleitungen zwischen Fermenter und Gasspeicher sowie zwischen Gasspeicher, Gasaufbereitung und BHKW,
- gasführende Rohrleitungen und Aggregate des BHKW.

Biogasanlagen müssen über einen äußeren Blitzschutz **(Bild 1)** und einen inneren Blitzschutz verfügen. Für die elektrische Anlage sowie die Anlagen zur Steuerung, Datenverarbeitung und Telekommunikation ist Überspannungsschutz (innerer Blitzschutz) und Schutzpotenzialausgleich notwendig.

Die Beschäftigten der Anlage müssen ihre persönliche Schutzausrüstung (PSA) benutzen, z. B. Schutzhandschuhe, Schutzschuhe, Atemschutz, Gehörschutzkapseln. Die mikrobiologischen Ab- und Umbauvorgänge in der Biogasanlage setzen Abbauprodukte frei, die für Mensch und Umwelt schädlich sind. Bereits in den angelieferten Materialien können Schadstoffe enthalten sein. Auch bei der Vergärung von Schweinegülle entsteht im Biogas hoher Schwefelgehalt. Bei der Biogas-Erzeugung kommen neben Methan (CH_4) z. B. auch Kohlenstoffdioxid (CO_2), Schwefelwasserstoff (H_2S), Ammoniak (NH_3), Kohlenstoffmonoxid (CO) vor, in den Silagemieten auch Stickoxide (NO_X). Das Freisetzen dieser gefährlichen Gase ist zu verhindern, d. h., die Gase müssen sicher abgeführt werden. Im **Betriebstagebuch** sollte der Anlagenbetreiber die verarbeiteten Materialien dokumentieren, um den ordnungsgemäßen Betrieb der Anlage nachweisen zu können.

> Für die Beschäftigten einer Biogas-Anlage gelten u. a. die Gefahrstoffverordnung (GefStoffV) und die Biostoffverordnung (BioStoffV).

Gaswarngeräte sollen sicherstellen, dass die Beschäftigten im Gefahrenbereich bei Überschreitung eines fest eingestellten Schwellenwerts durch ein optisches und akustisches Signal gewarnt werden. Zu beachten ist, dass beim Vermischen von bereits angegorenem Material mit wärmeren Substraten giftige Gase spontan entstehen können.

Wiederholung und Vertiefung

1. **Bei welchen Institutionen können Unfallverhütungsvorschriften angefordert werden?**
2. **Worauf ist beim Einsteigen in Gruben und Kanäle besonders zu achten?**
3. **Was versteht man unter einer persönlichen Schutzausrüstung?**
4. **Nennen Sie Beispiele für Gefährdungen beim Arbeiten in engen Räumen.**
5. **Worin liegen die Gefahren einer Biogasanlage?**
6. **Warum teilt man explosionsgefährdete Bereiche in Zonen ein?**

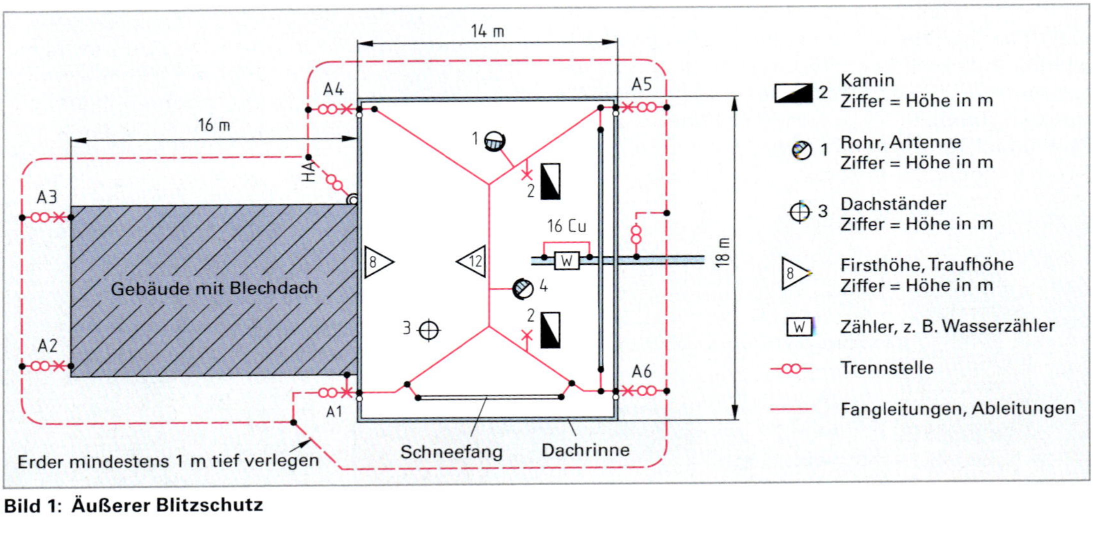

Bild 1: Äußerer Blitzschutz

6.4.15 Arbeiten bei Umweltunfällen

Das Tragen von Schutzanzügen ist bei Umweltunfällen zwingend erforderlich. Brandschutzanzüge sind atmungsaktiv, reiß- und schnittfest. Sie bieten einen gewissen Schutz vor Hitze und Chemikalien. Chemikalienschutzanzüge bieten gegenüber Chemikalien einen noch besseren Schutz **(Bild 1)**.

Bei **Ölunfällen** werden auf die verunreinigte Oberfläche ölbindende Chemikalien aufgetragen. Das ölgesättigte Bindemittel ist später als Sondermüll zu entsorgen.

Die Wahl des Feuerlöschmittels zur **Brandbekämpfung** richtet sich nach der Zugehörigkeit des brennenden Stoffs zu einer der fünf Brandklassen **(Tabelle 1)**. Bei Bränden der Brandklasse A dient *Wasser* wegen der leichten Verfügbarkeit und des geringen Preises als Löschmittel.

Die Löschwirkung beruht auf dem Wärmebindungsvermögen. Gleichzeitig schränken Wasser und Wasserdampf die Sauerstoffzufuhr ein. Wenn sich bei der Brandbekämpfung Schadstoffe im Wasser lösen, darf dieses nicht unkontrolliert in Gewässer oder die Kanalisation gelangen. Das Problem der großen Oberflächenspannung und der fehlenden Frostsicherheit kann durch Zusatz von Tensiden, anorganischen Salzen und Alkoholen behoben werden.

Wegen seiner hohen Dichte eignet sich **Kohlenstoffdioxid** als umweltfreundlich eingestuftes Löschmittel besonders zur Bekämpfung von Bränden der Brandklassen B und C. Wegen der akuten Erstickungsgefahr sind besondere Sicherheitsvorkehrungen für die Menschen zu treffen.

Löschpulver unterscheiden sich in ihrer Zusammensetzung. Hauptbestandteile von ABC-Löschpulvern für die Brandklassen A, B, C sind Monoammoniumphosphat $(NH_4)H_2PO_4$ und Ammoniumsulfat $(NH_4)_2SO_4$. Die Wirkungsweise beruht auf der Ausbildung einer Schmelzschicht, die den Brandherd isoliert.

BC-Löschpulver bestehen im Wesentlichen aus Sulfaten, Chloriden und Carbonaten. Die Löschwirkung wird dadurch erzielt, dass die Substanzen direkt in die Verbrennungsreaktion eingreifen und diese abbrechen.

Bei D-Löschpulvern werden Halogenide eingesetzt. Unbrauchbares Löschpulver muss in einer Deponie entsorgt werden. Altlöschpulver gelten wegen ihrer Wasserlöslichkeit als besonders überwachungsbedürftig.

Bild 1: Einsatz mit Chemikalienschutzanzug

Tabelle 1: Brandklassen nach DIN EN 2

Symbole	Brennbare Stoffe	Beispiele
	Brennbare feste glutbildende Stoffe	Holz, Papier, Textilien
	Brennbare flüssige oder flüssig werdende Stoffe	Benzin, Teer, Heizöl
	Brennbare Gase	Propan, Erdgas Acetylen
	Brennbare Metalle	Natrium, Magnesium, Aluminium
	Brennbare Fette	Speiseöl, Speisefett

Brände der Brandklasse F werden mit Fettbrandlöschmitteln gelöscht. Die brennende Flüssigkeit wird verseift (Hydrolyse eines Esters).

Schaumlöschmittel enthalten je nach Typ Proteine, Alkohole, Tenside und anorganische Salze. Sie bilden einen gasdichten Film, der sich über den gesamten Brandherd ausbreitet.

In Abhängigkeit der Zusammensetzung und der Konzentration der Löschmittel erfolgt die Entsorgung wegen der wassergefährdenden Inhaltsstoffe durch Verbrennung in speziellen Anlagen, durch Deponierung des in Sand aufgenommenen Konzentrats oder nach Verdünnung in Kläranlagen mit biologischer Reinigungsstufe.

> Je nach Art eines Brandes sind verschiedene Löschmittel zu verwenden und die Brandreste sind fachgerecht zu entsorgen.

6.4.16 Kennzeichnung für Sicherheit und Gesundheit

Arbeitsschutzrechtliche Vorschriften dienen dazu, die mit der Arbeit verbundenen Risiken oder Gefahren einer gesundheitlichen Schädigung für Arbeitnehmer und Dritte zu vermeiden bzw. möglichst gering zu halten. Im Rahmen des *technischen Arbeitsschutzes* werden

- Anforderungen an die Sicherheit von Maschinen und technischen Einrichtungen festgelegt,
- Regelungen zum Bau und zur Einrichtung von Arbeitsstätten sowie zum Umgang mit Gefahrstoffen getroffen.

Die Einhaltung der gesetzlichen Bestimmungen zum technischen Arbeitsschutz bietet noch keinen ausreichenden Gesundheitsschutz. So beeinträchtigen auch lange Arbeitszeiten oder das Fehlen entsprechender Ruhephasen die Sicherheit am Arbeitsplatz und die Gesundheit der Beschäftigten. Zahlreiche Gesetze, z. B. das Arbeitszeitgesetz, das Jugendarbeitsschutzgesetz oder das Mutterschutzgesetz, enthalten Vorgaben zur Gewährleistung des *sozialen Arbeitsschutzes*.

Verbleiben trotz Einsatz technischer Schutzeinrichtungen und arbeitsorganisatorischer Maßnahmen Risiken oder Gefahren, ist zur Verhütung von Unfällen eine Sicherheits- und Gesundheitsschutzkennzeichnung unerlässlich. Dabei haben Arbeitgeber die Ergebnisse einer Gefährdungsbeurteilung durch anerkannte Prüfstellen zu berücksichtigen.

Sicherheitszeichen **(Bild 1)** oder **Gefahrenpiktogramme** **(Bild 2)** ermöglichen durch Kombination einer geometrischen Form mit einer Farbe und einem Bildzeichen eine bestimmte Aussage zur Sicherheit und zum Gesundheitsschutz **(Tabelle 1)**.

> Ein Bildzeichen ist ein grafisches Symbol, das eine Situation beschreibt oder ein Verhalten vorschreibt und auf einem Sicherheitszeichen oder einer Leuchtfläche angeordnet ist.

Für die **Sicherheitsfarben** sind auf der Grundlage der DIN 5381 „Kennfarben" beziehungsweise des RAL-Farbregisters (Reichs-Ausschuss für Lieferbedingungen) RAL-F 14 Farbbereiche ausgewählt, die sich auch bei ungünstigen Beleuchtungsverhältnissen eindeutig unterscheiden lassen **(Tabelle 2)**.

Tabelle 1: Bedeutung geometrischer Formen

Geometrische Form	Bedeutung
Kreis	Verbotszeichen oder Gebotszeichen
Dreieck	Warnzeichen
Quadrat	Rettungszeichen oder Brandschutzzeichen
Rechteck	Rettungszeichen, Hinweiszeichen oder Zusatzzeichen

Bild 1: Sicherheitszeichen (Zutrittsverbot für Personen mit Herzschrittmacher)

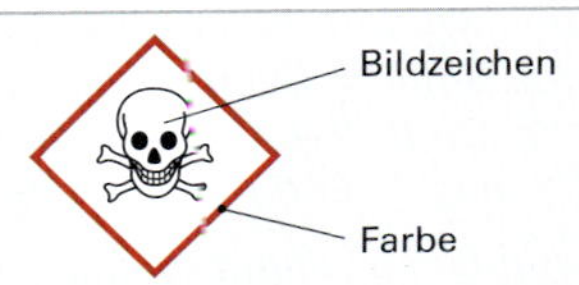

Bild 2: Gefahrenpiktogramm (giftige Chemikalie)

Tabelle 2: Bedeutung der Sicherheitsfarbe

Sicherheitsfarbe	Bedeutung
Rot DIN 5381 – Rot RAL 3001 Signalrot	Verbot Gefahr Material und Einrichtungen zur Brandbekämpfung
Gelb DIN 5381 – Gelb RAL 1003 Signalgelb	Warnung
Grün DIN 5381 – Grün RAL 6032 Signalgrün	Hilfe, Rettung Gefahrlosigkeit
Blau DIN 5381 – Blau RAL 5005 Signalblau	Gebot

Abhängig von Gegenstand, Tätigkeit oder Situation macht das Sicherheitszeichen eine Aussage in Form eines Verbots, einer Warnung, eines Gebots oder gibt Informationen zu Rettung oder Brandschutz **(Bild 1)**.

> Sicherheitszeichen können durch Zusatzzeichen, die einen kurzen Text enthalten, ergänzt werden.

Hinweiszeichen werden eingesetzt, wenn ein entsprechendes Sicherheitszeichen nicht zur Verfügung steht. Sie enthalten als Sicherheitsaussage einen Text in weißer Schrift auf blauer rechteckiger Grundfläche **(Bild 2)**.

Ständige Hindernisse oder **Gefahrenstellen** sind durch gelb-schwarze Streifen deutlich erkennbar und dauerhaft zu kennzeichnen **(Bild 3)**. Das Breitenverhältnis der gelben zu den schwarzen Streifen beträgt 1 : 1 bis 1,5 : 1. Die Streifenbreite der schwarzen Streifen richtet sich nach den Maßen des Objekts und ist so auszuführen, dass der Anteil der Sicherheitsfarbe Gelb mindestens 50 % der Gesamtfläche beträgt. Die Streifen sind in einem Neigungswinkel von etwa 45° anzuordnen. Für die Kennzeichnung *zeitlich begrenzter* Hindernisse oder Gefahrenstellen wie Kranhaken oder Baugruben sind rot-weiße Streifen zu verwenden **(Bild 4)**.

Fahrwege werden durch mindestens fünf Zentimeter breite, gut sichtbare Streifen oder durch Nagelreihen entsprechender Größe markiert. Die Farbgebung richtet sich nach der Farbe der Bodenfläche. Vorzugsweise werden die Farben Weiß oder Gelb verwendet.

Aus Sicherheitsgründen sind **Rohrleitungen** in Bezug auf den durchfließenden Stoff und die Fließrichtung zu kennzeichnen (Abschnitt 10.2.4). Die Kennzeichnung erfolgt nach den Vorgaben der DIN 2403. Reicht die Kennzeichnung durch einen Farbanstrich nicht aus, sind Angaben durch Aufschrift oder Schilder unerlässlich. Die Grundfläche des Schildes ist in der Farbe gestaltet, die dem Durchfluss-Stoff zugeordnet ist, und weiß oder schwarz beschriftet. Leitet man durch Rohre Stoffe oder Zubereitungen, die gefährliche Eigenschaften im Sinne der Gefahrstoffverordnung aufweisen, besteht nach GefStoffV und TRGS 201 eine zusätzliche Kennzeichnungspflicht durch Gefahrensymbole und Gefahrenbezeichnungen **(Bild 5)**, siehe auch Abschnitt 10.2.4.

Bild 1: Sicherheitszeichen im Überblick

Bild 2: Hinweiszeichen

Bild 3: Kennzeichnung ständiger Hindernisse und Gefahrenstellen

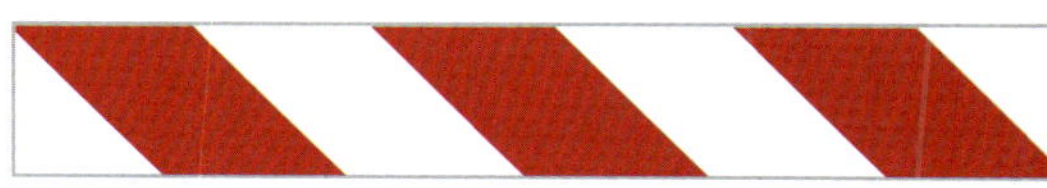

Bild 4: Kennzeichnung zeitlich begrenzter Hindernisse und Gefahrenstellen

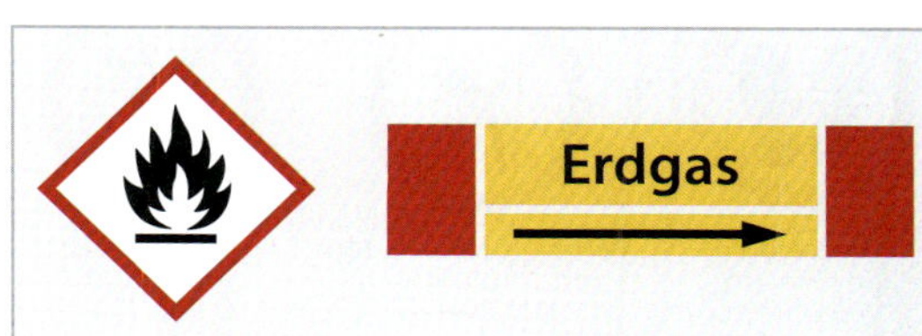

Bild 5: Kennzeichnung von Rohrleitungen

In Deutschland gibt es etwa 150 Normungsorganisationen. Von besonderer Bedeutung ist das *Deutsche Institut für Normung e.V. (DIN)* mit seinen Ausschüssen. Das DIN versteht Normen als Regeln der Technik. Sie dienen der Rationalisierung, der Qualitätssicherung, der Sicherheit, dem Umweltschutz, dem Klimaschutz und der Verständigung in Wirtschaft, Technik, Wissenschaft, Verwaltung und Öffentlichkeit.

> Normung ist die planmäßige, durch die interessierten Kreise gemeinschaftlich durchgeführte Vereinheitlichung von Gegenständen und Vorgängen zum Nutzen der Allgemeinheit.

Bleiben Normen des Arbeitsschutzes unberücksichtigt, entspricht dies nicht der Grundpflicht des Arbeitgebers, den Arbeitsschutz ständig zu verbessern.

Der Normenausschuss Sicherheitstechnische Grundsätze (NASG) erarbeitet allgemein gültige Standards und Prinzipien der Maschinensicherheit. Zu seinen Aufgaben gehört die Entwicklung von Sicherheitszeichen mit eindeutiger Aussage **(Bilder 1, 2, 3 und 4; Bild 1, folgende Seite)**.

Bild 1: Verbotszeichen

Bild 2: Gebotszeichen

Bild 3: Warnzeichen

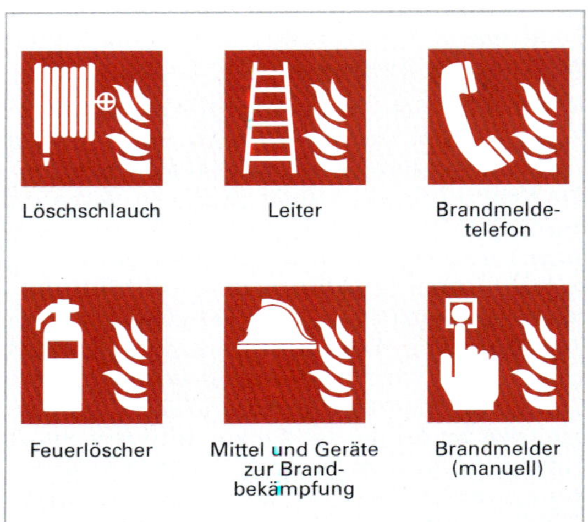

Bild 4: Brandschutzzeichen

Bild 1: Rettungszeichen

Sicherheitszeichen auf technischen Geräten

Entsprechen technische Geräte, z. B. Haushaltsgeräte oder Werkzeuge, den Anforderungen des Gerätesicherheitsgesetzes, erteilen anerkannte Prüfstellen nach einer umfassenden Typprüfung ein bestimmtes Sicherheitszeichen. Auf dem Gerät wird zusätzlich das Kennzeichen der Prüfstelle, z. B. VDE oder TÜV, angebracht **(Tabelle 1)**. Geräte mit entsprechender Kennzeichnung bieten die Gewähr dafür, dass von diesen bei bestimmungsgemäßer Nutzung keine Gefahren ausgehen.

Mit dem CE-Zeichen versichert der Hersteller, dass die EU-Richtlinien eingehalten sind. Eine Prüfung durch eine Prüfstelle ist damit nicht verbunden.

Wiederholung und Vertiefung

1. **Wie werden Sicherheitszeichen gestaltet?**
2. **Was versteht man unter Normung?**
3. **Wie entsteht eine DIN-Norm?**
4. **Welche Vorteile bietet eine internationale Normung?**
5. **Erklären Sie den Unterschied zwischen Gebotszeichen und Verbotszeichen.**
6. **Wann werden Hinweiszeichen eingesetzt?**
7. **Wie sind zeitlich begrenzte Hindernisse oder Gefahrenstellen zu kennzeichnen?**

Tabelle 1: Zeichen mit Sicherheitsaussage

Symbole	Hinweise
CE	**CE-Konformitätszeichen** **C**ommunauté **E**uropéenne Steht für Produkte, die einer oder mehreren EU-Richtlinienunterliegen.
ENEC	**ENEC-Sicherheitszeichen** **E**uropean **N**orms **E**lectrical **C**ertification Steht z. B. für Leuchten, die europäischen Normen entsprechen.
ENEC 10 DVE DVE	**VDE-Zeichen** Verband der Elektrotechnik Elektronik Informationstechnik e.V. Steht für die Sicherheit des Produkts hinsichtlich elektrischer, mechanischer, thermischer, toxischer, radiologischer und sonstiger Gefährdung.
VDE EMC	**Internationales emc-Zeichen** **e**lectro**m**agnetic **c**ompatibility Steht für ein Produkt, das den Anforderungen bezüglich elektromagnetischer Verträglichkeit EMV in Europa, USA, Japan und Australien/Neuseeland entspricht.
DVE GS geprüfte Sicherheit	**GS-Sicherheitszeichen** **G**eprüfte **S**icherheit Steht für technische Geräte, die den Anforderungen des Gerätesicherheitsgesetzes entsprechen; kombiniert mit dem Kennzeichen der Prüfstelle.
BG-PRÜFZERT	**BG-Prüfzertifikat-Zeichen** **b**erufs**g**enossenschaftliches Prüfzertifikat Kennzeichnung auf Basis einer Baumusterprüfung mit Fertigungskontrolle.

Flucht- und Rettungspläne

Die Verpflichtung zur Aufstellung von Flucht- und Rettungsplänen ergibt sich aus der Arbeitsstättenverordnung.

Die Pläne müssen eindeutige Anweisungen zum Verhalten im Gefahr- oder Katastrophenfall enthalten **(Bild 1, Bild 2)**. Aus ihnen muss ersichtlich sein, welche Fluchtwege zu nehmen sind, um in Sicherheit zu gelangen. Bei der Gestaltung ist auf Aktualität, Übersichtlichkeit und ausreichende Größe zu achten. Grundrisse werden daher in einem Maßstab von 1:100 oder größer dargestellt. Für Zeichengröße und Schriftgrad beträgt das Mindestmaß 10 mm. Neben den Sicherheitszeichen sind Kennzeichnungen für Standorte von Erste-Hilfe- und Brandschutz-Einrichtungen aufzunehmen. Eine sichere Orientierung ist dadurch gewährleistet, dass der Standort des Betrachters hervorgehoben wird.

> In Form einer Legende sind in Flucht- und Rettungsplänen alle verwendeten Zeichen zusammengestellt und erklärt **(Bild 3)**.

Lässt sich in einem Flucht- und Rettungsplan nicht der gesamte Gebäudekomplex darstellen, enthält dieser zusätzlich einen Übersichtsplan **(Bild 4)**.

Durch Verwendung von Materialien, die lange nachleuchten, kann die Erkennbarkeit von Flucht- und Rettungsplänen bei Ausfall der Beleuchtungseinrichtungen sichergestellt werden.

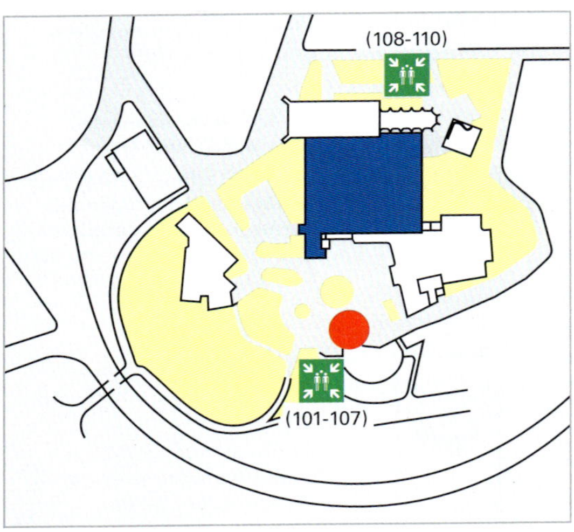

Bild 4: Übersichtsplan

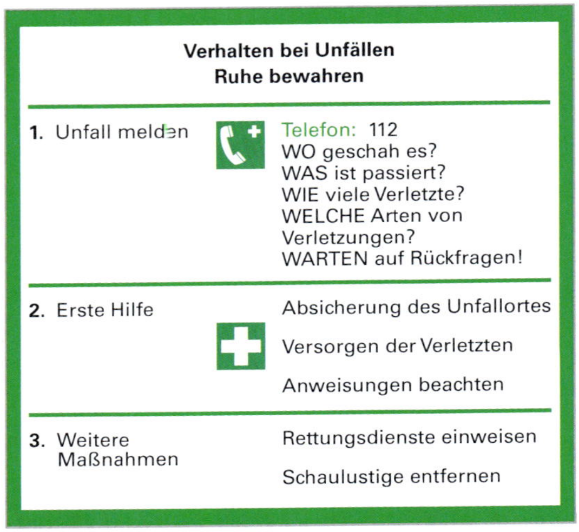

Bild 1: Anweisungen für das Verhalten bei Unfällen

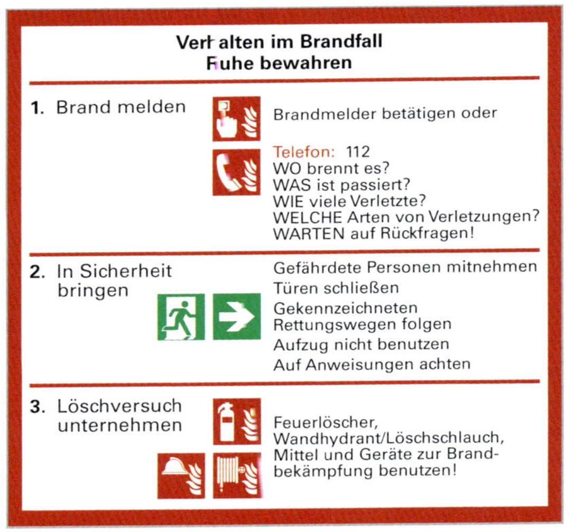

Bild 2: Anweisungen für das Verhalten im Brandfall

Bild 3: Legende in einem Flucht- und Rettungsplan

6.5 Einflüsse durch Industrie und Gewerbe
Influences by Industry and Trade

6.5.1 Metall verarbeitende Betriebe

An einen Metall verarbeitenden Betrieb werden Kleinteile, z.B. Schrauben, Rohteile, vorbearbeitete Teile (Halbfertigteile), Einsatzstoffe, z.B. Kühlschmierstoffe, und Betriebsmittel sowie Energie geliefert. Neben den erzeugten Produkten treten Umweltbelastungen infolge von Materialabfällen, verbrauchten Betriebsmitteln und Einsatzstoffen sowie entstandenen Emissionen auf **(Bild 1)**.

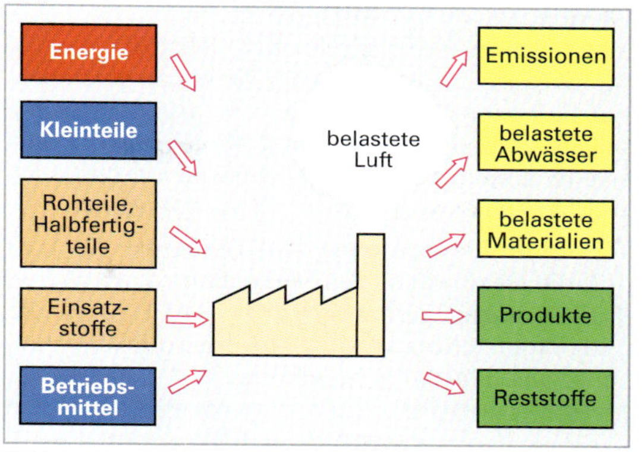

Bild 1: Eingangsstoffe und Ausgangsstoffe eines Metall verarbeitenden Betriebs

Einsatzstoffe

Betriebsstoffe (dienen zum Betreiben der Produktionsanlagen) und Hilfsstoffe (wertmäßig unbedeutende Stoffe in Produkten) werden als Einsatzstoffe bezeichnet. Wichtige Einsatzstoffe sind Kühlschmierstoffe, Beschichtungsstoffe, organische Lösemittel, Reinigungsmittel und Beizen. Je nach Zusammensetzung dieser Stoffe können durch ihre Anwendung Gefahren entstehen **(Tabelle 1)**.

Bei **Kühlschmierstoffen** ist nicht nur ihre Zusammensetzung zu beachten. Man muss auch ihre Konzentration in gleichmäßigen Zeitabständen messen, z.B. wöchentlich. Zu messen sind hierbei pH-Wert, Bakterienkeimzahl, Nitrosamine im Kühlschmierstoff und in der Luft.

Zur Einschätzung der Gefahren durch Nitrosamine wird oft der Stickstoffdioxidgehalt der Luft herangezogen. Liegt dabei der AGW für NO_2 bei 0,95 mg/m^3 oder darüber und enthält der Kühlschmierstoff Amine, so ist mit hohen Werten für Nitrosamine zu rechnen und ein Austausch des Kühlschmierstoffgemischs vorzunehmen. Liegt der Nitritgehalt eines Kühlschmierstoffgemischs bei 20 mg/kg oder mehr, ist ebenfalls ein Austausch notwendig.

Bei **Beschichtungsstoffen** werden häufig Lacke verwendet. Umweltschonende Lacke, und deshalb zu bevorzugen, sind Pulverlacke, festkörperreiche Lacke und wasserverdünnbare, wasserlösliche oder in Wasser emulgierte Lacke. Für schadstoffarme Lacke wird vom Deutschen Institut für Gütesicherung und Kennzeichnung in Zusammenarbeit mit dem Umweltbundesamt das Umweltzeichen DE(RAL)-UZ-12a vergeben.

Lösemittel dienen zum Reinigen und Entfetten und enthalten wie Beschichtungsstoffe und Klebstoffe kritische Substanzen (Tabelle 1, Abschnitt 2.3). Ge-

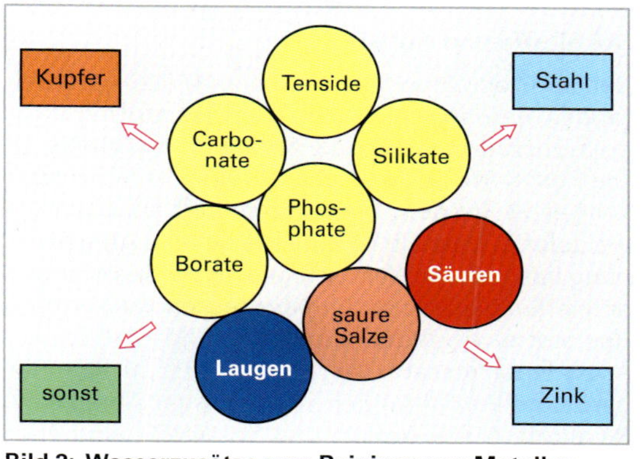

Bild 2: Wasserzusätze zum Reinigen von Metallen

Tabelle 1: Einsatzstoffe

Einsatzstoff	Kritische Substanzen	Bemerkungen
Kühlschmierstoffe	Chlorparaffine, chlorierte Esteröle, Pentachlorphenol, Natriumnitrit, Hydrazin, Formaldehyd, Kohlenwasserstoffe, Dimethylformamid	Dioxinbildung beim Verbrennen, große Verfallszeit. Krebs erregende Substanzen. Starkes Nervengift.
Beschichtungsstoffe	Chlorierte Kohlenwasserstoffe, Formaldehyd, Substanzen, die Chrom, Blei oder Cadmium enthalten.	Krebs erregende Substanzen. Gefahr für Veränderungen des Erbguts.
Klebstoffe	Polyurethan, Epoxidharz, Polyvinylacetat, Polyacrylsäureester	Krebsgefährdung. Erkrankungen der Atmungsorgane möglich.
Lösemittel, Kaltreiniger	Trichlorethylen, Tetrachlorethylen, Dichlormethan, Methanol	Erkrankungen der Atmungsorgane möglich. Toxische Wirkung.

fährdungen können durch die Aufnahme der Lösemittel, Beschichtungsstoffe oder Klebstoffe über die Atmungsorgane, die Haut oder die Augen entstehen. Auf halogenierte Lösemittel, z. B. Trichlorethylen, soll nach Möglichkeit verzichtet werden, da sie Krebs erregend sind. Chlorierte Lösemittel werden auch als Chlorkohlenwasserstoffe (CKW) bezeichnet.

Wässrige Reinigungsmittel belasten die Luft und die Gesundheit des Menschen relativ wenig **(Bild 2, vorhergehende Seite)**. Auf Hautschutz und Augenschutz ist bei sauren und alkalischen Lösungen allerdings zu achten.

> Einsatzstoffe können je nach Zusammensetzung stark gesundheitsschädigend sein.

Reststoffe und Abfälle

Bei der Produktion fallen in einem Metall verarbeitenden Betrieb viele Arten von Reststoffen (Produktionsrückstände) und Abfällen an **(Tabelle 1)**. Die Reststoffe und manche Abfälle können wieder verwertet werden. Man bezeichnet sie auch als Wertstoffe. Deshalb ist auf eine genaue Abfalltrennung besonderer Wert zu legen. In großen Mengen entstehen bei Zerspanungsprozessen verwertbare Reststoffe wie Aluminiumspäne und Stahlspäne. Auch verschlissene Werkzeuge oder nicht mehr benötigte Vorrichtungen sind häufiger Abfall bzw. Reststoff. Diese Abfälle und Reststoffe sind aber für Menschen meist nicht gesundheitsgefährdend.

Anders sieht es hingegen bei chemischen Abfällen bzw. Reststoffen aus. Beispiele sind Fixierbäder, Salze, Säurengemische oder Laugengemische, die zum Teil zum Galvanisieren, Entfetten, Härten oder Metallabscheiden erforderlich sind und irgendwann als Abfall entsorgt werden müssen **(Tabelle 2)**. Sie dürfen nicht in das Abwasser gelangen. Fallweise sind besondere Abwasserbehandlungen durchzuführen, z. B. mit Filtrationen, Ionenaustauschern oder chemischen Emulsionsspaltungen. Eine Genehmigungspflicht für das Einleiten gefährlicher Stoffe in die öffentliche Kanalisation entfällt, wenn das Abwasser an seiner Anfallstelle für Stoffe wie z. B. Chlor, Blei, Chrom, Nickel eine Konzentration von höchstens 0,5 mg/L aufweist. Quecksilber darf nur mit 0,05 mg/L vorkommen, Cadmium mit nur 0,1 mg/L (Schwellenwerte der Indirekt-Einleiterverordnungen, AbwV).

> Von den bei der Produktion anfallenden Abfällen sind für Menschen insbesondere die chemischen Abfälle gesundheitsgefährdend.

Tabelle 1: Reststoffe und Abfälle

Reststoff, Abfall	Herkunft	Bemerkungen
Altöl	Motoren, Getriebe von Werkzeugmaschinen	Reststoff, kann zum Teil aufbereitet werden.
Batterien	Messgeräte, Lampen, Akku-Schrauber	Sondermüll
Blechteile	Schlosserarbeiten	Für Vorrichtungen, Maschinenteile.
Elektroden	Galvanisierungsverfahren	Wertstoff, verwertbar.
Entwickler	Fotoarbeiten, Laborarbeiten	Sondermüll
Filtertücher	Emissionsanlagen, Kühlschmierstoffanlagen	Sondermüll
Galvanisierungsbäder	galvanische Überzüge	Sondermüll
Härtesalze	Härtereiprozesse	Sondermüll
Laborchemikalien	chemische Analysen	Sondermüll
Laugengemische, Säurengemische	Beizprozesse, Phosphatierbäder	Sondermüll
Ölfilter	Maschinen	Reststoff
Schleifpapier	Handschleifmaschinen	Restmüll
Schleifschlamm	Schleifmaschinen	Reststoff
Schrott	Ausschuss von Produktionsteilen, verbrauchte Betriebsmittel	Teile aus Aluminium, Stahl, Guss. Vorrichtungen, Werkzeuge.
Stahl, Aluminium, Gussspäne	Zerspanungsverfahren Drehen, Fräsen, Bohren	Wertstoff, kann verwertet werden.

Sondermüllentsorgung ist teuer.

Tabelle 2: Abwasserbelastende Prozesse

Prozess	Einsatzstoffe	Schadstoffe [1]
Beizen, Phospatierbäder, Ätzbäder, Polierbäder	Säuren: Flusssäure, Phosphorsäure, Chromsäure, Salpetersäure; Laugen: z. B. NaOH, Phosphate	Schwermetalle, Phosphate, Fluoride
Entfetten	Alkalien, Tenside	Öle, Fett, Kühlschmiermittel
	Kohlenwasserstoffe,	Öle, Fette
	chlorierte Kohlenwasserstoffe	Öle, Fette
Metallabscheidung	saure Schwermetallbäder, cyanidische Bäder, alkalische Bäder	Säuren, Laugen, Tenside, Cyanide, Fluoride, Chloride

[1] Beispiele entstehender Schadstoffe zzgl. (die) der Einsatzstoffe.

Emissionen von Schadstoffen

In Metall verarbeitenden Betrieben gibt es mehrere Ursachen für Luftverunreinigungen (Emissionen, von lat. emittere = aussenden), z. B.

- Dämpfe von Lösemitteln, die beim Entfetten, Spritzlackieren, Lacktrocknen, Kleben oder Beschichten entstehen,
- Öldämpfe beim Verwenden von Kühlschmierstoffen,
- Dämpfe und Rauche beim Schweißen und Löten,
- Stäube beim Schleifen und Strahlen,
- Dämpfe aus Beizbädern oder Galvanisierungsbädern und
- Rauch aus Feuerungsanlagen.

Die Technische Anleitung zur Reinhaltung der Luft (**TA Luft**) enthält Emissionsgrenzwerte für staubförmige und gasförmige Stoffe zum Schutz vor Gesundheitsgefahren **(Tabelle 1)**. Besonders zu beachten sind Oberflächenbehandlungsanlagen, die mit CKW-haltigen Produkten arbeiten. Im Entnahmebereich solcher Anlagen ist z. B. für leicht flüchtige Halogen-Kohlenwasserstoffe eine Begrenzung der Konzentration auf 0,7 g/m^3 vorgeschrieben. Bei höherer Konzentration muss über eine selbsttätige Verriegelung der Anlage sichergestellt werden, dass das Behandlungsgut nicht entnommen werden kann.

> Sofern möglich, sind Entfettungen mit wässrigen Reinigungsmitteln durchzuführen.

Schweißrauche dürfen heute nur in Ausnahmefällen ungereinigt ins Freie geblasen werden. Zur Abluftreinigung werden z. B. Gewebefilter eingesetzt, da die Schweißrauchpartikel eine Größe von etwa 1 µm besitzen. Zur Nutzung der erzeugten Wärme ist der Umluftbetrieb (Luftumwälzung) nur dann erlaubt, wenn die AGW nicht überschritten werden **(Tabelle 2)**. Sind Stoffe mit Krebs erzeugender Wirkung im Schweißrauch enthalten, darf kein Umluftbetrieb stattfinden.

Die **ölhaltige Abluft** bei der Verwendung von Kühlschmierstoffen darf in vielen Fällen nicht ungereinigt ins Freie gelangen. Es sind bei Bedarf Erfassungselemente und Abscheider einzubauen. Eine trockene Abscheidung ist vorzuziehen, z. B. durch den Einsatz von Gewebefiltern.

> Durch eine gezielte Auswahl der Einsatzstoffe lassen sich die Umweltbelastungen reduzieren.

Tabelle 1: Emissionsgrenzwerte

Anlage, Verfahren	Stäube	Sonstige Emissionen
Feuerverzinkerei, Oberflächenbehandlungen mit Zinn, Blei	5 mg/m^3	300 mg/m^3 SO_2, NO_2, 10 mg/m^3 anorganische Chlorverbindungen
Oberflächenbehandlung mit Salpetersäure	–	1000 mg/m^3 NO_2 5 mg/m^3 anorganische Fluorverbindungen
Strahlanlagen	50 mg/m^3	nach Art verschieden
Lackieranlagen	3 mg/m^3	300 mg/m^3 SO_2, NO_2, 50 mg/m^3 CO

Tabelle 2: AGW beim Schweißen

Schweißverfahren, Medium	Schadstoffe im Rauch	AGW in mg/m^3
Schutzgasschweißen mit CO_2-haltigen Gasen	Kohlenstoffdioxid CO_2, Kohlenstoffmonoxid CO	9100 35
Schutzgasschweißen, Plasmaschweißen	Ozon O_3	0,2
Autogenes Schweißen	Stickstoffdioxid NO_2	0,95
Aluminium	Aluminiumoxid Al_2O_3	10 (E)
Beryllium	Berylliumoxid BeO	0,00014 (E)
Blei, verbleite Metalle	Blei Pb	0,1
Chromhaltige Werkstoffe	Chromate, Chromtrioxid CrO_3	0,001
Manganhaltige Stähle	Mangan Mn	0,2 (E)
Nickelhaltige Werkstoffe	Nickel Ni, Nickeloxid NiO	0,03 (E)
Hochlegierte Stähle	Eisenoxide Chromate	10 (E) 2 (E)
Zink, Messing	Zinkoxid ZnO	2
Mit chlorhaltigen Kunststoffen beschichtete Metalle	Phosgen $COCl_2$	0,4

AGW Arbeitsplatzgrenzwert
E einatembarer Anteil (E-Staub)

Wiederholung und Vertiefung

1. **Nennen Sie wichtige Einsatzstoffe der Metallbearbeitung.**
2. **Welche Lacke sind im Sinne des Umweltschutzes zu bevorzugen?**
3. **Geben Sie zu wässrigen Reinigungsmitteln die Vorteile und Nachteile an.**
4. **In welcher Bestimmung findet man Emissionsgrenzwerte für staubförmige und gasförmige Stoffe?**

6.5.2 Betriebe der elektrotechnischen Fertigung

Elektrotechnische Betriebe der Industrie und des Handwerks gelten wegen ihrer Technologie als saubere Betriebe. Das sind sie aber nur bei Beachtung der Umwelttechnik nach dem Stand der Technik.

Belastungen bei der Fertigung

Elektrotechnische Produkte bestehen meist aus vielen Materialien und oft aus vielen Komponenten. Entsprechend setzt sich die elektrotechnische Fertigung aus vielen Fertigungsverfahren zusammen.

Ein **Beispiel**: Die Herstellung von gedruckten Schaltungen, die in fast jedem elektrotechnischen Gerät enthalten sind, beginnt mit einer kupferbedeckten Hartpapierplatte oder Kunststoff-Folie. Nach fotomechanischer Abdeckung der bestehen bleibenden Kupferflächen wird das überflüssige Kupfer chemisch weggeätzt, sodass kupferhaltige Ätzflüssigkeit entsteht. Nach Reinigung und Trocknung wird für die SMD-Bestückung (SMD von Surface Mounted Device = oberflächenmontiertes Bauelement) Klebstoff von hoher Hitzebeständigkeit aufgebracht, welcher das SMD-Bauelement festhält **(Bild 1)**. Nach Aushärtung (mit Gasentwicklung) und Drehung der Platte erfolgt die Bestückung mit Draht-Bauelementen, danach die Schwall-Lötung. Dabei dürfen nur bleifreie Lote verwendet werden. Entstehende Gase und Dämpfe werden abgesaugt.

> Die bei der elektrotechnischen Fertigung entstehenden Gase und Dämpfe sind meist wenig belastend und können daher meist gefahrlos an die Luft abgegeben werden.

Die **Kennzeichnung** der an den Arbeitsplätzen verwendeten Materialien, die zu einer Gefährdung bzw. Umweltbelastung führen können, erfolgt durch Sinnbilder nach **Tabelle 1** (Abschnitt 5.3.7). An den Arbeitsplätzen darf die Konzentration von Gasen, Stäuben oder Dämpfen die AGW nicht übersteigen **(Tabelle 1, folgende Seite,** und Abschnitt 3.3.5).

Belastungen durch elektrotechnische Produkte

Elektrotechnische Produkte verursachen im Betrieb elektrische und magnetische Felder (Abschnitte 6.2, 9.8). Die vorgegebenen Grenzwerte sind dabei einzuhalten. Umweltbelastungen können bei größeren Betriebsstörungen entstehen, z. B. bei Bränden. Bei der Verarbeitung elektrotechnischer Produkte kann Abfall in erheblichen Mengen anfallen, z. B. isolierte Leitungen. Um-

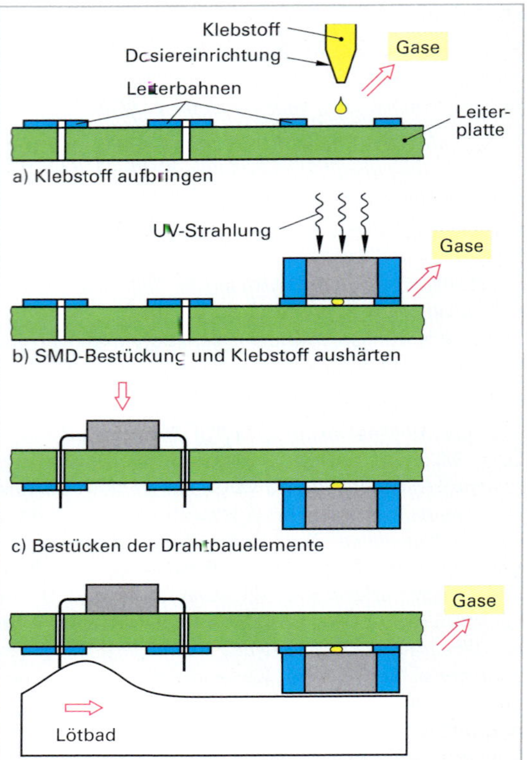

Bild 1: Fertigungsschritte einer Mischbestückung

Tabelle 1: Kennzeichnung von Arbeitsstoffen

Bezeichnung	Symbol	GHS-Nr.	Merkmale
Totenkopf mit gekreuztem Knochen		GHS 06	Tödlich bei Verschlucken. Tödliche Dosis je nach Stoff von ≤ 5 mg/kg bis 300 mg/kg Körpergewicht.
Ausrufezeichen		GHS 07	Gesundheitsschädlich bei Verschlucken. Tödl. Dosis: 0,3 … 2 g/kg Körpergewicht.
Gesundheitsgefahr		GHS 08	Besondere Gesundheitsgefahren, z. B. krebserzeugende Wirkung.
Ätzwirkung		GHS 05	Zerstört Stoffe und lebendes Gewebe.

GHS von global harmonisiertes System

weltbelastungen treten vor allem nach Ende der Produktnutzung ein. Alljährlich sind große Massen zu entsorgen **(Bild 1)**.

Dabei anfallende Metalle, insbesondere Kupfer, Blei, Aluminium und Stahl, verursachen bei richtiger Behandlung zwar keine Belastung, sind aber oft mit problematischen Isolierstoffen, z. B. PVC bei Leitungen, verbunden **(Tabelle 2)**. Die EU-Richtlinie 2011/65/EU, auch als RoHS (Restriction of Harzardous Substances) bezeichnet, legt Grenzwerte von Substanzen fest, z. B. für Blei, Quecksilber, Weichmacher in Kunststoffen.

> Elektrotechnische Produkte können nach Ende ihrer Benutzung zu erheblichen Belastungen führen, weil sie zu entsorgen sind.

Elektrotechnische Produkte mit Batterien, z. B. Taschenlampen, führen während ihrer Nutzungsdauer zu Belastungen, weil fortlaufend verbrauchte Batterien anfallen. Das gilt auch, wenn aufladbare Batterien, also Akkumulatoren, verwendet werden. Diese ermöglichen nur eine begrenzte Zahl von Ladezyklen. Insbesondere Lithium-Batterien besitzen ein Brandrisiko.

Vor allem wirken folgende Bestandteile elektrischer Geräte belastend:

Asbest, früher als hitzebeständiger Isolierstoff verwendet, wird in Deutschland nicht mehr angewendet, kommt aber bei Altgeräten noch oft vor, z. B. an alten Zählerplätzen, in Speicherheizungen, in Bügeleisen, in Heizlüftern, als Leitungsumspinnung von Thermoelementen. Asbeststaub ist Krebs erregend.

> Asbestentsorgung ist nur mit besonderem Sachkundenachweis zulässig.

Chlorierte Öle (Polychlorierte Biphenyle PCB) wurden früher als unbrennbares Öl zur Kühlung, z. B. bei Öltransformatoren, und zur Tränkung des Dielektrikums bei Kondensatoren eingesetzt. Sie werden in Deutschland nicht mehr hergestellt, kommen aber in Altanlagen vor, sind Krebs erregend.

Polyvinylchlorid PVC ist als Isolierstoff von Leitungen unentbehrlich und sehr verbreitet. Er ist eigentlich unschädlich, enthält aber Weichmacher (Phthalate), die Schwermetalle enthalten, und krebserzeugende polyaromatische Kohlenwasserstoffe PAK als Verunreinigungen. Beim Verbrennen entwickelt PVC Salzsäure und unter ungünstigen Verhältnissen Dioxine. PVC kommt z. B. als Aderisolierung und Mantel von fast allen Starkstromleitungen und Computerleitungen vor.

Tabelle 1: Arbeitsplatz-Grenzwerte (AGW) bei der elektrotechnischen Fertigung

Name	AGW-Wert mg/m³	AGW-Wert mL/m³
Aceton	1200	500
Ammoniak	14	20
Asbest-Fasern (F)	100000 F/m³	–
Chlorwasserstoff (HCl)	3	2
Kupferstaub	1	–
Quecksilber	0,02	0,002
Tetrachlorethen	69	10
Trichlorethan	55	10
Schwefelsäure	0,1 (E)	–

E einatembarer Anteil (E-Staub)

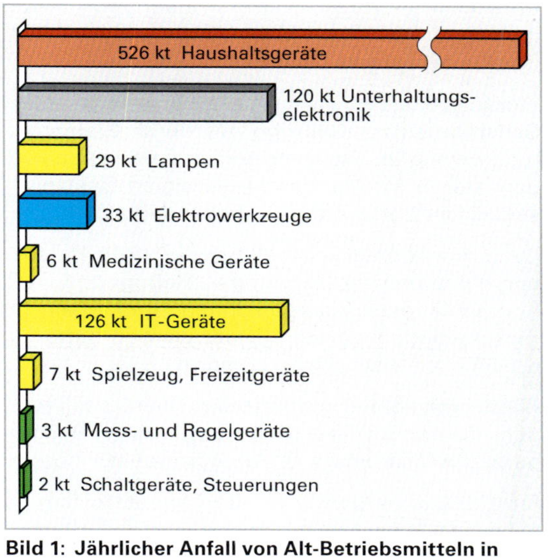

Bild 1: Jährlicher Anfall von Alt-Betriebsmitteln in Kilotonnen (kt) in Deutschland

Tabelle 2: Anteile am Anfall von Alt-Betriebsmitteln

Fraktionen Anteile in %	Metalle	Kunststoffe	Glas	Elektronik	Sonstige Stoffe
Gebrauchsgüter gesamt	50 %	21 %	12 %	3 %	14 %
Haushaltsgeräte	60 %	24 %	2 %	< 1 %	14 %
Unterhaltungselektronik	27 %	20 %	28 %	9 %	16 %
Investitionsgüter gesamt	70 %	23 %	2 %	4 %	1 %
Gesamtmenge	57 %	22 %	9 %	3 %	9 %

Quecksilber ist als Füllung von Metalldampflampen, Leuchtstofflampen, Energiesparlampen unentbehrlich. Außerdem kommt es in manchen Relais und in manchen Batterien vor. Quecksilberdämpfe sind giftig (Minamata-Krankheit). Der Biologische Grenzwert (BGW) für Hg beträgt 30 µg/L im Blut und 200 µg/L im Harn.

Leuchtstoffe sind für Leuchtstofflampen, Energiesparlampen und Elektronenstrahlröhren unentbehrlich. In einer Wunde verhindern sie die Heilung.

Schwefelsäure ist ein unentbehrlicher Bestandteil eines verbreiteten Akkumulators, des Bleiakkumulators. H_2SO_4 ist eine sehr starke Säure.

Kalilauge ist ein Bestandteil von Nickel-Cadmium-Akkumulatoren, Nickel-Metallhydrid Akkumulatoren und Nickel-Eisen-Akkumulatoren. KOH ist eine sehr starke Lauge.

Elektrolytkondensatoren dienen in elektronischen Schaltungen zur Glättung des durch Gleichrichtung erzeugten Gleichstroms und als Koppelkondensatoren. Wegen der verwendeten Elektrolyte sind sie als Sonderabfall zu behandeln.

Batterien können recycelt werden **(Bild 1)**. Über verschiedene Verbrennungs-, Reinigungs- und Kondensationsvorgänge können ihre Metalle zurückgewonnen werden. Leider werden Batterien oft auch z.B. nach Afrika entsorgt.

Bildröhren können zum großen Teil recycelt werden. Vorher ist eine „Belüftung" durch Beseitigung des Vakuums, z.B. durch Anbohren, nötig.

Entladungslampen, z.B. die Leuchtstofflampe nach **Bild 2**, bestehen aus Werkstoffen, die man zum größten Teil verwerten kann **(Bild 3)**. Gut geschützt vor Stäuben und Dämpfen sind die Beschäftigten der Entsorgung, wenn das Abtrennen der Lampenenden, das Ausblasen von Quecksilber und Leuchtstoffen und das Zerkleinern der Glasrohre in abgeschlossenen Anlagen erfolgt.

Platinen erfordern wegen der unterschiedlichen Zusammensetzung aus verschiedenen Bauelementen und Materialien spezielle Verarbeitungen beim Recyceln, z.B. Tiefgefrieren.

Leitungen und Kabel sind wegen der Isolierung, die oft aus PVC besteht, speziell zu verarbeiten.

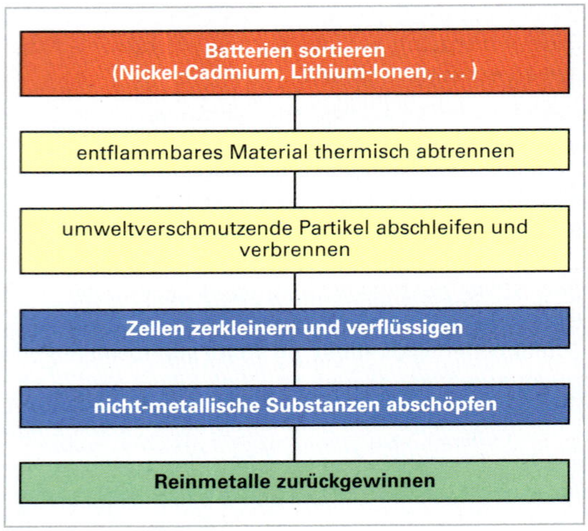

Bild 1: Recycling von Batterien

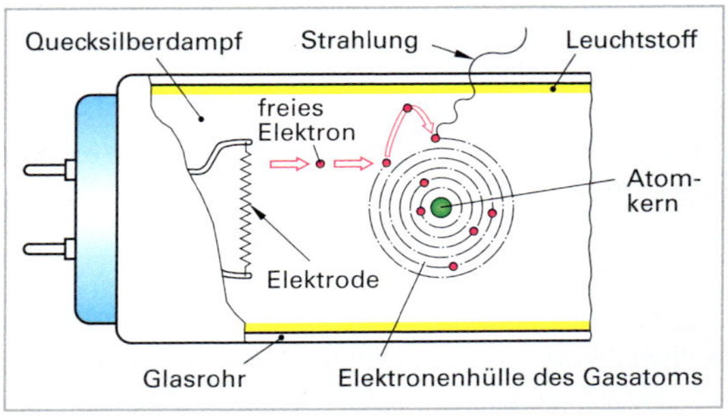

Bild 2: Strahlungserzeugung bei der Gasentladung in einer Leuchtstofflampe

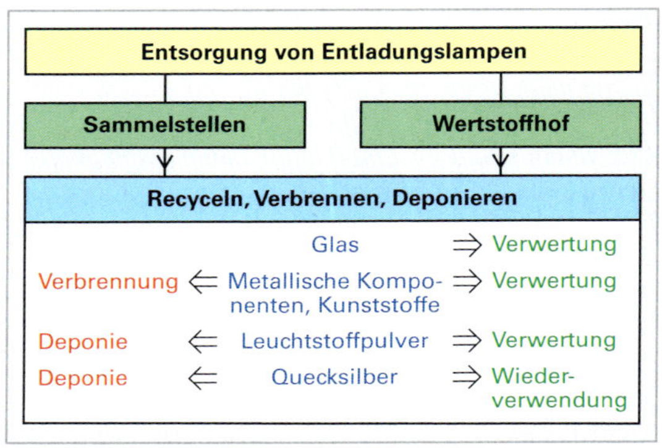

Bild 3: Umgang mit ausgedienten Entladungslampen

Wiederholung und Vertiefung

1. **Warum sind die bei der elektrotechnischen Fertigung auftretenden Schadstoffe sehr verschieden?**
2. **Bei welchen Arbeitsschritten der Herstellung einer gedruckten Schaltung entstehen Schadstoffe?**
3. **Warum können Gase und Dämpfe der elektrotechnischen Fertigung meist an die Luft abgegeben werden?**
4. **Zu welchem Zeitpunkt ist die Umweltbelastung durch elektrotechnische Produkte am größten?**

6.5.3 Betriebe des Baugewerbes

Die Umweltbelastungen, auch Klimabelastungen, resultieren aus den **Baustoffen** und den **Abfällen**, die zur Herstellung der Baustoffe bzw. bei deren Bearbeitung anfallen. Je nach Gewerk, d.h. je nach Baubetrieb, werden unterschiedliche Baustoffe verarbeitet, die verschiedene Belastungen mit sich bringen **(Tabelle 1)**.

Bei der Herstellung der Baustoffe entstehen Belastungen für den Arbeiter, der den Herstellungsprozess ausführt, und für die Mitmenschen, die durch beim Herstellungsprozess entstehende Abfälle in Mitleidenschaft gezogen werden. Bei der Herstellung von Zement entstehen Umwelt-, Klimabelastungen, z.B. Staub, Kohlenstoffdioxid, Stickstoffoxide **(Bild 1)**. Dies führt ohne Schutz zu Erkrankungen der Atmungsorgane und im Laufe der Zeit auch zu Erkrankungen des Nervensystems.

Bei der Herstellung von Baustoffen, die als Bindemittel aus Erdöl gewonnenes Bitumen enthalten, insbesondere *Asphalt* oder *Abdichtungsbahnen*, muss das Bitumen zur Verarbeitung in dünnflüssigem Zustand erhitzt und in Lösemitteln gelöst oder in Wasser emulgiert werden. Als Lösemittel werden Mineralöle, Benzin oder Benzol verwendet. Giftige (toxische) Dämpfe belasten hierbei die Umwelt. Benzol ist ein Krebs erregender Stoff, der auch auf das Erbgut des Menschen schädigend einwirkt.

Die Herstellungsprozesse von *Dämmstoffen*, *Klebstoffen*, *Farben* oder *Lacken* bringen ebenfalls beträchtliche Belastungen mit sich. Häufig sind in Dämmstoffen Harze, Bitumen, Kunststoff-Fasern, Mineralfasern oder auch Glasfasern enthalten. Diejenigen Fasern, deren Durchmesser kleiner als 1 µm sind, können durch Einatmen zu Lungenkrebs führen. Bindemittel, z.B. Phenolharze oder Harnstoff-Formaldehydharze, stellen ein Krebsrisiko dar und können auch Allergien, Gehirn- und Nervenstörungen oder Erbgutveränderungen hervorrufen.

Bei den *Klebstoffen* unterscheidet man Leime und Kleber. Leime werden aus thermoplastischen Kunststoffen, z.B. Polyvinylacetat, oder aus Harnstoff oder Phenol in Verbindung mit Formaldehyd hergestellt. Kleber sind aus duroplastischen oder thermoplastischen Kunstharzen aufgebaut. Belastend für Menschen sind dabei Stoffe wie Polyvinylchlorid (PVC), Polychloropren, Chlorkohlenwasserstoff oder Acrylsäureester. Sie können zu Erkrankungen der Atmungsorgane oder zu Erbgutschädigungen führen.

Ähnliche Auswirkungen gibt es bei der Herstellung von *Farbmitteln* und *Lacken*. Insbesondere

Tabelle 1: Gewerke und Baustoffe (Beispiele)

Gewerk	Baustoffe	Anwendung
Maurerarbeiten	Ziegel, Kalke, Zement, Sand, Stahl	Rohbau: Mauerwerke, Böden, Decken
Zimmererarbeiten	Holz, Teerpappe, Kunststoff-Folie, Asbest, Dämmstoffe	Dachstühle: Holzkonstruktion, Dachabdichtung, Dachisolierung
Stuckateurarbeiten	Kalke, Zement, Gips, Farben, Dämmstoffe	Innenputz, Außenputz, Trockenbau
Flaschnerarbeiten	Bleche: Zink, Kupfer, Aluminium	Dacheindeckung, Dachentwässerung
Installationsarbeiten Heizung, Lüftung, Klima	Gusseisen, PVC, Zink, Kupfer	Heizungsanlagen, Lüftungsanlagen, Klimaanlagen
Sanitärinstallationsarbeiten	Porzellan, Gusseisen, Kupfer, PVC	Wasserzuleitungen, Entwässerungsleitungen
Elektroarbeiten	Kupferleitungen, Kunststoffe	Leitungen für elektrische Anschlüsse
Estricharbeiten	Zement, Gussasphalt, Dämmstoffe	Unterkonstruktion für Bodenbeläge
Schreinerarbeiten	Holz, Kunststoffe, Klebstoffe	Türen, Fenster
Bodenbelagsarbeiten	PVC, Teppich, Kork, Holz, Klebstoffe	Böden mit PVC, Teppichen, Korkfliesen, Parkett
Malerarbeiten	Farben, Lacke, Tapeten, Klebstoffe	Anstriche innen, außen, Tapezierarbeiten

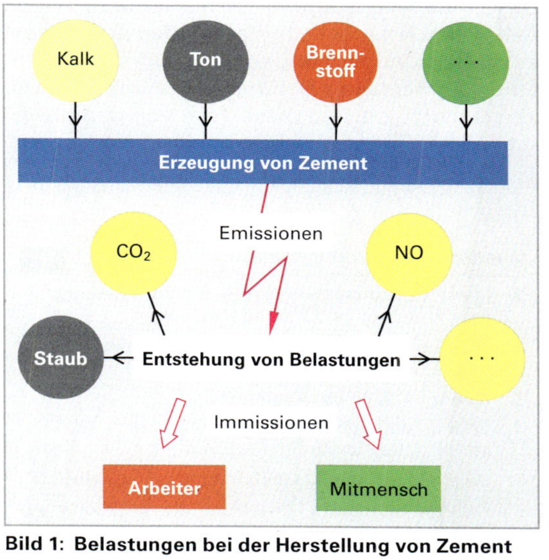

Bild 1: Belastungen bei der Herstellung von Zement

die unlöslichen Substanzen in den Farbmitteln (Pigmente) sind oft sehr giftig, z. B. chromsaures Zinkkalium, Bleicyanamid oder Bleicarbonat. Bei Lacken erzeugen die enthaltenen Bindemittel oder Lösemittel die Belastungen für den Menschen.

> Harze, Farbmittel, Lösemittel, Bindemittel und kleine Fasern können zu Gesundheitsschäden führen.

Die nicht sachgemäße Verarbeitung der Baustoffe kann sowohl den Arbeiter als auch den späteren Bewohner eines Gebäudes belasten **(Bild 1)**. Für einen Stuckateur können z. B. giftige Dämpfe beim Umgang mit Farbmitteln und Dämmstoffen entstehen. Neben feinem Staub sind seine Atemwege auch kleinsten mineralischen Fasern ausgesetzt. In etwas geringerer Konzentration, dafür jedoch über einen langen Zeitraum, ist der Bewohner diesen Belastungen ebenfalls ausgesetzt. Ein umweltbewusstes und gesundheitsbewusstes Handeln beim Umgang mit gefährlichen Stoffen erfordert die Kenntnis und Berücksichtigung wichtiger AGW **(Tabelle 1)**.

Von Bedeutung für das Entstehen von Umweltbelastungen im Baubereich ist der Abbruch von Gebäuden oder Anlagen. Hierbei ist insbesondere die Trennung wesentlicher Baustoffe durchzuführen **(Bild 2)**. So müssen z. B. Holzteile, Mauerwerksteile, Kunststoffteile, Metallteile, Asbestteile und Dämmstoffe getrennt werden. Asbest besteht aus silikathaltigen Mineralfasern. Gesundheitsschädigend ist das Einatmen von Asbest-Fasern, die beim Verarbeiten von Asbest entstehen und zu Lungenkrebs führen können. Sind Abbruchteile z. B. durch eingedrungene Öle verschmutzt, so sind diese Teile von den unverschmutzten Teilen gleicher Art zu trennen.

Baustofftrennung ermöglicht umweltgerechtes Entsorgen.

Wiederholung und Vertiefung

1. **Inwiefern entstehen durch die Zementherstellung Umwelt- und Klimabelastungen?**
2. **Welche Umweltbelastungen entstehen durch die Herstellung von Dämmstoffen?**
3. **Nennen Sie giftige Pigmente.**
4. **Welche umweltrelevanten Maßnahmen sind bei einem Abbruch durchzuführen?**
5. **Weshalb ist Asbeststaub besonders gefährlich?**
6. **Nennen Sie Stoffe in Klebern, die für Menschen belastend sind.**

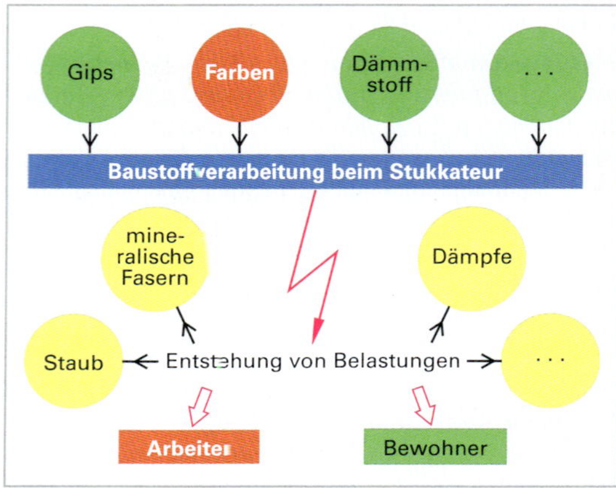

Bild 1: **Belastungen bei der Verarbeitung von Baustoffen**

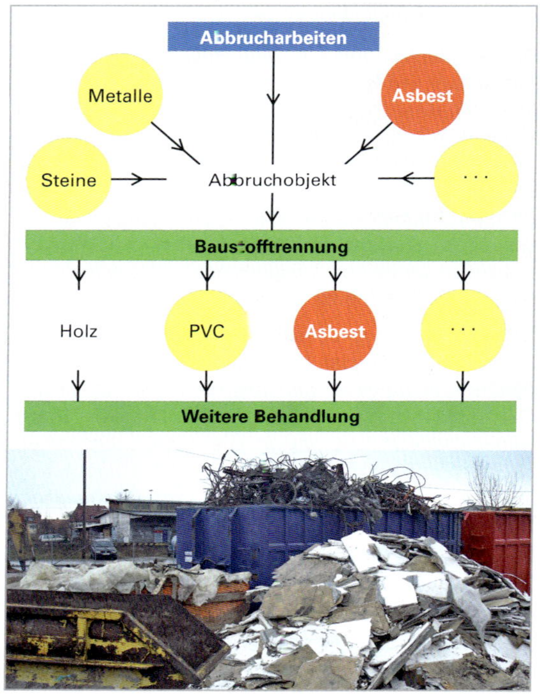

Bild 2: **Baustofftrennung bei Abbrucharbeiten**

Tabelle 1: AGW von wichtigen Stoffen

Stoff	AGW mg/m³	Gefährlichkeit
Asbest-Fasern (F)	100000 F/m³	C
Benzol	3,25	C
Kohlenstoffdioxid	9100	–
Phenol	7,8	A

A Eindringen über die Haut, Vergiftungsgefahr;
C Krebs erzeugender Stoff

6.5.4 Betriebe der Holzverarbeitung

Als Betriebe der Holzverarbeitung werden nachfolgend insbesondere Zimmereien, Tischlereien und Parkett- und Bodenbelagbetriebe betrachtet. Die Verarbeitung der Einsatzstoffe bringt Abfälle und Lärmbelastungen mit sich. Außerdem entstehen Folgen für die Luft und die Abwässer **(Bild 1)**.

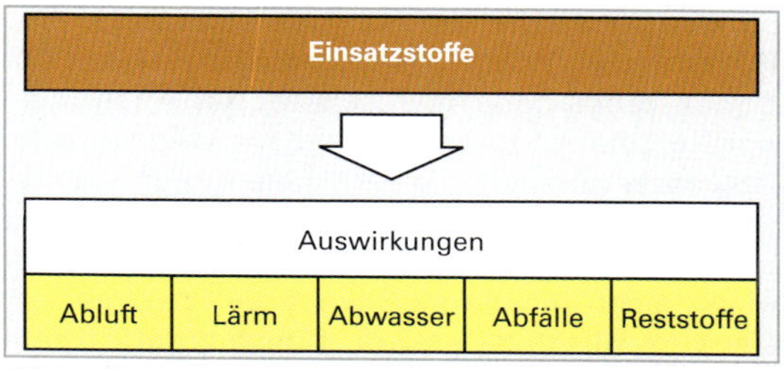

Bild 1: Belastungen durch Verarbeitung von Einsatzstoffen

Einsatzstoffe

Neben dem Haupteinsatzstoff *Holz* gibt es in der Holzverarbeitung zahlreiche Einsatzstoffe, deren Verarbeitung und Emissionen teilweise stark gesundheitsschädlich sind **(Tabelle 1)**. *Holzwerkstoffe,* z. B. Spanplatten, enthalten oft den hinsichtlich Krebserzeugung verdächtigen Stoff Formaldehyd. Die zumutbare Konzentration Formaldehyd im Wohnbereich beträgt derzeit 0,1 ppm (parts per million = Volumenanteile bezogen auf eine Million Volumenanteile). Bei Verwendung von mit Melaminharz verleimten oder mit Harnstoffharz verleimten Spanplatten wird dieser Wert oft überschritten. Um derartige Spanplatten im Wohnbereich einsetzen zu können, müssen diese lackiert oder mit Furnieren, Vinylfolien oder Metallfolien beklebt werden.

Das Umweltzeichen **„Blauer Engel"** kennzeichnet formaldehydarme Produkte aus Holz und Holzwerkstoffen. Diese Produkte dürfen einschließlich ihrer Beschichtung einen Emissionswert bezüglich Formaldehyd von 0,05 ppm (5 Volumenanteile Formaldehyd in 100 Millionen Volumenanteilen Luft) nicht überschreiten.

Im Hochbau müssen tragende und aussteifende Holzbauteile mit *Holzschutzmitteln* versehen sein. Bei nicht tragenden Bauteilen ist der Einsatz von Holzschutzmitteln nicht vorgeschrieben. Bei den Holzschutzmitteln unterscheidet man Salze, lösemittelhaltige Holzschutzmittel und teerölhaltige Holzschutzmittel, z. B. Carbolineum. Holzschutzmittel sind meist starke Umweltgifte. Sie enthalten wassergefährdende Stoffe. Als relativ unkritisch werden Borsalze erachtet. In Innenräumen sollte auf Holzschutzmittel verzichtet werden.

> Holzschutzmittel sind möglichst sparsam einzusetzen.

Alte Anstriche auf Holzuntergründen müssen oft *abgebeizt* oder abgelaugt werden. Dies geschieht meist mit Salmiaklösungen, Kalilaugen, Natronlaugen, CKW-freien oder CKW-haltigen Mitteln (CKW = Chlor-Kohlenwasserstoff). Salmiaklö-

Tabelle 1: Einsatzstoffe in der Holzverarbeitung

Einsatzstoff	Mögliche Gefahrstoffe	Bemerkungen
Holz	keine	Wenn unbehandelt, keine Gefährdung, ausgenommen feiner Holzstaub.
Holzwerkstoffe	Formaldehyd	Verdacht auf Krebs erzeugende Wirkung, Allergien.
Holzschutzmittel	fluorhaltige Salze, Chromate, Teeröle, Lösemittel	Gesundheitsschädlich für Menschen und Tiere.
Beschichtungsstoffe, Lacke, Lasuren, Beizen	Lösemittel, Schwermetalle (Cadmium, Blei, Chrom), Polyurethane, Formaldehyd	Wassergefährdende Stoffe, die nicht in Boden, Gewässer und öffentliche Kanalisation geleitet werden dürfen. Gefahren für Atmungsorgane.
Lösemittel	Nitroverdünnungen, Aceton, Ester, Testbenzin, Alkohole	Einsatz für Reinigungszwecke. Wassergefährdende Wirkung, Luftbelastung. Gefährdung der Atmungsorgane.
Klebstoffe, Leime	Lösemittel, Polyester, Epoxidharze, Polyurethane	Gefahren für die Atmungsorgane. Leime und Dispersionsklebstoffe sind wasserlöslich und zu bevorzugen.
Abbeizmittel	Laugen, Chlorkohlenwasserstoff	Gesundheitsgefährdende Stoffe.
Dämm-Materialien	Glaswolle, Steinwolle, Polystyrol, Polyurethan	Nur der Staub ist gesundheitsgefährdend. Die Polyurethanschäume erfordern den Einsatz von Fluorchlorkohlenwasserstoff (Ozonloch!).
Asbest	Asbestzement	Asbestfasern verursachen Lungenkrebs.
Kunststoffe (PVC)	Polyvinylchlorid	Gesundheitsgefährdender Staub. PVC baut sich nicht ab. Anwendungen; Fenster, Türen, Möbel.

sungen haben den Vorteil, dass Ammoniak ohne Rückstand verdunstet. Grundsätzlich ist beim Abbeizen, Ablaugen, Abwaschen oder Abstrahlen mit Heißdampf zu beachten, dass verschmutzte Abwässer anfallen, die Farbschlamm und ausreagierte oder nicht reagierte Reste des Abbeizmittels enthalten. Deshalb dürfen diese Abwässer meist nicht unbehandelt weitergeleitet werden. Der Umweltschutz erfordert deshalb oft, Altanstriche abzuschleifen. Hierbei können allerdings giftige, schwermetallhaltige Stäube anfallen.

Staub

Beim Verarbeiten der Einsatzstoffe entstehen verschiedene Arten von Staub, die fast alle eine Lungenkrebs erzeugende Wirkung haben. *Dämmstoffe* enthalten Glasfasern oder Mineralfasern. Fasern mit einem Durchmesser kleiner 1 µm gelten als lungengängig und damit als gesundheitsgefährdend. Sie können bis in die Lungenbläschen (Alveolen) vordringen. In den genannten holzverarbeitenden Betrieben ist auch mit *Asbeststaub* zu rechnen.

> Mineralfasern oder Glasfasern, deren Durchmesser kleiner 1 µm ist, gefährden die Gesundheit.

Die größte Menge Staub fällt bei der unmittelbaren Holzverarbeitung an. Insbesondere Eichenholzstaub und Buchenholzstaub (Hartholzstäube) besitzen eine Krebs erzeugende Wirkung. Diese Hölzer sind hart, und ihr Staub ist deshalb sehr fein. Die **Holzstaubkonzentration** darf am Arbeitsplatz maximal 2 mg/m^3 betragen. Bei Späne- und Staubsauganlagen mit Luftrückführung darf der Staubgehalt der Rückluft 1 mg/m^3 nicht überschreiten. Bei Abluftreinigungsanlagen ist die höchstzulässige Staubkonzentration abhängig vom Abgasvolumenstrom **(Bild 1)**. Ist Schleifstaub in der Abluft, dann darf die Konzentration höchstens 20 mg/m^3 sein.

Abfälle

Neben *unproblematischen Abfällen* fallen in Holz verarbeitenden Betrieben auch problematische Abfälle an **(Bild 2)**. **Problematische Abfälle** müssen wegen ihrer Gefährlichkeit als Sonderabfall entsorgt werden, z. B. ölgetränktes Sägemehl, Mineralfaserabfälle, Imprägniersalzabfälle, Lösemittelschlämme, nicht ausgehärtete Kittmassen und Spachtelmassen oder Kunststoffreste. Eine aufwendige Anzeige- und Nachweispflicht entfällt, wenn die jährlich anfallenden problematischen Abfälle 500 kg (Kleinmenge) nicht überschreiten.

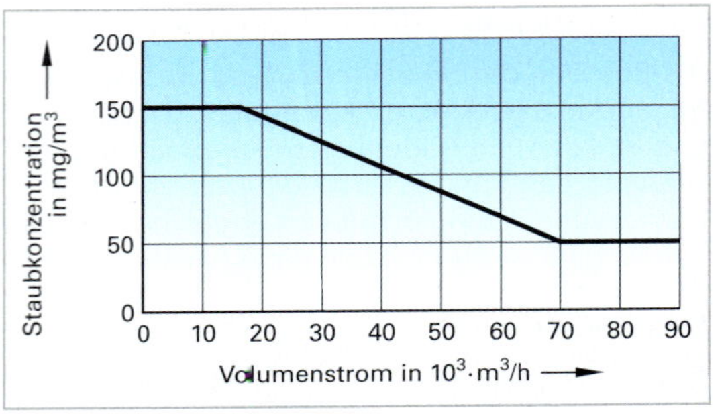

Bild 1: Zulässige Staubkonzentration im Volumenstrom bei Abluft ohne Schleifstaub

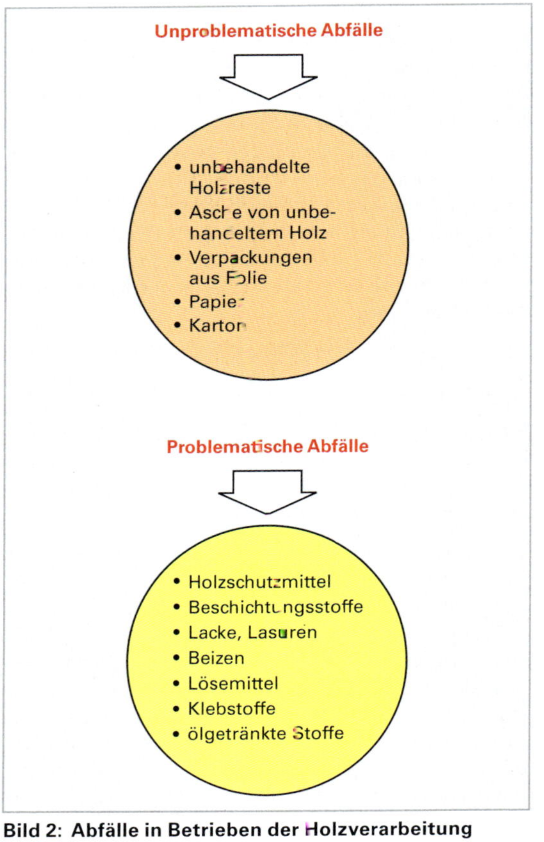

Bild 2: Abfälle in Betrieben der Holzverarbeitung

Wiederholung und Vertiefung

1. **Wie groß darf die Holzstaubkonzentration am Arbeitsplatz maximal sein?**
2. **Wieso ist Holzstaub gesundheitsschädlich?**
3. **Nennen Sie problematische Abfälle in der Holzverarbeitung.**
4. **Nennen Sie Beispiele von Sondermüll in Metall verarbeitenden Industriebetrieben.**

Holzbauplatten für den Wohnungsinnenausbau

Holzwerkstoffe werden aus Spänen oder Fasern gefertigt, die mit einem Bindemittel verbunden sind. Als Rohstoffe verwendet man Abfallhölzer und Schwachhölzer aus der Durchforstung der Wälder. **Spanplatten (Bild 1)** bestehen aus Holzspänen, die mit Bindemittel unter hohem Druck zu Platten gepresst werden. **OSB-Platten** (Bild 1, Oriented Strand Board) sind spezielle Spanplatten, die aus drei Schichten ausgerichteter Flachspäne bestehen. Sie sind mit wenig Leimanteil hergestellt. **Holzfaserplatten** werden im Unterschied zu Spanplatten durch Hacken, Schleifen, Kochen von Restholz gewonnen, mit Kunstharz gebunden und zu Platten gepresst. Am verbreitetsten sind mitteldichte Faserplatten (MDF). **Holzwolleleichtbauplatten** (HWL-Platten) werden aus Holzwolle und mineralischen Bindemitteln, z. B. Zement, Magnesit, hergestellt.

Spanplatten enthalten Formaldehyd. Das farblose, stechend riechende Gas löst sich aus den Klebstoffen. Erhöhte Formaldehydkonzentrationen bewirken Schleimhautreizungen in Augen und Nase und führen zu Hustenreiz, Unwohlsein, Kopfschmerzen und Atembeschwerden. Entscheidend für die Formaldehydabgabe ist die Art des verwendeten Klebers. Eingesetzt werden z. B. konventionelle Harnstoffharze, aus denen relativ viel Formaldehyd entweicht. Sie besitzen die Bezeichnung V20. Holzfaserplatten enthalten Phenol- oder Melaminharze und sind mit V100 gekennzeichnet. Ihre Formaldehydabgabe ist relativ klein.

In Innenräumen dürfen ausschließlich Holzwerkstoffplatten der Emissionsklasse E 1 eingesetzt werden. Die von ihnen ausgehende Formaldehydbelastung der Luft ist auf einen Gehalt von 0,1 ppm begrenzt (ppm von Parts per Million = Teile je Million, d. h. auf einen Teil Formaldehyd kommen 10 Millionen Teile Luft). Die Organisation Blauer Engel setzt die Obergrenze der maximalen Raumluftbelastung mit Formaldehyd aus Holzwerkstoffplatten bei 0,05 ppm an. Darüber hinaus wird geprüft, ob aus Holzfaserplatten Phenole oder Isocyanate entweichen. Produkte, die diese Prüfungen bestehen, erhalten das Umweltzeichen **Blauer Engel (Bild 2)**.

> Produkte mit dem Umweltzeichen Blauer Engel geben minimal Formaldehyd ab und setzen Phenole und MDI (Diphenylmethan-4,4-diisocyanat) nur in unbedenklichem Maß frei.

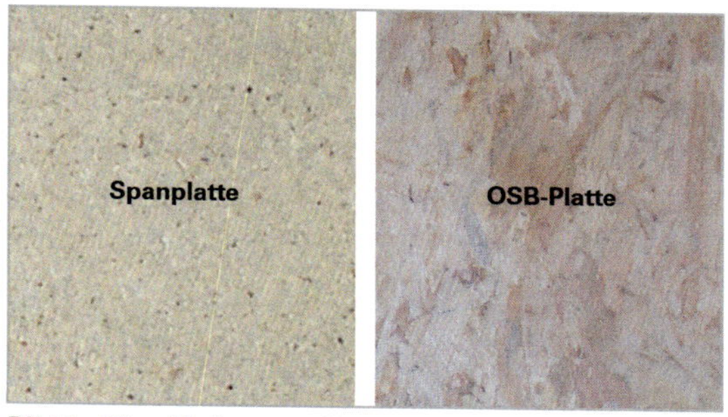

Bild 1: Oberflächen von Holzbauplatten

Bild 2: Umweltzeichen Blauer Engel

Für die Verkleidung von Wänden und Decken können als Alternative zu Holzwerkstoffplatten auch Gipsplatten verwendet werden. Sie regulieren den Feuchtegehalt der Raumluft gut und sind daher ökologisch empfehlenswert. Bei der Produktion von Gipsplatten wird auf die Rückstände aus Rauchgasentschwefelungsanlagen (REA) zurückgegriffen. Diese werden mit Karton, Holzfasern oder Holzspänen verstärkt. REA-Gips ist reiner als Naturgips.

6.5.5 Maler- und Lackiererhandwerk

Farben und Lacke

Die im Maler- und Lackiererhandwerk eingesetzten Lacke und Farben besitzen einen unterschiedlichen Gehalt an gesundheitsbelastenden Lösemitteln **(Tabelle 1, folgende Seite)**. **Dispersionsfarben**, die für den Innen- und Außenanstrich eingesetzt werden, zeichnen sich durch einen geringen Lösemittelgehalt aus. Einen hohen Lösemittelgehalt weisen dagegen die **Kunstharzlacke** auf. Eine Alternative zu den Kunstharzlacken stellen die „High Solids" dar, die einen erheblich verringerten Lösemittelgehalt aufweisen. Für manche Lackierarbeiten sind auch **Pulverlacke** geeignet. Sie sind lösemittelfrei. **Wasserlacke** enthalten anstelle organischer Lösemittel hohe Anteile von Wasser.

Farben für Innenwände sollten arm an Lösemitteln und an Formaldehyd sein sowie möglichst keine Weichmacher enthalten.

Abfälle

Hinsichtlich Altpapierabfällen fallen insbesondere Alttapeten an. Die überwiegend feucht abgelösten Tapeten können auf der Baustelle oder in der Betriebsstätte nicht getrocknet werden. Eine stoffliche Verwertung wird von der Papierindustrie wegen des Wassergehalts sowie unvermeidlicher Verunreinigungen durch Putzsande oder Schimmel ausgeschlossen. Auch für die thermische Verwertung ist dieser nasse Rückstand weniger geeignet.

Für trockenes Altpapier und Abdeckpapier mit stärkeren Farbanhaftungen ist die thermische Verwertung geeignet. Das gilt auch für kunststofffolienkaschierte Tapeten (Vinyltapeten), ausgenommen PVC-haltige. Für die thermische Verwertung ist das RAL-Gütezeichen für Tapeten von Bedeutung. Dieses stellt sicher, dass keine schwermetallhaltigen Pigmente sowie Blei- und Cadmiumverbindungen enthalten sind.

Für die weiteren ausgehärteten Abfälle des Maler- und Lackiererhandwerks kommt hauptsächlich die thermische Verwertung in Frage **(Tabelle 2)**. In Lacken und Farben sind in der Regel keine homogenen Lösemittel, sondern Lösemittelgemische enthalten. Daher ist eine stoffliche Wiederverwertung unter wirtschaftlichem Gesichtspunkt nicht sinnvoll.

Das RAL-Gütezeichen bescheinigt, dass keine schwermetallhaltigen Pigmente sowie Blei- und Cadmiumverbindungen im gekennzeichneten Stoff enthalten sind.

Wiederholung und Vertiefung

1. **Auf welche Weise werden in Holzwerkstoffen Späne oder Fasern zusammengehalten?**
2. **Beschreiben Sie den Aufbau von Holzspanplatten.**
3. **Beschreiben Sie den Aufbau von OSB-Platten.**
4. **Wodurch unterscheiden sich Holzspanplatten von Holzfaserplatten?**
5. **Was versteht man unter HWL-Platten?**
6. **Beschreiben Sie die Wirkung von Formaldehyd auf den Menschen.**
7. **Was bedeuten die Bezeichnungen V20 und V100?**
8. **Welche Emmissionsklasse müssen Holzwerkstoffplatten bei der Verwendung in Innenräumen besitzen?**
9. **Welche Bescheinigung wird durch die Vergabe des Umweltzeichens Blauer Engel erteilt?**

Tabelle 1: Lacke, Farben und Lösemittelgehalt

Klasse	Lackart, Farbenart	Lösemittelgehalt in %
ohne organische Lösemittel	Pulverlacke, Silikatfarben und Putze	–
sehr geringe Mengen an organischen Lösemitteln < 5 %	Dispersionsfarben innen Dispersionsfarben außen kunstharzgebundene Putze Grundierungen Elektrophoreselacke	0 bis 2 3 bis 5 3 bis 5 3 bis 5 1 bis 4
geringe Mengen an organischen Lösemitteln < 20 %	Wasserlacke (Industrie) Dispersionslacke (Blauer Engel)	10 bis 18 7 bis 9
mittlere Mengen an organischen Lösemitteln < 30 %	High Solids	25
hohe Mengen an organischen Lösemitteln > 30 %	Alkydharzlacke Polyesterlacke Epoxidharzlacke Polystyrolharzlacke Phenol-Harnstoff-Melaminharzlacke	40 bis 50 Einzelfälle > 55
sehr hoher Lösemittelgehalt	Verdünnungen	100

Tabelle 2: Abfälle bei Malern und Lackierern

Abfall	Bemerkungen
Bauschutt	Meist nur bei Sanierungsarbeiten.
Strahlmittelrückstände	Können wiederverwendet werden.
Lösemittelgemische	Reinigung durch Destillation, sofern nicht halogeniert organisch.
Lack-, Farbschlamm	Stoffliche Wiederverwertung nur bei Sortenreinheit, sonst thermische Verwertung.
Altlacke, Altfarben	Wenn nicht ausgehärtet, stoffliche Verwertung, sonst thermische.
Leim-, Klebemittel	Wenn nicht ausgehärtet, stoffliche Verwertung, sonst thermische.
Kitt-, Spachtelmasse	Wenn nicht ausgehärtet, stoffliche Verwertung, sonst thermische.

10. **Wodurch zeichnen sich Dispersionsfarben aus?**
11. **Welches Merkmal besitzen Kunstharzlacke?**
12. **Welche Merkmale sollen Farben für Innenwände besitzen?**
13. **Nennen Sie typische Abfälle bei Malerarbeiten?**
14. **Für welche Abfälle im Maler- und Lackiererhandwerk eignet sich die thermische Verwertung?**

6.5.6 Chemische Industrie

Die deutsche chemische Industrie gehört wie der Fahrzeugbau, der Maschinenbau und die Elektrotechnik zu den großen Wirtschaftszweigen und leistet mit ihren Produkten einen wesentlichen Beitrag für viele Bereiche des Lebens, z.B. für Ernährung, Gesundheit, Umwelt und Sicherheit **(Tabelle 1)**.

Ein besonderes Merkmal der chemischen Industrie ist der Umgang mit Stoffen. Als Stoffe werden nach dem Chemikaliengesetz ChemG chemische Elemente oder chemische Verbindungen bezeichnet, die natürlich vorkommen oder hergestellt werden. Etwa 30000 Stoffe sind von industrieller Bedeutung und jährlich kommen etwa 200 neue Stoffe hinzu.

> Stoffe nach dem ChemG sind chemische Elemente oder chemische Verbindungen, die natürlich vorkommen oder hergestellt werden.

Die chemische Industrie führt im industriellen Maßstab Stoffumwandlungen zur Herstellung von Wirtschaftsgütern durch. Ausgehend von relativ wenigen Rohstoffen, z.B. Steinsalz, Luftstickstoff, Wasser, Schwefelkies, Rohphosphat, Kohle, Erdöl, Erdgas, nachwachsenden Rohstoffen und Industriepflanzen, führen **Veredelungsstufen**, die meist als chemische Reaktionen ablaufen, über zahlreiche Grundprodukte und Zwischenprodukte schließlich zu den vielfältigen Endprodukten, z.B. Arzneimitteln, Pflanzenbehandlungsmitteln, Düngemitteln, Waschmitteln, Kosmetika, Kunststoffen, Fasern, Folien, Farbstoffen **(Bild 1)**.

> Zur Herstellung von Wirtschaftsgütern wandelt die chemische Industrie Stoffe um.

Sowohl bei den Produktionsprozessen, der Lagerung und dem Transport von Chemieprodukten als auch bei der Anwendung dieser Produkte werden Stoffe emittiert und Abfälle erzeugt, die in die Umweltbereiche Boden, Wasser und Luft gelangen, z.B. polychlorierte Biphenyle PCB. Durch Wechselwirkungen können sie den Menschen, z.B. über Nahrungsketten, wieder erreichen **(Bild 2)**.

Um die Wirkungen chemischer Stoffe auf Gesundheit und Umwelt abzuschätzen und zu gewährleisten, dass sie in sicheren Verwendungen eingesetzt werden, gilt seit 2007 die EU-Verordnung zur Registrierung, Bewertung, Zulassung und Beschränkung chemischer Stoffe **REACH** (Registration, Evaluation, Authorisation of Chemicals).

Tabelle 1: Prozentuale Verteilung der chemischen Produkte

Bereich	in %
Anorganische Grundchemikalien Industriegase und sonstige anorganische Grundstoffe und Chemikalien	6,8
Petrochemikalien und Derivate	17,9
Polymere Kunststoffe, synth. Kautschuk, Chemiefasern	23,0
Fein- und Spezialchemikalien Farbstoffe und Pigmente, Anstrichmittel, Druckfarben, andere chemische Erzeugnisse	19,4
Pharmazeutische Erzeugnisse Pharmazeutische Grundstoffe und Spezialitäten, sonstige pharmazeutische Erzeugnisse	22,5
Agrochemikalien Düngemittel, Schädlingsbekämpfungs- und Pflanzenschutzmittel	2,7
Wasch- und Körperpflegemittel Seifen, Wasch- und Reinigungsmittel, Duftstoffe und Körperpflegemittel	7,7

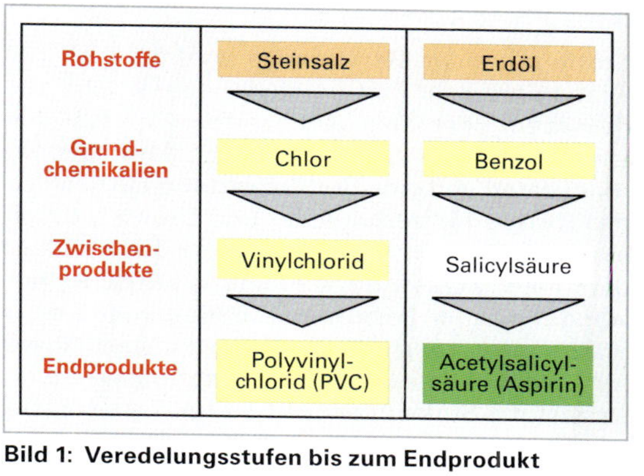

Bild 1: Veredelungsstufen bis zum Endprodukt

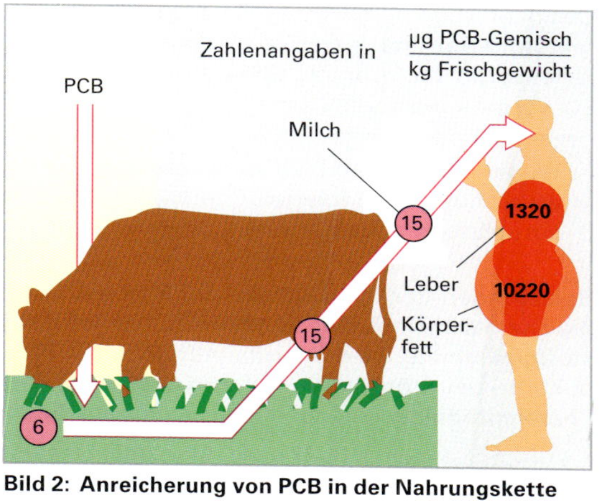

Bild 2: Anreicherung von PCB in der Nahrungskette

Ihr Ziel ist es, dass Hersteller oder Importeure die **Unbedenklichkeit** ihrer Stoffe nachweisen, andernfalls ist die Produktion, Verarbeitung und Vermarktung innerhalb der EU zu beenden. Dazu müssen Hersteller und Importeure ihre Stoffe, auch die bisher unzureichend bewerteten so genannten Altstoffe (vor 1981 auf dem Markt), bei der Europäischen Chemikalienagentur ECHA registrieren lassen, wenn die Jahresproduktion eine Tonne pro Unternehmen übersteigt. Dazu werden Informationen über die physikalisch-chemischen Eigenschaften des Stoffes eingereicht, außerdem Daten zu toxikologischen Eigenschaften und zur Umwelttoxizität. Für Stoffe über 10 Tonnen pro Jahr muss der Hersteller ggf. zudem einen *Stoffsicherheitsbericht* verfassen und für die Anwender der Stoffe ein **Sicherheitsdatenblatt** erstellen. Die ausschließliche *Registrierung* genügt für die Verwendung für Stoffe, von denen weniger als 100 Tonnen pro Jahr und Hersteller produziert oder importiert werden und die keinen Anlass zur Besorgnis bieten, was für etwa 80 % aller Stoffe zutrifft.

Stoffe mit einer Marktmenge von mehr als 100 Tonnen pro Jahr und Hersteller oder solche, die Anlass zur Besorgnis geben, erfordern zusätzlich eine **Bewertung**, d.h. eine Prüfung der Registrierungsdaten und eine Stoffbewertung hinsichtlich des Risikos für Verbraucher und Umwelt, durch eine Behörde. Im Risikofall bedarf der Stoff zudem einer **Zulassung**, die eine spezifische Verwendung unter bestimmten Bedingungen oder mit *Beschränkung* erlaubt. Das gilt insbesondere für rund 1500 als besonders besorgniserregend eingestufte Stoffe, u.a. CMR-Stoffe (Krebs erzeugende, erbgutverändemde und fortpflanzungsgefährdende Stoffe).

Das deutsche Chemikaliengesetz ChemG, die Gefahrstoffverordnung GefStoffV sowie die Chemikalienverbotsverordnung ChemVV wurden an die EU-Verordnung angepasst.

> Wegen des Gesundheitsschutzes und Umweltschutzes unterliegen Chemikalien dem europäischen Chemikalienrecht REACH.

Belastungen der Umwelt und des Klimas durch die chemische Industrie können z.B. bei der Rohstoffgewinnung, beim Normalbetrieb in der Produktion, bei Störfällen und beim Gebrauch von Chemieprodukten entstehen, insbesondere durch

- Luftemissionen, z.B. Abgase, Aerosole, Stäube,
- feste Reststoffe oder Rückstände, z.B. Abfälle,

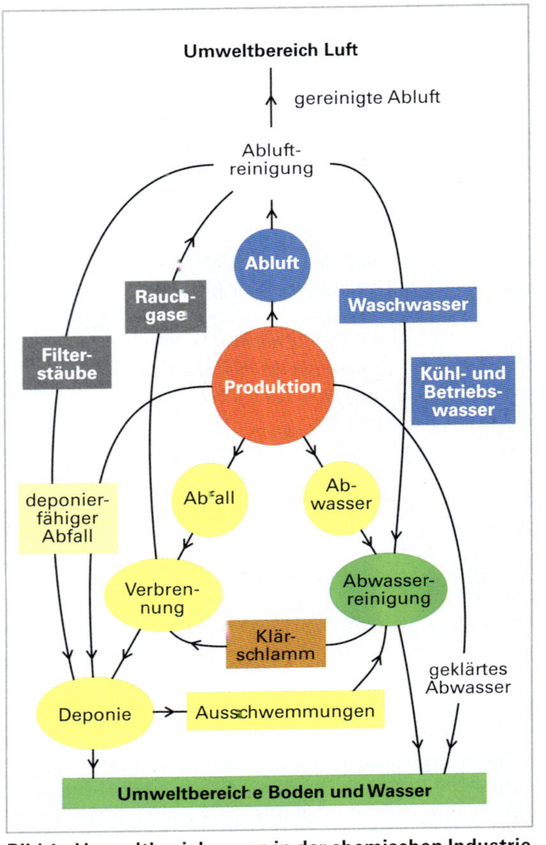

Bild 1: Umweltbeziehungen in der chemischen Industrie

- flüssige Reststoffe oder Rückstände, z.B. Abwasser,
- Lärmemissionen.

So führt die Gewinnung von Steinsalz als Chemierohstoff zu einer Salzbelastung von Flüssen, z.B. Rhein und Werra. Die Erzeugung und der Einsatz nachwachsender Rohstoffe wie Cellulose, Stärke, Öle und Fette aus Industriepflanzen (z.B. Raps, Soja, Mais) benötigen Pflanzenbehandlungsmittel, die Böden und Grundwasser belasten können. Allerdings optimiert die chemische Industrie mit gutem Erfolg die Verwendung von Rohstoffen durch Verfahrensumstellungen, Wiederverwendung und Reststoffverwertung.

Im Verlauf der Produktion entstehen bei der Aufbereitung der Rohstoffe beim chemischen Prozess selbst sowie bei der Abtrennung der Reinstoffe aus Reaktionsgemischen feste, flüssige und gasförmige Reststoffe. Außerdem fallen nicht vermeidbare und nicht durch einen Aufarbeitungsprozess verwertbare Abfälle an **(Bild 1)**.

Luftbelastungen, und somit auch Klimabelastungen, entstehen in bedeutenden Mengen durch die Emissionen von Kohlenstoffoxiden, Stickstoffoxiden, Schwefeldioxid, flüchtigen organischen Verbindungen (VOC, von volatile organic compounds), vor allem Lösemittel **(Tabelle 1)** und Staub, der zum Teil mit Schwermetallen belastet ist. Der Jahreszahlenvergleich zeigt die erfolgreichen Bemühungen der chemischen Industrie, ihre Emissionen zu senken **(Tabelle 2)**.

Wasserbelastungen durch die chemische Industrie sind ebenfalls stark gesunken. In die Gewässer eingebracht werden dennoch z. T. organische Schadstoffe, z. B. adsorbierbare organische Halogenverbindungen AOX, Schwermetalle, Nährstoffe, z. B. Ammoniumsalze und Phosphate, sowie Säuren und Laugen **(Tabelle 3)**.

Bodenbelastungen werden durch die chemische Industrie, z. B. durch Sonderabfall und Klärschlämme, verursacht. Sie können teilweise Schwermetalle und organische Stoffe, z. B. AOX, polychlorierte Biphenyle PCB, Dioxine und Furane, enthalten. Verunreinigte Betriebsgrundstücke stellen eine starke Gefährdung dar, auch die von *Altstandorten*.

> Die chemische Industrie belastet unter Umständen Boden, Wasser und Luft durch gefährliche Stoffe, die beim Betrieb ihrer Produktionsanlagen, beim Transport, bei Störfällen und als Altlasten anfallen.

Chemikalientransporte stellen eine weitere Gefahr für die Umwelt dar, da sich dabei Unfälle nie ganz ausschließen lassen. Jährlich werden in Deutschland mehr als 107 Millionen Tonnen Chemikalien auf Straßen, Schienen, Schiffen, per Flugzeug oder durch Pipelines transportiert. Mit rund 70 % stellt der Straßentransport die häufigste Transportform dar. Allerdings ist die Häufigkeit von Unfällen mit Personen-und Sachschäden sowie Chemikalienaustritten mit einem Unfall je Million Tonnen beförderter Chemikalien nicht allzu groß.

Störfälle lassen sich selbst bei größter Sorgfalt nicht vermeiden. Sie sind in der chemischen Industrie ein Problem, weil gefährliche Stoffe freigesetzt werden können. So löste z. B. 1986 ein Lagerbrand in einem Chemieuntemehmen in Basel ein großes Fischsterben im Rhein aus, da große Mengen Löschwasser in den Fluss liefen, die mit Chemikalien versetzt waren. Bei zahlreichen Betriebsstörungen und Störfällen konnte erst verspätet mitgeteilt werden, ob gefährliche Stoffe freigesetzt wurden, weil entsprechende Stoffdaten nicht verfügbar waren.

Tabelle 1: Mögliche Gesundheitsgefahren durch organische Lösemittel

Organ	Gesundheitsgefahr (dosisabhängig)
Augen	Schleimhautreizung (Rötung)
Fötus	Missbildungen, Untergewicht, Fehlgeburt
Gehirn	Betäubung, Gehirnschwund (chronische Wirkung)
Geschlechtszellen	Sterilität
Haut	Ekzeme, allergische Reaktionen
Herz	Herzrhythmusstörungen
Luftröhre, Lunge	Schleimhautreizung, Husten
Mund	Mundtrockenheit, Geschmacksstörungen
Muskeln	Muskelerschlaffung
Nase	trockene Schleimhäute
Nerven	Störungen der Sensibilität
Nieren	Entzündung

Tabelle 2: Ausgewählte Emissionen in die Luft durch die chemische Industrie

Stoffe	Menge 1989	Menge 2023
SO_2	681 000 t	8 700 t
N_2O	51 000 t	30 000 t
NO_x	114 000 t	17 300 t
flüchtige organische Verbindungen (VOC)	132 000 t	8 300 t

Tabelle 3: Ausgewählte Emissionen in Gewässer durch die chemische Industrie 2023

Stoffe (Direkteinleitung)	Menge in t
Chloride (als Gesamt-Cl)	2 937 600
Gesamter organischer Kohlenstoff (TOC)	10 800
Gesamtstickstoff	5 200
Fluoride (als Gesamt-F)	281
Gesamtphosphor	220
Organische Halogenverbindungen (AOX)	100
Zink und Verbindungen (als Zn)	43
Kupfer und Verbindungen (als Cu)	6
Cyanide (als Gesamt-CN)	4
Nickel und Verbindungen (als Ni)	0,7

Wiederholung und Vertiefung

1. **Was versteht man im Sinne des Chemikaliengesetzes unter Stoffen?**
2. **Inwieweit trägt die chemische Industrie zu Umweltbelastungen bei?**
3. **Welche Stoffe aus der chemischen Industrie können zu Luftbelastungen beitragen?**
4. **Warum sind die Altstandorte der chemischen Industrie häufig besonders problematisch?**

Gefahrstoffe in der großtechnischen Produktion

Beim Umgang mit Gefahrstoffen muss jeder Arbeitgeber die einschlägigen Bestimmungen einhalten und eine Gefährdungsbeurteilung nach der Gefahrstoffverordnung (GefStoffV) vornehmen. Abhängig von den Gefährlichkeitsmerkmalen des Stoffes und den geplanten Tätigkeiten werden dann die erforderlichen Schutzmaßnahmen festgelegt und deren Wirksamkeiten kontinuierlich überprüft **(Bild 1)**. Bei Tätigkeiten mit den in Anhang V der GefStoffV aufgelisteten Gefahrstoffen hat der Arbeitgeber für die zur Verhütung arbeitsbedingter Gesundheitsgefahren erforderlichen arbeitsmedizinischen Maßnahmen zu sorgen.

Zu den in der Liste aufgeführten Gefahrstoffen, die besondere Sicherheitsvorkehrungen erfordern, gehören das Element *Fluor* und die anorganischen Fluorverbindungen.

> Fluor ist ein sehr giftiges und ätzendes Gas mit durchdringendem, chlorähnlichem Geruch.

Fluor ist außerdem extrem reaktionsfähig und eines der stärksten Oxidationsmittel. Viele Stoffe reagieren mit Fluor direkt und unter Flammenerscheinung. Die Metalle Eisen, Kupfer, Nickel und Monelmetall (Kupfer/Nickellegierung) werden von Fluor nur an der Oberfläche angegriffen. Es bildet sich daher eine dichte, festhaftende Metallfluoridschicht, die das darunterliegende Metall schützt.

Die großtechnische Produktion von Fluor und seinen Verbindungen ist von enormer wirtschaftlicher Bedeutung. So kommen beispielsweise Fluorverbindungen auf dem Gebiet der Aluminium-Elektrolyse, der Schweiß- und Lötmittel, der Glasbearbeitung, der Kerntechnik und der Elektrotechnik zur Anwendung.

Großtechnische Fluorherstellung. Wegen des hohen Standardpotenzials lässt sich Fluor nicht direkt durch Reaktion von Oxidationsmittel mit Fluoriden produzieren. Die Produktion gelingt nur auf elektrochemischem Weg durch anodische Oxidation von Fluoridionen in wasserfreiem Elektrolyt. Als Ausgangsstoff dient Calciumfluorid (CaF_2), das bergmännsich in Mexiko, China und Namibia abgebaut wird.

Bei der Herstellung werden die für Tätgkeiten mit Fluor festgelegten Arbeitsplatz-Grenzwerte AGW zum Schutz der Gesundheit regelmäßig überprüft und den Erfordernissen angepasst **(Tabelle 1)**. Zudem sind die Beschäftigten im Umgang mit gefährlichen Arbeitsstoffen geschult und arbeiten mit entsprechender Schutzkleidung **(Bild 2)**.

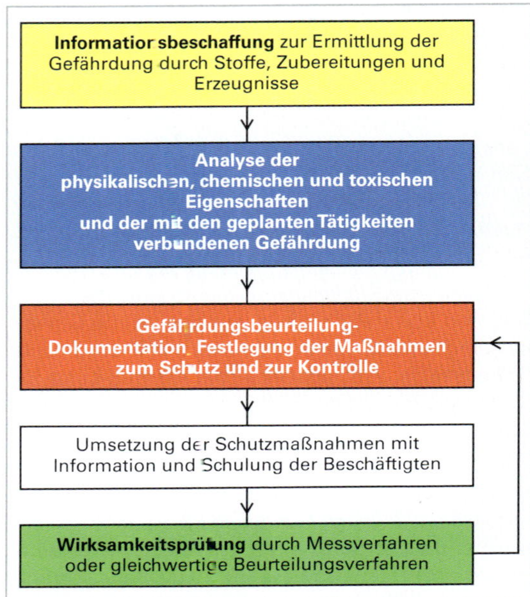

Bild 1: Maßnahmen bei Arbeiten mit Gefahrstoffen

Tabelle 1: Arbeitsplatz-Grenzwerte für Halogene

AGW	Fluor	Chlor	Brom	Jod
Massenkonzentration β in mg/m^3	0,16	1,5	0,7	1,1
Volumenkonzentration σ in mL/m^3	1,0	0,5	–	0,1

Bild 2: Schutzkleidung für Vollschutz

6.5.7 Papierindustrie

In Europa nimmt Deutschland bei der Herstellung und beim Verbrauch von Papier, Pappe und Karton die führende Position ein. Einer Jahresproduktion von etwa 18,5 Millionen Tonnen steht ein Verbrauch von 18,2 Millionen Tonnen gegenüber **(Bild 1)**. Dies entspricht einem durchschnittlichen Bedarf von 225 kg je Einwohner. Der jährliche Pro-Kopf-Verbrauch in den Entwicklungsländern liegt unter 20 Kilogramm. Daher fordern zahlreiche Organisationen und Verbände

- die Reduzierung der für Verpackungen eingesetzten Papiermengen durch Verwendung anderer Werkstoffe,
- die Minimierung der Umweltbelastungen durch kontinuierliche Verbesserung der industriellen Produktionsverfahren.

Holzverarbeitung. Bei der Herstellung von Papier, Karton und Pappe wird Holz mithilfe großer Wasser- und Energiemengen unter Zusatz chemischer Hilfsstoffe verarbeitet. In unseren Breiten dienen in erster Linie die Nadelbäume Fichte, Tanne und Kiefer sowie die Laubbäume Buche, Birke und Pappel als Rohstofflieferanten. Holz ist ein *nachwachsender* Rohstoff.

> Nachwachsende Rohstoffe sind land- oder forstwirtschaftlich erzeugte Produkte, die stofflich oder energetisch genutzt werden.

Hiesige Papierfabriken verwenden zum großen Teil Durchforstungsholz (Schwachholz oder Bruchholz), das bei der Waldpflege anfällt. Auch Sägeabfälle der holzverarbeitenden Industrie werden verwertet.

Zellulosefasern bilden als Gerüst- und Stützsubstanz der Pflanzen den Hauptbestandteil von Holz. Die Fasern sind in *Lignin* sowie *Hemizellulosen* eingelagert und müssen zur Papierherstellung zunächst von diesen Begleitstoffen abgetrennt werden (Holzaufschluss). Zellulose ist ein farbloses, in Wasser und vielen organischen Lösemitteln unlösliches Kohlenhydrat **(Bild 2)**. Durch Hydrolyse mit konzentrierter Schwefelsäure erhält man D-Glucose (Traubenzucker). Enzyme bauen Zellulose zu Zellobiose ab.

> Zellulose ist der wichtigste Bestandteil der pflanzlichen Zellwand.

Erfolgt der Holzaufschluss auf chemischem Weg, entsteht *Zellstoff*. Beim *Sulfitverfahren* wird das

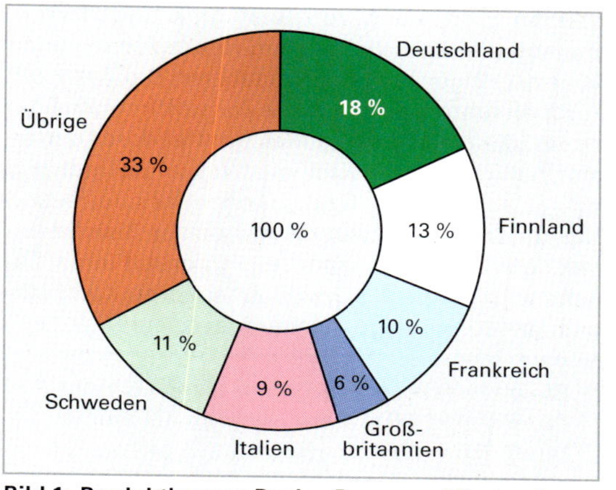

Bild 1: Produktion von Papier, Pappe und Karton in Europa

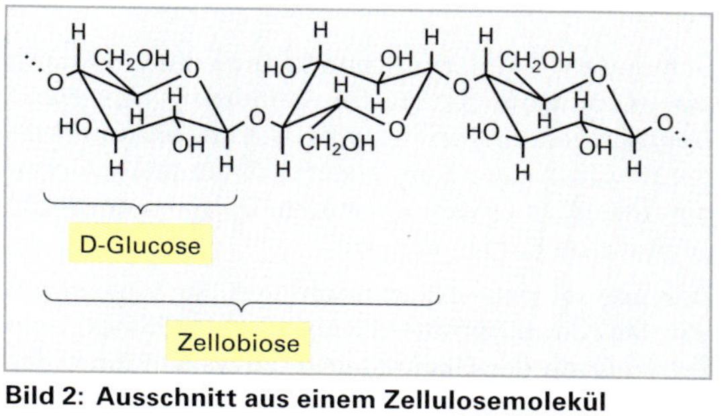

Bild 2: Ausschnitt aus einem Zellulosemolekül

zu Hackschnitzeln zerkleinerte Holz in Druckkesseln bei etwa 0,5 MPa = 5 bar mit Calciumhydrogensulfitlösung $Ca(HSO_3)_2$ verkocht. Hierdurch gehen Lignin, Hemizellulosen, aber auch Harzstoffe in Lösung und bilden die *Sulfitablauge*. Durch Ablaugenverbrennung können Chemikalien zurückgewonnen werden. Allerdings machen die bei der Verbrennung entstehenden Schwefelverbindungen eine aufwendige Abluftreinigung erforderlich. Wird Holz mechanisch nach dem *Holzschliffverfahren oder dem thermomechanischen Refiner-Verfahren* (engl. to refine = abscheiden) aufgeschlossen, entsteht *Holzstoff* **(Bild 1 und Bild 2, folgende Seite)**.

> Holzstoff und Zellstoff werden als *Primärfaserstoffe* bezeichnet, weil sie direkt aus pflanzlichen Rohstoffen gewonnen und unmittelbar für Papierherstellung verwendet werden.

Die Primärfaserstoffe müssen in der Regel vor ihrer weiteren Verarbeitung gebleicht werden. Ursprünglich verwendeten die Betriebe hauptsächlich Chlorgas Cl_2 zur Bleiche wegen der faserschonenden Entfernung von Restlignin und Harzen. Die ablaufenden chemischen Reaktionen können aber zu giftigen, schwer abbaubaren Dioxinen und Furanen führen. Daher ist die Zellstoffindustrie bestrebt, die chlorhaltigen Bleichmittel durch sauerstoffhaltige Bleichmittel wie Wasserstoffperoxid H_2O_2, Sauerstoff O_2, Ozon O_3 oder Stickstoffdioxid NO_2 zu ersetzen. Auch die bei dieser Bleiche anfallenden Abwässer erfordern aufgrund ihres Gehalts an biologisch schwer abbaubaren Komplexbildnern aufwendige Reinigungsverfahren.

Bleichverfahren, bei denen als Bleichmittel Chlordioxid ClO_2 dient, werden als elementarchlorfrei (ECF) bezeichnet. Bleichverfahren, bei denen chlorfreie Bleichmittel eingesetzt werden, werden als 100% chlorfrei oder total chlorfrei (TCF) bezeichnet.

Schweden, Finnland, Kanada und die USA sind die Hauptlieferanten für Zellstoff, der nach Deutschland eingeführt wird. Die genannten Nationen holzen dazu Bereiche der ökologisch wichtigen *borealen Urwälder* (griech. boreal = nördlich) auch durch Kahlschlag ab.

Deshalb ist neben den negativen Auswirkungen auf das Klima gerade in Kahlschlaggebieten eine Schädigung der Ökosysteme durch Zunahme der Bodenerosion und Destabilisierung des Wasserhaushalts zu verzeichnen.

Boreale Urwälder sind die in den hohen Breitengraden der Nordhalbkugel gelegenen Waldregionen, die sich über Russland, Skandinavien, Kanada und Alaska erstrecken.

Der aus borealen Urwäldern stammende Holzanteil liegt gegenwärtig bei 15%. Der ständig steigende Bedarf an Primärfasern hat dazu geführt, dass Wälder abgeholzt und durch Plantagen ersetzt werden.

Durch verstärkte Nutzung geeigneter Einjahrespflanzen oder ihrer Bestandteile (Gras, Hanf, Zuckerrohrreste), Optimierung bestehender Recycling-Verfahren und Steigerung des Altpapiereinsatzes wird steuernd in den Papierkreislauf eingegriffen **(Bild 1, folgende Seite)**.

Altpapier. Die durchschnittliche Altpapiereinsatzquote liegt in Deutschland gegenwärtig bei 58%.

Altpapier wird im Gegensatz zu Holzstoff und Zellstoff als Sekundärfaserstoff bezeichnet.

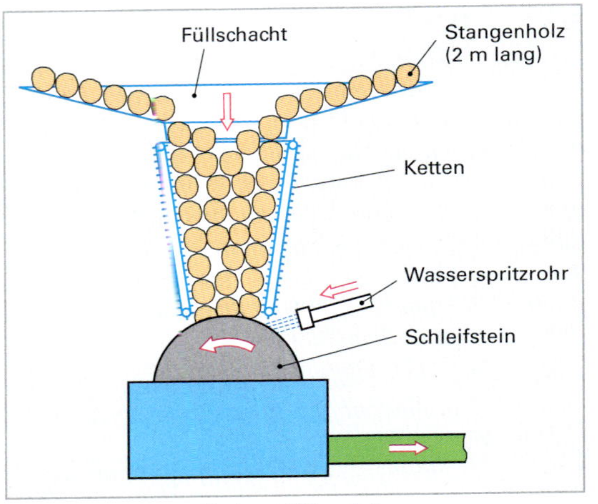

Bild 1: Prinzip des Holzschliffverfahrens

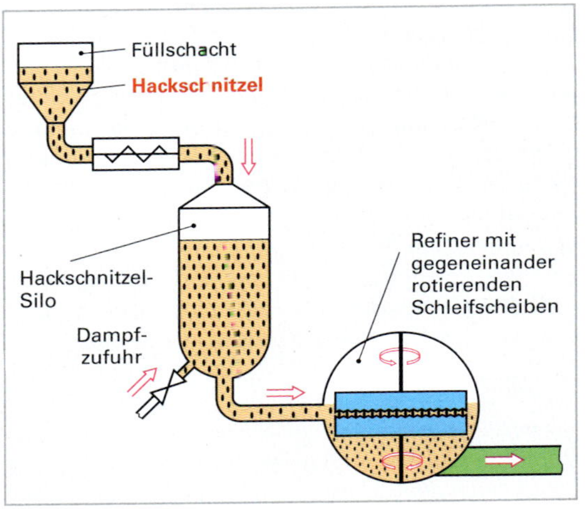

Bild 2: Thermomechanisches Refiner-Verfahren

Altpapier und gebrauchte Papierverpackungen werden gesammelt und vor der weiteren Verarbeitung sortiert. In Papierfabriken wird das angelieferte Altpapier in Wasser suspendiert und der gebildete Faserbrei in mehreren Reinigungsstufen von Fremdstoffen und Druckfarben befreit. Da jeder Recyclingdurchlauf sowohl eine Verkürzung der Zellulosefasern als auch eine Abnahme der Faserdicke zur Folge hat, müssen zur Erhöhung der Wiederverwertungsrate ständig neue Fasern zugesetzt werden.

Stark verschmutztes, nicht verwertbares Altpapier wird meist zu Müllverbrennungsanlagen transportiert und dort verbrannt. Die Verbrennungsrückstände müssen auf Deponien gelagert werden. Der Einsatz moderner Technologien hat zu einer deutlichen Verringerung der Schadstoffemissionen geführt. Das bei der Verbrennung von Altpapier freigesetzte Kohlenstoffdioxid CO_2 ist weniger schädlich als das bei der Verrottung von Papier und Pappe auf Deponien entstehende Treibhausgas Methan CH_4.

Umweltauswirkungen durch Transport und Papierverarbeitung. Die bei der Herstellung von Zellstoff und Papier erforderlichen Transportvorgänge führen zu Umweltbelastungen, da beträchtliche Mengen an Stickstoffoxiden und flüchtigen organischen Verbindungen freigesetzt werden.

Die Papier verarbeitende Industrie verwendet toxisch wirkende Chemikalien. Schädlich sind die flüchtigen organischen Lösemittel aus Klebstoffen und Druckfarben sowie die Klebstoffe selbst.

Papierherstellung. Abhängig von der zu erzeugenden Papiersorte werden die verschiedenen Faserstoffe gemischt, mit Wasser versetzt und in die Stoffaufbereitung gepumpt **(Bild 2)**. Nach mehreren Reinigungsstufen und Mahlvorgängen fügt man in der Stoffaufbereitung Füllstoffe und Hilfsstoffe zur Verbesserung der Papierqualität zu. Füllstoffe lagern sich in die Faserzwischenräume ein und bewirken so eine glattere und dichtere Oberfläche, erhöhen die Undurchsichtigkeit und den Weißgrad des Papiers. Füllstoffe sind z. B. die Mineralstoffe Kaolin (Porzellanerde) und Kreide.

Der in den Verfahren notwendige hohe Wassereinsatz führt zu einem beträchtlichen Abwasseranfall. Wegen der Kosten für Frischwasser und Abwasser sowie zur gesteigerten Reststoffnutzung hat die Zellstoff- und Papierindustrie den Frischwassereinsatz und deshalb auch die Abwassermenge ständig durch Schaffung von Wasserkreislauf-Systemen reduziert.

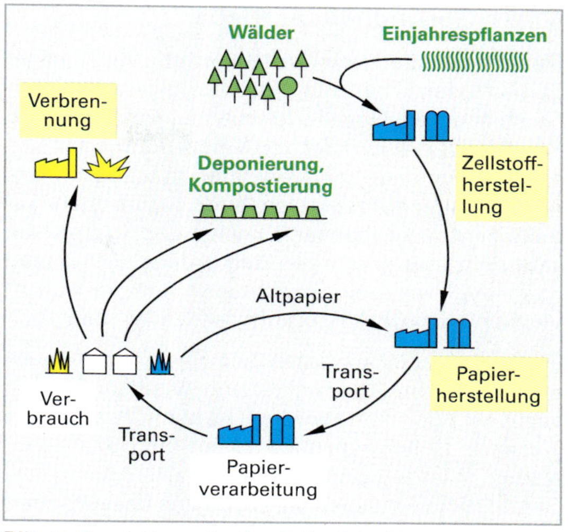

Bild 1: Darstellung des Papierkreislaufs

Im *Primärkreislauf* wird das faserstoffreiche Wasser der ersten Entwässerungsstufe direkt zur Stoffverdünnung wiederverwendet. Der *Sekundärkreislauf* dient dazu, das im weiteren Verlauf der Entwässerung anfallende Wasser sowie Reinigungs- und Waschwässer zusammenzuführen. Die Behandlung in Stoff-Fängern ermöglicht die erneute Verwendung in der Fabrikation. Im *Tertiärkreislauf* werden Abwässer, deren direkte Verwendung aufgrund des hohen Verschmutzungsgrades nicht möglich ist, in Kläranlagen gereinigt.

Die Wiederverwendung des eingesetzten Wassers ist bis zu zehnmal möglich. In den zurückliegenden Jahrzehnten konnte der Wasserbedarf für die Herstellung von 1 kg Papier durch Verbesserung der Produktionsverfahren um 98 % gesenkt werden.

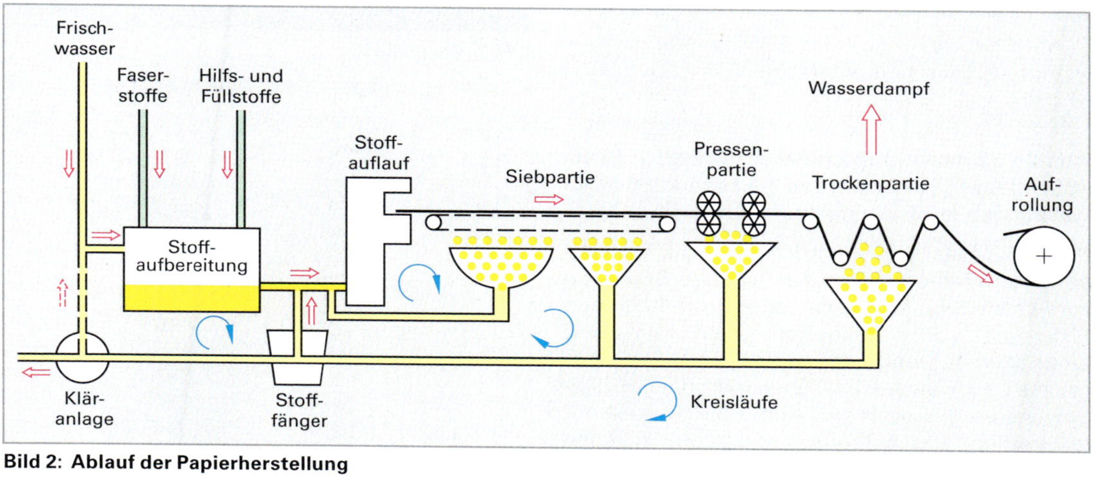

Bild 2: Ablauf der Papierherstellung

6.5.8 Gesundheitsbetriebe

Gesundheitsbetriebe umfassen alle Einrichtungen, die der Erhaltung, Förderung oder Wiederherstellung der Gesundheit dienen. Abfälle, die im Rahmen der medizinischen Versorgung oder Forschung entstehen, sind einer der im Europäischen Abfallkatalog aufgelisteten Arten zuzuordnen **(Tabelle 1)**. Krankenhäuser, Kliniken und Arztpraxen sammeln und entsorgen den anfallenden Abfall nach hygienischen Gesichtspunkten und unter Vermeidung von Ansteckungsgefahren **(Bild 1)**.

Einwegwäsche, Abdecktücher, Reste von Körperpflegemitteln, Kosmetika und Medikamentenverpackungen können dem Hausmüll zugeführt werden. Einwegspritzen, Kanülen, Skalpelle, Nadeln, Klingen und andere scharfe oder spitze Gegenstände müssen aufgrund des bestehenden Verletzungsrisikos zunächst in bruch- und durchstichsichere Behälter verpackt werden. Wundverbände, Tupfer, Urinbecher oder Infusionsschläuche sind gesammelt in Kunststoffsäcken zu entsorgen. Sind derartige Abfälle mit Blut, Sekreten oder Exkreten von Patienten verunreinigt, die an einer infektiösen (ansteckenden) Krankheit leiden, werden an die Beseitigung besondere Anforderungen gestellt. Man muss das Material dann chemisch-physikalisch bzw. biologisch vorbehandeln oder in einer geeigneten Anlage verbrennen.

Sekrete sind von Drüsen oder einzelnen Zellen abgesonderte Stoffe, die im Körper eine bestimmte Funktion erfüllen (z. B. Duftstoffe, Schleimstoffe). *Exkrete* sind die von speziellen Organen ausgeschiedenen oder im Körper abgelagerten, nicht verwertbaren Stoffwechselendprodukte (z. B. Wasser, Harnstoff, Harnsäure).

> Mit Blut, Sekreten oder Exkreten verunreinigte Abfälle sind unterschiedlich zu behandeln.

Abfälle gemäß Abfallschlüssel 180103, 180106, 180108 und 180110 werden als besonders überwachungsbedürftig eingestuft (Tabelle 1).

In der **Nuklearmedizin** nutzt man die von bestimmten Radionukliden ausgehende Strahlung zur Feststellung (Diagnose) oder zur Behandlung (Therapie) von Krankheiten. Nach Aufnahme einer kleinen Menge des radioaktiven Elements reichert sich dieses im Zielorgan oder im Zielgewebe an und ermöglicht über die ausgesandte Strahlung das Aufspüren von Veränderungen **(Bild 2)**.

Tabelle 1: Europäischer Abfallkatalog (Auszug)

Abfallschlüssel	Abfallbezeichnung
18	Abfälle aus humanmedizinischer Versorgung und Forschung
1801	Abfälle aus Geburtshilfe, Diagnose, Behandlung oder Vorbeugung
180101	spitze und scharfe Gegenstände (außer 180103)
180102	Körperteile, Organe, Blutbeutel und Blutkonserven (außer 180103)
180103	Abfälle, an deren Sammlung und Entsorgung aus infektionspräventiver Sicht besondere Anforderungen gestellt werden.
180104	Abfälle (außer 180103)
180106	Chemikalien aus gefährlichen Stoffen oder solche enthaltend.
180107	Chemikalien (außer 180106)
180108	zytotoxische und zytostatische Arzneimittel
180109	Arzneimittel (außer 180108)
180110	Amalgamabfälle aus der Zahnmedizin

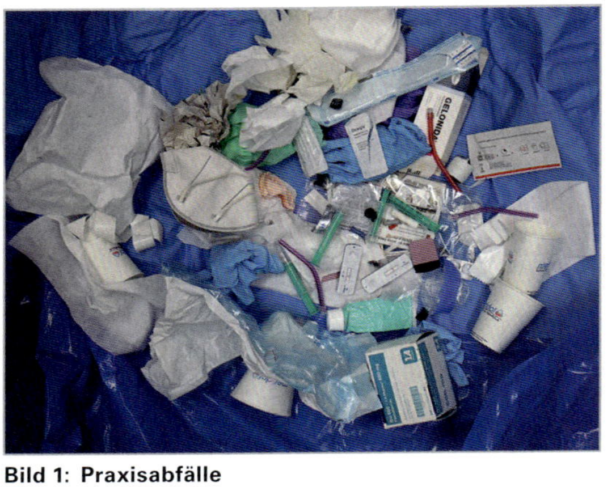

Bild 1: Praxisabfälle

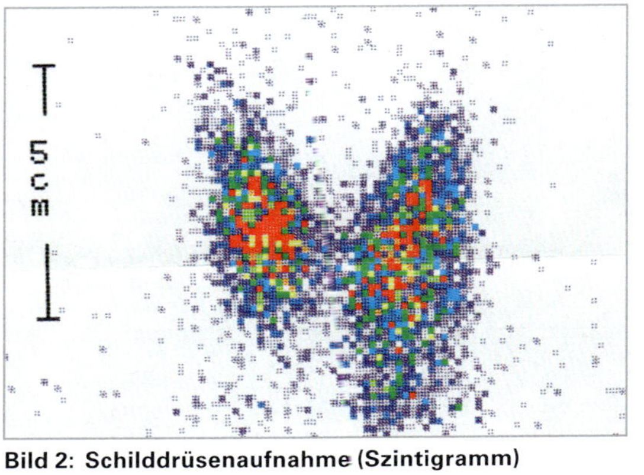

Bild 2: Schilddrüsenaufnahme (Szintigramm)

Die bei den Untersuchungen eingesetzten Isotope haben zwar kurze *Halbwertszeiten*, dennoch besteht das Risiko einer Veränderung oder Schädigung von Zellstrukturen. Die Wirkung der Strahlung ist abhängig von der Strahlenart, dem Energiegehalt, der Expositionsdauer, der zeitlichen Verteilung sowie der Empfindlichkeit des bestrahlten Organs. Mit der Angabe der Dosis wird die Wirkung der Strahlung auf den Menschen beschrieben.

In die Berechnung der *Äquivalentdosis* geht der für eine bestimmte Strahlung charakteristische Bewertungsfaktor ein **(Tabelle 1)**. Die *effektive Dosis* ist das Produkt aus der für ein bestrahltes Organ oder Gewebe ermittelten Äquivalentdosis und dem von der jeweiligen Strahlenempfindlichkeit abhängigen Wichtungsfaktor **(Tabelle 2)**.

> Man unterscheidet Energiedosis, Äquivalentdosis und effektive Dosis.

Radioaktiv kontaminierte (lat. contaminare = beflecken, verunreinigen) Materialien müssen wiederaufgearbeitet oder einer Endlagerung zugeführt werden.

Röntgenaufnahmen liefern wichtige Informationen bei Untersuchungen des Skeletts, des Magen-Darm-Trakts, der Organe des Brustraums oder des Kiefers **(Bild 1)**.

Bei der **Computer-Tomographie** (griech. tomein = schneiden) treten Röntgenstrahlen von unterschiedlichen Seiten durch den menschlichen Körper. Die Schwächung der Strahlen beim Durchtritt durch das Gewebe wird gemessen und mithilfe eines Computerprogramms dreidimensional dargestellt.

Die Höhe des von Röntgenbehandlungen ausgehenden Krebsrisikos wird unterschiedlich eingestuft. Durch Führen eines *Röntgenpasses* lassen sich Wiederholungsuntersuchungen vermeiden **(Bild 2)**. Röntgenfilme und bleihaltige Abfälle aus Röntgenlabors sind wie Amalgam und Quecksilber-kontaminiertes Material als besonders überwachungsbedürftige Abfälle zu behandeln.

Wiederholung und Vertiefung

1. **Wie sind Abfälle von Gesundheitsbetrieben aufzuschlüsseln?**
2. **Warum müssen an die Beseitigung radioaktiver Abfälle besondere Anforderungen gestellt werden?**
3. **Welche Risiken birgt die Strahlenbehandlung von Krankheiten?**

Tabelle 1: Bewertungsfaktoren

Strahlung	Bewertungsfaktor
Röntgenstrahlung	1
β-Strahlung	1
γ-Strahlung	1
langsame Neutronen	2 bis 5
schnelle Neutronen	5 bis 10
α-Strahlung	20

Tabelle 2: Wichtungsfaktoren

Organ	Wichtungsfaktor
Haut	0,01
Schilddrüse	0,03
Rotes Knochenmark	0,12
Lunge	0,12
Brust	0,15
Geschlechtsorgane	0,25

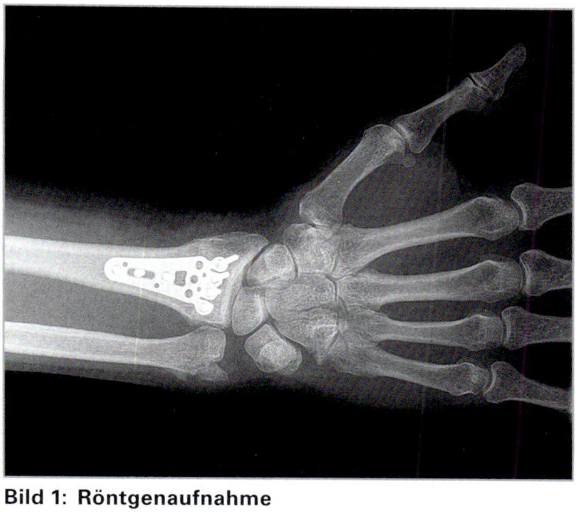

Bild 1: Röntgenaufnahme

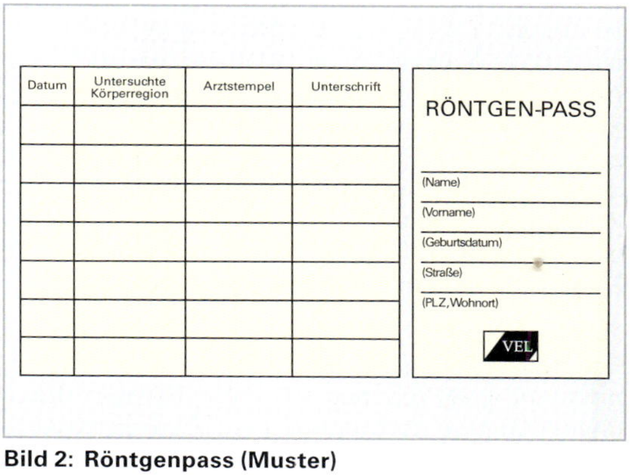

Datum	Untersuchte Körperregion	Arztstempel	Unterschrift

RÖNTGEN-PASS

(Name)
(Vorname)
(Geburtsdatum)
(Straße)
(PLZ, Wohnort)

VEL

Bild 2: Röntgenpass (Muster)

6.6 Einflüsse durch Haushaltungen
Influences by Households

Private Haushalte verbrauchen die natürlichen Ressourcen direkt oder nehmen Energieträger, Flächen und Wasser indirekt durch das Konsumieren von Waren sowie das Abrufen von Dienstleistungen in Anspruch. Dies führt zu Belastungen der Umwelt und des Klimas **(Bild 1)**.

6.6.1 Luftbelastungen

Ein- und Mehrpersonenhaushalte beeinträchtigen die Qualität der Luft durch das Freisetzen der Treibhausgase Kohlenstoffdioxid CO_2 und Methan CH_4 sowie durch den Ausstoß von Kohlenstoffmonoxid CO, Ammoniak NH_3, Distickstoffmonoxid N_2O, Schwefeldioxid SO_2, nichtmethanhaltigen flüchtigen organischen Verbindungen (NMVOC, Non Methane Volatile Organic Compounds) und Stickstoffoxiden NO_x.

Die Emissionen folgen vor allem aus der von den Haushalten genutzten Energie für Wohnen (Heizen, Warmwasser, Strom) und Mobilität (motorisierter Individualverkehr). Luftbelastungen entstehen auch durch Staub-Emissionen. Dabei gelangen feste oder flüssige Teilchen in die Atmosphäre und verbleiben dort als Schwebstoffe, bevor sie zu Boden sinken.

Treibhausgase. CO_2 ist in Bezug auf die Klimawirksamkeit das mengenmäßig wichtigste Gas. Es entsteht beim Verbrennen fossiler (von lat. fossilis = ausgegraben) Energieträger wie Kohle, Erdöl oder Erdgas und trägt wesentlich zu dem vom Menschen verursachten Treibhauseffekt bei. Die Erzeugung von einem Kilojoule (1 KJ) nutzbarer Wärme führt bei Verwendung von Erdgas zur Bildung von 56 mg CO_2, bei Braunkohle entstehen zwischen 94 mg und 114 mg CO_2. Die Umstellung von Kohle auf Erdgas oder Heizöl und eine verbesserte Technik haben in den letzten 20 Jahren zu einer Verminderung der CO_2-Emissionen geführt. Diese sollen z. B. durch den Einsatz von Wärmepumpen und bessere Gebäudedämmungen weiter reduziert werden (Abschnitte 7.11, 7.12.6). Beim Verkehr hat sich der steigende Anteil an Dieselkraftstoff und Elektrofahrzeugen entsprechend ausgewirkt.

Luftschadstoffe. Ein großer Schaden geht von SO_2, NO_x, CO und den flüchtigen organischen Verbindungen NMVOC aus. CO entsteht meist durch unvollständige Verbrennung der Energieträger in Kleinfeuerungsanlagen oder Fahrzeugmotoren.

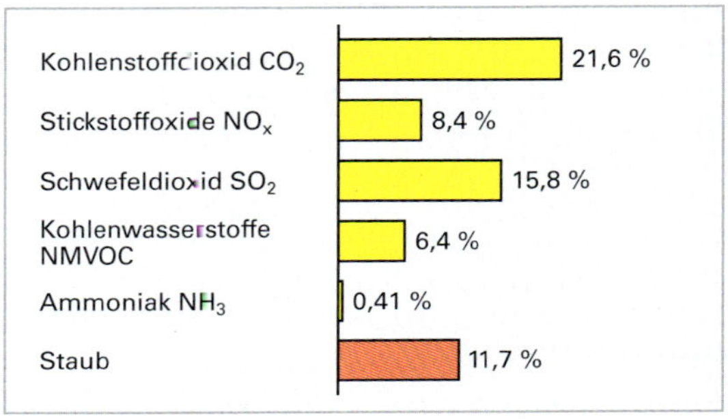

Bild 1: Anteil der Luftemissionen durch private Haushalte 2023 (Umweltbundesamt)

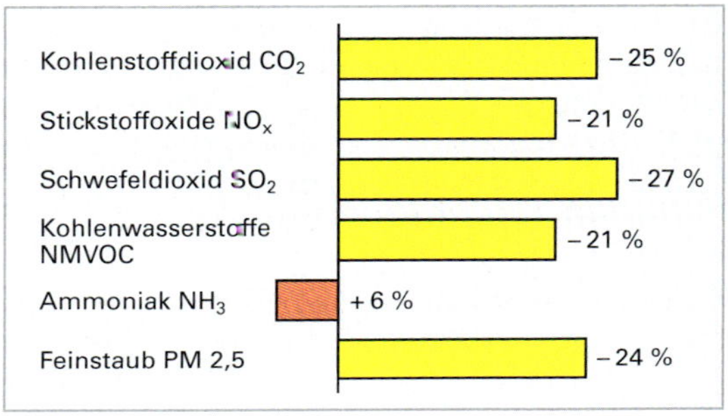

Bild 2: Veränderung der Luftemission in Deutschland von 1995 bis 2023

Die Modernisierung der Heizungsanlagen hat den CO-Ausstoß deutlich abgesenkt.

Im Straßenverkehr konnten die Emissionen an CO als Folge gesetzlicher Vorgaben durch moderne Motorenkonzepte, den Austausch von Zweitaktmotoren und die Nutzung von Elektrofahrzeugen deutlich herabgesetzt werden. Dies hat auch zu starkem Rückgang von NO_x und NMVOC geführt.

SO_2 entsteht vor allem bei der Elektrizitäts- und Wärmeerzeugung. In Deutschland wurde der Ausstoß durch den Einsatz schwefelarmer Brennstoffe verringert **(Bild 2)**.

Staub-Emissionen. Korngröße, Oberflächenbeschaffenheit und chemische Zusammensetzung entscheiden über die von Staubpartikeln ausgehenden Gesundheitsgefahren. Durch die Umstellung der Kleinfeuerungsanlagen von festen auf emissionsärmere flüssige und gasförmige Brennstoffe ist ein Rückgang der Emissionen zu verzeichnen, ebenso durch den Einsatz von Windkraftanlagen und PV-Anlagen. In Deutschland werden die Feinstaub-Belastungen aus Feuerwerk, Zigaretten und Grillfeuer auf etwa 10 000 Tonnen je Jahr geschätzt. Die gesamten Feinstaubemissionen je Jahr betragen in Deutschland ca. 210 kt.

6.6.2 Abwasser

Das Abwasser von Haushalten ist nach der Begriffsbestimmung des *Abwasserabgabengesetzes* **AbwAG** das durch den häuslichen Gebrauch in seiner Eigenschaft veränderte, abfließende Wasser („Schmutzwasser"). In die Kanalisation fließt auch das Niederschlagswasser, also das Regenwasser und das Wasser des schmelzenden Schnees, das aus Ansiedlungen den Schmutz von Dächern, Höfen, Gärten, Straßen und Plätzen mit sich führt. An undichten Stellen dringt außerdem Grundwasser und Regenwasser in die Kanalisation ein („Fremdwasser").

Der Verbrauch von Trinkwasser hat in Deutschland von 1955 bis heute von 85 Liter je Tag und Einwohner auf etwa 130 L zugenommen. Von diesem Wert weichen andere Länder stark ab, und zwar nach oben, z. B. USA, oder nach unten, z. B. Marokko.

> Man rechnet mit einem durchschnittlichen Wasserverbrauch von etwa 130 L je Einwohner und Tag in Deutschland.

Die Qualität des Trinkwassers könnte verschieden von der des Brauchwassers sein **(Tabelle 1)**. Trotzdem verwendet man in den privaten Haushalten fast nur das Trinkwasser. In Deutschland lässt sich ausreichend viel reines Wasser gewinnen. Die zunehmende Verschmutzung des Oberflächenwassers und des Grundwassers führt aber zu immer aufwendigeren Aufbereitungstechniken.

Bei der Klärung und Aufbereitung macht das Spül-, Wasch- und Reinigungsabwasser die größte Mühe. Das Gesetz über die Umweltverträglichkeit von Wasch- und Reinigungsmitteln (WRMG) beschränkt unter anderem den Einsatz von phosphorhaltigen Waschmitteln. Phosphate führen durch Überdüngung z. B. zu starkem Algenwachstum.

Fäkalien (Kot, von lat. faecis = Bodensatz, Auswurf) und Harn, die beim Benutzen sanitärer Anlagen in das Abwasser gelangen, bauen sich biologisch fast vollständig ab oder können als stickstoffhaltige Düngemittel verwendet werden.

Der **Kreislauf des Wassers** sorgt für die Verbreitung der Schadstoffe, die umso länger im Kreislauf bleiben, je langlebiger sie sind **(Bild 1)**. Man findet z. B. DDT (Dichlordiphenyltrichlorethan, ein breit wirksames Insektizid) am Nordpol, wo es natürlich nie eingesetzt wurde, oder Chlorkohlenwasserstoffe überall im Grundwasser auf der ganzen Welt.

Tabelle 1: Wasserverbrauch je Tag und Einwohner

Menge in L	Verwendung	geforderte Qualität
2 bis 5	Trinken und Kochen	sehr hoch
20 bis 40 5 bis 15 5 bis 10	Baden und Duschen Körperpflege Geschirr spülen	hoch
10 bis 30 3 bis 10	Wäsche waschen Räume reinigen usw.	mittel
40 bis 65	Toilettenspülung, Gartenpflege	gering

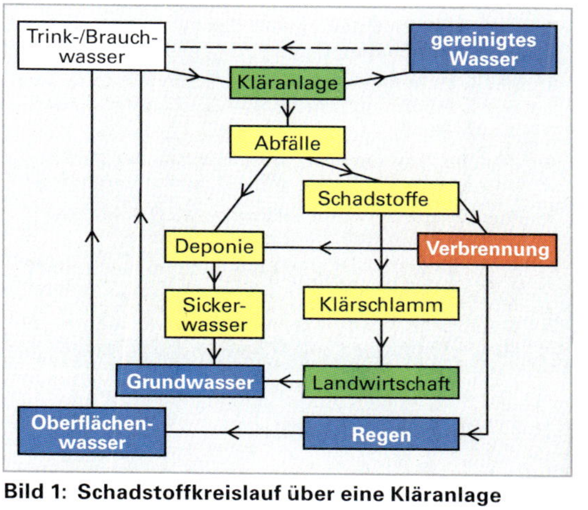

Bild 1: Schadstoffkreislauf über eine Kläranlage

Den **Schadstoffgehalt der Abwässer** ermittelt man mit Schnelltests oder misst man wie folgt:

- Der *chemische Sauerstoffbedarf* (CSB) einer Wasserprobe ist ein Maß für die oxidierbaren Stoffe. Die Probe wird mit Chromschwefelsäure (Kaliumdichromat $K_2Cr_2O_7$, gelöst in konzentrierter Schwefelsäure H_2SO_4) versetzt, zwei Stunden auf 148 °C erhitzt und nach dem Abkühlen fotometrisch ausgewertet. Bei der Oxidation schlägt die gelbe Farbe der Dichromationen in das Grün der Cr^{3+}-Ionen um.
- Den *Phosphor* bestimmt man fotometrisch, nachdem man die Wasserprobe mit Kaliumperoxodisulfat ($KO_3S–O–SO_3K$) aufgeschlossen[1] hat.
- Den Gehalt an *Stickstoff* berechnet man aus der maßanalytischen Bestimmung der Ammonium-Ionen NH_4^+, den chromatografisch gemessenen Nitrat-Ionen NO_3^- und der durch Ermitteln der Absorption gefundenen Nitrit-Ionen NO_2^-.

[1] Unter Aufschließen versteht man in der chemischen Analyse das Überführen schwer löslicher Stoffe in säurelösliche oder wasserlösliche Stoffe.

Die *organischen Halogenverbindungen* misst man durch Verbrennen der an Aktivkohle adsorbierten organisch gebundenen Halogene AOX im Sauerstoffstrom und Bestimmen der dabei gebildeten Halogenwasserstoffe.

Die giftigen Schwermetall-Ionen von Quecksilber, Cadmium, Chrom, Nickel, Blei und Kupfer werden durch spektrometrische Verfahren (Untersuchung der Spektren) ermittelt.

Wiederholung und Vertiefung

1. **Was versteht man unter Abwasser?**
2. **Aus welchen Quellen wird das Wasser in der Kanalisation gespeist?**
3. **Mit welchem Verbrauch an Trinkwasser je Tag und Einwohner rechnet man zur Zeit in Deutschland?**
4. **Welche Abwasserart bereitet bei der Klärung und Aufbereitung die größten Schwierigkeiten?**
5. **Aus welchem Grund verbreiten sich Schadstoffe im Abwasser über sehr große Gebiete?**
6. **Erklären Sie den Begriff chemischer Sauerstoffbedarf (CSB).**
7. **Auf welche Art misst man die organischen Halogenverbindungen (AOX) im Abwasser?**

6.6.3 Siedlungsabfälle

Siedlungsabfälle sind Müll, der in privaten Haushaltungen anfällt **(Bild 1)**. Infolge der verstärkten Trennung des Mülls bzgl. Wiederverwendung, Verwertung und Entsorgung konnte die Menge des Hausmülls, heute Restmüll genannt, trotz des höheren Konsums in Deutschland seit 1980 um etwa 50% gesenkt werden **(Bild 2)**. Eine große Wirkung wurde hierbei durch das getrennte Einsammeln kompostierbarer organischer Abfälle (Biomüll) erzielt.

Das getrennte Einsammeln und Sortieren (siehe auch Abschnitt 9.3) unter dem Gesichtspunkt der Wiederverwendung oder Verwertung vermindert den zu deponierenden Abfall. Von den getrennt eingesammelten Abfällen macht Altpapier den größten Anteil aus, gefolgt von Altglas, Biomüll, Altstoffgemischen, Altmetallen, schadstoffhaltigen Abfällen und Kunststoffen **(Bild 3)**. Elektrogeräte und Elektronikgeräte der Haushaltungen nehmen heute in Deutschland einen Anteil von über 50% des gesamten Elektroschrotts ein **(Bild 4)**.

Restmüll (restlicher Abfall) ist der Rest von Siedlungsabfällen, der nach der Abfallverwertung übrig bleibt.

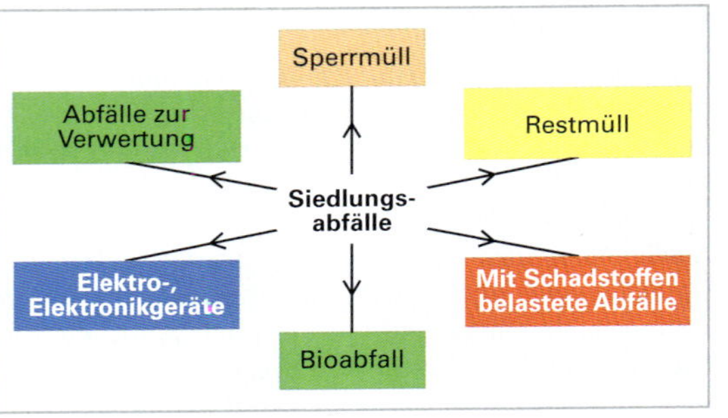

Bild 1: Siedlungsabfälle

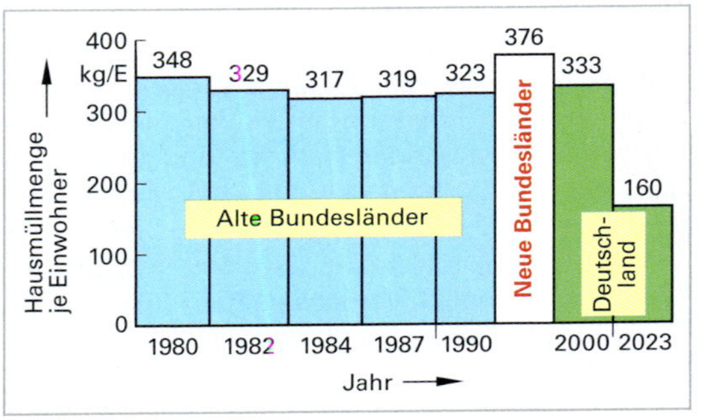

Bild 2: Aufkommen an Hausmüll (Restmüll) je Einwohner

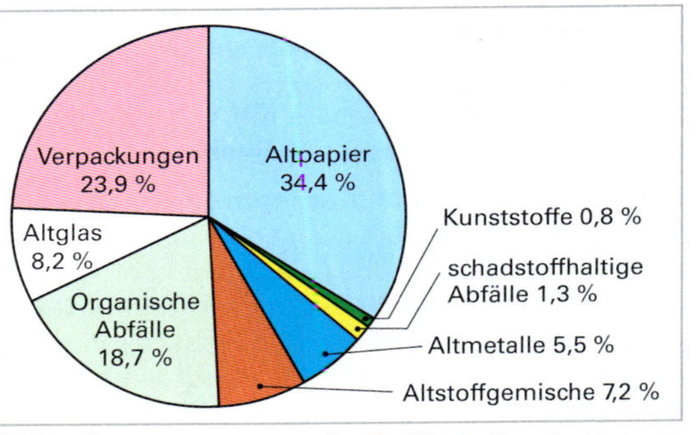

Bild 3: Getrennt gesammelte Abfälle in Haushaltungen

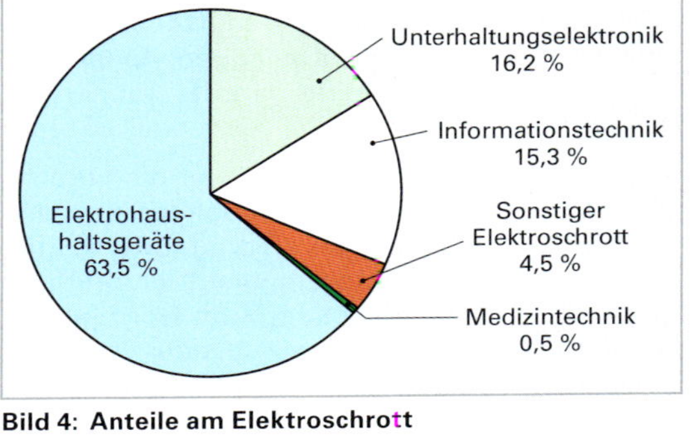

Bild 4: Anteile am Elektroschrott

6.7 Einflüsse durch die Landwirtschaft
Influences by Agriculture

Die Landwirtschaft muss die verfügbaren Anbauflächen intensiv nutzen, um die Versorgung der Bevölkerung mit Nahrungsmitteln sicherzustellen **(Bild 1)**. Deshalb haben zahlreiche Landwirte ihre Betriebe auf eine industrieähnliche Produktionstechnik umgestellt. Die Spezialisierung auf den großflächigen Anbau bestimmter *Kulturpflanzen* (Getreide, Hackfrüchte, Futtermittelpflanzen) und die *Massentierhaltung* haben nicht nur Vorteile, sondern bedingen auch zahlreiche Umweltprobleme.

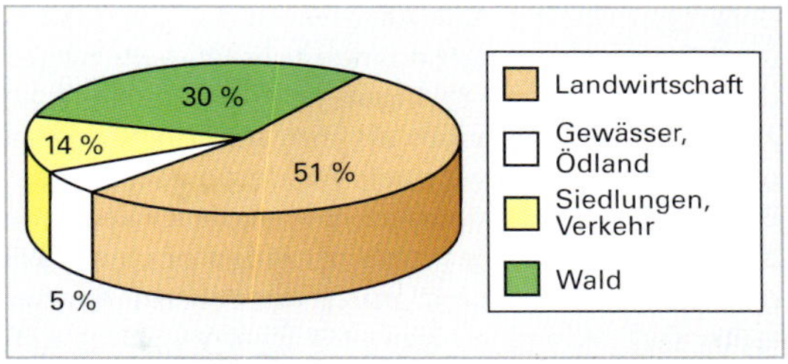

Bild 1: Bodennutzung in Deutschland

Bodenbelastung. Der Boden stellt die Produktionsgrundlage landwirtschaftlicher Betriebe dar. Die Nutzungsart wird durch das Klima und die Bodenbeschaffenheit bestimmt.

> Der Boden besteht aus den Verwitterungsprodukten des anstehenden Gesteins, organischen Zersetzungsprodukten und zahlreichen Bodenlebewesen.

Die Bodenfruchtbarkeit beruht auf dem ausgewogenen Verhältnis von

- Produzenten,
- Konsumenten und
- Destruenten (bauen organische Substanzen ab)

in den bestehenden Kreisläufen (Abschnitt 3.5.4).

In Agrarökosystemen ersetzt eine kleine Anzahl von Nutzpflanzen vielfältige Pflanzengesellschaften. Der Anbau in Form von *Monokulturen* führt zwangsläufig zu einer starken Abnahme ursprünglich vorhandener Tierarten und Pflanzenarten.

> Monokultur ist der großflächige Anbau einer bestimmten Nutzpflanzenart.

Parasitische Pilze und auf die Nutzpflanzenart spezialisierte Pflanzenfresser neigen als Folge des enormen Nahrungsangebots zur Massenvermehrung und entwickeln sich zu *Schädlingen.* Gleichzeitig konkurrieren an den Standort angepasste Wildpflanzen als Unkräuter mit den Nutzpflanzen um Licht, Wasser und Nährstoffe **(Bild 2)**. Durch den Einsatz geeigneter *Pestizide* (von lat. pestis = Verderbliches und lat. occidere = töten) versucht der Landwirt, seinen Nutzpflanzenbestand zu schützen.

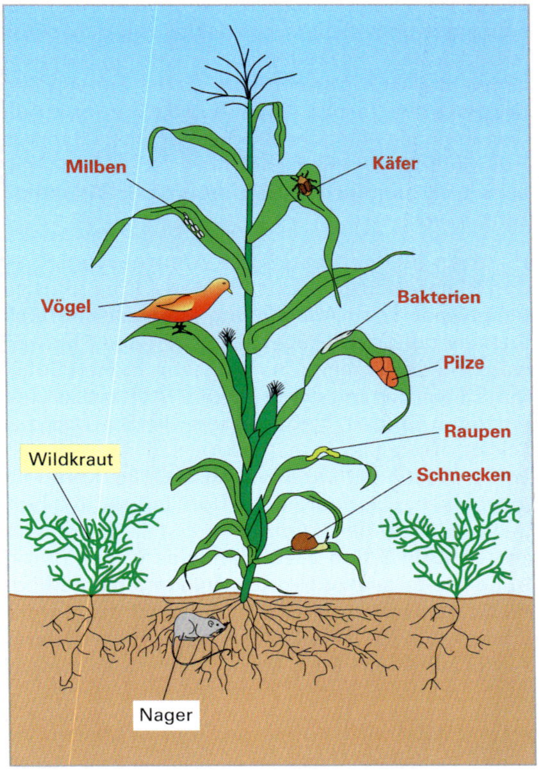

Bild 2: Nutzpflanze (Mais) und Konkurrenten

Herbizide (gegen Unkräuter), *Insektizide* (gegen Insekten) und *Fungizide* (gegen Pilze) machen über 90 % der Pestizidproduktion aus. Die restliche Produktion richtet sich gegen die übrigen Schadorganismen.

> Pestizid ist die Sammelbezeichnung für chemische Mittel, die den Schutz der Nutzpflanzen von der Aussaat bis nach der Ernte gewährleisten.

Da mit Schädlingen auch viele nützliche Organismen vernichtet werden, wirkt sich das Ausbringen derartiger Chemikalien negativ auf das Ökosystem aus. Kulturpflanzenschädlinge erholen sich wegen der unbegrenzt zur Verfügung stehenden Nahrung schneller von Verlusten als ihre natürlichen Feinde. Diese können erst nach Wiederanwachsen der Beutepopulation zunehmen. So hat die Anwendung breitenwirksamer Pestizide oft einen noch stärkeren Neubefall zur Folge. Durch das Auftreten resistenter Schädlinge verlieren die Pflanzenschutzmittel zunehmend ihre Wirksamkeit.

Einige der eingesetzten Wirkstoffe sind chemisch sehr stabil und reichern sich deshalb als Schadstoffe in den Nahrungsketten an. Zur Verringerung der Umweltbelastung strebt man bei der Entwicklung der Pestizide rasche Abbaubarkeit, geringe Aufwandmengen und hohe Selektivität an. Im Rahmen des integrierten Pflanzenschutzes werden chemische und biologische Bekämpfungsmaßnahmen kombiniert.

Pflanzen stellen bestimmte Anforderungen an den Mineralsalzgehalt des Bodens. Dies führt zu einer einseitigen Auslaugung landwirtschaftlich intensiv genutzter Flächen. Die von den Pflanzen während des Wachstums aufgenommenen Substanzen werden mit der Ernte den Stoffkreisläufen entzogen **(Bild 1)**. Insbesondere die Störung des Stickstoffkreislaufs erfordert das Ausbringen von *Wirtschaftsdünger* wie Mist, Gülle, Kompost (organische Dünger) oder von industriell hergestelltem *Mineraldünger*, meist in Form von Salzen **(Bild 2 und 3)**. Bodenbelastungen durch Düngemittel sind auf Verunreinigungen der Mineraldünger, falsche Ausbringungstechniken oder unsachgemäße Bemessung des Düngebedarfs zurückzuführen. Eine korrekte Mengenbemessung und Verteilung ist nicht gewährleistet bei

- Festmiststreuern ohne gesteuerte Mistzufuhr zum Verteiler,
- Güllewagen mit freiem Auslauf zum Verteiler, mit Drehstrahlreglern oder senkrecht angeordneter Schleuderscheibe,
- zentralen Prallverteilern, bei denen der Dünger nach oben abgestrahlt wird.

Überdüngung kann zur Anreicherung von Nitraten in bestimmten Pflanzen (Spinat, Rote Bete) führen. Werden Nitrate mit der Nahrung aufgenommen, bilden nitratreduzierende Bakterien Nitrite, die mit dem Hämoglobin der roten Blutkörperchen reagieren und so die Sauerstoffzufuhr beeinträchtigen. Durch chemische Reaktionen können im Körper aus Nitriten auch Krebs erregende Nitrosamine entstehen.

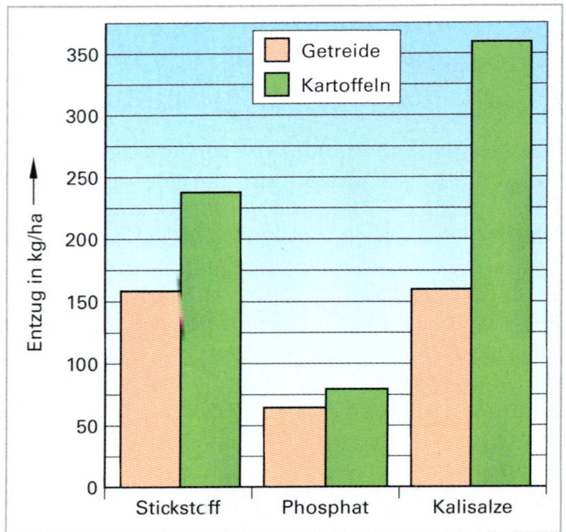

Bild 1: Mineralsalzentzug im Laufe einer Vegetationsperiode

Bild 2: Zusammensetzung eines Volldüngers

Bild 3: Düngerstreuer in der Landwirtschaft

Flurbereinigungsmaßnahmen begünstigen durch das Zusammenlegen der Anbauflächen den kostendeckenden Einsatz der Arbeitsgeräte. Die Rüttelverdichtung und der Druck der großen Maschinen verdichten den Boden so stark, dass nur eine eingeschränkte Durchwurzelung möglich ist. Die Beseitigung von Hecken, Feldgehölzen und Entwässerungsgräben erhöht die Erosionsgefahr durch Winde. Die Abtragung des Bodenmaterials führt zu einem Verlust an Nährstoffen und Humus. Häufig rufen die aufgewirbelten Bodenpartikel Verletzungen an den jungen Kulturpflanzen hervor.

Die großflächige Ausräumung der Landschaft ist auch mit einem starken Rückgang ursprünglich vorhandener Tierarten und Pflanzenarten verbunden.

Belastung des Wassers. Überschüssige Mineralsalze und Pestizidrückstände werden bei Regenfällen aus dem Boden gewaschen und gelangen so in Grundwasser und Oberflächenwasser. Beeinträchtigungen der Trinkwasserqualität und negative Veränderungen in Oberflächengewässern sind die Folge. Werden Düngemittel in Oberflächengewässer eingetragen, kann dies den Anfangsverdacht einer Gewässerverunreinigung nach § 324 **Strafgesetzbuch** begründen. Es muss daher auf einen ausreichenden Fahrabstand zu Gewässern geachtet werden. Auch die Wetterverhältnisse sind zu berücksichtigen. Stickstoffhaltige Dünger dürfen nicht ausgebracht werden, wenn der Boden wassergesättigt, tief gefroren oder stark schneebedeckt ist **(Bild 1)**. Nach den Bestimmungen der EU dürfen im Trinkwassser nicht mehr als 50 mg Nitrat je Liter enthalten sein. Für Pflanzenschutzmittel liegen die Grenzwerte je Liter Trinkwasser bei 0,1 µg Einzelwirkstoff und 0,5 µg für mehrere Stoffe.

Das Wachstum der in Gewässern vorkommenden Produzenten (Pflanzen) ist von der Konzentration gelöster Mineralsalze abhängig. Werden Nitrate, Sulfate und Phosphate eingetragen, führt dies zu einer starken Entwicklung der Uferpflanzen und des Phytoplanktons (Algenblüte). Aufgrund des bestehenden Beziehungsgefüges nimmt auch die Zahl der Konsumenten (ernähren sich von organischen Stoffen) und Destruenten (zersetzen abgestorbenes organisches Material) zu (Eutrophierung). Die abgestorbenen Pflanzen werden zunächst auf aerobem Wege mit Hilfe des im Wasser gelösten Sauerstoffs zersetzt. Die dadurch verursachte Sauerstoffzehrung führt zum Absterben der Konsumenten und zu anaeroben Reaktionen. Faulgase entstehen und das Gewässer „kippt um" **(Bild 2)**.

Belastung der Atmosphäre. Der Beitrag der Landwirtschaft zum Treibhauseffekt wird auf 15% geschätzt. Die Ursachen liegen im Wesentlichen in der Emission von Methan aus anaeroben mikrobiellen Umsetzungsprozessen sowie in der Emission von Distickstoffmonoxid N_2O aus der mikrobiellen Umsetzung stickstoffhaltiger Dünger. Neben der Rinderhaltung sind die Reisfelder als wichtigste biogene Emissionsquellen anzusehen. Wegen seiner hohen Wärme-Absorptionskapazität und seiner langen Verweilzeit in der Atmosphäre verfügt N_2O über ein enormes Treibhauspotenzial.

Bild 1: Düngung mit Gülle

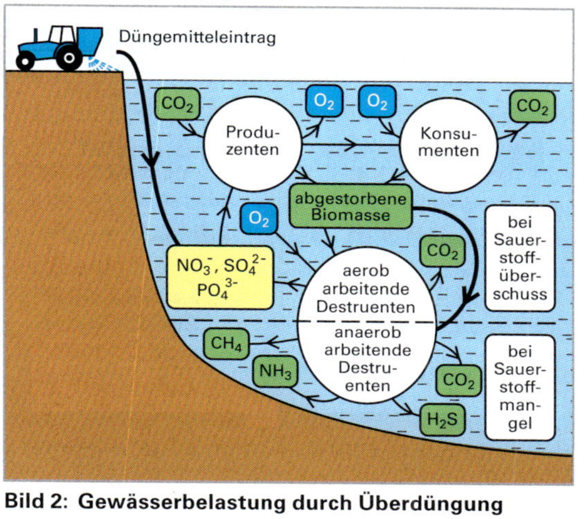

Bild 2: Gewässerbelastung durch Überdüngung

Wiederholung und Vertiefung

1. **Aus welchen Gründen ist der Einsatz von Pestiziden zur Schädlingsbekämpfung problematisch?**
2. **Was versteht man unter integriertem Pflanzenschutz?**
3. **Welche Salze enthält ein Volldünger?**
4. **Stellen Sie die Vorteile und die Nachteile von Flurbereinigungsmaßnahmen vergleichend gegenüber.**
5. **Aus welchen Gründen dürfen stickstoffhaltige Dünger nicht auf tief gefrorenem Boden ausgebracht werden?**
6. **Was versteht man unter Eutrophierung?**

6.8 Gründe des Klimawandels
Reasons of Climate Change

Kohlenstoffdioxid CO_2 ist natürlicher Bestandteil der Atmosphäre. Das farblose, unbrennbare und leicht säuerlich riechende Gas wird im Rahmen des Kohlenstoffkreislaufs als Endprodukt der biologischen Oxidation (Zellatmung) aller Lebewesen in die Atmosphäre abgegeben und wird bei der Fotosynthese der Pflanzen (Seite 93) wieder aus ihr aufgenommen (CO_2-Kreislauf, **Bild 1**).

Die Bedeutung des CO_2 sowie des Wasserdampfes für die Temperatur der Atmosphäre liegt darin, dass sie die kurzwellige Lichtstrahlung der Sonne zur Erde durchlassen, die langwellige Wärmeabstrahlung der Erde (Infrarotstrahlung) wieder zur Erde zurückreflektieren und somit zu einer globalen Durchschnittstemperatur von rund 15 °C beitragen (**natürlicher Treibhauseffekt**, **Bild 2**).

> Treibhausgase sorgen für mildes Klima und ermöglichen das Leben in unserer heutigen Form.

Daneben gibt es einen **zusätzlichen Treibhauseffekt**, der insbesondere von Menschen oder Tieren verursacht wird.

Durch den Verbrauch der fossilen Brennstoffe Kohle, Erdgas und Erdöl wird das natürliche Kohlenstoffgleichgewicht der Erde seit der Industrialisierung zunehmend gestört. Das Verbrennen setzt mehr CO_2 frei als durch nachwachsende Pflanzen aus der Atmosphäre aufgenommen wird. Das zusätzlich freigesetzte CO_2 heizt zusammen mit den *Spurengasen* (**Bild 3**, machen in der Luft der Erdatmosphäre nur einen sehr kleinen Anteil aus),

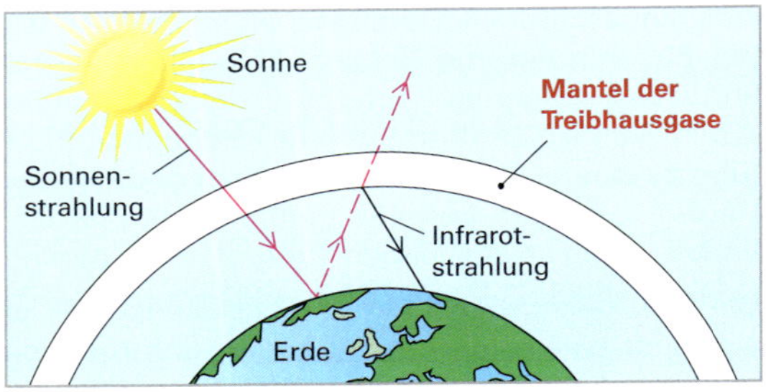

Bild 2: Wirkung der Treibhausgase in der Erdatmosphäre

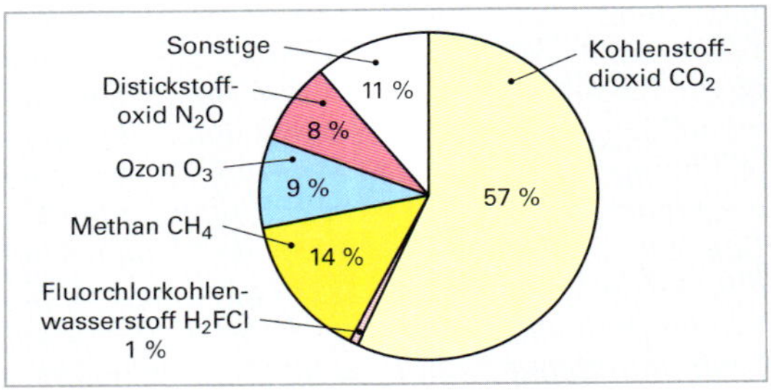

Bild 3: Verantwortliche Treibhausgase für den zusätzlichen Treibhauseffekt

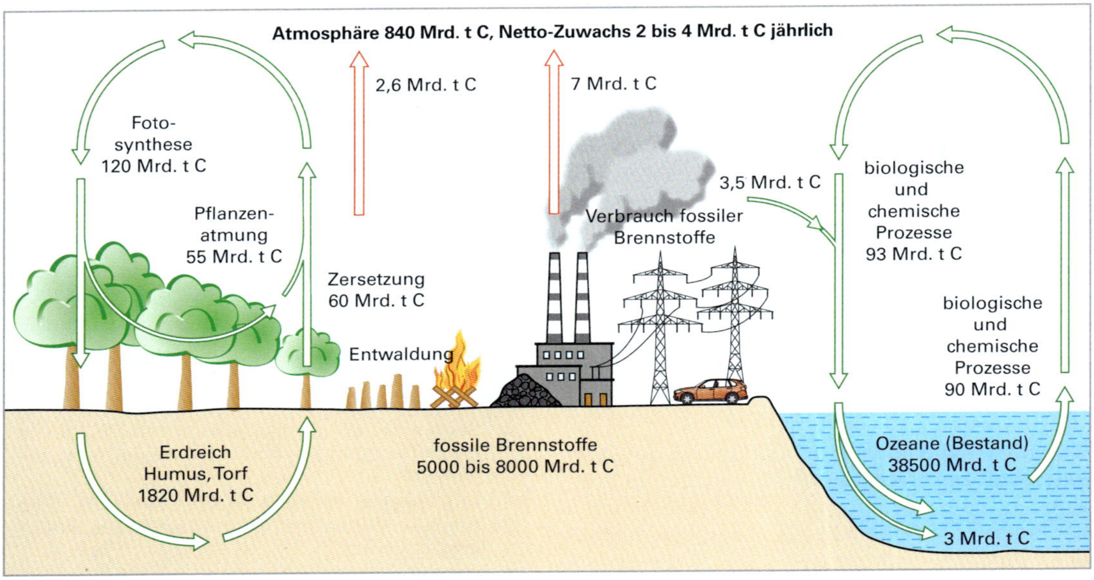

Bild 1: Kreislauf des Kohlenstoffs auf der Erde

z. B. Methan, Ozon, Distickstoffoxid, die Lufthülle und die Erdoberfläche weiter auf, weil immer mehr langwellige Wärmestrahlung auf die Erde zurückreflektiert wird. Dieser vom Menschen verursachte *verstärkte (zusätzliche) Treibhauseffekt* bewirkt und beschleunigt den **Klimawandel**. Die globale Durchschnittstemperatur ist seit Beginn der Industrialisierung um etwa 1,2 °C gestiegen. Dem Mensch wird ein Anteil von rund 3 % am gesamten Treibhauseffekt zugeschrieben (siehe auch Seite 121). Kohlenstoffdioxid ist dabei je nach Region von 9 % bis 26 % für den Temperaturanstieg bzw. Klimawandel verantwortlich.

Methan entsteht vor allem bei der Massentierhaltung. Eine Kuh stößt täglich 150 L bis 300 L Methan aus. Dieser Stoff entsteht bei der Zersetzung von Cellulose, einem der Hauptbestandteile von Pflanzen. Methan ist um den Faktor 23 klimaschädlicher als Kohlenstoffdioxid. Deshalb trägt eine Kuh zum Klimawandel in etwa so stark bei wie ein durchschnittlicher Kleinwagen mit einer Fahrleistung von 15 000 km im Jahr.

> Der Klimawandel wird hauptsächlich dem menschlichem Handeln zugeschrieben.

Insbesondere beim Konsumieren, Heizen und Autofahren kann die Entstehung von Kohlenstoffdioxid vermieden werden. Der Pro-Kopf-Ausstoß von CO_2 in Deutschland ist je nach Verbrauchsart verschieden **(Tabelle 1)**. Die Erzeugung von CO_2 ist in den einzelnen Ländern stark unterschiedlich **(Tabelle 2)**.

Ein großer Anteil des Energieverbrauchs, und somit der CO_2-Erzeugung, betrifft den Wärmesektor **(Bild 1)**. Er verursacht zusammen mit den Industrie-Anteilen etwa 40 % der energiebedingten CO_2-Emissionen. Die Emissionen der verschiedenen Brennstoffe unterscheiden sich beträchtlich **(Bild 1, folgende Seite)**. Seit vielen Jahren wird auf Dämmung im Hochbau hingewiesen. Allerdings ist die Herstellung von Dämmmaterial CO_2-emissionsintensiv. Gleiches gilt für industrielle Prozesse zur Herstellung von z. B. Zement, Kalk, Stahl, Kunststoffen, Gummi. Hierbei sind CO_2-Emissionen unvermeidbar. CO_2-neutrale Heiztechnologien sind zu forcieren, z. B. Wärmepumpen, solarthermische Anlagen sowie die Nutzung von Abwärme über Wärmenetze, z. B. aus Industrie, Landwirtschaft, Müllverbrennungsanlagen.

> Wärmenetze unterstützten CO_2-neutrales Heizen.

Tabelle 1: CO_2-Ausstoß je Einwohner in Deutschland 2023

Verbrauchsart	CO_2-Ausstoß in t
Heizen/Warmwasser	1,7
Elektrogeräte	0,9
Privatfahrzeuge	1,2
Öffentlicher Verkehr	0,2
Flugreisen	0,2
Ernährung	1,4
Persönlicher Konsum	2,2
Verbrauch allgemein	1,0
Summe	8,8

Quellen: Umweltbundesamt, Statistisches Bundesamt

Tabelle 2: Ausstoß von CO_2 in der Welt

Land	Mio. t CO_2		Veränderung	Weltanteil in %
	1990	2023	in %	2023
Deutschland	966	702	– 27,3	1,8
Großbritannien	558	365	– 34,6	1,0
Italien	398	331	– 16,8	0,9
Japan	1058	1154	9,1	3,0
Kanada	429	585	36,3	1,5
USA	4842	5107	5,4	13,4
Russland	2034	1792	– 11,9	4,7
China	2289	11.535	403,9	30,3
Indien	588	2598	341,8	6,8
Welt gesamt	20.783	38.017	82,9	100,0

Quelle: Umweltbundesamt; andere Quellen veröffentlichen z. T. andere Werte.

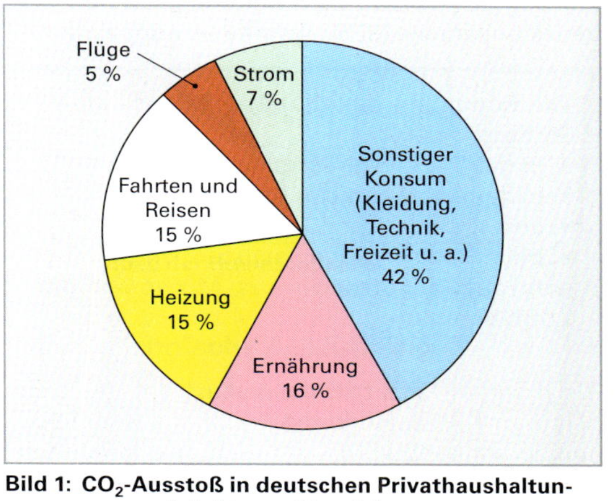

Bild 1: CO_2-Ausstoß in deutschen Privathaushaltungen nach Sektoren (Utopia)

Es gibt Meinungen, dass die wegen des Klimawandels geforderte Reduzierung von CO_2 in der Luft durch Reduzierung des Verbrauchs der fossilen Energieträger in Hinblick auf die stark wachsende Erdbevölkerung nicht ausreichend ist. Diese lag um 1800 bei einer Milliarde Menschen, heute liegt sie bei über acht Milliarden Menschen. Eine Stagnierung ist hier nicht in Sicht.

Wollen alle Menschen einen vergleichbaren oder noch höheren Lebensstandard führen, wie wir ihn heute in der westlichen Welt gewohnt sind, wird der Energiebedarf weiter extrem steigen. Diesen in Einklang zu bringen mit der gewünschten CO_2-Reduktion, ist eine Herausforderung, welche nicht nur mit technologischem Wandel zu lösen ist, z.B. Abkehr von Verbrennungsmotoren, Nutzung regenerativer Energien, Optimierung des Wärmesektors.

Es gibt **Forschungsprojekte**, die das Aufforsten von Wäldern (ETH Zürich) oder „künstlichen Wäldern" aus CO_2-fressenden Säulen für zielführender halten. Diese Säulen sind mit Kunstharz beschichtet, welches im trockenen Zustand CO_2 bindet und bei Regen freigibt. Eine 10 m hohe Säule soll täglich 100 t CO_2 aus der Luft filtern können (Fa. Silicon Kingdom Holdings, Irland). Andere Forschungen versuchen mittels alkaliner Hydroxid-Lösungen gefiltertes CO_2 durch Zugabe von Wasserstoff in Treibstoff wie Benzin oder Diesel zu wandeln. Auch könnte das gefilterte CO_2 in der Herstellung von Kohlenstofffasern verwendet werden und diese könnten dann z.B. im Brückenbau anstelle von Beton oder bei der Herstellung von Leitplanken zur Anwendung kommen.

Diese genannten Ansätze zur Reduzierung von CO_2 würden sich dann auch auf die nicht vom Menschen verursachten, weitaus größeren CO_2-Emissionsanteile (97%) sehr positiv auswirken.

> Die Reduktion des CO_2-Anteils der Luft erfordert Änderungen
> - in der Energieversorgung,
> - in der Antriebstechnik,
> - im Lebenstandard,
> - beim Bevölkerungswachstum und
>
> erfordert zusätzlich neue Methoden der Luftbehandlung.

Als marktwirtschaftliches Instrument der europäischen Klimapolitik, die Treibhausgasemissionen zu senken, wurde der **EU-Emissionshandel** eingeführt. Von den EU-Mitgliedstaaten wurde festgelegt, wie viele Treibhausgasemissionen, als Emissionszertifikate (Emissionsrechte) zusammengefasst, den betroffenen Anlagen insgesamt unter welchen Bedingungen zur Verfügung stehen.

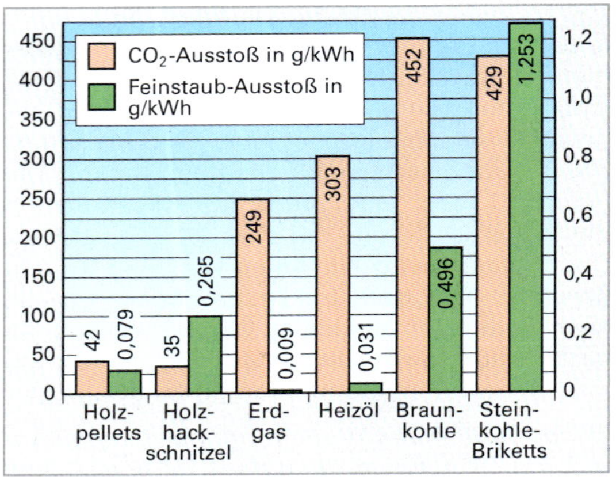

Bild 1: Energiebilanz von Brennstoffen
(Bundesverband der dt. Gas-, Wasserwirtschaft)

Die **Emissionsrechte** werden an speziellen Marktplätzen frei gehandelt. Somit soll sichergestellt werden, dass der Ausstoß schädlicher Emissionen dort gesenkt wird, wo dies am effizientesten möglich ist. Sind die Anlagen-Emissionen eines Unternehmens geringer als die zugeteilten Emissionsrechte, können nicht benötigte Emissionsrechte verkauft werden. Sind emissionsmindernde Maßnahmen nicht nach Plan umsetzbar, können freie Emissionszertifikate (Emissionsrechte) auch zugekauft werden.

> Durch den Handel von Emissionsrechten können Schadstoff-Emissionen örtlich flexibel gehandelt werden.

Das **Speichern von CO_2** in Erdspeichern, auch unter dem Meeresboden, mit einer Mindesttiefe von 800 m wird als weitere Möglichkeit gesehen, die Atmosphäre vor diesem Gas zu schützen **(Bild 1, folgende Seite)**. Hierzu muss CO_2 nach seinem Entstehen von anderen Stoffen getrennt und eingefangen werden. Dieses Vorgehen wird als CCS (Carbon Dioxide Capture and Storage) bezeichnet. Das Speichern von CO_2 erfolgt z.B. in Norwegen und Nordamerika.

In Deutschland kommen zur Speicherung von CO_2 erschöpfte Erdgasfelder oder tiefe salzwasserführende Grundwasserleiter (salinare Aquifere) infrage. Wegen des Salzgehalts sind diese für die Trinkwassergewinnung nicht geeignet. Erschöpfte Erdgasfelder, oder auch Erdölfelder, sind wegen ihrer stabilen Deckschichten sehr geeignet.

Zum Speichern von CO_2 ist poröses kalkhaltiges Gestein zur Gasaufnahme erforderlich. Darüber muss eine für Gase und Flüssigkeiten undurchlässige Gesteinsschicht sein, damit das gespeicherte CO_2 nicht an der Erdoberfläche austreten kann. Im Laufe der Zeit löst sich das CO_2 mit der Feuchtigkeit, also dem Wasser, im Erdboden. Da diese CO_2-Lösung schwerer als das Umgebungswasser ist, sinkt sie nach unten und kann nach Reaktion mit Calcium-Ionen zu Calciumcarbonat kristallisieren. Infolge der Speicherung in Tiefen größer 800 m wird das erdoberflächennahe Grundwasser nicht beeinträchtigt.

> Das Speichern von CO_2 muss in Tiefen größer 800 m erfolgen.

Da CO_2 zunächst immer in Gasgemischen enthalten ist, muss es von den sonstigen Gasanteilen des Gasgemischs getrennt werden. Erst dann ist ein Speichern möglich.

Das **Trennen von CO_2** aus Gasgemischen kann über die sogenannte Aminwäsche erfolgen. Dabei werden in einen Absorber (engl. absorption = Aufnahme) bei einer Temperatur von etwa 40 °C und einem Druck von 8 bar eine Aminlösung, z. B. bestehend aus Diethanolamin oder Monoethanolamin, eingesprüht und das zu reinigende Gas mit seinen CO_2-Anteilen eingeleitet **(Bild 2)**.

In dieser Trennkolonne löst sich das CO_2 zuerst im Wasser und wird dann durch eine chemische Reaktion mit z. B. Monoethanolamin gebunden. Die mit gebundenem CO_2 versehene Aminlösung wird in den Desorber (engl. desorption = Austreibung) gepumpt, dort erhitzt und unter niedrigem Druck dekomprimiert. Dabei wird das CO_2 wieder frei und kann nach Entzug feuchter Bestandteile, die dem Desorber wieder zugeführt werden, gespeichert werden (siehe auch Seite 457).

> Das Trennen von CO_2 aus einem Gasgemisch erfolgt über eine Aminwäsche durch Absorption und Desorption.

Damit eine Aminwäsche jedoch effizient ist, muss das Gasgemisch, welches als Rauchgas der meisten Industrieanlagen Stickoxide und schwefelhaltige Gase enthält, zuvor entschwefelt und von Stickoxiden gereinigt werden. Diese Vorgänge sind energieaufwendig, und zwar umso mehr, je weniger CO_2 das Ausgangsgas enthält.

Als **CO_2-emissionsintensive Verfahren** zur industriellen Herstellung von Stoffen bzw. Materialien sind zu nennen z. B. das Herstellen von Zement,

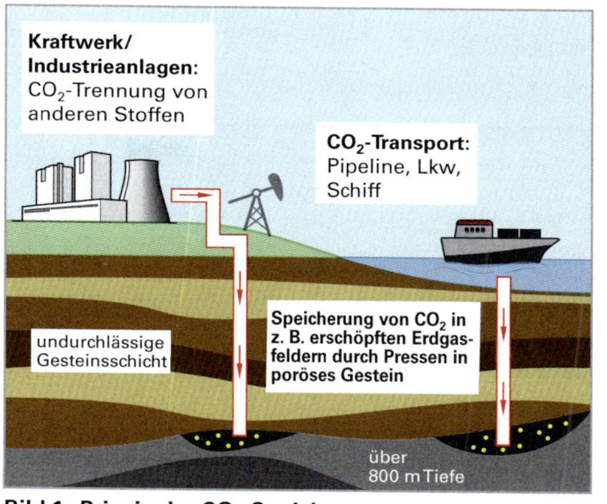

Bild 1: Prinzip der CO_2-Speicherung

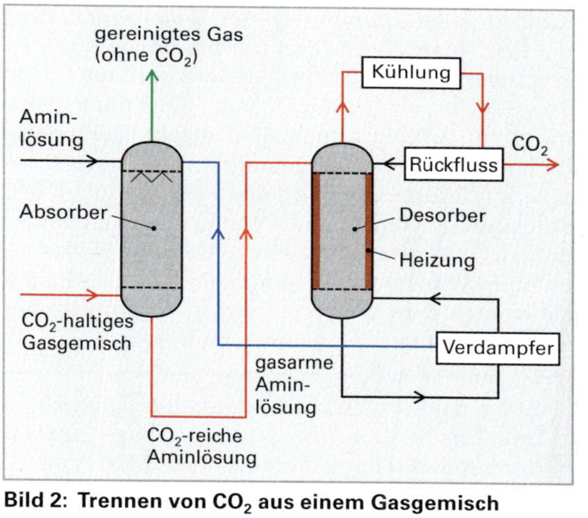

Bild 2: Trennen von CO_2 aus einem Gasgemisch

Stahl, Ammoniak und Kunststoffen. Grundsätzlich entsteht CO_2 in Produktionsprozessen, bei denen mit fossilen Brennstoffen Temperaturen von über 300 °C erzeugt werden. Allerdings entsteht CO_2 bei vielen Produktionsprozessen auch wegen ablaufender chemischer Prozesse.

Die **Zementherstellung** beginnt mit der Aufbereitung des Rohmaterials. Dieses besteht u. a. aus Calciumcarbonat (Kalk), Siliziumdioxid, Aluminiumoxid (Tonerde), Eisenoxid und Sand. Durch Brennen in einem Drehrohrofen bei Temperaturen bis 1450 °C entsteht Zementklinker **(Bild 1, folgende Seite)**. Dieser wird zermahlen. Durch Mischen mit anderen Substanzen, z. B. Gips, werden die verschiedenen Zementarten produziert.

Bei der Entstehung des Zementklinkers wird CO_2 abgespaltet:

$CaCO_3 \rightarrow CaO + CO_2$

> Bei der Zement-Herstellung entsteht beim Erzeugen der Prozesstemperatur und beim Ablauf des chemischen Prozesses CO_2.

Die **Stahlherstellung** erfolgt heute in einem Hochofen oder bei recyceltem Stahl in einem Elektroofen. Im Hochofen wird aus Eisenerz und Koks (fast reiner Kohlenstoff) sowie Kohle, Erdgas oder Erdöl Roheisen bei Temperaturen bis 2200 °C erzeugt. Dabei wird den Eisenerzen Sauerstoff entzogen (Reduktion) und CO_2 freigesetzt. Koks ist erforderlich, da er bei Temperaturen, bei denen die Erze schmelzen, seine feste Struktur beibehält und die Durchgasung sichert.

Künftig sollen im Rahmen der *Decarbonisierung* die Hochöfen durch Direktreduktionsanlagen ersetzt werden. Das feste Eisenerz soll mit einem Prozessgas, ein Gemisch aus CO (Kohlenstoffmonoxid) und grünem H_2 (mittels Elektrolyse und grünem Strom hergestellter Wasserstoff), reagieren **(Bild 2)**. Dabei entsteht bei bis zu 1000 °C stückiges Roheisen mit Poren (Eisenschwamm genannt). Während der Reduktion der Eisenerze entsteht Wasserdampf, aber kein CO_2. Der Eisenschwamm wird anschließend in einem Elektrolichtbogenofen zu Rohstahl geschmolzen.

> Stahl soll bis 2030 auf Basis von Direktreduktionsanlagen und grünem Wasserstoff, der heute nur kostenintensiv produziert werden kann, CO_2- frei hergestellt werden.

Die **Ammoniakherstellung** erzeugt bei Temperaturen zwischen 350 °C und 500 °C ebenfalls große Mengen CO_2. Bei ihr wird Wasserstoff benötigt, der heute z. B. über Erdgas unter Freisetzung von CO gewonnen wird. Der erforderliche Stickstoff N_2 wird zugeführter Luft entnommen. Bei der Entfernung von CO aus dem Gasgemisch des Herstellungsprozesses entsteht CO_2, das entfernt werden muss, sodass Ammoniak NH_3 entstehen kann. Verwendet wird NH_3 z. B. bei Düngemitteln, in Leimen, Harzen oder Kühlmitteln.

> Das Verwenden von grünem Wassserstoff kann in einigen Jahren das CO_2-Aufkommen reduzieren.

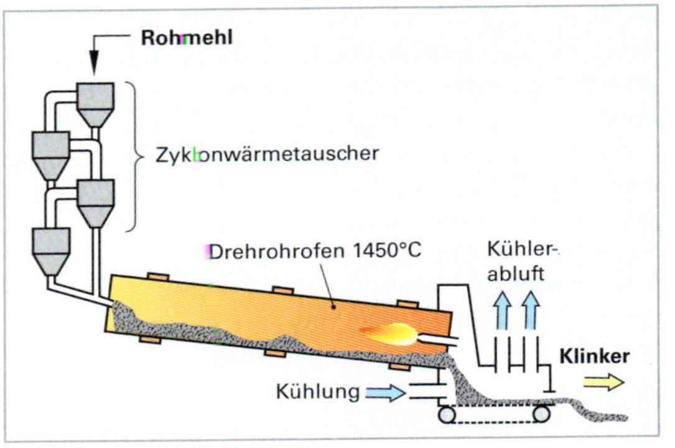

Bild 1: Entstehung von Zementklinker

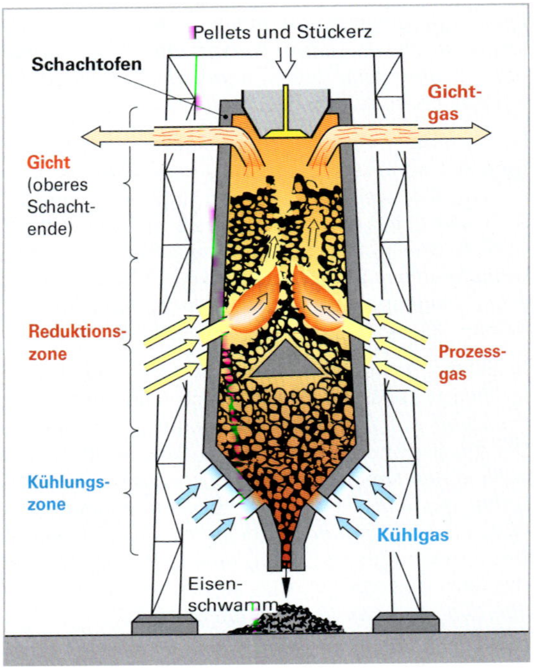

Bild 2: Direktreduktionsverfahren

Wiederholung und Vertiefung

1. **Nennen Sie Beispiele, bei denen Kohlenstoffdioxid entsteht.**
2. **Was versteht man unter dem Kreislauf des Kohlenstoffs auf der Erde?**
3. **Welche Gase bilden die sogenannten Treibhausgase?**
4. **Welche Bedeutung besitzen die Treibhausgase im Zusammenhang mit der Erderwärmung?**
5. **Erklären Sie den Treibhauseffekt.**
6. **Was versteht man unter dem Handel mit Emissionsrechten?**

7 Energieversorgung

Anstelle von elektrischer Energie wird physikalisch falsch, aber allgemein üblich, von Strom bzw. elektrischem Strom gesprochen.

7.1 Grundlagen der Stromerzeugung Power Supply Basics

Belastungsdiagramm

Der Bedarf an elektrischem Strom schwankt im Netz oder einem Teil davon sehr stark **(Bild 1)**. Die Schwankung erfolgt dauernd im Laufe eines Tages. Dabei ist der Bedarf vom Wochentag und von der Jahreszeit abhängig. Außerdem können besondere Ereignisse, z. B. das Endspiel einer Fußball-Weltmeisterschaft, den Strombedarf wegen der Fernsehübertragung stark beeinflussen.

Der elektrische Strom kann im technischen Umfang nicht direkt gespeichert werden. Eine indirekte Speicherung ist durch Umwandlung in chemische Energie beim Akkumulator bis zu einigen hundert Megawattstunden nur sehr kostenintensiv möglich. Eine Umwandlung in mechanische Energie ist beim Pumpspeicherkraftwerk (Abschnitt 7.2.2) ebenfalls nur beschränkt möglich bis zu einigen hundert Megawattstunden.

> Elektrischer Strom muss fast immer im Augenblick des Verbrauchs erzeugt werden.

Die Hoffnung, dass eine wirtschaftliche Stromspeicherung großen Maßes in Akkumulatoren, z. B. für Elektroautos oder Photovoltaikanlagen, möglich ist, hat sich bisher teilweise erfüllt. An Akkumulatoren wird schon seit etwa 1900 geforscht. Jedoch beträgt bei Akkumulatoren die Anzahl der Lade-Entladevorgänge (Ladezyklen) nur etwa 3000. Die physikalisch Erfolg versprechenden Lithium-Ionen-Akkumulatoren haben den Nachteil, dass Lithium-Mineralien selten vorkommen, sodass Lithium und damit Lithium-Akkumulatoren teuer sind. Vielleicht sind Feststoffbatterien (Festkörperakkumulatoren) die Zukunft.

Quellen für die Stromerzeugung

Grundsätzlich gilt für die Stromerzeugung der Energieerhaltungssatz: „In einem abgeschlossenen System bleibt die Summe aller Energien gleich groß". Elektrische Energie kann deshalb grundsätzlich nicht erzeugt werden, sondern nur aus anderen Energien gewonnen werden.

Ein Teil dieser Energien wird auf natürliche Weise ständig regeneriert (erneuert), z. B. durch den Regen. Zu diesen regenerativen Energien rechnet man auch unendlich große Energien, z. B. die Wärme des Erdinneren. Ein anderer Teil der Energien beruht auf der Verwertung von vor langer Zeit entstandenen Ressourcen (nicht unendlich großen Vorräten), z. B. Steinkohle oder Erdgas **(Tabelle 1)**.

> Elektrischer Strom wird aus Energien gewonnen, die regenerativ oder nicht regenerativ sind.

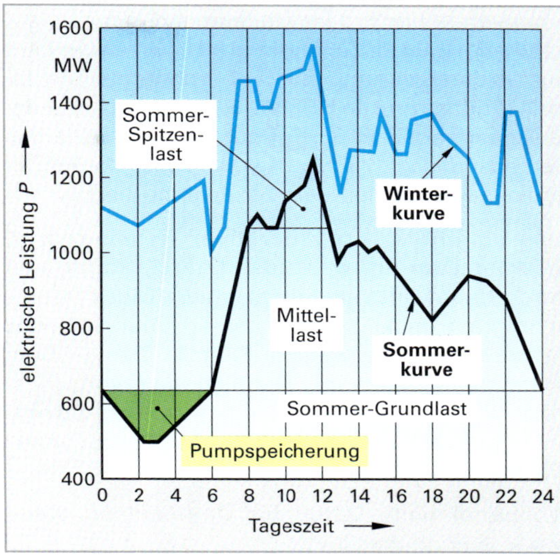

Bild 1: Belastungsdiagramm eines Versorgungsnetzes

Tabelle 1: Energien für die Stromerzeugung

Energie	Beispiel
Regenerative Energien	
Strömungsenergie	Fließendes Wasser, Wind
Strahlungsenergie der Sonne	Photovoltaik, Pflanzenwachstum
Wärmeenergie	Erdwärme
Rotationsenergie der Erdkugel	Gezeiten (Ebbe und Flut)
Endlich große Ressourcen	
Chemische Energie	Erdöl, Kohle, Erdgas, Torf, Ölschiefer
Energie der Atomkerne	Uran, radioaktive Elemente

Die Stromerzeugung beruht auf der Umwandlung einer vorhandenen Energie in elektrische Energie **(Bild 1)**. In den meisten Ländern erfolgt die Stromerzeugung noch zum größten Teil durch Verbrennung von Kohle, Erdgas (zunehmend) oder Öl (abnehmend) **(Bild 2)**. Zunehmend ist in vielen Ländern die Stromerzeugung durch Kernenergie (Atomkraft, Atomstrom). In Belgien lag 2023 der Anteil der Kernenergie bei 50%. In Deutschland wurde das Betriebsende von Kernkraftwerken beschlossen, allerdings wird Kernenergie-Strom importiert.

Man spricht von regenerativer (erneuerbarer) Stromerzeugung, wenn der Energieträger sich durch Naturkräfte ständig erneuert. Diese Stromerzeugung deckt in Deutschland über 50% des Verbrauchs an elektrischer Energie. Den größten Anteil dabei haben im öffentlichen Versorgungsnetz mit etwa 79% der regenerativen Stromerzeugung die Windkraftwerke und Photovoltaikkraftwerke.

Wochenaktuelle Daten für Deutschland siehe www.energy-charts.info.

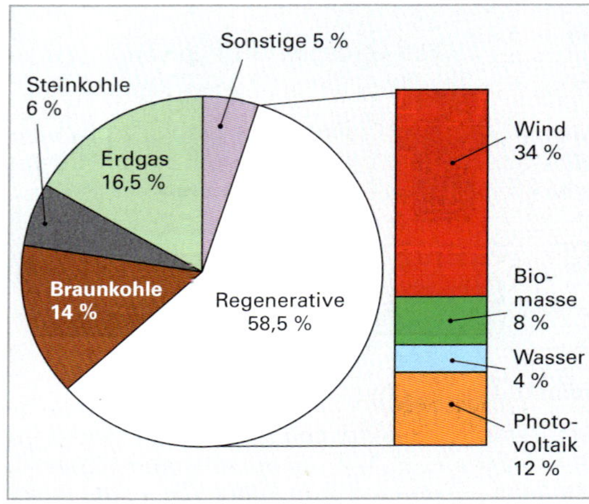

Bild 1: Anteile an der Stromerzeugung in der Bundesrepublik Deutschland 2024 (Fraunhofer ISE)

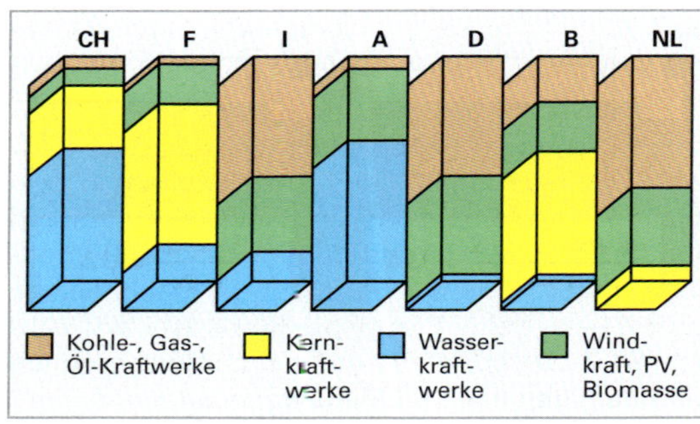

Bild 2: Kraftwerksanteile an der Stromversorgung in Westeuropa 2024

Wiederholung und Vertiefung

1. **Welche Eigenschaft hat der Strom in Bezug auf seine Speicherung?**
2. **Wie lautet der Energieerhaltungssatz?**
3. **Auf welche grundsätzliche Weise wird der elektrische Strom gewonnen?**
4. **Was versteht man unter regenerativer Stromerzeugung?**

7.2 Wasserkraftwerke
Water Power Stations

Die Verwertung der Wasserkraft ist uralt und erfolgte in Mühlen. Wasserkraftwerke verwerten die Strömungsenergie oder die potenzielle Energie des Wassers zur Stromgewinnung. Dabei wird die mechanische Energie des Wassers in einer Turbine in Bewegungsenergie zum Antrieb eines Generators umgesetzt.

7.2.1 Laufkraftwerke

Laufkraftwerke benötigen dauernd fließendes Wasser, z.B. eines Flusses **(Bild 3)**. Meist haben Laufkraftwerke eine nach dem Erfinder benannte *Kaplanturbine* mit senkrechter Welle oder mit waagerechter Welle. Kaplanturbinen mit waagerechter Welle ermöglichen den unauffälligen

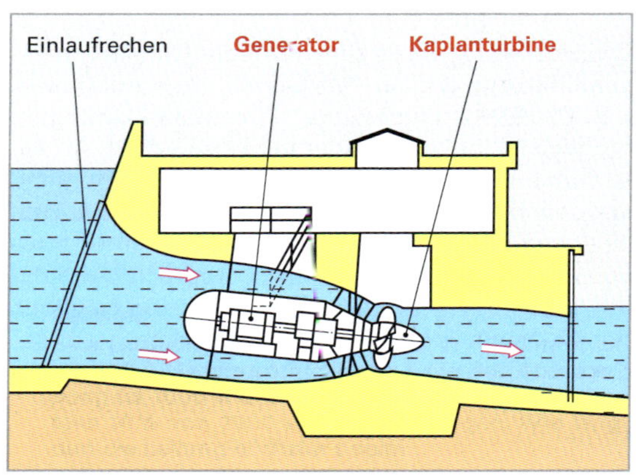

Bild 3: Laufkraftwerk mit Kaplanturbine

Einbau der Anlage in das Gewässer. Der Höhenunterschied (die Fallhöhe) kann bis etwa 30 m betragen.

> Laufkraftwerke können die Grundlast in einem Netz übernehmen, solange genügend strömendes Wasser zur Verfügung steht.

7.2.2 Speicherkraftwerke und Pumpspeicherkraftwerke

Bei Speicherkraftwerken und Pumpspeicherkraftwerken ist ein durch eine Staumauer gebildeter Stausee als oberes Becken vorhanden, das von einem unteren Becken einen großen Höhenunterschied von z.B. 300 m hat **(Bild 1)**.

Als Turbinen werden bei Fallhöhen bis 700 m die nach dem Erfinder benannten *Francisturbinen* mit waagerechter Welle und bei sehr großen Fallhöhen die *Peltonturbinen* mit senkrechter Welle verwendet. Die Turbinen sind direkt mit dem Generator gekuppelt. Bei den Pumpspeicherkraftwerken ist zusätzlich am Generator eine Pumpe angekuppelt.

Die Turbinen und Generatoren von Speicherkraftwerken und Pumpspeicherkraftwerken können innerhalb von etwa 1 min mit voller Leistung ans Netz geschaltet werden. Sie können nach Fortfall des Bedarfs unverzüglich abgeschaltet werden.

> Speicherkraftwerke und Pumpspeicherkraftwerke werden für die Spitzenlastdeckung verwendet.

Bei den Pumpspeicherkraftwerken wird bei Stromüberschuss das Wasser vom unteren Becken in das obere Becken gepumpt. Das ist möglich, da der Generator als Motor arbeiten kann. Im Pumpbetrieb läuft die Turbine leer mit.

Leider ist der Wirkungsgrad der Speicherung nicht sehr hoch, da die Energie mehrfach umgesetzt wird. Bei hohen Einzelwirkungsgraden von 0,9 für Motor, Pumpe, Turbine und Generator beträgt der Gesamtwirkungsgrad (Seite 77) ohne Berücksichtigung der Reibungsverluste der Wasserführung nur $\eta = 0{,}9 \cdot 0{,}9 \cdot 0{,}9 \cdot 0{,}9 = 0{,}66$ (= 66 %).

> Pumpspeicherkraftwerke bieten bisher die einzige Möglichkeit, große elektrische Energien wirtschaftlich zu speichern.

7.2.3 Gezeitenkraftwerke

Gezeitenkraftwerke entnehmen der Rotationsenergie der Erde die Energie für den Turbinenantrieb. Sie sind an Stellen mit einem großen Unterschied der Meereshöhe zwischen Ebbe und Flut in Betrieb. Küstenregionen mit starkem Gezeitenstrom gibt es z.B. in Großbritannien, Frankreich, Kanada. Das weltweite Potenzial wird auf jährlich 800 TWh (Terawattstunden, 1 TWh = 10^9 kWh) geschätzt. Das ist etwas mehr als der Bedarf von Deutschland.

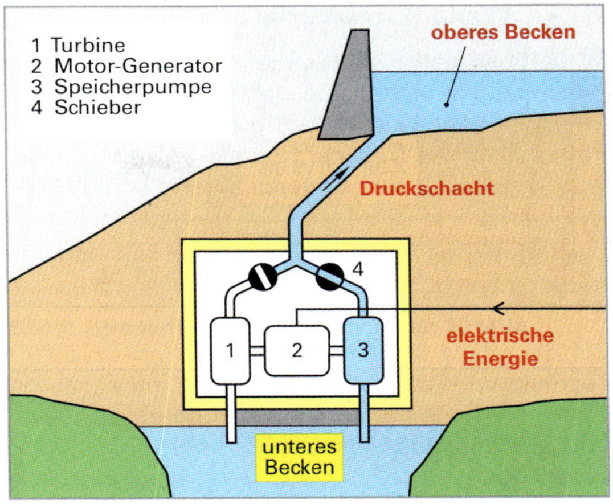

Bild 1: Pumpspeicherkraftwerk im Pumpbetrieb

Bild 2: Gezeitenkraftwerk in Strangford Lough Nordirland www.siemens.com

In Gezeitenkraftwerken treiben Gezeitenturbinen die Generatoren an. Die Turbine steht dabei an einem Mast frei in der Strömung **(Bild 2)**. Die zweiflügeligen Rotoren richten sich dank der um 180° drehbaren Blätter optimal nach Strömungsrichtung und Strömungsgeschwindigkeit aus.

Gezeitenkraftwerke liefern zwar im Laufe eines Tages mit Ebbe und Flut eine schwankende Leistung, die aber genau planbar ist. Das ist ein erheblicher Vorteil gegenüber Windkraft und Photovoltaik.

7.2.4 Wellenkraftwerke

Wellenkraftwerke nutzen die vom Wetter hervorgerufene Wellenenergie der Meere. Der World Energy Council (Welt-Energie-Rat) schätzt das Potenzial für die Wellenkraftwerke auf etwa 1 Terawatt, also auf 1000 Kraftwerke zu jeweils 1000 MW.

> Wellenkraftwerke können nur zeitweise Strom liefern.

Bei der *Wave-Dragon-Technik* (Wellen-Drachen-Technik) wird durch zwei V-förmig angeordnete Barrieren die Welle auf eine Rampe geleitet. Von dort aus fließt das Wasser über eine Turbine ins Meer zurück.

Bei der *OWC-Technik* (OWC von Oscillating Water Column = schwingende Wassersäule) rollt die Welle in eine große, gegen die Atmosphäre geschlossene Betonkammer. Die in der Kammer befindliche Luft wird dadurch nacheinander zusammengepresst und entspannt. Über eine Luftturbine wird ein Generator angetrieben.

Beim *Wave Energy Converter* werden als Segmente Bojen von z.B. 3 m Durchmesser verwendet, die zusammen einer Riesenschlange ähneln **(Bild 1)**. Die miteinander mit Gelenken verbundenen Segmente liegen auf der Wasseroberfläche quer zu den Wellenkämmen. Nahe der Gelenke zwischen den Segmenten liegen hydraulische Motoren, welche die Wellenbewegung in eine Strömung der Hydraulikflüssigkeit umsetzen. Die Flüssigkeit treibt einen Generator an. www.eon.com.

Wiederholung und Vertiefung

1. **Welches Wasserkraftwerk dient der Grundlastversorgung?**
2. **Welche Wasserkraftwerke sind als Energiespeicher geeignet?**
3. **Woher stammt die Energie der Gezeitenkraftwerke?**
4. **Welchen Vorteil haben Gezeitenkraftwerke gegenüber Wellenkraftwerken?**

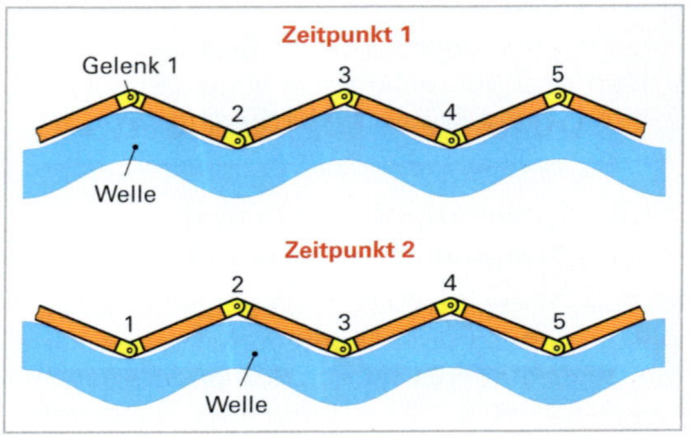

Bild 1: Prinzip des Wave Energy Converters

Tabelle 1: Leistungsdichten P_t'

Energieträger	**P_t' in W/m²**
Wasser bei $v = 6$ m/s	108 000
Wind bei $v = 6$ m/s	130
Sonne in Deutschland	120

v Strömungsgeschwindigkeit

- A Fläche, Querschnitt
- P_t theoretisch mögliche Leistung
- P_t' theoretische Leistungsdichte
- P reale Leistung
- η Wirkungsgrad
- ϱ Dichte des Mediums
- v Strömungsgeschwindigkeit

$$P_t = P_t' \cdot A \quad (1)$$

$$P = P_t \cdot \eta \quad (2)$$

$$P_t = 0{,}5 \cdot \varrho \cdot v^3 \cdot A \quad (3)$$

Beispiel:

Ein Windkraftwerk erfasst eine Strömungsfläche von $A = 7500\ \text{m}^2$ und hat einen Wirkungsgrad von $\eta = 45\,\%$. Wie groß ist bei Wind mit der Geschwindigkeit $v = 6$ m/s

a) die theoretisch mögliche Leistung,
b) die reale Leistung?

Lösung:

Nach Tabelle 1 ist $P_t' = 130\ \text{W/m}^2$

a) $P_t = P_t' \cdot A = 130\ \text{W/m}^2 \cdot 7500\ \text{m}^2 = \mathbf{975\,000\ W}$
b) $P = P_t \cdot \eta = 975\ \text{kW} \cdot 0{,}45 = \mathbf{438{,}8\ kW}$

7.3 Windkraftwerke
Wind Power Stations

Leistungsdichte

Die Leistungsdichte gibt die Fähigkeit eines Energieträgers an, wie viel Leistung je m² der maßgebenden Fläche, z.B. des Strömungsquerschnitts, theoretisch erzielt werden kann **(Tabelle 1)**.

Die theoretisch mögliche Leistung wächst linear mit der Dichte des Mediums und in der 3. Potenz mit der Strömungsgeschwindigkeit. Damit wird erkennbar, dass Windkraftanlagen vor allem in Gegenden mit hoher und oft gleich bleibender Windgeschwindigkeit sinnreich sind **(Bild 1, folgende Seite)**.

Die Stromerzeugung in *Windenergiekonvertern* (Windkraftanlagen) hat weltweit in den letzten

Jahren zugenommen und übersteigt in Deutschland die Stromerzeugung in Wasserkraftwerken. Anders als bei Wasserkraftwerken ist eine Speicherung des Energieträgers Wind natürlich nicht möglich. Dadurch ist wegen des wechselnden Angebots an Wind im Netz ein häufiges Zuschalten oder Abschalten anderer Stromerzeuger erforderlich.

> Bei Windenergiekonvertern muss das wechselnde Windangebot durch andere Erzeuger ausgeglichen werden.

Bild 1: Gebiete mit bevorzugt nutzbarer Windenergie

Windrotoren

Windrotoren sind die am meisten auffallenden Teile der Windkraftanlagen. Die Windrotoren können eine waagerechte oder eine senkrechte Achse haben **(Bild 2)**. Windrotoren mit waagerechter Achse erzielen Wirkungsgrade von bis zu 45%, solche mit senkrechter Achse bis 35%. Die Technik dieser Windrotoren ist ausgereift, sodass kaum noch Steigerungen zu erwarten sind.

> Meist werden Windrotoren mit waagerechter Achse verwendet.

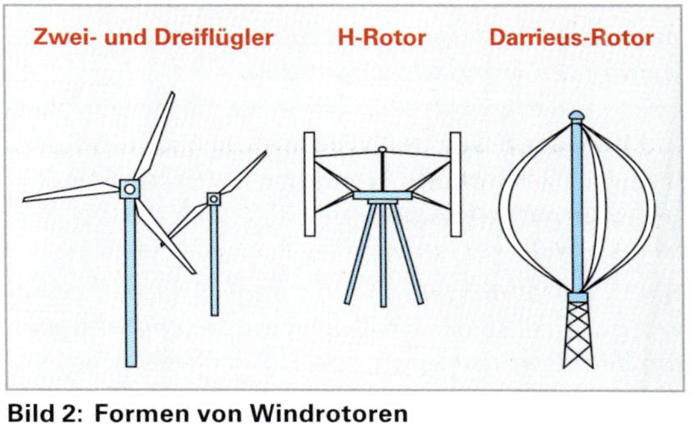

Bild 2: Formen von Windrotoren

Bei den Zweiflüglern und Dreiflüglern unterscheidet man je nach Anordnung zum Wind *Leeläufer* und *Luvläufer* **(Bild 3)**. Die Leeläufer nehmen von selbst die günstigste Richtung zum Wind ein. Jedoch verringert das Generatorgehäuse die erfasste Luftströmung. Beim Luvläufer muss durch eine Regelung die günstigste Richtung zum Wind eingestellt werden.

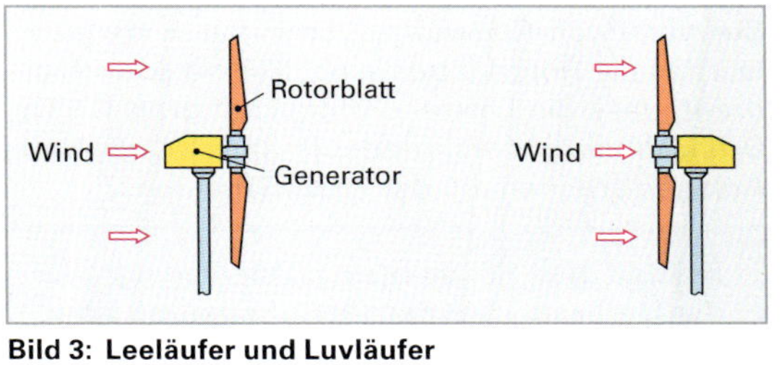

Bild 3: Leeläufer und Luvläufer

Windenergiekonverter

Windenergiekonverter (Windenergieumsetzer) bestehen aus Windrotoren (Windflügeln), die über ein Getriebe einen Generator antreiben. Getriebe und Generator sind in einer Gondel enthalten, die drehbar auf einem stählernen Turm angeordnet ist **(Bild 1, folgende Seite)**. Windenergiekonverter werden mit *Nennleistungen* bis 15 MW (Offshore, an Land bis 5 MW) hergestellt. Die Leistung von 15 MW wird dann als **„Spitzenleistung"** mit der Einheit Wp (p von peak = Spitze) erreicht, wenn der Wind mit seiner Nenngeschwindigkeit weht. Die Nabenhöhe (Abstand der Windrotorwelle vom Erdboden) derartiger Windenergiekonverter kann etwa bis 280 m betragen, der Rotordurchmesser bis zu 230 m.

Meist werden mehrere Windenergiekonverter in Windparks (Windfarmen) nebeneinander betrieben, um einen möglichst großen Luftstrom zu erfassen. Dadurch wird die Landschaft erheblich beeinflusst, sodass die Genehmigung zu derartigen Anlagen oft wegen des Naturschutzes nicht möglich ist oder lange dauert.

Die Drehzahl (Umdrehungsfrequenz) der Windrotoren beträgt 18/min bis 50/min bei großen Windrotoren, bis 1000/min bei Windrotoren mit 1 kW Nennleistung. Zur Erzeugung des Stroms mit 50 Hz in einem Windenergiekonverter (Windenergieumsetzer, **Bild 1**) muss zwischen Windrotorwelle und Generator entweder ein Getriebe mit Übersetzung ins Schnelle eingebaut werden **(Bild 2)** oder der Generator muss eine hohe Polzahl haben **(Bild 1, folgende Seite)**.

> Windenergiekonverter enthalten in der Gondel entweder einen Getriebe-Generator oder einen Generator mit sehr vielen Polen.

Das Getriebe von Windenergiekonvertern wird durch die dauernden Laständerungen wegen des Windes hoch beansprucht. Bei großen Windenergiekonvertern ist das Getriebe bis 80 t schwer.

Die Windgeschwindigkeiten reichen von 0 m/s bis über 100 m/s. Windenergiekonverter müssen deshalb fortlaufend so beeinflusst werden, dass trotz wechselnder Windstärke die Spannung und die Frequenzen gleich bleiben. Man unterscheidet dabei die *Regelung der Rotordrehzahl* und die *Regelung der Generatorspannung*.

> Die Regelung der Rotordrehzahl verhindert einen zu starken Anstieg der Drehzahl bei großer Windstärke.

Bei der *Stall-Regelung* (von engl. Stall = das Abwürgen) reißt bei großer Windgeschwindigkeit die Windströmung an den Rotorblättern ab, sodass der Wirkungsgrad sinkt und die Drehzahl ziemlich konstant bleibt.

Bei der *Pitch-Regelung* (von Pitch = Neigung) werden die Rotorblätter je nach Wind so weit gedreht, dass die Leistung möglichst groß ist. Die Drehzahl ändert sich dabei je nach Wind. Neue Anlagen arbeiten mit der Pitch-Regelung.

> Bei den Stall-Regelungen ist die Regelgröße die Drehzahl, bei der Pitch-Regelung aber die Leistung.

Es sei ausdrücklich vermerkt, dass die Regelung des Rotors die Regelung des Generators nicht ersetzt.

Bei der Pitch-Regelung haben Rotor und Generator je nach Wind *variable* Drehzahlen. Moderne Windenergiekonverter mit Pitch-Regelung arbeiten bei einer Nenn-Windgeschwindigkeit von 9 m/s bis 12 m/s ab der Einschaltgeschwindigkeit von etwa 3 m/s bis zur automatisierten Abschaltung bei z. B. 30 m/s **(Bild 2, folgende Seite)**. Bei anderen Windgeschwindigkeiten bleiben sie abgeschaltet.

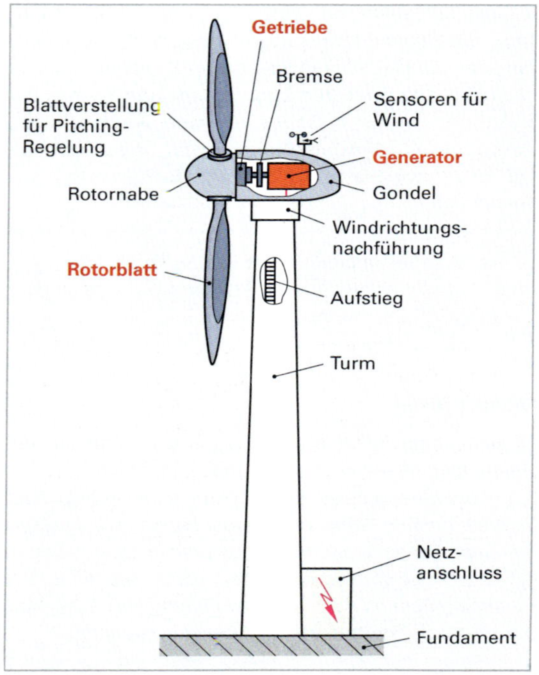

Bild 1: Windenergiekonverter

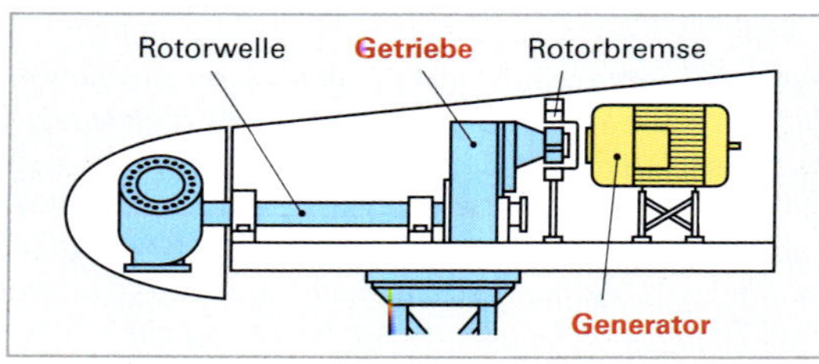

Bild 2: Windenergiekonverter mit Getriebe

Generatoren für Windenergiekonverter mit Pitch-Regelung können wegen der wechselnden Windgeschwindigkeit nicht direkt an das 50-Hz-Netz angeschlossen werden, weil sich mit wechselnder Drehzahl bei üblichen Generatoren Spannung und Frequenz stark ändern.

> Generatoren von Anlagen mit Pitch-Regelung arbeiten immer mit einem Umrichter.

Bei kleinen Anlagen kann ein permanenterregter (durch Dauermagnet erregter) Synchrongenerator (SG) mit Zwischenkreis-Umrichter verwendet werden **(Bild 3)**. Durch die Permanenterregung ist der Wirkungsgrad groß. Jedoch wird die gesamte elektrische Leistung über den Umrichter geführt, der dann groß und teuer ist. Deshalb wendet man Schleifringläufermaschinen an **(Bild 1, folgende Seite)**. Diese Maschinen waren die ersten, heute nur noch selten verwendeten Drehstrommotoren. Sie werden aber fast immer als Generatoren in Windenergieanlagen eingesetzt.

> In Windenergiekonvertern arbeiten Schleifringläufermaschinen als Generatoren.

Die **Schleifringläufermaschine** besteht aus einem Ständer mit einer Drehstromwicklung und einem darin drehbar angeordneten Läufer, der ebenfalls eine Drehstromwicklung hat. Deren Anschlüsse sind über Schleifringe nach außen geführt (Bild 1, folgende Seite). Der Netzstrom erzeugt im Ständer ein magnetisches Drehfeld. Dieses induziert in der Läuferwicklung eine Spannung, sodass bei Schließung des Läuferstromkreises durch den Zwischenkreis-Stromrichter auch im Läufer ein magnetisches Drehfeld entsteht.

Wird der Läufer vom Windrotor angetrieben, so werden sowohl in der Ständerwicklung als auch in der Läuferwicklung Spannungen induziert. Diese werden sowohl vom Ständer als auch vom Läufer über einen Transformator (Trafo) an das Netz gegeben. Der Wechselrichter des Stromrichters bestimmt dabei die Netzfrequenz von z. B. 50 Hz. Man bezeichnet eine derartige Anordnung als **doppelt speisenden Asynchrongenerator DSA** **(Bild 4,** ASG Asynchrongenerator).

> Unabhängig von der Drehzahl des Windrotors wird durch den DSA Spannung mit gleich bleibender Frequenz von z. B. 50 Hz erzeugt.

Der Zwischenkreis-Stromrichter besteht aus zwei gleichartig aufgebauten Modulen **(Bild 2, folgende Seite)**. Diese können wahlweise als Gleichrichter oder als Wechselrichter arbeiten. Dadurch kann die Abgabe der Energie an das Netz sowohl bei einer Drehzahl unterhalb der Drehzahl des Magnetfelds im Ständer (untersynchroner Betrieb) als auch bei einer darüber liegenden Drehzahl (übersynchroner Betrieb) erfolgen.

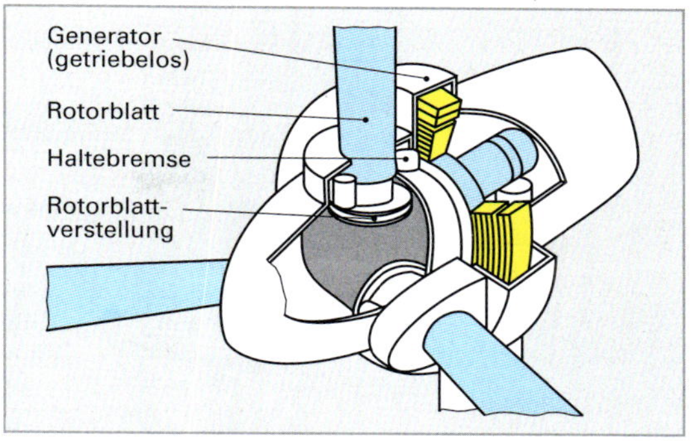

Bild 1: Windenergiekonverter ohne Getriebe

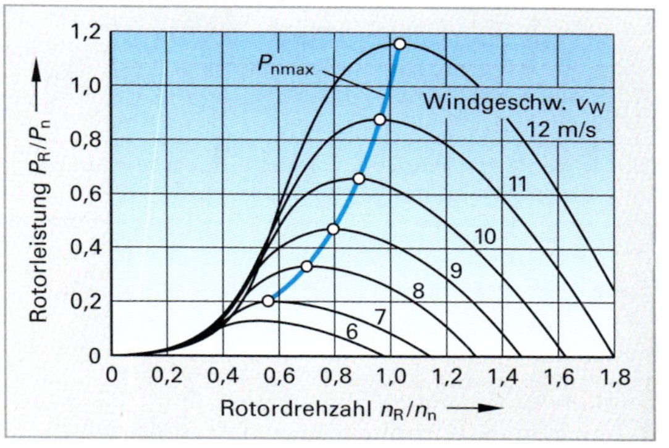

Bild 2: Maximale Rotornennleistungen P_{nmax}

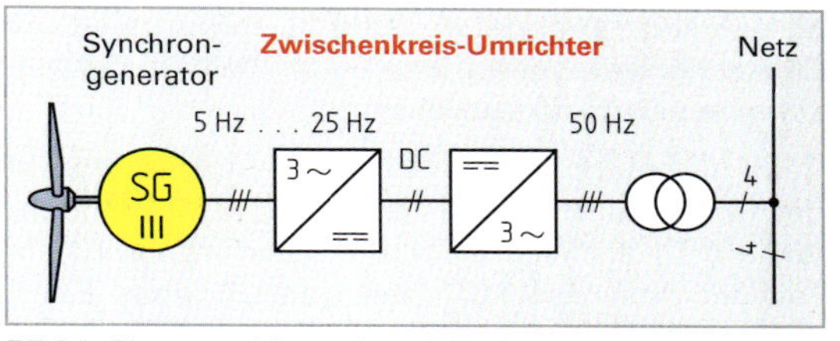

Bild 3: Netzanschluss eines Windenergiekonverters (Prinzip)

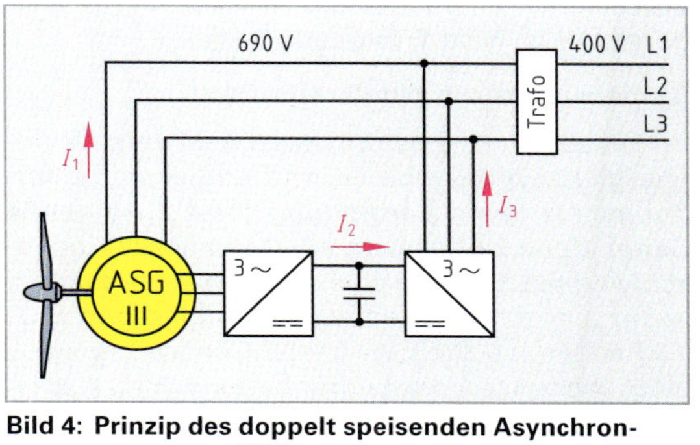

Bild 4: Prinzip des doppelt speisenden Asynchrongenerators DSA

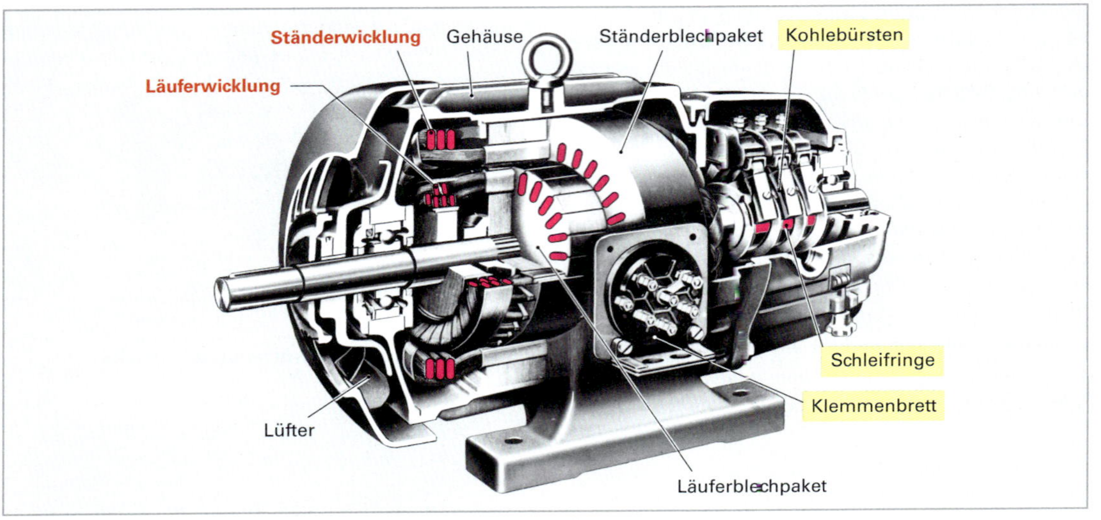

Bild 1: Schleifringläufermaschine aufgeschnitten dargestellt

> Der DSA liefert im untersynchronen Betrieb und im übersynchronen Betrieb immer eine Spannung von fester Frequenz, z. B. 50 Hz.

Dabei wird die vom Windrotor an den DSA abgegebene Energie zum größten Teil über den Luftspalt zwischen Ständer und Läufer sowie zum kleineren Teil über den Zwischenkreis-Umrichter an das Netz abgegeben **(Bild 3)**. Dadurch ist die Elektronik weniger aufwendig als beim einfachen Zwischenkreis-Stromrichter.

Beim untersynchronen Betrieb (niedrige Drehzahl des Rotors) arbeiten das Modul T2 als Gleichrichter und T1 als Wechselrichter. Dadurch wird ein Teil der über den Luftspalt übertragenen Energie an den Ständer der Maschine zurückgespeist (Bild 3). Beim übersynchronen Betrieb (hohe Drehzahl) arbeiten T1 als Gleichrichter und T2 als Wechselrichter, sodass die Netzleistung besonders groß ist **(Bild 1, folgende Seite)**.

Betriebsarten von Windkraftwerken

Im **Inselbetrieb** besteht zwischen dem Windenergiekonverter und dem öffentlichen Versorgungsnetz keine Verbindung **(Bild 2, folgende Seite)**. Dann ist bei nicht ausreichender Windgeschwindigkeit elektrischer Strom nur vorhanden, wenn eine Ersatzstromversorgungsanlage EVA vorhanden ist. Die EVA besteht mindestens aus einer großen Akkumulatorenbatterie. Meist ist zusätzlich ein Generator vorhanden, der von einem Verbrennungsmotor angetrieben wird.

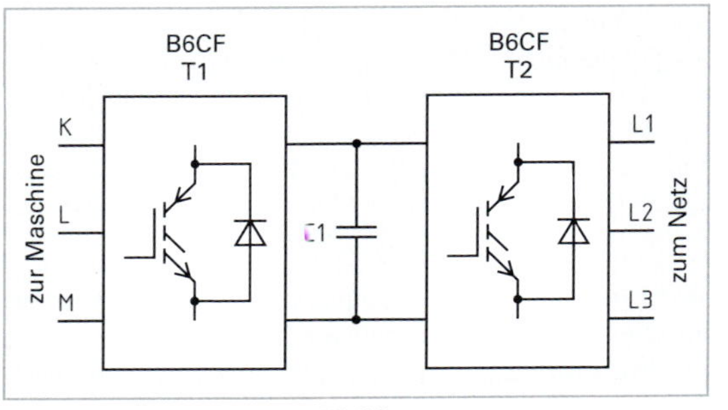

Bild 2: Zwischenkreis bei DSA

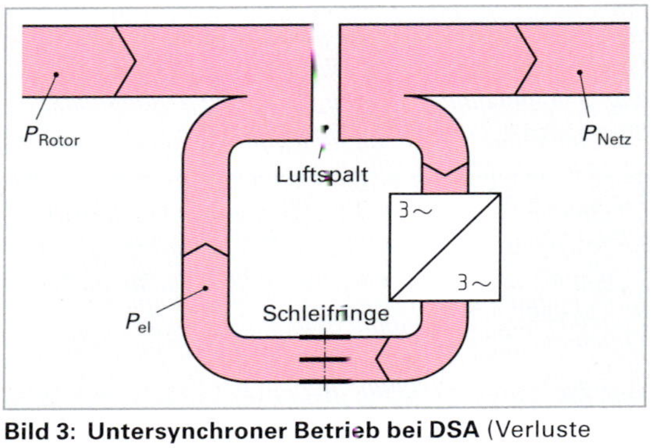

Bild 3: Untersynchroner Betrieb bei DSA (Verluste nicht berücksichtigt)

> Windkraftwerke im Inselbetrieb erfordern eine umfangreiche Ersatzstromversorgungsanlage.

Dadurch betragen die gesamten Stromkosten je kWh im günstigsten Fall das Dreifache der Stromkosten im öffentlichen Versorgungsnetz. Trotzdem kann ein Windkraftwerk im Inselbetrieb dann wirtschaftlich arbeiten, wenn sonst hohe Leitungskosten anfallen würden.

Im **Verbundbetrieb** sind die Windenergiekonverter an das öffentliche Versorgungsnetz angeschlossen **(Bild 3)**. Je nach Bedarf erfolgt bei vorhandenem Wind Eigenversorgung des Betreibers vom Windenergiekonverter oder Einspeisung in das öffentliche Netz. Ohne Wind wird elektrischer Strom aus dem Versorgungsnetz bezogen.

> Im Verbundbetrieb steht immer Strom zur Verfügung, sodass auf eine Ersatzstromversorgungsanlage verzichtet werden kann.

Eigenschaften der Windkraftwerke

Windkraftwerke sind in Deutschland die wichtigsten regenerativen Stromerzeuger. Sie tragen zur Stromversorgung in Deutschland mit etwa 32 % des Verbrauchs bei. Es liegen mehrere Nachteile vor, weil

- Windkraftwerke ohne Wind keinen elektrischen Strom erzeugen,
- Windkraftwerke im Verbundbetrieb das öffentliche Netz durch ständigen Lastwechsel belasten,
- andere Kraftwerke mit ständiger Verfügbarkeit im selben Umfang wie Windkraftwerke zusätzlich bereitgestellt werden müssen,
- Windkraftwerke den Naturschutz einschränken und
- Windkraftwerke Geräuschemissionen und Schattenemissionen hervorrufen.

Aus ökologischer Sicht liegen zwei Vorteile vor:

- Windkraftwerke rufen im Betrieb keine Kohlenstoffdioxid-Emissionen hervor und
- Windkraftwerke verringern die Abhängigkeit von Lieferanten für Uran, Kohle, Erdöl und Erdgas.

> Windkraftwerke sind im Betrieb klimaneutral, erzeugen kein CO_2 und ermöglichen das Reduzieren von fossilen Brennsstoffen sowie von Kernbrennstoffen zur Energieerzeugung.

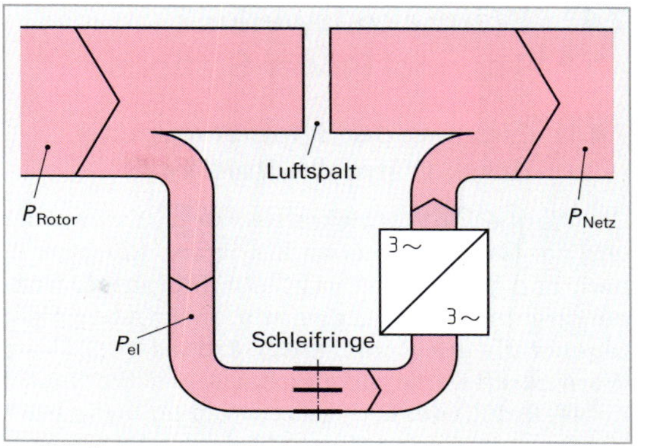

Bild 1: Übersynchroner Betrieb bei DSA (Verluste nicht berücksichtigt)

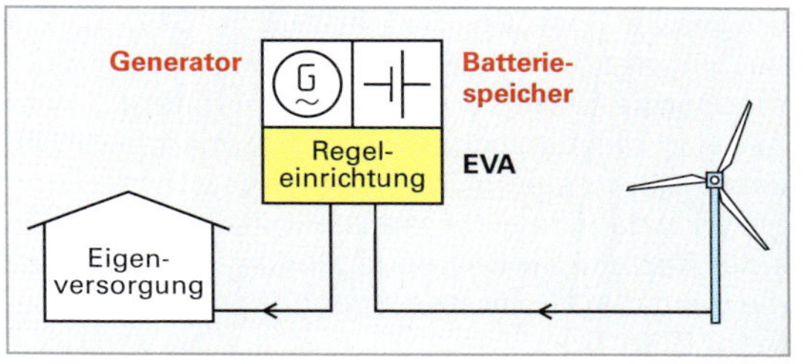

Bild 2: Inselbetrieb

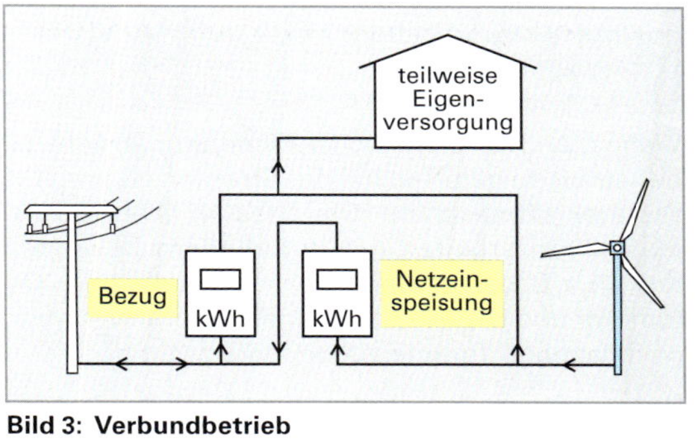

Bild 3: Verbundbetrieb

Wiederholung und Vertiefung

1. **In welchen Gegenden ist der Bau von Windkraftanlagen zweckmäßig?**
2. **Mit welchen Drehzahlen arbeiten Windrotoren?**
3. **Auf welche Weise wird bei großen Windrotoren die Rotordrehzahl geregelt?**
4. **Bei welchen Windgeschwindigkeiten können Windenergiekonverter elektrische Energie erzeugen?**
5. **Welche Art von Generatoren wird in Windenergiekonvertern verwendet?**
6. **Welche Betriebsarten kommen bei Windenergiekonvertern vor?**

7.4 Wärmekraftwerke Thermal Power Stations

7.4.1 Effizienz der Stromerzeugung durch Wärmekraftwerke

Die Wärme für Wärmekraftwerke wird aus einer von der Natur gebotenen Primärenergie gewonnen, und zwar regenerativ aus Biomasse, Sonnenstrahlung oder Erdwärme, meist aber nicht regenerativ aus Kohle, Erdöl, Erdgas oder Uran. Wärmekraftwerke auf der Basis von Biomasse, Kohle, Erdöl oder Erdgas verbrennen diese Stoffe. Man bezeichnet diese Wärmekraftwerke als *Verbrennungskraftwerke*.

Die **Primärenergie** kann in elektrische Energie umgesetzt werden. Das erfolgt in Stufen. Zunächst wird die Primärenergie, z. B. Kohle, in Wärmeenergie umgesetzt. Die Wärmeenergie wird dabei in mechanische Spannungsenergie umgesetzt, z. B. in einem **Dampferzeuger**. Diese Energie wird dann in einer **Wärmekraftmaschine**, z. B. einer **Turbine**, in Bewegungsenergie umgesetzt, die dann den **Generator** (Spannungserzeuger) antreibt **(Bild 1)**.

> Bei der Stromerzeugung im Wärmekraftwerk erfolgt eine mehrfache Umsetzung der Energie.

Wenn man vom elektrischen Generator absieht, ist der aufwendigste Teil bei der Stromerzeugung die Wärmekraftmaschine. Die ältesten Wärmekraftmaschinen arbeiten mit in Zylindern bewegten Kolben, z. B. bei der Dampfmaschine oder beim Ottomotor und Dieselmotor. Für die Stromerzeugung sind dagegen Turbinen besonders wichtig.

Der größtmögliche theoretische Wirkungsgrad einer Wärmekraftmaschine, der die Reibungsverluste und Strömungsverluste nicht berücksichtigt und deshalb praktisch nicht erreicht werden kann, hängt von der größten Temperatur in der Maschine und der kleinsten Temperatur am Maschinenausgang ab **(Formel 1)**.

Beispiel 1:
Wie groß kann der Wirkungsgrad einer Dampfturbine höchstens sein, wenn der Dampf mit 680 K zugeführt wird und nach der Turbine mit 290 K austritt?

Lösung:

$$\eta_{max} = 1 - \frac{T_2}{T_1} = 1 - \frac{290\ \text{K}}{680\ \text{K}} = 0{,}57 = \mathbf{57\,\%}$$

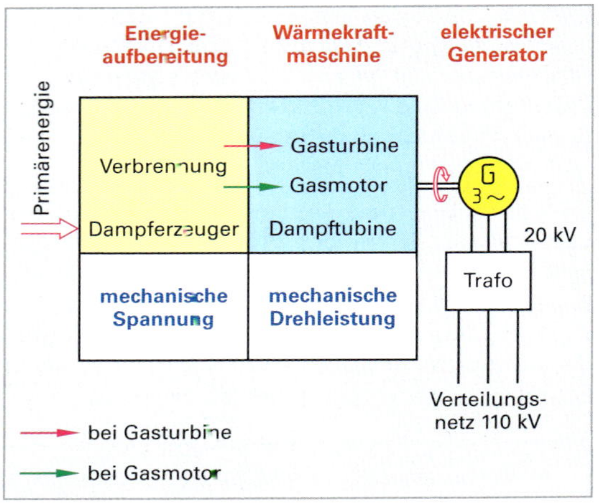

Bild 1: Prinzip der Wärmekraftwerke

größter Wirkungsgrad

$$\eta_{max} = 1 - \frac{T_2}{T_1} \quad (1)$$

η_{max} größtmöglicher theoretischer Wirkungsgrad
T_1 größte Temperatur
T_2 kleinste Temperatur
T_1 und T_2 sind in Kelvin (K) einzusetzen.

elektrischer Wirkungsgrad

$$\eta_{el} = \eta_1 \cdot \eta_2 \cdot \eta_3 \cdot \eta_4 \quad (2)$$

η_{el} elektrischer Wirkungsgrad
η_1 Verbrennung – Wirkungsgrad
η_2 Dampferzeuger – Wirkungsgrad
η_3 Wärmekraftmaschine – Wirkungsgrad
η_4 Generator – Wirkungsgrad

Der elektrische **Wirkungsgrad** der Anlage muss nach Formel 2 die Wirkungsgrade von Energieaufbereitung (Verbrennung, Dampferzeugung), Wärmekraftmaschine und Generator berücksichtigen.

Beispiel 2:
Ein Verbrennungskraftwerk arbeitet mit den Wirkungsgraden:
Verbrennung 95 %, Dampferzeuger 96 %, Wärmekraftmaschine 57 %, Generator 95 %.

Wie groß ist der elektrische Wirkungsgrad?

Lösung:

$$\eta_{el} = \eta_1 \cdot \eta_2 \cdot \eta_3 \cdot \eta_4$$
$$= 0{,}95 \cdot 0{,}96 \cdot 0{,}57 \cdot 0{,}95$$
$$= 0{,}49 = \mathbf{49\,\%}$$

Der elektrische Wirkungsgrad von Wärmekraftwerken ist wegen der mehrfachen Energieumsetzung und des im Grunde niedrigen Wirkungsgrades der Wärmekraftmaschine ebenfalls niedrig (30 % bis 60 %).

7.4.2 Arten der Wärmekraftwerke

7.4.2.1 Verbrennungskraftwerke

In Verbrennungskraftwerken wird die chemische Energie von Primärenergien durch Verbrennung in Wärme umgesetzt. Primärenergien sind hier meist nicht regenerativ, z. B. Kohle, Erdöl, Erdgas, oder seltener regenerativ, z. B. Biomasse, Biogas oder Bioöl.

Ab 2035 sollen in Deutschland nur noch regenerativ betriebene Kraftwerke im Einsatz sein und Erdgas soll durch grünen Wasserstoff (Abschnitt 7.6) ersetzt werden.

Dampfturbinenkraftwerke

Bei Dampfturbinenkraftwerken wird der Brennstoff zusammen mit der Verbrennungsluft einem *Dampferzeuger* (Dampfkessel) zugeführt, der *Frischdampf* von hoher Temperatur und hohem Druck erzeugt **(Bild 1)**. Dieser Dampf wird einer Dampfturbine zugeführt, wo er seine Energie an die Turbinenschaufeln am Rotor der Turbine abgibt **(Bild 2)**.

Die Dampfturbine ist meist geteilt in eine Hochdruckturbine und eine Niederdruckturbine **(Bild 1, folgende Seite)**. Der Dampf wird jeweils zu den kurzen Turbinenschaufeln geführt und von dort zu den langen. Dabei entspannt er sich unter Abgabe der Wärmeenergie an die Turbine.

Zum Erzielen eines großen Wirkungsgrades arbeitet man mit einer möglichst hohen Dampftemperatur und am Ende der Turbine mit einer möglichst niedrigen Temperatur. Deshalb ist dort eine Kondensationseinrichtung *(Kondensator)* zur Kühlung des Dampfs angeordnet. Die Kühlung des Kühlwassers erfolgt in *Kühltürmen*. Tatsächlich werden bei Dampfturbinen Wirkungsgrade von höchstens 40 % erreicht.

Verbrennungskraftwerke mit Dampfturbinen brauchen etwa 30 min, um aus dem Bereitschaftsbetrieb auf volle Leistung hochgefahren zu werden.

Verbrennungskraftwerke mit Dampfturbinen werden als Mittellastwerke für längere Anlaufzeit eingesetzt.

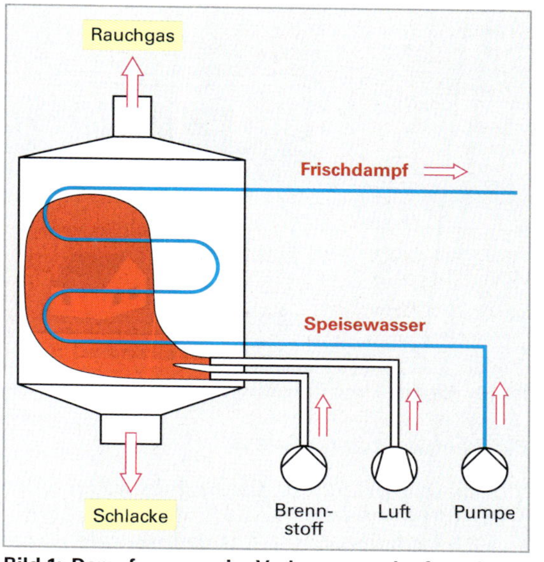

Bild 1: Dampferzeuger im Verbrennungskraftwerk

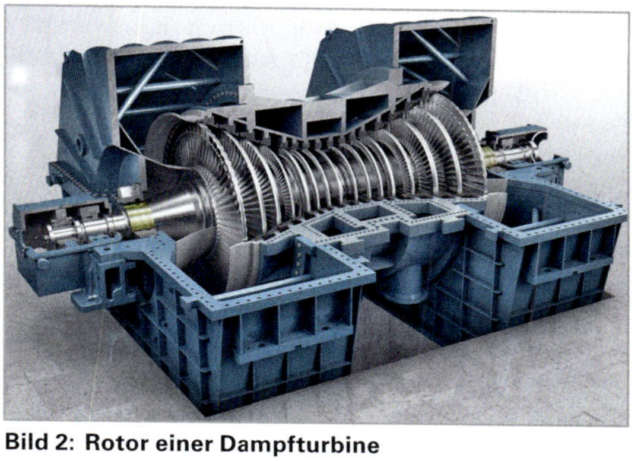

Bild 2: Rotor einer Dampfturbine

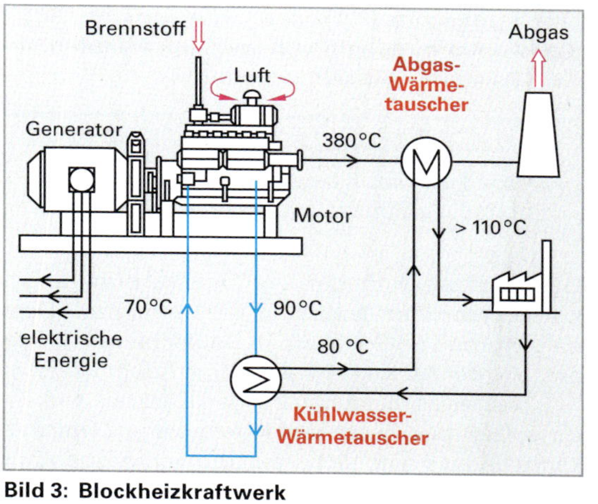

Bild 3: Blockheizkraftwerk

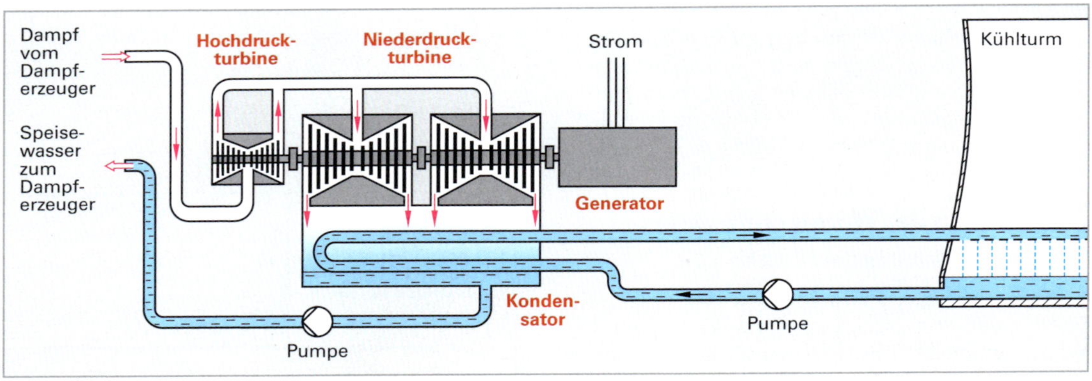

Bild 1: Turbinen und Generator beim Dampfturbinenkraftwerk

Blockheizkraftwerke BHKW

Blockheizkraftwerke sind je nach Erzeugung des Treibstoffs regenerative oder nicht regenerative Kleinkraftwerke, deren Generator von einem Erdgasmotor oder Dieselmotor angetrieben wird **(Bild 3, vorhergehende Seite)**. Sie haben einen niedrigen Wirkungsgrad, jedoch kann wegen ihrer dezentralen Lage die Abwärme leichter als bei Großkraftwerken verwertet werden, z.B. zur Schwimmbadbeheizung. Siehe auch Seite 549.

Gasturbinenkraftwerke und GuD-Kraftwerke

Gasförmiger Brennstoff, insbesondere Erdgas, kann mit höheren Temperaturen auch in der Turbine selbst verbrannt werden. Dadurch wird der Wirkungsgrad höher. Die Abgase der Gasturbine sind noch einige hundert °C warm. Sie können zur Dampferzeugung für eine Dampfturbine genutzt werden. Derartige GuD-Kraftwerke (Gasturbinen- und Dampfturbinen-Kraftwerke) haben die größten thermischen Wirkungsgrade von über 50%. Sie können innerhalb von wenigen Minuten auf volle Leistung gebracht werden.

> Gasturbinenkraftwerke und GuD-Kraftwerke werden als Mittellastwerke für kurze Anlaufzeit und als Spitzenlastwerke eingesetzt.

GuD-Kraftwerke haben von den Verbrennungskraftwerken den höchsten Wirkungsgrad. Deshalb wurde von Politikern in Deutschland ihr Bau anstelle der Atomkraftwerke als effizient bezeichnet. Nachteilig ist jedoch bei den Gaskraftwerken, dass Gas nur beschränkt gespeichert werden kann, sodass eine sichere Stromversorgung nur bei einer sicheren Gasversorgung möglich ist.

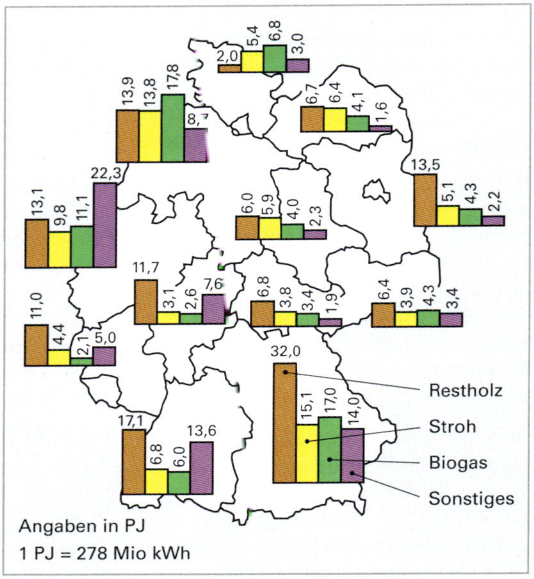

Bild 2: Potenzial an Biomasse in Deutschland

> Gaskraftwerke sind nicht regenerative Kraftwerke mit elektrischen Wirkungsgraden von etwa 50%, für die aber eine sichere Gasversorgung notwendig ist.

Biomasse-Kraftwerke

Biomasse-Kraftwerke nutzen die gespeicherte Energie der Biomasse durch Verbrennen in Wärmekraftwerken. Das Potenzial dazu ist in Form von Restholz, Stroh, Gülle und sonstigen Bioabfällen ziemlich groß **(Bild 2)**. Beim Verbrennen der Biomasse entsteht nur so viel Kohlenstoffdioxid, wie von Pflanzen vorher aus der Atmosphäre aufgenommen wurde.

Bei vollständiger Erfassung könnten durch Biomasse etwa 9 % der Stromerzeugung gedeckt werden.

Holzbefeuerte Kraftwerke gehören zu den regenerativen Stromerzeugern mit dauernder Strom-Lieferfähigkeit. Man verwendet Holzschnitzel oder Holz-Pellets. Damit kann sonst wertloses Abfallholz, z. B. aus der Waldpflege, nutzbringend verwertet werden, jedoch verbunden mit Feinstaub (Abschnitt 7.10.1).

Biogas-Kraftwerke gehören ebenso zu den regenerativen thermischen Kraftwerken mit ständiger Strom-Verfügbarkeit. Sie arbeiten wie GuD-Kraftwerke (GuD von Gas und Dampf) mit Gasverbrennung in Gasturbinen, deren Abgaswärme zur Dampferzeugung verwendet wird. Das brennbare Biogas, hauptsächlich Methan CH_4, entsteht in Faultürmen, die mit Biomasse, z. B. Gülle oder landwirtschaftlichen Abfällen, beschickt werden (Abschnitt 7.10.1, Seiten 443, 549).

> Stromerzeugung in Biomasse-Kraftwerken hat den Vorteil, dass der Energieträger gespeichert werden kann, sodass die Stromerzeugung jederzeit möglich ist.

Aussagen zum Umweltschutz

Wegen der angestrebten hohen Verbrennungstemperatur entstehen im Verbrennungskraftwerk immer Stickoxide und Kohlenstoffmonoxid. Je nach Brennstoff entsteht Schwefeldioxid, insbesondere bei Braunkohle und Steinkohle. Zur Entstickung und Entschwefelung sind teure Anlagen erforderlich. In jedem Fall wird aber Kohlenstoffdioxid CO_2 abgegeben, bei Öl oder Erdgas wegen des Wasserstoffanteils weniger als bei Kohle. Trotzdem war in der Politik in den letzten Jahren die Bereitschaft zum Bau von Verbrennungskraftwerken groß. Bzgl. **Flüssiggas** ist anzumerken, dass große Energiemengen für Transport und Kühlung auf –162 °C erforderlich sind.

Geplant ist bei Verbrennungskraftwerken eine sogenannte **CO_2-Wäsche**, bei der das CO_2 aus den Abgasen entfernt und in stillgelegten Bergwerken gelagert werden soll (Seite 293). www.rwe.de.

7.4.2.2 Geothermische Kraftwerke

Geothermische Kraftwerke verwenden den Wärmevorrat des Erdinneren zur Dampferzeugung **(Bild 1)**. Der Dampf treibt über eine Dampfturbine den Generator. Diese Kraftwerke können vor allem dort gebaut werden, wo die Erdkruste dünn ist,

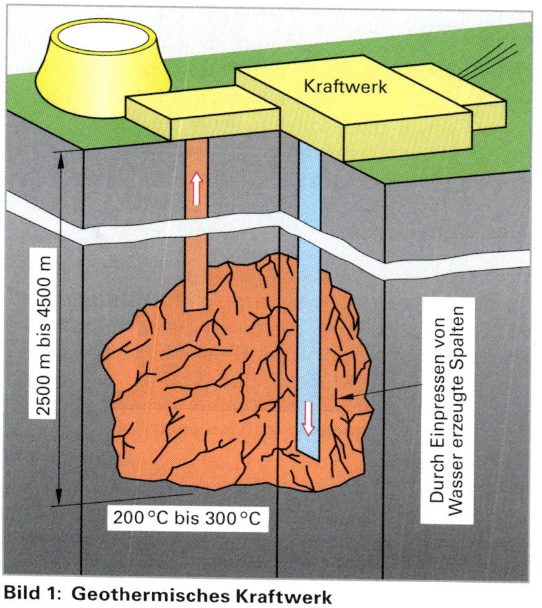

Bild 1: Geothermisches Kraftwerk

z. B. in der Nähe von Vulkanen. In den deutschsprachigen Ländern sind keine in Betrieb, jedoch wird für einige Standorte die Errichtung untersucht.

Geothermische Kraftwerke haben gegenüber den meisten regenerativen Energien den Vorteil, dass die Energiequelle ständig zur Verfügung steht, sodass die Stromerzeugung planbar ist. Im Inneren der Erde herrscht eine enorme Temperatur von bis 4300 °C in einer Tiefe von 5000 km, die trotz dauernder Abgabe zur Erdoberfläche hin durch radioaktive Vorgänge aufrechterhalten wird. Deshalb beträgt die Temperaturzunahme von der Erdoberfläche her alle 10 m durchschnittlich 0,3 K = 0,3 °C.

Besonders ergiebig ist diese Wärmequelle in vulkanischen Gegenden, auch wenn der Vulkanismus erloschen ist. Das trifft in Deutschland vor allem auf den Südwesten zu. Im Gegensatz zur Windenergie und Solarenergie ist die Erdwärme ständig verfügbar. Bei der *oberflächennahen Nutzung* wird die Erdwärme in einer Tiefe von bis etwa 100 m genutzt, bei der *tiefen Nutzung* bis zu einer Tiefe von 5000 m. In der Nähe aktiver Vulkane kann sogar der Dampf unterirdischer Lagerstätten direkt zum Antrieb von Dampfturbinen genutzt werden. Das trifft aber in Deutschland nirgends zu.

> Zur Stromerzeugung kann die Erdwärme vor allem in Gebieten mit vulkanischem Gestein genutzt werden.

Sofern dort Wasser verfügbar ist, wie z.B. bei Bruchsal in einer Tiefe von 2542 m, wird dieses 118 °C heiße Wasser nach oben gebracht und einem Wärmeaustauscher zugeführt. Dessen Dampf treibt eine Dampfturbine an. Die Restwärme wird zur Wärmenutzung verwendet, z.B. zur Heizung. Danach wird das hochgepumpte Wasser über eine zweite Bohrung wieder in das Erdinnere zurückgegeben.

Wenn in der Tiefe kein Wasser vorhanden ist, so wird eine *Injektionsbohrung* (lat. iniectio = Einspritzung) bis in 4000 m ausgeführt, über die Wasser eingepumpt wird. Dieses heizt sich unten auf und sprengt Klüfte in das Gestein, sodass die Wärme abgebende Oberfläche vergrößert wird. Das bei diesem *Hot-Dry-Rock-Verfahren* (hot = heiß, dry = trocken, rock = Fels) gewonnene heiße Wasser wird über die Produktionsbohrung nach oben gebracht und dort verwendet.

7.4.2.3 Solarthermische Kraftwerke

Solarthermische Kraftwerke arbeiten mit der von der Sonne herrührenden Strahlungswärme. Beim **Solarturmkraftwerk** ist ein Absorber mit einer Brennerkammer mit Dampfkessel auf einem Turm angeordnet **(Bild 1)**. Hunderte von Spiegeln sind auf einer großen Fläche aufgestellt und werden fortlaufend so eingestellt, dass die Sonnenstrahlung auf den Absorber gerichtet ist. Die sehr hohe Erwärmung erzeugt wie in einem Verbrennungskraftwerk Wasserdampf, der über eine Turbine den Generator treibt.

Beim **Parabolrinnen-Kraftwerk** sind Parabolrinnen-Kollektoren (Rinnen mit Parabel-Profil) von bis zu 150 m Länge auf einer großen Fläche angeordnet **(Bild 2)**. Diese Rinnen bündeln die Sonnenstrahlen. In der Brennlinie der Kollektoren verläuft ein Rohr als Absorber mit einem Wärmeträger. Wird als Wärmeträger Wasser verwendet, dient das Rohr als Dampfkessel. Bei anderen Wärmeträgern, z.B. Öl oder Luft, werden diese einem Dampferzeuger zugeführt (Abschnitt 7.5).

> Solarthermische Kraftwerke erfordern eine große Grundfläche zum Aufbau der die Sonnenstrahlung gezielt reflektierenden Spiegel.

Solarthermische Kraftwerke sind vor allem in sonnenreichen Gegenden möglich, wenn dort große Flächen zur Verfügung stehen, z.B. in Nevada (USA), Marokko, Ägypten. Die Aufstellung solarthermischer Kraftwerke in der Sahara könnte theoretisch einen großen Teil des europäischen Strombedarfs decken. Zum Transport über die große Entfernung müsste wegen der Übertragungsverluste mit HGÜ (Hochspannungs-Gleichstrom-Übertragung, Abschnitt 7.7.7) gearbeitet werden.

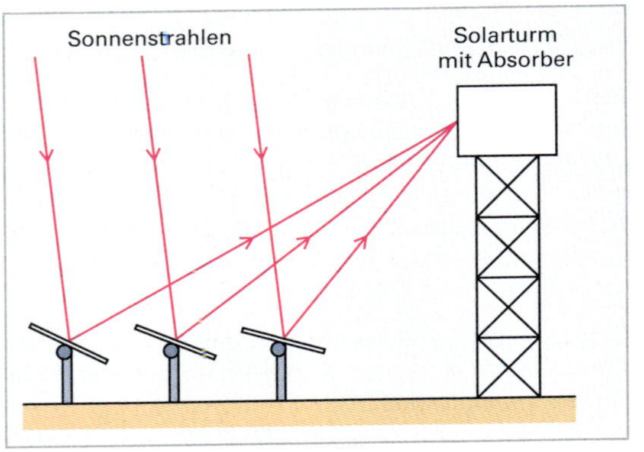

Bild 1: Solarturmkraftwerk

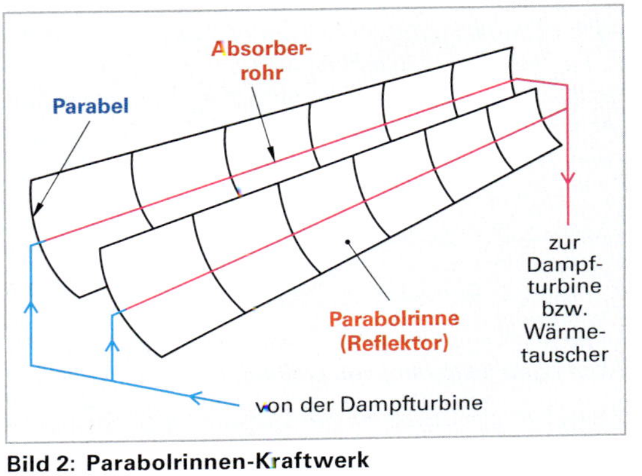

Bild 2: Parabolrinnen-Kraftwerk

7.4.2.4 Kernkraftwerke (Atomkraftwerke)

Obwohl in Deutschland derzeit kein Betrieb und Bau von Kernkraftwerken geplant ist, ist das Wissen über Kernkraftwerke wertvoll, da in vielen anderen Ländern Kernkraftwerke in beträchtlichem Umfang betrieben und neu erbaut werden.

Bei Kernkraftwerken wird in einem Reaktor die Kernenergie in Wärmeenergie von Wasserdampf umgesetzt. Der Wasserdampf treibt wie bei einem Verbrennungskraftwerk eine Dampfturbine an **(Bild 1, Seite 306)**.

Beim **Siedewasserreaktor** wird der im Reaktor erzeugte, radioaktive Dampf der Turbine zugeführt **(Bild 1, folgende Seite)**. Bei Undichtigkeit der Turbine wird Radioaktivität freigesetzt.

Bei Siedewasserreaktoren wird die Turbine von Dampf angetrieben, der direkt aus dem Reaktor stammt.

Beim **Druckwasserreaktor** gibt das im Reaktor hoch erhitzte, unter Druck stehende Wasser des Primärkreises seine Energie in einem Wärmetauscher an den Sekundärkreis ab **(Bild 2)**. Dessen nicht radioaktiver Dampf treibt dann eine Dampfturbine an. Dieser bevorzugte Reaktortyp weist eine höhere Betriebssicherheit auf, da der radioaktive Dampf des Primärkreises nicht zur Turbine gelangt.

Kernkraftwerke erfordern umfangreiche Regeleinrichtungen. Deshalb dauert ein Hochfahren der Anlage einige Stunden.

Kernkraftwerke arbeiten als Grundlastkraftwerke.

In Bezug auf den Umweltschutz und Klimaschutz erscheinen Kernkraftwerke günstiger als Verbrennungskraftwerke, da sie bei normalem Betrieb fast keine Emissionen hervorrufen, auch kaum CO_2-Emissionen. Außerhalb von Deutschland werden Kernkraftwerke daher für das Erreichen der angestrebten **Klimaziele** als notwendig erachtet.

Die gasförmigen Spaltprodukte (Xenon und Krypton) der Brennelemente werden in einer Abgasanlage zurückgehalten, bis ihre Radioaktivität abgeklungen ist. Danach werden sie an die Luft abgegeben, und zwar mit weniger als 1% der natürlichen Radioaktivität.

In der Umgebung von Kernkraftwerken darf die Radioaktivität höchstens um 1% höher sein als die natürliche Radioaktivität.

Radioaktives Abwasser der Siedewasserreaktoren wird gereinigt und dem Kühlkreislauf zugeführt. Kurzlebige radioaktive Rückstände, z.B. aus Luftfiltern oder Ionenaustauschern, werden verbrannt. Radioaktive Rückstände der Verbrennung werden in 200-Liter-Fässern einbetoniert, im Kraftwerk zwischengelagert und in ein Endlager gebracht.

Verbrauchte Brennelemente werden in wassergefüllten Brennstofflagerbecken im Kraftwerk etwa sechs Monate zum Abklingen der Radioaktivität gelagert. Danach werden sie in Zwischenlager verbracht, in denen sie in Deutschland auch weiterhin bleiben. Die Brennelemente aus anderen Staaten werden nach der Zwischenlagerung aufgearbeitet, z.B. in Frankreich, Russland, England.

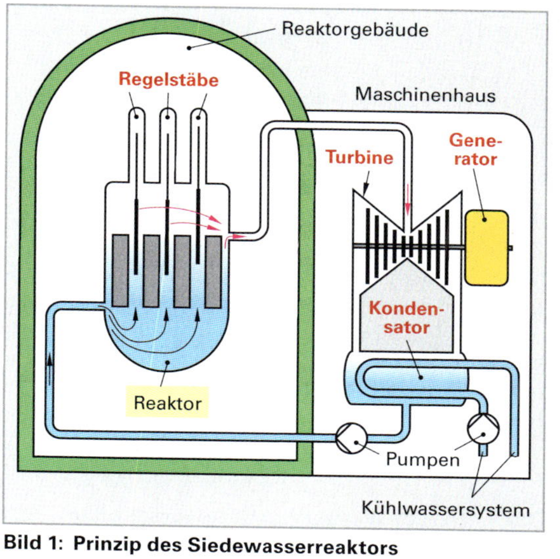

Bild 1: Prinzip des Siedewasserreaktors

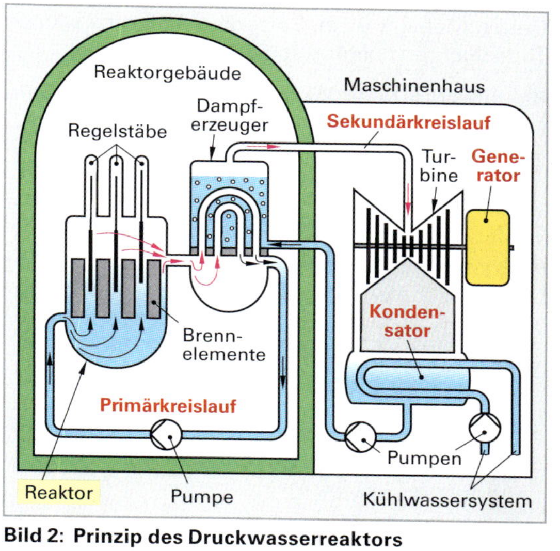

Bild 2: Prinzip des Druckwasserreaktors

Für den Transport werden dickwandige Transportbehälter verwendet, die einem Unfall standhalten **(Bild 2, Seite 467)**. Bei der Aufarbeitung werden die meist radioaktiven Spaltprodukte vom Uran bzw. Plutonium getrennt. Das so gereinigte Uran bzw. Plutonium wird wieder zu Brennelementen verarbeitet **(Bild 1, folgende Seite)**. Die Spaltprodukte fallen während der Aufarbeitung als Säurelösung an. Diese wird in einem Drehrohrofen eingedampft. Das entstehende Oxidpulver wird mit einem Borsilikatglas bei 1100 °C verschmolzen. Die schmelzflüssige Glasmasse von etwa 400 kg wird in einen Edelstahlbehälter eingefüllt, in der sie erstarrt.

Spaltprodukte der Brennstäbe von Kernkraftwerken werden in Glas eingeschmolzen und als sogenannte Glaskokillen (Kokille von franz. Coquille = Muschel, hier Gussform) in ein Zwischenlager gebracht.

Wenn die Wärmeleistung infolge des radioaktiven Zerfalls der Spaltprodukte auf etwa 2 kW abgefallen ist, werden die Glaskokillen zu einem *Endlager* bzw. vorläufigen Endlager befördert. Dazu werden 20 bis 28 Glaskokillen in einen Transportbehälter gebracht. Der Transportbehälter Castor (von cask for storage and transport of radioactive material) besteht aus einem dickwandigen, zähen Gusseisen (Sphäroguss) von etwa 100 t Masse, Bild 2, Seite 467).

Die **Endlager** werden in Bergwerksstollen dort geplant, wo die geologische Beschaffenheit auf lang dauernde Abgeschlossenheit hindeutet, in Deutschland z. B. in Salzablagerungen oder in Tonschichten (siehe Abschnitt 9.5).

Bei einem großen Kernkraftwerk fallen im Jahr an:

735 t schwachaktive oder mittelaktive Abfälle,

12 t starkaktive Abfälle (jeweils mit Behältern und Verfestigungsmaterial).

In einem Kohlekraftwerk gleicher Leistung fallen ohne Entschwefelung und Entstickung an:

7 500 000 t Kohlenstoffdioxid,
40 000 t Schwefeldioxid,
20 000 t Stickstoffoxide,
5 000 t Staub,
350 000 t Asche und Schlacke,
120 000 t Schlamm.

In Kernkraftwerken fallen im Vergleich zu Verbrennungskraftwerken weniger Abfälle an, diese sind aber besonders gefährlich.

In vielen Ländern außerhalb von Deutschland werden zzt. zahlreiche Kernkraftwerke gebaut, z. B. in Indien, China, Russland, Finnland und im Iran. Zunehmend werden auch kleine Kernkraftwerke (Small Modular Reactors, SMR) gebaut. Da in Kernkraftwerken kein Kohlenstoffdioxid emittiert wird und die verbrauchten Brennelemente wieder aufbereitet werden können, wird in manchen Ländern die Kernenergie fälschlich zu den erneuerbaren Energien gerechnet.

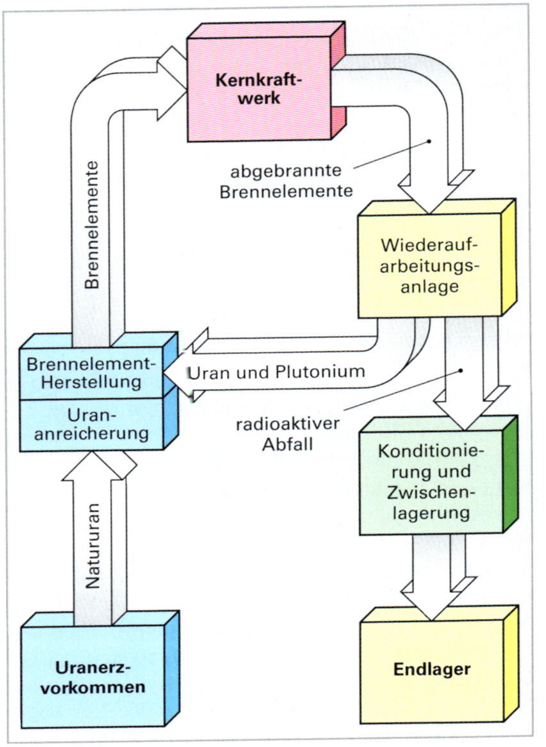

Bild 1: Brennstoffkreislauf für Kernkraftwerke

Wiederholung und Vertiefung

1. **Welche Eigenschaft hat der elektrische Strom in Bezug auf seine Speicherbarkeit?**
2. **Warum ist der Wirkungsgrad der Stromerzeugung durch Wärmekraftwerke ziemlich niedrig?**
3. **Nennen Sie die eingesetzten Energien der Verbrennungskraftwerke.**
4. **Geben Sie vier Arten von Verbrennungskraftwerken an.**
5. **In welchem Fall ist ein Verbrennungskraftwerk regenerativ?**
6. **Wie viele Energieumsetzungen sind bei einem mit Kohle befeuerten Dampfturbinenkraftwerk erforderlich?**
7. **Warum ist der Wirkungsgrad einer Gasturbine größer als der einer gleich großen Dampfturbine?**
8. **Was versteht man unter einem GuD-Kraftwerk?**
9. **In welchen Gegenden ist der Bau von geothermischen Kraftwerken sinnvoll?**
10. **Welche Wärmekraftmaschine verwendet man bei einem solarthermischen Kraftwerk?**
11. **Beurteilen Sie den Vorschlag, in der Sahara solarthermische Kraftwerke zur Versorgung Europas zu bauen.**

7.4.3 Fracking

Mittels Fracking-Bohrungen (to fracture = aufbrechen, Hydraulic Fractioning) können in Tiefen von 1000 m bis 5000 m im Reservoirgestein (Gesteine mit geothermischem Speicher) gebundene Gase, gebundenes Erdöl oder auch Wasser gewonnen werden. Dabei wird unter hohem Druck Wasser, versetzt mit chemischen Zusätzen und Stützmitteln, z. B. Quarzsand, in das Bohrloch gepumpt. Schwenkbare Bohrköpfe ermöglichen auch Horizontalbohrungen in der Tiefe mit einer Länge von bis zu 1000 m **(Bild 1)**. Die eingepresste Flüssigkeit (Fracfluid) erzeugt im Gestein, z. B. Schiefer, Risse, um die gebundenen Rohstoff-Vorräte zu erschließen. Die Risse können sich z. B. horizontal 100 m und vertikal 10 m ausdehnen. Die herkömmliche Erdgasgewinnung erfolgt demgegenüber aus durchlässigen Gesteinen. Die Rohstoffe sind somit leicht zugänglich. Sie sind nicht im Gestein gebunden (Bild 1).

> Beim Fracking werden in tiefgelegenen Gesteinsschichten durch mit hohem Druck eingepresstes Wasser Risse in den Gesteinen erzeugt, sodass z. B. Gase entweichen können.

Das dem Fracfluid zugesetzte *Stützmittel* verbleibt in den Rissen. Diese bleiben dadurch offen, das Gas oder Öl kann somit entweichen. Je nach Gesteinsart kommen unterschiedliche Fracfluide zum Einsatz. Sie müssen den Vorgaben des Wasserrechts entsprechen. Die chemischen Zusätze, ca. 0,8 % der Fracfluidmenge, dienen als Schmier- und Verflüssigungsmittel. Ferner schützen sie die Anlagen vor Korrosion und töten Bakterien ab **(Tabelle 1)**. Das Fracfluid wird zu etwa 50 % ohne das Stützmittel und die chemischen Zusätze wieder zurückgepumpt. Es wird dann mehrstufig behandelt und aufbereitet zur Wiederverwendung oder Entsorgung. Über das Bohrloch kann das bisher im Gestein eingeschlossene Gas dann gefördert werden.

> Die Zusammensetzung der Fracfluide hängt von den mineralogisch-geologischen Eigenschaften der Rohstoff-Lagerstätte und deren vorherrschenden Druck- und Temperaturverhältnissen ab.

Fracking findet Anwendung seit etwa 1950 in der konventionellen Erschließung von Erdöl und Erdgas. Neu am Fracking ist seit etwa 2000 die ergänzende Horizontalbohrung, wodurch die Zahl der Vertikalbohrungen reduziert werden kann. Diese Art des Frackings findet insbesondere in den USA statt. In Deutschland ist man dem Fracking aus umweltökologischen Gesichtspunkten abgeneigt. Neben der möglichen Verunreinigung von Grundwasser und Oberflächenwasser wird auch ein Auslösen von Erdbeben sowie ein Freisetzen radioaktiver Schwebteilchen befürchtet.

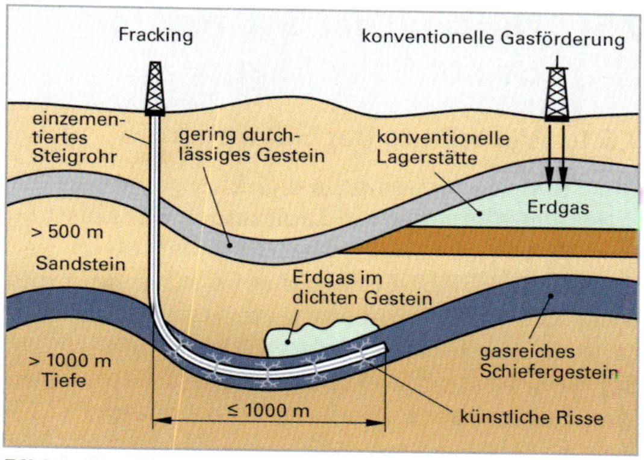

Bild 1: Fracking von Gas in Schiefergestein und konventionelle Erdgasgewinnng

Tabelle 1: Chemische Zusätze im Fracfluid

Zusatz	Bemerkungen
Gel	Verbesserung Stützmitteltransport, z. B. Guarkernmehl
Schaumbildner	Für Transport, Ablagerung Stützmittel, z. B. N_2 und Kokos-Betaine
Ablagerungshemmer	Verhinderung schwerlöslicher mineralischer Ablagerungen in Bohrung, z. B. durch Ammoniumchlorid
Korrosionsschutzmittel	Anlagenschutz, z. B. Methanol, Ammoniumsalze, Sulfite
Kettenbrecher	Verringerung Viskosität des Fracfluids für Rücktransport, z. B. Natriumbromat
Biozide	Verhinderung Bakterienwachstum, z. B. Terpene
pH-Puffer	Zum Einstellen des pH-Wertes, z. B. Essigsäure, Kaliumcarbonat
Tenside	Befähigung des Fracfluids bzgl. günstigerer Benetzbarkeit, z. B. Alkylalkohole
Säuren	Reinigung des Bohrstrangs der Bohrvorrichtung von Zement und Bohrspülung, z. B. Salzsäure
Temperaturstabilisator	Sicherstellen der Beständigkeit der Gele in großen Tiefen, z. B. Natriumthiosulfat

7.5 Nutzung der Solarenergie
Use of Solar Energy

7.5.1 Verteilung der Solarenergie

Die Sonne liefert eine riesige Energiemenge zur Erde, allerdings nur am Tage und in der Leistung vom Wetter abhängig. Außerdem ist die Umsetzung in elektrische Energie sehr aufwendig und teuer. Die auf den Quadratmeter und das Jahr bezogene Energie ist außerdem vom Einfallwinkel der Sonnenstrahlung abhängig, also vom Breitengrad bzw. der Entfernung vom Äquator.

> Die Jahresenergie der Sonnenstrahlung ist umso größer, je dichter der Empfangsort am Äquator liegt.

Besonders günstige Ergebnisse wären deshalb z. B. in der Sahara und südlich davon zu erwarten. Hier besteht aber das Problem, dass es zzt. keine wirtschaftliche Möglichkeit gibt, die Sonnenenergie nach Europa zu transportieren.

Die solarthermische Karte von Deutschland **(Bild 1)** zeigt, dass die Solarenergie in kWh/(m^2a), d. h. kWh je m^2 und Jahr, in Süddeutschland und in trockenen Teilen von Nordost-Deutschland erheblich größer ist als nördlich bzw. westlich davon.

> Die Solarenergie ist in Süddeutschland ergiebiger als in Norddeutschland.

7.5.2 Solarthermie

Die direkte Verwendung der Wärmeenergie der Sonnenstrahlung bezeichnet man als Solarthermie (von lat. solaris = die Sonne betreffend und griech. therme = Wärme). Dabei erhitzt die Sonnenstrahlung direkt oder über einen Wärmeaustauscher indirekt das Wasser, dessen Wärme dann technisch verwendet wird (Abschnitt 7.4.2.3).

> Durch Solarthermie wird Wasser erwärmt und dann weiterverwendet.

Solarthermische Kraftwerke bündeln die Sonnenstrahlen über Spiegel, z. B. in Form von spiegelnden Parabolrinnen, auf einen Dampferzeuger, dessen Dampf die Turbinen antreibt **(Bild 2)**. Derartige Kraftwerke sind in sonnenreichen, südlich gelegenen Ländern, z. B. Spanien, Marokko oder Kalifornien, in Betrieb (aber nur selten).

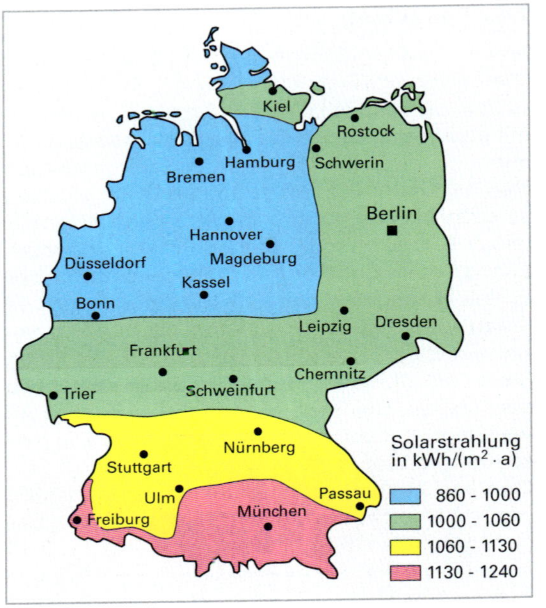

Bild 1: Verteilung der Solarstrahlung

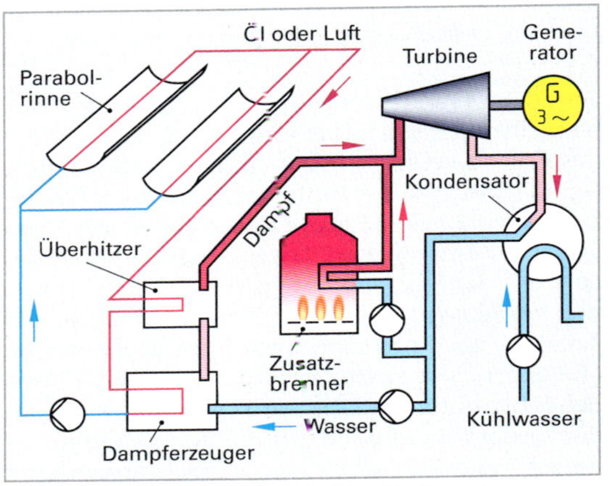

Bild 2: Solarthermisches hybrides Kraftwerk

Damit derartige Kraftwerke auch arbeiten können, wenn wenig oder keine Sonnenstrahlung vorhanden ist, werden sie oft *hybrid* (von zweierlei Herkunft) ausgeführt, nämlich mit einem zusätzlichen Dampferzeuger, z. B. basierend auf fossilen Brennstoffen (Bild 2), oder sie besitzen wie in Marokko einen thermischen Speicher. Dieser besteht aus einer mit 110 °C temperierten Salzmischung. Dadurch kann dann noch eine gewisse Zeit lang Dampf erzeugt werden ohne Sonneneinstrahlung.

Siehe auch Seite 549.

Solarthermische Warmwasserversorgung ist die häufigste Anwendung der Solarthermie. Sie ist nicht nur auf südliche und warme Gegenden beschränkt, sondern kann selbst in Ländern nördlich von Deutschland angewendet werden. Allerdings ist dann der Flächenbedarf der Wärme sammelnden Teile größer.

> Die solarthermische Wassererzeugung ist auch in nördlichen Ländern möglich.

Solarthermieanlagen zur Wassererwärmung machen einen Betrieb mit wenig Umweltbelastung möglich. Die Strahlungsenergie sammeln *Kollektoren* (von lat. colligere = sammeln). Diese Wärme wird über die Leitungsrohre des *Solarkreises* zu einem *Wärmespeicher,* z. B. Warmwasserspeicher, transportiert **(Bild 1)**.

> Thermische Solaranlagen bestehen aus Kollektoren, Solarkreis und Wärmespeicher.

Im Wärmespeicher kann eine Zusatzheizung eingebaut sein, die in der strahlungsarmen Zeit für die Erwärmung sorgt. Diese arbeitet dann auf Basis fossiler Brennstoffe.

Kollektoren. Die Umwandlung der Sonnenstrahlung in Wärme erfolgt in Kollektoren. Als *Wärmeträgerflüssigkeit* dient meist Wasser mit einem Frostschutzmittel.

> Die Kollektoren setzen die Energie der Lichtstrahlung und der Infrarotstrahlung in Wärme um.

Flachkollektoren enthalten *Absorber* (Aufnehmer, lat. absorbere = aufnehmen) aus Rohren, z. B. Kupfer, unter einer transparenten (durchlässigen) Abdeckung in einer Wanne mit Wärmedämmung **(Bild 2)**. Über dem Absorberrohr liegt ein geschwärztes Absorberblech. Die transparente Abdeckung lässt wie das Glas eines Treibhauses die kurzwellige Lichtstrahlung von außen durch und hält die Wärmestrahlung im Inneren zurück. Als Abdeckung verwendet man Sicherheitsglas oder einen durchsichtigen Kunststoff, z. B. Acrylglas. Zur Wärmedämmung wird Mineralwolle oder ein geschäumter Kunststoff, z. B. Polyurethan, verwendet. Beim *Vakuum-Flachkollektor* ist die Luft aus dem Gehäuse abgepumpt. Dadurch werden wie bei einer Thermosflasche die Wärmeverluste verringert. Jedoch müssen diese Kollektoren alle ein bis drei Jahre erneut evakuiert werden, da sie nicht völlig dicht sind.

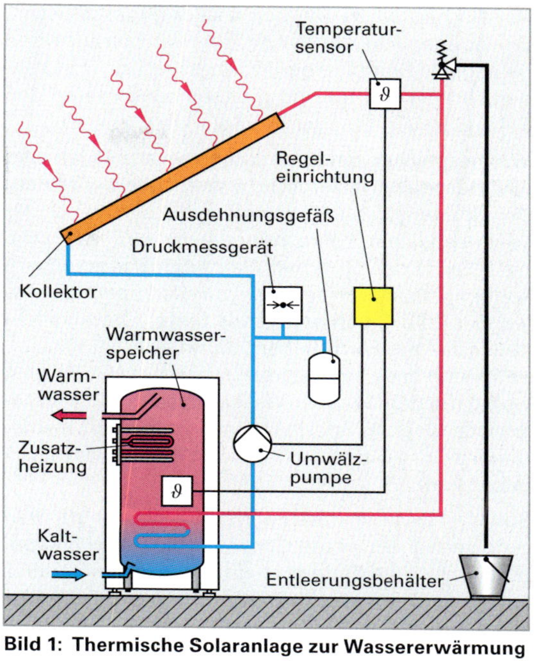

Bild 1: Thermische Solaranlage zur Wassererwärmung

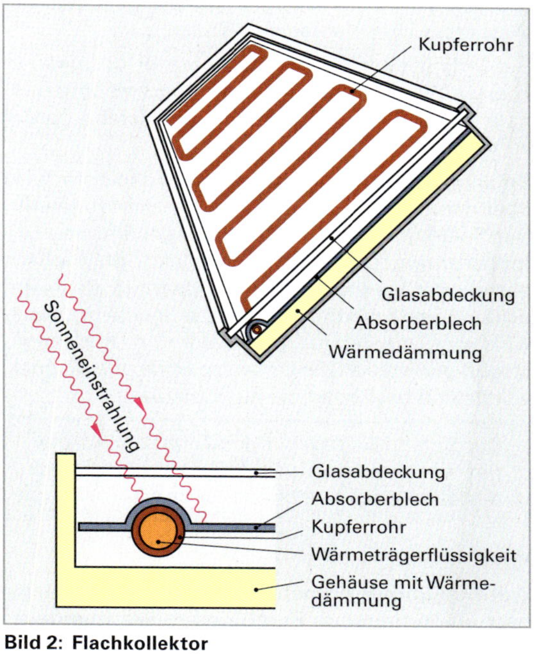

Bild 2: Flachkollektor

Vakuum-Röhrenkollektoren bestehen aus luftleeren Glasröhren, in denen sich schwarze Blechstreifen als Absorber befinden. Als Wärmeträger dient hier eine leicht verdampfende Flüssigkeit. Die Glasröhren sind an einen Wärmetauscher angeschlossen. Bei Sonnenlicht verdampft der Wärmeträger und gelangt als Dampf in den Wärmetauscher. Dort kondensiert der Dampf und gibt seine Wärme an den Sekundär-Wärmeträger des Solarkreislaufs ab.

Wärmespeicher. Bei thermischen Solaranlagen sind Wärmespeicher erforderlich, weil auch bei fehlender Sonnenstrahlung Wärme gefordert wird. Der Wärmespeicher sollte mindestens das 1,5-Fache bis 2-Fache des täglichen Wärmebedarfs speichern können. Meist werden *Warmwasserspeicher* verwendet **(Bild 1, vorhergehende Seite)**. Diese sollten eine schlanke Form haben, damit sich bei Wasserentnahme das nachlaufende kalte Wasser möglichst wenig mit dem warmen Wasser mischt. Der Wärmetauscher liegt im Speicher unten, damit der Wärmeträger seine Wärme an möglichst kaltes Wasser abgeben kann.

Soll das solarthermisch erwärmte Wasser zur Heizung verwendet werden, so muss die Speicherkapazität wegen der Wintermonate sehr groß sein. Dafür kommen *Erdspeicher* in Betracht. Diese bestehen aus einer großen Erdmasse, der über eingebettete Rohrleitungen Wärme zugeführt wird **(Bild 1)**. Auch große, unterirdisch verlegte und wärmegedämmte Wasserspeicher werden verwendet.

Bei Erdspeichern ist die Temperatur der gespeicherten Wärme oft für die Heizung zu niedrig. Deshalb werden dann Wärmepumpen (siehe unten) verwendet.

Solarkreis. Die Solarwärme des Kollektors wird über den Solarkreis dem Wärmespeicher zugeführt. Der Solarkreis besteht aus wärmegedämmten Leitungsrohren, Umwälzpumpe, elektromagnetisch gesteuerten Ventilen, Ausdehnungsgefäß, Regeleinrichtung und Überdruckventil. Die Regeleinrichtung wird von Sensoren für Temperatur und Druck angesteuert und steuert die Umwälzpumpe, die Magnetventile und bei Bedarf die Zusatzheizung.

> Der Solarkreis bewirkt das Zusammenarbeiten von Kollektor und Wärmespeicher mittels einer empfindlichen Elektronik.

Wärmepumpe

Wärmepumpen entnehmen mittels einer elektrisch angetriebenen Pumpe einer Wärmequelle, z.B. einem Erdspeicher, Wärmeenergie, deren Temperatur zur direkten Anwendung nicht ausreicht, erhöhen diese Temperatur und geben eine Wärmeenergie ab, die erheblich größer ist als die aufgenommene elektrische Energie der Pumpe **(Bild 2)**. Wie bei einem Kühlschrank wird ein gasförmiges Kältemittel, das vorher über einen Wärmetauscher 1 Wärme aufgenommen hat, durch einen Kompressor verdichtet, sodass es sich wie bei einer Fahrrad-Luftpumpe weiter erwärmt. Diese Wärme wird abgegeben, beim Kühlschrank über einen Kühler, bei einer solarthermischen Heizung über einen Wärmetauscher 2 in den Heizkreis.

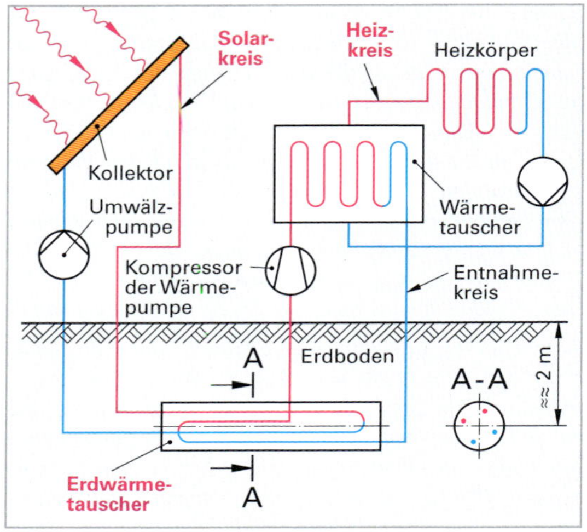

Bild 1: Solarthermie-Anlage mit Erdspeicher

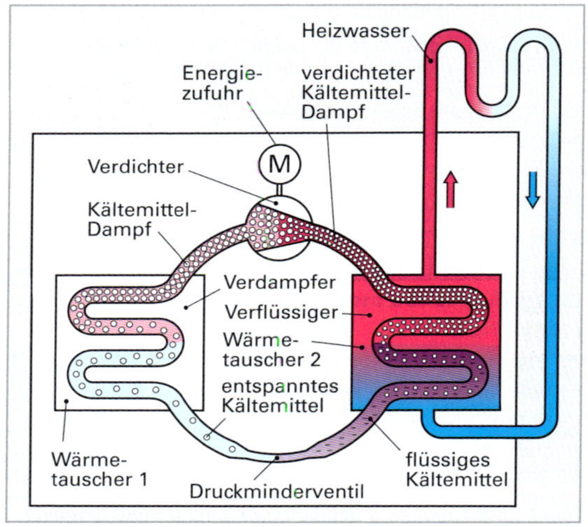

Bild 2: Wärmepumpe in einer Solarthermie-Anlage

Weitere Informationen siehe Abschnitt 7.11.

Wiederholung und Vertiefung

1. **Welche Aufgabe haben bei thermischen Solaranlagen die Kollektoren?**
2. **Warum befinden sich bei Flachkollektoren die Absorber unter einer durchlässigen Abdeckung?**
3. **Welche Aufgabe haben Wärmepumpen?**

7.5.3 Photovoltaik

Das größte Potenzial der regenerativen Stromerzeugung hat in Europa die Solarenergie, und zwar in Form der Photovoltaik (Kurzform PV, auch Fotovoltaik geschrieben, Kunstwort von griech. Photo = Licht und engl. voltage = Spannung). PV-Anlagen sind in Deutschland an vielen Orten zu sehen **(Bild 1)**.

PV-Zelle. Spannungserzeuger nach dem Prinzip der Photovoltaik (Spannungserzeugung durch Licht im Fotoelement) beruhen auf der Ladungstrennung durch die Energie der elektromagnetischen Strahlung, z.B. Licht. Diese Ladungstrennung kann erfolgen, wenn eine Halbleiterschicht vom Typ P (P-Leiter) mit einer solchen vom Typ N (N-Leiter) zusammenstößt **(Bild 2)**. Bei diesem PN-Übergang entsteht eine elektrisch isolierende Sperrschicht. Gelangt nun eine genügend energiereiche elektromagnetische Strahlung, z.B. Licht, in die Sperrschicht, so entsteht ein Ladungsträgerpaar, nämlich ein Elektron (–) und ein Loch (+) **(Bild 3)**.

> In der PV-Zelle wird Gleichspannung erzeugt.

Die in einer PV-Zelle erzeugte Spannung beträgt nur etwa 0,6 V. An der Berührungsstelle von P-Leiter und N-Leiter findet dauernd ein Ladungsausgleich statt, sodass der Wirkungsgrad niedrig ist. Der Ladungsausgleich ist besonders groß bei durch Sonneneinstrahlung gegebenen Temperaturen von bis 100 °C.

Der Zellenwirkungsgrad (Wirkungsgrad der Zelle) ist je nach Herstellung verschieden. Zunächst unterscheidet man kristalline Zellen und Dünnschichtzellen. Kristalline Zellen bestehen immer aus Halbleiter-Silicium. Dabei gibt es monokristalline (einkristallige) und polykristalline (vielkristallige) Zellen. Diese beiden Typen haben die größten Wirkungsgrade **(Tabelle 1, folgende Seite)**, erfordern aber bei der Herstellung des Siliciums am meisten Energie und die größten Kosten. Dünnschichtzellen gibt es aus amorphem (nichtkristalligem) Silicium (a-Si), aus Kupfer-Indium-Selenid (CIS) oder aus Cadmium-Tellurid (CdTe). Deren Herstellung ist erheblich einfacher, sodass der Preis niedriger ist. Der Zellenwirkungsgrad ist aber auch niedriger.

> Den höchsten Wirkungsgrad haben monokristalline Si-Zellen, gefolgt von polykristallinen Si-Zellen.

Bild 1: PV-Anlage

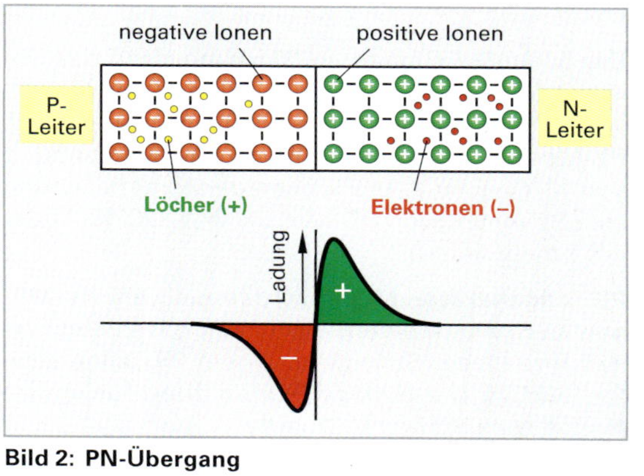

Bild 2: PN-Übergang

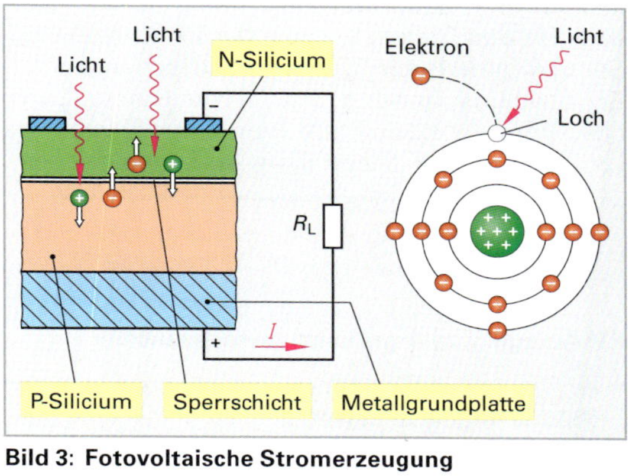

Bild 3: Fotovoltaische Stromerzeugung

Die PV-Zellen müssen gegen die metallische Tragkonstruktion sorgfältig abgedichtet sein. Bei Wasserzutritt führt die Gleichspannung zu einer starken Korrosion der PV-Zellen und der Leitungen.

PV-Modul. Zur Erzeugung einer Spannung über 0,6 V werden viele Solarzellen in Reihe geschaltet, z.B. 72, **(Bild 1, folgende Seite)**. Dadurch addieren sich die Spannungen der einzelnen Solarzellen.

Beispiel:
Ein PV-Modul soll 36 V hervorbringen. Wie viele Solarzellen sind in Reihe zu schalten?

Lösung: 36 V/0,6 V je Stück = **60 Stück**

Die Stromstärke der Reihenschaltung ist so groß wie die Stromstärke in einer PV-Zelle, z. B. 2 A. Ist eine größere Stromstärke erforderlich, so werden die PV-Zellen parallel geschaltet **(Bild 1)**.

Ein PV-Modul besteht aus einer Vielzahl von miteinander verbundenen Solarzellen.

Der *Modulwirkungsgrad* (Wirkungsgrad der Solarmodule) ist infolge der Verluste in den Schaltverbindungen kleiner als der Zellenwirkungsgrad. PV-Module haben meist eine Leerlaufspannung von 18 V bis 50 V und können dann bei Belastung eine Spannung von DC 12 V, DC 24 V, DC 48 V oder auch mehr liefern.

PV-Teilgenerator. Meist werden mehrere PV-Module in Reihe zu einem **PV-Strang** geschaltet und mehrere dieser Stränge zu einem PV-Teilgenerator **(Bild 2)**. Die *Bypass-Dioden* überbrücken im Notfall schadhafte PV-Module.

Die Spannung der PV-Teilgeneratoren beträgt bei kleinen und mittleren Anlagen bis DC 120 V, sodass für den Gleichstromteil der PV-Anlage bzgl. Schutzmaßnahmen gegen elektrischen Schlag Schutzkleinspannung SELV (von Safety Extra Low Voltage) oder PELV (von Protective Extra Low Voltage) gilt (siehe Seite 244).

Die DC-Spannung von kleinen und mittleren PV-Anlagen beträgt bis DC 120 V.

PV-Anlage. Zu ihr gehören mindestens:

- ein Teilgenerator oder mehrere Teilgeneratoren **(Bild 1, folgende Seite),**
- Überstrom-Schutzeinrichtungen und Sperrdioden der PV-Stränge im PV-Generator-Anschlusskasten,
- eine DC-Trennvorrichtung (DC-Leistungsschalter),
- ein PV-Wechselrichter zum Umwandeln von Gleichstrom DC in Wechselstrom AC, auch Netzeinspeisegerät NEG genannt,
- ein Trenntransformator,
- eine AC-Trennvorrichtung (AC-Leistungsschalter),
- eine ENS (Einrichtung zur Netzüberwachung mit Schaltorgan).

Tabelle 1: Zellenwirkungsgrade

Zellenart	typischer Wirkungsgrad
monokristalline Si-Zelle	22 %
polykristalline Si-Zelle	18 %
amorphe Si-Zelle	8 %
Kupfer-Indium-Selenid-Zelle (CIS-Zelle)	12 %
Cadmium-Tellurid-Zelle (CdTe-Zelle)	10 %

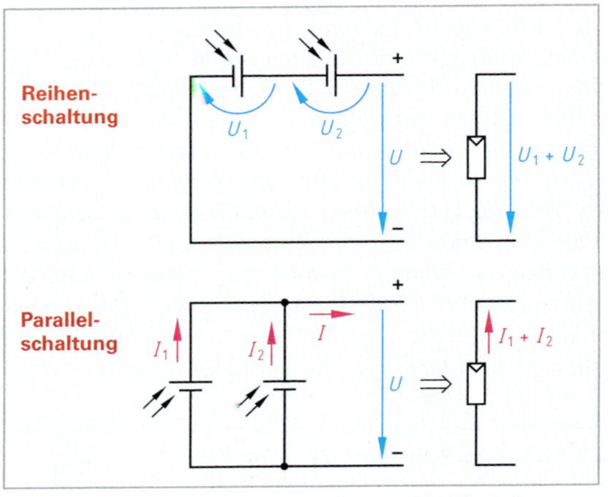

Bild 1: Schaltungen von PV-Zellen zu PV-Modulen

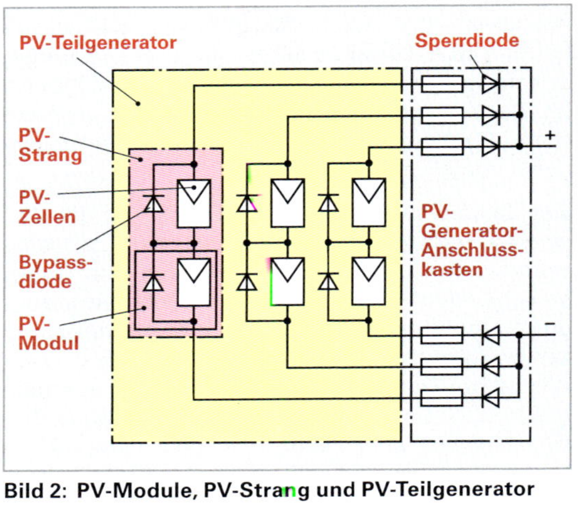

Bild 2: PV-Module, PV-Strang und PV-Teilgenerator

Letztgenannte Komponenten sind meist im NEG enthalten.

Beschattung. Wenn nur Teile der PV-Stränge in einen länger als etwa 1 s dauernden Schatten geraten, werden PV-Zellen geschädigt, weil die beschatteten Zellen wegen ihrer kleineren Spannung durch die Spannung nicht beschatteter Zellen überlastet werden. Dies wird durch die **Bypass-Dioden** verhindert.

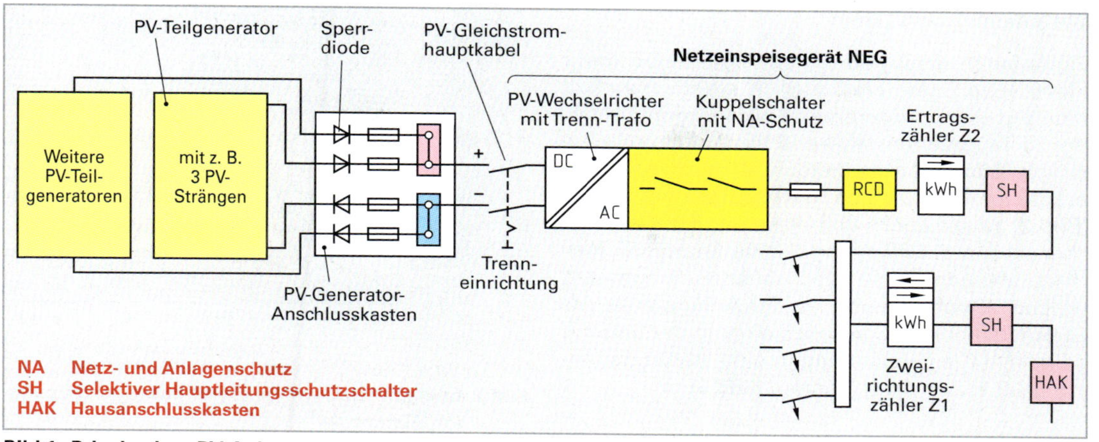

Bild 1: Prinzip einer PV-Anlage

Wird die PV-Anlage betrieben, um Strom in das öffentliche Netz einzuspeisen, dann gehören zur PV-Anlage zusätzlich

- ein Kuppelschalter zum Trennen,
- ein NA-Schutz (Netz- und Anlagenschutz), Überstrom-Schutzeinrichtungen,
- Fehlerstrom-Schutzeinrichtungen RCD,
- ein Ertragszähler, meist im NEG enthalten,
- ein Einspeisezähler,
- ein Bezugszähler.

Einspeisezähler und Bezugszähler können auch als Zweirichtungszähler ausgeführt sein.

Die Leistung der PV-Module, der PV-Teilgeneratoren und der PV-Anlage gibt man in Wp bzw. kWp an. Das p (von engl. peak = Spitze) gibt an, dass es sich um den Wert bei idealer Bedingung handelt. Diese Leistung wird für den *MPP* (von Most Power Point = Punkt der größten Leistung) angegeben.

> Für die Leistung von 1 kWp im MPP braucht man unter günstigen Bedingungen für die Module in Mitteleuropa eine Fläche von 8 m^2.

Betriebsarten

Die PV-Generatoren können betrieben werden

- zur Direktstromversorgung (nur bei Sonnenschein) oder
- im Inselbetrieb (Stromversorgung mit Akkumulator) oder
- im Verbundbetrieb (Einspeisung in VNB-Netz, VNB von Verteilungsnetzbetreiber).

Inselbetrieb kommt vor, wenn der Anschluss an das VNB-Netz zu aufwendig ist, z. B. bei Parkuhren oder bei Beleuchtung abseits liegender Straßen. Von Nachteil ist beim Inselbetrieb der Akkumulator, weil dieser eine beschränkte Lebensdauer von 1 Jahr bis 7 Jahren hat und gewartet werden muss.

Im **Verbundbetrieb** sind einzuhalten VDE 0100 Teil 712 sowie die TAB (Technische Anschlussbedingungen) des örtlichen VNB. Beim Verbundbetrieb vergütet der VNB die eingespeisten Kilowattstunden (Abschnitt 7.9).

Wartung der PV-Anlage

Die PV-Module und ihre Verbindungsleitungen sind thermisch durch die Sonneneinstrahlung hoch beansprucht. Der Wechselrichter ist durch Überspannungen, z. B. durch Blitzeinschlag in der Umgebung, gefährdet. Deshalb sollte die PV-Anlage wenigstens einmal im Jahr durch eine Elektrofachkraft gewartet werden. Diese Wartung erfolgt teilweise unter Spannung, da die Spannung der PV-Module bei Tag immer vorhanden ist und nicht abgeschaltet werden kann. Durch monatliches Besichtigen ist der Zustand der PV-Module und der Verbindungsleitungen sowie der Zustand von Trenneinrichtungen, Wechselrichter und Steuerelektronik zu prüfen.

Wiederholung und Vertiefung

1. **Warum ist der Wirkungsgrad von PV-Modulen klein?**
2. **Welche PV-Zellen haben den größten Wirkungsgrad?**
3. **Welchen Vorteil bietet der Verbundbetrieb gegenüber dem Inselbetrieb?**
4. **Aus welchen Teilen besteht eine PV-Anlage?**
5. **Warum sollte eine PV-Anlage jährlich gewartet werden?**

Batteriespeichersystem

PV-Anlagen erzeugen oft zu Tageszeiten mehr elektrische Energie als z.B. in einem Haushalt benötigt wird. Andererseits wird Energie benötigt zu Tageszeiten, während denen keine Sonne strahlt **(Bild 1)**. Daher bietet es sich an, zuviel erzeugte Energie in einem Batteriespeichersystem **(Bild 2)** zu speichern und diese dann zu verbrauchen, wenn die PV-Anlage keine Energie liefert. Hierzu werden **Hybrid-Wechselrichter** eingesetzt, welche sowohl die von der PV-Anlage erzeugte Gleichspannung DC als auch die von der Batterie gelieferte Gleichspannung in eine Wechselspannung AC konvertieren können **(Bild 3)**.

VDE-AR-N-4105 beschreibt die Anforderungen des Aufstellens von Batterien, z.B. Schutz vor Zutritt unbefugter Personen, Vorsehen einer ausreichenden Belüftung, kein Errichten in der Nähe von brennbaren Materialien. Entsprechende **Sicherheitsabstände** zu elektrischen Betriebsmitteln, welche Funken erzeugen können, sind einzuhalten. Die Herstellerangaben sind in jedem Fall zu beachten. Geeignete Warn- und **Hinweisschilder** auf hohe Spannungen und Ströme, explosive Gase und ätzende Elektrolyte müssen am Aufstellungsort der Batterie angebracht werden. Ebenso sind Kennzeichnungsschilder mit dem Namen des Errichters und dem Errichtungsdatum gefordert.

Eine PV-Anlage mit Batteriespeichersystem kann im **Netzparallelbetrieb** (Verbundbetrieb öffentliches Netz und PV-Anlage/Batteriespeichersystem) oder **Inselbetrieb** arbeiten **(Bild 1, folgende Seite)**. Beim Umschalten zwischen öffentlichem Netz und der PV-Anlage oder ihrem Speichersystem müssen Trenneinrichtungen dafür sorgen, dass kein Parallelbetrieb > 100 ms stattfindet, um eine Überlastung durch das Netz zu verhindern. Ferner darf ein Umschalten nur erfolgen, wenn Spannungshöhe, Frequenz, Phasenfolge eingehalten sind. Im Inselbetrieb wird ein Gebäude nur über die PV-Anlage oder deren Batteriespeichersystem mit Energie versorgt.

Im **Inselbetrieb** fehlt der **Sternpunkt** des Netztransformators des öffentlichen TN-Netzes. Deshalb muss der Sternpunkt im Batterie-Speichersystem nachgebildet werden (Bild 1, folgende Seite). Die Sternpunktnachbildung mit Verbindung zur Haupterdungsschiene (Potenzialausgleichsschiene) stellt u.a. sicher

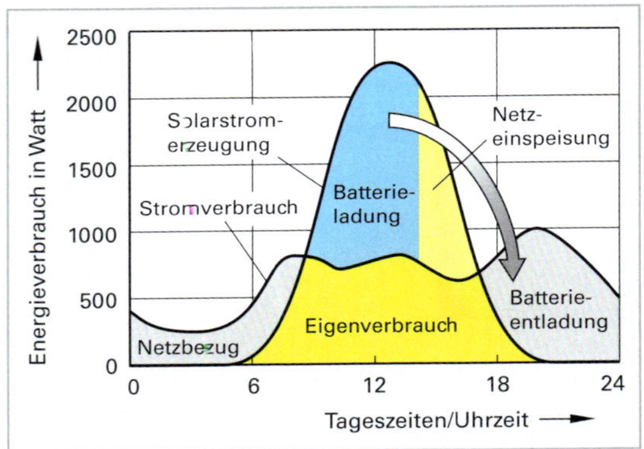

Bild 1: Energieverbrauch und Solar-Energieerzeugung im Tagesverlauf

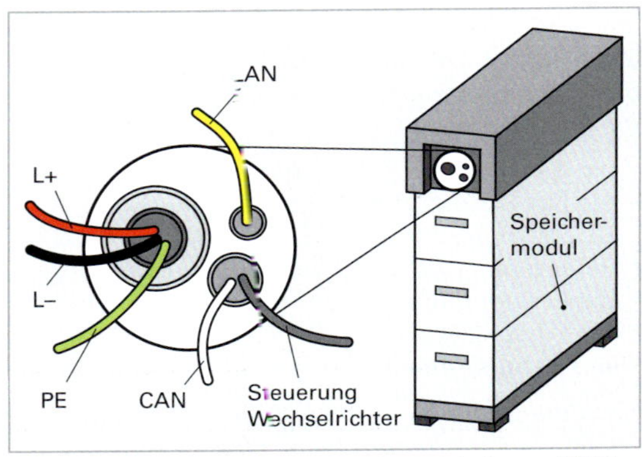

Bild 2: Batteriespeichersystem für PV-Anlagen (BYD)

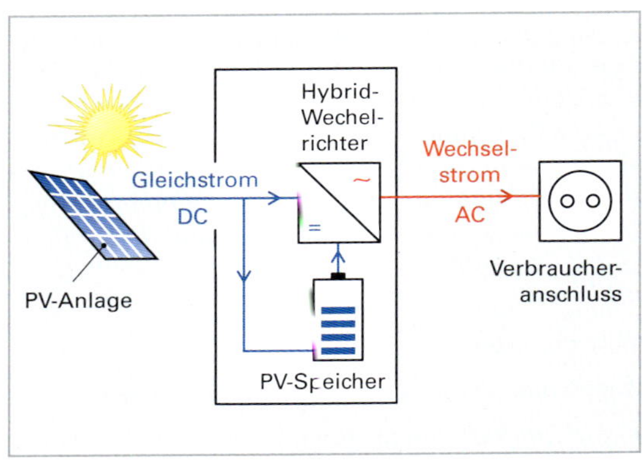

Bild 3: DC-Speicher für PV-Anlage

- die Netzform TN-System (Abschnitt 6.4.10),
- das Schließen der Fehlerschleife bei Körperschluss und
- das Potenzial des Sternpunkts als Erdungspunkt für das Inselnetz-Versorgungssystem.

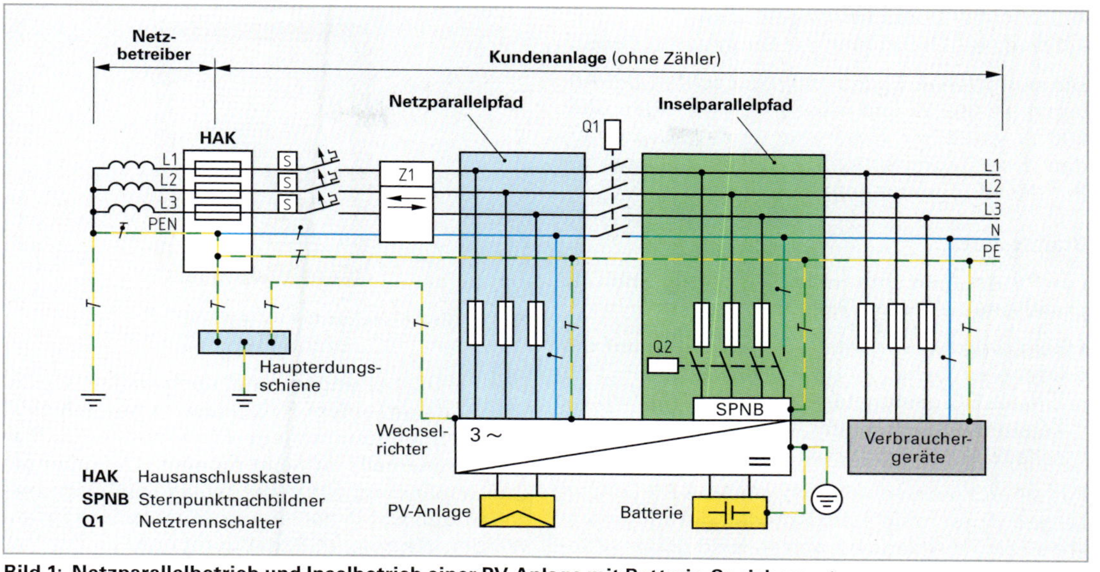

Bild 1: Netzparallelbetrieb und Inselbetrieb einer PV-Anlage mit Batterie-Speichersystem

> Im Inselbetrieb muss der Sternpunkt des Netztransformators nachgebildet werden.

Das **Batteriespeichersystem** besteht aus steckbaren Speichermodulen. Dadurch kann der Speicherbereich auf einfache Weise erweitert werden **(Bild 2, vorhergehende Seite)**. Das Speichersystem besitzt eine Kommunikationsschnittstelle zum Wechselrichter sowie zu PC/Internet über eine Ethernet-LAN-Schnittstelle für Diagnosezwecke und Aktualisierungen der Batteriesteuerungssoftware. Der Wechselrichter ist idealer Weise ein Hybrid-Wechselrichter für die PV-Anlage und das Batteriespeichersystem. Auch Schnittstellen für CAN-Bus oder RS 485 sind verfügbar.

Mini-PV-Anlagen

Mini-PV-Anlagen, auch Balkonanlagen genannt, können über eine Anschlussleitung mit Stecker in Betrieb genommen werden. Die Einspeisung der erzeugten Energie erfolgt über die bestehenden Endstromkreise. Bei Einspeiseleistung über 800 W ist in Deutschland zum Anschluss die Wieland-Steckvorrichtung erforderlich **(Bild 2)**.

Bei Einspeiseleistung bis 800 W ist an der Anschlussleitung der Schukostecker oder der 230-V-CEE-Stecker erlaubt. Es muss jedoch im Wechselrichter der Mini-PV-Anlage eine genügend schnelle Anlagentrennung sichergestellt sein.

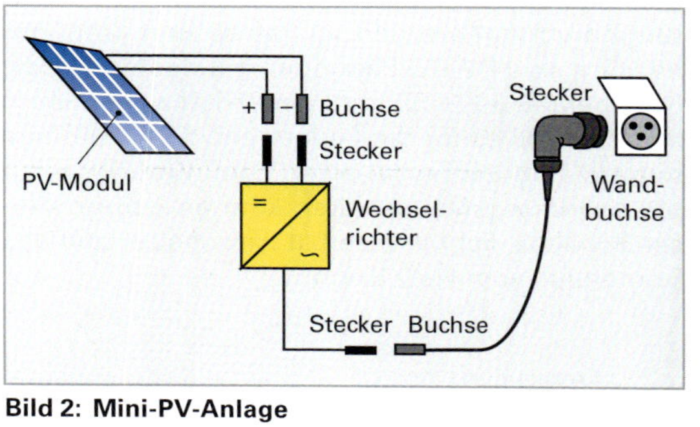

Bild 2: Mini-PV-Anlage

Der **Parallelbetrieb** Einspeisung und Entnahme von Energie bedeutet eine Nutzungsänderung der bestehenden elektrischen Anlage. Der **Versicherungsschutz** ist daher zu überprüfen. Die Leitungen sind aufgrund zusätzlicher Strombelastungen, auch aufgrund der Alterung ihrer Isolationsmaterialien, zu prüfen. Geeignete Leitungsschutzschalter sind ggf. einzubauen.

Sicherzustellen sind:

- Schutzmaßnahmen gegen elektrischen Schlag nach DIN VDE 0100-410,
- Schutz gegen Brände infolge von Überströmen und thermischen Auswirkungen bei Kabel- und Leitungsanlagen (DIN VDE 0100-520),
- (zusätzlicher) Schutz bei Fehlerströmen durch eine RCD $I_{\Delta N} \leq 30$ mA,

- Schutz bei Überspannungen sowie
- Schutz bei Unterbruch der Stromversorgung.

Die betroffenen Endstromkreise sollten bei Anlagen bis 800 W und müssen bei Anlagen über 800 W von einer **Elektrofachkraft** geprüft werden. Eine steckerfertige PV-Anlage muss bei der Bundesnetzagentur angemeldet werden.

Brandschutz

Für PV-Anlagen gibt es in VDE-AR-E 2100-712 brandschutzrelevante Anforderungen, z. B.

- kein direktes Verlegen von Leitungen auf der Dachoberfläche,
- Einsatz DC-geeigneter Überstromsicherungen, Leistungstrennschalter, Sicherungslasttrennschalter und Leitungsschutzschalter.

Für einen **Feuerwehreinsatz** sind die PV-DC-Leitungen zu kennzeichnen. Schilder, die auf Stromkreise zur PV-Anlage hinweisen, sind z. B. am Zählerplatz anzubringen **(Bild 1).**

In Räumen der Sicherheitsstromversorgung oder von Alarmanlagen dürfen keine PV-DC-Leitungen verlegt werden. In Fluren und Treppenhäusern sind PV-DC-Leitungen mindestens feuerhemmend (F30 → 30 min) geschützt zu verlegen. Im Brandfall sollte die Feuerwehr die PV-Anlage mittels **Feuerwehrschalter** zum Wohnbereich hin spannungsfrei schalten können, sofern dieser Schalter nicht von selbst freischaltet und das Brandhaus vom Netz trennt.

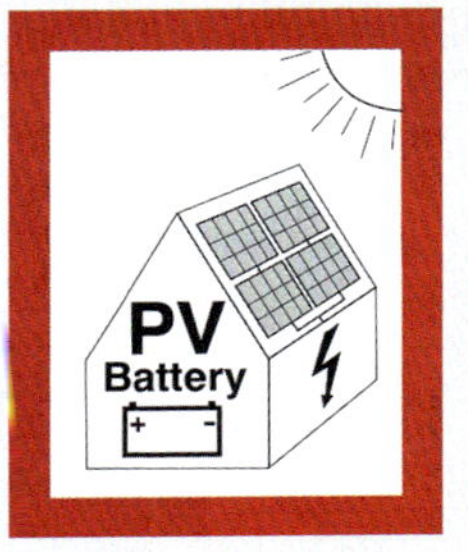

Bild 1: Hinweisschild auf PV-Anlage

Die PV-DC-Leitungen sind deshalb kritisch zu sehen, da an einem PV-Generator bei Helligkeit immer Spannung anliegt. Ein Freischalten dieses Anlagenteils ist nicht möglich. Die erzeugte Gleichspannung führt bei Isolationsfehlern zwischen den Polen zu einem Kurzschlussstrom. Werden die Pole im Schaltgerät oder an der Isolationsfehlerstelle getrennt, so entsteht ein Lichtbogen, der nicht von selbst erlischt.

> PV-Anlagen erfordern besondere Brandschutz-Maßnahmen.

Anbindung ans öffentliche Netz

Aufgrund der Energieeinspeisung ins öffentliche Netz ist es zweckmäßig, **Zweirichtungszähler** zu installieren. Damit kann sowohl der Bezug von

Erzeugungsleistung:

☐ Modulleistung der geplanten Anlage P_{AGen} ________ kWp

☐ Summe der neu beantragten Wechselrichterleistung S_{Amax} ________ kVA

☐ Speicher mit folgenden Anschlussscheinleistungen (AC) S_{SPmax} ________ kVA

und einer nutzbaren Speicherkapazität W_{SPmax} ________ kWh

☐ Am Anlagenstandort existieren bereits weitere Erzeugungsanlagen mit folgenden summierten Scheinleistungen S_{Amax} ________ kVA
(bitte Zählernummern im Bemerkungsfeld auf Seite 2 angeben)

Messkonzept für EZA nach dem Auswahlblatt zum Messkonzept 1-11 0,4 kV oder 10 kV/110 kV (Ziffer bitte eintragen): ________
Speicherkonzepte (bitte eintragen): ________

Bitte unbedingt einen maßstabsgerechten Lageplan (im Maßstab 1:500 oder größer) mit eingezeichnetem Anlagenstandort beilegen. Bestandsanlagen sind in diesem Lageplan einzuzeichnen.

Netzsicherheits-/Einspeisemanagement bei PV-Anlagen >25 kWp installierter Leistung:
Bei PV-Anlagen ab 25 kWp § 9 EEG 2023 muss die Anlage mit einem Einspeisemanagement ausgestattet werden.

Bild 2: Auszug aus Anfrageformular an den Netzbetreiber zur Beantragung einer PV-Anlage
(Indizes A Anlage, Gen Generator, SP Speicher, max maximal)

elektrischer Energie aus dem öffentlichen Netz erfasst und abgerechnet werden als auch die dorthin eingespeiste Energie der PV-Anlage.

Vor Installation der PV-Anlage muss beim Energienetzbetreiber (VNB, Versorgungsnetzbetreiber) bzw. beim Energieversorgungsunternehmen (EVU) oder ggf. bei der Bundesnetzagentur die geplante Einspeisung vom auszuführenden Installateur (Elektrofachkraft) über entsprechende Formulare beantragt werden **(Bild 2, vorhergehende Seite)**. Dies gilt nach VDE-AR-N-4105 auch für das Batteriespeichersystem. Der Antrag kann meist im Internet online ausgefüllt werden und umfasst

- den Lageplan der Anlage,
- die Anlagenleistung, das Messkonzept und das Speicherkonzept sowie
- Angaben zum Netzsicherheitsmanagement.

Zweirichtungszähler kommen bei PV-Anlagen von weniger als 10 kW zum Einsatz. Ab 10 kW ist ein Erzeugungszähler mit Rücklaufsperre erforderlich. Bei PV-Anlagen von 30 kW bis 135 kW ist eine Wandlermessung gefordert. Im Gegensatz zur Direktmessung wird die hohe Stromstärke zur Messung zuvor durch Wandlerspulen heruntertransformiert.

> PV-Anlagen benötigen keine Baugenehmigung, sie müssen aber beim Netzbetreiber und der Bundesnetzagentur angemeldet werden.

PV-Großanlagen auf Freiflächen **(Bild 1)** müssen jedoch auf der Grundlage der örtlichen Baugenehmigung gebaut werden.

PV-Anlagen ab 30 kW müssen sich nach VDE-AR-N-4105 an der **Stabilisierung** des Niederspannungsnetzes beteiligen, wenn sie in dieses einspeisen. Eine PV-Anlage darf sich bei kurzfristigen Spannungseinbrüchen oder Spannungserhöhungen innerhalb vorgegebener Grenzwerte bzgl. Spannung, Frequenz und Zeitintervallen nicht vom Netz trennen. Dies ist durch ein Netz- und Anlagenschutz-Relais (NA-Schutz) im Verbund mit dem Kuppelschalter sicherzustellen.

Berechnung des Energieertrags

Das Berechnen des jährlichen Energieertrags einer PV-Anlage erfolgt mittels verschiedener Formeln. Ausgehend von der Leistung eines PV-Moduls sowie der Anzahl der verwendeten PV-Module kann die maximale Leistung einer PV-An-

Bild 1: Freiflächen-PV-Anlage (Agri-PV-Anlage)

Leistung des PV-Moduls

$$P_{MPP} = U_{MPP} \cdot I_{MPP} \quad (1)$$

nutzbare Leistung des PV-Generators

$$P_G = P_{MPPges} \cdot f_A \quad (2)$$

Anzahl PV-Module

$$n = \frac{A_G}{A_M} \quad (3)$$

Leistung der PV-Anlage

$$P_A = P_G \cdot \eta_{WR} \cdot \eta_L \quad (4)$$

maximale Leistung des PV-Generators

$$P_{MPPges} = n \cdot P_{MPP} \quad (5)$$

Jahresenergiemenge der PV-Anlage

$$W_a = 920\ \text{kWh/kWp} \cdot P_A \quad (6)$$

Jahresertrag der PV-Anlage

$$K = W_a \cdot k \quad (7)$$

P_{MPP}	maximale Leistung PV-Modul in W	P_G	nutzbare Leistung PV-Generator in W
U_{MPP}	Spannung im MPP in V	f_A	Ertragsfaktor
I_{MPP}	Stromstärke im MPP in A	P_A	Leistung PV-Anlage in W
n	Anzahl PV-Module	η_{WR}	Wirkungsgrad Wechselrichter
A_G	nutzbare Dachfläche, Generatorfläche im m²	η_L	Wirkungsgrad Leitungen
A_M	Fläche PV-Modul in m²	W_a	Jahresenergiemenge in kWh
P_{MPPges}	maximale Leistung PV-Generator in W	K	Jahresertrag in EUR
		k	Vergütung erzeugte kWh in EUR/kWh

spezifischer Energieertrag für Deutschland: 920 kWh/kWp

lage berechnet werden. Die nutzbare Leistung der PV-Anlage ist geringer infolge von

- geografischer Lage,
- Dachneigung bzw. PV-Anlagengestell-Neigung,
- Orientierung des Dachs bzw. des PV-Anlagengestells und
- Wirkungsgraden von Wechselrichter und Leitungen sowie
- ggf. auch durch Schatteneinflüsse.

Die Neigung und Orientierung (Ausrichtung) der PV-Anlage wird durch den Ertragsfaktor f_A in Formel 2 berücksichtigt. Dieser ist einer Einstrahlungstabelle zu entnehmen **(Tabelle 1)**.

Der maximale Leistungspunkt MPP (Maximum Power Point) eines PV-Moduls verändert sich mit der Temperatur des PV-Moduls **(Bild 1)**. Mit zunehmender Temperatur fallen die erzeugte Spannung und und somit die Leistung ab.

Beispiel:
Ein Dachteil eines Einfamilienhauses mit Dachneigung 30° ist mit – 60° nach Osten ausgerichtet. Die maximale Leistung aller PV-Module des Dachteils beträgt 15 kW. Berechnen Sie die nutzbare Leistung des PV-Generators.

Lösung:

Aus der Einstrahlungstabelle Tabelle 1 erhält man für $f_A = 0{,}91$. $P_G = P_{MPPges} \cdot f_A = 15\ \text{kW} \cdot 0{,}91 = \mathbf{13{,}65\ kW}$

Die nutzbare Leistung einer PV-Anlage hängt von der Dach-/Gestellneigung, der Dach-/Gestellausrichtung sowie der PV-Modul-Eigenschaften ab.

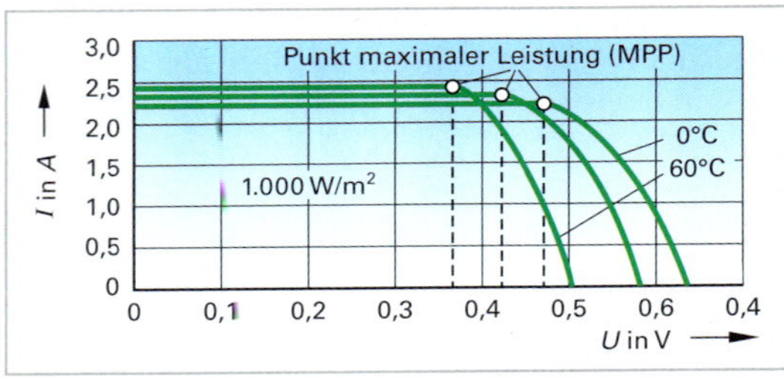

Bild 1: Strom-Spannungskennlinie einer PV-Zelle in Abhängigkeit der Zellentemperatur

Wiederholung und Vertiefung

1. **Was versteht man unter einem Hybrid-Wechselrichter?**
2. **Erklären Sie den Begriff Netzparallelbetrieb.**
3. **Was versteht man unter dem Begriff Sternpunktnachbildung?**
4. **Aus welchem Grund sind bei Batteriespeichersystemen Sicherheitsabstände zu besonderen elektrischen Betriebsmitteln einzuhalten?**
5. **Welche der folgenden Aussagen ist richtig?**
   1. **Batteriespeichersysteme für PV-Anlagen benötigen keine Wechselrichter.** ☐
   2. **Wartungsarbeiten an PV-Anlagen sind weitgehend ungefährlich, da die komplette PV-Anlage freigeschaltet werden kann.** ☐
   3. **Als PV-DC-Leitungen können alle Arten von Leitungen verwendet werden.** ☐
   4. **Je größer eine Dachneigung mit PV-Modulen ist, umso größer ist der Energieertrag.** ☐
   5. **Mini-PV-Anlagen dürfen nicht in allen Fällen mittels Schuko-Steckern oder CEE-Steckern betrieben werden.** ☐

Tabelle 1: Einstrahlungstabelle zur Ermittlung der Ertragsfaktorwerte f_A in Abhängigkeit von Dachneigung/Gestellneigung und Dachausrichtung/Gestellausrichtung

Dach-/Gestellneigung	Dachausrichtung/Gestellausrichtung																		
	Süd	Südost/Südwest								Ost West	Nordost/Nordwest								Nord
	0°	10°	20°	30°	40°	50°	60°	70°	80°	90°	100°	110°	120°	130°	140°	150°	160°	170°	180°
0°	87%	87%	87%	87%	87%	87%	87%	87%	87%	87%	87%	87%	87%	87%	87%	87%	87%	87%	87%
10°	93%	93%	93%	92%	92%	91%	90%	89%	88%	86%	85%	84%	83%	81%	81%	80%	79%	79%	79%
20°	97%	97%	97%	96%	95%	93%	91%	89%	87%	85%	82%	80%	77%	75%	72%	71%	70%	70%	70%
30°	100%	99%	99%	97%	96%	94%	91%	88%	85%	82%	79%	75%	72%	69%	66%	64%	62%	61%	61%
40°	100%	99%	99%	97%	95%	93%	90%	86%	83%	79%	75%	71%	67%	63%	59%	56%	54%	52%	52%
50°	98%	97%	96%	95%	93%	90%	87%	83%	79%	75%	70%	66%	61%	56%	52%	48%	45%	44%	43%
60°	94%	93%	92%	91%	88%	85%	82%	78%	74%	70%	65%	60%	55%	50%	46%	41%	38%	36%	35%
70°	88%	87%	86%	85%	82%	79%	76%	72%	68%	63%	58%	54%	49%	44%	39%	35%	32%	29%	28%
80°	80%	79%	78%	77%	75%	72%	68%	65%	61%	56%	51%	47%	42%	37%	33%	29%	26%	24%	23%
90°	69%	69%	69%	67%	65%	63%	60%	56%	53%	48%	44%	40%	35%	31%	27%	24%	21%	19%	18%

7.6 Stromerzeugung mit Brennstoffzellen
Power Generation by Fuel Cells

7.6.1 Prinzip der Brennstoffzelle FC

Legt man eine Gleichspannung zwischen zwei Elektroden in einem Elektrolyt, z. B. einer Salzlösung, so entsteht am Pluspol Sauerstoff und am Minuspol Wasserstoff **(Bild 1, links)**. Dabei fließt der Strom vom Pluspol als Anode (von griech. anodos = Eingang, hier Eingang zum Elektrolyten) zum Minuspol als Katode (von griech. Kathodos = Hinabweg, hier Ausgang vom Elektrolyten). Dadurch werden Wasserstoffionen wegen ihrer positiven Ladung zur Katode bewegt und dort zunächst zu atomarem Wasserstoff H entladen, der sich zu Wasserstoffgas H_2 verbindet. Ähnlich entsteht an der Anode Sauerstoff.

Dieser Vorgang ist im Prinzip reversibel (umkehrbar, von lat. reversum = umgekehrt), sodass aus Wasserstoff und Sauerstoff eine Gleichspannung entstehen kann **(Bild 1, rechts)**. Dabei müssen Elektroden vorhanden sein und ein Elektrolyt, in dem die Gase Wasserstoff und Sauerstoff miteinander zu Wasser reagieren können. Ein derartiges elektrolytisches Element wurde schon 1839 untersucht. Man nennt es **Brennstoffelement**. Bei der Reaktion von H_2 mit O_2 entsteht in einem Brennstoffelement Wärme in großem Umfang. Wegen der im Vergleich zur Wasserzersetzung umgekehrten Stromrichtung ist im Brennstoffelement der Pluspol die Katode und der Minuspol die Anode (Bild 1, rechts).

> Ein Brennstoffelement besteht aus Elektroden und einem Elektrolyten, in dem der Brennstoff Wasserstoff mit Sauerstoff reagiert und dabei eine elektrische Spannung sowie Wärme und Wasserdampf erzeugt.

Die Spannung eines derartigen Elements ist klein. Zum Erzielen einer technisch brauchbaren Spannung werden viele derartige Elemente in Reihe geschaltet, damit sich die einzelnen Spannungen addieren. Eine derartige Schaltung von Brennstoffelementen nennt man **Brennstoffzelle** **(Bild 2)**.

> Eine Brennstoffzelle besteht aus einer Vielzahl von Brennstoffelementen mit Anoden, Katoden und einem Elektrolyt.

Leider werden in Beschreibungen Brennstoffelemente oft auch als Brennstoffzellen bezeichnet.

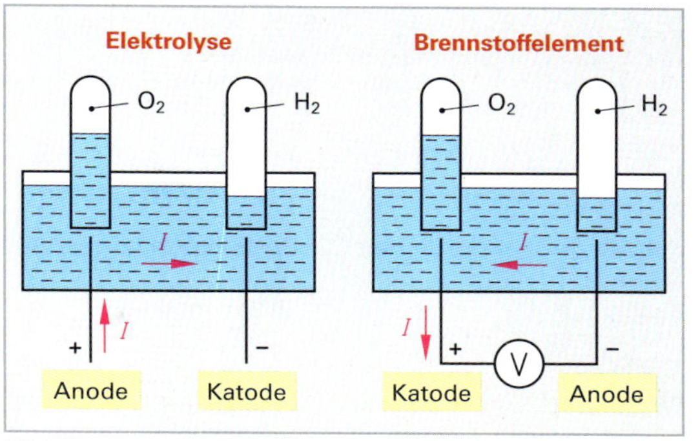

Bild 1: Elektrolyse und Brennstoffelement

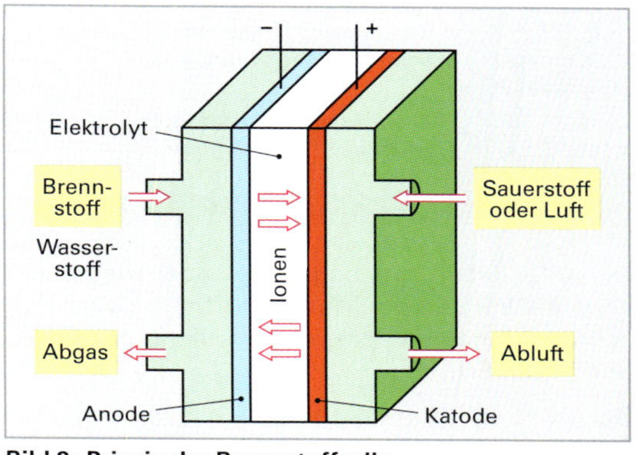

Bild 2: Prinzip der Brennstoffzelle

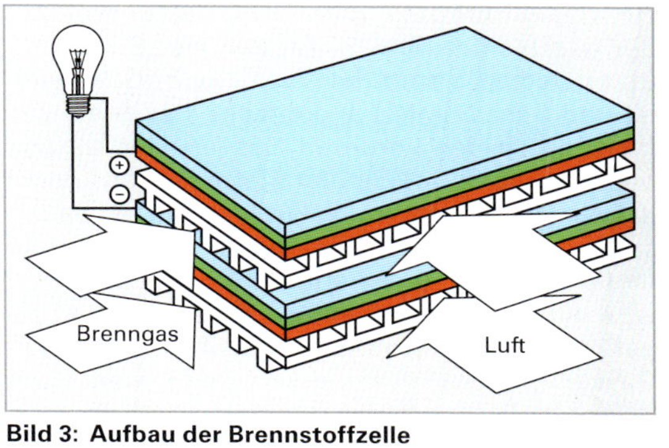

Bild 3: Aufbau der Brennstoffzelle

7.6.2 Technische Ausführung der FC

Eine Brennstoffzelle nach Bild 2 ist unbrauchbar, weil die Reaktionsgeschwindigkeit zu gering und der elektrische Innenwiderstand viel zu groß ist. Deshalb muss die Reaktionsoberfläche vergrößert und die Temperatur erhöht werden **(Bild 3)**. Die verschiedenen Brennstoffzellen arbeiten je nach Elektrolyt mit sehr verschiedenen Temperaturen **(Tabelle 1, folgende Seite)**.

Tabelle 1: Arten von Brennstoffzellen FC

Brennstoffzelle	Elektrolyt	Anodengase	Temperatur	Leistung	Anwendungen	Stand
AFC (Alkaline Fuel Cell)	Kalilauge	Wasserstoff	bis 100 °C	10 kW bis 100 kW	Raumfahrt, U-Boote	kommerziell, Entwicklung
PEMFC (Proton Exchange Membrane Fuel Cell)	Polymermembran	Wasserstoff (Methanol) (Methan)	bis 120 °C	0,03 bis 1 kW 20 bis 250 kW 5 bis 10 kW 20 bis 50 kW	Stromversorgung, Pkw/Bus, Hausversorgung, Blockheizkraftwerke	Entwicklung
PAFC (Phosphoric Acid Fuel Cell)	Phosphorsäure	Wasserstoff (Methan)	bis 220 °C	50 kW bis 11 MW	Blockheizkraftwerke, Kleinkraftwerke	kommerziell
MCFC (Molten Carbonate Fuel Cell)	Alcalicarbonatschmelzen	Wasserstoff, Methan, Kohlegas	600 bis 700 °C	250 kW bis 100 MW	Blockheizkraftwerke, Kleinkraftwerke	Entwicklung
SOFC (Solid Oxid Fuel Cell)	keramischer Festelektrolyt	Wasserstoff, Methan, Kohlegas	800 bis 1000 °C	1 bis 5 kW 5 bis 100 MW	Hausversorgung, Kleinkraftwerke	Entwicklung

Es können elektrische Wirkungsgrade größer 60% erreicht werden.

Die AFCs haben eine begrenzte Lebensdauer von etwa 4000 h und der Wasserstoff muss sehr rein sein. Am ehesten versprechen die Typen PAFC und MCFC Erfolg.

Bei MCFC (Carbonatbrennstoffzelle) sind bis 300 Elemente aus poröser Nickelanode, Schmelzelektrolyt, poröser Nickelkatode und Abstandhaltern zur Gaseinführung (Bipolar-Platte) übereinander geschichtet **(Bild 1)**. An den vier Seiten der Brennstoffzelle sind die Gashauben (Gasverteiler und Gassammler) angebracht. Das Brenngas fließt durch den vorderen Gasverteiler entlang der Unterseite der Bipolar-Platte, sodass es an der Anode mit dem im Elektrolyt gelösten Sauerstoff reagieren kann. Das Anodenabgas wird im hinteren Gassammler abgeführt. Entsprechend wird der Katode durch einen Gasverteiler Luft zugeführt, die den Brennstoffzellenblock über den Gassammler auf der anderen Seite wieder mit kleinerem O_2-Anteil verlässt.

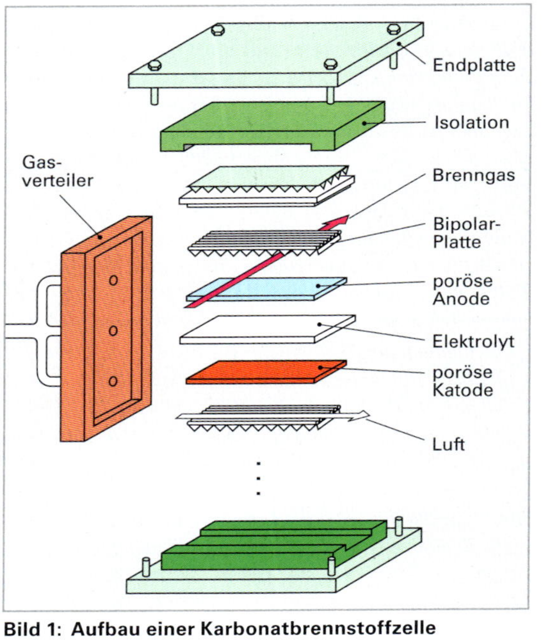

Bild 1: Aufbau einer Karbonatbrennstoffzelle

7.6.3 Herstellung von Wasserstoffgas

Grundsätzlich benötigen die Brennstoffzellen zum Betrieb Wasserstoffgas H_2, nachfolgend nur Wasserstoff genannt. Dieses kann außer über die Elektrolyse **(Bild 1, vorhergehende Seite)** auch noch auf andere Arten hergestellt werden **(Bild 1, folgende Seite)**. Wird Wasserstoff über Elektrolyse mittels aus Photovoltaik oder Windenergie erzeugtem Strom gewonnen, so spricht man wegen der CO_2-Neutralität von **grünem Wasserstoff**.

Ferner kann aus Erdgas zusammen mit Wasserdampf in einem **Dampfreformer** bei Temperaturen von z. B. 900 °C und einem Druck von 25 bar Wasserstoff erzeugt werden. Dies ist auch über eine partielle Oxidation von behandeltem Erdöl oder behandelter Kohle mit Sauerstoff möglich. Hierbei fallen CO_2-Emissionen an (CO_2-Rei-

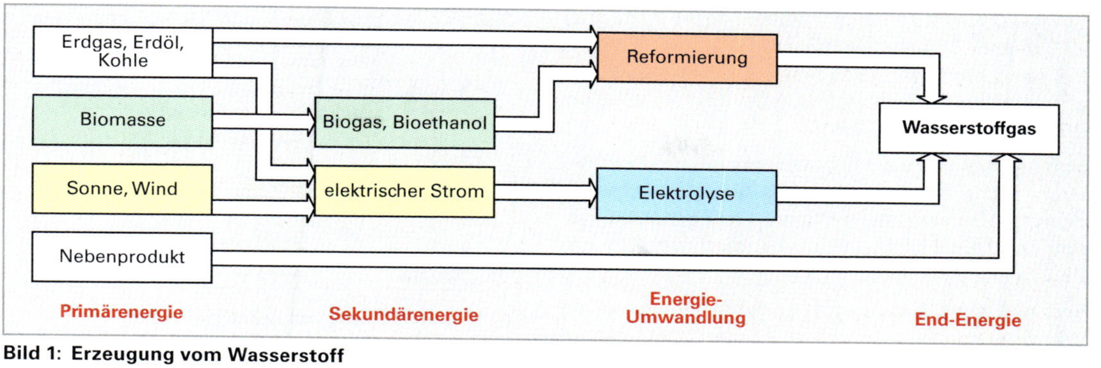

Bild 1: Erzeugung vom Wasserstoff

nigung). Auf diese Art gewonnener Wasserstoff wird als **grauer Wasserstoff** bezeichnet.

Durch Pyrolyse (Spaltung organischer Verbindungen bei hohen Temperaturen und in Abwesenheit von Sauerstoff, siehe auch Seite 458) und Vergasung kann Wasserstoff auch aus Biomasse gewonnen werden. Bei der Pyrolyse fallen Primärgase (Luftgemische mit z. B. CO_2, N_2), Koks und Methanol an. Aus durch Vergasung mit Wasserdampf und Sauerstoff entstandenem wasserstoffreichen Gas wird dann ebenfalls in einem Dampfreformer Wasserstoff erzeugt.

> Die Gewinnung von Wasserstoff aus Erdgas, Erdöl, Kohle oder Biogas erfolgt über einen Zwischenprozess mit der Erzeugung von Methan oder Methanol.

Wird Wasserstoff aus dem eigentlichen Brenngas, z. B. Methan CH_4, mithilfe eines Katalysators in einem **Reformer** hergestellt **(Bild 2)**, so geschieht dies nach der Summenformel

$$CH_4 + 2\,H_2O \rightarrow CO_2 + 4\,H_2$$

An der Anode und der Katode erfolgen die eigentlichen Reaktionen für die Stromerzeugung **(Bild 3)**.

Anode:

$$H_2 + CO_3^{2-} \rightarrow H_2O + CO_2 + 2\,e^-$$

Katode:

$$\tfrac{1}{2}\,O_2 + CO_2 + 2\,e^- \rightarrow CO_3^{2-}$$

Beim Verfahren MCFC kann wegen der hohen Betriebstemperatur die Erzeugung des H_2 direkt in der Zelle erfolgen (Bild 3). Dort wird z. B. CH_4 mit Wasser zugeführt, zu CO_2 und H_2 aufgespaltet und mittels des Luftsauerstoffs zur Erzeugung von elektrischem Strom und von Wärme verwendet. Entsprechend arbeiten diese Zellen auch mit Methanol CH_3OH als Brennstoff.

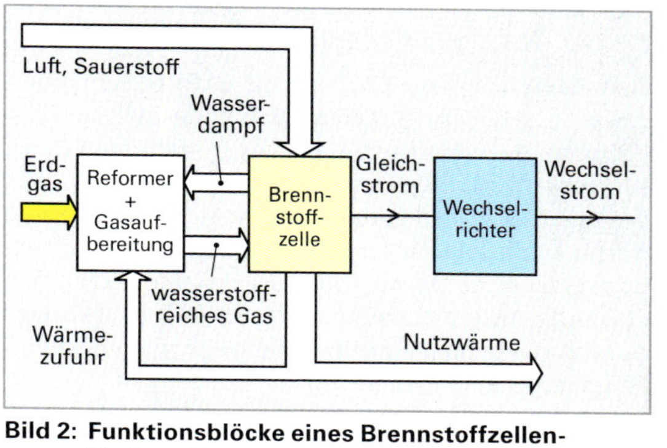

Bild 2: Funktionsblöcke eines Brennstoffzellen-Kraftwerks

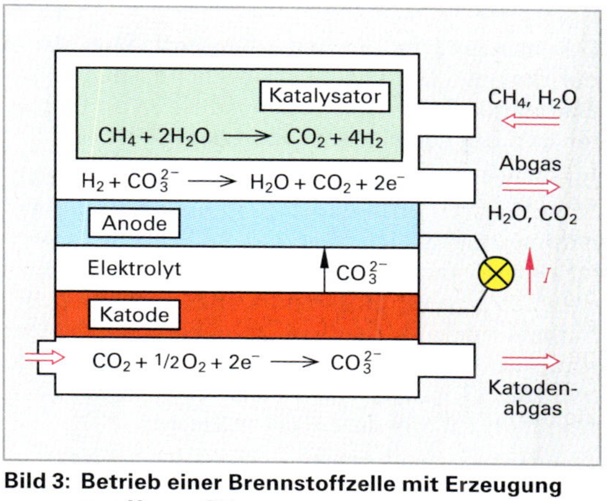

Bild 3: Betrieb einer Brennstoffzelle mit Erzeugung von H_2 aus CH_4

Methanol besitzt den Vorteil, dass eine thermische Spaltung schon bei 250 °C erfolgt.

> Bei Brennstoffzellen mit niedriger Betriebstemperatur muss der erforderliche Wasserstoff in einem Reformer aus dem Brenngas erzeugt werden.

Eine weitere Möglichkeit, Wasserstoff verfügbar zu machen, ist, den in der chemischen Industrie bei verschiedenen Prozessen als Nebenprodukt anfallenden Wasserstoff zu verwenden, z. B. bei der Herstellung von Chlor.

Von **blauem Wasserstoff** spricht man umweltpolitisch, wenn das CO_2, welches beim über fossile Brennstoffe erzeugten Wasserstoff entsteht, gespeichert und nicht in die Atmosphäre abgegeben wird.

Von **türkisem Wasserstoff** spricht man, wenn die Wärmeerzeugung im Reformer über erneuerbare Energiequellen erfolgt und entstehender Kohlenstoff dauerhaft gebunden wird. Dadurch ist dann die CO_2-Neutralität ebenfalls gewährleistet.

Das **Speichern von Wasserstoff** erfolgt typischerweise als komprimiertes Druckgas in Druckbehältern oder verflüssigt in geeigneten Behältern. Weitere Möglichkeiten sind das Speichern des Wasserstoffs in fester Form in Metallhydriden durch Einlagern in den Lücken des Metallgitters oder adsorptiv durch Anlagerung an die Oberfläche eines hochporösen Materials, z. B. Zeolithe oder Aktivkohle. Andere Speicherungsmöglichkeiten sind in Erforschung.

7.6.4 Wirtschaftlichkeit der Brennstoffzellen

Durchsetzen konnten sich Brennstoffzellen bisher nur dort, wo Geld keine sonderliche Rolle spielt, also in der Raumfahrt, beim Antrieb von U-Booten und bei Vorzeigevorhaben der Politik.

Brennstoffzellen erzeugen im Betrieb eine erhebliche Wärme. Brennstoffzellen sind am ehesten dann wirtschaftlich, wenn diese Wärme verwertet werden kann. Das ist vor allem dann möglich, wenn es sich um Brennstoffzellen mit hoher Betriebstemperatur handelt. Dann kann die Wärme zum Antrieb einer Dampfturbine verwendet werden. Sonst ist die Wärme nur zum Heizen verwendbar, z. B. bei dezentralem Einsatz.

Aus ökologischer Sicht erhofft man sich **Brennstoffzellen-Kraftwerke**, die mit grünem Wasserstoff betrieben werden. Andernfalls sind bei dezentraler Nutzung ihre Abgase ähnlich wie die von Blockheizkraftwerken, die mit Kohlenwasserstoffen oder Erdgas betrieben werden.

> Brennstoffzellen-Kraftwerke arbeiten wirtschaftlich als Kleinkraftwerke, z. B. zur Stromversorgung zu Sicherheitszwecken.

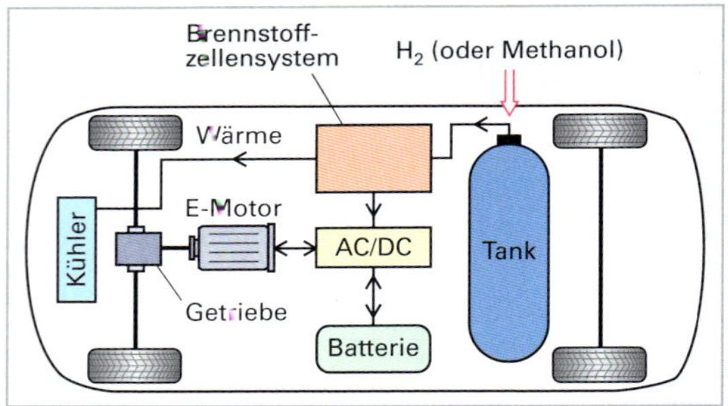

Bild 1: Kraftfahrzeug mit Brennstoffzelle

Wirtschaftlich sinnvoll erscheint die Verwendung der Brennstoffzellen vor allem in der mobilen **Stromerzeugung**, z. B. an Stelle von Akkumulatoren. Hier ist immer ein Reformer als Teil des Brennstoffzellensystems erforderlich, wenn als Kraftstoff Methanol oder ein anderer Kohlenwasserstoff verwendet wird, weil die sonst erforderlich hohe Betriebstemperatur zu gefährlich erscheint. So werden Brennstoffzellen zur Stromversorgung von tragbaren Sende-Empfängern und sogar von Computern, z. B. Notebooks, testweise eingesetzt, da die Energiedichte von Methanol erheblich höher ist als die eines Akkumulators oder von Wasserstoff. Versuchsserien von Kraftfahrzeugen mit elektrischem Antrieb, der von Brennstoffzellen gespeist wird, sind ebenfalls im Einsatz **(Bild 1)**. Größere Serien elektrischer Antriebe und dieser Technologie werden von den Kraftfahrzeugherstellern vorbereitet, insbesondere für Nutzkraftfahrzeuge.

> Sind Methanol-Reformer Bestandteil eines Brennstoffzellensystems in Fahrzeugen, dann kann anstelle von Wasserstoff Methanol getankt werden.

Wiederholung und Vertiefung

1. **Inwiefern besteht zwischen der Brennstoffzelle und der Wasserzersetzung ein Zusammenhang?**
2. **Welche beiden Gase sind zum Betrieb einer Brennstoffzelle erforderlich?**
3. **Wie wird bei der Brennstoffzelle der Minuspol bezeichnet?**
4. **Warum werden Brennstoffzellen mit einer hohen Betriebstemperatur betrieben?**
5. **An welcher Elektrode einer Brennstoffzelle wird Luft eingeblasen?**
6. **Warum sind Brennstoffzellen-Kraftwerke nur bei dezentralem Einsatz wirtschaftlich möglich?**

7.6.5 Vorteile und Nachteile von Wasserstoff

Dem Wasserstoff wird bei der Energiewende, also der Abkehr von fossilen Rohstoffen bzw. Brennstoffen, für die Zukunft eine große Bedeutung zugeschrieben. In diesem Zusammenhang spricht man auch von der **Power-to-X-Technik**. Allerdings bietet das Verwenden von Wasserstoff nicht nur Vorteile.

Von **Vorteil** ist, dass über Elektrolyse hergestellter grüner Wasserstoff keine Treibhausgase bei seiner Herstellung und auch bei seiner Nutzung verursacht. Wasserstoff wird bei vielen industriellen Prozessen benötigt, z. B. zur Herstellung von Ammoniak, und kann auch zum Antrieb von Fahrzeugen verwendet werden **(Bild 1, vorhergehende Seite)**.

Bei Überproduktion von grünem Strom durch PV-Anlagen und Windkraftanlagen kann damit Wasserstoff erzeugt und gespeichert werden. Er ist dann später für industrielle Prozesse, zur elektrischen Energieerzeugung, z. B. durch eine Brennstoffzelle, oder für Heizungszwecke verwendbar.

Grüner Wasserstoff besitzt ferner den Vorteil, dass aus ihm zusammen mit dem CO_2 der Luft synthetisches klimaneutrales Methan CH_4 erzeugt werden kann. Dieses kann dann z. B. in das öffentliche Gasnetz eingespeist werden.

Von **Nachteil** ist, dass das Herstellen von Wasserstoff aufwendig und damit kostenintensiv ist. Es stellt sich auch die Frage, ob in Deutschland genügend grüner Strom zur Herstellung von ausreichend grünem Wasserstoff bereitgestellt werden kann.

Eine weitere Herausforderung beim Umgang mit Wasserstoff ist seine Lagerung und sein Tranport. Eine gasförmige Lagerung setzt ein Verdichten mit Drücken bis 900 bar voraus, eine verflüssigte Lagerung Temperaturen von – 253 °C.

Ebenfalls ist der Wirkungsgrad der Wasserstofferzeugung mittels Elektrolyse zu beachten. Bis zu 40 % der eingesetzten Energie geht verloren. Bei mehrfachen Energieumwandlungen wird der Wirkungsgrad sogar noch schlechter **(Formel 1, Abschnitt 7.8.1)**.

> Zum heutigen Zeitpunkt ist die Herstellung von grünem Wasserstoff noch unwirtschaftlich und somit auch seine Nutzung.

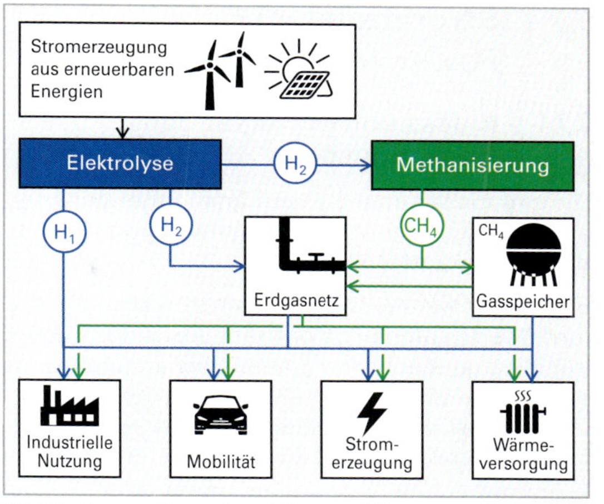

Bild 1: Anwendungsbereiche von Wasserstoff

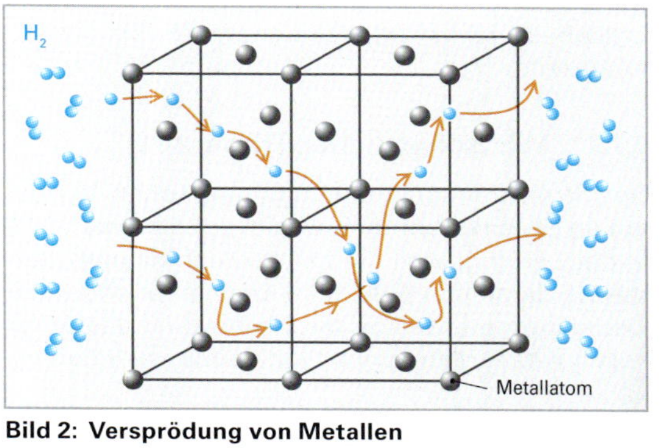

Bild 2: Versprödung von Metallen

Ein weiterer Nachteil von Wasserstoff (H_2) ist, dass er hochexplosiv ist und auf Materialien, z. B. auf Metalle, aggressiv einwirken kann. Die Bewegungen der Wasserstoffteilchen im Metall verzerren das Metallgitter. Dadurch kommt es zu Versprödungen, d. h. zu Rissbildungen und Korrosionen an diesen Rissen **(Bild 2)**.

Soll Wasserstoff bei z. B. Gasheizungen, und somit im Erdgasnetz zum Einsatz kommen, ist auf geeignete Leitungsmaterialien zu achten. Andernfalls kommt es im Laufe der Zeit zu Gasaustritten. Von Wasserstoffversprödung weitgehend nicht betroffen sind die austenitischen Stähle, z. B. CrNi-Stähle, welche zu den nichtrostenden Stählen zählen. Diese Stähle werden daher hauptsächlich im Bereich der Wasserstofftechnik eingesetzt.

> Wasserstoff führt bei vielen Metallen zu Korrosionen.

7.7 Stromtransport
Power Transport

7.7.1 Anlass und Mittel für den Stromtransport

Die elektrische Energie wird fast immer an Orten erzeugt, die mehr oder weniger weit vom Ort des Verbrauchs entfernt sind.

Besonders bei Windkraftkonvertern sind die Anforderungen an den Stromtransport jedoch hoch. Windkraftanlagen sind dort wirtschaftlich, wo oft ein Wind weht, also an der Küste oder im Meer. Von dort ist die Stromenergie bis zum weit entfernten Verbrauchsort zu transportieren.

Mittel für den Stromtransport sind in der Energietechnik Leiter aus Kupfer oder aus Aluminium. Dabei gibt es isolierte Leiter, z. B. als Teile von Erdkabeln, nicht isolierte Leiter, z. B. als Freileitungsseile.

7.7.2 Wirtschaftlicher Transport

Der Stromtransport darf nicht zu hohen Verlusten an Energie führen. Energieverluste entstehen in der Leitung, weil die Leiter elektrische Widerstände darstellen **(Bild 1)**. In ihnen entstehen Verlustleistungen, welche die Erwärmung der Leiter hervorrufen. Man spricht von *Leitungsverlusten.*

Der **Leiterwiderstand** ist umso größer, je länger der Leiter und je kleiner der Leiterquerschnitt sowie die Leitfähigkeit sind **(Formel 1)**. Die Leitfähigkeit gibt an, wie viele Meter Leiterdraht von 1 mm^2 Querschnitt den Widerstand von 1 Ω darstellen, Einheit m/($mm^2 \cdot \Omega$) **(Tabelle 1)**. Bei DC und bei AC fließt der Strom in einem Leiter zur Last und im anderen Leiter wieder zurück. Deshalb ist der **Leitungswiderstand** das Zweifache vom Leiterwiderstand **(Formel 2)**. Bei Gleichstrom DC ist die übertragene Leistung umso größer, je größer Spannung und Stromstärke am Ende der Leitung sind **(Formel 3)**. Bei Wechselstrom AC ist die Leistung infolge der Induktivität (Seite 63) kleiner. Das berücksichtigt der Faktor cos φ **(Formel 4)**. Die Abnahme der Spannung wird als **Spannungsfall** bezeichnet. Dieser nimmt mit der Stromstärke und dem Leitungswiderstand zu **(Formeln 5 und 6)**.

> Der Spannungsfall soll bei langen Leitungen nicht größer sein als 10 %, weil sonst die Transportkosten zu groß werden.

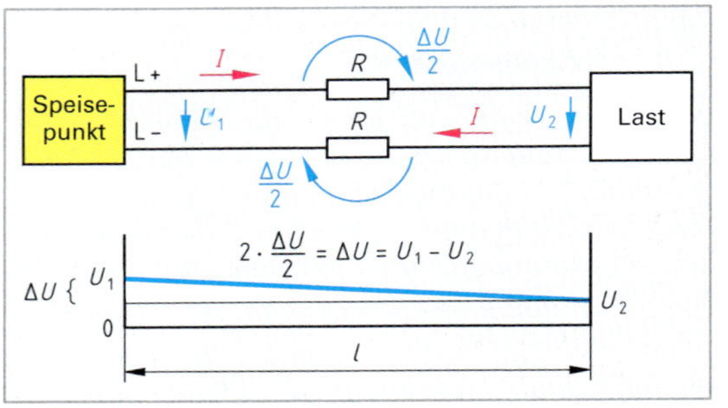

Bild 1: Stromtransport bei Gleichstrom

Leiterwiderstand

$$R = \frac{l}{A \cdot \gamma} \quad (1)$$

Leitungswiderstand (DC, AC)

$$R_{Ltg} = \frac{2 \cdot l}{A \cdot \gamma} \quad (2)$$

übertragene Leistung

bei DC

$$P = U \cdot I \quad (3)$$

bei AC

$$P = U \cdot I \cdot \cos\varphi \quad (4)$$

Spannungsfall

bei DC

$$\Delta U = \frac{2 \cdot l \cdot I}{A \cdot \gamma} \quad (5)$$

bei AC

$$\Delta U = \frac{2 \cdot l \cdot I \cdot \cos\varphi}{A \cdot \gamma} \quad (6)$$

A Leiterquerschnitt
I Stromstärke
l Leiter-, Leitungslänge
P übertragene Leistung
R Leiterwiderstand
R_{Ltg} Leitungswiderstand
ΔU Spannungsfall
cos φ Leistungsfaktor
γ Leitfähigkeit (Gamma)

Tabelle 1: Leitfähigkeit γ in m/($mm^2 \cdot \Omega$)

Leitertemperatur in °C	Cu	Al
20	56	35
50	50	31
70	46	29

Für Mitteleuropa: Leiter-Betriebstemperatur 50 °C.

Beispiel:
Eine zweiadrige Kupferleitung mit A = 120 mm^2 ist mit 328 A Gleichstrom belastbar, die Betriebsspannung ist 1000 V. Der Spannungsverlust soll höchstens 10 % von 1000 V = 100 V betragen. Wie lang darf die Leitung höchstens sein?

*Lösung nach **Formel 5:***

$$l = \frac{\Delta U \cdot A \cdot \gamma}{2 \cdot I} = \frac{100\ \text{V} \cdot 120\ \text{mm}^2 \cdot 50\ \text{m/(mm}^2 \cdot \Omega)}{2 \cdot 328\ \text{A}}$$

= 914,6 m

Aus diesem Beispiel ist erkennbar, dass bei einer Betriebsspannung von 1000 V die Leitungslänge etwa 1000 m betragen darf, wenn der Spannungsfall nicht mehr als 10% betragen soll.

So groß wie der Spannungsfall ist auch die Verlustleistung der Leitung (Leitungsverlust) bei $\cos \varphi = 1$. Unberücksichtigt sind dabei Verluste durch Isolationsfehler sowie durch Ströme und Spannungen wegen Induktivitäten, Kapazitäten.

Grobe Faustregel: Wirtschaftlicher Stromtransport erfordert eine Netzspannung von mindestens so vielen Kilovolt kV, wie die Leitungslänge Kilometer km beträgt.

7.7.3 Spannungstransformation

Die in Kraftwerken erzeugte Spannung beträgt meist 6 kV bis 30 kV. Diese Spannung ist zu niedrig, um den Strom über größere Strecken wirtschaftlich zu übertragen. Um die Verlustleistung klein zu halten, hält man die Stromstärke klein **(Bild 1)**.

Bei gleicher Übertragungsleistung ist die Stromstärke umso niedriger, je höher die Spannung ist.

Zum Transport über lange Strecken macht man die Spannung möglichst hoch, z.B. 380 kV. Zum Verbrauch der Energie macht man dann die Spannung niedrig, z.B. Niederspannung 230 V. Das Umsetzen der Spannung erfolgt durch Transformatoren. Da diese mit Wechselstrom AC arbeiten, erfolgt die öffentliche Versorgung mit Wechselspannung. Man unterscheidet verschiedene *Spannungsebenen* **(Bild 2)**.

Das **Höchstspannungsnetz** dient zum Transport über große Strecken mit 380 kV oder 220 kV. Das Hochspannungsnetz mit 110 kV versorgt größere Gebiete, z.B. eine Großstadt. Das **Mittelspannungsnetz** mit 10 kV bis 30 kV speist die Transformatorstationen, welche das **Niederspannungsnetz** mit 400 V/230 V versorgen.

Die **Transformatoren** zur Anpassung der Spannung stehen bei Höchstspannung in *Umspannwerken* und zur Umsetzung von Mittelspannung in Niederspannung in *Umspannstationen*. In einer Umspannstation sind außer dem Transformator noch Schaltgeräte enthalten. Einzelne Gehöfte werden oft über eine *Maststation* versorgt.

Noch höhere Spannungen von 500 kV oder 750 kV werden bei der Hochspannungs-Gleichstrom-Übertragung HGÜ verwendet (Abschnitt 7.5.7).

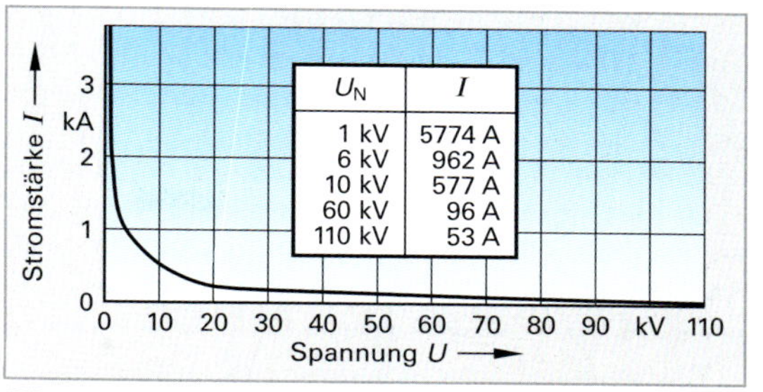

U_N	I
1 kV	5774 A
6 kV	962 A
10 kV	577 A
60 kV	96 A
110 kV	53 A

Bild 1: Stromstärken bei Drehstrom für 10 MVA

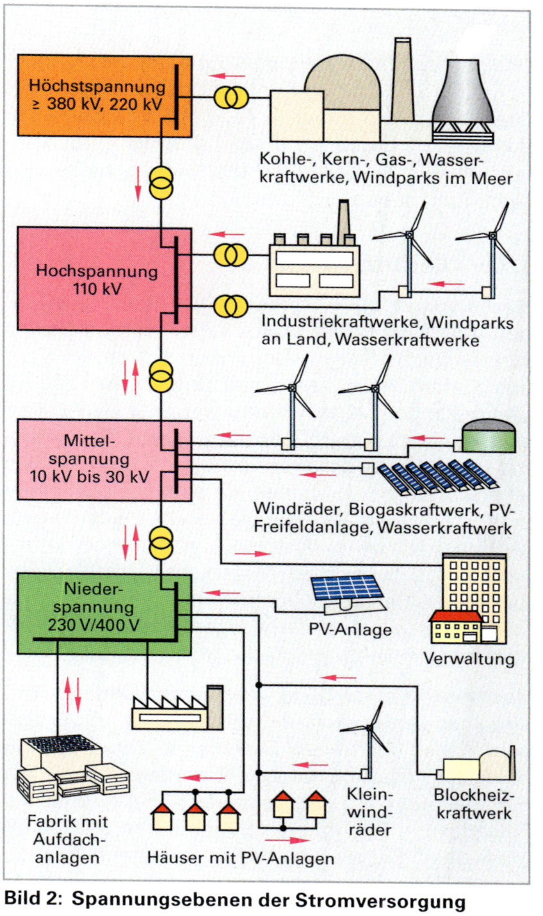

Bild 2: Spannungsebenen der Stromversorgung

7.7.4 Drehstromnetze

Die Stromversorgung erfolgt meist mit Drehstrom 3AC (Abschnitt 2.7.16). Deshalb ist die übertragene Leistung um den Faktor $\sqrt{3}$ größer als bei AC. Das öffentliche Niederspannungsnetz ist in Europa ein **Vierleiternetz** mit drei Außenleitern und einem Neutralleiter bzw. PEN-Leiter (siehe

Seite 242). Öffentliche Netze für Spannungen über 1000 V sind **Dreileiternetze** mit den drei Außenleitern. Der Übergang mittels Transformator vom Vierleiternetz in ein Dreileiternetz ist möglich, weil bei gleichmäßiger Belastung der Außenleiter die Summe der drei Ströme im Neutralleiter wegen ihrer Phasenverschiebung von 120° null ist. Deshalb kann der Neutralleiter entfallen.

> Bei gleichmäßiger Belastung der Außenleiter ist die Stromstärke im gemeinsamen Neutralleiter null, sodass er entfallen kann.

Deshalb kann im fehlenden Neutralleiter kein Spannungsfall und kein Leitungsverlust eintreten. Für Drehstrom wird daher in Formel 6 von Seite 328 der Faktor 2 durch $\sqrt{3}$ ersetzt **(Formel 3)**. Scheinleistung *S* ist die Leistung *P* **(Formel 1)** ohne Berücksichtigung des $\cos\varphi$ **(Formel 2)**.

Übertragene Leistungen bei 3AC

Wirkleistung in W

$$P = \sqrt{3} \cdot U \cdot I \cos\varphi \quad (1)$$

Scheinleistung in VA

$$S = \sqrt{3} \cdot U \cdot I \quad (2)$$

Spannungsfall bei 3AC

$$\Delta U = \frac{\sqrt{3} \cdot I \cdot l \cdot \cos\varphi}{A \cdot \gamma} \quad (3)$$

Leitungswiderstand bei 3AC

$$R_{Ltg} = \frac{l}{A \cdot \gamma} \quad (4)$$

A	Leiterquerschnitt	S	Scheinleistung
I	Stromstärke	ΔU	Spannungsfall
l	Leitungslänge	$\cos\varphi$	Leistungsfaktor
P	übertragene Leistung	γ	Leitfähigkeit (Gamma)
R_{LTG}	Leitungswiderstand		

7.7.5 Leitungsmaterial

Höchstspannungen werden meist über Freileitungen übertragen **(Bild 1)**. Als Leiter werden *Freileitungsseile,* meist aus Aluminium mit einem Kern aus Stahldrähten, verwendet **(Bild 2)**. Bei 380 kV und meist bei 220 kV werden vier oder zwei Leiterseile zu einem Viererbündel bzw. einem *Zweierbündel* über *Abstandshalter* verbunden (Bild 1). Das ist erforderlich, weil bei einem einfachen Leiterseil an dessen Oberfläche die elektrische Feldstärke so groß werden kann, dass die Luft glimmt (Glimmentladung), sodass ein zusätzlicher Leistungsverlust eintritt. Bei den Bündelleitern ist das elektrische Feld weiter auseinandergezogen, sodass die Feldstärke an der Leiteroberfläche kleiner ist **(Bild 3)**.

Hochspannung für 110 kV wird mit Freileitungen mit einzelnen Leiterseilen und seltener auch mit Erdkabeln (Kabel) übertragen. Erdkabel für 110 kV können mit fester Isolierung hergestellt werden, aber nur als *Einleiterkabel,* z.B. VPE-isolierte Kabel (vernetztes Polyethylen). Bei höheren Spannungen bis 380 kV muss die VPE-Isolierung dicker und ebenfalls querwasserdicht sein. In der Erde verlegte Kabel für HGÜ (Hochspannungs-Gleichstrom-Übertragung) mit ≥ 750 kV sind bisher wegen zu hoher Kosten nicht in Gebrauch.

Mittelspannungsnetze (Netze mit Spannungen über 1 kV bis unter 110 kV) sind je nach Bebauungsdichte Freileitungsnetze oder Kabelnetze. Das Leitungsmaterial entspricht dem der höheren Spannung, jedoch sind die Isolatoren der Freileitung kleiner und die Isolierungen der Kabel schwächer.

Bild 1: Freileitungen 380 kV

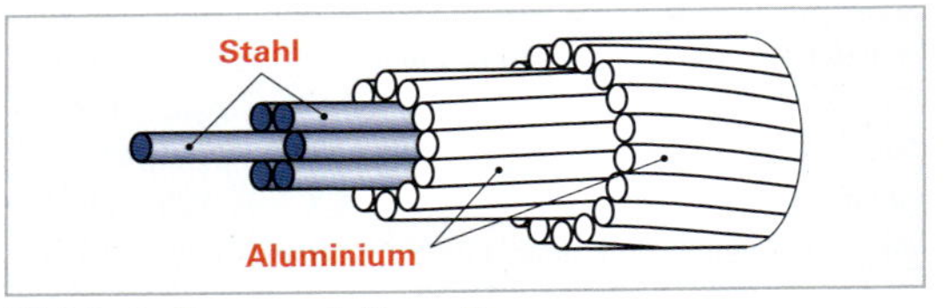

Bild 2: Aufbau von Leiterseilen

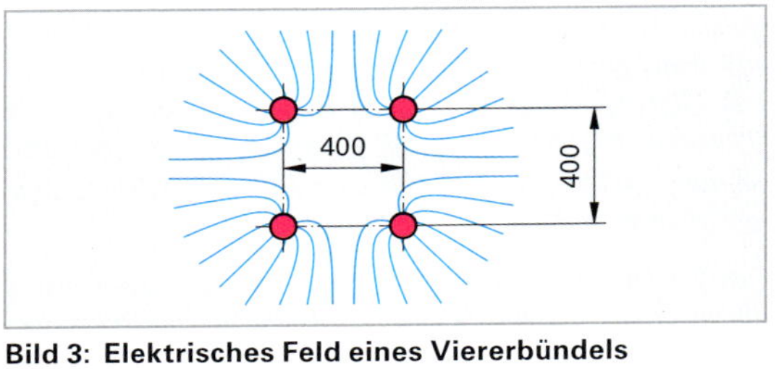

Bild 3: Elektrisches Feld eines Viererbündels

Niederspannungsnetze sind bei dichter Bebauung meist Kabelnetze und in ländlichen Gebieten oft Freileitungsnetze. Für Niederspannungsnetze sind meist Vierleiterkabel mit drei Außenleitern und dem N- bzw. PEN-Leiter üblich **(Bild 1, folgende Seite)**. Diese Kabel verlaufen bis zum jeweiligen Hausanschlusskasten.

7.7.6 Wirkungen der Netze auf die Umgebung

Wärmebelastung (thermische Belastung) tritt bei Stromfluss infolge des Wirkwiderstandes der Leiter ein. Dadurch muss der Abstand der Einleiterkabel in Kabelnetzen ausreichend groß sein.

Magnetische Felder treten um jeden von Strom durchflossenen Leiter auf. Sie sind besonders stark bei Einleiterkabeln und bei Freileitungen mit großem Leiterabstand. Dabei wird durch Induktion nach der *Lenz'schen Regel* eine Gegenspannung erzeugt. Infolgedessen ist der induktive Widerstand der Leitung groß. Man spricht von einem *Blindwiderstand,* da durch diesen Widerstand keine Erwärmung der Leitung stattfindet **(Bild 2)**.

> Durch den Blindwiderstand von Leitungen wird der cos φ der Anlage verkleinert.

Elektrische Felder sind mit jedem Spannung führenden Leiter verbunden (Abschnitt 2.7.9). Zwischen jedem isolierten Leiter und anderen Leitern sowie dem Erdboden sind Kapazitäten wirksam, die wie Kondensatoren wirken. Diese wirken als *kapazitive Blindwiderstände* **(Bild 3)**.

> Jedes Stromversorgungsnetz stellt eine Schaltung von Wirkwiderständen und Blindwiderständen dar.

Bei Wechselstrom AC erhöhen die induktiven Blindwiderstände den Gesamtwiderstand der Leitungen, sodass der Generator mehr leisten muss als ohne Blindwiderstand. Die kapazitiven Blindwiderstände führen bei AC zu Strömen zwischen den Leitern und dem Erdboden, die ebenfalls den Generator belasten. Je nach Art des Netzes und nach Stärke des Laststroms überwiegt bei AC- und 3AC-Netzen der induktive oder kapazitive Blindleistungsbelag (Blindleistung je km Leitungslänge, **Bild 4**).

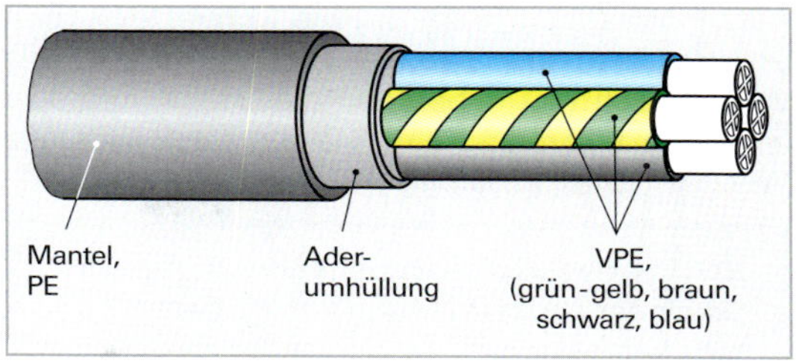

Bild 1: Niederspannungskabel

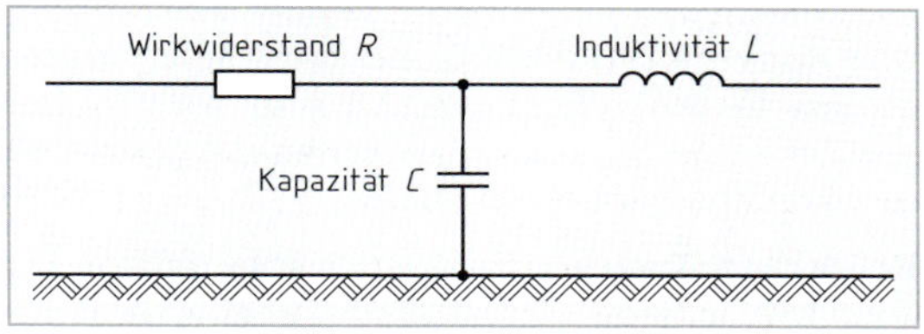

Bild 2: Komponenten eines Leitungsseils

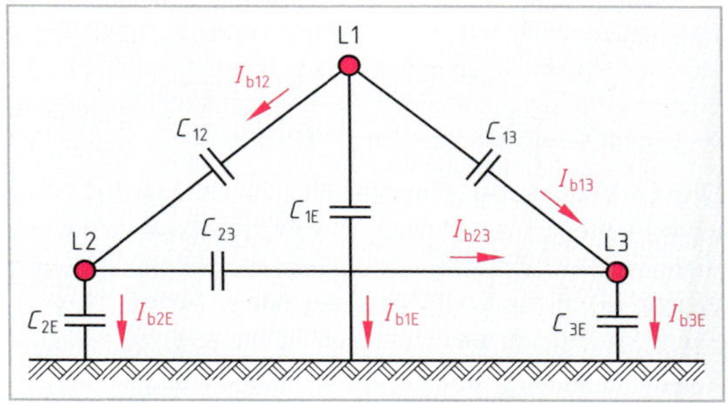

Bild 3: Koppelkapazitäten und Erdkapazitäten beim Dreileiternetz

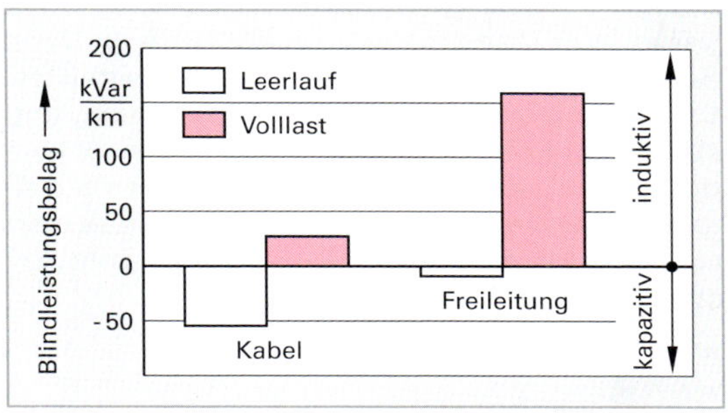

Bild 4: Blindleistungsbelag bei einem Mittelspannungsnetz

7.7.7 Hochspannungs-Gleichstrom-übertragung HGÜ

Wegen der unvermeidlichen Blindwiderstände von Wechselstromnetzen ist bei Entfernungen von mehr als 1000 km die Stromübertragung mittels Gleichstrom von hoher Spannung erforderlich. Das trifft vor allem für geplante Großanlagen von Windkraftwerken im Meer oder von PV-Anlagen in Afrika zu.

Bei der HGÜ wird die elektrische Energie eines Drehstrom-Hochspannungsnetzes an einer *Konverterstation* (Umrichterstation) in Gleichstrom umgesetzt, über eine weite Entfernung an eine zweite Konverterstation als Gleichstrom von sehr hoher Spannung übertragen und dort von dieser als Drehstrom in ein getrenntes Hochspannungsnetz eingespeist **(Bild 1)**. Eine Konverterstation arbeitet also als Gleichrichter, die andere als Wechselrichter. Die beiden Konverter sind gleich ausgeführt, können also als Gleichrichter oder als Wechselrichter arbeiten.

> HGÜ verwendet man bei sehr langen Strecken oder zur Verbindung von Netzen mit ungleicher Frequenz.

Die Gleichspannung beträgt je nach Ausführung der Konverterstationen und der Gleichstromstrecke für jeden Pol zwischen ± 100 kV bis über ± 800 kV. Die Spannung zwischen den zwei Leitern ist dann doppelt so hoch.

Bei den großen Übertragungsleistungen von bis 1500 MW ist jede Konverterstation eine umfangreiche Anlage **(Bild 2)**. Auf der jeweiligen Seite des Drehstromnetzes liegt ein Drehstromtransformator, z. B. für eine mehrphasige Spannung von 6 Phasen. Dadurch ist eine zwölfpulsige Gleichrichtung möglich, die zu einem nur wenig welligen Gleichstrom führt **(Bild 3)**.

Die Übertragung des Gleichstroms erfolgt über eine Freileitung mit zwei Polen (Leiterseilen) oder über Einleiter-Kabelnetze. Bei früheren Anlagen wurde auch die Erde bzw. das Meer für die Strom-Rückleitung verwendet. Das führt aber zur Korrosion an der Strom-Eintrittselektrode.

Bei HGÜ ist das Trennen der Last vom Netz im Störfall oder das Schalten des Netzes bzgl. der Energie-Verteilung (vermaschte Netze, Routing) gegenüber Wechselspannung aufwendiger. Bei Wechselspannung erfolgt das Schalten bei Strom-Nulldurchgang. Bei Gleichspannung entsteht beim Schalten ein Lichtbogen, der schwierig zu beherrschen ist. Hierbei wird in den Schaltern mit Gasen, z. B. SF6, Magnetfeldern oder auch Gegenspannungen gearbeitet, um dem Zerstören des Schalters entgegenzuwirken.

www.siemens.com
www.abb.com

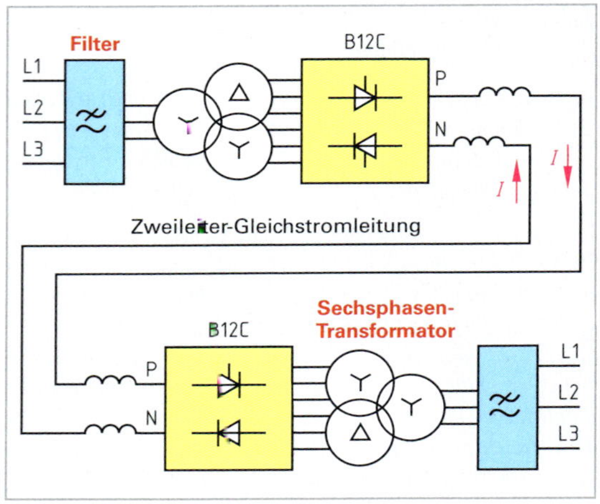

Bild 1: Schaltung einer HGÜ-Anlage

Bild 2: Ansicht einer Konverterstation von innen

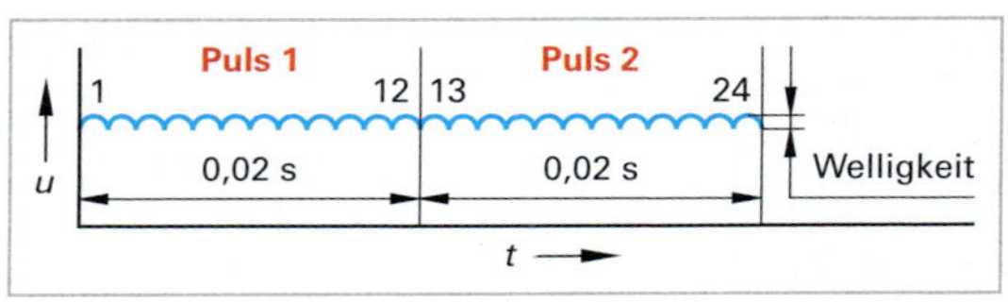

Bild 3: Pulszahl und Welligkeit

Wiederholung und Vertiefung

1. **Von welchen Größen hängt der Widerstand einer Gleichstromleitung ab?**
2. **Welche Herausforderung besteht für den Stromtransport von Off-Shore-Windparks?**
3. **Von welchen Größen hängt der Spannungsfall einer Gleichstromleitung ab?**
4. **Warum muss bei der Stromübertragung der Spannungsfall beschränkt bleiben?**
5. **Wie viele Leiter hat das Niederspannungsnetz von der Trafostation bis zum Hausanschluss?**
6. **Welche drei Arten von Widerständen sind in jedem Stromversorgungsnetz vorhanden?**
7. **Bei welchem Netz ist bei Belastung die induktive Blindleistung besonders hoch?**
8. **Bei welchem Netz tritt im Leerlauf, also ohne nutzbare Stromübertragung, ein erheblicher Strom auf, auch wenn kein Isolationsfehler vorliegt?**
9. **Bei welchen Netzen treten keine Blindleistungen auf?**
10. **Nennen Sie Vorteile und Nachteile der Stromübertragung mittels HGÜ.**

7.7.8 Regelung der Netzspannung

Kurzschlussspannung

Für die Regelung der Spannung eines Netzes ist die Kurzschlussspannung des speisenden Transformators von Bedeutung, weil von ihr die Beherrschung der für die Regelung erforderlichen Schaltvorgänge abhängt. Die Kurzschlussspannung ist diejenige Spannung U_k, die man an die Eingangswicklung des Transformators legen muss, damit bei kurzgeschlossener Ausgangswicklung der Bemessungsstrom in der Eingangswicklung fließt **(Bild 1)**. Die klein geschriebene Kurzschlussspannung u_k ist die auf die Bemessungsspannung U_N bezogene Kurzschlussspannung.

Kurzschlussspannung in %

$$u_k = \frac{U_k \cdot 100\,\%}{U_N} \quad (1)$$

u_k bezogene Kurzschlussspannung in %
U_k Kurzschlussspannung
U_N Bemessungsspannung

Je kleiner u_k ist, desto größer ist bei einem Kurzschluss der sich am Transformator bei voller Spannung nach dem Einschwingen einstellende *Dauerkurzschlussstrom* I_{kd}. Der sich beim Kurzschluss einstellende *Stoßkurzschlussstrom* kann je nach Zeitpunkt des Kurzschlusses noch das 2,5-Fache von I_{kd} betragen.

Dauerkurzschlussstrom

$$I_{kd} = \frac{I_N}{u_k} \quad (2)$$

I_{kd} Dauerkurzschlussstrom
I_N Bemessungsstrom
u_k bezogene Kurzschlussspannung in %

Transformatoren mit kleiner u_k führen bei einem Kurzschluss zu einem großen Kurzschlussstrom.

Da eine kleine u_k zur Zerstörung des Transformators führen könnte, macht man bei Hochspannungen über 20 kV die bezogene Kurzschlussspannung größer als bei Transformatoren mit Niederspannungsausgang **(Tabelle 1)**.

> Transformatoren sind mit kleiner u_k spannungssteif und mit großer u_k spannungsweich.

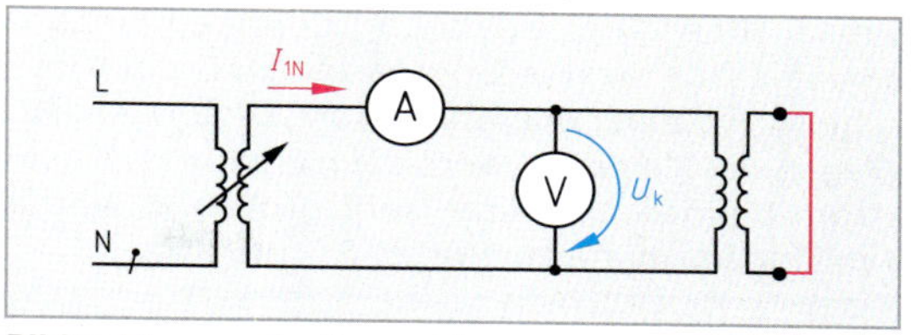

Bild 1: Messen der Kurzschlussspannung U_k

Tabelle 1: Kurzschlussspannungen u_k

Transformator	u_k
10 kV/400 V	3%
20 kV/400 V	4%
110 kV/20 kV	10%
120 kV/20 kV	12%

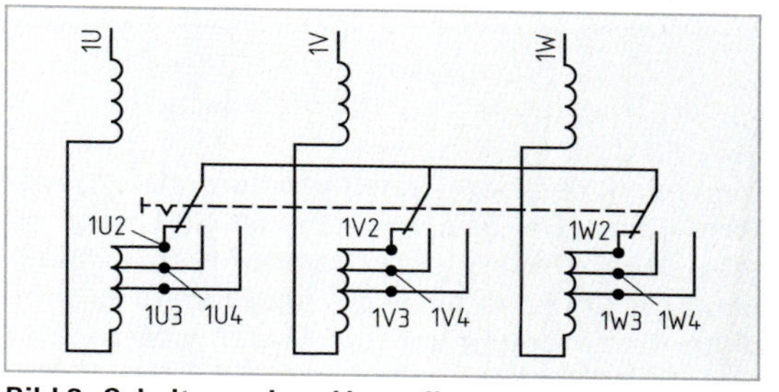

Bild 2: Schaltung eines Umstellers der OS-Wicklung (Kennzeichen vorn 1) der drei Stränge U, V, W

Spannungseinstellung mittels Umsteller

Meist schwankt im Laufe der Jahre die Belastung der Drehstromtransformatoren und damit ihre Ausgangsspannung, die gleich bleiben sollte. Durch Ändern der Windungszahlen kann man bei Transformatoren die Spannung ändern. Man ändert die Windungszahlen der OS (Oberspannungswicklung), weil dort die Stromstärke kleiner ist als in der US (Unterspannungswicklung).

> Die Spannungseinstellung auf der Oberspannungsseite von Transformatoren führt bei größerer Windungszahl bei OS zu kleinerer Spannung bei US.

Bei Transformatoren bis etwa 1 MVA (M = 10^6, VA = Voltampere, Einheit der Scheinleistung) verwendet man einen Umsteller. Das ist ein Schalter, der je nach Einstellungsstufe bis 4% der Windungszahl der OS-Wicklung zuschaltet oder wegschaltet. Der Umsteller wird bei Schaltung Y (Stern) von OS in den Sternpunkt gelegt **(Bild 2)**. Der Umsteller darf nur stromlos betätigt werden, wenn der Transformator abgeschaltet ist. Beim

Umschalten unter Spannung durch einen Umschalter tritt an den Schaltkontakten ein Kurzschluss von einer oder mehreren Windungen auf. Wegen des kleinen u_k wäre dann der Kurzschlussstrom beim Umschalten sehr groß und würde den Transformator zerstören.

Der Umsteller ist für eine automatische Regelung der Netzspannung nicht geeignet.

Spannungseinstellung mittels Stufenschalter

Bei den Transformatoren mit einer Ausgangswicklung für das Mittelspannungsnetz (z. B. 20 kV) oder das Hochspannungsnetz (z. B. 110 kV) wird die Spannung über einen *Stufenschalter* eingestellt.

Die Spannungsregelung des Netzes erfordert Transformatoren mit Stufenschalter.

Man nennt derartige Transformatoren **Stelltransformatoren**. Der Stufenschalter ist ein Lastschalter und im Ölkessel des Transformators eingebaut. Die OS ist unterteilt in die *Stammwicklung* ohne Anzapfungen und die *Stufenwicklung* mit etwa 25 % Windungen der OS und z. B. bis 15 Anzapfungen **(Bild 1)**.

Beim Stelltransformator wird die Windungszahl in der Stufenwicklung der OS eingestellt.

Der Stufenschalter muss ein Lastschalter sein. Das erreicht man im Prinzip durch stromlose Einstellung der gewählten Stufe und folgende Umschaltung über Widerstände **(Bild 2)**.

Die Stufenwicklung kann wegen eines Wendeschalters Q1 in Reihenschaltung oder in Gegenreihenschaltung zur Stammwicklung geschaltet sein (Bild 2). Wenn die Windungszahl der Stufenwicklung 10 % der OS-Windungszahl beträgt, dann beträgt wegen des Wendeschalters der Stellbereich ± 10 %, also 20 % der Bemessungsspannung.

Beispiel:
Bei einem Stelltransformator nach Bild 2 soll von der zweitniedrigsten US (Unterspannung) auf die zweithöchste US umgeschaltet werden. Wie müssen Q1, Q2 und die Schaltglieder QA1 bis QA8 betätigt sein a) vor der Umschaltung, b) nach der Umschaltung?

Lösung:

a) Wie in **Bild 2**, b) Q1 betätigt, QA7 geschlossen, QA2 offen, Q2 betätigt.

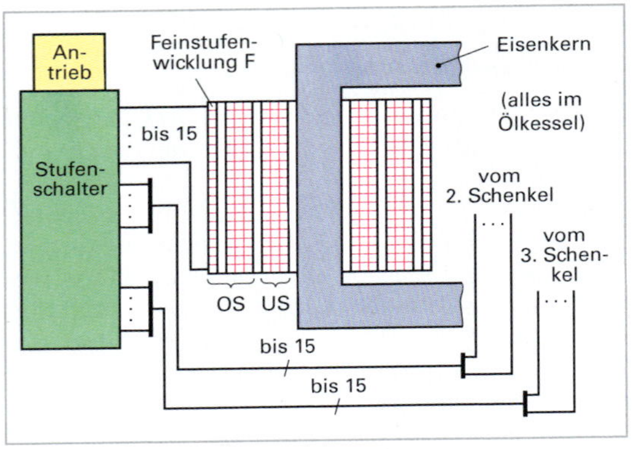

Bild 1: Anschluss des Stufenschalters

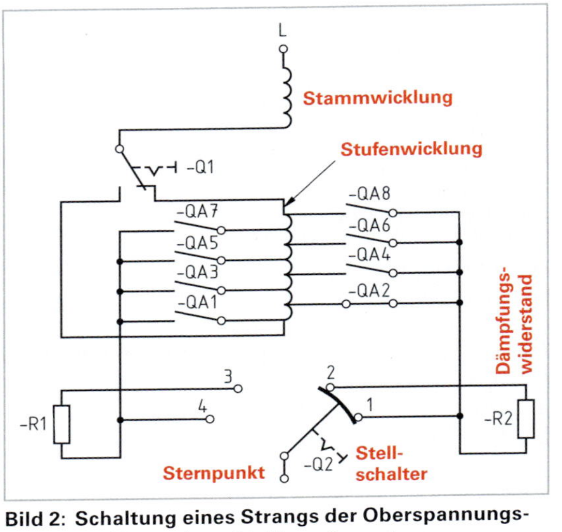

Bild 2: Schaltung eines Strangs der Oberspannungswicklung eines Stelltransformators

Die in Bild 2 gezeichneten mechanischen Schalter sind bei modernen Stufenschaltern ersetzt durch elektronische Schalter. Wegen der Hochspannung kommen bei letzteren vor allem Thyristoren (steuerbare Gleichrichterdioden) zum Einsatz.

Spannungsregelung im Netz

Die Spannungsregelung im Netz muss erreichen, dass die Verbraucherspannung innerhalb eines Toleranzbereichs ständig zur Verfügung steht. Beim Netz 400 V/230 V schwankt die Beanspruchung sehr stark durch wechselnde Lasten und wechselnde Erzeugung, z. B. infolge von Windkraftanlagen oder PV-Anlagen. Meist erfolgt die Regelung durch ständiges Messen im Niederspannungsnetz und Spannungseinstellung im Mittelspannungsnetz an der OS-Wicklung der Transformatoren.

Die Niederspannung des Netzes wird täglich ständig gemessen und bei Bedarf bis zu etwa 1000-mal täglich durch Stufenschalter im Mittelspannungsnetz geregelt.

Die Regelung der Niederspannung erfolgt vor allem im Mittelspannungsnetz, da die Energie von diesem ins Niederspannungsnetz gelangt. Nur bei sehr langen Ausläufern von Strahlen des Niederspannungsnetzes wurden früher in ihm Netzregler eingesetzt **(Bild 1)**. Durch die jetzt häufige Energieeinspeisung der PV-Anlagen ins Niederspannungsnetz wird die Spannungsregelung im Stationstransformator vom Niederspannungsnetz allerdings wichtig, damit die Spannungstoleranz von ±10% erreicht wird.

Wegen der Energieeinspeisung ins Niederspannungsnetz, z. B. durch PV-Anlagen, wird zunehmend dort die Spannung geregelt.

Das Verändern der Spannung erfolgt durch *Stelltransformatoren* im Niederspannungsnetz. In Abhängigkeit von der jeweiligen Stromstärke werden Windungen der Transformatoren bei beabsichtigter Anhebung zugeschaltet oder bei Absenkung abgeschaltet bzw. in entgegengesetzter Spannungsrichtung zugeschaltet **(Bild 2, vorhergehende Seite)**.

Ein **Netzregler** für Drehstrom besteht aus drei einphasigen Systemen für die drei Außenleiter. Jedes System besteht aus mehreren in Reihe geschalteten Stufentransformatoren mit Bemessungsspannungen 230 V/6 V, die je nach Bedarf geschaltet werden **(Bild 2)**. Sind z. B. fünf derartige Transformatoren für jeden Außenleiter vorhanden, so beträgt der Regelbereich bei einer zu hohen Eingangsspannung von 260 V etwa 5 · 6 V · 260/230 V = ± 34 V, sodass eine Spannung von 260 V −34 V = 226 V erreicht werden kann, die im Toleranzfeld für 230 V liegt. Mittels eines Wendeschützes kann Aufwärts- oder Abwärtsregelung erreicht werden.

Wenn nicht alle Stufentransformatoren im Netzregler eingeschaltet sind, müssen die abgeschalteten wirkungslos gemacht werden, weil sonst ihre 230-V-Wicklungen als Drosselspulen wirken würden. Das geschieht durch Kurzschließen der 6-V-Wicklungen. Dadurch ist im Eisenkern der Transformatoren fast kein Magnetfeld wirksam, sodass fast nur die Drahtwiderstände der Wicklungen wirksam sind.

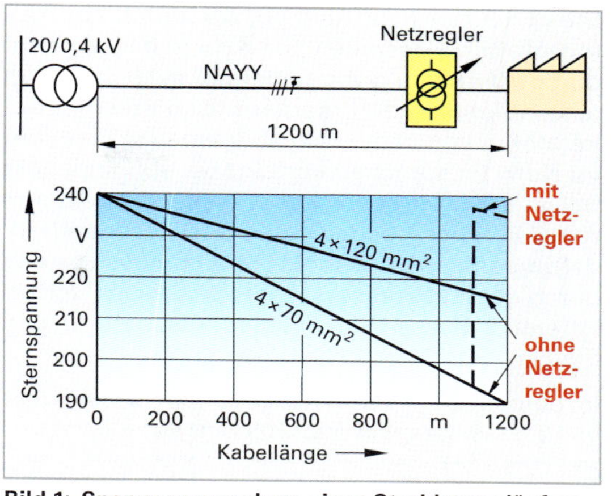

Bild 1: Spannungsregelung eines Strahlenausläufers mit Netzregler

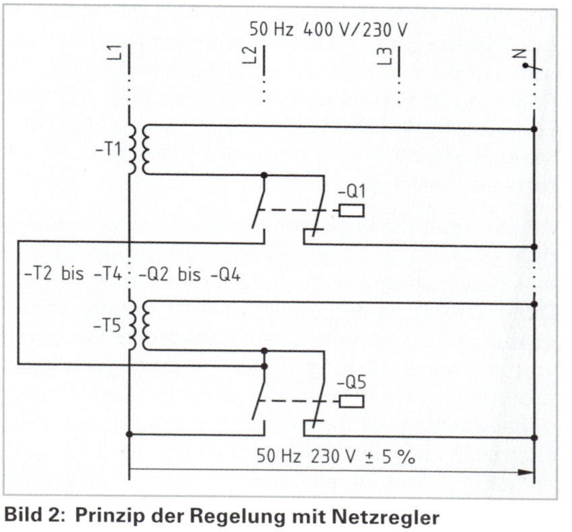

Bild 2: Prinzip der Regelung mit Netzregler

Die Netzregler werden in die Leitung eingeschleift (Bild 1). Die Steuerung der Stufenschalter erfolgt in Abhängigkeit von der Netzspannung automatisch z. B. durch eine SPS (Speicherprogrammierbare Steuerung) innerhalb weniger als 700 ms.

7.7.9 Regelung der Netzfrequenz

In den Wechselstromnetzen muss die Netzfrequenz in engen Grenzen konstant bleiben. Dann laufen in den Großkraftwerken die großen Synchrongeneratoren bei gleicher Polzahl genau gleich schnell und geben die Netzfrequenz vor, auch an die netzgeführten Wechselrichter von PV-Generatoren.

Steigt die Netzbelastung an, z.B. durch Zuschalten großer Maschinen bei Arbeitsbeginn oder durch Abschaltung von Generatoren, dann erfolgt ein Abbremsen der frequenzbestimmenden Generatoren und damit eine abnehmende Frequenz im Netz. Entsprechend erfolgt bei abnehmender Belastung oder Zuschaltung weiterer Generatoren eine zunehmende Frequenz. Die Frequenzänderung entspricht also der Spannungsänderung durch den Spannungsfall, ist aber wegen der rotierenden Massen von Synchrongeneratoren und Synchronmotoren im Netz gedämpft.

Im europäischen Verbundnetz beträgt die Frequenz 50 Hz mit einer zulässigen Toleranz von ± 0,2 Hz.

> Die Netzfrequenz wird geregelt, ehe die Toleranz erreicht wird.

Für die Frequenzregelung sind die ÜNB (Übertragungsnetzbetreiber) zuständig. Sie erfolgt durch Zuschalten oder Abschalten von *Regelleistung* (für die Regelung vorgesehene Leistung aus Generatoren). Für die erforderliche Regelleistung von ± 3000 MW im europäischen Verbundnetz sind mehrere Kraftwerke erforderlich.

Primärregelung (Sekundenreserve) muss automatisch wirksam für mindestens 15 min sein, wenn eine Abweichung von ≥ 0,02 Hz = 20 mHz auftritt. Dann erfolgt in den zur Regelung vorgesehenen großen und mittelgroßen Kraftwerken innerhalb von 30 s eine Leistungsänderung entgegengesetzt proportional zur Abweichung **(Bild 1)**. Diese *Proportionalregelung* verringert die Abweichung, bringt sie aber nicht auf null. Eine Koordination ist nicht erforderlich, da jedes Regelkraftwerk selber misst und die Leistung festsetzt.

Für die Primärregelung werden Verbrennungskraftwerke mit Dampfturbinen oder Gasturbinen eingesetzt. Bei ihnen sind die Stellglieder Ventile, die über SPS eingestellt werden.

Zur Primärregelung müssen auch PV-Anlagen über 10 kWp beitragen, aber nur durch Abregelung (negative Primärenergie) bei Stromüberangebot. Sobald die Netzfrequenz 51,5 Hz erreicht, müssen diese PV-Anlagen vom Netz genommen werden.

Sekundärregelung (Sekundärreserve) erfolgt automatisch im Übertragungsnetz nach 30 s für 15 min. Die Regelleistung ist in maximal 5 min zu erbringen. Geeignet sind vor allem Wasser-Speicherkraftwerke sowie Gaskraftwerke. Es liegt im Prinzip eine PI-Regelung vor (Abschnitt 11.7.4). Kleine Überschreitungen des Sollwertes sind daher möglich.

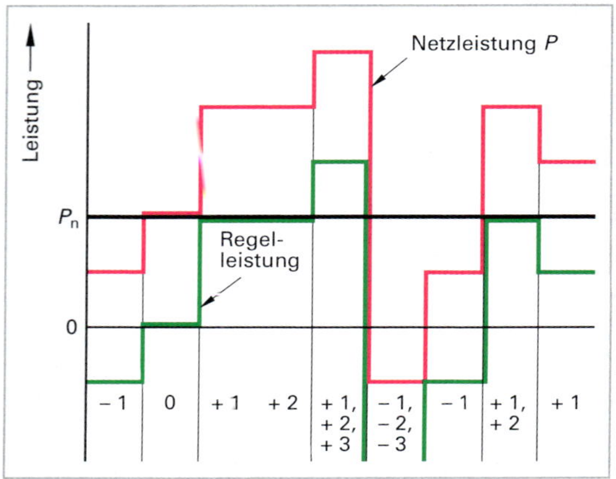

Bild 1: Netznennleistung P_n und Regelleistungen 1 bis 3

Tertiärregelung (Minutenreserve) wird manuell nach 5 min aktiviert, um die Sekundärregelung spätestens nach 15 min zu entlasten. Es werden Pumpspeicherkraftwerke eingesetzt und solche Steinkohle- und Gaskraftwerke, die ihre Leistung je Minute mindestens um 2 % der Bemessungsleistung erhöhen können. Die Anforderung von Tertiärregelung kann vom ÜNB telefonisch erfolgen, da genügend Zeit zur Verfügung steht.

Wiederholung und Vertiefung

1. **Welche Folge hat eine kleine Kurzschlussspannung bei einem Kurzschluss?**
2. **Wie verhält sich die Spannung des Transformators mit großer Kurzschlussspannung im Betrieb bei wechselnder Last?**
3. **Warum sind Transformatoren mit Umsteller für die automatische Spannungsregelung nicht geeignet?**
4. **In welcher Wicklung wird bei einem Stelltransformator die Windungszahl beim Regeln eingestellt?**
5. **Wie groß ist die Frequenz im europäischen Verbundnetz?**

7.7.10 Intelligente Stromnetze (Smart Grids)

Ein intelligentes Stromnetz soll die Stromversorgung kostengünstig sicherstellen. Dazu ist eine Datenkommunikation und Steuerung zwischen Stromerzeugern, elektrischen Speichern, elektrischen Verbrauchern und Netzbetriebsmitteln in den Energieübertragungsnetzen erforderlich. Basis ist ein Zählerfernauslesen **(Smart Metering)** durch die Verteilungsnetzbetreiber (VNB). Ziel ist, Energienetze ausgeglichen auszulasten, insbesondere in Zeiten kleiner bzw. höchster Auslastung. Dadurch kann die gesamte Netzinfrastruktur kleiner ausgelegt werden, sodass geringere Kosten für die VNB und somit für die Verbraucher anfallen. Hierzu müssen die elektrischen Verbraucher möglichst zeitgesteuert vom elektrischen Netz mit Energie versorgt werden.

Infolge dezentraler Energieerzeugungsanlagen **(Bild 1)** mit Schwankungen in der Energieerzeugung, z. B. in Photovoltaikanlagen und Windkraftanlagen, sind Lastregelung, Spannungshaltung im Verteilungsnetz und Aufrechterhaltung der Netzstabilität anspruchsvoller als bei zentraler Energieerzeugung durch große Kraftwerke. Zu berücksichtigen ist, dass kleine dezentrale Energieerzeugungsanlagen im Gegensatz zu mittleren bis großen Kraftwerken direkt in das Niederspannungsnetz einspeisen, was gesteuert werden muss.

Intelligente Stromnetze erfordern beim Energieverbraucher installierte Smart Meter (meter = Messgerät). Dies sind digitale Zähler, die den aktuellen Energieverbrauch z. B. im 15-min-Rhythmus anzeigen und diesen automatisch an einen Computer melden. Dieser kann ein Leitrechner einer Gebäudeautomation sein oder über einen Internet-Router mit dem VNB kommunizieren. Dadurch kann der VNB bei Überangebot von Energie, z. B. bei Frequenzerhöhung um mehr als 0,2 Hz, Erzeugungsanlagen abregeln und bei Energiemangel Reserveerzeuger anschalten oder Lasten abwerfen. Ferner kann der VNB tarifvariabel abrechnen und diesem Computer mitteilen, wann der Strom „teuer" ist.

> **Ziel intelligenter Stromnetze ist, Spitzenlasten zu vermeiden und elektrische Verbraucher in tariflich günstigen Zeiten am elektrischen Netz zu betreiben.**

Als **Smart Meter** gibt es Strom-/Spannungszähler, Gaszähler, Wasserzähler. Die unterschiedlichen Zählerdaten werden z. B. für eine gesamthafte Energieabrechnung über einen zentralen Computer gesammelt. Das Vernetzen der Smart Meter mit einem übergeordnetem Computer erfolgt über den M-Bus (Messgeräte-Bus) eventuell auch wireless, also drahtlos **(Bild 2)**. Über ein Koppelgerät (Gateway) kann der M-Bus mit dem KNX-Bus einer Gebäudeautomation, über den deren Sensordaten und Aktordaten gesendet werden, verbunden werden.

Die elektrischen Verbraucher, z. B. Hausgeräte wie Waschmaschinen, müssen aus Kosteneffizienzgründen automatisiert gestartet werden können, wenn der Strom zu günstigen Preisen im Netz verfügbar ist. Hierzu müssen entweder die Verbraucher entsprechende Steuerungen besitzen oder die Hausinstallation muss entsprechend ausgelegt sein, z. B. mittels KNX-Netzwerk (Bild 2) oder auch Ethernet. Die Datenübertragung zwischen VNB und Haushalten/Gewerbe kann entweder mittels z. B. DSL oder Breitband Powerline BPL erfolgen **(Bild 3)**. Bei BPL erfolgt die Datenübertragung über das Niederspannungsnetz oder Mittelspannungsnetz.

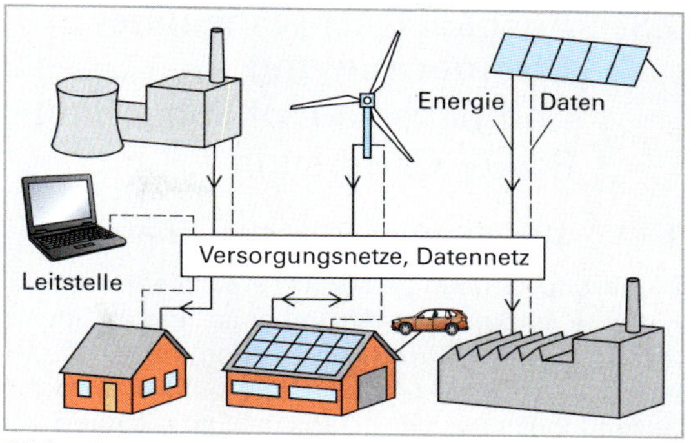

Bild 1: Dezentrale Energieerzeugung

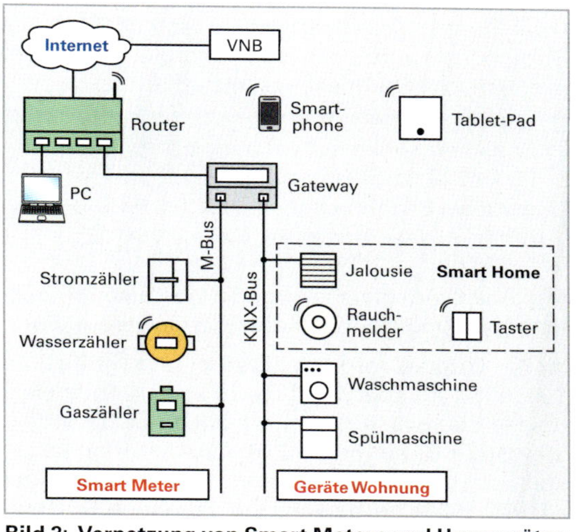

Bild 2: Vernetzung von Smart Metern und Hausgeräten

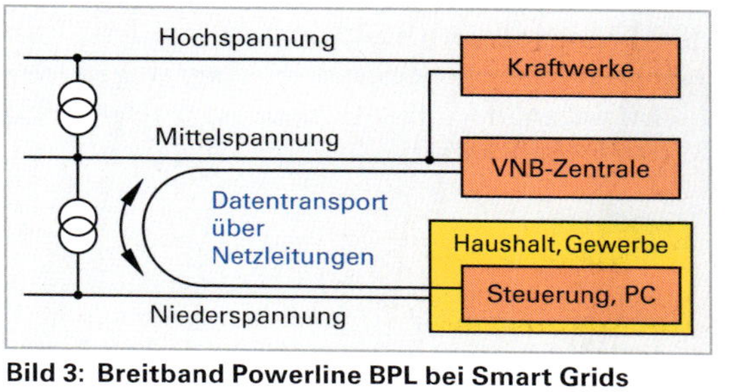

Bild 3: Breitband Powerline BPL bei Smart Grids

7.8 Ausgleich schwankender Stromerzeugung
Compensation of fluctuating Power Generation

7.8.1 Speichern elektrischer Energie

Die Stromerzeugung schwankt stets mehr oder weniger gegenüber dem Strombedarf. Ein Ausgleich erfordert eine „Stromspeicherung". Da sich der eigentliche Strom nicht speichern lässt, wird bei Stromüberschuss die elektrische Energie des Stromes gespeichert. Diese wird dabei in eine andere Energieform umgesetzt, z. B. in potenzielle Energie beim Pumpspeicherkraftwerk (Abschnitt 7.2.2). Bei Strombedarf wird dann diese Energieform wieder in elektrische Energie umgesetzt **(Bild 1)**.

> Speichern elektrischer Energie erfolgt durch ihr Umsetzen in eine andere Energieform, die dann bei Bedarf wieder in elektrische Energie umgesetzt werden kann (Power-to-X).

Mit jedem Ausgleichsvorgang sind also mindestens zwei Umsetzungen der Energie verbunden.

Jeder Umsetzvorgang besteht aus mehreren Teilen. So muss z. B. oft die zu speichernde elektrische Energie konditioniert (angepasst) werden. Sie wird z. B. mit 50 Hz 230 V zur Verfügung gestellt, während zum Laden eines Akkumulators z. B. DC 30 V erforderlich sind. Für einen vollständigen Ausgleichsvorgang liegen im Beispiel also vier Umsetzungen vor, nämlich 1. AC-DC, 2. Laden, 3. Entladen, 4. DC-AC.

> Die Anzahl der Umsetzungen ist je nach Art der Technik verschieden.

Beispiel:
Die Netzspannung von 50 Hz 230 V soll durch einen Akkumulator beim Ausfall der Netzspannung stabil gehalten werden. Dazu werden mindestens eingesetzt:
1. Transformator $\eta_1 = 0{,}98$
2. Gleichrichter $\eta_2 = 0{,}95$
3. Akkumulator beim Laden $\eta_3 = 0{,}85$
4. Akkumulator beim Entladen $\eta_4 = 0{,}82$
5. Wechselrichter $\eta_5 = 0{,}90$
6. Transformator $\eta_6 = 0{,}98$

Wie groß ist der gesamte Wirkungsgrad eines Ausgleichs?

Lösung:

$\eta = 0{,}98 \cdot 0{,}95 \cdot 0{,}85 \cdot 0{,}82 \cdot 0{,}90 \cdot 0{,}98 = \mathbf{0{,}572}$

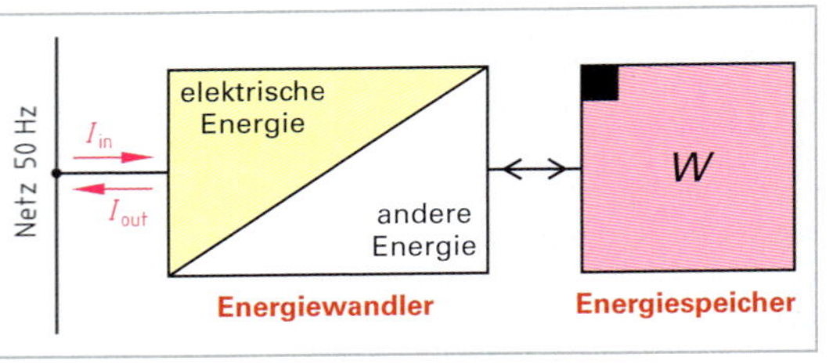

Bild 1: Prinzip eine Ausgleichsanlage

Gesamtwirkungsgrad

$$\eta = \eta_1 \cdot \eta_2 \cdot \eta_3 \cdot \eta_4 \cdot \eta_5 \cdot \eta_6 \cdot \eta_7 \; \dots \qquad (1)$$

η Gesamtwirkungsgrad
$\eta_1, \eta_2 \dots$ Dampferzeuger – Wirkungsgrad

Bei jeder Umsetzung treten Verluste auf. Dadurch nimmt der Gesamtwirkungsgrad eines Ausgleichs mit jedem einzelnen Wirkungsgrad ab **(Formel 1)**.

7.8.2 Ausgleich durch Pumpentechnik

Pumpspeicherkraftwerke

Beim Pumpspeicherkraftwerk (Abschnitt 7.2.2) wird bei einem Überangebot von Strom Wasser in ein höher gelegenes Speicherbecken gepumpt, das vom Ort der Stromerzeugung weit entfernt ist. Bei Strombedarf strömt das Wasser durch eine Turbine zurück. Die Turbine treibt einen Generator an, der Strom ins weit entfernte Netz speist.

Jeder Ausgleich führt hier zu 10 Umsetzungen (je 2 x Leitung zum Netz, Trafo und Druckrohrleitung, je 1 x Motor, Pumpe, Turbine, Generator).

> Wenn das Pumpspeicherkraftwerk weit entfernt vom zu versorgenden Netz liegt, kann der gesamte Wirkungsgrad des Ausgleichs unter 0,5 liegen.

Speicherkraftwerke können nur im Gebirge errichtet werden, also nicht immer in der Nähe der Stromerzeugung. In Deutschland ist der Bau derartiger Anlagen wegen des Naturschutzes zzt. kaum möglich. Die phantasievolle Möglichkeit, an der Nordsee Strom zu erzeugen und dessen Energie in Norwegen in einem Pumpspeicherkraftwerk zu speichern und über 1500 km den Strom zum Verbrauch nach Bayern zu transportieren, dürfte wegen des Wirkungsgrads wenig aussichtsreich sein.

Druckluft-Energie-Speicher CAES

Bei CAES-Kraftwerken (von Compressed Air Energy Storage = Druckluft-Energiespeicher) wird überschüssige Energie dem Antrieb von Kompressoren zugeführt, welche Druckluft erzeugen, die in unterirdischen Hohlräumen, z. B. von stillgelegten Bergwerken, gespeichert wird **(Bild 1)**. Bei Strombedarf wird die gespeicherte Druckluft einer Gasturbine zugeführt (Abschnitte 7.4.2, 7.11). Dabei entfällt bei CAES-Kraftwerken die sonst bei Gasturbinen übliche Kompression der Verbrennungsluft. Das zugeführte Erdgas wird in der Turbine verbrannt, sodass die Gasturbine einen Generator antreibt.

Im Gegensatz zum Pumpspeicherkraftwerk ist beim CAES-Kraftwerk ein Brennstoff erforderlich, sodass eigentlich ein optimiertes Gasturbinen-Kraftwerk vorliegt.

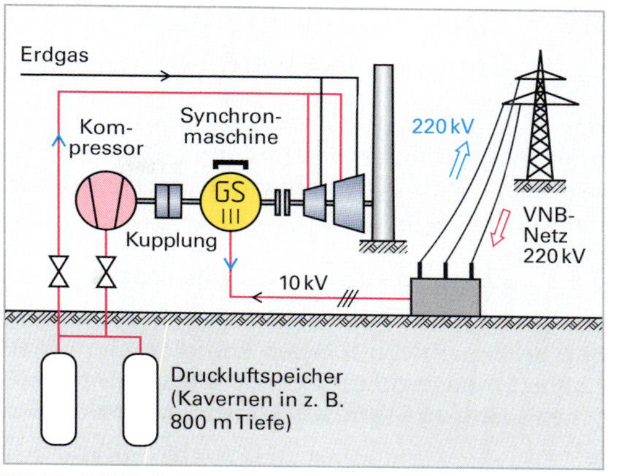

Bild 1: CAES-Anlage bei Stromerzeugung

7.8.3 Elektrochemische Verfahren

Akkumulatoren

In den verschiedenen Akkumulatoren (Abschnitt 2.7.12) kann elektrische Energie des Stroms in elektrochemische Energie umgesetzt werden. Bei Strombedarf entnimmt man den vorher geladenen Akkumulatoren Gleichstrom, wodurch der Akkumulator entladen wird und seine Elektroden den Zustand wie vor der Ladung bekommen.

Wasserstofftechnik durch Elektrolyse

Legt man Gleichspannung an Wasser H_2O, dann entsteht unter Energiezufuhr an der Minuselektrode Wasserstoff H_2 und an der Pluselektrode O_2

$$2\,H_2O + \text{Energie} \leftrightarrow 2\,H_2 + O_2$$

Der Vorgang ist umkehrbar, z. B. bei Verbrennung von H_2 zu Wasser oder in einer Brennstoffzelle zur Stromerzeugung (Abschnitt 7.6). Die Wirkungsgrade betragen etwa für die Elektrolyse 0,7 und für die Verwertung des H_2 mit Brennstoffzellen weniger als 0,5. Gasmotoren für H_2 sind nicht gebräuchlich, sodass die Stromerzeugung mittels drehendem Generator ausscheidet.

Methanerzeugung aus Wasserstoff

Aus H_2 und Kohlenstoffdioxid CO_2 lässt sich mittels *Sabatier-Verfahren* (benannt nach Paul Sabatier, 19. Jahrhundert) Methan CH_4 herstellen.

$$4\,H_2 + CO_2 \leftrightarrow CH_4 + 2\,H_2O + 165\ \text{kJ/mol}$$

Das gewonnene Methan lässt sich wie Erdgas in einem Gasmotor verbrennen, der einen Generator antreibt.

Die Stromerzeugung mithilfe von über elektrolytisch gewonnenem Wasserstoff erzeugtem Methan wird als nachhaltige Möglichkeit der Stromspeicherung bezeichnet. Der Gesamtwirkungsgrad für den Ausgleich liegt bei 0,4.

7.8.4 Weitere Ausgleichsverfahren

Ausgleichskraftwerke

Baut man schnell hochzufahrende Kraftwerke, z. B. Gaskraftwerke, zusätzlich zu bestehenden Kraftwerken, z. B. PV-Anlagen, dann kann durch diese der Ausgleich erfolgen. Allerdings ist das Verfahren sehr teuer, da die Zusatzkraftwerke nicht ausgelastet sein können.

Anpassung des Verbrauchs

Die bisher genannten Verfahren suchten den Ausgleich über die Stromerzeugung zu erreichen. Der Ausgleich ist auch durch Anpassung des Verbrauchs an das vorhandene Stromangebot möglich.

Dabei werden vom Stromanbieter gewisse Kategorien von Verbrauchsmitteln über Intelligente Stromnetze („Smart Grids") abgeschaltet, bis wieder Stromüberschuss herrscht (Abschnitt 7.7.10).

Wiederholung und Vertiefung

1. **Warum ist beim Speichern von elektrischer Energie der Wirkungsgrad nie hoch?**
2. **Nennen Sie zwei Speicherverfahren, bei denen Pumpen wirksam sind.**
3. **Nennen Sie zwei Akkumulatorarten, die sich in großen Anlagen über 5000 kWh Speicherung zum Speichern eignen.**
4. **Welche Nachteile hat die Erzeugung von H_2 durch Elektrolyse?**
5. **Warum ist Methan für die Stromerzeugung geeigneter als Wasserstoff ?**

7.9 Erneuerbare-Energien-Gesetz Renewable Energies Law

Das *Gesetz für den Vorrang Erneuerbarer Energien,* kurz Erneuerbare-Energien-Gesetz EEG, wurde erstmals 2000 verkündet und inzwischen mehrfach geändert.

7.9.1 Ziel und Anwendungsbereich

Das EEG hat das Ziel, aus ökologischen Gründen den Verbrauch von fossilen Energieträgern, z.B. Kohle, Erdgas und Erdöl, sowie von kerntechnischen Energieträgern, z.B. Uran, einzuschränken.

Im EEG wird, wie allgemein üblich, aber physikalisch falsch, von Strom gesprochen, wenn elektrische Energie gemeint ist. Das EEG regelt Abnahme und Vergütung von jenem Strom, der in Deutschland ausschließlich aus Wasserkraft, Windkraft, solarer Strahlungsenergie, Geothermie, Deponiegas, Klärgas, Grubengas oder aus Biomasse erzeugt wird.

Abnahme und Vergütung muss nach dem EEG durch die *Versorgungsnetzbetreiber VNB* erfolgen, die im Gesetz als Elektrizitätsversorgungsunternehmen bezeichnet werden **(Bild 1)**.

> Nach dem EEG müssen die VNB den Strom aus erneuerbaren Energien abnehmen und bezahlen.

Aufwendungen für Abnahme und Bezahlung bekommen die VNB über den staatlichen Energie- und Klimafond EKF z.T. erstattet.

Bei der Leistungsangabe des EEG nach Art und Größe der Anlage handelt es sich um die installierte Nennleistung bei vollem Angebot an erneuerbarer Energie, z.B. bei vollem Sonnenschein. Das ist die für die Anlage vom Hersteller angegebene Bemessungsleistung in kWp (p von Peak = Spitze). Die wirksame, durchschnittliche Leistung ist natürlich erheblich kleiner. Nicht erfasst vom EEG sind besonders große Anlagen, z.B. bei Wasserkraft solche mit Bemessungsleistungen > 50 MWp oder bei Biomasse > 20 MWp. Ebenfalls nicht erfasst sind Anlagen, die zu über 25% dem Bund oder einem Bundesland gehören.

7.9.2 Netzkosten

Die Erzeugungsanlage, z.B. eine Windkraftanlage, wird an das Netz des VNB über Freileitungen oder Kabel angeschlossen. Die Anschlusskosten muss der Anlagenbetreiber, also der Inhaber der Erzeugungsanlage, tragen.

> **§ 21 Einspeisevergütung und Mieterstromzuschlag**
> (1) Der Anspruch auf die Zahlung der Einspeisevergütung nach § 19 Absatz 1 Nummer 2 besteht nur für Kalendermonate, in denen der Anlagenbetreiber den Strom in ein Netz einspeist und dem Netzbetreiber nach § 11 zur Verfügung stellt, und zwar für
> 1. Strom aus Anlagen ... von bis zu 100 Kilowatt, ... ,
> 2. Strom aus Anlagen ... von mehr als 100 Kilowatt ...

Bild 1: Auszug aus dem EEG § 21

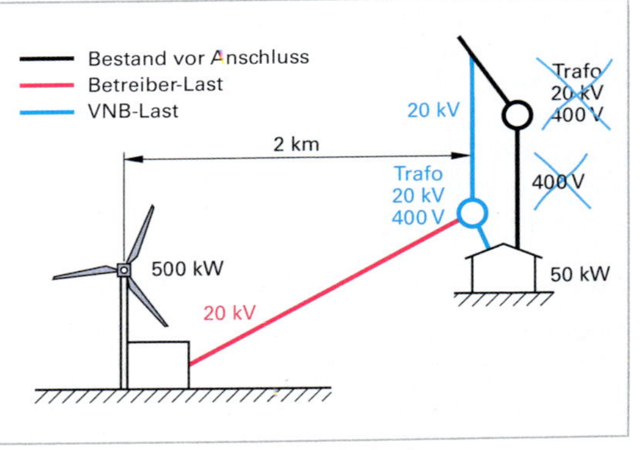

Bild 2: Lageplan Anschluss Windrad

Wenn infolge des Anschlusses das Netz des VNB ausgebaut werden muss, z.B. durch Verlegung größerer Leitungsquerschnitte oder Umstellung auf eine höhere Spannung durch Einbau von Transformatoren, so muss der VNB die Kosten tragen.

> Die Kosten für eine Erweiterung des Netzes infolge der erneuerbaren Energien sind zunächst vom VNB zu tragen.

Beispiel Anlage Bild 2:
Eine bisherige Freileitung für 50 kW zu einem Bauernhof reicht für die zu erwartenden zusätzlichen 500 kW nicht aus. Die Freileitung bis zu dem Bauernhof ist durch eine 20-kV-Leitung zu ersetzen und der Bauernhof über einen Masttransformator zu versorgen. Wer trägt die Kosten?

Lösung:

Diese Kosten trägt der VNB. Der Bauer als Anlagenbetreiber trägt die Kosten der Leitung von seinem Windrad zum 20-kV-Netz.

Von den VNB müssen wegen der schnellen Änderung des Stromangebots von erneuerbaren Energien, z.B. bei Gewitter, im Netz oft erhebliche Regelungstechniken eingesetzt werden. Auch diese Kosten sind zunächst vom VNB zu tragen.

7.9.3 Vergütung für regenerative Energien

Entsprechend der Zielsetzung des EEG ist die Vergütung der regenerativen (nicht erschöpfenden, erneuerbaren) Energien umso höher, je zukunftsweisender und je weniger wirtschaftlich die angewandte Technik zum Entscheidungszeitpunkt ist. Deshalb war die Vergütung der mittels PV-Technik erzeugten elektrischen Energie früher am höchsten. Sie wurde aber im Laufe der Zeit mit zunehmender Wirtschaftlichkeit und abnehmenden Herstellungskosten gesenkt. Geeignete Energie-Messeinrichtungen sind vom Anlagenbetreiber bereitzustellen **(Bild 1)**.

Die Vergütung der elektrischen Energie von 1 kWh aus *solarer Strahlungsenergie* (Energie aus einer PV-Anlage) betrug für 2012 errichtete Anlagen mindestens 21,11 Cent für 20 Jahre. Die Vergütungen sind je nach Art der Erzeugung verschieden **(Tabelle 1)**. Bei nach 2012 errichteten PV-Anlagen ist die Vergütung kleiner, da die Anlagen preisgünstiger geworden sind. Gewöhnlich erfolgt für Neuanlagen eine Absenkung gegenüber dem Vorjahr. Genaue Angaben über die Absenkung sind in kurzer Form nicht möglich, da es zunehmend Ausnahmen und Sonderfälle gibt.

Die Vergütung nach EEG ist eine politische Entscheidung mit flexibler Beständigkeit.

Nach dem EEG ist vorgesehen, dass der Anlagenbetreiber ab Inbetriebnahme der Anlage grundsätzlich mindestens 20 Jahre lang den erzeugten Strom in das öffentliche Netz einspeisen kann. Die Vergütung erfolgt dabei in der gleich bleibender Höhe wie zum Zeitpunkt der Errichtung. Von diesem Grundsatz gibt es aber zahlreiche Ausnahmen. So erfolgt bei Windenergie nach 5 Jahren eine Verkleinerung der Vergütung. Bei manchen Energien richtet sich diese Verkleinerung nach dem Anfall der gesamten regenerativen Energie sowie in Deutschland nach der Möglichkeit, die Einspeisung an den Netzbedarf anzupassen.

Der Betreiber einer Anlage für regenerative Stromerzeugung erhält mehrere Jahre lang eine ziemlich gleich bleibende Vergütung je eingespeiste kWh.

§ 9 Technische Vorgaben

(1) Vorbehaltlich abweichender Vorgaben ... müssen Betreiber von Anlagen ... mit einer installierten Leistung von mehr als 25 Kilowatt und Betreiber von Anlagen, die hinter einem Netzanschluss betrieben werden, hinter dem auch mindestens eine steuerbare Verbrauchseinrichtung ... betrieben wird, ... ihre ab diesem Zeitpunkt in Betrieb genommenen Anlagen mit technischen Einrichtungen ausstatten, ..., damit über ein Smart-Meter-Gateway nach § 2 Nummer 19 des Messstellenbetriebsgesetzes Netzbetreiber ... jederzeit ... nach dem Messstellenbetriebsgesetz

1. die Ist-Einspeisung abrufen können und
2. die Einspeiseleistung stufenweise oder, ..., stufenlos ferngesteuert regeln können.

Bild 1: Auszug aus dem EEG § 9

Tabelle 1: Vergütung der erneuerbaren Energien aus neu errichteten Anlagen nach EEG 2023

Art der Erzeugung	Cent je kWh	Bemerkungen
Wasserkraft ≤ 500 kW	12,03	auch für modernisierte Anlagen
Wasserkraft ≤ 2 MW	7,93	Jährliche Reduzierung um 0,5 %
Wasserkraft ≤ 5 MW	6,07	
Wasserkraft ≥ 5 MW	4,12 bis 5,32	
Deponiegas ≤ 500 kW	5,98	bei > 500 kW fallende Vergütung
Klärgas ≤ 500 kW	5,98	
Grubengas ≤ 500 kW	5,98	
Biomasse ≤ 150 kW	17,67	
Gülle ≤ 150 kW	22,2	
Geothermie	25,20	
Windenergie an Land	5,88	
Windenergie im Meer	15,40	für 12 Jahre
Solare Strahlung, z. B. PV	8,91	bei Freiflächenanlagen
PV, an oder auf Gebäuden, ≤ 10 kWp	8,11/12,87[1]	[1] Volleinspeis. Die Sätze gelten auch für Anlagen an Lärmschutzwänden.
PV, an oder auf Gebäuden, ≤ 40 kWp	7,03/10,79[1]	
PV, an oder auf Gebäuden, ≤ 1 MWp	6,14/8,02[1]	
PV, an oder auf Gebäuden, ≥ 1 MWp	–	anhand Abschreibung

Leistung ist beim EEG die Wirkleistung, die von der Anlage dauernd erbracht werden kann.

Das EEG mit seinen Vergütungsangaben wird mindestens jährlich an die geänderten Umstände angepasst. Die Vergütungen ändern sich z. T. monatlich.

7.9.4 Netzanschluss von Eigenerzeugungsanlagen

Das EEG hat die Zahl der Klein-Stromerzeuger, z. B. mit PV-Modulen, stark ansteigen lassen. Deshalb sind für diese Eigenerzeugungsanlagen in den TAB (Technische Anschlussbedingungen) der VNB eigene Richtlinien enthalten.

Prinzip der Eigenerzeugungsanlagen

Eigenerzeugungsanlagen für elektrische Energie arbeiten mit drehenden Maschinen, z. B. Turbinen, oder mit ruhenden Modulen, z. B. PV-Zellen.

Wasserkraftanlagen, Windenergieanlagen und Anlagen mit Wärmekraftmaschinen erzeugen Wechselspannung AC (von Alternating Current). Sie enthalten eine Kraftmaschine KM, einen Synchrongenerator GS oder einen Asynchrongenerator GA, oft einen Frequenzumrichter, einen NA-Schutz (Netz- und Anlagenschutz) und einen Kuppelschalter K **(Bild 1)**. Der NA-Schutz überwacht die Spannung und die Frequenz der Anlage. Wenn deren Werte im zulässigen Bereich von 0,8 U_n bis 1,1 U_n und 47,5 Hz bis 51,5 Hz liegen, dann schaltet der Kuppelschalter K (Schütz oder Motorschutzschalter) die Erzeugungsanlage an das Netz.

> Die Eigenerzeugungsanlage wird durch NA-Schutz und Kuppelschalter nur dann an das Netz geschaltet, wenn die Spannungsdaten und Frequenzdaten das zulassen.

PV-Anlagen (Photovoltaik-Anlagen) und Anlagen mit **Brennstoffzellen** liefern Gleichspannung **DC** (von Direct Current). Deshalb ist bei ihnen ein Wechselrichter (DC-AC-Umsetzer) erforderlich **(Bild 2)**. NA-Schutz und Kuppelschalter haben bei ihnen dieselben Aufgaben wie bei Anlagen mit drehenden Maschinen.

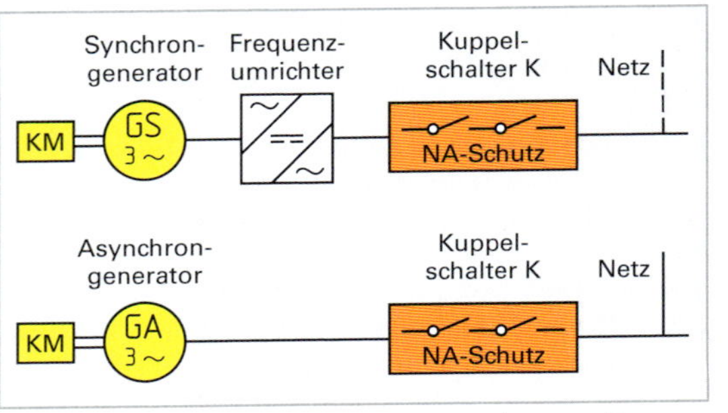

Bild 1: Prinzip von Eigenerzeugungsanlagen mit drehenden Maschinen

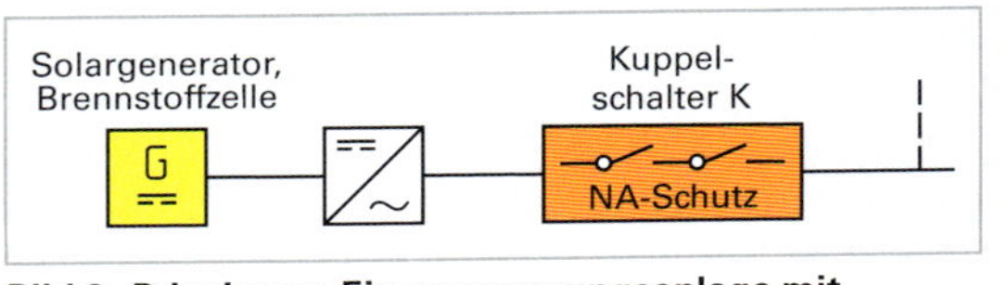

Bild 2: Prinzip von Eigenerzeugungsanlage mit ruhenden Modulen

Eigenerzeugungsanlagen aller Arten bis zu Bemessungsleistungen von 4,6 kVAp (VA = Voltampere, Einheit der Scheinleistung, p von Peak = Spitze) bzw. 5 kWp für Einphasenbetrieb konstruiert geben also Einphasenwechselstrom ab. Für größere Bemessungsleistungen ab 3 × 4,6 kVA = 13,8 kVA muss der Dreiphasenbetrieb mit Drehstrom angewendet werden.

Betriebsarten bei Anschluss an das Netz

Allgemein spricht man beim Betrieb mit Anschluss an das öffentliche Netz von **Parallelbetrieb**. Dafür sind immer ein Bezugszähler und ein Lieferzähler erforderlich. Bei **Volleinspeisung** geht man davon aus, dass der erzeugte Strom vollständig in das Netz eingespeist wird und der verbrauchte Strom vollständig vom Netz geliefert wird **(Bild 3)**. Diese Betriebsart ist für den Lieferanten dann vorteilhaft, wenn der PV-Strom höher vergütet wird als der bezogene Strom.

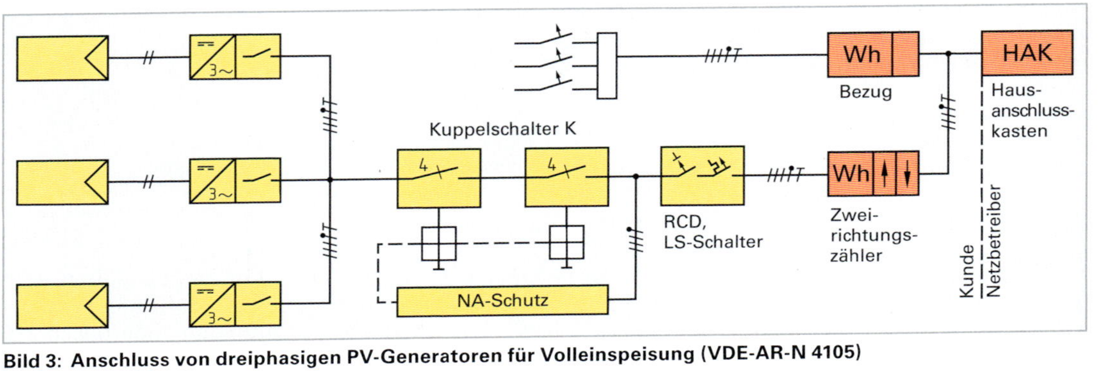

Bild 3: Anschluss von dreiphasigen PV-Generatoren für Volleinspeisung (VDE-AR-N 4105)

Jede Eigenerzeugungsanlage für Parallelbetrieb hat einen Bezugszähler und einen Lieferzähler.

Je nach Errichtungsjahr und Netzbetreiber gibt es verschiedene Tarife und davon abhängige Anschlussarten. Deshalb wird in Anwendungsregel VDE-AR-N 4105 verlangt, dort **Zweirichtungszähler** einzusetzen, wo sowohl Bezug als auch Lieferung möglich ist.

Der Zweirichtungszähler dreht sich je nach Richtung des Energieflusses und erfasst in zwei Zählwerken die beiden Energien getrennt, also Bezug und Lieferung. Er ersetzt mithin zwei einfache Zähler, von denen jeder eine Rücklaufsperre haben muss. Durch die Rücklaufsperre wird bei Änderung der Energieflussrichtung der Rücklauf verhindert, obwohl der Strom in der geänderten Richtung weiterfließen kann.

Bei der Schaltung für Volleinspeisung nach **Bild 3, vorhergehende Seite,** liegt im Stromkreis zum PV-Generator ein Zweirichtungszähler, weil die PV-Anlage durch ihre Elektronik, z. B. NA-Schutz, selbst Strom beziehen muss. Die Vergütung ist dann um diesen Teil geringer.

Wegen der politisch vorgesehenen Abnahme der Subventionierung der erneuerbaren Energien wird bei PV-Anlagen vermehrt die *Überschusseinspeisung* angewendet. Die Schaltung vom PV-Generator bis Trenneinrichtung (Kuppelschalter, LS-Schalter und RCD) ist dieselbe wie in Bild 3, vorhergehende Seite. Für die Überschusseinspeisung erfasst ein Zweirichtungszähler den vollen Bezug vom Netz und die volle Lieferung ins Netz **(Bild 1)**. Außerdem erfasst ein Zähler mit Rücklaufsperre die Lieferung aus der PV-Anlage. Der Eigenverbrauch der PV-Anlage wird nicht getrennt erfasst, sondern wird vom Zweirichtungszähler als Bezug gezählt. In der Schaltung für Überschusseinspeisung wird der selbst erzeugte Strom vorrangig selbst verbraucht. Nur der Überschuss des selbst erzeugten Stroms geht in das Netz des Netzbetreibers.

Bei der Überschusseinspeisung wird nur der Überschuss an erzeugtem Strom ins Netz eingespeist.

Gegenüber der Volleinspeisung ist für den Anlagenbesitzer die Überschusseinspeisung günstiger, wenn die Strompreise hoch sind. Er kann dann seinen preiswerteren eigenen Strom nutzen.

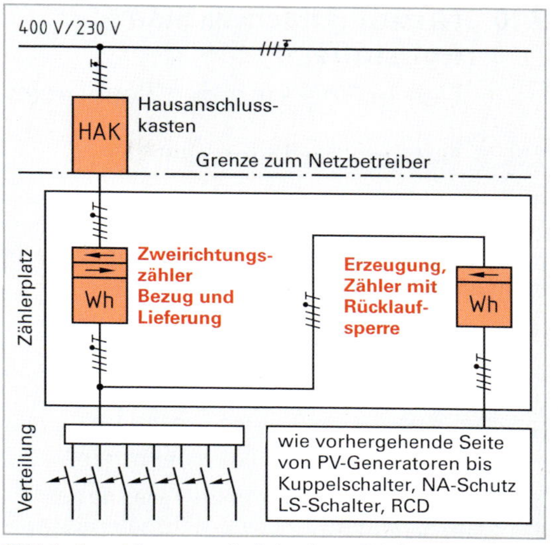

Bild 1: Anschluss von dreiphasigen PV-Generatoren für Überschusseinspeisung

Ein örtlicher Verbraucher, der gleichzeitig Energieerzeuger ist, wird Prosumer genannt (Kunstwort aus Produzent und Konsument).

Beispiel:
In einer Anlage mit Überschusseinspeisung zeigen die Zähler von Bild 1 folgende Differenzen gegenüber der vorhergehenden Ablesung an:

Zweirichtungszähler	Lieferung:	27 000 kWh
	Bezug:	15 000 kWh
Zähler mit Rücklaufsperre:		50 000 kWh

Wie viele kWh hat der Anlagenbesitzer von der eigenen Erzeugung selbst verbraucht?

Lösung:

50 000 kWh – 27 000 kWh = **23 000 kWh**

Wiederholung und Vertiefung

1. **In welcher Einheit wird die installierte Leistung einer PV-Anlage angegeben?**
2. **Warum wurde die Vergütung des Stroms aus PV-Anlagen mehrfach gesenkt?**
3. **Wozu dient in einer PV-Anlage der NA-Schutz?**
4. **Welcher Schalter schaltet den Generator einer Eigenerzeugungsanlage an das öffentliche Netz?**
5. **Welche Arten der Einspeisung kommen für PV-Anlagen im Parallelbetrieb vor?**

7.10 Nutzung nachwachsender Rohstoffe
Use of Regenerative Resources

7.10.1 Nutzung der Biomasse

Biomasse ist als Energielieferant aufgrund massiv steigender Öl- und Gaspreise zunehmend wichtiger. Derzeit werden etwa 17% des Wärmebedarfs in Deutschland aus der Biomasse gedeckt.

Holzpellets

Als Folge der Ölkrise in 1970er Jahren wurde in den frühen 1980er Jahren die Technologie der Holzpelletsheizung in den USA (Pelletsofen) und in Schweden (Großfeueranlagen) entwickelt.

Holzpellets sind stäbchenförmige Teile, die aus getrocknetem, naturbelassenem Holz gefertigt werden. In der Regel sind die Pellets 20 bis 50 mm lang und haben einen Durchmesser zwischen 4 mm und 10 mm **(Bild 1)**. Das Brennmaterial muss der DIN EN ISO 17225-3 und dem Zertifikat „EN plus" entsprechen. Als Rohstoff werden Holzabfälle aus der Holz verarbeitenden Industrie (Sägemehl, Hobelspäne, Rinde, sonstiges Abfallholz) sowie Waldresthölzer eingesetzt. In einem mehrstufigen Herstellungsprozess werden die Hölzer in die notwendige Konsistenz (Größe, Restfeuchte) gebracht, unter Druck in die entsprechende Form gepresst und auf Länge geschnitten. Die dazu notwendige Energie beträgt in Abhängigkeit von der Restfeuchte des Ausgangsmaterials zwischen 2,5% und 17% des Energiegehalts der Pellets. Zum Vergleich: Die Herstellung von Heizöl aus Erdöl benötigt 12% des Energiegehalts (jeweils ohne Transportkosten).

> Holzabfälle eignen sich zur Herstellung von Pellets.

Genutzt werden Holzpellets in Holzheizungssystemen **(Bild 2)** jeder Größenordnung, wobei Großfeueranlagen vornehmlich in Schweden betrieben werden. In Mitteleuropa kommen derzeit vorwiegend Zentralheizungsanlagen bis 45 kW in Ein- und Mehrfamilienhäusern zum Einsatz. Gelagert werden die Pellets in einem dafür hergerichteten Raum, z.B. Keller, Silo, Erdtank, Bigbag (großer Beutel).

Die Anlieferung erfolgt meist per Silozug (Ausnahme Bigbag bzw. sonstige Sackware), von dem aus das Brennmaterial in den Lagerraum eingeblasen wird. Gleichzeitig wird der entstehende Staub abgesaugt.

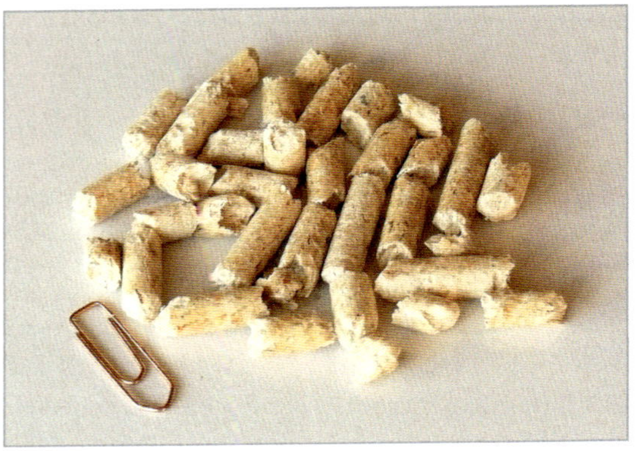

Bild 1: Holzpellets

Bild 2: Holzpelletheizung

Für die Zuführung der Pellets zum Heizsystem werden, wenn der Kessel nahe am Lagerraum liegt, Förderschnecken eingesetzt. Bei größeren Entfernungen, z.B. zwischen 5 m bis 25 m, wird das Material pneumatisch eingesaugt. Vor dem eigentlichen Kessel ist ein Pufferbehälter zwischengeschaltet, der einen Vorrat für einen Heizbetrieb zwischen 24 h und 100 h fasst. Dieser Puffer kann jederzeit, auch während des Heizbetriebs gefahrlos gefüllt werden Von dort werden die Pellets mittels Förderschnecke in den eigentlichen Brennraum gefördert. Die Zuführung wird bedarfsabhängig gesteuert. Die Technik entspricht dem modernen Standard vergleichbarer Heizanlagen, die mit herkömmlichen Brennstoffen betrieben werden (Gas, Öl, Kohle).

Der Heizwert von Holzpellets beträgt mindestens 18 MJ/kg (= 5 kWh/kg). Als **Faustformel** kann angesetzt werden, dass 2 kg Holzpellets 1 *l* Heizöl bzw. 1 m^3 Erdgas entsprechen.

Die Verbrennung erfolgt **CO_2-neutral**, da Holzpellets aus nachwachsenden Rohstoffen hergestellt werden. Die Feinstaub-Emissionen der Holzpellet-Heizungsanlagen liegen auf dem Niveau von Ölheizungen und betragen weniger als 10%, zum Teil sogar nur 1%, der Emissionen von Heizungen, die Scheitholz als Brennstoff einsetzen. Die Diskussion über die Gesundheitsrelevanz einzelner Feinstaubanteile ist jedoch noch nicht abgeschlossen.

> Die steigende Bedeutung der Holzpellets liegt in der CO_2-neutralen Nutzung nachwachsender Rohstoffe.

Meist handelt es sich beim Restholzabfall um ein regionales Produkt, die geringfügigen Anteile tropischer Hölzer sind vernachlässigbar. Weitere ökologische Aspekte sind die vergleichsweise kurzen Transportwege sowie die geringen Umweltrisiken des Transports, insbesondere im Vergleich mit Öl und Erdgas. Zudem ist zumindest in Mitteleuropa genügend Rohstoff vorhanden, ohne dass mit einer Übernutzung der bestehenden Wälder zu rechnen ist.

Hackschnitzel

Bei Hackschnitzeln handelt es sich um gehäckselte Holzabfälle in loser Schüttung. Sie werden in Heizungsanlagen, die denen der Holzpellets entsprechen, verfeuert. Meist wird mit solchen Anlagen Fernwärme erzeugt.

Biogasanlagen

Biogasanlagen sind Anlagen, in denen organisches Material anaerob abgebaut wird. Dabei wird Methan gebildet, das verbrannt wird. Im einfachsten Fall wird damit Wasser zum Heizen erwärmt. In größeren Anlagen wird zusätzlich in Blockheizkraftwerken mit speziellen Gasmotoren (Abschnitte 6.4.14, 7.4.2, Seite 443) Strom erzeugt. Die so gewonnene Energie kann bei Kraft-Wärme-Kopplung eine Siedlung komplett mit Strom und Wärme versorgen.

Als Ausgangsmaterial können Stallabfälle wie Mist und/oder Gülle dienen. Des Weiteren können unterschiedlichste pflanzliche „Abfälle" eingesetzt werden. Häufig kommen auch sogenannte Energiepflanzen, z.B. gehäckselter Mais, zum Einsatz.

Je nach Ausgangsmaterial muss das entstandene Biogas aufbereitet werden, da neben Methan und Kohlenstoffdioxid auch Schwefelwasserstoff und sonstige Sulfide im Biogas zu finden sind.

Eine Besonderheit stellen die **Müllbehandlungsanlagen** (MBA) dar. Hier wird unsortierter Hausmüll als Ausgangsmaterial eingesetzt. Zunächst werden mittels eines Sortierbandes Metalle und Grobstoffe abgetrennt. Der Rest wandert in die Biogasanlage und wird dort vergoren. Nach der Biogasanlage können Kunststoffe abgetrennt werden. Eine MBA kann Fernwärme und Strom liefern.

Bild 1: Biomasse-Kraftwerk Malchin (Mecklenburg-Vorpommern, Siemens)

Der anfallende Schlamm wird dem aus Kläranlagen gleichgesetzt und entsprechend entsorgt.

Biomasse-Kraftwerke

In Biomasse-Kraftwerken **(Bild 1)** wird getrocknetes organisches Material direkt verbrannt. Zum Einsatz kommen z.B. Stroh, Altholz oder Holzabfall. Durch die dabei entstehende Wärme wird Wasserdampf erzeugt, der eine Turbine antreibt, mit deren Hilfe ein Generator Strom erzeugt. Die Restwärme kann zum Heizen in ein Fernwärmenetz eingespeist werden. www.siemens.com

Wiederholung und Vertiefung

1. **Welche Formen der Nutzung nachwachsender Rohstoffe gibt es?**
2. **Beschreiben Sie die unterschiedlichen Anlagentypen zur Nutzung von Biomasse.**
3. **Warum ist es sinnvoll, nachwachsende Rohstoffe zur Energieversorgung einzusetzen?**
4. **Warum ist es problematisch, nachwachsende Rohstoffe zur Energieversorgung einzusetzen?**

7.10.2 Kraftstoffe aus nachwachsenden Rohstoffen

Der weltweite Energiebedarf wird zurzeit zu etwa 85 % durch Verwendung fossiler (von lat. fossilis = [aus]gegraben), nicht nachwachsender Rohstoffe Kohle, Erdöl, Erdgas (Kohlenwasserstoffe, in geologischer Vorzeit aus Abbauprodukten toter Organismen entstanden) und Uran gedeckt, die allerdings nur für begrenzte Zeit verfügbar sein werden **(Bilder 1 und 2)**. Ferner ist ihre Verwendung mit Ausnahme von Uran mit dem Ausstoß von CO_2 verbunden.

In Deutschland machen Kraftstoffe für den Verkehr gegenwärtig fast 30 % des Primärenergieverbrauchs aus. Zur Schonung der fossilen Rohstoffe und zum Klimaschutz werden daher Kraftstoffe entwickelt, die als sogenannte **Biokraftstoffe** aus nachwachsenden pflanzlichen Rohstoffen (Biomasse) gewonnen werden **(Tabelle 1)**.

Aus Algen oder Pflanzenabfällen gewonnene Kraftstoffe neuer Generationen verbrauchen weit weniger Anbauflächen und stehen nicht mehr in Konkurrenz zur Nahrungsmittelproduktion. Dabei muss die Biomasse gemäß der *Nachhaltigkeitsverordnung-Biokraftstoffe* so hergestellt werden, dass ihr Einsatz gegenüber fossilen Energieträgern mindestens 65 % weniger Treibhausgase freisetzt und dass der Pflanzenanbau keine schützenswerten Flächen zerstört.

> Biokraftstoffe schonen fossile Rohstoffe, sparen Treibhausgase ein und erhöhen die Versorgungssicherheit.

Das *Biokraftstoffquotengesetz* regelt die vorgeschriebene Beimischung von Biokraftstoffen zu den Mineralölkraftstoffen und forderte 2014 als Gesamtquote mindestens 6,25 % Beimischung **(Tabelle 2)**. Seit 2015 werden die Beimischungsquoten nicht mehr auf den energetischen Gehalt der Biokraftstoffe bezogen, sondern als *Treibhausgasminderungsquote* (THG-Quote) auf ihren Beitrag zur Treibhausgasverminderung, was insbesondere die Biokraftstoffquote der neuen Generationen begünstigt. Die THG-Quote steigt zunächst bis 2030 auf 25 %, wodurch der Verkehrssektor dazu beitragen soll, dass Deutschland bis 2050 treibhausneutral wird.

Nicht zuletzt verringern heimische Biokraftstoffe die Abhängigkeit vom Erdöl, das zu großen Anteilen aus politisch zweifelhaften Ländern importiert wird.

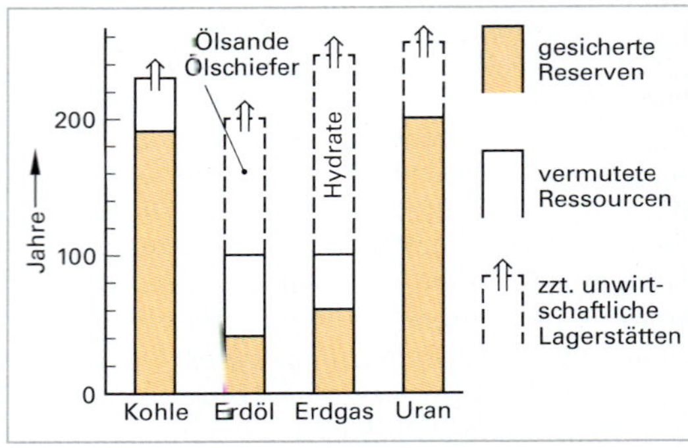

Bild 1: Geschätzte Reichweite der Brennstoffvorräte

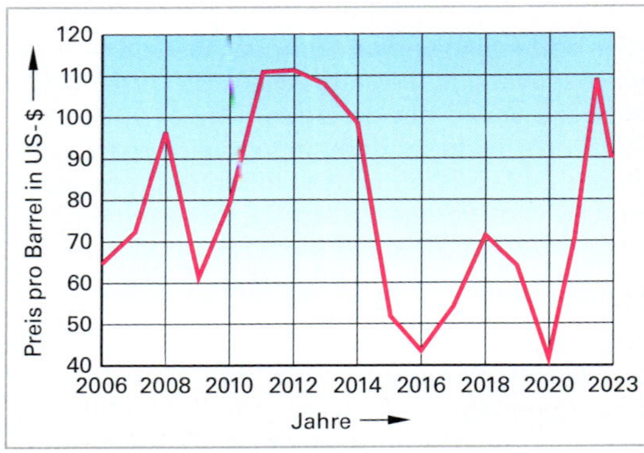

Bild 2 : Rohölpreise in US-Dollar pro Barrel

Tabelle 1: Wichtige Biokraftstoffe

Kraftstoff	Bemerkungen
Biokraftstoffe der ersten Generation	
Biodiesel	aus Pflanzenölmethylester
Bioethanol	aus kohlenhydratreichen Pflanzen
Biokraftstoffe weiterer Generationen:	
Bioethanol	aus Zellulose
BtL. (Biomass to Liquid)	aus Biomasse (synthetischer Kraftstoff über Synthesegaserzeugung)

Tabelle 2: Beimischungsquote von Biokraftstoffen

Kraftstoff	Jahr	Quote
zu Dieselkraftstoff	2007	4,40 %
zu Ottokraftstoff	2007	1,20 %
Gesamtquote zu beiden	2017*	4,00 %
	2020*	6,00 %
	2025*	10,50 %
	2030*	25,00 %

* THG-Quote

7.10.3 Biokraftstoffe der ersten Generation

Biodiesel

Biodiesel ist der in Deutschland seit mehr als 30 Jahren am meisten verwendete Biokraftstoff **(Bild 1)**. Er wird aus pflanzlichen Fetten und Ölen produziert, wobei Raps der wichtigste Öllieferant ist, der auf mehr als 12 % der deutschen Ackerfläche angebaut wird **(Bild 2)**. Je Hektar (1 ha = 10 000 m^2) können bis zu 1700 L Biodiesel jährlich gewonnen werden, was 3,5 Tonnen CO_2 einspart. Um mit herkömmlichem Diesel vergleichbare Eigenschaften zu gewährleisten, z. B. hinsichtlich Viskosität und Siedeverhalten, wird das aus dem Rapssamen gewonnene Öl chemisch zu einem Fettsäure-Methylester (FAME = Fatty Acid Methyl Ester bzw. RME = Rapsmethylester) aufbereitet und standardisiert (DIN EN 14214). Dazu wird dem Rapsöl, dessen Moleküle aus jeweils drei Fettsäuren bestehen, die mit dem dreiwertigen Alkohol Glyzerin über Esterbindungen verknüpft sind, der einwertige Alkohol Methanol zugegeben. In Gegenwart eines alkalischen Katalysators lösen sich die drei Fettsäuren vom Glyzerin und verbinden sich stattdessen mit dem Methanol (Umesterung). Das Ergebnis sind Fettsäuremethylestermoleküle (Biodiesel, FAME bzw. RME) und das Nebenprodukt Glyzerin, ein wichtiger Rohstoff für die Chemie- und Pharmaindustrie **(Bild 3)**.

Gemäß dem *Biokraftstoffquotengesetz* wird derzeit das meiste Biodiesel dem Mineralöldiesel mit bis zu 5 % beigemischt **(Bild 4)**. Mit reinem Biodiesel können allerdings nur speziell angepasste Motoren betrieben werden. In Deutschland geht die Erzeugung von Biodiesel zzt. zurück, da die steuerliche Förderung zum großen Teil weggefallen ist.

> Biodiesel wird als alleiniger Kraftstoff oder als Beimischungskomponente eingesetzt.

Biodiesel überzeugt durch gute Abgaswerte, die bis auf die Stickoxidemissionen besser als bei herkömmlichem Diesel sind. Da von Natur aus schwefelfrei, trägt Biodiesel auch nicht zum sauren Regen, zu Waldschäden und zu Schäden an Baudenkmälern bei. Das Biodiesel-Molekül enthält etwa 11 % Sauerstoff. Das führt zu einem besseren Verbrennungsablauf und damit zu erheblich weniger Ruß. Im Gegensatz zu Mineralöldiesel ist Biodiesel biologisch leicht abbaubar und wird deshalb nur in die Wassergefährdungsklasse 1 (schwach wassergefährdend) eingestuft und ist nicht als Gefahrgut klassifiziert.

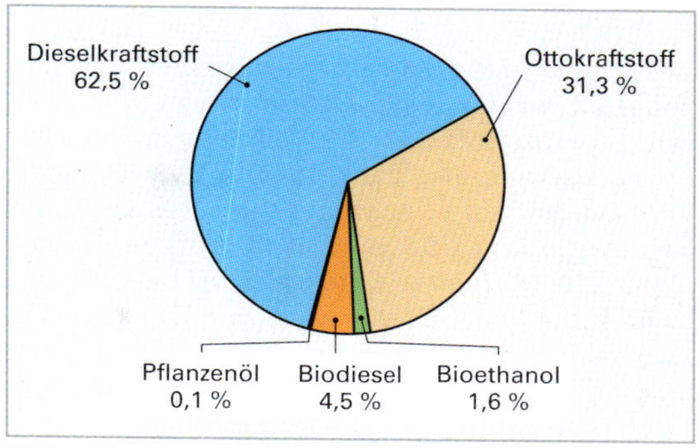

Bild 1: Kraftstoffverteilung in Deutschland 2023

Bild 2: Industrieller Rapsanbau

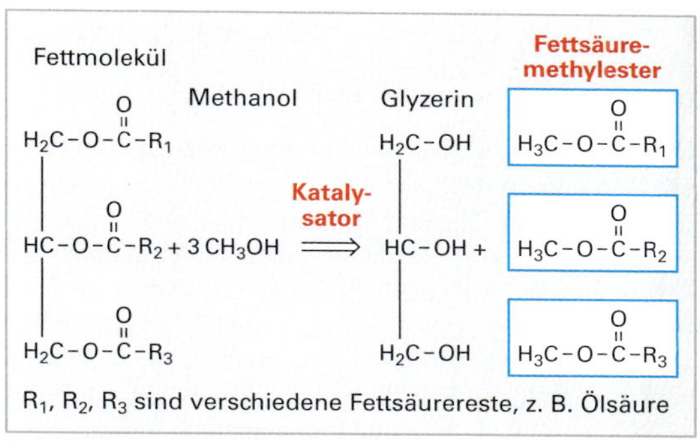

Bild 3: Umesterung eines Pflanzenöls

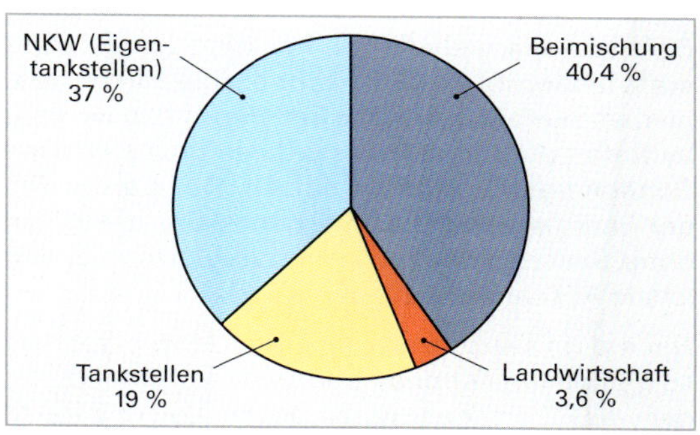

Bild 4: Nutzung von Biodiesel (2023)

Bioethanol

Bioethanol mit seinen benzinähnlichen Eigenschaften ist der weltweit am meisten verbreitete Biokraftstoff mit 150 Millionen m^3 in 2021 (www.cropenergies.com, **Tabelle 1**). In Brasilien wird Bioethanol überwiegend als Reinkraftstoff genutzt, in den USA wird er in großen Mengen als Zusatz normalem Ottokraftstoff beigemischt **(Bild 1)**. In Deutschland werden nach dem Biokraftstoffquotengesetz bis zu 10 % Bioethanol beigemischt, ohne dass Änderungen an den Motoren oder Fahrzeugen notwendig sind.

Das schadstoffarme und klimaneutrale Bioethanol kann von „Flexible Fuel Vehicles" FFV genutzt werden. Diese können sowohl mit reinem Ottokraftstoff betrieben werden als auch mit beliebigen Benzin-Ethanolgemischen mit bis zu 85 % Bioethanol (E85). Dazu haben die Motoren einen Sensor für das Kraftstoffmischungsverhältnis, sodass der Zündzeitpunkt entsprechend verstellt wird. Außerdem sorgt eine Zylinderblockvorwärmung dafür, dass sich der Motor bei hohen Bioethanolanteilen auch unter minus 15 °C problemlos starten lässt. Derartige Fahrzeuge werden inzwischen von vielen Herstellern angeboten.

> Bioethanol ist benzinähnlich und wird als alleiniger Kraftstoff oder als Beimischungskomponente verwendet.

Bioethanol wird aus vielen nachwachsenden Rohstoffen hergestellt. In der EU sind das vor allem Getreide und Zuckerrüben, in Brasilien Zuckerrohr und in den USA Mais **(Tabelle 2)**. Alle diese Pflanzen sind kohlenhydratreich und eignen sich für den biologischen Prozess der *alkoholischen Gärung*, bei der Zucker (Traubenzucker $C_6H_{12}O_6$) meist von Hefen in Alkohol (Ethanol C_2H_5OH) und Kohlenstoffdioxid CO_2 umgewandelt wird:

$$C_6H_{12}O_6 \rightarrow 2\ C_2H_5OH + 2\ CO_2 \quad \Delta H = -230\ \text{kJ/mol}$$

Da diese energieliefernde Reaktion ohne Sauerstoff (anaerob) abläuft, können die Mikroorganismen nur einen kleinen Teil der in den Kohlenhydraten durch die Fotosynthese gespeicherten Sonnenenergie für sich nutzen. Der größte Teil der Energie verbleibt im Ethanol, das die Zellen ohne Sauerstoff nicht weiter verwerten können (siehe Abschnitte 3.2.2 und 3.2.3).

Nach dem Gärprozess in einem Bioreaktor, der so genannten *Fermentation*, wird das Ethanol aus der wässrigen Phase durch Destillation und Rektifikation abgetrennt und auf 94,6 % aufkonzentriert (siehe Abschnitt 9.3.5). Im letzten Prozessschritt erfolgt die Schlussentwässerung auf 99,8 % reines Bioethanol **(Bild 2)**.

Bei stärkehaltigen Pflanzen ist die Ethanolgewinnung aufwendiger **(Bild 3)**. Zunächst wird der Vielfachzucker *Stärke* durch einen mechanischen Aufschluss verfügbar und in Lösung gebracht, um dann durch Enzyme zum Einfachzucker Traubenzucker für die Vergärung umgewandelt zu werden. Dies ist ein technisch ausgereiftes und erprobtes Verfahren.

Tabelle 1: Vergleich Ottokraftstoff und Bioethanol

Kraftstoffeigenschaften	Benzin	Bioethanol
Dichte (15 °C)	750 kg/m^3	790 kg/m^3
Energieinhalt	32,6 MJ/L	21,2 MJ/L
Oktanzahl	98	112
Sauerstoffgehalt	0 … 2 %	35 %

Bioethanol	**E5**	5 % Ethanol,	95 % Benzin
	E10	10 % Ethanol,	90 % Benzin
	E85	85 % Ethanol,	15 % Benzin
	E100	100 % Ethanol	

Bild 1: Endprodukte mit Bioethanol in der EU

Tabelle 2: Rohstoffe für die Bioethanolproduktion

Rohstoffe	Beispiele
Zuckerhaltig	Zuckerrübe, Zuckerrohr
Stärkehaltig	Getreide, Kartoffel, Mais
Zellulosehaltig	Holz, Stroh, weitere zellulosehaltige Biomasse

Bioethanolproduktion
- Rohstoffaufbereitung
- Fermentation (Vergärung des aufgeschlossenen Zuckers zu Ethanol)
- Destillation
- Rektifikation
- Entwässerung
- Nebenproduktaufbereitung

Bild 2: Verfahrensschritte der Bioethanolproduktion

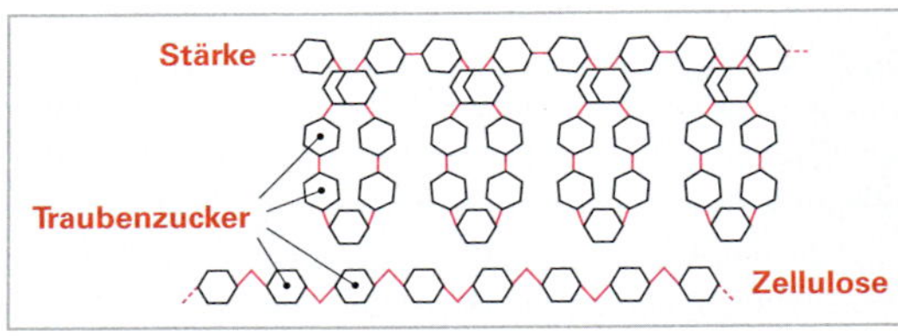

Bild 3: Vielfachzucker Stärke und Zellulose

Bei der Bioethanolherstellung entsteht als Nebenprodukt *Schlempe,* welche die pflanzlichen Reststoffe nach der Vergärung enthält. Sie wird als Futtermittel, Dünger oder zur Dampferzeugung genutzt.

7.10.4 Biokraftstoffe weiterer Generationen

Für die **Bioethanolherstellung** befinden sich Verfahren in der Entwicklung, statt stärke- und zuckerhaltiger Pflanzenteile die ganze Pflanze zu nutzen, da deren Hauptbestandteil, die faserige *Zellulose* (Zellstoff) in den Pflanzenzellwänden, ebenfalls ein Vielfachzucker ist (siehe Abschnitt 6.5.7). Zellulose wird durch derzeit noch sehr teure Enzyme zu Traubenzucker abgebaut und dann zu Ethanol vergoren **(Bild 3, vorhergehende Seite)**. Da Zellulose ein sehr stabiles Molekül ist, verläuft die Verzuckerung langsam und unvollständig. An der Verbesserung dieses Prozessschritts wird gearbeitet, da die Rohstoffbasis für Bioethanol durch Stroh, Restholz und andere Pflanzenreste stark verbreitert wird. Verbunden ist damit eine Verdopplung des Energieertrags je Fläche und eine Verbesserung der Treibhausgasbilanz gegenüber den Biokraftstoffen der ersten Generation.

> Biokraftstoffe der nächsten Generationen bieten Vorteile im Umweltschutz und der Versorgungssicherheit, da für ihre Produktion weit mehr nachwachsende Rohstoffe geeignet sind als für die Biokraftstoffe der ersten Generation.

Dieselben Vorteile versprechen vollsynthetische **BtL-Kraftstoffe** (Biomass to Liquid: Biomasse zu Flüssigkeit), die sich in der Entwicklung befinden **(Bild 1)**. Sie lassen sich sowohl an moderne Motorenkonzepte als auch an strengere Abgasnormen anpassen.

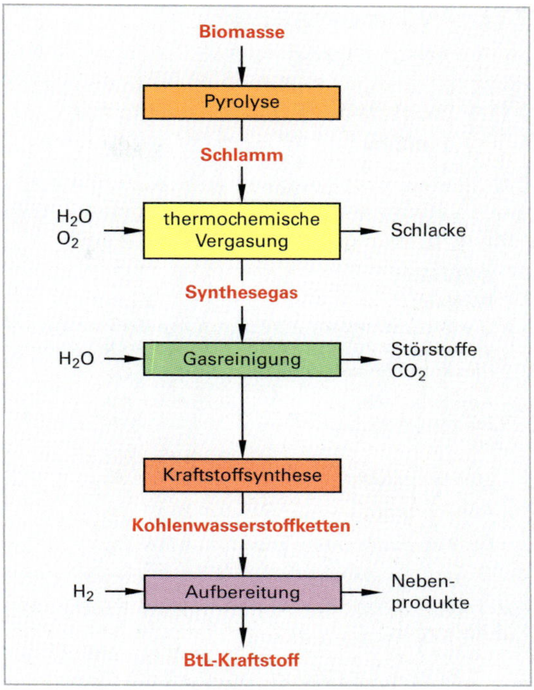

Bild 1: Verfahrensschema zur BtL-Herstellung

BtL-Kraftstoffe können grundsätzlich aus allen Arten von Biomasse hergestellt werden. So z. B. aus Abfallholz, Heu, Stroh, Papier- und Pappeabfällen, aber auch aus vollständig verwertbaren Energiepflanzen, die eigens für die Kraftstofferzeugung angebaut werden, wobei je Hektar jährlich bis zu 4000 L BtL-Kraftstoff gewonnen werden können. Damit ließe sich bis 25 % des deutschen Kraftstoffbedarfs decken.

Zur Herstellung von BtL-Kraftstoff wird die getrocknete und zerkleinerte Biomasse zunächst bei rund 500 °C unter Sauerstoffmangel zu Öl und Koks zersetzt *(Pyrolyse)*. Der Koks wird vermahlen und im Öl aufgeschlämmt, sodass ein zähflüssiger schwarzer Schlamm (engl. slurry) entsteht, der eine etwa 10-fach höhere Energiedichte als das Ausgangsmaterial hat. Der Schlamm wird dann in einem Flugstrom-Druckvergasungsreaktor bei etwa 1300 °C unter Druck und mit Sauerstoffzufuhr in *Synthesegas* mit den Bestandteilen Wasserstoff H_2, Kohlenstoffmonoxid CO und Kohlenstoffdioxid CO_2 zerlegt. Andere Elemente der Biomasse, z. B. Stickstoff und Schwefel, bilden bei dieser *thermochemischen Vergasung* eigene Verbindungen, die als Schlacke ausgetragen werden. Nach der Gasreinigung und CO_2-Entfernung reagieren in einem weiteren Reaktor das Kohlenstoffmonoxid CO und Wasserstoff H_2 in Anwesenheit metallischer Katalysatoren bei der Fischer-Tropsch-Synthese zu langkettigen *Kohlenwasserstoffen* $(\text{-CH}_2\text{-})_n$, die abschließend zu BtL-Dieselkraftstoff weiterverarbeitet werden:

$$n\,CO + 2\,n\,H_2 \rightarrow (\text{-CH}_2\text{-})n + n\,H_2O$$

Aus dem Synthesegas lässt sich in einem ähnlichen Verfahren über Methanol auch ein BtL-Kraftstoff mit den Eigenschaften von Ottokraftstoff gewinnen.

7.11 Wärmepumpe
Heat Pump

7.11.1 Kosten der Elektroenergie zum Heizen

Die elektrische Energie ist bisher zum Heizen meist zu teuer, weil die Verbrauchskosten je kWh hoch sind, auch durch politische Einflüsse.

Beispiel:
Die Stromerzeugungskosten eines VNB betrugen im Frühjahr 2024 je kWh 0,2975 €. Für den Abnehmer kommen weitere Kosten hinzu:

Anteil des VNB	0,2975 €/kWh
Steuern, Abgaben	0,0494 €/kWh
	0,3469 €/kWh
Mehrwertsteuer 19 %	0,0659 €/kWh
Abnehmerpreis	0,4128 €/kWh

Der Abnehmer zahlte etwa 0,41 € je kWh.

Für 1 kWh erhält der Abnehmer im günstigsten Fall die Wärmeenergie von

$$Q = 1\,\text{kWh} = 1 \cdot 1000\,\text{W} \cdot 3600\,\text{s} = 3{,}6\,\text{MWs} = \mathbf{3{,}6\,MJ}$$

1 L (Liter) Heizöl kostete im März 2024 etwa 1,01 Euro und hat einen Heizwert von etwa 36 MJ/L. Zur Erzeugung derselben Wärme braucht man 10 kWh, die unter den angeführten Bedingungen 4,10 € kosten, also das 3,9-Fache des Heizöls.

Die Kosten der direkten Wärmeerzeugung durch den elektrischen Strom betrugen in 3/2024 etwa das 4-Fache der Heizölkosten.

7.11.2 Wirkungsweise der Wärmepumpe

Durch Zufuhr von freier Wärmeenergie, z. B. aus der Umgebungsluft, in das Heizsystem ist es prinzipiell möglich, die Stromkosten für die Heizung zu senken. Dazu muss die freie Wärmeenergie (MJ) von ihrer niedrigen Temperatur auf eine hohe Temperatur gebracht werden. Das ist durch eine *Wärmepumpe* möglich **(Bild 1)**.

Eine Wärmepumpe bringt eine Wärmeenergie von niedriger Temperatur auf eine höhere Temperatur.

Die Wärmepumpe arbeitet wie die Kühleinrichtung eines Kühlgeräts. Als *Arbeitsmittel* wird ein

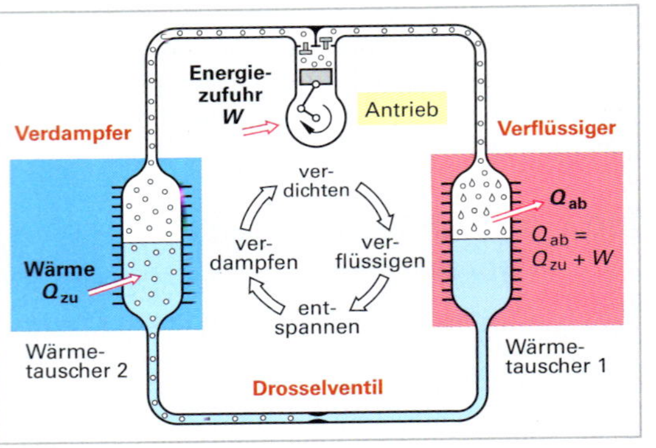

Bild 1: Arbeitsweise der Wärmepumpe

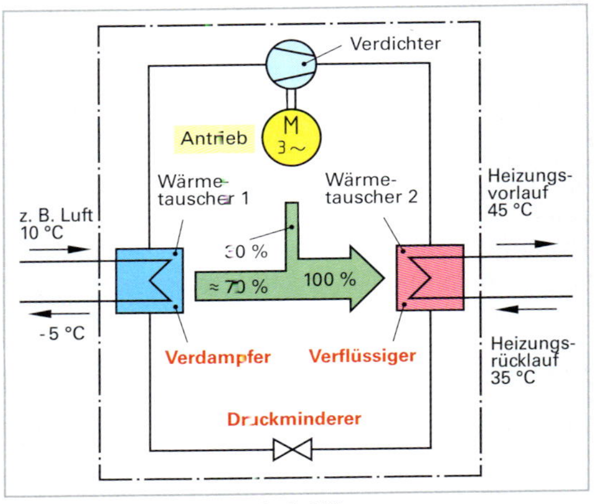

Bild 2: Kreislauf bei der Luft-Wärmepumpe

Kohlenwasserstoff verwendet, der unter normalen Bedingungen gasförmig ist. Das *Arbeitsmittel* wird von einem **Verdichter** (z. B. Kompressor) verdichtet, wobei es sich erwärmt.

Diese Wärme von z. B. 50 °C wird am **Verflüssiger** abgegeben. Da das Arbeitsmittel unter Druck steht, wird es dort durch die Abkühlung flüssig. Es gelangt über einen *Druckminderer* zu einem **Verdampfer**. Infolge des erniedrigten Drucks wird es gasförmig und kühlt deshalb ab (Gegenteil von Verdichtung). Am Verdampfer nimmt das Arbeitsmittel wieder Wärmeenergie auf, sodass der Anfangszustand wiederhergestellt ist.

Verflüssiger und Verdampfer sind als *Wärmeaustauscher* ausgeführt **(Bild 2)**. Beim Verflüssiger wird die Wärme als Warmwasser abgegeben. Beim Verdampfer wird die Wärme aus einem *Wärmeträger*, z. B. der Luft, aufgenommen.

7.11.3 Leistungszahl

Die Leistungszahl einer Wärmepumpe ist das Verhältnis von abgegebener Wärmeleistung am Verflüssiger zur elektrischen Leistung am Verdichter. Die Leistungszahl gibt an, das Wievielfache der zu bezahlenden elektrischen Leistung als Wärmeleistung abgegeben wird. Die Jahresarbeitszahl *JAZ* schließt die reale Umgebung der Heizanlage mit ein.

Leistungszahl

$$\varepsilon = P_{th}/P \quad (1)$$

$$JAZ = Q/W \quad (2)$$

ε	Leistungszahl (Epsilon), auch COP (Coefficient of Performence)
P_{th}	Wärmeleistung am Verflüssiger
P	elektrische Leistung am Verdichter
JAZ	Jahresarbeitszahl
Q	Wärmeenergie in kWh
W	zugeführte elektrische Energie in kWh

Die Leistungszahl ε ist umso größer, je höher die Temperatur des Wärmeträgers am Verdampfer ist **(Bild 1)** und je niedriger die Temperatur am Verflüssiger sein darf. Bei einer Fußbodenheizung genügt eine Vorlauftemperatur der Heizung von 30 °C. Für Radiatorenheizung oder Badewasser sind z.B. 50° notwendig. Die Leistungszahl beträgt je nach Temperatur des Wärmeträgers 2,5 bis 6, die Jahresarbeitszahl liegt niedriger. Werden deutlich höhere Vorlauftemperaturen benötigt, so werden diese über elektrische Heizstäbe erzeugt. Auch können z.B. zwei Wärmepumpen hintereinander geschaltet werden (Kaskadenschaltung). Die zweite Wärmepumpe nutzt dann die Rücklauftemperatur der ersten und kann somit z.B. 80°C erzeugen.

> Wärmepumpen sind am wirtschaftlichsten für eine niedrige Temperatur der abgegebenen Wärme, z.B. bei gut gedämmten Gebäuden mit Fußbodenheizung.

7.11.4 Gewinnung des Wärmeträgers

Für den *nachträglichen* Einbau einer Wärmepumpe ist **Luft als Wärmeträger** besonders geeignet **(Bild 2)**. Dabei wird die Wärmepumpe z.B. im Freien aufgestellt und das Heizwasser wird über isolierte Rohrleitungen zum Gebäude geführt. Nachteilig kann das Geräusch des Ventilators sein. Die Leistungszahl ist nur in einem strengen Winter bei z.B. – 20 °C niedrig (Bild 1). Man wendet deshalb meist eine zusätzliche Heizung, z.B. Gasheizung oder

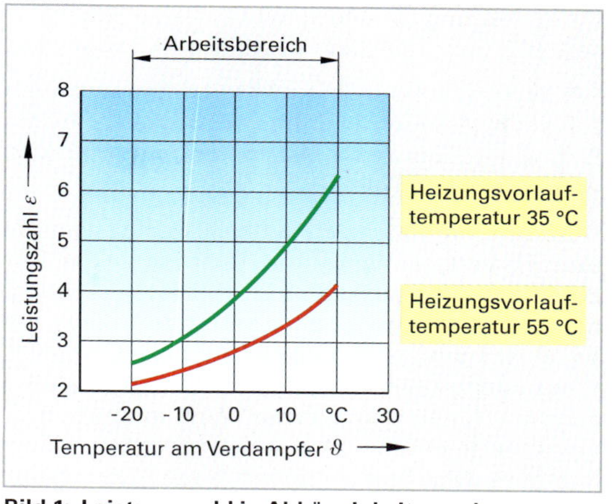

Bild 1: Leistungszahl in Abhängigkeit von der Temperatur am Verdampfer

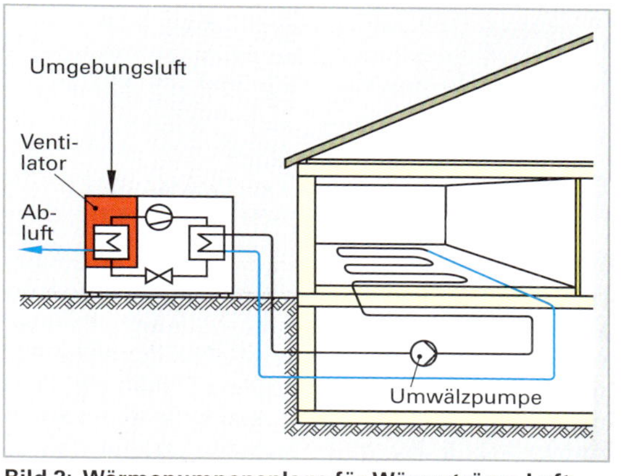

Bild 2: Wärmepumpenanlage für Wärmeträger Luft

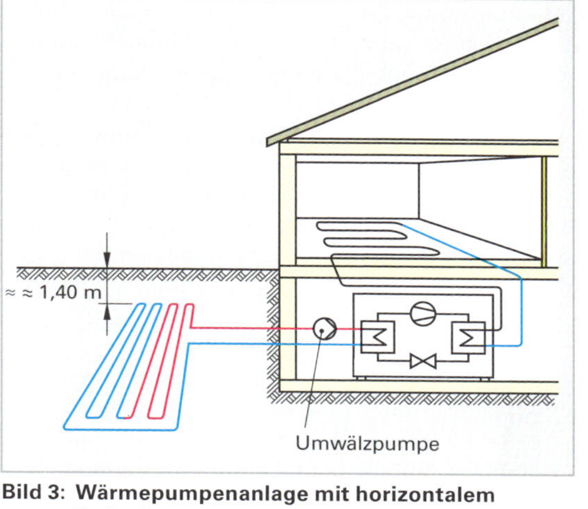

Bild 3: Wärmepumpenanlage mit horizontalem Erdkollektor

Elektroheizung, an und spricht dann von einem **bivalenten (hybriden) Betrieb** (bivalent = zweiwertig).

Bei Wärmepumpen mit horizontalem *Erdkollektor* ist der **Wärmeträger eine Flüssigkeit**, die dem Erdreich gespeicherte Wärme entnimmt **(Bild 3, vorhergehende Seite)**.

Durch den horizontalen Erdkollektor ist auch in einem strengen Winter die Temperatur am Verdampfer so hoch, dass eine Leistungszahl > 3 möglich ist. Allerdings ist eine derartige Anlage nur bei einem genügend großen Grundstück möglich. Wegen der großen Leistungszahl kann die Heizung auch im Winter allein von der Wärmepumpenanlage gespeist werden. Man spricht dann von einem **monovalenten Betrieb** (monovalent = einwertig). Zur Erhöhung der Betriebssicherheit ist aber auch hier ein bivalenter Betrieb zu bevorzugen.

> Anlagen mit horizontalem Erdkollektor erfordern ein großes Grundstück und ermöglichen den monovalenten oder den bivalenten Betrieb.

Der Erdkollektor kann auch vertikal (senkrecht) als Erdwärme-Sonde angeordnet sein **(Bild 1)**.

Hier wird nicht nur die von der Sonne im Erdboden gespeicherte Wärme entnommen, sondern auch die aus dem Erdinneren gelieferte Erdwärme. Allerdings ist hier eine wasserrechtliche Genehmigung erforderlich, weil die Erdwärme-Sonde bis zum Grundwasser reicht. Eine derartige Anlage ist für den monovalenten und für den bivalenten Betrieb geeignet.

> Anlagen mit einer Erdwärme-Sonde erfordern eine wasserrechtliche Genehmigung und ermöglichen den monovalenten Betrieb.

Als Wärmeträger kann auch das **Grundwasser** selbst dienen **(Bild 2)**. Dazu sind zwei Brunnen erforderlich. Aus dem Saugbrunnen wird das Wasser entnommen und der Wärmepumpenanlage zugeführt. Das dort abgekühlte Wasser wird über den Schluckbrunnen wieder an das Grundwasser zurückgegeben. Eine derartige Anlage ermöglicht einen monovalenten Betrieb.

> Anlagen mit Grundwasser als Wärmeträger erfordern zwei Brunnen mit wasserrechtlicher Genehmigung und regelmäßiger amtlicher Überprüfung.

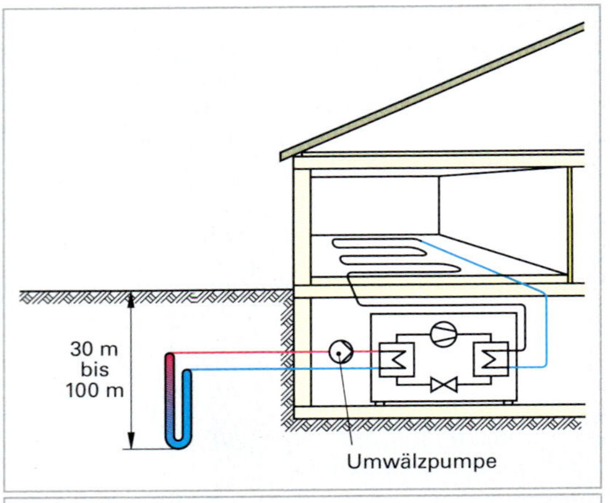

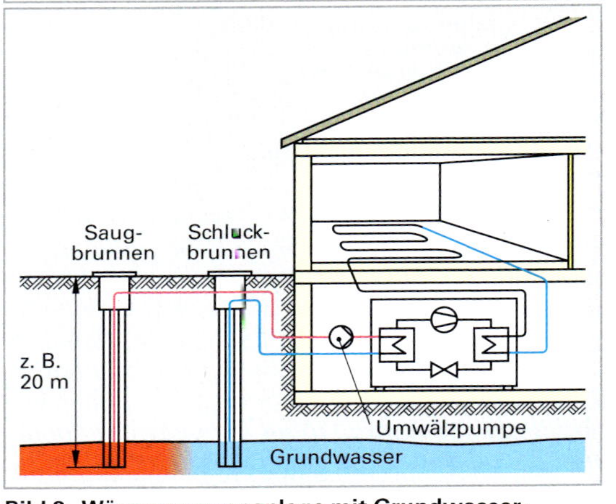

Bild 2: Wärmepumpenanlage mit Grundwassernutzung

In Ausnahmefällen kann auch Oberflächenwasser als Wärmeträger verwendet werden, z. B. aus einem Bach oder einem See. Anordnung und amtliche Genehmigung sind dann entsprechend wie bei den Anlagen zur Grundwassernutzung.

7.11.5 Auslegung von Wärmepumpen

Die Auslegung der Wärmepumpenleistung richtet sich nach dem spezifischen Wärmebedarf pro m^2 Wohnfläche eines Gebäudes **(Tabelle 1, folgende Seite)**. Die **Faustformel** zur überschlägigen Ermittlung des **Gebäude-Wärmebedarfs** lautet:

Gebäude-Wärmebedarf [kW] =
Wohnfläche [m^2] ·
spezifischer Wärmebedarf [kW/m^2]

1

Zusätzlich sind beim Gebäude-Wärmebedarf grob zu berücksichtigen je Person eines Haushalts hinsichtlich der Brauchwassererwärmung 0,25 kW.

Zu beachten ist ferner, dass manche Energieversorgungsunternehmen für Wärmepumpen Sperrzeiten vorsehen, in denen die Wärmepumpen nicht mit Heizstrom versorgt werden. Dafür wird dann als Gegenleistung ein günstigerer Stromtarif angeboten. Der **Gesamt-Wärmebedarf** unter Berücksichtigung der Sperrzeiten, den eine Wärmepumpe abdecken muss, berechnet sich wie folgt:

Gesamt-Wärmebedarf [kW] =
Gebäude-Wärmebedarf [kW] ·
24 h/(24 h – Sperrzeit [h])

1

Beispiel:

Für einen Neubau mit Standardwärmedämmung (Niedrigenergiehaus) mit 180 m^2 Wohnfläche ist die erforderliche Leistung einer Wärmepumpe anhand des Gesamt-Wärmebedarfs zu ermitteln. Im Gebäude sollen vier Personen wohnen. Die Sperrzeit des Energieversorgungsunternehmens beträgt 6 h.

Lösung:

Gesamt-Wärmebedarf = (180 m^2 · 0,06 kW/m^2 + 4 · 0,25 kW) · 24 h/(24 h – 6 h) = **15,73 kW**

Zur Bestimmung des jährlichen elektrischen Energiebedarfs einer Wärmepumpe ist die Jahresarbeitszahl *JAZ* zu berücksichtigen. Bei z. B. *JAZ* = 3 und jährlich 2000 h Heizstunden erhält man nach Formel 2 Seite 351 für den **elektrischen Energiebedarf** (Energieverbrauch) für o. g. Beispiel:

$W = Q/JAZ$ = 15,73 kW · 2000 h/3 = **10,49 kWh.**

Der elektrische Energiebedarf einer Wärmepumpe entspricht dem Wärmeenergiebedarf des zu beheizenden Gebäudes geteilt durch die Jahresarbeitszahl.

Für die Ermittlung des Wärmebedarfs von Gebäuden bieten im Internet verschiedene Firmen Heizlastberechnungen nach DIN EN 12831 an, z. B. unter

- www.energiewechsel.de, www.heiz.report, oder auch unter
- den Internet-Adressen der Hersteller der Wärmepumpen.

Tabelle 1: Spezifischer Wärmebedarf unterschiedlicher Gebäudebauweisen

Bauweise des Gebäudes	spezifischer Wärmebedarf
Passivhaus	0,015 kW/m^2
Neubau nach Gebäudeenergiegesetz GEG	0,04 kW/m^2
Neubau mit Standardwärmedämmung	0,06 kW/m^2
Sanierter Altbau mit Wärmedämmung	0,08 kW/m^2
Altbau ohne Wärmedämmung	0,12 kW/m^2

Hinweise zur Auslegung bei der Planung

Um einen möglichst geringen elektrischen Energiebedarf beim Betrieb der Wärmepumpe zu erzeugen, sind folgende Punkte bei der **Planung** zu beachten.

- Die Umwälzpumpe der Heizungsanlage darf nicht überdimensioniert werden.
- Die Vorlauftemperatur darf nicht zu hoch bemessen werden. Daher sind die Heizflächen oder Heizkörper entsprechend groß zu wählen.
- Die Vorlauftemperaturen müssen kleiner 55 °C sein.
- An der Heizungsanlage muss ein hydraulischer Abgleich vorgenommen werden, damit der Wasserdurchfluss im Heizsystem gleichmäßig ist. Daher ist die geeignete Durchflussmenge für jeden Heizkörper zu berechnen.
- Pufferspeicher sind nicht immer von Vorteil, sie können sich negativ auf den Energieverbrauch auswirken.
- Erdkollektorrohre sollten Stranglängen von maximal 100 m besitzen, um die Leistung der Förderpumpe gering zu halten. Aus gleichem Grund ist das Mischverhältnis Wasser zu Frostschutzmittel geeignet zu wählen.

Wiederholung und Vertiefung

1. **Welche Aufgabe hat eine Wärmepumpe?**
2. **An welchem Teil nimmt eine Wärmepumpe die Wärmeenergie des Wärmeträgers auf?**
3. **An welchem Teil gibt die Wärmepumpe die Wärmeenergie mit höherer Temperatur ab?**
4. **Welcher Teil einer Wärmepumpe nimmt elektrische Energie auf?**
5. **Warum ist die Warmwasserheizung mittels Wärmepumpe meist wirtschaftlicher als die direkte elektrische Raumheizung?**
6. **Welchen Vorteil hat bei einer Heizung mit Wärmepumpe eine Fußbodenheizung gegenüber einer Heizung mit Radiatoren?**

7.12 Maßnahmen zur Energieeinsparung Activities for Saving Energy

7.12.1 Gebäudeenergiegesetz

Das Gebäudeenergiegesetz GEG hat das Ziel, Energie und Energiekosten einzusparen. In ihm sind u. a. geregelt die

- Einführung des Gebäudeenergieausweises,
- energetischen Anforderungen an Gebäude,
- energetische Anforderungen an Heizungs-, Kühl- und Raumlufttechnik sowie Warmwasserversorgung **(Tabelle 1)**.

Verantwortlich für die Einhaltung der Vorschriften im GEG ist der Bauherr oder Eigentümer des Gebäudes. Bei Nichteinhaltung sind im § 108 die Bußgeldvorschriften niedergeschrieben. Ordnungswidrigkeiten können mit bis zu 50.000 € geahndet werden. Staatliche Fördermittel (finanzielle Zuschüsse) bzgl. Sanierungen sind in § 89 geregelt.

Das GEG enthält Vorschriften, die im Zusammenhang mit Wohnflächen, Nutzungsflächen, Personenanzahl, Dämmwerten und Energieverbrauch stehen. In den Anlagen 1 bis 11 sind technische Daten insbesondere zu Wärmedurchgangskoeffizienten, Emissionsfaktoren, Bewertungs- und Umrechnungsfaktoren vorgegeben **(Tabelle 2)**.

Tabelle 2: Anlagen im Gebäudeenergiegesetz

Anlage	Inhalt
1, 2	Technische Ausführung des Referenzgebäudes
3	Höchstwerte der mittleren Wärmedurchgangskoeffizienten der wärmeübertragenden Umfassungsfläche (Nichtwohngebäude)
4	Primärenergiefaktoren
5	Vereinfachtes Nachweisverfahren für ein zu errichtendes Wohngebäude
6	Nutzungsprofil zur Berechnung des Jahres-Primärenergiebedarfs eines zu errichtenden Nichtwohngebäudes
7	Wärmedurchgangskoeffizienten von Außenbauteilen bei Änderungen an Gebäuden
8	Anforderungen an die Wärmedämmung von Rohrleitungen und Armaturen
9	Umrechnung in Treibhausgasemissionen
10	Energieeffizienzklassen von Wohngebäuden
11	Schulung zur Energieausweis-Ausstellung

Tabelle 1: Wesentliche Inhalte des Gebäudeenergiegesetzes

§	Inhalt
Primärenergiebedarf und baulicher Wärmeschutz	
§ 15	Gesamtenergiebedarf
§ 16	Baulicher Wärmeschutz
§ 20	Berechnung des Jahres-Primärenergiebedarfs eines Wohngebäudes
§ 22	Primärenergiefaktoren
§ 23	Anrechnung von Strom aus erneuerbaren Energien
§ 24	Einfluss von Wärmebrücken
§ 25	Berechnungsrandbedingungen
§ 26	Prüfung der Dichtheit eines Gebäudes
§ 27	Gemeinsame Heizungsanlage für mehrere Gebäude
§ 28	Anrechnung mechanisch betriebener Lüftungsanlagen
§ 29	Berechnung des Jahres-Primärenergiebedarfs und des Transmissionswärmeverlustes bei aneinandergereihter Bebauung
§ 30	Zonenweise Berücksichtigung von Energiebedarfsanteilen bei einem zu errichtenden Nichtwohngebäude
§ 31	Vereinfachtes Nachweisverfahren für ein zu errichtendes Wohngebäude
Nutzung erneuerbarer Energien	
§ 34	Nutzung erneuerbarer Energien zur Deckung des Wärme- und Kälteenergiebedarfs
§ 35	Nutzung solarthermischer Anlagen
§ 36	Nutzung von Strom aus erneuerbaren Energien
§ 37	Nutzung von Geothermie oder Umweltwärme
§ 38	Nutzung von fester Biomasse
§ 39	Nutzung von flüssiger Biomasse
§ 40	Nutzung von gasförmiger Biomasse
§ 41	Nutzung von Kälte aus erneuerbaren Energien
§ 42	Nutzung von Abwärme
§ 43	Nutzung von Kraft-Wärme-Kopplung
§ 44	Fernwärme oder Fernkälte
§ 45	Maßnahmen zur Einsparung von Energie
Anforderungen an bestehende Gebäude	
§ 47	Nachrüstung eines bestehenden Gebäudes
§ 48	Anforderungen an bestehendes Gebäude bei Änderung
§ 49	Berechnung Wärmedurchgangskoeffizient
§ 50	Energetische Bewertung eines bestehenden Gebäudes
Anlagen Heizungs-, Kühl-, Raumlufttechnik	
§ 68	Wärmerückgewinnung
§ 71	Dämmung von Warmwasserleitungen
§ 72	Betriebsverbot für Heizkessel, Ölheizungen
Energieausweise	
§ 81	Energiebedarfsausweis
§ 82	Energieverbrauchsausweis
§ 86	Energieeffizienzklassen Wohngebäude
§ 87	Pflichtangaben in Immobilienanzeigen
§ 88	Ausstellungsberechtigung für Energieausweis

Das GEG gilt für Gebäude, deren Räume mehr als vier Monate im Jahr beheizt oder mehr als zwei Monate im Jahr gekühlt werden. Ferner gilt es für Anlagen und Einrichtungen der Heizungs-, Kühl-, Raumluft- und Beleuchtungstechnik sowie der Warmwasserversorgung in Gebäuden.

Nicht anzuwenden ist das GEG auf z.B.

- Betriebsgebäude, die überwiegend zur Aufzucht oder zur Haltung von Tieren genutzt werden oder offen gehalten werden müssen,
- Betriebsgebäude, die nach ihrer Zweckbestimmung auf eine Raum-Solltemperatur von weniger als 12 °C beheizt oder jährlich weniger als vier Monate beheizt oder gekühlt werden,
- unterirdische Bauten,
- Unterglasanlagen und Kulturräume für Aufzucht, Vermehrung und Verkauf von Pflanzen,
- Traglufthallen und Zelte,
- Gebäude, die religiösen Zwecken gewidmet sind,
- Wohngebäude, die für eine sehr begrenzte jährliche Nutzungsdauer bestimmt sind.

Unter www.gesetze-im-internet.de ist das GEG zu finden.

Der **physikalische Energiebedarf** eines Gebäudes in W/m² hängt von dessen Wärmedämmung und seinem Standort ab. In der Energiebilanz des Gebäudes werden die Gewinne und Verluste der Energie dargestellt **(Bild 1)**. Vom physikalischen Energiebedarf zu unterscheiden ist der **physikalische Primärenergiebedarf**.

> Der physikalische Primärenergiebedarf enthält auch die durch Gewinnung, Umwandlung und Transport entstehenden Verluste des Energieträgers.

Davon zu unterscheiden ist der *Primärenergiebedarf nach GEG.* Dieser wird aus dem physikalischen Energiebedarf mithilfe eines **Primärenergiefaktors** **(Tabelle 1)** berechnet. Die so berechnete Primärenergie (berechneter Primärenergiebedarf) stellt nicht den physikalischen Bedarf an Primärenergie dar, sondern ist eine theoretische Größe zum Eintragen in den **Energieausweis**. Damit ist der Primärenergiefaktor ein Steuerungsinstrument der Energiepolitik.

Der *Jahres-Primärenergiebedarf* je m² wird in kWh/(a · m²) angegeben und ist der Primärenergiebedarf der gesamten Haustechnik. Dazu gehört der Heizenergie- und Warmwasserenergiebedarf sowie der Bedarf an Elektroenergie für Pumpen, mechanische Lüftung und Steuerung und Regelung der Anlage.

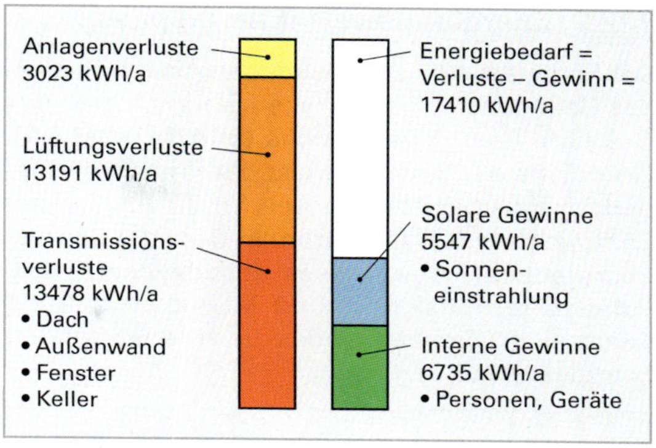

Bild 1: Energiebilanz (Beispiel)

Tabelle 1: Primärenergiefaktoren

Energieträger	Primärenergiefaktor
Heizöl	1,1
Erdgas, Flüssiggas	1,1
Steinkohle, Braunkohle	1,1 bzw. 1,2
Holz	0,2
Nah- und Fernwärme aus Kraftwärmekopplung	0,0[1] bzw. 0,7[2]
Nah- und Fernwärme aus Heizwerken	0,1[1] bzw. 1,3[2]
Strom aus therm. Kraftwerk	2,5 bis 3

[1] erneuerbarer [2] fossiler Brennstoff

Primärenergiebedarf

$$W_p = K_p \cdot W_e$$

1

W_p Primärenergiebedarf
K_p Primärenergiefaktor
W_e physikalischer Energiebedarf

Beispiel:
Für ein Gebäude wird wegen seiner Bauweise ein physikalischer Energiebedarf von 20 W/m² ermittelt. Wie groß ist der Primärenergiebedarf nach GEG bei

a) Fernwärme aus Kraft-Wärme-Kopplung?
b) elektrischer Fußbodenheizung?

Lösung:

a) $W_p = K_p \cdot W_e = 0{,}1 \cdot 20\,\text{W/m}^2 = \mathbf{2\,W/m^2}$
b) $W_p = K_p \cdot W_e = 2{,}5 \cdot 20\,\text{W/m}^2 = \mathbf{50\,W/m^2}$

7.12.2 Energieausweis (Energiepass)

Der Energieausweis (Gebäudeenergieausweis) eines Gebäudes vermittelt einen Eindruck bzgl. des Gebäude-Energieverbrauchs **(Bild 1, Tabelle 1)**. Grundlage der Bewertung ist der Primärenergiebedarf. Hausbesitzer müssen für ihr Haus einen Energieausweis beantragen, in dem der Jahresenergiebedarf des Hauses ausgewiesen wird. Potenzielle Hauskäufer und Mieter bekommen damit einen Richtwert über die zu erwartenden Energiekosten.

> Hauseigentümer zwingt der Energieausweis zur energetischen Sanierung des Hauses.

Beim **bedarfsorientierten Energieausweis** werden die Angaben zu Dämmstandard und Heiztechnik mittels Computerprogramm berechnet. Als Ergebnis wird sowohl der tatsächliche Verbrauch (Endenergiebedarf) als auch der Primärenergiebedarf (Energiebedarf, der den Energiebedarf abdeckt, berechnet mittels Faktoren) ausgewiesen **(Bild 1)**. Berechnet wird, wie viel aus Öl, Gas, Fernwärme oder Pellets gewonnene Energie ein Gebäude jährlich je m^2 Wohnfläche verbraucht. Dieser Energieausweis wird bei nicht energetisch sanierten Gebäuden älter Baujahr 1977 benötigt. Andernfalls ist der **verbrauchsorientierte Energieausweis** ausreichend. Die Farben Grün bis Dunkelrot stehen für energiesparsam bis energieverschwenderisch.

Bei großen Häusern mit vielen Wohnungen kann der **verbrauchsorientierter Energieausweis** erstellt werden. Hier gleichen sich die Unterschiede des Energieverbrauchs in den einzelnen Wohnungen aus. Die Angaben sind Durchschnittswerte und gelten somit für das gesamte Haus.

Tabelle 1: Inhalt Energieausweis

Seite	Inhalt
1	Gebäudeangaben, z. B. Gebäudeart, Adresse, Baujahr, Foto. Art der Ausstellungsgrundlage, berechneter Energiebedarf oder erfasster Energieverbrauch.
2	Angabe des berechneten Energiebedarfs, Vergleichswerte für den Endenergiebedarf. Angaben über Einsatz alternativer Energieversorgungssysteme.
3	Angabe des erfassten Energieverbrauchs, Vergleichswerte für den Endenergiebedarf.
4	Erläuterungen der verwendeten Begriffe.
Empfehlungen	Empfehlungen zur kostengünstigen Modernisierung.
Anlage 1	Modernisierungsempfehlungen
Anlage 2	Verbrauchserfassung

Energieausweise können ausgestellt werden von Personen mit einem Ausbildungsschwerpunkt im energiesparenden Bauen während des Studiums, z. B. Architekten, oder von Personen, die eine zweijährige Berufserfahrung im energiesparenden Bauen nachweisen können. Zusätzlich muss eine erfolgreiche Fortbildung zum energiesparenden Bauen nachgewiesen werden. Unterstützt werden diese Personen durch Computerprogramme, welche die Daten über Gebäude und Haustechnik erfragen und den Primärenergiebedarf berechnen. Darüber hinaus bieten auch Energieversorgungsunternehmen an, derartige Ausweise zu erstellen. In einem Internet-Onlineformular sind die Angaben über Gebäude und Haustechnik einzutragen, z. B.

www. energieausweis-online-erstellen.de.

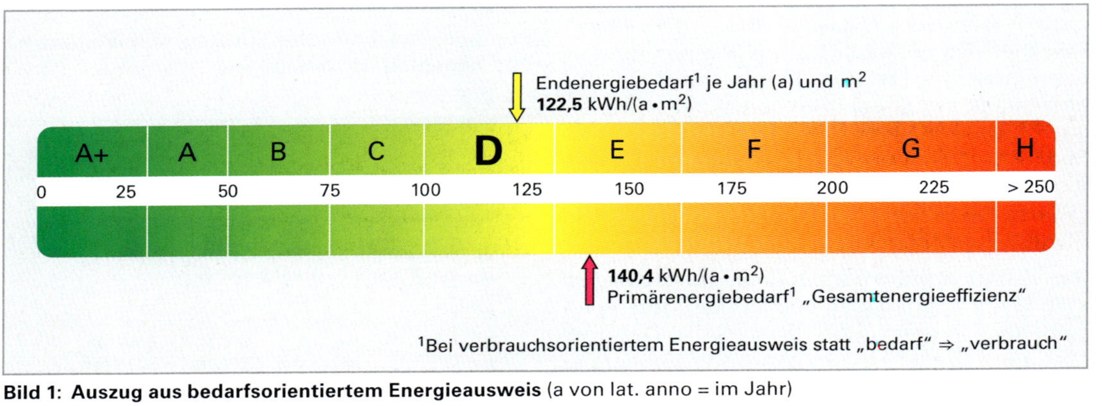

Bild 1: Auszug aus bedarfsorientiertem Energieausweis (a von lat. anno = im Jahr)

7.12.3 Energieeffizienzklassen

Energieeffizienz (lat. efficere = zustande bringen) ist die Wirksamkeit des Einsatzes und der Umwandlung von Energie. Die Energieeffizienz eines Gebäudes ist der tatsächliche oder geschätzte Energieverbrauch im Vergleich zu einer Norm-Nutzung des Gebäudes. Zu berücksichtigende Energieverbraucher sind Anlagen oder Geräte z.B. zum Heizen, Warmwassererzeugen, Kühlen, Beleuchten, Belüften. Derartige Anlagen sind oft Bestandteil der Gebäudeautomation und des Gebäudemanagements. Der Energieausweis eines Gebäudes dokumentiert dessen Energieeffizienz.

Haushaltsgroßgeräte wie z.B. Kühlgeräte, Gefriergeräte, Waschmaschinen, Elektrobacköfen, Elektroherde, Geschirrspülgeräte, Trockner oder Wäschetrockner müssen mit einem Energieverbrauchsetikett (Energieetikett, Energielabel) ausgezeichnet werden **(Bild 1)**. Dieses Etikett enthält z.B. Angaben über Energieverbrauch, Wasserverbrauch und/oder Lärmpegel. Ferner enthält es Angaben zu Gebrauchseigenschaften, z.B. Fassungsvermögen, Waschwirkung. Entsprechende Piktogramme verbessern die Lesbarkeit der Etikette **(Tabelle 1, folgende Seite)**. Die technischen Angaben sind Bestandteil der Piktogramme. Anhand des Energieetiketts können die Geräte in einem Verkaufsraum rasch hinsichtlich ihrer Energieeffizient verglichen werden.

Für **Haushaltsgroßgeräte** unterscheidet man die Energieeffizienzklassen gemäß schlechter werdender Energieeffizienz von A bis G. Bis 2019 war die Klasse A in die Unterklassen A+++, A++, A+ gemäß zunehmendem Energieverbrauch unterteilt. Neue Geräte sollen seither zunächst nur C erfüllen, sodass die nächsten Jahre eine Optimierung des Energieverbrauchs ausweisbar ist (Klassen B oder A). Bei **Gebäuden** werden deren **energieverbrauchende Anlagen** ebenfalls in die Energieeffizienzklassen A bis G eingeteilt.

> Mit Energieeffizienzklassen werden Energie verbrauchende Anlagen und Geräte hinsichtlich ihres Energieverbrauchs bzw. ihrer Energieeffizienz beurteilt.

Die Energieeffizienzklassen bedeuten im Einzelnen:

- Klasse A: Hoch energieeffiziente(s) Anlage/Gerät, absolut niedriger Energieverbrauch.
- Klasse B: Energieeffiziente(s) Anlage/Gerät, über dem Standard liegend.

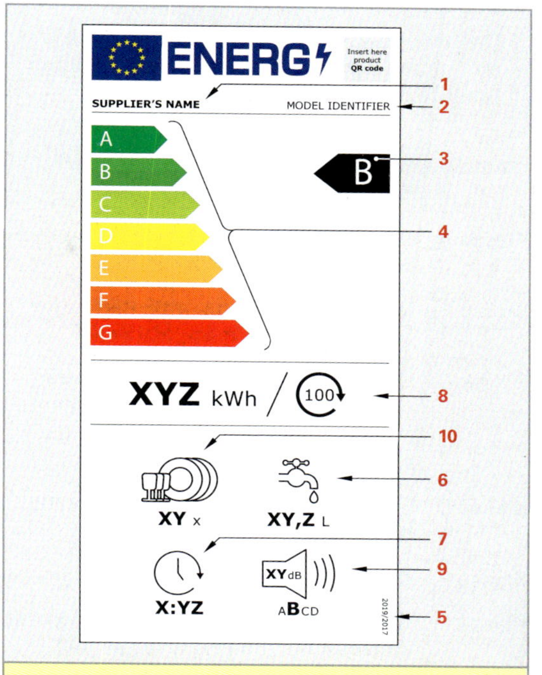

1 Name oder Marke des Herstellers
2 Modellbezeichnung
3 Energieeffizienzklasse des Gerätes
4 Energieeffizienzklassen als Farbbalken: A grün bis G rot
5 Datum und Bezeichnung der Regulierung

Bei Geschirrspüler:
6 Wasserverbrauch in L je ECO-Programmdurchlauf
7 ECO-Programmdauer in Std:min
8 Energieverbrauch in kWh bei 100 ECO-Programmdurchläufen
9 Geräuschemission in dB und Geräuschemissionsklasse
10 Anzahl der Maßgedecke

Bild 1: Energieetikett (Beispiel Geschirrspülmaschine)

- Klasse C: Anlage/Gerät entspricht dem Standard.
- Klasse D: Nicht energieeffiziente(s) Anlage/Gerät. Die Anlage ist zu modernisieren, in neuen Gebäuden darf sie nicht eingesetzt werden.
- Klassen E bis G: Anlagen, Geräte mit schlechter Energieeffizienz.

Bei der Energieeffizienz von **Wohngebäuden** gibt es weitere Energieeffizienzklassen, z.B. von A+ bis H **(Bild 1, folgende Seite)**. Diesen Klassen ist der jährliche (a, von lat. annum = Jahr) Endenergiebedarf in kWh je m^2 Wohnfläche zugeordnet.

> Die Energieeffizienzklassen für Wohngebäude geben einen Hinweis hinsichtlich des jährlichen Endenergiebedarfs je m^2.

Klasse A+: Passivhaus mit Endenergiebedarf < 30 kWh/(m^2 a).

Klasse A: Niedrigstenergiehaus mit Endenergiebedarf bis ca. 50 kWh/(m^2 a).

Klasse B: Niedrigenergiehaus mit Endenergiebedarf bis 75 kWh/(m^2 a).

Klasse C: Neubauten oder hochwertig modernisierte Altbauten (20 mm bis 25 cm Dämmung und effiziente Heizungsanlage) bis 100 kWh/(m^2 a).

Klasse D: Einfamilienhäuser oder höherwertig modernisierte Altbauten.

Klasse E: Komplett modernisierte Altbauten.

Klasse F: Teilweise modernisierte Altbauten mit Wärmeschutzmaßnahmen an Teilflächen und/oder neuer Heizung.

Klasse G: Altbauten mit Isolierverglasung und erneuerter Heizung.

Klasse H: Altbauten im Urzustand mit Einfach-Verglasung und ineffizienter Heizung.

Regelt eine Gebäudeautomation den Temperatursollwert der Heizung in einem Bürogebäude z. B. durchgehend auf 22 °C, so kann dies der Klasse C entsprechen. Wird hingegen während der Bürozeiten auf 21,5 °C geregelt und in der Nacht außerhalb der Bürozeiten auf 15 °C, dann kann dies bei geeigneter Dämmung der Klasse A entsprechen.

Bei **Autos** gibt es die CO_2-Effizienzklassen A bis G.

> Verbesserte Wirkungsgrade der Endgeräte, optimierte Regelungen und Dämmungen steigern die Energieeffizienz.

Tabelle 1: Piktogramme der Energieeffizienz (Auswahl)

Piktogramm	Bedeutung	Piktogramm	Bedeutung
Kühl- und Gefriergeräte		**Geschirrspülmaschinen**	
XYZ L	Nettovolumen Gefrierschrank, Gefrierteil in L	XY x	Anzahl Maßgedecke
XYZ L	Nettovolumen Kühlschrank, Kühlteil in L	XY,Z L	Wasserverbrauch in L je ECO-Programmdurchlauf
XYdB ABCD	Geräuschemission im Betrieb in dB, Emissionsklasse	X:YZ	ECO-Programmdauer in Std:min
XYZ	Volumen Weinlagerschrank in Standardflaschen	XYdB ABCD	Geräuschemission im Betrieb in dB, Emissionsklasse
Waschmaschinen/Trockner			
XY,Z kg	Max. Beladung in kg	ABCDEFG	Schleuderleistungsklasse A bis G
X:YZ	ECO-Programmdauer in Std:min	XYdB ABCD	Geräuschemission Waschen in dB, Emissionsklasse
XY L	Wasserverbrauch in L je ECO-Programmdurchlauf		

Endenergiebedarf in kWh /(a • m^2)	Energieeffizienzklassen
< 30	A+
< 50	A
< 75	B
< 100	C
< 130	D
< 160	E
< 200	F
< 250	G
> 250	H

Bild 1: Endenergiebedarf jeweiliger Energieeffizienzklassen

Wiederholung und Vertiefung

1. **Welche Regelungen umfasst das Gebäudeenergiegesetz?**
2. **Was versteht man unter dem physikalischen Energiebdedarf eines Hauses?**
3. **Was versteht man unter dem physikalischen Primärenergiebedarf?**
4. **Was versteht man unter dem Primärenergiebedarf nach GEG?**
5. **Nennen Sie Inhalte des Energieausweises.**
6. **Was versteht man unter dem bedarfsorientierten Energieausweis?**
7. **Wozu dient das Energieetikett?**

7.12.4 Energiemanagement-Systeme (EnMS)

Energiemanagement nach ISO 50001 hat das Ziel, den Energieverbrauch, und somit auch die Energiekosten, sowie unerwünschte Emissionen, z. B. CO_2-Emissionen, in einem Unternehmen zu reduzieren. Hierzu müssen die Energiedaten kontinuierlich erfasst und ausgewertet werden **(Bild 1)**. Dies wird auch als Energiecontrolling bezeichnet. Darauf aufbauend sind geeignete Maßnahmen zur Energiereduzierung zu erarbeiten und umzusetzen. Die erzielten Ergebnisse sind zu bewerten (Review, Audit), Folgemaßnahmen sind ggf. zu definieren und einzuleiten.

Ein EnMS muss heute Teil der Unternehmensziele sein und somit vom Top-Management unterstützt werden. Hierzu ist ein Energiemanager in der Unternehmensorganisation zu platzieren. Seine Aufgaben und Befugnisse sowie die Ziele des EnMS sind zu dokumentieren und im Unternehmen zu kommunizieren.

> Ein Energiemanagement-System ist ein organisatorisches Mittel zum Einsparen von Energie durch systematisches Vorgehen.

Das Energiemanagement tangiert das Umweltmanagement und das Qualitätsmanagement eines Unternehmens. IT-Energiemanagement-Systeme und Facilitymanagement-Systeme (engl. facility = Anlage, System zum Verwalten von Daten von Gebäuden und Anlagen) wirken unterstützend (Abschnitt 11.5.3).

Bestandteile einer Energieverbrauchsanalyse sind

- die Rechnungen der Energieversorger (Strom, Wasser, Gas, Fernwärme),
- erfasste Verbrauchswerte unterschiedlicher Unternehmensbereiche, z. B. Produktionsbereiche, Versuchsbereiche, Bürobereiche, ggf. sogar von einzelnen Produktionsanlagen,
- Temperaturaufzeichnungen von Räumen.

Für ein systematisches und regelmäßiges Überwachen der Energieverbrauchswerte ist mit Energiekennzahlen zu arbeiten **(Bild 2)**. Es ist sinnvoll, sich insbesondere den großen Energieverbrauchern eines Unternehmens zu widmen. Hier sind meist die größten Potenziale.

Das Erfassen und Dokumentieren der Energieverbrauchsdaten kann manuell oder automatisiert erfolgen. Das automatisierte Erfassen erfordert eine geeignete Netzwerkinfrastruktur sowie geeignete

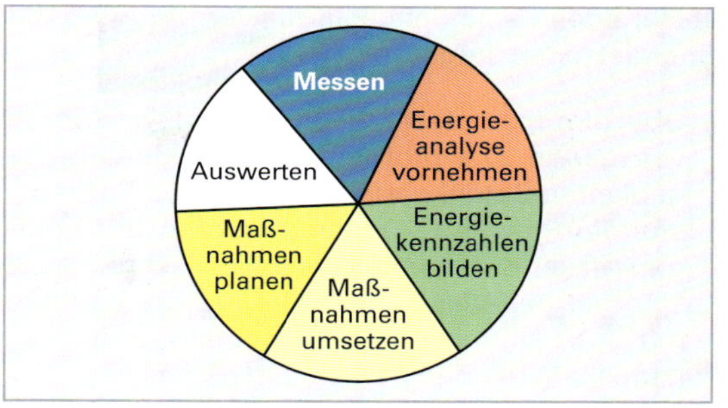

Bild 1: Aktivitäten des Energiemanagements

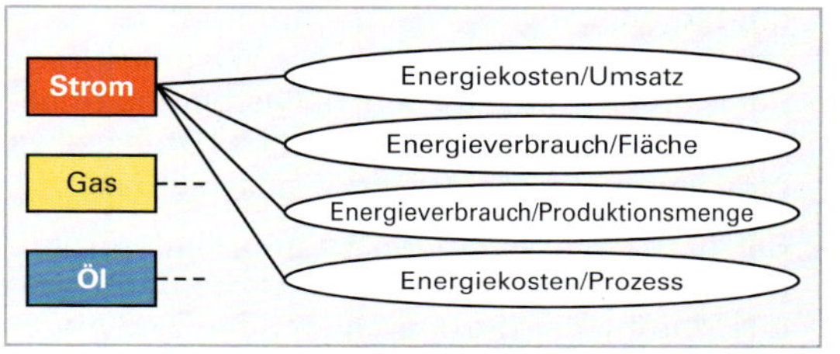

Bild 2: Beispiele von Energiekennzahlen

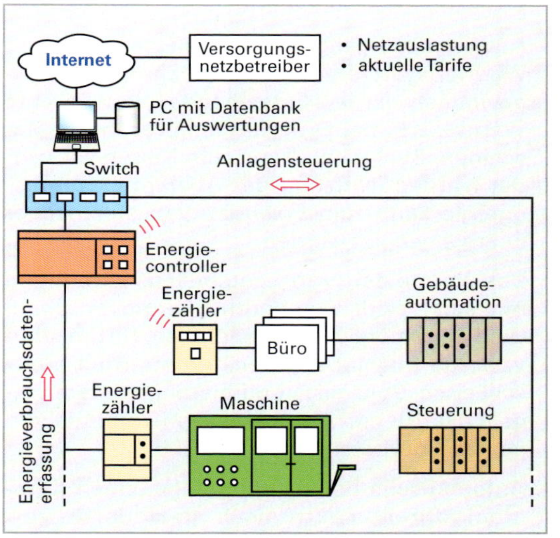

Bild 3: Automatisiertes Erfassen und Steuern des Energieverbrauchs

Messgeräte **(Bild 3)**. Die Messwerte werden über eine Datenbank gesammelt, mittels Software ausgewertet und über Energiekennzahlen ausgewiesen. Anhand dieser Zahlen sind Maßnahmen als Aktionspläne zur Verringerung des Energieverbrauchs zu erarbeiten und umzusetzen. Die Maßnahmen können organisatorischer oder technischer Art sein **(Bild 1, folgende Seite)**.

Nachfolgend sind Beispiele zur Verringerung der Energiekosten aufgeführt.

- Überdimensionierte Elektromotoren sind zu vermeiden. Die Motoren müssen gemäß der geplanten Betriebsart und der Jahres-Betriebsstunden gewählt werden. Motoren der Energie-Effizienzklassen IE3 bis IE5 (Abschnitt 8.1.6) sind hierbei einzusetzen. Die Motoren sollten mit ihrer Nennleistung betrieben werden, da dann ihr Wirkungsgrad am höchsten ist.
- Anstelle von Drehstrom-Käfigläufer-Motoren sind ggf. Synchronmotoren mit Permanentmagneten oder Reluktanz-Synchronmotoren (Abschnitt 8.1.6) zu verwenden. Die Wirkungsgrade der Motoren sind auch für Teillastbetrieb zu beachten **(Bild 2)**. Im Leerlauf ist die Drehzahl zu reduzieren, der Motor ist ggf. abschaltbar.
- Bei drehzahlabhängigen Lasten sind zur Antriebsregelung (Drehzahl, Drehmoment) Frequenzumrichter (Stromrichter, Seite 386) einzusetzen **(Bild 3)**. Drehzahlveränderliche Antriebe sind nicht einzusetzen, wenn weitgehend nur Volllast-Betrieb vorkommt.
- Aus Bremsvorgängen (Bewegungsenergie) und Wärme (Wärmeenergie) kann Energie zurückgewonnen werden. Entstehende unerwünschte Wärme, z.B. bei Druckluftkompressoren, Maschinen, Stallungen, kann zum Heizen verwendet werden (Nutzung der Abwärme). Bremsenergie kann zum Erzeugen von elektrischer Energie genutzt werden.
- Das Vermeiden von Lastspitzen, verbunden mit einer zeitlich anderen Energieverteilung **(Bild 4)**, ermöglicht Unternehmen, Stromlieferverträge mit günstigeren Stromtarifen abzuschließen. Spitzenlastoptimierungssysteme regeln das Zu- und Abschalten von Verbrauchern gemäß Prioritäten (Abschnitt 11.5.3).
- Automatische Beleuchtungsregelungen (Dimmen) durch elektronisch gesteuerte Vorschaltgeräte in Abhängigkeit der Tageslichtverhältnisse sowie erzeugter Signale von Anwesenheitssensoren reduzieren den Energieverbrauch **(Bild 5)**.
- Geräte bewusst einschalten und ausschalten. Stand-by-Betrieb vermeiden. Bei Bedarf automatisiertes Schalten infolge Zeit oder Bewegung. Den Einsatzort von Lampen beachten, z.B. leistungsschwächere Lampen für Flure. Spiegelreflektorlampen erhöhen die Lichtausbeute. Einsatz von LED-Lampen vornehmen.

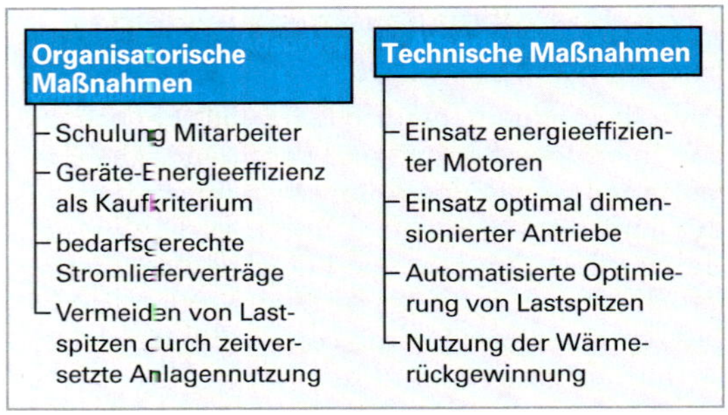

Bild 1: Maßnahmen zur Energieeinsparung (Beispiele)

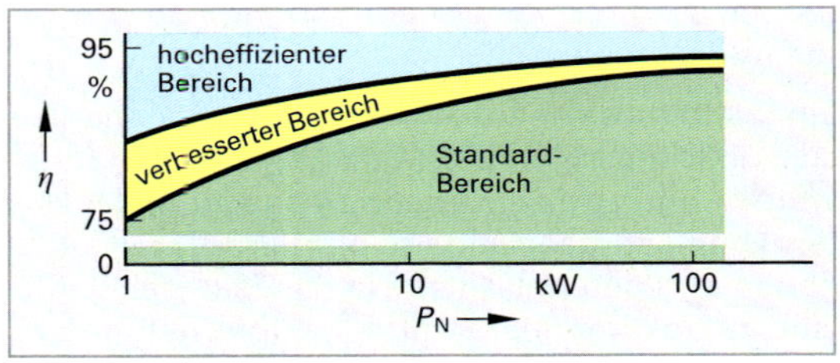

Bild 2: Wirkungsgradkennlinien von Motoren

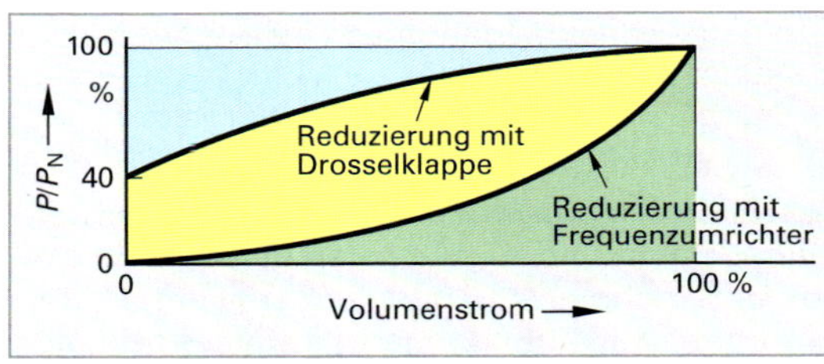

Bild 3: Drehzahlregelung durch Frequenzumrichter

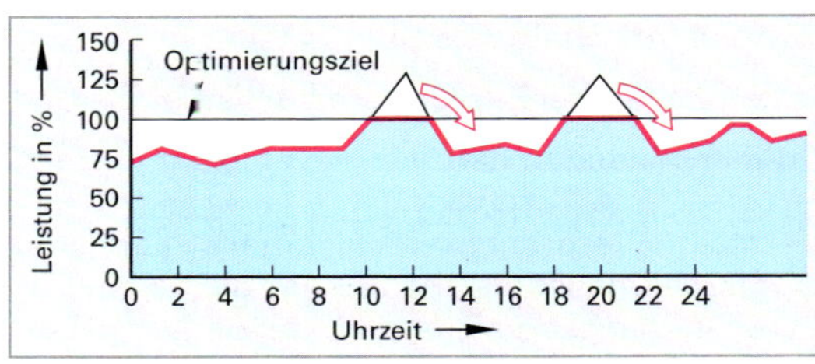

Bild 4: Verschiebung von Lastspitzen

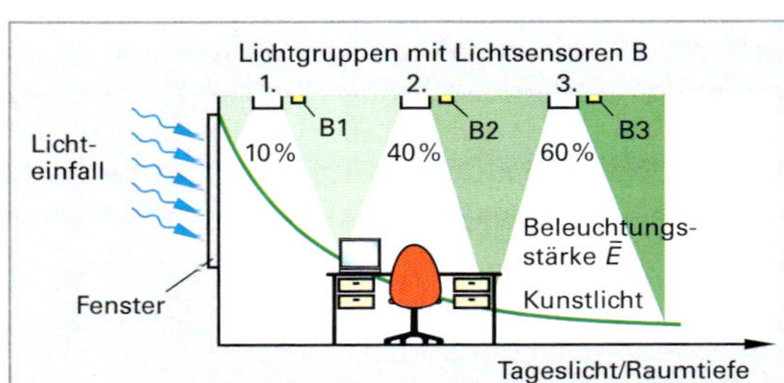

Bild 5: Beleuchtungsregelung

7.12.5 Wohnklimatische Grundlagen

Das **Sich-Wohlfühlen** eines Menschen in einem Raum hängt neben der Architektur und der Ausstattung eines Raums auch z. B. von dessen Lufttemperatur, Luftgeschwindigkeit, Luftfeuchtigkeit, Farbgebung, Akustik sowie Geruchsbildung (olfaktorische Wahrnehmung) ab. Auch die Aktivität, die ein Mensch in einem Raum ausübt, z. B. Sitzen oder Sport treiben, hat darauf Einfluss. Die **Behaglichkeit** oder das Wohlbefinden ist für jeden Mensch individuell verschieden. Aus diesem Grund wurden Behaglichkeitsfelder und Behaglichkeitskennzahlen definiert, in denen sich die unterschiedlichen Menschen nach allgemeinem Verständnis wohlfühlen **(Bild 1)**.

Die **empfundene Raumtemperatur** für das Wohlfühlen hängt von der Außentemperatur ab **(Bild 2)**. Im Sommer können die empfohlenen empfundenen Raumtemperaturen höher sein als im Winter während den Heizperioden.

> Die empfundene Temperatur setzt sich aus der Lufttemperatur und der Strahlungstemperatur, z. B. einer Scheibe, zusammen.

Die **Luftfeuchtigkeit** bestimmt die Behaglichkeit ebenso. Die relative Luftfeuchtigkeit φ gibt an, zu wie viel Prozent die Luft mit Wasser(dampf) gesättigt ist (φ = 0,3 = 30 %, Bild 1). Hierzu gibt es Empfehlungs- und Erfahrungswerte **(Bild 3)**. Mit zunehmender Raumtemperatur sollte die relative Luftfeuchtigkeit eines Raums abnehmen. Die relative Luftfeuchtigkeit sollte zwischen 30 % und maximal 65 % liegen. Ein absoluter Feuchtigkeitsgehalt von 11,5 g Wasserdampf/kg trockener Luft soll nicht überschritten werden.

Hinsichtlich den Anforderungen an das Raumklima, insbesondere von Nichtwohngebäuden, gibt es Richtlinien und Normen, z. B. die Arbeitsstättenrichtlinie ASR6, DIN EN 16798-3 Lüftung von Nichtwohngebäuden – Leistungsanforderungen an Lüftungs- und Klimaanlagen und Raumkühlsysteme oder DIN 4108-2 Mindestanforderungen an den Wärmeschutz. In diesen Richtlinien und Normen sind Grenzwerte von Innenraumtemperaturen unter verschiedenen Gesichtpunkten, z. B. der Arbeitsschwere, vorgegeben.

> Vorgaben für ein angemessenes Raumklima in Nichtwohngebäuden können Richtlinien und Normen entnommen werden.

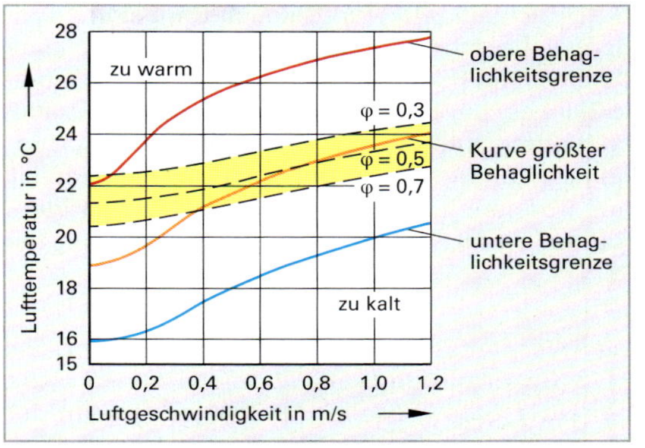

Bild 1: Behaglichkeitsbereich bei bewegter Luft und relativer Luftfeuchtigkeit φ

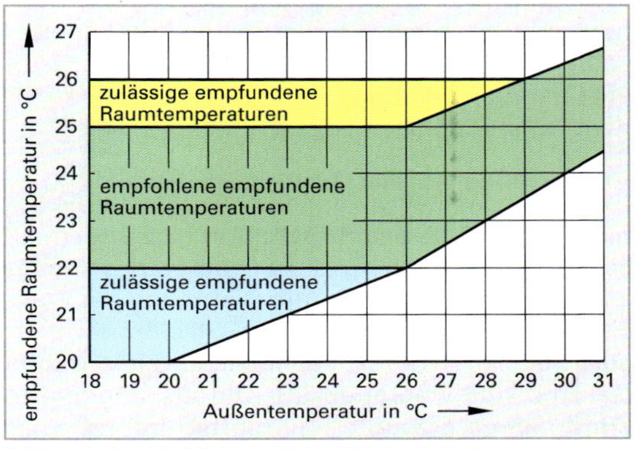

Bild 2: Behaglichkeitsfeld in Abhängigkeit der Temperatur

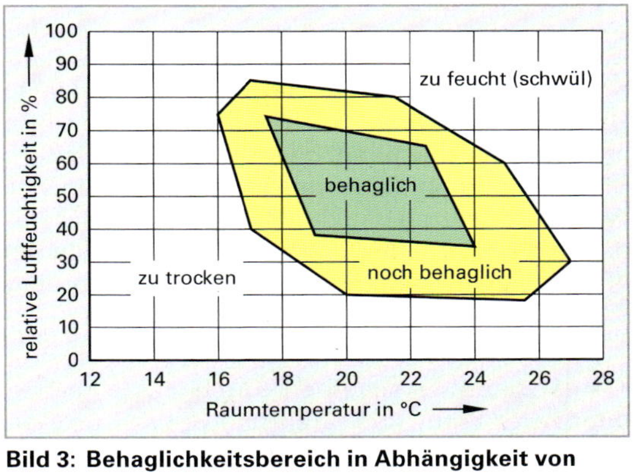

Bild 3: Behaglichkeitsbereich in Abhängigkeit von Raumluftfeuchtigkeit und Raumtemperatur

> Die empfundene Behaglichkeit, also das Sich-Wohlfühlen, hängt insbesondere von der Temperatur, Luftfeuchtigkeit, bewegter Luft, Akustik, Farbgebung und Geruchsbildung ab.

Die **Wärmeabgabe** von Beleuchtungseinrichtungen, elektrischen Geräten **(Tabelle 1)** sowie auch der in einem Raum anwesenden Personen **(Tabelle 2)** ist bei der Raumkonstruktion bzw. Raumausgestaltung zu beachten. Ebenso sind Verglasungen und andere Baumaterialien, z. B. im Hinblick auf Sonneneinwirkungen, zu berücksichtigen. Räume hinter verglasten Fassaden müssen tief sein.

Der Wärmedurchgangskoeffizient (U-Wert) als Maß zur Ermittlung des Wärmeverlustes sollte bei einer Glas-Fassade < 0,9 $W/(m^2K)$ sein, der Gesamtenergiedurchlassgrad (g-Wert) zwischen 0,3 und 0,55 (30 %, 55 %) und der Lichttransmissionsgrad > 0,5 (50 %) **(Bild 1)**. Die Art des Sonnenschutzes muss überlegt sein. Arbeitsplätze sollten wegen Wärmeeinstrahlungen und Kälteeinwirkungen (Kaltluftabfall) nicht zu nah an einem Fenster platziert sein.

Lüftungs- und Klimaanlagen beeinflussen die Behaglichkeit eines Raums sehr. Auf eine angemessene Dimensionierung ist zu achten. Diese hängt z. B. von der Raumgröße, der Dämmung der Wände, Decken, Fußböden, den o. g. Glas-Kennwerten sowie den im Raum sich befindlichen elektrischen Geräten und Personen ab. Die als angenehm empfundene erzeugte Raumluftströmung einer Lüftungsanlage hängt von der Ausblashöhe und der Temperaturdifferenz im Kühlfall ab.

Die **Farbgebung** sowie die **Möblierung** eines Raumes beeinflussen dessen Behaglichkeit ebenfalls. Orange wirkt anregend und warm, Grün beruhigt und wirkt ausgleichend. Intensive Farben wie Rot, Blau oder Violett sollte man nur an einer von vier Wänden einsetzen und den Rest des Raums in gedeckten Creme- oder Sandtönen halten. Mehr als drei Farben in einem Raum lassen diesen unruhig erscheinen.

Kleine **Räume** erscheinen durch Pastellfarben oder zarte Blau- und Grautöne optisch größer. Gelb im Arbeitsbereich kann die Produktivität steigern. Beige in Küche und Esszimmer wird z. T. als appetitanregend empfunden. Für das Schlafzimmer gelten helle, zurückhaltende Farben als geeignet. Blau, Grün und Indigo werden von manchen Farbtherapeuten sogar als schlaffördernd eingestuft. Ungeeignet für Schlaf- und Kinderzimmer gelten kräftige Rottöne, da diese sehr vitalisierend und oft aggressiv wirken.

Tabelle 1: Wärmelasten von Bürogeräten

Gerät	ein	stand-by	aus
PC	60 W	10 W	5 W
Bildschirm	90 W	5 W	–
PC mit Bildschirm	150 W	15 W	5W
Laserdrucker	190 W	2 W	1 W
Tintenstrahldrucker	20 W	2 W	–
Laser-Fax	80 W	2 W	–
sonstige Fax	20 W	2 W	–
Kopierer	1100 W	27 W	1 W

Tabelle 2 Wärmeabgabe, Wasserdampfabgabe durch den aktiven Menschen vgl. DIN EN 16798-3

Tätigkeit	Raumtemperatur in °C	18	20	22	24	26
Körperlich wenig tätig	Wärmeabgabe in W	125	120	120	115	115
	Wasserdampfabgabe in g/h	35	35	40	60	65
Körperlich mäßig tätig	Wärmeabgabe in W	190	190	190	190	190
	Wasserdampfabgabe in g/h	95	110	125	140	150
Körperlich schwer tätig	Wärmeabgabe in W	270	270	270	270	270
	Wasserdampfabgabe in g/h	165	185	215	230	250

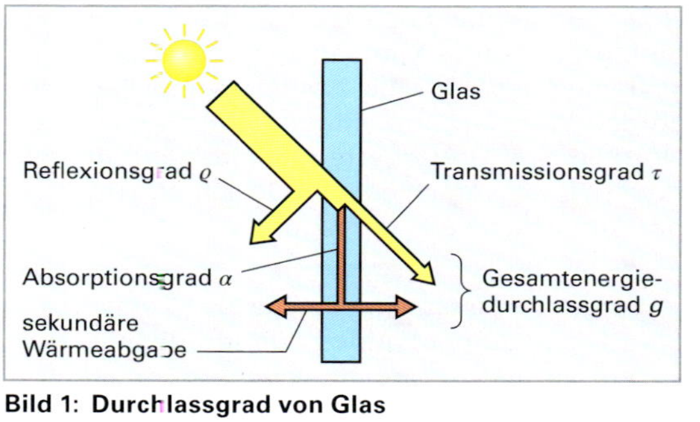

Bild 1: Durchlassgrad von Glas

7.12.6 Wärmedämmung

Die Wirkung der Wärmedämmung beruht auf den Lufteinschlüssen im Dämmmaterial **(Bild 1)**. Voraussetzung für die dämmende Wirkung der Lufteinschlüsse ist der Schutz vor Luftbewegung, also vor Luftdurchzug. Durch Luftströmung wird vorhandene Wärme fortbewegt.

Ein Dämmstoff muss mit einer luftdichten Schicht gegenüber seiner Umgebung, z.B. dem Innenraum und dem Außenraum, versehen werden. Man spricht von Luftdichtung bzw. von Winddichtung. Beide Dichtungsebenen sollen möglichst ohne Unterbrechung (Fugen) verlegt werden. Besonders zu beachten sind deshalb alle Durchdringungen und Unterbrechungen an Wänden und Decken, z.B. bei Toilettenentlüftungen, Kaminen, Rohren, Balken, Fensteranschlüssen und Anschlüssen von Außentüren. Das Dämmmaterial muss mindestens 4 cm dick sein, andernfalls tritt keine wärmedämmende Wirkung ein. Typische Materialdicken sind 14 cm bis 24 cm.

> Fugen und Spalte erhöhen die Luftströmung, die Dämmwirkung nimmt dadurch ab.

Die Wärmedämmmaterialien für Gebäude unterscheiden sich in ihren Eigenschaften erheblich **(Tabelle 1)**. Daher werden sie je nach Einsatzgebiet ausgewählt. Auf Brandschutz ist zu achten.

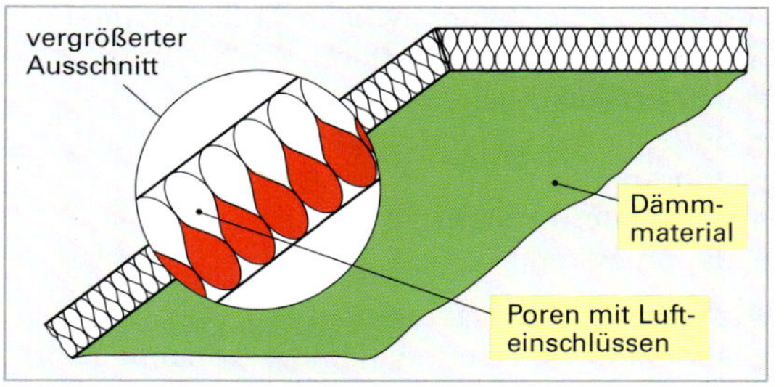

Bild 1: Lufteinschlüsse im Dämmmaterial

Der Diffusionswiderstand eines Dämmstoffes ist derjenige Widerstand, mit dem der Dämmstoff sich gegen den Transport von Wasserdampf sperrt. Die Diffusionswiderstandszahl gibt an, wievielmal dichter ein Stoff ist als Luft. Je kleiner dieser Wert ist, desto besser kann der Wasserdampf den Stoff durchdringen. Werte bis 10 bedeuten sehr gute Diffusion, bei Werten von 50 bis 500 ist die Diffusionfähigkeit erheblich eingeschränkt **(Tabelle 1)**.

Steinwolle, Glaswolle (Mineralwolle) sind als Filz **(Bild 1, folgende Seite)** und Platte erhältlich und bei hohen Temperaturen einsetzbar, z.B. als Isolierung für Solaranlagenverrohrung. Die Herstellung von Mineralwolle erfolgt aus Altglas oder Glasrohstoffen, z.B. durch Zentrifugieren. Kunstharze und andere Zuschlagsstoffe sind beigefügt. Eingesetzt wird Mineralwolle in Dachschrägen und Leichtwänden.

Tabelle 1: Dämmmaterialien

Material	Rohdichte kg/m²	Wärmeleitfähigkeit W/mK	spez. Wärmekapazität kJ/kgK	Diffusionswiderstandszahl	Baustoffklasse
Glaswolle	20 bis 153	0,039 bis 0,040	0,84	1 bis 2	A
Steinwolle	27 bis149	0,039 bis 0,040	0,84	1 bis 2	A
Expandiertes Polystyrol (EPS)	11 bis 25	0,036 bis 0,044	1,5	20 bis 80	B1
Extrudiertes Polystyrol (XPS)	45	0,032	1,5	80 bis 200	B1
Polyurethanschaum (PUR)	30	0,025 bis 0,30	1,2	60 bis dicht	B2
Holzweichfaserplatte	160 bis 170	0,045	2,1	5 bis 10	B2
Holzwolleleichtbauplatte	400 bis 800	0,09 bis 0,15	2,1	4 bis 7	B1
Zellulosefaser	55 bis 75	0,040	1,7 bis 1,9	1,5 bis 2	B1 bis B2
Baumwolle	20 bis 40	0,040	0,84	1 bis 2	B2
Flachs	30	0,040	1,3	1	B2
Kokos	50 bis 90	0,045 bis 0,50	1,6	1	B2 bis B3
Kork	120	0,045	1,67	18	B2
Schafwolle	30 bis 138	0,040 bis 0,042	0,96	1 bis 2	B2
Schilf	225	0,055	1,2	2	B2
Stroh	150	0,056 bis 0,13	–	1 bis 1,5	B2
A nicht brennbar; B1 schwer entflammbar; B2 normal entflammbar; B3 leicht entflammbar					

Als Vorteile der Mineralwollen sind zu nennen:
- gute Dämmeigenschaften,
- unverrottbar,
- diffusionsoffen (wasserdampfdurchlässig),
- unbrennbar,
- ungezieferresistent,
- deponiefähig.

Als Nachteile sind zu nennen:
- abnehmende Dämmwirkung bei Feuchtigkeit,
- hoher Energieaufwand bei der Herstellung,
- nicht kompostierbar.

Holzfaserplatten, Holzweichfaserplatten werden aus Rest- und Abfallhölzern meist ohne Zusätze unter Druck und mit einer Temperatur von 350 °C hergestellt. Holzfaserplatten sind mit Naturharzen oder Bitumen imprägniert und daher auch feuchtigkeitsbeständig (hydrophobiert). Eingesetzt werden solche Platten im Dachschrägenbereich. Bitumierte Holzfaserplatten sollen nicht in Innenräumen eingesetzt werden, da die Schadstoffe ausgasen können. Die Vorteile derartiger Platten sind:
- hohe Wärmespeicherfähigkeit und somit z.B. bei überhitzungsgefährdeten Dachbodenausbauten gut einsetzbar,
- gute Dämmeigenschaften,
- diffusionsoffen,
- recyclingfähig.

Nachteile sind:
- mögliche Schadstoffausgasung bei bitumierten Platten,
- hoher Energieaufwand bei der Herstellung,
- imprägnierte Platten sind nicht kompostierbar.

Kork ist ein reines Naturprodukt. Korkdämmung ist als Platte **(Bild 2)** und Granulat (Schrot) erhältlich. Die Vorteile von Kork sind:
- gute thermische Dämmeigenschaften, auch gute Schalldämmung,
- gute Wärmespeicherfähigkeit,
- diffusionsoffen,
- relativ unempfindlich gegen Feuchtigkeit,
- unempfindlich gegen Schädlingsbefall,
- enthält keine Bindemittel oder Flammschutzmittel,
- nachwachsender Rohstoff,
- deponiefähig,
- verrottungsresistent.

Von Nachteil sind im Wesentlichen die Anschaffungskosten. Korkschrot ist wegen seines Zersetzungsverhaltens nicht für alle Anwendungen geeignet.

Bild 1: Glaswolle

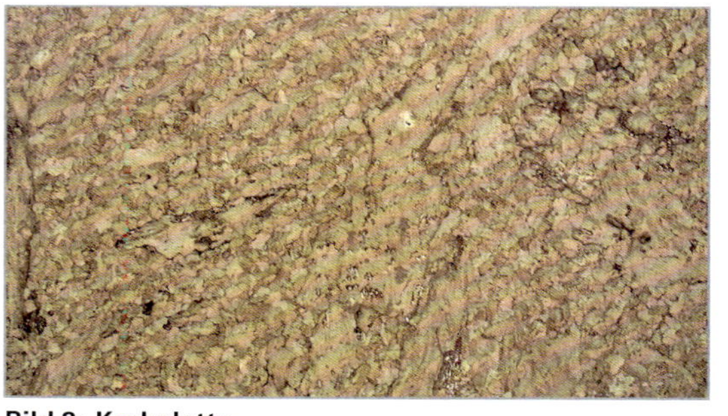

Bild 2: Korkplatte

Bild 3: Fensterabdichtung mit PUR

Polyurethan (PUR, PU) ist als Platte hoch belastbar und besitzt insbesondere mit Aluminiumkaschierung äußerst gute Dämmeigenschaften. PUR findet Anwendung z.B. als aluminiumkaschierte Platte für Aufsparrendämmungen oder als Ortschaum zum Abdichten von Fenstern, Türen oder Mauerdurchführungen **(Bild 3)**. Als Vorteile sind zu nennen:
- unverrottbar,
- mit diffusionsdichten Deckschichten extrem gute Dämmung erzielbar.

Dem stehen jedoch insbesondere im Brandfall gesundheitsschädigende Nachteile (toxische Gase) gegenüber. Ferner gilt für PUR:
- nicht recyclingfähig,
- nicht kompostierbar,
- hoher Energieaufwand bei der Herstellung.

Expandiertes Polystyrol (EPS) wird aus mit Luft geblähtem Polystyrolgranulat hergestellt (weiße Farbe, expandiert von lat. expandere = ausdehnen). EPS kommt als Dämmung unter Estrichen, als Fassadenplatte oder auch als Deckendämmplatte zur Anwendung **(Bild 1)**. Als Granulat wird EPS auch zementgebunden in Schüttungen unter Estrichen verwendet, hat aber dann deutlich reduzierte Dämmwerte.

Vorteile sind:
- gute Wärmedämmung,
- preisgünstig,
- beständig gegen Feuchtigkeit,
- unverrottbar,
- resistent gegen Ungeziefer,
- keine Gesundheitsbelastung im eingebauten Zustand.

Nachteile sind:
- starke Qualmbildung im Brandfall,
- begrenzte Verfügbarkeit der Rohstoffe,
- Recycling nur bei sortenreinem Abfall möglich,
- umweltbelastende Styrol- und Pentan-Emissionen bei der Herstellung,
- nicht UV-beständig.

EPS ist für den Einsatz in Wärmedämmverbundsystemen (Vollwärmeschutz) auch in Form von gelochten, diffusionsoffenen Platten erhältlich. Handelsnamen sind u.a. Styropor, Porit, Dedatherm, Isotech. Handelsnamen für Polystyrol-Granulat sind u.a. Thermotec, Isolite, Isophon, Thermofix.

> Expandiertes Polystyrol kommt insbesondere im Innenbereich als Dämmmaterial zum Einsatz.

Extrudiertes Polystyrol (XPS) wird als Dämmstoffplatte im Nassbereich eingesetzt (grüne oder rosa Farbe, extrudiert von lat. extrudere = herauspressen). Einsatzbereiche sind feuchtigkeitsbelastete Orte wie z.B. Außenfassaden, Balkone, Flachdächer, Sockelbereiche, Schwimmbadbereiche **(Bild 2)**.

Vorteile sind:
- hohe Druckfestigkeit,
- keine Gesundheitsgefährdung,
- beständig gegen Feuchtigkeit,
- unverrottbar.

Als Nachteile sind zu nennen:
- starke Qualmbildung im Brandfall,
- umweltbelastend bei der Herstellung wegen Styrolemissionen,
- nicht UV-beständig.

Bild 1: EPS-Dämmplatte

Bild 2: XPS-Dämmstoffplatten

Bild 3: Porenbeton (Ytong)

Handelsnamen sind u.a. Styroform, Thermopan, Styrodur, Isomat, Perimate, Wallmate, Styrisol.

Extrudiertes Polystyrol kommt insbesondere im Außenbereich als Dämmmaterial zum Einsatz.

Porenbeton (Mineralschaum) wird für die erste Ziegelschar im Sockelbereich oder unter der Decke verwendet, um Wärmebrücken zu verhindern. Porenbeton als Ziegel ist bekannt als Ytong **(Bild 3)**. Vorteile sind:
- gesundheitliche Unbedenklichkeit,
- fäulnis- und schädlingsresistent,
- diffusionsoffen und unbrennbar,
- gleichwertige Wärmedämmung wie Mauerziegel.

Nachteile sind
- geringer Schallschutz,
- geringe Punktbelastbarkeit,
- Feuchtigkeitsaufnahme leicht möglich.

> Gut gedämmte Gebäude müssen, um Schimmelbildung zu verhindern, gut belüftet werden.

7.12.7 Kontrolliertes Lüften

In wärmegedämmten Gebäuden mit entsprechend abgedichten Fenstern ist auf ausreichendes Lüften zu achten, um Schimmelbildungen zu vermeiden. Ferner ist zu beachten, dass die Gebäudewärme nicht unnötigerweise infolge Lüftens verschwendet wird bzw. dass nicht zu viel Frischluft wieder erwärmt werden muss.

Mittels **Wärmetauschern** (Wärmeaustauschern) kann der nach außen abzugebenden Luft (Fortluft) die Wärme bis zu 90% entzogen und der von außen eingeleiteten Luft zugeführt werden (Wärmerückgewinnung, **Bild 1**). Die Kammer des Wärmetauschers besteht z.B. aus eng nebeneinander gesetzten Platten **(Bild 2)**. Dieses kontrollierte Lüften erfolgt über eine entsprechende Regelung. Neben z.B. Kohlenstoffdioxid wird auch Luftfeuchtigkeit abtransportiert. Beim Luftaustausch wird meist mittels Filter die Luft bzgl. vorhandener Schmutzpartikel noch gereinigt.

Das Auslegen der computergesteuerten Luftaustauschanlagen erfolgt nach Anzahl der Personen in einem Raum und der Art des Raums, z.B. Bad, Küche, Aufenthaltsraum. Je Person und Stunde rechnet man mit einem Luftmengenverbrauch von ca. 30 m^3. Etwa die knappe Hälfte der Luftmenge eines Raums sollte je Stunde ausgetauscht werden. Auf Austrocknung der Luft ist insbesondere im Winter zu achten.

Bei der Aktivlüftung erfolgt das Erwärmen der zugeführten Luft über eine Wärmepumpe oder einen Wärmetauscher. Die Lüftungsleitungen, getrennt nach Abluft und Frischluft, werden meist unter dem Estrich und in Installationsschächten verlegt. Die Ein- und Ausströmöffnungen dürfen nicht zu dicht nebeneinander liegen **(Bild 3)**. Bei der Passivlüftung wird die zugeführte Frischluft über in 1,5 m bis 2 m Tiefe im Erdboden verlegte Rohre gewärmt bzw. gekühlt (Erdwärmeübertragung). Ein Erdwärmetauscher verbessert den Wirkungsgrad.

Dezentrale Lüftungsanlagen erlauben das direkte Absaugen schlechter Luft (Gerüche, Luftfeuchtigkeit, Luftverunreinigungen) nach außen, ohne diese durchs ganze Gebäude zu schleusen, z.B. über Fenster-Abluftventilatoren mit Wärmeaustauschern. Bei einer zentralen Anlage existiert ein zentraler Ventilator zum Luftansaugen **(Bild 4)**. Ein automatisiert geregelter Luftaustausch basiert z.B. auf Messwerten der Luftfeuchtigkeit oder des CO_2-Gehalts.

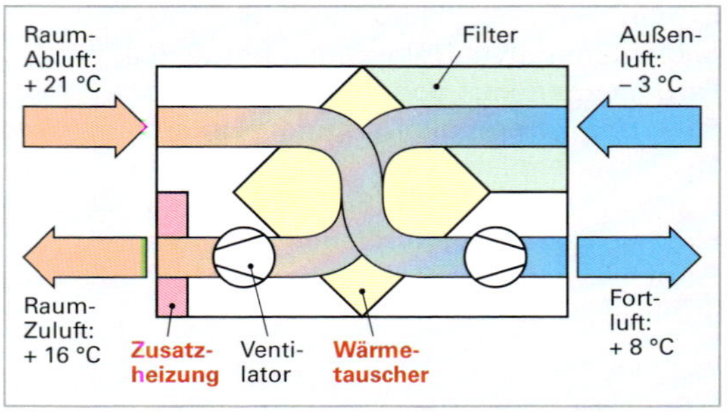

Bild 1: Wärmerückgewinnung mit Wärmetauscher

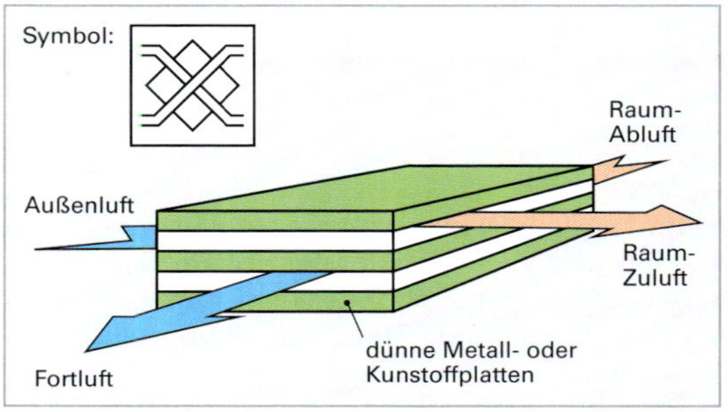

Bild 2: Wirkungsweise eines Platten-Wärmetauschers

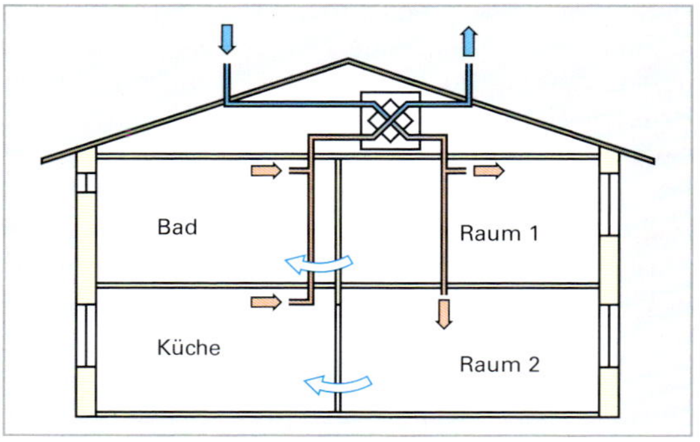

Bild 3: Aktivlüftung mit Wärmetauscher

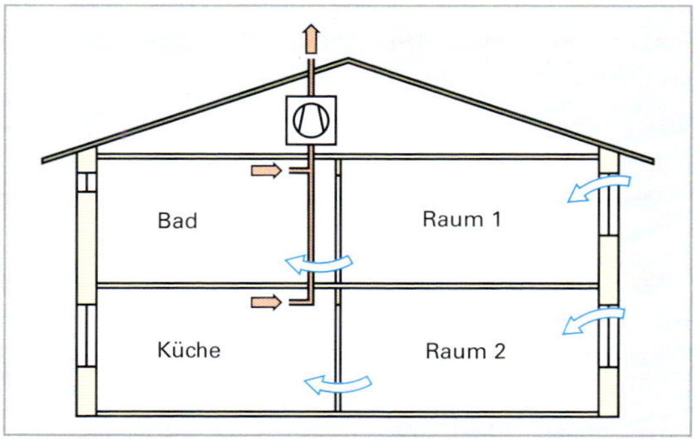

Bild 4: Zentrale Lüftungsanlage

7.12.8 Brennwerttechnik

Beim Heizen mit fossilen Brennstoffen, z.B. Öl oder Gas, entstehen heiße mit Wasserdampf durchsetzte Abgase (Rauchgase). Die in diesen Abgasen enthaltene Wärmeenergie wird durch die Brennwerttechnik genutzt. Es werden dadurch Energieeinsparungen von ca. 30% gegenüber den klassischen Standard-Brennkesseln erreicht. Notwendig hierzu sind Brennwertgeräte (Brennwertthermen), in denen der im Abgas enthaltene Wasserdampf über einen Wärmetauscher verflüssigt **(Bild 1)**.

Damit der Wasserdampf unter Freisetzung der Kondensationswärme kondensieren kann, muss er auf eine Temperatur von unter 56 °C abgekühlt werden, d.h. auf unterhalb des sogenannten Taupunkts. Das Abgas wird daher über einen Wärmetauscher, meist aus Edelstahl wegen des Nichtrostens, sowie eine niedrige Rücklauftemperatur des Heizungssystems gekühlt. Das Rücklaufwasser nimmt einen Teil dieser Wärme auf. Der eigentliche Brenner im Brennwertgerät benötigt daher weniger Energie zum Erhitzen des Rücklaufwassers im Heizungssystem.

Der Brennwerteffekt ist bei Fußboden- oder Wandheizung besonders ausgeprägt, da diese nur sehr niedrige Vor- und Rücklauftemperaturen benötigen.

Soll eine alte Heizung auf ein neues Brennwertgerät umgestellt werden, muss der Schornstein meist saniert werden. Hierbei muss ein feuchtigkeitsresistentes, säureresistentes Rauchgasrohr aus Kunststoff oder Edelstahl mit geringem Querschnitt in den bestehenden Kamin eingezogen werden. In Neubauten werden Kaminrohre mit säurebeständiger Keramikbeschichtung verwendet. Das anfallende saure Kondenswasser, je nach Wohnanlage z.B. 2000 L je Jahr, darf bei Anlagen bis 200 kW meist über die Abwasserleitung entsorgt werden. Andernfalls ist eine vorherige Neutralisierung mittels geeigneter Durchleitung z.B. durch ein entsprechendes Granulat erforderlich **(Bild 2, Bild 3)**. Das Kondenswasser enthält wegen der bei der Verbrennung anfallenden Stickoxide NO_x salpetrige Säure sowie schwefelige Säure bei im Brennstoff enthaltenem Schwefel.

Anfallendes säurehaltiges Kondenswasser muss ggf. vor seiner Ableitung in das Abwassersystem neutralisiert werden.

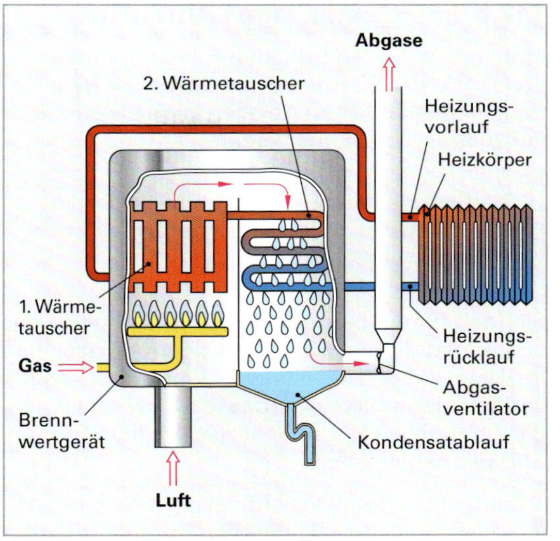

Bild 1: Prinzip der Brennwerttechnik

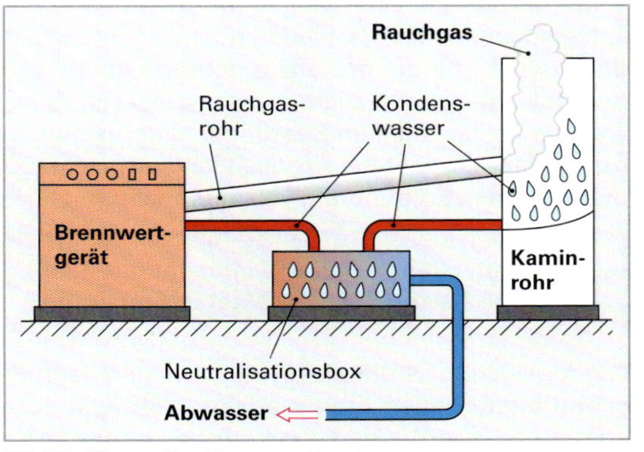

Bild 2: Neutralisation von Kondenswasser

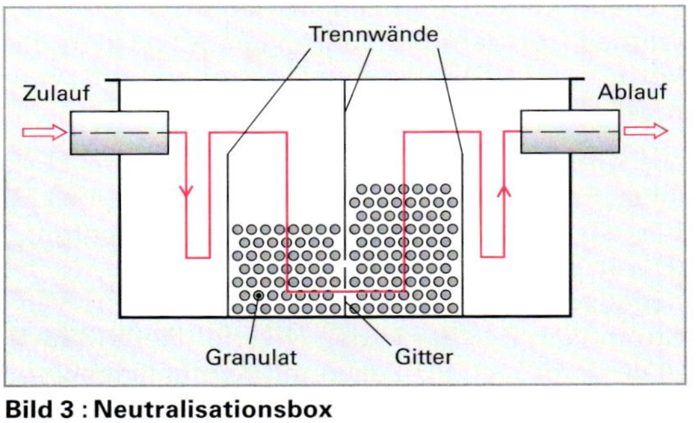

Bild 3 : Neutralisationsbox

Die Nutzung der Kondensationswärme des Wasserdampfs im Abgas reduziert auch den Ausstoß von CO_2 sowie den Ausstoß von säurebildenden Gasen. Somit wird verhindert, dass mit dem Kondensat abscheidbare Stäube in die Luft gelangen.

7.12.9 Energieeffiziente Lichtquellen

In einem durchschnittlichen Haushalt entstehen etwa 10 % der Energiekosten durch die Beleuchtung, in gewerblichen Anlagen kann dieser Anteil auf 20 % und mehr ansteigen.

> Die Energiekosten für die Beleuchtung machen oft mehr als 10 % der gesamten Energiekosten einer Anlage aus.

Ein Maß für die Lichtleistung einer Lampe ist das Lumen (lat. lumen = Licht) mit dem Kurzzeichen lm. Davon abgeleitet ist die Einheit Lumen/Watt = lm/W ein Maß für die **Lichtausbeute** einer Lampe, die auch physikalisch nicht ganz richtig *Energieeffizienz* genannt wird.

Technische Lichtquellen ermöglichen nach Herstellerangaben Lichtausbeuten von 18 lm/W bis etwa 180 lm/W **(Tabelle 1)**. Es muss darauf hingewiesen werden, dass die Lichtquellen im Preis und in der Lebensdauer sehr verschieden hoch liegen, sodass der Begriff Energieeffizienz eigentlich durch den Begriff Lichtausbeute nicht voll abgedeckt ist. Noch weniger ist das mit dem Begriff der allgemeinen Effizienz der Fall, weil die Art des Lichts oft nicht der menschlichen Empfindung voll entspricht.

> Die Lichtausbeute in lm/W ist nicht das alleinige Maß für die Effizienz einer Beleuchtung.

Die klassische Glühlampe hat von den technischen Lichtquellen eine niedrige Lichtausbeute von etwa 10 lm/W und eine niedrige Lebensdauer von nur 1000 Betriebsstunden, sodass ihre Herstellung in manchen Ländern politisch verboten wurde. Trotzdem bedauern viele Menschen das Verbot, weil Glühlampen ein angenehm „warmes" Licht abgeben.

Die größte Lichtausbeute ist zzt. bei den LEDs (Light Emitting Diodes) möglich. Eine einzelne LED besteht aus einem Halbleiter mit PN-Übergang (P mit positiven Ladungsträgern leitend, N mit negativen Ladungsträgern). Licht entsteht, wenn Strom vom P-Leiter in den N-Leiter fließt **(Bild 1)**. Viele derartige LED-Zellen mit Kantenlängen von 0,1 mm können auf engem Raum angeordnet sein. Man bezeichnet diese LEDs als COB-LEDs (COB von Chip On Board, **Bild 2)**. Für längliche Anwendungen, z. B. Röhren, wendet man die SMD-Technik (Surface Mounted Device) an. Hier werden längliche PCBs (Printed Circuit Boards = Gedruckte Schaltungen) maschinell mit LEDs bestückt.

Tabelle 1 Technische Lichtquellen

Form	Name	Lichtausbeute in lm/W
	Hochvolt-Glühlampe 230 V	18
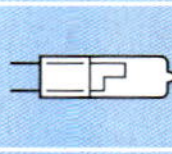	Niedervolt-Halogen-Glühlampe	20
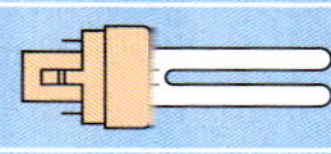	Kompakt-Leuchtstofflampe	60
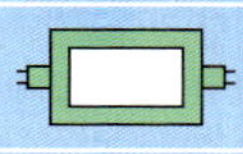	Organische LED	60
	Leuchtstofflampe	90
	Natrium-Hochdrucklampe	110
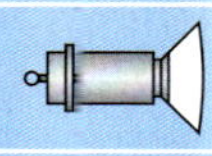	LED-Modul COB	180
	LED-Modul SMD	110

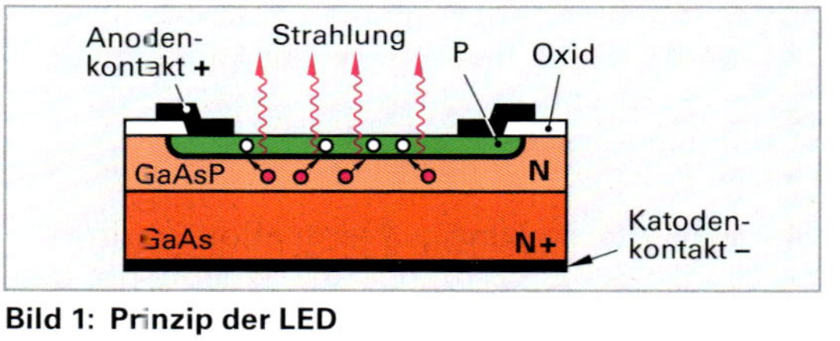

Bild 1: Prinzip der LED

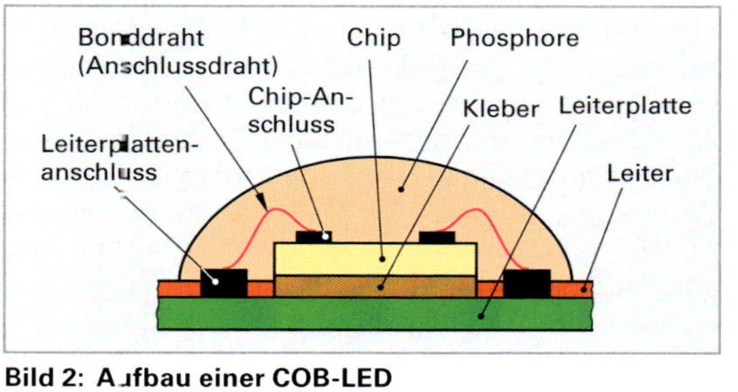

Bild 2: Aufbau einer COB-LED

Die einzelne LED kann nur einfarbiges Licht abgeben. Zur Erzeugung von weißem Licht verwendet man blaue LEDs und bringt *Phosphore* (bei Beleuchtung Licht abgebende Leuchtmassen) auf den Chip. Die Phosphore setzen dann das blaue Licht in verschiedene Farben um, die zusammen weißes Licht ergeben.

Eigenschaften von LEDs

Gegenüber den anderen Lichtquellen haben die LEDs erhebliche Vorteile. Meist ist die Lichtausbeute größer und die Betriebsdauer ist länger als die der anderen Lampen. Von Vorteil ist oft, dass LEDs ihr Licht bevorzugt in eine Richtung strahlen, sodass bei richtiger Anordnung der Lampen die *Beleuchtungsstärke E* in lm/m² = Lux (lx) größer sein kann als bei einer Lampe mit gleichem Lichtstrom. Nachteilig ist bei den LEDs der höhere Anschaffungspreis.

Wirkliche Energieeffizienz

Eigentlich müssen für die Energieeffizienz die Energien während der Lebensdauer von Lampen verglichen werden, z. B. beim Vergleich von COB-LEDs mit Hochvoltglühlampen.

Beispiel:
Eine 8-W-Lampe mit COB-LED liefert in ihrer Betriebszeit von 25 000 Stunden 440 lm und kostet Euro 8,–. Eine 40-W-Glühlampe 230 V hat eine Betriebszeit von 1000 Stunden, liefert auch 440 Lumen und kostet im Internet z. B. Euro 1,15 (Verkauf ist eigentlich eingestellt). Wie hoch sind die Betriebskosten für 25 000 Stunden bei Stromkosten von Euro 0,42 €/kWh a) bei der COB-LED, b) bei Glühlampen?

Lösung:

a) Stromkosten

8 W · 25 000 h · 0,42 €/kWh =	84 €
Lampenpreis	8 €
Betriebskosten	**92 €**

b) Stromkosten

40 W · 25 000 h · 0,42 €/kWh =	420,00 €
25 Lampen zu 1,15 €	28,75 €
Betriebskosten	**448,75 €**

Trotz höherem Anschaffungspreis der LED betragen die Betriebskosten der Glühlampenbeleuchtung mehr als das Vierfache der LED-Beleuchtung.

Austausch-LED-Lampen

Diese LED-Lampen werden von den Herstellern meist neudeutsch Retrofit-LED-Lampen genannt (engl. to retrofit = nachrüsten, austauschen). Es handelt sich dabei um LED-Lampen, die ohne wesentliche zusätzliche Maßnahmen vorhandene Leuchtmittel ersetzen. Typische Retrofit-LED-Lampen sind solche mit E14- oder E27-Schraubgewinde **(Bild 1)** oder an 230-V-Steckdosen anzuschließende Strahler **(Bild 2)**. Auch LED-Röhren können Retrofit-LED-Lampen sein, bei denen einfach der Starter durch einen LED-Starter und die Leuchtstofflampe durch eine LED-Röhre zu ersetzen sind **(Bild 3)**. Die alten Vorschaltgeräte bleiben. Bei manchen Schaltungen fallen zusätzliche Verdrahtungsarbeiten an und es sind zusätzliche Treiber erforderlich **(Bild 4)**.

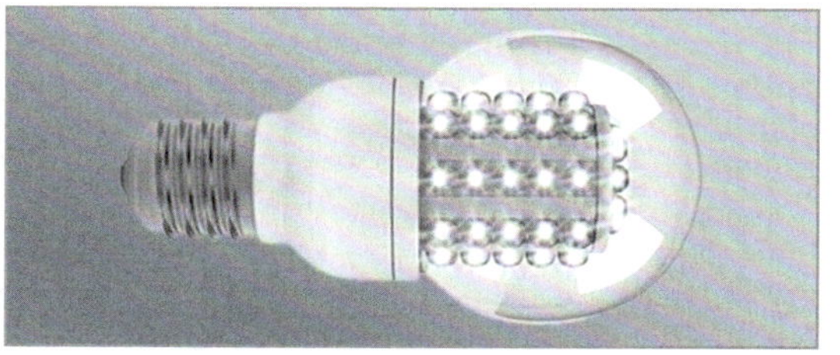

Bild 1: Retrofit-LED-Lampe 230 V

Bild 2: LED-Breitstrahler

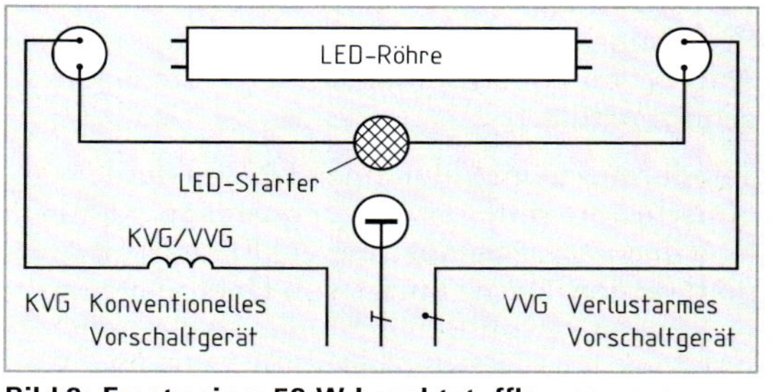

Bild 3: Ersatz einer 58-W-Leuchtstofflampe gegen LED-Röhre 8 W

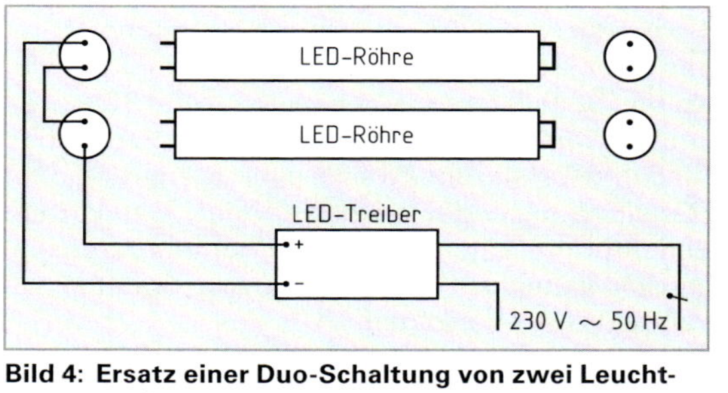

Bild 4: Ersatz einer Duo-Schaltung von zwei Leuchtstofflampen durch zwei LED-Röhren

7.12.10 Smart Home

Mittels automatisierter Anlagen sind Energieeinsparungen optimierbar. Erforderlich sind hierzu Sensoren, deren Daten, z.B. Temperaturwerte, von Computern ausgewertet und davon abgeleitet dann entsprechende Aktoren angesteuert werden können, z.B. der Brenner einer Heizung. Neben Raumtemperaturregelungen sind auch Lüftungen und Lichtsteuerungen automatisiert ausführbar mit dem Ziel, Energie einzusparen.

Im Bereich des privaten Wohnungsbaus bezeichnet man **Gebäudeautomatisierungsanlagen** als **Smart-Home-Anlagen** (engl. smart = intelligent). Im Zusammenwirken mit Smart Grids (Intelligente Energieversorgung, Abschnitt 7.7.10) können z.B. Waschmaschinen oder Ladevorgänge elektrisch betriebener Fahrzeuge zu strompreisgünstigen Uhrzeiten gestartet werden. Ferner können elektrische Verbraucher insbesondere bei Anwesenheit von Personen geschaltet werden. Auch bei Abwesenheit von Hausbewohnern können z.B. Lichtquellen geschaltet werden, um so ein Bewohnen vorzutäuschen und dadurch ggf. vor Einbrüchen unbewohnter Häuser/Wohnungen zu schützen **(Bild 1)**.

Temperaturen in Wohnungen können durch kombiniertes Steuern von Heizungsanlage, Klimaanlage und Jalousiesteuerung energieefizient geregelt werden. Das Dimmen von Lichtquellen bzw. das Schalten von Beleuchtungsszenen, auch in Abhängigkeit der Helligkeit außerhalb eines Hauses, sorgt für behagliches Wohlfühlen.

Basis einer Smart-Home-Anlage sind neben den Sensoren und Aktoren, meist elektrische Motoren oder elektrisch betätigte Schalter und Taster sowie Bussysteme, über welche die Sensoren und Aktoren mit einem Computer verbunden sind und Daten zum Zwecke einer Steuerung oder Regelung gesendet werden können. Das Vernetzen der Komponenten (Teilnehmer am Datenaustausch) kann auch mittels Funk, also drahtlos (wireless, WLAN), erfolgen.

Der Computer dient als zentrale Bedienstation, oft auch Access Point genannt, der Anlage und ist zur Anbindung ans Internet an einen Router angeschlossen **(Bild 2)**. Auf diese Weise ist eine Kommunikation mit dem Energieversorgungsunternehmen (EVU) möglich. Auch kann darüber eine Gebäudeüberwachung mittels Smartphone oder einem entfernt stehenden PC erfolgen, sofern Kameras Bestandteil der Smart-Home-Anlage sind. Alarmanlagen, Brandmeldeanlagen können ebenfalls in eine Smart-Home-Anlage miteinbezogen werden.

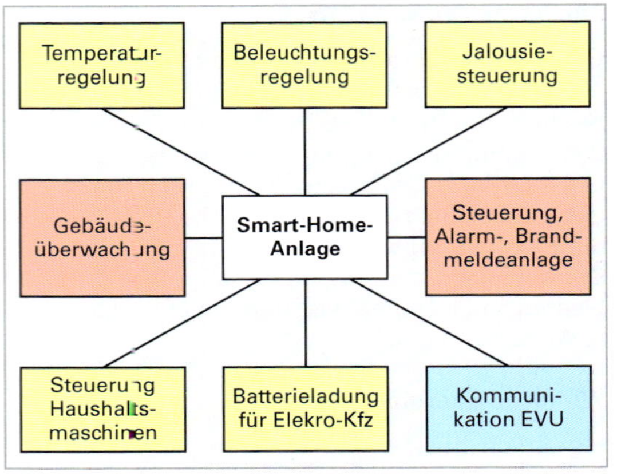

Bild 1: Ausprägung von Smart Home

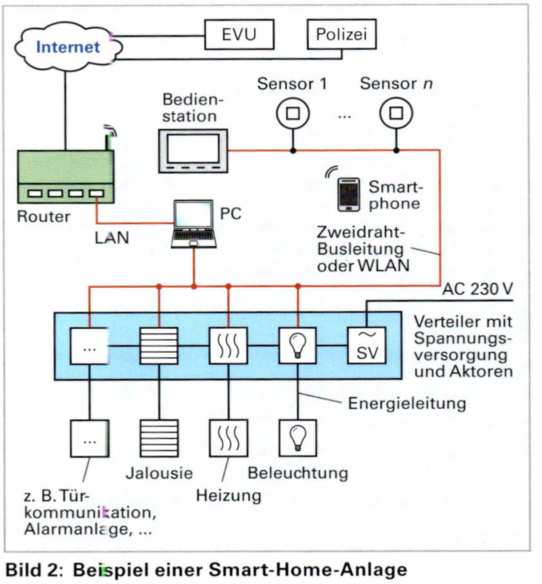

Bild 2: Beispiel einer Smart-Home-Anlage

Das Vernetzen der elektrischen Zähler (Smart Meter) eines Gebäudes mit dem EVU ermöglicht über das automatisierte Fernablesen das Erstellen der Energieabrechnung, angepasst an die unterschiedlichen Stromtarife zu den jeweiligen Uhrzeiten.

> Smart Grids, Smart Home und Smart Meter sind Bestandteile einer effizienten Energieversorgung.

8 Elektrische Antriebe, Elektromobilität

8.1 Elektromotoren
Electrical Engines

8.1.1 Leistungsschild

Das Leistungsschild von elektrischen Geräten oder Maschinen gibt Auskunft über die wichtigsten Daten. Im einfachsten Fall sind bei Geräten angegeben Spannung, Leistungsaufnahme und Stromstärke **(Tabelle 1)**. Wenn das Verbrauchsmittel einen Motor enthält, sind weitere Daten angegeben, z. B. das Jahr der Herstellung, die Stromart, die Schutzklasse, die Feuchtigkeits-Schutzklasse und die Drehzahl (Umdrehungsfrequenz) **(Bild 1)**.

> Auf dem Leistungsschild kann man die wichtigsten Daten des Verbrauchsmittels erkennen.

Allerdings treffen die Zahlenwerte nur gemeinsam zu. Die Stromstärke von 2,5 A von Bild 1 trifft also nur dann zu, wenn die Maschine so stark belastet ist, dass sie 500 W aufnimmt. Bei stärkerer Belastung sind die Leistungsaufnahme und die Stromstärke größer.

> Auf dem Leistungsschild sind die Nenngrößen (Bemessungsgrößen) angegeben.

Bei elektrischen Maschinen sind auf dem Leistungsschild je nach Größe der Maschine zusätzliche Daten angegeben **(Bild 2, Tabelle 2)**. Das sind Herstellerfirma, Typnummer, Gewicht, Isolationsklasse, Schutzgrad IP, Effizienzklasse IE und eingehaltene Norm (Bild 2). Zu beachten ist, dass hier die abgegebene Leistung angegeben ist, bei Motoren also die mechanische Leistung. Bei digitalen Leistungsschildern sind mittels QR-Code oder RFID-Chip weitere Informationen abrufbar (siehe Glossar).

Bei **Drehstrommotoren** ist die Spannung meist zusammen mit der Schaltungsart △ (**Dreieck**) oder Y (**Stern**) angegeben, z. B. 400 V △. Dieser Motor muss am 400-V-Netz in △ geschaltet werden (Abschnitt 8.1.4). Beträgt die Spannungsangabe 230 V △, dann kann er auch am 400-V-Netz in der Schaltung Y betrieben werden.

Tabelle 1: Mindestdaten vom Leistungsschild

Angabe der	Beispiel
Spannung	230 V
Leistungsaufnahme bei Nennbelastung	300 W
Stromstärke bei Nennbelastung	12 A

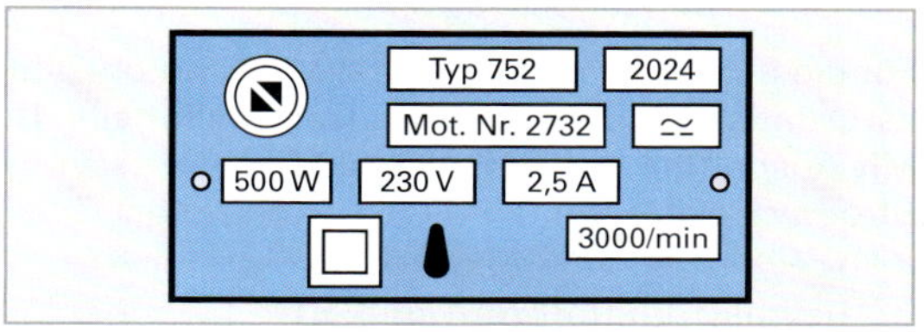

Bild 1: Leistungsschild einer Handbohrmaschine

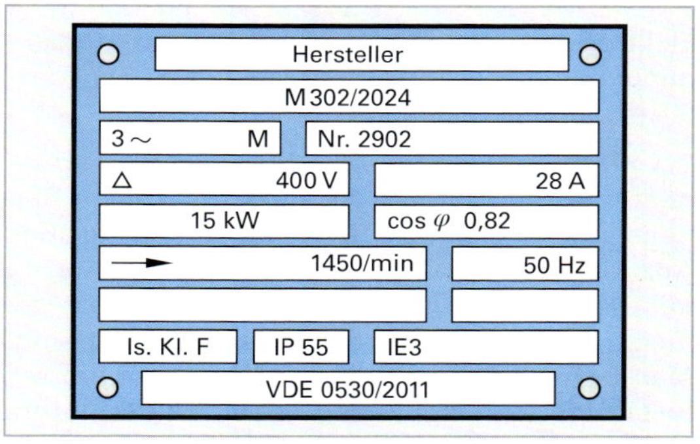

Bild 2: Leistungsschild eines Motors für 3AC

Tabelle 2: Häufige Daten bei elektrischen Maschinen

Angabe von	Beispiel
Stromarten AC, 3AC, DC, UC	~, 3~, =, ≂
Betrieb als Motor M oder Generator G	M
Schaltungsart bei 3AC und Spannung	400 V △
Leistungsfaktor bei Nennlast	cos φ 0,82
Drehrichtung, z. B. rechts →	→
Drehzahl bei Nennlast	1450/min
Leistungsabgabe (Nennlast)	15 kW
Frequenz	50 Hz

AC Alternating Current = Wechselstrom,
DC Direct Current = Gleichstrom,
3AC Drehstrom (Dreiphasenwechselstrom),
UC Universal Current = geeignet für AC oder DC

8.1.2 Arten von Elektromotoren

Stromwendermotoren

Stromwendermotoren beruhen auf dem Motorprinzip von Abschnitt 2.7.11. Im **Ständer** (Stator) der Maschine wird das magnetische Erregerfeld durch einen Permanentmagneten oder einen Elektromagneten erzeugt, im **Läufer** (Rotor, meist Anker genannt) liegen die stromführenden Leiter. Die von der Läuferstellung abhängige erforderliche Umpolung besorgt der Stromwender (Kommutator von lat. commutare = wenden). Der Strom wird über Kohlebürsten mit den Anschlüssen A1, A2 und Stromwender der Ankerwicklung zugeführt.

Für die Schaltung eines Stromwendermotors gibt es grundsätzlich vier Möglichkeiten **(Tabelle 1)**. Mit Ausnahme des Reihenschlussmotors ist ein Stromwendermotor ein Gleichstrommotor.

> Gleichstrommotoren sind Stromwendermotoren.

Der **permanenterregte Motor** ist der häufigste Elektromotor, wenn man die zahlreichen Anwendungen im Kraftfahrzeug mitzählt, z. B. bei Fensterhebern und Scheibenwischern.

Bei Motoren bis etwa 40 kW haben die permanenterregten Motoren oft eine zusätzliche Reihenschlusswicklung D1D2, die für ein großes Anzugsmoment sorgt. **Fremderregte Motoren** mit der Feldwicklung F1, F2 sind große Motoren, meist mit zusätzlicher Reihenschlusswicklung. Man bezeichnet sie als Doppelschlussmotoren, da sie das Verhalten eines Nebenschlussmotors mit zusätzlicher Reihenschlusswicklung haben.

Der **Reihenschlussmotor** kommt in großer Zahl in Kraftfahrzeugen als Anlassmotor vor, weil er ein großes Anzugsmoment hat. Außerdem haben elektrisch angetriebene Handwerkzeuge, z. B. Bohrmaschinen, meist einen Reihenschlussmotor als Antrieb. Nebenschlussmotoren in der ursprünglichen Form sind durch die fremd- oder permanenterregten Motoren ersetzt worden.

Bei den Stromwendermotoren nutzen sich im Betrieb Stromwender und Kohlebürsten ab, sodass eine Wartung der Motoren erforderlich ist.

Drehfeldmotoren

In Drehfeldmotoren ist ein magnetisches Drehfeld wirksam. Dieses entsteht durch den Drehstrom bei Drehstrommotoren, die wie Drehstromgeneratoren (Abschnit 2.7.11) aufgebaut sind. Im Prinzip wird der Läufer vom magnetischen Drehfeld mitgenommen **(Bild 1)**. Die Richtung des Drehfeldes ändert sich, wenn zwei Außenleiter getauscht werden, z. B. am Klemmenbrett (Seite 375).

Tabelle 1: Stromwendermotoren

Motor	Stromart	Schaltung
Permanent-erregter Motor	nur DC $=$	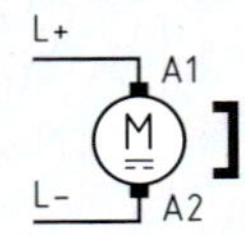
Fremderregter Motor (oft auch als Nebenschlussmotor bezeichnet)	nur DC $=$	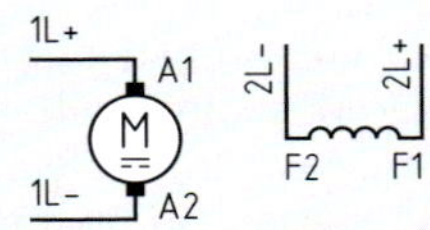
Nebenschlussmotor (wird nicht mehr gebaut)	nur DC $=$	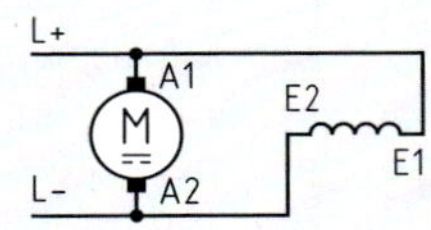
Reihenschlussmotor	DC und AC $\approx$	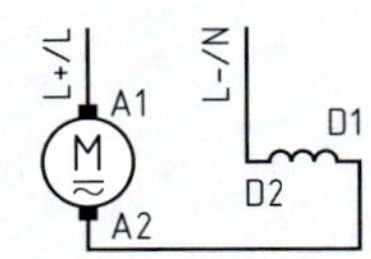

Die Schaltung der Motoren ist für Rechtslauf (beim Blick auf die Riemenscheibe im Uhrzeigersinn) angegeben. Für Linkslauf ist der Ankeranschluss umzupolen.

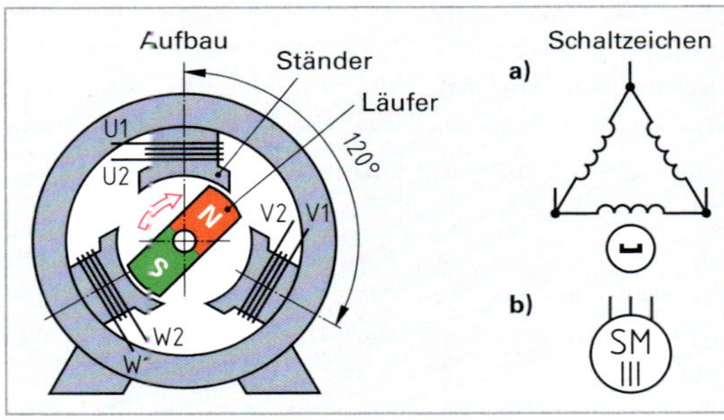

Bild 1: Synchronmotor für Drehstrom (Prinzip Drehfeldmotoren)

> Zur Drehrichtungsumkehr von Drehstrommotoren tauscht man zwei Außenleiter.

Beim **Synchronmotor SM** dreht sich der Läufer synchron (gleichlaufend) mit dem Drehfeld, also mit derselben Drehzahl. Das tritt dann ein, wenn der Läufer ein Magnet ist, z. B. aus Permanentmagneten aufgebaut **(Bild 1, vorhergehende Seite)**. Anstelle von Permanentmagneten können auch Elektromagnete wirken, denen über Schleifringe ein Gleichstrom als Erregerstrom (fremderregt) zugeführt wird.

> Synchronmotoren haben dieselbe Drehzahl wie das magnetische Drehfeld.

Die Drehzahl des magnetischen Drehfelds steigt mit der Frequenz und fällt mit der Polzahl. Bei konstanter Frequenz ist deshalb auch die Drehzahl konstant. Eine Drehzahlsteuerung des Synchronmotors ist durch Frequenzsteuerung möglich. Allerdings läuft dieser Motor beim Einschalten an das Netz nicht von allein an, weil der Läufer nicht schlagartig die Drehzahl des Drehfelds einnehmen kann. Deshalb ist der Läufer eines Drehfeldmotors meist ein **Käfigläufer** **(Bild 1)**.

Beim Käfigläufer induziert das vom Ständer hervorgerufene Drehfeld in den Läuferstäben Spannungen, die einen Läuferstrom hervorrufen.

> Beim Käfigläufermotor wird der Strom in den Käfigstäben durch Induktion hervorgerufen.

Das geschieht nur so lange, wie die Drehzahl des Läufers um den *Schlupf* kleiner ist als die des Drehfelds. Der Käfigläufermotor ist also ein **Asynchronmotor ASM**.

Vereinzelt kommen als DASM (Drehstrom-Asynchronmotoren) auch Schleifringläufermotoren vor **(Bild 1, Seite 302)**. Bei diesen trägt der Läufer eine Wicklung, die über Schleifringe an Anlasswiderstände angeschlossen ist.

Kleine Drehstrommotoren bis etwa 2 kW können mit Hilfe eines Kondensators am Einphasennetz 230 V betrieben werden **(Bild 2)**. Bei dieser nach dem Erfinder benannten *Steinmetzschaltung* verursacht der Wechselstrom zusammen mit dem Kondensatorstrom ein magnetisches Drehfeld, das weniger gleichmäßig als bei Drehstrom ist. Deshalb ist die Motorleistung hier kleiner als bei Drehstrom.

Für den Betrieb am Einphasennetz 230 V genügt auch ein Motor mit einer Hauptwicklung U1U2 und einer Hilfswicklung Z1Z2 **(Bild 3)**. Gebräuchlich sind mit Nennleistungen bis 3 kW derartige **Kondensatormotoren**. Zur Umkehr der Drehrichtung sind die Anschlüsse an der Hilfswicklung zu tauschen.

$$n_s = \frac{f}{p} \quad (1) \qquad \text{oder: } n_s = \frac{f}{p} \cdot 60\ \text{s/min}$$

n_s	Drehfelddrehzahl	f	Frequenz
p	Polpaarzahl (halbe Polzahl)		

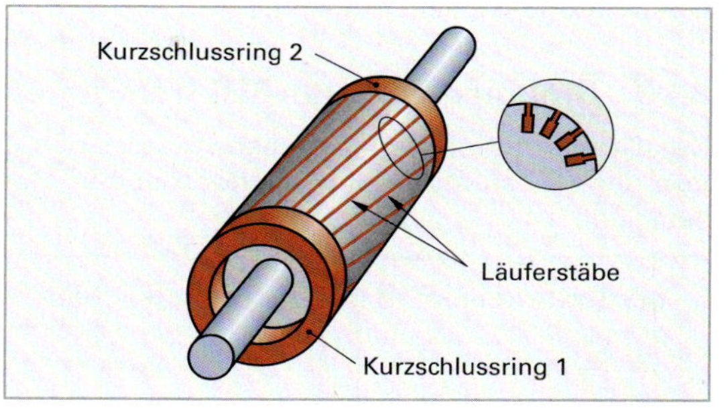

Bild 1: Aufbau des Käfigläufers beim Asynchronmotor

Beim Asynchronmotor:

$$n = \frac{f}{p} \cdot \frac{(100\,\% - s)}{100\,\%} \quad (2) \qquad s = \frac{n_s - n}{n_s} \cdot 100\,\% \quad (3)$$

n	Drehzahl	n_s	Drehfeld-drehzahl
p	Polpaarzahl (halbe Polzahl)		
s	Schlupf in % der Drehfeldzahl	f	Frequenz

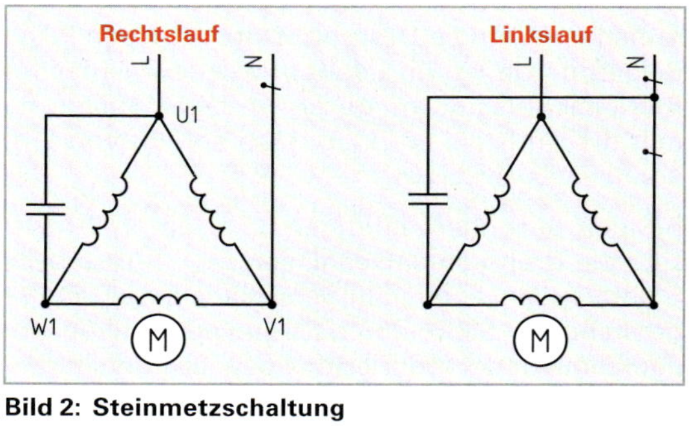

Bild 2: Steinmetzschaltung

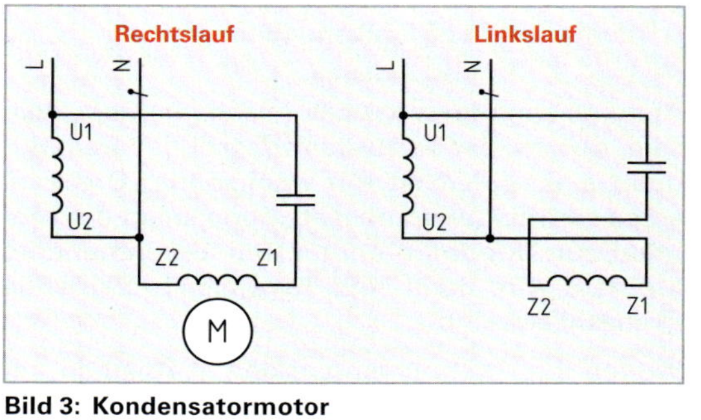

Bild 3: Kondensatormotor

Für Kleinantriebe bis etwa 100 W sind **Spaltpolmotoren** gebräuchlich **(Bild 1)**. Bei ihnen ist ein Hilfspol abgespaltet, der eine Kurzschlusswicklung trägt. In dieser wird durch Induktion ein Strom hervorgerufen, der gegenüber dem Netzstrom eine Phasenverschiebung hat. Dadurch entsteht wieder ein Drehfeld. Eine Umkehr der Drehrichtung ist nicht möglich.

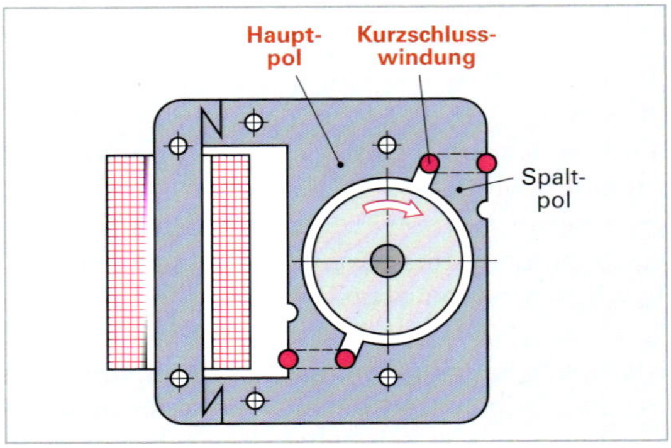

Bild 1: Ständer eines Spaltpolmotors

8.1.3 Drehmomente von Elektromotoren

Das Drehmoment *M* eines Elektromotors hängt von der Belastung durch die angetriebene Maschine ab.

> Das Drehmoment *M* ist bei Motoren abhängig von der Drehzahl *n*.

Die Kennlinien der einzelnen Motorarten werden meist als *M* in Abhängigkeit von *n* dargestellt, also als $M = f(n)$ **(Tabelle 1)**.

Beim **fremderregten Motor** sinkt das Moment, je höher die Drehzahl ist. Dabei wird eine bestimmte Drehzahl nicht überschritten. Das bedeutet, dass der Motor im Leerlauf eine feste Drehzahl hat, die bei Belastung nur wenig sinkt. Man nennt das **Nebenschlussverhalten**.

Beim **Reihenschlussmotor** ist das erzielbare Drehmoment bei Stillstand sehr groß und andererseits nimmt die Drehzahl stark zu, wenn keine Belastung da ist. Im Leerlauf geht ein einfacher Reihenschlussmotor durch und bei Belastung fällt die Drehzahl stark ab. Man spricht von **Reihenschlussverhalten**.

Bei den besonders häufigen **Käfigläufermotoren** sind die Drehmomentkennlinien $M = f(n)$ je nach Stabform der Läuferstäbe verschieden, weil der Widerstand der Stäbe durch Stromverdrängung von der Frequenz der induzierten Spannung abhängt.

> Bei Käfigläufermotoren sind die Drehmomente von der Stabform abhängig.

Dadurch kann für $n = 0$ das *Anzugsmoment* klein sein, obwohl der *Anzugsstrom* groß ist. Das Moment sinkt zunächst mit wachsender Drehzahl sogar zum *Sattelmoment* ab. Dann steigt das Moment zum *Kippmoment* an. Bei abnehmendem Moment wird dann eine etwa gleich bleibende Drehzahl erreicht.

Wegen ihrer Kennlinien werden in Anlagen der Umwelttechnik meist verwendet

Tabelle 1: Kennlinien von Elektromotoren

Motor	Kennlinie $M = f(n)$
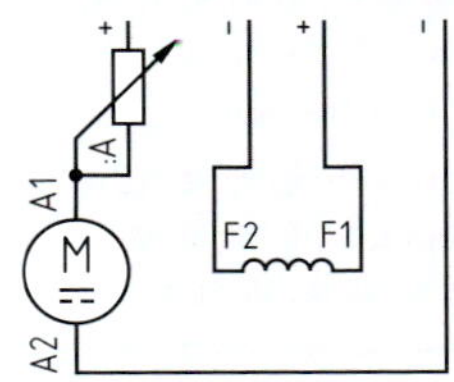 Fremderregter Motor	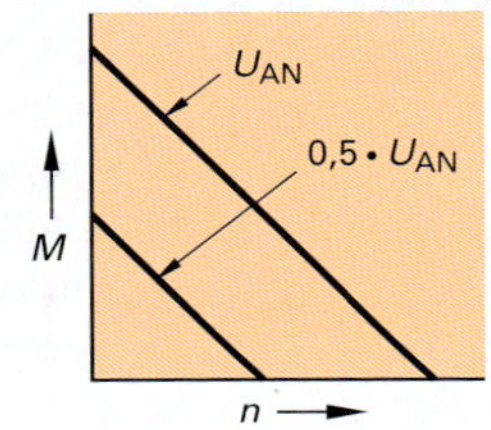
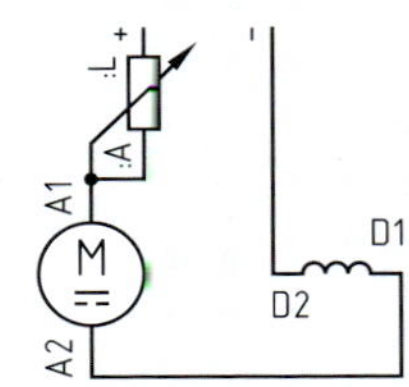 Reihenschlussmotor	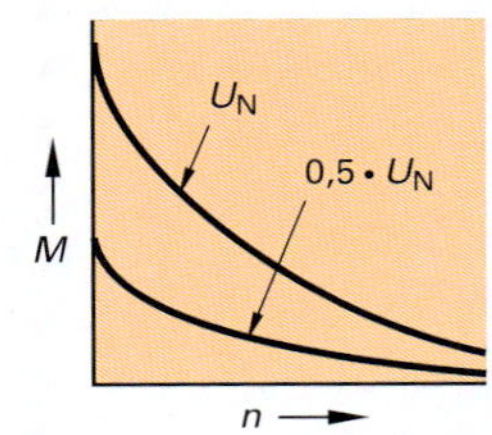
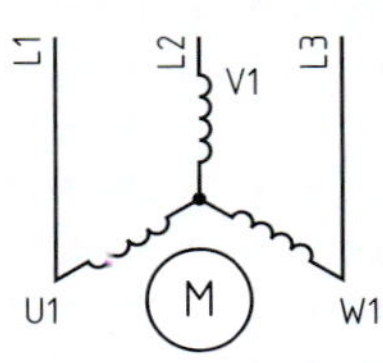 Käfigläufermotor	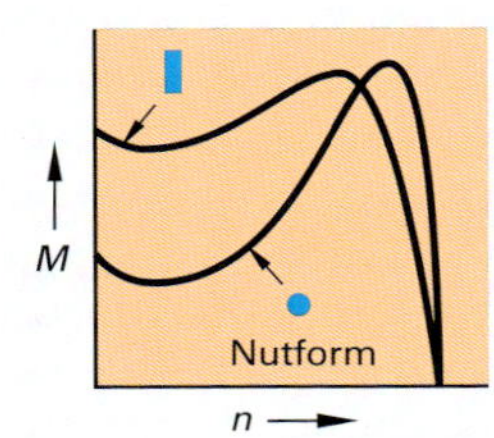

U_{AN} Ankerbemessungsspannung

- Käfigläufermotoren für Drehstrom bei mittleren und großen Antrieben, z. B. Rührwerken,
- Käfigläufermotoren für AC bei kleinen Antrieben, z. B. Ventilatoren und Umwälzpumpen,
- Reihenschlussmotoren für AC bei Handwerkzeugen, für DC als Anlassmotor im Kfz,
- fremderregte Motoren für Kleinantriebe, z. B. in Kanal-Inspektionsfahrzeugen.

8.1.4 Klemmenbretter von Elektromotoren

Die Anschlussklemmen der Wicklungen von Elektromotoren befinden sich auf einem sogenannten Klemmenbrett. Die Anschlussbezeichnungen sind genormt **(Tabelle 1)**.

Tabelle 1: Wichtige Anschlüsse von elektrischen Maschinen

Kennbuchstabe	Wicklung
A	Anker in Stromwendermaschine
B, C	Wicklungen in Reihe zu A
D	Reihenschluss-Erregerwicklung
F	fremderregte Feldwicklung
N	Sternpunkt, Neutralleiter
U, V, W	Stränge 1 bis 3
Z	Hilfswicklung Kondensatormotor
1	Anfang des Wicklungsteils
2	Ende des Wicklungsteils

Weitere Anschlüsse für besondere Maschinen siehe Tabellenbuch Elektrotechnik.

Von großer Bedeutung ist das Klemmenbrett des Drehstrommotors. Dessen Wicklung kann je nach Spannung in Stern oder Dreieck geschaltet werden. Die Anschlüsse der Stränge U, V, W sind so gelegt, dass die Schaltungen möglichst einfach erreicht werden **(Bild 1)**.

> Beim einfachen Drehstrommotor sind die Brücken für Sternschaltung waagerecht zu legen, für Dreieckschaltung senkrecht.

Bei Sonderformen, z. B. polumschaltbare Motoren für mehrere Drehzahlen, gelten Abweichungen (Tabellenbuch Elektrotechnik).

Bei der Steinmetzschaltung wird ein Drehstrommotor mithilfe eines Kondensators am AC-Netz 230 V betrieben. Hat dieser die Spannungsangabe △ 230 V, ist in Dreieck zu schalten, bei △ 400 V aber in Stern **(Bild 2)**.

Beim Kondensatormotor ist der Kondensator je nach Drehrichtung an den Anfang Z1 der Hilfswicklung oder an das Ende Z2 anzuschließen **(Bild 3)**. Entsprechend ist die Brücke für den Hauptstrang zu legen. Es gibt abweichende Wicklungen, z. B. geteilte Hilfswicklung mit 4 Klemmen (Tabellenbuch Elektrotechnik).

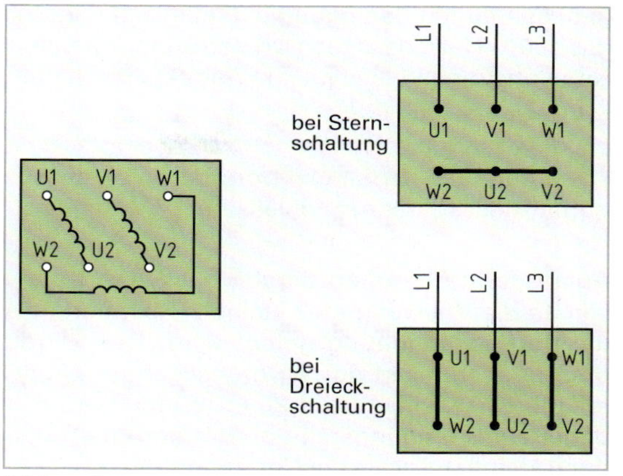

Bild 1: Klemmenbrett eines Käfigläufermotors für Drehstrom

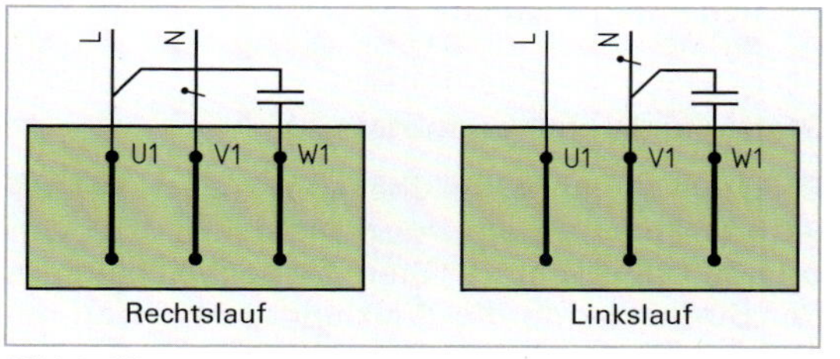

Bild 2: Klemmenbrett bei der Steinmetzschaltung

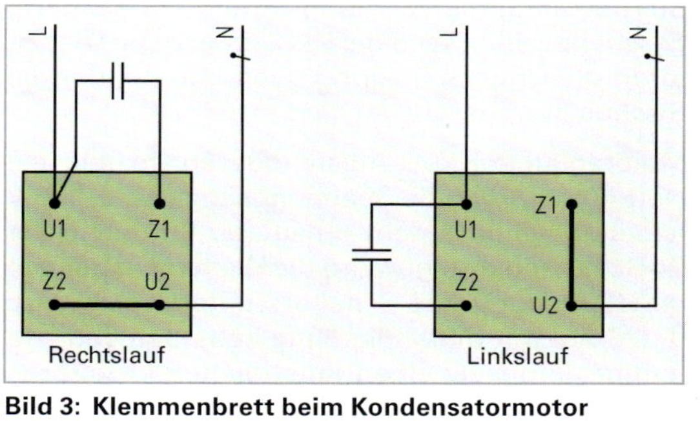

Bild 3: Klemmenbrett beim Kondensatormotor

8.1.5 Anlassschaltungen

Von Anlassen spricht man, wenn ein Motor aus dem Stillstand in den Betriebszustand gebracht werden soll. Die Geräte dazu nennt man **Starter**. Man kann Motoren durch direktes Einschalten mittels Schalter anlassen, sie nehmen aber dann einen großen *Einschaltstrom* auf **(Bild 1, folgende Seite)**. Dieser würde die Netzspannung absinken lassen oder die Überstrom-Schutzeinrichtung auslösen, sodass die Anlage stromlos wird. Aus den in den TAB (Technische Anschlussbedingungen) genannten Bedingungen **(Tabelle 1)** folgt für das 400-V-Netz, dass man Drehstrommotoren mit Nennleistungen bis etwa 4 kW direkt einschalten kann.

> Mittlere und große Elektromotoren werden mit Anlassgeräten angelassen.

Anlassgeräte beruhen darauf, dass zum Anlassen an die Wicklung eine kleinere Spannung als die Betriebsspannung gelegt wird. Das wurde ursprünglich meist durch vorgeschaltete Widerstände verwirklicht **(Bild 2)**. Im Widerstand tritt dabei ein Spannungsfall auf, um den die Spannung kleiner wird als die Netzspannung.

> Anlassgeräte mit Widerständen verursachen Energieverluste.

Starter für Drehstrommotoren

Bei Drehstrommotoren über 4 kW bis etwa 11 kW ist das Anlassen als **Stern-Dreieck-Anlauf** verbreitet. Dabei legt der Stern-Dreieck-Schalter in der Sternstellung die Wicklungsstränge an die kleinere Sternspannung, beim 400-V-Netz also an 230 V. Das geschieht dadurch, dass in der Sternstellung die Wicklungsstränge in Y (Stern) geschaltet sind. Nach dem Anlauf wird der Schalter in die Dreieck-Stellung gebracht, bei der die Stränge in △ geschaltet sind.

Motoren für den Y-△-Anlauf müssen am üblichen Netz 400 V/230 V die Spannungsangabe △ 400 V haben, da ja nach dem Anlauf der Betrieb in der △-Schaltung erfolgt. Wird die Weiterschaltung in die △-Stellung des Schalters unterlassen, wird der Motor mit Unterspannung betrieben und entnimmt dem Netz einen entsprechend größeren Strom. Dadurch wird er überlastet, wenn er mit voller Last beansprucht wird.

> Beim Y-△-Anlauf darf das Weiterschalten in die △-Schaltung nicht unterlassen werden.

Deshalb wird bei Y-△-Anlauf meist eine Schützschaltung verwendet, bei der die Weiterschaltung automatisch erfolgt.

Häufig erfolgt das Anlassen mittels elektronischer Geräte. Bei diesem **Sanftanlauf** wird die Spannung elektronisch von einem niedrigen Wert sanft ansteigend bis zur vollen Betriebsspannung erhöht **(Bild 3)**.

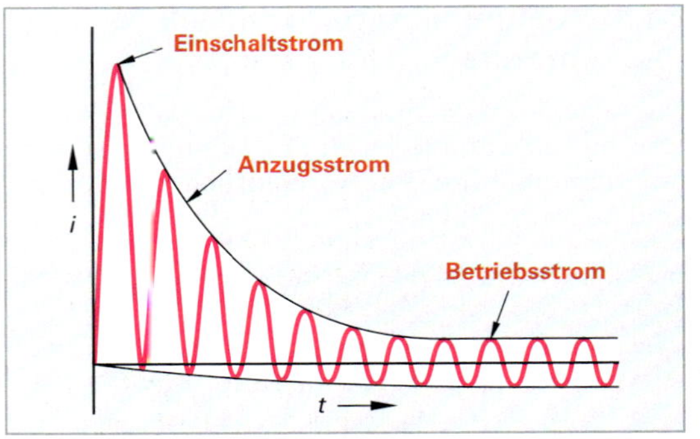

Bild 1: Stromverlauf beim Käfigläufermotor nach dem Einschalten

Tabelle 1: Anschluss von Motoren an das öffentliche Verteilungsnetz nach TAB

Motor	Bedingung
Motoren für AC	Bemessungsleitung $S_N = U \cdot I$ nicht über 1,7 kVA oder Anzugsstrom nicht über 60 A.
Motoren für 3 AC	Bemessungsleistung $S_N = \sqrt{3} \cdot U \cdot I$ nicht über 5,2 kVA oder Anzugsstrom nicht über 60 A.

Bei Motoren, die das Netz besonders stark belasten, z. B. durch häufiges Schalten, muss die erforderliche Maßnahme mit dem VNB (Verteilungsnetzbetreiber, Versorgungsnetzbetreiber) vereinbart werden.

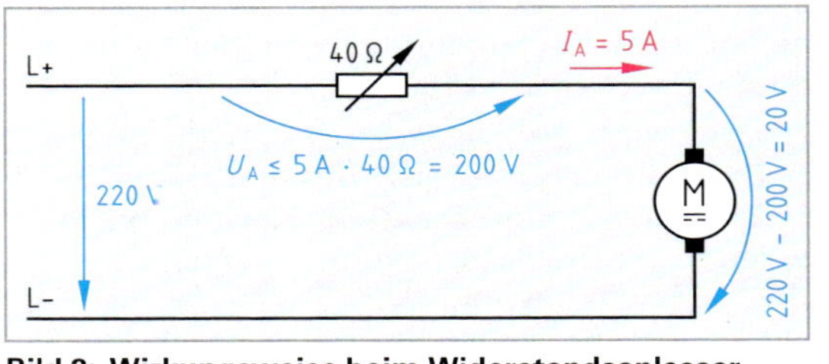

Bild 2: Wirkungsweise beim Widerstandsanlasser eines Stromwendermotors

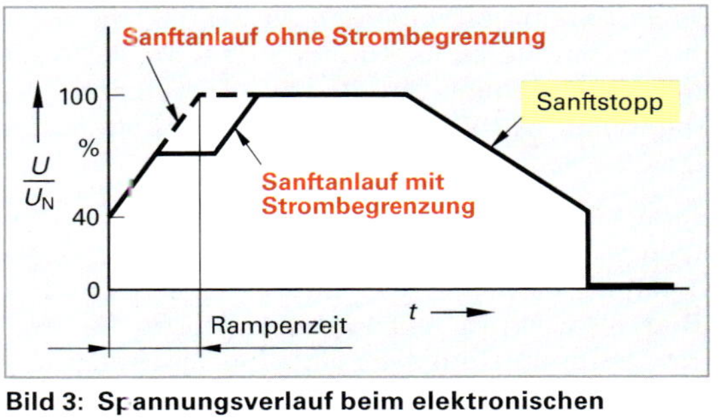

Bild 3: Spannungsverlauf beim elektronischen Motorstarter

> Beim Sanftanlauf wird die Betriebsspannung allmählich am Motor eingestellt.

Dadurch wird nicht nur ein möglichst kleiner Anzugsstrom erreicht, sondern auch schonende Wirkung auf die angetriebene Maschine. Die Herabsetzung der Spannung und ihr allmählicher Anstieg erfolgt durch ein Gerät mit einer elektronischen Steuerung. Die elektronische Steuerung enthält Bauelemente, die je nach Ansteuerung den Strom durchlassen oder sperren, nämlich Transistoren oder Thyristoren. Bei der **Anschnittsteuerung** wird der Wechselstrom in jeder Halbperiode je nach Ansteuerung später oder früher durchgelassen **(Bild 1)**. Wenn er später durchgelassen wird, ist die Wirkung wie bei einer niedrigen Spannung, und wenn früher, wie bei einer hohen Spannung. Bei der **Abschnittsteuerung** ist die Wirkung der Spannung umso größer, je später die Abschaltung erfolgt. Beide Steuerungen beeinflussen die Netzspannung ungünstig. Das vermeidet die Sektorsteuerung weitgehend. Hier ist die abgegebene Spannung umso höher, je breiter der Sektor ist.

Starter für Stromwendermotoren

Bei Stromwendermotoren liegt im Ankerkreis ein Vorwiderstand oder ein Starter mit einstellbarer Spannung **(Bild 2)**. Bei Gleichstrommotoren ist das ein Gleichrichter mit Thyristoren, bei dem das Anschnittsverfahren angewendet wird. Beim Reihenschlussmotor für Wechselstrom werden als Starter Schalter mit einstellbarem Vorwiderstand oder, wie bei den Beleuchtungsstromkreisen, sogenannte **Dimmer** (von to dim = verdunkeln) verwendet, die aber das Kennzeichen M (für Motorbetrieb) tragen müssen.

Weitere Anlassverfahren

Vor allem in älteren Anlagen kommen als Anlasser Starter mit Drahtwiderständen, Elektrolytwiderständen, Spulen oder Transformatoren vor. Außerdem gibt es Motoren mit einstellbarer Drehzahl für den Anlauf, z.B. Schleifringläufermotoren und Repulsionsmotoren (siehe Tabellenbuch Elektrotechnik).

Weiter zum Einsatz kommen Anfahrumrichter (Frequenzumrichter). Sie regeln den Anlaufstrom mittels Variation von Spannung und Frequenz.

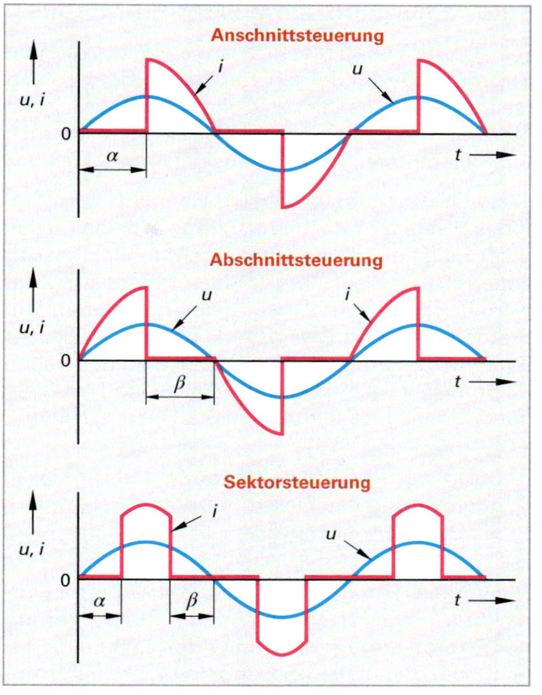

Bild 1: Arten der elektronischen Steuerungen

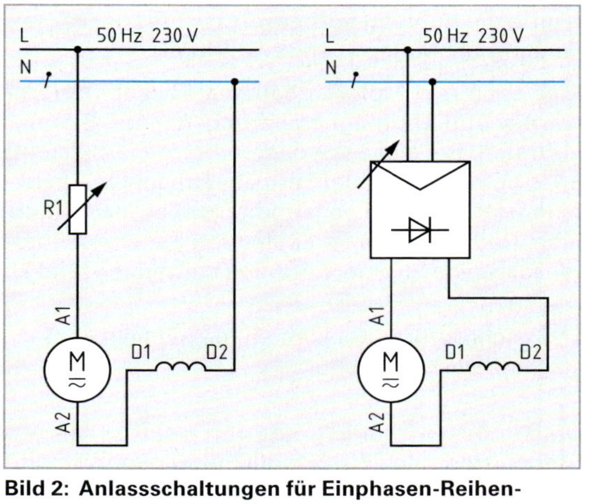

Bild 2: Anlassschaltungen für Einphasen-Reihenschlussmotoren

Wiederholung und Vertiefung

1. **Welche Betriebsmitteldaten stehen mindestens auf einem Leistungsschild?**
2. **Welchen Nachteil haben Stromwendermotoren?**
3. **Auf welche Weise gelangt beim Käfigläufermotor der Strom in den Läufer?**
4. **Welche Drehmomente treten beim Anlauf eines Käfigläufermotors aus dem Stillstand auf?**
5. **Warum darf man große Käfigläufermotoren nicht durch direktes Einschalten anlassen?**
6. **Erklären Sie den Stern-Dreieck-Anlauf.**
7. **Welche Vorteile bieten Starter für den Sanftanlauf?**

8.1.6 Energieeffiziente Elektromotoren

Der größte Energieanteil des weltweit erzeugten Stroms wird zum Betrieb von Elektromotoren verwendet. Dabei handelt es sich nicht nur um große Motoren der industriellen Anlagen, sondern auch um Kleinmotoren für z. B. Haushaltsmaschinen.

Jeder Elektromotor besteht aus einem **Ständer** (Stator) und einem **Läufer** (Rotor, **Bild 1**). In beiden Teilen fließt meist ein elektrischer Strom in elektrischen Leitern, die wegen ihres Widerstandes erwärmt werden. Diese *Stromerwärmung* im Läufer und im Stator stellt einen Energieverlust dar und schadet damit der Energieeffizienz. Dieselbe Folgen haben Reibungsverluste, Lüftungsverluste und Verluste durch Ummagnetisierung von Ständer und Läufer.

> Stromwärme, Lüftung, Reibung und Ummagnetisierung von Elektromotoren verringern die Effizienz des Motors.

Die Verbesserung der Effizienz von Motoren wurde vor allem durch Maßnahmen zur Verringerung der Stromwärme erzielt. So wurden im Laufe der Jahre bei den meist verwendeten Käfigläufermotoren nach Bild 1 die Läuferkäfige aus Aluminium durch Kupferkäfige ersetzt und beim Ständer wurde die Kühlung verbessert bis hin zur Wasserkühlung bei Motoren ab etwa 4 kW.

Man kann nun Motoren bauen, bei denen Stromwärme und Ummagnetisierung nur im Ständer auftreten. Bei diesen *Synchronmotoren* (Abschnitt 8.1.2) enthält der Läufer Permanentmagnete (Dauermagnete) anstelle einer stromdurchflossenen Wicklung. Dadurch kann im Läufer von Synchronmotoren fast keine Stromerwärmung stattfinden **(Bild 2)**.

> Synchronmotoren können die höchste Energieeffizienz erreichen.

Die **Mindestwirkungsgrade** von elektrischen Antrieben sind nach EN DIN 60034-30 genormt, und zwar in den 5 Klassen IE1 bis IE5 (IE von International Efficiency, **Bild 3**). In dieser Norm ist nichts über die Bauform gesagt. Jedoch kommen die Klassen IE1 bis IE3 bei allen Elektromotoren vor, IE4, IE5 aber nur bei den Synchronmotoren und Reluktanzmotoren (siehe folgende Seite). Motoren der Klasse IE1 und IE2 sollen in Neuanlagen nicht mehr eingebaut werden, kommen aber in alten Anlagen vor. IE5-Motoren sind bisher wenig verbreitet. Ihre Verluste sind gegenüber IE4-Motoren um etwa 20 % geringer.

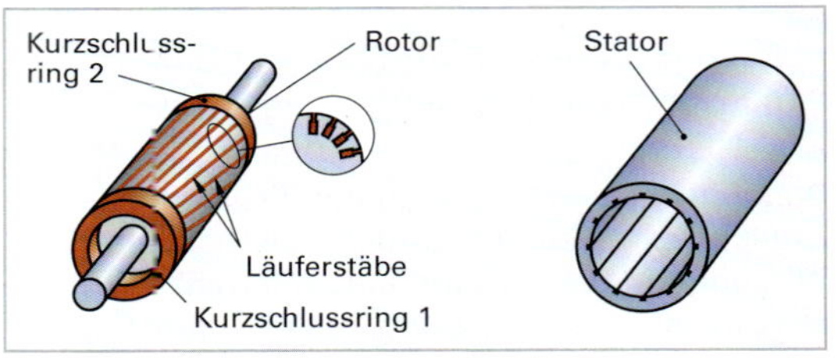

Bild 1: Stromleiter beim Käfigläufermotor

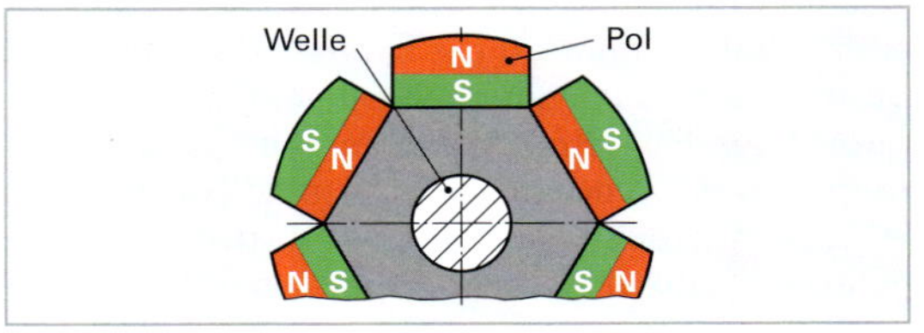

Bild 2: Prinzip des Läufers eines Synchronmotors mit Permanenterregung

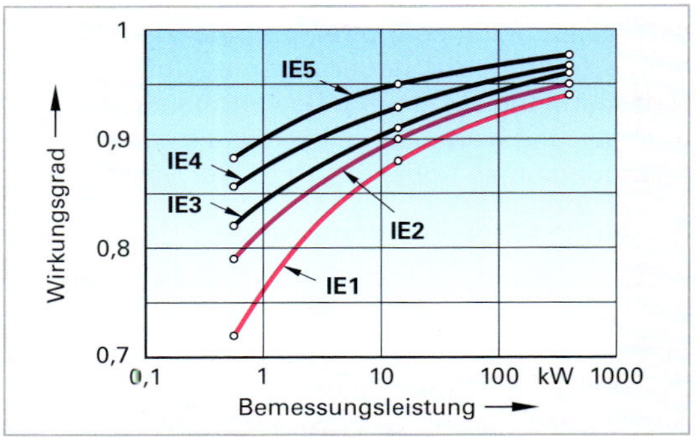

Bild 3: Mindestwirkungsgrade von vierpoligen Drehstrommotoren nach IEC 60034-30

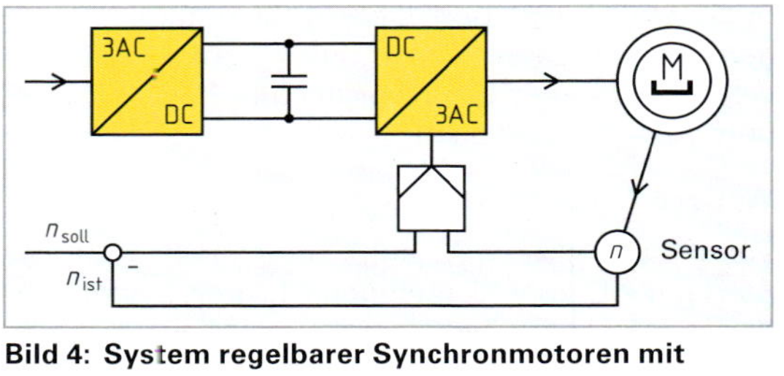

Bild 4: System regelbarer Synchronmotoren mit Permanenterregung

Die hohe **Energieeffizienz** von Synchronmotoren mit Permanenterregung hat ihren Preis. Zum einen sind gute Permanentmagnete wegen ihres Gehaltes an „seltenen Erden" teuer. Außerdem ist zum Hochfahren des Läufers auf die synchrone Drehzahl eine aufwendige und anfällige Elektronik erforderlich **(Bild 4)**. Dabei muss beim Hochfahren oder bei Frequenzänderung zur Drehzahlsteuerung die Drehzahl n_{ist} erfasst werden, z. B. mittels Sensor, um nach ihr die Frequenz einzustellen.

Wegen der beiden genannten Gründe (Rohstoffpreis und aufwendige Regelung) haben die Motorentwickler ein altes Läuferprinzip wiederentdeckt, nämlich den **Reluktanzmotor**. Bei diesem enthält der Läufer zum Anlassen einen Hilfskäfig aus Aluminium und die Läuferbleche sind so gestanzt, dass Pole entstehen **(Bild 1, links)**. Wegen des Hilfskäfigs läuft der Reluktanzmotor beim Betrieb an einem Frequenzumrichter (Seite 386) wie ein Käfigläufermotor asynchron an und fällt danach in die Drehzahl des Drehfelds. Wird nun der Motor belastet, *sträubt* sich (lat. reluctare) der Läufer wegen der Pole gegen das Verlassen des Drehfelds. Der Reluktanzmotor ist also ein synchronisierter Asynchronmotor. Anstelle des Hilfskäfigs zum Hochfahren können spezielle Läuferbleche durch ihre Wirbelströme das Anfahren ermöglichen **(Bild 1, rechts)**.

Der magnetische Widerstand R_m ist je nach Durchdringen der gestanzten Läuferbleche verschieden, sodass Polpaare wie beim Synchronmotor entstehen.

> Reluktanz-Synchronmotoren ermöglichen bei Betrieb an einem Frequenzumrichter Anfahren und Drehzahländerungen durch Frequenzänderung ohne aufwendige und störanfällige Elektronik mit Drehzahlsensor.

Diese *Selbstanpassung* an die vom Umrichter vorgegebene Drehzahl ist der entscheidende Vorteil des Reluktanz-Synchronmotors gegenüber dem permanenterregten Synchronmotor. Dadurch kann die Effizienz von Antrieben zusätzlich erhöht werden.

Der **Wirkungsgrad** eines Motors ist von seiner Last abhängig **(Bild 2)**. Meist ist der Wirkungsgrad am höchsten, wenn der Motor mit seiner Bemessungslast beansprucht ist. Bei darunter belasteten Elektromotoren ist der Wirkungsgrad klein, da der Magnetisierungsstrom auch bei Unterlast voll bestehen bleibt. Bei einer kleinen Last sollte deshalb der Motor auf kleine Last geregelt werden. Das ist durch Herabsetzen der Betriebsspannung möglich. Bei einem Asychronmotor geht das nicht, weil dann die Drehzahl auch sinken würde. Bei einem Synchronmotor hängt dagegen die Drehzahl nur von der Frequenz ab, nicht von der Spannung.

Nicht voll belastete Synchronmotoren können zu Motoren mit voller Last geregelt werden, wenn die Höhe der Spannung heruntergesetzt wird, die Frequenz aber gleich bleibt. Wird dann wieder eine höhere Leistung verlangt, kann die Spannung wieder entsprechend geregelt werden.

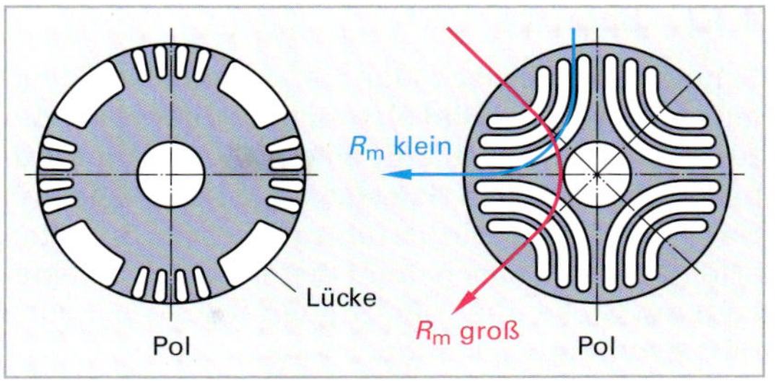

Bild 1: Läuferblechformen von Reluktanzmotoren

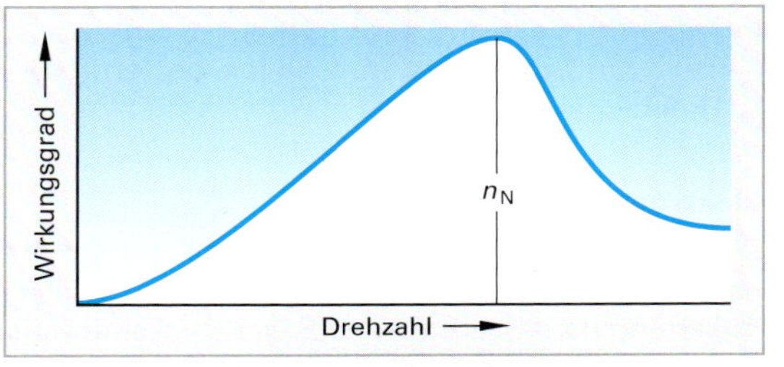

Bild 2: Wirkungsgrad von Käfigläufermotoren

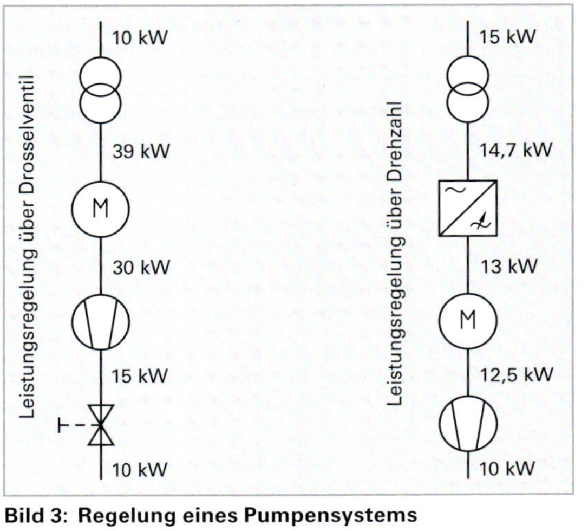

Bild 3: Regelung eines Pumpensystems

> Synchronmotoren mit Stromrichterspeisung können bei schwankender Last durch Spannungs- und Frequenzregelung auf ihren größten Wirkungsgrad geregelt werden.

Besonders groß ist der Nutzen, wenn die Mengenregelung, z. B. von Wasser, durch die Drehzahlregelung erfolgt und nicht durch eine mechanische Begrenzung, z. B. ein drosselndes Ventil. Dann treten nur bescheidene Verluste auf **(Bild 3)**.

8.1.7 Schütze

Schütze sind Fernschalter. Der eigentliche Schalter ist das Schütz **(Bild 1)**, welches in der Nähe der zu schaltenden Last, z. B. einem Motor, angeordnet ist und über den **Hauptstromkreis** die Last mit Strom versorgt. Die Befehlsgabe zum Schalten erfolgt durch Tastschalter (Taster, **Bild 2**) an einer anderen Stelle über den **Steuerstromkreis**, auch **Hilfsstromkreis** genannt.

> Schütze haben einen Hauptstromkreis in der Nähe der Last und einen Steuerstromkreis, der vom Schütz bis zum davon entfernten Befehlsgerät führt.

Elektromagnetische Schütze

Diese Schütze sind die häufigsten Schütze. Sie enthalten eine *Schützspule,* einen eisernen beweglichen Anker und damit verbundene Schaltstücke für Kontakte **(Bild 3)**. Im Hauptstromkreis liegen Kontakte, die bei Strom in der Schützspule schließen, und im Steuerstromkreis solche, die bei Strom in der Schützspule entweder schließen oder öffnen **(Bild 4)**.

> Schütze haben im Hauptstromkreis mehrere Schließer und im Steuerstromkreis Schließer und Öffner.

Meist wird der Steuerstrom einem Steuertransformator entnommen. Zum Schalten des Schützes verwendet man Taster, und zwar Schließer zum Einschalten der Schützspule und Öffner zum Abschalten **(Bild 5)**. Wenn Hauptstromkreis und Steuerstromkreis so gezeichnet sind, wie sie zueinander liegen, spricht man von einem **Stromlaufplan** in zusammenhängender Form. Beim *Stromlaufplan in aufgelöster Darstellung* sind Hauptstromkreis und Steuerstromkreis voneinander unabhängig gezeichnet **(Bild 1, folgende Seite)**.

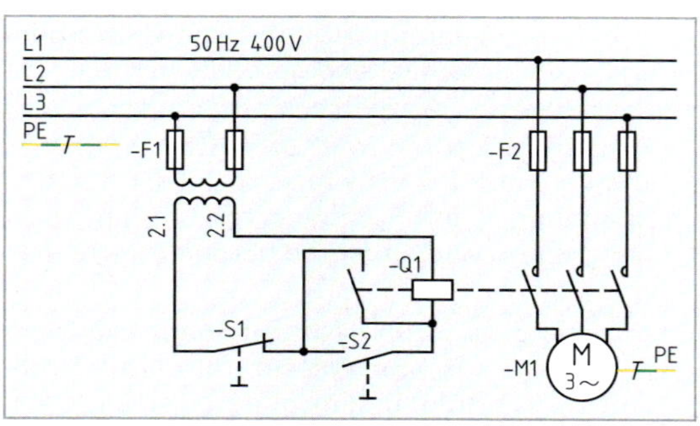

Bild 5: Stromlaufplan in zusammenhängender Darstellung

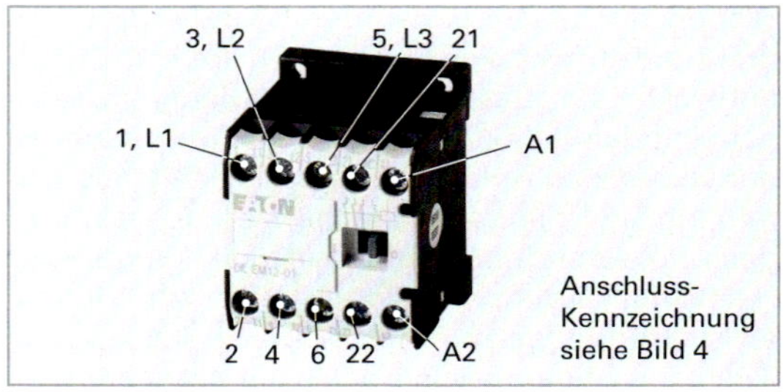

Bild 1: Kleines elektromagnetisches Schütz
www.eaton.com

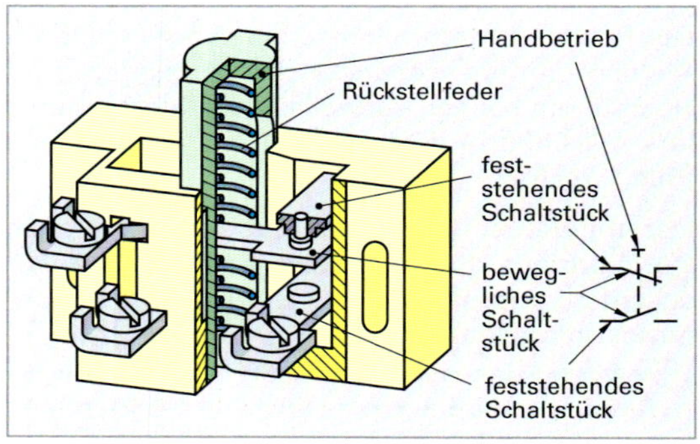

Bild 2: Tastschalter, Aufbau und Schaltzeichen

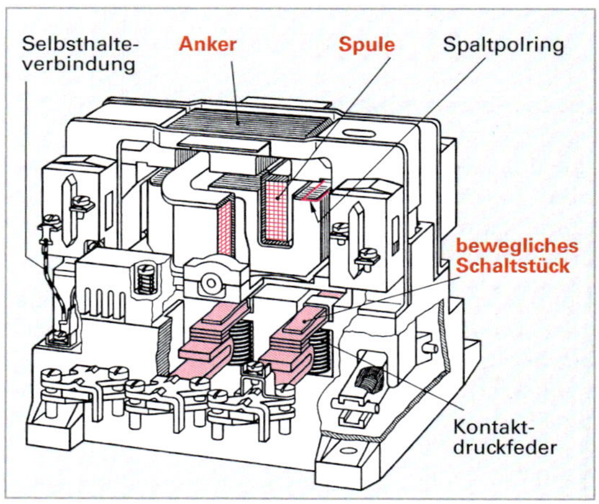

Bild 3: Elektromagnetisches Schütz

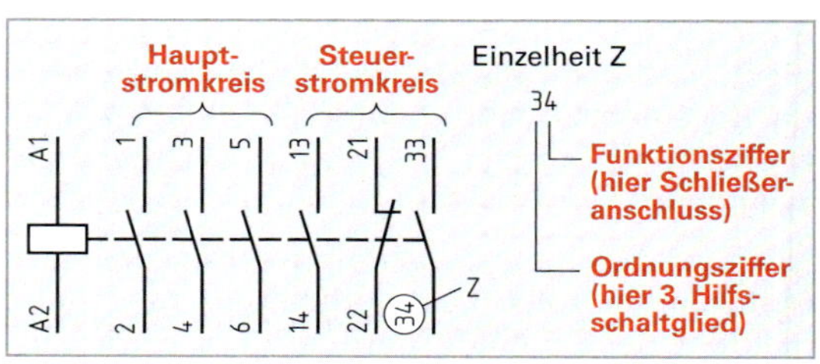

Bild 4: Kennzeichnung der Kontakte beim Schütz

Schützschaltungen mit logischer Verknüpfung im Steuerstromkreis

Die Schließer und Öffner im Steuerstromkreis ermöglichen einfache logische Verknüpfungen, z. B. Wendeschützschaltungen zum Umschalten der Drehrichtung von Motoren oder Schaltungen mit mehreren Befehlsstellen **(Bild 2)**. Umfangreiche Verknüpfungen, z. B. für Aufzüge mit Türverriegelungen, wurden früher in derselben Weise verwirklicht und sind z. T. heute noch in Betrieb.

Allgemeine Schützschaltung

Heute werden nicht einfache Verknüpfungen oft mit Kleinsteuerungen, z. B. LOGO!, bzw. SPS verwirklicht (Abschnitt 11.7). Dabei dienen die Schütze vor allem als Stellglieder für die Steuerströme, während die Verknüpfung durch LOGO! bzw. SPS vorgenommen wird.

Beispiel:
Bei einer Maschine mit zwei Motoren und Schutztürüberwachung soll Motor 1 über Schütz Q1 nur einschaltbar sein, wenn Motor 2 über Schütz Q2 schon eingeschaltet ist und die Schutztür geschlossen ist.

Lösung:

Bild 3 und passendes, hier nicht angegebenes Programm, z. B. für SPS.

Zur Erhöhung der Sicherheit können auch hier Öffner und Schließer der Schütze in den Steuerstromkreis gelegt werden, sodass die Sicherheit nicht allein auf der Kleinsteuerung beruht.

Antrieb elektromagnetischer Schütze

AC-Antrieb liegt vor, wenn die Schützspule von AC (Wechselstrom) gespeist wird. Folgen: Starker Anzugstrom, da bei nicht angezogenem Schütz kleiner Widerstand, kleiner Haltestrom, bei angezogenem Schütz großer Widerstand der Schützspule. Schaltung zieht ruckartig an, brummt.

DC-Antrieb liegt vor, wenn die Schützspule von DC (Gleichstrom) gespeist wird, z. B. durch eingebauten Gleichrichter. Folgen: Anzug nicht ruckartig, brummt nicht, jedoch muss der sonst zu große Haltestrom reduziert werden, z. B. durch Widerstand im Haltestromkreis.

Elektrischer Antrieb erfolgt über Elektronik mit Anpassung der Steuerspannung, z. B. Verstärkung der Signalspannung, und Anpassung des Steuerstroms. Dadurch ist direkter Anschluss des Schützes an eine SPS oder Kleinsteuerung möglich.

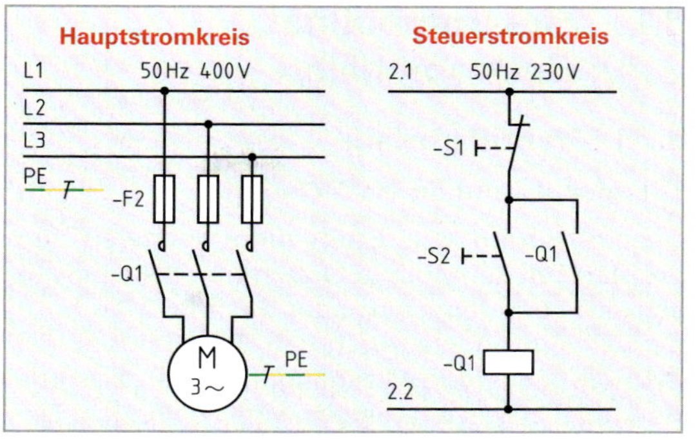

Bild 1: Stromlaufplan in aufgelöster Darstellung

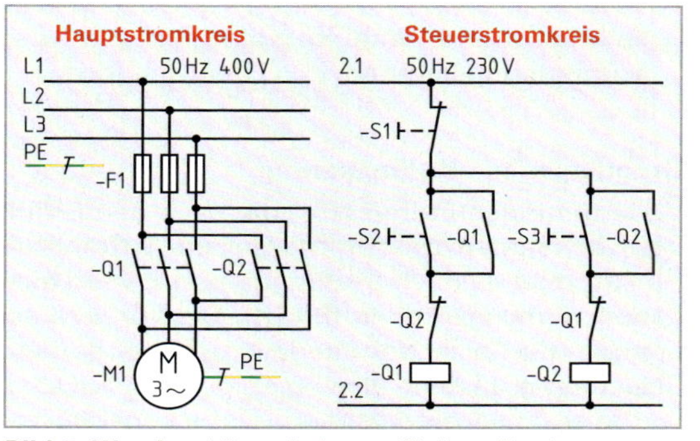

Bild 2: Wendeschützschaltung, für jeweils eine Drehrichtung verriegelt

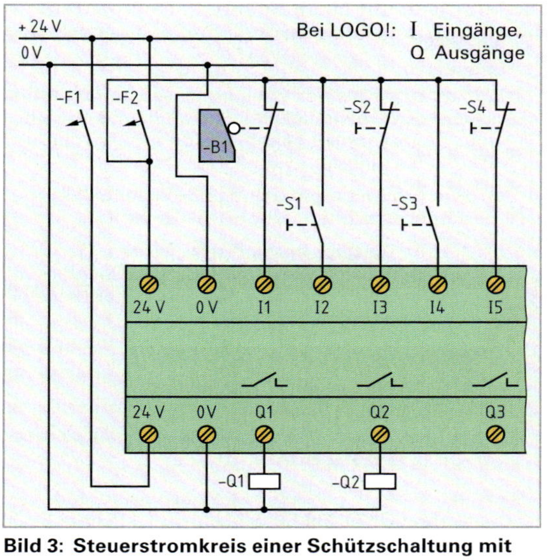

Bild 3: Steuerstromkreis einer Schützschaltung mit logischer Verknüpfung über LOGO!

Weitbereichsantrieb ist ein elektronischer Antrieb, der aus der angelegten Steuerspannung, z. B. 3AC 400 V, selbst die erforderliche Art und Höhe der Steuerspannung generiert (erzeugt), z. B. DC 24 V.

8.2 Elektromobilität
Electromobility

8.2.1 Hybridantriebe

Energieaufwand für die Mobilität

Die Förderung von Erdöl dient weltweit zum größten Teil der Mobilität (lat. mobilitas = Beweglichkeit) von Menschen oder Sachen. Man hofft, dass Erdölprodukte durch den Hybridantrieb (lat. hybridia = Bastard, Mischling; hier: von zweierlei Herkunft) etwas eingespart werden können. Dieser Antrieb wird oft nur kurz **Hybrid** genannt.

> Hybridantriebe sind Kombinationen von Verbrennungsmotoren und Elektromotoren.

Grundlagen für die Einsparung

Verbrennungsmotoren (z. B. die nach den Erfindern benannten Dieselmotoren und Ottomotoren) arbeiten je nach Drehmoment mit verschiedenen Wirkungsgraden **(Bild 1)**. Die Verluste an Energie sind also bei Leerlauf und bei starker Belastung groß. Eine gleichmäßige nutzbare Last würde also Energie einsparen. Das ist aber bei einem Fahrzeug nicht ohne Weiteres zu erreichen. Besonders viele Energieverluste entstehen durch das Bremsen mit nachfolgendem Hochfahren.

Beispiel:
Ein Lastzug mit einer Gesamtmasse von 40 t fährt mit einer Geschwindigkeit $v = 80$ km/h und muss an einer Bahnschranke halten und danach wieder auf 80 km/h hochfahren.

a) Wie groß ist die durch das Bremsen in Wärme umgesetzte Energie $W_{ab} = \frac{1}{2} \cdot m \cdot v^2$?

b) 1 Liter Dieselöl enthält etwa 35 MJ. Der Wirkungsgrad des Dieselmotors zum Hochfahren wird auf 25 % geschätzt. Wie viele Liter Dieselöl kostet ein Bremsvorgang?

Lösung:

a) v = 80 km/h = 80 000 m/(3600 s) = 22,2 m/s

b) $W_{ab} = \frac{1}{2} \cdot m \cdot v^2 = 0{,}5 \cdot 40\,000\ \text{kg} \cdot (22{,}2\ \text{m/s})^2$ = **9,857 MJ**

c) $W_{zu} = W_{ab} : \eta$ = 9,857 MJ/0,25 = 39,43 MJ
Verbrauch 39,43 MJ/35(MJ/L) = **1,13 Liter**

Es ist beim Hybridantrieb (und beim Elektroantrieb) Aufgabe der Elektromotoren, die Bremsenergie nutzbar zu machen. Man bezeichnet das als **Rekuperieren** (lat. recuperare = wiedergewinnen).

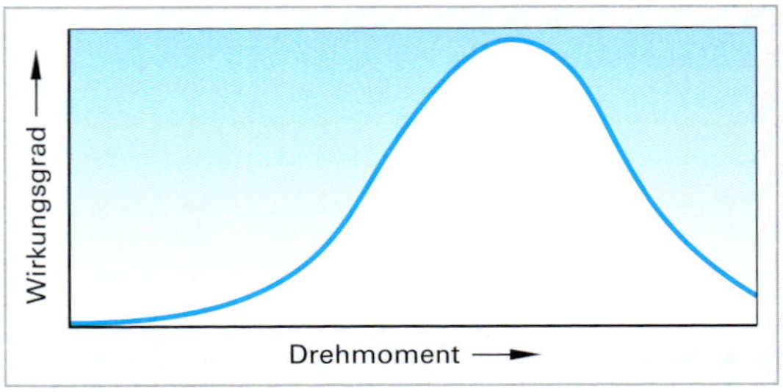

Bild 1: Wirkungsgrad eines Motors

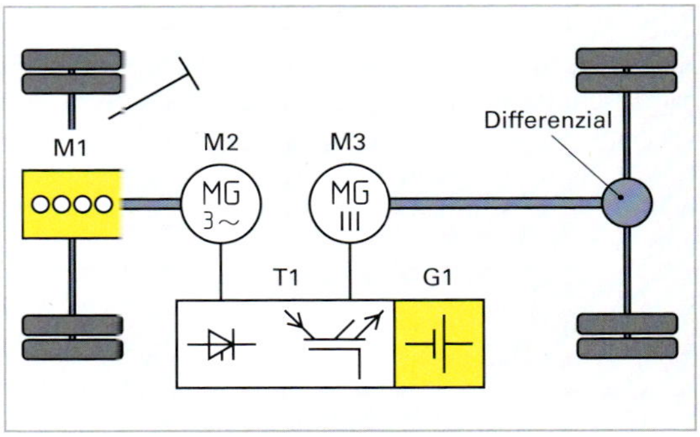

Bild 2: Prinzip des seriellen Hybridantriebs

> Die Bremsenergie von Kraftfahrzeugen wird beim Hybridantrieb und Elektroantrieb zum späteren Antrieb verwendet.

Serieller Hybridantrieb

Beim *seriellen Hybrid* **(Bild 2)** lädt die vom Verbrennungsmotor M1 angetriebene elektrische Maschine M2 als Generator über den *Umrichter* T1 den Akkumulator G1 auf. Danach beginnt das Fahren mit Gleichstrom. Dabei wird G1 entladen und speist über T1 einen Motor M3, der über das Differenzial die Räder antreibt. Die Leistung des Verbrennungsmotors M1 gelangt seriell (nacheinander) zu M2 und M3. Mit Drehzahlübersetzung arbeitet M2 beim Anlassen von M1 als Starter. Beim Bremsen arbeitet M3 als Generator und lädt mit der Bremsenergie über T1 den Akkumulator.

> Beim seriellen Hybrid arbeitet mit optimaler Last der Verbrennungsmotor zum Laden des Akkumulators, der Fahrtantrieb erfolgt ausschließlich durch den Elektromotor M3.

Anwendung ist sinnreich z. B. für Stadtbusse, die innerhalb der Stadt mit der Energie des Akkumulators fahren.

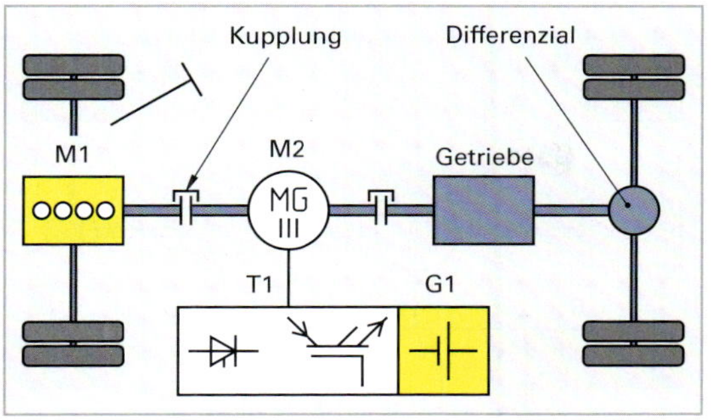

Bild 1: Prinzip des parallelen Hybridantriebs

Paralleler Hybridantrieb

Beim *parallelen Hybrid* arbeitet M1 auf das Getriebe und parallel dazu bei Bedarf auch M2 als Motor **(Bild 1)**. M2 ist eine elektrische Maschine, die wahlweise als Generator oder als Motor arbeiten kann. Rein elektrisches Fahren mit M2 ist möglich. Zum Starten von M1 arbeitet M2 als Anlassmotor. Beim Anfahren arbeitet M2 ebenfalls als Motor zur Unterstützung von M1, nach dem Anfahren aber meist als Generator. Das Bremsen erfolgt elektrisch durch M2 als Generator. Bei besonders hohem Drehmomentbedarf, z. B. bei Bergauffahren, arbeitet M2 als Motor zum *Boosten* (Verstärken), beim Bergabfahren dagegen zwecks Bremsung als Generator.

> Bei den Hybridantrieben arbeitet dieselbe elektrische Maschine zeitweise als Generator oder als Motor.

Bei neuen Hybridantrieben verwendet man drei- oder mehrphasige Synchronmaschinen mit Erregung durch Permanentmagnete und z. T. mit Wasserkühlung. Man nennt eine derartige Maschine auch *elektronisch kommutierte Gleichstrommaschine*.

Diese elektrische Maschine der Hybridantriebe besteht aus einem Läufer mit mehreren Polen und einem Ständer mit einer Wicklung aus Steckspulen **(Bild 2)**. Im **Generatorbetrieb** wird wie bei jeder Synchronmaschine mehrphasige Wechselspannung mit je nach Drehzahl wechselnder Frequenz und Spannungshöhe erzeugt. Diese Spannungen werden gleichgerichtet und zum Laden des Akkumulators verwendet.

Die elektrische Maschine kann auch als Außenläufer ausgeführt sein **(Bild 3)**. Auch hier drehen sich die Permanentmagnete und die Wicklung steht fest. Derartige Außenläufer lassen sich direkt in ein Getriebe einbauen.

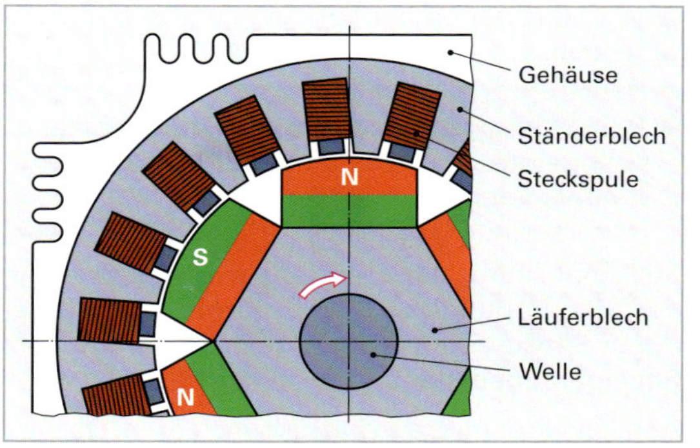

Bild 2: Prinzip Aufbau der Elektromaschine beim Hybridantrieb

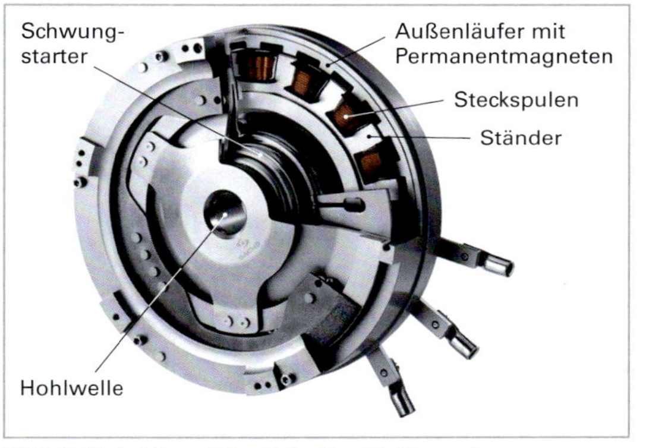

Bild 3: Hybridmodul mit Außenläufer und Schwungstarter www.zf.com

> Die elektrische Maschine des Hybridantriebes liefert im Generatorbetrieb Wechselspannung, deren Spannungshöhe und Frequenz proportional der Drehzahl ist.

Die Anpassung an die Akkumulatorspannung wird von einem *Regelgerät* über den Gleichrichter des Umrichters vorgenommen. Beim **Motorbetrieb** muss dem Ständer der Maschine zum Erzeugen des Drehfeldes mehrphasiger Strom zugeführt werden. Zu diesem Zweck wird der Gleichstrom aus dem Akkumulator in der Ständerwicklung vom Regelgerät über den Umrichter so eingestellt, dass die magnetischen Südpole des Ständers gegenüber den Nordpolen des Läufers in der Drehrichtung vorhergehen. Dadurch entsteht ein Drehmoment, das den Läufer bewegt. Danach muss die Ansteuerung des Ständers so geändert werden, dass seine magnetischen Pole den entgegengesetzten Polen des Läufers weiterhin ständig vorhergehen. In dieser

Weise fährt der Läufer auf die gewünschte Drehzahl hoch.

> Beim Motorbetrieb muss die Frequenz des Ständerstroms laufend an die Drehzahl des Läufers angepasst werden.

Zur Anpassung der Frequenz wird die Stellung der Magnetpole bzw. die Drehzahl vom Läufer durch Sensoren im Ständer überwacht und dem Regelgerät gemeldet.

Ähnlich wird im **Bremsbetrieb** verfahren. Da wird die Frequenz des Ständerstroms so eingestellt, dass sein Drehfeld gegenüber der Läuferdrehzahl etwas zurückbleibt. Die Anpassung der Frequenz erfolgt über Umrichter und Regelgerät mithilfe der Sensoren. Der Läufer treibt hierbei das Drehfeld des Ständers an und induziert in der Ständerwicklung Wechselspannung. Diese wird gleichgerichtet zum Laden des Akkumulators verwendet.

> Die Bremsenergie wird beim Hybridantrieb zum Laden des Akkumulators genutzt.

Leistungsverzweigter Hybridantrieb

Eine Erweiterung des parallelen Hybrids erlaubt eine Leistungsverzweigung zur Optimierung der Betriebsbedingung des Verbrennungsmotors **(Bild 1)**. Im Unterschied zum parallelen Hybrid können hier zwei Elektromotoren den Verbrennungsmotor unterstützen. Bei weniger Bedarf an Drehmoment kann aber M2 auch als Generator arbeiten und den Akkumulator aufladen. Der Motor M3 macht jedoch ein Getriebe erforderlich, das die Drehmomente von M2 und M3 summiert. Es wird als *Summiergetriebe* bezeichnet, oft aber auch *Planetengetriebe* genannt. Letztere Bezeichnung rührt daher, dass bei diesem Getriebe Zahnräder um ein größeres (sogenanntes Sonnenrad) kreisen wie Planeten um die Sonne.

> Beim leistungsverzweigten Hybrid kann die Last für den Verbrennungsmotor so geregelt werden, dass er stets mit dem größten Wirkungsgrad arbeitet.

Klassen der Hybridantriebe

Allgemein unterscheidet man bezüglich der Einsparung von Treibstoff drei Klassen **(Tabelle 1)**. **Plug-in-Hybride** ermöglichen ergänzend eine Aufladung am Stromnetz. Ihr Absatz steigt vor allem außerhalb von Deutschland. In Deutschland nimmt hingegen der reine elektrische Antrieb besonders beim Pkw langsam zu.

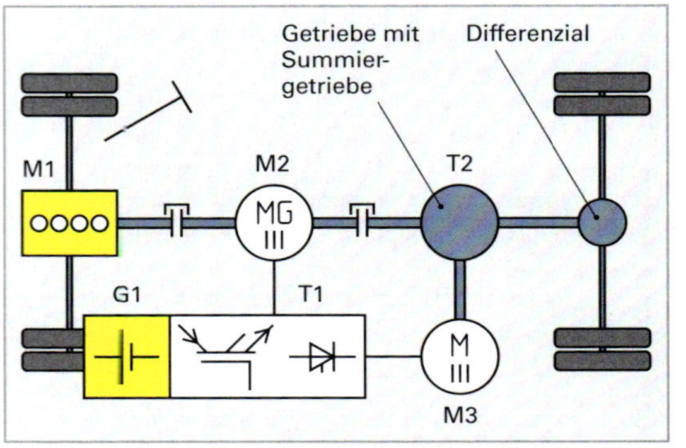

Bild 1: Hybridantrieb mit Leistungsverzweigung

Tabelle 1: Hybrid-Klassen

Name	Funktionen	Leistung in kW	Brennstoff-Einsparung
Micro-Hybrid	Start-Stopp, Generator	2 bis 10	bis 8%
Mild-Hybrid	Start-Stopp, Generator, Rekuperieren, Boosten	4 bis 20	bis 20%
Full-Hybrid	wie bei Mild-H. und elektrisches Fahren	über 20	bis 45%

Weitere Information unter www.zf.com, www.lexus.com, www.daimler.com, www.toyota.com

Wiederholung und Vertiefung

1. **Was versteht man bei den Hybridantrieben unter Rekuperieren?**
2. **Nennen Sie eine sinnreiche Anwendung des seriellen Hybrids.**
3. **Wodurch ist beim parallelen Hybrid das Boosten möglich?**
4. **Welche Bauart von elektrischen Maschinen verwendet man bei den Hybridantrieben für den Antrieb des Fahrzeugs?**
5. **Welchen Vorteil bieten Außenläufermaschinen für den Hybridantrieb?**
6. **Welche Aufgabe haben die Sensoren in der elektrischen Maschine von Hybridantrieben?**
7. **Für welche Aufgabe verwendet man beim Hybridantrieb die Bremsenergie?**
8. **Welches besondere Getriebe ist beim leistungsverzweigten Hybrid erforderlich?**

8.2.2 Elektrische Antriebe

Antriebsmotoren

Im Rahmen der Elektromobilität kommen **Synchronmotoren** (SM) oder **Asynchronmotoren** (ASM) als Antriebsmotor zum Einsatz **(Bild 1)**. Aus diesem Grund wird im Fahrzeug eine Dreiphasenwechselspannung (3AC) bzw. Drehstrom benötigt. Die von einer Batterie oder Brennstoffzelle bereitgestellte 400-V- oder 800-V-Gleichspannung (DC) muss daher über DC-3AC-Umrichter (Wandler, Direct Current, Alternating Current) in Dreiphasenwechselspannung (3AC) umgesetzt werden.

Ein Asynchronmotor (Asynchronmaschine) fällt bei gleicher Leistung z. T. schwerer und größer aus als ein Synchronmotor (Synchronmaschine). Der Asynchronmotor hat den Vorteil, dass er gegenüber dem permanentmagneterregten Synchronmotor (PSM) keine Permanentmagnete benötigt. Das Ständer-Drehfeld erzeugt im Läufer eine Spannung und somit ein Läufermagnetfeld. Dadurch ist auch keine Abhängigkeit vom Hauptabbauland China für seltene Erden, z. B. Neodym, gegeben. Neben PSM kommen auch durch Gleichstrom *(fremd-)*erregte Synchronmotoren vor (Abschnitt 8.1.2). Diese erfordern allerdings längere Achsen wegen der Schleifringe und zusätzliche Kosten für die Rotorerregung.

> Bei gleicher Leistung sind Asynchronmotoren kleinerer/mittlerer Ausführung größer und schwerer als Synchronmotoren.

Bei Asynchronmaschinen und Synchronmaschinen ist der Verlauf vom Drehmoment in Abhängigkeit der Drehzahl vergleichbar **(Bild 2)**. Synchronmaschinen besitzen infolge einer geringeren Verlustleistung einen besseren Wirkungsgrad **(Bild 3)**. Ihr Hochlauf ist jedoch langsamer. Das durchlaufbare Drehzahlintervall ist bei Synchronmaschinenantrieben kleiner als bei Asynchronmaschinenantrieben. Dies kann bei der Auswahl des Antriebs bzgl. Höchstgeschwindigkeiten eine Rolle spielen. Ferner ist auch bei elektrischen Antrieben je nach Anwendung ein nachgeschaltetes Getriebe erforderlich.

> Elektrofahrzeuge erfordern bzgl. Leistungsfähigkeit, Gewicht, Kosten, Energieeffizienz sorgfältig durchdachte Antriebskonzepte.

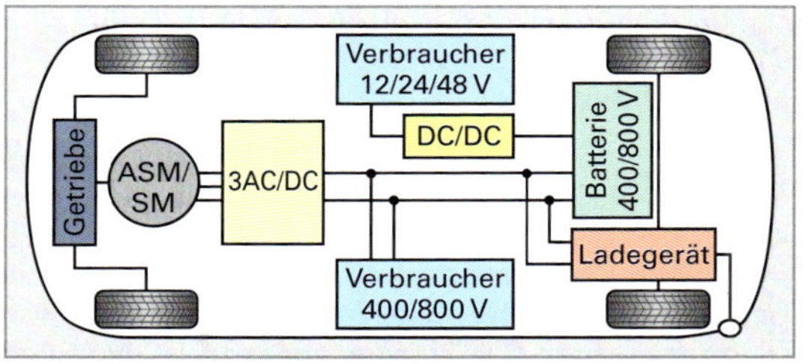

Bild 1: Elektrische Anlage eines Elektrofahrzeugs

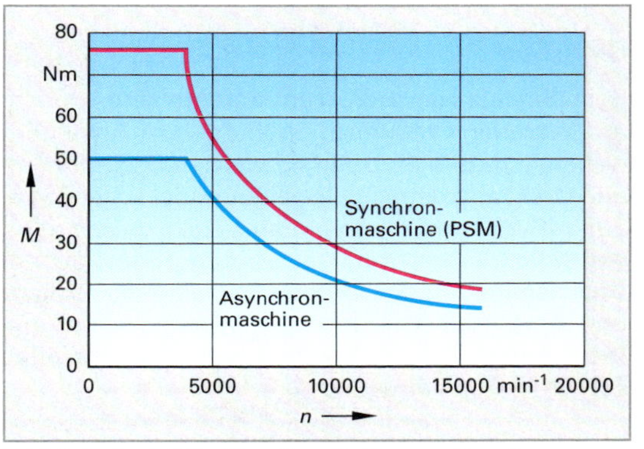

Bild 2: Beispiel für *M*-*n*-Kennlinien von Synchronmaschine und Asynchronmaschine

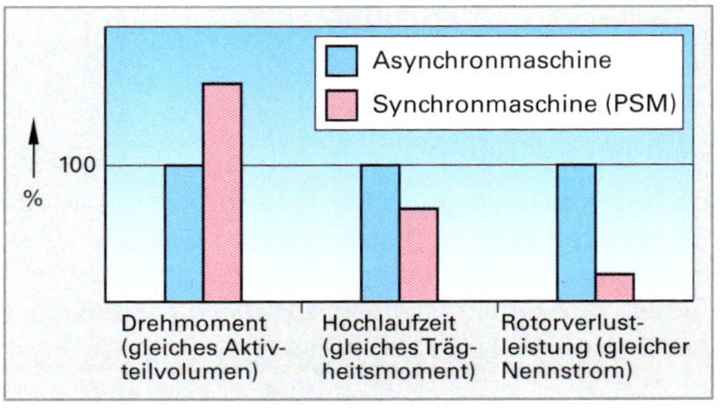

Bild 3: Weitere Vergleiche von Synchronmaschinen, Asynchronmaschinen (Beispiele)

Anstelle eines zentralen Motors im Fahrzeug können auch **Radnabenmotoren** eingesetzt werden. Solch ein Motor ist direkt im Rad untergebracht, in der Regel innerhalb der Felge. Die Radnabenmotoren erhöhen jedoch die ungefederte Fahrzeugmasse. Ferner gibt es elektronische Achsen mit z. B. eingebautem ASM-Getriebe-Antrieb.

Elektrische Maschinen können als Antrieb aber auch im Generatorbetrieb genutzt werden. Hier wird die kinetische Energie (Bewegungsenergie) beim Bremsen in elektrische Energie gewandelt. Man spricht von Nutzbremsung oder auch von

Rekuperation (lat. recuperare = wiedererlangen). Diese erzeugte elektrische Energie kann dann in einem Akkumulator gespeichert werden.

Bordnetze

Elektrofahrzeuge sind mit zwei unterschiedlichen Bordnetzen ausgestattet **(Bild 1, vorhergehende Seite)**. Das DC 400-V-/800-V-Netz versorgt den Antriebsstrang, das 12-V-Netz versorgt die DC-Motoren zum Ansteuern von z. B. Scheibenwischern, Schiebedach, Fensterhebern sowie die Klimaanlage.

Umrichter

Beim Einsatz von Drehstrommotoren sind Umrichter (Wandler, Frequenzumrichter) zum Ansteuern wesentlich **(Bild 1)**. Über sie werden Drehmoment und Drehzahl mittels pulsweitenmodellierter Spannung (PWM) während der Fahrt elektronisch geregelt **(Bild 2)**. Ein Umrichter erzeugt hierzu aus der Gleichspannung der Batterie U_{Bat} eine in Frequenz und Amplitude veränderbare Wechselspannung. Diese entsteht durch Verändern der Impulsbreiten sowie der Impulsfrequenz.

> Frequenzumrichter regeln Drehzahl und Drehmoment eines Drehstrommotors durch Verändern der zur Motoransteuerung notwendigen Versorgungsspannung bzgl. Frequenz und Amplitude.

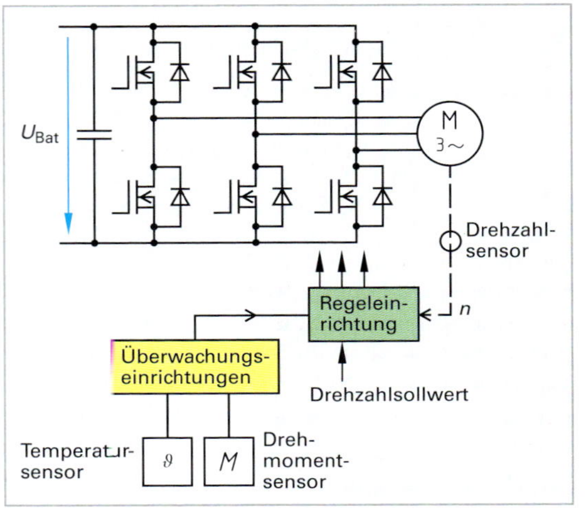

Bild 1: Elektronisches System zur Ansteuerung eines Drehstrommotors mittels DC-AC-Wandler

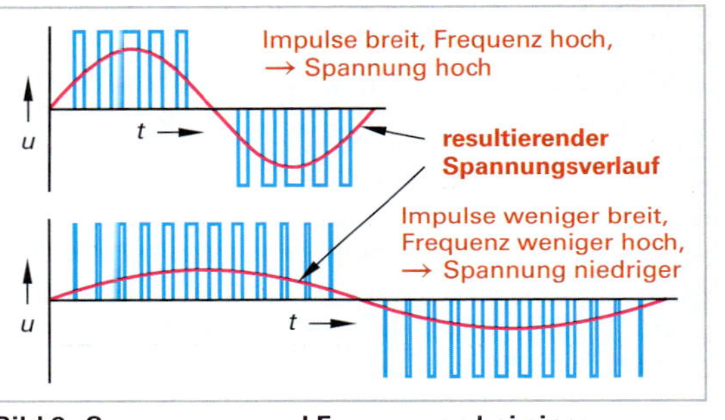

Bild 2: Spannungen und Frequenzen bei einer Pulsweitenmodulation (PWM)

Energieversorgung

Die Energieversorgung der Elektromotoren in den Fahrzeugen kann mittels Akkumumatoren (wiederaufladbare Batterien) und/oder Brennstoffzellen erfolgen. Akkumulatoren besitzen die Nachteile, dass sie nur ca. 3000 mal aufladbar sind, derzeit Energie für nur 300 km bis 500 km Reichweite liefern können, bei Temperaturen unter 0 °C z. T. nur für 200 km und für PKW ein Gewicht von 300 kg haben. Zeitintensiv ist das Wiederaufladen. Ein Schnellaufladen in z. B. 20 min verkürzt ihre Lebensdauer beträchtlich und beeinflusst die Entsorgungskonzepte.

Brennstoffzellen wandeln Brenngase, z. B. Methan oder Methanol, zusammen mit Sauerstoff in Strom, Wärme und Wasser um (Abschnitt 7.6). Wasserstoff-Sauerstoff-Brennstoffzellen, oft auch nur Brennstoffzelle genannt, erzeugen aus Wasserstoff und Sauerstoff elektrischen Strom. Fahrzeuge mit Brennstoffzellen speichern die während der Fahrt erzeugte Energie z. T. in einer (Traktions-)Batterie (lat. trahere = ziehen → antreiben), in der auch die durch Rekuperation gewonnene Energie gespei-

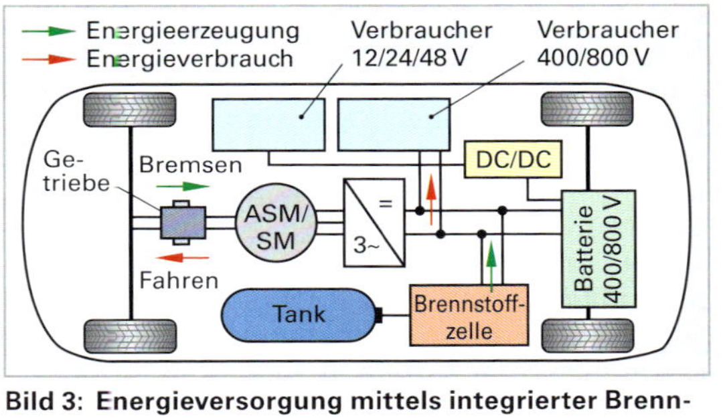

Bild 3: Energieversorgung mittels integrierter Brennstoffzelle

chert wird **(Bild 3)**. Aus dieser Batterie oder aus der Brennstoffzelle direkt erfolgt die Spannungsversorgung des Antriebsmotors. Für 100 km Reichweite wird 1 kg Wasserstoff bei 700 bar benötigt. Das Betanken des Wasserstoffspeichers oder Methanolspeichers dauert nur kurze Zeit. Allerdings fehlen hierzu heute die erforderlichen Tankstellen.

8.2.3 Stromversorgung von Elektrofahrzeugen

Elektrofahrzeug EF (nach DIN EN IEC 61851 EV von Electric Vehicle, nicht E-Bikes betreffend) ist ein für den Straßenverkehr geeignetes Fahrzeug, das ganz oder nur zeitweise von einem Elektromotor angetrieben wird und den Strom von einem bewegbaren Energiespeicher, z.B. einem Akkumulator, bezieht. Dieser wird zum Aufladen an eine Stromquelle außerhalb des Fahrzeugs angeschlossen, z.B. an das VNB-Netz (VNB von Verteilungs-Netz-Betreiber) oder eine PV-Anlage.

Ein Verfahren zum Laden besteht darin, den Wechselstrom des Netzes an ein *Bordladegerät* des EF anzuschließen. Ein anderes Verfahren zum Laden verwendet ein *externes Ladegerät* zur Lieferung von Gleichstrom DC an das EF.

> Der DC-Ladestrom kommt von einem Umrichter des Bordladegerätes oder der externen Ladestation (Wallbox bei Wohngebäuden).

Bordladegerät ist ein im Fahrzeug montiertes Ladegerät nur für den Betrieb an Bord des Fahrzeugs.

Pilotfunktion ist die Lade- und Sicherheitssteuerung bzgl. der Kommunikation zwischen EF und Steuergerät oder Stromversorgungseinrichtung.

Pilotleiter stellt die Verbindung zwischen EF und Steuergerät oder Stromversorgung einschließlich der Fahrzeugerdung her. Über ihn kommuniziert die Pilotfunktion.

Ladebetriebsart (DIN VDE 0100-722) beschreibt den Anschluss des EF an die Stromversorgung.

Ladebetriebsart 1
Anschluss des EF über Schuko- oder CEE-Stecker an das einphasige oder dreiphasige AC-Netz über genormte Steckerdose zum Bordladegerät, wobei die Spannung bei AC ≤ 250 V und bei 3AC ≤ 480 V sein muss und der Ladestrom ≤ 16 A **(Bild 1)**. Wegen fehlender Kommunikation zwischen Ladestelle und EF ist diese Ladebetriebsart wenig geeignet.

Ladebetriebsart 2
Anschluss eines EF an AC-Netze mit Spannungen wie bei Lademode 1, aber mit Ladestrom ≤ 32 A zum Bordladegerät. Das Steuergerät mit Pilotfunktion (für Sicherheit und Ladeverlauf) und RCD ist zwischen Stecker (Schuko, CEE) und Steckdose des Ladekabels angebracht **(Bild 2)**. Deshalb nur für Notladungen geeignet.

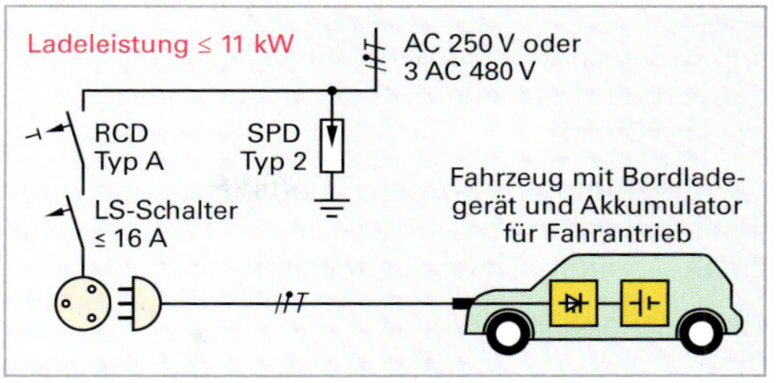

Bild 1: Betriebsmittel für Ladebetriebsart 1
SPD Surge Protective Device, Überspannungsschutzeinrichtung (auch ÜSE), LS Leitungsschutz

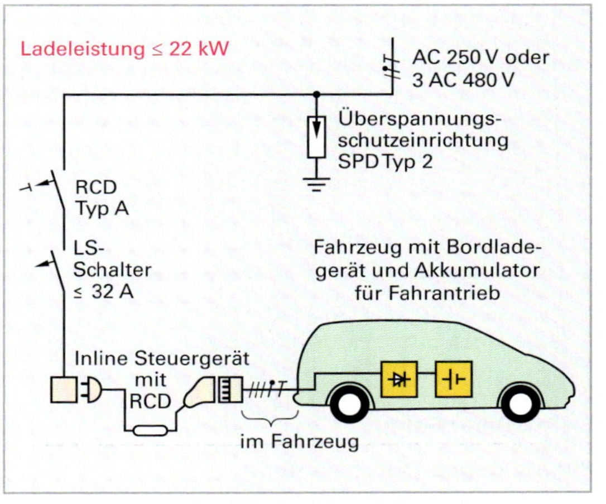

Bild 2: Betriebsmittel für Ladebetriebsart 2

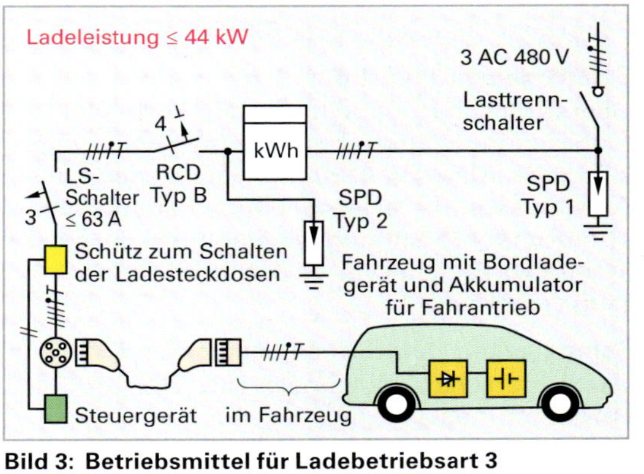

Bild 3: Betriebsmittel für Ladebetriebsart 3

Ladebetriebsart 3
Der Anschluss des EF mit Bordladegerät erfolgt an eine fest installierte Versorgungsstation mit Ladebetriebsmittel für Pilotfunktion **(Bild 3)**. Lademode 3 ermöglicht schnelles Laden mit meist 3AC. Ladestrom ≤ 63 A.

Wegen des Pilotleiters für die Betriebssicherheit und der erhöhten Gefährdung außerhalb von Gebäuden sind spezielle Steckverbindungen erforderlich **(Bild 1)**.

Der CP-Kontakt informiert die Ladestation über den maximalen Ladestrom- Der PP-Kontakt prüft die Stromfähigkeit des Ladekabels.

Ladebetriebsart 4

Das EF wird an das Wechselstromnetz über ein fest installiertes Versorgungs- und Ladebetriebsmittel mit externem Ladegerät AC/DC außerhalb des Fahrzeugs mit Pilotfunktion für Betriebssicherheit und Ladeverlauf angeschlossen **(Bild 2)**. Das Laden erfolgt über DC $\leq$ 400 A.

Ladebetriebsarten mit einphasigem Anschluss können über eine Haushalt-Steckdose mit dazu passendem Ladekabel mit Ladekupplung angeschlossen werden **(Bild 3)**. Die Elektroinstallation erfordert je nach Ladebetriebsart unterschiedliche Leiterquerschnitte, z. B. sind empfohlen zwischen 6 mm^2 und 120 mm^2.

> Nur bei den Ladebetriebsarten 3 und 4 ist eine Netzrückspeisung erlaubt.

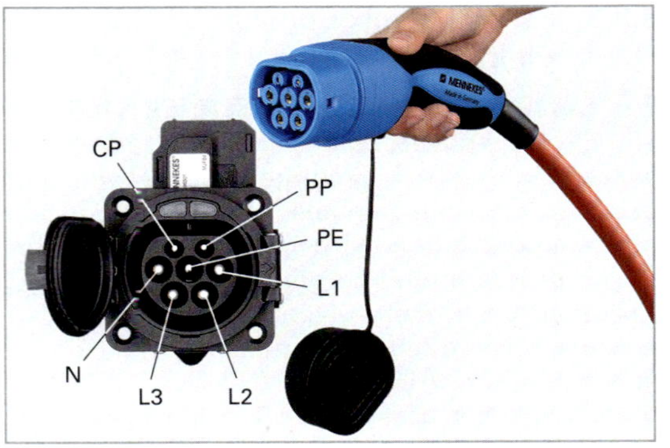

Bild 1: **Fahrzeuggerätestecker und Ladekupplung für Ladung in Ladebetriebsart 3** www.mennekes.de

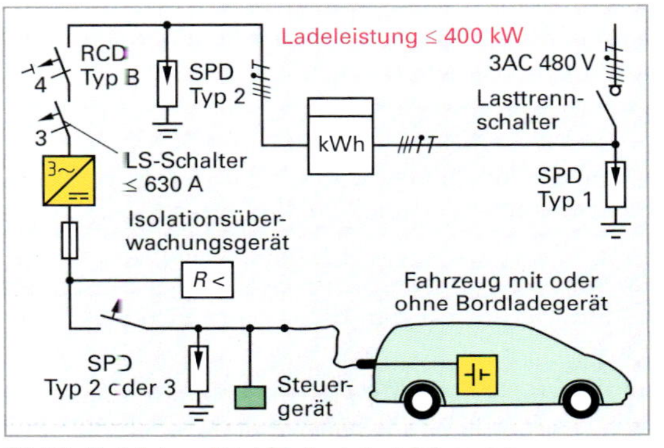

Bild 2: **Betriebsmittel für Ladebetriebsart 4**

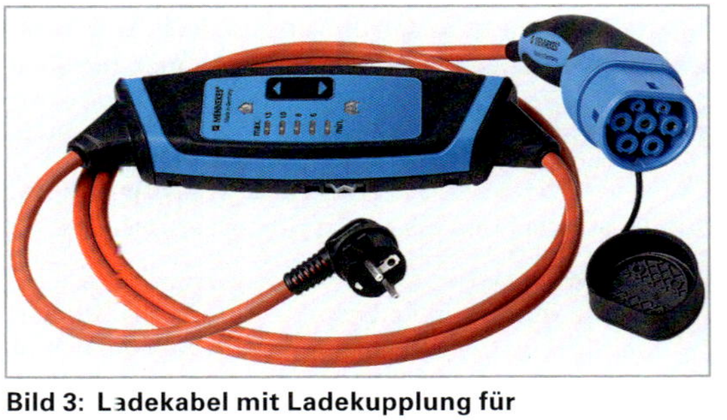

Bild 3: **Ladekabel mit Ladekupplung für Ladebetriebsart 2** www.mennekes.de

Elektrischer Schutz

Schutz gegen Überspannung

Wegen der besonderen Gefährdung des EF bei im Freien erfolgender Ladung sollten dort Endstromkreise der Anschlusspunkte mit Überspannungs-Schutzeinrichtungen SPD (ÜSE) geschützt sein.

Schutz gegen Überstrom

Überstromschutzeinrichtungen in Form von Leitungsschutzschaltern oder Schmelzsicherungen sind nach DIN VDE 0100-430 vorzusehen. Jeder Anschlusspunkt erfordert eine eigene Überstromschutzeinrichtung. Je eine Steckdose oder je ein Fahrzeugstecker darf nur ein Elektrofahrzeug versorgen.

Schutz gegen elektrischen Schlag

Der Fehlerschutz muss nach DIN VDE 0100-410 vorgenommen werden. Insbesondere müssen RCDs verwendet werden, weil bei der Gleichrichtung glatte Fehlerströme auftreten können.

Steckdosen müssen im Verteiler oder einem getrennten Gehäuse fest installiert werden. Steckbare Kupplungsdosen zur Erzielung weiterer Abschlusspunkte sind nicht erlaubt. Die Unterkante der Steckdose soll in einer Höhe von 0,5 m bis 1,5 m sein.

Steckdosen oder Fahrzeugstecker

Jeder Anschlusspunkt muss mit mindestens einer Steckdose oder einem Anschlussstecker der entsprechenden Norm ausgestattet sein.

Einstecken und Ausstecken

Bei den Ladebetriebsarten 3 und 4 muss mechanisch oder elektrisch dafür gesorgt sein, dass Einstecken oder Ausstecken der Steckverbinder zum Laden nur möglich ist, wenn die Versorgung des Steckverbinders ausgeschaltet ist.

9 Umgang mit Umwelt- und Klimabelastungen

9.1 Vermeiden und Entsorgen
Avoidance and Disposal

Das Vermeiden von Umwelt- und Klimabelastungen ist anderen Maßnahmen vorzuziehen.

9.1.1 Vermeiden

Umweltbelastungen bzw. Abfälle sind, sofern möglich, zu vermeiden. Dies klingt recht einfach, ist aber sehr wichtig, da dadurch keine Entsorgungskosten wie

- Kosten zum Sammeln, Transportieren,
- Verwertungskosten und
- Ablagerungskosten

anfallen. Beim Vermeiden von Belastungen gibt es verschiedene Möglichkeiten **(Bild 1)**.

Im Allgemeinen ist festzustellen, dass wir vieles tun, was nicht sein muss, und viele Produkte kaufen, die wir anschließend wenig oder überhaupt nicht benutzen. Beispiele sind Autofahrten in der Freizeit, Kleidungsstücke zu einmaligen Anlässen (Hochzeiten), Einweggeschirr oder unverlangte Druckschriften. Ferner sind viele Produkte mehrfach verpackt, ohne dass für den Kunden ein Vorteil entsteht. Dadurch entstehen große Mengen Verpackungsabfälle.

> Viele Abfälle können vermieden werden.

Dem Vermeiden von Umwelt-, Klimabelastungen sind allerdings Grenzen gesetzt, z. B. Lebensnotwendigkeiten und Lebensstandard **(Bild 2)**. Würden wir auf Autos, Haushaltsgeräte, Heizgeräte oder Ferienreisen verzichten, würden viele Belastungen nicht anfallen. Die Energieeinsparungen wären beträchtlich. Jedoch würden sich unsere Lebensverhältnisse einschneidend verändern.

Umwelt-, Klimabelastungen sind oft unumgänglich. Beim Erzeugen der Produkte, welche die Lebensqualität erhalten, gibt es technische Grenzen. Es ist nicht möglich, Verbrenner-Kraftfahrzeuge mit einem Verbrauch von 2 L Treibstoff auf 100 km und ähnlicher Leistung, ähnlichem Komfort und ähnlichen Herstellkosten zu bauen wie die verfügbaren, großen, leistungsstarken Kraftfahrzeuge. Alternativen, die weniger Belastungen mit sich bringen, sind aber oft möglich, z. B. Porzellanteller anstelle Pappteller bei Straßenfesten **(Tabelle 1)**.

Vermeiden von Belastungen

- **Einsparen**
  z. B. Reklame-Wurfsendungen, Flugreisen, verschiedene Elektrogeräte, Anzahl der Fotokopien
- **Nicht anwenden**
  z. B. Einweggeschirr (aus Plastik seit 2021 verboten), Einwegverpackungen, Asbestplatten, Spraydosen
- **Alternativen verwenden**
  z. B. mechanische Uhren, Stoffwindeln, wasserlösliche Lacke, wässrige Lösungen

Bild 1: Vermeiden von Belastungen

Grenzen beim Vermeiden von Belastungen

- **Lebensstandard**
  z. B. Autofahren, Fernsehgeräte, Computer
- **Lebensnotwendigkeiten**
  z. B. elektrische Energie, Erzeugung von Nahrungsmitteln
- **Folgeschäden**
  z. B. korrodierende Wasserleitungen wegen fehlender Phosphate in den Waschmitteln
- **Politik**
  z. B. militärische Übungen, neue Gesetze

Bild 2: Unvermeidbarkeit von Belastungen

Tabelle 1: Alternative Anwendungen

Anwendung	Alternativen	Bemerkungen
Einwegflaschen	Mehrwegflaschen	Mehrwegflaschen müssen gereinigt werden.
Einweggeschirr	Mehrweggeschirr	Mehrweggeschirr muss gereinigt werden.
Ottomotor	Elektromotor	Antrieb mit gleichem Energieinhalt ist viel schwerer.
Kohlekraftwerke	Windkraftwerke, Wasserkraftwerke, Solarkraftwerke	In vielen Gegenden ist nicht genügend Wind, Wasser oder Sonne vorhanden.
Lösemittelhaltige Lacke	Wasserlösliche Lacke	Anzustreben ist kleiner Lösemittelgehalt.
CKW-haltige Lösemittel zum Entfetten	Entfetten in Niederdruckplasma, wässrige Reiniger	Ziel ist CKW- und lösemittelfreies Entfetten.

> Geeignete Alternativen verringern oft die Umwelt-, Klimabelastungen.

9.1.2 Entsorgen

Entsorgen von Abfällen bedeutet, dass diese entweder verwertet oder abgelagert werden. Vor dem Ablagern muss häufig eine Vorbehandlung erfolgen.

Verwerten

Entstandene Abfälle sind oft noch zu verwerten **(Bild 1)**. Sie enthalten also *Wertstoffe*. Manche Abfälle können direkt weiterverwendet werden, z.B. gut erhaltene Kleider. Andere Abfälle sind recycelbar (engl. to recycle = wieder in den Kreislauf bringen, wieder aufbereiten), d.h., sie müssen für eine weitere Verwendung zuvor behandelt werden. Als **Primärrecycling** bezeichnet man das Recyceln von einigermaßen rein vorliegenden Wertstoffen, z.B. aus Produktionsrückständen. Beim **Sekundärrecycling** müssen die Wertstoffe erst aufwendig aussortiert werden, z.B. aus dem Hausmüll. Beim Recycling unterscheidet man zwischen stofflicher und thermischer Verwertung (Verbrennung).

Durch das intensive Trennen und Sammeln von Abfällen in den Haushalten ist es möglich, große Abfallmengen im Anschluss an entsprechende Behandlungen einer neuen Verwendung zuzuführen **(Bild 2)**. Mit dem Fortschreiten der technischen Entwicklung nimmt die Anzahl der recyclingfähigen Stoffe in Geräten und Komponenten (Bestandteile) ständig zu. Hierzu ist von den Konstruktionsbereichen in den Unternehmen besonderes Augenmerk auf die Produktgestaltung zu legen. Von Bedeutung ist die Auswahl der eingesetzten Stoffe und eine einfache Demontage der Geräte und Komponenten nach Gebrauch. Zum Recyceln gut geeignet sind vor allem Glas und Metalle, aber auch sortenreine Thermoplaste, Papier und Karton **(Bild 3)**.

Geeignete Produktkonstruktionen erhöhen die Möglichkeiten zum Recyceln.

Der Verwertbarkeit von Abfällen sind selbstverständlich Grenzen gesetzt, insbesondere aus wirtschaftlichen Gesichtspunkten. Das Sammeln, Transportieren und Behandeln der Abfälle kostet Geld. Die meisten Kunden haben nur wenig Verständnis, für ein Produkt aus recycelten Stoffen mehr zu bezahlen als für das gleiche Produkt aus neu gewonnenen Stoffen. Zu beachten ist auch, dass Produkte aus recycelten Stoffen oft von schlechterer Qualität sind.

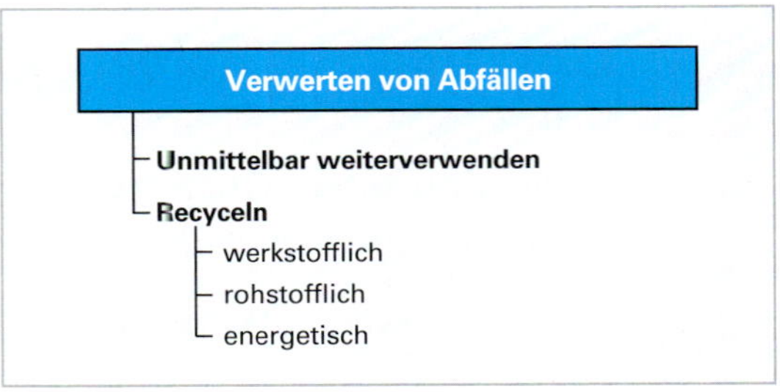

Bild 1: Möglichkeiten zum Verwerten von Abfällen

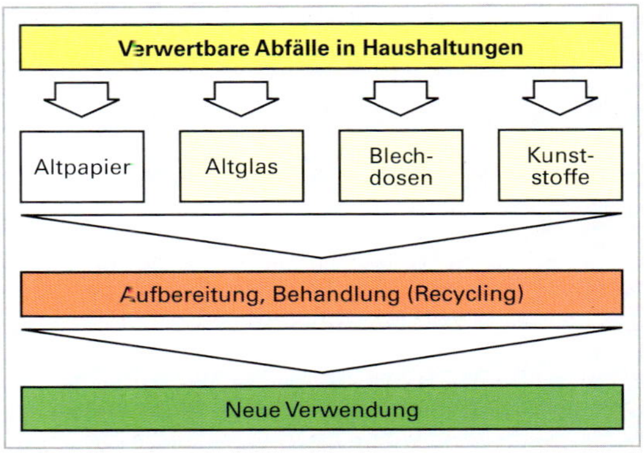

Bild 2: Abfalltrennung und Sammlung

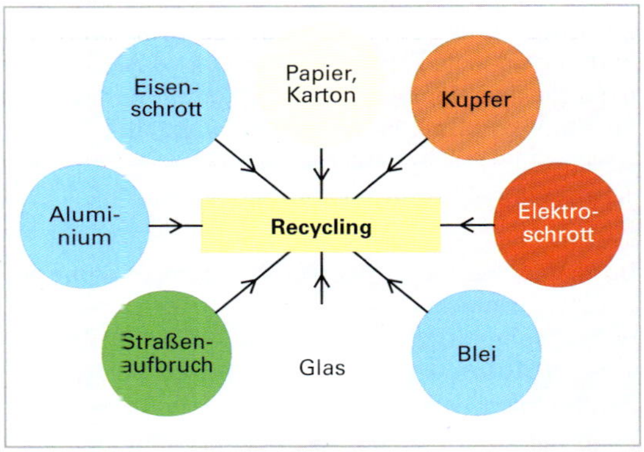

Bild 3: Beispiele zum Recyceln

Beim Recyceln entstehen ebenfalls oft nicht unerhebliche Umweltbelastungen. Es wird Energie verbraucht, es entstehen Emissionen und Abfälle.

Führt das Recyceln zu eher minderwertigen Produkten, z.B. zu weniger reißfestem Papier, dann spricht man von *Downcyceln* (engl. down = tief).

Nicht jede Art von Recycling ist wirtschaftlich und ökologisch sinnvoll.

Ablagern

Abfälle, die nicht verwertet werden können, müssen abgelagert werden **(Bild 1)**. Dabei ist zu unterscheiden, ob die Abfälle unmittelbar abgelagert werden dürfen oder ob sie vorbehandelt werden müssen, um zum Ablagern geeignet zu sein.

Dem Ablagern von Abfällen sind meist thermische, chemische, biologische Behandlungen oder Kombinationen dieser Behandlungen vorgeschaltet **(Tabelle 1)**. Dadurch kann Deponieraum (von lat. deponere = ablagern) gespart werden. Ferner sind die Deponien dadurch „sauberer", insbesondere was die Geruchsbelästigung angeht.

> Abfälle müssen vor einer Ablagerung meist einer Behandlung unterzogen werden, welche die Masse verringert.

Beim Deponieren ist zu beachten, dass nicht alle Stoffe beliebig abgelagert werden dürfen, um z. B. ungewollte chemische Reaktionen zu vermeiden. Je nach Abfallart gibt es auch besondere Deponien (Abschnitt 9.4).

Infolge der intensiven Abfalltrennung zur Abfallverwertung durch den Bürger und der z. T. erheblichen Abfallreduzierung durch Abfallbehandlungen sind viele Deponien heute zu groß angelegt und für Jahre hinaus ausreichend. Dadurch haben die Kommunen und damit der Steuerzahler infolge fixer (fester) Unterhaltskosten und bereits geleisteter Gelände-Erwerbskosten höhere Kosten zu tragen, als aus heutiger Sicht notwendig wäre.

In Deutschland liegt die Abfallmenge (Haus- und Sperrmüllabfälle) seit Jahren je Einwohner zwischen 250 kg und 350 kg im Jahr mit leicht fallender Tendenz **(Bild 2)**. Davon ist jeweils etwa ein Drittel Verpackungsmüll, biologisch abbaubarer Müll und Restmüll **(Bild 3)**. In den Stadtstaaten ist das Pro-Kopf-Aufkommen an Müll ca. 100 kg mehr als in den Flächenstaaten.

Wiederholung und Vertiefung

1. **Nennen Sie Arten von Entsorgungskosten.**
2. **Nennen Sie Beispiele zur Abfallvermeidung.**
3. **Nennen Sie Grenzen der Abfallvermeidung.**
4. **Weshalb sind der Verwertbarkeit von Abfällen Grenzen gesetzt?**
5. **Welche Gründe führen zu einer Erhöhung der Abfallgebühren trotz sinkenden Abfallaufkommens?**
6. **Wozu dient die einer Ablagerung vorhergehende Behandlung von Abfällen?**
7. **Was versteht man unter Downcyceln?**

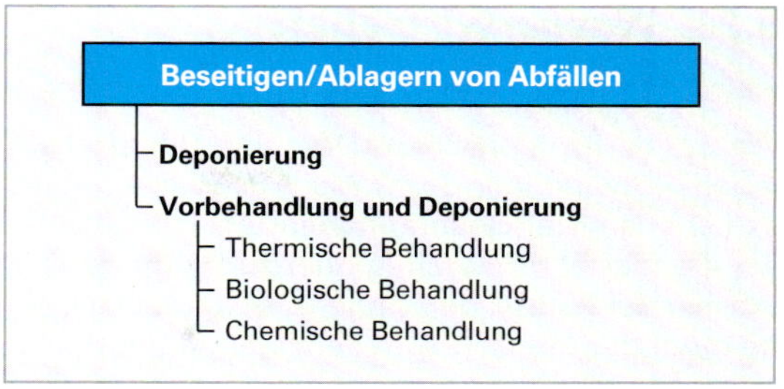

Bild 1: Möglichkeiten zum Ablagern von Abfällen

Tabelle 1: Umgang mit Umweltbelastungen

Stoff (Beispiele)	**Entsorgungsart**
Verunreinigtes Sägemehl	Verbrennen, Rest deponieren.
Schlacke aus Sonderverbrennungsanlage	Deponieren.
Ölverunreinigter Boden	Chemisch und thermisch behandeln, Rest deponieren.
Blei- und Zink-Abfälle	Deponieren.
Galvanikschlamm	Chemisch und thermisch behandeln, Rest deponieren.
Säuren	Chemisch und/oder thermisch behandeln.
Ölbinder	Chemisch und thermisch behandeln, Rest deponieren.

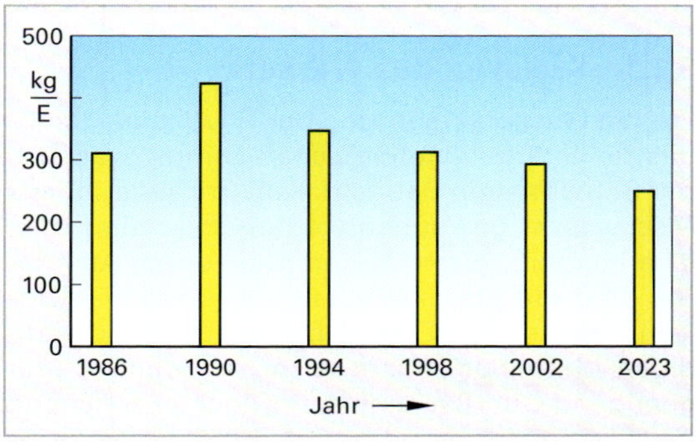

Bild 2: Abfallmenge je Einwohner E in Deutschland

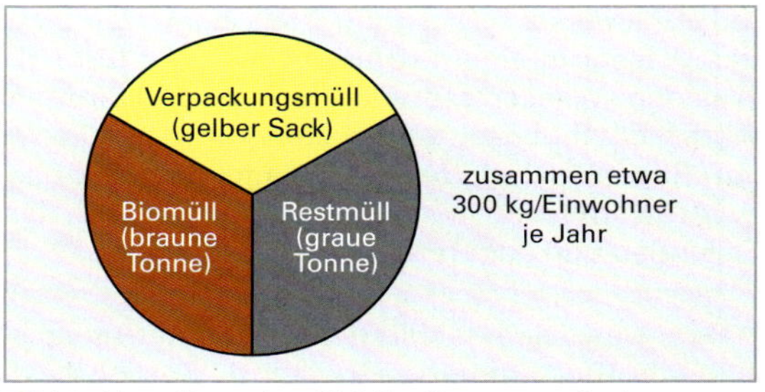

Bild 3: Verteilung des Abfallaufkommens in den deutschen Haushaltungen

9.2 Wasserwirtschaft
Water Management

Wasser ist für Menschen, Tiere und Pflanzen ein lebensnotwendiger Stoff. Als **Trinkwasser** muss es Lebensmittel-Qualität haben. Als **Brauchwasser** dient es zum Waschen oder zur Hygiene. Das Wasser der Flüsse, der Binnenseen und der Ozeane nutzt der Mensch vor allem wegen des Fischbestands als Nahrungsquelle. Wasser ist das wichtigste Lösemittel. In der industriellen Produktion wird es meist als Kühlmittel eingesetzt. Landwirtschaftliche Flächen muss man oft bewässern. Schiffe transportieren auf den großen Wasserstraßen, Seen und Meeren Güter und Passagiere. Nicht zuletzt dient Wasser in den Bädern der Gesundheit und Erholung.

Die Wasserwirtschaft soll die natürlichen Wasservorkommen mit dem Ziel ausnutzen, die natürliche Beschaffenheit zu sichern und eine Belastung der Gewässer so weit es geht zu vermeiden. Die Wasserwirtschaft umfasst Maßnahmen zur Gewinnung von Trinkwasser und Brauchwasser, zum Bereitstellen von Industriewasser und Kesselspeisewasser sowie zur Sicherung, Wiederherstellung und zum Schutz des Grundwassers, des Quellwassers, des Wassers in den Talsperren und der Oberflächengewässer.

9.2.1 Kreislauf des Wassers

Für die Wasserversorgung der Haushalte, der Industrie und der Landwirtschaft kommt praktisch nur Süßwasser in Betracht. Falls Trinkwasser aus Meerwasser gewonnen werden soll, muss man es entsalzen: Durch Verdampfen, durch Ausfrieren oder mit physikalischen Verfahren wie Umkehrosmose oder Elektrodialyse. Diese aufwendigen Methoden lohnen sich nur, wenn weder genügend Oberflächenwasser noch ausreichend Grundwasser vorhanden sind.

Der Vorrat an Wasser bleibt auch bei der Entnahme zur Wasserversorgung bestehen, weil sich das Wasser in einem Kreislauf befindet **(Bild 1)**. Was dem Wasserreservoir der Erde entnommen wird, fließt ihm nach Verdunstung wieder in Form von Regen, Nebel, Reif, Tau, Hagel oder Schnee zu. Am Verdunsten sind Meere und Gewässer, der Erdboden und andere Oberflächen beteiligt.

> Von den Niederschlägen verdunstet etwa die Hälfte, runde drei Achtel fließen oberflächlich ab und ein Achtel versickert.

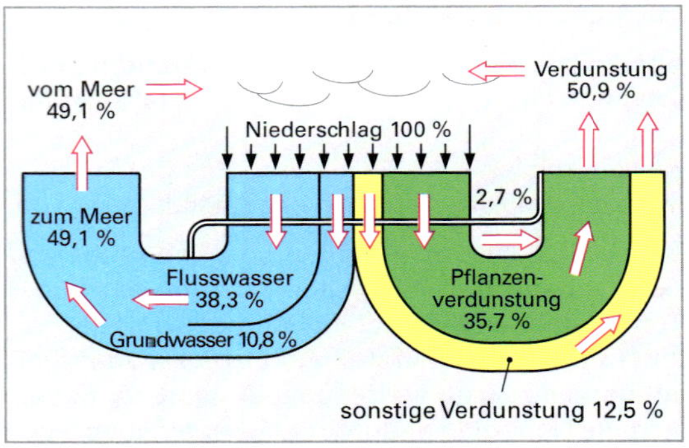

Bild 1: Kreislauf des Wassers in der Natur

Der Boden **filtert** bei der Passage (von franz. passer = durchgehen) das versickernde Wasser durch die verschiedenen Erdschichten und reinigt es. Das Wasser löst Calcium-Ionen und Magnesium-Ionen aus dem Boden und wird dabei hart. Der Begriff der Härte des Wassers ist durch das subjektive Gefühl entstanden, das man beim Waschen mit Seife in „hartem" bzw. „weichem" Wasser hat.

Je nach dem pH-Wert des Wassers lösen sich aus dem Boden Metall-Ionen in verschiedener Menge. Saures Wasser löst diese Ionen besser als neutrales Wasser. Das vom Boden aufgenommene Niederschlagswasser bildet das *Grundwasser*. Im ungestörten Kreislauf fließt das Grundwasser großenteils unterirdisch in die Meere ab, zum Teil tritt es aber in Quellen wieder an das Tageslicht.

Von den Weltmeeren verdunstet mehr Wasser, als dort wieder Wasser in Form von Regen oder Schnee niedergeht. Der Zufluss vom Festland her gleicht die Differenz aus. Die Wolken treiben von den Ozeanen auf das Land, regnen dort ab und sorgen so wieder für das Gleichgewicht.

> Die Menschen greifen in den natürlichen Kreislauf ein, entnehmen Grundwasser und Oberflächenwasser und geben es dann, meist belastet, wieder in den Kreislauf zurück.

Nach Meinung von Fachleuten der Trinkwasserversorgung sollte zwischen *gebrauchtem* und *verbrauchtem* Wasser unterschieden werden. Gebrauchtes Wasser enthält zwar Verunreinigungen, die aber auf natürliche Weise abbaubar sind, z. B. Spülwasser der Toiletten. Dagegen enthält verbrauchtes Wasser Verunreinigungen, die natürlich nicht oder kaum abbaubar sind, z. B. manche Waschlaugen.

9.2.2 Trinkwassergewinnung

Wasserbedarf. In den letzten 50 Jahren ist der Verbrauch an Trinkwasser und Brauchwasser auf das etwa 40-Fache gestiegen, verursacht durch die stark angewachsene Industrie, durch höhere Hygieneanforderungen und verändertes Konsumverhalten. Die Bevölkerung hat sich zudem in dieser Zeit fast verdoppelt. Jeder von uns nimmt täglich rund 2,5 L Wasser zu sich, nämlich etwa 1,5 L als Trinkwasser und 1 L in den Lebensmitteln. Als Verbrauch an Waschwasser, Spülwasser und Badewasser schätzt man für jede Person und Tag in Deutschland fast 130 L.

Die Industrie deckt ihren Bedarf zum größten Teil durch Fließwasser oder Brackwasser (schwach salziges Meerwasser an Flussmündungen), verbraucht aber rund dreimal so viel wie die Haushalte, das Kleingewerbe und die Landwirtschaft zusammen. Doppelt so hoch wie der Bedarf an industriellem Brauchwasser ist der Verbrauch an Kühlwasser für die Kraftwerke. Die Industrie bemüht sich, das Wasser im Kreislauf zu benutzen. Die Haushalte verbrauchen aber Trinkwasser höchster Qualität unabhängig davon, welche Wasserreinheit z. B. zum Wäschewaschen, zur Raumreinigung oder für Toilettenspülung genügen würde.

> Wasser kann in Mitteleuropa zwar in genügender Menge gewonnen werden, die Verunreinigung des Oberflächenwassers und auch des Grundwassers verlangt aber eine aufwendige und teure Aufbereitung.

Früher musste man das Grundwasser nicht zum Trinken aufbereiten, heute muss man oft die Schadstoffe, wie z. B. Nitrate, Kohlenwasserstoffe oder Pflanzenschutzmittel, entfernen.

Herkunft des Trinkwassers. Am besten geeignet für Trinkwasser ist Grundwasser oder Quellwasser, weil es durch die Filterwirkung der Bodenpassage praktisch keimfrei ist. Zwischen den beiden Wasserarten gibt es keinen Unterschied.

> Quellwasser ist zu Tage tretendes Grundwasser.

Grundwasser und Quellwasser stellen am Trinkwasser einen Anteil von 70 %. Schachtbrunnen, Vertikalfilterbrunnen und Horizontalfilterbrunnen fördern das Grundwasser nach oben **(Bild 1)**.

Das Grundwasser, das sich aus Niederschlägen immer wieder neu bildet, reicht in Ballungsräumen nicht zur Trinkwasserversorgung aus. Um dort die Folgen einer Grundwasserabsenkung zu vermeiden, wie z. B. Schäden an der Vegetation oder Zerstörung der Landschaft, müssen andere Möglichkeiten der Trinkwassergewinnung erschlossen werden, z. B. die nachfolgend beschriebenen.

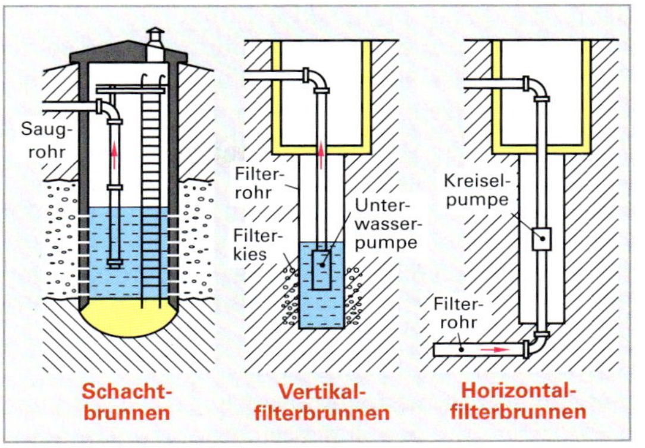

Bild 1: Arten von Brunnen

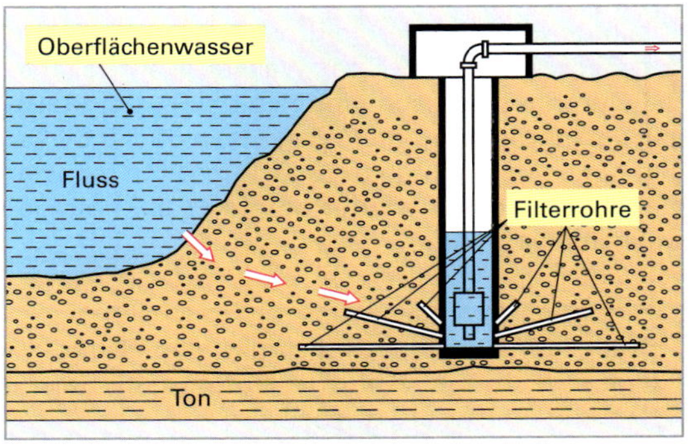

Bild 2: Uferfiltration

Uferfiltration. Im natürlichen, nicht beeinflussten Zustand fließt das Grundwasser in die Oberflächengewässer. Sinkt der Grundwasserspiegel jedoch ab, kehrt sich die Fließrichtung um. Flusswasser dringt dann durch den Uferboden, der als Filter wirkt, und kann in Flussnähe als Filtrat, z. B. durch einen Horizontalfilterbrunnen, abgesaugt werden **(Bild 2)**. Dieses Uferfiltrat (gereinigtes Wasser) soll vom Fluss bis zum Brunnen mindestens 50 Tage im Boden bleiben. Entsprechend weit muss der Brunnen vom Ufer entfernt sein.

> Die Güte des Oberflächenwassers und die Speichermöglichkeit des Bodens für Schadstoffe bestimmen die Qualität des Uferfiltrats.

Grundwasseranreicherung. Künstliches Anreichern des Grundwassers verhindert, dass seine Oberfläche absinkt. Hierzu leitet man Oberflächenwasser, z. B. von Flüssen, auf Rieselfelder, in Becken oder Gräben entlang des Flusslaufs. Dort kann das Wasser versickern. Zwischen Wasserentnahme und Versickerung lassen sich z. B. **Filterstufen** einbauen. Die Filter entfernen Schadstoffe vor der Bodenpassage. Der Boden der Becken oder der Gräben besteht z. B. wechselweise aus Kiesschicht und Sandschicht, sodass Schwebstoffe zurückgehalten werden. Nach einiger Zeit setzen die festen Stoffe im Wasser aber die Durchgänge der Filterschichten zu und verkleben sie. Dann muss man die Kiesschichten und die Sandschichten reinigen oder austauschen. Frisch gefüllt oder gereinigt versickern täglich in den Becken 2 m^3 bis 5 m^3 Wasser je m^2 Fläche. Die Durchgangsgeschwindigkeit sinkt bei mäßiger Verschmutzung des Wassers in 50 bis 60 Tagen auf etwa 0,5 m^3 je m^2 und Tag. Dann müssen die Filterschichten wieder gereinigt bzw. ausgewechselt werden.

> Nach der Anreicherung muss das Grundwasser auf Schadstoffe untersucht und ständig überwacht werden.

Künstlich angereichertes Grundwasser trägt in Deutschland mit 12 % zur Versorgung bei, aus Talsperren stammt 8 % des Wassers und 6 % ist Uferfiltrat. Direkt aus Flüssen und Seen werden 4 % des Trinkwassers entnommen.

Wasserschutzgebiete. Die zuständige Behörde eines Bundeslandes kann Flächen als Wasserschutzgebiete ausweisen. Darauf sind Gewässer in besonderer Weise für die bestehende oder zukünftige Wasserversorgung geschützt. Ist ein solches Gebiet festgelegt, gibt es darin drei Schutzzonen **(Tabelle 1)**.

Wiederholung und Vertiefung

1. **Beschreiben Sie den Kreislauf des Wassers in der Natur.**
2. **Wodurch entsteht Grundwasser?**
3. **Wie hoch ist bei der Bevölkerung der Bundesrepublik etwa der Verbrauch an Trinkwasser je Kopf und Tag?**
4. **Erläutern Sie a) die Uferfiltration und b) die Grundwasseranreicherung.**

Tabelle 1: Zonen eines Wasserschutzgebiets

Schutzzone	Entfernung	Bemerkungen
Schutzzone I	Mindestens 10 m um die Wassergewinnungsstelle.	Keine Bebauung oder andere Nutzung. Untergrund ist natürlich bewachsen.
Schutzzone II	Grundwasserströmung 50 Tage Fließzeit.	Keine neuen Bauvorhaben, keine Lagerung von Düngemitteln oder von Ölen.
Schutzzone III	Radius 2 km um Brunnen oder Quelle.	Keine Deponien oder Chemiewerke, kein Einsatz von Pestiziden.

9.2.3 Trinkwasseraufbereitung

Das Grundwasser hat Boden- und Gesteinsschichten durchlaufen und dabei Mineralien gelöst. Es enthält in unterschiedlicher Menge die Ionen Na^+, Mg^{2+}, K^+, Ca^{2+}, Mn^{2+} und Fe^{2+} sowie HCO_3^-, Cl^-, NO_3^- und SO_4^{2-}. Im Grundwasser findet sich dagegen kaum noch gelöster Sauerstoff, der zunächst im Regenwasser vorhanden war. Aerobe (von griech. aēr = Luft und bíos = Leben) Bakterien haben das gelöste O_2 aufgebraucht. Dafür ist der Gehalt an gelöstem Kohlenstoffdioxid CO_2 und Kohlensäure H_2CO_3 hoch.

Oberflächenwasser und unter Umständen auch das Grundwasser sind mit ungelösten organischen Schwebstoffen verunreinigt, also mit Bakterien, Pilzen, Staub und anderen organischen Stoffen. Es enthält ungelöste anorganische Schwebstoffe, wie Ton, Ruß, Staub und Mineralien, sowie kolloid gelöste Stoffe, z. B. Öle, Fette, Farbstoffe oder Eisenoxide.

Bei der Trinkwasseraufbereitung von angereichertem Grundwasser nach **Bild 1, folgende Seite,** befördern Pumpen das Grundwasser zusammen mit Oberflächenwasser nach der Bodenpassage ins Wasserwerk. In einer Flockungsanlage treten die kolloiden Teilchen durch Flockungsmittel zu größeren Klumpen zusammen und können sich absetzen. Einblasen von Ozon in das Klarwasser tötet Keime ab. In einer Filteranlage entzieht eine zwei bis drei Meter dicke Quarzsandschicht die letzten Schwebstoffe und danach ein Aktivkohlefilter alle gelösten Stoffe. Im Reinwasserbehälter sterilisiert eine geringe Chlor-Zugabe das Wasser und verhindert, dass Keime überleben können.

Sauerstoff-Kohlenstoffdioxid-Austausch. Dem sauren Grundwasser muss Kohlenstoffdioxid CO_2 entzogen und dafür Sauerstoff O_2 zugesetzt werden. Hierzu zerteilen Düsen das Wasser in feinste Tröpfchen. Der Unterdruck an der Düse durch den dünnen aber sehr schnellen Wasserstrahl reißt die Luft mit (wie in einer Wasserstrahlpumpe). Der Sauerstoff der frischen Luft löst sich in den feinen Wassertröpfchen und die umgebende Luft nimmt daraus Kohlenstoffdioxid auf.

Der Gasaustausch kann auch in Säulen, gefüllt mit Kunststoffkörnchen, stattfinden, durch die das Wasser rieselt und sich mit der von unten eingeblasenen Luft durchmischt (Gegenstromprinzip). Auch Wellbahnkolonnen eignen sich für den Gasaustausch. Das Wasser rinnt dabei über gewellte Bleche, der Rieselfilm gerät in turbulente Strömungen, die den Austausch von CO_2 durch O_2 ermöglichen.

> Aus dem Grundwasser muss im Wasserwerk zunächst Kohlenstoffdioxid ausgetrieben und stattdessen Sauerstoff gelöst werden.

Entfernen von Eisen und Mangan. Das Grundwasser löst aus dem Gestein zweiwertige Eisen-Ionen Fe^{2+} und Mangan-Ionen Mn^{2+} heraus, die leicht lösliche Verbindungen bilden. Dabei wirken anaerobe (von griech. a(n) = un-, nicht und aerob) Bakterien mit (ohne Sauerstoff lebende einzellige Kleinstlebewesen).

Diese Eisen- und Mangan-Ionen sind zwar nicht gesundheitsschädlich, oxidieren aber zu Fe^{3+}-Ionen und Mn^{4+}-Ionen, die zu unlöslichen Verbindungen führen. Finden die Oxidationen im Wasserleitungsnetz statt, verstopfen die Ablagerungen die Rohre mit der Zeit:

$$4\ Fe(HCO_3)_2 + 2\ H_2O + O_2 \rightleftharpoons 4\ Fe(OH)_3\downarrow + 8\ CO_2$$ bzw.

$$2\ MnCl_2 + 2\ H_2O + O_2 \rightleftharpoons 2\ MnO_2\downarrow + 4\ HCl$$

Die Oxidation der Wasserinhaltsstoffe führt man im Wasserwerk in Kiesfiltern mit Hilfe des im Wasser gelösten Sauerstoffs durch. Bei den Reaktionen entstehen neben den unlöslichen Niederschlägen Säuren.

Das chemische Gleichgewicht verschiebt sich jeweils mehr in Richtung der Reaktionsprodukte, wenn der pH-Wert hoch gehalten wird. Falls man ohnehin Calciumhydroxid zum Enthärten zugibt, erreicht das Wasser kurzfristig hohe pH-Werte:

$$Ca(HCO_3)_2 + Ca(OH)_2 \rightleftharpoons 2\ CaCO_3\downarrow + 2\ H_2O$$

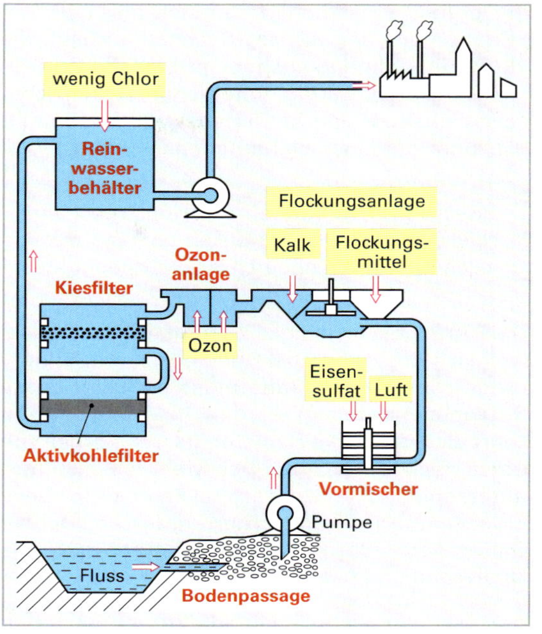

Bild 1: Prinzipieller Aufbau eines Wasserwerks

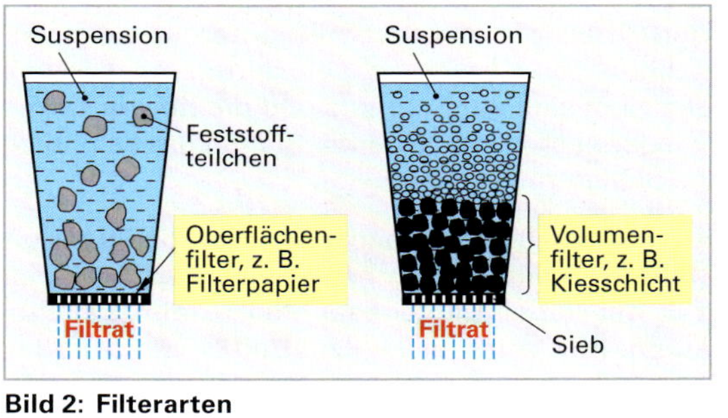

Bild 2: Filterarten

> Die Wasserwerke sollen nach der Trinkwasserverordnung (TVO) das Trinkwasser mit einem pH-Wert von mehr als 6,5 abgeben.

Filtrieren. Filteranlagen entfernen aus dem Rohwasser suspendierte und kolloidale Teilchen. Dies ist vor allem dann notwendig, wenn das Wasser viel Oberflächenwasser enthält. Man kann **Oberflächenfilter** zur Siebfiltration und **Volumenfilter** zur Tiefenfiltration unterscheiden **(Bild 2)**. Oberflächenfilter sind z.B. Papierfilter, Textilfilter, Membranfilter und Filterpressen. Beispiele für Volumenfilter findet man bei Sand-, Kies- oder Aktivkohlefiltern. Bei manchen Filtern trennt erst der poröse Filterkuchen, der sich im Laufe der Filtration aus den Feststoffteilchen aufbaut, die Flüssigkeit von den suspendierten Teilchen (Kuchenfiltration). Ferner unterscheidet man zwischen absatzweise betriebenen (diskontinuierlich) und kontinuierlich betriebenen Filtern.

> Unter Filtrieren versteht man das mechanische Trennen von Flüssigkeit und Feststoffteilchen, verursacht durch ihre Teilchengröße.

Die Filtriergeschwindigkeit nimmt mit der Zeit ab, weil sich der Filterwiderstand durch die Ablagerungen vergrößert. Dann muss ein Filter durch Rückspülen gereinigt werden. In Volumenfiltern kehrt sich dabei die Reihenfolge der Körner von oben nach unten um. Bei Mehrschichtfiltern unterschiedlicher Korngröße kann man diese Erscheinung nur mit Körnern unterschiedlicher Dichte verhindern, z.B. in Volumenfiltern aus Quarzsand und Aktivkohle.

Eine kontinuierliche (= stetige, fortlaufende) Reinigung findet z.B. im **Upflow-Filter** statt **(Bild 1)**. Die Filterkörner wirbeln im Filter durcheinander. Druckluft befördert die unteren, stark verschmutzten Körner im Zentralrohr nach oben. Dort löst sich der Schmutz und die Körner sinken wieder nach unten. Oben zieht man das schmutzige Schlammwasser ab.

Ein **Trommelfilter** arbeitet ebenfalls kontinuierlich **(Bild 2)**. Saugpumpen erzeugen im Innern einer z.B. mit Nadelfilzen bespannten Trommel ein Vakuum. Die Trommel liegt zu rund einem Drittel in einem Trog, der das Rohwasser enthält. Das Vakuum saugt das Filtrat in das Innere der Trommel, die sich langsam dreht. Ehe die Trommel wieder in die Suspension eintaucht, schält ein Blech den Filterkuchen ab.

Der **Kiesfilter** ist der einfachste Fall der Filtrationsverfahren. Es wird das zu behandelnde Wasser durch einen Behälter, der mit Kies gefüllt ist, geleitet. Dabei werden Feststoffe abgetrennt. Der Kiesfilter kommt sowohl bei der Trinkwasseraufbereitung als auch bei der Abwasserreinigung zum Einsatz.

In der *Trinkwasseraufbereitung* wird der Kiesfilter bei Eisen (Fe)- und/oder Mangan (Mn)-haltigem Grundwasser eingesetzt. Hier liegt meist Fe^{2+} und Mn^{2+} vor. Dieses Wasser wird zunächst durch einen Oxidator geleitet. Dort wird das Fe^{2+} zu Fe^{3+} sowie das Mn^{2+} zu Mn^{4+} oxidiert.

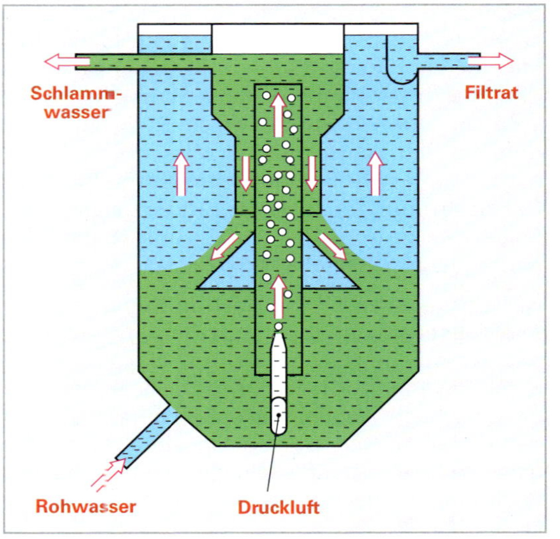

Bild 1: Upflow-Filter

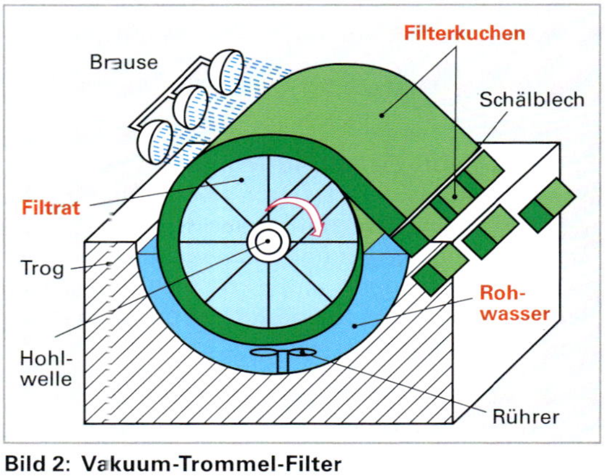

Bild 2: Vakuum-Trommel-Filter

Die oxidierten Formen der Fe- und Mn-Verbindungen sind schwer wasserlöslich und fallen deshalb aus. Im nun folgenden Kiesfilter werden sie zurückgehalten. Dies ist an der bräunlichen Verfärbung im Kiesfilter deutlich erkennbar.

Bei der *Abwasserreinigung* braucht man einen Kiesfilter, wenn eine PO_4^{3+}-Nachfällung gegeben ist. PO_4^{3-} wird wie meist üblich mit Fe^{3+}-und/oder Al^{3+}-Salzen gefällt. $FePO_4$ und $AlPO_4$ sind schwer wasserlöslich und bleiben deshalb im Kiesfilter hängen.

> Kiesfilter müssen zur Reinigung regelmäßig rückgespült werden.

Der **Aktivkohlefilter** nutzt die große Oberfläche der Aktivkohle aus. Deshalb ist er geeignet, organische Substanzen durch Adsorption aus dem jeweiligen Wasser abzutrennen. Grundsätzlich wird zwischen granulärer und partikulärer Aktivkohle unterschieden. Was genau zum Einsatz kommt, muss von Fall zu Fall entschieden werden.

Bei der Trinkwasseraufbereitung kann Aktivkohle verwendet werden, wenn Pestizidrückstände aus der Landwirtschaft vorhanden sind. Meist wird dann eine Ozonierung vorgeschaltet.

In der Abwasserreinigung sind Aktivkohlefilter Bestandteil der vierten Reinigungsstufe (siehe Abschnitt 9.2.10). Auch hier kann eine vorhergehende Ozonierung gegeben sein. Die dabei relevanten Substanzen sind Arzneimittelrückstände, die in der Kläranlage nicht vollständig abgebaut bzw. entfernt werden können. Zwei Stoffklassen sind hierbei wichtig:

- Antibiotikarückstände führen zu Resistenzbildung bei Bakterien.
- Hormonrückstände führen zu Missbildungen bei im Wasser lebenden Wirbeltieren.

Ist die Aktivkohle vollständig belegt, muss sie ausgetauscht und regeneriert werden.

Beim **Membranverfahren** wird das zu behandelnde Wasser entweder durch Membranstapel oder Hohlfasern, die sich in Stahlbehältern befinden, geleitet **(Bild 1)**.

Beim „Dead-End“-Prinzip wird das Wasser wie mit einem Stempel auf die Membran gedrückt. Dabei verstopfen die Filter sehr schnell. Deshalb wird meist die „Cross-Flow“-Methode eingesetzt. Dabei wird das zu behandelnde Wasser entlang der Membran geführt. Dadurch ist die Verstopfungsgefahr geringer, da das Wasser zumindest einen Teil der Ablagerungen mit sich reißt. Das behandelte Wasser wird *Permeat* genannt (lat. permeare = durchdringen). Das zurückbleibende Wasser, in dem nun höhere Konzentrationen der Wasserinhaltsstoffe vorliegen, wird als *Konzentrat* bezeichnet.

Membranverfahren werden eingesetzt bei der Trinkwasseraufbereitung, in der Bädertechnik sowie zur Behandlung von z.B. Deponiesickerwasser.

Bei der **Mikrofiltration** können Partikel der Größe 0,1 µm bis 10 µm durch geeignete Membranen abgetrennt werden. Das Wasser wird mit 0,5 bar bis 3 bar Überdruck durch die Membranen gepresst. Mit fortlaufendem Betrieb verstopfen die Membranen zunehmend. Deshalb müssen die Anlagen regelmäßig rückgespült werden und das dabei gewonnene Konzentrat ist fachgerecht zu entsorgen.

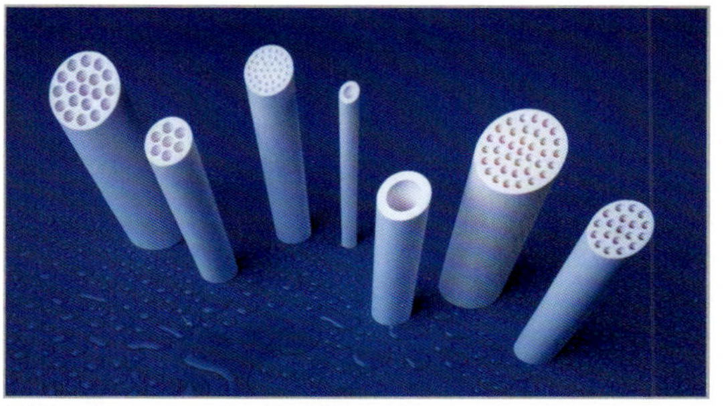

Bild 1: Beispiele für Hohlfasern.
www.atech-innovations.com

Bild 2: Ultrafiltrationsanlage
www.bucherunipektin.com

Die **Ultrafiltration** folgt auf die Mikrofiltration, wenn das verwendete Wasser weitergehend gereinigt werden muss, z.B. das Abwasser einer Deponie. Hier können Partikel der Größe 1 nm bis 0,1 µm entfernt werden. Das zu behandelnde Wasser wird mit mindestens 3 bar Druck durch die Anlage gepresst. Auch hier setzen sich die Membranen nach und nach zu, sodass regelmäßig rückgespült werden muss. Das in der Ultrafiltrationsanlage **(Bild 2)** anfallende Konzentrat muss fachgerecht entsorgt werden (siehe auch Seite 426).

Bei der **Nanofiltration** können Partikel, die kleiner als 1 nm sind, abgetrennt werden. Der Druck, mit dem das Wasser durch den Filter gepresst wird, beträgt 3 bar bis 60 bar.

Bei der **Umkehrosmose** wird das zu reinigende Wasser mit bis zu 100 bar durch eine selektiv permeable Membran gedrückt. Eingesetzt wird die

Umkehrosmose z.B. bei der Meerwasserentsalzung. Da man durch dieses Verfahren sehr reines Wasser erhält, muss dieses, sofern es als Trinkwasser verwendet werden soll, mit Salzen versetzt oder mit Meerwasser verschnitten werden.

Die **Elektrodeionisation (EDI)** ist der letzte Schritt auf dem Weg zu hochreinem Wasser für z.B. die Halbleiterproduktion oder Pharmaindustrie. Die EDI kombiniert Membranverfahren mit *Ionentauschern* (Seite 403). An selektiv permeablen Spezialmembranen entlang werden Ionen gemäß ihrer Ladung durch ein elektrisches Feld transportiert und so abgetrennt. Durch Gleichstrom wird das Austauscherharz ständig regeneriert.

Ein EDI-Modul besteht aus Membranstapeln, die aus Ionentauscherharzen bestehen (Seite 404). Anionenaustauscherharze (AAT) wechseln sich mit Kationenaustauscherharzen (KAT) ab. Nach außen sind die Module auf einer Seite mit einer Anode und auf der anderen mit einer Kathode versehen. Zwischen den einzelnen Membranen befinden sich flüssigkeitsgefüllte Räume, die hier *Spacer* (space = Raum) genannt werden **(Bild 1)**.

Zunächst werden die „starken" Ionen aus dem Wasser entfernt. Durch das elektrische Feld wird Wasser an der Oberfläche des Harzes in H^+-Ionen und OH^--Ionen gespalten. Dies führt zur Regeneration des Ionenaustauscherharzes, wodurch neutrale Substanzen, z.B. CO_2, oder schwach geladene Ionensubstanzen, z.B. Silikate, ionisiert werden. Durch die angelegte elektrische Spannung werden die Ionen mittels der Membran entfernt.

Flockung. Unter *Flockung* versteht man alle Vorgänge, die in einer kolloiden Lösung bewirken, dass sich die suspendierten Teilchen als Flocken absetzen. Hierzu müssen die Flockungsmittel die Abstoßung der meist negativ aufgeladenen kolloiden Teilchen überwinden. Dadurch können sich die Festteilchen zu größeren Aggregaten zusammenballen und zu Boden sinken. Als *Klärmittel* verwendet man im Wasserwerk oft Sulfate von Eisen oder Aluminium, die voluminöse Niederschläge von Hydroxiden bilden. **Flockungshilfsmittel** bewirken ein Anlagern an die suspendierten Teilchen, indem sich Brücken bilden (Flockulation). Die zusammengeballten Teilchen haben eine größere Masse und setzen sich deshalb schneller ab.

> In kolloiden Lösungen bewirken Flockungsmittel den Übergang vom Sol zum Gel.

Verringerung der Nitratwerte. Besondere Schwierigkeiten bereiten Nitrate im Trinkwasser. Alle Nitrate sind in Wasser leicht löslich, können also nicht ausgefällt und abfiltriert werden. Ursachen für einen hohen Nitratgehalt sind Abwässer, die ungenügend gereinigt werden, sowie die landwirtschaftlich genutzten und mit Stickstoff-Verbindungen überdüngten Böden. Vor allem das Grundwasser dicht unter der Erdoberfläche enthält oft zu viele Nitrate. Nach der Trinkwasserverordnung ist der Grenzwert an Nitraten vorsorglich auf 50 mg/L festgelegt, anzustreben ist ein Richtwert von 25 mg/L.

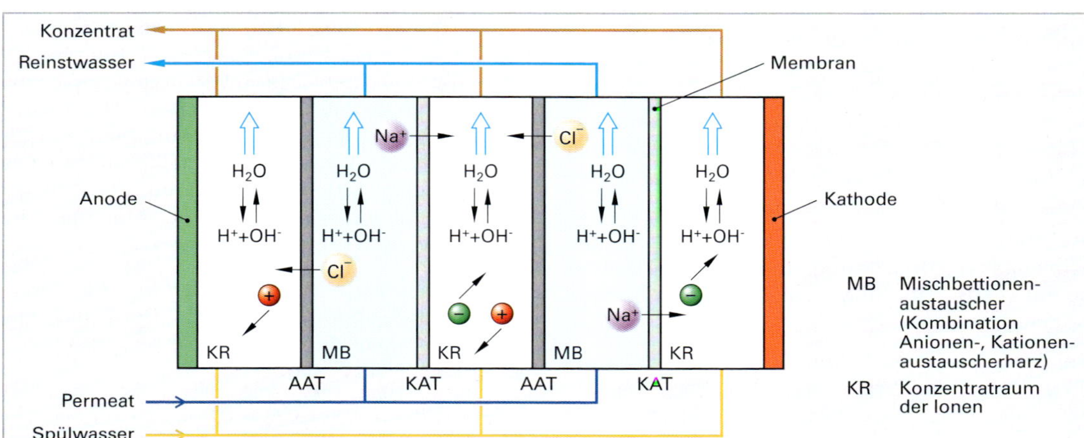

Bild 1: Aufbau einer EDI-Einheit (Weitere durch Membranen getrennte Räume sind möglich).

Eine erhöhte Konzentration von Nitraten im Trinkwasser kann zu Darmschleimhaut-Reizungen führen, eine Nitritbildung im Magen den Sauerstoff-Transport im Blut behindern und zusammen mit Nitraten zum Entstehen krebsfördernder Nitrosamine beitragen.

Zur **Denitrifikation** setzt man biologische Methoden wie bei der Abwasserbehandlung ein. Aerobe Bakterienarten, z. B. der Gattung Pseudomonas, können mithilfe von Reduktionsmitteln, z. B. Wasserstoff, Essigsäure oder Ethanol, Nitrate (NO_3^-) und Nitrite (NO_2^-) zu elementarem Stickstoff reduzieren (Nitrat-Atmung):

$$5\,H_2 + 2\,NO_3^- \rightarrow N_2 + 4\,H_2O + 2\,OH^-$$

In Festbett-Reaktoren lassen sich bei Nitrat-Belastungen von 70 mg/L bis 100 mg/L etwa 1 kg NO_3^- je m^3 Wasser und Tag entfernen, in Wirbelbett-Reaktoren sogar 20 kg NO_3^- je m^3 und Tag.

Ozonierung. Zum Abtöten lebender Mikroorganismen bläst man Ozon im Gemisch mit Luft in feinzerteilten Bläschen in das Trinkwasser. Ozon zerfällt in zweiatomigen und in atomaren Sauerstoff:

$$O_3 \rightleftharpoons O_2 + O$$

Der atomare Sauerstoff oxidiert die Keime und tötet sie dadurch. Ozon oxidiert auch alle bislang nicht beseitigten organischen Stoffe, z. B. unangenehme Geruchsstoffe und Geschmacksstoffe.

Nach dem Ozonieren entfernt ein Anthrazit-Quarzkies-Zweischicht-Filter die Reste der Mikroorganismen (Entkeimung).

Zuletzt läuft das Wasser durch einen Aktivkohlefilter (Seite 397), der die letzten gelösten Stoffe zurückhält. Dieser Filter entfernt aber auch alle Desinfektionsmittel, die man evtl. zuvor beigegeben hat. Deshalb muss man in den Behälter für Reinwasser eine kleine Menge Chlorgas zum *Sterilisieren* einleiten. Chlor bildet mit Wasser hypochlorige Säure HClO, die bleicht und desinfiziert:

$$2\,Cl_2 + 2H_2O \rightleftharpoons 2\,HClO + 2\,HCl$$
$$2\,HClO + 2HCl \rightleftharpoons 4\,HCl + O_2$$

Trinkwasser kann man auch mit Ozon O_3 entkeimen. Leider ist dieses Verfahren von der viel billigeren Chlor-Sterilisation verdrängt worden.

Wiederholung und Vertiefung

1. **Warum enthält Grundwasser kaum noch gelösten Sauerstoff?**
2. **Auf welche Weise tauscht man im Wasserwerk das Kohlenstoffdioxid des Grundwassers gegen Sauerstoff aus?**
3. **Weshalb entfernt man schon im Wasserwerk Eisen(II)-Ionen aus dem Wasser?**
4. **Was versteht man unter Filtrieren?**
5. **Nennen Sie verschiedene Filterarten, die bei der Trinkwasseraufbereitung verwendet werden.**
6. **Welche Aufgaben erfüllt eine Flockungsanlage?**
7. **Welche Vorteile hat das Entkeimen des Wassers mit Ozon?**

9.2.4 Härte des Wassers

Regenwasser enthält gelöstes Kohlenstoffdioxid CO_2. Durchdringt dieses Wasser den Boden, wandelt es dort Carbonate von Calcium, Magnesium, Eisen und Mangan in leichtlösliche Hydrogencarbonate um:

$$CaCO_3 + CO_2 + H_2O \rightleftharpoons Ca^{2+} + 2\,HCO_3^-$$

Während der Bodenpassage nimmt das Wasser noch das Kohlenstoffdioxid auf, das die Mikroorganismen abgeben.

Calciumhydrogencarbonat $Ca(HCO_3)_2$ und Magnesiumhydrogencarbonat $Mg(HCO_3)_2$ bilden die Carbonathärte, auch als *temporäre* (= vorübergehende) Härte bezeichnet. Die Hydrogencarbonate bilden nämlich beim Erhitzen des Wassers auf über 65 °C Calciumcarbonat und Magnesiumcarbonat, das z. B. als Kesselstein ausfällt:

$$Ca(HCO_3)_2 \rightarrow CaCO_3\downarrow + CO_2 + H_2O$$
$$Mg(HCO_3)_2 \rightarrow MgCO_3\downarrow + CO_2 + H_2O$$

Die *permanente* (= bleibende) Härte besteht hauptsächlich aus gelöstem Calciumsulfat $CaSO_4$ und Magnesiumsulfat $MgSO_4$. Gemessen wird beim Wasser die *Gesamthärte GH* und die Carbonathärte *CH* und daraus wird die permanente Härte (Nichtcarbonathärte) berechnet.

Die Gesamthärte GH des Wassers ist die Konzentration in mmol/L aller Erdalkali-Ionen (im Wesentlichen Ca^{2+} und Mg^{2+}).

Man benutzt auch noch die veraltete Einheit Grad deutscher Härte (°dH):

$$1\,°dH = 10\,mg\,CaO/L = 0{,}179\,mmol/L$$

Zur groben Einteilung der Wasserhärte genügen vier Härtebereiche **(Tabelle 1)**, z. B. für die Empfehlungen zur Dosierung von Waschmitteln.

> Trinkwasser sollte eine Härte zwischen 8 °dH und 12 °dH (= 1,4 mmol/L bis 2,2 mmol/L Erdalkalien) haben.

Kesselspeisewasser darf nicht hart sein. Aus Wasser, das über 65 °C erhitzt wird, fällt festes Calciumcarbonat aus und lagert sich innen in den Röhren und Behältern als Kesselstein ab. Erhält dieser wärmeisolierende Innenbelag Risse, führt das eindringende Wasser zu einer der gefürchteten Kesselexplosionen.

Ionenaustauscher entkalken das Wasser zuverlässig und schnell. Der Austauscherwerkstoff ist meist ein poröses Kunststoffharz auf Polystyrolbasis oder Acrylbasis. Ionenaustauscher wechseln die härtebildenden Ca^{2+}- und Mg^{2+}-Ionen gegen Na^{+}-Ionen aus. Als Trinkwasser ist das so behandelte Wasser allerdings nicht mehr zu gebrauchen, weil die Reduzierung der Härte um 1 mmol/L (= 5,6 °dH) das Wasser mit 46 mg Na^{+}/L belastet. Jedes Ca^{2+}-Ion wird nämlich durch zwei Na^{+}-Ionen ersetzt (siehe auch Seite 403).

Entcarbonisieren kann man auch mit Calciumhydroxid $Ca(OH)_2$. Die weiße Suspension von Calciumhydroxid in Wasser nennt man *Kalkmilch*. Die abfiltrierte klare Lösung heißt *Kalkwasser*. Etwas $Ca(OH)_2$ löst sich in Wasser (Löslichkeit 0,17 % bei 20 °C).

Das $Ca(OH)_2$ fällt das gelöste Calciumhydrogencarbonat als Calciumcarbonat:

$$Ca(OH)_2 + Ca(HCO_3)_2 \rightarrow 2\,CaCO_3\downarrow + 2\,H_2O$$

Außerdem bindet die Calciumhydroxid-Lösung das im Wasser gelöste Kohlenstoffdioxid:

$$Ca(OH)_2 + CO_2 \rightarrow CaCO_3\downarrow + H_2O$$

Aus Wasser, das kaum Magnesium-, Eisen- oder Mangan-Ionen enthält, kann man mit Kalkwasser reines Calciumcarbonat ausfällen, das sich gut verkaufen lässt. Verwendet man Wasser, das nennenswerte Anteile der Ionen Mg^{2+}, Fe^{2+} oder Mn^{2+} aufweist, bringt die Beseitigung und Verwendung des unreinen Calciumcarbonats Probleme.

Enthält die Bodenpassage des Regenwassers kaum Calciumcarbonat, z. B. in Buntsandsteingebieten, ist das Grundwasser sehr weich und kohlensäurereich. Das Trinkwasser muss dann „aufgekalkt", also künstlich hart gemacht werden.

Tabelle 1: Härtebereich von Trinkwasser

Bereich	Härtebeschreibung	Gesamthärte in mmol/L	Gesamthärte in °dH
1	weich	< 1,3	< 7,3
2	mittel	1,3 bis 2,5	7,3 bis 14
3	hart	2,5 bis 3,8	14 bis 21,3
4	sehr hart	> 3,8	> 21,3

Technisch geschieht dies wie in der Natur:

Man lässt im Wasserwerk das CO_2-haltige Wasser über Calciumcarbonat rieseln.

Wiederholung und Vertiefung

1. **Was versteht man unter der Härte des Wassers?**
2. **Wodurch unterscheidet sich die temporäre Härte von der permanenten?**
3. **Welche Maßeinheiten verwendet man für die Gesamthärte des Wassers?**
4. **In welchem Bereich sollte die Härte des Trinkwassers liegen?**
5. **Warum muss man Kesselspeisewasser vor Gebrauch enthärten?**
6. **Welche technischen Möglichkeiten zum Enthärten harten Wassers gibt es?**

9.2.5 Wasserkreisläufe in Produktionsprozessen

Prozesswärme und Kühlung

Oft entsteht in der Industrie die Aufgabe, Wärme, z. B. Prozesswärme, vom Entstehungsort abzuleiten. Kraftwerke können aus physikalischen Gründen nur etwa 40 % der chemischen Energie von Kohle, Gas oder Öl durch Verbrennung in nutzbare elektrische Energie umwandeln.

Die Verbrennungswärme erzeugt hochgespannten (unter Überdruck stehenden) Dampf, der eine Turbine und den damit gekoppelten Generator antreibt. Der überwiegende Teil der Primärenergie geht als Verlustwärme, also als „Abfallwärme", verloren, die letztlich von der Umgebung aufgenommen werden muss.

> Bei den meisten Produktionsprozessen entsteht unerwünschte Verlustwärme, die an die Umgebung abgegeben werden muss.

Auch Kernkraftwerke leiten die Reaktorwärme unter entsprechenden Verlusten über die Erzeugung von Dampf einer Dampfturbine zu, die einen Generator antreibt.

Zum **Kühlen** nehmen Industriebetriebe Flusswasser auf, reinigen es mechanisch und leiten es wieder direkt in den Fluss zurück. Das Kühlwasser nimmt die Wärme auf und erwärmt damit auch das Flusswasser. Dieser *Frischwasserbetrieb* ist nur zulässig, wenn die Temperatur des Gewässers nicht zu sehr ansteigt.

> Der industrielle Kühlungsprozess darf Flusswasser nicht mehr als 5 K über die Entnahmetemperatur und nicht über die Flussgrenztemperatur von 28 °C erwärmen.

(Temperaturunterschiede werden in Kelvin angegeben, z. B. 27 °C – 22 °C = 5 K.)

Die Erwärmung des Flusswassers erniedrigt seinen Sauerstoffgehalt. Bei normalem Luftdruck von 1013 hPa und einer Temperatur von 0 °C sind etwa 15 mg Sauerstoff in 1 L Wasser gelöst, bei 20 °C sind es 9,1 mg und darüber noch weniger.

Erhöhte Temperatur begünstigt zudem den Abbau organischer Stoffe im Wasser. Dies hat zur Folge, dass die Sauerstoffkonzentration weiter abnimmt. Die Gewässergüte verschlechtert sich durch die vermehrten Fäulnisprodukte und dies erschwert wiederum die Aufbereitung von Trinkwasser.

Kühltürme

Kühltürme für **Durchlaufkühlung**, im Ablaufbetrieb *ohne einen Wasserkreislauf*, nehmen Frischwasser auf, leiten es durch den Wärmeaustauscher, in dem das Wasser die Prozesswärme zum Kühlturm mitnimmt **(Bild 1)**. Dort wird die Wärme an die Umgebungsluft abgegeben und das erwärmte Kühlwasser zurückgekühlt.

Kühltürme für **Umlaufkühlung**, also *im Kreislaufbetrieb*, müssen größer als für den Ablaufbetrieb sein, weil sie das Kühlwasser fast wieder auf die Entnahmetemperatur herunterkühlen müssen **(Bild 2)**. Aus dem Kreislauf wird nur etwa 1 % Abschlämmwasser entfernt, damit die Salzkonzentration im Kreislauf gleich bleibt. Im Kühlturm verdunsten rund 2 % des Wassers, sodass 97 % im Kreislauf verbleiben. Nur 3 % Frischwasser muss dann zugeführt werden.

In einem **Nasskühlturm** zerteilt eine Rieselanlage oben das Wasser. Es rinnt der von unten einströmenden Luft entgegen. Der Kühlturm wirkt dabei wie ein Kamin. Die erwärmte Luft entweicht nach oben. Dort ist der Turmquerschnitt eingeschnürt, um die Luftgeschwindigkeit auf 2 m/s bis 3 m/s am Austritt zu erhöhen *(Naturzug-Kühlturm)*. Die

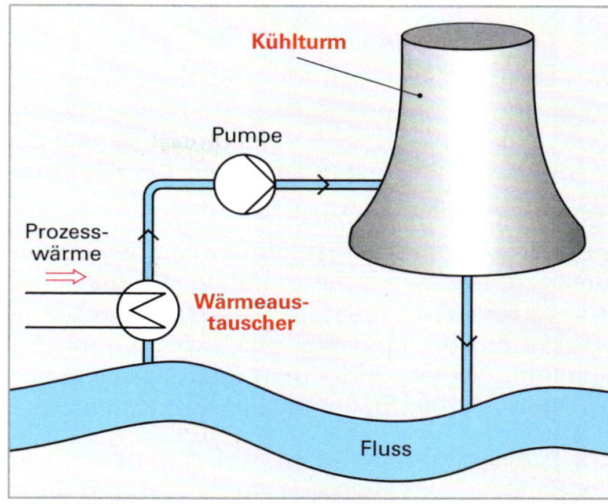

Bild 1: Kühlturm mit Durchlaufkühlung

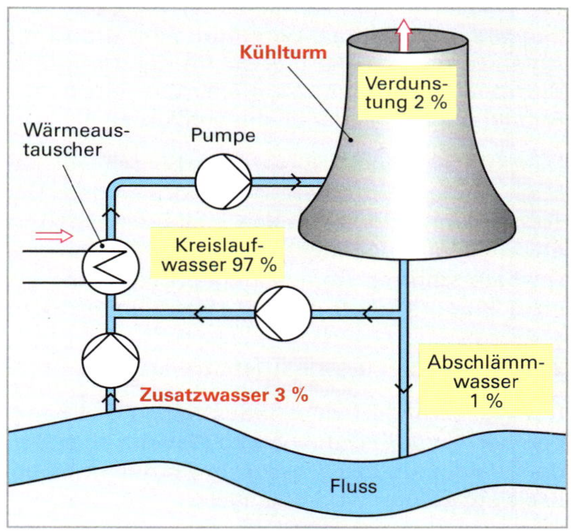

Bild 2: Kühlturm mit Umlaufkühlung

Luftströmung saugt frische Luft von unten her nach **(Bild 1, folgende Seite)**. Die entgegenströmende Luft zerstäubt das Wasser, das sich teilweise in der Luft löst *(Verdunstungskühlung)*.

Bei der Phasenumwandlung flüssig – gasförmig nimmt jedes Gramm des verdunstenden Wassers 2,26 kJ auf. Diese Wärmemenge wird beim Kondensieren (Umwandlung gasförmig – flüssig) wieder frei. Die Verdunstungskühlung führt 80 % der Gesamtwärme im Kühlturm ab.

> Ein Naturzug-Nasskühlturm verteilt die Prozesswärme besonders wirksam an die Umgebung und ist daher am häufigsten anzutreffen.

Ein solcher Kühlturm hat allerdings riesige Abmessungen: Er wird für eine Abwärmeleistung von 1000 MW bis 2500 MW mit einer Höhe von 80 m bis 170 m gebaut. Kleinere Kühltürme mit Zwangsbelüftung durch Ventilatoren verwendet man z. B. für Chemieanlagen und bei beengten Platzverhältnissen.

Einen Nasskühlturm erkennt man an der weithin sichtbaren weißen Kühlturmfahne, die aus feinen Wassertröpfchen besteht. Als Nachteile eines Nasskühlturms sind nur die Nebelbildung bei feuchtem Wetter zu nennen und Glatteisgefahr im Winter in unmittelbarer Nähe des Kühlturms.

Ein **Trockenkühlturm** wird an Orten gebaut, an denen kein Flusswasser verfügbar ist. Der Turm besitzt einen geschlossenen Kühlkreislauf: Reinstes Wasser in den Kondensator (von lat. condensare = verdichten) gepumpt, nimmt dort die Abfallwärme auf und gibt sie im Kühlturm über Wärmeaustauscher, nämlich kilometerlange Rohrleitungen, wieder an die Kühlluft ab.

Das Kühlsystem lässt sich am besten mit der Motorkühlung in einem Auto vergleichen. Der Trockenkühlturm kann allerdings die besonders effektive Verdunstungskühlung nicht ausnutzen. Deshalb sind die Abmessungen des Turms um etwa 30 % größer als die eines Nasskühlturms.

Wasserkreislauf in Industriebetrieben

Der Wasserbedarf eines Industriebetriebs hängt von der Art der Produktion ab **(Tabelle 1)**, außerdem davon, ob das Wasser im Betrieb in einem Kreislauf geführt wird oder nicht.

> Ein Betrieb mit Wasserkreislauf benötigt wesentlich weniger Frischwasser.

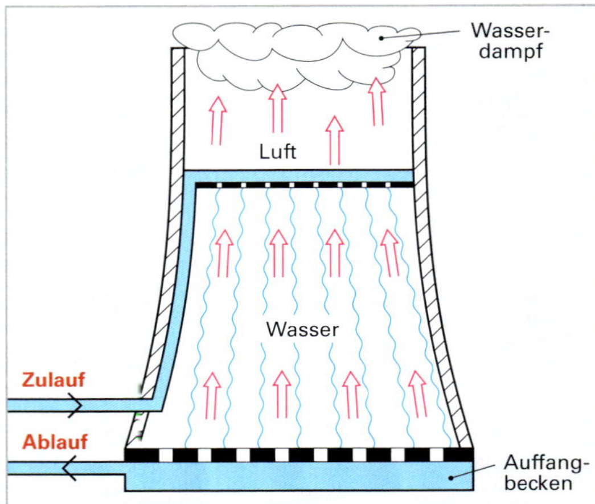

Bild 1: Nasskühlturm

- Sedimentation
- Filtration
- Flockung, Fällung
- Austreiben flüchtiger Stoffe (Strippung)
- Konzentrationsausgleich
- Oxidation, z. B. durch Ozonbehandlung
- Ionenaustausch

Bild 2: Verfahren industrieller Abwasserreinigung

Ist außerdem eine eigene Betriebskläranlage mit den Verfahren der Abwasserreinigung von **Bild 2** vorhanden, wird auch die Abwasserbelastung, gemessen als chemischer Sauerstoffbedarf CSB, erheblich reduziert **(Bild 1, folgende Seite)**.

Tabelle 1: Wasserbedarf und Abwasseranfall

Industriezweig	Produktions-einheit	Wasserbedarf		Abwasseranfall	
		ohne	mit	ohne	mit
		Kreislaufbetrieb		Kreislaufbetrieb	
Kraftwerk	1 kWh	165 L	3,6 L	162 L	1,2 L
Stahlherstellung	1 kg	84 L	4 L	83 L	3,7 L
Textilindustrie	1 kg Zellwolle 1 kg Garn	556 L 132 L	234 L 47 L	512 L 124 L	220 L 45 L
Zellstoffindustrie	1 kg	200 L	10 L	197 L	7 L
Papierindustrie	1 kg	30 bis 70 L	1,5 bis 2 L	30 bis 70 L	$\leq$ 0,1 L

Viele Produktionsbetriebe verfügen über einen Wasserkreislauf und eine eigene Abwasserreinigung, die den Frischwasserverbrauch stark vermindert und das Abwasser weitgehend vorreinigt.

Beispiele für Wasserkreisläufe in Produktionsbetrieben

Stahlindustrie. In Walzwerken z. B. entstehen beim Glühen des Walzgutes auf über 1200 °C Sinterteilchen mit Durchmessern teils unter 1 μm. Öle und Fette, die an den Körnchen haften, verhindern ein Absetzen im Wasser.

Grobe Sinterteilchen entfernt man unmittelbar an der Walzstraße in wassergefüllten Gruben. Die Teilchen werden dem Schrott zugemischt, der in den Hochofen kommt. In großen Absetzbecken, die eine Wasseroberfläche von rund 250 m^2 besitzen, sinken Teilchen mit Durchmessern über 30 μm ab und werden anschließend abfiltriert.

Für den Wasserkreislauf sind je kg Stahl 0,55 L Frischwasser von außen aufzunehmen. 0,28 L/kg verdunsten und 0,27 L/kg verlassen als Abwasser den Produktionsbetrieb.

Oberflächenveredelung. Galvanisier- und Eloxieranstalten müssen einen Wasserkreislauf mit eigener Klärung einrichten, weil sonst die Schadstoffe, die mit dem Abwasser ausgetragen würden, in die Nahrungskette von Mensch und Tier gelangen könnten.

Chemische Verfahren wie Fällung und Ionenaustausch entfernen die Metall-Ionen aus dem Spülwasser. Natronlauge, Kalkmilch oder Soda fällen die Ionen als schwerlösliche Metallhydroxide oder Metallcarbonate aus.

Mögliche Komplexbildungen erschweren die Fällungsreaktionen: Metall-Ionen ziehen z. B. andere Ionen oder Dipolmoleküle an (Anlagerungskomplexe) oder binden die Partner durch Atombindungen (Durchdringungskomplexe). Durch die Komplexbildung entstehen relativ große Atomzusammenballungen, die leicht löslich sind.

Ionenaustauscher sind besondere, wasserunlösliche Kunstharze, die angelagerte Ionen enthalten **(Bild 2)**. Sie können diese Ionen gegen andere Ionen einer Lösung mit gleichem Vorzeichen der elektrischen Ladung austauschen.

Nach Art der Ionenladung unterscheidet man **Anionenaustauscher** und **Kationenaustauscher**.

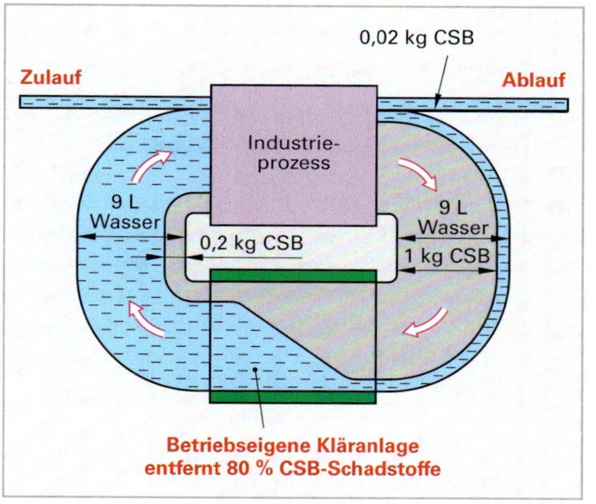

Bild 1: Wasserkreislauf eines Industriebetriebs

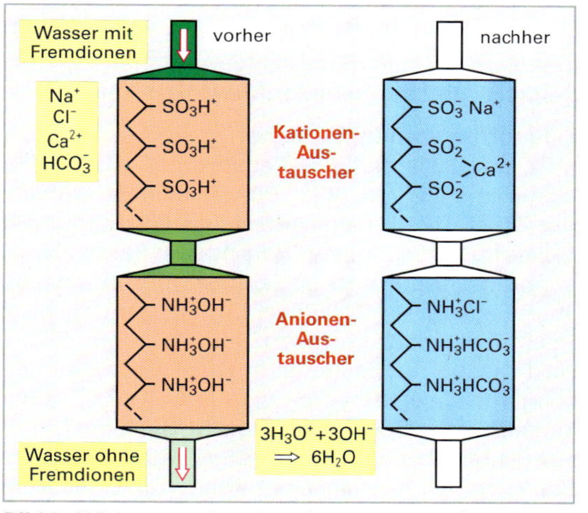

Bild 2: Wirkungsweise eines Ionenaustauschers

Unter einem *Anion* (Ion, das zur Anode einer angelegten Spannung wandert) versteht man ein elektrisch negativ geladenes Ion. Ein *Kation* (Ion, das sich zur Katode bewegt) ist ein elektrisch positiv geladenes Ion.

Kationenaustauscher nehmen Kationen auf und geben dafür H_3O^+-Ionen in die Lösung ab, Anionen-Austauscher entziehen dem Wasser Anionen und liefern dafür OH^--Ionen.

Die Hydronium-Ionen reagieren mit den Hydroxid-Ionen zu Wasser: $H_3O^+ + OH^- \rightarrow 2\,H_2O$.

Mit Ionenaustauschern lassen sich alle unerwünschten Ionen im Wasser restlos entfernen. Deshalb wird das Ionenaustauscher-Verfahren in der Industrie oft angewendet. Mit ihm kann man auch teure Metalle wiedergewinnen oder besonders problematische Abwässer endreinigen.

Die *Ionenaustauscherharze* sind Kügelchen mit einem Durchmesser von 0,3 mm bis 1,5 mm. Sie haben eine Gel-Struktur und quellen im Wasser auf. Ihre Aufnahmekapazität für Metall-Ionen bzw. Säurerest-Ionen ist allerdings begrenzt. Sind die Austauscher erschöpft, muss man sie regenerieren (lat. regenerare = wiederherstellen, auffrischen). Eine Säure, meist Salzsäure, regeneriert Kationenaustauscher. Anionenaustauscher frischt man mit einer Lauge wieder auf, meist mit Natronlauge.

Mit den Ionenaustauschern wird nur schwach belastetes Wasser aufbereitet. Die Aufnahmekapazität der Harze ist nicht groß und die Regenerierchemikalien sind teuer.

Ionenaustauscher gibt es als Zwei-Behälter-, Vier-Behälter- und Ein-Behälter-Mischbett-Anlagen.

Zellstoffherstellung. Zellstoff gewinnt man aus Holz, das 30% bis 50% Zellulose, 20% bis 35% Lignin und 15% bis 35% Polysaccharide enthält. Der Zellstoff fällt beim Aufschluss (Verfahren zur Zellstoffgewinnung) von Holz oder anderen Faserpflanzen an. Zellstoff ist feinfaserig und besteht überwiegend aus Zellulose. Zur Gewinnung wird Holz mechanisch zerfasert und zerrieben. Dann wird es zum Aufschließen in einer wässrigen Lösung von Calciumhydrogensulfit $Ca(HSO_3)_2$ oder Magnesiumhydrogensulfit $Mg(HSO_3)_2$ einem Druck von 0,4 MPa bis 0,7 MPa und einer Temperatur von 125 °C bis 150 °C ausgesetzt. Neue Aufschlussverfahren verwenden Methanol und Ethanol, welche die Zellulose-Begleitstoffe in reiner und leicht abtrennbarer Form in der Extraktionsflüssigkeit lösen. Die Bleicherei entfernt die Reste von Lignin und bleicht heute chlorfrei mit Sauerstoff und Wasserstoffperoxid H_2O_2 (Abschnitt 6.5.7).

Der Herstellungsprozess benötigt 8 L Frischwasser je kg Zellstoff. 1,6 kg Sulfitablauge fallen je kg Zellstoff ab **(Tabelle 1)**. Für die Ablauge ist trotz der wertvollen Inhaltsstoffe noch keine sinnvolle Verwertung gefunden worden, die alle anfallenden Mengen nutzen könnte. Deshalb dampft man überschüssige Ablauge auf die 56% Feststoffanteil ein, verbrennt den Rückstand und gewinnt damit die Energie für den Herstellungsprozess.

Papierherstellung. Für holzfreies und hochwertiges Papier verwendet man Zellstoff. Sonst genügt Holzschliff, bei dem Lignin und Polysaccharide

Tabelle 1: Bestandteile der Sulfitablauge

Stoff	Masse in g je kg Zellstoff
Zucker (Kohlenhydrate)	600 bis 800
Ligninsulfonsäure	600 bis 800
Zuckersulfon- und Aldonsäuren	150 bis 250
Essigsäure	30 bis 90
Methanol	7 bis 10
Furfural	5 bis 6
2-Oxopropanal	5 bis 6
Methanal	2 bis 6
Ameisensäure	0,5 bis 1
Cymol	0,3 bis 1

nicht mehr abzutrennen sind. Zum Herstellen von 1 kg Papier benötigte man vor 100 Jahren 800 L Wasser, vor 40 Jahren genügten 70 L. Durch Wasserkreisläufe konnte man den Frischwasserbedarf heute auf 10 L/kg einengen (Abschnitt 6.5.7).

Der Wasserverbrauch für die Papierherstellung wurde in 100 Jahren auf 1,3 % des ursprünglichen Verbrauchs reduziert.

Wiederholung und Vertiefung

1. **Warum brauchen große Kraftwerke Kühltürme?**
2. **Welche gesetzlichen Auflagen sind bei Nasskühltürmen zu beachten, die das Kühlwasser wieder in den Fluss leiten?**
3. **Welche Vorteile haben Nasskühltürme gegenüber Trockenkühltürmen?**
4. **Erläutern Sie den Wasserkreislauf bei einem Nasskühlturm.**
5. **Welche Vorteile ergeben sich bei werkseigener Abwasserreinigung?**
6. **Welche Probleme treten bei der Abwasserreinigung eines Galvanisierbetriebs auf?**
7. **Erklären Sie die Wirkungsweise von Ionenaustauschern.**

9.2.6 Abwassersammlung und Abwasserentsorgung

Der Begriff *Abwasser* umfasst nicht nur das Schmutzwasser aus den Haushalten, den gewerblichen Betrieben oder von der Landwirtschaft **(Bild 1, folgende Seite)**. Unter Abwasser versteht man auch das Niederschlagswasser, also das Regenwasser oder das Wasser der Schneeschmelze. Die Abwässer der Haushalte in Deutschland gelangen zu mehr als 90% in eine mechanisch-biologische Kläranlage.

Moderne Kanalisationen, z. B. in Neubaugebieten, sammeln das Schmutzwasser getrennt vom Niederschlagswasser (oft in Zisternen) schon auf den Grundstücken ein **(Bild 1)**.

Das Abwasser aus dem Regenkanal fließt über ein Regenklärbecken direkt in den Vorfluter. Das Regenklärbecken entleert sich nach der gewünschten Aufenthaltszeit durch einen Überlauf.

Die Schmutzwasserkanäle liefern an das Klärwerk schwankende Abwassermengen: Die Abflussmenge ist mittags am größten und nachts am kleinsten.

Alle alten Kanalisationen arbeiten nach dem *Mischverfahren* **(Bild 2)**. Schmutzwasser und Niederschlagswasser werden schon auf den Grundstücken im gemeinsamen Anschlusskanal zusammengeführt.

> Im Mischverfahren sind Pumpwerk und Kläranlage nach starken Regenfällen zu entlasten.

Regenüberlaufbecken fangen bei kleinen Anlagen den ersten Teil eines Starkregens auf. Dabei füllt sehr verschmutztes Wasser dieses Becken auf. Dann strömt das überschüssige Wasser nach grober Entschlammung durch einen Überlauf dem Vorfluter zu.

Regenrückhaltebecken puffern bei starkem Regen das Abwasser der Kanalisation und geben dann den Beckeninhalt langsam an das nachfolgende Kanalnetz ab. Rückhaltebecken sind so groß angelegt, dass sie einen starken Regen meist vollständig aufnehmen können. Im Becken setzen sich die Feststoffe des Niederschlagswassers ab.

Die **Abwasserreinigungsanlage** (Kläranlage, Klärwerk) ahmt die Vorgänge der Gewässer-Selbstreinigung nach **(Bild 3)**.

In der **mechanischen Stufe** der Kläranlage halten Rechen oder Siebe die groben festen Stoffe zurück. Im anschließenden Sandfang können sich die kleinen mineralischen Bestandteile absetzen (Sedimentation von lat. sedimentum = Bodensatz). Bei langen Sandfängen wird Luft eingeblasen, sodass sich eine Kreisbewegung des Abwassers einstellt. Dadurch entstehen Zentrifugalkräfte, welche die kleinen mineralischen Bestandteile abscheiden. Öle und Fette und andere wasserunlösliche Stoffe, die leichter als Wasser sind, steigen an die Oberfläche und werden dort abgezogen. Die eingeblasene Luft beschleunigt das Aufsteigen der wasserunlöslichen Stoffe (Flotation von engl. to float = schwimmen lassen).

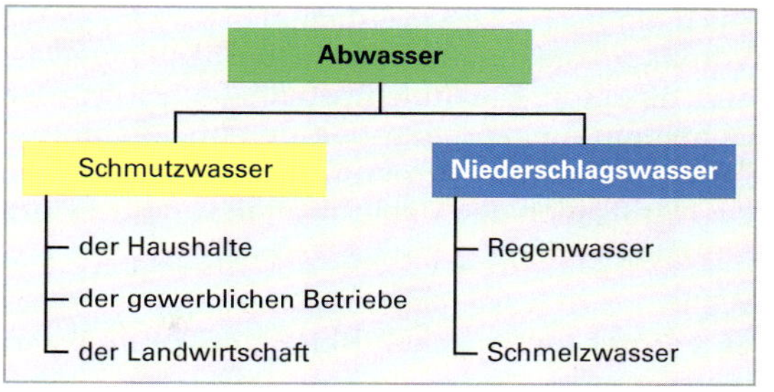

Bild 1: Abwasserarten

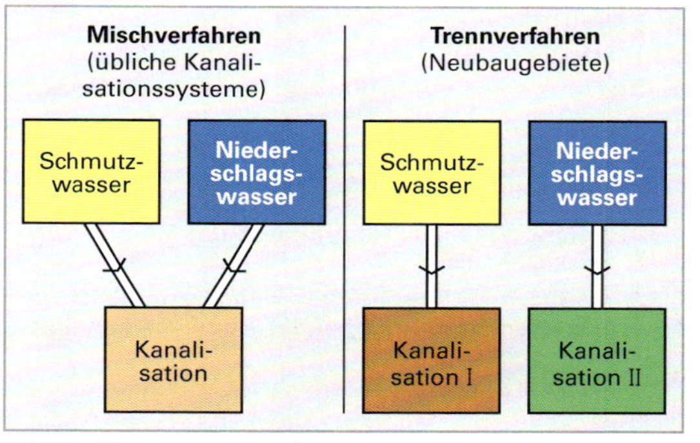

Bild 2: Abwassersammlung

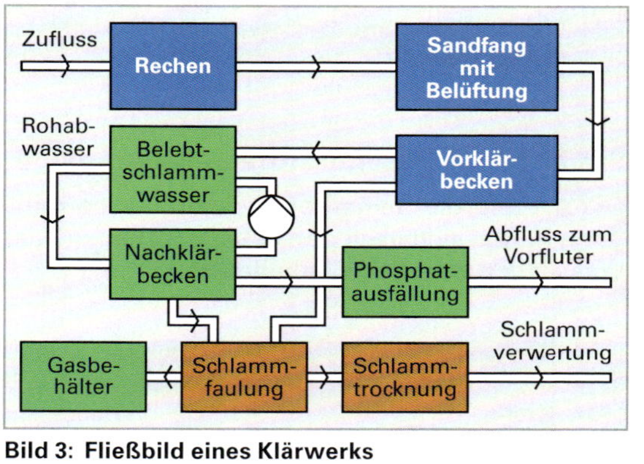

Bild 3: Fließbild eines Klärwerks

> In der mechanischen Stufe der Kläranlage werden die wasserunlöslichen Schmutzteile durch Sedimentation und Flotation abgeschieden.

Im **Vorklärbecken** setzen sich die Reste der wasserunlöslichen Stoffe ab. Die mechanische Stufe verringert auch die biologisch abbaubaren Stoffe um 10 % bis 30 %.

Die **biologische Stufe** verdichtet in kurzer Zeit die Vorgänge, die in natürlichen Oberflächengewässern ablaufen. Die Stufe besteht aus Tropfkörper, Scheibentauchkörper oder Belebtschlammbecken, Nachklärbecken und, falls nötig, Anlagen zur Nitrifikation und Denitrifikation von Stickstoffverbindungen.

Wenn das Abwaser sauer oder alkalisch ist, muss es vor der biologischen Reinigung neutralisiert werden.

Zur **Schlammbehandlung** in der letzten Klärwerksstufe dienen Eindicker, Filterpressen und Zentrifugen. Der Rest des eingetrockneten Schlamms wird weiterverwertet, z.B. als Dünger, oder verbrannt.

Wiederholung und Vertiefung

1. **Welche Wasserarten umfasst der Begriff „Abwasser"?**
2. **Wodurch unterscheiden sich Trennverfahren und Mischverfahren bei der Abwasserkanalisation?**
3. **Welche Aufgaben erfüllt a) ein Regenüberlaufbecken und b) ein Regenrückhaltebecken?**
4. **Nennen Sie die verschiedenen Verarbeitungsstufen einer Abwasserreinigungsanlage.**
5. **Was geschieht mit dem Schlamm, den ein Klärwerk produziert?**

9.2.7 Mechanische Stufe der Kläranlage

Die Art und die Reihenfolge der Abwasserreinigung richtet sich nach den Inhaltsstoffen, die das Wasser verunreinigen **(Tabelle 1)**.

Rechen und *Siebe* halten grobe Sperrstoffe und Schwimmstoffe zurück, außerdem Holzteile, Faserstoffe und Kunststoffe sowie Spinnstoffe. Die Rechen und die Siebe sind so bemessen, dass das Abwasser noch mit Geschwindigkeiten von 1 m/s bis 1,5 m/s fließt, damit sich nicht Feststoffe schon vor der Rechen-Anlage absetzen.

Stabrechen und gebogene Rechen haben als *Grobrechen* Stababstände von 2 cm bis 5 cm, die dahinter liegenden *Feinrechen* einen Abstand kleiner 1 cm.

Als **Siebe** verwendet man gelochte oder geschlitzte Bleche oder auch Gewebe mit höchstens 1 mm bis herunter zu 15 µm Maschenweite.

Bogensiebe haben eine starre, bogenförmig gekrümmte Strebfläche, über die das Abwasser von oben her fließt. Die Schmutzstoffe rutschen dem Sieb entlang nach unten, wo sie aufgefangen werden.

Trommelsiebe sind außen mit der Strebfläche bespannt und drehen sich langsam. Das Abwasser fließt entweder von außen nach innen oder umgekehrt. Wasserstrahlen spritzen das Siebgut ab, das auch mit rotierenden Bürsten oder durch eine Schnecke entfernt und aufgefangen werden kann.

Siebbänder führt man endlos über Rollen. Sie tauchen in das Abwasser ein. Die Feststoffe setzen sich auf dem angeströmten Bandteil ab. Rotierende Bürsten und Spritzwasser heben das Siebgut vom Endlosband ab.

Tabelle 1: Inhaltsstoffe des Abwassers

Art	Stoffe	Verfahren zum Entfernen	Beispiele
ungelöste Stoffe	grobe Feststoffe	Absetzen und Filtration	Rechen, Siebe
	absetzbare anorganische Stoffe	Absetzen, (Filtration)	Sandfang
	absetzbare organische Stoffe	Absetzen, (Filtration)	Vorklärbecken
	Schwimmstoffe	Flotation und Filtration	Vorklärbecken, Ölabscheidung, Fettfang
	suspendierte Schwebstoffe	Flockung mit Absetzen, Filtration	(Vorklärbecken), biologische oder chemische Behandlung
gelöste Stoffe	biologisch abbaubare organische Stoffe	mikrobiologische Umwandlung	Belebtschlammbecken oder Tropfkörper, aerobe und anaerobe Reaktoren
	biologisch nicht abbaubare organische Stoffe	physikalisch-chemische Behandlung	Adsorption, Extraktion. Strippung, Oxidation, Fällung oder Flockung
	anorganische Stoffe	physikalisch-chemische Behandlung	Eindampfen, Umkehrosmose, Ionenaustausch, Neutralisation, Fällung oder Flockung

Die Rechenanlage und die Siebanlage eines Klärwerks entfernen die groben Feststoffe aus dem Abwasser.

Im **Sandfang** ist die Fließgeschwindigkeit des Abwassers auf 0,3 m/s bis 0,6 m/s so weit vermindert, dass sich Sand und ähnliche körnige Stoffe absetzen können. Der Sand, häufig in der Mischkanalisation angeschwemmt, ist vom Abwasser zu trennen, weil er sonst die Schlammpumpen beschädigen kann. Meist verwendet man einen belüfteten Sandfang **(Bild 1)**. In ihm können sich die mineralischen Anteile wegen ihrer größeren Dichte trotz der aufsteigenden Luftbläschen absetzen. Die aufwärts strömende Luft führt zu rotierender, spiralförmiger Wasserbewegung, welche die leichteren organischen Schlammteilchen durch Flotation in Schwebe hält oder sie sogar als Schwimmschlamm ausschäumt.

Zur Abscheidung von Öl und Fett setzt man im selben Becken oft das physikalische Verfahren der Flotation ein **(Bild 2)**. Dieses Verfahren trennt die Flüssigkeit von aufschwimmenden Stoffen, die man dann abschöpft. Auftriebshilfe sind Gasbläschen, die durch Einblasen von Luft im Wasser entstehen.

Die Flotation trennt spezifisch leichte, hydrophobe Feststoffe und Flüssigkeiten, die sich nicht mit Wasser mischen lassen, vom Abwasser.

In Klärwerken verbreitet ist die **Entspannungsflotation**. Eine Belüftung mit starkem Druck sättigt das Abwasser im Zulauf mit Luft. Im Flotationsbecken entspannt sich das Wasser bei normalem Luftdruck und überall in der Flüssigkeit entstehen Gasblasen.

Der abgesetzte Sand enthält organische und fäulnisfähige Stoffe, die übelriechende Gase entwickeln könnten. Der abgeschiedene Sand kommt z.B. nach einer Wäsche auf die Deponie.

Im **Vorklärbecken** setzen sich organische, suspendierte Stoffe ab.

Vorklärbecken trennen die suspendierten organischen Stoffe vom Abwasser ab.

Die Becken können rechteckig oder rund sein. Das Abwasser strömt durch *rechteckige Becken* horizontal und längsseits **(Bild 3)**. Längsräumer schieben den Schlamm in einen Trichter, wo er abgesogen wird. In *runden Becken* strömt das Abwasser in der Mitte von unten ein und gelangt von dort nach oben und außen zum Ablauf **(Bild 4)**. Der Beckenboden ist dabei konisch

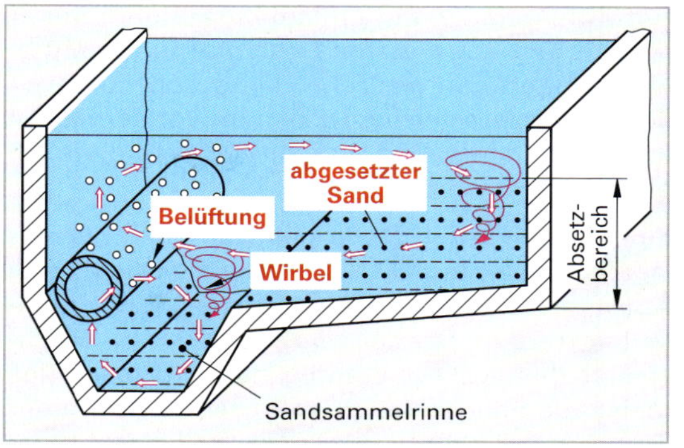

Bild 1: Belüfteter Sandfang

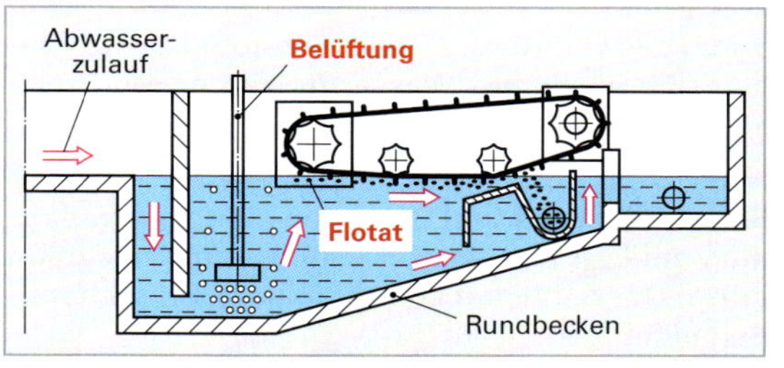

Bild 2: Flotation mit Tauchbelüftung

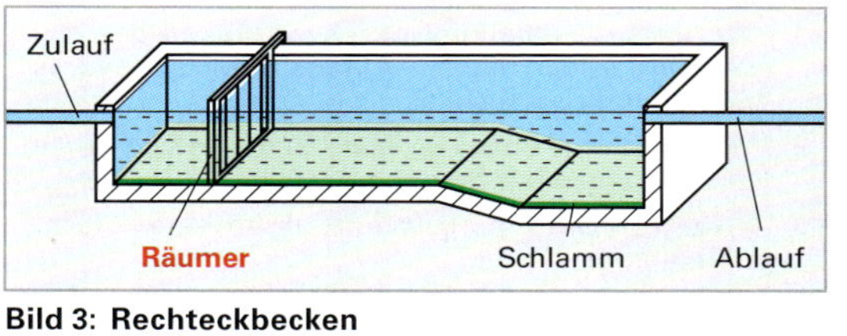

Bild 3: Rechteckbecken

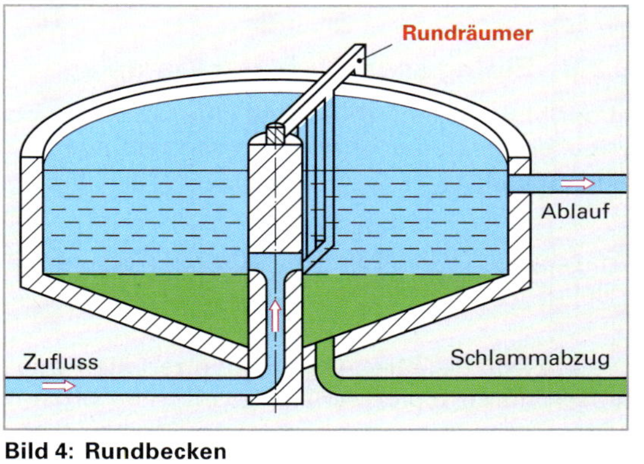

Bild 4: Rundbecken

zur Mitte geneigt. Ein umlaufender Rundräumer schiebt den abgesetzten Schlamm in die Mitte, wo er abgezogen wird. Die Fließgeschwindigkeit des Abwassers verringert sich im Vorklärbecken auf unter 1 cm/s. Das Wasser verbleibt dann 1,5 bis 2 Stunden im Becken.

Zur mechanischen Stufe gehören auch die Anlagen zur **Abwasserfiltration**, die allerdings vom Abwasser erst nach der biologischen Stufe durchlaufen werden. Bei der **Überlauffiltration** durchströmt das Wasser ständig das Filterbett, das meist aus Sandschichten mit nach unten immer gröberer Körnung besteht. Auf der Filteroberfläche steht etwa ein halber Meter Wasser. Bei der **Trockenfiltration** rieselt das Abwasser langsam durch das Filterbett. Auf der Filteroberfläche können sich höchstens Wasserpfützen bilden (siehe auch Seiten 396 bis 398).

Nach 12 bis 48 Stunden beladen die zurückgehaltenen Feinstoffe und Bakterien die Filter, sodass man mit Luft und Wasser im Gegenstrom spülen muss. Der Schlamm kommt danach zur weiteren Behandlung.

Wiederholung und Vertiefung

1. **Warum muss die Fließgeschwindigkeit des Abwassers in der Rechen-Anlage eines Klärwerks noch relativ groß sein?**
2. **Wie verhindert man im Sandfang des Klärwerks das Absetzen der Schwebstoffe im Abwasser?**
3. **Erläutern Sie die Funktionsweise einer Flotationsanlage.**
4. **Wozu dienen die Vorklärbecken einer Kläranlage?**

9.2.8 Biologische Stufe der Kläranlage

In der biologischen Stufe eines Klärwerks bauen vor allem *Bakterien* organische Verbindungen im Abwasser ab:

$$\text{Organische Stoffe} + O_2 \xrightarrow{\text{Bakterien-tätigkeiten}} \left\{ \begin{array}{c} CO_2, \\ H_2O \end{array} \right\} + \text{Bakterien-zuwachs}$$

Die Enzyme der Mikroorganismen zerlegen katalytisch durch biologische Oxidation die organischen Verbindungen in einfachere Moleküle, zuletzt meist zu Kohlenstoffdioxid CO_2 und Wasser H_2O, manchmal auch zu Ammonium NH^{4+} (Abschnitt 3.2.3). Einen Teil der organischen Verbindungen bauen die Bakterien in ihre Zellsubstanz ein und verwenden sie als Nährstoffe. Je nachdem, woher der Sauerstoff zum Atmen kommt, unterscheidet man **aerobe Bakterien** (Aerobier) und **anaerobe Bakterien** (Anaerobier). Aerobier bauen organische Verbindungen im Abwasser ab, wenn molekularer Sauerstoff O_2 im Wasser gelöst ist. Anaerobier holen sich den Sauerstoff zum Atmen durch Reduktion chemischer Verbindungen im Wasser, z. B. von Nitriten (NO_2^-), Nitraten (NO_3^-) oder Sulfaten (SO_4^{2-}). Die Bakterien setzen aus den organischen Verbindungen Kohlenstoffdioxid CO_2 und Methan CH_4 frei. Als Zwischenprodukte entstehen verschiedene, übel riechende Fettsäuren. Deshalb führt man im Klärwerk die Faulung nur in geschlossenen Behältern durch, z. B. in einem Faulturm (siehe auch Seite 108).

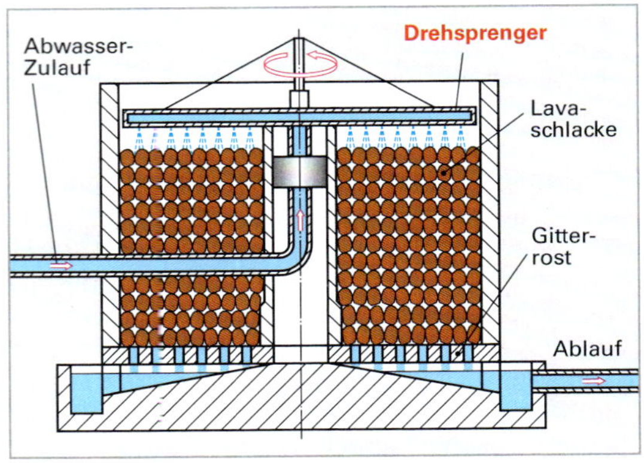

Bild 1: Abwasserreinigung in Tropfkörpern

> Aerobe Mikroorganismen brauchen elementaren Sauerstoff zum Leben, anaerobe gewinnen den Sauerstoff aus chemischen Verbindungen.

In kleineren kommunalen Kläranlagen findet die biologische Abwasser-Reinigung in **Tropfkörpern** statt **(Bild 1)**. Tropfkörper gehören zu den *Festbettreaktoren*, in denen die Mikroorganismen auf festem Untergrund angesiedelt sind.

> Hoch belastete Tropfkörper entfernen die Kohlenstoffverbindungen und dienen der biologischen Grundreinigung, schwach belastete Tropfkörper bewirken auch eine Nitrifikation.

Ein Tropfkörper ist ein zylindrisches Bauwerk mit bis zu 20 m Höhe, in dem auf einem luftdurchlässigen Rost zunächst eine Stützschicht aus gröberen Füllkörpern liegt und darüber kleinere Füllkörper lagern. Die Füllkörper aus Lavaschlacke oder

Tabelle 1: Vergleich des Tropfkörperverfahrens mit dem Belebtschlammverfahren

Merkmal	Tropfkörperverfahren	Belebtschlammverfahren
Historische Herkunft	Weiterentwicklung der Landberieselung	Weiterentwicklung der Abwasserteiche
Vorbild in der Natur	Natürlicher Abbau im Boden und an Wasseroberflächen, die mit Bakterien besiedelt sind.	Natürliche Gewässerreinigung durch suspendierte Bakterien
Durchströmung	Vertikal	Horizontal
Belüftung	Künstlich	Offene Bauweise, technische Lüftung
Flächenbedarf	Kleine Grundfläche, weil Bau in die Höhe möglich ist.	Große Fläche nötig
Stationierung der Bakterien	Im biologischen Rasen an der Oberfläche der Füllkörper	Beweglich schwebend und gleichmäßig im Wasser verteilt
Schlammanfall	Nur wenig Schlamm durch tote Bakterien	Viel Schlamm durch lebende und tote Bakterien
Schlammaustrag	Kontinuierlich	Kontinuierlich aus Nachklärbecken
Rücklaufschlamm	Nicht notwendig	Nötig, um Bakterienmasse aufrechtzuerhalten.

aus Kunststoffwaben überzieht ein *biologischer Rasen* mit der aktiven Biomasse. Ein elektromotorisch angetriebener oder durch Rückstoß rotierender Drehsprenger spritzt das Abwasser oben auf die Füllkörper. Das Wasser rieselt durch den Reaktionsraum. Am Anfang siedeln sich in kurzer Zeit die Mikroorganismen an und bauen den biologischen Rasen auf.

Scheibentauchkörper sind ebenfalls Festbettreaktoren. Auf einer waagerecht angeordneten Welle sind nebeneinander runde Scheiben befestigt. Die Scheiben drehen sich langsam in einem Trog, der etwa halb gefüllt vom Abwasser durchflossen wird. Auf den Scheiben bildet sich ein festsitzender biologischer Rasen, der beim Auftauchen Sauerstoff aus der Luft aufnimmt. Auch bei schwankender Belastung baut der Scheibentauchkörper organische Schmutzstoffe zuverlässig ab.

Das **Belebtschlamm-Verfahren** ist das am häufigsten eingesetzte Verfahren biologischer Abwasser-Reinigung. Die Unterschiede zwischen Tropfkörperverfahren und Belebtschlamm-Verfahren zeigt **Tabelle 1**. Das Belebtschlamm-Verfahren wurde zu Beginn des 20. Jahrhunderts entwickelt. Man hatte damals beobachtet, dass sich beim Belüften von Abwasser Schlammflocken bilden, die sich rasch absetzen. Füllt man neues Abwasser nach, hält aber den Schlamm zurück, vermehren sich die Schlammflocken und die Belüftungszeit zur Reinigung wird immer kürzer. Der Schlamm ist also „belebt". Der Belebtschlamm enthält aerobe Mikroorganismen neben Kolloiden und suspendierten organischen und anorganischen Stoffen. Das mechanisch vorgereinigte Abwasser kommt in das Belebtschlammbecken.

Die Mikroorganismen sind im ganzen Wasser gleichmäßig verteilt. Oberflächenbelüfter oder Gebläse blasen über Filterkerzen Luft auf bzw. in das Wasser. Die Luftblasen wirbeln den Belebtschlamm auf und halten die Flocken in Schwebe. Die Bakterien nehmen die Schwebstoffe und die gelösten Stoffe in ihren Stoffwechsel auf und überführen sie in die belebte Schlamm-Masse.

Ist die zugeführte organische Masse im Abwasser groß, bauen die Bakterien vor allem Kohlenstoffverbindungen ab. Eine niedrige Schlammbelastung lässt eher zu, dass sich langsam wachsende Mikroorganismen entwickeln, z. B. spezialisierte Bakterien (Nitrosomas), die aerob Ammonium NH_4^+ zu Nitrit (NO_2^-) und Nitrat (NO_3^-) oxidieren.

Das Abwasser gelangt nach der Reinigung in **Nachklärbecken**, in denen sich das gereinigte Wasser vom Schlamm trennt. Das Abwasser fließt dort nur mit einer Geschwindigkeit von weniger als 1 cm/s durch ein Becken. Die Aufenthaltszeit des abgesetzten Schlamms beträgt bis zu zwei Stunden.

> Ein Teil des Schlamms im Nachklärbecken muss zurück in das Belebtschlammbecken gepumpt werden, weil das Wachstum der Bakterien nicht mit dem Austragsverlust Schritt hält.

Klärverfahren der Industrie nutzen für große Abwassermengen die Turmbiologie oder Hochbiologie. Der Belebtschlamm-Prozess findet in einem

Turm statt **(Bild 1)**. Dadurch verkleinert sich der Platzbedarf bis zu etwa 50% und gleichzeitig ist die Sauerstoffversorgung durch Druckluft wesentlich verbessert. Das Nachklärbecken ist meist in der Höhe ringförmig um den Turm angeordnet. Damit ergibt sich für die Schlammrückführung ein sehr kurzer Weg.

> Das Belebtschlamm-Verfahren wird wegen seiner hohen Leistung am häufigsten eingesetzt.

Zur **Denitrifikation**, dem schrittweisen mikrobiellen Abbau von Nitrat-Ionen und Nitrit-Ionen zu elementarem Stickstoff oder zu Distickstoffoxid N_2O (Lachgas), muss der wässrige Schlamm möglichst luftdicht abgeschlossen sein. Die Denitrifikation wird von *anoxischen* Bakterien besorgt. Das sind Bakterien, die ohne Luftsauerstoff leben können. Viele anoxische Bakterienarten, z. B. der Gattung Pseudomonas, können einen besonderen Atemstoffwechsel *(Nitratatmung)* mit biochemischen Reduktionsmitteln wie Ethanol, Essigsäure oder organisch gebundenem Wasserstoff als Protonenspender durchführen:

$$2\,NO_3^- + 10\,H^+ \rightarrow 2\,OH^- + 4\,H_2O + N_2$$

> Aerobe Bakterien oxidieren Ammonium zu Nitriten und Nitraten, die danach von anoxischen Bakterien zu elementarem Stickstoff reduziert werden.

Unter bestimmten Umgebungsbedingungen können Bakterien Phosphor im Zellinneren abspeichern (biologische Phosphatentfernung). Besser unter Kontrolle hat man die chemisch-physikalische *Phosphatelimination* (von lat. eliminare = über die Schwelle tragen, austreiben). Eisen-Ionen Fe^{3+}, Aluminium-Ionen Al^{3+} oder seltener Calcium-Ionen Ca^{2+} fällen dosiert die Phosphat-Ionen aus dem Abwasser:

$$PO_4^{3-} + Fe^{2+} + SO_4^{2-} \rightarrow FePO_4\downarrow + SO_4^{2-} + e^-$$

Es bilden sich unlösliche Verbindungen, die zusätzlich noch mit Kolloiden im Abwasser koagulieren. Die entstandenen Flocken hält ein Filter zurück. Auch gekörnte Aktiv-Tonerde Al_2O_3 kann Phosphate in Filtersäulen adsorbieren. Natronlauge NaOH desorbiert die Tonerde wieder, d. h., sie entfernt die an der Oberfläche der Tonerdekörnchen angelagerten Stoffe. Danach lassen sich die Phosphate mit Branntkalk CaO zu Calciumphosphat $Ca_3(PO_4)_2$ umsetzen, das als Düngemittel eingesetzt werden kann.

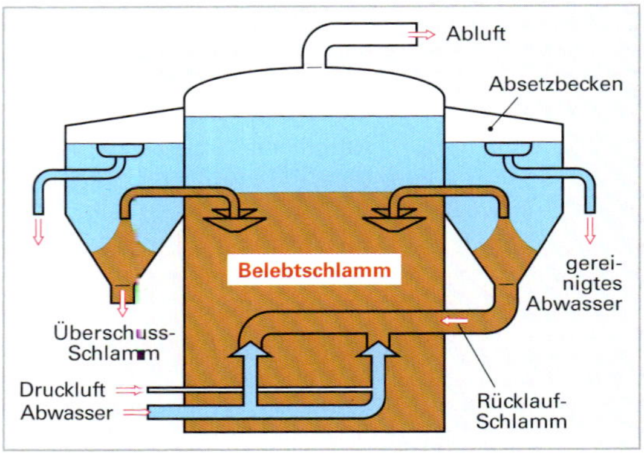

Bild 1: Klärverfahren mit der Turmbiologie

Ein anderes Verfahren verwendet alkalisch gelöste Tonerde (Natriumaluminat $Na_2Al_2O_4$), die aus Bauxit durch Behandlung mit Natronlauge NaOH entsteht. Durch Verdünnen mit Wasser bildet sich Aluminiumhydroxid $Al(OH)_3$ und daraus mit den Phosphat-Ionen Aluminiumphosphat $AlPO_4$, das als Düngemittel genutzt wird. Aluminium bindet mehr Phosphat als Eisen und erzeugt entsprechend weniger Phosphatschlamm. Außerdem ist die Löslichkeit von Aluminiumphosphat noch kleiner als die von Eisenphosphat.

Die **Fällmittel** lassen sich grundsätzlich an drei Stellen im Klärwerk einsetzen:

- Als *Vorfällung* im Zulauf des Vorklärbeckens. Die Fällmittel wirken sich nicht auf die biologischen Vorgänge aus. Die biologische Stufe ist entlastet, weil der Fällschlamm schon in der Vorklärung abgezogen wird. Die Bakterien benötigen im Belebtschlammbecken jedoch eine gewisse Menge Phosphor. Deshalb darf die Phosphatbeseitigung nicht vollständig sein.
- Als *Simultanfällung* im Belebtschlammbecken oder in dessen Zulauf bzw. Rücklauf vom Nachklärbecken (simultan von lat. simultaneus = gemeinsam, gleichzeitig). Die Fällung läuft gleichzeitig mit den biologischen Abbauvorgängen ab. Die unlöslichen Phosphate vergrößern die Schlamm-Menge im Becken.
- Als *Nachfällung* hinter dem Ablauf des Nachklärbeckens. Dadurch ist ein neues Fällbecken und ein weiteres Absetzbecken nötig. Nur die tatsächlich noch vorhandenen Phosphatreste werden bei diesem Verfahren ausgefällt. Andere Abwasserinhaltsstoffe können nicht stören und der Fällschlamm lässt sich getrennt vom Belebtschlamm behandeln.

SBR-Verfahren

In den letzten Jahren wurde das SBR-Verfahren (SBR von Sequencing Batch Reactor = Reaktor mit aufeinander folgender Füllung) wieder verstärkt eingesetzt, das bisher wegen der aufwendigen Steuer- und Regelungstechnik selten eingesetzt wurde. Die Anlagen hierfür sind sehr groß **(Bild 1)**.

Bei diesem Verfahren findet die vollständige aerobe biologische Abwasserreinigung in einem Tank statt, in dem alle Reinigungsschritte zeitlich nacheinander ablaufen. Betrieben wird ein solcher Tank diskontinuierlich (nicht kontinuierlich). Es handelt sich um ein Verfahren nach dem „Fill-and-Draw"-Prinzip (füllen und abziehen). Die Abwasserreinigung erfolgt in Zyklen, die in der Regel acht (aber auch bis zu 24) Stunden betragen können.

> Das SBR-Verfahren ist eine Variante der aeroben Abwasserreinigung mit aufwendiger Steuer- und Regelungstechnik.

Ein Zyklus beginnt damit, dass mechanisch gereinigtes Abwasser aus einem Vorlagebehälter in den SBR-Reaktor gepumpt wird **(Bild 2)**. Dies kann bei biologischer Phosphor-Entfernung (Bio-P) dem „Anaerob-Becken" bei Belebungsanlagen entsprechen. Der Reaktor enthält zu diesem Zeitpunkt abgesetzten Schlamm. Darauf folgt eine Phase des Mischens und Belüftens (Kohlenstoffabbau und Nitrifikation). Nun kann sich eine Phase des lediglichen Umwälzens anschließen (Denitrifikation). Diese Phasen können je nach Bedarf auch mehrmals hintereinander geschaltet werden, je nach Abwasserzusammensetzung. Ein Zyklus endet damit, dass ein Absetzvorgang erfolgt. Danach verlässt das gereinigte Abwasser den Reaktor und wird in ein zweites Ausgleichsbecken gepumpt, um eine gleichmäßige Wasserabgabe in den Vorfluter sicherzustellen. In dieser Phase wird auch der Überschussschlamm aus dem Reaktor abgezogen. Im Reaktor verbleibt ein definierter Teil des belebten Schlamms. Anschließend beginnt ein neuer Zyklus, indem frisches Abwasser in den Reaktor geleitet wird.

Ein Vorteil dieses Systems, von dem es zahlreiche Varianten gibt, liegt in der Anpassung an unterschiedliche Abwasserzusammensetzungen und zeitlich stark variierende Abwassermengen. Dies wird durch die aufwendige Steuer- und Regelungstechnik ermöglicht. Die komplizierte Mess-, Steuer- und Regelungstechnik kann auch als Nachteil bewertet werden.

Bild 1: SBR-Anlage zur Reinigung von Abwasser

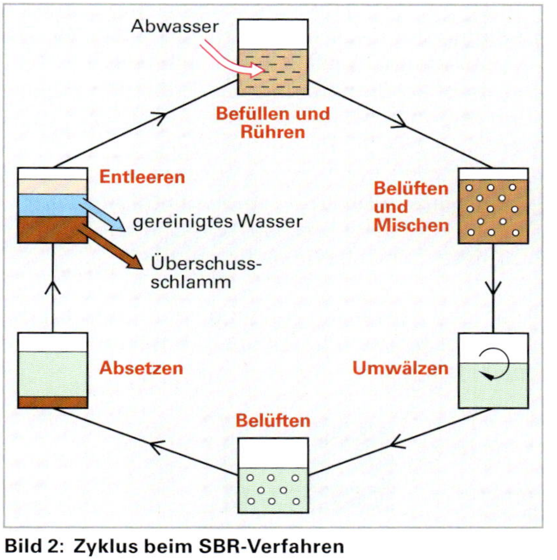

Bild 2: Zyklus beim SBR-Verfahren

Eingesetzt werden kann dieses System sowohl in der kommunalen Abwasserreinigung als auch vor allem in der Industrie, z.B. Molkerei, Saftherstellung, Mälzerei, Brauerei, Wäscherei.

> Mit einem SBR-Reaktor können die gleichen Reinigungsleistungen erreicht werden wie mit dem Belebungsverfahren.

9.2.9 Anaerobe Wasserreinigung

Anaerobe Zersetzungsprozesse werden technisch genutzt beim Ausfaulen von Klärschlamm, der Erzeugung von Biogas und der Behandlung von organisch hochbelastetem Industrieabwasser. Beispiele sind Papierherstellung, Zuckergewinnung, Hefefabriken. Ein vollständiger Abbau von organischen Stoffen ist anaerob nicht möglich, da zum vollständigen Abbau von organisch gebundenem Kohlenstoff zu CO_2 Sauerstoff benötigt wird. Es bleiben hier energiereiche Verbindungen (Methan) übrig. Die Energieausbeute ist niedriger als bei aeroben Verhältnissen, d.h., die Wachstumsrate ist niedriger und damit die Reinigungszeit länger. In der Regel dauert das drei bis vier Wochen.

Das führt zu einem angenehmen Nebeneffekt: Beim anaeroben Verfahren fällt beim Abbau von 1 kg BSB nur etwa 100 g Schlamm an. Zum Vergleich: Unter aeroben Bedingungen fällt bei 1 kg BSB auch 1 kg Schlamm an. Wichtig ist hier die Temperatur. Meist wird mesophil (bei mittleren Bedingungen) gearbeitet (32 °C bis 37 °C). Die Temperatur muss exakt eingehalten werden. Eine thermophile Behandlung ist ebenfalls möglich, wird aber aus Kostengründen meist nicht realisiert. Gleiches gilt für den pH-Wert.

> Eine anaerobe Abwasserbehandlung wird dort eingesetzt, wo das Abwasser eine sehr hohe organische Belastung aufweist.

Anaerobe Abwasserreinigung ist ein vierstufiger Vorgang, bei dem verschiedene Bakteriengruppen beteiligt sind.

Die *erste* Stufe, die **Hydrolyse**, wird meist von Bakterien der Gattung Clostridium durchgeführt. Hierbei werden hochmolekulare Stoffe in ihre Einzelbausteine (Zucker, Fettsäuren, Aminosäuren) zerlegt. Dazu müssen Enzyme in die Umgebung abgegeben werden. Erst danach können die einzelnen Moleküle von den Zellen aufgenommen und in der *zweiten* Stufe weiter abgebaut werden **(Säurebildung)**. Diese beiden Verfahrensschritte können auch außerhalb eines Faulturms stattfinden. Die *dritte* Stufe, die **acetogene Phase**, findet anschließend statt. Acetogene Bakterien bilden aus den Resten von Stufe zwei Essigsäure (Acetat), CO_2 und H_2. H_2 ist für diese Bakterien giftig und muss sofort verarbeitet werden. Dies geschieht in Stufe *vier*, der **methanogenen Phase**, in der Methanbakterien aus CO_2, H_2 und Essigsäure Methan (CH_4) und CO_2 herstellen.

In der Natur bilden acetogene Bakterien und Methanbakterien symbiotische Gemeinschaften. Das so gebildete Gas, auch Biogas genannt, muss anschließend gereinigt werden, wenn es H_2S enthält, und kann dann verfeuert und z.B. zur Stromgewinnung in einem BHKW eingesetzt werden. Es enthält im Idealfall 70% Methan.

Bei der anaeroben Abwasserreinigung wird organisch gebundener Kohlenstoff unter wirtschaftlichen Bedingungen zu 90% bis maximal 95% entfernt. An eine anaerobe Abwasserreinigung muss sich immer eine aerobe Stufe anschließen, da N- und P-Vebindungen nicht eliminiert werden **(Bild 1)**. Die anschließende Weiterreinigung besteht daher aus Nitrifikation und Denitrifikation sowie einer P-Eliminierung (Phosphatfällung).

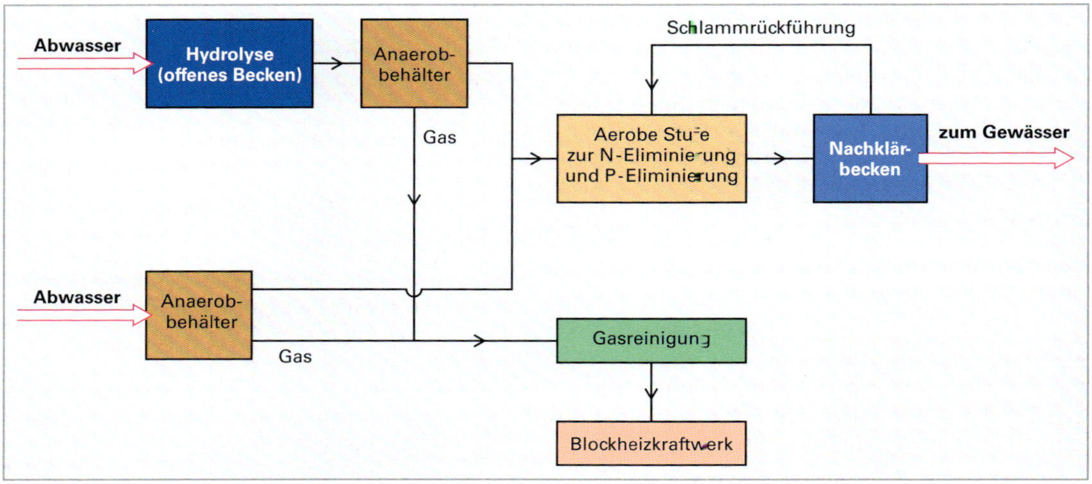

Bild 1: Anaerob-/aerobe Abwasserreinigung (Prinzip)

9.2.10 Vierte Reinigungsstufe

Seit Jahrzehnten nimmt die Konzentration an Antibiotika und Hormonen in den Flüssen und damit letztendlich im Meer stetig zu. Diese Substanzen können in den Kläranlagen nur teilweise entfernt werden und gelangen somit mit dem Ablauf in die Gewässer. Die Antibiotika führen zu zunehmenden Resistenzbildungen bei Krankheitserregern. Die bekanntesten Beispiele sind MRSA (multiresistenter Staphylococcus aureus) und das Enterobakterium Klebsiella. Im Kläranlagenablauf kommunaler Kläranlagen sind immer fäkale Keime vorhanden. Die Hormone wiederum haben zur Folge, dass die Fischbestände zunehmend verweiblichen. Aus den genannten Gründen wird eine weitergehende Abwasserreinigung nötig. Die verschiedenen **Reinigungsstufen** haben historische Gründe: die *erste* Reinigungsstufe entfernt die meisten Kohlenstoffverbindungen, die *zweite* elimiert Stickstoffverbindungen und die *dritte* das Phosphat. Seit Langem ist bekannt, dass diese Verfahren zur vollständigen Reinigung des Abwassers nicht ausreichen. Deshalb wurde der Arbeitstitel *vierte* Reinigungsstufe eingeführt.

Um die Keime in der Kläranlage zurückzuhalten, gibt es derzeit zwei erprobte Verfahren.

Nach der Nachklärung wird das Abwasser mit UV-Strahlung der Wellenlänge 254 nm bestrahlt, um die Bakterien abzutöten. Dies wird entlang der Isar schon seit Jahren praktiziert.

Eine andere Möglichkeit ist, das Abwasser durch eine Keramik- oder Kunststoffmembran mit einer Porengröße von maximal 0,4 μm zu leiten. Damit werden die Bakterien und Viren vom Wasser abgetrennt und verbleiben in der Anlage. Ein Beispiel hierfür ist die Abwasserreinigungsanlage Monheim **(Bilder 1 und 2)**.

> Mithilfe der vierten Reinigungsstufe können die im Abwasser befindlichen chemischen Verbindungen sowie die Mikroorganismen fast vollständig entfernt werden.

Um die verschiedenen chemischen Substanzen aus dem Abwasser vollständig zu entfernen, sind die in der Wasseraufbereitung bewährten Verfahren möglich. Infrage kommen Oxidation mit Ozon (O_3), genannt Ozonierung, und Adsorption an Aktivkohle **(Bild 3)**. Diese Verfahren werden auch in Kombination angewendet. Das Ozon muss vor Ort hergestellt werden, und die Ozonierung muss in geschlossenen Behältern stattfinden. Die Aktivkohlebehandlung kann auch in offenen Becken stattfinden. Wichtig ist die vollständige Durchmischung und damit ein guter Kontakt der Substanzen mit Ozon und/oder Aktivkohle. An den Zuflüssen zum Bodensee ist die 4. Reinigungsstufe teilweise schon verwirklicht.

Bild 1: Becken mit Membranmodulen
Fa. Koch Separation Solutions

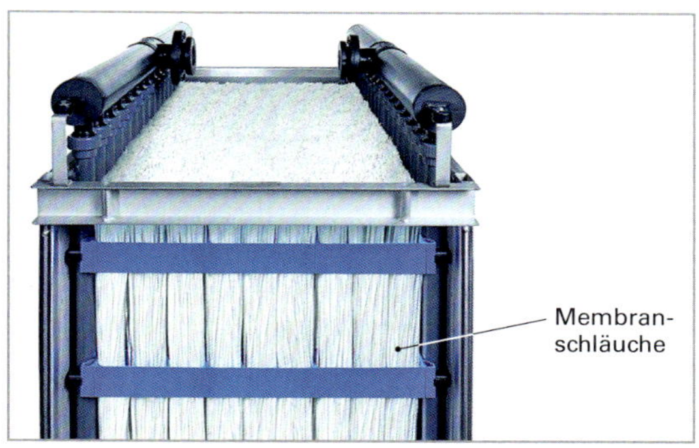

Bild 2: Einzelnes Membranmodul Typ PUR ON®

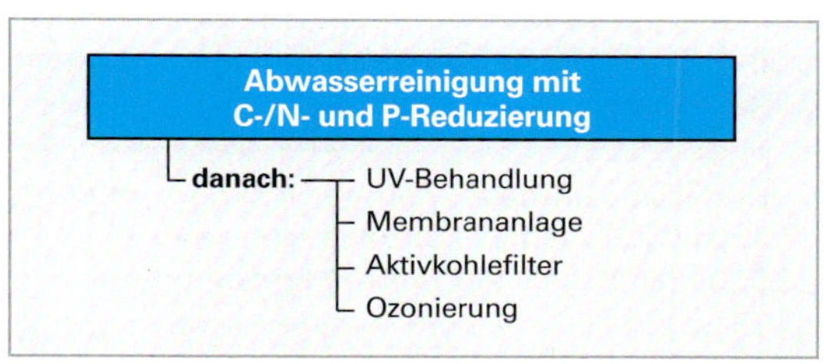

Bild 3: Möglichkeiten der weitergehenden Abwasserreinigung

Wiederholung und Vertiefung

1. **Wodurch unterscheiden sich aerobe von anaeroben Bakterien?**
2. **Welche Vorteile hat das Belebtschlammverfahren bei der biologischen Abwasser-Reinigung?**
3. **Warum muss aus dem Nachklärbecken noch ein Teil des Schlamms in das Belebtschlammbecken zurückgeführt werden?**
4. **Erläutern Sie das Verfahren der Nitrifikation und der Denitrifikation.**

9.2.11 Klärschlammbehandlung

Beim Klärschlamm lassen sich verschiedene Arten unterscheiden **(Tabelle 1)**. Der Schlamm wird gesammelt und der anaeroben Schlammfaulung unterworfen. Der Frischschlamm, der aus den Vorklärbecken und den Nachklärbecken stammt, enthält noch viel Wasser. Leichtes Rühren und Absetzen in Voreindickbehältern erhöht den Feststoffanteil auf 6% bis 10% **(Bild 1)**.

Der abgesaugte Schlamm verrottet im **Faulturm**, einem luftdicht abgeschlossenen Behälter. Dort zersetzen anaerobe Bakterien die organischen Stoffe bei ständigen 34 °C in 20 bis 30 Tagen. Die Bakterien sind sehr temperaturempfindlich. Der ausgefaulte Schlamm enthält 30% organische und 70% anorganische Feststoffe. Der Wassergehalt liegt bei 96%.

Im Faulturm erfolgt ein mehrstufiger biologischer Abbau der organischen Wasserinhaltsstoffe, bei dem verschiedene Bakteriengruppen zusammenarbeiten. Dabei bilden sich als Gärungsprodukte eine Mischung aus Methan CH_4 und Kohlenstoffdioxid CO_2, ein Gasgemisch, das man als **Faulgas**, *Klärgas* oder *Biogas* bezeichnet. In kommunalen Anlagen, die organische Stoffe zu etwa 50% abbauen, fallen 400 L bis 500 L Faulgas je Kilogramm organischer Substanz mit einem Methangehalt von 65% bis 70% an.

In Klärwerken heizt man mit Faulgas, unterstützt mit diesem die Stromerzeugung und betreibt damit auch die Verbrennungsmotoren.

Kleine Klärwerke entwässern den Schlamm auf Trockenbeeten, große Anlagen entziehen maschinell das Wasser mit Pressen oder Zentrifugen, unterstützt von Flockungsmitteln, z.B. Kalk, Eisen(II)-sulfat, Polymeren, oder durch Erhitzen. Das Wasser aus der Schlammbehandlung ist noch stark belastet und muss nochmals die biologische Reinigung durchlaufen.

Tabelle 1: Klärschlammarten

Bezeichnung	Herkunft	Zusammensetzung
Rohschlamm	Schlamm aus Abwasser, durch Sedimentation und Flotation abgetrennt, ohne Rechengut und Sand.	95% bis 99% Wassergehalt, 1% bis 4% Feststoffanteil, davon 60% bis 80% organischer Anteil in Trockensubstanz.
Primärschlamm	Schlamm aus mechanicher Reinigungsstufe.	5% bis 10% Feststoffgehalt, der 70% organische Stoffe enthält.
Vorklärschlamm	Schlamm aus den Vorklärbecken.	Kann auch Überschuss-Schlamm enthalten.
Sekundärschlamm	Schlamm aus den biologischen Reinigungsstufen.	Wassergehalt 90% bis 94%, organischer Feststoffanteil 70%, geringer Anteil absorbierter Schwebstoffe und Kolloide.
Tertiärschlamm	Schlamm aus der dritten Reinigungsstufe.	Geringer Anteil organischer Stoffe, enthält meist erhebliche Mengen Fällungsmittel, z.B. Fe-, Al- und Ca-Verbindungen.

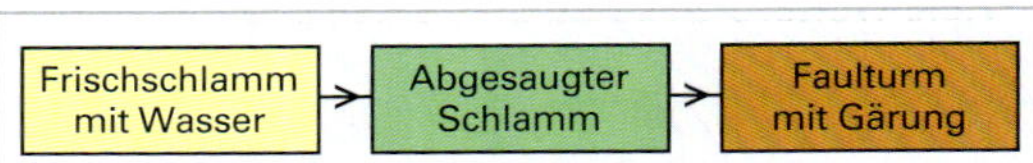

Bild 1: Behandlung des Klärschlamms

Ist der getrocknete Schlamm nicht mit Schwermetallen belastet, kann man ihn mit Biomüll, Stroh, Rinden, Gartenabfällen, Holzsplittern, Sägemehl oder anderen organischen Abfällen mischen und in einfachen Mieten und Verrottungsanlagen kompostieren. Den getrockneten Schlamm kann man landwirtschaftlich als Dünger nutzen oder er wird verbrannt und die Asche auf einer Deponie gelagert.

Wiederholung und Vertiefung

1. **Welche Klärschlammarten unterscheidet man?**
2. **Auf welche Arten kann man Schlamm entwässern?**
3. **Was geschieht mit den brennbaren Gasen aus dem Faulturm eines Klärwerks?**
4. **Warum muss man den Faulbehälter an kalten Tagen beheizen?**
5. **Welche Giftstoffe kann Klärschlamm enthalten?**
6. **Aus welchem Grund muss man den getrockneten Klärschlamm mit organischen Abfällen mischen, um ihn zu kompostieren?**

9.3 Abfallwirtschaft
Waste Management

9.3.1 Begriffe der Abfallwirtschaft

Die Abfallwirtschaft ist der Wirtschaftszweig, der das Sammeln, Lagern, Transportieren, Behandeln, Verwerten und Ablagern von Abfällen aller Art vornimmt. Die Abfallwirtschaft ist wegen der Verschiedenartigkeit der Abfälle ein sehr vielseitiger Wirtschaftszweig **(Tabelle 1)**.

Die Abfallwirtschaft hat sehr viele staatliche Vorgaben zu beachten. Dazu gehören insbesondere

- das KrWG (Kreislaufwirtschaftsgesetz),
- die BiostoffV (Biostoffverordnung),
- die AltölV (Altölverordnung),
- die VerpackV (Verpackungsverordnung),
- die GefStoffV (Gefahrstoffverordnung),
- die AbfRestÜbwV (Abfall- und Reststoffüberwachungs-Verordnung),
- das Gesetz über Umweltstatistiken UStatG,
- die AbfBestV (Abfall-Bestimmungsverordnung),
- die AbfKlärV (Klärschlammverordnung),
- das BNatSchG (Bundes-Naturschutzgesetz),
- das UVPG (Gesetz über die Umweltverträglichkeitsprüfung) und
- viele weitere Gesetze und Verordnungen.

> Die Abfallwirtschaft muss viele staatliche Gesetze und Verordnungen beachten.

In den staatlichen Vorgaben werden leider nicht immer einheitliche Begriffe verwendet. Deshalb können von den folgenden Begriffen des KrWG in anderen Vorgaben Abweichungen auftreten.

Abfall sind alle beweglichen Sachen, deren sich ihr Besitzer (Abfallbesitzer) entledigt, entledigen will oder entledigen muss, entstehend auch bei industriellen Prozessen **(Tabelle 1, folgende Seite, und Bild 1, folgende Seite)**.

Der früher verwendete Begriff *Reststoff* erscheint nicht im KrWG, jedoch noch in Verordnungen. Diese Reststoffe gelten jetzt – im Gegensatz zu früher – als Abfälle.

Das Entledigen der Abfälle, die *Entsorgung*, kann durch *Verwertung* erfolgen oder, wenn das nicht möglich ist, durch Beseitigen **(Bild 1)**.

> Eine Abfallverwertung ist der Abfallbeseitigung vorzuziehen.

Tabelle 1: Abfallgruppen entsprechend EWC

EWC-Code	Entstehung der Abfälle (gekürzte Wiedergabe)
01	Gewinnung und Bearbeitung von Mineralien.
02	Herstellung und Verarbeitung von Nahrungsmitteln.
03	Holzverarbeitung und Herstellung von Zellstoff.
04	Leder- und Textilindustrie.
05	Ölraffination, Erdgas, Kohlepyrolyse.
06	Anorganische chemische Prozesse.
07	Organische chemische Prozesse.
08	Herstellung und Anwendung von Überzügen und Farben.
09	Fotografische Industrie.
10	Thermische Prozesse (anorganische Abfälle).
11	Metallbearbeitung (anorganische Abfälle).
12	Mechanische Formgebung und Oberflächenbehandlung.
13	Ölabfälle (außer 5 und 12).
14	Organische Stoffe als Lösemittel (außer 7 und 8).
15	Verpackung, Filtermaterial, Schutzkleidung.
16	Nicht anderswo aufgeführte Prozesse.
17	Bau und Abbruch (mit Straßenbau).
18	Medizin und Tiermedizin.
19	Abfallbehandlung und Wasserversorgung.
20	Gesammelte Siedlungsabfälle und ähnliche gewerbliche Abfälle einschließlich getrennte Fraktionen.

EWC von European Waste Catalogue = Europäischer Abfallkatalog

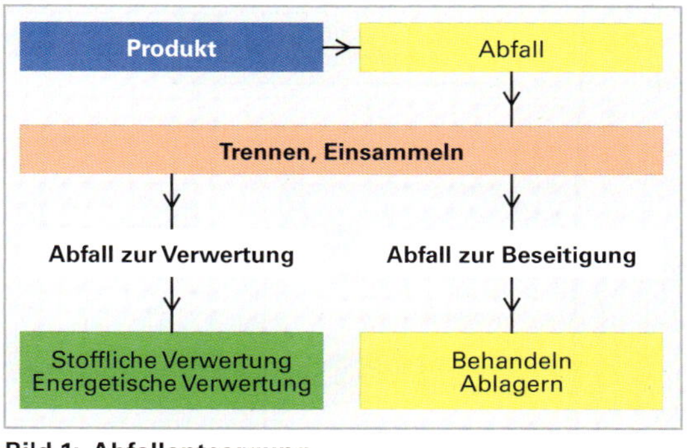

Bild 1: Abfallentsorgung

Verwertung hat Vorrang vor Beseitigung, wenn

- Verwertung umweltverträglicher ist als Beseitigung,
- ein Markt für das gewonnene Produkt möglich ist,
- Verwertung wirtschaftlich zumutbar ist und
- technisch möglich ist.

Abfallverwertung kann *stoffliche Verwertung*, z.B. Rückgewinnung von Rohstoffen, oder *ener-*

getische Verwertung (Verbrennung unter Abgabe von Nutzwärme) sein.

Energetische Verwertung ist der Einsatz von Abfällen als Brennstoff. Sie ist nur zulässig, wenn

- der Heizwert der Abfälle mindestens 11 MJ/kg beträgt (zum Vergleich: Braunkohle 7 MJ/kg bis 20 MJ/kg),
- der Feuerungswirkungsgrad mindestens 75 % beträgt,
- die entstehende Wärme genutzt wird,
- keine Schadstoffe in die Luft emittiert werden und
- die anfallenden Abfälle möglichst ohne weitere Behandlung abgelagert werden können.

Der Entstehung nach unterscheidet man Abfall aus privaten Haushalten *(Siedlungsabfall)* und sonstigen Abfall *(Gewerbeabfall)*. Je nach Herkunft des Abfalls unterscheiden sich die Maßnahmen zur Entsorgung **(Bild 1, folgende Seite)**.

Siedlungsabfälle müssen dem durch Landesrecht bestimmten öffentlich-rechtlichen Entsorgungsträger, z. B. dem Landkreis, überlassen werden.

Tabelle 1: Herkunft industrieller Abfälle

Quelle	Erklärung
Q 1	Produktions- oder Verbrauchsrückstände.
Q 2	Nicht den Normen entsprechende Produkte.
Q 3	Produkte nach Überschreitung des Verfallsdatums.
Q 4	Unabsichtlich ausgebrachte kontaminierte Stoffe.
Q 5	Infolge absichtlicher Tätigkeit kontaminierte Stoffe.
Q 6	Nicht verwendbare Elemente, z. B. Batterien.
Q 7	Unbrauchbar gewordene Stoffe, z. B. Säuren.
Q 8	Rückstände aus industriellen Verfahren.
Q 9	Rückstände von Verfahren zur Bekämpfung von Verunreinigung, z. B. Gaswaschschlamm.
Q 10	Bei Formgebung anfallende Rückstände, z. B. Späne.
Q 11	Bei Förderung von Rohstoffen anfallende Rückstände.
Q 12	Kontaminierte Stoffe, z. B. Öl mit PCB.
Q 13	Verbotene Stoffe oder Produkte, z. B. Asbest.
Q 14	Nicht mehr verwendbare Stoffe.
Q 15	Produkte, die bei Bodensanierung anfallen.
Q 16	Sonstige Produkte oder Stoffe.

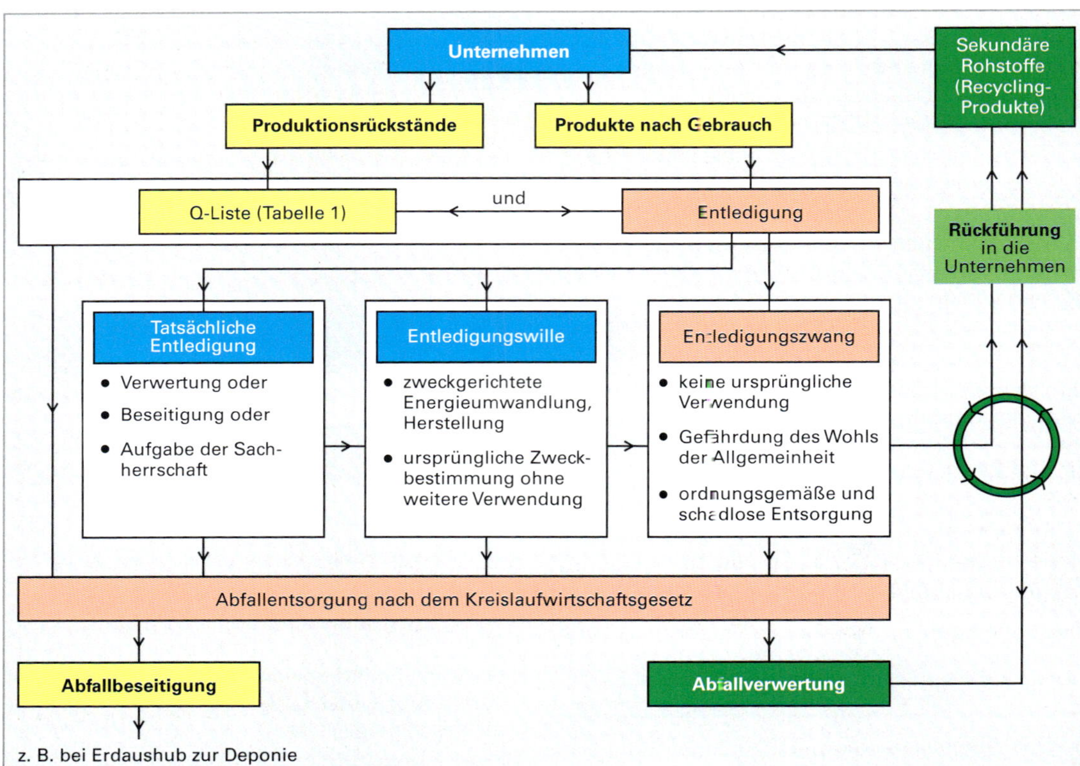

Bild 1: Entstehung von Abfall und Wege des Abfalls

Abfälle zur Verwertung können aber vom Abfallbesitzer selbst verwertet werden, z. B. durch Eigenkompostierung.

Gewerbeabfälle müssen *grundsätzlich* vom Abfallbesitzer selbst entsorgt werden. Das gilt uneingeschränkt für Abfälle *zur Verwertung.* Zu diesem Zweck wurden private Entsorgungsunternehmen gegründet. Bei Abfällen *zur Beseitigung* kann nach Landesrecht der öffentlich-rechtliche Entsorgungsträger, z. B. der Landkreis, verlangen, dass der Abfall ihm zur Entsorgung angedient (angeboten) wird.

Hinsichtlich der Überwachung durch die Verwaltungen, z. B. der Abfallwirtschaftsämter bei den Landkreisen, unterscheidet man

- nicht überwachungsbedürftige Abfälle,
- überwachungsbedürftige Abfälle und
- besonders überwachungsbedürftige Abfälle.

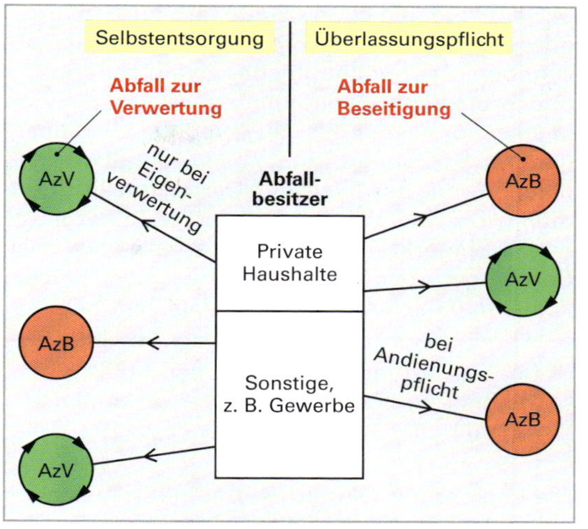

Bild 1: Abfallentsorgung nach dem KrWG

9.3.2 Sammelsysteme

Am Anfang der Abfallwirtschaft steht der Aufbau eines Sammelsystems **(Bild 2)**. Ursprünglich wurden Wertstoffe von rein kommerziellen Unternehmen gesammelt, z. B. Schrotthändlern und Lumpensammlern, während es beim Siedlungsabfall (Hausmüll) zunächst nur darum ging, den Abfall aus den Siedlungen zu entfernen.

Bild 2: Sammelstelle für Papier, Glas, Blech

Siedlungsabfall

Mit zunehmendem Umweltbewusstsein wird heute angestrebt, den in Siedlungen gemischt anfallenden Abfall möglichst früh nach Fraktionen (Bestandteilgruppen) zu trennen, und zwar z. B. in die Fraktionen

- Glas, z. B. Weinflaschen,
- Papier, z. B. Zeitschriften und Bücher,
- Karton, z. B. Pappschachteln,
- Metalle, z. B. Konservendosen,
- Kunststoffe, z. B. Jogurtbecher,
- Restmüll.

> Abfall soll schon beim Sammeln in mehrere Fraktionen getrennt werden.

Siedlungsabfälle sammeln müssen nach dem KrWG die öffentlich-rechtlichen Entsorgungsträger, z. B. die Landkreise oder die Gemeinden. Diese Entsorgungsträger können das durch eigene Dienste vornehmen lassen, private Unternehmen oder auch andere Personengruppen damit beauftragen, z. B. Vereine **(Bild 3)**.

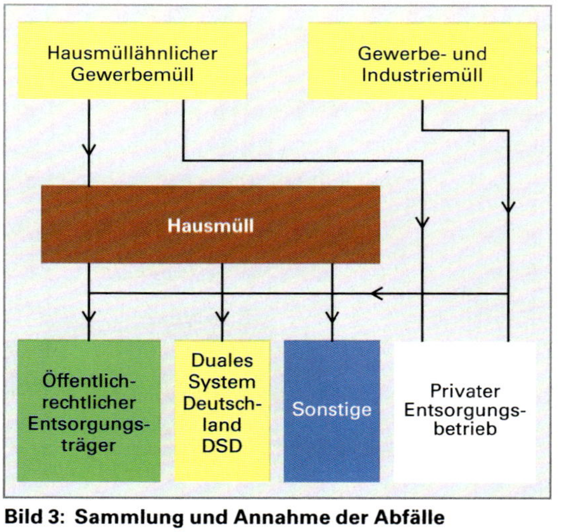

Bild 3: Sammlung und Annahme der Abfälle

Bei den am meisten entwickelten Sammelsystemen sind die Abfallbesitzer verpflichtet, Glas, Papier, Karton, Metalle, Textilien und Kunststoffe in dafür aufgestellten Containern zu entsorgen oder auf dafür eingerichteten Wertstoffhöfen abzugeben. Die wöchentliche, zweiwöchentliche oder monatliche Müllabfuhr vom Wohnort nimmt in einer Tonne den **Restmüll** entgegen und in anderen, z.B. braunen Tonne, den **Biomüll** und z.B. blauen Tonne das **Altpapier**. Gartenabfälle, Sperrmüll, Holz, Metalle, Sondermüll (z.B. Farbreste oder Kühlgeräte) werden getrennt davon nach Bekanntgabe in der Zeitung in etwa halbjährlicher Folge oder nach Anforderung eingesammelt.

> Der Entsorgungsträger kann den Abfall dort abholen, wo er entsteht, oder die Anlieferung durch den Abfallbesitzer verlangen.

Die Entsorgung wird durch Gebühren finanziert, die beim Siedlungsabfall für eine vierköpfige Familie jährlich von € 100,– bis € 600,– betragen.

Den in großen Mengen anfallenden Verpackungsmüll aus Kunststoff oder Metall entsorgt monatlich in großen Teilen von Deutschland das **DSD** *(Duales System Deutschland)*. Dabei werden die entsprechenden Abfälle getrennt von anderen Abfällen in einem **gelben Sack** oder einer **gelben Tonne** gesammelt.

Bild 1: Kennzeichnung von Produkten des DSD

Die Finanzierung des DSD erfolgt durch einen Zuschlag auf das betreffende Erzeugnis von z.B. 0,02 € für eine Tube Zahnpasta, der im Verkaufspreis eingerechnet ist. Erkennbar ist dies am „grünen Punkt" auf der Verpackung **(Bild 1)**.

Sowohl die Verpflichtung des Abfallbesitzers zur getrennten Anlieferung von Glas, Metall, Textilien und Papier wie auch das DSD ist umstritten. Die getrennte Anlieferung der genannten Wertstoffe ist energieaufwendig und verursacht damit Schadstoffe, während beim DSD das oft verunreinigte Abfallgemisch entweder bei neuen Anlagen in *teuren* Sortiermaschinen vollautomatisch aufbereitet wird oder nach wie vor am Leseband unappetitlich von Hand getrennt werden muss **(Bild 2)**.

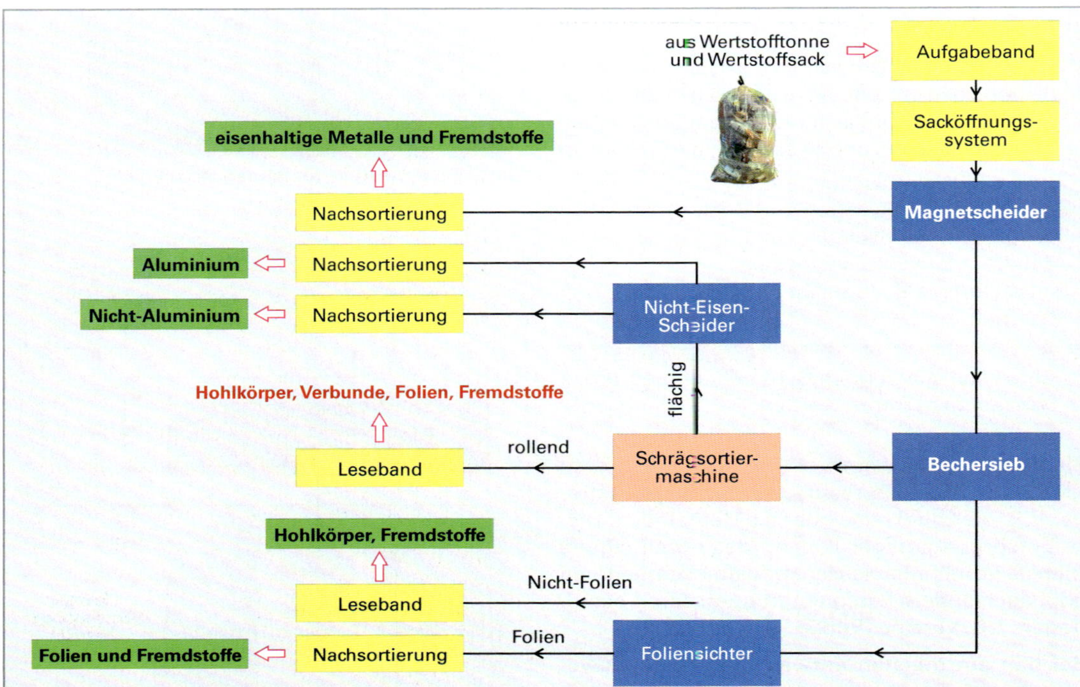

Bild 2: Ablauf der Sortierung beim DSD

Außer dem DSD gibt es weitere **Rücknahmesysteme**. Elektrochemische Batterien und Akkumulatoren aller Bauarten dürfen nicht mit dem Hausmüll entsorgt werden. Deshalb wurde die Stiftung *Gemeinsames Rücknahmesystem Batterien* (GRS Batterien, www.grs-batterien.de) vom ZVEI (Zentralverband Elektrotechnik- und Elektronikindustrie) und von Batterieherstellern gegründet. Grüne Sammelbehälter mit Kennzeichen **(Bild 1)** werden von GRS in Deutschland beim Handel und bei Entsorgungsträgern aufgestellt und geleert.

Wegen des *Dosenpfands* müssen die Händler, die Getränke in Einwegflaschen oder Dosen verkaufen, eine einheitliche Rücknahme des Leergutes organisieren. Dabei werden nicht nur Gefäße des eigenen Betriebs zurückgenommen, sondern auch solche aus anderen Betrieben. Die Etiketten dieser Produkte (Flasche und Dose) tragen ein *Kennzeichen,* das meist über dem Barcode des Artikels angebracht ist **(Bild 2)**. Nur die so gekennzeichneten Gefäße werden zurückgenommen.

Das **Elektro- und Elektronikgesetz ElektroG** (Richtlinie 2012/19/EU, WEEE, konsolidiert 2018) schreibt für Hersteller und Vertreiber/Online-Händler mit einer Verkaufsfläche bzw. Lagerfläche von mindestens 400 m^2 von Elektro- und Elektronikgeräten vor, entsprechende Altgeräte der Endkunden unentgeltlich zurückzunehmen, sogar dann, wenn kein Gerät gekauft wird. Auch Supermärkte und Discounter müssen Elektrogeräte bis 25 cm Kantenlänge zurücknehmen.

Die öffentlichen Entsorger stellen hierfür geeignete Behältnisse für den Abtransport gemäß sechs Gruppen zur Verfügung: 1. Wärmetauscher, 2. IT-Geräte, 3. Lampen, 4. Großgeräte, z. B. Waschmaschinen, 5. Kleingeräte, 6. Photovoltaikmodule. Das Gesetz gilt nicht für z. B. ortsfeste industrielle Großwerkzeuge.

Darüber hinaus soll künftig das Recht auf Reparierbarkeit der Geräte wahrgenommen werden, d. h. Ersatzteile und Reparaturanleitungen müssen hierzu zur Verfügung stehen.

Gewerbe- und Industrieabfall

Im Gegensatz zum Siedlungsabfall ist der zur Entsorgung des Hausmülls verpflichtete öffentlich-rechtliche Entsorgungsträger nicht zur Entsorgung des Gewerbe- und Industriemülls verpflichtet.

Allerdings nehmen die meisten dieser öffentlichen Entsorger Gewerbe- und Industrieabfälle gegen Bezahlung zur Entsorgung an, weil dann ihre Anlagen besser ausgelastet sind. Das gilt insbesondere für den hausmüllähnlichen Gewerbemüll, z. B. aus Betrieben der Gastronomie oder von Büros.

Bild 1: Kennzeichen von GRS-Batterien.

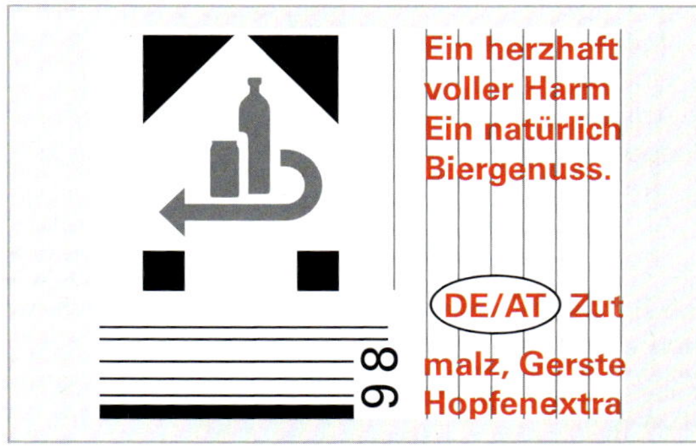

Bild 2: Kennzeichen für das allgemeine Rücknahmesystem

> Hausmüllähnlicher Gewerbemüll kann von den öffentlichen Entsorgern wie Hausmüll entgegengenommen werden.

Der sonstige Gewerbe- und Industrieabfall wird nur zum Teil von den öffentlich-rechtlichen Entsorgungsträgern angenommen, z. B. Abfälle gemäß **Tabelle 1, Seite 416**. Diese Abfälle muss der Abfallbesitzer in eigener Verantwortung verwerten oder beseitigen. Darüber muss ein *Entsorgungsnachweis* auf einem amtlichen Formular erbracht werden.

> Gewerbe- und Industriemüll, der nicht von einem öffentlich-rechtlichen Entsorgungsträger übernommen wird, muss vom Abfallbesitzer verwertet oder beseitigt werden.

Derartige Abfälle werden meist einem zugelassenen *Entsorgungsbetrieb* übergeben. Die Bezahlung der Entsorgung erfolgt über die Abfallmenge, z. B. die Abfallmasse. Bei hausmüllähnlichem Gewerbemüll kostet die Entsorgung von 1000 kg je nach Entsorger von € 150,– bis mehr als € 600,–.

9.3.3 Abfallbeförderung

Wer Abfälle zur Beseitigung oder überwachungsbedürftige Abfälle zur Verwertung befördern will, muss dafür eine behördliche Genehmigung haben **(Bild 1)**.

Keine Beförderungsgenehmigung ist erforderlich für

- schadstofffreien Erdaushub, Bauschutt und Straßenaufbruch,
- geringfügige Abfallmengen bis zu einigen kg,
- Abfälle zur Verwertung, die keiner besonderen Überwachung bedürfen,
- Abfälle im Rahmen eines Rücknahmesystems,
- spezielle Entsorgungsfachbetriebe, die als solche zertifiziert sind, und
- Abfalltransport innerhalb eines wirtschaftlichen Unternehmens, z. B. beim Werkverkehr.

Die Beförderungsgenehmigung wird erteilt, wenn sich keine Bedenken gegen die fachliche Befähigung des Antragstellers und seiner Beschäftigten ergeben.

> Die Abfallbeförderung erfordert den Nachweis der fachlichen Befähigung.

Der **Fachkundenachweis** kann erbracht werden durch

- zweijährige Praxis bei Einsammlung oder Beförderung von Abfällen,
- einjährige Abfallpraxis bei Abschluss einer kaufmännischen Ausbildung, Meisterschule, Technikerschule oder Hochschule in den Bereichen Technik, Chemie, Biologie oder Physik sowie bei vergleichbarer Qualifikation oder
- dreijährige Leitung eines fachspezifischen Betriebes.

Der Antragsteller hat einen Rechtsanspruch auf die Beförderungsgenehmigung, wenn

- eine Beeinträchtigung des Wohls der Allgemeinheit nicht zu befürchten ist,
- keine gegen seine Zuverlässigkeit sprechenden Tatsachen bekannt sind und
- die geordnete Entsorgung sichergestellt ist.

Vor dem Transport von überwachungsbedürftigen Abfällen ist ein **Entsorgungsnachweis** zu führen. Dabei wird ein Begleitschein mit sechs Ausfertigungen (Durchschlägen) verwendet.

- Der Abfallerzeuger deklariert (beschreibt) den Abfall auf dem Begleitschein (BSch), übergibt den Abfall einem Beförderer gegen Unterschrift auf dem BSch und heftet eine Ausfertigung des BSch in seinem Nachweisbuch ab.
- Der Beförderer befördert den Abfall zum Entsorger, übergibt ihm den Abfall gegen Unterschrift auf den restlichen Ausfertigungen und sendet zwei Ausfertigungen des BSch an die zuständige Behörde.
- Der Entsorger entsorgt den Abfall, unterschreibt die restlichen Ausfertigungen des BSch, heftet eine Ausfertigung in seinem Nachweisbuch ab und sendet je eine Ausfertigung des BSch an den Beförderer und den Abfallerzeuger.

(Altautoentsorgung siehe Seite 439.)

§ 54 Sammler, Beförderer, Händler und Makler von gefährlichen Abfällen

(1) Sammler, Beförderer, Händler und Makler von gefährlichen Abfällen bedürfen der Erlaubnis. Die zuständige Behörde hat die Erlaubnis zu erteilen, wenn

1. keine Tatsachen bekannt sind, aus denen sich Bedenken gegen die Zuverlässigkeit des Inhabers oder der für die Leitung und Beaufsichtigung des Betriebes verantwortlichen Personen ergeben, sowie
2. der Inhaber, soweit er für die Leitung des Betriebes verantwortlich ist, die für die Leitung und Beaufsichtigung des Betriebes verantwortlichen Personen und das sonstige Personal über die für ihre Tätigkeit notwendige Fach- und Sachkunde verfügen.

Zuständig ist die Behörde des Landes, in dem der Antragsteller seinen Hauptsitz hat. Die Erlaubnis nach Satz 1 gilt für die Bundesrepublik Deutschland.

(2) Die zuständige Behörde kann die Erlaubnis mit Nebenbestimmungen versehen, soweit dies zur Wahrung des Wohls der Allgemeinheit erforderlich ist.

(3) Von der Erlaubnispflicht nach Absatz 1 Satz 1 ausgenommen sind

1. öffentlich-rechtliche Entsorgungsträger sowie
2. Entsorgungsfachbetriebe im Sinne von § 56, soweit sie für die erlaubnispflichtige Tätigkeit zertifiziert sind.

Bild 1: Auszug aus dem KrWG

Wiederholung und Vertiefung

1. **Welche beiden Abfallarten muss man hinsichtlich der Entsorgung unterscheiden?**
2. **Unter welchen Bedingungen ist die Abfallbeseitigung durch Verbrennung der Abfallverwertung vorzuziehen?**
3. **Nennen Sie die Bedingungen für die energetische Verwertung von Abfällen.**
4. **Welche Abfälle müssen vom Abfallbesitzer selbst entsorgt werden?**
5. **Nennen Sie Entsorgungsträger für den Abfall aus privaten Haushaltungen.**
6. **Welche ökologischen Probleme verursacht die Abfallentsorgung des Hausmülls?**
7. **Wodurch kann der Fachkundenachweis für die Abfallbeförderung erbracht werden?**

9.3.4 Verfahren zur Abfallverwertung und Abfallbeseitigung

Für die Abfallverwertung gibt es viele Möglichkeiten. Die üblichen Verfahren sind im Anhang des KrWG aufgeführt **(Tabelle 1)**.

Die Verfahren R 2 bis R 8 werden meist als Recyclingverfahren bezeichnet. Die Verfahren nach R 1 stellen vor allem für organische Abfälle, z. B. Kunststoffe, eine Alternative zum Recyclen dar, sind aber aus ökologischer Sicht umstritten. Das Verfahren R 10 wird für Rückstände der Kläranlagen und für Produkte von Kompostieranlagen angewendet, ist aber aus ökologischer Sicht nur bei solchen Stoffen zu empfehlen, die weitgehend frei von toxischen Bestandteilen sind.

> Verwertung von Abfällen kann durch Recyceln, Verbrennen oder Einsatz als Dünger erfolgen.

Die Verfahren R 11 bis R 13 dienen zur Vorbereitung der vorhergehenden Verfahren.

Von der **Abfallverwertung** ist die **Abfallbeseitigung** zu unterscheiden. Die üblichen Verfahren sind im Anhang zum KrWG aufgeführt **(Tabelle 2)**. Das Verfahren D 10 der Abfallbeseitigung darf mit R 1 der Abfallverwertung nicht verwechselt werden. Bei D 10 ist das Ziel der Behandlung nur die Beseitigung des Abfalls, während bei R 1 daneben eine Nutzung der frei werdenden Wärme erfolgen muss.

Die Verwertung der Abfälle ist begrenzt durch

- Anteil der verwertbaren Abfälle,
- Wirtschaftlichkeit des Verfahrens und
- Absatzmöglichkeit der anfallenden Erzeugnisse.

Theoretisch können etwa 60 % des Abfallaufkommens innerhalb eines Landkreises verwertet werden **(Bild 1, folgende Seite)**. Dieser Wert wird aber nie erreicht, da die im Abfall enthaltenen „Wertstoffe“ oft verschmutzt und dadurch nicht verwertbar sind.

Es gibt für die einzelnen Wertstoffe im Abfall zahlreiche Verfahren zur Abfallverwertung. Sie erfordern alle umfangreiche Geräte und Anlagen sowie erhebliche Energie.

Wiederholung und Vertiefung

1. **Geben Sie Beispiele für das Verwertungsverfahren R 4 an.**
2. **Welche Möglichkeiten für die Abfallverwertung gibt es?**
3. **Durch welche Umstände ist die Verwertung von Abfällen begrenzt?**

Tabelle 1: Verwertungsverfahren für Abfälle

Gruppe	Verfahren
R 1	Hauptverwendung als Brennstoff.
R 2	Rückgewinnung von Lösemitteln.
R 3	Rückgewinnung organischer Stoffe, die keine Lösemittel sind.
R 4	Rückgewinnung oder Verwertung von Metallen und Metallverbindungen.
R 5	Verwertung oder Rückgewinnung anderer anorganischer Stoffe.
R 6	Regenerierung von Säuren oder Basen.
R 7	Wiedergewinnung von Bestandteilen, die Verunreinigungen bekämpfen.
R 8	Wiedergewinnung von Katalysatorenbestandteilen.
R 9	Ölraffination oder andere Wiederverwendung von Öl.
R 10	Aufbringung auf den Boden zum Nutzen der Landwirtschaft.
R 11	Verwendung von Rückständen der Verfahren R 1 bis R 10.
R 12	Austausch von Abfällen, um sie einem der Verfahren R 1 bis R 11 zu unterziehen.
R 13	Ansammlung von Stoffen, die für ein Verfahren R 1 bis R 12 vorgesehen sind auf dem Gelände des Entstehens der Abfälle.

Tabelle 2: Beseitigungsverfahren

Gruppe	Verfahren
D 1	Ablagerung in oder auf dem Boden (Deponie).
D 2	Behandlung im Boden, z. B. biologischer Abbau von Abfällen.
D 3	Verpressung, z. B. in Hohlräume.
D 4	Oberflächenaufbringung, z. B. Ableitung in Teiche.
D 5	Speziell angelegte Deponien.
D 6	Einleitung in ein Gewässer mit Ausnahme des Meeres.
D 7	Einleitung in Meere einschließlich Meeresboden.
D 8	Biologische Behandlung, die hier nicht beschrieben ist, und bei der Produkte entstehen, die mit einem der hier beschriebenen Verfahren zu entsorgen sind.
D 9	Chemische oder physikalische Behandlung, die hier nicht beschrieben ist, und bei der Produkte entstehen, die mit einem der hier beschriebenen Verfahren zu entsorgen sind.
D 10	Verbrennung an Land.
D 11	Verbrennung auf See.
D 12	Dauerlagerung, z. B. von Behältern in einem Bergwerk.
D 13	Vermischung vor Anwendung eines der hier beschriebenen Verfahren.
D 14	Neuverpacken und Anwendung eines der hier beschriebenen Verfahren.
D 15	Zwischenlagerung bis zur Anwendung eines der hier beschriebenen Verfahren.

9.3.5 Abfallverwertung von Flüssigkeiten

Rückgewinnung von Lösemitteln

Lösemittel haben in allen Zweigen der Wirtschaft eine große Bedeutung. Leider sind zahlreiche Lösemittel schädlich und außerdem oft teuer. Deshalb wird zunehmend die Rückgewinnung der Lösemittel angewendet.

> Viele Lösemittel werden wegen des Umweltschutzes und wegen ihres Preises am Prozessende zurückgewonnen.

Für die Rückgewinnung der Lösemittel gibt es mehrere Verfahren **(Bild 3)**. Lösemittel haben einen niedrigen Siedepunkt. Deshalb kann ihre Abtrennung aus lösemittelhaltigen Rückständen durch Destillation, also Erhitzung und nachfolgende Kondensation, erfolgen.

Weit verbreitet ist für diesen Zweck die **Wasserdampfdestillation** (Trägerdampfdestillation, **Strippen**, von engl. to strip = abstreifen, **Bild 2**). Diese Destillation kann nur für Lösemittel angewendet werden, die nicht wasserlöslich sind. Dabei wird überhitzter Wasserdampf in das lösemittelhaltige Flüssigkeitsgemisch geblasen. Die Siedetemperatur ist durch den Wasserdampf herabgesetzt, sodass temperaturempfindliche Lösemittel geschont werden.

> Beim Strippen werden aus Flüssigkeiten Inhaltsstoffe durch Durchleiten von Gasen, z. B. Wasserdampf, entfernt und in das Gas überführt.

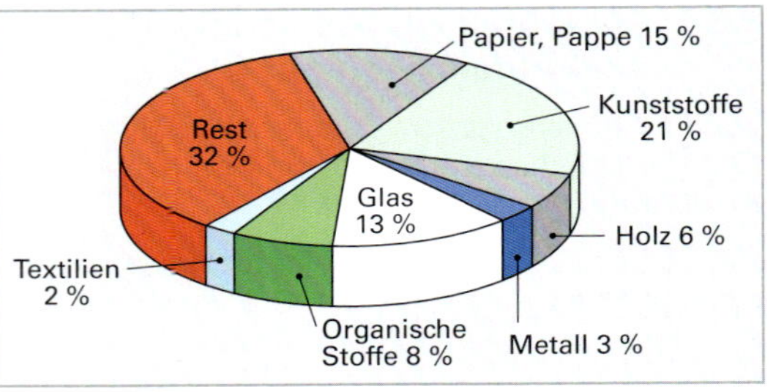

Bild 1: Gewichtsanteile im Abfall eines Landkreises

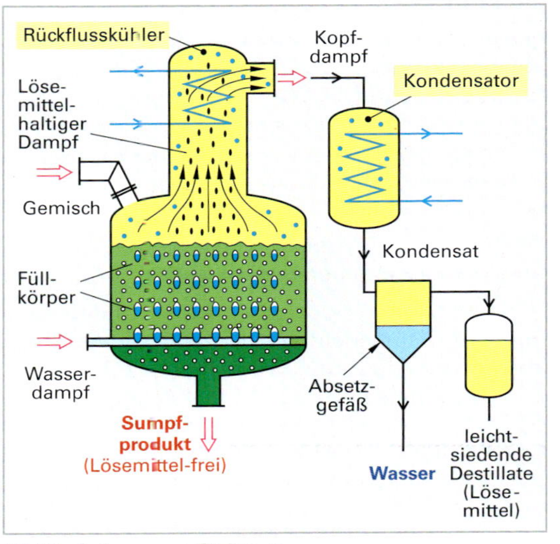

Bild 2: Anlage zum Strippen

Bei wasserlöslichen Lösemitteln kann die Trennung von Flüssigkeiten durch **Rektifizieren** (von lat. rectificare = berichtigen) erfolgen. Das ist im

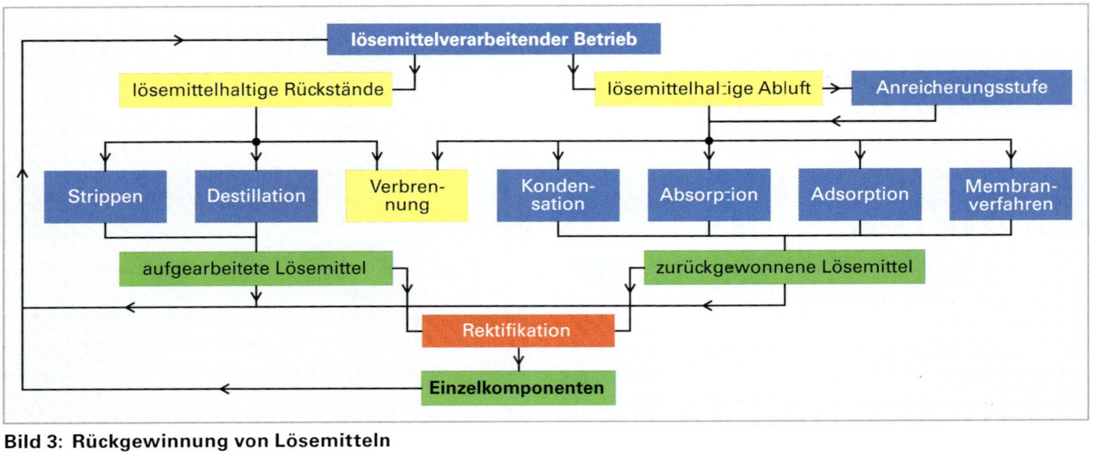

Bild 3: Rückgewinnung von Lösemitteln

Prinzip eine Destillation, bei der dem Verdampfer eine Rektifikationskolonne (Rektifikationssäule, Trennsäule) nachgeschaltet ist **(Bild 1)**.

Bei einer **Rektifikationsanlage** wird das Ausgangsgemisch einem Verdampfer zugeführt, in dem es zum großen Teil verdampft. Die sehr schwer verdampfenden Bestandteile bilden einen „Sumpf", der von Zeit zu Zeit abgelassen wird. Das verdampfte Gemisch strömt in einer Trennsäule nach oben zu einem Kondensator, in dem durch Kühlung die Kondensation (Übergang von Dampf zu Flüssigkeit) stattfindet. Ein Teil des Kondensats gelangt in den Kopf der Trennsäule und rieselt nach unten. Dadurch kondensieren in der Trennsäule ebenfalls Bestandteile des Gemischs, wobei aber die vorher zugeführte Verdampfungswärme als Kondensationswärme frei wird. Infolgedessen verdampfen aus dem Kondensat des Kondensators erneut leicht flüchtige Bestandteile, sodass sich der Säulenkopf immer mehr mit leicht flüchtigen Bestandteilen anreichert. Dagegen sammeln sich im Sumpf der Trennsäule die schwer flüchtigen Bestandteile an.

> Beim Rektifizieren wird nach dem Kondensator ein leicht siedendes Kopfprodukt und aus dem Säulensumpf ein schwer siedendes Sumpfprodukt entnommen.

Meist treten Lösemittel verdampft in der Abluft auf. Dann kann die Trennung des Gasgemischs im einfachsten Fall durch **Kondensation** in einem *Kondensator* erfolgen **(Bild 2)**. Dabei fließt ein Kühlmittel durch Rohre im Inneren eines Kessels. Das Gemisch Lösemittel-Luft durchströmt den Kessel. Der verflüssigbare Lösemittelanteil kondensiert an den kalten Rohren und tropft zu Boden. Mit derartigen Kondensatoren ist nur eine Grobreinigung des Gasgemischs möglich, weil das aus dem Kondensator austretende „Reingas" noch Lösemittelanteile enthält.

> Durch Kondensation in Kondensatoren ist nur eine Grobreinigung möglich.

Zur zweiten Entfernung der Lösemittel wird die Abluft mit einem **Absorptionsmittel**, z. B. Wasser bei wasserlöslichen Lösemitteln, gewaschen **(Bild 3)**. Dabei *absorbiert* (von lat. ab = weg, sorbere = schlucken) das Absorptionsmittel das Lösemittel. Die Lösung wird danach der Trennung zugeführt, z. B. durch Rektifikation.

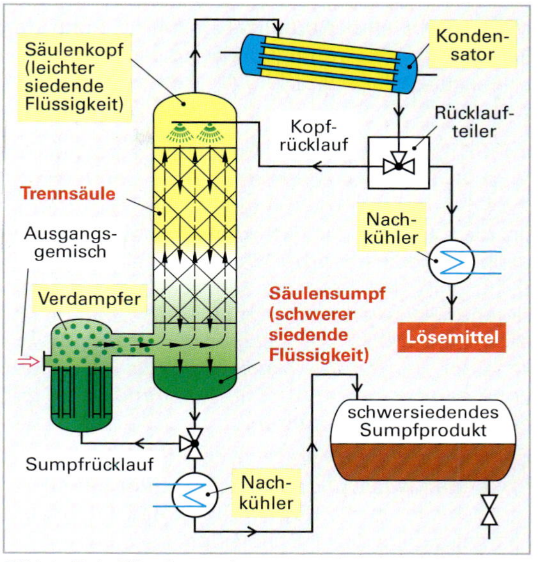

Bild 1: Rektifikationsanlage

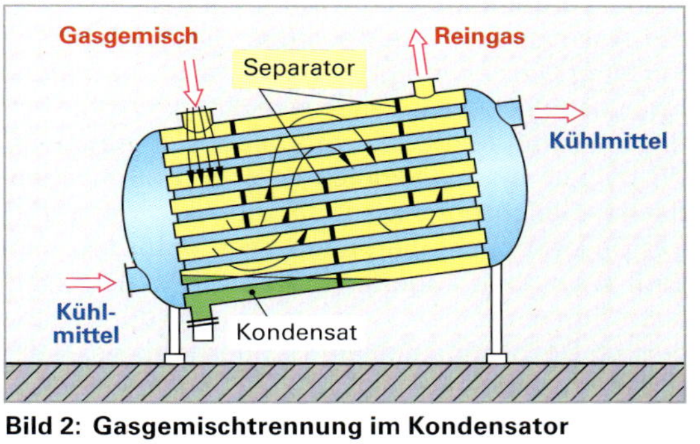

Bild 2: Gasgemischtrennung im Kondensator

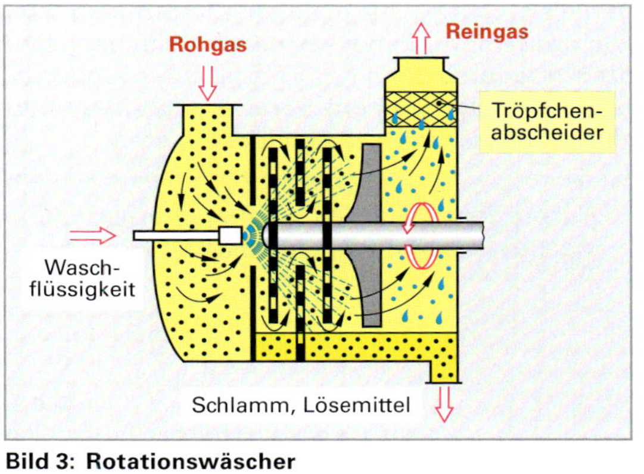

Bild 3: Rotationswäscher

Wenn das Waschen des Gemischs Luft-Lösemittel nicht alle Lösemittel beseitigt, kann der Rest durch **Adsorption** (von lat ad = zu, sorbere = schlucken) erfasst werden. Als Adsorptionsmittel wird z. B. **Aktivkohle AK** verwendet (Seite 457).

Im Prinzip sind zwei Adsorber erforderlich **(Bild 1)**. Beim *AK-Festbettadsorber* durchströmt die Lösemittel enthaltende Luft den Adsorber 1, bis die Kapazität der Aktivkohle erschöpft ist. Danach wird auf Adsorber 2 umgeschaltet. Gleichzeitig wird der Adsorber 1 durch Wasserdampf regeneriert, er arbeitet jetzt als **Desorber** (von lat. de = über und sorber = schlucken). In einem Abscheider werden das Wasser und das Lösemittel voneinander getrennt. Entsprechend wird mit dem Adsorber 2 verfahren.

> Bei den Adsorptionsverfahren folgt auf das Adsorbieren die Regeneration des Adsorptionsmittels durch Desorption.

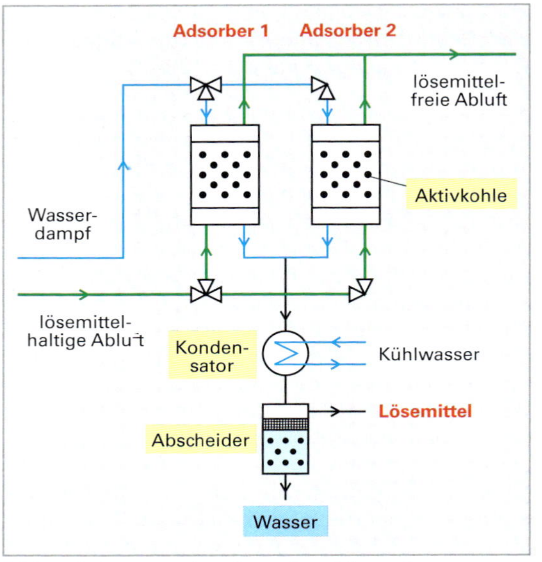

Bild 1: Anlage zur alternierenden Adsorption

Für eine kontinuierliche Adsorption ist das *AK-Wirbel- und Wanderbettverfahren* geeignet **(Bild 2)**. Die lösemittelhaltige Luft wird in den unteren Teil der Adsorptionseinheit geleitet. Sie durchströmt mit einer Geschwindigkeit von etwa 40 km/h mehrere Lochbleche, auf denen sich die Aktivkohle befindet. Durch den Luftstrom bildet sich dabei ein Wirbelbett aus Aktivkohle mit einer großen Oberfläche. Gleichzeitig wird ständig Aktivkohle von der Desorptionseinheit nach oben befördert und dem Wirbelbett zugeführt. Die Aktivkohle rieselt aus dem Wirbelbett nach unten und durchwandert im Desorptionsteil als Wanderbett zwei Heizzonen, in denen die Aktivkohle regeneriert wird. Das Lösemittel kondensiert in einem Kondensator und kann entnommen werden.

Bei einem anderen kontinuierlichen Verfahren befindet sich Aktivkohle in einem radförmigen Trog von großem Durchmesser, der sich sehr langsam dreht. Dadurch kann das Trogbett der Aktivkohle gleichzeitig in einem Bereich adsorbieren, in einem anderen Bereich aber desorbieren.

> Adsorptionsverfahren können alternierend (nacheinander) oder kontinuierlich arbeiten.

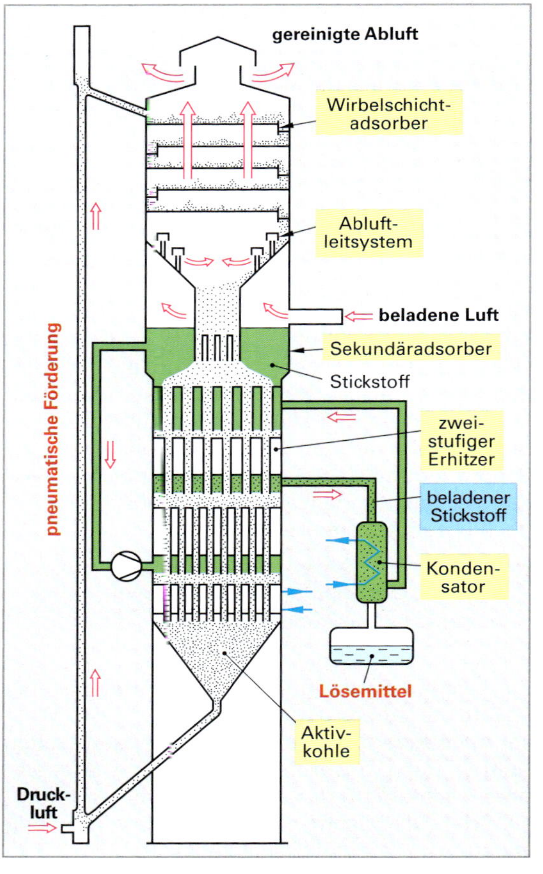

Bild 2:
Anlage zur kontinuierlichen Adsorption (AK-Wirbel- und Wanderbettverfahren)

Wirkstoffrückgewinnung aus Emulsionen

Oft fallen Wirkstoffe, z.B. Öle, nach Gebrauch als Emulsion an, die aus einer kontinuierlichen Phase und einer dispergierten Phase (lat. dispergere = ausstreuen) bestehen **(Bild 1)**. So fällt in Waschanlagen Öl zusammen mit Wasser an. Als Kühlflüssigkeit bei der Metallbearbeitung werden Ölemulsionen gebraucht. Die festen Verunreinigungen können durch Filter entfernt werden. Die Trennung von Ölen und Wasser erfolgt durch **Sedimentation** (lat. sedere = sich setzen).

> Emulsionen von Ölen in Wasser können durch Sedimentation in ihre Bestandteile getrennt werden.

Im einfachsten Fall erfolgt die Trennung durch Stehenlassen der Emulsion in einem großen Gefäß. Infolge verschiedener Dichten der Bestandteile schwimmt die leichtere Flüssigkeit oben **(Bild 2)**. Die schwerere Flüssigkeit, z.B. Wasser, fließt durch einen Bodenablass aus, die leichtere fließt an einem Überlauf ab. Man bezeichnet diese Art der Trennung als **Dekantieren** (eine Flüssigkeit über einer anderen abgießen). Durch Dekantieren können z.B. die Ölbestandteile von industriellen Waschanlagen zurückgewonnen werden.

> Durch Dekantieren können nur Emulsionen mit großen Tröpfchen der dispergierten Phase getrennt werden.

Bei anderen Emulsionen erfolgt die Trennung durch **Zentrifugieren** **(Bild 3)**. Dabei wird ein zylindrisches Gefäß in rasche Umdrehung versetzt. In dieser Zentrifuge (lat. centrum = Mitte und fugere = fliehen) bewegt sich die schwere Flüssigkeit, z.B. das Wasser, infolge der Zentrifugalkraft an die Wand der Zentrifuge, während die leichtere Flüssigkeit, z.B. das Öl, im inneren Teil verbleibt.

> Emulsionen mit fein verteilter dispergierten Phase können durch Zentrifugieren in ihre Bestandteile zerlegt werden.

Durch Zentrifugieren kann z.B. das Öl von Kühlemulsionen zurückgewonnen werden. Das Zentrifugieren versagt aber, wenn ineinander gelöste Stoffe oder auch disperse Systeme zu trennen sind. So ist es nicht möglich, Salzlösungen oder kolloidale „Lösungen", z.B. Waschmittel in Wasser, durch Zentrifugieren zu trennen.

> Echte Lösungen oder disperse Systeme können durch Zentrifugieren nicht getrennt werden.

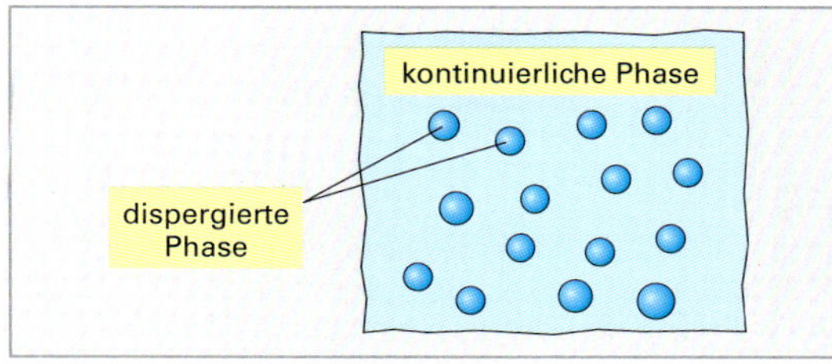

Bild 1: Emulsion (vergrößert)

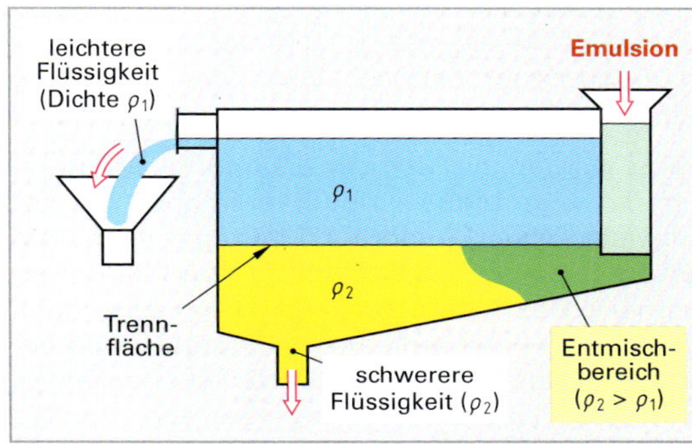

Bild 2: Dekantieren eines Gemisches von Wasser und Benzin

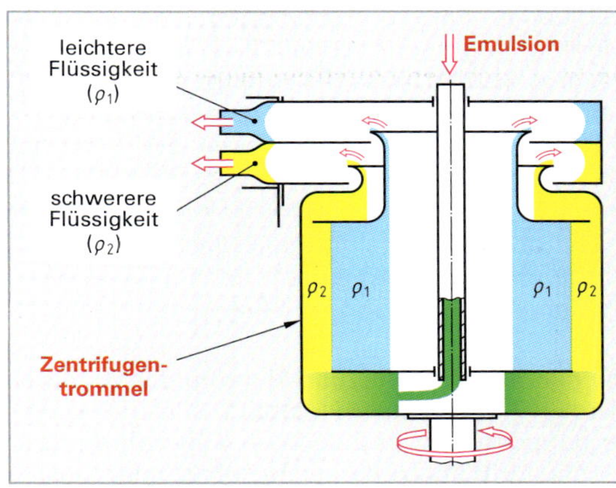

Bild 3: Zentrifugieren einer Emulsion in einer Vollmantelzentrifuge

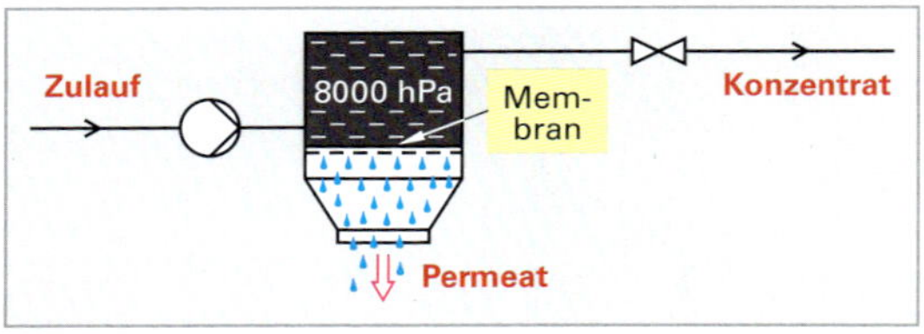

Bild 1: Prinzip der Stofftrennung durch Filtrieren

Wirkstoffrückgewinnung durch Filtrieren

Grobe Filter aller Arten werden in der Wasserwirtschaft (Abschnitt 9.2.3) verwendet. Wirkstoffe können aus Lösungen vor allem durch sehr feinporige Filter zurückgewonnen werden.

Dabei werden als Filter sehr feinporige Membranen (lat. membrana = Haut) verwendet. Die Porenweite dieser Membranen beträgt z. B. 0,2 µm für die Entkeimung (Entfernung von Mikroorganismen). Das Filtrat derartiger Filter wird auch als *Permeat* (lat. permeare = hindurchgehen) bezeichnet, der zurückbleibende Teil als *Konzentrat* **(Bild 1)**. Bei Filtern mit Porengrößen von 1 nm bis 100 nm spricht man von **Ultrafiltration UF**.

Bei Membranfiltern müssen ziemlich hohe Drücke verwendet werden, z. B. 8000 hPa = 8 bar. Wegen der kleinen Porengröße verschmutzen einfache Membranfilter sehr schnell. Es muss also dafür gesorgt werden, dass die zu filtrierende Flüssigkeit vorgereinigt wird und schnell entlang der Membrane strömt. Man bezeichnet das Verfahren als **Tangentialfiltration** oder **Querstromfiltration**.

> Bei der Tangentialfiltration fließt die zu filtrierende Flüssigkeit unter hohem Druck an Membranen entlang der Filterrohre.

Bei den Rohrbündeln **(Bild 2)** strömt die zu filtrierende Flüssigkeit durch **Membranschläuche**. Diese befinden sich in gelochten Stützrohren. Das Permeat tritt am Umfang des Rohrbündels aus.

Beim rotierenden Filtersystem **(Bild 3)** drehen sich zwei Reihen von Filterrohren gegenläufig in einem Kessel. Die zu filtrierende Flüssigkeit wird dem Kessel unten zugeführt. Das Permeat wird durch die Membranfilter gedrückt und verlässt danach die Filterrohre. Das Konzentrat verlässt den Kessel oben **(Bild 4)**. Durch die Drehung der Filterrohre herrscht eine lebhafte Strömung, sodass die Membranen nicht verstopfen.

Mit Ultrafiltration kann z. B. im Konzentrat die Rückgewinnung von Lacken in Lack-Spritzanlagen oder die Waschmittelrückgewinnung von Waschstraßen erfolgen. Auch Entfettungsbäder und Galvanikbäder können mit Ultrafiltration mit dem Permeat wieder aufbereitet werden.

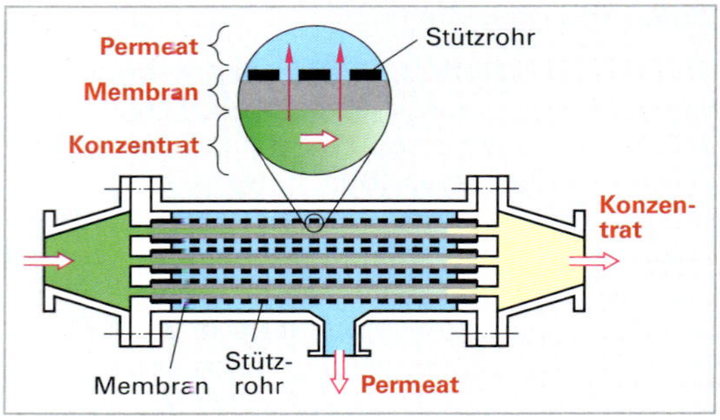

Bild 2: UF-Rohrbündelfilter

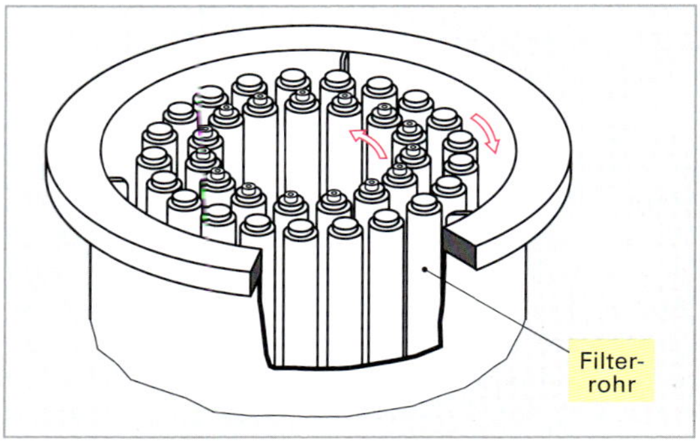

Bild 3: Filterrohre beim Rotor-Filtersystem

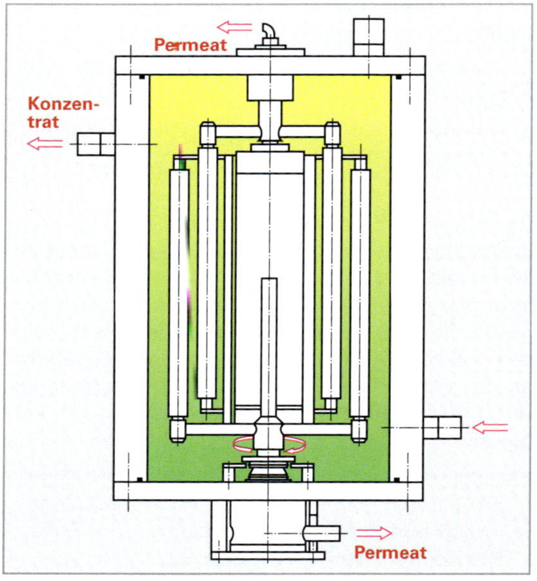

Bild 4: Rotor-Filtersystem

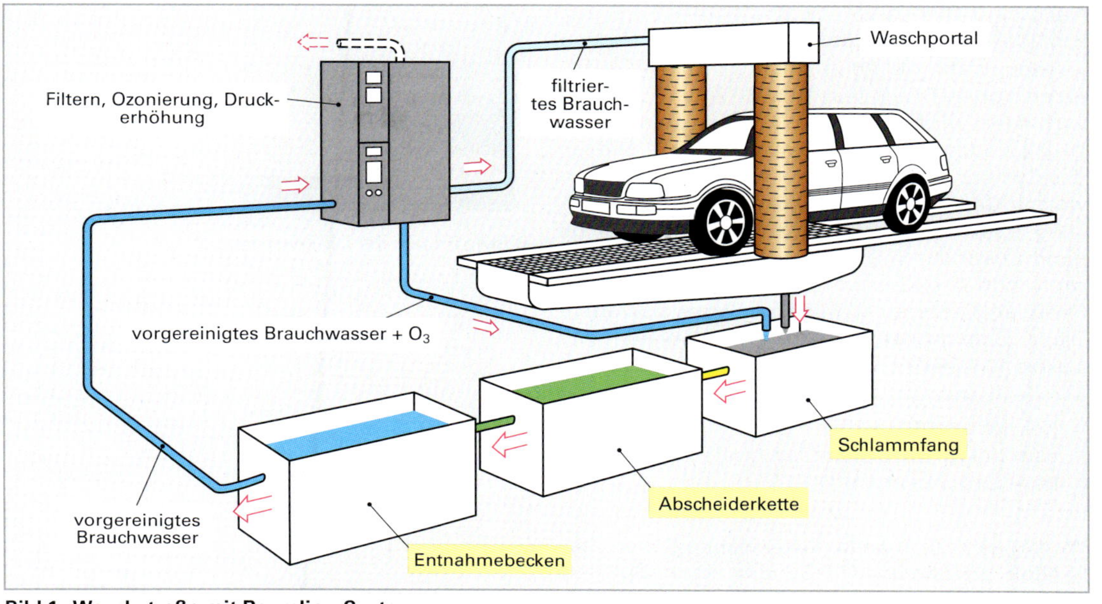

Bild 1: Waschstraße mit Recycling-System

Eine **Kombination** von Sedimentation und Ultrafiltration erfolgt in einer Waschstraße mit Wasserrecycling **(Bild 1)**. Das gebrauchte Wasser, welches mit Schmutz, Öl und Waschmitteln belastet ist, gelangt zu einem *Schlammfang,* in dem der Schmutzanteil sedimentiert. Von dort gelangt das Rohwasser in eine *Abscheiderkette* (Kette aus mehreren Dekantierungsgefäßen), in der der Anteil an Kohlenwasserstoffen abgetrennt wird. Aus dem folgenden Entnahmebecken gelangt das vorgereinigte, noch Waschmittel enthaltende Wasser in eine *Filteranlage.* Dort wird es zunächst mit Ozon O_3 angereichert, das durch eine Gasentladungsanlage erzeugt wird. Das Ozon oxidiert die Schwermetallsalze, die dadurch in der folgenden UF-Anlage ebenso wie der verbrauchte Waschmittelanteil ausgefiltert werden. Das so gereinigte Wasser mit noch unverbrauchtem Waschmittelanteil wird erneut gebraucht, wobei nur ein kleiner Anteil an Frischwasser und wenig neues Waschmittel zugesetzt werden. Der Ozonzusatz verhindert, dass organische Bestandteile des mehrfach gebrauchten Wassers zur Geruchsbelästigung führen.

Durch Ultrafiltration können Moleküle disperser Systeme abgetrennt werden, nicht aber Bestandteile echter Lösungen, also z.B. nicht Ionen. Deren Beseitigung erfolgt z.B. durch Anwendung der *Umkehrosmose UO* (siehe folgende Seite). Diese wird auch als Reverse Osmose RO bezeichnet.

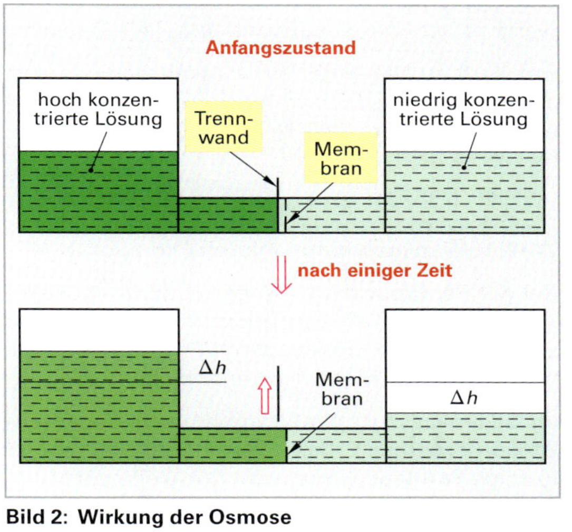

Bild 2: Wirkung der Osmose

Sind zwei Lösungen unterschiedlicher Salzkonzentrationen durch eine permeable (nur für das Lösemittel durchlässige) Membran voneinander getrennt, so entzieht die Lösung höherer Konzentration der anderen Lösung das Lösemittel, bis die Konzentrationen gleich sind. Durch den osmotischen Druck steigt das Volumen des ursprünglichen Konzentrats an **(Bild 2)**.

Nach dem **Gesetz von Le Chatellier und Braun** kann das Gleichgewicht des Systems verschoben werden, wenn die Volumenvergrößerung durch einen hohen Druck (bis 100 000 hPa = 100 bar) verhindert wird. Dann wirkt nämlich ein äußerer Druck gegen den osmotischen Druck, sodass das System durch Abgabe des Lösemittels ausweicht. Dadurch ist es möglich, aus einer Salzlösung Wasser herauszupressen **(Bild 1)**. Allerdings nimmt zwar durch Umkehrosmose (UO) die Konzentration des Konzentrats zu, jedoch bleibt im Permeat immer ein Anteil des Salzes bestehen. Dieser *Schlupf* beträgt auch im günstigsten Fall 1 % bis 10 % der Konzentration im Konzentrat.

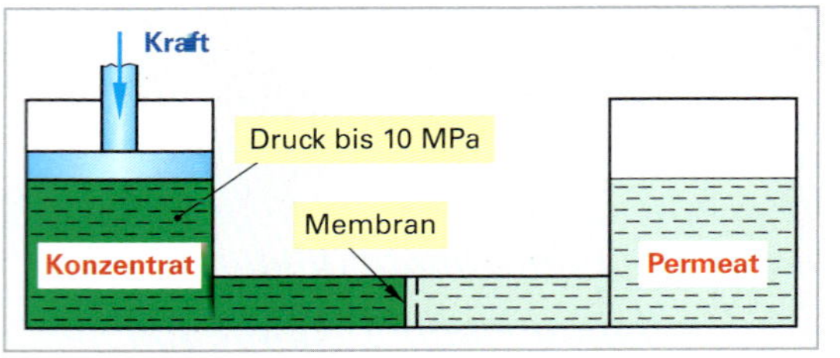

Bild 1: Prinzip der Umkehrosmose

> Bei der Umkehrosmose werden für das Lösemittel durchlässige Membranen und sehr hohe Drücke verwendet.

Werkstücke, die man in galvanischen Bädern behandelt, werden anschließend in einem Spülbad von den anhaftenden Metallsalzen des galvanischen Bades gereinigt **(Bild 2)**. Mittels Umkehrosmose können z. B. Metallsalze aus Spülbädern von galvanischen Betrieben zurückgewonnen werden. Der Energieaufwand dazu ist erheblich.

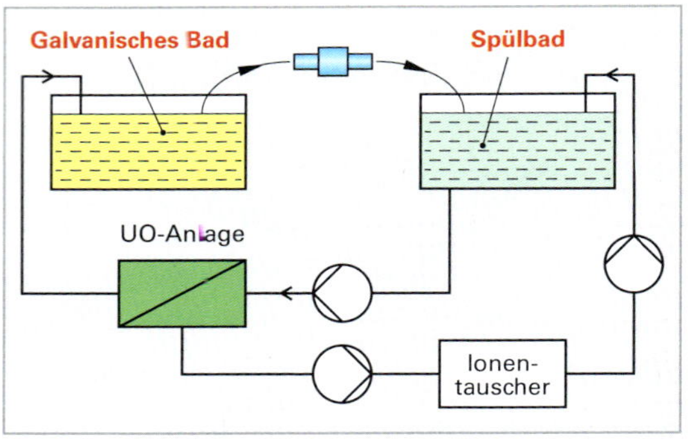

Bild 2: Recycling von Metallsalzen aus galvanischem Spülbad

Der Aufbau der Filter für Umkehrosmose entspricht denen für Ultrafiltration, jedoch werden erheblich höhere Drücke bis 100 000 hPa = 100 bar verwendet.

Wirkstoffrückgewinnung durch Pervaporation

Bei der Pervaporation (lat. per = hindurch, vapor = Dampf) erfolgt die Stofftrennung dadurch, dass aus der flüssigen Phase durch Erhitzen Bestandteile durch eine Membrane entweichen.

Im Gegensatz zur Ultrafiltration und Ultraosmose ist kein erhöhter Druck erforderlich. Das dampfförmige Permeat wird auf der Rückseite der Membran abgepumpt und danach in einem Kondensator kondensiert.

Die Pervaporation (PV) kann z. B. zur Rückgewinnung von Lösemitteln dienen **(Bild 3)**.

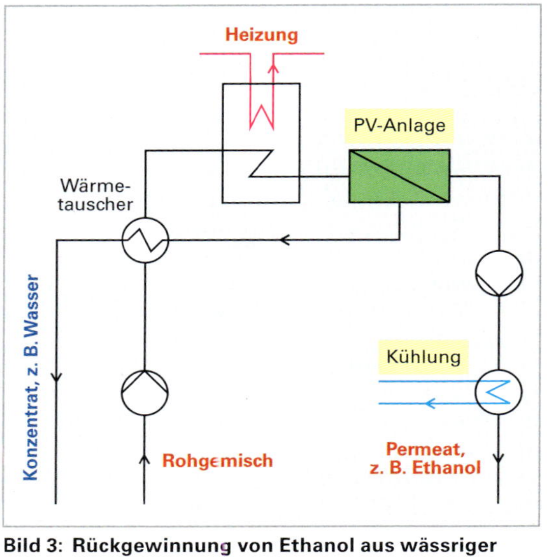

Bild 3: Rückgewinnung von Ethanol aus wässriger Lösung

Wiederholung und Vertiefung

1. **Was versteht man unter Strippen?**
2. **Welche Aufgabe hat ein Kondensator in einer Rektifikationsanlage?**
3. **Welche Aufgabe haben Absorptionsmittel?**
4. **Geben Sie ein wichtiges Adsorptionsmittel an.**
5. **Nennen Sie drei Möglichkeiten, Emulsionen in ihre Bestandteile zu trennen.**
6. **Welche Filter werden zur Wirkstoffrückgewinnung verwendet?**
7. **Beschreiben Sie die Pervaporation.**

9.3.6 Abfallverwertung von festen Stoffen

Behandlung sortenreinen Abfalls

Sortenreiner Abfall, z.B. Pressteile aus Polyethylen oder nach Fraktionen getrennter Bauschutt, muss meist vor der Weiterverarbeitung zerkleinert werden. Die Zerkleinerungsmaschinen arbeiten nach verschiedenen Prinzipien.

Sehr große spröde Teile, z.B. Steine, werden in einem Backenbrecher zerkleinert **(Bild 1)**. Der Abstand der Spaltbreite der beweglichen Backe von der festen Backe ist verstellbar, sodass die Korngröße je nach Bedarf verändert werden kann.

Dieselbe Aufgabe kann ein Walzenbrecher erfüllen **(Bild 2)**. Bei ihm erfassen zwei sich gegenläufig drehende Walzen das spröde Zerkleinerungsgut und zerkleinern es durch Druckkraft, Reibung und Schlag.

Teile mit großem Rauminhalt, z.B. Autokarosserien, können einem Schneidwalzenzerkleinerer zugeführt werden. Dieser Schredder (auch Shredder von engl. to shred = zerfetzen) enthält Schneidwalzen. Zwei mit Reißmessern besetzte Wellen drehen sich langsam gegeneinander. Dabei erfassen sie das Material und brechen, zerschneiden und zerreißen es. Schredder werden meist zur Vorverkleinerung eingesetzt.

> Schredder zerkleinern große Teile aus beliebigem Material in Stücke.

Auf kleinere Teilgröße als ein Schredder zerkleinert bei spröden Materialien ein Prallbrecher **(Bild 3)**. Bei ihm dreht sich der Rotor mit Prall-Leisten mit hoher Drehzahl in einem Gehäuse mit Prallplatten. Das Zerkleinerungsgut wird von den Prall-Leisten gegen die Prallplatten geschleudert und zerbricht dabei.

Bei schlagzähen und spröden Stoffen, z.B. bei PVC, erfolgt die Zerkleinerung durch Prallscheibenmühlen. Bei diesen Mühlen dreht sich eine geriffelte Mahlscheibe mit hoher Drehzahl gegen eine feststehende Mahlscheibe. Die Endkorngröße kann durch den einstellbaren Abstand der beiden Mahlscheiben gesteuert werden.

Harte Stoffe in trockenem oder nassem Zustand können in Trommelmühlen, die „Kugeln" enthalten, zerkleinert werden **(Bild 1, folgende Seite)**. Diese bestehen aus einer verschleißfest ausgekleideten, rotierenden Trommel, die zu etwa einem Drittel mit harten Mahlkörpern, z.B. Kugeln aus Porzellan oder Stahl, gefüllt ist. Das Mahlgut wird durch diese Mahlkörper zerkleinert. Derartige Mühlen nennt man auch Kugelmühlen.

Die Zerkleinerung schlagzäher Materialien kann in Zahnscheibenmühlen erfolgen **(Bild 2, folgende Seite)**. Bei diesen dreht sich eine Rotor-Zahnscheibe bei feststehender Stator-Zahnscheibe. Der Abstand der beiden Zahnscheiben ist verstellbar. Die Zerkleinerung erfolgt durch Druck, Reibung und Schlag.

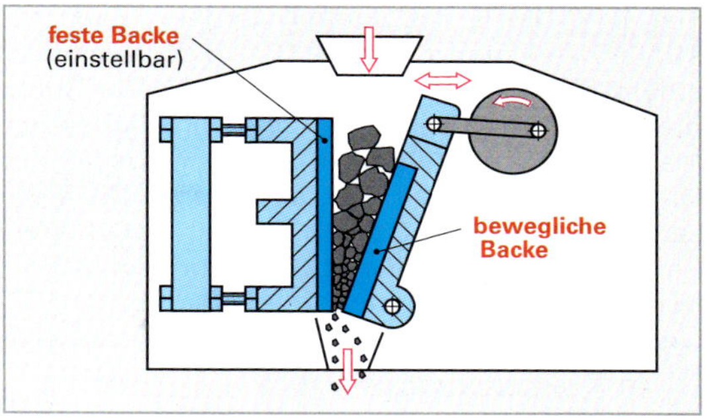

Bild 1: Backenbrecher

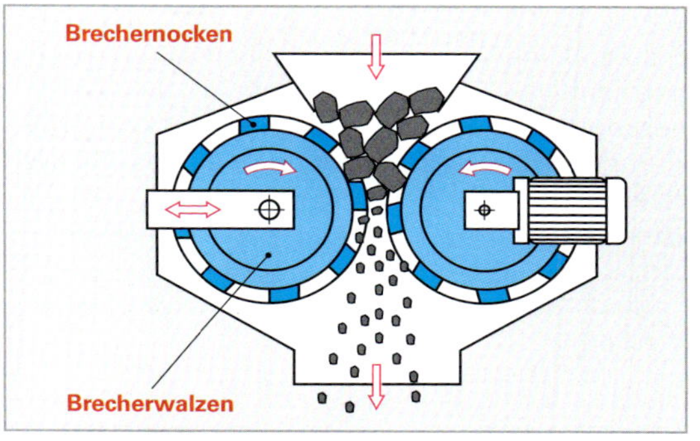

Bild 2: Walzenbrecher

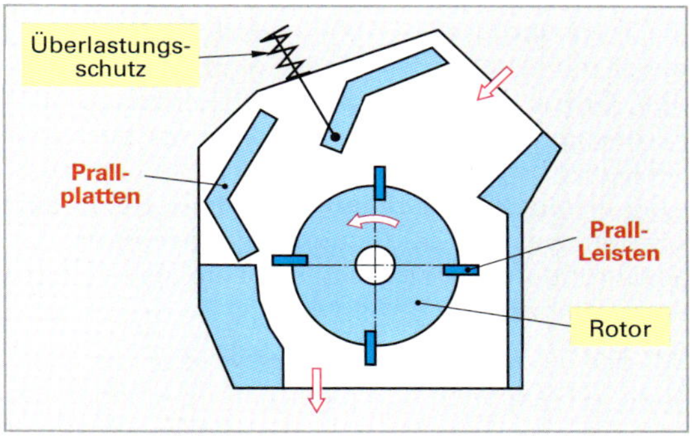

Bild 3: Prallbrecher

Elastische Stoffe, z. B. Gummi, werden in **Schneidmühlen** zerkleinert **(Bild 3)**. Bei diesen sind an einem mit hoher Drehzahl umlaufenden Rotor mehrere Messer befestigt, die an feststehenden Messern des feststehenden Stators vorbeilaufen. Unten im Stator ist ein Sieb angebracht. Die Messer zerschneiden das elastische Material und reißen es so lange mit, bis es genügend fein ist und durch das Sieb fällt.

> Mit Brechern werden spröde Materialien zerkleinert, mit Mühlen je nach Art spröde, zähe oder elastische.

Die Zerkleinerung aller Materialien erfordert eine beträchtliche Energie. Je nach Art des Zerkleinerungsgutes und der erforderlichen Korngröße können je 1000 kg Zerkleinerungsgut bis 100 kWh erforderlich sein.

> Das Zerkleinern großer Massen zum Zweck des Recycelns erfordert viel elektrische Energie.

Nachträgliche Sortierung festen Abfalls

Die nachträgliche Trennung des Abfalls oder die Trennung großer Abfallteile in Fraktionen ist meist mit erheblichem Energieaufwand verbunden. Große Abfallteile, z. B. Kraftfahrzeuge oder Fernsehgeräte, werden manuell demontiert oder als Ganzes maschinell zerkleinert. Die Zerkleinerung erfolgt z. B. in einem Schredder. Bei Bedarf können weitere Zerkleinerungsmaschinen das geschredderte Material auf noch kleinere Teilgröße zerkleinern.

Bei der manuellen Demontage erfolgt die Trennung in Fraktionen durch getrenntes Ablegen der demontierten Teile. Beim geschredderten Material kann die Trennung teilweise maschinell erfolgen.

Das ist aber nur eingeschränkt möglich. Insbesondere ist eine maschinelle sortenreine Trennung von Kunststoffen bisher nicht möglich.

> Geschreddertes Material kann nur teilweise nach Fraktionen getrennt werden.

Eisenhaltige Metalle, z. B. Stahl oder Weißblech, können durch **Magnettrommelscheider** abgetrennt werden **(Bild 1, folgende Seite)**. Andere Metalle können mithilfe von Wirbelströmen aussortiert werden. Trockene Kunststoffteile können durch elektrostatische Aufladung vom anderen Abfall getrennt werden. Schließlich lassen sich Teile mit kleinem spezifischen Gewicht durch Windscheider abtrennen.

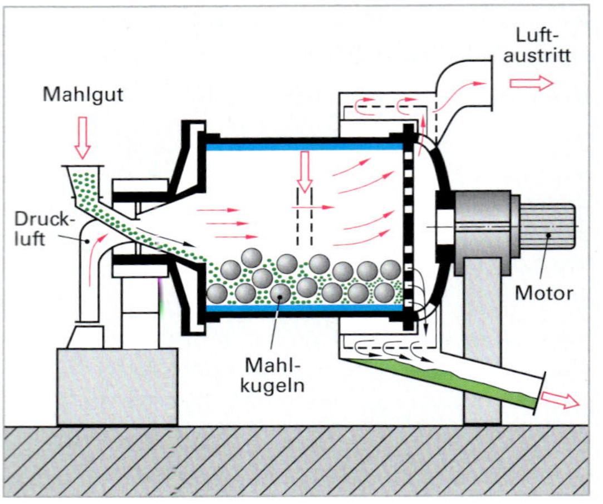

Bild 1: Trommelmühle

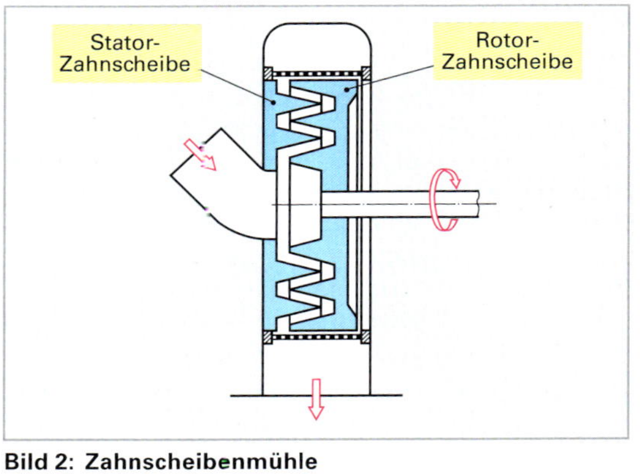

Bild 2: Zahnscheibenmühle

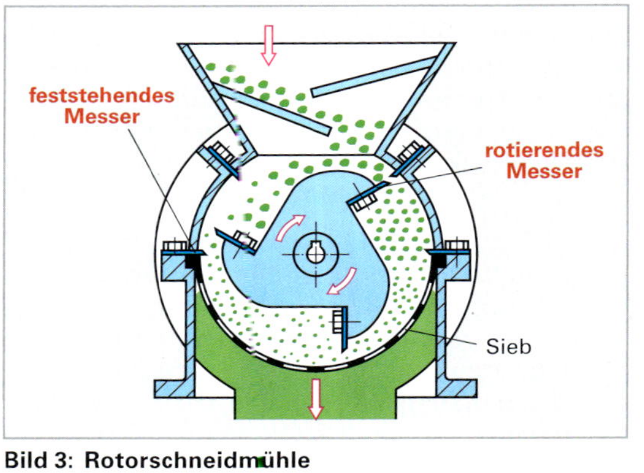

Bild 3: Rotorschneidmühle

Magnetscheider beruhen darauf, dass eisenhaltiges (magnetisches) Material länger auf einem entsprechenden Förderband bleibt als nicht eisenhaltiges **(Bild 1)**. Der Energieaufwand bei dieser Trennung beträgt bis 5 kWh je Tonne.

Wirbelstromscheider für die Rückgewinnung von Nichteisenmetallen bestehen grundsätzlich aus einem Förderband mit einem Generator für eine Mittelfrequenzspannung von z. B. 30 kHz **(Bild 2)**. Der Generator speist eine Spule, sodass ein magnetisches Wechselfeld entsteht. Dieses induziert in elektrisch leitfähigen Nichteisen-Metallteilen auf dem Förderband Wirbelströme. Nach der *Lenz'schen Regel* suchen diese ihre Ursache zu hemmen. Deshalb ist das Magnetfeld der Wirbelströme gegen das magnetische Wechselfeld gerichtet **(Bild 3)**. Dadurch treffen gleichnamige Magnetpole aufeinander, die sich abstoßen.

> Beim Wirbelstromscheider fallen Metallteile früher als nicht metallische Teile vom Förderband.

Es ist zweckmäßig, Magnetscheider vor dem Wirbelstromscheider anzuordnen, da Wirbelströme auch im Eisen auftreten würden. Der Energiebedarf bei der Wirbelstromscheidung beträgt bis z. B. 50 kWh je Tonne.

Elektrostatische Abscheider zur trockenen Abtrennung von Metallen aus Kunststoffen und anderen Nichtleitermaterialien bestehen im Prinzip aus einem Förderband, an dessen Ende ein sehr starkes elektrisches Feld von z. B. 1 MV/m herrscht **(Bild 4)**. Elektrisch nicht leitende Teile des Förderguts, z. B. trockene Kunststoffe, laden sich durch Influenz (Trennung der elektrischen Ladungen durch ein elektrisches Feld) mit entgegengesetzter Polung auf **(Bild 1, folgende Seite)**. Dadurch tritt wie beim Wirbelstromscheider eine Abstoßung auf, sodass die elektrisch nicht leitenden, trockenen Bestandteile des Förderguts zuerst vom Band fallen.

Vor der Trennung mit dem elektrostatischen Abscheider muss das Fördergut getrocknet werden, da sonst keine Influenz stattfindet. Wegen des hohen Energieaufwands von bis 100 kWh je Tonne sind derartige Abscheider selten. Eine Trennung nach Kunststoffsorten ist auch mit ihnen nicht möglich.

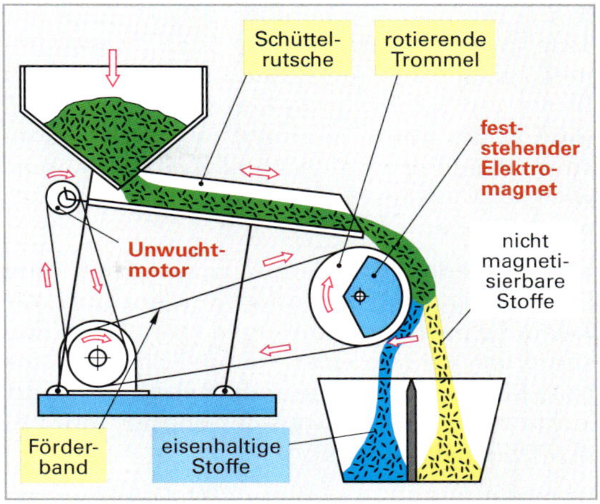

Bild 1: Magnettrommelscheider

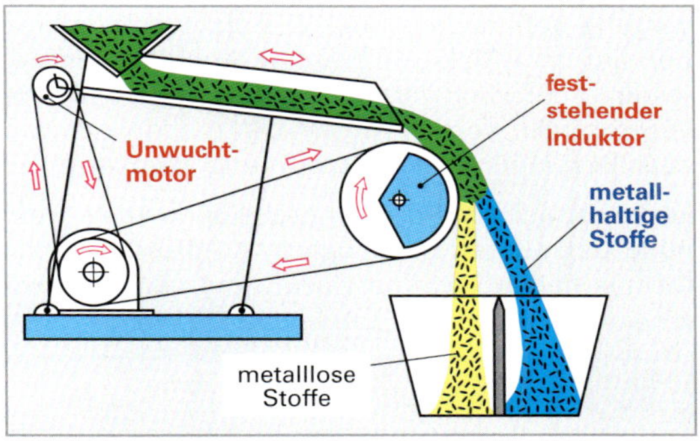

Bild 2: Wirbelstromscheider

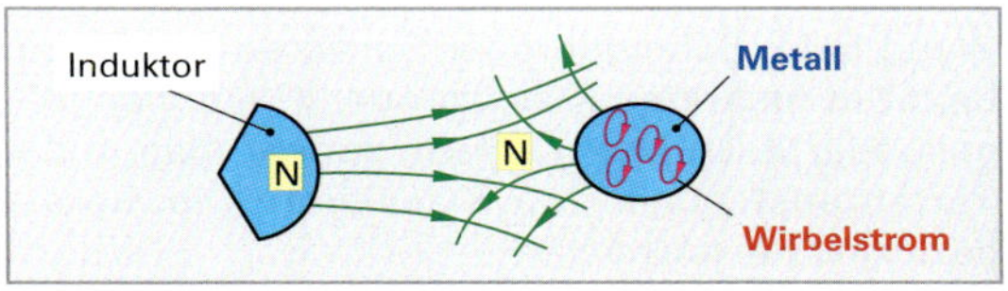

Bild 3: Kraftwirkung durch Wirbelströme

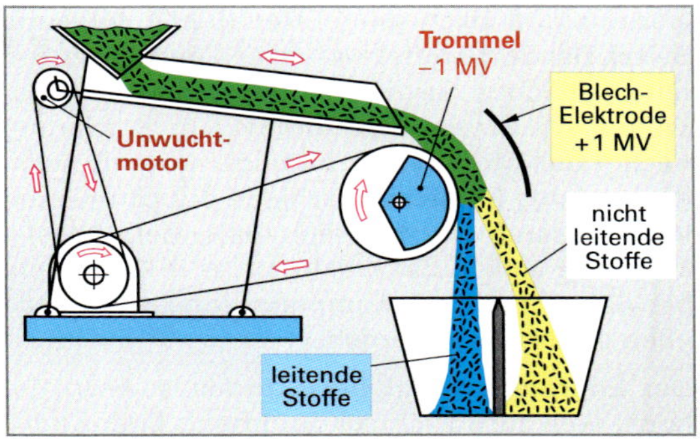

Bild 4: Elektrostatischer Abscheider

Strömungsscheider beruhen darauf, dass sich Teile in einer Luftströmung oder Wasserströmung unter dem Einfluss der Schwerkraft je nach Dichte und Teilchengröße verschieden verhalten **(Bild 2)**. So sinken in einem senkrechten Luftstrom dichte und große Abfallteile ab, während weniger dichte und kleine Teile von der Luft nach oben getragen werden.

Vor Anwendung der Strömungsscheider muss nach Größe der Teile sortiert werden, damit die Trennung nach Dichte erfolgen kann. Diese Vorsortierung kann in einer Trommelsiebmaschine nach **Bild 3** erfolgen. Sie enthält verschieden gelochte Bleche am Umfang einer langsam rotierenden Trommel.

Beim **Windscheider** wird das nach Größe vorsortierte Gut von einem Luftstrom bewegt **(Bild 4)**. Dieser bläst von unten durch ein in Schüttelbewegung befindliches Sieb. Die dichten Teile bleiben auf dem Sieb und werden durch dessen Bewegung dem Schwerteile-Austrag zugeführt. Die leichten Teile werden von der Luft mitgerissen und nach Beruhigung der Luftströmung abgesetzt.

Leider ist auch mit der Windscheidung keine Trennung der Kunststoffe möglich, da diese ähnliche Dichten haben. Der Energieaufwand bei der Windscheidung ist hoch und beträgt bis 100 kWh je Tonne.

> Bei Strömungsscheidern und Windscheidern muss das Eingabegut nach Größe der Teile sortiert sein.

Wenn beim Scheiden oder Sortieren das Eingabegut in mehreren Klassen oder *Fraktionen* (abgesonderte Gruppen) anfällt, spricht man in der Verfahrenstechnik von *Klassieren*. Die Geräte dazu sind die *Klassierer*.

Die **Stromklassierer** (Strömungsscheider mit Wasser) trennen gleich große Teile, die aber nicht wasserempfindlich sein dürfen **(Bild 1, folgende Seite)**. Der Sortiereffekt ist eine Folge aus den unterschiedlichen Gewichtskräften und Auftriebskräften. Mit Stromklassierern ist eine Sortierung nach Kunststoff-Typen bedingt möglich, weil deren kleine Dichteunterschiede doppelt wirken (Gewichtskraft und Auftrieb). Außer dem Absetzklassierer sind Aufstromklassierer in Gebrauch, bei denen mehrere Kammern von unten nach oben durchströmt werden.

Der Energieaufwand bei Stromklassierern ist hoch, weil zusätzlich zur Strömung Energie für das Trocknen aufzuwenden ist.

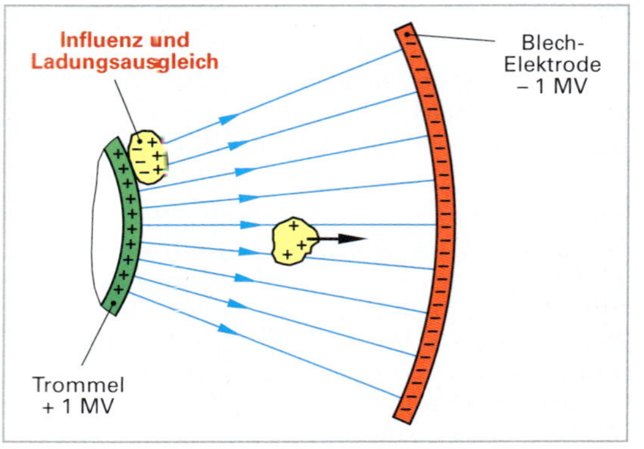

Bild 1: Kraftwirkung auf nicht leitende Teile im elektrischen Feld

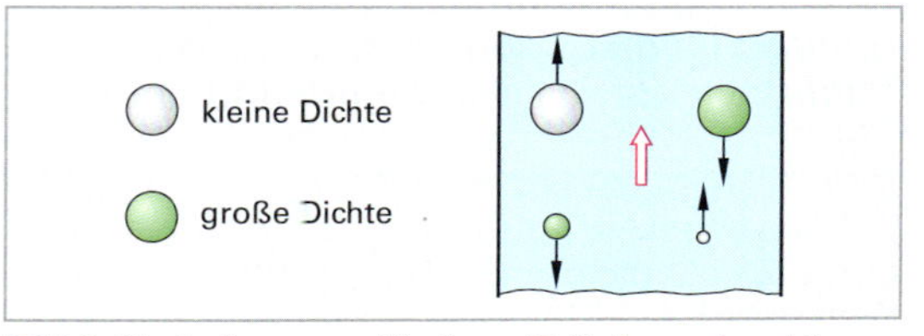

Bild 2: Verhalten verschiedener Teile in senkrechter Strömung

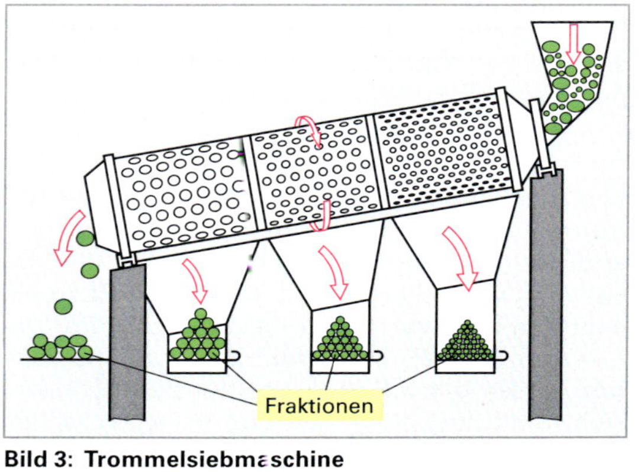

Bild 3: Trommelsiebmaschine

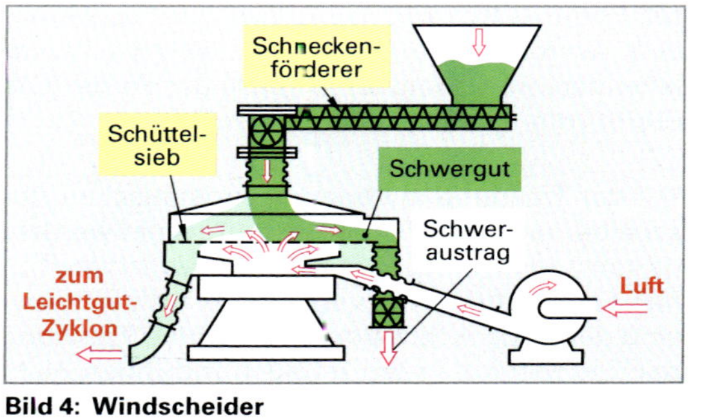

Bild 4: Windscheider

Flotationsapparate erlauben die Trennung von Bestandteilen, wenn sich ein Bestandteil an die Luftblasen eines Schaums bindet. Beim Flotationsapparat **(Bild 2)** wird das zu trennende Gut von einem Rührer mit Hohlwelle unter Luftzugabe verrührt, sodass ein Schaum entsteht. Dieser Schaum nimmt nicht benetzbare Bestandteile auf, während die benetzbaren als Schlamm zu Boden sinken.

Die Flotation wird z. B. beim Recyceln von Papier angewendet.

Wiederholung und Vertiefung

1. **Nennen Sie die Maschinen zur Zerkleinerung spröder Materialien.**
2. **Beschreiben Sie die wichtigsten Bestandteile eines Schredders.**
3. **Welche Aufgabe hat ein Schredder?**
4. **Mit welchen Maschinen können elastische Stoffe zerkleinert werden?**
5. **Welchen Nachteil hat das nachträgliche Sortieren von Abfall in Fraktionen?**
6. **Mit welchem Gerät können Nichteisenmetalle aus dem Abfall getrennt werden?**
7. **Warum ist es nicht möglich, Kunststoffe sortenrein in Windscheidern zu sortieren?**
8. **Geben Sie ein Beispiel aus Ihrer Umgebung an, bei dem ein maschinelles Trennsystem wirtschaftlich wäre.**

Beispiele von Recycelverfahren

Aluminium wird in Deutschland zu etwa 50 % recycelt. Die Recycelquote ist je nach Herkunft verschieden **(Bild 3)**. In Deutschland wird wegen der hohen Stromkosten mehr Sekundäraluminium (recyceltes Aluminium) als Primäraluminium produziert **(Bild 4)**. Bei Sekundäraluminium kann gegenüber dem Primäraluminium bei der Herstellung bis 90 % Energie eingespart werden.

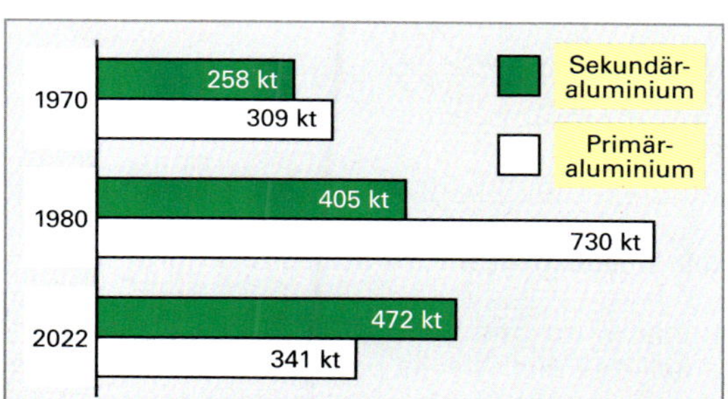

Bild 4: Aluminium-Produktion in Deutschland (1 Kilotonne = 1 kt = 10^6 kg)

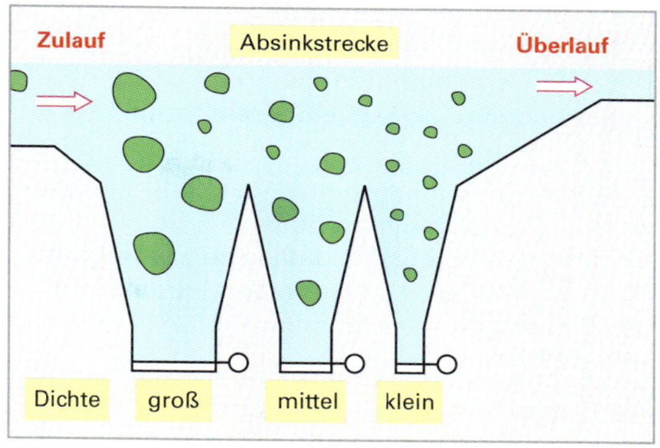

Bild 1: Absetzklassierer (Spitzkasten)

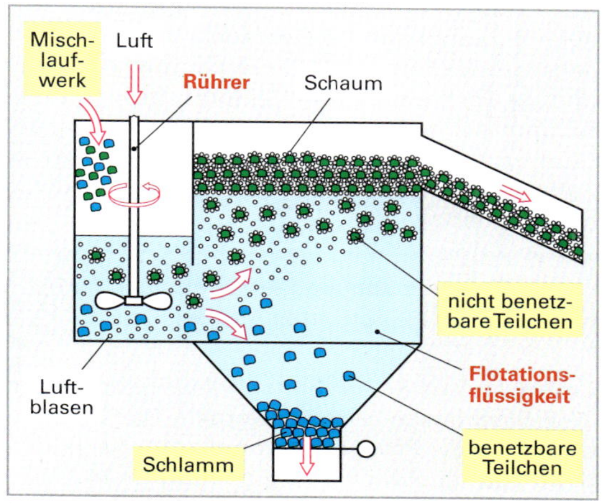

Bild 2: Flotationsapparat

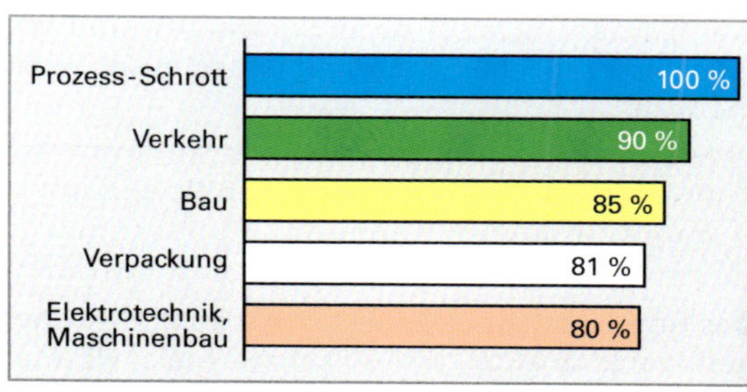

Bild 3: Recycel-Quoten von Aluminium

Aluminiumschrott kann direkt eingeschmolzen werden. Lackierte Schrotte und Verbundstoffe erfordern eine Vorbehandlung. Dabei werden organische Stoffe beseitigt. Das geschieht durch Pyrolyse oder, vor allem bei Verpackungen aus Verbundstoffen, durch Zerkleinern und Abtrennen des Aluminiums durch Wirbelstromscheider.

> Das Aluminium aus Verpackungs-Verbundstoffen wird durch Wirbelstromscheider abgetrennt und danach eingeschmolzen.

Glas von Verkaufsverpackungen, z. B. Flaschen, wird in Deutschland zu über 85 % recycelt. Der Altglasanteil von Grünglasflaschen beträgt etwa 90 %. Bei Weißglas ist die Recycelquote klein, da das Einsatzgut mit höchstens 0,5 % verunreinigt sein darf.

Die Produktion von Glasverpackungen erfordert nach Farben getrennte alte Glasverpackungen, bei denen Fremdteile, z. B. Metallverschlüsse, entfernt sind. Die Abtrennung erfolgt vielfach noch von Hand an Lesebändern. Vereinzelt sind auch Sortieranlagen in Gebrauch, in denen Fotosensoren die Farbe der Glasverpackung erkennen und zur Sortierung nach Weißglas, Grünglas und Braunglas führen **(Bild 1)**. Nach Zerkleinerung der Glasverpackungen können dann mittels weiterer Fotosensoren und Metallsensoren die Fremdteile abgesondert werden.

> Das Recyceln von Glas erfordert nach Farbe und Glassorte sortiertes Altglas.

Stahl kann aus Stahlschrott und aus gebrauchten Weißblechdosen recycelt werden. Der Energiebedarf für die Produktion von diesem Sekundär-Stahl beträgt etwa 9 MJ/kg gegenüber 14 MJ/kg bei Primär-Stahl aus Erz. Das Recyceln von *Prozess-Stahlschrott* (aus Herstellungsprozessen), z. B. von Stahlspänen, bereitet wenig Probleme, wenn dieser Schrott nach Sorten getrennt ist. Eine nachträgliche Sortierung ist technisch nicht möglich.

> Prozess-Stahlschrott muss nach Sorten getrennt gesammelt werden.

Das Recyceln von **Altschrott** führt zu Stahlsorten geringerer Qualität, weil Altschrott meist NE-Metalle, vor allem Kupfer, enthält. Damit ist der daraus gewonnene Sekundär-Stahl ungleichmäßig mit unerwünschten Legierungsbestandteilen verunreinigt.

Dagegen lässt sich Schrott aus Weißblechdosen (verzinnten Stahlblechdosen) gut recyceln **(Bild 2)**. Die Dosen können durch Magnetscheider leicht von anderen Dosen abgesondert werden. Danach werden sie eingeschmolzen, z. B. in einem Induktionselektro-Stahlofen **(Bild 3)**. Der kleine Zinnanteil des Weißblechs beeinträchtigt die Qualität des Sekundär-Stahls nicht, sodass er erneut zur Herstellung von Weißblechdosen oder sonstigem Stahlblech verwendet werden kann.

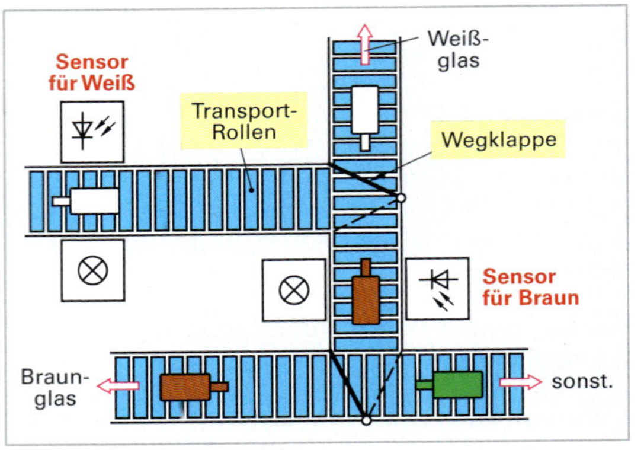

Bild 1: Sortieranlage zum Abtrennen von Weißglas und Braunglas

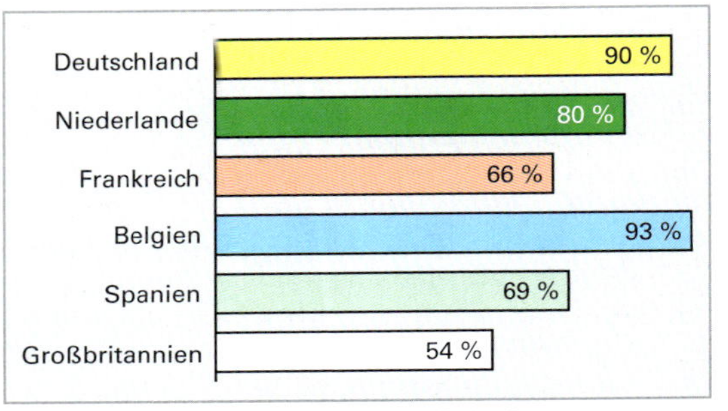

Bild 2: Anteil vom recycelten Weißblech am Verbrauch

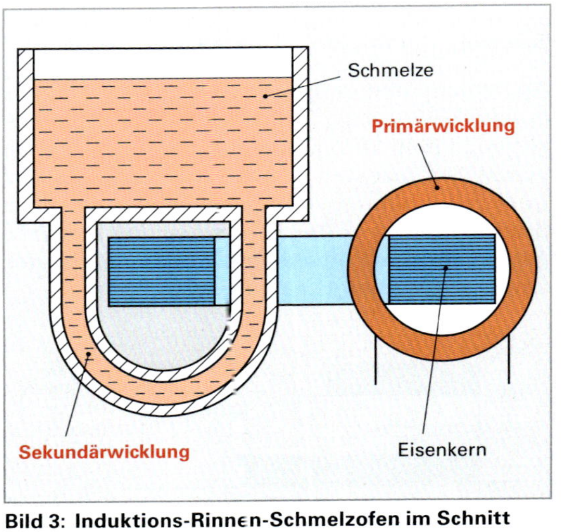

Bild 3: Induktions-Rinnen-Schmelzofen im Schnitt

Papier wird zu etwa 88% recycelt. Dabei werden Pappen zu fast 100% aus Altpapier gefertigt. Dasselbe gilt z.B. für Hygienepapier, Reinigungspapier und Eierkartons. Die Verwertung von Altpapier ist so hoch, dass andere Anbieter von Zellulose, z.B. die Waldbesitzer, eine Reduzierung verlangten, als die thermische Verwertung von Holzstämmen mit kleinem Durchmesser in Form von Pellets oder Schnitzeln noch nicht möglich war.

> Das Recyceln von Papier wird in so großem Umfang angewendet, dass die Verwertung von anfallendem Holz der Waldpflege beeinträchtigt ist.

Beim Recyceln wird das Altpapier zerkleinert und einem Pulper (von engl. pulp = Brei) zugeführt **(Bild 1)**. Der Pulper ist ein Bottich, in dem sich Wasser von 40 °C befindet, das von einem Rotor ständig in Bewegung gehalten wird. Dadurch entsteht ein Brei aus Zellulose.

In einer Reaktionsbütte wird mittels Chemikalien, z.B. Natronlauge, die Druckerschwärze von der Zellulose gelöst. Außerdem werden Fremdstoffe, z.B. Büroklammern, aussortiert, z.B. über Magnetscheider. Durch mehrfache Flotation (*Deinking* von de = weg, ink = Tinte) wird die Druckerschwärze entfernt. Danach erfolgt thermisch die Eindickung des Breies und durch Schwefelsäure seine Neutralisierung. Der so gereinigte Brei kommt danach auf die Papiermaschine.

Sowohl die Fremdstoffe als auch die durch Flotation entfernte Druckerschwärze sind wegen der verwendeten Chemikalien als Sondermüll zu entsorgen. Das betrifft etwa 20% der eingebrachten Masse an Altpapier. Ein beliebig oft wiederholtes Recyceln ist bei Papier, anders als bei Glas, nicht möglich, da bei jedem Recyceln die Zellulosefasern kürzer und damit wertloser werden. Langfasriges Papier, z.B. von Getränkekartons, kann deshalb nicht wieder zu langfasrigem Papier recycelt werden, sondern nur zu kurzfasrigem Papier, z.B. für Hygienezwecke. Es liegt also eigentlich ein **Downcyceln** (von down = herunter) vor, also die Aufarbeitung zu einem Werkstoff geringer Qualität.

> Die Wiederverwertung von Altpapier stellt ein Downcyceln dar.

Das Recyclen von Papier entlastet aber die Umwelt. Ein Maß für die Umweltbelastung ist der Chemische Sauerstoff-Bedarf CSB. Der CSB gibt an, wie viel Sauerstoff erforderlich ist, um die bei der Produktion anfallende Schmutzfracht des Wassers zu oxidieren. Bei Zellstoff aus Holz ist der CSB etwa 230 kg je t Zellstoff und bei Papier aus Altpapier etwa 10 kg je t Papier. 1 t Recyclingpapier spart gegenüber Papier aus Holz etwa 150 L Heizöl ein.

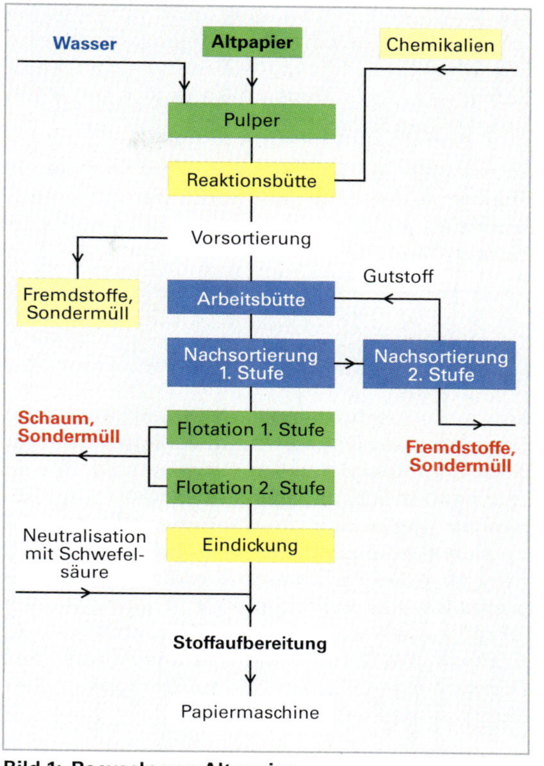

Bild 1: Recyceln von Altpapier

Getränkekartons bestehen aus einem Verbundstoff aus langfasrigem Papier, Polyethylen und Aluminium. Sie sind nach Zerkleinerung recycelbar. Dabei wird in einem Trommelpulper der Papieranteil abgetrennt und danach durch Strömungsscheider mit Wasser der Polyethylenanteil. Das verbleibende Aluminium ist durch Schmelzen recycelbar, ebenso das vorher abgetrennte Polyethylen. Der Papieranteil wird wie beschrieben downcycelt. Allerdings ist der Energieaufwand für das Verfahren beträchtlich.

> Einheitliche Verbundstoffe können unter Energieaufwand recycelt bzw. downcycelt werden.

Thermoplastische Kunststoffe sind im *Prinzip* gut recycelbar, da sich ihre Zusammensetzung beim Erwärmen bis zum teigigen Zustand nicht ändert. Voraussetzung ist dabei, dass es sich um einen sortenreinen Kunststoff handelt.

So werden im Fertigungsprozess anfallende Thermoplast-Abfälle nach Zerkleinerung einfach wie neues Material verwendet, z. B. beim Spritzgießen **(Bild 1)**.

> Sortenreine Thermoplaste lassen sich gut recyceln.

Sehr viel schlechter sind die Möglichkeiten, wenn Thermoplaste nicht sortenrein vorliegen oder gar gemischt mit anderen Kunststoffen sind. Das ist sehr bedauerlich, da Kunststoffe in immer größerem Umfang in den verschiedenen Wirtschaftsbereichen eingesetzt werden **(Tabelle 1)**. Nach Reinigung und Zerkleinerung vorliegende Mischgranulate aus verschiedenen Thermoplasten führen zu keinen günstigen Eigenschaften, z. B. zu kleiner Festigkeit. Derartige Mischungen aus Thermoplasten werden z. B. zu Parkbänken oder Blumentrögen verarbeitet.

Diese Verwertungsform stellt ein *Downcyceln* (Downcycling) und eigentlich eine verkappte Deponierung dar.

> Gemischt vorliegende Thermoplaste sind kaum zu recyceln, sondern nur zu downcyceln.

Zum **werkstofflichen Recyceln** müssen die Kunststoffe sortiert werden. Das ist vor allem bei Kunststoffen im Hausmüll oder hausmüllähnlichem Gewerbemüll erforderlich. In diesem Müll treten wenige Thermoplaste auf **(Tabelle 2)**. Das Sortieren erfolgt nach der Dichte der Kunststoffe, weil sich die einzelnen Thermoplaste darin ein wenig unterscheiden.

In einem von Thyssen-Henschel entwickelten Verfahren werden die Kunststoffabfälle zerkleinert und gewaschen. Die Polyolefine (Polyethylen und Polypropylen) sind in einem Schwimm-Sinkbecken abtrennbar, da ihre Dichte < 1 g/cm³ ist. Die weitere Trennung dieser Fraktionen erfolgt im *Hydrozyklon* **(Bild 2)**. Dabei werden die Kunststoffteilchen wegen ihrer unterschiedlichen Dichte durch Zentrifugalkräfte getrennt.

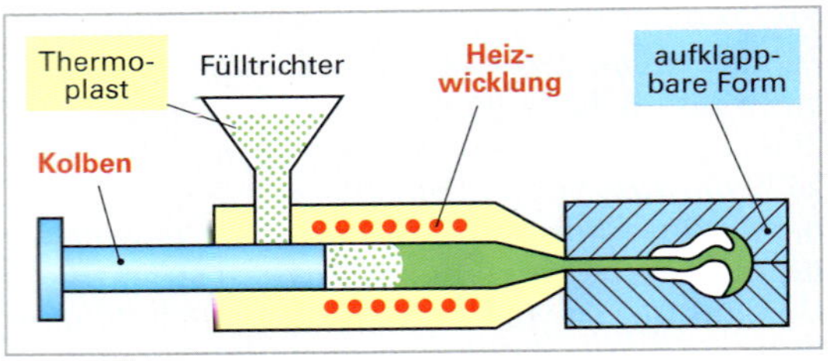

Bild 1: Spritzgießen von Thermoplasten

Tabelle 1: Verwendung der produzierten Kunststoffe

Wirtschaftsbereich	Anteil in %
Bau	25
Verpackungen	21
Elektrotechnik	15
Farben, Lacke	10
Möbel, Haushaltsgeräte	8
Fahrzeuge	7
Sonstige	14

Tabelle 2: Kunststoffe im Hausmüll und hausmüllähnlicher Gewerbemüll

Kunststoff	Anteil in %	Dichte in g/cm³
Polyethylen (PE) }	60	0,92 ... 0,96
Polypropylen (PP) }		0,9
Polystyrol (PS)	20	1,05
Polyvinylchlorid (PVC)	10	1,35 ... 1,4
Sonstige Kunststoffe	10	1,1 ... 1,4

Die Zahlenangaben sind Durchschnittswerte.

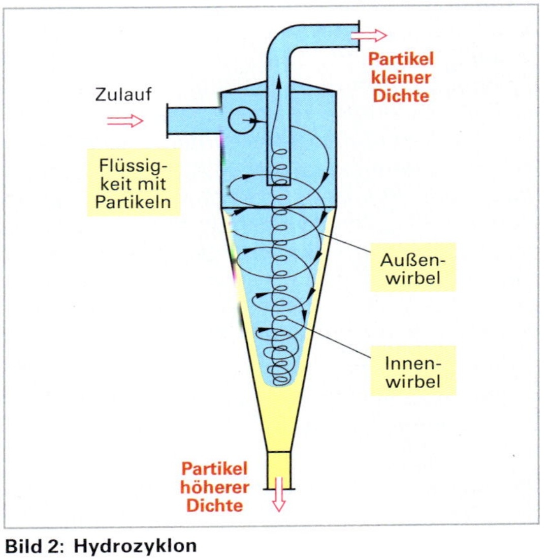

Bild 2: Hydrozyklon

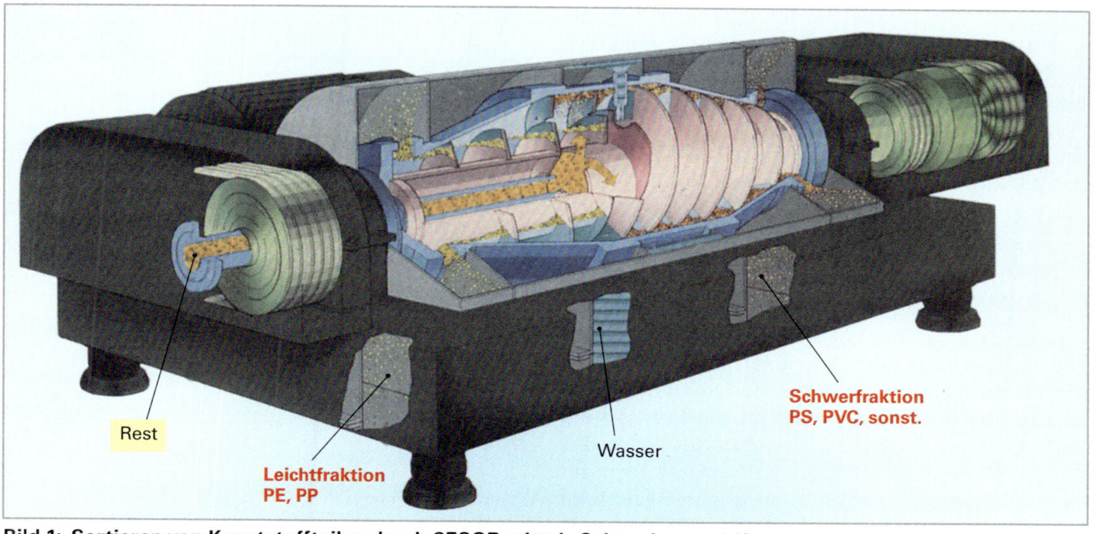

Bild 1: Sortieren von Kunststoffteilen durch CESOR mittels Schneckenzentrifuge

Bei einem Verfahren der KHD Humbold Wedag AG werden verschmutzte und vermischte Kunststoffteile durch CESOR (von engl. Centrifuge Sorting = Zentrifugen-Sortierung) sortiert **(Bild 1)**. Die vermischten Kunststoffe werden nach ihrer Reinigung zermahlen und in Wasser aufgeschwemmt in die Zentrifuge gegeben. Zur Trennung der Kunststoffsorten wird der Prozess in mehreren Zentrifugen wiederholt.

> Die Trennung eines Kunststoffgemischs in sortenreine Thermoplaste ist sehr aufwendig.

Für Thermoplaste wurde neben dem werkstofflichen Recyceln das **rohstoffliche Recyceln** entwickelt, z.B. die Hydrierung.

Bei der **Hydrierung** werden die Kunststoffe verflüssigt. Dabei werden die gereinigten Kunststoffteile in einen Hochdruck-Säulenreaktor gegeben und unter Wasserstoffzugabe auf etwa 480 °C erhitzt. Es entstehen synthetisches Rohöl und brennbare Gase.

Bei der **Synthesegaserzeugung** entsteht aus den eingebrachten Kunststoffen bei 800 °C unter Zugabe von Sauerstoff und Wasserdampf ein brennbares Gemisch von Kohlenstoffmonoxid und Wasserstoff.

Beim **BASF-Verfahren** werden die Kunststoffe im Vakuum bei etwa 300 °C durch teilweise Aufspaltung ihrer Moleküle gecrackt (von engl. to crack = zersprengen). Es entsteht ein Gemisch aus Kohlenwasserstoffen und Gasen.

Beim **Reduktionsverfahren im Stahlwerk** entstehen die für die Reduktion des Eisenerzes erforderlichen Gase, wenn der Kunststoff in die 2200 °C heiße Schmelze am Fuße des Hochofens eingeblasen wird. Dabei ersetzt 1 kg Kunststoff das sonst erforderliche 1 kg Schweröl.

Duroplaste und Elastomere sind werkstofflich nicht recycelbar, da sie sich bei Erwärmung zersetzen. Dagegen ist das rohstoffliche Recyceln wie bei den thermoplastischen Kunststoffen möglich.

> Duroplaste und Elastomere können rohstofflich recycelt werden, z.B. durch Reduktionsverfahren im Stahlwerk.

Alle Arten von Kunststoffen können, wenn die anderen Verwertungsarten nicht wirtschaftlich sind, durch Verbrennung in entsprechenden Anlagen energetisch verwertet werden. Dabei spricht man auch von *thermischer Verwertung*.

Die **thermische Verwertung** setzt voraus, dass der Heizwert der Abfälle mindestens 11 MJ/kg beträgt, der Feuerungswirkungsgrad mindestens 75 % beträgt und die entstehende Wärme genutzt wird. Dabei dürfen keine belastenden Emisssionen abgegeben werden.

> Thermische Verwertung ist bei allen Arten von Kunststoffen möglich.

Elektroschrott ist die Sammelbezeichnung von Schrott, der nach Außerbetriebsetzung von elektrischen Betriebsmitteln, z. B. Fernsehgeräten oder auch Leuchtstofflampen, anfällt. Nach dem KrWG liegt die Produktverantwortung beim Hersteller oder beim Vertreiber. Diese müssen also denjenigen Elektroschrott zurücknehmen, der aus ihren verbrauchten Produkten entsteht.

> Elektroschrott muss vom Händler des Ausgangsprodukts zurückgenommen werden.

Die Verwertung des Elektroschrotts setzt viele Einzelschritte voraus, auch schon bei der Leuchtstofflampe **(Bild 1)**. Deshalb ist die Entsorgung nicht kostenlos. Meist wird sie in den Preis des neuen Produkts einkalkuliert. Produkte fremder Hersteller werden deshalb nur gegen Bezahlung zurückgenommen.

In Deutschland entstehen jährlich etwa 2,5 Millionen Tonnen Elektroschrott, davon stammen 900 000 t aus Haushaltungen. Nach der Planung der Hersteller, z. B. der Siemens AG, erfolgt die Verwertung durch Zerlegezentren. Das sind meist Betriebe mit 20 bis 100 Mitarbeitern, in denen der Schrott von Hand zerlegt wird. Nach Angabe der Betreiber arbeiten z. B. 20 Mitarbeiter täglich 8 t Elektroschrott auf. Die Aufarbeitung erfolgt mit folgender Reihenfolge der Ziele:

- Instandsetzung für den Gebrauchtwarenhandel, auch im Ausland,
- Zerlegung zur *Verwendung* der unverbrauchten Komponenten als Ersatzteile und in der Produktion,
- Zerkleinerung und werkstoffliche Verwertung,
- energetische Verwertung und
- Beseitigung des Sondermülls durch Verbrennung.

Die Zerlegung zwecks unmittelbarer Verwendung der Komponenten wird als Upcycling (engl. up = aufwärts) bezeichnet. Das **Upcycling** setzt voraus, dass die Produkte ohne Beschädigung demontiert werden können **(Bild 2)**. Upcycling kann erfolgen z. B. bei Läufern von Drehstrommotoren, Schützspulen, Lüfterflügeln, Motorgehäusen, Schrauben und Stiften.

> Upcycling ist vor allem bei hochwertigen Produkten der Elektrotechnik aussichtsreich.

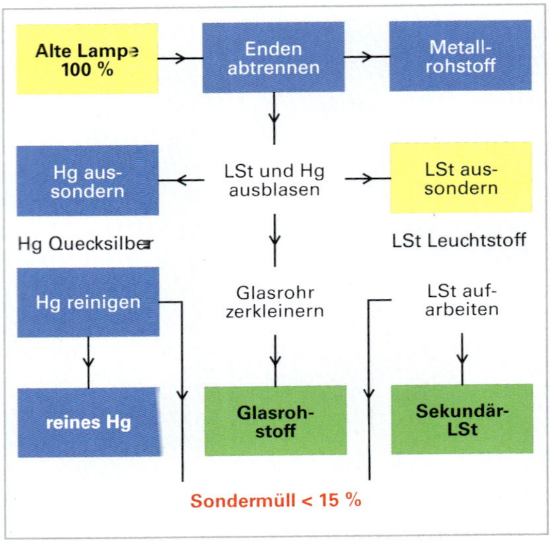

Bild 1: Recycling von Leuchtstofflampen

Bild 2: Zum Upcycling demontiertes Elektrogerät

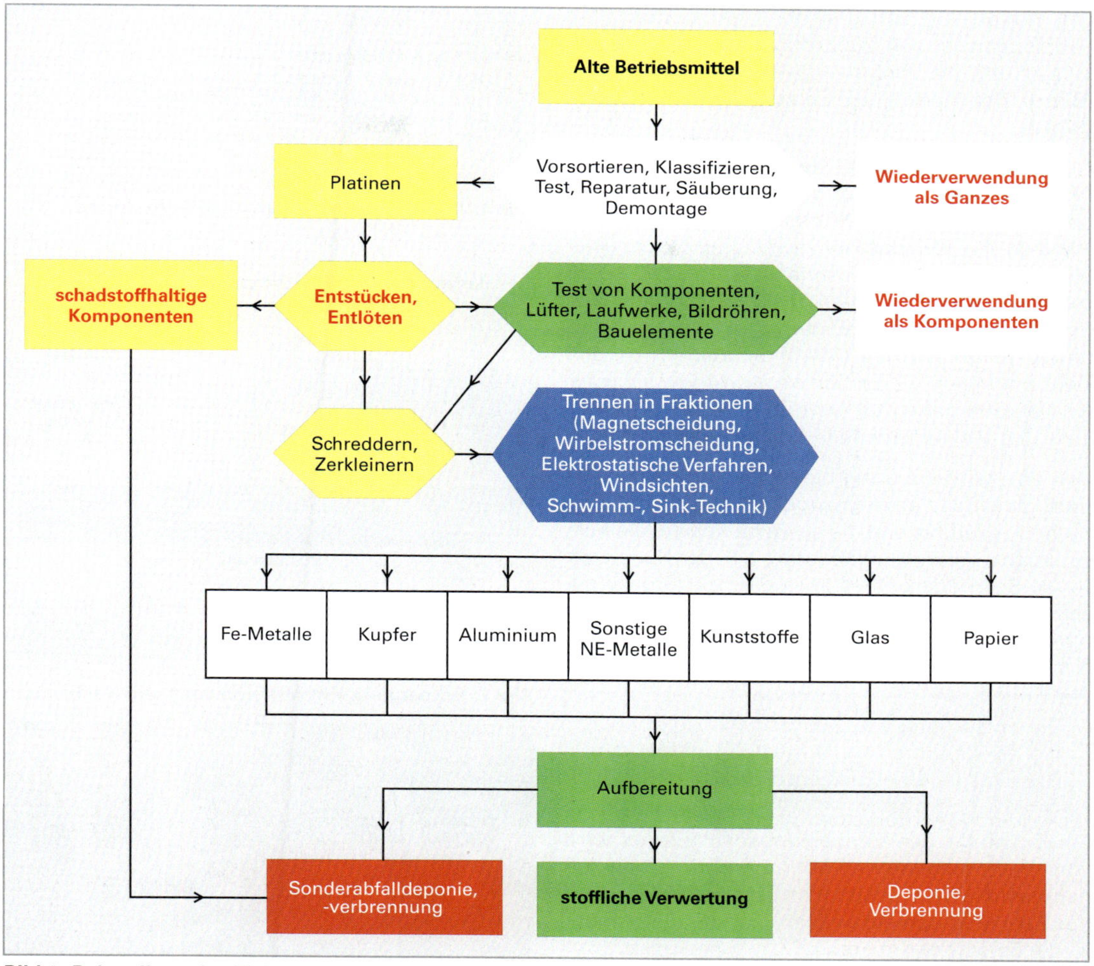

Bild 1: Behandlung des Elektroschrotts

Die stoffliche Verwertung ist bei Elektroschrott wegen der vielen Bestandteile sehr aufwendig **(Bild 1)**. Besondere Herausforderungen bereiten die bis zu 30 verschiedenen Kunststoffe. Bei sehr guter Ausstattung der Zerlegezentren werden die Kunststoffteile durch **Infrarotspektroskopie** unterschieden. Dabei regt infrarote Strahlung die Kunststoffmoleküle zu Schwingungen an, deren Spektrum aufgezeichnet und in einem Computer ausgewertet wird. Der Computer gibt die Kunststoffsorte im Klartext aus, sodass eine sortenreine Trennung möglich wird.

Altautoentsorgung

In Deutschland sind im Vergleich zur Einwohnerzahl (etwa 85 Millionen) etwa 60 Millionen (Mio) Pkw mit bis zu acht Sitzplätzen oder kleine Nutzfahrzeuge bis 3,5 t in Betrieb. Bei einer Lebensdauer von 15 Jahren fallen im Jahr zur Entsorgung 60 Mio : 15 = 3 Mio an. Davon gehen wohl etwa 2,5 Mio ins Ausland als Altfahrzeuge und werden dann dort landesüblich entsorgt.

> In Deutschland sind jährlich etwa 0,5 Millionen Pkw und kleine Nutzfahrzeuge zu entsorgen.

Seit 2003 dürfen neue Fahrzeugteile kein Blei, Quecksilber, Cadmium und Chrom enthalten. Diese Stoffe kommen aber in Altfahrzeugen vor und machen die Entsorgung schwierig.

Die Entsorgung von den oben genannten alten Fahrzeugen ist seit 2002 durch das *Altfahrzeug-Gesetz* und die *Altfahrzeug-Verordnung* geregelt **(Bild 1)**. Dabei erfolgt die Entsorgung in drei Stufen **(Bild 2)**.

Der *Letzthalter* (Besitzer des zur Entsorgung stehenden Fahrzeugs) muss das Fahrzeug einer dafür amtlich zugelassenen *Rücknahmestelle,* z.B. dem Händler, von dem das Fahrzeug stammt, oder einer ebenfalls zugelassenen *Annahmestelle,* z.B. einem fremden Händler, zuführen. Die Stellen führen dann das Fahrzeug ohne Veränderung einem gleichfalls amtlich zugelassenen *Demontagebetrieb* zu, und zwar mit einem vierfachen *Verwertungsnachweis.* Im Demontagebetrieb werden die verwendbaren Teile und *verwertbare* Teile ausgebaut **(Bild 3)**.

Von dort wird die übrig bleibende *Restkarosse* einem gleichfalls amtlich zugelassenen *Schredderbetrieb* zugeführt und die ausgebauten Teile einem sonstigen Verwertungsbetrieb, z.B. für Kunststoffe. Im Schredderbetrieb wird die Restkarosse geschreddert (maschinell in kleine Stücke zerkleinert) und das Schreddergut wird nach Metallen und Nichtmetallen sortiert.

> Die Entsorgung von Fahrzeugen erfolgt über die Rücknahme-/Annahmestelle durch den Demontagebetrieb und den Schredderbetrieb.

Ein Exemplar des Verwertungsnachweises wird vom Demontagebetrieb über die Rücknahme-Annahmestelle dem Letzthalter zugestellt, der damit das Fahrzeug abmelden kann. Für den Letzthalter ist die Entsorgung kostenfrei.

Die Betriebe der genannten drei Entsorgungsstufen müssen in **Betriebstagebüchern** die Entsorgung des einzelnen Fahrzeugs dokumentieren. Für die Verwendung, stoffliche Verwertung und sonstige Verwertung wurden im Laufe der Jahre zunehmend strengere Anforderungen vorgesehen. Seit 2015 müssen 85% der Fahrzeugmasse verwendet oder stofflich verwertet werden.

> Die im Demontagebetrieb und im Schredderbetrieb anfallenden Teile müssen mit zunehmend großen Anteilen wieder verwendet und stofflich verwertet werden.

§ 4 Abs. 1 AltfahrzeugV
Wer sich eines Fahrzeuges entledigt, entledigen will oder entledigen muss, ist verpflichtet, dieses nur einer anerkannten Annahmestelle, einer anerkannten Rücknahmestelle oder einem anerkannten Demontagebetrieb zu überlassen.

Bild 1: Auszug aus der Altfahrzeug-Verordnung

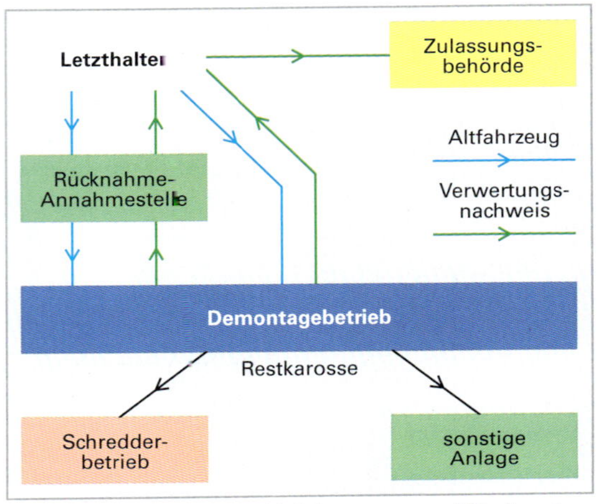

Bild 2: Entsorgung von Altfahrzeugen und Nachweis

Bild 3: Demontage von Geräten

Wiederholung und Vertiefung

1. **Nennen Sie Werkstoffe, die problemlos recycelbar sind.**
2. **Warum ist bei grünen Flaschen der Anteil an Sekundärglas höher als bei weißen Flaschen?**
3. **Wie groß ist etwa der Energiebedarf zum Recyceln von 1 t Weißblech zu Stahl?**
4. **Durch welches Verfahren wird beim Recyceln von Zeitungspapier die Druckerschwärze entfernt?**
5. **Erklären Sie den Unterschied zwischen Recyceln und Downcyceln.**
6. **Welche Kunststoffe sind prinzipiell gut recycelbar?**
7. **Worin liegt beim Recyceln von Kunststoffen das hauptsächliche Problem?**

9.3.7 Biologische Behandlung von Abfall

Biologische Abbaubarkeit

Man spricht von biologischer Abbaubarkeit, wenn Abfälle durch biologische Prozesse so verändert werden, dass sie keinen ungünstigen Einfluss mehr auf das menschliche Wohlbefinden haben. Biologische Prozesse werden dabei von den verschiedenartigsten Lebewesen hervorgerufen. So können z. B. Gartenabfälle durch Würmer in nützlichen Humus verwandelt werden. Dabei spielen Mikroorganismen, z. B. Pilze und Bakterien, eine erhebliche Rolle, weil diese für Würmer unverdauliche Teile der Abfälle, z. B. Papier, so aufbereiten, dass für die Würmer brauchbare Nahrungsstoffe entstehen.

> Der biologische Abbau von Abfällen erfolgt vor allem durch Mikroorganismen.

Im günstigsten Fall führt der biologische Abbau durch die genannten Lebewesen zu Wasser H_2O, Kohlenstoffdioxid CO_2, Stickstoff N_2 und Humus.

Humus ist dabei die dunkel gefärbte organische Substanz, die aus dem Abbau von Pflanzenkörpern und Tierkörpern hervorgeht. Humus ist ein wichtiger Bestandteil des Bodens zur Erhöhung der Fruchtbarkeit.

> Biologischer Abbau von Abfällen führt im günstigsten Fall zu unschädlichen Gasen wie Stickstoff und Kohlenstoffdioxid, zu Wasser und Humus.

Ausgangsstoffe für den biologischen Abbau

Für den biologischen Abbau eignen sich alle Abfälle, die als Nahrung für die Lebewesen dienen können, welche den biologischen Abbau verrichten. Das sind nicht nur Speisereste der menschlichen Ernährung oder Speiseabfälle, sondern auch tierische und menschliche Ausscheidungen, z. B. im Abwasser aus Wohnhäusern **(Bild 1)**. Darüber hinaus kommen zahlreiche Kohlenwasserstoffe, z. B. Mineralöle, infrage. Weil diese Stoffe von Organismen der belebten Natur erzeugt werden, spricht man von *organischen* Stoffen.

> Organische Stoffe sind für den biologischen Abbau grundsätzlich geeignet.

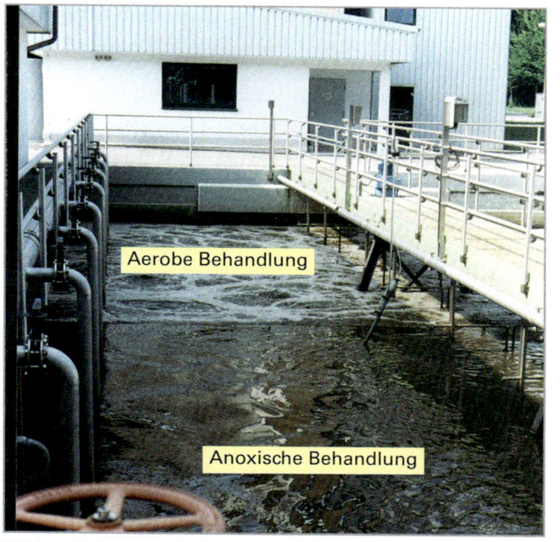

Bild 1: Aerobe und anoxische Abwasserbehandlung

Der Abbau der **organischen Stoffe** durch biologische Verfahren ist allerdings in Wirklichkeit nicht immer realisierbar. Der biologische Abbau erfordert nämlich stets Zeit, die je nach Art der organischen Stoffe sehr verschieden ist. Bei Speiseabfällen und Gartenabfällen erfolgt der Abbau unter geeigneten Bedingungen innerhalb von wenigen Wochen. Eine Verwendung dieses Biomülls ist deshalb in der Praxis durch die Kompostierung möglich. Dagegen erfolgt der biologische Abbau von Kunststoffen, z. B. von Polyethylen, erst innerhalb von Jahrzehnten.

> Organische Stoffe können durch biologische Verfahren abgebaut werden, jedoch in sehr verschieden langen Zeiträumen.

Ungeeignet für den biologischen Abbau sind sämtliche **anorganischen Stoffe**, also Metalle, Glas und Keramiken. Auch die meisten Kunststoffe sind ungeeignet.

Prinzip des biologischen Abbaus

Die meisten organischen Stoffe können biologisch abgebaut werden, wenn ein Überschuss an Sauerstoff vorhanden ist. Man spricht bei gelöstem Sauerstoff von **aeroben Verfahren**, bei ungelöstem Sauerstoff von **anoxischer Behandlung** (Seite 410). Andere geeignete Stoffe können biologisch ohne Sauerstoff abgebaut werden. Man spricht dann von **anaeroben Verfahren**. Bei *aeroben* Verfahren bewirken andere Mikroorganismen den biologischen Abbau als bei der anoxischen Behandlung oder bei den anaeroben Verfahren.

> Für den biologischen Abbau finden aerobe, anoxische und anaerobe Verfahren Anwendung.

Im Abwasser von Wohnhäusern befindet sich unter anderem das übel riechende Ammoniumhydroxid NH_4OH. Besondere Mikroorganismen bauen diesen Stoff bei viel Sauerstoffzufuhr und Wasser *aerob* zu Salpetersäure bzw. Nitrat und Wasser ab **(Bild 1, vorhergehende Seite)**.

Summarische Reaktionsgleichung:

$$NH_4OH + 2\,O_2 \rightarrow HNO_3 + 2\,H_2O$$

Durch andere Mikroorganismen kann eine Mischung von Ammoniumhydroxid und Nitrat bei fehlendem freien Sauerstoff *anoxisch* abgebaut werden zu gasförmigem Stickstoff und Wasser.

Summarische Reaktionsgleichung:

$$5\,NH_4OH + 3\,HNO_3 \rightarrow 4\,N_2 + 14\,H_2O$$

Die meisten organischen Verbindungen sind Verbindungen aus den Elementen C, O, H und N. Bei aeroben Verfahren und anoxischer Behandlung entstehen aus der Verbindung dieser Elemente Kohlenstoffdioxid, Wasser und Stickstoff.

Bei **aeroben** Verfahren und **anoxischer Behandlung**:

$$C, O, H, N + O_2 \rightarrow CO_2, H_2O, N_2$$

Bei anaeroben Verfahren entstehen aus Verbindungen der Elemente C, O, H und N die Gase Kohlenstoffdioxid CO_2, Methan CH_4 und Ammoniak NH_3 sowie Wasser.

Bei **anaeroben** Verfahren:

$$C, O, H, N \rightarrow CO_2, CH_4, NH_3, H_2O$$

Ein aerobes Verfahren wird z. B. bei der Kompostierung angewendet. Verfahren ohne Luftsauerstoff werden auch als Faulung, Vergärung oder Fermentation bezeichnet. Die Faulung wird z. B. beim biologischen Abbau von Klärschlamm der Kläranlagen (Abschnitt 9.2.11) angewendet **(Bild 1)**. Der Klärschlamm wird in den Faulturm gebracht und verbleibt dort etwa 20 Tage bei einer Temperatur von 37 °C. Damit das entstehende Biogas (Kohlenstoffdioxid CO_2 und Methan CH_4) entweichen kann, wird der Klärschlamm durch einen Rührer bewegt. Das Biogas wird am Faulturm oben aufgefangen, zum Beheizen des Klärwerks eingesetzt und in Block-Heizkraftwerken als Treibstoff für Gasmotoren zum Antrieb von Drehstromgeneratoren verwendet.

Bild 1: Faulturm eines Klärwerks

Durch eine Ultraschall-Behandlung des Klärschlamms kann die Faulung optimiert werden, d. h. es wird mehr Biogas gewonnen und die Restsubstratmenge verringert sich.

> Der Klärschlamm von Abwasser-Kläranlagen wird in Faultürmen anaerob abgebaut.

Nach dem selben Verfahren arbeiten *Biogasanlagen* zur Verwertung der Biomasse (Abschnitt 7.10.1).

Wiederholung und Vertiefung

1. **Wodurch erfolgt der biologische Abbau von Abfall?**
2. **Welche Endprodukte fallen beim biologischen Abbau von Abfällen an?**
3. **Warum ist der biologische Abbau von Kunststoffen meist nicht realisierbar?**

Verwendung von Biogas

Die Verwertung der Energie des Biogases erfolgt meist durch Umsetzung in elektrische Energie. Dabei werden elektrische Generatoren durch Gasmotoren oder Gasturbinen angetrieben.

Ein **Gasmotor** kann im Prinzip wie ein Benzinmotor (Ottomotor) aufgebaut sein. Da das Biogas ein *Schwachgas* ist, also mit kleinerem spezifischen Energiegehalt als z.B. Erdgas, wird davon nur selten Gebrauch gemacht. Dagegen wendet man das Dieselprinzip an, weil das zu einem höheren Wirkungsgrad führt.

Beim **Dieselmotor** liegt ein Viertaktmotor vor mit folgenden Takten:

1. Takt: Luft wird angesaugt.
2. Takt: Luft wird komprimiert und sehr heiß.
3. Takt (Arbeitstakt): Öl wird eingespritzt und entzündet sich. Über Kolben, Pleuel und Kurbelwelle erfolgt mechanische Arbeit.
4. Takt: Kolben drückt Abgas über Auslassventil ins Freie.

Der Dieselmotor zum Betrieb mit Dieselöl ist als Gasmotor ungeeignet, weil bei Zugabe des Brenngases anders als bei Dieselöl keine Zündung erfolgen würde. Für den Gasbetrieb muss deshalb der Dieselmotor modifiziert (geändert) werden.

Beim **Zündstrahlmotor** wird das Biogas mit Verbrennungsluft gemischt und im 1. Takt angesaugt **(Bild 1)**. Im 2. Takt wird komprimiert und anschließend wird über eine Einspritzdüse eine *kleine Menge* Öl, z.B. Biodiesel, als *Zündstrahl* eingespritzt. Dieser entzündet sich wegen der Komprimierung und zündet nun seinerseits das Biogas-Luftgemisch. Danach folgen wie beim Dieselmotor der 3. Takt und der 4. Takt.

> Der Zündstrahlmotor arbeitet anfangs wie ein Benzinmotor, aber danach durch Zündung mittels eingespritzten Zündöls wie ein Dieselmotor.

Zündstrahlmotoren werden mit Bemessungsleistungen von 40 kW bis 1 000 kW = 1 MW betrieben.

Gasturbinen werden mit Bemessungsleistungen ab etwa 300 kW betrieben **(Bild 2)**. Bei ihnen erfolgen Kompression und Verbrennung sowie Ausdehnung unter Leistungsabgabe nicht taktweise, sondern kontinuierlich (ständig).

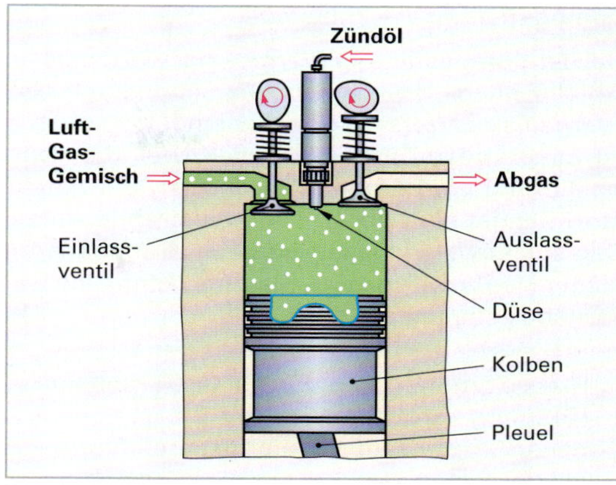

Bild 1: Zündstrahlmotor bei Ende von Takt 1 www.schnellmotor.de

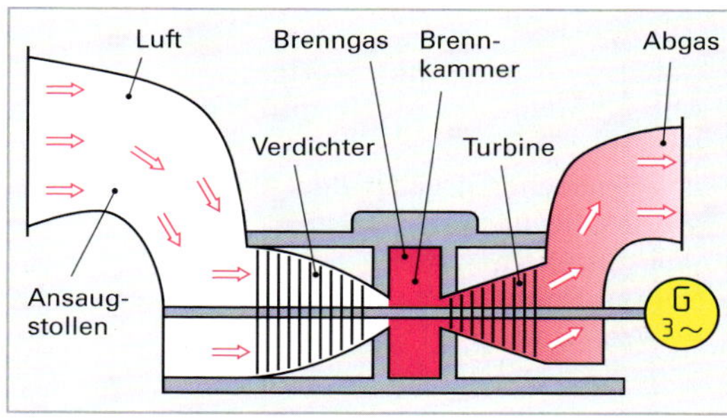

Bild 2: Prinzip der Kraftwerks-Gasturbine

Bild 3: Läufer einer Gasturbine www.siemens.com

Gasturbinen bestehen aus einem Verdichter, einer Brennkammer und der eigentlichen Turbine **(Bild 3)**. Im Verdichter wird die Verbrennungsluft komprimiert, in der Brennkammer wird das Brenngas, z.B. Biogas, zugegeben, das ständig verbrennt. Unter Zunahme des Volumens treibt dann das Verbrennungsprodukt die Turbine an, welche ihrerseits den elektrischen Generator antreibt.

Kompostierung von Hausmüll

Bei der Kompostierung (Verrottung) werden feste Abfälle, die biologisch abbaubar sind, durch Mikroorganismen zersetzt. Bei diesem **Rottevorgang** ist Sauerstoffzufuhr erforderlich, weil die Kompostierung ein aerober Vorgang ist. Bei Sauerstoffmangel fault der zu kompostierende Abfall. Das stellenweise Faulen ist beim Kompostieren nicht völlig zu vermeiden. Dadurch kann eine Geruchsbelästigung eintreten.

> Beim Kompostieren wird eine Geruchsbelästigung vermieden, wenn für ausreichende Luftzufuhr zum zu kompostierenden Abfall gesorgt wird.

Maßgebend zur Eignung des Abfalls für die Kompostierung sind

- Gehalt an organischen Stoffen,
- Abbaubarkeit der Stoffe durch Mikroorganismen,
- physikalische Struktur des Abfalls (möglichst große Oberfläche der Partikel),
- Wassergehalt,
- Nährstoffgehalt,
- pH-Wert und
- Schadstoffgehalt.

Voraussetzung für die Kompostierung ist deshalb die vom Restmüll getrennte Erfassung des Biomülls.

In ländlichen Gebieten wird oft der biologisch abbaubare Abfall vom Abfallerzeuger selbst kompostiert. Bei dieser **Eigenkompostierung** ist in den kleinen Anlagen meist eine ausreichende Luftzufuhr gewährleistet, sodass unter normalen Bedingungen kein Faulen in größerem Umfang eintritt. Jedoch sollte darauf geachtet werden, dass die verschiedenen biologisch abbaubaren Abfälle gemischt und möglichst locker aufgeschüttet werden. Insbesondere sollte Grasschnitt in höchstens 20 cm Höhe aufgebracht werden, weil er sonst zusammenfällt, die Luftzufuhr verhindert und dann fault.

> Auch bei der Eigenkompostierung von Bioabfällen muss die Durchlüftung des Komposts gewährleistet sein, weil sonst Faulung eintritt.

Der Hausmüll besteht zu etwa 40 % aus Bioabfällen. In städtischen Bereichen ist die Eigenkompostierung nur selten möglich. Hier erfolgt die

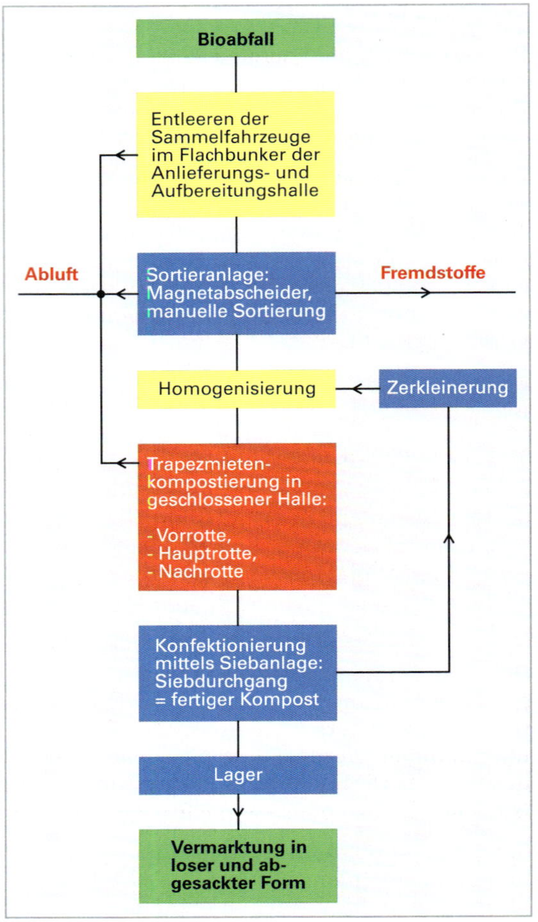

Bild 1: Arbeitsgänge in einem Kompostierungswerk

Kompostierung der Bioabfälle in Großanlagen. In einer derartigen großen Kompostieranlage erfolgen mehrere Arbeitsabläufe **(Bild 1)**. Die Fahrzeuge mit dem Bioabfall entleeren ihre Ladungen in Flachbunker einer Halle. Hier werden nicht verrottbare Fremdstoffe, z. B. Metalle, aussortiert. Danach erfolgt durch Zerkleinerung und Vermischung eine *Homogenisierung* des Abfalls. Dieser wird dann zur Kompostierung aufgeschüttet. Nach Abschluss des Rottevorgangs wird der fertige Kompost gesiebt und nach einer Lagerung vermarktet. Die nicht verrotteten Teile werden bei der Siebung aussortiert und nach einer Zerkleinerung der Homogenisierungsstufe erneut zugeführt.

Die eigentliche Kompostierung geschieht im einfachsten Fall in **Mieten** (Komposthaufen), z. B. mit trapezförmigem Querschnitt **(Bild 1, folgende Seite)**.

In diesem Kompostkörper erfolgt der biologische Abbau durch Mikroorganismen. Dabei tritt eine Erwärmung des Komposts ein. Für die Mikroorganismen ist die beste Temperatur etwa 40 °C. Bei dieser Temperatur erfolgt der biologische Abbau am schnellsten.

Im Mietenkern können durch die biologischen Vorgänge Temperaturen von bis 80 °C erreicht werden. Diese Temperatur sollte während der ersten fünf Tage vermieden werden, weil dann die Mikroorganismen absterben. Eine zu hohe Temperatur wird durch Steuerung der Belüftung der Miete vermieden. Die Belüftung kann durch Umsetzen der Miete mit speziellen Maschinen vorgenommen werden. Es gibt auch Kompostierungsanlagen, bei denen die Belüftung durch Einpressen von Luft oder durch wiederholtes Auflockern des Kompostkörpers mit Hilfe von Schneckenfräswellen erfolgt.

> Bei der Kompostierung ist die ständige Belüftung unter Beachtung der Temperatur des Komposts von großer Bedeutung.

Bei der Kompostierung finden eine **Vorrotte**, eine **Hauptrotte** und eine **Nachrotte** statt **(Bild 2)**. Im Idealfall erwärmt sich der Kompost in den ersten fünf Tagen auf knapp 50 °C. Bei dieser Temperatur ist der bakterielle Stoffumsatz besonders hoch, und Samen oder Sporen werden zum Auskeimen gebracht. Danach wird die Belüftung eingeschränkt, sodass die Temperatur auf etwa 65 °C ansteigt. Wenn diese vergleichsweise hohe Temperatur mehrere Tage eingehalten wird, wird das Material weitgehend keimfrei. Man spricht von einer *Hygienisierungsphase*.

In der Vorrotte sind vor allem Bakterien wirksam. Sie dauert je nach Kompostierungsart etwa 10 Tage bei Anlagen mit großem apparativem Aufwand und bis drei Wochen bei der Rotte in Mieten. Das Ergebnis der Vorrotte ist ein *Frischkompost,* der nur selten verwertbar ist.

Nach der Vorrotte erfolgt die Hauptrotte, in der ein Abbau von schwer abbaubaren Stoffen, z.B. des Holzbestandteils Lignin und von Fetten, erfolgt. In der Hauptrotte sind hauptsächlich Pilze wirksam. Während der Hauptrotte sinkt die Temperatur. Die Hauptrotte dauert je nach Verfahren etwa vier Wochen.

In der folgenden Nachrotte geht die Temperatur auf die Umgebungstemperatur zurück. Während der Nachrotte erfolgt die Humifizierung, also die Bildung von Humus. Die Nachrotte dauert je nach Art der Technik einen Monat bis drei Monate.

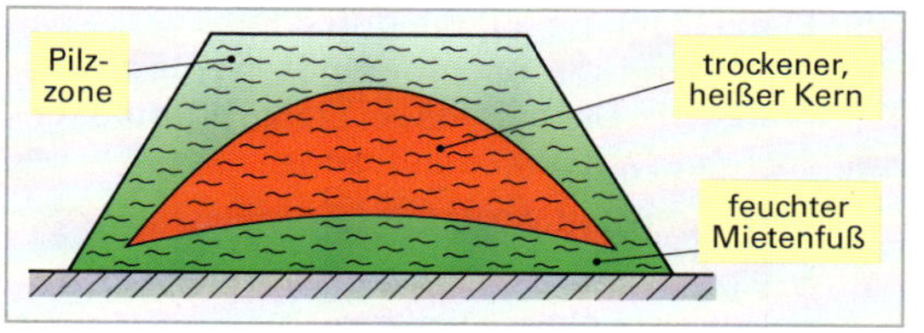

Bild 1: Zonen in einer Kompostmiete

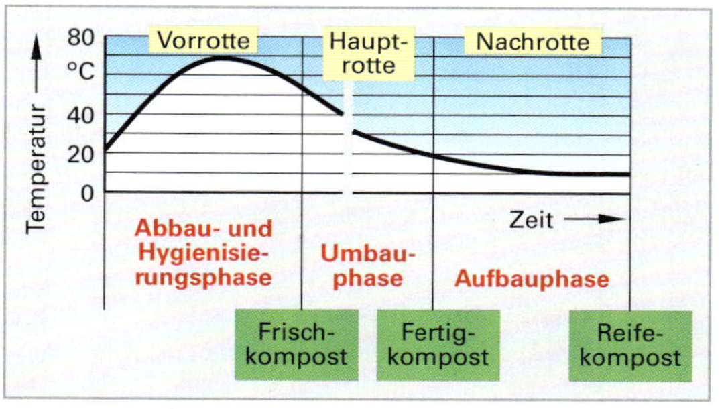

Bild 2: Temperaturverlauf bei der Rotte

> Die Kompostierung erfolgt in den Phasen Vorrotte, Hauptrotte und Nachrotte.

Da während der Vorrotte der Abbau durch Bakterien erfolgt, kann das Abbautempo beeinflusst werden, wenn man die Lebensverhältnisse der Bakterien optimiert. Deshalb muss während der Vorrotte der Wassergehalt, die Temperatur, der pH-Wert und das Nahrungsangebot für die Bakterien überwacht und nach Möglichkeit geregelt werden.

Von erheblicher Bedeutung ist dabei das Verhältnis von Kohlenstoff C zu Stickstoff N. Dieses C-N-Verhältnis soll 20 : 1 bis 40 : 1 betragen. Ist das Verhältnis zu klein, ist also der Stickstoff-Anteil zu groß, so kann sich Ammoniak NH_3 bilden, wodurch die Bakterien geschädigt werden. Abhilfe erfolgt durch Zugabe von C-haltigen Stoffen, z.B. von Sägespänen. Ist dagegen der Kohlenstoffanteil zu hoch, so müssen Stoffe mit hohem Stickstoff-Anteil zugegeben werden, z.B. Klärschlamm oder Grünschnitt.

> Das Tempo der Vorrotte kann durch das Kompostierungsverfahren beeinflusst werden.

Eine Einflussnahme auf die durch Pilze wirksame Hauptrotte und die nachfolgende Nachrotte ist kaum möglich. Deshalb dauert jeder Kompostierungsvorgang entsprechend lange.

Wiederholung und Vertiefung

1. **Was versteht man unter aeroben Verfahren des biologischen Abbaus von Abfall?**
2. **Nennen Sie die Endprodukte des aeroben Abbaus von Ammoniumstickstoff.**
3. **Warum kann bei aeroben Verfahren eine Anreicherung von Nitrat erfolgen?**
4. **Auf welche Weise kann beim biologischen Abbau der Nitratanteil verringert werden?**
5. **Was versteht man unter Fermentation?**
6. **Warum ist beim Kompostieren die Luftzufuhr von großer Bedeutung?**
7. **Welche Temperatur muss bei der Vorrotte im Komposthaufen herrschen?**
8. **Wie groß soll das C-N-Verhältnis beim Kompostieren sein?**

Biologischer Schadstoffabbau

Mit biologisch abbaubaren Schadstoffen, z. B. Mineralölen, belastete Böden können durch ein dem Kompostieren ähnliches Verfahren gereinigt werden **(Bild 1)**. Bei dieser *biologischen Bodensanierung* wird das zu reinigende Material, meist kontaminierter Erdboden, in Form von einer mehrere Meter hohen **Biomiete** aufgeschüttet.

> Die biologische Bodensanierung kann aerob wie die Kompostierung in Mieten erfolgen.

Am Grunde der Biomiete müssen zum Abführen des Sickerwassers Drainageschläuche angeordnet werden. Die Biomieten sind von gelochten Rohren zur Belüftung des Materials durchzogen. Wenn der „Nährwert" des kontaminierten Materials für die Mikroorganismen nicht ausreicht, muss eine Berieselung mit einer Nährstofflösung erfolgen.

Der biologische Schadstoffabbau in Biomieten hat den Nachteil, dass durch den Transport hohe Kosten anfallen und viel Energie erforderlich ist. Es gibt weitere Verfahren zur biologischen Dekontaminierung (Abschnitt 9.7).

Wiederholung und Vertiefung

1. **Warum müssen am Grund von Biomieten Drainageschläuche liegen?**
2. **Auf welche Weise erfolgt die Belüftung von Biomieten?**
3. **Warum ist bei Biomieten oft eine Berieselung mit einer Nährstofflösung notwendig?**

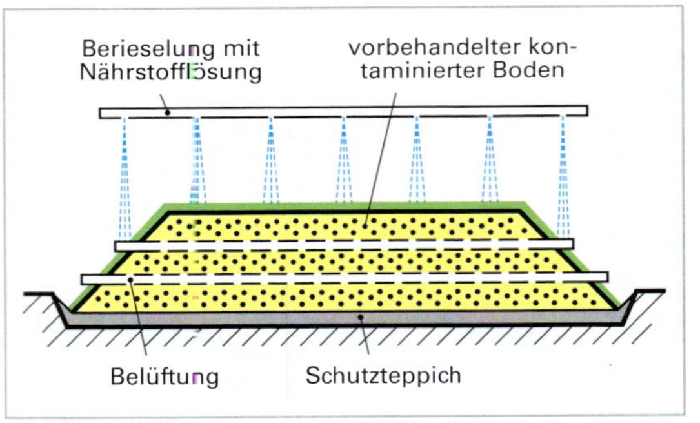

Bild 1: Biologischer Abbau der Schadstoffe von kontaminiertem Erdboden

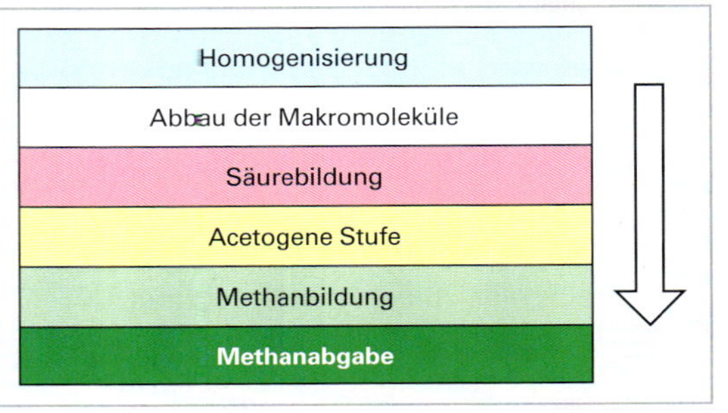

Bild 2: Stufen bei anaerobem Abbau

Anaerobe Verfahren zur Abfallbeseitigung

Anaerobe Verfahren stehen im Wettbewerb mit der Kompostierung. Anaerobe Anlagen sind aber teurer. Ihr Vorteil besteht darin, dass in größerem Umfang leicht verwertbares Methan CH_4 anfällt und dass bei geeigneter Prozessführung der Abbau schneller als bei der Kompostierung erfolgt.

Zunächst muss das zu verarbeitende Material homogenisiert werden **(Bild 2)**. Das erfolgt durch mechanisches Zerkleinern und Zugabe von Wasser, sodass ein pumpfähiger Brei entsteht. Dann werden in einem beheizten Reaktorbehälter biologisch die Makromoleküle abgebaut (Hydrolyse). Dabei entstehen höhere organische Säuren (organische Säuren mit mehr als zwei Kohlenstoffatomen). Deshalb spricht man von **saurer Gärung**. Anschließend findet der Abbau der höheren organischen Säuren zu Essigsäure CH_3COOH *(Acetogene Stufe)* und schließlich zu Kohlenstoffdioxid CO_2 und Methan CH_4 statt.

Es ist zweckmäßig, die Hydrolyse in einem anderen Reaktor als die Methanbildung durchzuführen, weil andere Prozessbedingungen und andere Mikroorganismen erforderlich sind.

In der Anlage **Bild 1** erfolgt zunächst die Auflösung, danach anschließend in einem beheizten Reaktor die Hygienisierung, bei welcher Krankheitserreger abgetötet werden. Nach Abkühlung erfolgt in einem Bioreaktor die Hydrolyse. Im Anschluss daran werden verbleibende Feststoffe einem Kompostreaktor zur Kompostierung zugeführt. Die aus dem Hydrolysereaktor abfließende Flüssigkeit wird dem Methanreaktor zugeführt. Hier bewirken Methanbakterien die Aufspaltung der Essigsäure in Biogas, bestehend aus Methan CH_4 und Kohlenstoffdioxid CO_2. Am Ende der Gärung kommt die verbleibende Flüssigkeit in die Kläranlage. Dort anfallende Feststoffe gehen zurück zum Auflösebehälter.

Die Erzeugung von Biogas aus Gülle erfolgt ebenfalls anaerob nach Bild 1, und zwar in einem speziellen Reaktor vor der Güllegrube. Kompostreaktor und Kläranlage von Bild 1 sind hier durch die Güllegrube ersetzt, aus der die nur teilweise abgebaute Gülle auf Felder und Wiesen ausgebracht wird.

Anaerobe Verfahren wurden zur Abfallbeseitigung entwickelt und haben seit Jahren eine große Bedeutung zur Gewinnung von Biogas. Nicht nur Abfälle, Reststoffe oder Gülle werden eingesetzt, um Methan zu erzeugen, sondern große Mengen landwirtschaftlicher Produkte wie Mais oder anderes Getreide.

> Anaerobe Verfahren dienen hauptsächlich der Erzeugung von Methan.

Zu den anaeroben Verfahren gehört auch die *Entgasung* von Deponieanlagen. Wenn in Deponien in größerem Umfang organisches Material abgelagert wird, so bilden sich in der Deponie wegen des Luftabschlusses Methan CH_4 und andere Gase. Ein Teil dieser Gase riecht äußerst unangenehm, sodass eine Verbrennung zweckmäßig ist. Wegen des Methangehalts des Deponiegases ist eine Verwertung in Gasmotoren möglich. Überschüssiges Deponiegas kann bei Bedarf „abgefackelt" werden. Beim Deponiegas-Blockheizkraftwerk **Bild 2** wird aus dem Müllberg über mehrere Gasbrunnen das Deponiegas von einem Gebläse abgesaugt und dem Gasmotor zugeführt. Der Anfall von Deponiegas ist bei neueren Deponien nur gering, weil hier biologische Abfälle nicht mehr deponiert werden (weitere Informationen Seite 463).

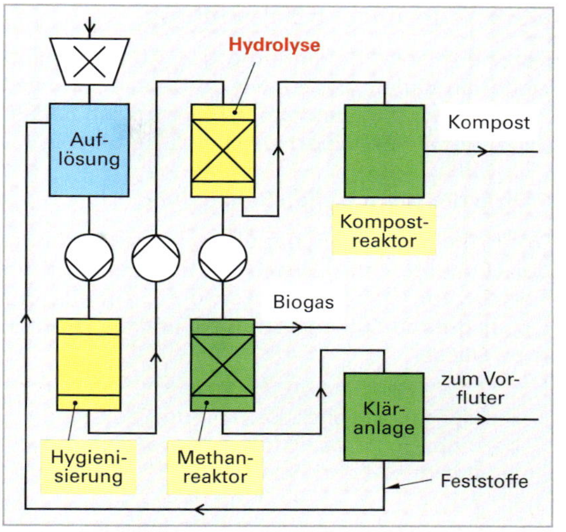

Bild 1: Anaerobe Beseitigung von Biomüll

> Deponiegas fällt in neuen Deponien kaum noch an.

Wiederholung und Vertiefung

1. **Welchen Vorteil bieten anaerobe Verfahren gegenüber der Kompostierung?**
2. **Welche Bakterien bewirken im Methanreaktor die Bildung von CH_4?**
3. **Warum fällt in neuen Deponien nicht mehr Methan an?**

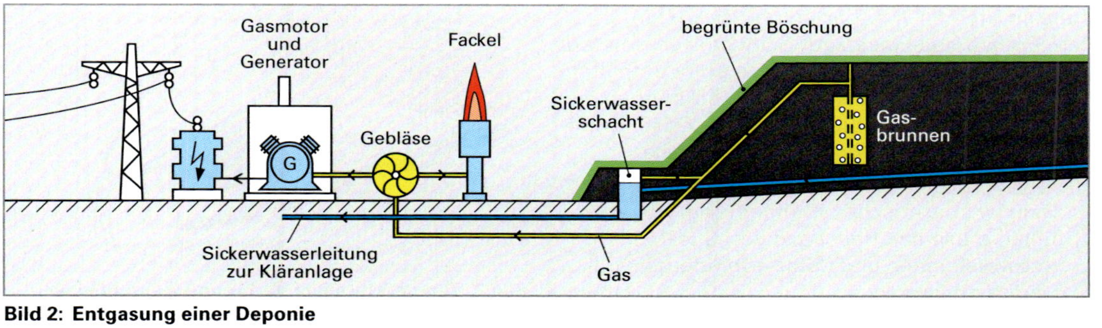

Bild 2: Entgasung einer Deponie

9.3.8 Thermische Behandlung

Die thermische Behandlung des Abfalls nimmt weiter an Bedeutung zu, weil in Deutschland seit 2006 nur noch behandelte, z.B. thermisch behandelte, Abfälle deponiert werden dürfen.

Prinzip der thermischen Behandlung

Unter thermischer Behandlung versteht man in der Umwelttechnik eine Oxidation bei erhöhter Temperatur. Dabei oxidieren die C-Anteile des Einsatzguts zu Kohlenstoffdioxid und die H-Anteile zu Wasser.

> Bei der thermischen Behandlung entstehen bei richtiger Prozessführung fast nur Kohlenstoffdioxid und Wasser.

Zur richtigen Prozessführung gehören die richtige Temperatur und die richtige Verweildauer des Einsatzguts im Brennraum. Verbrennen die C-Bestandteile zu CO und danach CO zu CO_2, so entsteht Wärme. Nach Le Chatelier und Braun wird dadurch die Reaktion zu den Ausgangsbestandteilen hin verschoben. Infolgedessen findet bei einer hohen Temperatur keine vollständige Verbrennung statt.

Für die vollständige Verbrennung von CO zu CO_2 darf die Temperatur nicht sehr hoch sein. Andererseits ist eine hohe Temperatur erforderlich, um thermisch sehr stabile Stoffe, z.B. Trichlorethen, zu zersetzen **(Bild 1)**. Entsprechend werden die Verbrennungsräume gestaltet **(Bild 2)**.

> Die Verbrennungsräume der Anlagen zur thermischen Behandlung von Abfällen müssen so geformt sein, dass sich sehr hohe und weniger hohe Temperaturen einstellen.

Wegen des Stickstoffgehalts der Luft und des Einsatzguts können bei der thermischen Behandlung in kleinen Mengen auch Stickoxide anfallen. Enthält das Einsatzgut Schwefel, so entsteht Schwefeldioxid. Ist im Einsatzgut Chlor enthalten, z.B. beim Polyvinylchlorid PVC, so können bei ungünstiger Prozessführung giftige Gase (Chlorwasserstoff, Dioxine und Furane) auftreten.

> **Bei der thermischen Behandlung von Abfällen muss das Rauchgas von Stickoxiden, Schwefeloxiden und Chlorverbindungen gereinigt werden.**

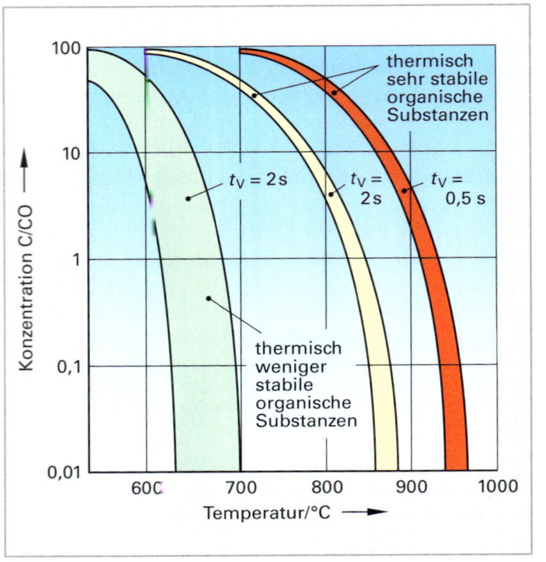

Bild 1: Abhängigkeit der Verbrennung von Verbrennungstemperatur und Verweildauer t_V

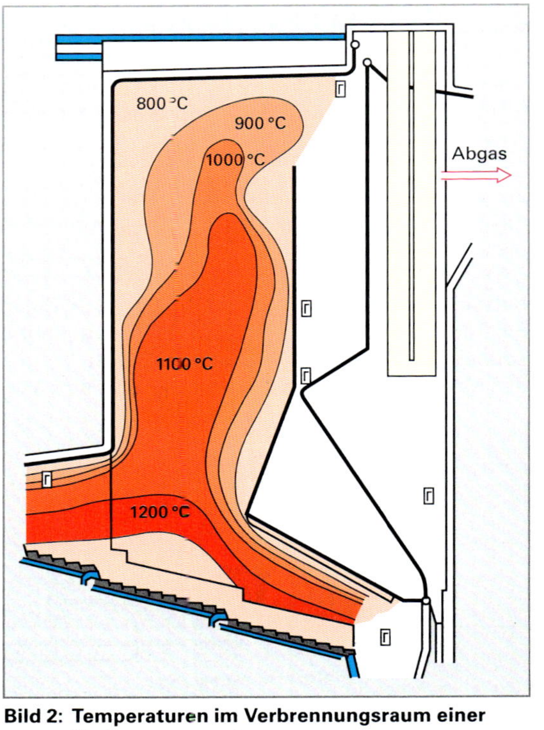

Bild 2: Temperaturen im Verbrennungsraum einer Verbrennungsanlage

Nach der thermischen Behandlung bleibt ein Rest in Form von Asche bzw. Schlacke (geschmolzene und erstarrte Asche) zurück, der je nach Zusammensetzung des Einsatzguts verschieden groß ist. Er beträgt z.B. beim Hausmüll 10% des Volumens und 30% des Gewichts vom Einsatzgut. Je nach Art wird dieser Rest verwendet, z.B. für den Straßenbau, oder auf einer Deponie entsorgt.

Bei der thermischen Behandlung tritt eine Minimierung und Mineralisierung des Abfalls ein.

Deshalb ist in Deutschland die thermische Behandlung des Hausmülls Pflicht.

Verbrennung in Verbrennungsöfen

Verbrennungsanlagen mit *Rostsystemen* können nicht teigig werdende Abfälle, z.B. Hausmüll ohne größere Kunststoffanteile, verbrennen. Das Einsatzgut verbrennt auf 6 m bis 12 m langen, leicht geneigten Rostbahnen **(Bilder 1,2)**. Derartige Anlagen können große Mengen an Abfall verarbeiten, z.B. Müll im Umfang von 40 t je Stunde. Die bei der Verbrennung frei werdende Wärme wird zum Erzeugen von Heißdampf verwendet, der eine Dampfturbine antreibt. Rostsysteme taugen aber meist nicht für die Verbrennung von Problemabfällen, z.B. Chemieabfällen.

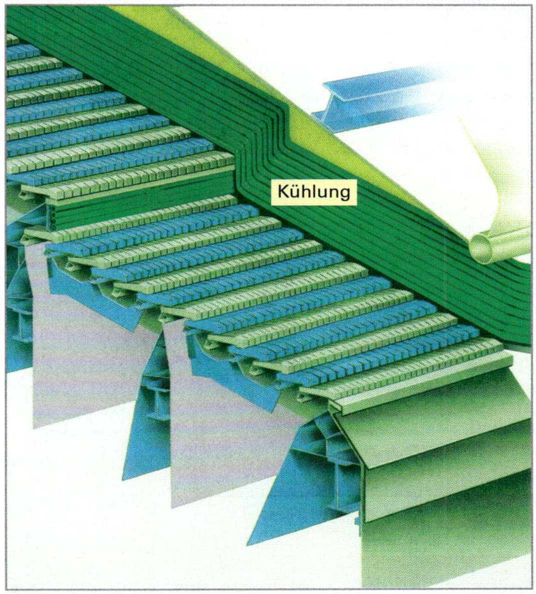

Bild 1: Stufenvorschubrost

Feuerungsanlagen mit Rostsystemen erlauben einen großen Durchsatz des Abfalls.

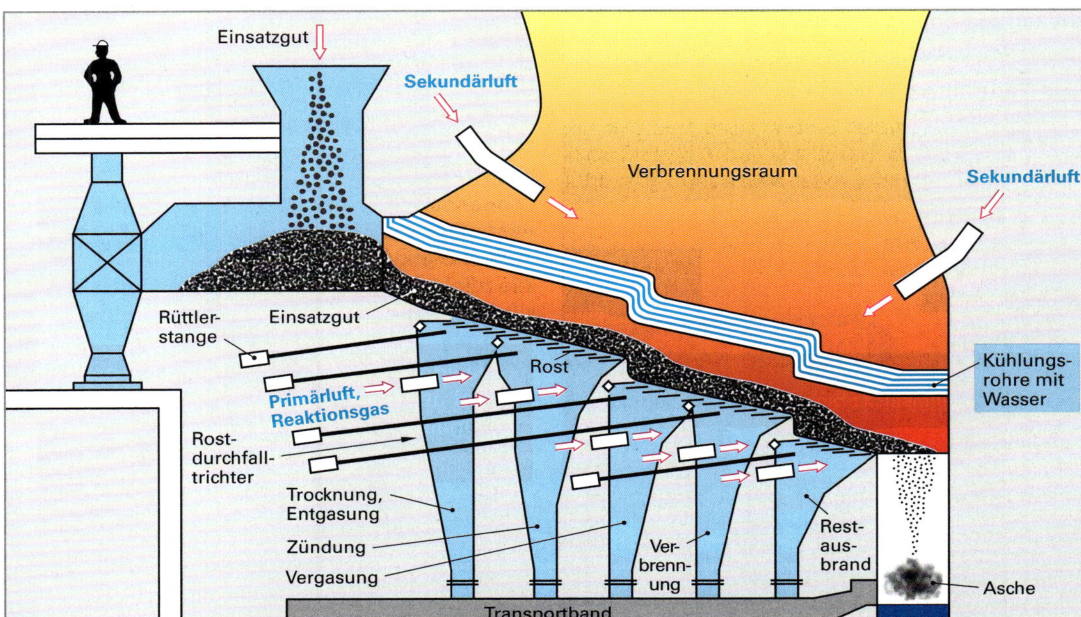

Bild 2: Verbrennungsanlage mit Stufen-Vorschubrost

Ein modernes Rostsystem ist der **Stufenvorschubrost** **(Bild 1, vorhergehende Seite)**. Die Rostfläche ist leicht geneigt und besteht aus abwechselnd festen und beweglichen *Stabreihen* aus *Roststäben*. Die Roststäbe liegen ähnlich wie Dachziegel überlappend auf Trägern. Die beweglichen Stabreihen werden zeitweise gerüttelt, sodass das Einsatzgut während des Verbrennens sich nach vorn bewegt (Vorschub). Vor allem wird durch die Bewegung der Roststäbe erreicht, dass das Feuer ständig geschürt wird. Dadurch verbrennt der Abfall vollständig, Klumpen des brennenden Einsatzguts brechen auseinander und die Asche fällt durch die Roststäbe in die Rostdurchfalltrichter.

> Beim Stufenvorschubrost erfolgt ein ständiges Schüren des Feuers zur vollständigen Verbrennung.

An der Wand neben dem Rost sind Rohre verlegt, durch die das Wasser zum Dampferzeuger strömt **(Bild 2, vorhergehende Seite)**. Dadurch wird das Wasser erwärmt und die Bildung von Schlacke am Rand des Rostes verhindert. Die Temperatur während der Verbrennung beträgt dicht oberhalb des Rostes bis 1200 °C und im Verbrennungsraum weiter oben etwa 800 °C. Dadurch wird das zunächst entstehende Kohlenstoffmonoxid weitgehend zu Kohlenstoffdioxid oxidiert.

> In Verbrennungsanlagen verbrennt der Abfall meist stufenweise, z. B. erst bei hoher Temperatur, dann bei tieferer Temperatur.

In **Drehrohröfen** werden feste, flüssige und pastöse (pastenförmige) Abfälle, z. B. Klärschlamm oder Chemieabfälle, bei Temperaturen zwischen 1000 °C und 1200 °C unter Zufuhr von Verbrennungsluft in das Drehrohr verbrannt **(Bild 1)**. Dieser Prozess wird durch *chemische Radikale* beschleunigt, das sind besonders reaktionsfreudige Atome oder Moleküle, z. B. H•, O_2•, OH• oder Cl• (der Punkt dient als Kennzeichen für Radikale). Das dabei entstehende Rauchgas besitzt noch einen Heizwert und wird unter Zufuhr von zusätzlicher Verbrennungsluft (Falschluft) und Öl im Nachbrenner bei Temperaturen bis 1400 °C und danach abnehmend bis etwa 700 °C verbrannt. Die heißen Rauchgase werden im Abhitzekessel auf 300 °C gekühlt und danach weiter gereinigt.

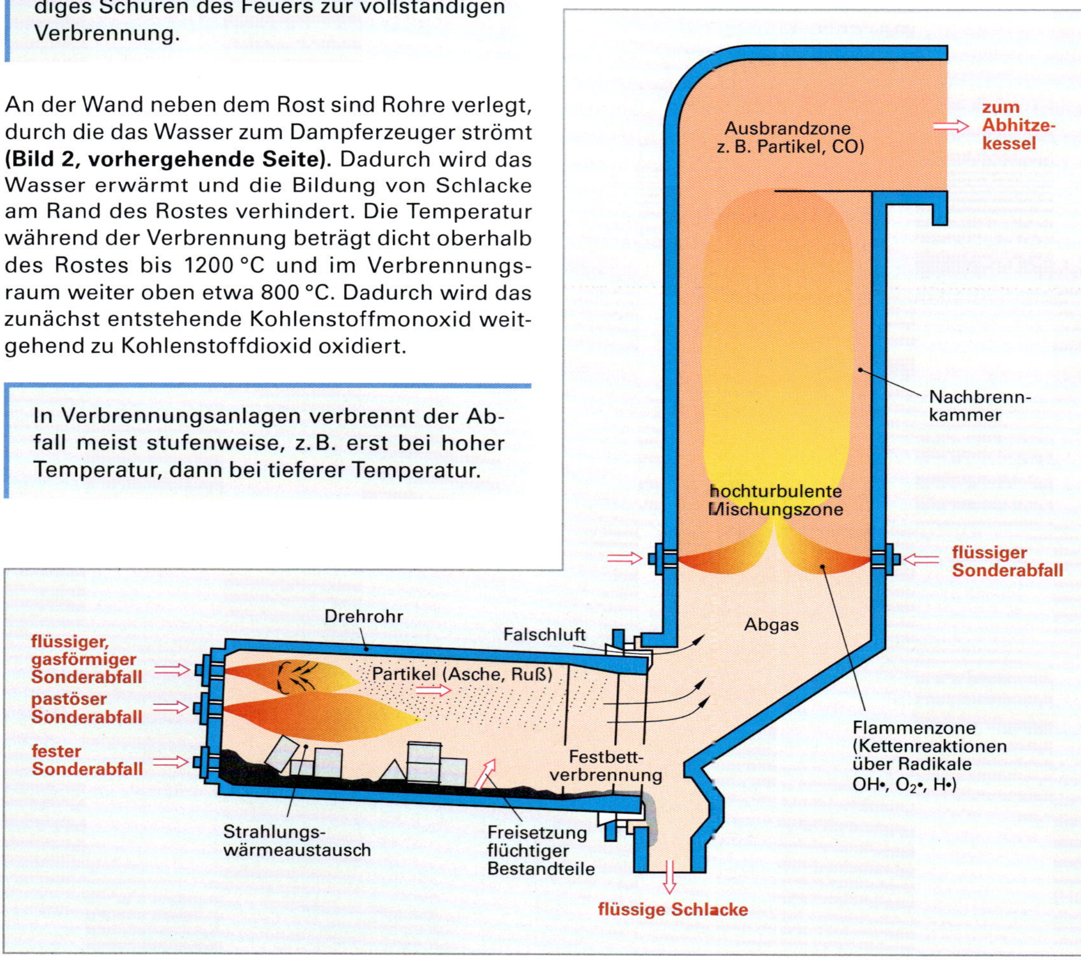

Bild 1: Drehrohrofen für Sonderabfallverbrennung

Drehrohrofen-Anlagen bestehen aus dem eigentlichen Drehrohrofen und seiner Nachbrennkammer. Sie werden zur Verbrennung von Sonderabfall mit Durchsatzleistungen von 2 t/h (Tonnen je Stunde) bis 55 t/h angeboten. Im eigentlichen Drehrohrofen können alle Arten von Abfällen, auch in Fässern oder Gebinden, verbrannt werden. Die Brenner an der Nachbrennkammer mit ihren Zuführungen für gasförmigen, flüssigen Sonderabfall bewirken durch ihre tangentiale Anordnung eine gründliche Durchmischung der Gase und eine Verweildauer von etwa 2 s im Brennraum **(Bild 1)**.

Das Abfalllager besteht aus einem Feststofflager (Bunker), einem Tanklager für Flüssigkeiten und einem Gebindelager **(Bild 2)**. Das Drehrohr rotiert mit einer Drehfrequenz von 0,2/min bis 0,5/min, hat eine Neigung von etwa 2° und wird mit Unterdruck von 0,5 hPa (1 Hektopascal = 1 mbar) bis 3 hPa betrieben. Dadurch können keine Verbrennungsgase austreten.

> Drehrohrofen-Anlagen werden zur thermischen Behandlung von Sonderabfall aller Art für großen Anfall an Sonderabfall eingesetzt.

Durch die **Zykloidfeuerung** werden kleinere Mengen an Sonderabfall als bei den Drehrohranlagen thermisch behandelt. Durch die Zykloidfeuerung wird z.B. der in großen Mengen bei der Rauchgasreinigung anfallende Aktivkoks (Aktivkohle) entsorgt. Dabei verbrennen die an den Aktivkoks gebundenen giftigen Schadstoffe fast ohne Rückstände.

Bei der Zykloidfeuerung wird die Verbrennungsluft durch tangential angeordnete Düsen eingeblasen, sodass im Inneren des Ofens ein Wirbel entsteht **(Bild 1, folgende Seite)**. Dieser trägt die Partikel des zerkleinerten Einsatzguts bis zu mehreren Minuten. Dadurch kann die Verweildauer optimiert werden. Bei der Aktivkokskörnung von 1 mm bis 5 mm beträgt die Verweildauer nach Herstellerangabe bis zu 10 min.

> Durch die Zykloidfeuerung können körnige Sonderabfälle in kleineren Mengen dezentral entsorgt werden.

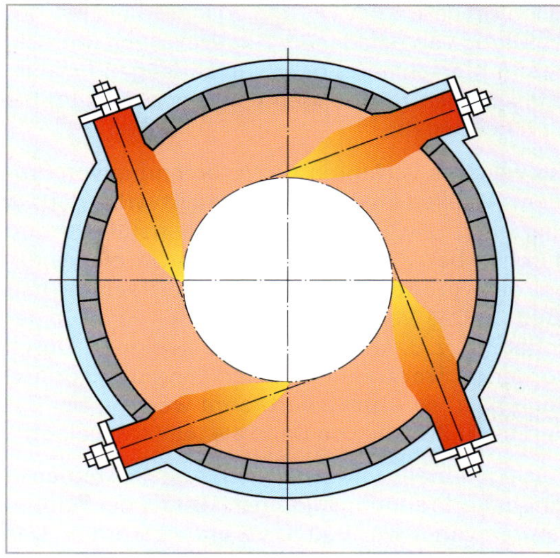

Bild 1: Tangentiale Anordnung der Brenner an der Nachbrennkammer mit Zuführungen

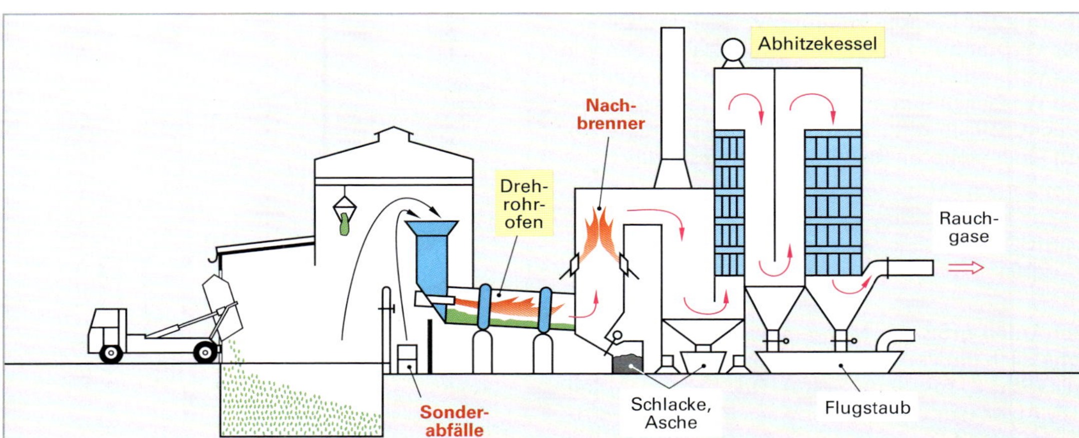

Bild 2: Verbrennung fester Abfälle

Zykloidfeuerungen werden zur thermischen Behandlung von beladenem Aktivkoks, von getrocknetem Klärschlamm oder von sonstigen Produktionsabfällen für Mengen von etwa 100 kg/h bis 4 t/h hergestellt.

Ein weiteres Verfahren zur Verbrennung von Problem-Abfällen ist die **Wirbelschichtverbrennung**. Hier saugt ein Gebläse Umgebungsluft an und durchwirbelt das Verbrennungsgut, welches dabei eine große Verbrennungsoberfläche erhält **(Bild 2)**. Das Verfahren ist insbesondere für rieselfähige, z. B. körnige, Abfälle geeignet. Durch vorherige Trocknung und Zerkleinerung können auch pastöse Abfälle verbrannt werden, bei Bedarf unter Zugabe von Sand als „Hilfswirbelbett".

Flüssige Abfälle und anfallende Abgase können in einem Verbrennungsofen nach **Bild 3** bei Temperaturen von etwa 1000 °C verbrannt werden. Das Rauchgas wird danach durch Besprühen mit Wasser gekühlt und anschließend weiter gereinigt.

Viele flüssige Abfälle sind organische Lösemittel. Ihre Verbrennung wird wegen der hohen Kosten nur dann angewendet, wenn eine sonstige Reinigung, z. B. durch chemische oder biologische Verfahren, wegen der toxischen Bestandteile nicht möglich ist.

Es gibt verschiedene Ausführungsformen von Verbrennungsanlagen für flüssige Abfälle. Für einen Durchsatz von 2 t/h ist die **Tauchbrennkammer** geeignet **(Bild 1, folgende Seite)**. Bei ihr wird der zu verbrennende flüssige Abfall zusammen mit Öl oder Gas als Zusatzbrennstoff dem Brenner zugeführt. Die Verbrennungsluft wird über ein Gebläse in die Brennkammer eingeblasen. Bei der Tauchbrennkammer mit Siedekühlung wird die Wärmeenergie zur Dampferzeugung verwendet. Die bei der Verbrennung entstehenden Salze werden von der Verbrennungsluft aufgenommen und in einem mit Wasser gefüllten Schmelzlöser in Lösung gebracht. Gleichzeitig wird die so vorgereinigte Abluft einer weiteren Reinigungsstufe zugeführt.

> Zur Verbrennung von flüssigen Abfällen ist oft Öl oder Gas als Zusatzbrennstoff erforderlich.

Bei Anfall größerer Mengen an flüssigem Abfall lohnt sich die Verbrennung in einem **Dampferzeuger** **(Bild 2, folgende Seite)**. Der füssige Abfall, z. B. Abwässer oder Kohlenwasserstoffe, wird zusammen mit Öl oder Gas als Zusatz-Brennstoff in einer Brennkammer verbrannt. Die heißen Rauch-

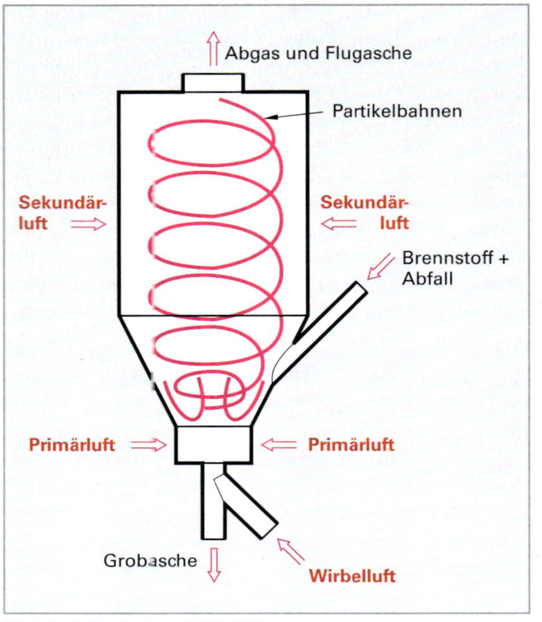

Bild 1: Prinzip der Zykloidfeuerung

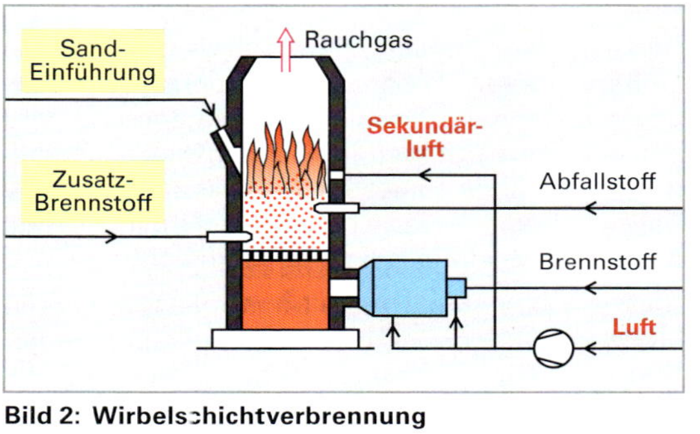

Bild 2: Wirbelschichtverbrennung

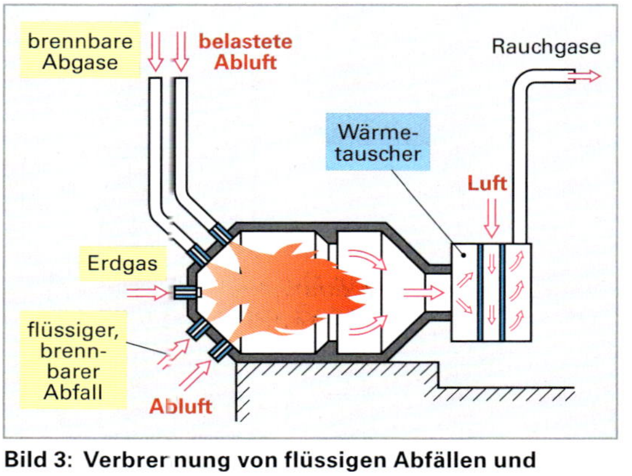

Bild 3: Verbrennung von flüssigen Abfällen und Abgasen

gase durchströmen danach die als Rohrbündel ausgeführten Heizflächen des Verdampfers, denen sie durch Strahlung Wärmeenergie abgeben. Im Verdampfer wird bei niedrigem Druck Wasserdampf erzeugt. Danach durchströmt das nun auf 650 °C gekühlte Rauchgas einen als Überhitzer bezeichneten Teil des Dampferzeugers und gibt dort seine Wärmeenergie an die Heizflächen durch Konvektion (Strömung infolge Erwärmung, von lat. convectio = Zusammenbringen) ab. Im Überhitzer wird unter hohem Druck überhitzter Wasserdampf von etwa 400 °C erzeugt. Dieser kann einer Dampfturbine zugeführt werden, die z.B. einen elektrischen Generator antreibt. Nach dem Überhitzer durchströmen die Rauchgase Heizflächen für die Vorwärmung der Verbrennungsluft und des Wassers, denen sie die Wärmeenergie ebenfalls durch Konvektion abgeben.

Große Verbrennungsanlagen für flüssige Abfälle enthalten Dampferzeuger.

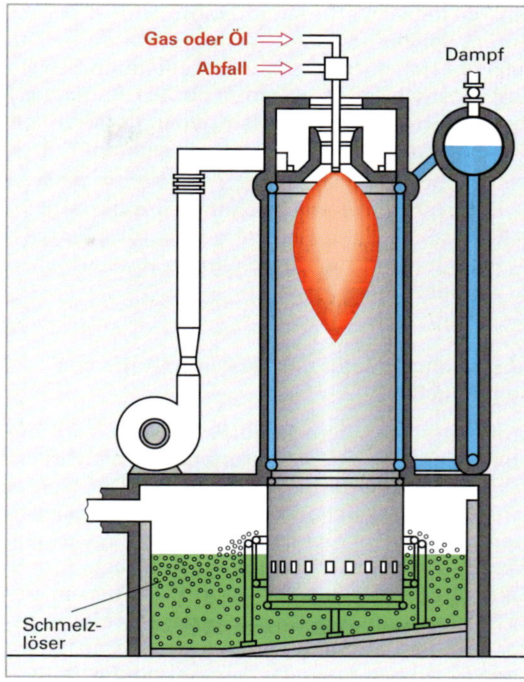

Bild 1: Tauchbrennkammer mit Siedekühlung

Notwendigkeit der Rauchgasreinigung

Bei der Verbrennung in Verbrennungsöfen entstehen in erster Linie Kohlenstoffdioxid und Wasser. Außerdem fallen feste Verbrennungsprodukte an in Form von Schlacke und Flugasche sowie gasförmige Verbrennungsprodukte, z.B. Schwefeldioxid und Stickstoffoxide.

Besonders problematisch sind die Verbrennungsprodukte von **Müll-Heizkraftwerken**. Diese Heizkraftwerke spielen zunehmend eine Rolle, weil durch sie eine nützliche Müllverwertung möglich ist. Der Heizwert des normalen Hausmülls und Gewerbemülls ist etwa so groß wie der Heizwert von roher Braunkohle. Im Gegensatz zur Braunkohle befinden sich aber im Hausmüll chlorhaltige Kunststoffe, die bei der Verbrennung Salzsäure und im ungünstigen Fall giftige Dioxine und Furane entstehen lassen. Da im Hausmüll sogar Quecksilber, z.B. aus nicht ordnungsgemäß entsorgten Batterien, und Cadmium, z.B. von vercadmeten Schrauben und von Farben, vorkommen können, entstehen auch Quecksilber- und Cadmiumverbindungen als Verbrennungsprodukt.

In Müll-Heizkraftwerken entstehen außer den üblichen Verbrennungsprodukten auch verschiedene giftige oder unangenehm riechende Verbrennungsprodukte.

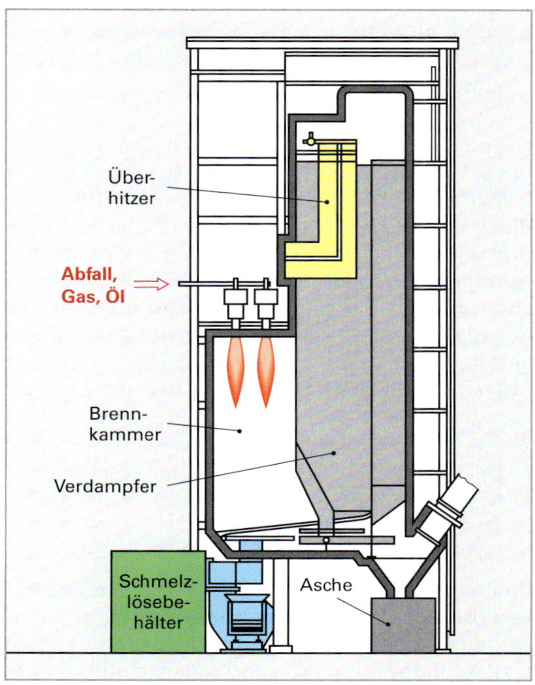

Bild 2: Verbrennungsanlage mit Dampferzeuger

Ein Teil dieser Verbrennungsprodukte ist in größeren Konzentrationen giftig. Ein anderer Teil zeichnet sich durch einen unangenehmen Geruch aus. Deshalb ist es erforderlich, die Rauchgase der Müll-Heizkraftwerke (so genannte Müll-Verbrennungsanlagen) sorgfältig zu reinigen.

> Bei allen Verbrennungsanlagen müssen in Deutschland die Abgase einer gründlichen Reinigung in mehreren Stufen unterzogen werden.

Abscheidung fester und flüssiger Stoffe aus dem Rauchgas

Früher trat aus dem Schornstein von Verbrennungsanlagen, z. B. Verbrennungskraftwerken, ein dunkler oder farbiger Qualm aus. Das lag daran, dass die Rauchgase von Verbrennungskraftwerken Rußteilchen und Flugasche (fein verteilte Asche) sowie nebelförmige Flüssigteilchen, z. B. Salzsäure, enthielten. In Deutschland müssen diese Stoffe aus dem Rauchgas entfernt werden, bevor es über den Schornstein an die Atmosphäre abgegeben werden darf. Man befreit das Rauchgas von diesen festen und flüssigen Stoffen durch **Entstaubungsverfahren**.

> Feste und flüssige Stoffe im Rauchgas von Verbrennungsanlagen werden durch Entstaubungsverfahren beseitigt.

Grobe Staubteile können in einer **Zykloneinrichtung**, kurz Zyklon genannt (von englisch cyclone = Wirbelsturm), ausgeschieden werden **(Bild 1)**. In diese strömt das zu entstaubende Gas oben ein und wird durch die Wand auf eine Kreisbahn gezwungen. Die Fliehkraft schleudert die Staubteilchen an die Wand. Sie bilden dort Flocken und fallen an der Wand nach unten. Das auf diese Weise entstaubte Gas bewegt sich dann von unten nach oben in einem kleineren Wirbel und verlässt gereinigt die Zykloneinrichtung.

> In einer Zykloneinrichtung werden grobe Staubteile ausgeschieden, nicht aber Feinstaub.

Schlauchfilter können mittelfeine Stäube beseitigen **(Bild 2)**. Beim Schlauchfilter sind zwei unterschiedliche Arbeitsvorgänge erforderlich. Das fortlaufende Filtern erfordert deshalb immer zwei Schlauchfiltereinrichtungen. Beim eigentlichen

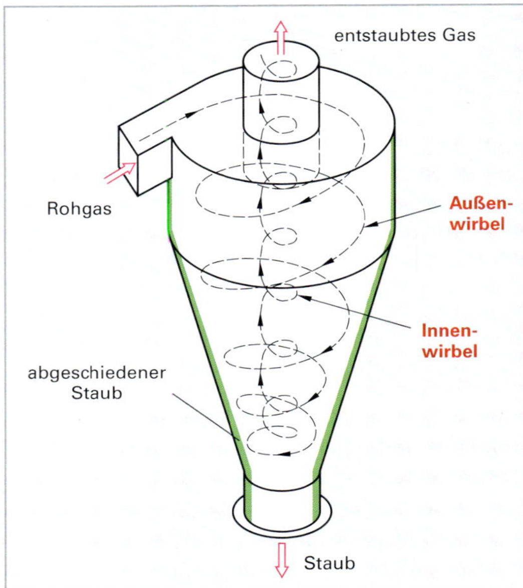

Bild 1: Zykloneinrichtung (Zyklon)

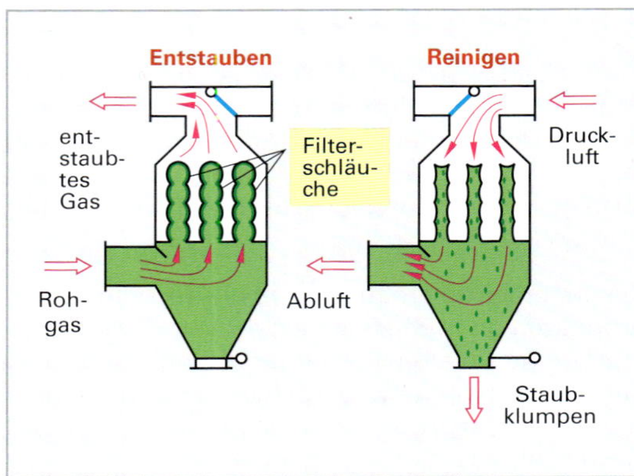

Bild 2: Arbeitsgänge beim Schlauchfilter

Entstauben strömt das Gas in die Filterschläuche. Die Staubteilchen sammeln sich auf der Innenseite der Schläuche und wachsen dort zu einem **Filterkuchen** auf. Je dicker der Filterkuchen wird, desto besser ist die Filterwirkung. Desto größer ist aber auch der erforderliche Druck und damit der Arbeitsaufwand, um eine Gasströmung zu erzielen. Hat der Filterkuchen die optimale Dicke erreicht, wird der Gasstrom abgeschaltet und auf die andere Schlauchfiltereinrichtung geleitet.

In der zunächst benutzten Schlauchfiltereinrichtung wird nun Druckluft in umgekehrter Richtung in die Filterschläuche geblasen, die ein Vibrator rüttelt. Dadurch löst sich der Filterkuchen vom Filterschlauch ab und fällt nach unten. Dort wird der Filterstaub entnommen. Wenn die Filterschläuche gereinigt sind, so wird wieder auf Entstauben umgestellt. Der Filterstaub wird anschließend weiter behandelt, z. B. bei ungünstiger Zusammensetzung in eine Sondermülldeponie gebracht. Schlauchfilter haben nach Herstellerangaben in Deutschland einen Marktanteil von etwa 50 % aller Filterarten.

Beim **Elektrofilter** durchströmt das ungereinigte Gas einen Kanal, z. B. ein Rohr, in dem ein dünner Draht gespannt ist **(Bild 1)**. Der dünne Draht mit einem Durchmesser von 0,1 mm bis 1 mm ist an eine Hochspannung (Gleichspannung) bis 80 kV angeschlossen. Wegen des kleinen Drahtdurchmessers ist in der unmittelbaren Drahtnähe die elektrische Feldstärke sehr groß. Dadurch bildet sich in der Nähe des Drahts eine Glimmentladung, bei der Elektronen aus dem Draht austreten.

Durch die Wirkung der elektrischen Feldstärke zwischen Draht und Rohrwand verschieben sich in den Staubteilchen die Ladungen, sodass der Pluspol der Staubteilchen auf den Draht zu gerichtet ist **(Bild 2, ①)**. Infolgedessen lagern sich Elektronen in der Nähe des Drahts an die Staubteilchen an **(②)**. Nun überwiegt die negative Ladung, sodass sich das elektrisch geladene Staubteilchen zur Rohrwand hin bewegt **(③)**. An der Rohrwand entlädt sich das Staubteilchen wieder, flockt mit anderen Staubteilchen zusammen und fällt schließlich nach unten, wenn an die Rohrwand von Zeit zu Zeit durch eine automatische Einrichtung geklopft wird **(④)**. Elektrofilter eignen sich auch zur Entstaubung bei feinsten Stäuben, jedoch sind die Betriebskosten hoch. Der Energieaufwand für 1000 m^3 Rauchgas beträgt etwa 1 kWh.

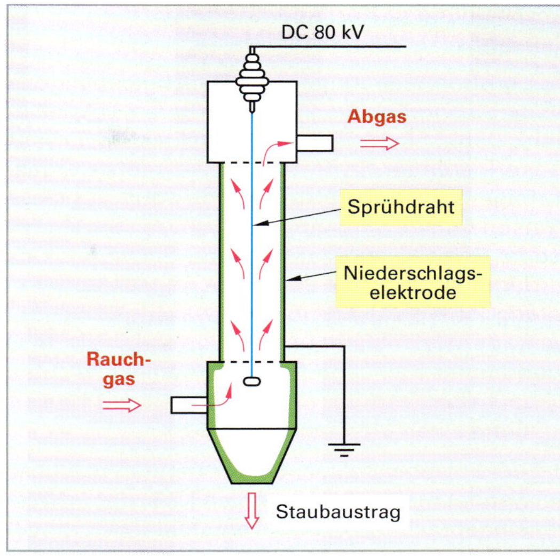

Bild 1: Elektrofilterzelle

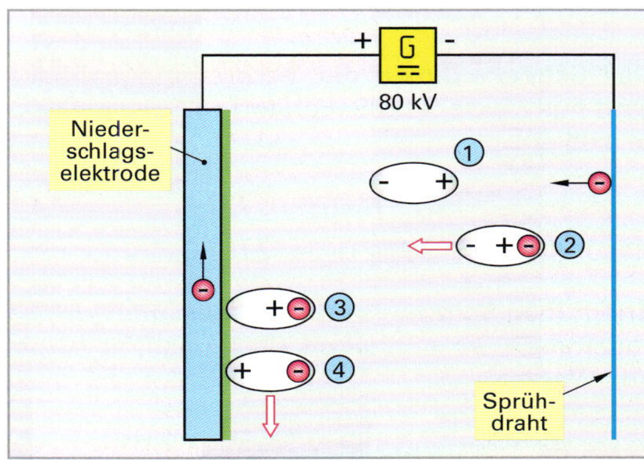

Bild 2: Wirkungsweise beim Elektrofilter (elektrostatischer Filter)

> Elektrofilter können zur Entstaubung bei feinsten Stäuben angewendet werden.

Bei der **Nassentstaubung** werden Wassertropfen durch den Gasstrom bewegt. Dabei treffen Staubteilchen auf Wassertröpfchen, bleiben an ihnen haften und werden zusammen mit dem Wasser abgeschieden. Die Abscheidung ist umso besser, je feiner das Wasser versprüht wird. Für die Nassentstaubung gibt es verschiedene Verfahren.

Beim **Venturiwäscher** (benannt nach dem enthaltenen Venturirohr, einer Erfindung des italienischen Physikers Venturi, 1746 bis 1822) benetzt das versprühte Wasser im oberen Teil die Staubteilchen, während in der unten angeordneten Zykloneinrichtung die Trennung vom gereinigten Gas erfolgt **(Bild 1, folgende Seite)**. Die Nassentstaubung eignet sich besonders für klebrige oder leicht entzündliche Stäube, aber bei hohen Betriebskosten.

Anders als bei den Filtern können bei der Nassentstaubung vom Waschwasser auch manche Gase aus dem Rauchgas ausgewaschen werden, z. B. Schwefelwasserstoff. Dabei werden diese Gase vom Wasser absorbiert.

> Durch Venturiwäscher können Stäube und manche Gase aus dem Rauchgas ausgewaschen werden.

Abscheidung gasförmiger Stoffe aus dem Rauchgas

Von großer Bedeutung in der Rauchgasreinigung ist die *Absorption* (von lat. absorbere = verschlingen). Dabei nimmt ein Lösemittel als *Absorbens* (absorbierender Stoff) einen oder mehrere gasförmige bzw. dampfförmige Stoffe auf. Auf diese Weise können Salzsäure, Blausäure, Stickstoffoxide, Schwefelwasserstoff und Schwefeloxide entfernt werden **(Bild 2)**. Für die Abgasentschwefelung ist die Absorption mit wässrigen Lösungen oder Aufschlämmungen von Kalk, z. B. CaO (gebrannter Kalk) und NH_3 (Ammoniak), wichtig. Dabei haben Verfahren auf Kalkbasis mit Gipserzeugung einen Marktanteil von 90 %.

Bei der Entschwefelung der Verbrennungsabgase verwendet man z. B. gebrannten Kalk, der in Wasser eingebracht wird. Dabei entsteht Calciumhydroxid $Ca(OH)_2$.

$$CaO + H_2O \rightarrow Ca(OH)_2$$

Das Schwefeldioxid der Verbrennungsabgase wird mit Wasser und Sauerstoff zu Schwefelsäure oxidiert.

$$SO_2 + H_2O \rightarrow H_2SO_3$$

$$2\,H_2SO_3 + O_2 \rightarrow 2\,H_2SO_4$$

Bringt man Schwefelsäure und Calciumhydroxid zusammen, so entstehen Calciumsulfat (Gips) und Wasser.

$$H_2SO_4 + Ca(OH)_2 \rightarrow CaSO_4 + 2\,H_2O$$

Bei einem anderen Verfahren verwendet man zur Entschwefelung ungebrannten Kalk. Dieser bindet das Schwefeldioxid. Durch Luftzugabe und wiederholtes Erhitzen entsteht ebenfalls Gips.

$$2\,H_2SO_3 + 2\,CaCO_3 + O_2 \rightarrow 2\,CaSO_4 + 2\,CO_2 + 2\,H_2O$$

> Bei der Entschwefelung der Verbrennungsgase entstehen große Mengen Gips.

Der Anfall von Gips ist in den Entschwefelungseinrichtungen der Bundesrepublik Deutschland inzwischen so groß, dass die Gipsgewinnung aus natürlichen Vorkommen eingestellt werden konnte. Das liegt im Interesse des Naturschutzes.

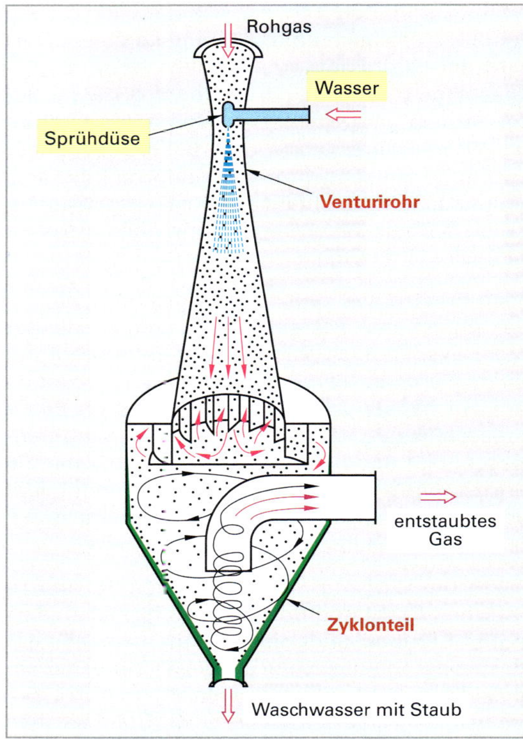

Bild 1: Venturiwäscher

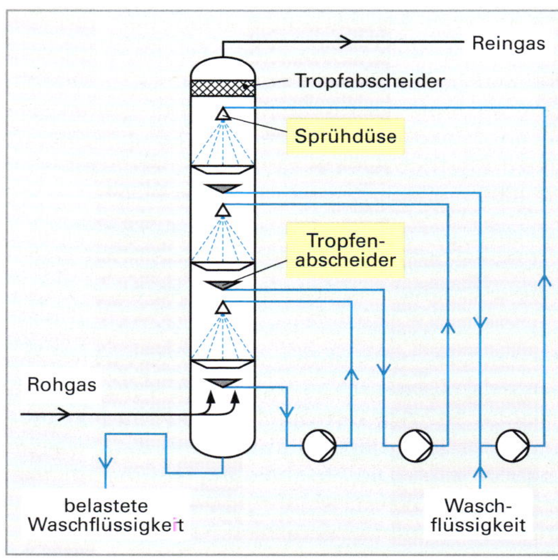

Bild 2: Sprühturmwäscher für die Rauchgasreinigung

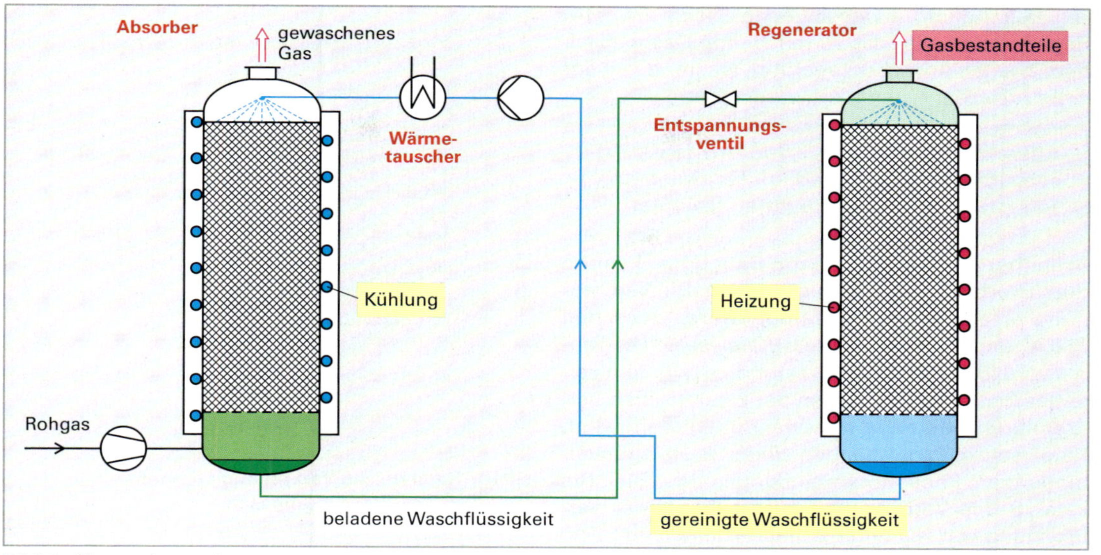

Bild 1: Absorptionsanlage

Eine **Absorptionsanlage** besteht oft aus zwei hintereinander geschalteten *Absorptionskolonnen* nach **Bild 1**. Im Absorber wird das Rohgas durch die Waschflüssigkeit, z.B. Wasser, gewaschen. Enthält das Verbrennungsabgas z.B. HCl (Chlorwasserstoff), so entsteht eine wässrige Lösung von HCl (Salzsäure). Dabei wird das Gas unter Druck zugeführt und der Absorber gekühlt. Druck und Kühlung vergrößern die Löslichkeit in der Waschflüssigkeit. Die Waschflüssigkeit wird einem Regenerator zugeführt. Dort erfolgt eine Druckminderung und eine Beheizung. Die vorher gelösten Gase kommen frei und werden nun einer weiteren Behandlung zugeführt. Die Waschflüssigkeit wird nach Kühlung und unter Druck dem Absorber wieder zugeleitet.

Bei der **Adsorption** (von lat. ad = hinzu und sorbere = schlucken) werden solche Schadstoffe, die nur in sehr geringer Konzentration im Rohgas enthalten sind, an der Oberfläche von aktiven Feststoffen gebunden. Ein Adsorptionsmittel ist z.B. Aktivkohle. Deren Körner sind porös und haben eine zerklüftete Oberfläche und damit eine sehr große Oberfläche **(Bild 2)**. Die Oberfläche von Aktivkohle hat die Eigenschaft, Gase mit großen Molekülen festzuhalten, z.B. Dioxine. Adsorptionsanlagen bestehen aus zwei Adsorbern, die wechselweise beladen und regeneriert werden **(Bild 3)**. Während der erste Adsorber adsorbiert, wird der zweite Adsorber regeneriert, z.B. durch Wasserdampf. Dadurch wird der vorher adsorbierte Gasbestandteil freigesetzt und zusammen mit dem Wasserdampf zur weite-

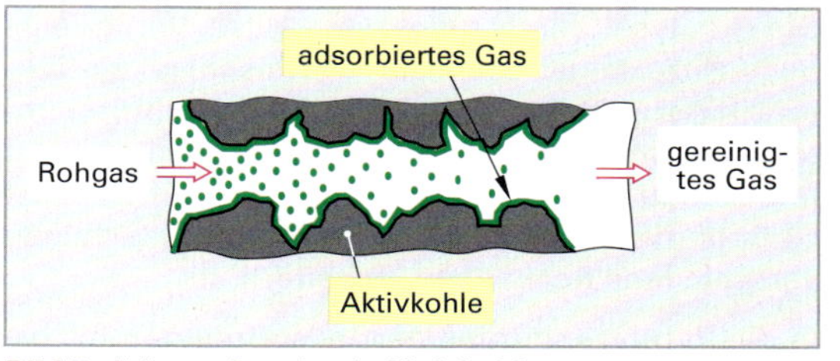

Bild 2: Adsorption durch Aktivkohle

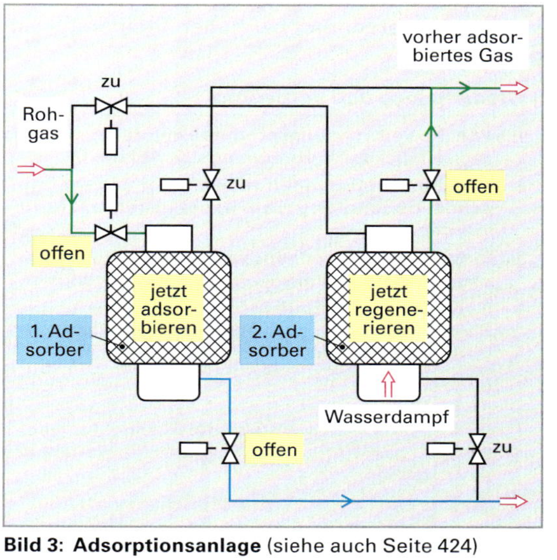

Bild 3: Adsorptionsanlage (siehe auch Seite 424)

ren Behandlung ausgeschieden. Nach erfolgter Regeneration wird das zu reinigende Gasgemisch dem zweiten Adsorber zugeführt, während nun der erste Adsorber regeneriert werden kann.

> Adsorptionsverfahren erfordern teure Adsorptionsmittel und sind nur für kleine Konzentrationen von Schadstoffen geeignet.

Brennbare Bestandteile im Rauchgas können durch Verbrennung beseitigt werden. Die Verbrennung erfolgt dabei bei Temperaturen zwischen 350 °C und 450 °C, wenn ein *Katalysator* verwendet wird **(Bild 1)**. Als Katalysator dient z. B. fein verteiltes Platin. Das Verfahren der katalytischen Verbrennung kann nicht angewendet werden, wenn Katalysatorgifte vorhanden sind, z. B. Halogenverbindungen, Phosphorverbindungen oder Blei. Die katalytische Verbrennung wird z. B. bei der Verbrennung von NO unter Zugabe von NH_3 zu Stickstoff und Wasser angewendet.

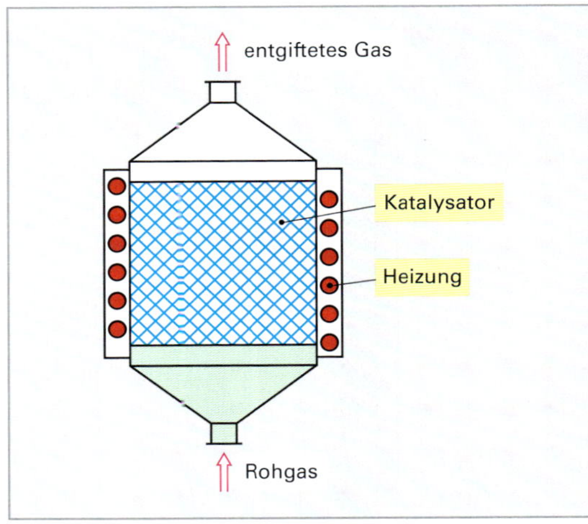

Bild 1: Katalytische Verbrennung brennbarer Bestandteile in Abgasen

Pyrolyse

Die Pyrolyse (Zersetzung durch Hitze, von griech. pyr = Hitze, Feuer und lysis = Auflösen) ist ein Teilschritt der Verbrennung. Bei ihr werden Stoffe unter Sauerstoffmangel erhitzt und dadurch entgast und zersetzt. Die Pyrolyse erfolgt z. B. in beheizten Drehrohröfen **(Bild 2)**. Je nach Temperatur erfolgen verschiedene Reaktionen **(Tabelle 1)**.

In die Pyrolyse wurden große Hoffnungen für die Müllentsorgung gesetzt. Jedoch sind die Abgase der Pyrolyse reich an Schadstoffen. Deshalb wird die Pyrolyse bei neueren Verfahren nur als Vorstufe zur Verbrennung bei hoher Temperatur angewendet.

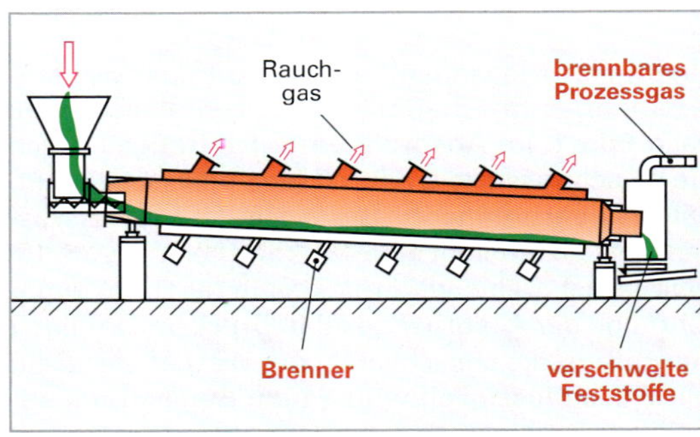

Bild 2: Beheizter Drehrohrofen (Schweltrommel)

Wiederholung und Vertiefung

1. **Welche Verbrennungsprodukte entstehen hauptsächlich bei der Verbrennung von Abfällen?**
2. **Welche Verbindungen müssen bei der thermischen Behandlung von Rauchgasen entfernt werden?**
3. **In welchen Verbrennungsanlagen entstehen besonders viele schädliche Verbrennungsprodukte?**
4. **Nennen Sie drei Einrichtungen, mit denen ohne Flüssigkeit die Stäube aus dem Rauchgas entfernt werden können.**
5. **Für welche Stäube ist die Nassentstaubung zweckmäßig?**
6. **Welches Verfahren wird für die Abscheidung der meisten gasförmigen Bestandteile des Rauchgases angewendet?**
7. **Welche Nachteile haben Adsorptionsverfahren?**
8. **Was versteht man unter der Pyrolyse?**

Tabelle 1: Reaktionen bei der Pyrolyse

Temperatur in °C	Reaktion
< 120	Trocknung
bis 250	Abspaltung von Wasser und Kohlenstoffdioxid, Aufspaltung von Kunststoffen
bis 350	Abtrennung von Methan und ähnlichen Verbindungen
bis 380	Beginn der Verkohlung
bis 400	Bindungsaufbruch der C-O-Bindungen und der C-N-Bindungen
bis 600	Umwandlung von Bitumen in Schweröl und Benzolabkömmlinge
> 600	Aromatisierung, z. B. zu Benzol

9.3.9 Rauchgasentschwefelung im Regenerativ-Verfahren

Ein sehr wirkungsvolles Verfahren zur Schwefeldioxidgewinnung ist die Rauchgasentschwefelung durch eine Natriumsulfit-Lösung. Durch die chemische Absorption von gasförmigem Schwefeldioxid (SO_2) mit gelöstem Natriumsulfit (Na_2SO_3) entsteht Natriumdisulfit ($Na_2S_2O_5$). Natriumdisulfit zerfällt bei 70 °C und 350 mbar Druck wieder in seine Ausgangsstoffe (Regeneration). Durch dieses Verfahren ist Schwefeldioxid aus dem Rauchgas in reiner Form gewinnbar und kann einer Weiterverarbeitung zugeführt werden. Das regenerierte Natriumsulfit wird wieder der Entschwefelungsanlage zugeführt.

Chemische Absoprtion

$SO_2 + Na_2SO_3 \rightarrow Na_2S_2O_5$

Regeneration

$Na_2S_2O_5 \rightarrow SO_2 + Na_2SO_3$

Funktionsprinzip

Das ungereinigte Rauchgas, z. B. aus der Verbrennung von schwefelhaltiger Braunkohle zur Energieerzeugung, wird durch einen Wärmeaustauscher in einen Vorwäscher, der mit Wasser betrieben wird, geführt. In diesem können Flugasche, Schwermetalle, Chlorwasserstoff HCl, Schwefeltrioxid SO_3 und eventuell vorhandenes Fluorwasserstoff HF entfernt werden.

Die Waschflüssigkeit besteht aus einer konzentrierten Natriumsulfitlösung. Sie strömt dem Schwefeldioxid enthaltenden Rohgas in einem Sprühturmwäscher entgegen und entfernt über eine chemische Absorption das Schwefeldioxid aus den Rauchgasen **(Bild 1)**.

Das gebildete Natriumdisulfit kann unter vermindertem Druck von 350 mbar und einer Temperatur von 70 °C zurück in Schwefeldioxid und Natriumsulfit zerlegt werden. Dadurch wird es möglich, die Natriumsulfitlösung im Kreislauf zu verwenden. Das desorbierte Schwefeldioxid kann zur Schwefelsäureherstellung eingesetzt oder zu reinem Elementarschwefel umgewandelt werden.

> Die Rauchgasentschwefelung im Regenerativ-Verfahren liefert reines Schwefeldioxid SO_2.

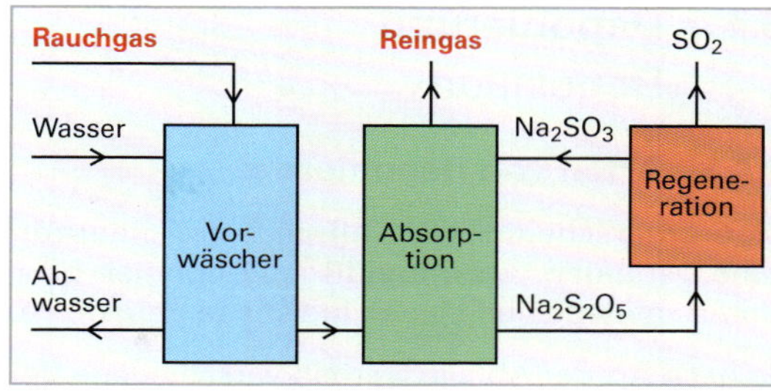

Bild 1: Entschwefelung von Rauchgas im Regenerativ-Verfahren

Bild 2: Wabenkörper von SCR-Katalysatoren

9.3.10 Entstickung von Rauchgasen

Das Prinzip des SCR-Verfahrens beruht auf der selektiven katalytischen Reduktion (SCR = selective catalytic reduction) von den Stickoxiden NO und NO_2, beide als NO_x bezeichnet, durch Ammoniak zu Stickstoff und Wasserdampf. Um die Reaktion vollständig ablaufen zu lassen, ist eine Temperatur von 300 °C bis 330 °C notwendig. Eventuell abgekühlte Rauchgase werden oft mit Abwärme aus benachbarten Anlagen auf die entsprechende Temperatur geheizt.

Als **Katalysatoren** werden rechteckige, aus keramischen Materialien gebaute Wabenkörper eingesetzt **(Bild 2)**. Diese enthalten an der Oberfläche katalytisch wirkende Metalloxide (Vanadiumpentoxid, Wolframoxid, Titanoxid). Hier findet die Reaktion von NO_x mit Ammoniak zu Stickstoff und Wasser statt.

$6\,NO + 4\,NH_3 \rightarrow 5\,N_2 + 6\,H_2O$

$6\,NO_2 + 8\,NH_3 \rightarrow 7\,N_2 + 12\,H_2O$

> Das SCR-Verfahren befreit Abgase zu mehr als 90 % von schädlichen Stickoxiden.

9.4 Deponierung
Deposition

9.4.1 Arten von Deponien

Man unterscheidet oberirdische und unterirdische Deponien. Als unteridische Deponien bzw. Untertagedeponien dienen meist alte Bergwerke.

Je nach Art der Abfälle werden verschiedene Deponien betrieben oder die Abfälle in einer Deponie an unterschiedlichen Orten gelagert. Vorbehandelte Siedlungsabfälle oder Gewerbeabfälle dürfen nicht mit Sonderabfällen zusammen deponiert werden **(Bild 1)**. Die zu deponierenden Abfälle bestehen meist aus vorbehandeltem Restmüll, insbesondere thermisch behandeltem Abfall. Dabei sind die verwertbaren Stoffe aussortiert.

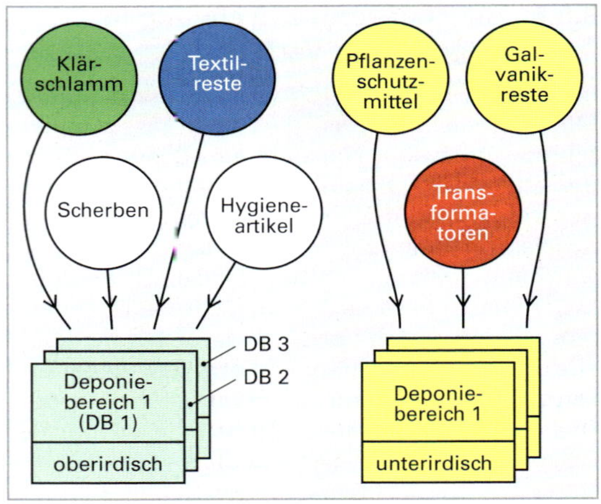

Bild 1: Abfalleinlagerungen (meist vorbehandelt) in unterschiedliche Deponiebereiche bzw. Deponien (Beispiele)

9.4.2 Oberirdische Deponie

Standortfestlegung. Die Vorschriften der TA Abfall und TA Siedlungsabfall sind zu beachten. Daher sind insbesondere die Gebietsart, die Gebietsverhältnisse, der Untergrund sowie die Lage zum Grundwasser zu beachten.

Oberirdische Deponien dürfen nicht in Karstgebieten (wasserwegsamer Untergrund), Trinkwasserschutzgebieten, Überschwemmungsgebieten oder erdbebengefährdeten Gebieten betrieben werden. Schutzabstände zu Siedlungen sind einzuhalten.

Der Untergrund der Deponie muss ein natürlicher Untergrund mit einer Mindestmächtigkeit von 3 m sein sowie ein hohes Adsorptionsvermögen besitzen. Dies ist z. B. bei tonmineralhaltigem Untergrund sichergestellt.

Man unterscheidet fünf **Deponieklassen (DK)**:

- Deponieklasse 0 ist für inerte und unbelastete Abfälle, z. B Bodenaushub, vorgesehen,
- Deponieklasse 1 für schadstoffarme und mineralisierte Abfälle mit geringem organischen Anteil **(Tabelle 1)**,
- Deponieklasse 2 für höherwertig belastete Abfälle (Tabelle 1),
- Deponierklasse 3 für gefährliche Abfälle,
- Deponierklasse 4 für gefährliche Abfälle in Untertagedeponien im Salzgestein.

Abfälle dürfen heute in Deutschland nur noch deponiert werden, wenn sie nicht mehr verwertbar und für die Deponieklassen geeignet vorbehandelt sind. Die Zuordnung der Abfälle zu den Deponieklassen erfolgt anhand von Kriterien wie z. B.

- Festigkeit,
- organischer Anteil des Trockenrückstandes der Originalsubstanz,
- der extrahierbaren lipophilen (in Fett löslichen) Stoffe aus der Originalsubstanz und
- der Eluat-Inhaltsstoffe (aus festem Stoff herausgelöste Gase oder Stoffe, Tabelle 1).

Tabelle 1: Zuordnungskriterien für Deponien

Kriterium	DK 1	DK 2
Festigkeit		
Scherfestigkeit	> 25 kN/m²	> 25 kN/m²
Axiale Verformung	< 20 %	< 20 %
Einaxiale Druckfestigkeit	> 50 kN/m²	> 50 kN/m²
Organischer Massenanteil im Trockenrückstand		
bestimmt als Glühverlust	< 3 %	< 5 %
bestimmt als TOC	< 1 %	< 3 %
Extrahierbare lipophile Stoffe	< 0,4 %	< 0,8 %
Eluatwerte (Lösungswerte)		
pH-Wert	5,5 bis 13,0	5,5 bis 13,0
Leitfähigkeit	< 10 mS/cm	< 50 mS/cm
Phenole	< 0,2 mg/L	< 50 mg/L
Arsen	< 0,2 mg/L	< 0,5 mg/L
Blei	< 0,2 mg/L	< 1 mg/L
Cadmium	< 0,05 mg/L	< 0,1 mg/L
Quecksilber	< 0,005 mg/L	< 0,02 mg/L
Zink	< 2 mg/L	< 5 mg/L
Fluorid	< 5 mg/L	< 25 mg/L
Cyanide	< 0,1 mg/L	< 0,5 mg/L

Verdichtungsdeponie. Sie ist die am häufigsten anzutreffende oberirdische Deponieart. Die Abfallschichten betragen z. B. 2 m. Die Verdichtung auf 1 t/m³ erfolgt durch mehrmaliges Überfahren mit einem Fahrzeug. Anschließend wird die Abfallschicht mit einer Kunststoff-Folie überdeckt. Auf der Kunststoff-Folie wird dann die nächste Abfallschicht gelagert, verdichtet und wieder mit einer Kunststoff-Folie überdeckt. Auf diesen Folien kann entstehendes Sickerwasser abfließen und schließlich gesammelt werden. Eine Verdichtungsdeponie kann z. B. insgsamt 50 m hoch sein.

Die Deponie muss im Ablagerungsbereich mit einem **Deponiebasis-Abdichtungssystem** ausgestattet sein **(Bild 1)**. Das Deponieplanum (lat. planum = Fläche) muss nach dem Setzen des Untergrundes mindestens 1 m über der höchsten zu erwartenden Grundwasseroberfläche liegen. Das Deponiebasis-Abdichtungssystem besteht aus einer mineralischen Dichtungsschicht mit aufliegender Kunststoff-Dichtungsbahn. Die Anlage muss so gestaltet sein, dass nach Abklingen der Setzungen des Dichtungsauflagers ein Quergefälle von mindestens 3 % und ein Längsgefälle von mindestens 1 % besteht.

Die **Sickerrohre** müssen spülbar sein, sodass Verstopfungen vermieden bzw. behoben werden können. Ferner müssen sie mit Sonden beobachtbar sein. Hierzu existiert ein mehrere hundert Meter langer begehbarer Tunnel an der tiefst gelegenen Stelle der Deponie, in dem die Sickerwasser-Rohre zusammenlaufen **(Bild 2)**.

> Beim Aufbau einer Deponieanlage müssen zum Abfließen des Sickerwassers Gefälle vorgesehen werden.

Das **Deponieoberflächen-Abdichtungssystem** besteht aus mehreren Schichten **(Bild 3)**. Nach Auffüllen eines Deponieabschnitts muss eine Gasdrainschicht aufgebaut werden, sofern das Gas in der Ausgleichsschicht aus nicht bindigem Material gefasst und abgeleitet werden kann. Die Rekultivierungsschicht besteht aus mindestens 1 m dickem, bepflanzbarem Boden. Die Kunststoff-Dichtungsbahn hat eine Dicke von $d \geq 2{,}5$ mm und darf von später zu pflanzenden Bäumen oder Büschen nicht beschädigt werden.

Die Deponien der Klassen DK 1 und DK 2 unterscheiden sich dadurch, dass bei DK 1 die mineralische Dichtungsschicht dünner ist und ihr keine Kunststoff-Dichtungsbahn aufliegt. Ferner ist der organische Massenanteil geringer.

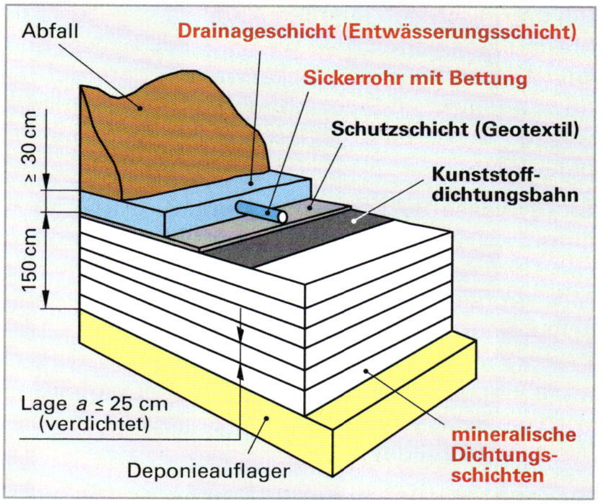

Bild 1: Deponiebasis-Abdichtungssystem

Bild 2 : Tunnel einer Deponie zur Sickerwasser-Rohrkontrolle

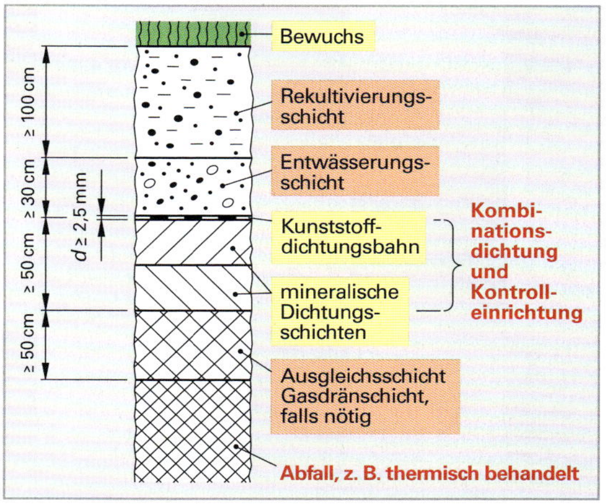

Bild 3: Deponieoberflächen-Abdichtungssystem

Bei thermisch behandelten Abfällen, z. B. aus Verbrennungsanlagen, fällt wenig Sickerwasser und kein Deponiegas an. Sickerwasser entsteht jedoch auch durch Eindringen von Niederschlagswasser und Fremdzuflüssen in den Deponiekörper.

Sickerwasserzusammensetzung. Sie hängt vom eingelagerten Material ab. In der Phase der sauren *Gärung* werden durch Bakterien organische Makromoleküle zu CO_2, H_2 und niederen organischen Säuren, z. B. Essigsäure, abgebaut. Der pH-Wert kann bis auf 4 absinken. Diese Phase dauert etwa vier Jahre. In der Phase der Methangärung wird die Essigsäure zu Methan abgebaut. Der pH-Wert steigt wieder an.

Sickerwasserbehandlung. Durchschnittlich fallen täglich in einer Verdichtungsdeponie mit nicht vorbehandelten Abfällen etwa 5 m^3/ha Sickerwasser an. Wegen schwer abbaubarer anorganischer Problemstoffe und wegen der Ammoniumionen im Sickerwasser ist eine Einleitung ohne vorherige Reinigung in die Kläranlagen nicht erlaubt.

> Nur gereinigtes Sickerwasser darf in Kläranlagen eingeleitet werden.

Die Verfahren nach Tabelle 1 finden Anwendung bei der Behandlung von unverdünntem, biologisch vorbehandeltem Sickerwasser.

Bei der *thermischen Eindampfung* wird Wasser entzogen. Die zurückbleibenden Konzentrate sind weiterzubehandeln und schließlich als Sondermüll zu deponieren. Ähnlich verhält es sich bei der *Abwasserverbrennung*. Nach dem Wasserentzug im Konzentrat werden die organischen Bestandteile verbrannt. Die Reduzierung gelöster organischer Verbindungen kann durch Einsatz von Aktivkohle erreicht werden. Bei der *Umkehrosmose* wird über eine sehr feinporige, nur wasserdurchlässige Membran das verunreinigte Wasser von seinen Inhaltsstoffen mit äußerem Druck getrennt. Mit dem Verfahren *Fällung–Flockung* werden mit meist drei-wertigen Eisensalzen organische Stoffe, Ammoniumionen und

Tabelle 1: Sickerwasserbehandlungsverfahren

Verfahren	Geeignete Stoffgruppen	Ungeeignete Stoffgruppen	Folgeprodukte, Reststoffe	Verfahrenskombinationen, Bemerkungen
Eindampfung	fast alle	CKW, Ammoniumionen	Salze → Verwertung Abluft → Verbrennung	Umkehrosmose, Aktivkohlebehandlung, Verbrennung, biologische Behandlung
Verbrennung	fast alle	flüchtige Oxide, Cadmium-, Quecksilberverbindungen	Schlacke → Verwertung, Ablagerung Asche → Ablagerung	Eindampfung, mechanische Filtration
Umkehrosmose (Membranverfahren)	Wasser ohne Feststoffe, Lösungen	manche Säuren, Alkohole, Formaldehyd	Konzentrat → Behandlung Abluft → Behandlung	Eindampfung, Strippung, Aktivkohlebehandlung, biologische Behandlung, mechanische Filtration
Adsorption an Aktivkohle	organische Halogene, Phenole, Aromate, Pestizide, organ. Lösemittel	Salze, Metalle, Ammoniumionen	beladene Aktivkohle → Behandlung, Ablagerung	Umkehrosmose, Eindampfung, biologische Behandlung, mechanische Filtration
Biologische Behandlung	biologisch abbaubare Verbindungen	Stoffe, die auf Mikroorganismen toxisch wirken	Schlamm → thermische Behandlung, Ablagerung	Flockung, Fällung, Aktivkohlebehandlung, Umkehrosmose, mechanische Filtration
Mechanische Filtration	Schwebstoffe	fast keine	Filterrückstände → Behandlung, Ablagerung	Flockung, Fällung, Aktivkohlebehandlung, biologische Behandlung
Flockung, Fällung	Schwermetalle	Komplexbildner enthaltendes Wasser	Schlamm → Behandlung, Ablagerung	Zur Vorbehandlung und Nachbehandlung
Strippung (Austreiben durch Wasserdampf)	flüchtige KW, halogenhaltige KW, Schwefelwasserstoff, Ammoniak	größerer Schlamm- oder Feststoffgehalt	Reststoffe → thermische Behandlung	Zur Vorbehandlung und Nachbehandlung

Halogenkohlenwasserstoffe von Schwermetallen getrennt. Die *Strippung* (von engl. to strip = abstreifen, hier Einleitung von überhitztem Wasserdampf) dient zum Austreiben flüchtiger Stoffe aus wässrigen Lösungen, z.B. von Ammoniak, das sich in Wasser im Gleichgewicht mit Ammoniumionen befindet.

Deponiegas. Die Gasbildung hängt vom Anteil der eingelagerten abbaubaren organischen Substanzen ab. Wird Klärschlamm mitdeponiert, entsteht mehr Gas. Die Zusammensetzung des Deponiegases verändert sich im Laufe der Zeit **(Bild 1)**. Die Gasentwicklung durchläuft vier Phasen.

In der ersten Phase findet eine aerobe (griech. aer = Luft) Oxidation durch den eingelagerten Sauerstoff statt. Nach etwa zwei Wochen gibt es nur noch anaerobe (griech. an = un-, nicht-) Prozesse. Durch den Sauerstoffverbrauch entsteht CO_2. Dadurch wird auch der Stickstoff etwas verdrängt. In der Phase der **sauren Gärung**, die etwa vier Jahre dauert, werden außerdem Essigsäure, andere organische Säuren, Alkohole und Wasserstoff gebildet. In der instabilen **Methangärungsphase** mit einer Dauer von etwa zwei Jahren entsteht Methan. Dieses brennbare Gas kann allerdings erst in der stabilen Methangärungsphase wirtschaftlich verwertet werden. Vorher ist die Gaszusammensetzung nicht konstant.

> Erst nach sechs Jahren kann das bei einer Deponie entstehende Methan wirtschaftlich genutzt werden.

Entgasung. Die Entgasungsanlage einer Deponie **(Bild 2, Seite 447)** muss spätestens sechs Monate nach Ablagerungsbeginn betriebsbereit sein. Eine gezielte Entgasung ist notwendig, um Personen und Gebäude vor Explosionen zu schützen. Ferner ist die Geruchsbelästigung dadurch deutlich geringer. Die Schaffung methanfreier Bereiche fördert zusätzlich die Rekultivierung der Deponie.

Die meist eingesetzten Entgasungssysteme besitzen einen Entgasungsschacht mit etwa 1,5 m Durchmesser **(Bild 2)**. Der Schacht sitzt z.B. auf der Deponiesohle auf und wird entsprechend dem Deponiefortschritt auf immer 2 m über die jeweilige Deponieoberfläche erhöht. Im Schacht befindet sich ein gelochtes Gasableitungsrohr, umgeben von Schotter oder Grobkies. Ein Entgasungsschacht besitzt einen wirksamen Radius von etwa 40 m. Anstelle von Betonschachtringen werden oft auch Stahl-Mantelrohre eingesetzt, die nach der Verfüllung mit Schotter wieder entfernt werden.

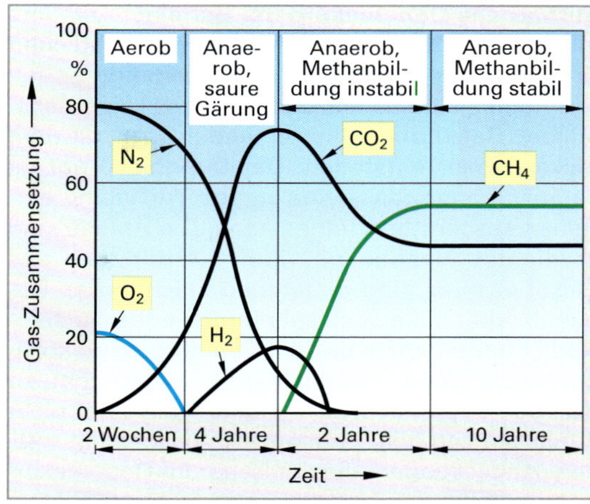

Bild 1: Veränderung der Deponiegaszusammensetzung

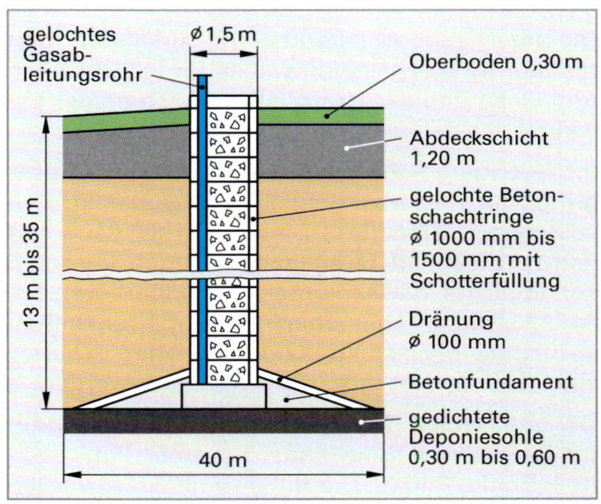

Bild 2: Entgasungsschacht

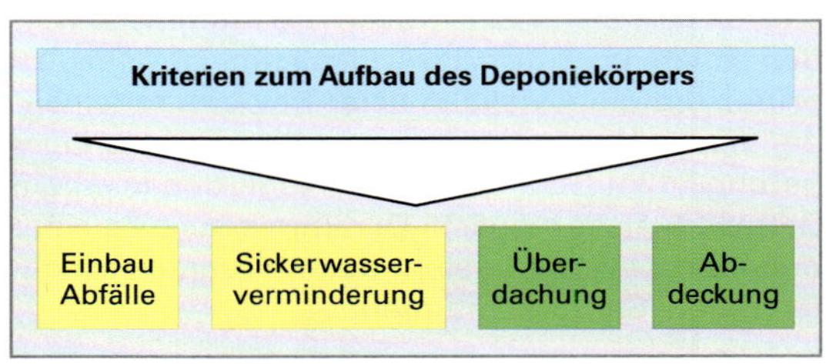

Bild 3: Zu treffende Vorkehrungen beim Aufbau des Deponiekörpers

Aufbau des Deponiekörpers. Bei einer Deponie muss der Aufbau anhand von vier wesentlichen Kriterien erfolgen **(Bild 3, vorhergehende Seite)**. Die Abfälle sind so einzubauen, dass keine nachteiligen Reaktionen untereinander oder mit dem Sickerwasser entstehen. Der Deponiekörper ist so aufzubauen, dass eine zügige Verfüllung einzelner Abschnitte erfolgen kann. Die Abfälle sind verdichtet einzubauen. Zum Vermindern des Sickerwassers sind diejenigen Flächen des Deponiekörpers, die noch kein Deponieoberflächen-Abdichtungssystem besitzen, entsprechend abzudecken. Werden Überdachungen angebracht, so darf das Deponiebasis-Abdichtungssystem nicht durch Stützen oder Fundamente beschädigt werden. Abdeckungen, die auf Dauer im Deponiekörper verbleiben, müssen eine kontrollierte Sickerwasserableitung und Gaserfassung sicherstellen.

9.4.3 Unterirdische Deponie

Die untertägige Ablagerung von Abfällen erfolgt fast nur im Salzgestein, weil es für Flüssigkeiten und Gase undurchlässig ist und sich selbst abdichtet. Rissbildungen werden vermieden.

Insbesondere Sondermüll, der hochtoxisch (hochgiftig), nicht fixierbar oder nicht abbaubar ist, wird so deponiert **(Tabelle 1)**. Dieser Müll soll dauerhaft von der Biosphäre ferngehalten werden, vor allem soll jeglicher Wasserkontakt verhindert werden. Abfälle, die Erreger übertragbarer Krankheiten enthalten, die selbstentzündlich oder explosiv sind, dürfen nicht untertägig deponiert werden.

Die untertägige Deponierung erfolgt in geeigneten Bergwerken **(Bild 1)** oder Kavernen (lat. caverna = Höhle, **Bild 2**). Die Hohlräume der Kavernen sind in etwa 1000 m Tiefe mit einem Fassungsvermögen von bis zu 250 000 m^3 angelegt. Ob sich die Abfälle, die in eine Kaverne eingebracht werden sollen, untereinander vertragen, ist genau zu prüfen, da die Abfälle in einer Kaverne miteinander vermischt sind. Eine kontrollierte Getrenntlagerung ist im Gegensatz zur Ablagerung in einem Bergwerk nicht möglich. Der Endverschluss einer befüllten Kaverne besteht aus mehreren Schichten Beton, Salz und Bitumen.

Eine Kaverne stellt man im Prinzip durch Spülen mit Wasser her. Das Wasser löst das Salz im Gestein, die Salzlösung wird dann wieder an die Erdoberfläche gepumpt.

> In Kavernen sind die Abfälle miteinander vermischt.

Tabelle 1: Stoffe für untertägige Deponierung

Stoff	Herkunft
Nickel-Cadmium-Akkumulatoren	Herstellung, Handel
Batterien, quecksilberhaltig	Herstellung, Handel
Steinsalzrückstände	Erzeugung von Chlor
Phosphatabfälle (Natriumphosphat, Kaliumphosphat)	Herstellung von Waschmittel, Düngemittel
Imprägniersalzabfälle	Holzimprägnierung
Salzbadabfälle	Wärmebäder
Bleisalze	Metallgewinnung
Natriumbromid	fotochemische Materialien
Bariumsalze	Herstellung von keramischen Erzeugnissen, Glas, Textilien
Magnesiumchlorid	Metallgewinnung, Baustofferzeugung
Arsenverbindungen	Chemische Industrie, Glas-, Keramikindustrie
Eisenchlorid	Beizerei, Ätzerei
Quecksilber	Quecksilberdampflampen
Farbstoffe	Farbstoffreste
Filterrückstände	Abwasserreinigung

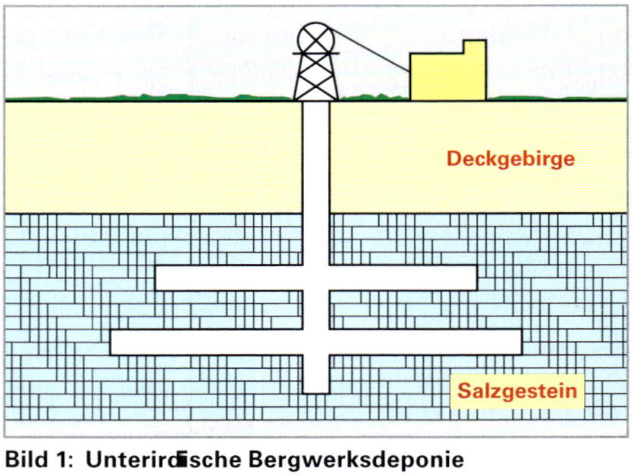

Bild 1: Unterirdische Bergwerksdeponie

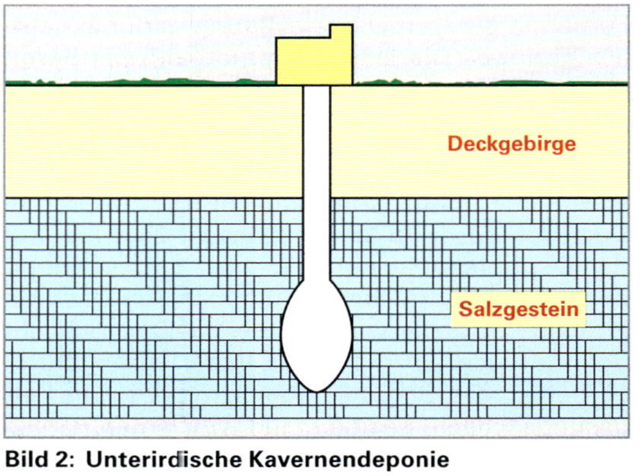

Bild 2: Unterirdische Kavernendeponie

Abfälle, die in Bergwerken gelagert sind, müssen einbetoniert sein oder sich in Stahlblechfässern befinden. Die Lagerung im Bergwerk erfolgt nach Stoffgruppen getrennt. Die Einlagerungsräume sind mit Ziegelmauern bzw. Betonmauern umgeben.

9.4.4 Deponiebetrieb

Zum Betreiben einer oberirdischen Deponie sind gesetzliche Vorgaben zu erfüllen **(Bild 1)**. Im Betriebsplan sind alle wesentlichen Regelungen zum Aufbau des Deponiekörpers, zur Fassung und Ableitung von Sickerwasser und Deponiegas sowie Art und Umfang der Eigenkontrolle festgehalten. Über den Aufbau jedes Deponieabschnitts ist ein Abfallkataster anzulegen, d.h., ein Deponieabschnitt wird in Raster zu 1000 m^2 Grundfläche und Höhenabschnitte zu 2 m eingeteilt. Im **Abfallkataster** sind die Abfallarten, Abfallmengen, Orte der Ablagerungen, Schichtdicken und Zeitpunkte der Ablagerungen zu dokumentieren.

Bis spätestens sechs Monate nach Verfüllung eines Deponieabschnitts muss ein **Bestandsplan** erstellt sein, in dem der Deponieabschnitt und das Deponiebasis-Abdichtungssystem beschrieben sind.

Das Betreiben einer Deponie verlangt eine Dokumentation der Betriebsvorgänge **(Bild 2)**. Hierbei handelt es sich u.a. um das Festhalten der Verantwortungen, der angelieferten Abfälle, der Arbeitsanweisungen, Wartungsanweisungen oder der Informationspflichten. Mit Messeinrichtungen müssen bei oberirdischen Deponien Grundwasser, Niederschlagsmenge, Verdunstung, Wind, Sickerwasser, dessen Qualität sowie Gasemissionen regelmäßig überwacht werden.

> Ein funktionierender Deponiebetrieb erfordert die Dokumentation von Abläufen und Maßnahmen.

Seit 2005 muss eine klare Trennung von Altdeponie und neuen Verfüllabschnitten erfolgen. Die neuen Abschnitte müssen eine eigene Sickerwassererfassung besitzen.

9.4.5 Abschluss der Deponie

Ist eine oberirdische Deponie oder ein Deponieabschnitt verfüllt und soll stillgelegt werden, so ist die Oberfläche je nach Deponieart entsprechend abzuschließen. Auch danach sind von Zeit zu Zeit noch Messungen durchzuführen.

Die Schlussabnahme erfolgt durch die zuständige Behörde anhand der geführten **Dokumentationen** des Betreibers und dem Überprüfen der Funktionstüchtigkeit des Deponieabdichtungssystems und der Messeinrichtungen. Der Deponiebetreiber ist so lange in der Nachsorgepflicht, bis die zuständige Behörde ihn von dieser entbindet.

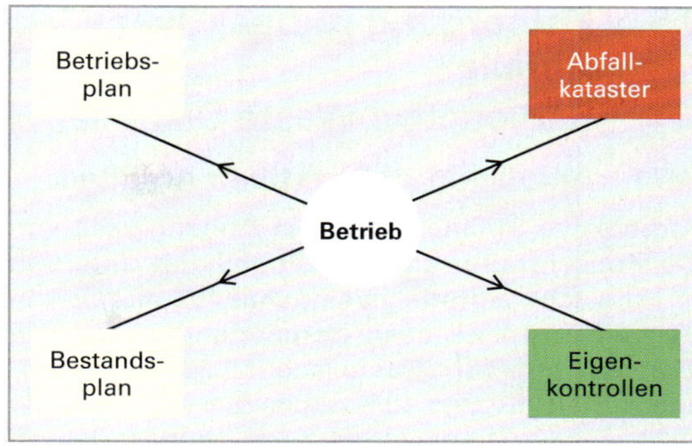

Bild 1: Voraussetzungen zum Betrieb einer Deponie

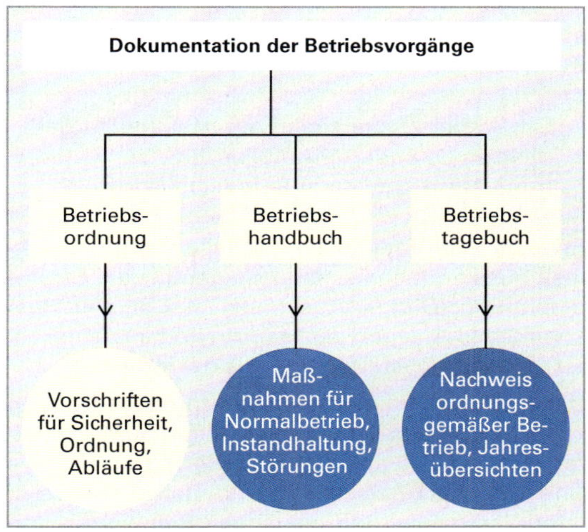

Bild 2: Erforderliche Dokumentationen für einen Deponiebetrieb

Wiederholung und Vertiefung

1. **Warum muss bei Verdichtungsdeponien auf Quergefälle und Längsgefälle geachtet werden?**
2. **Warum müssen Sickerrohre spülbar sein?**
3. **Aus welchem Grund dürfen beim Bepflanzen der Rekultivierungsschicht einer Deponieanlage keine tief wurzelnden Bäume verwendet werden?**
4. **Was versteht man unter der Phase der sauren Gärung?**
5. **Welche Nachteile entstehen bei einer Einleitung von Sickerwasser in kommunale Kläranlagen?**
6. **Wodurch unterscheidet sich die untertägige Deponierung in einem Bergwerk von der in einer Kaverne?**

9.5 Entsorgung radioaktiver Abfälle
Radioactive Waste Disposal

9.5.1 Anfall von radioaktiven Abfällen

Radioaktive Abfälle werden in Abhängigkeit von der Konzentration ihrer Radioaktivität unterteilt in schwach-, mittel- und hochaktive Abfälle. In Deutschland sind nach Berechnungen des BfS (Bundesamtes für Strahlenschutz) 90 % schwach- und mittelaktiv und 10 % hochaktiv. Bis zum Jahr 2023 sind in Deutschland nach über 60 Jahren Atomkraftwerksbetrieb an hochaktiven Abfällen etwa 27 000 Kubikmeter angefallen. Dies entspricht einem überschaubaren Würfel von 30 m Kantenlänge.

Der Anfall von hochaktiven Abfällen ist gemessen an anderen Abfällen, z. B. der Erdölproduktion, mengenmäßig nicht hoch.

Etwa 55 % der radioaktiven Abfälle stammen weltweit aus kerntechnischen Anlagen für die Stromerzeugung **(Bild 1,** Abschnitt 7.4.2.4). Der Rest kommt aus Anlagen der Medizin und aus Kliniken, aus Forschungsstätten und aus der Industrie.

Die meisten radioaktiven Spaltprodukte haben kurze Halbwertszeiten, sodass ihre Radioaktivität in kurzer Zeit abklingt **(Tabelle 1)**. Dabei ist die Strahlung bei kurzen Halbwertszeiten energiereich (stark radioaktiv) und bei langen Halbwertszeiten wenig energiereich (schwach radioaktiv).

Radioaktive Abfälle ändern im Laufe der Zeit ihre Zusammensetzung, wobei die Radioaktivität abnimmt.

Das hat zur Folge, dass radioaktive Abfälle zeitlich nacheinander unterschiedlich gelagert und entsorgt werden **(Bild 2)**.

9.5.2 Entsorgungskonzept radioaktiver Abfälle

Der Umgang mit radioaktiven Stoffen muss in Übereinstimmung mit der Strahlenschutzverordnung erfolgen. Für Kernkraftwerke gilt (Bild 2):

- Lagerung der ausgedienten Brennelemente im Abklingbecken der Reaktoren, Zurückhaltung gasförmiger Spaltprodukte bis zur gefahrlosen Abgabe an die Umgebungsluft, Reinigung flüssiger radioaktiver Abfälle und Rückführung in den Reaktor oder gefahrlose Abgabe in ein Gewässer.

Tabelle 1: Halbwertszeiten von Spaltprodukten eines Reaktors

Spaltprodukt	Halbwertszeit
Xenon 144	1 Sekunde
Molybdän 99	3 Tage
Jod 131	8 Tage
Xenon 131	12 Tage
Zirkon 95	2 Monate
Strontium 90	28 Jahre
Cäsium 137	30 Jahre
Plutonium 239	24 000 Jahre

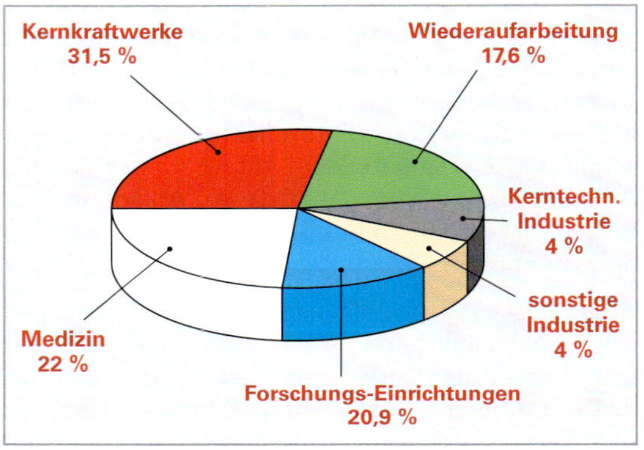

Bild 1: Ursprung weltweiter radioaktiver Abfälle

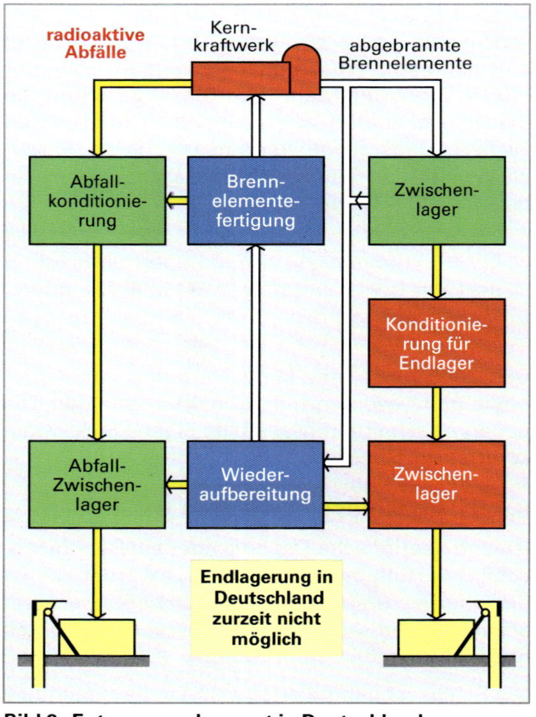

Bild 2: Entsorgungskonzept in Deutschland

- Lagerung in einem Zwischenlager, bis eine weitere Behandlung möglich ist.
- Abfallbehandlung und gegebenenfalls Abfallzwischenlagerung.
- Wiederaufarbeitung der Brennelemente zur Verwertung rückgewinnbarer Kernbrennstoffe (in Deutschland zzt. noch nicht möglich).
- Lang dauernde Zwischenlagerung der bei der Wiederaufbereitung anfallenden Abfälle.
- Endlagerung der entstandenen radioaktiven Abfälle und der radioaktiven Abfälle aus Medizin, Industrie und Forschung (in Deutschland zzt. nicht möglich).

Wenn die Wiederaufarbeitung der abgebrannten Brennelemente nicht möglich ist, so soll nach einer längeren Zwischenlagerung deren Endlagerung erfolgen.

> Bei der Lagerung radioaktiver Abfälle sind Zwischenlager und Endlager zu unterscheiden.

Bei jedem dieser Lager unterscheidet sich die Art der Lagerung bei den schwach und mittel aktiven Abfällen von denen der stark aktiven.

9.5.3 Zwischenlagerung

Kurzlebige radioaktive Abfälle

Den größten Anteil des Abfallvolumens bilden die kurzlebigen schwach radioaktiven Abfälle, z.B. getragene Schutzanzüge, Papier oder abgenutzte Werkzeuge. Das Volumen dieser Abfälle wird durch Verbrennen auf ein Sechzigstel reduziert. Die radioaktive Asche wird in Stahlfässer gefüllt und mit Zement, Bitumen oder Kunststoff verfestigt. Die kurzlebigen mittel aktiven Abfälle, z.B. Rückstände aus dem Reinigungssystem des Reaktors oder Metallteile von Reparaturarbeiten, werden ebenfalls in Fässer gefüllt und dort verfestigt. Diese Fässer lagern dann in einem Zwischenlager lange Zeit. Dort sorgt eine natürliche Belüftung für die Abfuhr der entstehenden Wärme, die bei schwach aktiven und mittel aktiven Abfällen nur klein ist **(Bild 1)**.

Langlebige mittel aktive und stark radioaktive Abfälle

Mehr als 99% der Radioaktivität eines Kernkraftwerks entfallen auf die Brennelemente. Die verbrauchten Brennelemente lagern im Kraftwerk mindestens sechs Monate im wassergefüllten Brennstoff-Lagerbecken zum Abklingen der Radioaktivität und zur Abgabe der dabei entstehenden Wärme. In den europäischen Ländern außer Deutschland werden die radioaktiven Abfälle zur Aufarbeitung nach Frankreich, Russland oder England gebracht. Der bei der Aufarbeitung anfallende Abfall ist zum kleineren Teil hochaktiv. Dieser hochaktive Abfall wird mit Glas verschmolzen und in Stahlkokillen gefüllt. Diese *Glaskokillen* werden in einem dickwandigen Behälter nach **Bild 2** gestapelt und so einem Zwischenlager zugeführt. Dort werden die Behälter an das *Behälter-Überwachungssystem* angeschlossen und bei Bedarf gekühlt.

Da Deutschland zzt. aus politischen Gründen auf die Aufarbeitung von Brennelementen verzichtet, werden hier die verbrauchten Brennelemente selber in geeigneten Lagerbehältern in ein Zwischenlager gebracht.

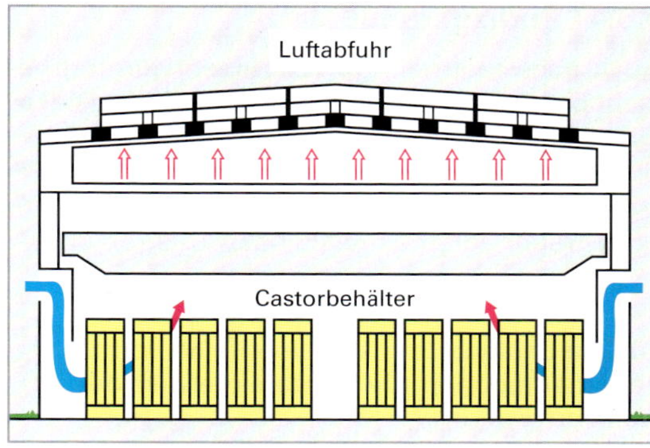

Bild 1: Aufbau eines Zwischenlagers

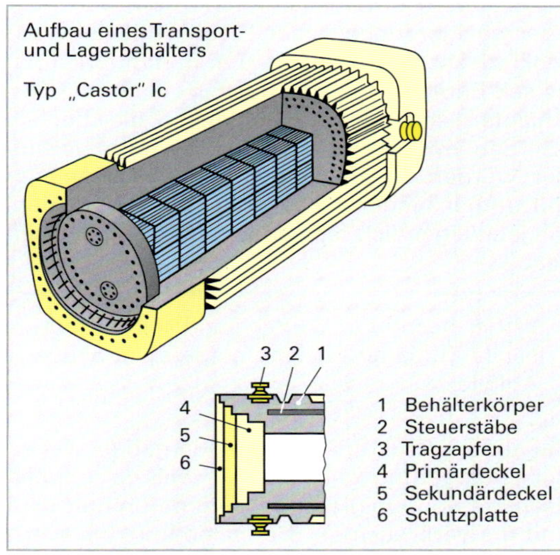

Bild 2: Transport- und Lagerbehälter Castor

9.5.4 Endlagerung

Auch nach mehrjähriger Zwischenlagerung besteht bei den radioaktiven Abfällen die Radioaktivität weiter, wenn auch schwächer als vorher.

> Die Endlagerung muss einen sehr langen Zeitraum von mehr als tausend Jahren umfassen.

Für die Endlagerung soll eine Reihe von Sicherheitsmaßnahmen die Kontaminierung der Umwelt verhindern.

Hier muss nun zwischen verschiedenen Arten von Ländern unterschieden werden. Bei mehr oder weniger freiheitlichen Staaten mit vielen demokratischen Politikern in den Parlamenten hat es seit Entstehen dieses Buches (1995) mehrere Anläufe zu einem Endlager gegeben, die aber alle von den jeweiligen politischen Gegnern verhindert wurden. So sind immer mehr Zwischenlager mit immer längerer Betriebsdauer entstanden, die jetzt eigentlich die geplanten Endlager ersetzen.

> Bisher besteht in Deutschland kein ordentliches Endlager für langlebige stark aktive Abfälle.

Bei anders strukturierten Staaten gab es wegen der Endlagerung keinen Streit, weil da optimistisch die Kontaminierung wenig gefürchtet wird und die verbrauchten Brennelemente als Wertstoffe angesehen werden. Sie werden dann aufgearbeitet und als Quelle von spaltbarem Material, z.B. Plutonium, für Brennelemente oder andere Zwecke angesehen. Die danach übrig bleibenden Abfälle werden dann meist unterirdisch abgelegt.

Kurzlebige schwachradioaktive und mittelradioaktive Abfälle werden in Fässern in Holräumen gelagert, z.B. in ehemaligen Bergwerken.

Langlebige mittelradioaktive Abfälle erfordern eine erhöhte Dauerfestigkeit der Lager. Die im Zwischenlager verwendeten Stahlfässer werden in geeignete geologische Formationen gebracht und dort in Zement eingebettet.

Langlebige starkradioaktive Abfälle, z.B. nicht aufgearbeitete Brennelemente, bringen für die Endlagerung wegen deren langer Abklingzeit die meisten Probleme. Ergänzend zu den schon genannten Maßnahmen muss das Eindringen von Wasser verhindert werden, z.B. durch Einbetten in Ton. Ein weiterer Schutz soll durch mehrere hundert Meter wasserdichten Granit oder durch Salz erfolgen **(Bild 1)**.

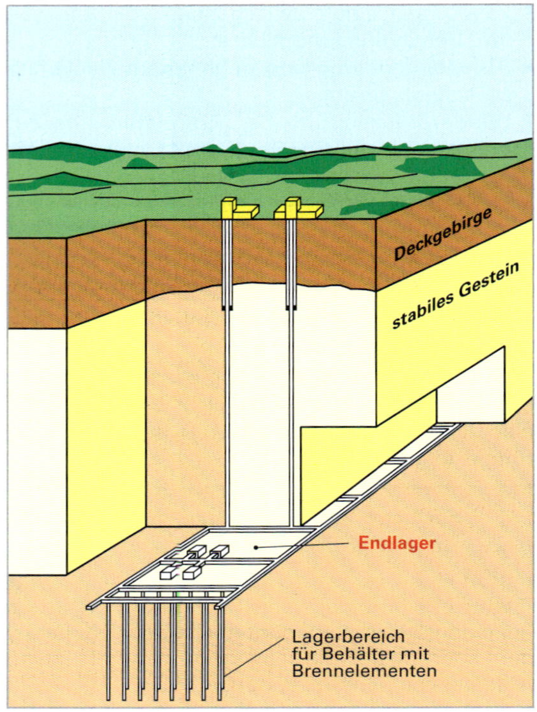

Bild 1: Aufbau eines Endlagers für langlebige stark radioaktive Abfälle

> Langlebige starkradioaktive Abfälle erfordern nach dem Standortauswahlgesetz StandAG eine sichere Lagerung über 1000000 Jahre.

Wiederholung und Vertiefung

1. **Warum ändert sich bei radioaktiven Abfällen im Laufe der Jahre die Zusammensetzung?**
2. **Warum sind radioaktive Abfälle unterschiedlich zu lagern?**
3. **Welche Eigenschaften haben die meisten radioaktiven Abfälle?**
4. **Welche Arten von radioaktiven Abfällen unterscheidet man bei der Zwischenlagerung?**
5. **Welcher spaltbare Stoff fällt bei der Wiederaufarbeitung von Brennelementen an?**

9.6 Luftreinhaltung
Air Cleaning

9.6.1 Herkunft der Emissionen

Täglich benötigt jeder Erwachsene mindestens 10000 Liter Luft. Luftbelastungen durch Emissionen werden verursacht durch:

- direkt anthropogene (vom Menschen vorgenommene) Tätigkeiten, z. B. häusliche, gewerbliche und industrielle Verbrennungsvorgänge sowie den Betrieb von Verbrennungsmotoren im Verkehr (siehe Abschnitt 6.1.3),
- indirekt anthropogene Tätigkeiten, z. B. Tierhaltung, Landwirtschaft, und
- nicht vom Menschen verursachte Ereignisse, z. B. Vulkanausbrüche, Staubstürme.

Die Schätzung der weltweiten Emissionen ermöglicht einen Überblick über die erforderlichen Maßnahmen zur Luftreinhaltung **(Tabelle 1)**. Die Luftverschmutzung kann auch Ursache für vorzeitige Todesfälle sein.

In Deutschland ist der Ausstoß der Luftschadstoffe Kohlenstoffmonoxid CO, Schwefeldioxid SO_2, Stickstoffoxide NO_x (Zusammenfassung aus NO und NO_2) und Staub durch geeignete Maßnahmen, vorrangig der Industrie, innerhalb der letzten 30 Jahre erheblich zurückgegangen **(Bild 1)**.

Allerdings sind sowohl die aus dem Straßenverkehr stammenden Partikelbelastungen durch **Feinstaub** (ein Gemisch aus Emissionen von Dieselfahrzeugen, Abrieb von Reifen und Bremsbelägen sowie Straßenstaub) als auch die **Stickstoffoxidbelastungen** in vielen Ballungsräumen zu einem Problem geworden, seit es genauere Erkenntnisse über deren Wirkungen auf die menschliche Gesundheit gibt. So gilt als sicher, dass sowohl Feinstaubpartikel, auch von Heizungsanlagen, als auch Stickstoffoxide Atemwegserkrankungen bewirken sowie zu Herz-Kreislauf-Erkrankungen führen können und vor allem Feinstaub auch Krebs verursachen kann **(Bild 2)**.

> Feinstaubpartikel und Stickoxide aus dem Straßenverkehr und anderen Verbrennungsanlagen belasten die Gesundheit besonders in Ballungsräumen.

Die Überwachung der Luftqualität in den Ballungsräumen und ländlichen Regionen ist Aufgabe der einzelnen Bundesländer und ist EU-weit einheitlich geregelt.

Tabelle 1: Geschätzte Emissionen im Jahr

Art	Emission in Millionen t	Hauptsächliche Ursache
Kohlenstoffdioxid	35 000	biologischer Abbau, Atmung, Verbrennung von Brennstoffen
Kohlenstoffmonoxid	3500	unvollständige Verbrennung von Brennstoffen
Kohlenwasserstoffe	1500 (mit Methan)	Nadelbäume, Kraftfahrzeuge, Lösemittelverdunstung, Sümpfe, Tiere
Stäube	50 000	Stürme, Verbrennung, Vulkane, Straßenverkehr
Schwefelverbindungen	500 (als SO_2 gerechnet)	Verbrennung von Kohle und Erdöl, Sümpfe, Vulkane, Tierhaltung
Stickstoffoxide	200 (als NO_2 gerechnet)	Verbrennung von Brennstoffen, Blitze, Abbau im Boden und im Ozean, Oxidation von Ammoniak
Ammoniak	100	biologischer Abbau im Boden, Tiere, Entsorgung

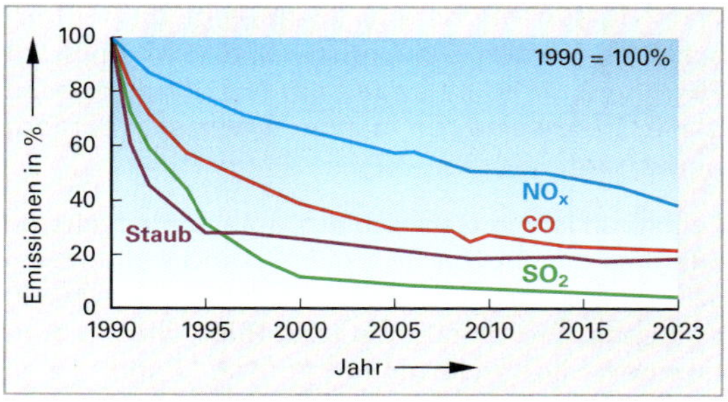

Bild 1: Emissionen von Luftschadstoffen seit 1990

Kurzzeitwirkungen von Feinstaub:
- Beeinträchtigung der Atemwege (Husten, Atemnot),
- Atemtraktveränderungen (verstärktes Asthma, Bronchitis).

Langzeitwirkungen von Feinstaub:
- Herz-Kreislauf-Erkrankungen,
- Störungen des Immunsystems,
- Krebserkrankungen.

Wirkungen von Stickstoffoxiden:
- Schleimhautreizungen,
- Atemwegserkrankungen.

Bild 2: Feinstaubwirkungen auf die Gesundheit

> Die gesetzliche Grundlage zur Bewertung der Luftqualität ist in der EU-Luftqualitätsrichtlinie 2008/50/EG mit Änderung 2015/1480/EG festgelegt.

Dazu erfassen in entsprechend belasteten Regionen und Straßenzügen *Luftmessstationen* kontinuierlich die unterschiedlichen Luftverunreinigungen **(Bild 1)**. Dies sind mindestens folgende partikel- und gasförmige Schadstoffe:

- Feinstaub (PM_{10}, $PM_{2,5}$),
- Stickstoffoxide (NO_x),
- Kohlenstoffmonoxid (CO),
- Ozon (O_3).

Fein- bzw. Schwebstaub wird international als Particulate Matter (PM) bezeichnet und nach Größenklassen eingeteilt **(Tabelle 1)**. Weil Feinstaubpartikel unterhalb der Größe PM_{10} in die Lungen eindringen, beziehen sich die Feinstaubmessungen in den Messstationen gesetzlich geregelt auf die messbaren Größen PM_{10} und $PM_{2,5}$.

Nach der Verordnung über Immissionswerte für Schadstoffe in der Luft (BImSchV) gilt als Grenzwert eine PM_{10}-Konzentration von 40 µg/m³ Luft als Jahresmittelwert. 50 µg/m³ als 24-Stundenwert dürfen höchstens 35-mal im Jahr überschritten werden. Der Grenzwert für $PM_{2,5}$ beträgt 25 µg/m³ Luft im Kalenderjahr. Allerdings werden diese Grenzwerte von manchen Wissenschaftlern hinterfragt.

Feinstaub ist ein Gemisch aus unterschiedlichsten chemischen Stoffen mit jeweils anderen chemischen/physikalischen Eigenschaften, z. B. Wasser, Kohlenstoffverbindungen (z. B. Ruß), Nitrate, Sulfate und Siliziumverbindungen (z.B. Sand). Er ist damit schwieriger zu messen als andere Luftverunreinigungen, z. B. Stickstoffoxide oder Ozon.

Meist erfolgt die messtechnisch anspruchsvolle **Feinstaubmessung** in den Luftmessstationen daher mit einem *optischen Feinstaubmessgerät,* das die Massenkonzentrationen von PM_{10} und $PM_{2,5}$ kontinuierlich gleichzeitig erfasst.

Im Messgerät beleuchtet ein Laserstrahl den durch die Messzelle gesaugten Luftstrom, der konstruktionsbedingt so fein ist, dass die darin befindlichen Staubpartikel den Laserstrahl nur einzeln passieren können **(Bild 2)**. Entsprechend der Partikelgröße kommt es jeweils zu einer geänderten Lichtstreuung, die von einem Detektor erfasst wird. Die Zahl der Streulichtimpulse entspricht dabei der Partikelzahl, während die Lichtimpulsintensität der Partikelgröße proportional ist. Aus beiden Messwerten und entsprechenden Korrelationsfaktoren lässt sich die gewünschte Partikelmassenkonzentration in µg/m³ Luft ermitteln.

Bild 1: Luftmessstation an einer befahrenen Straße

Tabelle 1: Feinstaub-Größenklassen

Größenklasse	Erklärung
$PM_{0,1}$	Partikelgröße max. 0,1 µm; kommt bis in die Lungenbläschen und in das Blut.
$PM_{2,5}$	Partikelgröße max. 2,5 µm; erreicht den Zentralbereich der Lunge.
PM_{10}	Partikelgröße max.10 µm; dringt bis in den oberen Bereich der Lunge vor.

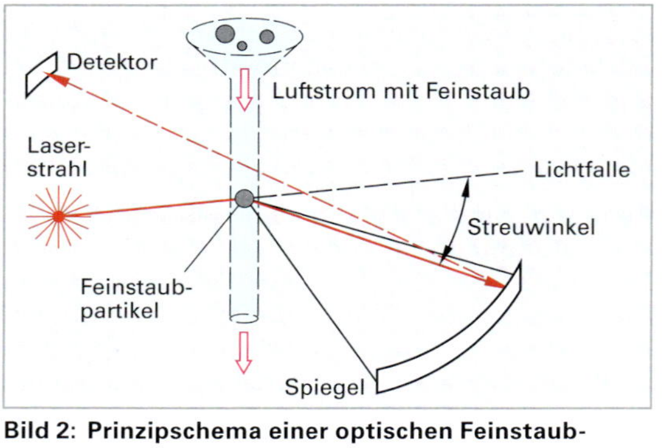

Bild 2: Prinzipschema einer optischen Feinstaubmessvorrichtung

Bild 3: Verkehrszeichen nach der Feinstaubverordnung

Da der Straßenverkehr etwa 40% des Feinstaubs verursacht, regelt die **Feinstaubverordnung** (Verordnung zur Kennzeichnung emissionsarmer Kraftfahrzeuge) die Einordnung von Kraftfahrzeugen in 4 Schadstoffgruppen mit entsprechenden Feinstaubplaketten.

Außerdem werden zur Reduzierung der Feinstaubbelastung **Umweltzonen** mit Verkehrsverboten in bestimmten Stadtbereichen eingerichtet. Da Dieselfahrzeuge mehr Feinstaub in Form von Kohlenstoffruß emittieren als andere Fahrzeuge, dürfen nur Fahrzeuge mit *Dieselpartikelfiltern* in Umweltzonen einfahren **(Bild 3, vorhergehende Seite)**.

> Zur Verringerung der Feinstaubbelastungen gibt es in belasteten Stadtbereichen Umweltzonen.

9.6.2 Abscheidung von Partikeln

Dieselpartikelfilter reduzieren den Partikelausstoß um bis zu 99%. Das Filtermaterial der serienmäßigen Wandstromfilter ist meist ein Keramikwerkstoff, dessen innere poröse Oberfläche mit einem teuren Edelmetallkatalysator aus Palladium, Platin oder Rhodium beschichtet ist **(Bild 1)**.

Der Filter besteht aus einseitig geschlossenen Längskanälen, die nebeneinander liegend entweder zum Motor hin offen sind oder zum Auspuff hin. Die Motorabgase strömen in die motorseitig offenen Kanäle, passieren die porösen Keramikkanalwände und verlassen den Filter über die benachbarten, zum Auspuff gerichteten Kanäle. Dabei lagern sich die Rußpartikel im Keramikkörper ab, während die gasförmigen Anteile ungehindert passieren.

> Dieselpartikelfilter reduzieren den Rußpartikelausstoß um bis zu 99%.

Ein Verstopfen des Filters verhindert die sogenannte *Regeneration.* Wenn Drucksensoren im Filter einen erhöhten Staudruck registrieren (je nach Fahrweise etwa alle 800 km bis 1200 km), veranlassen sie mit Hilfe des Edelmetallkatalysators das Verbrennen der Kohlenstoff-Rußpartikel C zu Kohlenstoffdioxid CO_2 mit Sauerstoff O_2 aus dem Abgas bei Abgastemperaturen von mindestens 500 °C, z.B. bei Fahrten auf der Autobahn:

$$C + O_2 \rightarrow CO_2$$

Im reinen Stadtverkehr reicht die Abgastemperatur zur Verbrennung bei der optimierten Einstellung der Einspritzpumpe nicht aus. Deren Einstellung wird dann durch die Motorsteuerung automatisch so verändert, dass auch eine niedrigere Temperatur für die Rußverbrennung ausreicht.

Die Staubabscheidung im industriellen Bereich folgt nach den im Abschnitt 9.3.8 beschriebenen Verfahren. Deren Wirkung hängt stark von der Korn- bzw. Partikelgröße des Staubes ab **(Bild 2)**. Filternde Abscheider und elektrostatische Abscheider erzielen den besten Abscheidegrad.

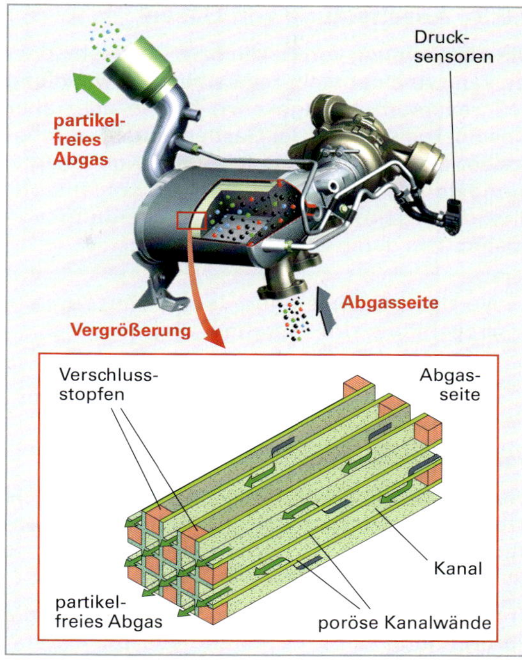

Bild 1: Dieselpartikelfilter

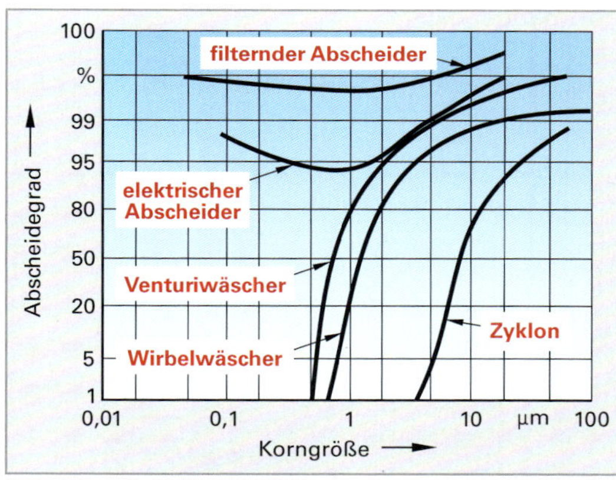

Bild 2: Wirkung von industriellen Staubabscheidern

9.6.3 Abscheidung von Gasen

Die Abscheidung von Gasen bzw. Gasbestandteilen kann zu einer nicht reversiblen Umwandlung (lat. reversum = umgekehrt) führen oder aber eine Rückgewinnung der Gasbestandteile ermöglichen. So wird Abscheidung von Kohlenstoffmonoxid durch Umwandlung zu Kohlenstoffdioxid vorgenommen und Abscheidung von Lösemitteln durch Kondensation.

> Wertlose Gasbestandteile werden durch irreversible Umwandlung abgeschieden, wertvolle dagegen durch spezielle Verfahren zurückgewonnen.

Verfahren zur irreversiblen Umwandlung

Die Abscheidung von Gasbestandteilen mittels irreversibler Umwandlung kann durch Verbrennung, chemische Absorption oder biologische Umwandlung erfolgen.

Thermische Nachverbrennung (TNV). Wenn die Verbrennung der Gasbestandteile ohne Katalysator erfolgt, liegt TNV vor. Dabei werden z. B. Kohlenwasserstoffe exotherm oxidiert bei Sauerstoffmangel nach

$$C_mH_n + \left(\frac{m}{2} + \frac{n}{4}\right) O_2 \rightarrow m\,CO + \frac{n}{2} H_2O + x\,kJ$$

bei Sauerstoffüberschuss nach

$$C_mH_n + \left(m + \frac{n}{4}\right) O_2 \rightarrow m\,CO + \frac{n}{2} H_2O + y\,kJ$$

Die Verbrennung erfolgt zunächst immer zu Kohlenstoffmonoxid CO. Dieses verbrennt danach zu Kohlenstoffdioxid, wenn die Temperatur genügend hoch ist bzw. die Verweildauer im Brennraum ausreicht. Im Idealfall verbrennen also die Gasbestandteile zu Kohlenstoffdioxid und Wasser.

> Organische Gasbestandteile, z. B. Kohlenwasserstoffe, verbrennen bei TNV unter günstigen Bedingungen zu Kohlenstoffdioxid und Wasser.

Eine TNV-Anlage besteht aus Brenner, Brennkammer, mehreren Wärmetauschern, Kompressoren und Ventilen (**Bild 1**). Zunächst wird der Brenner mittels Erdgas und Zündluft in Betrieb genommen. Seine Wärme wird zum Vorheizen der zu reinigenden Abluft verwendet. Diese auf z. B. 600 °C vorgewärmte Abluft wird nun dem Brenner zugeführt, wobei die Zündluftzufuhr unterbrochen wird. Im Brennraum erfolgt bei z. B. 800 °C die Verbrennung der Gasbestandteile. Bei ausreichend hoher Belastung der Abluft mit brennbaren Bestandteilen ist die entstehende Wärme so groß, dass kein Erdgas mehr erforderlich ist. Man bezeichnet das als autothermen Betrieb (griech.

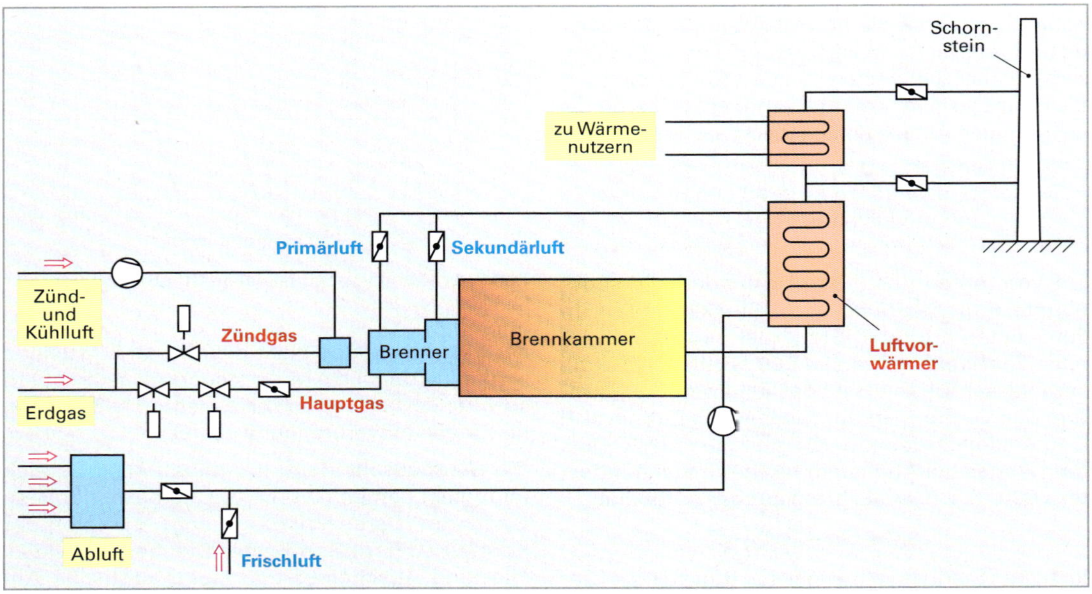

Bild 1: Beispiel einer TNV-Anlage

autos = selbst, therme = Wärme). Meist muss aber eine kleine Stützfeuerung durch Erdgaszufuhr eingesetzt werden.

Überschüssige Wärme kann bei TNV durch Wärmeaustauscher für Prozesswärme oder für Heißwasserbereitung verwendet werden (Bild 1, vorhergehende Seite).

Katalytische Nachverbrennung (KNV). Wenn die Gasbestandteile mittels Katalysatoren verbrennen, liegt KNV vor. Dieses Verfahren hat wegen der Herabsetzung der Aktivierungsenergie auf etwa 300 °C eine Arbeitstemperatur von etwa 400 °C. Damit ist schon bei kleinerer Luftbelastung mit organischen Schadstoffen ein autothermer Betrieb möglich.

> KNV-Verfahren erlauben eine niedrigere Arbeitstemperatur als TNV-Verfahren und eine kleinere Stützfeuerung bis hin zum autothermischen Betrieb.

Die Verbrennung der Schadstoffe erfolgt nach denselben Reaktionsgleichungen wie beim TNV-Verfahren. Die KNV-Anlage ist grundsätzlich wie eine TNV-Anlage ausgeführt, jedoch enthält die Brennkammer einen Katalysator **(Bild 1)**.

Zur Inbetriebnahme wird der Brenner unter Zugabe von Erdgas und Zündluft gezündet. Danach wird die zu reinigende Abluft über den Wärmetauscher der Brennkammer zugeführt, sodass im Katalysator die autothermische Reaktion erfolgen kann. Der Brenner wird entsprechend gedrosselt oder ganz abgeschaltet.

Der Katalysator hat meist eine Wabenform nach **Bild 2** und bildet nur einen kleinen Strömungswiderstand. Seine aktiven Komponenten sind Edelmetalle, z. B. Platin, auf keramischer Unterlage oder Titandioxid TiO_2. Leider lässt die Wirksamkeit der Katalysatoren im Laufe der Zeit infolge von unvermeidlichen Katalysatorgiften, z. B. Blei, nach. Deshalb ist nach wenigen Jahren ein Ersatz des Katalysators erforderlich.

> Katalysatoren haben wegen der Katalysatorgifte nur eine beschränkte Lebensdauer.

Katalysatortechnik für Ottomotoren. Katalysatoren mit einem Wabenkörper nach **Bild 1, folgende Seite,** können auch manche Emissionen von Ottomotoren (Verbrennungsmotoren für Benzin) beseitigen. Dabei werden die Abgase unmittelbar dem Katalysator zugeführt **(Bild 3)**.

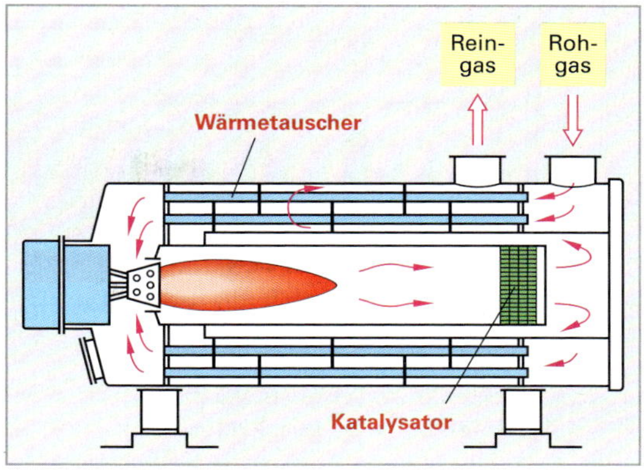

Bild 1: Brennkammer mit Katalysator

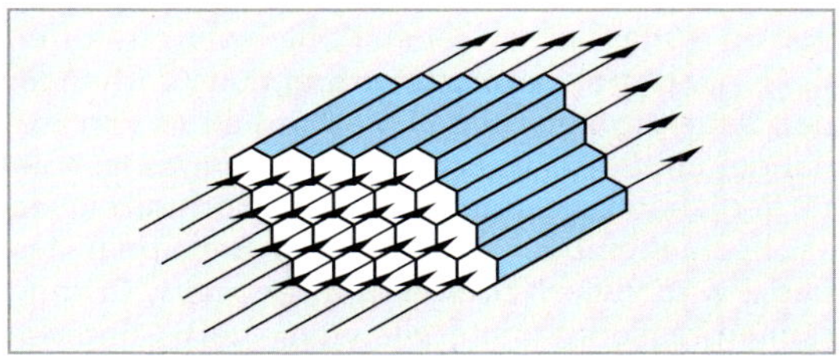

Bild 2: Form des Katalysators

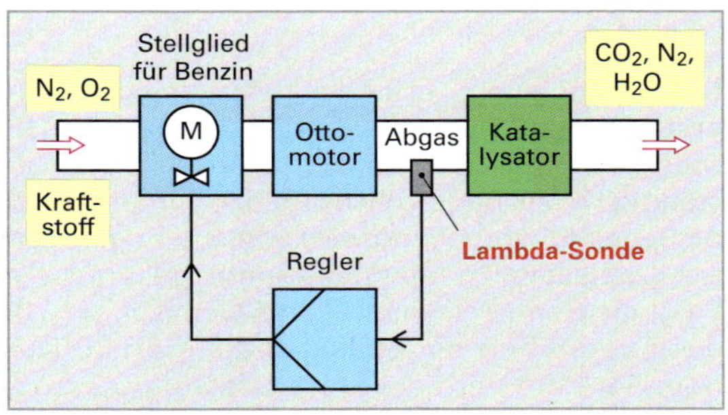

Bild 3: Prinzip des geregelten Katalysators

Der Katalysator wird allerdings erst einige Minuten nach dem Starten wirksam, weil er vorher nicht die zur Verbrennung erforderliche Temperatur von 300 °C bis 400 °C besitzt.

> Katalysatoren ohne Vorheizung wirken erst einige Zeit nach dem Starten.

Bei der Verbrennung von Benzin im Ottomotor entstehen außer Kohlenstoffmonoxid und Kohlenstoffdioxid auch Stickstoffoxide NO_X. Diese können im Katalysator zu Stickstoff reduziert werden. CO wird zu CO_2 oxidiert.

$$2\,CO + 2\,NO \rightarrow N_2 + 2\,CO_2$$

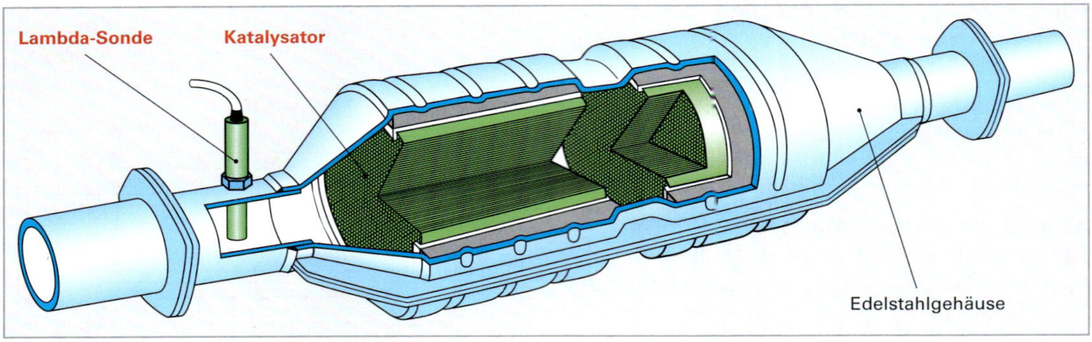

Bild 1: Katalysator mit Lambda-Sonde

Die katalytische Verbrennung von CO, NO_X und von im Abgas vorhandenen Kohlenwasserstoffen C_mH_n hängt stark vom zur Verbrennung vorhandenen Sauerstoff ab **(Bild 2)**. Das Verhältnis von vorhandenem Luftangebot zum stöchiometrisch erforderlichen Luftangebot hat das Formelzeichen λ (griech. Kleinbuchstabe Lamda). Bei einem kleinen λ wird zwar NO_X sehr gut reduziert, CO und Kohlenwasserstoff aber nur wenig verbrannt. Am günstigsten ist das Verhalten des Katalysators, wenn λ in der Nähe von 1 liegt, im sogenannten λ-Fenster.

Die Messung von λ erfolgt als Messung des Sauerstoffgehalts mit der **Lambda-Sonde** **(Bild 1)**. Dieser Sensor nach **Bild 1, Seite 147,** ist Bestandteil eines Regelkreises (Bild 3, vorhergehende Seite). Entsprechend wird von einem geregelten Katalysator mit Lambda-Sonde gesprochen. Zeigt die Sonde ein zu mageres Gemisch ($\lambda > 1$), dann vergrößert ein Stellglied die Kraftstoffzufuhr. Bei $\lambda < 1$ wird die Kraftstoffzufuhr gedrosselt.

Geregelte Katalysatoren verringern die Emssionen der drei Abgasbestandteile Kohlenwasserstoffe, Kohlenstoffmonoxid und Stickstoffoxide durch Verbrennung zu CO_2, H_2O und Reduzierung zu N_2. Sie haben also drei *Wirkungen,* in Amerika erstmals angewendet „3 Ways". Durch unbedarfte Übersetzung wurde daraus der geregelte *Dreiwege-Katalysator* mit Lambda-Sonde.

Wie bei allen Katalysatoren ist seine Lebensdauer beschränkt, da Katalysatorgifte nicht völlig auszuschließen sind. Seine Wirkung beginnt erst mit Erreichen der Betriebstemperatur von etwa 350 °C. Eine elektrische Heizung zum Erreichen dieser Temperatur ist bisher noch nicht allgemein eingeführt, weil sie die Batterie stark belastet.

Luftangebotsverhältnis

$$\lambda = \frac{V}{V_s} \quad (1)$$

λ Luftangebotsverhältnis (λ griech. Kleinbuchstabe Lambda)
V Volumen der vorhandenen Luft
V_s Volumen der stöchiometrisch erforderlichen Luft

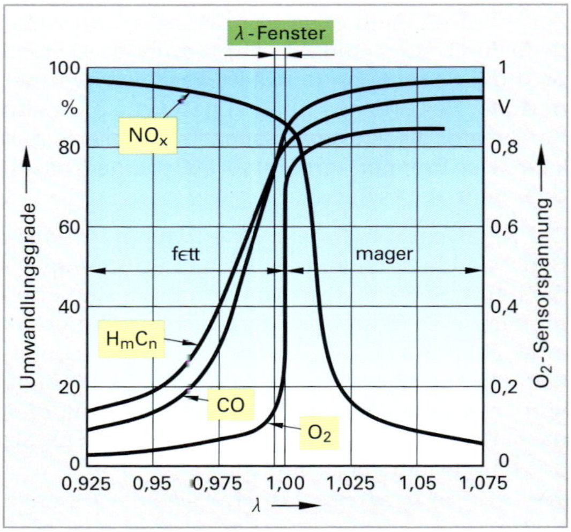

Bild 2: Verhalten der Schad-Abgase

Der geregelte Dreiwege-Katalysator mit Lambda-Sonde verbrennt die Abgaskomponenten von Ottomotoren zu CO_2 und H_2O und reduziert zu N_2.

Chemische Absorption. Abgasbestandteile, die chemisch leicht reagieren oder sich in Lösemitteln leicht lösen, können durch Absorption (Aufnahme) aus dem Abgas entfernt werden. Das betrifft vor allem die folgenden Abgaskomponenten mithilfe der angeführten Absorbenzien:

- Alkohole mit Wasser,
- CO_2 mit $Ca(OH)_2$,
- HCl mit Laugen oder Wasser,
- H_2S mit organischen Lösemitteln,
- NH_3 mit Säuren oder Wasser und
- SO_2 mit NH_3.

Die Absorberanlagen werden auch als **Wäscher** bezeichnet, weil in ihnen die Gasbestandteile herausgewaschen werden. Außer den Wäschern von Seiten 455, 456 gibt es noch weitere. Immer kommt es darauf an, dass das Rohgas mit einer großen Fläche des Absorbens in Berührung kommt.

> Bei Wäschern muss das zu reinigende Gas großflächig mit dem absorbierenden Lösemittel in Berührung kommen.

Beim Wäscher **Bild 1** wird die großflächige Berührung durch durchlässige Füllkörper, z. B. eine Kiesschüttung, erreicht. Durch die Füllkörper entstehen allerdings ein Druckverlust und die Gefahr der Verstopfung durch Reaktionsprodukte der Absorption.

Beim **Bodenabsorber** **Bild 2** ist im Wäscher eine Kolonne von Böden (Glockenböden) angeordnet. Das Rohgas durchströmt in diesen nacheinander im Gegenstrom die Waschmittelflüssigkeit der Böden **(Bild 3)**. Der Gasdruck muss so hoch sein, dass das Absorbens nicht gegen die Gasströmung läuft und darf nicht so hoch sein, dass das Absorbens versprüht wird.

Wäscher der beschriebenen Art werden zur Luftreinhaltung, z. B. für die Absorption von Lösemitteln, von Schwefelwasserstoff und von Chlorwasserstoff, verwendet. Je nach zu absorbierendem Stoff (Absorptiv) muss das geeignete Lösemittel (Absorbens) genommen werden.

Das Absorbat (mit den Gaskomponenten beladenes Waschmittel) muss nach dem Reinigungsprozess aufbereitet werden. Man bezeichnet das als **Desorption**.

> Nach der Absorption muss das Absorbat desorbiert werden.

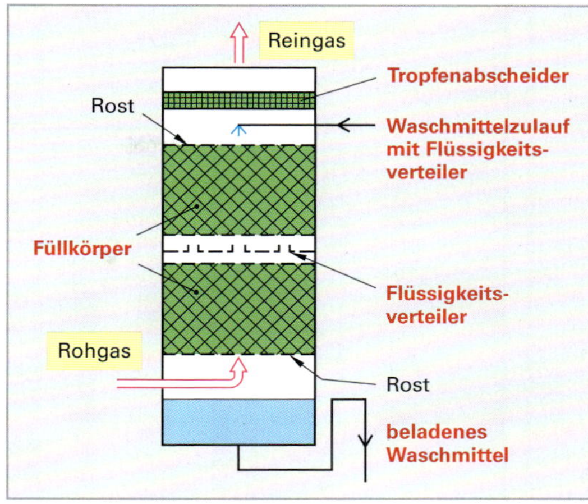

Bild 1: Wäscher mit Füllkörpern

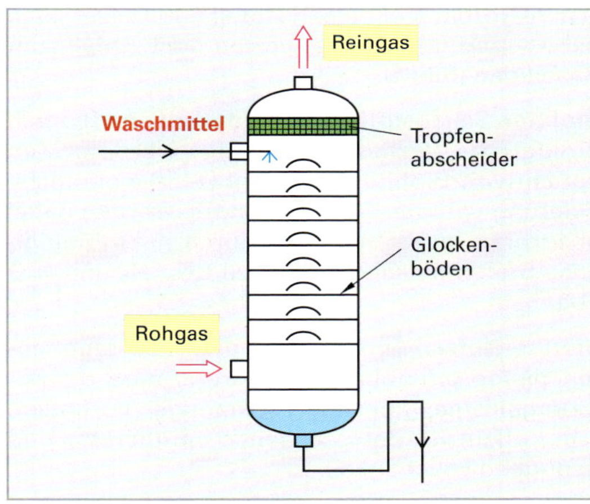

Bild 2: Wäscher mit Glockenboden-Kolonne

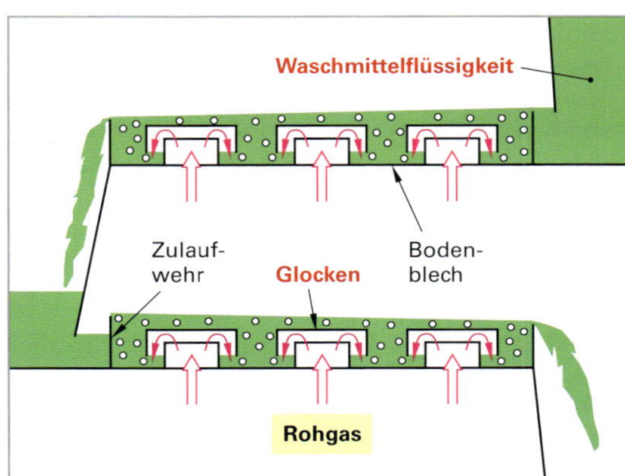

Bild 3: Prinzip des Glockenbodens

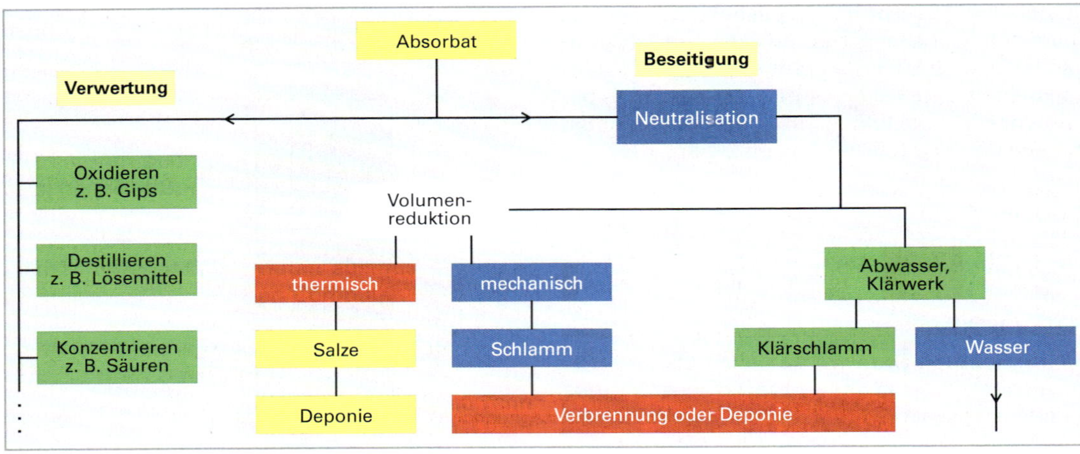

Bild 1: Möglichkeiten der Desorption

Das Absorbat stellt einen Abfall dar. Dieser ist je nach Art Abfall zum Verwerten oder Abfall zum Beseitigen **(Bild 1)**.

Biofilter. Schadstoffe in der Luft können oft durch biologische Verfahren beseitigt werden. Man spricht von Biofiltern, obwohl keine eigentliche Filterung vorliegt. Die Schadstoffe werden dabei absorbiert, adsorbiert und durch mikrobiologische Stoffwechselvorgänge zu CO_2, N_2 und H_2O abgebaut.

Biofilter setzen voraus, dass die Gaskomponenten *biologisch* abbaubar sind und dass die Mikroorganismen günstige Bedingungen vorfinden, z.B. Luftzutritt, entsprechende Temperatur und genügend Feuchtigkeit.

Beim Biofilter **Bild 2** ist organisches Material, z.B. Baumrinde oder Kompost, in einer Höhe von 0,50 m bis 1,50 m in einem Betonkasten mit einem Rost aufgeschüttet. Das Rohgas wird von einem Gebläse von unten durch die Schüttung gedrückt. In der Schüttung finden sich viele Organismen, von Mikroorganismen bis zu Larven und Würmern. Bei einer Neuanlage muss vor Inbetriebnahme des Filters durch „Beimpfung“ eine Besiedlung mit Organismen in die Wege geleitet werden. Bis zur vollständigen Leistungsfähigkeit des Filters vergehen dabei einige Wochen.

Bei einem Biofilter muss die zu reinigende Luft vor Einleitung in den Biofilter durch Entstaubung, Temperaturregelung und Befeuchtung aufbereitet werden **(Bild 3)**.

Biotropfkörper und Biowäscher. Die Durchströmungsgeschwindigkeit des zu reinigenden Gases

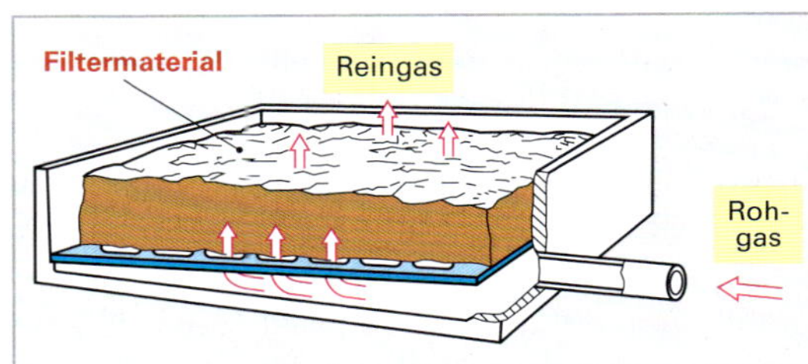

Bild 2: Prinzip eines Biofilters

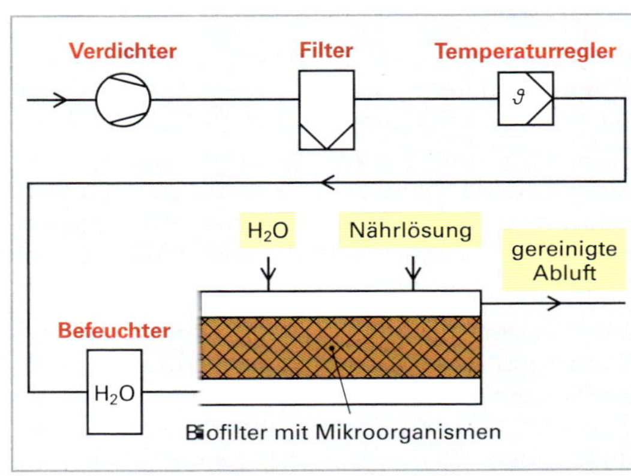

Bild 3: Anlage mit Biofilter

ist beim Biofilter klein. Sie kann erhöht werden, wenn in einem Bioabscheider Tropfkörper, z.B. aus porösem Kunststoff, eingesetzt werden, die mit einer Nährlösung besprüht werden. Beim Biowäscher werden die Schadstoffe ausgewaschen, z.B. in Wasser, und danach mittels Tropfkörper oder, wie in der Abwasserreinigung, biologisch abgebaut.

Die bei den biologischen Verfahren anfallenden Stoffe können meist unmittelbar als Düngemittel verwertet werden. Insbesondere ist beim Biofilter die nach längerer Zeit verbrauchte Schüttung wie Kompost zu verwerten.

Adsorption von Gaskomponenten

Die Adsorption (Anlagerung) wird außer zur Lösemittelrückgewinnung (Abschnitt 9.3.5) und zur Entgiftung von Verbrennungsabgasen (Abschnitt 9.3.8) auch zur Geruchsbeseitigung und Abluftreinigung eingesetzt, z.B. bei der Tierkörperbeseitigung.

Die Adsorption ist wirtschaftlich, wenn

- das Abgas staubfrei und trocken und
- die Konzentration der Schadstoffe niedrig ist.

Meist ist die Adsorption eine rein physikalische Anlagerung an ein Adsorbens (fester Körper, der adsorbiert) meist durch von Van-der-Waals-Kräfte. Als Adsorbens (Mehrzahl: Adsorbenzien) wird z.B. aktive Kohle oder aktiver Koks verwendet, aber es kommen auch bestimmte feinporige Kunststoffe (Polymere) zum Einsatz. Daneben gibt es eine Adsorption als Anlagerung mit gleichzeitiger chemischer Reaktion (Chemisorption), z.B. mit dem Adsorbens $Ca(OH)_2$.

Die Adsorbenzien haben eine bestimmte Aufnahmefähigkeit, die nach einiger Zeit des Adsorbierens erschöpft ist. Danach ist eine Reaktivierung der Adsorbenzien erforderlich. Man bezeichnet das als **Desorption**.

> Nach der Adsorption ist eine Desorption erforderlich.

Die Desorption kann in einer gleichartigen Anlage wie die Adsorption erfolgen (Abschnitt 9.3.8). Adsorption und Desorption erfolgen in aufeinander folgenden Wechseln. Bei *kontinuierlichen* Verfahren wird das Adsorbens fortlaufend regeneriert und wieder zur Adsorption verwendet **(Bild 1)**. Das kann auch durch einen rotierenden Adsorber erfolgen **(Bild 2)**.

Zur Desorption wird meist Heißgas oder Heißdampf verwendet, wodurch das Adsorbat (die adsorbierten Stoffe) aus dem Adsorbens getrieben wird. Anschließend wird dieses konzentrierte Abgas verbrannt oder bei wertvollen Bestandteilen recycelt.

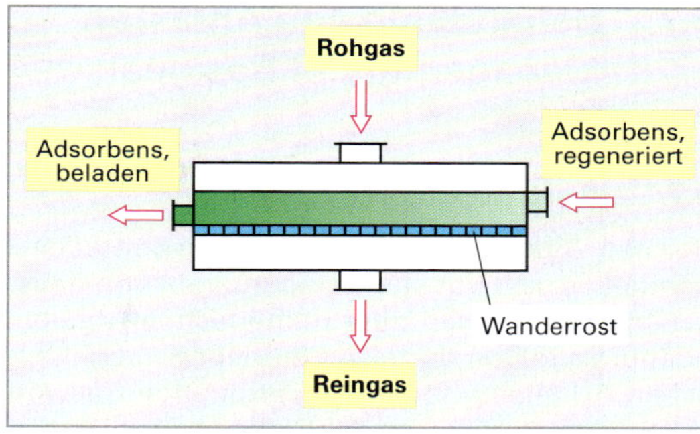

Bild 1: Prinzip der kontinuierlichen Adsorption mit Desorption auf Wanderrost

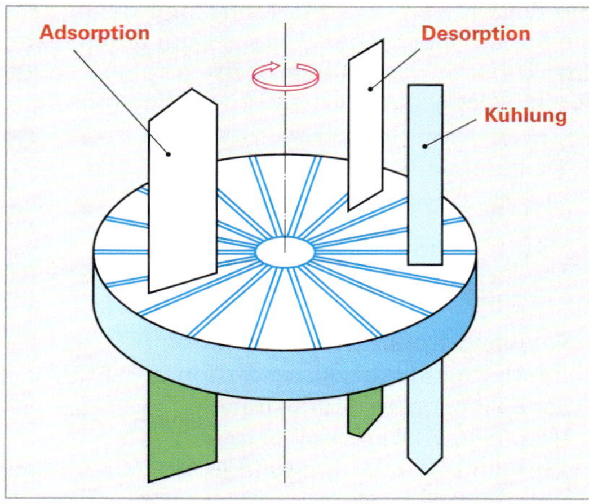

Bild 2: Kontinuierliche Adsorption mit Desorption beim Adsorberrad

Wiederholung und Vertiefung

1. **Nennen Sie die größte Emission an Luftverunreinigungen.**
2. **Mit welchen zwei Verfahren ist die Abscheidung auch von Stäuben mit kleinster Korngröße möglich?**
3. **Beschreiben Sie die Reinigung von Filterschläuchen während des Betriebs.**
4. **Welche Gasbestandteile werden durch irreversible Umwandlung aus der Luft ausgeschieden?**
5. **Was versteht man unter dem TNV-Verfahren?**
6. **Geben Sie Schadstoffe an, die durch das TNV-Verfahren beseitigt werden können.**
7. **Nennen Sie die Vorteile des KNV-Verfahrens gegenüber dem TNV-Verfahren.**
8. **Warum ist die Lebensdauer von Katalysatoren beschränkt?**
9. **Welche Aufgabe hat die Lambda-Sonde bei einem geregelten Dreiwege-Katalysator für Ottomotoren?**
10. **Was versteht man unter Desorption?**

9.7 Behandlung von Altlasten
Management of Residual Waste

9.7.1 Auftreten von Altlasten

Bei den Altlasten im Sinne der Umwelttechnik handelt es sich um alte Ablagerungen von häuslichen, industriellen oder militärischen Abfällen oder um alte Standorte von Betrieben mit gefährlichen Arbeitsstoffen, z.B. Teer in alten Gaswerken. In diesen Fällen ist der Erdboden mit Stoffen angereichert (kontaminiert von lat. contaminare = mit Fremdartigem in Berührung kommen), welche die Umwelt und den Menschen gefährden. Die Kontamination des Bodens kann durch feste, flüssige oder gasförmige Stoffe erfolgen sowie durch die Mischung aus diesen Stoffen **(Bild 1)**.

> Kontaminierter Erdboden enthält Schadstoffe.

Bei den Altlasten handelt es sich insbesondere um Erdboden, der mit

- Kohlenwasserstoffen, z.B. Benzol,
- chlorierten Kohlenwasserstoffen, z.B. PCB,
- Schädlingsbekämpfungsmitteln,
- Metallen, z.B. Quecksilber, oder
- anorganischen Verbindungen, z. B. Cadmiumsulfid,

kontaminiert ist.

Von Altlasten können vor allem Gefahren auftreten, wenn sie sich im Laufe der Zeit chemisch oder physikalisch verändern und so in das Grundwasser oder an die Oberfläche gelangen **(Bild 2)**.

> Altlasten treten vor allem an Stellen alter Deponien und alter Betriebsstätten auf.

9.7.2 Erfassung der Altlasten

Die Erfassung der Altlasten erfolgt in Deutschland durch die öffentlichen Verwaltungen aufgrund von Hinweisen durch die Bevölkerung. Die Altlasten werden zunächst in ein Verdachtsflächenkataster aufgenommen **(Bild 3)**. Danach untersuchen Sachverständige, z. B. Geologen, von welchen Verdachtsflächen Gefahren ausgehen können. Ist die Gefährdung wahrscheinlich, so erfolgt eine genaue chemische, geologische und hydrogeologische (das Grundwasser betreffende) Untersuchung. Ergibt diese Untersuchung, dass eine Sanierung erforderlich ist, werden das Sanierungsziel und das Sanierungsverfahren festgelegt.

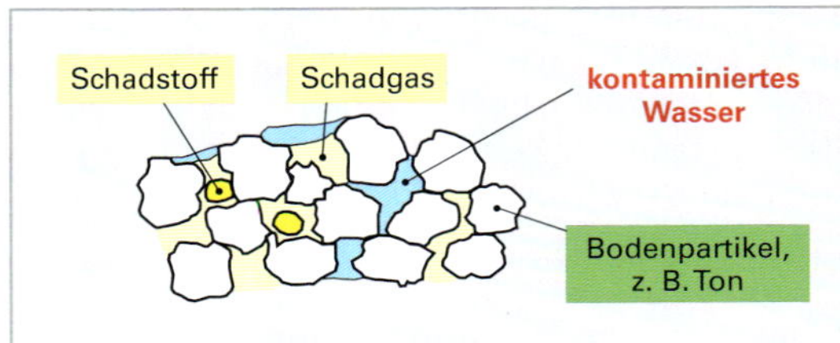

Bild 1: Kontaminierter Boden

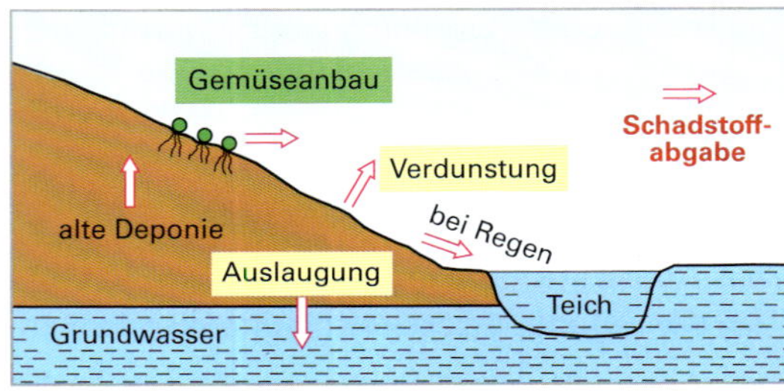

Bild 2: Schadstoffabgabe einer Altlast

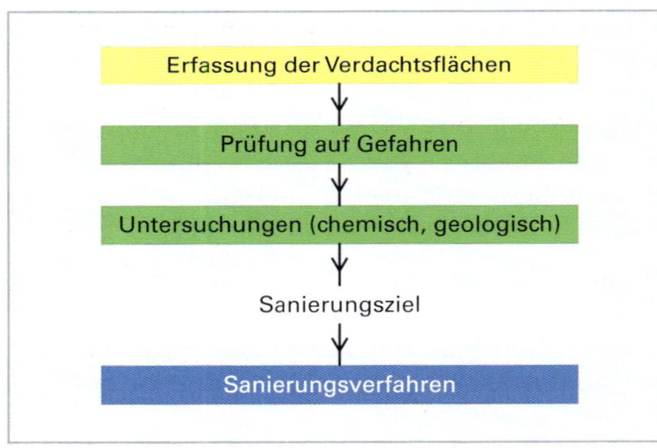

Bild 3: Ablauf einer Altlastensanierung

> Für die Sanierung von Altlasten sind Sanierungsziel und Sanierungsverfahren festzulegen.

Je nach Sanierungsziel ist der Aufwand verschieden groß. Soll z.B. eine Fläche mit Wohnhäusern bebaut werden, ist die Sanierung aufwendiger als für den Bau einer Straße. Die Sanierung von Erdboden ist meist sehr kostenintensiv. Je nach Belastung muss der Erdboden abgetragen und als Sondermüll entsorgt werden.

9.7.3 In-Site-Verfahren

Bei den In-Site-Verfahren, auch In-Situ-Verfahren genannt (von engl. site = Ort, Standort, Lage), saniert man ohne wesentliche Bodenbewegung am Standort des kontaminierten Bodens. In-Site-Verfahren sind im Vergleich zu anderen Sanierungsverfahren kostengünstig, dauern aber länger.

Biologische In-Site-Verfahren

Bei den biologischen In-Site-Verfahren werden organische Schadstoffe, insbesondere Kohlenwasserstoffe, durch natürlich vorkommende oder speziell gezüchtete Mikroorganismen oxidiert und in unschädliche Produkte abgebaut. Diese Organismen werden nach verschieden wirksamen Verfahren in den Boden eingebracht.

Beim **Schaumverfahren** wird die Biotrübe (Aufschlämmung der Mikroorganismen und deren Nährlösung) auf die Oberfläche aufgeschäumt oder aufgesprüht **(Bild 1)**. Dieses in den USA angewendete Verfahren ist in Deutschland meist nicht zugelassen, weil die Tiefenwirkung gering ist.

Beim **Tillingverfahren** (von engl. to till = ackern) wird die Oberfläche gepflügt bzw. gefräst und dann mit der Biotrübe geimpft. Die Wirkung geht hier bis zu 1 m Tiefe.

> Bei den In-Site-Verfahren sanieren Schaumverfahren und Tillingverfahren den Boden nur nahe der Oberfläche.

Beim **Tiefgrundverfahren** werden durch Schluckbrunnen und Förderbrunnen kontaminierte Bereiche erfasst **(Bild 2)**. In die Schluckbrunnen wird die mit Sauerstoff angereicherte Biotrübe fortlaufend eingegeben, während in einiger Entfernung das überschüssige Wasser aus Förderbrunnen abgepumpt wird. Ähnlich arbeitet das **GW-Verfahren** (Grundwasserverfahren), welches kontaminiertes Grundwasser erfasst (Bild 2). Oft werden das Tiefgrundverfahren und das GW-Verfahren kombiniert.

Die ausgeführten Anlagen überdecken meist mehr als einen Hektar **(Bild 1, folgende Seite)**. Bei einer Anlage von Evonik wird Wasser fortlaufend aus dem kontaminierten Bereich abgepumpt und belüftet. Dieses Wasser wird in einer kleinen Kläranlage aufbereitet und danach mit Nährstoffen für die Mikroorganismen angereichert. Die Lösung wird über einen Eingabebrunnen dem kontaminierten Bereich wieder zugeführt.

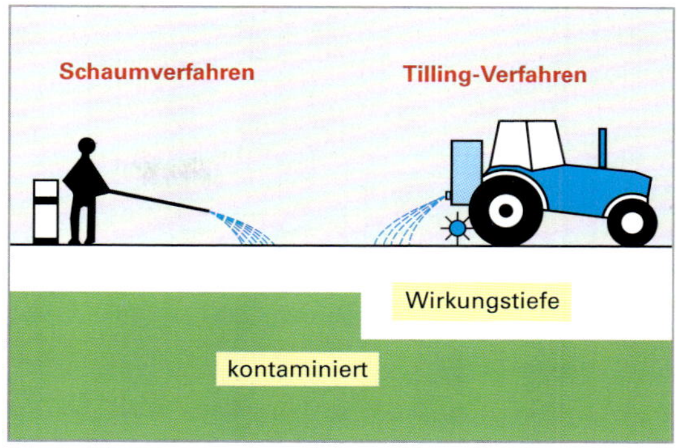

Bild 1: Sanierungsverfahren nahe der Oberfläche

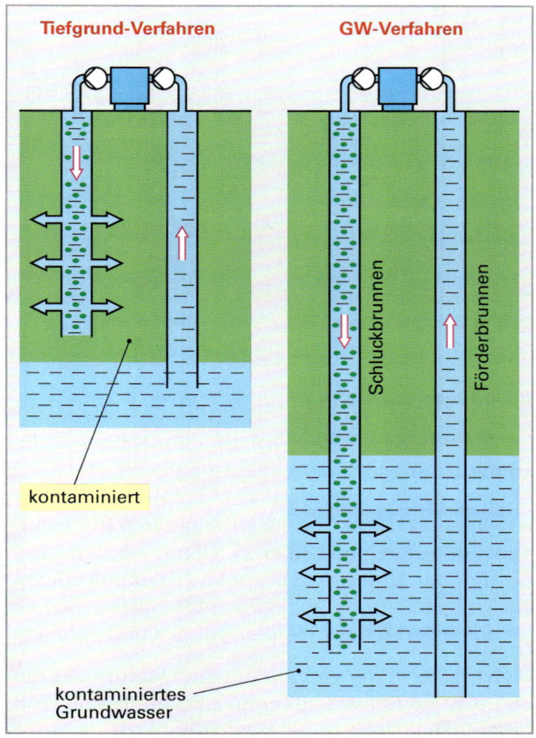

Bild 2: Sanierung mit Schluckbrunnen und Förderbrunnen

Biologische In-Site-Verfahren eignen sich auch zur Sanierung von bebauten Flächen, sofern die Schadstoffe durch Mikroorganismen abbaubar sind.

> Biologische In-Site-Verfahren sind vor allem zur Sanierung des Bodens geeignet, der mit organischen Schadstoffen kontaminiert ist.

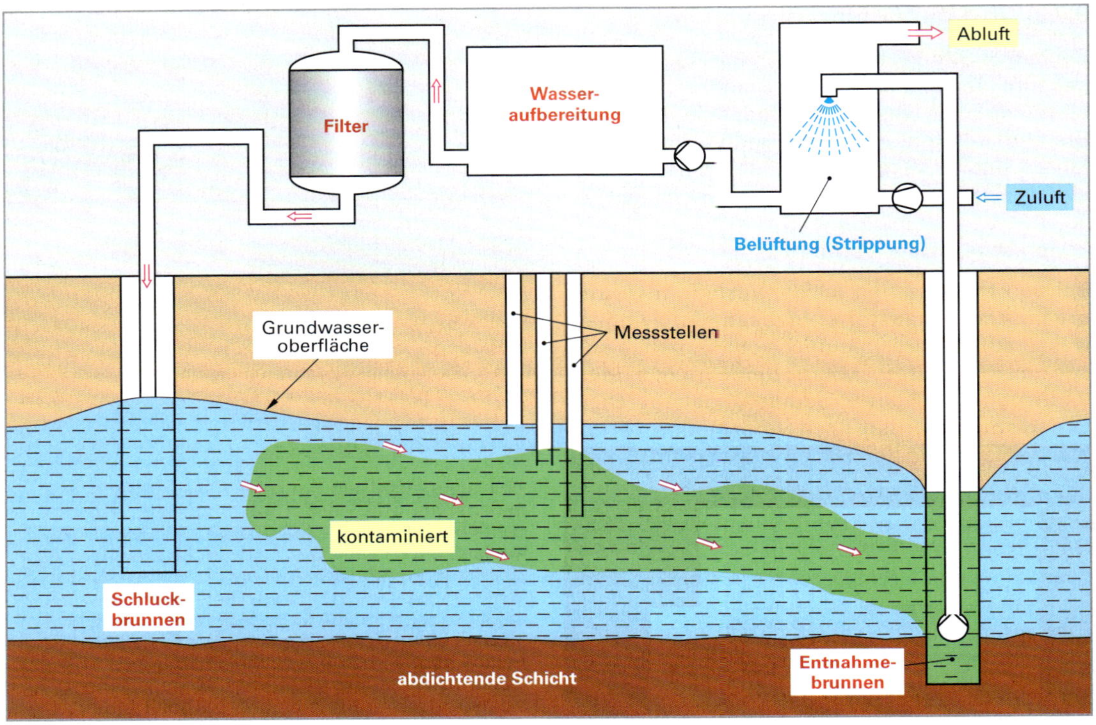

Bild 1: Beispiel einer biologischen Bodenreinigung

Bodenluftabsaugung

Ist der Boden mit *leichtflüchtigen* Schadstoffen kontaminiert oder sind andere Schadstoffe durch Mikroorganismen zu leichtflüchtigen Bestandteilen abgebaut, so kann eine Sanierung durch Bodenluftabsaugung erfolgen **(Bild 2)**. Dabei werden diese Stoffe über Unterdruckbrunnen (Vakuumbrunnen) aus der Bodenzone abgezogen und über einen Filter, z.B. einen Aktivkohlefilter, geleitet und gereinigt.

Meist muss in der Umgebung der Unterdruckbrunnen eine Bodenversiegelung, z.B. durch eine Dichtungsfolie, erfolgen, weil sonst die Luft nicht aus dem kontaminierten Boden, sondern aus der Brunnenumgebung nahe der Oberfläche gesaugt würde.

Die Bodenluftabsaugung kann auch in bebauten Flächen angewendet werden. Der Energieaufwand ist bei dieser Sanierung über längere Zeit hinweg erheblich.

> Bodenluftabsaugung beseitigt leichtflüchtige Schadstoffe aus kontaminierten Bereichen.

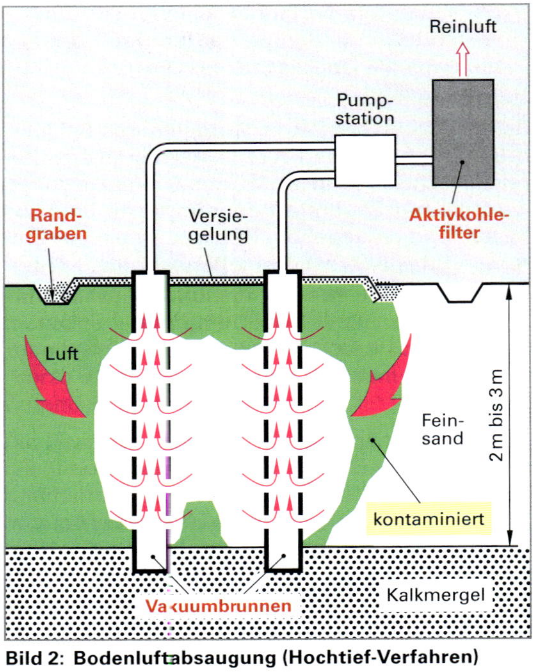

Bild 2: Bodenluftabsaugung (Hochtief-Verfahren)

Thermisches In-Site-Verfahren

Beim thermischen In-Site-Verfahren werden im Abstand von 1 m bis 3 m Bohrungen von z. B. 0,25 m Durchmesser in den Boden eingebracht, die bis zum kontaminierten Bereich reichen **(Bild 1)**. In diese Bohrungen werden Wärmestrahlrohre eingebracht. *Wärmestrahlrohre* sind handelsübliche Bauteile für Industrieöfen, die mit Gas beheizt werden und Temperaturen bis 1100 °C durch Strahlung abgeben können.

Bei dieser hohen Temperatur verdampfen flüchtige und schwelend brennbare Schadstoffe, wobei die Reaktionsprodukte in das Wärmestrahlrohr gesaugt werden und dort verbrennen. Die Rauchgase können dann bei Bedarf in einer äußeren Anlage gereinigt werden.

Mit dem thermischen In-Site-Verfahren werden vor allem Böden mit brennbaren Kontaminationen saniert, z. B. in alten Kokereien oder Gaswerken.

> Beim thermischen In-Site-Verfahren werden Schadstoffe am Ort der Kontamination verbrannt.

In-Site-Verfahren durch Immobilisierung

Bei der In-Site-Sanierung durch Immobilisierung bleiben die Schadstoffe unverändert. Es wird aber dafür gesorgt, dass sie unbeweglich (immobil) bleiben und nicht an die Umwelt abgegeben werden können.

Im Prinzip werden die Altlasten dabei eingeschlossen, z. B. durch eine Oberflächenabdichtung, seitliche Abdichtungswände und eine Sohlenabdichtung **(Bild 2)**. Die Oberflächenabdichtung verhindert das Eindringen von Regenwasser und die anderen Abdichtungen das Eindringen von Grundwasser. Damit unterbleibt ein Auswaschen der Schadstoffe (eine Auslaugung).

> Bei den In-Site-Verfahren zur Immobilisierung wird vor allem Grundwassser ferngehalten, damit es nicht durch Auslaugung kontaminiert wird.

Bei hydraulischen Verfahren zur Immobilisierung wird aus *Sperrbrunnen* ständig Grundwasser abgepumpt **(Bild 3)**. Liegen die *Sperrbrunnen* vom Grundwasserstrom aus oberhalb der Altlast, so kann bei richtiger Bemessung keine Kontamination des Grundwassers stattfinden. Liegen die

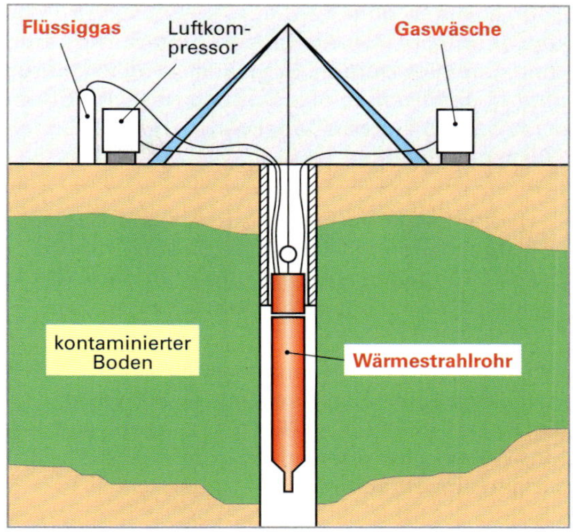

Bild 1: Sanierung mit Wärmestrahlrohr

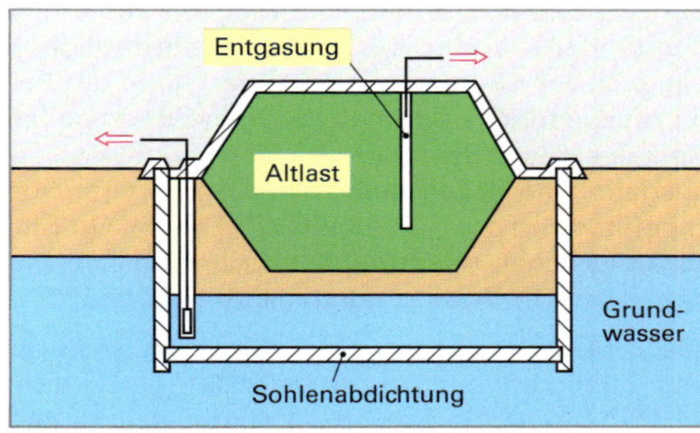

Bild 2: Prinzip der Altlasteneinschließung

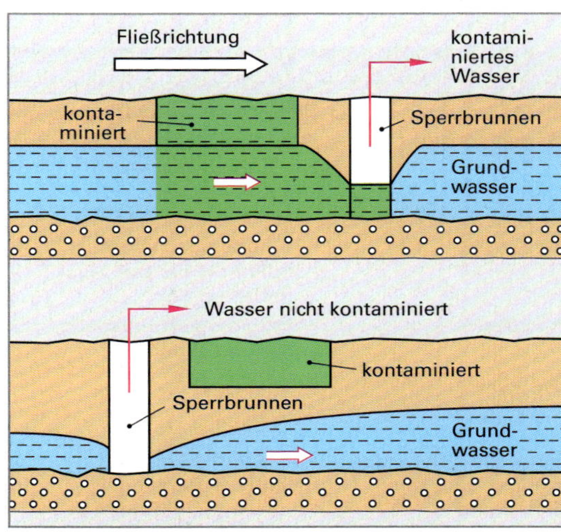

Bild 3: Anordnung von Sperrbrunnen zur Fließrichtung des Grundwassers

Sperrbrunnen unterhalb der Altlast, so wird das kontaminierte Grundwasser abgepumpt und kann gereinigt werden. Es ist auch möglich, durch *Infiltrationsbrunnen* die Richtung des Grundwasserstroms zu ändern. Dabei wird in diese Brunnen Wasser eingeleitet.

> Hydraulische Verfahren zur Altlastensanierung arbeiten mit einer Vielzahl von Brunnen zur Grundwasserabsenkung oder zum Abpumpen von kontaminiertem Grundwasser.

Eine Immobilisierung kann manchmal auch durch *Verfestigung* erreicht werden. Dabei werden in die Altlast Injektionen (Einspritzungen) von Beton, Wasserglas oder erhärtenden Kunststofflösungen eingebracht.

9.7.4 Ex-Site-Verfahren

Bei den Ex-Site-Verfahren erfolgt die Sanierung des Bodens außerhalb seiner ursprünglichen Lage. Dabei wird beim **On-Site-Verfahren** der Boden ausgehoben und am Standort in einer mobilen Anlage saniert. Beim **Off-Site-Verfahren** wird der ausgehobene Boden einer stationären Großanlage zugeführt und dort saniert **(Bild 1)**. Die bei On-Site gebräuchlichen Verfahren unterscheiden sich von denen des Off-Site nur durch die Anlagengröße.

Die Ex-Site-Verfahren sind erheblich sicherer aber auch aufwendiger als die In-Site-Verfahren. Außerdem ist die Sanierung schneller beendet und zieht dann keine Folgekosten nach.

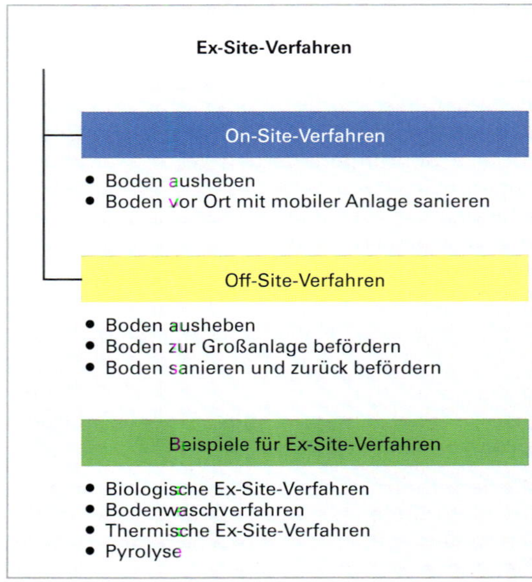

Bild 1: Ex-Site-Verfahren

> Bei den Ex-Site-Verfahren wird unter hohem Aufwand ein schneller Sanierungserfolg erzielt.

Die Ex-Site-Verfahren beseitigen die Schadstoffe, sodass nach der Sanierung ein schadstofffreier Boden vorliegt. Es gibt mehrere Hauptgruppen für die Ex-Site-Verfahren **(Tabelle 1)**.

Tabelle 1: Hauptgruppen der Ex-Site-Verfahren

Hauptgruppe	Biologische Verfahren	Bodenwaschverfahren	Thermische Verfahren
Bodenbelastung	Organische Schadstoffe, z. B. Kohlenwasserstoffe	Organische oder anorganische Schadstoffe, z. B. Natriumcyanid	Organische Schadstoffe und manche anorganischen Schadstoffe, z. B. Quecksilberverbindungen[1]
Bodenart	Alle Böden nach Vorbehandlung, z. B. nach Zugabe von Kalk	Kies, Sand, Humus, nicht immer Ton oder Lehm	Alle Bodenarten
Verfahren	Mikrobiologischer Abbau, aerob und anaerob	Extraktion, Spaltung	Verschwelen, Verbrennen, Verdampfen
Schädliche Reststoffe	Keine	Bis etwa 10 % der Ausgangsmasse entstehen kontaminierte Schlämme.	Filterstäube, Schlacke oder Schlämme
Verwendbarkeit des Bodens nach der Sanierung	Wiederauffüllung, Rekultivierung möglich. Kann weiter im Boden verbleiben.	Wiederauffüllung, Rekultivierung möglich.	Wiederauffüllung, Rekultivierung meist nicht möglich.

[1] in Anlagen mit Quecksilberabscheidern

Biologische Ex-Site-Verfahren

Bei den biologischen Ex-Site-Verfahren erfolgt die Sanierung wie bei den In-Site-Verfahren durch Mikroorganismen. Dazu wird der kontaminierte Boden entweder zu einer Miete (wallartige Aufschüttung von beträchtlicher Höhe) nach **Bild 1** aufgeschichtet oder in ein großes geschlossenes, belüftbares und beregenbares Gefäß (Bioreaktor) gebracht. Bei niedrigeren Aufschüttungen als bei Mieten spricht man von *Biobeeten*.

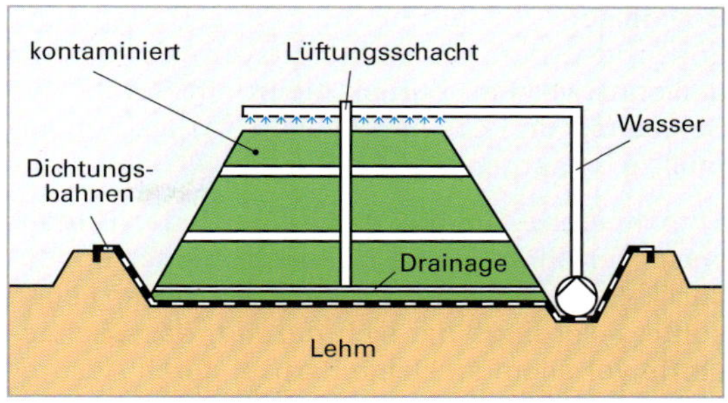

Bild 1: Miete zur biologischen Ex-Site-Reinigung

> Biologische Ex-Site-Verfahren erfolgen in Mieten, Biobeeten oder Bioreaktoren.

Die Behandlung in diesen Formen erfolgt gewöhnlich in belüfteten Hallen. Deren Abluft muss nach der TA Luft gereinigt werden.

Bodenwaschverfahren

Bodenwaschverfahren arbeiten mechanisch-physikalisch ohne Lösemittel oder chemisch mit Lösemitteln. Es gibt auch Mischformen.

Mechanisch-physikalische Verfahren verwenden Wasser zum Waschen des kontaminierten Bodens. Wie beim Wäschewaschen wird die Reinigungswirkung durch Bewegungsenergie verstärkt, z.B. durch einen Vibrator oder einen Wasserstrahl hoher Geschwindigkeit. Je nach Art der Kontamination wird reines Wasser oder Wasser mit einem Emulgatorzusatz verwendet.

Extraktion mit Lösemittel ist dann notwendig, wenn eine Bodenwäsche mit Wasser nicht ausreicht, z.B. bei Kontamination mit wasserunlöslichen Chemikalien. Dabei wird der kontaminierte Boden auf eine kleine Korngröße zerkleinert und einem Schneckenförderer mit einer Gegenstromanlage zugeführt **(Bild 2)**. Das Lösemittel laugt die Schadstoffe wiederholt aus dem eingebrachten Boden aus, der nach Trocknung gereinigt an seinen ursprünglichen Standort zurückgebracht werden kann.

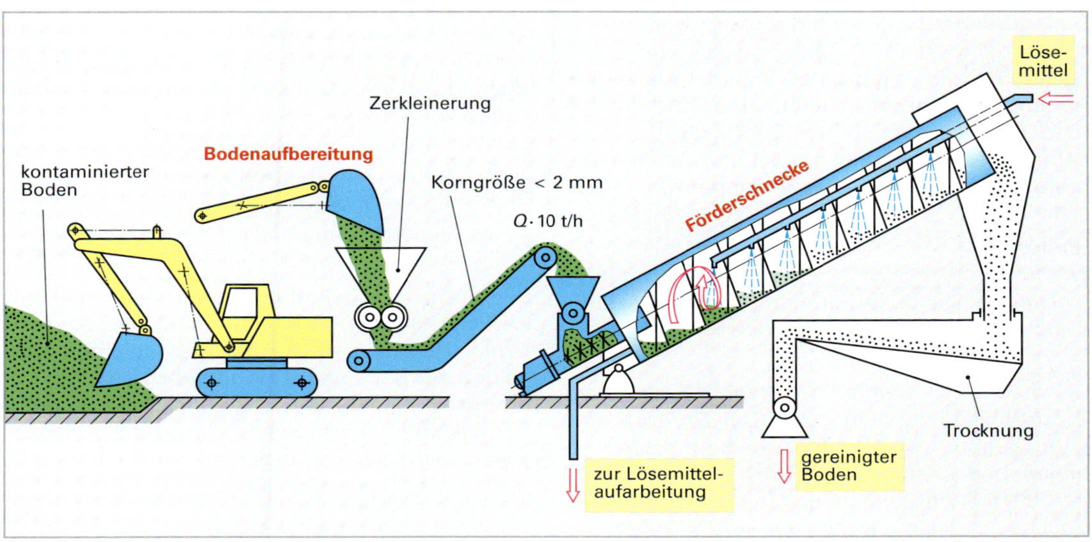

Bild 2: Anlage mit Gegenstromextraktion

Bei diesem Verfahren muss das kostspielige Lösemittel durch Destillation vom Schadstoff getrennt werden. Zurück bleibt ein Sumpf aus Schadstoff und Lösemittelteilen, der als Sondermüll zu entsorgen ist.

Entscheidend für die Wirksamkeit der Bodenwaschverfahren ist die Höchstgröße der Bodenpartikel, die möglichst unterhalb von 50 µm liegen sollte. Allerdings hat sich gezeigt, dass Schadstoffe vor allem an kleine Partikel durch Adsorption angelagert sind. Als Rückstände bei den Bodenwaschverfahren (Extraktionsverfahren) fallen daher erhebliche Mengen an schadstoffhaltigem Schlamm an, der als Sondermüll zu entsorgen ist.

Suspensions-Verfahren wendet man bei stark tonhaltigen Böden an, die sonst für die Bodenwäsche nicht geeignet sind. Die Böden werden hier in eine Suspension überführt. Das erfolgt in einer Dispergiertrommel (Auflösetrommel) unter Zugabe von Wasser und Luft. Dabei wird schon ein Teil des Schadstoffs, z.B. Chlorkohlenwasserstoff CKW, freigesetzt. Er wird mit der Prozessluft abgesaugt und in einem Aktivkohlefilter adsorbiert. Nach Abtrennung gröberer Bodenpartikel wird die Suspension feinblasig mit Luft begast. Durch dieses Strippen (siehe Seite 422) werden die noch vorhandenen CKW entfernt und einem Aktivkohlefilter zugeführt.

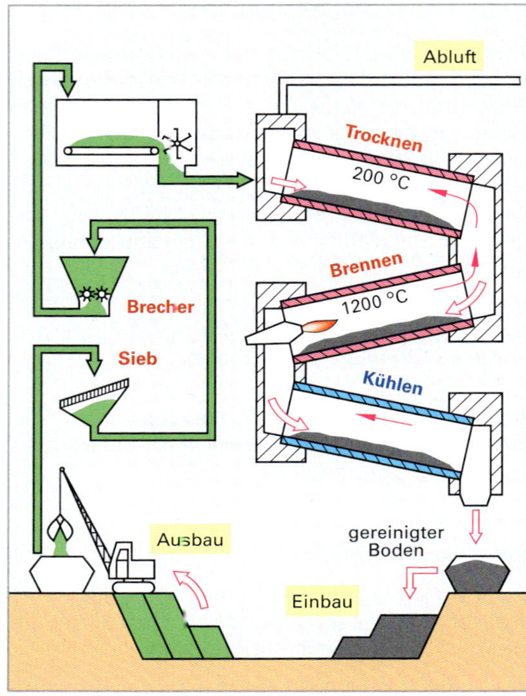

Bild 1: Thermische Bodenreinigung (Züblin Umwelttechnik GmbH)

Thermische Ex-Site-Verfahren

Bei den thermischen Verfahren ist eine sichere Dekontamination (Beseitigung der Kontamination) möglich, weil die Temperaturen von 800 °C bis 1200 °C die organischen Schadstoffe zerstören und die anorganischen in eine Schlacke einbinden. Allerdings ist der Energieaufwand erheblich und der Boden ist nach der Behandlung biologisch tot. Außerdem ist seine mineralogische Struktur oft zerstört, sodass eine Revitalisierung (Wiederbelebung) nicht möglich ist.

> Thermische Dekontamination zerstört die Schadstoffe, aber oft auch den Boden.

Die thermische Behandlung kann z.B. in einem **Drehrohrofen** oder in mehreren *Drehrohröfen* unter Zugabe von Öl oder Gas als Heizstoff erfolgen. In der Anlage **Bild 1** wird der Boden nach Vorbehandlung in einem ersten Drehrohrofen getrocknet, in einem zweiten auf 1200 °C aufgeheizt und in einem dritten zur Wärmerückgewinnung abgekühlt. Enthält die Abluft brennbare Bestandteile, so werden diese in einer Nachbrennkammer unter Zugabe von Öl oder Gas verbrannt. Der Abluftstrom muss danach wie bei einer Rauchgasreinigung gefiltert und je nach Zusammensetzung entschwefelt, entstickt und von Dioxinen befreit werden.

> Bei den thermischen Verfahren zur Bodensanierung ist eine Abgasreingung ähnlich der Rauchgasreinigung erforderlich.

Die thermische Behandlung kann auch in einem **Wirbelschichtofen** erfolgen. Dabei wird der kontaminierte Boden nach Zerkleinerung einem Wirbelbett aus Sand und Luft zugeführt, in dem unter Brennstoffzugabe die Schadstoffe verbrennen. Der dekontaminierte Boden wird mit den Rauchgasen nach außen befördert.

Verwandt mit dem Wirbelschichtverfahren ist das **Flugstromverfahren**. Die Bodenpartikel werden dabei auf maximal 3 mm Korngröße zerkleinert.

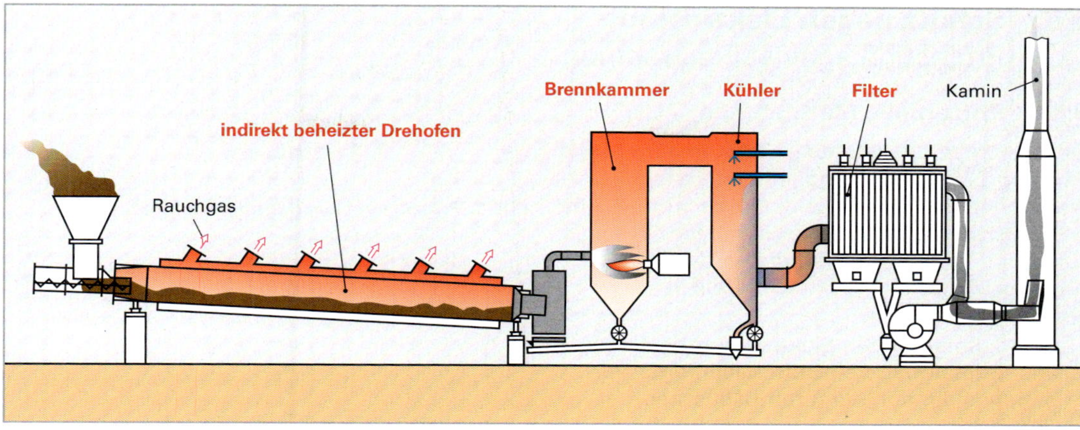

Bild 1: Altlastpyrolyse mit indirekt beheiztem Drehrohrofen

Durch die gleichmäßige Korngröße wird ein Überbrand des Bodens verhindert, der zwar nach der Behandlung biologisch tot ist, aber mineralisch unzerstört. Dadurch ist eine Rekultivierung möglich.

Sintern und Pelletieren erfolgt bei einem weiteren Verfahren zur Bodensanierung. Der kontaminierte Boden wird nach Zerkleinerung in einem Röstofen mit beweglichem Rost (Wanderrost) getrocknet und unter Zugabe von Kohle bei etwa 1100 °C bis 1200 °C gebrannt. Dabei entweichen organische Bestandteile und die meisten NE-Metalle (Blei, Zink, Cadmium und Quecksilber), während nicht flüchtige Bestandteile zu keramikartigen, nicht auslaugbaren Pellets (kugelförmige Stücke von 10 mm bis 15 mm Durchmesser) zusammensintern. Diese Pellets besitzen eine hohe Festigkeit, sodass sie als Baumaterial verwendet werden können.

> Beim Sintern werden feinkörnige Stoffe gepresst und durch Wärmebehandlung miteinander verbunden bzw. verfestigt.

Pyrolyse im Drehrohrofen

Im Vergleich zu den vorhergehenden Verfahren schont die Pyrolyse die mineralische Zusammensetzung des Bodens, da nur Temperaturen bis etwa 700 °C angewendet werden. Das Verfahren wird auch als „trockene Destillation" bezeichnet. In der Anlage **Bild 1** verweilt der kontaminierte Boden etwa eine Stunde im Drehrohrofen. Während dieser Zeit werden organische Schadstoffe zuverlässig ausgetrieben. Das Abgas enthält aber brennbare Bestandteile, die in einer Brennkammer mit einem Ölbrenner oder Gasbrenner verbrannt werden. Danach ist eine Rauchgasreinigung erforderlich.

> Bei der Bodensanierung durch Pyrolyse bleiben die mineralischen Bestandteile des Bodens erhalten, sodass der sanierte Boden rekultiviert werden kann.

Wiederholung und Vertiefung

1. **An welchen Stellen können Altlasten vermutet werden?**
2. **Welche Schadstoffe kommen in Altlasten vor allem vor?**
3. **Auf welche Weise erfolgt die Erfassung von Altlasten?**
4. **Was versteht man unter einem In-Site-Verfahren oder In-Situ-Verfahren?**
5. **Beschreiben Sie das Prinzip der biologischen In-Site-Sanierung.**
6. **In welchen Fällen ist die Sanierung durch Bodenluftabsaugung erfolgversprechend?**
7. **Welche Maßnahmen sind zur Einschließung von Altlasten erforderlich?**
8. **Geben Sie das Prinzip der hydraulischen Verfahren zur Altlastensanierung an.**
9. **Nennen Sie die beiden Arten der Ex-Site-Verfahren.**
10. **Welche beiden Arten der Bodenwaschverfahren sind üblich?**
11. **Welchen Vorteil bietet die Altlastpyrolyse gegenüber anderen thermischen Verfahren?**

9.8 Schutz gegen Elektrosmog
Protection against Electrosmog

9.8.1 Prinzipielle Maßnahmen

Der Elektrosmog stellt eine **elektromagnetische Störung EMI** (Electromagnetic Inference = elektromagnetische Störung) dar (Abschnitt 6.2.5). Die EMIs werden durch eine *Störquelle* hervorgerufen und über eine *Kopplung an die Störsenke,* also den Menschen, übertragen **(Bild 1)**.

> Maßnahmen gegen Elektrosmog bestehen aus Vermeidung von Störquellen oder Vermeidung der Kopplung zum Menschen.

Verformung des elektromagnetischen Feldes

Das elektromagnetische Feld einer elektrischen Anlage setzt sich zusammen aus einer *elektrischen* Feldstärke *E* und einer *magnetischen* Feldstärke *H*. Es wird durch elektrisch oder magnetisch leitende Teile beeinflusst. Befindet sich z.B. ein Bett mit metallischen Teilen in einem Raum mit normaler Elektroinstallation, so tritt eine Verformung des Feldes so ein, dass im Bereich des Bettes eine höhere Feldstärke auftritt, daneben aber eine niedrigere **(Bild 2)**.

> Durch metallische Teile werden elektromagnetische Felder beeinflusst.

Eine wesentliche Maßnahme zur Vermeidung der Kopplung ist die Schirmung zwischen Störquelle und Störsenke. Man versteht darunter das Anbringen eines leitenden Schirms. Dabei kann es sich z.B. um eine metallische Folie oder bei hohen Frequenzen um ein Netz bzw. Gewebe aus Drähten handeln, z.B. um die Störquelle herum **(Bild 3)**.

Die Schirmung beeinflusst beim elektromagnetischen Feld sowohl den E-Anteil (elektrischen Anteil) wie den H-Anteil (magnetischen Anteil). Der H-Anteil induziert in der Schirmung eine Spannung, weil sich seine Stärke dauernd ändert. Dadurch entstehen in der Schirmung Wechselströme (Wirbelströme). Diese sind so gerichtet, dass sie gegen ihre Ursache wirken (Regel von Lenz). Sie erzeugen nämlich Magnetfelder mit der entgegengesetzten Richtung zum H-Anteil des elektromagnetischen Feldes. Dadurch heben sich die magnetischen Felder gegenseitig weitgehend auf.

Zur Vermeidung von Elektrosmog (EMI) verwendet man z.B. geschirmte Dosen **(Bild 4)** und geschirmte Leitungen (siehe folgende Seite).

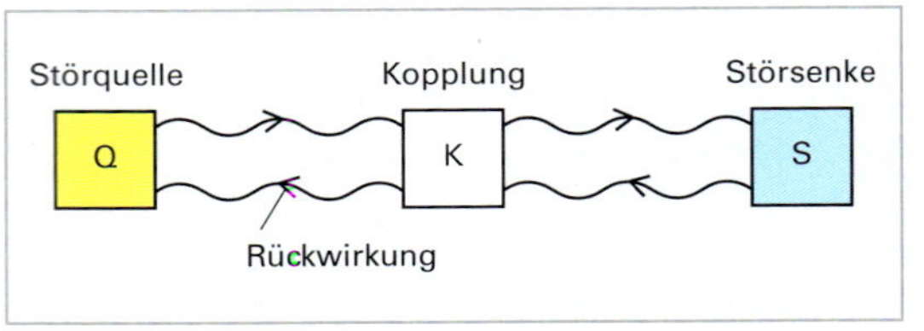

Bild 1: Prinzip der Übertragung von EMIs

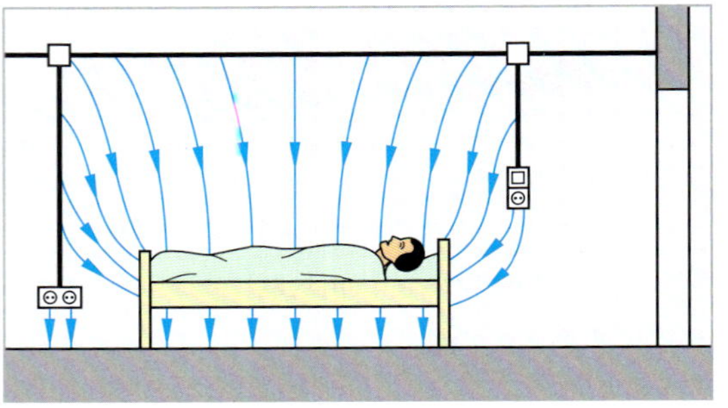

Bild 2: Verformung des elektromagnetischen Feldes durch ein Bett mit Metallteilen

Bild 3: Schirmung von Wohnbereichen durch ein Drahtnetz bei einem Rundfunksender

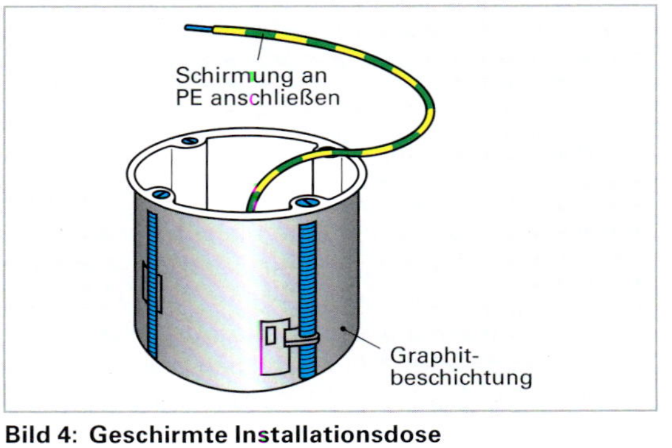

Bild 4: Geschirmte Installationsdose

Durch Schirmung mittels leitender Folien oder Drahtgewebe werden die E-Anteile und die H-Anteile von elektromagnetischen Feldern vom Menschen fern gehalten.

Auch die Verdrillung der Adern von Leitungen setzt die Erzeugung von EMIs und die Kopplung herab **(Bild 1)**. Durch die Verdrillung ist die magnetische Feldrichtung in benachbarten Drill-Schleifen verschieden, sodass sich die Wirkungen aufheben **(Bild 2)**. Wirkt ein äußeres Magnetfeld auf eine verdrillte Leitung, so sind in den benachbarten Drill-Schleifen die induzierten Spannungen entgegengesetzt, sodass sie sich aufheben. Signalstörungen wird somit auch entgegengewirkt. Die elektromagnetische Verträglichkeit EMV ist sichergestellt.

Verdrillte Leitungen wirken ähnlich wie geschirmte Leitungen.

9.8.2 Schutz gegen hochfrequente EMIs

Bei sehr starken hochfrequenten elektromagnetischen Feldern, z.B. in der Nähe von Rundfunksendern, können Aufenthaltsbereiche der Menschen abgeschirmt werden **(Bild 3, vorhergehende Seite)**. Das ist aber als allgemeine Maßnahme gegen sonstige hochfrequente elektromagnetische Felder nicht zu verwirklichen und auch nicht erforderlich, da deren Feldstärken außer in unmittelbarer Nähe von Rundfunksendern weit unterhalb der Grenzwerte liegen.

Ein allgemeiner Schutz gegen hochfrequente Anteile des Elektrosmogs ist nicht möglich.

Ernst zu nehmende Gefährdung kann aber beim Umgang mit drahtlosem Telefon, z.B. Smartphone, eintreten, und zwar beim Senden. Diese Geräte erhöhen bei schlechten Empfangsverhältnissen ihre Strahlung bis an ihre Leistungsgrenze. Man soll also

- nicht aus geschirmten Räumen, z.B. Kraftfahrzeugen oder Häusern mit Betonwänden, senden,
- die Antenne nicht ans Auge halten und
- möglichst eine Freisprecheinrichtung verwenden.

9.8.3 Schutz gegen niederfrequente EMIs

Schädigung durch niederfrequente elektromagnetische Strahlung ist bisher nicht nachgewiesen. Manche befürchten aber Störungen der Gehirnfunktion und Entstehen von Krebserkrankung. Deshalb hat sich die Technik der als sogenannten **Bioinstallation** entwickelt.

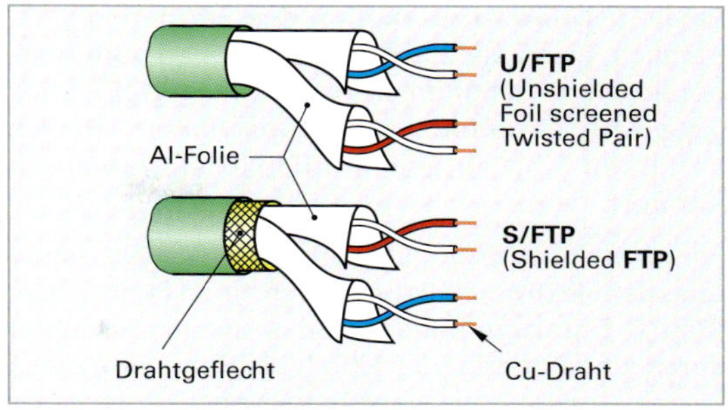

Bild 1: Beispiele geschirmter Leitungen

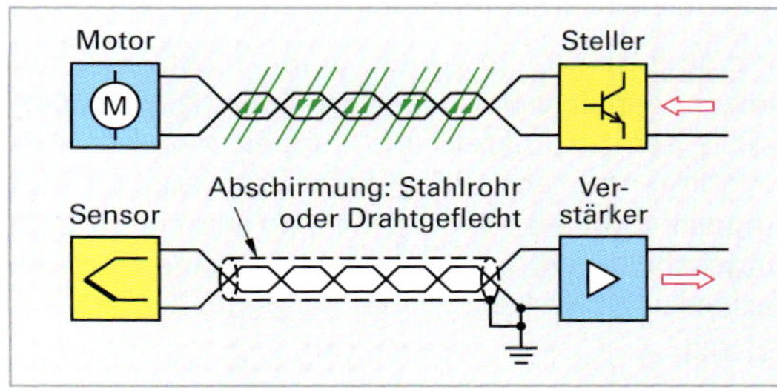

Bild 2: Schutzmaßnahmen gegen Elektrosmog von Leitungen

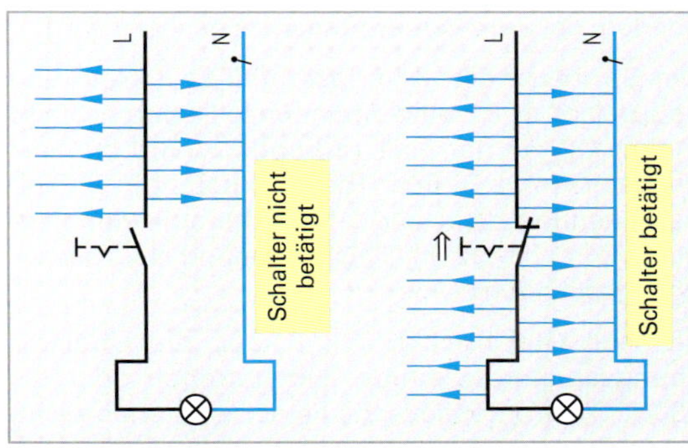

Bild 3: Elektrisches Feld an einem Schalter

Maßnahmen im Schlafzimmer

Der Elektrosmog im Schlafzimmer erscheint als besonders schwerwiegend, weil sich der Mensch etwa ein Drittel seiner Zeit dort aufhält. Deshalb soll bei Furcht vor dem Elektrosmog vor allem der Bettbereich feldfrei sein. Das ist allein durch Abschaltung des Stroms nicht möglich, da bis zum Schalter und bis zu den Steckdosen ein Spannung gegen Erde führender Leiter vorhanden ist **(Bild 3)**.

Feldarme Elektroinstallation des Bettbereichs ist möglich, wenn alle Elektroinstallationen vom Bettbereich fern gehalten werden, z.B. mittels eines über eine Leine betätigten Zugschalters. Dieses Verfahren führt zu einem erheblichen Verlust an Komfort.

Funksteuerung ermöglicht eine komplette Abschaltung der Elektroinstallation durch einen Funksender **(Bild 1)**. Derartige Sender sind entweder betrieben durch eine Batterie oder durch die Spannung eines Piezoelements oder eines Induktionselements der Betätigungstaste, also im abgeschalteten Zustand frei von elektromagnetischer Strahlung.

Netzabkopplung erfordert einen elektronischen Netzabkoppler, z.B. in der Verteilung. Dieser überwacht den Stromkreis und koppelt ihn vom Versorgungsnetz ab, wenn kein Verbrauchsmittel eingeschaltet ist **(Bild 2)**. Sobald aber eine Last eingeschaltet wird, z.B. eine Beleuchtung, wird die Verbindung zum Netz wieder hergestellt.

Ein Netzabkoppler enthält im Prinzip eine Überwachungsschaltung B1B2 mit einem Wechsler, der von einem Unterspannungsauslöser Q1 gesteuert wird **(Bild 3)**. Außerdem ist ein Gleichrichter R1C1 vorhanden, der vom Versorgungsnetz gespeist wird.

Der Stromwandler B1 erfasst den Laststrom und verursacht in B2 eine Spannung. Dadurch bleibt L über Q2 mit der Last verbunden. Wird die Last abgeschaltet, z.B. über Q2, so entsteht in B2 keine Spannung mehr und Q1 schaltet um. Nun liegt die Leitung bis Q2 an Gleichspannung als *Überwachungsspannung*.

Je nach Gleichrichter R1C1 kann die Überwachungsspannung einige Volt betragen oder bis 230 V. Elektromagnetische Felder entstehen nicht, da es sich um Gleichspannung handelt und da der Überwachungsstrom klein ist. Wird Q2 oder sonst ein Lastschalter betätigt, so verursacht der schwache Gleichstrom über B1 in B2 eine Spannung. Dadurch schaltet Q1 die Last an die normale Versorgungsspannung.

Weitere Informationen über www.schalk.de,www.elektrosmog.de.

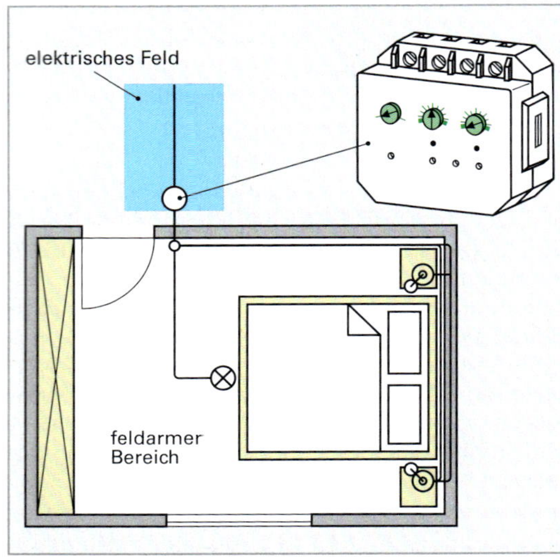

Bild 1: Feldarme Elektroinstallation mittels Funksteuerung

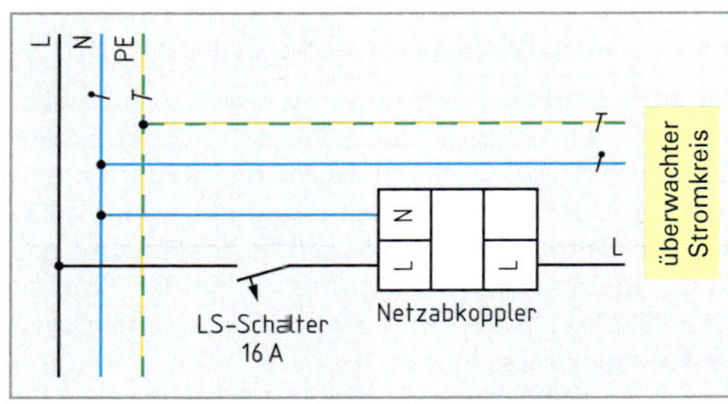

Bild 2: Feldarme Elektroinstallation mittels Netzabkoppler

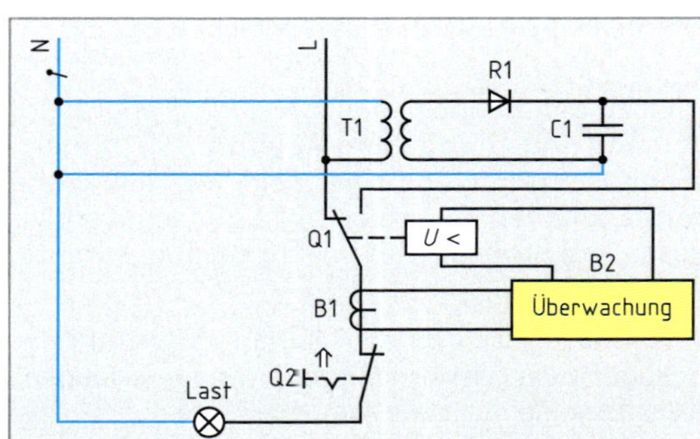

Bild 3: Prinzipschaltung eines Netzabkopplers

Wiederholung und Vertiefung

1. **Welche prinzipiellen Maßnahmen gegen Elektrosmog gibt es?**
2. **Warum ist bei geschirmten Leitungen einer Elektroinstallation von ihr kein Elektrosmog zu erwarten?**
3. **Warum wirken verdrillte Leitungen gegen den Elektrosmog?**
4. **Welcher Bereich einer Wohnung soll besonders frei von Elektrosmog sein?**
5. **Nennen Sie drei Möglichkeiten, den Ruhebereich frei von Elektrosmog zu halten.**

10 Rohrsysteme und Kanalsysteme

10.1 Grafische Symbole
Graphical Symbols

Die grafische Darstellung von Rohrleitungsanlagen erfolgt mittels genormter Symbole **(Tabelle 1)** und Kennzeichnungen **(Tabelle 2)**. Insbesondere für Aufgaben der Instandhaltung und Instandsetzung ist eine solche grafische Darstellung eine zwingende Voraussetzung. Man unterscheidet unterschiedliche Darstellungsarten. Bei Chemieanlagen wird neben einer räumlichen Darstellung oft das Rohrleitungs- und Instrumenten-Fließschema **(R&I-Fließschema)** angewendet **(Bild 1)**.

Die Rohrverbindungen sind im R&I-Fließschema durch Kurzzeichen an den Verbindungsstellen gekennzeichnet. Jede Rohrleitung besitzt eine Rohrleitungsbezeichnung. Diese setzt sich zusammen aus der Rohrleitungsnummer, der Nennweite, dem Nenndruck, dem Werkstoff und der Rohrklasse (Seite 492).

Fließschemata (Schemata = Mehrzahl von Schema = Plan) sind so aufgebaut, dass die Stoffe links in eine Anlage eintreten und rechts austreten. Die Orte des Eintritts und des Austritts der Stoffe sind durch Pfeile markiert. Messstellen und Regelstellen sind durch Kreise oder gerundete Rechtecke mit Kurzbezeichnung angegeben.

> R&I-Fließschemata sind eine vereinfachte Darstellung einer Rohrleitungsanlage.

Bei Sanitäranlagen oder Heizungsanlagen von Gebäuden erfolgt die Darstellung meist in Ansichten **(Bild 2)**. Bei der Darstellung in Ansichten reicht eine Ansicht aus.

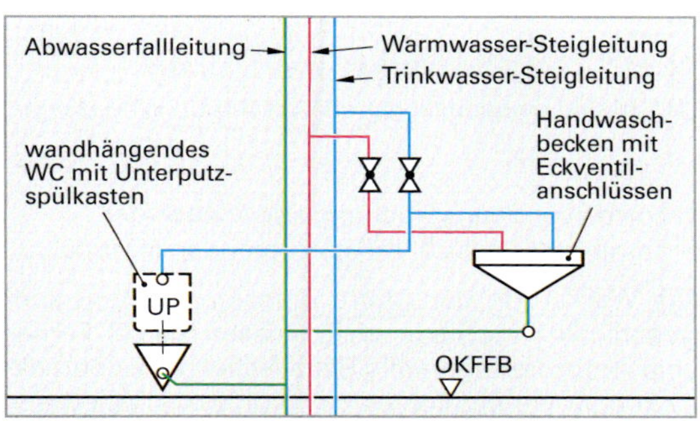

Bild 2: Sanitäranlage in Ansichtsdarstellung

Tabelle 1: Symbole in Rohrleitungsplänen

Symbol	Erklärung	Symbol	Erklärung
	Absperrventil		Absperrhahn
	Absperrschieber		Absperrklappe
	Rückschlag-ventil		Rückschlag-klappe
	Armatur mit Sicherheitsfunktion		Be- und Entlüfter
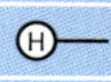	Handantrieb		Motorantrieb
	Messen, Bedienen an Anlage	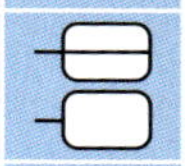	Messen, Bedienen an Prozessleitwarte
	Pumpe, allgemein		Kreiselpumpe
	Schweiß-verbindung		Flansch-verbindung
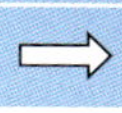	Eingang, Ausgang von Stoffen	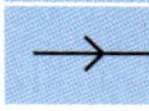	Fließrichtung

Tabelle 2: Kennbuchstaben (Beispiele)

Kennbuchst.	Erklärung	Kennbuchst.	Erklärung
BE	Behälter	PL	Pumpe
VV	Absperrhahn, Absperrklappe, Absperrschieber	KO WT	Kolonne Wärmetauscher
FI	Durchflussmessung, Anzeige	TI	Temperaturmessung, Anzeige
PIC PI PC	Druckregelung, Anzeige Druckanzeige Druckregelung	LIA ±	Flüssigkeitsstand, Anzeige Alarm, Grenzwert

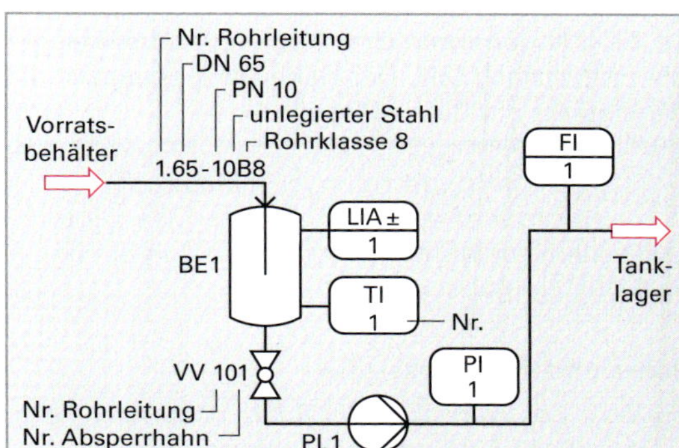

Bild 1: R&I-Fließschema (DN Nennweite, PN Nenndruck)

10.2 Rohrsysteme
Pipe Systems

10.2.1 Anwendung von Rohrleitungen

Rohrleitungen sind Bestandteile in industriellen Anlagen, z.B. für chemische Prozesse. Sie dienen zum Transportieren von festen, flüssigen oder gasförmigen Stoffen **(Bild 1)**. Rohrleitungen sind auch ein wesentlicher Bestandteil von Hausentwässerungsanlagen bzgl. Abwasser und Frischwasser oder von Heizungsanlagen zum Transport von Gas, Öl und Wasser.

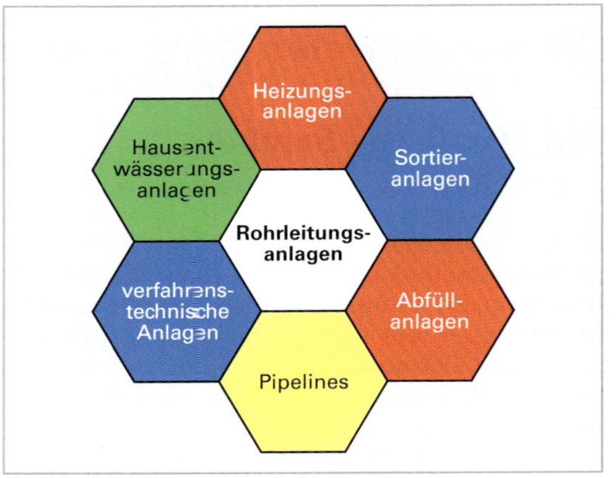

Bild 1: Beispiele von Rohrleitungsanlagen

10.2.2 Komponenten von Rohrleitungen

Rohrleitungen bestehen aus
- Rohren,
- Rohrformteilen,
- Ausgleichselementen,
- Armaturen,
- Dichtungen,
- Entlüftern,
- Verbindungen und
- Befestigungselementen.

Für das Betreiben von Rohrleitungsanlagen sind darüber hinaus meist noch Pumpen und Behälter notwendig.

Normung

Die genannten Komponenten unterliegen meist Normen (DIN IEC). Damit ist es möglich, eine Rohrleitung gemäß einem Baukasten zusammenzustellen. Rohrleitungen werden in der Nennweite von wenigen Millimetern bis zu einigen Metern ausgeführt und können im Falle einer Pipeline mehrere Tausend Kilometer lang sein. Der Nenndruck kann z.B. bis zu 100 MPa bzw. einigen Hundert Bar reichen.

Der Nenndruck PN (von nominal pressure) und die Nennweite DN (von nominal diameter) sind für zueinander passende Rohrleitungen eine Kenngröße. Es gibt genormte Druckstufen und bevorzugte DN-Stufen nach DIN. Der Nenndruck bestimmt die Wandstärke der Rohre **(Tabelle 1)**.

> Wegen ihrer genormten Anschlüsse können die Komponenten von Rohrleitungsanlagen bequem zusammengeschlossen und bei Bedarf ausgetauscht werden.

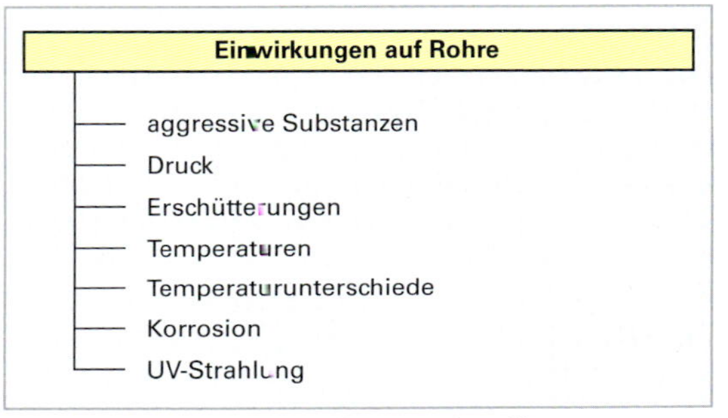

Bild 2: Anforderungen an Rohrwerkstoffe

Tabelle 1: Kupferrohre für Gas- und Wasserinstallation

Nennweite DN in mm	Außendurchmesser D in mm	Innendurchmesser d in mm	Wanddicke s in mm	Inhalt des Rohres V' in $\frac{dm^3}{m}$	Masse des Rohres m' in kg/m
8	10	8	1	0,05	0,252
10	12	10	1	0,079	0,308
15	18	16	1	0,201	0,475
20	22	20	1	0,314	0,587
25	28	25	1,5	0,491	1,110
32	35	32	1,5	0,804	1,410

V′, *m′* sind längenbezogene *V* (Volumen), *m* (Masse)

Rohre und ihre Werkstoffe

Die Wahl des Werkstoffs der Rohre richtet sich nach
- statischen und dynamischen Belastungen,
- mechanischen Beanspruchungen, z.B. Fließgeschwindigkeiten,
- korrosiver Beanspruchung sowie nach der
- Temperatur des zu transportierenden Materials.

Die Werkstoffe der Rohre müssen resistent sein gegenüber verschiedenen Einflüssen **(Bild 2)**. Ferner sind Anforderungen des Schallschutzes zu berücksichtigen. Verwendet werden Rohre z.B. aus Guss, Stahl, Kunststoff, Steinzeug, Beton, auch z. T. Glas.

Es gibt unterschiedliche Bezeichnungen und Kurzformen für die Rohre **(Tabelle 1)**. Die Eigenschaften der Rohre sind verschieden **(Tabelle 2)**.

Gussrohre aus Grauguss werden z.B. für häusliche Abwässer verwendet. Für Erdverlegung sind die Gussrohre oft verzinkt und durch Epoxidharz geschützt. **Stahlrohre** aus unlegierten Baustählen sind bei häuslichen Abwässern aus Korrosionsgründen für die Erdverlegung nicht zugelassen. Sie werden aber zur Abgasabführung und Raumlüftung verwendet.

In chemischen Anlagen verwendet man bei stark korrodierenden Medien oder hohen Reinheitsanforderungen **Rohrleitungen aus nicht rostendem Stahl**. Rohre aus Nickellegierungen kommen bei geforderter Korrosionsbeständigkeit gegen Säuren, z.B. Salzsäure, Essigsäure, zum Einsatz. Kupfer-Zinklegierungen werden in Wärmeaustauschern und Meerwasser-Entsalzungsanlagen verwendet. Aluminiumwerkstoffe sind wegen ihrer gesundheitlichen Unbedenklichkeit im Behälterbau für Nahrungsmittel und Feinchemikalien geeignet.

Kunststoffrohre sind vor allem wegen ihres geringen Gewichts, ihrer leichten Bearbeitbarkeit und wegen ihrer Korrosionsbeständigkeit interessant. KAV-Rohre werden bei Abwasseranlagen für Fallleitungen, Sammelleitungen oder Lüftungsleitungen verwendet. PE-Rohre sind für alle Leitungsabschnitte im Umfeld der Hausentwässerung zugelassen. ABS/ASA-Rohre und PP-Rohre dürfen nicht im Erdreich verwendet werden. GFK-Rohre werden wegen ihrer Belastbarkeit zur Wasserversorgung und im Umfeld der Abwasserkanalisation eingesetzt.

Steinzeugrohre sind im Umfeld der Abwässer für Sammelleitungen, Grundleitungen und Fallleitungen zugelassen. Bei Faserzementrohren ist bei der Erdverlegung auf die begrenzte mechanische Belastbarkeit zu achten. Glasrohre werden oft in Laboren mit besonderer chemischer Belastung verwendet.

In Abhängigkeit der Temperatur des zu transportierenden Materials oder der Umgebungstemperatur kann eine Wärmeisolierung, Kälteisolierung oder eine Rohrbegleitheizung oder -kühlung der Rohrleitung erforderlich sein. Rohrleitungen mit einem zulässigen inneren Betriebsdruck von über 0,5 bar sind gemäß der Druckgeräterichtlinie 2014/68/EU zu betreiben.

> Je nach Anwendung muss man die geeigneten Rohre auswählen.

Tabelle 1: Bezeichnungen von Rohren (Beispiele)

Bezeichnung	Erklärung
HT-Rohr	hohe Temperaturbeständigkeit
KAN-Rohr (PVC-U-Rohr)	Kunststoffabflussrohr, normale Wandstärke
KAV-Rohr (PVC-U-Rohr)	Kunststoffabflussrohr, verstärkte Wandung
KG-Rohr	Kunststoffrohr für Grundleitungen
PE-Rohr	Polyethylen-Rohr
PP-Rohr	Polypropylen-Rohr
ABS/ASA-Rohr	Rohr aus Acrylnitril-Butadien-Styrol bzw. Acrylnitril-Styrol-Acrylester
SML-Rohr	Super Metallit Lieferprogramm, muffenlose Abflussrohre aus Grauguss
GFK-Rohr	glasfaserverstärktes Kunststoffrohr, bestehend aus Vinylester-, Epoxid- und Polyesterharz sowie Glas-, Karbon-, Aramidvlies

Tabelle 2: Eigenschaften der Rohre

Rohr	Eigenschaften
Gussrohr (GG-Rohr)	fest, hart, spröde, temperaturbeständig, nicht brennbar, korrosionsbeständig
Stahlrohr	schlagunempfindlich, temperaturbeständig, nicht brennbar, je nach Legierung korrosionsbeständig
PVC-U-Rohr	beständig gegen Säuren und Laugen, nicht beständig gegen Lösemittel, nicht beständig über 50 °C
PE-Rohr	beständig gegen Säuren, Laugen, organische Lösemittel, UV-Strahlen, schlagfest
ABS/ASA-Rohr	beständig gegen Kochwasser, schlagfest, brennbar
PP-Rohr	beständig gegen Kochwasser, schwer entflammbar
Steinzeugrohr (Stz-Rohr)	beständig gegen Chemikalien, nicht brennbar
Faserzementrohr (FZ-Rohr)	beständig gegen häusliche Abwässer, nicht brennbar, nicht beständig gegen saure Abwässer
Glasrohr	chemisch beständig, temperaturbeständig, druckfest, nicht brennbar
GFK-Rohr	beständig, gegen Säuren, Laugen, organsiche Lösemittel, UV-Strahlen, schlagfest

Rohrklassen

Die Rohrklasse legt den Anwendungsbereich von Rohrleitungen hinsichtlich Druck *p*, Temperatur *T* und deren gegenseitige Abhängigkeit, *pT-Rating* genannt, fest. Hierbei wird angegeben, bis zu welchem maximal zulässigen Druck die Bauteile der Rohrklasse bei einer maximal zulässigen Temperatur zuverlässig betrieben werden können.

Standard-Rohrklassen gibt es für Rohre, Rohrformstücke, Abzweige, Flansche, Schrauben, Bolzen, Muttern und Dichtungen. Für das Planen von Rohrleitungen werden die vorkommenden Komponenten festgelegt und zu einer Rohrklasse zusammengestellt. Somit ist sichergestellt, das jede Komponente den Belastungen standhält.

> Die Komponenten einer Rohrleitungsanlage müssen für ihre Anwendung aus der gleichen Rohrklasse stammen.

Ausgleichselemente

Rohre verändern ihre Länge aufgrund des Einflusses von Kräften und Temperaturen **(Bild 1)**. Dadurch können Beschädigungen an den Übergangsstellen der Komponenten auftreten. Dies kann durch Einsatz von Ausgleichselementen verhindert werden, z. B. Gummikompensatoren, Wellrohrkompensatoren oder Rohrbögen. Letztere nehmen kleine Rohrdehnungen durch ihre Verformung auf.

Armaturen

Bedienelemente bezeichnet man als Armatur (von lat. armare = bewaffnen). In der Fluidtechnik, Heiztechnik und Sanitärtechnik wird der Begriff Armatur auch für Ventile zum Steuern und Regeln von Strömungen in Rohrleitungen verwendet. Armaturen können manuell von Hand, z. B. der Wasserhahn, oder von Stellantrieben betätigt werden. Als Stellantriebe kommen Elektromotoren sowie pneumatisch oder hydraulisch angetriebene Steller zum Einsatz. Die Auswahl einer geeigneten Armatur richtet sich nach der Verwendung und den Betriebsbedingungen. Gängige Armaturen sind Schieber, Klappen, Hähne, Ventile **(Bild 2)**.

Beim **Schieber** wird ein Keil oder eine Scheibe senkrecht zur Strömungsrichtung auf und ab bewegt. Bei einer **Klappe** wird mit einer um ihre Mittelachse drehbaren Scheibe mit feststellbarem Hebel oder selbstsperrendem Getriebe die Strömung im Rohr beeinflusst. Klappen werden bei aggressiven Medien nicht eingesetzt, da das Drehlager der Scheibe dauernd dem Medium

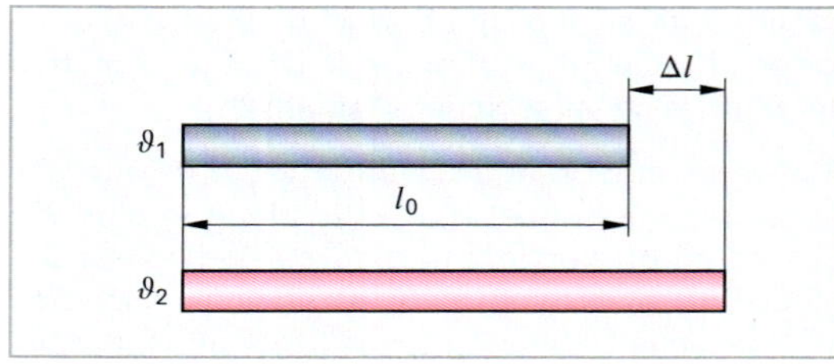

Bild 1: Längenausdehnung wegen Temperaturerhöhung

Längenänderung	Temperaturunterschied
$\Delta l = l_0 \cdot \alpha_l \cdot \Delta\vartheta$ (1)	$\Delta\vartheta = \vartheta_2 - \vartheta_1$ (2)

Δl Längenänderung
α_l Längenausdehnungskoeffizient
l_0 ursprüngliche Länge
$\Delta\vartheta$ Temperaturunterschied
ϑ_1, ϑ_2 Temperaturen

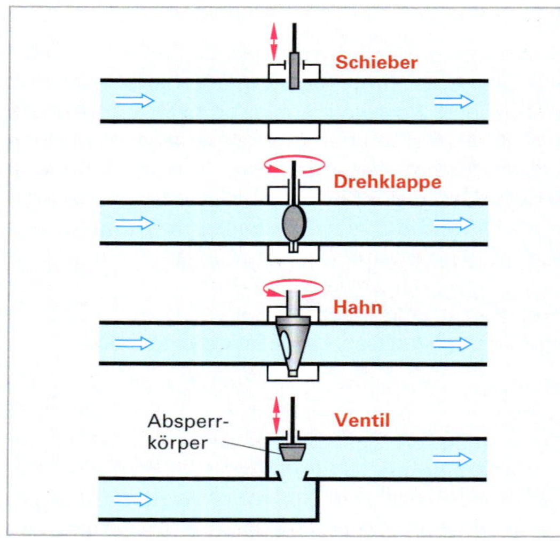

Bild 2: Arten von Armaturen

ausgesetzt ist. Ventile gibt es in verschiedenen Ausführungen. Mit Absperr- und Regelventilen kann ein Durchfluss feinstufig reguliert werden.

Bei **Rückschlagarmaturen** (Rückflussverhinderer) bewirkt der Fluidstrom in der Rohrleitung ein selbstständiges Schließen des Ventils, sobald sich seine Flussrichtung ändert. Neben Rückschlagklappen werden auch Rückschlagventile eingesetzt **(Bild 1, folgende Seite)**. Reinigungsmaßnahmen sind zwingend von Zeit zu Zeit durchzuführen.

www.figawa.org

Sicherheitsventile schützen Rohrleitungen und sonstige Anlagenteile gegen Schädigungen infolge von Überdruck. Bei Erreichen eines vorgegebenen Drucks öffnet das Ventil und schließt wieder nach dem Druckabfall. Es gibt Sicherheitsventile, die direkt vom Fließmedium betätigt werden, und solche, die über eine Steuereinrichtung mit Stellantrieb geschaltet werden. Die Steuereinrichtung erhält hierbei ein Signal von einer Messeinrichtung.

> Sicherheitsventile sind bei unter Druck stehenden Anlagen erforderlich.

In Haus-Gasleitungen werden speziell abgedichtete, dem Gasdruck angepasste Ventile, die sogenannten Gashähne, eingebaut.

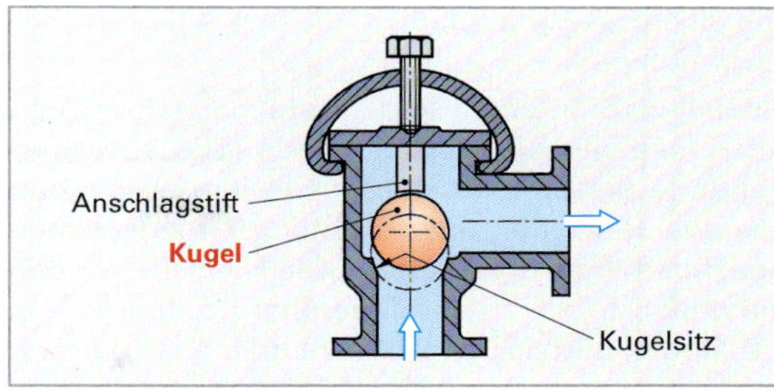

Bild 1: Kugel-Rückschlagventil

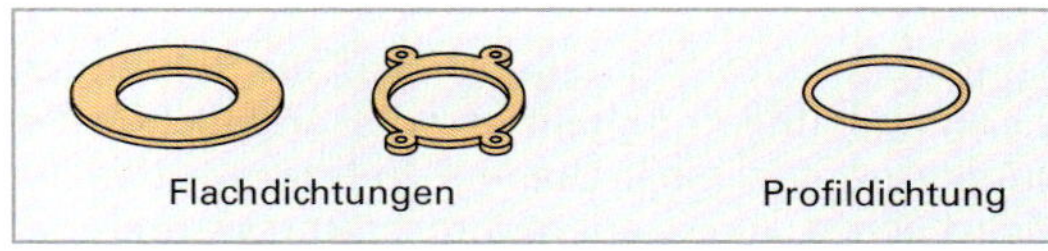

Bild 2: Beispiele von Dichtungen

Dichtungen

Dichtungen **(Bild 2)** haben die Aufgabe, ungewolltes Austreten von Stoffen oder Gasen an Übergangsstellen zu verhindern, an denen zwei Komponenten aufeinandertreffen oder miteinander verbunden sind. Zu unterscheiden sind Berührungsdichtungen und berührungslose Dichtungen, z. B. mittels Sperrluft, Magnet-Fluid. Ferner wird unterschieden, ob nicht bewegte Dichtungsflächen (statische Dichtung) oder bewegte Dichtungsflächen (dynamische Dichtung), z. B. bei rotierenden Wellen, vorliegen.

Bei einer **statischen Dichtung** wird eine verformbare Dichtung zwischen die abzudichtenden Stellen gepresst. Beispiele sind Flachdichtungen oder Profildichtungen. Als **dynamische Dichtung** sind Wellendichtungen verbreitet. Die Dichtwirkung beruht darauf, dass der Dichtweg durch das Anordnen von Dichtringen auf der Welle und dem feststehenden Gehäuseteil verlängert wird. Abdichtende Elemente sind z. B. Radial-Wellendichtringe, Stopfbuchsendichtungen oder Gleitringdichtungen. Für niedrige Drücke verwendet man Elastomerdichtungen, für hohe Drücke elastische Metalldichtungen aus nichtrostendem Stahl mit PTFE (Polytetrafluorethylen).

Verbindungen

Rohre, Rohrformteile, Armaturen und Geräte, z. B. Pumpen, müssen in Rohrleitungen miteinander verbunden werden. Abhängig von den Betriebsbedingungen, dem Werkstoff und der Aufgabenstellung, z. B. lösbare oder nicht lösbare Verbindung, ist eine geeignete Rohrverbindung anzuwenden **(Tabelle 1)**. Nicht lösbare Verbindungen sind gelötet, geschweißt oder geklebt.

Tabelle 1: Rohrwerkstoffe und Verbindungen

Rohr	Werkstoff	Verbindungen[1]
Stahlrohre	verzinkter Stahl, nichtrostender Stahl, blanker Stahl	Gewinde-, Press-, Schweiß-, Steck- und Schraubverbindungen
Kupferrohre	Kupfer	Löt- und Pressverbindungen
Kunststoffrohre	PE-HD PE-X, PP-R PVC-C PVC-U PB	Schweiß-, Klemm-, Steck- und Klebeverbindungen
Metallverbundrohre	Metall mit Kunststoff	Klemm- und Pressverbindungen

[1] je nach Werkstoff

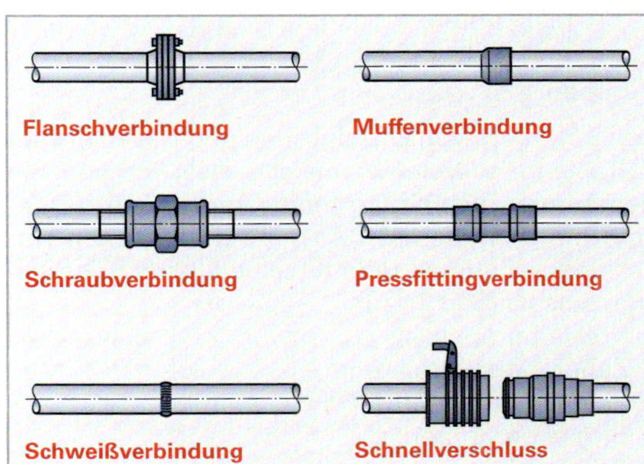

Bild 3: Arten von Rohrverbindungen

Die sicherste Verbindung stellt hier die **Schweißverbindung** dar.

Flanschverbindungen sind die am meisten verbreiteten lösbaren Rohrverbindungen **(Bild 3, vorhergehende Seite)**. Eine Flanschverbindung besteht aus zwei Flanschen, einer Dichtung, Unterlegscheiben, Schrauben und Muttern. Die Flansche werden entweder an die zu verbindenden Komponenten, z. B. Rohre, mittels Schweißnaht oder Gewinde fest angebracht oder durch Überschieben und Abdichten lose verbunden. Blindflansche verschließen ein Rohrende.

Bei der **Schraubverbindung** sind an die Rohrenden Dichtungsstutzen angelötet oder angeschweißt. Durch Anziehen einer Überwurfmutter werden die Dichtflächen aneinandergepresst und werden dadurch abgedichtet.

Beim Verbinden von Komponenten aus unterschiedlichen Materialien ist zu beachten, dass zwei verschiedene Metalle bei Feuchtigkeit ein galvanisches Element bilden und daher an der Übergangsstelle korrodieren können.

Entlüfter

Mittels Entlüftern werden Gase, meist Luft, aus Rohrleitungen, in denen flüssige Medien transportiert werden, entfernt **(Bild 1)**. Beim Befüllen einer Anlage mit Flüssigkeit wird die in der Anlage vorhandene Luft verdrängt und muss entweichen können. Ferner entstehen durch Undichtigkeiten der Anlage und durch in der Flüssigkeit gelöste Gase während des Anlagenbetriebs Gase und Luft. Dadurch wird die Funktionsfähigkeit der Anlage beeinträchtigt. Der Einbau von Entlüftern ist daher notwendig, im einfachsten Fall sind dies Entlüftungshähne.

> Entlüfter sind an den höchstgelegenen Stellen einer Anlage anzubringen, da Gase sich dort ansammeln.

Pumpen

Das Befördern von Flüssigkeiten und Gasen erfolgt in Rohleitungssystemen meist mittels Pumpen. Sie bestimmen die Fördermenge und die Fördergeschwindigkeit. Je nach Anwendung kommen verschiedene Pumpen in unterschiedlichen Bauarten zum Einsatz **(Bild 2)**, z. B.

- Kreiselpumpen,
- Zahnradpumpen,
- Seitenkanalpumpen,
- Propellerpumpen,
- Vakuumpumpen,
- Excenter-Schneckenpumpen.

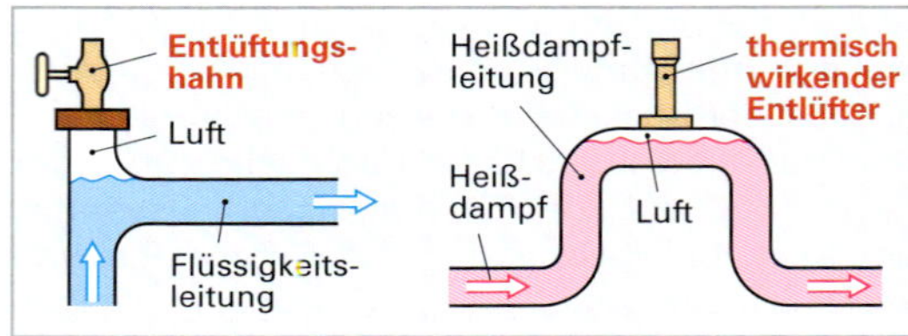

Bild 1: Anordnungen von Entlüftern

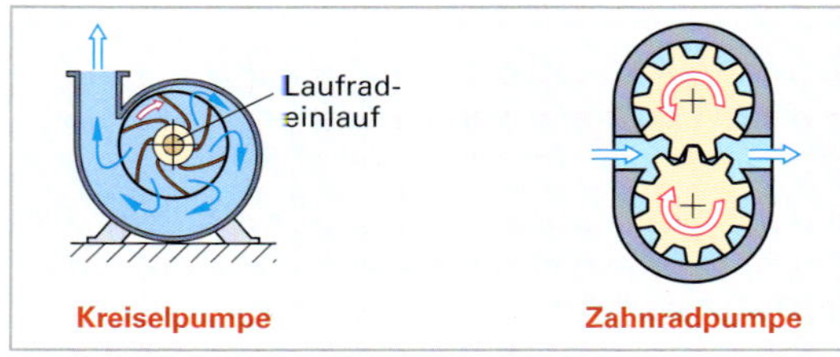

Bild 2: Pumpen

Dichtheitsprüfungen von Rohrleitungen

- Anlage mit Flüssigkeit oder Gas füllen
- Anlage entlüften
- Überdruck erzeugen
- Druckabfall messen
- Ergebnis bewerten in Abhängigkeit vom Rohrwerkstoff

Bild 3: Ablauf einer Dichtheitsprüfung

Pumpen werden auch oft nach ihrem Verwendungszweck benannt, z. B. Förderpumpen, Umwälzpumpen, Dosierpumpen. Angetrieben wird eine Pumpe meist durch einen Elektromotor.

Behälter

Geschlossene Behälter dienen zum Lagern von Flüssigkeiten und Gasen. Mittels Pumpen werden die Medien durch die Rohrleitungen gefördert. Je nach Art der Flüssigkeit und des Gases sind für die Behälter entsprechende Sicherheitsvorkehrungen, z. B. hinsichtlich Aufbau, Aufstellung und Farbkennzeichnung, zu treffen.

10.2.3 Inbetriebnahme und Betrieb

Inbetriebnahme

Bevor eine Rohrleitungsanlage in den regulären Betrieb geht, muss sie vom Betreiber abgenommen werden. Wesentliche Voraussetzung hierzu ist, dass die Anlage einer **Dichtheitsprüfung** unterzogen wurde **(Bild 3)**. Dies kann bei Rohrleitungen zum Flüssigkeitstransport dadurch geschehen, dass z.B. filtriertes Wasser in die Anlage mit einem größeren Druck als dem späteren Betriebsdruck gefüllt wird. Vollständiges Entlüften der Anlage ist erforderlich. Dieser erhöhte Druck muss über eine definierte Zeit von der Anlage gehalten werden. Während der Prüfzeit darf kein Druckabfall eintreten. Die Druckprüfung kann auch durch Einleiten von Druckluft in die Rohrleitungsanlage erfolgen. Diese Art der Prüfung wird bei Rohrleitungen zum Transport von Flüssigkeiten oder Gasen angewendet. Die bei der Prüfung eingesetzten Druckmessgeräte müssen für das Ablesen kleiner Druckänderungen, z.B. 0,1 bar, bemessen sein.

Bei Kunststoffrohren wird der Druck bzw. Druckabfall mehrfach getestet. Zu unterscheiden ist eine Vorprüfung und eine Hauptprüfung. Da Kunststoffrohre elastisch sind, ist ein gewisses Absinken des Drucks erlaubt. Dennoch darf der Druck bei der Hauptprüfung z.B. während 2 Stunden um max. 0,2 bar fallen, wenn eine Anlage als dicht gelten soll.

Im Anschluss an die Dichtheitsprüfung müssen Rohrleitungsanlagen für den Flüssigkeitstransport gespült werden. Dadurch sollen vorhandene Fremdkörper entfernt werden, sodass die inneren Rohroberflächen hygienisch unbedenklich sind und Korrosionsschäden weitgehend vermieden werden. Auf Richtwerte bzgl. Mindestfließgeschwindigkeit, Länge des zu spülenden Leitungsabschnitts und Spüldauer ist zu achten.

Vor Inbetriebnahme einer Rohrleitungsanlage ist diese auf Dichtheit zu prüfen und bei Bedarf zu spülen.

Betrieb

Das Betreiben einer Anlage mit Rohrleitungen erfordert je nach Risikowirkung der Anlage ein ständiges oder gemäß einem Zeitplan festgelegtes Überwachen der Prozesse sowie der beteiligten Komponenten. Beim Erkennen von Verschleißerscheinungen sind entsprechende Maßnahmen einzuleiten, z.B. Austausch der betroffenen Komponenten. Diese Vorgehensweise bezeichnet man als *zustandsorientierte Instandhaltung* **(Bild 1)**.

Eine andere Art der **Instandhaltung** ist die *vorbeugende Instandhaltung*. Durch vorbeugende Maßnahmen, z.B. Austauschen oder Reinigen von Komponenten nach einer festgelegten Einsatzzeit, also ungeachtet ihres Zustands, sollen Störungen vermieden werden. Sicherheitsrelevante Einrichtungen müssen in festgelegten Zeitabständen auf ihre Funktionsfähigkeit hin geprüft werden.

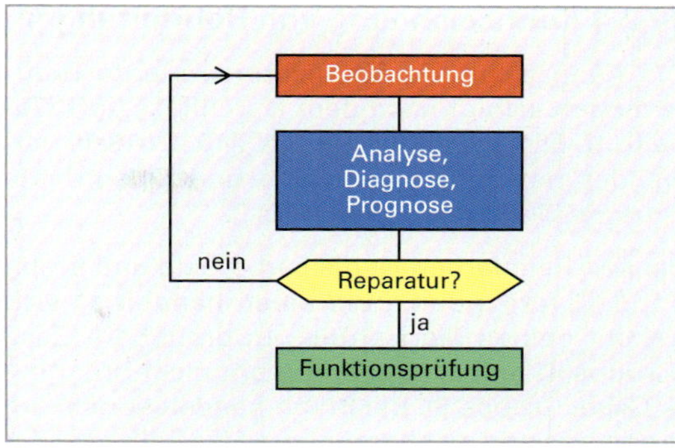

Bild 1: Ablauf der zustandsorientierten Instandhaltung

Tätigkeit	800 Bh	1800 Bh	2600 Bh	3400 Bh	4200 Bh
Batterie prüfen	×	×	×	×	×
Ölfilter wechseln	×		×		×
Ölstand prüfen	×	×	×	×	×
Motor wechseln				×	
Gasfilter wechseln	×		×		×

Bild 2: Auszug aus einem Wartungsplan
(Bh Betriebsstunden)

Eine funktionierende Instandhaltung erfordert Instandhaltungspläne (Wartungspläne). In ihnen müssen alle durchzuführenden Arbeiten und Prüfungen beschrieben sein **(Bild 2)**. Wartungspläne von Geräteherstellern, z.B. von Pumpen, sind Bestandteil des gesamten Instandhaltungsplans.

Die *Instandhaltung* umfasst alle Maßnahmen zum Erhalt des ordnungsgemäßen Betriebszustands einer Anlage.

Treten Fehler in einer Anlage auf, so müssen diese behoben werden, z.B. durch Reparieren der betroffenen Komponenten oder durch Austausch dieser. In diesem Falle spricht man von **Instandsetzung**. Auch hierzu wird eine aussagekräftige Dokumentation benötigt, die entweder selbst zu erstellen ist oder von den Herstellern angefordert werden muss.

Die *Instandsetzung* umfasst alle Maßnahmen, um eine Anlage wieder in einen funktionsfähigen Zustand zu bringen.

10.2.4 Kennzeichnung von Rohrleitungen

Die Kennzeichnung für nichterdverlegte Rohrleitungen erfolgt nach dem Durchflussstoff **(Tabelle 1)**. Entsprechend der DIN 2403:2018-10 verwendet man dafür **Kennfarben** und zugeordnete **Gruppen-Kennzahlen** von 0 bis 9.

Bei den Kennfarben ist die Farbe Gelb und Braun doppelt vorhanden. Zum einen handelt es sich bei der gelben Markierung um brennbare Gase (Gruppe 4) und zum anderen um nicht brennbare Gase (Gruppe 5). Bei Braun handelt es sich um brennbare und nicht brennbare Flüssigkeiten. Zur Unterscheidung als brennbare oder nicht brennbare Stoffe werden die zusätzlichen Farben Rot oder Schwarz verwendet.

An Rohrleitungen angebrachte Kennzeichnungsschilder weisen auf die Stoffbezeichnung und die Fließrichtung der Stoffe hin.

Die Gruppen-Kennzahl wird mit einer Zusatzkennzahl präzisiert. So bedeuten die Kennzeichnungen z. B. 0.3 Sauerstoff oder 8.2 Heizöl. Bei Gefahrstoffen informieren weitere Symbole entsprechend der Gefahrstoffverordnung über die Gefahren dieser Stoffe (Abschnitt 5.3.7). Die Platzierung der Kennzeichnungsschilder erfolgt an markanten Trassenpunkten. Sehr wichtig sind solche Schilder für z. B. sachgerechte Wartungsarbeiten, das Beheben von Betriebsstörungen oder bei der wirksamen Brandbekämpfung.

Tabelle 1: Kennzeichnung von Rohrleitungen

Kennzeichnungsschild, Beispiel	Gruppen-Kennzahl	Kennfarbe – RAL	Schriftfarbe	Durchflussmedium
Sauerstoff	0	blau – 5005	weiß	Sauerstoff
Abwasser	1	grün – 6032	weiß	Wasser
Dampf	2	rot – 3001	weiß	Wasserdampf
Druckluft	3	grau – 7004	schwarz	Luft
Erdgas	4	Grundfarbe: gelb – 1003 Zusatzfarbe: rot – 3001	schwarz	Brennbare Gase
Helium	5	Grundfarbe: gelb – 1003 Zusatzfarbe: schwarz – 9004	schwarz	Nichtbrennbare Gase
Salzsäure	6	orange – 2010	schwarz	Säuren
Ammoniak	7	violett – 4008	weiß	Laugen
Rohöl	8	Grundfarbe: braun – 8002 Zusatzfarbe: rot – 3001	weiß	Brennbare Flüssigkeiten
Schleifemulsion	9	Grundfarbe: braun – 8002 Zusatzfarbe: schwarz – 9004	weiß	Nicht brennbare Flüssigkeiten

10.3 Kanalsysteme
Sewer Systems

10.3.1 Aufbau

Außerhalb von Gebäuden werden Regenwasser (RW), Schmutzwasser (SW) oder Mischwasser (MW) über erdverlegte *Grundleitungen* zum Anschlusskanal geleitet. Der *Anschlusskanal* führt das Regenwasser, Schmutzwasser oder Mischwasser z.B. von einem Schacht nahe der Grundstücksgrenze zum öffentlichen Abwasserkanal (Ortskanal, **Bild 1**).

Anlagen zur geordneten Ableitung von Abwässern (Kanalisation) bestehen aus unteririschen Kanalnetzen mit zugehörigen Sammel- und Reinigungsanlagen. In der Hauskanalisation werden Rohrdurchmesser DN 100 (10 cm) bis DN 200 (20 cm) verwendet. Das öffentliche Kanalnetz (Ortskanalisation) besitzt Rohre ab Durchmesser DN 250 (25 cm) bis z.B. DN 800 (80 cm, **Bild 2**). Die Ortskanalisation umfasst die Straßenkanäle, die zu Sammlern führen.

> Abwasseranlagen bestehen aus verschiedenen Leitungsabschnitten und Kanalabschnitten.

Abwasserkanäle werden meist mit einem Gefälle von 0,1 % bis 2 % verlegt. Man spricht von *Freispiegelleitungen,* d. h. der Wasserstand liegt im Normalfall unter dem Rohrscheitel.

> Kanäle sind so zu bemessen, dass sie nur in Ausnahmefällen komplett mit Wasser gefüllt sind.

Ist das Rohrgefälle zu gering oder sind sogar Steigungen (Höhenunterschiede) zu überwinden, dann sind Pumpenanlagen vorzusehen. In Verbindung mit Pumpenanlagen können auch kleinere Rohrquerschnitte verwendet werden. Die Pumpenanlagen müssen regelmäßig kontrolliert und gewartet werden.

Zwischen längeren Rohrabschnitten liegen Kontrollschächte. Hauptabwassersammler können bei Bedarf auch begehbar ausgeführt sein, z.B. in Ballungsräumen. Kanäle oder Kanalrohre sind je nach Erdreich und Belastung in Faserbeton, Guss, Stahl, Steinzeug, Kunststoff oder Beton ausgeführt.

Für entlegene Ansiedlungen werden auch Druck- oder Vakuumentwässerungen oder dezentrale Kleinkläranlagen gebaut.

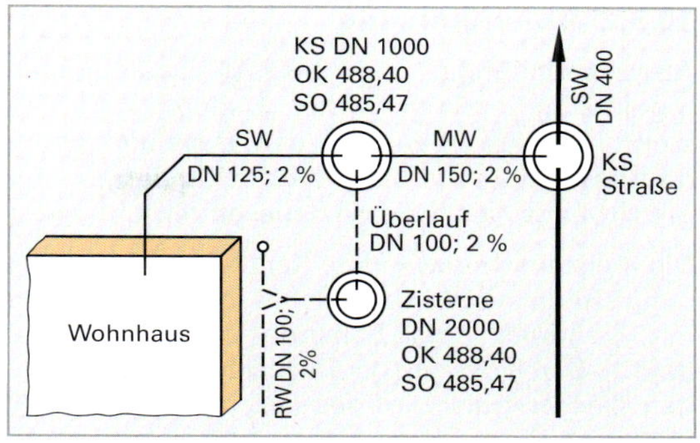

Bild 1: Hausanschluss an Ortskanal (KS Kontrollschacht, OK Oberkante, SO Sole [Boden])

Bild 2: Rohre für Abwasserableitungen

www.baulinks.de/sanitaer
www.zdb-katalog.de

Wiederholung und Vertiefung

1. **Welchen Vorteil besitzt die grafische Abbildung einer Rohrleitungsanlage mit genormten grafischen Symbolen?**
2. **Nennen Sie Einsatzbeispiele von Rohrleitungen.**
3. **Welche Komponenten kommen in einem Rohrleitungssystem vor?**
4. **Welchen Vorteil bringt das Normen der Komponenten für Rohrleitungen mit sich?**
5. **Erklären Sie den Begriff Rohrklasse.**
6. **Was versteht man unter einem Ausgleichselement?**
7. **Nennen Sie Beispiele von Armaturen. Welche Aufgabe besitzen Sicherheitsventile?**
8. **Was versteht man unter einem Entlüfter?**
9. **Wodurch unterscheidet sich die vorbeugende Instandhaltung von der zustandsorientierten Instandhaltung?**
10. **Erklären Sie den Unterschied zwischen Instandhaltung und Instandsetzung.**
11. **Wodurch unterscheiden sich die Rohre der Hauskanalisation von denen der öffentlichen Kanalisation?**

10.3.2 Kanalreinigung

Abwasserleitungen und Abwasserkanäle sollten regelmäßig gereinigt werden. Dadurch kann Verstopfungen vorgebeugt werden. Gase und gärende Rückstände, die auf die Rohrwandungen aggressiv einwirken, werden dabei entfernt.

Die meistens angewendete Kanal- bzw. Rohrreinigung erfolgt mit Wasser, welches mittels einer Düse mit Hochdruck in das Kanalrohr eingebracht wird **(Bild 1)**. Durch den mit der Düse vorwärts wandernden Wasserstrahl wird das abzutransportierende Material gelöst und nach hinten geschleudert. Es kann dann über eine Saugeinrichtung aus dem Kanal heraustransportiert werden. Das Saugen ist bis zu einer Höhe von etwa 8 m möglich. Bei einer größeren Höhe muss von unten her gepumpt werden.

Die beschriebene Kanalreinigung erfolgt mittels eines Kanalreinigungsfahrzeugs **(Bild 1)**. Dieses enthält u. a.

- einen Tank mit Wasser,
- einen Behälter zum Absaugen des Schmutzmaterials,
- eine Hochdruckpumpe mit Schlauch und Hochdruck-Düse,
- eine Absaugvorrichtung und ein
- Kamerasystem mit Monitor und PC.

Je nach Einsatzfall verwendet man verschiedene Düsen **(Tabelle 1)**. Eine Düse besitzt grundsätzlich schräg nach hinten gerichtete Düsenlöcher **(Bild 2)**. Damit schiebt sich die Düse mit dem Schlauch durch das Rohr und reinigt nebenbei die Rohrwand. Manche Düsen besitzen zusätzlich nach vorne oder seitlich gerichtete Düsen. Düsen sind erhältlich für Rohre ab DN 30. Meist werden zwei oder drei Reinigungszyklen durchgeführt. Auf langsame Düsen-Rückzugsgeschwindigkeit, z. B. 12 m/min, ist zu achten, da hierbei intensiver gereinigt wird.

> Abhängig von der Verschmutzung eines Kanalrohrs kommen verschiedene Düsen nacheinander zum Einsatz.

Die enormen Durchflussleistungen der Hochdruckpumpen erfordern große Mengen an Wasser, z. B. 320 L/min bei einem Druck von 120 bar = 12 MPa. Mittels eines Wasserrecyclingsystems wird das Nachbetanken des Kanalreinigungsfahrzeugs wesentlich reduziert. Die anfallenden gelösten Feststoffe werden dabei mehrfach gefiltert. Wasserentnahmen aus Hydranten sind nicht erlaubt. Wasserentnahmen aus Gewässern bedürfen einer Genehmigung.

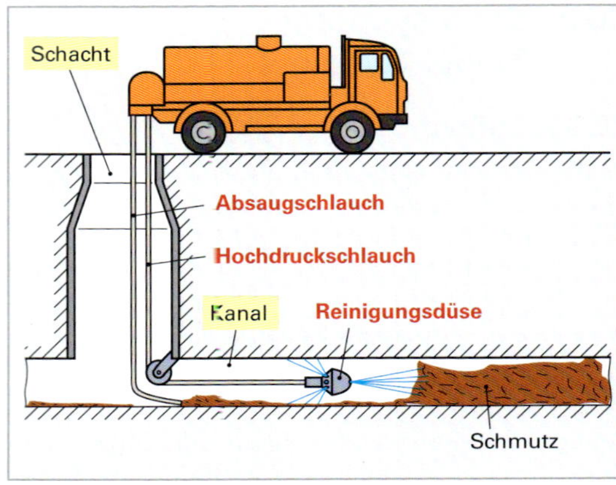

Bild 1: Kanalreinigung

Tabelle 1: Düsen zur Kanalreinigung

Art	Beschreibung, Anwendung
Reinigungsdüse	Für normale Reinigung ohne extreme Schmutzsituation.
Rotierdüse	Reinigung erfolgt über rotierendes Teil. Für harte Ablagerungen, feiner Wurzeleinwuchs. Anwendung vor TV-Untersuchung.
Vorstrahldüse	Hat eine oder mehrere nach vorne gerichtete Düsen, bei Verstopfung.
Bodendüse (Solendüse)	Düsenlöcher sind nach hinten gerichtet. Ausschwemmen von Feststoffen nach hinten und dadurch Ansaugen des nachfließenden Wassers. Nicht primär für Reinigung der Rohrwand.
Fräs-, Stocherdüse	Scharfkantike Bauform mit nach vorne gerichteten Bohrstrahlen zur Beseitigung von Verstopfungen, Erd- und Wurzelverpressungen.
Kettenschleuder	Drei kleine fahrradkettenähnliche Teile rotieren an der Rohrwand entlang. Für dünne harte Ablagerungen wie Kalk, Zement. Nachteil: Rohrwandbeschädigungen leicht möglich.
Propellerdüse	Propeller mit Düsen zum Reinigen der Rohrwände, harte Ablagerungen. Anwendung vor TV-Untersuchung.
Vibrationsdüse	Für sehr harte Ablagerungen.

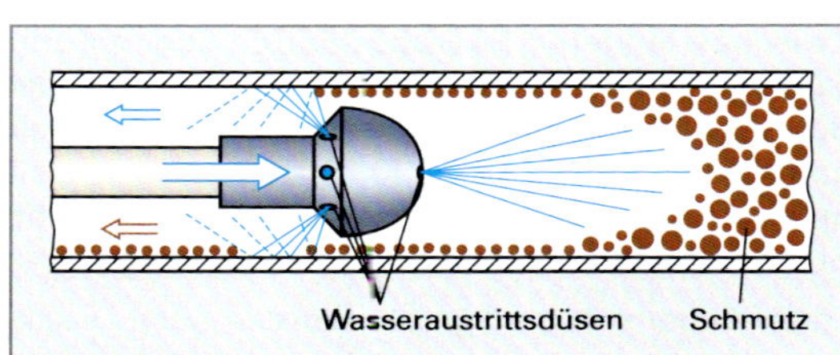

Bild 2: Beispiel einer Kanalreinigungsdüse

Neben dem Hochdruck-Reinigungsverfahren kommen bei der Kanal- und Rohrreinigung noch andere Reinigungsverfahren zum Einsatz **(Tabelle 1)**. In begehbaren Kanälen erfolgt auch manuelles Reinigen durch Personen. Auf entsprechenden Arbeitsschutz, z. B. Schutzanzug, Handschuhe, Atemmaske, ist zu achten.

Für **Inspektionen** von Rohren oder Kanälen werden Miniaturkameras mobiler Inspektionseinrichtungen **(Bild 1)** oder entsprechender Einrichtungen von Kanalreinigungsfahrzeugen **(Bild 2)** verwendet. Die Kameras sind an Schiebekabel, z. B. mit 1000 m Länge, schwenkbar montiert. Damit können Rohre mit einem Mindestdurchmesser von z. B. DN 20 inspiziert werden. Die Visualisierung erfolgt mittels USB-Schnittstelle und Laptop-PC, über den mittels Software auch eine Speicherung auf z. B. DVD, Stick erfolgen kann.

Derartige Inspektionen werden durchgeführt, um Schäden zu erkennen oder um wiederholte Rückstauereignisse zu untersuchen. Insbesondere im Anschluss an eine Kanalreinigung bietet sich eine Videoanalyse an. Der zeitliche Abstand zwischen Reinigung und Inspektion sollte nicht mehr als 24 Stunden betragen.

Vor Beginn der Kanalreinigung müssen Informationen zum baulichen Zustand der zu reinigenden Anlage eingeholt werden. Bei vorgeschädigten Kanälen ist eine Schadensausweitung bis hin zum etwaigen Einsturz des Kanals zu verhindern. Infolge des Reinigungsverfahrens können Abplatzungen, Risse oder Löcher in den Kanal- und Rohrwandungen entstehen. Auch umherwirbelnde Teile können zu Beschädigungen führen.

Während des Reinigungsprozesses muss der anfallende Abfall, also der Reinigungsrückstand, kontrolliert werden, um z. B. auf Bruchstücke des Kanalrohres rechtzeitig reagieren zu können. Die Kanalreinigungsrückstände sind überwachungsbedürftige Abfälle und müssen nach dem Kreislaufwirtschaftsgesetz behandelt und ggf. einer Verwertung zugeführt werden.

> Bei der Auswahl der Reinigungsgeräte muss auf mögliche Kanal- oder Rohrbeschädigungen durch ihren Einsatz geachtet werden.

Während der Kanalreinigungsarbeiten müssen aus Sicherheitsgründen für das Arbeitspersonal sowie für vorbeikommende Passanten entsprechende Absperrmaßnahmen am Kanaleinstieg vorgenommen werden.

Tabelle 1: Weitere Kanalreinigungsverfahren

Verfahren	Beschreibung, Anwendung
Schwallspülung	Zum Entfernen loser, nicht verfestigter Ablagerungen in großen Rohren.
mechanische Reinigung	Einsatz von Bohr-, Fräs-, Schneid- oder Sandstrahlgeräten bei verfestigten Ablagerungen oder Wurzeln.
Chemisch/biologische Reinigung	Bei Inkrustationen (Ablagerung schwerlöslicher chemischer Verbindungen), Lösen von Fett- und Faserstoffen.
Molch	Pfropfen, meist aus Schaumstoff, der z. B. in eine Pumpendruckleitung eingesetzt wird. Diese wird mit Hochdruck beaufschlagt. Der Molch gleitet durch das Rohr und reinigt die Innenwände.

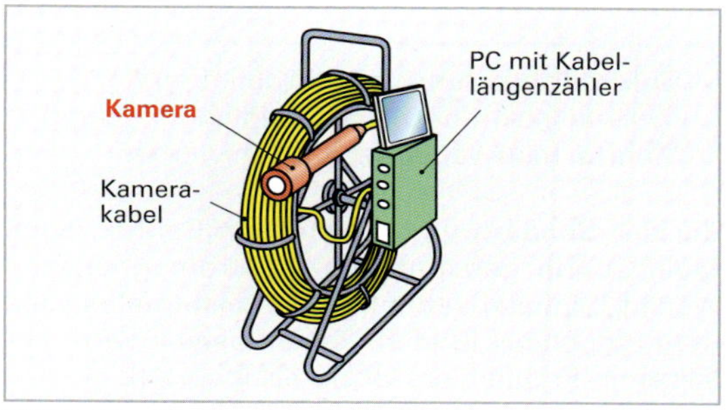

Bild 1: Mobile Inspektionseinrichtung

Bild 2: Einrichtung eines Kanalreinigungsfahrzeuges

Wiederholung und Vertiefung

1. **Erklären Sie das Prinzip der Kanalreinigung, basierend auf Wasserhochdruck.**
2. **Durch welchen Mechanismus bewegen sich bei der Hochdruckreinigung Wasserschlauch und Düse vorwärts?**
3. **Welche Düsenart ist bei Verstopfungen anzuwenden?**
4. **Wodurch können Kanalrohre bei ihrer Reinigung beschädigt werden?**

10.3.3 Orten von Rohren und Lecks

Rohrortung

Der Verlauf eines Abwasserrohrs ist häufig aufgrund fehlender Entwässerungspläne unbekannt. Mittels Ortung können z. B. der Rohrverlauf oder Schadstellen im Rohr festgestellt werden.

Durch Einführen einer Sonde als Sender in die Abwasserleitung kann mit Hilfe eines Empfängers der Rohrverlauf geortet werden (Verlaufsortung). Auch die Tiefe eines Abwasserrohrs lässt sich damit feststellen (Tiefenortung). Dadurch können Fehlgrabungen weitgehend vermieden werden. Sinnvoll ist es, im Anschluss an eine Ortung eine Kamera-Inspektion der Rohrleitung vorzunehmen, um den inneren Zustand analysieren zu können.

> Durch Rohrortung mit anschließender Kamera-Inspektion können Fehlplanungen und Mehrfachaufwände vermieden werden.

Bei der **Sendermethode** wird ein Sender, auch Molchsonde genannt, der elektromagnetische Wellen (Signale) sendet, in das nichtmetallische Rohr eingeführt **(Bild 1)**. Seine Position wird mittels eines Empfängers lokalisiert (geortet).

Bei der **Spiralmethode** wird eine Stahlspirale oder ein Schlauch mit Stahleinlage in das nichtmetallische Rohr eingeführt und elektromagnetisch besendet. Dadurch lassen sich dann mit einem Empfänger die Lage der Spirale und damit der Verlauf des Rohrs verfolgen.

Bei der **Metallrohrmethode** wird bei einer durchgehend metallischen Leitung diese direkt mit einem Tonfrequenz-Generator verbunden. Die Leitung wirkt dadurch selbst als Sender und kann so mit einem Empfänger unmittelbar verfolgt werden.

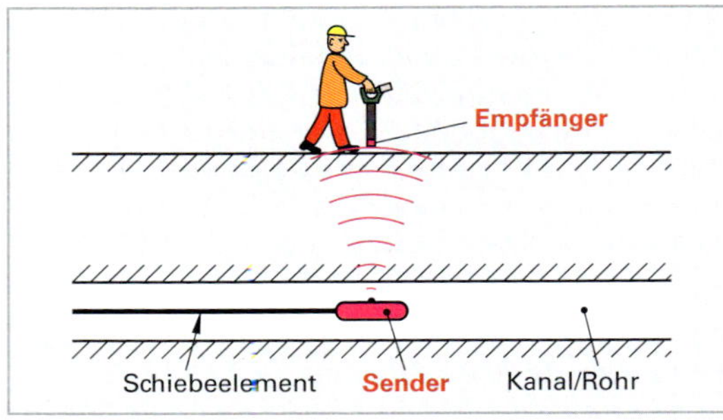

Bild 1: Ortung mittels elektromagnetischer Wellen

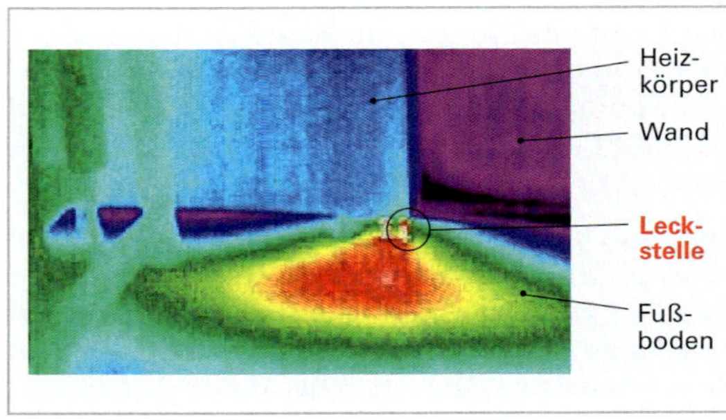

Bild 2: Leckortung mittels Thermografie

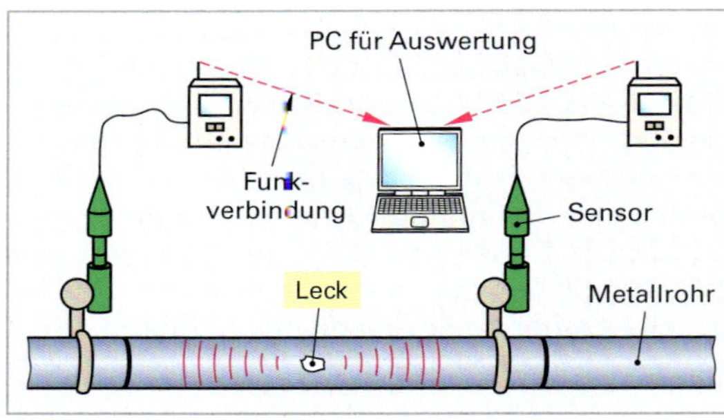

Bild 3: Leckortung mittels Schwingungsermittlungen

Leckortung

Mittels Thermografie können auch kleine Temperaturunterschiede dargestellt werden. Eine Thermografiekamera (Wärmebildkamera) reagiert auf Infrarotstrahlung, also Wärmestrahlung. Strömt z. B. erwärmtes Wasser aus einer beschädigten Wasserleitung aus, entstehen unterschiedliche Temperaturbereiche **(Bild 2)**.

Die Lage eines Lecks kann auch anhand der Laufzeiten des Leckgeräuschs zu zwei Messpunkten mittels Kleincomputer berechnet werden **(Bild 3)**. Die Schwingungen des Leckgeräuschs in einem Metallrohr werden durch dieses sowie die darin befindliche Wassersäule nach beiden Seiten weitergeleitet.

Mithilfe eines **Ultraschall-Detektors** lassen sich Leckstellen in Druckluft-, Dampf- und Vakuumsystemen lokalisieren. Der durch den Sender ausgestrahlte Ultraschall verbreitet sich und entweicht durch die Leckstellen. An der Außenseite des zu prüfenden Teils können mit einem Ultraschallempfänger die Undichtigkeitsstellen lokalisiert werden.

Mittels *Endoskopen* und **Minikamera** können Rohre ab 8 mm Durchmesser untersucht werden. Die Lecksuche mittels eines *Impulsradar-Systems* beruht auf dem Aussenden elektromagnetischer Impulse. Diese werden in der Umgebung eines Lecks reflektiert und von einer Antenne empfangen.

11 Betriebswirtschaft und IT-Einsatz

11.1 Umwelt-Ökonomie
Environmental Engineering Economy

Die Auswirkungen zwischen der Umweltbelastung eines Unternehmens und seinem wirtschaftlichen Erfolg werden in der betrieblichen Umweltökonomie untersucht. Gesetzliche Auflagen müssen kosteneffizient eingehalten werden. Viele Unternehmen versuchen hierbei, ökologische Ziele als Wettbewerbsvorteil zu nutzen **(Bild 1)**.

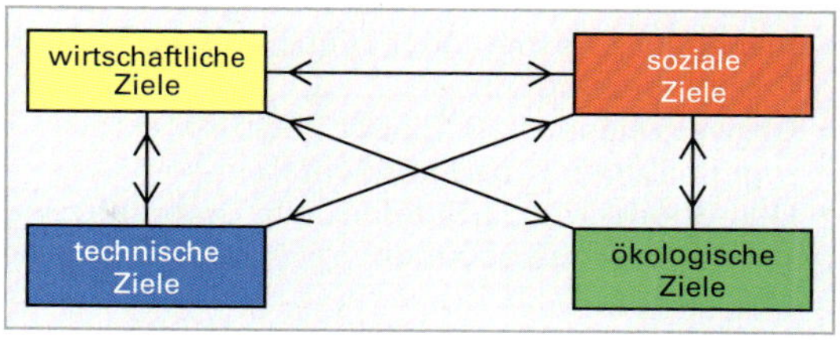

Bild 1: Ziele von Unternehmen

Umweltorientierte Unternehmensführung kann

- zum technischen Fortschritt führen, z.B. wenn die erzeugten Produkte zu reduziertem Kraftstoffverbrauch oder zur CO_2-Reduzierung beitragen,
- zur Verbesserung der Ertragslage beitragen, z.B. wenn durch geeignete Maßnahmen der Energieverbrauch zur Herstellung der Produkte reduziert werden kann,
- zu einer Verbesserung der sozialen Situation führen, wenn z.B. gesundheitsschädliche Stoffe am Arbeitsplatz vermieden werden.

Die ökologischen Ziele von Unternehmen basieren auf den Bestandteilen der Umweltökonomie **(Bild 2)**.

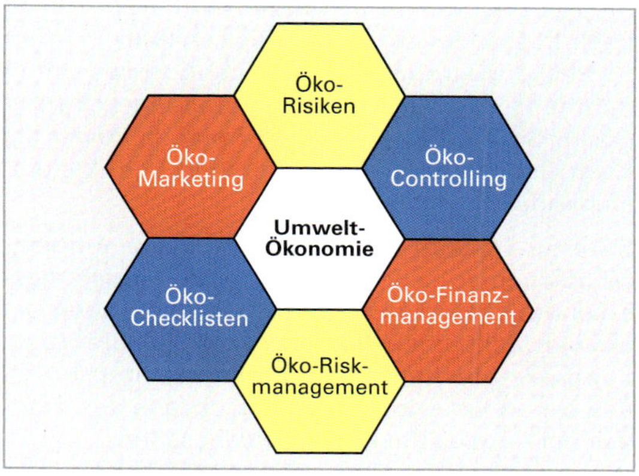

Bild 2: Bestandteile der Umwelt-Ökonomie

Öko-Marketing

Öko-Marketing bedeutet für ein Unternehmen, Marketing, also Aufbau von Marktpotenzialen, unter ökologischen Aspekten zu betreiben. Im Rahmen des unternehmerischen Handelns sind Belastungen für die Umwelt und das Klima zu vermeiden oder wenigstens zu vermindern.

Mithilfe der **Öko-Produktbilanz** wird die Umwelt-, Klimaverträglichkeit eines Produkts untersucht. Ziel ist es, Produkte mittels Kennzahlen ökologisch vergleichbar zu machen. Hierzu wird der gesamte Produkt-Lebenszyklus bzgl. seiner Umwelt- und Klimaauswirkungen analysiert. Ökologische Kenngrößen **(Bild 3)** werden z.B. von der Rohstoffgewinnung über die Produktherstellung, das Verpacken, das Verteilen an den Kunden (Distribution), den Gebrauch und die Entsorgung ermittelt. Für Produktentscheidungen werden die Kenngrößen meist subjektiv mit Punkten gewichtet. Eine objektive Beurteilung von Bilanzen, in die verschiedene Stoffe eingehen und die in verschiedenen Einheiten gemessen werden, ist schwierig.

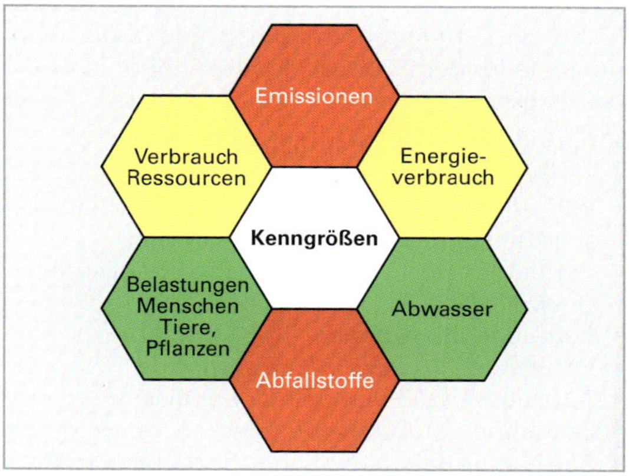

Bild 3: Beispiele ökologischer Kenngrößen

Ökologische Gesichtspunkte spielen beim Untersuchen von Marktpotenzialen eine immer wichtigere Rolle.

Von wesentlicher Bedeutung im Öko-Marketing ist die *Öko-Werbung*. Diese beruht insbesondere auf

- Hinweisen von Veröffentlichungen in einschlägigen Zeitschriften, z.B. Öko-Test,
- firmenspezifischen oder branchenspezifischen Produktbezeichnungen,
- Umweltzeichen, z.B. Blauer Engel,
- regelmäßigen Umweltberichten,
- Öko-Sponsoring, z.B. finanzielle Unterstützung von Naturschutzgebieten.

Öko-Risiken

Zu unterscheiden sind die von einem Unternehmen zu beeinflussenden (internen) und nicht zu beeinflussenden (externen) Risiken **(Bild 1)**. **Interne Risiken** betreffen z.B. den Standort des Unternehmens, die zur Produktherstellung erforderlichen Stoffe, Verfahren und Anlagen sowie die beim Gebrauch und Entsorgen der Produkte entstehenden Emissionen.

Externe Risiken resultieren z.B. aus umweltrechtlichen Vorschriften oder neuen Forschungserkenntnissen. Beispiele für Veränderungen bei umweltrechtlichen Vorschriften sind die Rücknahmeverpflichtung von Elektrogeräten durch den Hersteller oder Händler, Rückgabe des Pfandes bei Abgabe der Dosen und Flaschen.

Das Ermitteln der Öko-Risiken erfolgt über **Öko-Checklisten**. Diese dienen zum systematischen Erfassen der Öko-Risiken **(Bild 2)**. Die Öko-Checklisten sind abhängig von der Branche und vom herzustellenden Produkt. Insbesondere sind dabei Fragen über das

- Verarbeiten von gefährlichen Stoffen,
- Lagern von gefährlichen Stoffen,
- Vorhandensein und Befolgen von Arbeitsvorschriften und Sicherheitsvorschriften,
- Vorhandensein einer Sicherheitsorganisation,
- Umweltbewusstsein der Mitarbeiter,
- Betreiben der Anlagen,
- Verwenden von Energieträgern,
- Auftreten und Behandeln von Emissionen,
- Umgehen mit Abfällen und deren Vermeiden,
- Betriebsumfeld, z.B. Lage, Bodenbeschaffenheit,
- Informieren der Öffentlichkeit durch das Unternehmen

von grundsätzlicher Bedeutung **(Bild 3)**.

> Öko-Checklisten dienen zum Ermitteln der Öko-Risiken.

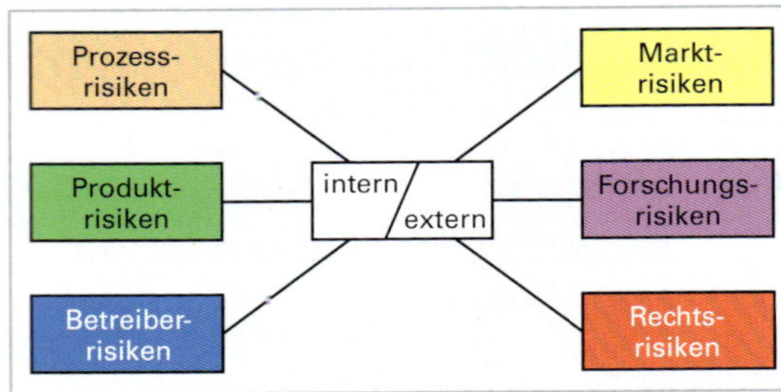

Bild 1: Interne und externe Risiken

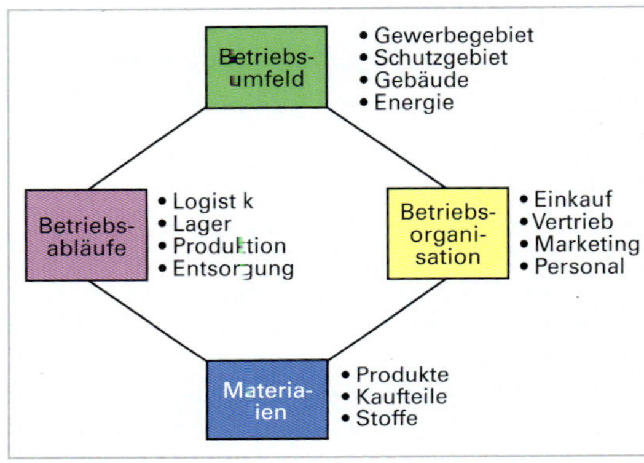

Bild 2: Einsatzgebiete von Öko-Checklisten

Untersuchungsbereich Einkauf		
Check-Points	**Wertung 1 bis 10**	**Gewichtung**
Sind in den Einkaufsrichtlinien umwelt-, klimafreundliche Materialien festgelegt?	6	7
Finden Änderungen von Richtwerten Berücksichtigung?	7	10
Wie häufig wird der Einsatz von Problemstoffen überprüft?	5	7
Werden kostensparende Maßnahmen auf Umwelt-, Klimaverträglichkeit geprüft?	4	6
Erfolgen Lieferantenbewertungen unter Umwelt-, Klima-, Sozialaspekten?	4	7
Werden bei Lieferanten Umwelt-, Klimaaudits durchgeführt?	6	8
Werden Materialien unter dem Gesichtspunkt Abfallverwertung beschafft?	6	9

Bild 3: Auszug aus einer Öko-Checkliste (Beispiel)

Öko-Finanzmanagement

Die Öko-Risiken stellen die Unternehmen oft vor schwierige Aufgaben bei der Suche nach Fremdkapital. Demgegenüber müssen Kreditinstitute die Öko-Risiken ihrer Kunden erkennen. Zu beachten sind hierbei Einflüsse, die z. B. resultieren aus

- Änderungen im Konsumentenverhalten,
- Öko-Konkurrenzprodukten oder
- Verwicklungen in Umweltskandale.

Sowohl die Unternehmen als auch die Kreditinstitute müssen sich ständig hinsichtlich öffentlicher Fördermittel oder aktueller Öko-Kapitalanlagen informieren. Mittels Fördermitteln werden seitens EU, Bund oder Ländern Umwelt-, Klimaschutzaktivitäten mit Geldmitteln oder Steuervorteilen gefördert. Bei Öko-Kapitalanlagen wird zu Vorzugskonditionen Kapital für Umwelt-, Klimaschutzinvestitionen von einschlägigen Institutionen zur Verfügung gestellt.

> Öffentliche Fördermittel für Umwelt- und Klimaschutzaktivitäten sind hilfreiche Subventionen für Unternehmen.

Öko-Riskmanagement

Unter Öko-Riskmanagement versteht man Maßnahmen zur finanziellen Vorsorge für das Eintreten von Schadensfällen infolge von Öko-Risiken. Hierbei wird das Risiko durch Versicherungen abgedeckt, für Selbstbehalte werden Rückstellungen gebildet. Besondere Bedeutung kommt der **Umwelthaftpflichtversicherung** zu. Ihr Leistungsumfang erstreckt sich auf Personen-, Sach- und Vermögensschäden, verursacht durch Umwelteinwirkungen.

Öko-Controlling

Öko-Controlling umfasst die Informationsbeschaffung, Informationssammlung und Informationsbereitstellung zur Planung, Steuerung und Kontrolle aller umwelt-, klimarelevanten Unternehmensaktivitäten. Wesentlich zum Überwachen, Beurteilen und Steuern ist die **Öko-Bilanz** eines Unternehmens **(Bild 1)**. In ihr werden alle meist auf ein Jahr bezogenen Input- und Outputströme an Materialien, Stoffen, Energien, Produkten und Emissionen im Rahmen der **EG-Öko-Audit-Verordnung** mit Kennzahlen erfasst **(Tabelle 1)**.

> Zum Aufbau eines effektiven Öko-Controlling werden Informationen über die Auswirkungen des betrieblichen Handelns auf die natürliche Umwelt und das Klima benötigt.

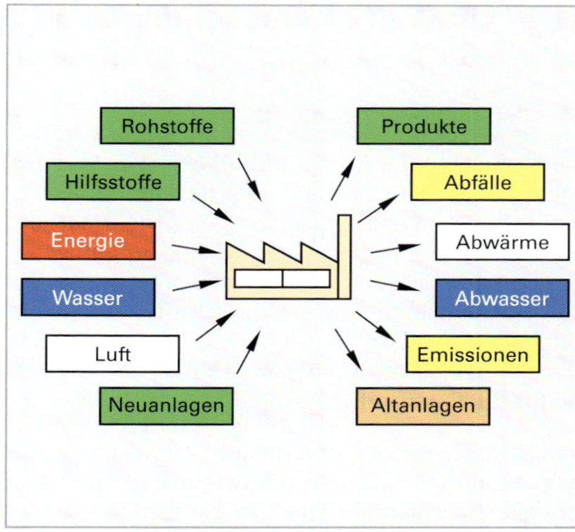

Bild 1: Input und Output einer Öko-Bilanz

Tabelle 1: Ökologische Kenngrößen

Art	Kenngrößen
Energie	Gesamtenergieverbrauch, Energieträgeranteil
Abluft	Schwefeldioxid, Stickoxide, Kohlenstoffmonoxid Emissionsmenge an Luftschadstoffen
Wasser, Abwasser	Einsatzmengen einzelner Wasserarten, z. B. Trinkwasser, Grundwasser, Brauchwasser, Regenwasser; Mengen der Abwasserarten, z. B. Prozesswasser, Kühlwasser, Sanitär- und Küchenwasser; Abwasseranteile
Material	Rohstoffanteile, Hilfsstoffanteile, Betriebsstoffeinsatz, Sekundärrohstoffeinsatz, Problemstoffanteil
Abfall	Abfallkennzahlen gegliedert nach Wertstoffen, hausmüllähnlichen Gewerbeabfällen und Sonderabfällen, Kennzahlen über Störfälle, Verstöße

Wiederholung und Vertiefung

1. **Welche Auswirkungen werden in der betrieblichen Umweltökonomie untersucht?**
2. **Welche Vorteile besitzt eine umweltorientierte Unternehmensführung?**
3. **Was versteht man unter Öko-Marketing?**
4. **Welches Ziel kann mittels einer Öko-Produktbilanz erreicht werden?**
5. **Nennen Sie Beispiele interner Öko-Risiken.**
6. **Wozu dienen Öko-Checklisten?**
7. **Wozu dient das Öko-Controlling?**
8. **Nennen Sie zwei Bestandteile des Öko-Finanzmanagements.**

11.2 Umwelt-, Klimaschutz-Audit
Environmental Audit

Die Umwelt-Audit-Verordnung (lat. audire = hören, hier: anhören) der Europäischen Union EU hat die kontinuierliche (fortlaufende) Verbesserung des betrieblichen Umweltschutzes zum Ziel. Die Unternehmen der Mitgliedsstaaten der EU sind aufgefordert, sich *freiwillig* dieser Verordnung zu unterziehen. Ein Zertifikat bestätigt eine erfolgreiche Teilnahme am Umwelt-Audit (Öko-Audit) der EU. Umwelt-Audits werden derzeit meist zusammen mit Klimaschutz-Audits durchgeführt.

Das Durchführen eines Umwelt-, Klimaschutz-Audits erfolgt in mehreren Schritten **(Bild 1)**. Zuerst legt ein Unternehmen seine **Umwelt-, Klimaschutzpolitik** dadurch fest, indem es seine Grundsätze zum Umwelt-, Klimaschutz in den Unternehmensleitlinien formuliert. Darin sind die umwelt-, klimabezogenen Gesamtziele und die Handlungsgrundsätze des Unternehmens festgeschrieben.

Zum Erreichen der Ziele muss eine *Umwelt-, Klimaschutzprüfung* durchgeführt werden. Dazu werden in Form einer Öko-Bilanz alle Zuführungen von Energien und Materialien in das Unternehmen sowie alle Ausbringungen von Energien, Emissionen und Materialien registriert und gegenübergestellt. Die Auswirkungen auf die Umwelt und das Klima sind dann zu bewerten. Somit sind Schwachstellen und resultierender Handlungsbedarf erkennbar. Dieser ist die Basis des **Umwelt-, Klimaschutzprogramms** des Unternehmens. In diesem Programm sind die quantitativ bestimmten, mit Zeitvorgaben versehenen Umwelt-, Klimaschutzziele, z. B. Energieeinsparung von 15 % in den nächsten 5 Jahren, sowie die hierzu notwendigen Maßnahmen, finanziellen Mittel und Tätigkeiten beschrieben.

Für das Umsetzen des Umwelt-, Klimaschutzprogramms müssen Verantwortliche benannt werden. Ein **Umwelt-, Klimaschutzmanagementsystem** ist aufzubauen **(Bild 2)**. Ein Vertreter der Unternehmensleitung muss für den Umwelt-, Klimaschutz zuständig sein. Ferner sind Regelungen und Abläufe beim Umgang mit umweltbelastenden Stoffen festzuschreiben und zu überwachen.

> Im Umwelt-, Klimaschutzmanagementsystem sind die verantwortlichen Personen benannt und die Umwelt-, Klimaschutzpolitik eines Unternehmens festgelegt.

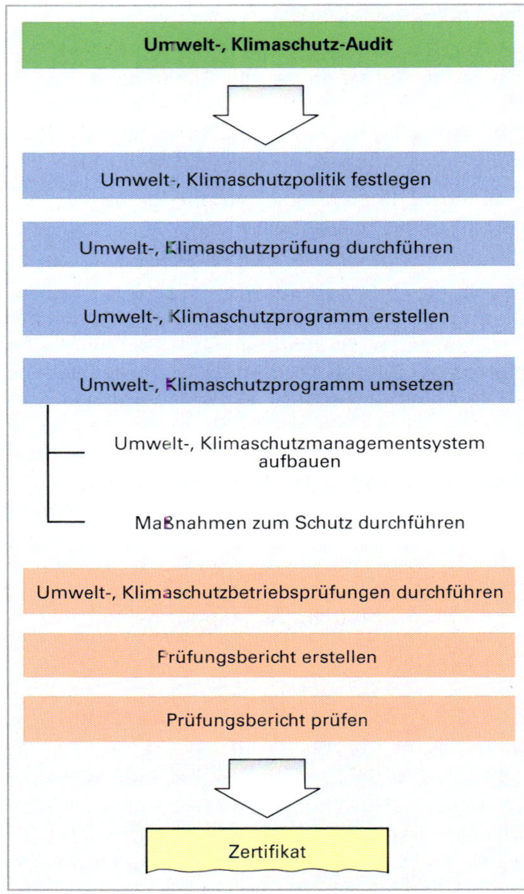

Bild 1: Ablauf eines Umwelt-, Klimaschutz-Audits

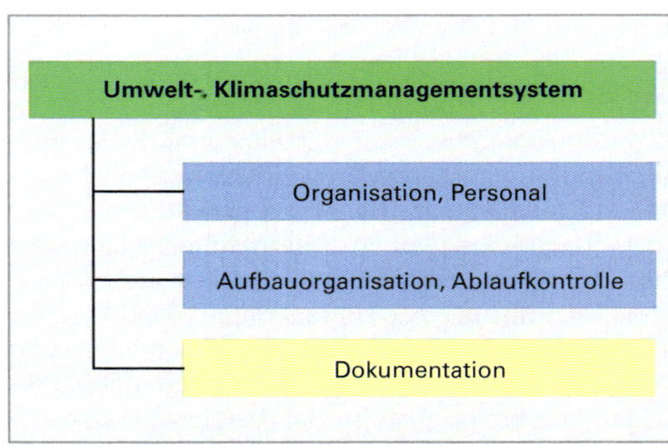

Bild 2: Struktur eines Umwelt-, Klimaschutzmanagementsystems

In der Umwelt-, Klimaschutzpolitik des Unternehmens sind die Ziele und Maßnahmen sowie die Verfahrens- und Arbeitsanweisungen enhalten.

Eine **Umwelt-, Klimaschutzbetriebsprüfung** muss regelmäßig durch unternehmensfremde oder betriebszugehörige Prüfer durchgeführt werden, und zwar mindestens alle drei Jahre **(Bild 1)**. Erkenntnisse daraus sind dann anzuwenden, soweit sie wirtschaftlich vertretbar sind. Diese Betriebsprüfung stellt fest, inwieweit ein Unternehmen seine Umwelt-, Klimaschutzpolitik umsetzt und seine formulierten Umwelt-, Klimaschutzziele unter Berücksichtigung der einschlägigen Umwelt-, Klimaschutzvorschriften erfüllt. Es werden neben den Betriebsbedingungen und Betriebsausstattungen auch schriftliche Anweisungen an Mitarbeiter im Hinblick auf die bestehenden Vorschriften geprüft.

Darüber hinaus werden z. B. untersucht

- mögliche Energieeinsparungen oder Energiealternativen,
- Einsparung, Auswahl und Transport von Rohstoffen,
- Vermeidung, Recycling, Wiederverwendung, Transport und Endlagerung von Abfällen,
- Auswahl neuer und Änderung bestehender Produktionsverfahren,
- Änderungen in der Produktplanung und
- Umwelt-, Klimaschutzmaßnahmen, auch unter sozialen Aspekten, bei Auftragnehmern, Unterauftragnehmern und Lieferanten.

In der Schlusssitzung diskutieren Prüfer, Unternehmensleitung und für die betroffenen Funktionen verantwortliche Personen die schriftlich festgehaltenen Ergebnisse der Umwelt-, Klimaschutzbetriebsprüfung sowie die Umsetzung der Erkenntnisse. Unter Aufsicht des leitenden Prüfers wird ein **Prüfungsbericht** erstellt, der in Abstimmung mit der Unternehmensleitung verteilt wird.

Unterzieht sich ein Unternehmen einem Umwelt-, Klimaschutz-Audit, so muss es regelmäßig, z. B. jährlich, eine von einem zugelassenen Gutachter für gültig befundene **Umwelt-, Klimaschutzerklärung** veröffentlichen. Sie umfasst insbesondere das Umwelt-, Klimaschutzprogramm sowie eine Zusammenfassung der Angaben über Schadstoffemissionen, Abfallaufkommen, Abwasseraufkommen, Verbrauch von Rohstoffen, Energien und Wasser.

Aufgrund der Umwelt-, Klimaschutzerklärung erhält das Unternehmen eine Registriernummer und die Teilnahmeerklärung (Zertifizierung) für das Umwelt-Audit nach EU-Vorschriften **(Bild 2)**.

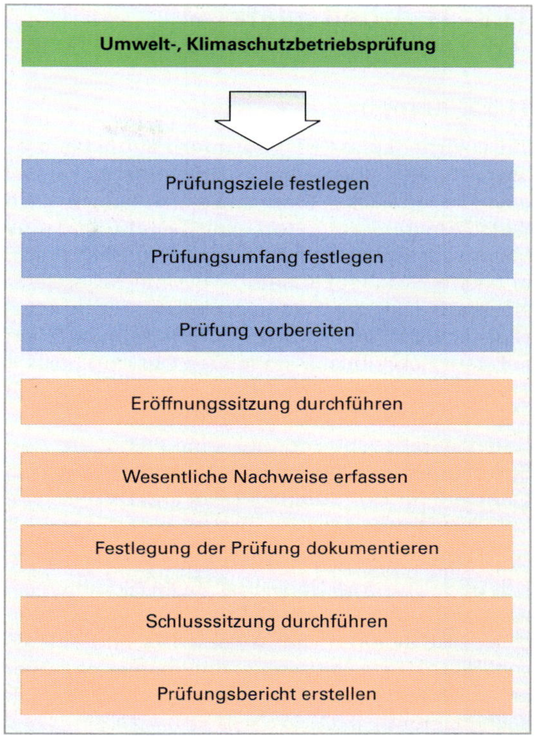

Bild 1: Ablauf der Umwelt-, Klimaschutzbetriebsprüfung

EMAS
GEPRÜFTES
UMWELTMANAGEMENT
REG. NR. . . .

Bild 2: Zertifikat bei bestandenem Umwelt-, Klimaschutz-Audit EMAS (Environmental Management and Audit Scheme)

Wiederholung und Vertiefung

1. **Nennen Sie die Schritte eines Umwelt-, Klimaschutz-Audits.**
2. **Erklären Sie den Begriff Umwelt-, Klimaschutzpolitik.**
3. **Was versteht man unter einem Umwelt-, Klimaschutzmanagementsystem?**
4. **Beschreiben Sie die Umwelt-, Klimaschutzbetriebsprüfung.**
5. **Nennen Sie die Bestandteile einer Umwelt-, Klimaschutzerklärung.**

11.3 IT-Arbeitsplatz
Workplace in IT

11.3.1 Komponenten

Ein IT-Arbeitsplatz (IT von Informationstechnik) besteht meist aus einem PC (Personalcomputer) und einem Drucker **(Bild 1)**. Der PC erfordert ein Bildschirmgerät (Monitor), eine Tastatur und eine Maus zum Anklicken von Menüs am Bildschirm. In einem Notebook-/Laptop-PC sind diese Geräte vereint. Ein am Boden stehendes Computerchassis wird Tower (tower = Turm) genannt, ein auf dem Schreibtisch stehendes Desktop (desk = Tisch, top = oben). Das Computerchassis enthält Mikroprozessor und Hauptspeicher zur schnellen Datenzwischenspeicherung, eine Festplatte zum Speichern der Programme und Nutzdaten, ggf. ein Laufwerk für CD (Compact Disc) und DVD (Digital Versatile Disc).

Die **Peripheriegeräte** werden über Schnittstellen, z.B. USB (Universal Serial Bus), COM (Communication), Firewire, Mini-Sub-D, DVI (Digital Visual Interface), DisplayPort, HDMI, an einen PC angeschlossen **(Bild 2)**. Eine Netzwerkverbindung erfolgt über einen RJ-45-Stecker oder über Funk (WLAN, z.T. auch Bluetooth, IrDA).

Damit man mit einem PC arbeiten kann, muss auf seinem Festplattenspeicher ein **Betriebssystem** installiert sein. Dieses ermöglicht, dass

- Programme ausgeführt,
- Daten über die Tastatur eingegeben,
- Dateien am Bildschirm angezeigt, auf einen Drucker ausgegeben und in einem Speicher, z.B. Festplattenspeicher, verwaltet werden können.

Für PCs sind derzeit im Wesentlichen drei verschiedene Betriebssysteme verbreitet **(Bild 3)**. Bei der Beschaffung von Programmen muss darauf geachtet werden, mit welchem Betriebssystem sie zusammenarbeiten müssen.

Bei den Programmen für PCs sind verschiedene Arten zu unterscheiden **(Bild 4)**. Der **Anwender** arbeitet meist mit Programmen für Textverarbeitung und Tabellenkalkulation, mit Datenbanken und mit besonderen anwendungsorientierten Programmen. Viele anwendungsorientierte Programme setzen auf bekannten anwendungsneutralen Tabellenkalkulationsprogrammen oder Datenbankprogrammen auf.

> Bei der Auswahl eines Programms für einen PC ist auf das Betriebssystem zu achten.

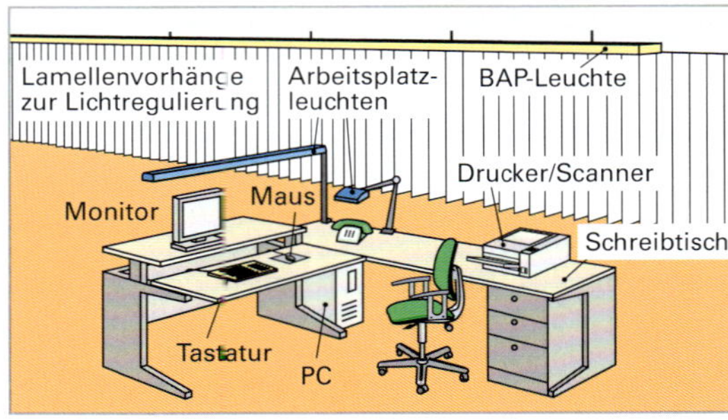

Bild 1: PC-Arbeitsplatz (BAP Bildschirm-Arbeitsplatz)

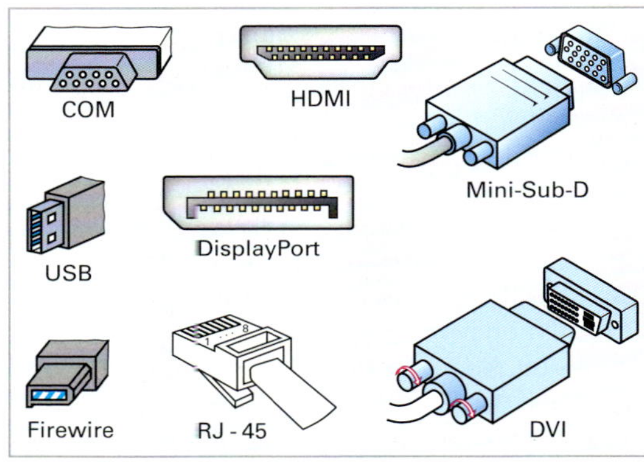

Bild 2: Stecker für Schnittstellen am PC (Beispiele)

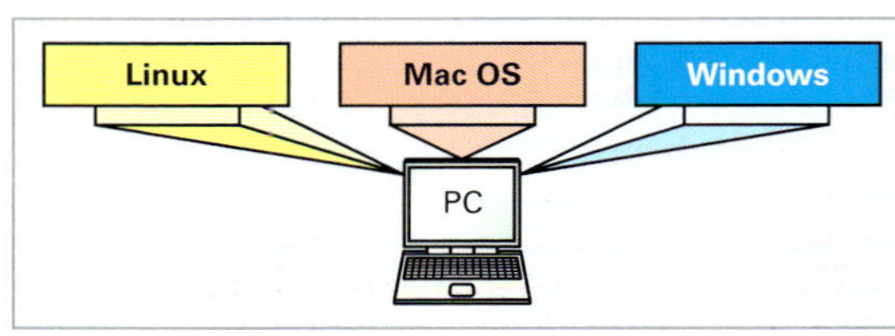

Bild 3: Betriebssysteme für PC

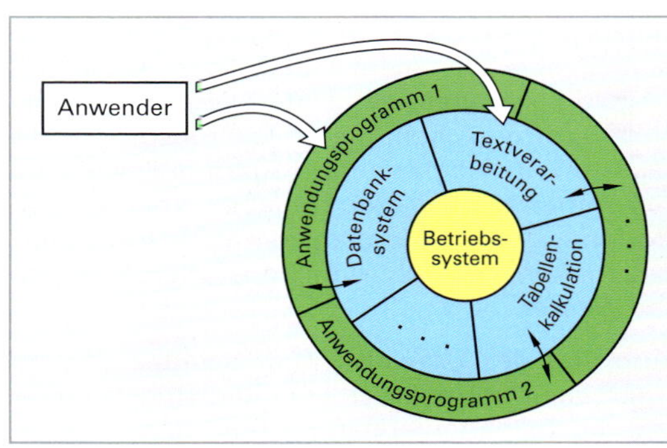

Bild 4: Programme eines PC

11.3.2 Ergonomische Gestaltung

Jeder Arbeitsplatz birgt besondere Gefahren und stellt besondere Anforderungen an den Arbeitenden. Deshalb wurden von der Deutschen Gesetzlichen Unfallversicherung **Sicherheitsregeln** und **Verordnungen** erlassen, um die Gesundheit der Arbeitnehmer zu schützen. Für IT-Arbeitsplätze sind relevant z. B.

- DGUV (Deutsche Gesetzliche Unfallversicherung) 215-410 und
- BildscharbV (Bildschirmarbeitsverordnung).

Daneben gibt es weitere wichtige Verordnungen wie der DGUV-Grundsatz G37 für arbeitsmedizinische Untersuchungen „Bildschirmarbeitsplätze". Ebenso sind die Teile der DIN EN ISO 9241 „Ergonomie der Mensch-System-Interaktion" zu beachten (Ergonomie ist die Wissenschaft von der besten wechselseitigen Anpassung zwischen dem Menschen und seinen Arbeitsbedingungen). Nach arbeitsmedizinischen Erkenntnissen lassen sich anhand der genannten Verordnungen die Anforderungen an einen sicheren Arbeitsplatz in fünf verschiedene Bereiche einteilen **(Bild 1)**.

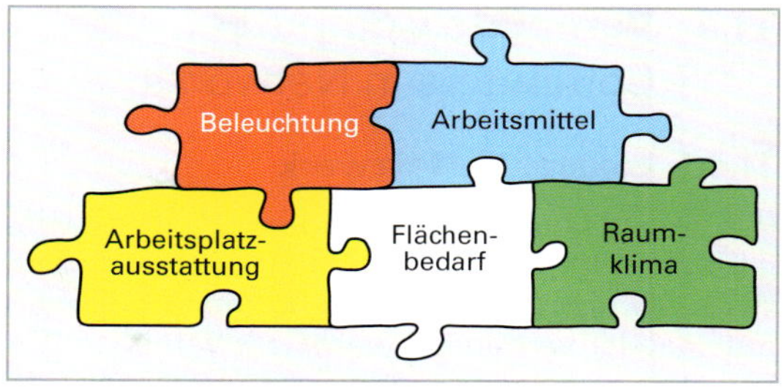

Bild 1: Anforderungsbereiche

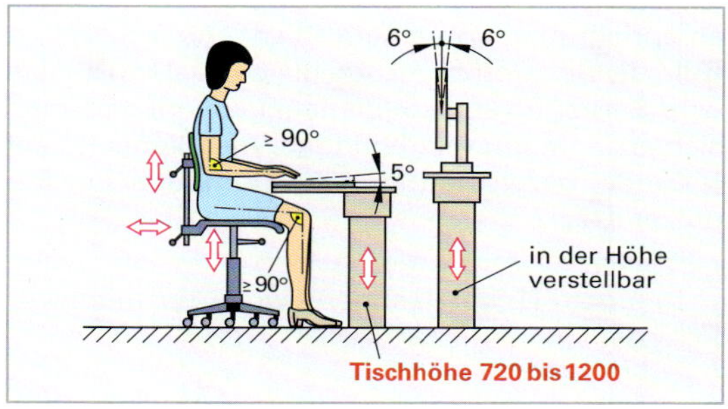

Bild 2: Ergonomische Sitzposition

Bei der Arbeitsplatzausstattung muss darauf geachtet werden, dass Stuhl und Tisch eine ergonomisch optimale **Arbeitshaltung** erlauben. Erkennen lässt sich diese daran, dass sowohl die Kniegelenke als auch die Ellenbogen einen Winkel von 90° oder mehr bilden **(Bild 2)**. Sowohl Stühle als auch Tische müssen höhenverstellbar sein.

Alle Arbeitsmittel, z. B. Monitor, Maus, Tastatur, müssen auf dem aktuellen Stand der Technik sein. Die Leuchtdichte von Monitoren, meist Flachbildschirme, muss bei Raumbeleuchtungsstärke von 500 lx mindestens 100 cd/m^2 betragen. Die Bildschirmeinstellungen im Betriebssystem müssen so vorgenommen werden, dass abhängig von der Auflösung des Bildschirms eine gewisse Mindestschriftgröße (siehe DIN EN ISO 9241-303) eingestellt ist. Schädlich für die Erkennbarkeit können auch falsche Farbeinstellungen in Anwendungssoftware, z. B. Textverarbeitung, sein. Es wird empfohlen, dunkle Schrift auf hellem Hintergrund, möglichst schwarz auf weiß, zu verwenden.

Viele Hersteller bieten ergonomische Tastaturen und Mäuse an. Diese lohnen sich besonders dann, wenn bereits Beschwerden, z. B. Schmerzen im Handgelenk, aufgetreten sind.

Die **Beleuchtung** eines IT-Arbeitsplatzes muss so beschaffen sein, dass keine Direktblendung oder Reflexionsblendung entsteht. Da sich die Lichtverhältnisse während eines Arbeitstags ändern, müssen Möglichkeiten zur Abhilfe bei Blendung und Reflexion gegeben sein. Grundsätzlich ist darauf zu achten, dass Computerarbeitsplätze möglichst nicht in der Nähe von Fenstern eingerichtet werden. Ist dies unvermeidbar, so soll die Hauptblickrichtung des Benutzers parallel zur Fensterfront verlaufen. Verstellbare Lichtschutzeinrichtungen wie Lamellenblenden sind für einen ergonomischen IT-Arbeitsplatz unabdingbar.

> Die ergonomische Gestaltung eines IT-Arbeitsplatzes wirkt Beschwerden, z. B. Kopfweh, Halswirbelschmerzen und Gelenkschmerzen, entgegen.

Wiederholung und Vertiefung

1. **Nennen Sie wesentliche Schnittstellen an einem Computer.**
2. **Nennen Sie typische Aufgaben eines Computers, die ein Betriebssystem erfordern.**
3. **In welchen Regelwerken können die Anforderungen an Bildschirmarbeitsplätzen nachgeschlagen werden?**
4. **Mit welchen Maßnahmen kann der Arbeitnehmer selbst zur ergonomischen Gestaltung seines Arbeitsplatzes beitragen?**

11.4 Vernetzte Computer Computers in Networks

11.4.1 Lokales IT-Netzwerk

PCs sind oft über Leitungen oder drahtlos (wireless) über Hot-Spots (Access Points) eines IT-Netzes (LAN, Local Area Network, meist Ethernet) miteinander verbunden (vernetzt). Vernetzte PCs können untereinander Daten austauschen. Gibt es in einem IT-Netz einen Computer, der zentrale Dienste für die anderen Computer bereitstellt, so spricht man von einem **Client-Server-System** **(Bild 1)**. Der Computer für die zentralen Dienste wird Server (to serve = dienen) genannt und kann sich auch im Internet befinden. Als Clients (Client = Kunde) bezeichnet man die Computer der Benutzer (User).

> In einem IT-Netz können Computer miteinander kommunizieren.

Stellt ein Server-Computer zentral Daten bereit, braucht er eine große Speicherkapazität **(Bild 2)**. Den Client-Computern werden vom Server-Computer die gewünschten Daten zur weiteren Verarbeitung übertragen. Berechnete Daten, die für andere Client-Computer von Bedeutung sind, werden wiederum von einem Client-Computer zentral auf dem Server-Computer gespeichert.

Stellt ein Server-Computer Programmausführungsdienste zur Verfügung, so wird er von den Client-Computern beauftragt **(Bild 3)**. Der Server-Computer ist hierzu mit mehreren Mikroprozessoren (CPU, von engl. central processing unit = zentrale Prozessoreinheit) ausgestattet.

Zentrale Gerätedienste, z.B. zum Ausdrucken von Dateien, können über Server-Computer auch angeboten werden **(Bild 4)**. Hierbei stellt der Server-Computer die erforderliche Rechenleistung alleine zur Verfügung. Für den Anwender (Client) entstehen keine Wartezeiten. Weitere zentrale Anwendungen sind Fax-Dienst und E-Mail-Dienst.

> Server-Computer stellen zentral Dienste für andere Computer (Clients) zur Verfügung.

Durch eine **Browser-Software** (to browse = auflisten), z.B. MS Edge, des Client-Computers können Programme und Daten des Servers vom Client-Computer verarbeitet werden, ohne dass dieser eine für die Anwendung zugeschnittene Software benötigt. So wird auch mit den Servern im *Internet*, auch als Cloud (Wolke) bezeichnet, und im firmeninternen *Intranet* zusammengearbeitet (**Cloud-Computing**).

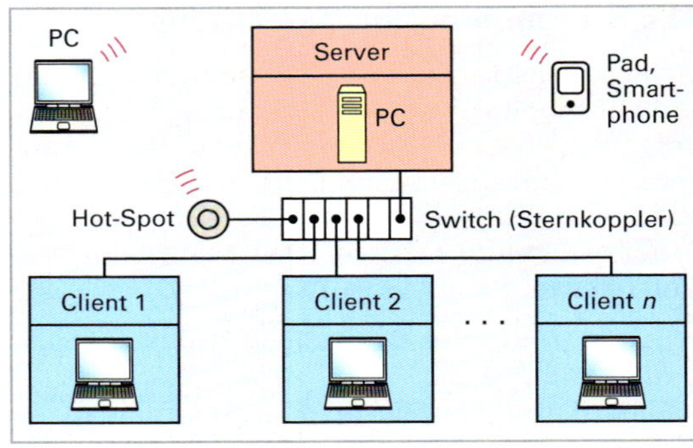

Bild 1: Client-Server-System

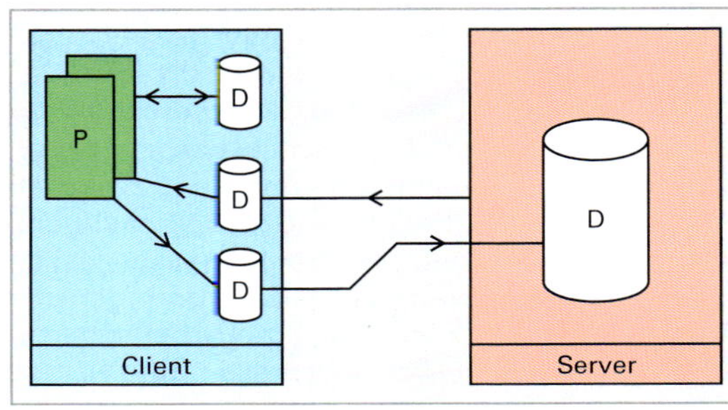

Bild 2: Server-Computer mit Datenbereitstellungsdiensten (P Programm; D Daten)

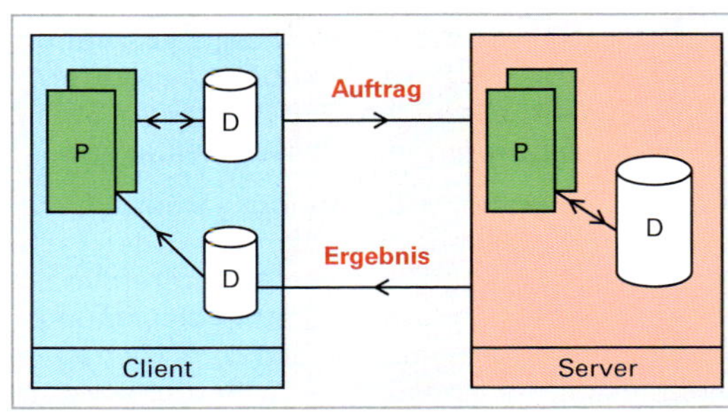

Bild 3: Server-Computer mit Programmausführungsdiensten (P Programm; D Daten)

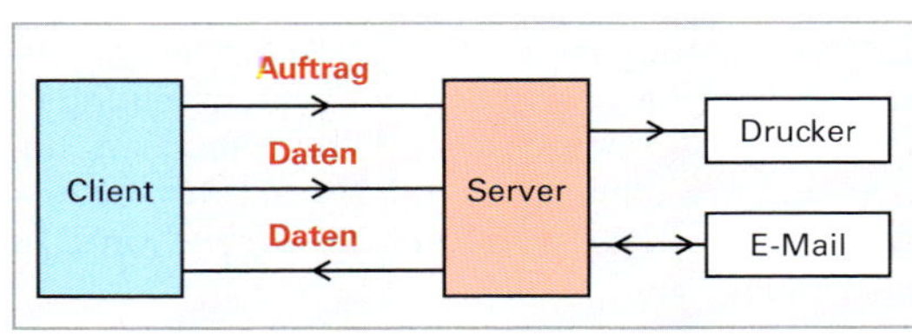

Bild 4: Server-Computer für Gerätedienste

11.4.2 Internet

Über das Internet sind weltweit sehr viele Server-Computer von Firmen, Instituten und Ministerien vernetzt. Auf diese Computer kann mit einem PC zugegriffen werden, der z.B. an DSL (Digital Subscriber Line) über eine geeignete Schnittstelle angeschlossen ist **(Bild 1)**. Der Internetbenutzer muss hierzu mit einem *Provider* (engl. provider = Lieferant, hier Zugangsvermittler zum Internet), z.B. T-Online der Telekom, einen entsprechenden Nutzungsvertrag abgeschlossen haben. Der Internetbenutzer darf dann mit seinem PC, Tablet oder Smartphone über den Server-Computer des Providers (Online-Diensteanbieter) weltweit auf andere Server-Computer zugreifen.

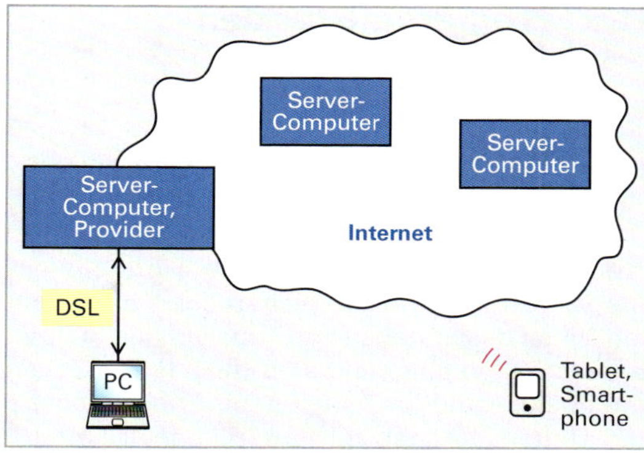

Bild 1: Computerverbund durch Internet

Wesentliche **Internet-Dienste** sind:

- *World-Wide-Web* (WWW, weltweites Netz) zum Bereitstellen multimedialer Dokumente (auch Videoclips),
- *E-Mail* (elektronische Post) zum Versenden von Texten mit angehängten Dateien auf elektronischem Weg,
- *Foren* (engl. forum = öffentliche Diskussion) und *Chatrooms* (engl. chat = Unterhaltung, room = Raum) für an gleichen Themen interessierte Personen,
- *Telefonie* (Voice over IP, VoIP),
- *Cloud*-Speicher bei einem Dienstleister, z.B. Microsoft (Daten speichern in der Cloud).

Meist nutzt man im Internet folgende Möglichkeiten, um sich Informationen zu beschaffen:

- Mit einem **Suchdienst**, z.B. einer Suchmaschine oder einem Suchkatalog, nach dessen Aufruf ein Suchbegriff eingegeben wird, sucht man weltweit nach Titeln mit dem Suchbegriff **(Bild 2)**. Die gefundenen Titel werden am Bildschirm angezeigt (Bild 2). Durch Doppelklick auf einen Titel (Internet-Adresse) wird die Verbindung hergestellt. Bekannte Suchmaschinen sind Google und Bing. Über Klick auf COPILOT (Bild 2) kann mit KI hilfreich gesucht werden.
- Mit *direkter* Verbindungsangabe zu einem Server-Computer, z.B. des Bundesministeriums für Umwelt, Naturschutz, nukleare Sicherheit und Verbraucherschutz mit http://www.bmuv.de, kann auf dort bereitgestellte Informationen zugegriffen werden **(Bild 3)**.

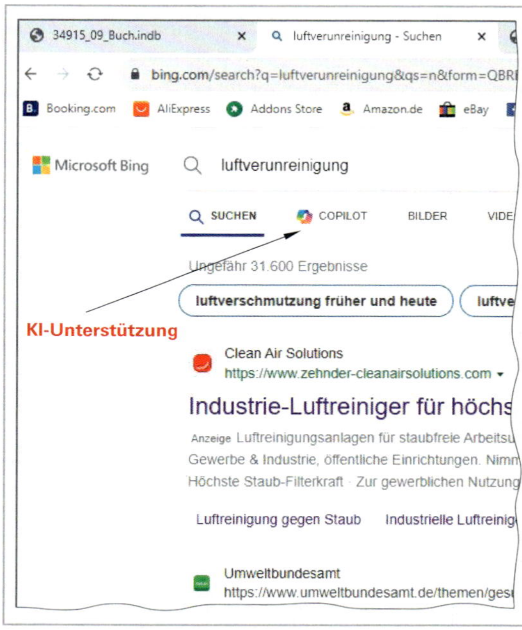

Bild 2: Arbeiten mit einer Suchmaschine

Bild 3: Anwendung der Suchfunktion von www.bmuv.de

> Mit dem Internet kann weltweiter Informationsaustausch durchgeführt werden.

11.5 Programme für den Anwender
User Software

11.5.1 Tabellenkalkulation

Funktionsumfang

Tabellenkalkulationsprogramme sind anwendungsneutral. Sie ermöglichen zur Verwaltung von Daten das Erstellen von Tabellen, die in Spalten und Zeilen eingeteilt sind **(Bild 1)**. Die Zeilen und Spalten sind für Texteingabe, Zahleneingabe und Datumseingabe formatierbar (einrichtbar). Eine Zelle einer Tabelle ist über ihre Zeilennummer und Spaltennummer bestimmt. Die Zellen können mathematisch miteinander verknüpft werden **(Tabelle 1)**. Dies ist der besondere Vorteil eines Tabellenkalkulationsprogramms.

Die **mathematischen Verknüpfungen**, meist die vier Grundrechenarten in beliebigen Kombinationen, gelten dann so lange, bis sie verändert werden. Sind die mathematischen Verknüpfungen (Beziehungen) festgelegt und ändert man die Zahlenwerte in den Zellen, dann werden unmittelbar nach Eingabe die Ergebnisse in den Zellen gemäß den mathematischen Verknüpfungen aktualisiert.

> Mathematische Beziehungen müssen in einer Tabelle nur einmal definiert werden.

Das Arbeiten mit einer Tabelle, deren mathematische Beziehungen festgelegt sind, ist einfach, da nur die Werte in den Zellen geändert werden müssen. Dagegen ist das Festlegen der mathematischen Beziehungen anspruchsvoller und je nach Anzahl und Komplexität auch zeitaufwendiger.

Ist eine Tabelle mit Zahlenwerten und zugeordneten Texten ausgefüllt und sind die mathematischen Beziehungen festgelegt, so lassen sich der Tabelleninhalt bzw. seine Auswertungen grafisch darstellen. Tabellenkalkulationsprogramme ermöglichen dabei das wahlweise Darstellen in verschiedenen **Diagrammformen (Bild 2)**. Dies ist insbesondere für statistische Zwecke und für Dokumentationen hilfreich.

Darüber hinaus können in Tabellenkalkulationsprogrammen unterschiedliche Schriftarten und Schrifttypen ausgewählt werden. Durch das Vereinbaren von Datenformaten für die Spalten oder Zeilen der Tabellen kann sich die Datenausgabe von der Dateneingabe in ihrer Darstellungsart unterscheiden **(Tabelle 2)**.

Bestellnr.	Vorrat	Einzelpreis	Gesamtwert
187 369	40	53,90 €	2 156,00 €
187 370	73	64,90 €	4 737,70 €
187 371	24	15,90 €	381,60 €
187 372	15	24,90 €	373,50 €
187 373	97	58,90 €	5 713,30 €
Menge	249	Summe	13 362,10 €
wird vom Programm berechnet			

Bild 1: Anwendung für Tabellenkalkulationsprogramm

Tabelle 1: Mathematische Verknüpfungen

Mathematische Verknüpfung	Programmierte Formel in Tabellenzelle
a = b + c	= B1 + C1
a = b − c	= B1 − C1
$s = a_1 + a_2 + a_3 + a_4$	= Summe (A1 : A4)
a = b · c	= B1 * C1
a = b / c	= B1 / C1
a = b + c / d	= B1 + C1 / D1

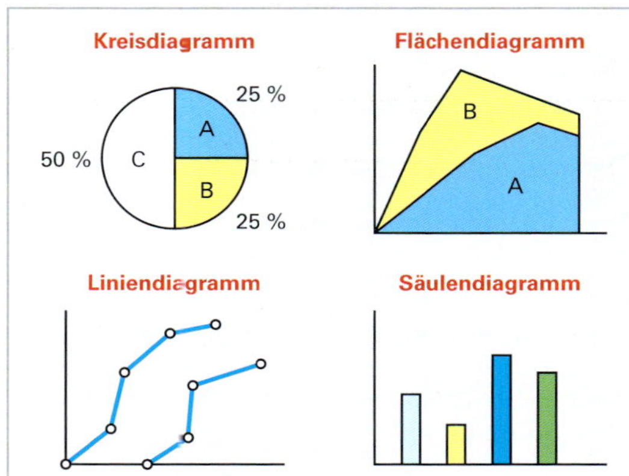

Bild 2: Diagrammtypen bei der Tabellenkalkulation (Beispiele)

Tabelle 2: Formatfestlegung für Daten (Auswahl)

Format	Eingabe	Anzeige
0	5	5
0,00	7	7,00
#, ## 0,00 €	6	6,00 €
0 %	0,5	50 %
000-0000	0897368	089-7368
„KtoNr." 0000	7386	KtoNr. 7386

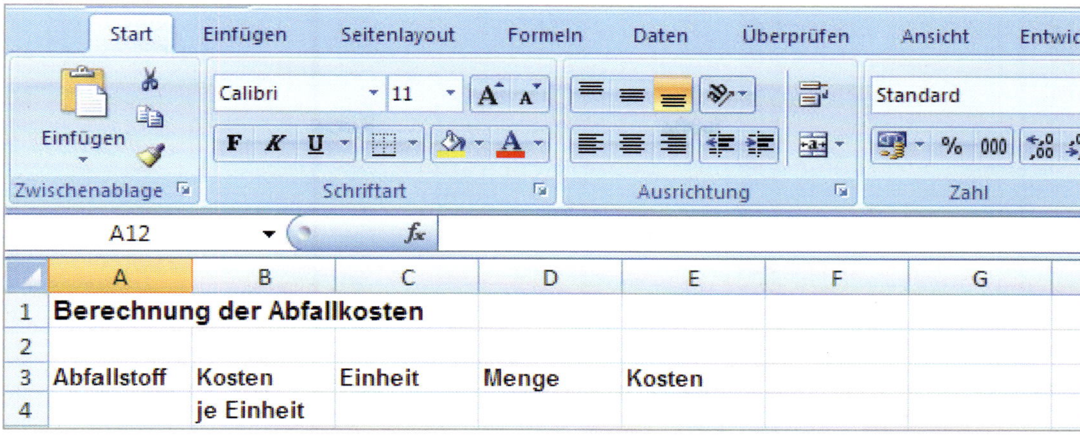

Bild 1: Benutzeroberfläche von Excel

Tabellenkalkulationsprogramm Excel

Das Tabellenkalkulationsprogramm Excel ist derzeit weit verbreitet und in vielen Programmentwicklungen eingebunden. Es arbeitet im Zusammenwirken mit dem Betriebssystem Windows. Seine Benutzeroberfläche entspricht dem Windows-Standard **(Bild 1)**.

Bei Excel kann die Spaltenbreite durch Anklicken des Spaltenrands und durch anschließendes Ziehen mit der Maus verändert werden. Das Datenformat einer Spalte wird durch Anklicken der Spalte ganz oben und durch Anklicken des Menüreiters *Start,* dem Eckpfeil im Auswahlfeld *Zahl* sowie im sich dann öffnenden Fenster *Zellen formatieren,* dem Reiter *Zahlen* und Auswahl der gewünschten Kategorie, z. B. Währung, und des Zahlenformats festgelegt **(Bild 2)**. Hier erfolgt die Vereinbarung, ob eine Zahl mit oder ohne Nachkommastellen angezeigt werden soll.

Beispiel:
Es soll eine Excel-Tabelle nach Bild 1 aufgebaut werden, die eine Kostenberechnung für verschiedene Abfallstoffe anhand deren Mengen durchführt.

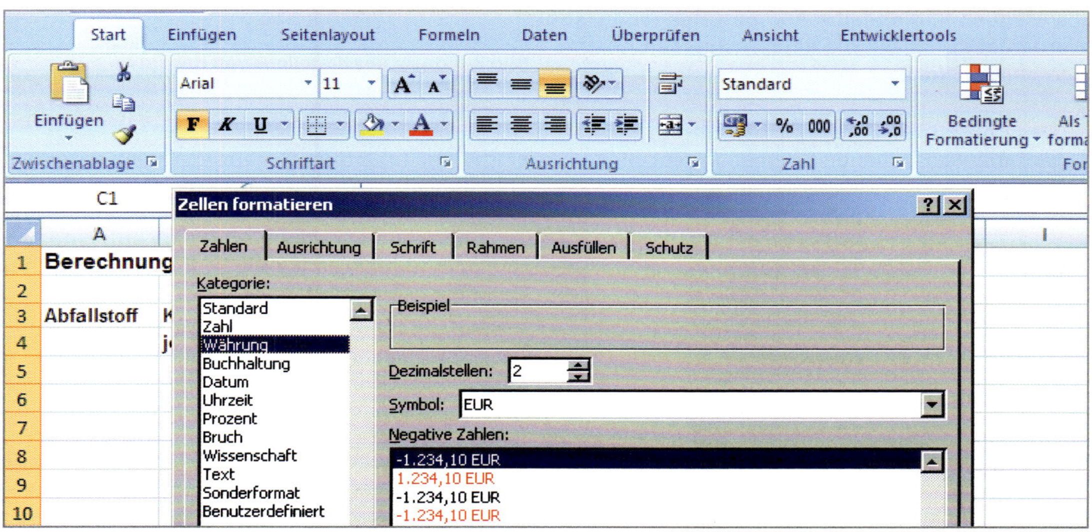

Bild 2: Excel-Maske zur Festlegung von Datenformaten

Berechnung der Abfallkosten				
Abfallstoff	**Kosten je Einheit**	**Einheit**	**Menge**	**Kosten**
Schleifschlamm	695,00 €	t	3,00	2 085,00 €
Entwickler	470,00 €	t	0,10	47,00 €
Fixierer	940,00 €	t	0,20	94,00 €
Restmüll	195,00 €	t	5,00	975,00 €
Mineralwolle	300,00 €	t	1,50	450,00 €
Lkw-Reifen	12,00 €	Stck	230,00	2 760,00 €
Fliesen	80,00 €	t	3,40	272,00 €
Steinplatten	80,00 €	t	5,80	464,00 €
Bildschirmgeräte	15,00 €	Stck	10,00	150,00 €

Bild 1: Tabelle in Excel mit mathematischen Verknüpfungen

Lösung:

Die Tabellenzelle A1 wird mit der Maus angeklickt und die Überschrift der Tabelle wird eingegeben **(Bild 1, vorhergehende Seite)**. Anschließend werden in den Zellen A3, B3, B4, C3, D3 und E3 die Spaltenbezeichnungen eingegeben. Zur Programmierung der Abfallkostenberechnung anhand des Produkts Kosten je Einheit · Menge ist wie folgt vorzugehen. Die Tabellenzelle E5 wird angeklickt und die Zeichen = b5 ∗ d5 werden eingetippt. Anschließend kopiert man die Zelle E5 durch Anklicken mit rechter Maustaste und Klick auf *Kopieren* mit linker Maustaste zunächst in einen Zwischenspeicher. Mit gedrückter rechter Maustaste werden weitere Zellen der Spalte E markiert. Mit dem Anklicken der Menütaste *Einfügen* werden dann in diese markierten Zellen die Produkte b6 · d6, b7 · d7 usw. automatisch eingetragen.

Sind in der Spalte Kosten je Einheit die Kosten eines Abfallstoffes eingetragen und werden nun die Mengen in die Spalte *Menge* eingegeben, so werden automatisch die entsprechenden Kosten berechnet **(Bild 1)**.

Das Ändern von Zahlenwerten führt in Excel automatisch zu neuen Berechnungen.

Excel wird häufig nicht nur für Berechnungsaufgaben verwendet, sondern auch für tabellarische Dokumentationen, z. B. als Betriebstagebuch einer Kläranlage.

11.5.2 Datenbanksysteme

Funktionsumfang

Datenbankprogramme sind anwendungsneutral gehalten und ermöglichen das Erstellen von Tabellen zur Verwaltung von Daten. Beim Anlegen einer Tabelle müssen die Tabellenspalten formatiert werden, z. B. für Zahleneingaben, Datumseingaben, Texteingaben. Im Vergleich zu einem Tabellenkalkulationsprogramm ist das mathematische Verknüpfen von Tabellenspalten oder Tabellenzellen allerdings erheblich aufwendiger. Hierzu sind **Makros** (kleine Programme) in einer Datenbanksprache zu erstellen.

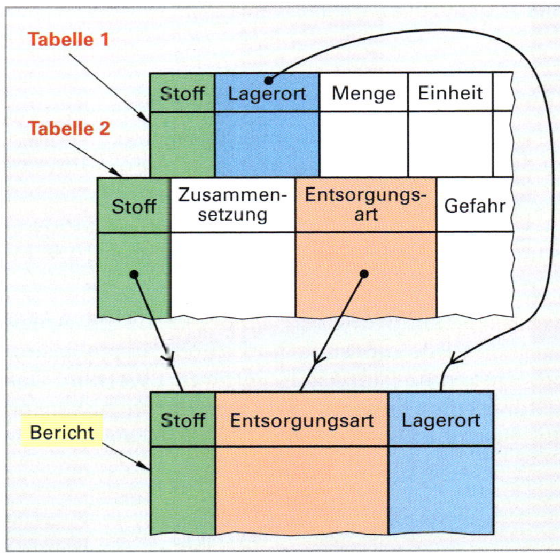

Bild 2: Prinzip des Erstellens von Berichten

Die Hauptaufgabe einer Datenbank besteht darin, Sätze oder Zeilen in Tabellen anhand vorgebbarer Kriterien zu suchen und zu sortieren. Dies kann vielfach ohne Kenntnisse einer Datenbanksprache erfolgen. Die Datenbankprogramme besitzen hierzu Bildschirmelemente, die mit der Maus anzuklicken sind. Ferner sind durch das Erstellen sogenannter Berichte (**Reports**) Auszüge aus einer Tabelle oder aus mehreren Tabellen darstellbar **(Bild 2)**.

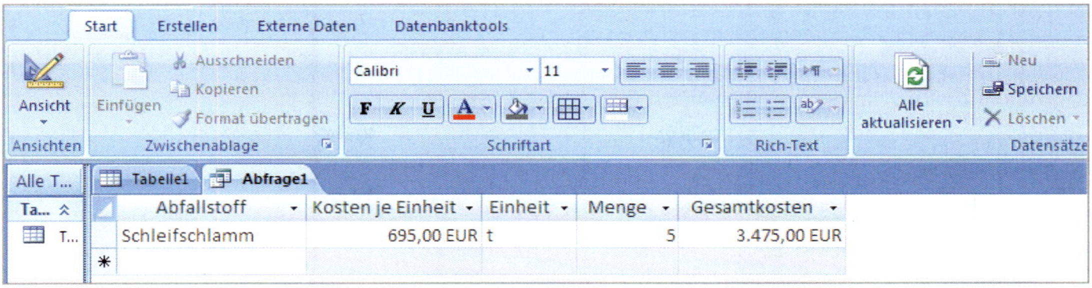

Bild 1: Tabelle zur Berechnung der Kosten verschiedener Abfallstoffe in Access

In diesen Funktionen sind Datenbankprogramme wegen der einfacheren Handhabung den Tabellenkalkulationsprogrammen überlegen. Datenbankprogramme ermöglichen das Handhaben sehr großer Mengen von Datensätzen und den schnellen Zugriff auf diese.

> In einer Datenbank können mehrere Tabellen verwaltet und Suchvorgänge oder Sortiervorgänge durchgeführt werden.

Wie mit Tabellenkalkulationsprogrammen lassen sich mit Datenbankprogrammen ebenfalls Diagramme anhand der Tabellenstrukturen erzeugen. Manche Auswertungen sind dadurch anschaulicher.

In einem Datenbankprogramm können unterschiedlichen Personen **Zugriffsrechte** eingeräumt werden. Über Kennworte (Passworte) ist steuerbar, wer darf

- welche Daten lesen, löschen, einfügen, aktualisieren,
- den Datenbankentwurf (Datenbankdesign) ändern,
- Abfragen ändern oder neue Abfragen hinzufügen.

Auch diese Funktionen sind bei Tabellenkalkulationen in diesem Umfang nicht vorhanden.

> Datenbanksysteme ermöglichen die Vergabe von umfangreichen Zugriffsrechten.

Datenbankprogramm Access

Infolge der Verbreitung des PC-Betriebssystems Windows wird das darauf aufsetzende PC-Datenbankprogramm Access sehr häufig benutzt. Dies gilt für den Einsatz als unabhängiges Programm sowie für den Einsatz als Programmpaket, das in ein Anwenderprogramm integriert ist.

Beispiel:
Erstellen Sie in Access eine Tabelle mit den Spalten Abfallstoff, Kosten je Einheit, Einheit, Menge und Gesamtkosten **(Bild 1)**.

Lösung:

Nach Starten der Access-Datenbank ist *Leere Datenbank* anzuklicken, danach *Erstellen.* Im dann erscheinenden Fenster ist unter *Ansicht* anzuklicken *Entwurfsansicht* **(Bild 2)**. Im daraufhin erscheinenden Fenster sind die Tabellenspalten zu definieren **(Bild 1, folgende Seite)**.

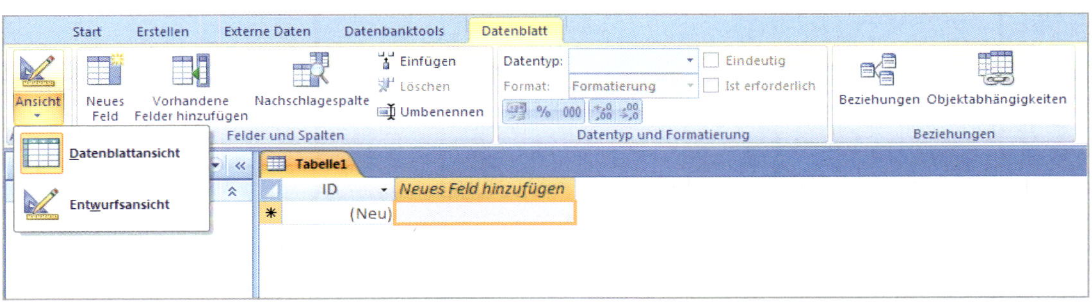

Bild 2: Einstiegsmaske zur Definition einer Tabellenstruktur in Access

Nach Anklicken von Ansicht und *Datenblattansicht* im Reiter von Bild 2, vorhergehende Seite, ist die Tabellenstruktur weiter zu definieren **(Bild 2)**. Hierzu sind der Reiter *Erstellen* und das Menü *Abfrageentwurf* anzuklicken. Im dann erscheinenden Fenster ist *Hinzufügen* und *Schließen* anzuklicken. Die Namen der Felder sind zu übernehmen. Im Feld Gesamtkosten ist die mathematische Beziehung [Kosten je Einheit] * [Menge] mit eckigen Klammern zu ergänzen (Bild 2). Mit der so definierten Tabelle kann gearbeitet werden, wenn unter *Ansicht* ausgewählt wird *Datenblattansicht.*

Alternativ kann die in Access erstellte Tabelle durch Anklicken des Reiters *Externe Daten* und der Menütaste *Excel* im Menüteil *Exportieren* auch nach Excel exportiert und dort bearbeitet werden. Es wird dazu das Access-Tabellenformat in ein Excel-Tabellenformat umgesetzt. Die mathematische Beziehung ist dann in Excel vorzunehmen.

Das mathematische Verknüpfen beliebiger Tabellenzellen ist mit Tabellenkalkulationsprogrammen wesentlich einfacher realisierbar als mit Datenbankprogrammen.

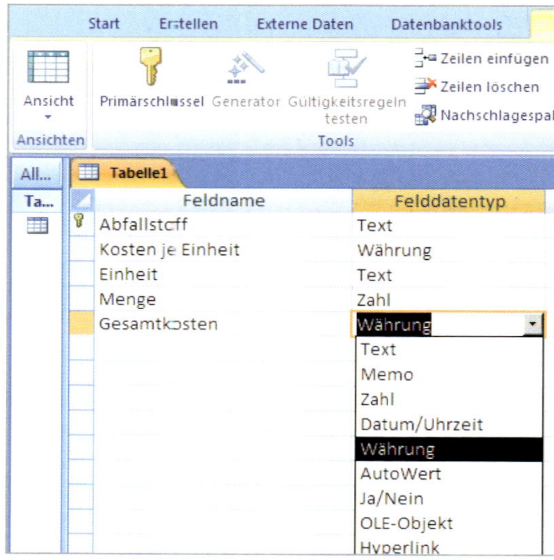

Bild 1: Festlegen der Tabellenstruktur 1 in Access

Wiederholung und Vertiefung

1. **Beschreiben Sie einen IT-Arbeitsplatz.**
2. **Für welche Aufgaben ist ein Tabellenkalkulationsprogramm geeignet?**
3. **Für welche Aufgaben setzt man ein Datenbankprogramm ein?**
4. **Nennen Sie ein Datenbankprogramm.**
5. **Welche Vorteile bietet ein Datenbankprogramm gegenüber Tabellenkalkulationsprogrammen?**
6. **Welche Vorteile bietet ein Tabellenkalkulationsprogramm gegenüber einem Datenbankprogramm?**
7. **Nennen Sie die Vorteile eines Client-Server-Systems.**
8. **Was versteht man unter einem Internet-Provider?**
9. **Wann benutzt man den Internetdienst E-Mail?**

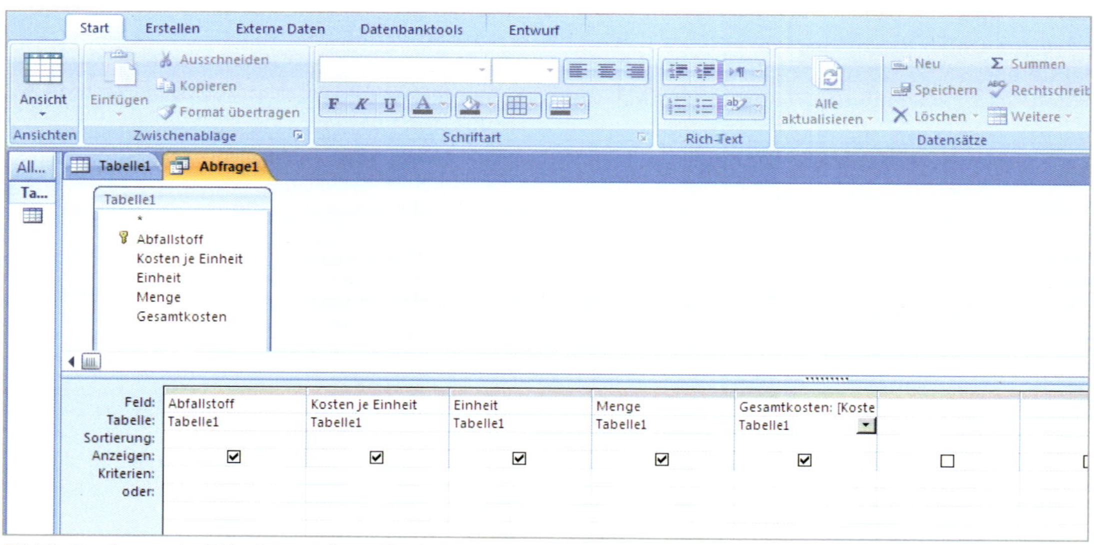

Bild 2: Festlegen der Tabellenstruktur 2 in Access

11.5.3 Anwendungsprogramme

Software-Applikationen

Als Software-Applikation (application = Anwendung) bezeichnet man in der Informationstechnik (Informatik, IT) Programme (Software-Lösungen), die der Anwender (Benutzer, User) für seine tägliche Arbeit nutzt **(Bild 1)**. Diese Programme sind für spezielle Themen ausgelegt, im Zusammenhang mit der Umwelttechnik z. B. zur Messwerterfassung und Proben-Analyse, zur Verwaltung von Gefahrstoffen, als Informationssystem, als Energieabrechnungssystem. Meist erfordern diese Aufgaben für die Applikationen eine Datenbank im Hintergrund.

Bild 1: Arten von Software-Applikationen

Gefahrstoff-Informationssysteme

Gefahrstoff-Informationssysteme verwalten die Daten aller für ein Unternehmen wichtigen Gefahrstoffe mit Informationen über

- Hersteller und Lieferant,
- chemische Zusammensetzung,
- physikalische und chemische Eigenschaften,
- Gefahren für den Menschen,
- Gefahren im Brandfall oder Explosionsfall,
- Erste-Hilfe-Maßnahmen,
- Vorschriften zum Lagern und
- geeignete Entsorgungsmaßnahmen

(Bild 2). Dies ist im Prinzip eine elektronische Verwaltung der Sicherheitsdatenblätter. Auch Betriebsanweisungen, in denen Schutzmaßnahmen und Verhaltensregeln beim Umgang mit Gefahrstoffen festgeschrieben sind, sind in solchen Informationssystemen enthalten **(Bild 3)**.

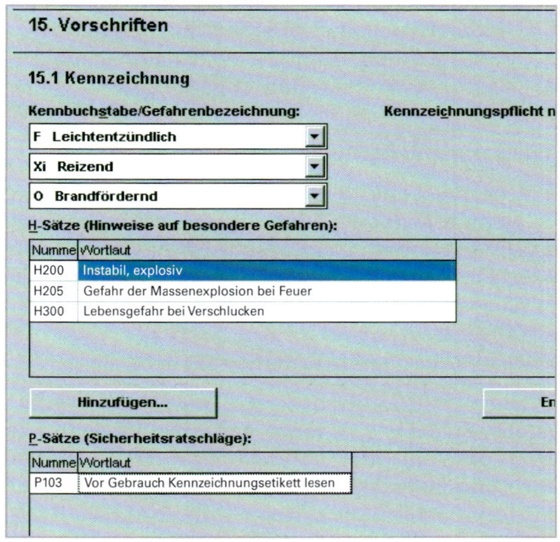

Bild 2: Anzeigebeispiel eines Gefahrstoff-Informationssystems

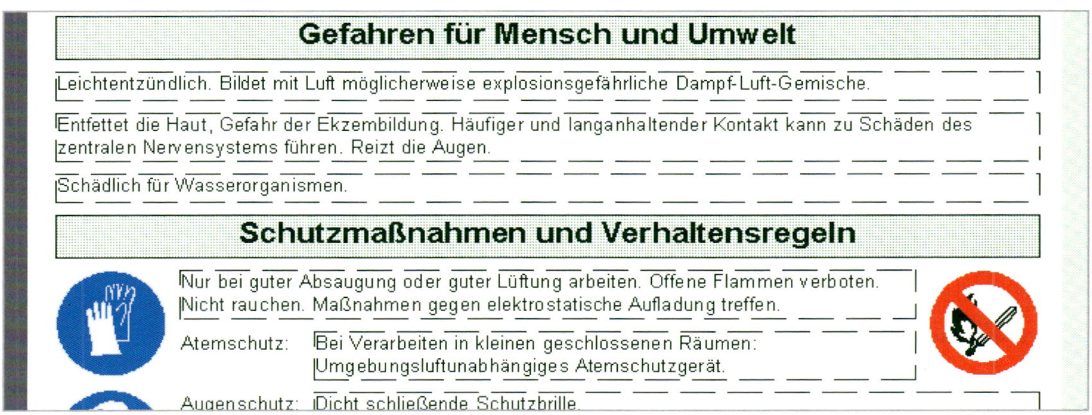

Bild 3: Auszug aus einer Betriebsanweisung in einem Gefahrstoff-Informationssystem

Zum Einrichten des Informationssystems für firmenspezifische Gefahrstoffe sind im Programmpaket z. B. die H-Sätze und P-Sätze gespeichert **(Bild 1)**. Diese Sätze können im Rahmen einer mausgeführten Bedienung den Gefahrstoffen zugewiesen werden. Ferner werden Standardtexte für Betriebsanweisungen, Erste-Hilfe-Maßnahmen oder allgemeine Gefahrenhinweise zur Auswahl angeboten. Mit den meisten Gefahrstoff-Informationssystemen kann eine Arbeitsplatzbeschreibung vorgenommen werden, mit Angaben zu Verbrauchsmengen und Vorratsmengen von Materialien sowie der Konzentrationen der darin enthaltenen Gefahrstoffe.

Ein Gefahrstoff-Informationssystem sollte in Unternehmen über einen zentralen Server betrieben werden, damit die Informationen möglichst vielen Mitarbeitern zugänglich sind.

Wasserwirtschaftliche Informationssysteme

Wasserwirtschaftliche Daten von Flüssen und Seen müssen regelmäßig erfasst und grafisch ausgewertet werden. Zu erfassen sind hierbei z. B.

- Zusammensetzungen und Konzentrationen von Wasserinhaltsstoffen,
- Temperaturen und
- Wassermengen bzw. Pegelstände.

Diese Informationen dienen nicht nur statistischen Zwecken, sondern auch für Maßnahmen zur Vorsorge oder bei Notfällen. Derartige Informationssysteme tragen im Ereignisfall durch automatisches Versenden von E-Mails, SMS, Whatsapp-Nachrichten und Faxmeldungen zu raschen Benachrichtigungen der Meldestellen bei, z. B. Rundfunksender, Online-Zeitungen im Internet.

Lebensmittel-Informationssysteme

In einer Datenbank sind die von den Bundesministerien für Gesundheit und Umwelt festgelegten Höchstwerte von gesundheitsschädlichen Substanzen in Lebensmitteln und Tabakerzeugnissen, z. B. Pestizide, gespeichert. Die dem Benutzer angebotenen Informationen umfassen ferner die Gesetzestexte mit zusätzlichen Bestimmungen. Auch wird Bezug genommen auf die Rückstands-Höchstmengen-Verordnung für Pflanzenschutzmittel in Nahrungsmitteln.

Umweltmanagementsystem

Für die Einführung und Aufrechterhaltung eines Umweltmanagementsystems gibt es unterstützende Softwarepakete für das Erstellen und Verwalten

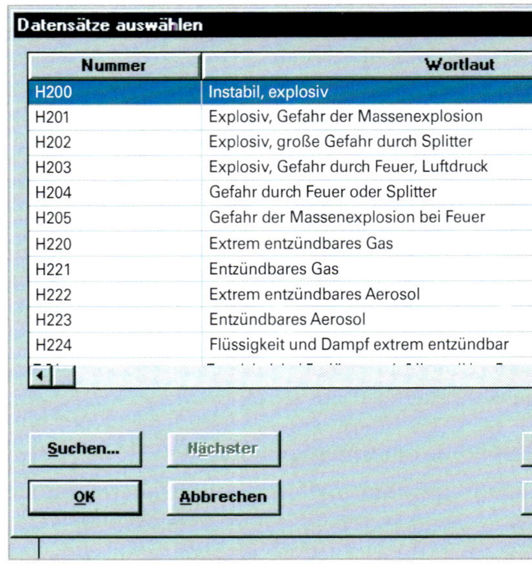

Bild 1: Anzeige der H-Sätze

- des Umwelt-Handbuchs,
- von Verfahrensanweisungen mit Ablaufplänen und
- von Vorlagen für Umweltaufzeichnungen.

Derartige Programmpakete besitzen Mustertexte und Musterablaufpläne, die an die unternehmensspezifischen Gegebenheiten angepasst werden können. Darüber hinaus wird Unterstützung zum Durchführen von Umweltaudits angeboten. Weit über hundert Auditfragen werden zur Verfügung gestellt. Die Erfüllungsgrade als Antworten zu vielen Auditfragen können grafisch angezeigt werden.

Elektronisches Abfall-Nachweisverfahren

Das elektronische Abfall-Nachweisverfahren (eANV) ist im Entsorgungsprozess für gefährliche Abfälle Pflicht. Die Prozessbeteiligten, also Erzeuger, Beförderer, Entsorger und Behörden, kommunizieren über ein Web-basierendes IT-System (im Internet), zentrale Koordinierungsstelle ZKS-Abfall genannt, miteinander **(Bild 1, folgende Seite)**. Dabei werden Begleitscheine und Entsorgungsnachweise elektronisch erstellt und archiviert. Die persönliche Unterschrift auf Papierdokumenten ist durch die elektronische Signatur ersetzt.

Verwaltungssysteme für die Entsorgung

IT-Entsorgungssysteme, z. B. für Sperrmüll, unterstützen bei der Organisation, Verwaltung, Disposition, Tourenplanung und Abrechnung von Entsorgungen auf Anforderung durch Verbraucher. Derartige IT-Systeme können telefonisch, schriftlich oder durch internetbasierte Antragsregistrierung eingehende Abfuhranträge mit sofortiger Zuordnung zu einem Abholtermin verwalten. Bei eingehenden Abfuhranträgen mit zunächst nicht festgelegten Abholterminen erfolgt die Terminmitteilung mittels Postkarte oder E-Mail zu einem späteren Zeitpunkt automatisiert. Verschiedene Formschreiben können bei nicht zulässigen Abfuhrwünschen zur Information des Kunden ausgedruckt und versendet werden.

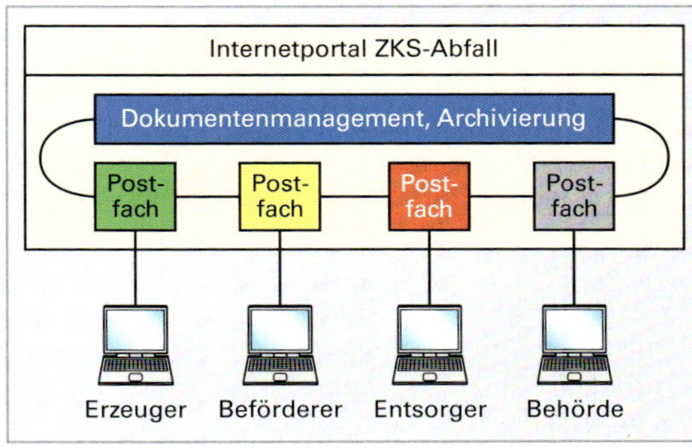

Bild 1: Elektronisches Abfall-Nachweissystem

IT-Systeme für Energiemanagement und Energiecontrolling

Mittels geeigneter IT-Systeme werden für Gebäude Energieberichte hinsichtlich Verbrauch und Kosten erstellt. Letztendlich können mit solchen Systemen auch Energieausweise erstellt werden. Das Erfassen der Verbrauchsdaten für z. B. Strom, Wasser, Gas, Heizenergie, Kühlenergie erfolgt durch Messgeräte, z. B. Zähler (Smart Meter). Die Daten werden in das Energiemanagement-System automatisiert über Daten-Schnittstellen übertragen oder manuell eingegeben. Der Anwender kann dann Analysen erstellen, Ziele zur Energieeinsparung definieren und Maßnahmen zur Zielerreichung festlegen, ausführen und überprüfen **(Bild 2)**. Schließlich können auch Rechnungen auf Basis der erfassten Verbrauchsdaten automatisiert erstellt werden.

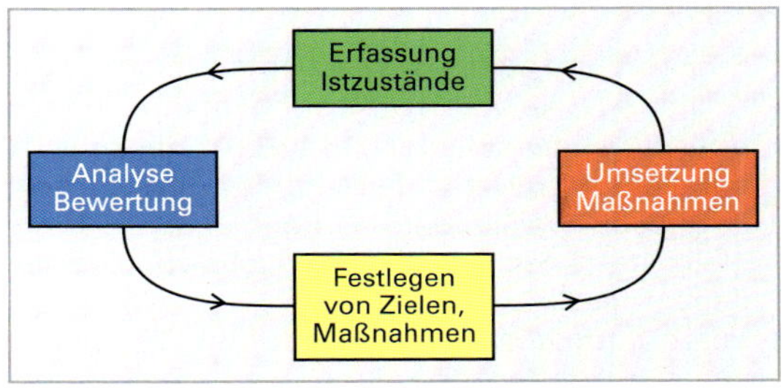

Bild 2: Kontinuierliches Energiemanagement

Lastmanagementsysteme

Zu unterscheiden sind Systeme, die von den VNB (Versorgungsnetzbetreiber) bzgl. des zeitlichen Zuschaltens verschiedener Energieversorgungsquellen, z. B. Energie aus Windkraft, Kohlekraftwerken, zum Einsatz kommen sowie Systeme, die für Haushaltungen und Industrie zum Vermeiden von Lastspitzen dienen (Abschnitt 7.7.10).

Mit Lastkontrollsystemen (Energiecontroller), welche miteinander vernetzt werden können, sind elektrische Verbraucher anhand ermittelter Verbrauchsdaten und aktuell günstiger Energiepreise steuerbar **(Bild 3)**. Datenschnittstellen zur Gerätekopplung sind z. B. Ethernet, Modbus, KNX und zur Messdatenerfassung der M-Bus, z. T. auch Wireless (drahtlos). Ferner sind Lastregelungen, z. B. bei Heizgeräten, Kochstellen, möglich. Über einen ebenfalls ankoppelbaren PC mit Datenbanksoftware sind Datenstatistiken erstellbar. Lastkontrollsysteme können Bestandteil von Energiemanagementsystemen (IT) sein oder wirken mit diesen zusammen.

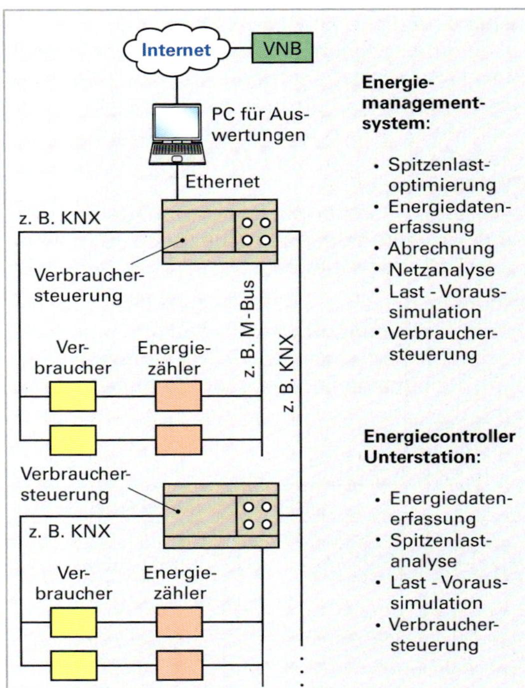

Bild 3: Verbrauchersteuerung durch Lastmanagementsysteme

Die Lastkontrollsysteme erfassen über geeignete Messgeräte z. B. alle 15 min die Energiedaten der angebundenen Verbraucher. Durch Voraussimulation des Energieverbrauchs sind Lastspitzen reduzierbar, ggf. sogar vermeidbar. Auf diese Weise kann der nächst höhere Stromtarifbereich oft umgangen werden.

Facilitymanagement-Systeme

Facilitymanagement-Systeme (FM-Systeme, engl. facility = Anlage) sind IT-Systeme, mit denen Analysen zum Optimieren von kostenrelevanten Vorgängen bzgl. baulicher Objekte und hierfür erbrachter Dienstleistungen durchgeführt werden können **(Bild 1)**. Bestandteile sind das

- Energiemanagement, welches die Energieabrechnung, die Zählerablesung manuell oder über ein Gebäudeleittechniksystem, die Berechnung des normierten Heizenergieverbrauchs für Energieausweise oder das Benchmarking (Vergleichstest) des Energieverbrauchs von Gebäuden umfasst.
- Entsorgungsmanagement mit dem Verwalten von Kenngrößen bzgl. der Entsorgungskomponenten, z. B. Müll, Wertstoffentsorgung und Gefahrenstoffe. Die entsprechenden Kenndaten sind Grundlage für Öko-Audits.
- Gebäudetechnikmanagement mit dem Verwalten technischer Unterlagen zu den Gewerken Heizung, Klima, Lüftung, Sanitär, Elektrotechnik, Meldetechnik und Sicherheit/Brandschutz.
- Netzwerkmanagement für das Verwalten der Verkabelungen.
- Wartungs-, Instandhaltungsmanagement für das Verwalten der entsprechenden Tätigkeiten und Dokumentationen.

Weitere Bestandteile von IT-FM-Systemen sind Flächenmanagement, Raumplanungsmanagement, Fuhrparkmanagement, Gewährleistungsmanagement, Reinigungsmanagement, Inventarmanagement.

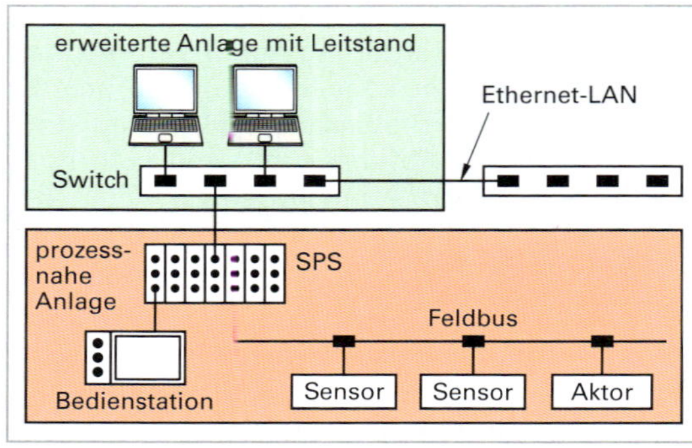

Bild 2: IT-Systeme einer umwelttechnischen Anlage

Entwurfsysteme

Bei der Entwicklung und Konstruktion umwelttechnischer Anlagen werden wie im allgemeinen Maschinen- und Anlagenbau *CAD-Systeme* (Computer Aided Design) sowie *Berechnungs- und Auslegungsprogramme* verwendet, z. B. bei der Planung und Dimensionierung von Rohrleitungen oder beim Behälterbau. Innerhalb derartiger Anlagen kommen *speicherprogrammierbare Steuerungen* (SPS) und *Feldbussysteme* für die Datenkommunikation mit Sensoren und Aktoren zum Einsatz **(Bild 2,** siehe auch Abschnitt 11.7).

Wiederholung und Vertiefung

1. **Welchen Vorteil bietet die Verwaltung von Sicherheitsdatenblättern mittels Computer?**
2. **Nennen Sie Bestandteile eines Gefahrstoff-Informationssystems.**
3. **Wie lautet die Internet-Adresse des Bundesministeriums für Umwelt, Naturschutz, nukleare Sicherheit und Verbraucherschutz?**
4. **Welchen Vorteil bietet das elektronische Abfall-Nachweisverfahren?**
5. **Welchen Vorteil bieten Lastkontrollsysteme?**
6. **Was versteht man unter einem Facilitymanagement-System?**

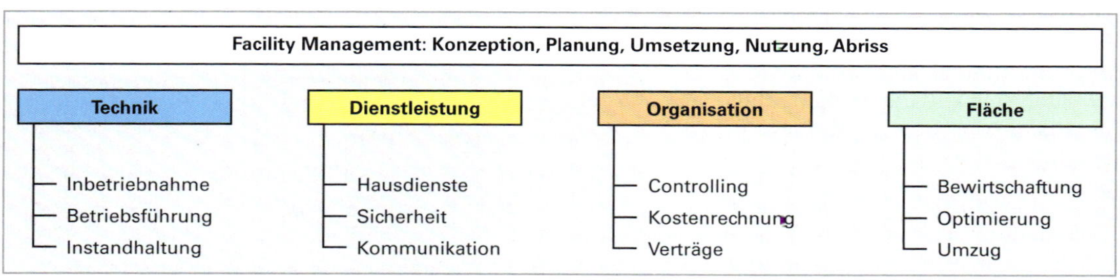

Bild 1: Anwendungsgebiete eines Facilitymanagement-Systems

11.6 Schutz vor Datenmissbrauch, Datenbeschädigung
Protection against Data Misuse, Damage

Passworte

Die verbreitetste Methode zum Schutz vor unerlaubtem Zugriff auf einen Computer ist die Verwendung von Passworten. Jeder Benutzer einer Computeranlage besitzt eine Benutzerkennung und ein eigenes Passwort, welche er zu Beginn seiner Sitzung dem Computer mitteilen muss. Kennt der Computer Benutzerkennung und Passwort, erlaubt er dem Benutzer den Zugang. Aus Sicherheitsgründen müssen Passworte

- oft mindestens 10 Zeichen lang sein,
- verschiedene, nicht aufeinanderfolgende Zeichen sowie Sonderzeichen enthalten und
- in Einzelfällen täglich geändert werden.

Oft verweigert der Computer einem Benutzer sogar den Zugang, wenn drei aufeinanderfolgende Passworteingaben fehlerhaft waren.

Benutzerkennung und Passwort sind oft an Benutzerrollen gebunden. Dies bedeutet, dass ein Benutzer aufgrund dieser Angaben nur mit ausgewählten Anwendungen (Programmen) arbeiten darf.

Smart Card

Smart Cards (Chipkarten) dienen als Software-Kopierschutz und zur Zutrittskontrolle von IT-Systemen **(Bild 1)**. Notwendige Lesegeräte sind z. B. über die USB-Schnittstelle mit dem Computer verbunden. Die Daten auf der Smart Card zur Identifizierung (Identifikationsprüfung) des Benutzers sind verschlüsselt. Zusätzlich können Passworte ausgewertet werden (Authentifizierung).

Biometrische Verfahren

Zugangsberechtigungen können auch anhand der Überprüfung eines Fingerabdrucks, einer Handfläche, einer Unterschrift oder einer Sprachprobe erteilt werden. Hierzu werden entsprechende Bitmuster erzeugt und ausgewertet.

Ferner findet mittels digitaler Bildverarbeitung die Überprüfung des Gesichts oder der Iris im Auge des zu einem IT-System Zugangssuchenden statt. Hierbei sind die Irisdaten der Zugangsberechtigten in einem Computer hinterlegt und werden beim Zugangswunsch mit den erfassten Irisdaten der Kamera des IT-Systems abgeglichen.

Bild 1: Zugriffskontrolle mit Smart Card

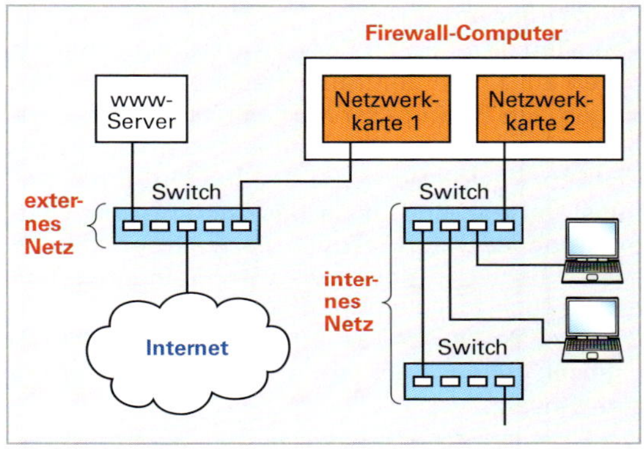

Bild 2: Firewall-Computer als Zugangsschleuse vom und ins Internet

> Gebräuchliche Verfahren der Zugangskontrolle bei Computeranlagen sind das Überprüfen von Passworten, Codes auf Smart Cards, Fingerabdrücken, Augen-Iris, Gesicht und Sprache.

Firewall-Computer

Firmeninterne Netze werden durch Firewall-Computer (von firewall = Brandmauer) vom Internet getrennt **(Bild 2)**. Im Firewall-Computer wird eingetragen, wer von außen, also über das Internet, auf das firmeninterne Netz und somit auf die firmeninternen Computer zugreifen darf. Die eingehenden Daten werden dabei auf Zulässigkeit und Computerviren überprüft und die Zugriffe auf die dem Firewall-Computer nachgeschalteten Computer beschränkt.

Durchführung von Backups

Datensicherungen müssen von Zeit zu Zeit vom gesamten Datenbestand durchgeführt werden. Hierbei werden die Daten auf DVDs, externe Festplatten oder auch auf einem anderen Computer, z. B. in der (Internet-)Cloud, gespeichert. Solche

Datensicherungen bezeichnet man als Backup (von back up = zurücklegen).

Bei der oft verwendeten **Großvater-Vater-Sohn-Methode** werden von Januar bis Dezember Monatssicherungen, von Woche 1 bis Woche 5 eines Monats Wochensicherungen und von Montag bis Freitag Tagessicherungen durchgeführt. Beim Zuwachsbackup werden nur geänderte oder neu hinzugekommene Dateien gesichert.

Zur automatischen Sicherung des vollständigen Datenbestands einer Firma werden Backup-Server (backup = Sicherung) eingesetzt **(Bild 1)**. Von allen dezentralen Servern werden nachts die Daten zu einem zentralen Backup-Server übertragen. Ein Backup-Server besitzt mehrere Festplatten, auf denen die gespeicherten Daten auf mehrere Festplatten derart redundant (im Überfluss) verteilt sind, dass bei Ausfall *einer* Festplatte deren Daten rekonstruiert werden können (**RAID-Systeme**, redundant array of independent disks). Zusätzlich kommt oft auch ein NAS-Server-System (Network Attached Storage) zur automatisierten Datenspeicherung und Datensicherung zum Einsatz.

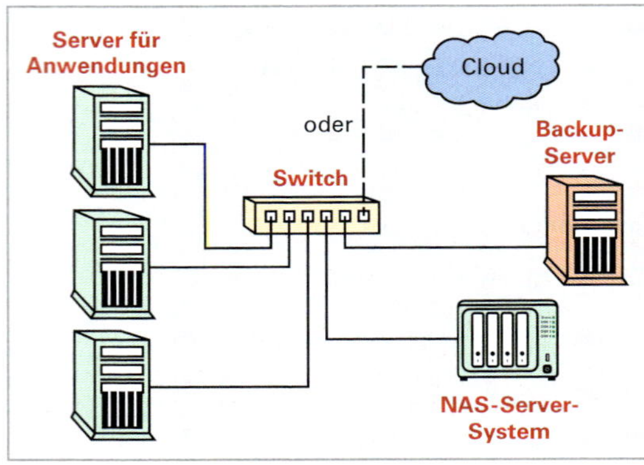

Bild 1: Automatisierte Datensicherung

> Backup-Server sichern Daten von Computern rasch und aktuell.

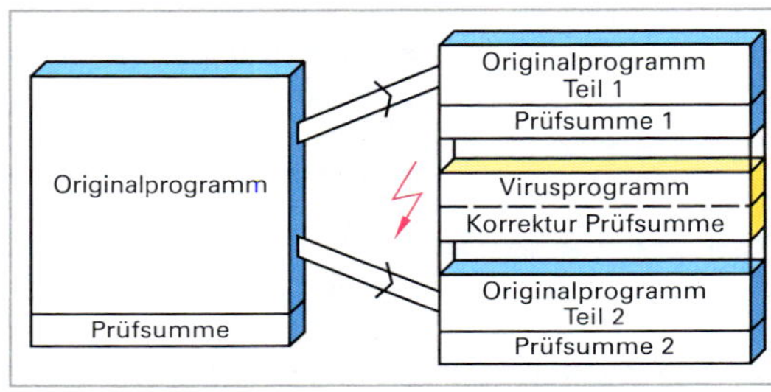

Bild 2: Virusprogramm, eingepflanzt ins Originalprogramm

Schutz vor Computerviren

Ein Computervirus[1] ist ein Programm mit zerstörerischem Auftrag und ist in einem Programm, dem Wirtsprogramm, versteckt. Dieses infizierte[2] Programm steckt wiederum andere Programme bzw. Dateien an, indem das Virusprogramm dorthin schadensverursachende Datensätze kopiert. Meist merkt man erst nach mehrfacher Vervielfachung des Schadensprogramms, dass der Computer fehlerhaft arbeitet. Manche Computerviren bewirken, dass z.B. der Speicher eines Computers mit Daten gefüllt wird, ohne dass der Benutzer dies bemerkt, oder dass der Computer gesperrt wird.

Das Aufspüren von Computerviren ist manchmal bereits durch Prüfung der gespeicherten Quersummen (Prüfsummen) der Speicherplätze der gespeicherten Dateien möglich.

Allerdings reicht eine Prüfsummenbildung allein zum Erkennen eines Computervirus meist noch nicht aus. Das Virus kann nämlich bei Kenntnis des Prüfsummenalgorithmus die durch ihn veränderte Prüfsumme entsprechend korrigieren **(Bild 2)**.

[1] das Virus = Krankheitserreger; [2] lat. inficere = anstecken

Mit **Antivirenprogrammen** kann man den Programmen bekannte Computerviren (Codesequenzen) aufspüren und befallene Dateien meist reparieren (säubern). Da ständig neue Computerviren verbreitet werden, ist das Verwenden der aktuellsten Antiviren-Programmversion empfehlenswert.

Neben Bootsektor-Viren und Dateiviren gibt es auch Trojaner und Würmer sowie Spyware. Ein **Trojaner** ist ein Virusprogramm, welches in einem erworbenen Programm, z.B. in einem Bildschirmschoner-Programm, oder in einer Zusatzdatei enthalten ist. Ein **Wurm** ist ein Virusprogramm, welches sich über das Netzwerk oder Internet weiterkopiert, ähnlich wie ein E-Mail-Virusprogramm anhand von Adresslisten. Ein mit **Spyware** infizierter Computer wird bzgl. seiner Daten ausspioniert.

Wiederholung und Vertiefung

1. **Nennen Sie vier Zugriffsarten auf Dateien.**
2. **Wozu dienen Passworte?**
3. **Erklären Sie die Funktionsweise von Passworten.**
4. **Erklären Sie die Wirkungsweise eines Firewall-Computers.**
5. **Was versteht man unter einem Computervirus?**

11.7 Industrielle Computernutzung
Industrial Use of Computers

11.7.1 Kleinsteuerung LOGO!
Minicontroller LOGO!

Kleinsteuerungen kommen dort zum Einsatz, wo herkömmliche speicherprogrammierbare Steuerungen (SPS) zu aufwendig wären. Beispiele sind Steuerungen für Markisen, Jalousien, Rührwerke, Bewässerungsanlagen, Beleuchtungen, Füllanlagen.

Eine weit verbreitete Kleinsteuerung ist LOGO! von Siemens **(Bild 1)**. Diese stellt digitale und analoge Ein- und Ausgänge bereit, die durch Programmierung mit Funktionalität hinterlegt werden können. Hierfür stehen integrierte Standard-Logikfunktionen, Schaltfunktionen und Sonderfunktionen zur Verfügung. Mehrere Timer (Zeitfunktionen) erlauben die Realisierung zeitabhängiger Steuerungen.

Die Kleinsteuerung LOGO! kann durch Module erweitert werden. Es wird zwischen **Digitalmodulen** (DM), **Analogmodulen** (AM) und **Kommunikationsmodulen** (CM) unterschieden. Letztere sind von großer Bedeutung, da die Logo! häufig als Komponente in Feldbussystemen zur Gebäudeautomatisierung, wie dem KNX-Bus, eingesetzt wird. Auch eine Ethernet-LAN-Anbindung ist möglich.

Bei LOGO!-Modellen, die für 230 V ausgelegt sind, können die Ein- und Ausgänge (I, Q) direkt ans Netz angeschlossen werden **(Bild 2)**. Hierbei muss beachtet werden, dass die Sicherheitsbestimmungen (DIN VDE 0100, DIN EN 61131-2) eingehalten werden. Ausgangsstromkreise müssen mit Sicherungen versehen werden, um eine Zerstörung der LOGO! durch Überlast zu vermeiden.

Die Programmierung der LOGO! erfolgt entweder direkt mittels Tasten und Display am Gerät selbst oder über einen mittels RS-232-Schnittstelle oder USB-Schnittstelle angeschlossenen PC, auf dem eine spezielle Software (LOGO! Soft Comfort) installiert sein muss. Die Software bietet darüber hinaus die Möglichkeit, das Verhalten der programmierten LOGO! am PC zu simulieren.

Abhängig von der eingesetzten LOGO!-Variante können die Rechengeschwindigkeit der CPU (Central Processing Unit) sowie die mittlere Speicherzugriffszeit variieren. Die Signallaufzeit einer mittels LOGO! realisierten Schaltung lässt sich daher rechnerisch nur schwer ermitteln. Eine wichtige Rolle spielt die maximale Schaltfrequenz. Dies ist die höchstmögliche Frequenz, mit der ein Ausgang zwischen 1 (aktiv) und 0 (inaktiv) hin- und hergeschaltet werden kann. Bei LOGO!-Varianten mit Relaisausgängen wird die maximale Schaltfrequenz durch die Schaltzeit der Relais begrenzt und liegt deshalb bei nur ca. 2 Hz. Bei LOGO!-Varianten mit Transistorausgängen beträgt sie etwa 10 Hz.

Bild 1: **Siemens Logo!**

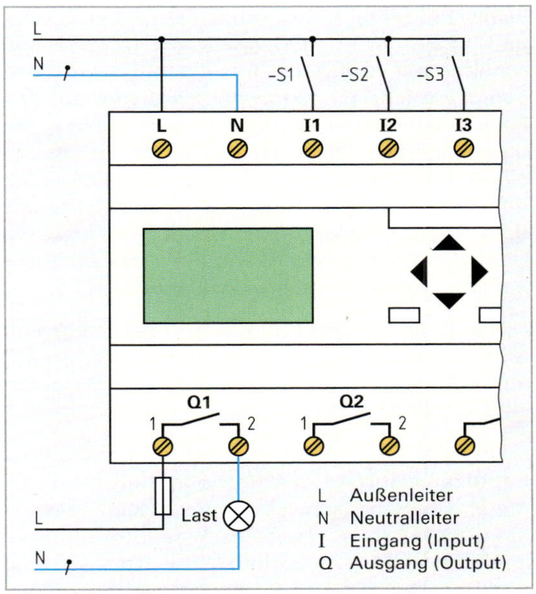

Bild 2: **Anschluss einer 230-V-Logo! mit Relais-Ausgängen**

> Eine Kleinsteuerung verwendet man, wenn für die zu lösende Aufgabe eine SPS zu aufwendig wäre.

Die LOGO! wird mithilfe der grafischen Programmiersprache FUP (Funktionsplan) programmiert **(Bild 1)**. Diese durch DIN EN 61131-3 genormte Sprache findet auch in der SPS-Programmierung Anwendung.

> FUP basiert auf miteinander verbundenen Funktionsblöcken, die entsprechend konfiguriert werden.

Jeder Funktionsblock besitzt grundsätzlich ein oder mehrere Ein- und Ausgänge sowie eine eindeutige Blocknummer.

Die meisten LOGO!-Varianten ermöglichen das Erstellen eines Funktionsplans über ein grafisches Display und Cursortasten **(Bild 2)**. Dabei wird zunächst die Art des Funktionsblocks ausgewählt. Es stehen 8 Grundfunktionen, z. B. NAND, und 30 Sonderfunktionen, z. B. ein Treppenlichtschalter, zur Verfügung. Anschließend wird festgelegt, welche Eingänge der Hardware auf den Funktionsblock gelegt werden sollen. Nicht benötigte Eingänge eines Funktionsblocks werden mit einem x gekennzeichnet. Zuletzt wird die Verbindung zwischen dem Ausgang der Hardware und dem Ausgang des Funktionsblocks hergestellt. Über die Blocknummer kann ein Block zur Bearbeitung angewählt oder gelöscht werden.

Um eine im Betrieb befindliche LOGO! vor Eingriffen durch Dritte zu schützen, kann der Zugriff auf den Programmiermodus durch ein Passwort gesteuert werden.

Manchmal besteht die Notwendigkeit, dass der Benutzer während des Betriebs einzelne Parameter, z. B. Schaltschwellen einer Zweipunktregelung, ändern muss, ohne das Schaltprogramm zu beeinflussen. Hierzu kann der Benutzer während des Betriebs in einen Parametriermodus schalten, in dem einzelne freigegebene Parameter, jedoch nicht die Schaltung selbst, geändert werden können.

> Parametrierbar sind z. B. Zeiten von Zeitfunktionen, Schwellwerte von Zählern und Schaltern.

Zum Start muss die LOGO! in den „Run"-Modus geschaltet werden. Im gestarteten Zustand liest die LOGO! ständig die Zustände ihrer Eingänge ein und berechnet aufgrund des Funktionsplans die entsprechenden Zustände ihrer Ausgänge.

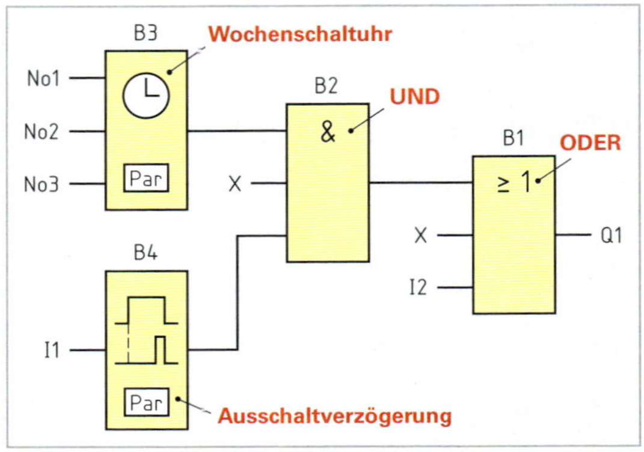

Bild 1: Funktionsplan mit Funktionsblöcken

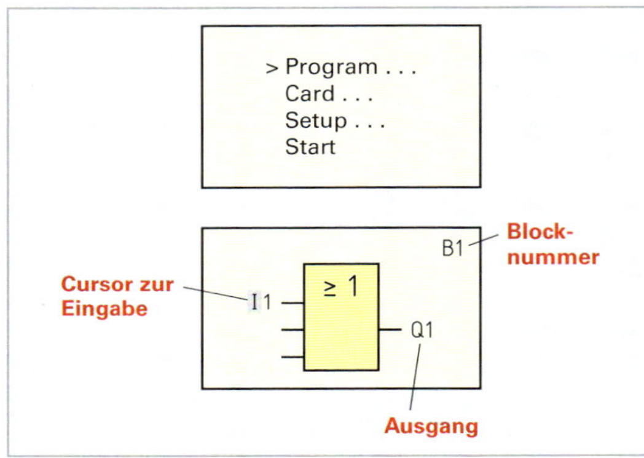

Bild 2: Programmierung per Display

Die Kapazität des Programmspeichers der LOGO! beträgt z. B. 30 000 Byte. Mittels Micro-SD-Karte kann diese erweitert werden. Die Grundfunktionen benötigen zwischen 4 Byte und 12 Byte je Funktionsblock, die Sonderfunktionen, z. B. Schaltuhren, Zähler, zwischen 8 Byte und 40 Byte. Manche Sonderfunktionsblöcke belegen während des Betriebs zusätzlich REM (Retentive Memory, Remanenzspeicher), um sich Laufzeitwerte von inneren Variablen, z. B. Stundenzähler, zu speichern.

Wiederholung und Vertiefung

1. **In welchen Fällen sind Kleinsteuerungen dem Einsatz einer SPS vorzuziehen?**
2. **Was muss beachtet werden, wenn eine Kleinsteuerung an Netzspannung betrieben wird?**
3. **Welches Prinzip liegt der Programmiersprache FUP zugrunde?**
4. **Wie kann die Kleinsteuerung vor Eingriffen durch Dritte geschützt werden?**
5. **Wie erreicht man, dass LOGO! die Zustände der Eingänge einliest?**

11.7.2 Industrie-PC

Industrie-PC (IPC) werden z.B. zur Prozessvisualisierung oder Automatisierung von Anlagen in der Produktion oder in Gebäuden verwendet. IPC erfassen Daten und geben Daten aus, die im Zusammenhang mit steuerungs- und regelungstechnischen Aufgaben stehen. **Umwelteinflüsse**, z.B. Staub, Feuchtigkeit, Temperaturen, Strahlwasser, Erschütterungen oder elektromagnetische Störungen müssen beherrscht werden. Erforderliche Schutzarten, z.B. IP64 (International Protection), müssen gewährleistet sein. Zu verarbeiten sind Prozessdaten ohne nennenswerte Zeitverzögerung (Echtzeit).

Je nach Einsatzgebiet sind unterschiedlich ausgestattete IPC erforderlich. Oft reichen auch im industriellen Umfeld Büro-PC aus. Bei IPC erfolgt aktive Kühlung z.B. durch Lüfter. Die zugeführte Luft wird gefiltert. An den Gehäusen sind robuste, dichte und geschirmte Steckerverbindungen nach außen angebracht. Die Gehäuse sind, wenn notwendig, gekapselt (separates Gehäuse).

IPC gibt es in unterschiedlichen **Gerätearten**:

- Touch-PC (Panel-PC) besitzen keine Tastatur. Der PC ist prinzipiell am Bildschirm eingebaut (Display-PC, **Bild 1**).
- Hutschienen-PC **(Bild 2)** sind aufgeschnappt auf die Hutschienen im Schaltschrank (Schaltschrank-PC).
- Schaltschrank-PC in einem 19"-Rahmen (Rack, **Bild 3**) entsprechen einem PC in Tower-Ausführung.
- Single-Board-Computer besitzen eine nicht genormte Platine mit Flash-Speicher. Sie sind nicht erweiterbar. Sie sind z.B. in Steuerungsmodulen enthalten und oft für die jeweilige Aufgabenstellung angepasst.

Die **Prozessorkühlung** bei IPC erfolgt bei Bedarf nicht (nur) durch Luftzufuhr, sondern durch Heatpipes (Ableitung der Wärme über ein Wärmerohr, **Bild 4**). Die Außenwände sind z.B. aus Aluminium oder als Kühlkörper ausgeprägt (passive/indirekte Kühlung). Derartige PC werden als lüfterlose PC bezeichnet.

> Industrie-PC sind häufig in Schaltschränken untergebracht, z.T. auch in klimatisierten.

IPC besitzen Solid-State-Disks (SSD, Flash-Speicher, Halbleiterspeicher) als Festplatten. Durch Einsatz von Touch-Bildschirmen kann auf Tas-

Bild 1: Rückansicht eines Touch-PC (www.siemens.com)

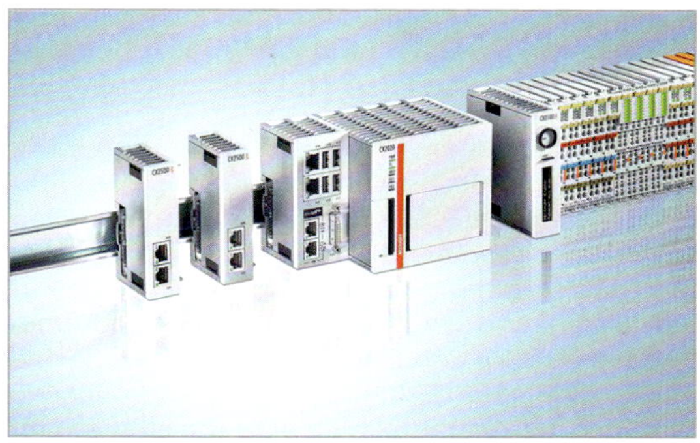

Bild 2: Hutschienen-PC (www.beckhoff.com)

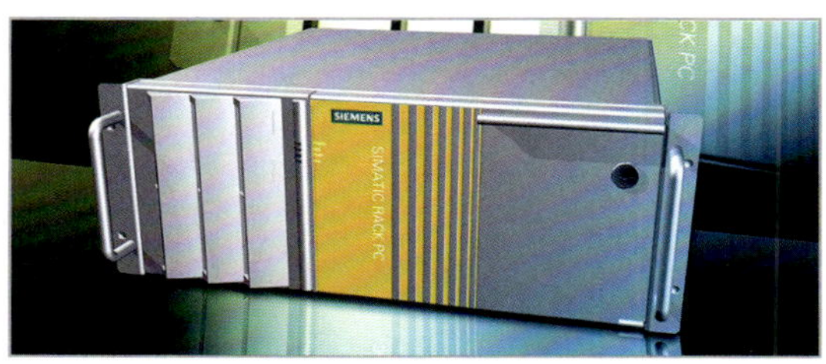

Bild 3: IPC für 19"-Rahmen (www.siemens.com)

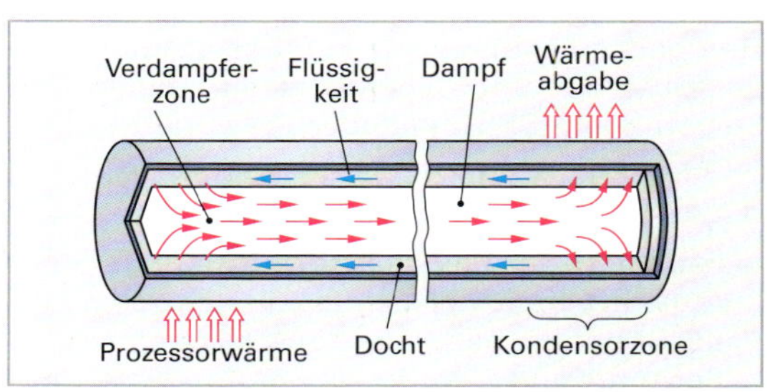

Bild 4: Heatpipe für Ableitung der Prozessorwärme

taturen verzichtet werden. IPC enthalten bzgl. physikalischer Werte z.T. höherwertigere und toleranzärmere Bauelemente als Büro-PC. Die Systemerweiterbarkeit (Skalierbarkeit) erfolgt z.B. durch Steckkarten oder **Steckmodule**.

> IPC sind wegen höherwertigerer Bauelemente und besonderer Schutzvorkehrungen robuster als Büro-PC.

Die üblichen PC-Schnittstellen, z.B. USB, RS232 (Recommended Standard), LAN (RJ 45, Registered Jack), Wireless LAN (WLAN), HDMI/DVI (High Definition Multimedia Interface), Display-Port DP, sind auch an IPC meist vorhanden. Ferner besitzen IPC je nach Ausführung **Schnittstellen** zur Kommunikation mit Sensoren und Aktoren, z.B. RS422, RS485, CAN-Bus (Controller Area Network) oder PROFINET (Herstellername).

Zum Sicherstellen einer ausreichenden EMV (Elektromagnetische Verträglichkeit gegenüber EMIs (Abschnitt 9.8)) werden die Schnittstellen durch Optokoppler **(Bild 1)** galvanisch von der Stromversorgung getrennt. Durch solch eine Potenzialtrennung wird verhindert, dass Ladungsträger zwischen den Stromkreisen zweier Geräte ungewollt fließen. Schnittstellenstecker/-buchsen bzgl. der o.g. Schnittstellen sind meist auch mit der Schutzart IP67 verfügbar.

> Mittels Optokopplern können Schnittstellen galvanisch von der Stromversorgung getrennt werden.

11.7.3 Feldbussysteme

Das Steuern und Regeln der Prozesse im industriellen Umfeld erfordert neben den Sensoren, Aktoren und Computern eine entsprechende Vernetzung dieser Komponenten **(Bild 2)**. Man verwendet hierzu meist Feldbussysteme. Als Computer kommen speicherprogrammierbare Steuerungen (SPS) und/oder Industrie-PC (IPC) zum Einsatz.

> Feldbusse ermöglichen einen geringeren Aufwand bzgl. der Leitungsverlegung gegenüber der parallelen Verdrahtung von Sensoren und Aktoren.

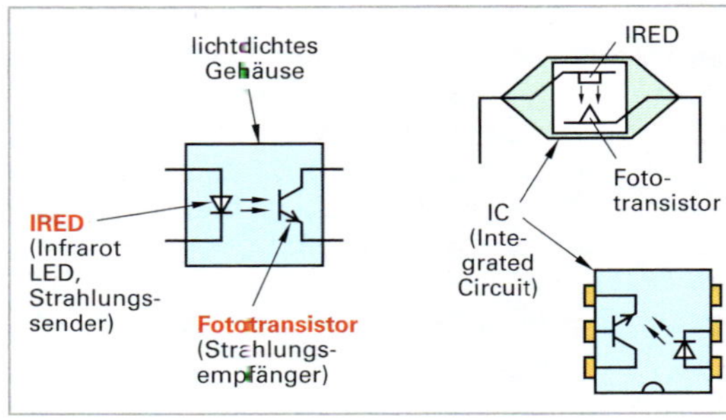

Bild 1: Optokoppler

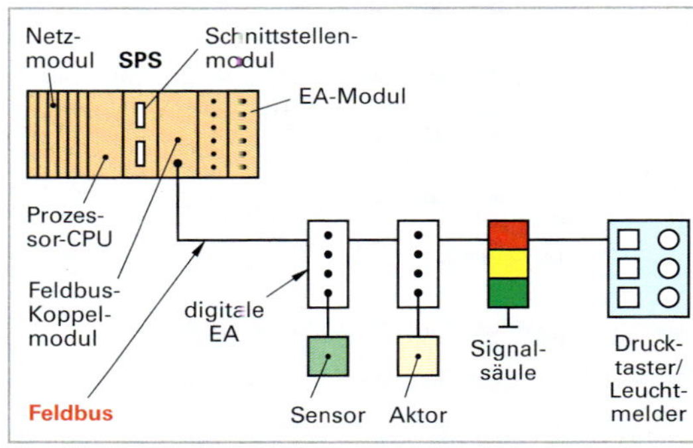

Bild 2: Signalerfassung und Signalgebung über einen Feldbus

Die in großen Industrieanlagen notwendigen Sensoren und Aktoren, z.B. Ventile, Motoren, werden über **Eingabe-, Ausgabeeinheiten** (EA-Einheiten) an Feldbusse oder Computer angebunden. Dies kann auch leitungslos (wireless) erfolgen. Manche der zu koppelnden Komponenten können auch nur über die Schnittstelle USB mit dem Computer verbunden werden.

Die EA-Einheiten sind meist Komponenten (Module, Steckkarten) von SPS oder Industrie-PC. Die EA-Einheiten können aber auch dezentral verteilt und über einen Feldbus an eine SPS oder einen Industrie-PC gekoppelt sein (Bild 2).

Bekannte Feldbusse, meist auf Basis von Zweidrahtleitungen, sind der PROFIBUS, AS-i-Bus (Aktor-Sensor-Interface), CAN-Bus. Die Bussteuerung erfolgt durch einen Computer im Feldbus-Netz, Master genannt, z.B. eine SPS oder ein IPC. PROFINET ist ein Industriebus, basierend auf Industrial Ethernet. Ein PROFINET-Gerät besitzt neben einem Anschluss für Industrial Ethernet zusätzlich oft auch einen Anschluss für den PROFIBUS. Es besteht aus Steckplätzen, in die Module mit Kanälen zum Einlesen und Ausgeben von

Prozesssignalen von den Sensoren bzw. zu den Aktoren gesteckt werden können.

> Feldbusse übertragen Daten seriell über Zweidrahtleitungen.

Sind Daten zwischen Netzwerken unterschiedlicher Bussysteme auszutauschen, sind **Gateway-Computer** *(Links)* erforderlich **(Bild 1)**. Das Anschließen von mehreren dezentralen EA-Einheiten (Slaves) an den übergeordneten Computer kann je nach Feldbus auch über Switches (Knotenpunkt, Datenverteiler) erfolgen. Switches verstärken gleichzeitig die Signale für längere Übertragungsstrecken. Zur ausschließlichen Signalverstärkung werden Repeater verwendet.

Dezentrale EA-Einheiten sind mit unterschiedlichen Modulen aufgebaut **(Bild 2)**. Ein **Interface-Modul** (Schnittstellen-Modul) bildet die Schnittstelle zwischen den Prozessteilnehmern (Prozessebene, EA-Ebene) und dem übergeordneten Bussystem mit der Anbindung zu einem Computer. Oft sind in diesem Modul mehrere Schnittstellen realisiert, z.B. für Ethernet, RS485, RS232. Das Schnittstellen-Modul sorgt auch für eine galvanische Potenzialtrennung zwischen der EA-Ebene und der Feldbusebene zum Schutz vor Störspannungen und Überspannung, z.B. bis 3000 V DC.

Mittels **Power-Modul** wird die Spannungsversorgung für die (auf eine Hutschiene aufgeschnappten) EA-Module sowie das Interface-Modul sichergestellt. Das Power-Modul ist meist im Interface-Modul integriert. Die Spannungsversorgung beträgt 24 V DC. Sie wird über den Systembus der EA-Einheit den anderen Modulen bereitgestellt. Die Spannungseingänge des Power-Moduls sind gegen Überspannungen und Verpolung (Anschluss an falsche Pole bei DC) geschützt.

Signal-Module stellen die Schnittstelle zum Prozess dar. Sie kommunizieren mit den Sensoren und Aktoren und sind Teil der Einheiten für digitale/analoge Eingaben und Ausgaben (EA-Module, EA-Baugruppen). EA-Module gibt es einzeln zur dezentralen Platzierung oder zum Andocken an andere Module **(Bild 2)**. Die Kommunikation erfolgt dann über den Systembus des EA-Moduls.

Funktionsmodule werden zur Ausführung festgelegter Aufgaben verwendet, z.B. Wegmessung, Zählen, Positionieren, Lichtschrankensteuerung, Entnahmeüberwachung, Ventilansteuerung.

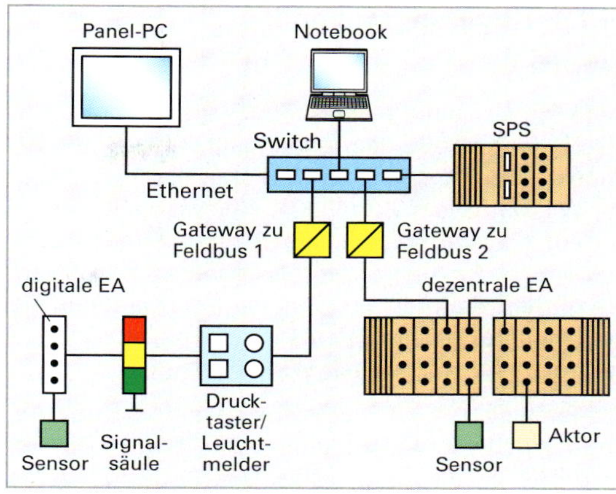

Bild 1: Netzwerk mit 2 Feldbussen

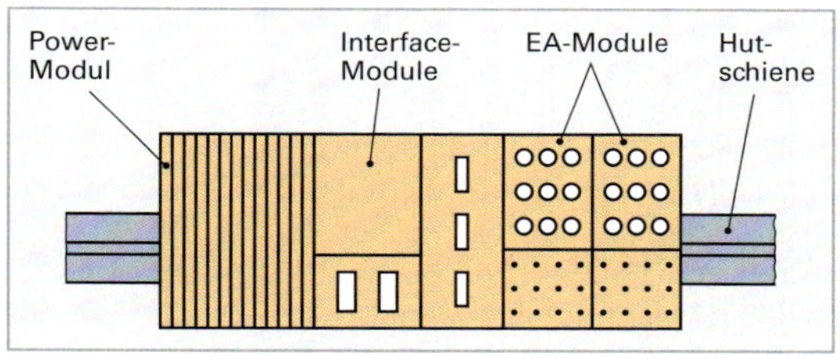

Bild 2: Aufbau einer dezentralen EA-Einheit

> Dezentrale EA-Einheiten besitzen Module für die Spannungsversorgung, die Schnittstellen zum übergeordneten Bussystem und zu den Sensoren, Aktoren sowie für Funktionen.

Wiederholung und Vertiefung

1. **Nennen Sie Merkmalsunterschiede von IPC gegenüber Büro-PC.**
2. **Für welche Aufgaben werden IPC eingesetzt?**
3. **Erklären Sie den Begriff Hutschienen-PC.**
4. **Wie erfolgt bei lüfterlosen PC die Kühlung?**
5. **Welche Aufgabe haben Optokoppler?**
6. **Was versteht man unter galvanischer Trennung?**
7. **Welche Aufgabe haben Feldbusse?**
8. **Nennen Sie drei bekannte Feldbusse.**
9. **Was versteht man unter dezentralen EA-Einheiten?**
10. **Erklären Sie den Begriff Gateway im Zusammenhang mit Feldbussen.**

11.7.4 Regelungstechnik

Begriffe

Beim **Steuern** eines technischen Systems wird durch die Eingangsgröße die Ausgangsgröße beeinflusst, ohne dass die Ausgangsgröße kontrolliert wird (offener Wirkungsweg). Zum **Regeln** (gezieltes Beeinflussen eines Systems, auch beim Auftreten von Störungen), muss die Ausgangsgröße beobachtet werden, um mittels dadurch gewonnener Informationen die Eingangsgröße des Systems in geeigneter Weise zu verändern (geschlossener Wirkungsweg).

Bei Tankanlagen, z.B. zur Warmwasserbevorratung, findet eine Füllstandsregelung statt **(Bild 1)**. Die *Regelgröße x* (Ausgangsgröße, **Bild 2**) des Systems Tankanlage ist der Füllstand. Über einen Füllstandssensor, der z.B. auf Verändern von Schwimmerposition, Druck, Temperatur, elektrischer Leitfähigkeit oder Licht reagiert, wird die Unterschreitung des Soll-Füllstands erkannt. In der Frischwasser-Zuleitung wird dann ein Ventil solange geöffnet, bis der Soll-Füllstand wieder erreicht ist. Der Soll-Füllstand wird als Führungsgröße *w* bezeichnet. Die Abweichung von Sollwert und Istwert (Regelgröße) wird Regelabweichung *e* genannt ($e = w - x$) und über die **Vergleichseinrichtung** ermittelt. Sie und der Regler werden als **Regeleinrichtung** bezeichnet. Der Tank mit seinem Inhalt ist die **Regelstrecke**.

Die Eingangsgröße der Regelstrecke wird als *Stellgröße y* bezeichnet **(Bild 2)**. Die Eingangsgröße des Tanks mit seinem Inhalt ist der Wasserzulauf. Dieser ist also die Stellgröße. Das **Stellglied** ist das Ventil in der Frischwasser-Zuleitung.

Der *Regler* eines **Regelkreises** sorgt für das ständige Minimieren der Regelabweichung. Dies erfolgt bei umfangreichen Regelungen meist durch Computer, z.B. Prozessregler, PCs oder SPS (speicherprogrammierbare Steuerung). Man spricht dann von digitaler Regelung.

> Beim Regeln eines Systems liegt ein geschlossener Wirkungsweg vor, bei dem die Regelgröße fortlaufend erfasst und mit der Führungsgröße verglichen wird.

Je nach Art der Regelstrecke sind verschiedene Regler einzusetzen. Entscheidend ist, dass die Regelabweichung ausgeregelt wird.

P-Regler

Beim P-Regler (proportionaler Regler, **Bild 3**) wird die Regeldifferenz *e* verstärkt. Bei sprungartiger

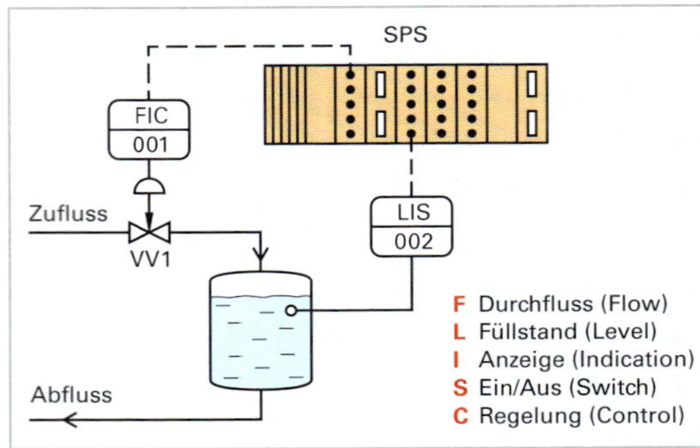

Bild 1: Füllstandsregelung mit SPS

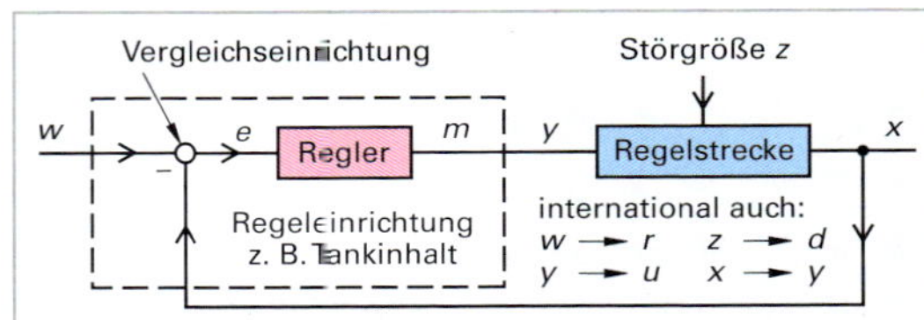

Bild 2: Struktur eines Regelkreises

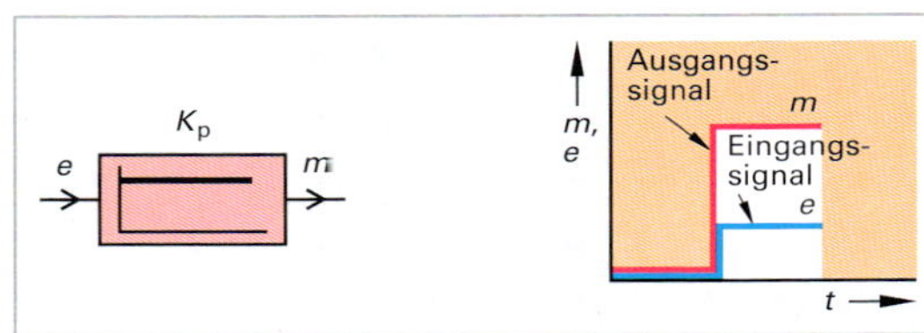

Bild 3: P-Regler

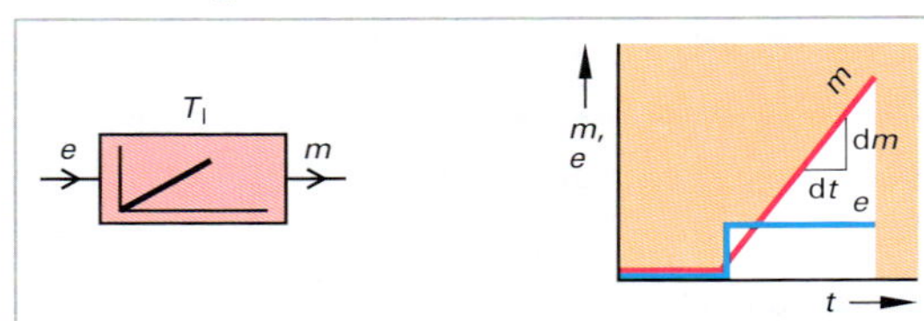

Bild 4: I-Regler

Änderung der *Regeldifferenz e* am Reglereingang erfolgt eine unverzögerte, sprungartige Änderung der Größe *m* am Reglerausgang. Dieser als Sprungantwort bezeichnete Ausgangsgrößenverlauf erscheint in seiner Form im Schaltzeichen des Reglers. Infolge des konstanten Zusammenhangs von Eingangsgrößenverlauf *e* und Ausgangsgrößenverlauf *m* bewirkt ein P-Regler eine bleibende Regeldifferenz, sofern die Regelstrecke kein Integralverhalten besitzt. Die Reglereinstellung erfolgt über den Proportional-Beiwert K_P.

> P-Regler besitzen einen ihrer Eingangsgröße *e* proportionalen Verlauf der Ausgangsgröße *m*.

I-Regler

Mittels eines I-Reglers (integrierender Regler, **Bild 4, vorhergende Seite**) kann eine Regeldifferenz vollständig ausgeregelt werden. Die Stellgröße wird so lange verändert, wie eine Regeldifferenz vorhanden ist. Bei sprungartiger Veränderung der Regeldifferenz wird ein geradliniger Anstieg der Stellgröße am Reglerausgang erzeugt. Bei einer Regelstrecke mit I-Verhalten neigt der Regelkreis bzw. die Regelgröße allerdings zum Schwingen, also zu einem instabilen Verlauf der Regelgröße. Die Kenngröße von I-Reglern ist die Integrierzeit T_I.

> I-Regler verhindern eine bleibende Regeldifferenz, bewirken aber einen langsamen Regelungsablauf.

PI-Regler

Ein PI-Regler **(Bild 1)** besteht aus einer Parallelschaltung von P-Regler und I-Regler. Wegen des I-Anteils wird eine Regeldifferenz vollständig ausgeregelt, sofern die Regelstrecke kein I-Verhalten (Integrierverhalten) besitzt. Wegen des P-Anteils arbeitet ein PI-Regler rascher als ein I-Regler. Die Sprungantwort des PI-Reglers ist die Überlagerung der Sprungantworten von P-Regler und I-Regler (Bild 1). Die Reglereinstellung erfolgt über den Proportional-Beiwert K_P und die Nachstellzeit T_i.

PID-Regler

Ein PID-Regler **(Bild 2)** besteht aus einer Parallelschaltung von P-Regler, I-Regler und D-Regler (differenzierender Regler). D-Regler kommen allein nicht vor. Ihre Sprungantwort ist theoretisch ein Nadelimpuls. Die Sprungantwort eines PID-Reglers setzt sich aus den Sprungantworten dieser drei Reglerelemente zusammen (Bild 2). Wegen des D-Anteils wird gegenüber der PI-Regelung schneller geregelt. Allerdings kann infolge des D-Anteils der Regelkreis auch leicht instabil werden, d.h. zu schwingen beginnen. Die Reglereinstellung erfolgt über den Proportional-Beiwert K_P, die Nachstellzeit T_i, die Vorhaltezeit T_d und die Vorhalteverstärkung V_d.

> P-Regler, I-Regler, PD-Regler und PID-Regler werden als *stetige Regler* bezeichnet, da die Regelgröße bei ihnen konstant verläuft.

Mehrpunkt-Regler

Bei den Mehrpunktreglern unterscheidet man insbesondere die **Zweipunktregler** mit zwei Schaltstellungen, nämlich EIN (x_u) und AUS (x_o), und die

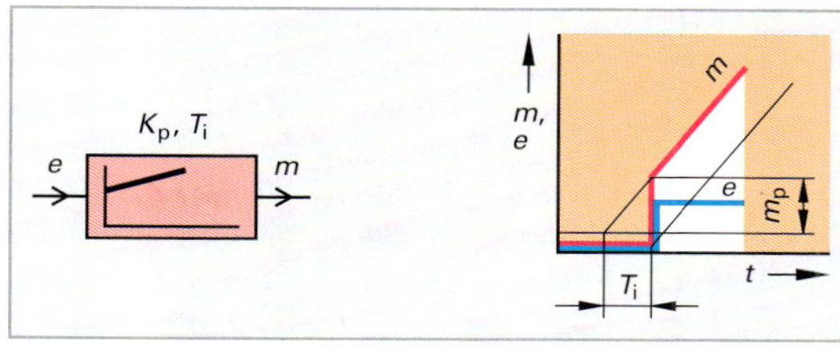

Bild 1: PI-Regler

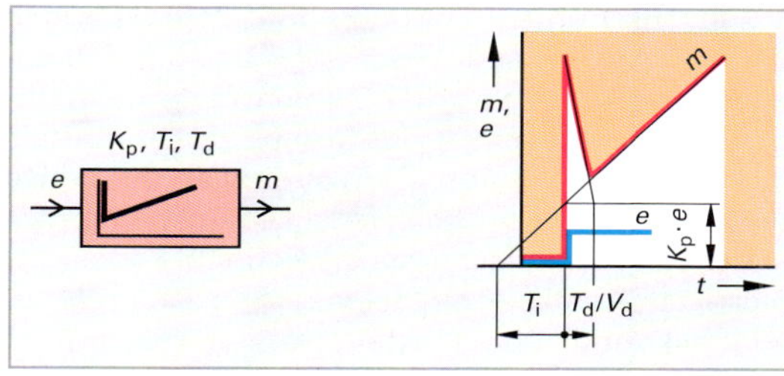

Bild 2: PID-Regler

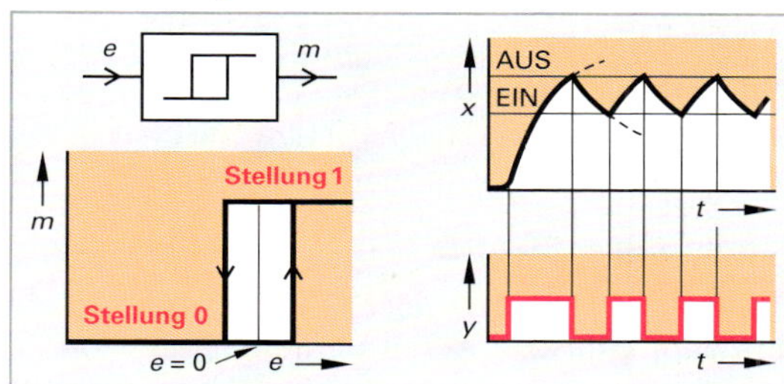

Bild 3: Zweipunktregler

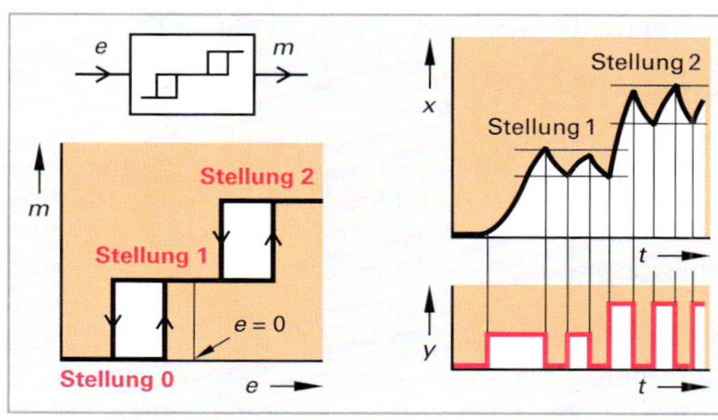

Bild 4: Dreipunktregler

Dreipunktregler mit drei Schaltstellungen **(Bild 3)**. Diese Regler besitzen keinen konstanten Regelgrößenverlauf.

Analoge und digitale Regelung

Analoge Regelungen wirken *zeitkontinuierlich*, d.h., die Regelgröße wird ununterbrochen entsprechend der Führungsgröße (Sollwert) nachgeführt. Die digitale Regelung wird als *zeitdiskrete* Regelung bezeichnet und die Regelgröße wird z.B. nur alle 2 ms nachgeführt.

Bei Regelungen muss der physikalische Wert der Regelgröße, z. B. eine Temperatur oder ein Druck, mittels Messwertumformer in ein elektrisches Signal umgewandelt werden **(Bild 1)**. Dies erfolgt im entsprechenden Sensor. Mittels Analog-Digital-Umsetzer (ADU) wird dieses analoge Signal digitalisiert, also in Form von binären Zahlenwerten in Zeitabständen von z. B. 2 ms (Abtastzeit) abgebildet **(Bild 2)**. Der meist übliche Spannungsbereich 0 V bis 10 V entspricht dann dem Zahlenbereich 0 bis 27648. Anhand dieser abgetasteten Zahlenwerte (Istwerte) und der Zahlenwerte der Führungsgröße berechnet der Computer z. B. mittels PID-Regelalgorithmus *(Softwareregler)* die Werte zum Ansteuern des Stellglieds. Die Ausgangswerte des Reglers müssen meist wieder als analoges Signal zur Ansteuerung des Aktors, z. B. ein Motor oder ein Ventil, bereitgestellt werden. Dies erfolgt durch einen Digital-Analog-Umsetzer (DAU).

> Das Ergebnis eines Reglers ist umso besser, je kürzer die Abtastzeit und die Berechnungszeit der Werte der Stellgröße sind.

Prozessregler SIPART

Der digitale Prozessregler SIPART **(Bild 3)** besteht aus dem Grundgerät mit Bedienfeld sowie Eingängen und Ausgängen für binäre und analoge Signale. Rückseitig können Steckkarten mit Eingängen und Ausgängen für analoge oder digitale Signale, mit Schnittstellen für RS232 oder PROFIBUS gesteckt werden. Verschiedene Messwertaufnehmer sind anschließbar.

Das Einstellen des Reglers **(Bild 4)** erfolgt mit drei Bedienebenen. In menügeführtem Dialog werden die Funktion und Art des Reglers, z. B. P-Regler, einschließlich der Art der Eingangssignale und Ausgangssignale, festgelegt. In der Liste für die Parameter des Online-Betriebs sind z. B. die Reglerparameter für den Proportional-Beiwert K_P, die Nachstellzeit T_i, die Vorhaltezeit T_d und die Vorhalteverstärkung V_d enthalten.

Regelung mittels SPS oder PC

Sowohl für SPS als auch für PC sind die bekannten Regler als *Softwareregler* verfügbar. Über analoge oder digitale Eingänge spezieller Steckkarten (Steckmodule) können die notwendigen Sensoren angeschlossen werden. Über analoge oder digitale Ausgänge werden die Aktoren (Motoren, Pumpen, Ventile) als Stellglieder mit Signalen oder digitalen Werten versorgt.

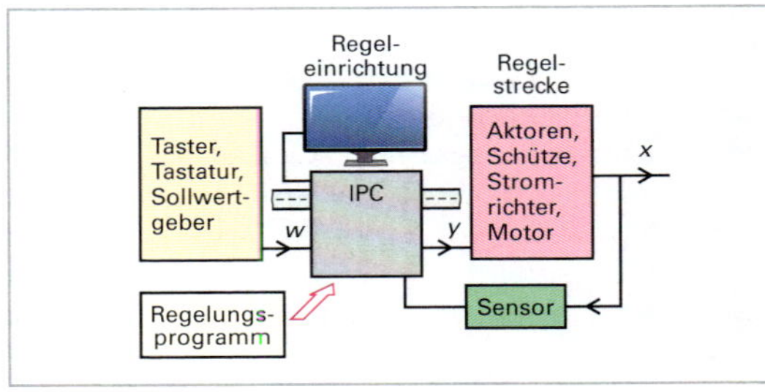

Bild 1: Regelung mit Industrie-PC (IPC)

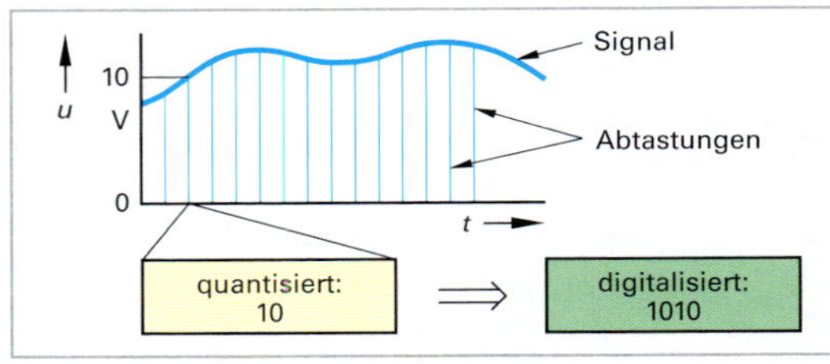

Bild 2: Abtastung von Signalen

Bild 3: Prozessregler SIPART (www.siemens.com)

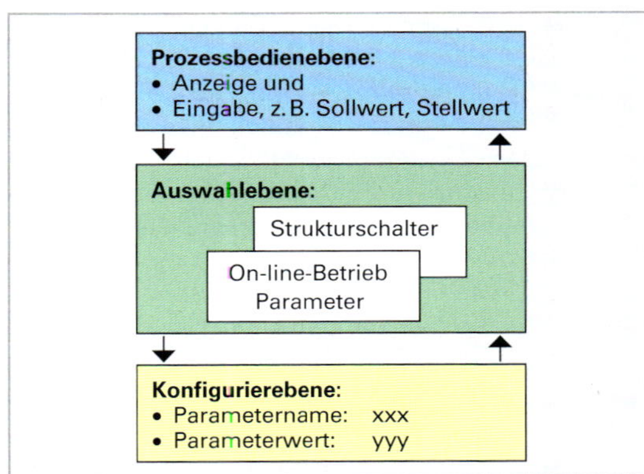

Bild 4: Bedienebenen des digitalen Reglers SIPART

Wiederholung und Vertiefung

1. **Erklären Sie den Unterschied zwischen Steuerung und Regelung.**
2. **Nennen Sie Beispiele für Regelgrößen.**

12 Anhang

12.1 H-Sätze und P-Sätze
Hazard Classes and Precautionary-Statements

(siehe auch Abschnitt 5.3.7)

Sätze	Hinweise
H200	Instabil, explosiv.
H201	Explosiv, Gefahr der Massenexplosion.
H202	Explosiv, Gefahr eines Gesundheitsschadens.
H203	Explosiv, Gefahr durch Splitter oder Sprengstücke.
H204	Explosiv, Gefahr durch Feuer, Luftdruck, Splitter oder Sprengstücke.
H205	Gefahr der Massenexplosion bei Feuer.
H220	Extrem entzündbares Gas.
H221	Entzündbares Gas.
H222	Extrem entzündbares Aerosol.
H224	Flüssigkeit und Dampf extrem entzündbar.
H225	Flüssigkeit und Dampf leicht entzündbar.
H226	Flüssigkeit und Dampf entzündbar.
H227	Brennbare Flüssigkeit.
H228	Entzündbarer Feststoff.
H240	Erwärmung kann Explosion verursachen.
H241	Erwärmung kann Brand und Explosion verursachen.
H250	Gerät durch Berührung mit Luft selbsttätig in Brand.
H251	Kann sich selbst erhitzen, kann in Brand geraten.
H252	Kann sich in großen Mengen selbst erhitzen, kann in Brand geraten.
H260	Bei Berührung mit Wasser entstehen selbstentzündliche Gase.
H261	Bei Berührung mit Wasser entstehen entzündliche Gase.
H270	Kann Brand verursachen oder verstärken, Oxidationsmittel.
H271	Kann Brand oder Explosion verursachen, starkes Oxidationsmittel.
H272	Kann Brand verstärken, Oxidationsmittel.
H280	Enthält Gas unter Druck, kann bei Erhitzen explodieren.
H281	Enthält tiefkaltes Gas, kann Kälteverbrennungen oder Verletzungen verursachen.
H290	Kann Metalle korrodieren.
H300	Lebensgefahr beim Verschlucken.
H301	Giftig beim Verschlucken.
H302	Gesundheitsschädlich beim Verschlucken.
H304	Kann beim Verschlucken oder Eindringen in die Atemwege tödlich wirken.

Sätze	Hinweise
H310	Lebensgefahr bei Kontakt mit ... .
H311	Giftig bei Kontakt mit der Haut.
H312	Gesundheitsschädlich bei Kontakt mit der Haut.
H314	Schwere Verätzungen der Haut und der Augen
H315	Verursacht Hautreizungen.
H317	Kann allergische Hautreaktionen verursachen.
H318	Verursacht schwere Augenschäden.
H319	Verursacht schwere Augenreizungen.
H330	Lebensgefahr beim Einatmen.
H331	Giftig beim Einatmen.
H332	Gesundheitsschädlich beim Einatmen.
H334	Kann beim Einatmen Allergien, Asthma oder Atembeschwerden verursachen.
H336	Kann Schläfrigkeit oder Benommenheit hervorrufen.
H335	Kann die Atemwege reizen.
H340	Kann genetische Defekte verursachen.
H341	Kann vermutlich genetische Defekte verursachen.
H350	Kann Krebs verursachen.
H351	Kann vermutlich Krebs verursachen.
H360	Kann die Fruchtbarkeit schädigen oder das Kind im Mutterleib schädigen.
H361	Kann vermutlich die Fruchtbarkeit oder das Kind im Mutterleib schädigen.
H362	Kann Säuglinge über die Muttermilch schädigen.
H370	Schädigt die Organe.
H372	Schädigt Organe bei längerer oder wiederholter Exposition.
H400	Sehr giftig für Wasserorganismen.
H410	Sehr giftig für Wasserorganismen. Langzeitwirkung.
H411	Giftig für Wasserorganismen. Langzeitwirkung.
H412	Schädlich für Wasserorganismen. Langzeitwirkung.
H413	Kann für Wasserorganismen schädlich sein. Langzeitwirkung.
P101	Ist ärztlicher Rat erforderlich, Verpackung oder Etikett bereithalten.
P102	Darf nicht in die Hände von Kindern gelangen.
P103	Vor Gebrauch Etikett lesen.
P201	Vor Gebrauch besondere Anweisungen einholen.
P202	Vor Handhabung sämtliche Sicherheitsratschläge lesen und verstehen.

Sätze	Hinweise
P210	Von Hitze bzw. Funken bzw. offener Flamme bzw. heißen Oberflächen fernhalten. Nicht rauchen.
P211	Nicht in offene Flamme oder andere Zündquelle sprühen.
P220	Von Kleidung bzw. ... brennbaren Materialien fernhalten bzw. entfernt lagern.
P221	Vermischung mit brennbaren Stoffen unter allen Umständen vermeiden.
P222	Berührung mit Luft vermeiden.
P223	Berührung mit Wasser wegen heftiger Reaktion und möglichem Aufflammen unbedingt vermeiden.
P231	Unter inertem Gas handhaben.
P232	Vor Nässe schützen.
P233	Behälter dicht verschlossen halten.
P235	Kühl halten.
P240	Behälter und zu befüllende Anlage erden.
P241	Explosionsgeschützte elektrische Anlagen bzw. Lüftungsanlagen bzw. Beleuchtungsanlagen bzw. ... verwenden.
P242	Nur funkenfreies Werkzeug verwenden.
P243	Maßnahmen gegen elektrostatische Aufladungen treffen.
P244	Druckminderventile frei von Fett und Öl halten.
P251	Druckbehälter: Nicht durchstechen oder verbrennen, auch nicht nach der Verwendung.
P260	Staub, Rauch, Gas, Nebel, Dampf bzw. Aerosol nicht einatmen.
P261	Einatmen von Staub, Rauch, Gas, Nebel, Dampf bzw. Aerosol vermeiden.
P262	Nicht in die Augen, auf die Haut oder auf die Kleidung gelangen lassen.
P263	Berührung in der Schwangerschaft bzw. der Stillzeit vermeiden.
P264	Nach Gebrauch ... gründlich waschen.
P270	Bei Verwendung dieses Produkts nicht essen, trinken oder rauchen.
P271	Nur draußen oder in gut belüfteten Räumen verwenden.
P272	Kontaminierte Arbeitskleidung sollte außerhalb des Arbeitsplatzes verboten werden.
P273	Freisetzung in die Umwelt vermeiden.
P280	Schutzhandschuhe, Schutzkleidung, Augenschutz und Gesichtsschutz tragen.
P281	Vorgeschriebene persönliche Schutzausrüstung verwenden.
P282	Schutzhandschuhe, Gesichtsschild und Augenschutz mit Kälteisolierung tragen.
P283	Schwer entflammbare bzw. flammhemmende Kleidung tragen.
P284	Atemschutz tragen.
P285	Bei unzureichender Belüftung Atemschutz tragen.
P301	Bei Verschlucken: ... .
P302	Bei Berührung mit der Haut: ... .
P303	Bei Berührung mit der Haut (oder dem Haar) ... .
P304	Bei Einatmen: ... .
P306	Bei Berührung mit der Kleidung: ... .
P307	Bei Exposition ... .
P308	Bei Exposition oder Betroffenheit: ... .
P309	Bei Exposition oder Unwohlsein: ... .
P310	Sofort Giftinformationszentrum oder Arzt anrufen.
P311	Giftinformationszentrum oder Arzt anrufen.
P312	Bei Unwohlsein Giftinformationszentrum oder Arzt anrufen.
P313	Ärztlichen Rat einholen bzw. ärztliche Hilfe hinzuziehen.
P314	Bei Unwohlsein ärztlichen Rat einholen bzw. ärztliche Hilfe hinzuziehen.
P315	Sofort ärztlichen Rat bzw. ärztliche Hilfe hinzuziehen.
P320	Gezielte Behandlung dringend erforderlich (siehe ... auf Kennzeichnungsschild).
P322	Gezielte Maßnahmen (siehe ... auf diesem Kennzeichnungsschild).
P331	Kein Erbrechen herbeiführen.
P333	Bei Hautreizung oder Hautausschlag: ... .
P334	In kaltes Wasser tauchen oder nassen Verband anlegen.
P335	Lose Partikel von der Haut abbürsten.
P336	Vereiste Bereiche mit lauwarmem Wasser auftauen. Betroffenen Bereich nicht reiben.
P337	Bei anhaltender Augenreizung: ... .
P338	Evtl. vorhandene Kontaktlinsen entfernen, sofern leicht möglich. Weiter ausspülen.
P340	An die frische Luft bringen und in einer Position ruhigstellen, die das Atmen erleichtert.
P341	Bei Atembeschwerden an die frische Luft bringen und in einer Position ruhigstellen, die das Atmen erleichtert.
P350	Vorsichtig mit reichlich Wasser und Seife waschen.
P351	Einige Minuten lang vorsichtig mit Wasser ausspülen.
...	steht für individuelle Hinweise

Sätze	Hinweise
P352	Mit reichlich Wasser und Seife waschen.
P353	Haut mit Wasser abwaschen bzw. duschen.
P360	Vor Ablegen der Kleidung kontaminierte Kleidung und Haut sofort mit reichlich Wasser abwaschen.
P361	Alle kontaminierten Kleidungsstücke sofort ausziehen.
P362	Kontaminierte Kleidung ausziehen und vor erneutem Tragen waschen.
P363	Kontaminierte Kleidung vor erneutem Tragen waschen.
P370	Bei Brand … .
P371	Bei Großbrand und großen Mengen: …
P372	Explosionsgefahr bei Brand.
P373	Keine Brandbekämpfung, wenn das Feuer explosive Stoffe bzw. Gemische bzw. Erzeugnisse mit Explosivstoff erreicht.
P374	Brandbekämpfung unter normalen Vorkehrungen aus angemessener Entfernung.
P375	Wegen Explosionsgefahr Brandbekämpfung aus der Entfernung.
P376	Undichtigkeit beseitigen, falls ohne Gefahr möglich.
P377	Brand bei Gasleckage: Nicht löschen, bis Leckage ohne Gefahr gestoppt werden kann.
P378	… zum Löschen verwenden.
P380	Umgebung evakuieren.
P381	Entfernung sämtlicher Zündquellen, falls ohne Gefahr möglich.
P390	Ausgetretene Mengen zur Vermeidung von Materialschäden aufnehmen.
P391	Ausgetretene Mengen auffangen.
P401	… lagern.
P402	An einem trockenen Ort lagern.
P403	An gut belüftetem Ort lagern.
P404	In einem geschlossenen Behälter lagern.
P405	Unter Verschluss lagern.
P406	In korrosionsfestem bzw. … Behälter mit korrosionsfester Auskleidung lagern.
P407	Luftspalt zwischen Stapeln bzw. Paletten lassen.
P410	Vor Sonnenlicht schützen.
P411	Bei Temperaturen nicht über … °C bzw. … °F lagern.

Sätze	Hinweise
P412	Nicht Temperaturen über 50 °C bzw. 122 °F aussetzen.
P413	Schüttgut in Mengen von mehr als … kg bei Temperaturen nicht über … °C lagern.
P420	Von anderen Materialien entfent lagern.
P422	Inhalt in bzw. unter … lagern.
P231+232	Unter Inertgas handhaben. Vor Nässe schützen.
P235+240	Kühl halten. Vor Sonnenlicht schützen.
P301+310	Bei Verschlucken: Sofort Giftinformationszentrum oder Arzt anrufen.
P301+330 +331	Bei Verschlucken: Mund ausspülen. Kein Erbrechen herbeiführen.
P302+334	Bei Berührung mit der Haut: In kaltes Wasser tauchen oder nassen Verband anlegen.
P302+350	Bei Berührung mit der Haut: Vorsichtig mit reichlich Wasser und Seife waschen.
P307+311	Bei Exposition: Giftinformationszentrum oder Arzt anrufen.
P308+313	Bei Exposition oder Betroffenheit: Ärztlichen Rat einholen bzw. ärztliche Hilfe hinzuziehen.
P309+311	Bei Exposition oder Unwohlsein: Giftinformationszentrum oder Arzt anrufen.
P332+313	Bei Hautreizung: Ärztlichen Rat einholen bzw. ärztliche Hilfe hinzuziehen.
P333+313	Bei Hautreizung oder -ausschlag: Ärztliche Hilfe hinzuziehen.
P410+403	Vor Sonnenlicht schützen. An einem gut belüfteten Ort lagern.
P410+412	Vor Sonnenlicht schützen. Nicht Temperaturen über 50 °C aussetzen.
P411+235	Bei Temperaturen nicht über … °C lagern. Kühl halten.
Sonderfälle der EU	
H001	In trockenem Zustand explosionsfähig.
H014	Reagiert heftig mit Wasser.
H019	Kann explosionsfähige Peroxide bilden.
H029	Entwickelt bei Berührung mit Wasser giftige Gase.
H044	Explosionsgefahr bei Erhitzen unter Einschluss.
H059	Die Ozonschicht schädigend.
H066	Wiederholter Kontakt kann zu spröder und rissiger Haut führen.
H202	Cyanacrylat. Gefahr. Klebt innerhalb von Sekunden Haut und Augenlider zusammen. Darf nicht in die Hände von Kindern gelangen.
…	steht für individuelle Hinweise

Kombinationen von P-Sätzen mit Gefahrenpiktogrammen und H-Sätzen			
Gefahrenpiktogramm	**H-Satz**	**Signalwort**	**Beispiele für P-Sätze**
	H280	Achtung	P410+P403
	H281	Achtung	P282, P336, P315, P403
	H224	Gefahr	P210, P233, P240, P241, P242, P243, P280, P303+P361+P353, P370, P378, P403+P235, P501
	H225	Achtung	P210, P233, P240, P241, P242, P243, P280, P303+P361+P353, P370, P378, P403+P235, P501
	H226	Achtung	P210, P233, P240, P241, P242, P243, P280, P303+P361+P353, P370, P378, P403+P235, P501
	H300	Gefahr	P264, P270, P301+P310, P321, P330, P405, P501
	H310	Gefahr	P262, P264, P270, P280. P302+ P350, P310, P322, P361, P363, P405, P501
	H301	Gefahr	P264, P270, P301+P310, P321, P330, P405, P501
	H302	Achtung	P264, P270, P301+P312, P330, P501
	H314	Gefahr	P260, P264, P280, P310, P321, P303+P361+P351, P301+P330+ P331, P363+P304+P340
	H318	Gefahr	P280, P305+P351+P338, P310
	H319	Achtung	P264, P280, P305+P351+P338, P337+ P313
	H350	Gefahr	P201, P202, P281, P308+P313, P405, P501
	H351	Achtung	P201, P202, P281, P308+P313, P405, P501
	H400	Achtung	P273, P301, P501

12.2 Glossar
Glossary

Hier nicht aufgeführte Begriffe können im Sachwortverzeichnis genannt sein.

Absorption: [von lat. absorbere = hinunterschlürfen, verschlingen] Aufsaugen, In-sich-Aufnehmen. Aufnahme von Gasen durch Flüssigkeiten (Gaswäsche) oder durch feste Stoffe. Schwächung der Energie einer Strahlung (Schall, Wärme, Licht) beim Durchgang durch Stoffe.

Abwasseranalytik: Messtechnik zur Untersuchung des Abwassers nach dem Sauerstoffgehalt, pH-Wert und nach Summengrößen, welche die organische Schmutzfracht erfassen, z. B. der biochemische Sauerstoffbedarf (BSB).

Adhäsion: [von lat. adhaesio = das Anhaften] Haften unterschiedlicher Stoffe aneinander, verursacht durch Anziehungskräfte an den Grenzflächen.

Adsorption: [aus lat. ad = hinzu und sorbere = schlucken, schlürfen] Anlagerung von festen (Schad-)Stoffen, von im Wasser gelösten Schmutzstoffen oder von Gasen an der Oberfläche fester Stoffe (z. B. an Aktivkohle).

aerob: [zu griech. aer = Luft und bios = Leben] Sauerstoff zum Leben (von Organismen) benötigend. Aerobe Bakterien brauchen Sauerstoff für ihren Stoffwechsel.

Aerosol: [von lat. solutus = (auf)gelöst, frei] Feste Stoffe oder Flüssigkeitströpfchen (Schwebeteilchen), feinstverteilt in Luft oder anderen Gasen, z. B. Rauch, Staub, Nebel oder Dunst.

Affinität: [aus lat. affinitas = Verwandtschaft] Chemische Verwandtschaft. Triebkraft einer chemischen Reaktion. Bestreben von Atomen, sich miteinander zu verbinden.

Agglomerat: [nach lat. agglomeratus = zu einem Knäuel zusammengedrängt] Zusammenballung, Anhäufung, z. B. Anhäufung unverfestigter Gesteinsbrocken.

Aggregatzustand: [aus lat. aggregatum = das Angehäufte] Erscheinungsform eines Stoffes: fest, flüssig, gasförmig oder als Plasma.

AGW-Wert: Arbeitsplatz-Grenzwert, höchstzulässige Konzentration eines Schadstoffes in der Luft am Arbeitsplatz für längere Zeit.

Akkumulation: [nach lat. accumulatio = Anhäufung] Anhäufung, Ansammlung, Speicherung. Anreicherung von Schadstoffen in Pflanzen, Tieren und Menschen.

Aktivierung: [zu lat. activus = tätig, wirksam] Vorgang, bei dem Stoffe in einen chemisch reaktionsfähigen Zustand versetzt werden. Vorgang, durch den ein Stoff infolge des Beschusses von Protonen, Neutronen oder anderen Teilchen radioaktiv wird.

Aktivität: Tätigkeitsdrang. Maß für den radioaktiven Zerfall. Die Aktivität gibt die Zahl zerfallender Atomkerne je Zeiteinheit an. Einheit: 1 Becquerel (1 Bq) = 1 Zerfall je Sekunde.

Akzeptor: [lat. acceptor = Annehmer, Empfänger] Abnehmer, Empfänger. System, das Elemente oder Informationen von einem anderen System aufnimmt.

Alpha-Strahlung (α-Strahlung): Korpuskularstrahlung der Radioaktivität, die aus positiv geladenen Heliumkernen besteht.

Altlasten: kontaminierte (vergiftete) Flächen, die meist durch Ablagerung toxischer Stoffe in früherer Zeit entstanden sind.

anaerob: [aus griech. a(n) = un-, nicht- und → aerob] ohne Sauerstoff lebend. Abwesenheit von gelöstem Sauerstoff im Wasser. Anaerobe Bakterien können ohne Sauerstoff existieren.

Anode: [zu griech. anodos = Aufweg, Eingang] Die Elektrode, aus der ein elektrischer Strom (positive Ladungen) in einen Elektrolyten oder in Vakuum eintritt.

anoxisch: [aus griech. a(n) = un-, nicht- und oxys = scharf, sauer] durch Mangel an freiem Sauerstoff gekennzeichnet. Abwesenheit von gelöstem Sauerstoff in Wasser, jedoch Anwesenheit von gebundenem Sauerstoff, z.B. im Nitrat.

anthropogen: [von griech. anthropos = Mensch und genes = hervorbringend, verursachend] durch den Menschen verursacht oder beeinflusst.

aromatisch: [aus griech. aromatikos = aus Gewürz bestehend] wohlschmeckend, wohlriechend. Aromatische Stoffe (Aromate) sind organische Stoffe, deren Moleküle mindestens einen Benzolring enthalten.

Assimilation: [nach lat. assimilatio = Ähnlichmachung] Anpassung, Angleichung. Hier Umwandlung von Nährstoffen durch Lebewesen in körpereigene Stoffe.

autotherm: [von griech. autos = selbst und thermos = warm] Eigenerwärmung ohne äußere Energiezufuhr.

azeotrop: [aus griech. a = un-, nicht-, zein = sieden, kochen und trope = Wendung, Drehung] Einen bestimmten, konstanten Siedepunkt besitzen. Ein azeotropes Gemisch von Flüssigkeiten lässt sich durch Destillieren nicht trennen, z. B. nicht die Mischung von 95,6 % Ethanol und 4,4 % Wasser.

Belebtschlamm: Schlamm aus dem Nachklärbecken einer biologischen Klärstufe. Der Schlamm enthält Bakterien und andere Mikroorganismen. Er wird in das Belebtschlammbecken (Belüftungsbecken) zurückgeführt.

Beta-Strahlung (β-Strahlung): Korpuskularstrahlung, die aus Elektronen oder Positronen besteht.

BGW: Biologischer Grenzwert, Grenzwert für toxikologisch-arbeitsmedizinisch abgeleitete Konzentration eines Stoffes bei dem die Gesundheit eines Beschäftigten nicht beeinträchtigt wird.

Bioakkumulation: Anreicherung von giftigen Schadstoffen in Organismen.

Biologische Abbaubarkeit: Zersetzung organischer Stoffe durch Lebewesen bzw. deren Enzyme.

Biotop: [aus griech. bios = Leben und topos = Ort] Lebensraum für bestimmte Pflanzen- und Tierarten.

Biozönose: [zu griech. bios = Leben und kainos = gemeinsam] Gemeinsame Gesellschaft von Pflanzen und Tieren in einem Biotop.

Blockheizkraftwerk (BHKW): Kleines Heizkraftwerk, das oft mit Verbrennungsmotoren betrieben und in der Nähe des Versorgungsortes eingesetzt wird. Der Motor treibt einen Generator an und produziert elektrische Energie. Die Abwärme des Motors dient zur Wärmeerzeugung (Kraft-Wärme-Kopplung).

Biologischer Sauerstoffbedarf (BSB_5): Erforderliche Menge Sauerstoff in mg/L für Kleinstlebewesen, um innerhalb von 5 Tagen die Inhaltsstoffe einer Wasserprobe mit 20 °C aerob abzubauen.

CCS: von Carbon Capture and Storage, Kohle Erfassung Speicherung, siehe Clean Coal Technology.

Chemisorption: Adsorption, bei der vor allem chemische Bindungskräfte die adsorbierten Moleküle an der Oberfläche von festen Stoffen festhalten.

Chemischer Sauerstoffbedarf (CSB): Maß für die Summe aller organischen Verbindungen im Wasser. CSB-Wert gibt die erforderliche Menge Sauerstoff in mg/L zur Oxidation aller in einer Wasserprobe enthaltenen organischen Stoffe an.

Clean Coal Technology: Technologie saubere Kohle, umfasst Verfahren mit dem Ziel, Abgaskomponenten, wie z.B. Kohlenstoffdioxid, Sulfatdioxide und Nitrogenoxide, die bei der Stromerzeugung aus Kohle anfallen, zu reduzieren bzw. abzufangen und unterirdisch zu speichern.

dB: Dezibel, der zehnte Teil eines Bel. Gebräuchlicher Anhang an einem Zahlenwert zur Kennzeichnung eines logarithmischen Verhältnisses zweier physikalischer Größen mit gleichen Einheiten, z.B. von zwei Schalldrücken.

Dekontamination: [von lat. de = weg, ent-, von – weg und contaminare = mit Fremdartigem in Berührung bringen, verderben] Beseitigung von Verunreinigungen, auch von radioaktiven Stoffen.

Denitrifikation: [von lat. de = weg, ent-, von – weg und franz. nitrification = Nitratbildung] Reduktion von Nitraten zu Stickstoff und Distickstoffmonoxid. Dabei verbrauchen die Mikroorganismen den chemisch gebundenen Sauerstoff.

Deponiegas: [von lat. deponere = abstellen, niedersetzen] Methanhaltiges Gas, das beim Faulen in Deponiegasbrunnen entsteht und das sich z.B. zur Stromerzeugung nutzen lässt.

Deposition: [von lat. deponere = abstellen, niedersetzen] Hinterlegung. Ablagerung auf einer Fläche. Stoffeintrag in den Boden über die Luft.

Desorption: [von lat. de = weg, ent- und sorbere = schlucken, schlürfen] Umkehrung der Absorption oder der Adsorption, z.B. das Austreiben gelöster Gase aus Flüssigkeiten durch Erwärmen oder verringerten Druck.

Diffusion: [von lat. diffundere = ausgießen, ausströmen, sich verbreitern] Vermischen von verschiedenen flüssigen, festen oder gasförmigen Stoffen zum Ausgleich von Unterschieden an Dichte oder Konzentration. Die Diffusion wirkt auch gegen die Schwerkraft. Stoffe diffundieren meist nur langsam. Ursache ist die regellose Wärmebewegung von Atomen, Ionen, Molekülen oder kolloiden Teilchen (Einheit der Diffusion cm^2/s).

Dioxine: Sammelbezeichnung für etwa 200 chlorierte Kohlenwasserstoffverbindungen aus der Gruppe der polychlorierten Dibenzodioxine (PCDD).

Dispersion: [von lat. dispergere = zerstreuen, verbreiten, fein verteilen] Feinstes Verteilen zweier Stoffe ineinander (disperse Phase im Dispersionsmittel). Dispersionen sind Emulsionen, Suspensionen und Aerosole.

dissipiert: [von lat. dissipare = auseinander werfen, zerstreuen] zerstreut, zerteilt, umgewandelt. Dissipation ist der Übergang einer Energieform in Wärmeenergie.

Donator: [zu lat. donare = schenken, spenden] Geber, Spender. System, das etwas an ein anderes System abgibt.

Dreiwegekatalysator: [von griech. katalysis = Auflösung, Zerstörung] Einrichtung, die bei Kraftfahrzeugen mit Benzinmotoren die Schadstoffgase Kohlenstoffmonoxid, Kohlenwasserstoffe und vor allem Stickoxide zu ungiftigen Stoffen umwandelt.

Dünnsäure: Verdünnte (20%ige) Schwefelsäure mit gelöstem Eisensulfat oder organischen Verunreinigungen, die in der chemischen Industrie und in der Metallurgie anfällt. Dünnsäure wurde bis 1989 im Meer „verklappt". Jetzt wird sie aufgearbeitet.

Edukt: [von lat. educere = herausführen, -ziehen] Ausgangsstoff. Aus Rohstoffen abgeschiedener Stoff. Ausgangsgestein.

Einwohnergleichwert: Größe zum Umrechnen von Industrieabwasser auf kommunales Abwasser, damit man es statistisch vergleichen kann. 1 EGW = 60 g BSB_5/Tag.

Elution: [von lat. eluere = auswaschen, ausspülen] Auswaschen von Stoffen aus einem festen Stoff mit Lösemitteln oder Wasser. Lösen von adsorbierten Stoffen aus einem festen Adsorptionsmittel (Eluat).

Emission: [zu lat. emittere = herausgehen lassen] Ausstrahlen, Aussenden, Ausstoß. Freisetzen von Stoffen in die Atmosphäre oder in ein Gewässer. Auch Geräusche, Erschütterungen, Licht, Wärme oder radioaktive Strahlen, die von einer Anlage ausgehen. Die Verursacher einer Emission nennt man Emittenten.

empirisch: [aus griech. empeiros = erfahren, kundig] erfahrungsgemäß, übereinstimmend mit der Erfahrung, auf Grund von Versuchen.

Emulsion: [von lat. emulgere = ab-, ausmelken] Feinste Verteilung einer nicht mischbaren Flüssigkeit in einer anderen in Form feiner Tröpfchen, z.B. Öl in Wasser. Oft ist zum Emulgieren ein Emulgator nötig.

End-of-pipe-Technologie: [von engl. end of pipe = Ende der Leitung] Dem Prozess nachgeschaltete Maßnahmen der Abwasser- oder Abluftreinigung, die das Verfahren selbst nicht ändern.

endotherm: [von griech. endon = innen, innerhalb und thermos = warm] Chemische Reaktionen oder physikalische Prozesse, die Wärme verbrauchen.

Energiedosis: [zu griech. energeia = wirkende Kraft und dosis = Gabe] Absorbierte Strahlendosis pro Masseneinheit. Einheit: Gray (Gy).

energetisches Verwerten: Verbrennen, Vergasen oder Pyrolysieren von Abfällen mit dem Ziel der Energieerzeugung.

Enthärten: Verringern der Wasserhärte, z.B. mit Ionenaustauschern, um die Bildung von Kesselstein in Warmwasseraufbereitungsanlagen zu vermeiden.

Entkeimen: Beseitigen von Mikroorganismen im Trinkwasser, z.B. durch Filtration, Chlorierung oder Ozonierung.

Erneuerbare Energien oder regenerative Energien: „Vorräte" an Energie, die nicht begrenzt sind und sich fortwährend erneuern, wie Strahlung der Sonne, davon abgeleitet die Wasser- und Windkraft oder die Biomasse, die Gezeitenkraft oder die Erdwärme.

eutroph: [von griech. eutrophos = nahrhaft] nährstoffreich. Überdüngung und Überernährung von Wasserpflanzen, z.B. von Algen, durch erhöhten Eintrag von Nährstoffen in Oberflächengewässer.

Eutrophierung: Überdüngung eines Gewässers mit Pflanzennährstoffen. Ergebnis: Pflanzen und Tiere entwickeln sich massenhaft und ein sauerstoffarmes Gewässer entsteht.

exotherm: [aus griech. exo = außen, draußen und thermos = warm] Chemische Reaktionen oder physikalische Prozesse, bei denen Wärme frei wird.

Exposition: [nach lat. exponere = herausstellen, aussetzen, preisgeben] Darlegung, Entwicklung, Ausgesetztsein. Gesamtheit der Umwelteinflüsse, denen ein Lebewesen ausgesetzt ist.

Extraktion: [von lat. extrahere = herausziehen] Herauslösen bestimmter Stoffe aus flüssigen oder festen Gemischen.

Fallout: [engl. fall out = hinausfallen, ausfallen] Herausfallen. Niederschlag von kleinsten radioaktiven Teilchen aus der Atmosphäre, die z.B. durch Kernwaffenversuche entstanden sind.

Fällungsreaktion: Reaktion, bei der eine lösliche Verbindung durch Zusatz geeigneter Stoffe als Niederschlag abgeschieden wird, der in der Flüssigkeit unlöslich ist.

Fällungsstufe: Dritte Reinigungsstufe in einer Kläranlage. Phosphatverbindungen werden z.B. ausgefällt, um eine Eutrophierung eines Gewässers zu verhindern.

Faulgas (Biogas): Methanreiches Gas aus den Faultürmen einer Kläranlage. In diesen Türmen herrschen anaerobe Bedingungen.

Faulschlamm: Anaerob stabilisierter Schlamm aus Faultürmen.

Fermenter: [engl. fermenter = Gärbottich] Behälter, in dem biochemische Reaktionen mit Mikroorganismen ablaufen. Heute als Bioreaktor bezeichnet.

Feuerungswirkungsgrad: Verhältnis aus der Wärme, die dem Kessel zugeführt wird, zum Heizwert des Brennstoffs.

Filterpresse: Apparat, in dem Suspensionen mechanisch in Feststoffe und in Wasser getrennt werden, z.B. bei der Behandlung von Klärschlamm.

Flockungsmittel: Zu kolloiden Lösungen zugesetzte Stoffe, die unerwünschte Wasserinhaltsstoffe in eine voluminöse, schwer lösliche Form überführen, die so aus dem Abwasser ausfallen.

Fossile Brennstoffe: [nach lat. fossilis = ausgegraben, fodere = graben] Brennstoffe, die sich in geologischer Vergangenheit in gasförmiger, flüssiger oder fester Form aus Pflanzen und Plankton gebildet haben, z.B. Erdgas, Erdöl, Braun- und Steinkohle sowie Torf.

Fotooxidans: [zu griech. phos = Licht und oxys = scharf, sauer] Stoff, der von UV-Strahlen in der Atmosphäre gebildet wird, z.B. aus Primärschadstoffen wie Stickstoffoxiden, Kohlenwasserstoffen und Sauerstoff. Zu den Fotooxidantien gehören Ozon oder Peroxyacetylnitrat (PAN).

Frequenz: [nach lat. frequentia = Häufigkeit, zahlreiches Vorhandensein] Anzahl der Schwingungen je Zeiteinheit. Die Frequenz ist der Kehrwert der Periodendauer. Einheit der Frequenz: 1 Hertz (1 Hz = 1/s).

Frischschlamm: unbehandelter, wasserreicher Rohschlamm.

Fungizide: [nach lat. fungus = Erdschwamm, Pilz und caedere = erschlagen, töten] Vernichtungsmittel für Pilze.

Furane: Sammelbezeichnung für chlorierte Kohlenwasserstoffverbindungen aus der Gruppe der polychlorierten Dibenzofurane (PCDF).

Galvanik: [nach ital. Anatomen Galvani] Technik, mit der elektrolytisch Metallschichten auf Werkstoffoberflächen abgeschieden werden.

Gamma-Strahlung: energiereiche, elektromagnetische Strahlung kurzer Wellenlängen (0,05 pm bis 10 nm).

Gärung: anaerober Abbau organischer Verbindungen durch Mikroorganismen.

genetische Schäden: [von griech. genesis = Zeugung, Schöpfung] Schädigung der Erbanlagen, welche die Nachkommen treffen.

geodätisch: [griech. geodaisia = Erd-, Landverteilung] Die Geodäsie betreffend. Die Wissenschaft von der Erdvermessung.

geogen: [von griech. geo- = Erde, Erdboden und lat. genus = Abstammung, Geschlecht] Die Entstehung der Erde betreffend. Natürlichen, geologischen Ursprungs.

gravimetrisch: [zu lat. gravis = schwer und griech. metron = Maß] In der Chemie Massenermittlung der quantitativen Analyse durch Wägen eines Niederschlags. In der Geophysik Bestimmung der Fallbeschleunigung bzw. Schwerkraft durch Messung.

Grenzflächenaktive Stoffe: Stoffe zum Herabsetzen der Oberflächenspannung einer Lösung. Grenzflächenaktive Stoffe sind meist synthetische organische Verbindungen, die aus einem hydrophoben und einem hydrophilen Molekülteil bestehen. Sie reduzieren die Oberflächenspannung und ermöglichen eine bessere Benetzbarkeit. Diese Stoffe sind in Waschmitteln und in Reinigungsmitteln enthalten.

Halbwertszeit Zeitspanne, nach der eine meist exponentiell abnehmende Größe auf die Hälfte des Anfangswertes abgesunken ist. Zeit, nach der die ursprüngliche Menge eines radioaktiven Stoffes zur Hälfte zerfallen ist oder sich umgewandelt hat.

Haloforme: Trihalogenmethane. Methanabkömmlinge mit 3 Halogenatomen CHX_3, z.B. Chloroform $CHCl_3$, Bromoform $CHBr_3$ oder Chlordibrommethan $CHClBr_2$. In geringen Mengen entstehen Haloforme auch bei der Chlorierung von Trinkwasser.

Häusliches Abwasser: Abwasser aus privaten Haushalten, entspricht dem täglichen Frischwasserverbrauch von etwa 130 L/Kopf.

Herbizide: [von lat. herba = Pflanze, Gras und caedere = erschlagen, töten] Chemische Unkrautvernichtungsmittel für unerwünschte Pflanzen.

Hörbereich: Bereich der wahrnehmbaren Schallschwingungen zwischen Hörbarkeitsschwelle bei einem Schalldruck von 20 µPa und der Schmerzgrenze bei 100 Pa (0 dB bis 130 dB) bei einem Ton von 1000 Hz.

Hörschäden: Gesundheitliche Beeinträchtigung des Menschen durch starke Schalleinwirkung. Eine Lärmschwerhörigkeit ist bei einem Hörverlust von 40 dB und mehr bei einer Frequenz von 3 kHz vorhanden.

Hydration (Hydratisierung, Hydratation): [zu griech. hydor = Wasser] Umlagerung von Wassermolekülen um Ionen oder polare Moleküle (Bilden einer Hydrathülle).

hydraulisch: [aus griech. hydraulikos = zur Wasserorgel gehörig] Mit Flüssigkeitsdruck arbeitend. Durch Wasserdruck verursacht. Mit Wasserantrieb.

hydrophil: [von griech. hydor = Wasser und philos = freundlich, Freund] wasserliebend, wasseranziehend, von Wasser gut benetzbar. Polare Stoffe und Ionen, an die sich Wassermoleküle anlagern können.

hydrophob: [nach griech. hydrophobos = wassermeidend, wasserabstoßend] Unpolare Stoffe und Ionen, die sich kaum mit Wasser mischen.

Hydrosphäre: [von griech. hydor = Wasser und sphaira = (Himmels)kugel] Wasserhülle der Erde (Meere, Binnengewässer und Grundwasser sowie das im Eis gebundene und in der Luft gelöste Wasser).

hygroskopisch: [von griech. hygros = nass, feucht und skopein = betrachten, beschauen] wasseranziehend, z. B. Feuchtigkeit aus Gasen aufnehmend.

Immission: [von lat. immissio = das Hineinlassen] Einwirken von Luftverunreinigungen, Geräuschen, Erschütterungen, Licht, Wärme oder ionisierenden Strahlen auf Menschen, Tiere, Pflanzen und Gegenstände.

Inhalation: [von lat. inhalare = anhauchen] Luftaufnahme, Einatmen. Aufnehmen von Stoffen über die Atmung.

Inhibitor: [von lat. inhibere = hemmen, lindern] Stoff, der in geringer Konzentration chemische Vorgänge einschränkt oder hemmt (negativer Katalysator).

Inkorporation: [von lat. incorporatio Verkörperung, Einverleibung] Einverleiben, Aufnahme in den Körper, z. B. von radioaktiven Stoffen aus der Luft, der Nahrung oder aus dem Wasser.

Insektizide: [aus lat. insectum = eingeschnittenes (Tier) und caedere = erschlagen, töten] Chemische Insektenbekämpfungsmittel.

Interdependenz: [von lat. inter = zwischen und dependere = abhängen, abhängig sein] Gegenseitige Abhängigkeit.

Inversion: [von lat. invertere umkehren, umsetzen] Umkehrung. Temperatur-Inversion: Ansteigen der Temperatur mit der Höhe ab einer Sperrschicht. Normal ist das umgekehrte Verhalten.

Ionenaustauscher: [nach griech. ion = Gehendes, Wanderndes] Feste, natürliche oder künstliche, anorganische oder organische Stoffe, welche die Ionen einer Lösung gegen eigene Ionen gleicher Ladung austauschen, z. B. in Zeolithen zur Wasserenthärtung: Die Natriumionen werden dabei gegen die härtebildenden Calcium- und Magnesiumionen ausgetauscht). Man unterscheidet zwischen Kationen- und Anionenaustauschern.

Ionisation: [zu griech. ienai = gehen] Erzeugung von Ionen. Abspaltung oder Aufnahme von Elektronen bei Atomen oder Molekülen.

ionisierende Strahlung: Strahlen, die Ionen erzeugen. Elektromagnetische Strahlen oder Korpuskularstrahlen, die direkt oder indirekt Ionen bilden können, z. B. Alpha-, Beta- oder Gammastrahlen.

irreversibel: [lat. in- = nicht-, un- und revidere = wieder hineinsehen] unumkehrbar, nicht rückgängig zu machen.

Isomere: [von griech. isomeres = von gleichen Teilen] Chemische Stoffe, die in ihren chemischen und physikalischen Eigenschaften trotz gleicher Summenformel verschieden sind. Isomere haben aber unterschiedliche Strukturformeln.

Isotope: [aus griech. isos = gleich und topos = Platz, Stelle, Ort] Atomarten eines chemischen Elements, welche die gleichen chemischen Eigenschaften, gleiche Ordnungszahl im Periodensystem der Elemente, aber verschiedene Massenzahlen haben. Atomkerne mit gleicher Protonenzahl, aber unterschiedlicher Neutronenzahl.

Kanzerogen: [von lat. cancer = Krebs, Krebsgeschwür und griech. genes = hervorbringend, verursachend] Krebs auslösend bzw. erzeugend; sinnverwandt mit karzinogen.

Kapillarität: [nach lat. capillus = Haar] Erscheinungen, die durch die Oberflächenspannung von Flüssigkeiten in engen Hohlräumen fester Körper auftreten. Die Kapillarwirkung ermöglicht z. B. die Wasseraufnahmefähigkeit der Böden.

Katalysator: [von griech. katalysis = Auflösung, Zerstörung] Stoff, der chemische Vorgänge beschleunigt, ohne sich dabei selbst zu verändern.

Katalyse: Beschleunigung einer chemischen Reaktion durch Wirkung eines Stoffes (des Katalysators). Der Katalysator setzt die Aktivierungsenergie herab und erhöht die Reaktionsgeschwindigkeit.

Kathode: [von griech. kathodos = der herabführende Weg, das Hinabgehen] Elektrode, in die ein elektrischer Strom (positive Ladungen) aus einem Elektrolyten oder aus dem Vakuum eintritt.

Kavitation: [zu lat. cavus = hohl] Hohlsog. Bildung von gasgefüllten Hohlräumen in schnell strömenden Flüssigkeiten durch Absinken des Drucks unter den Dampfdruck. Kavitation kann Werkstoffe schädigen und ist die Ursache für Geräuschemissionen.

Klärschlamm: Biologische Rückstände einer Kläranlage, die häufig mit Schwermetallen belastet sind.

Koagulation: [nach lat. coagulatio = das Gerinnen] Ausflockung. Zusammenballen kolloidaler Teilchen zu größeren Feststoffteilen.

Koaleszenz: [von lat. coalescere = zusammenwachsen, verwachsen] Zusammenfließen fein verteilter Öltröpfchen einer Emulsion zu größeren, abscheidbaren Öltropfen. Die Tropfen steigen dann z. B. an die Flüssigkeitsoberfläche auf oder bilden einen Niederschlag.

Kohäsion: [zu lat. cohaerere = zusammenhängen] Innerer Zusammenhalt der Stoffe. Kräfte zwischen gleichartigen Atomen oder Molekülen.

Kolloide: [zu griech. kolla = Leim] Dispersionen (kleinste Verteilung), deren feinst verteilte Trübstoffe mit einer Größe von 5 nm bis 200 nm Durchmesser als disperse Phase vorliegen. Die Größe kolloider Teilchen liegt unter der Sichtbarkeitsgrenze eines Lichtmikroskops.

Kompostierung: [zu lat. compositum = Zusammengesetztes] Verrottung (aerobe Oxidation) von pflanzlichen und tierischen Reststoffen, um Kompost zu erzeugen.

Konglomerat: [nach lat. con- = zusammen, mit und glomus = Knäuel] Zusammenballung, Gemisch, Anhäufung. Grobkörniges Sedimentgestein aus abgerundetem Mineral- oder Gesteinsgeröll, durch Bindemittel verfestigt.

konisch: [aus griech. konos = Pinienzapfen, Kegel] kegelförmig (zu Konus = Kegel).

Kontamination: [von lat. contaminare = mit Fremdartigem in Berührung bringen, verderben] Verunreinigung, Verschmutzung, Verseuchung, z. B. durch Mikroorganismen, Schadstoffe oder radioaktive Strahlung.

Konvektion: [von lat. convehere = mit sich führen, transportieren] Mitführung, vor allem von Energie oder von elektrischer Ladung durch die Teilchen einer Strömung, z. B. durch Bewegung von Luft- oder Wassermassen.

Konvertierung: [von lat. convertere = umwenden] Umwandlung. Änderung einer Darstellungsform in eine andere, wie z. B. die Umwandlung von Dualzahlen in Dezimalzahlen.

Korrelation: [von lat. correlatio = Wechselbeziehung] Verbundenheit, Gleichläufigkeit. Wahrscheinlichkeit des Zusammenhangs zwischen statistischen Ergebnissen.

Kraft-Wärme-Kopplung: Verwendung der bei der Stromerzeugung eines Kraftwerks anfallenden, nutzbaren Wärme, z. B. für ein Fernwärmenetz.

Kühlturm: Anlage, um Abfall-Wärme über das Kühlwasser an die umgebende Luft abzuführen. Kühltürme lassen sich in Nass- und Trockenkühltürme einteilen. Nasskühltürme können durch Kaminwirkung mit natürlichem Zug der Luft arbeiten (Naturzugkühltürme meist bei Großanlagen) oder mit Ventilatoren ausgerüstet sein (Zwangszug).

Kumulation: [nach lat. cumulare = anhäufen, sammeln] Anhäufung, Anreicherung, Sammlung, Speicherung.

Lambda-Sonde: Ein elektronischer Sensor, der den Sauerstoffgehalt des Abgases am Ausgang des Katalysators eines Benzinfahrzeugs erfasst und über eine Regeleinheit die Kraftstoffzufuhr so steuert, dass das Luftverhältnis $\lambda = 1$ eingehalten wird.

laminar: [aus lat. lamina = Blatt] Strömungsverlauf, bei dem die Schichten ohne Wirbel aneinander vorbei gleiten (Gegenteil: turbulente Strömung mit Wirbelbildung).

Lärmpegel: Schalldruckpegel.

Lärmschutzbereich: Zonen, z.B. um Flughäfen, zum Schutz der Bevölkerung vor Fluglärm auf der Basis des Fluglärmgesetzes.

Lautstärke: Subjektive Schallempfindung in Phon, bei 1000 Hz z. B. 50 phon = 50 dB(A), also Schalldruckpegel mit Korrektur der Bewertungskurve A.

lipophil: [zu griech. lipos = Fett und philos = freundlich, Freund] fettliebend, fettlöslich. Unpolare Stoffe, die sich leicht in Ölen oder Fetten auflösen und sich daher im Fettgewebe anreichern.

lipophob: [zu griech. lipos = Fett und phobos = Furcht] fettfeindlich, nicht fettlöslich. Polare Stoffe, die von Fetten oder Ölen nicht oder nur schlecht aufgenommen werden.

Lösemittel: Flüssigkeiten, die andere Stoffe lösen können, ohne sich und den gelösten Stoff chemisch zu verändern.

Mesophil: [zu griech. mesos = Mitte und philos = freundlich, Freund] Mittlere Temperaturen bevorzugend (35 °C bis 40 °C) bzw. mittlere Feuchtigkeit liebend.

Metabolismus: [von griech. metabolia = Veränderung] Umwandlung, Veränderung, Stoffwechsel.

Metaboliten: Alle Produkte, die im Stoffwechsel auftreten.

methanogen: [zu griech. genes = hervorbringend, verursachend] Methan bildend.

Migration: [von lat. migrare = (aus)wandern] Wanderung. Übergang z. B. von Flüssigkeiten oder Gasen in feste Stoffe bzw. von Gasen in Flüssigkeiten.

Mineralisation: [aus lat. minera = Erzgrube, -ader] Abbau organischer Stoffe zu mineralischen, anorganischen Reststoffen, z. B. durch Mikroorganismen.

Mortalität: [von lat. mortalis = sterblich] Sterblichkeit, Sterblichkeitsziffer. Verhältnis der Zahl der Todesfälle zur Gesamtzahl der betrachteten Lebewesen.

mutagen: [nach lat. mutare = (ver)ändern und griech. genes = hervorbringend, verursachend] Mutationen (Erbänderungen) auslösend und dadurch das Erbgut schädigend.

Neutralisation: [zu lat. neuter = keiner von beiden] Vorgang, bei dem eine Flüssigkeit auf einen pH-Wert von 7 durch die Zugabe von Säure bzw. Lauge eingestellt wird.

Nitrifikation: [nach lat. facere = machen] Biologische Umwandlung von Stickstoffverbindungen, z. B. von Ammonium, das durch Mikroorganismen im Boden und im Wasser über Nitrit zu Nitrat oxidiert wird.

Nitrosamine: Stoffgruppe, die aus Nitriten mit Aminen im Magen-Darm-Trakt gebildet wird. Kanzerogene Stoffe mit der Atomgruppe $N - N = O$.

Nitrose Gase: Giftiges Gemisch stickstoffoxidhaltiger Gase und Luft (abgekürzt: NO_x).

Noxe: [von lat. noxa = Schaden] Krankheitsursache, Stoff oder Umstand, der den Organismus schädigt.

Nuklid: [zu lat. nucleus = (Frucht)kern] Durch Protonenzahl und Neutronenzahl bestimmte Atomart.

Off-Site-Sanierung: [von engl. off = weg, entfernt und lat. situs = Lage, Stellung] Sanierung von Altlasten in einer besonderen Bodenreinigungsanlage.

Ökologischer Fußabdruck: bezeichnet die biologisch produktive Fläche, die ein Mensch in Anspruch nimmt, um seinen Lebensstandard auszuleben. Dies betrifft alle Ressourcen für Ernähren, Wohnen, Kleidung, Transporte, medizinische Versorgung.

oligotroph: [zu griech. oligakis = selten und trophe = Ernähren, Ernährung] nährstoffarm, z. B. stehende Binnengewässer oder humusarme, magere Böden.

On-Site-Sanierung: [von engl. on = auf und lat. situs = Lage, Stellung] Sanierung auf der Baustelle.

Ozon: [aus griech. Ozon = das Duftende] Reaktionsfreudiges Molekül, das aus drei Sauerstoffatomen besteht. Das giftige Ozon ist in der Stratosphäre nützlich, weil es die energiereiche UV-Strahlung absorbiert.

Parameter: [aus griech. para = neben, bei, darüber hinaus, gegen und metron Maß] Zusätzliche Einflussgröße.

pathogen: [zu griech. pathos = Leiden, Schmerz, Krankheit und genes = hervorbringend, verursachend] krankheitserregend, Krankheiten verursachend.

Perkolation: [von lat. percolatio = das Durchseihen] Durchseihen, Versickerung. Durchsickern des Bodenwassers durch die Bodenporen. Dabei können Bodenteile gelöst und weggeführt werden.

Permeat: [nach lat. permeare = durchgehen] Gereinigte Flüssigkeit, z. B. entsalzte Lösung oder gereinigtes Gas nach Durchdringen einer Membran.

persistent: [zu lat. persistere = beharren, bestehenbleiben] anhaltend, dauernd, hartnäckig, widerstandsfähig gegen Abbau durch äußere Einflüsse. Persistente Stoffe bleiben lange in der Umwelt erhalten.

Pestizide: [lat. pestis = Seuche und caedere = erschlagen, töten] Schädlingsbekämpfungsmittel, chemische Mittel zur Bekämpfung pflanzlicher und tierischer Organismen.

Phosphat: Salz oder Ester der Phosphorsäure. Phosphate sind in phosphorhaltigen Waschmitteln und Düngemitteln enthalten. Sie haben eine eutrophierende Wirkung auf Gewässer.

Photolyse: Spaltung eines Moleküls, ausgelöst durch Bestrahlung.

Physisorption: Adsorption, die nur auf physikalischen Anziehungskräften beruht. Die Moleküle werden vor allem durch van-der-Waals-Kräfte an der Oberfläche des Adsorptionsmittels festgehalten.

Polyzyklische aromatische Kohlenwasserstoffe (PAK): Kohlenwasserstoffe, die aus mehreren kondensierten Benzolringen aufgebaut sind. Leitsubstanz ist Benzo(a)pyren. Die PAK entstehen als unerwünschte Nebenprodukte bei unvollständiger Verbrennung, z. B. bei Autoabgasen. Sie sind häufig an Rußteilchen gebunden.

psychrophil: [griech. psychros = kalt, frostig, kühl und philos = freundlich, Freund] niedrige Temperaturen bevorzugend, kälteliebend (< 25 °C), z. B. von Bakterien.

Puffer: Stoffgemische, z. B. im Boden oder im Wasser, die von eindringenden Säuren die Wasserstoff-Ionen (Hydronium-Ionen) abfangen können, also die Säure „abzupuffern" vermögen. Puffer haben beim Kampf gegen die Bodenversauerung besondere Bedeutung.

Pyrolyse: [pyros = Feuer und lyein = (auf)lösen] Thermische Spaltung chemischer Verbindungen, z. B. Umsetzung des Brennstoffs bei Luftabschluss.

QR-Code: [von quick response = schnelle Antwort] Zweidimensionaler Code (quadratische Matrix) zur binären Darstellung von Daten. Lesbar z. B. mittels Smartphone-App.

Quenchen, Quenching: [zu engl. to quench = abkühlen, abschrecken] Abschrecken heißer Reaktionsprodukte mit kalten Gasen oder Flüssigkeiten, z. B. mit Öl oder Wasser, um die chemische Reaktion zum Stillstand zu bringen.

Radionuklide: [aus lat. radius = Strahl und nucleus = (Frucht)kern] Unbeständige Atomkerne, die unter Emission radioaktiver Strahlen (α-, β- bzw. γ-Strahlen) in stabile Nuklide zerfallen.

recyceln: [von engl. to recycle = wiederaufbereiten] wiederverwerten.

Redox-Reaktion: [Kunstwort aus *Red*uktion und *Ox*idation] Chemische Reaktion mit Elektronenübergang, bei der immer eine Reduktion und eine Oxidation gleichzeitig stattfinden.

Regel der Technik, allgemein anerkannte RdT, aaRdT: Praktisch erprobte und ausgereifte Verfahrensweisen entsprechend aaRdT. Sie bilden häufig die unterste Stufe fortschrittlicher Verfahren entsprechend dem „Stand der Technik".

Rektifikation: [zu lat. rectus = gerade, richtig und facere = machen] Gegenstromdestillation. Trennen von Flüssigkeitsgemischen durch wiederholte Destillation.

Rekuperation: [von lat. recuperare = wieder erlangen] Wärmeaustausch. Vorwärmen von Luft und von Rohgasen durch heiße Abgase.

Repellents: [aus lat. repellere = zurücktreiben, abweisen] Mittel, die auf Schädlinge abstoßend wirken, sie vertreiben, ohne sie zu töten.

resistent: [nach lat. resistere = widerstehen, stehen bleiben] widerstandsfähig, nicht anfällig, z. B. gegenüber Giften oder äußeren Einflüssen.

Resorption: [von lat. resorbere = zurück schlürfen] Wiederauflösen, z. B. Aufnahme flüssiger oder gelöster Stoffe in die Blut- oder Lymphbahn. Wiederauflösen eines Kristalls beim Erstarren einer Gesteinsschmelze.

Ressourcen: [von franz. ressource = natürlich vorhandener Bestand] Hilfsquellen, Reserven, erschließbare Rohstoffe. Allgemein: alle Einsatzstoffe für einen Prozess.

reversibel: [von lat. reversire = umkehren] umkehrbar, rückgängig zu machen. Reversibel nennt man physikalische oder chemische Prozesse, die sowohl in der einen wie in der anderen Richtung verlaufen können.

RFID: [von radio-frequenzy identification = Identifizierung mittels Funkfrequenz] Sender-Empfänger-System basierend auf einem Chip für berührungsloses Speichern und Lesen von Daten.

Röntgenstrahlung: Elektromagnetische Strahlen kürzerer Wellenlänge als das Licht (< 5 pm bis 0,25 nm).

Rußfilter (Rußabbrennfilter): Abgasreinigungsgerät für Dieselfahrzeuge, das aus keramischem Wabenwerkstoff besteht, in dem der Ruß abgeschieden und periodisch abgebrannt wird.

Rußzahl: Messgröße für den Staub- und Rußanteil im Abgas. Bei Heizungsanlagen ist die Rußzahl ein Hinweis auf den Wirkungsgrad der Anlage. Die Rußzahl wird über die Schwärzung von Filterpapier ermittelt, die dann mit der sog. Bacharach-Skale oder Ringelmann-Skale verglichen wird.

Sandboden: leichter Boden. Partikeldurchmesser der Sandkörner größer 63 µm.

Saprobien: [von griech. sapros = faul und bios Leben] Sauerstoff verbrauchende Organismen in Gewässern, z. B. Bakterien, Algen, Einzeller, die von faulenden Stoffen leben und die Selbstreinigung bewirken.

Schall: Mechanische Schwingungen und Wellen in gasförmigen, flüssigen oder festen Stoffen. Bei Luftschall zwischen 16 Hz und 20 kHz wird eine Veränderung des Luftdrucks bewirkt und über das Trommelfell aufgenommen.

Schallabsorption: Schallschlucken. Abnahme der Schallenergie durch innere Reibung und Umwandlung in Wärme beim Durchgang von Schallwellen durch Dämmstoffe oder bei Reflexion an Schall dämmenden Oberflächen.

Schalldämmung: Eindämmung störenden Schalls. Maßnahme, die den Direktschall durch eine Dämmwand verringert.

semipermeabel: [von lat. semi = halb und permeare = durchgehen] halbdurchlässig. Eine semipermeable Membran lässt z. B. bestimmte Teile eines Gemischs durch und hält andere zurück.

Sensor: [von lat. sensus = Gefühl] Fühler für eine physikalische Größe, z. B. Sauerstoffgehalt.

Smog: [Kunstwort aus engl. *smoke* = Rauch und engl. *fog* = Nebel] Jede Art von belastender Luftverschmutzung. Ursprünglich die Mischung aus natürlichem Nebel und Abgasen.

Smog, photochemischer: Vor allem im Sommer durch Fotooxidantien verursachte Luftverschmutzung, die sich wie Ozon und Stickstoffmonoxid unter dem Einfluss der kurzweiligen Sonnenstrahlung aus Kohlenwasserstoffen, Stickstoffoxiden und Sauerstoff bildet.

Spaltprodukte: Radionuklide, die bei der Spaltung von Atomkernen entstehen, sowie auch deren Folgeprodukte.

Sporen: [zu griech. speirein = streuen, säen] Widerstandsfähige Dauerform von Bakterien und Pilzen, die auch unter extremen Bedingungen, z. B. Nährstoffmangel, überleben.

Staubfeuerung: Feuerung, bei der feingemahlener Kohlenstaub unter Luftzufuhr verbrennt.

Steinkohleneinheit (SKE): Vergleichsmaß für Energieberechnungen. 1 kg SKE entspricht der Energiemenge, die bei der Verbrennung von 1 kg Steinkohle freigesetzt wird (= 29 308 kJ). Die SKE dient zum statistischen Vergleich von unterschiedlichen Brennstoffen: 1 kg Erdöl = 1,44 kg SKE; 1 m^3 Erdgas = 1,1 kg SKE, 1 m^3 Stadtgas = 0,57 kg SKE.

stochastisch: [aus griech. stochastikos = mutmaßend] abhängig vom Zufall, den Zufall oder die Wahrscheinlichkeit betreffend.

stöchiometrisch: [zu griech. stoicheion = Anfänge der Wissenschaften, Grundstoffe und metron = Maß] Mengenmäßige Zusammensetzung chemischer Verbindungen oder Mengenverhältnisse bei chemischen Reaktionen.

Strahlenexposition: Strahlenbelastung. Der Einwirkung natürlicher oder künstlicher, ionisierender Strahlen ausgesetzt sein.

Stratosphäre: [zu lat. stratum = Decke und griech. sphaira = (Himmels)kugel] Atmosphärenschicht im Anschluss an die Troposphäre zwischen 10 km und etwa 50 km.

Sublimation: [aus lat. sublimare = erhöhen] Wechsel direkt vom festen Stoff in den gasförmigen Zustand ohne Verflüssigung. Gelegentlich auch der umgekehrte Vorgang gasförmig zu fest (Resublimation).

Substitution: [von lat. substituere = austauschen, ersetzen] Ersetzung, Ersatz. Ersetzen eines Atoms oder einer Atomgruppe in einem Molekül durch ein anderes Atom oder eine andere Atomgruppe.

Suspension: [aus lat. suspendere = aufhängen, in der Schwebe lassen] Feinste Verteilung (Dispersion) eines festen Stoffes oberhalb kolloider Größe (> 200 nm) in einer Flüssigkeit.

Tenside: [von lat. tendere = spannen, sich ausspannen] Oberflächen entspannende und waschaktive Stoffe.

teratogen: Missbildungen bewirkend, den Embryo schädigend.

thermophil: [nach griech. thermos = warm und philos = freundlich, Freund] höhere Temperaturen bevorzugend (60 °C bis 70 °C).

time-lag: [von engl. *time-lag* = Verzögerung] zeitlich verzögert, zeitlich verschoben.

TOC: [von engl. total organic carbon = gesamter organisch gebundener Kohlenstoff] Summe des organisch gebundenen Kohlenstoffs in Wasser. Gelegentlich auch GOC für gesamter organischer Kohlenstoff.

Toxikologie: [aus griech. toxikon = (Pfeil)gift und logos = Vernunft, wissenschaftliche Untersuchung] Lehre von den Giften, ihren Wirkungen und ihrer Wirkungsweise sowie der Therapie (Heilbehandlung) von Vergiftungen.

toxisch: giftig, auf einer Vergiftung beruhend.

Transmission: [von lat. transmittere = übertragen, übersenden] Übersendung, Übertragung. Transport einer Emission zu einem Immissionsort. Durchgang von Strahlen durch einen Stoff, z. B. Glas, ohne Änderung der Strahlungsfrequenz.

ubiquitär: [lat. ubiquitas = überall] überall verbreitet, nicht an einen Standort gebunden.

UV-Strahlung: Elektromagnetische Strahlen, deren Wellenlänge kürzer als die des (sichtbaren) Lichts ist (laut Weltgesundheitsorganisation Wellenlängen von 100 nm bis 400 nm, nach DIN 5031-7 bis 380 nm).

Verursacherprinzip: Grundprinzip in den Umweltgesetzen: Für Umweltschäden muss aufkommen, wer für ihre Entstehung verantwortlich ist.

Vorfluter: Natürliches oder künstliches Gewässer wie Bach, Fluss, See, Kanal oder Graben, in das Abwasser eingeleitet wird. Das Wasser kann mit natürlichem Gefälle oder durch künstliche Hebung abfließen.

Zyklon: Fliehkraftabscheider, der durch Zentrifugalkräfte eine Abscheidung des Staubs bewirkt.

12.3 Periodensystem, chemische Bindung
Periodic Table, Chemical Bond

Periodensystem der Elemente

Gruppe	I		II		III		IV		V		VI		VII		VIII				Schale
	a	b	a	b	a	b	a	b	a	b	a	b	a	b	a	b			
1. Periode	$^{1}_{1}$H														$^{4}_{2}$He				K
2. Periode	$^{7}_{3}$Li		$^{9}_{4}$BE		$^{11}_{5}$B		$^{12}_{6}$C		$^{14}_{7}$N		$^{16}_{8}$O		$^{19}_{9}$F		$^{20}_{10}$Ne				L
3. Periode	$^{23}_{11}$Na		$^{24}_{12}$Mg		$^{27}_{13}$Al		$^{28}_{14}$Si		$^{31}_{15}$P		$^{31}_{16}$S		$^{35}_{17}$Cl		$^{40}_{18}$Ar				M
4. Periode	$^{39}_{19}$K		$^{40}_{20}$Ca			$^{45}_{21}$Sc		$^{48}_{22}$Ti		$^{51}_{23}$V		$^{52}_{24}$Cr		$^{55}_{25}$Mn		$^{56}_{26}$Fe	$^{59}_{27}$Co	$^{59}_{28}$Ni	N
		$^{64}_{29}$Cu		$^{65}_{30}$Zn	$^{70}_{31}$Ga		$^{73}_{32}$Ge		$^{75}_{33}$As		$^{79}_{34}$Se		$^{80}_{35}$Br		$^{84}_{36}$Kr				
5. Periode	$^{85}_{37}$RB		$^{88}_{38}$Sr			$^{89}_{39}$Y		$^{91}_{40}$Zr		$^{93}_{41}$Nb		$^{96}_{42}$Mo		$^{99}_{43}$Tc		$^{101}_{44}$Ru	$^{103}_{45}$Rh	$^{106}_{46}$Pd	O
		$^{108}_{47}$Ag		$^{112}_{48}$Cd	$^{115}_{49}$In		$^{119}_{50}$Sn		$^{122}_{51}$Sb		$^{128}_{52}$Te		$^{127}_{53}$J		$^{131}_{54}$Xe				
6. Periode	$^{133}_{55}$Cs		$^{137}_{56}$Ba			$^{139}_{57}$La	L[1]	$^{119}_{72}$Hf		$^{181}_{73}$Ta		$^{184}_{74}$W		$^{186}_{75}$Re		$^{190}_{76}$Os	$^{192}_{77}$Ir	$^{195}_{78}$Pt	P
		$^{197}_{79}$Au		$^{201}_{80}$Hg	$^{204}_{81}$Tl		$^{207}_{82}$Pb		$^{209}_{83}$Bi		$^{210}_{84}$Po		$^{210}_{85}$At		$^{222}_{86}$Rn				
7. Periode	$^{223}_{87}$FR		$^{226}_{88}$Ra			$^{227}_{89}$Ac	A[2]	$^{261}_{104}$Rf		$^{262}_{105}$Db		$^{363}_{106}$Sg		$^{262}_{107}$Bd		$^{265}_{108}$Hs	$^{266}_{109}$Mt	$^{269}_{110}$Ds	Q

[1] Lanthaniden	$^{140}_{58}$Ce	$^{141}_{59}$Pr	$^{144}_{60}$Nd	$^{147}_{61}$Pm	$^{150}_{62}$Sm	$^{152}_{63}$Eu	$^{157}_{64}$Gd	$^{159}_{65}$Tb	$^{163}_{66}$Dy	$^{165}_{67}$Ho	$^{167}_{68}$Er	$^{169}_{69}$Tm	$^{173}_{70}$Yb	$^{175}_{71}$Lu	P
[2] Aktiniden	$^{232}_{90}$Th	$^{231}_{91}$Pa	$^{238}_{92}$U	$^{237}_{93}$Np	$^{242}_{94}$Pu	$^{243}_{95}$Am	$^{247}_{96}$Cm	$^{249}_{97}$Bk	$^{251}_{98}$Cf	$^{254}_{99}$Es	$^{253}_{100}$Fm	$^{256}_{101}$Md	$_{102}$No	$_{103}$Lr	Q

Atombau und chemische Bindung

Ruhemassen: Proton $1{,}6726 \cdot 10^{-24}$ g
Neutron $1{,}6749 \cdot 10^{-24}$ g
Elektron $9{,}1094 \cdot 10^{-28}$ g

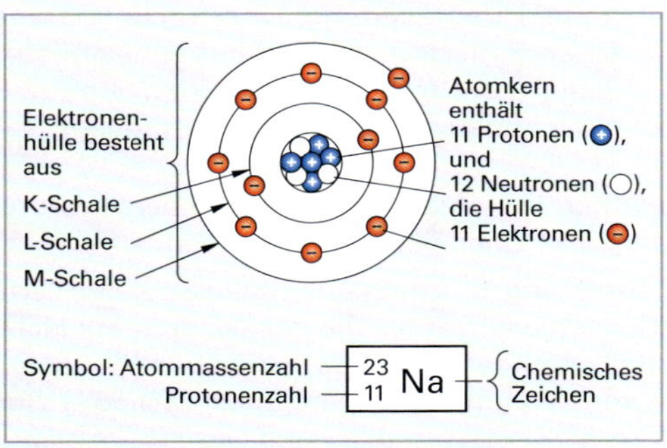

Atommodell von Rutherford und Bohr

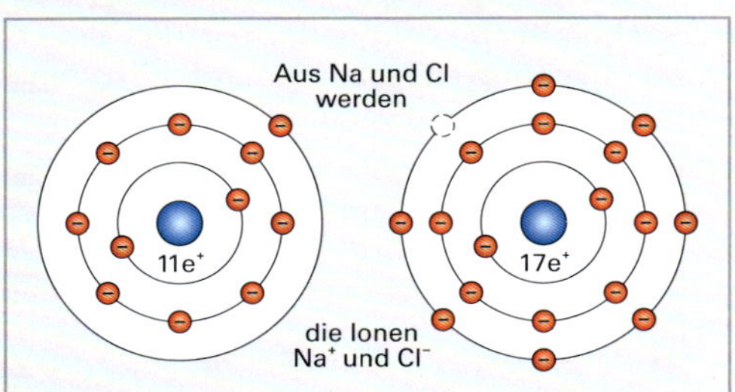

Ionenbindung

Atommassenzahl = Protonenzahl + Neutronenzahl
Protonenzahl = Ordnungszahl im Periodensystem der Elemente

Die **Ionenbindung** (heteropolare Bindung) entsteht durch Elektronenübergang von einem Atom zum anderen. Dabei neigen Atome mit 1 bis 3 Außenelektronen (meist Metalle) zur Abgabe von Elektronen. Atome mit 5 bis 7 Außenelektronen (meist Nichtmetalle) nehmen dagegen leicht Elektronen auf. Die beteiligten Atome erreichen dadurch Edelgas-Struktur (Na^+ hat die gleiche Elektronenhülle wie Ne, die Hülle von Cl^- ist gleich der von Ar). Die unterschiedlich geladenen Ionen ziehen sich an und bilden einen Ionenkristall.

Die **Atombindung** (homöopolare Bindung) wird zwischen zwei Atomen durch ein oder mehrere (höchstens drei) gemeinsame Elektronenpaare bewirkt, d.h., die Bindungselektronen werden von beiden Atomkernen angezogen (elektrisch neutrale Moleküle bilden sich).

Die **polarisierte Atombindung** entsteht zwischen verschiedenartigen Atomen im Molekül. Hierbei zieht ein Kern das gemeinsame Elektronenpaar stärker an als der andere (Ladungsverschiebung ≙ Polarisierung).

Bei der **Metallbindung** geben die Metallatome Außenelektronen ab. Die entstehenden Metallionen bilden ein räumliches Gitter (Metallkristallgitter). Zwischen den Metallionen können sich die abgegebenen Elektronen frei bewegen. Die Anziehung zwischen den Metallionen und den freien Elektronen hält den Kristall zusammen. Die freien Elektronen gleichen die elektrischen Ladungen der Ionen aus. Sie verursachen die typischen Metalleigenschaften, wie elektrische Leitfähigkeit, Wäwrmeleitfähigkeit, metallischer Glanz und Undurchsichtigkeit.

12.4 Symbole der Verfahrenstechnik
Symbols of Process Engineering

Symbol	Benennung
Leitungen	
1 mm	Leitung für Hauptprodukt
0,5 mm	Leitung für Nebenprodukt
0,25 mm	Steuerleitung
	Leitungskreuzung
	Leitungsabzweig
	Doppelabzweig
Fließpfeile	
	Fließrichtung, allgemein
	Eingang, Ausgang wichtiger Stoffe
Armaturen (VV)	
	Absperrarmatur, allgemein
	desgleichen (Eckform)
	desgleichen (Dreiwegeform)
	Absperrschieber
	Absperrklappe
	Absperrventil
Fördereinrichtungen	
	Pumpe, allgemein (PL)
	Verdichter, Vakuumpumpe, allgemein (PC)
	Stetigförderer, allgemein (TE)
	Schneckenförderer (TE)
Behälter (BE)	
	Behälter, allgemein
	Kugelbehälter
Kolonnen, Reaktoren (KO)	
	Kolonne mit Einbauten, allgemein
	Kolonne mit Festbett
	Kolonne mit Fließbett
Heizen und Kühlen	
	Heizen oder Kühlen, allgemein (WT)
	Wärmeaustauscher mit gekreuzten Fließlinien (WT)
	desgleichen, ohne Kreuzung (WT)
	desgleichen, mit Rohrschlange (WT)
	Doppelrohrwärmeaustauscher (WT)
	Dampfkessel (DE)
	Abzugshaube
	Schornstein
Zerkleinerung (ZM)	
	Zerkleinerungsmaschine, allgemein
	Mühle, allgemein
	Prallbrecher
	Walzenbrecher
Sieben (SA)	
	Siebapparat, Rechen, allgemein
	Grobrechen
Filtern (FL)	
	Filterapparat, allgemein
	Gasfilter, Luftfilter, allgemein
Abscheider (SB)	
	Abscheider/Sichter, allgemein
	Fliehkraftabscheider, Zyklon
	Elektrostatischer Abscheider
Zentrifugen (ZE)	
	Zentrifuge, allgemein
	desgleichen, mit Siebmantel
Trocknen (TR)	
	Trockner, allgemein
	Zerstäubungstrockner
Sortieren (SB)	
	Sortierapparat, allgemein

Kennbuchstaben der Verfahrenstechnik in Klammern

12.5 Symbole der Elektrotechnik
Symbols in Electrical Engineering

Symbol	Benennung
Leitungen, Verbindungen	
	Leiter, allgemein
	Schutzleiter PE
	Neutralleiter N, Mittelleiter M
	PEN-Leiter
	kurze } geschirmte Leitung
	lange } geschirmte Leitung
	Koaxiale Leitung, geschirmt
	Leitung mit zwei Leitern
	1. Verbindung, allgemein 2. Anschluss, z. B. Klemme 3. Kennzeichen für Gasfüllung
1. 2.	Leiterabzweig, einfach
1. 2.	Leiterabzweig, doppelt
	Leiterkreuzung
	Mechanische Verbindung (wahlweise Darstellung)
	Steckerstift
	Steckbuchse
Bauelemente	
	Schließer, handbetätigt
	Öffner, handbetätigt
	Sicherung, allgemein
	Widerstand, allgemein
	Heizelement
	Widerstand, veränderbar
	Induktivität. Spule, Wicklungsstrang
	desgleichen nicht genormt
	Drosselspule mit Eisenkern
	desgleichen mit Luftspalt
	Glimmlampe
	Transformator (Umspanner) für Einphasen-Wechselstrom, Übertrager
	Dauermagnet
	Überspannungs-ableiter
	Kondensator
	Galvanisches Element (langer Strich: Pluspol, kurzer Strich: Minuspol)
	Halbleiterdiode
M	Motor, allgemein
Messgeräte	
	Messinstrument oder Messwerk allgemein, insbesondere anzeigend
	Messgerät allgemein, insbesondere aufzeichnend
	Integriertes Messgerät, insbesondere kWh-Zähler
	Impulszähler
	Signalumformer, allgemein
Elektro-Hausgeräte	
E	Elektrogerät, allgemein
	Elektroherd, allgemein
	Backofen
	Wasch-maschine
Beleuchtung, Signalgeräte	
	Leuchten-auslass
	Leuchtmelder, Leuchte, allgemein
	Wecker, allgemein
	Summer
	Hupe, Horn
Erdung	
	Erdung
	Körper, Masse (wahlweise Darstellungen)
a) b)	Schutzleiter-anschluss (je nach Norm)
Spannungsversorgung	
G	Generator, Oszillator, allgemein
~ / =	Gleichrichter (AD-DC-Umrichter)
= / ~	Umrichter (Wechsel-richter)
12 V	Akkumulato-renbatterie 12 V
12 V – +	(wahlweise Darstellung)

12.6 ATEX-Kennzeichnung explosionsgeschützter Betriebsmittel
ATEX Identification of explosionproof Equipment

Kennzeichnung explosionsgefährdeter Bereiche — ATEX atmosphere explosible

Stoff	Gefahrenhäufigkeit	Zone	Gerätegruppe, Gerätekategorie	Geräteschutz-niveau
Gase Nebel Dämpfe	häufig oder ständig vorhanden	Zone 0	II 1G	Ga
	gelegentlich vorhanden	Zone 1	II 1G; II 2G	Ga; Gb
	nur selten oder kurzzeitig vorhanden	Zone 2	II 1G; II 2G; II 3G	Ga; Gb; Gc
Stäube	häufig oder ständig vorhanden	Zone 20	II 1D	Da
	gelegentlich vorhanden	Zone 21	II 1D; II 2D	Da; Db
	nur selten oder kurzzeitig vorhanden	Zone 22	II 1D; II 2D; II 3D	Da; Db; Dc

Gerätegruppe I ist für Geräte in Bergwerken; G von Gas, D von Dust = Staub

Kennzeichnung Explosionsgruppen

Explosions-gruppe	Beispiele von Stoffen					
IIA; IIB; IIC	Ammoniak Methan Ethan Propan	Ethylalkohol Cycloexan n-Butan	Benzin Diesel Heizöl n-Hexan	Acetal- dehydrid	–	–
IIB; IIC	Stadtgas Acrylnitril	Ethylen Ethylenoxid	Ethylglycol Schwefel- wasserstoff	Ethyleteher	–	Schwefel- kohlenstoff
IIC	Wasserstoff	Acetylen	–	–	–	–
Temperatur-klasse	T1 < 450 °C	T2 < 300 °C	T3 < 200 °C	T4 < 135 °C	T5 < 100 °C	T6 < 85 °C

Kennzeichnung von Staubgruppen

Staubgruppe	Erklärung	Temperaturangabe	Bemerkungen
IIIA; IIIB; IIIC	brennbare Flusen	Txx°C	Die maximale Oberflächentemperatur wird beim Staubexplosionsschutz direkt in °C angegeben, z. B. T80°C.
IIIB; IIIC	nicht leitfähiger Staub	Txx°C	
IIIC	leitfähiger Staub	Txx°C	

Kennzeichnung von Zündschutzarten

Zündschutz-art	druckfeste Kapselung	erhöhte Sicherheit	Eigen-sicherheit[1]	Überduck-Kapselung[2]	Verguss-Kapselung[1]
Kennzeichen	Ex da; db; dc	Ex eb; ec	Ex ia / Ex iaD	Ex pxb / Ex pxbD	Ex ma / Ex maD
Einsatz-Zone	0, 1, 2; 1,2; 2	1, 2; 2	0, 1, 2 / 20, 21, 22	1, 2 / 21, 22	0, 1, 2 / 20, 21, 21
Zündschutz-art	**Öl-Kapselung**	**Sand-Kapselung**	**nicht zündfähig (normal) n**	**Schutz durch Gehäuse**	
Kennzeichen	Ex ob; oc	Ex qb	Ex nC; nR	Ex ta; tb; tc	
Einsatz-Zone	1, 2; 2	1, 2	2; 2	20, 21, 22; 21, 22; 22	

[1] Einsatz-Zonen für Kennzeichen ib, mb → 1; 2 / 21; 22. Für Kennzeichen ic, mc → 2; 22. [2] auch pyb; pzc 2/22

Beispiel:

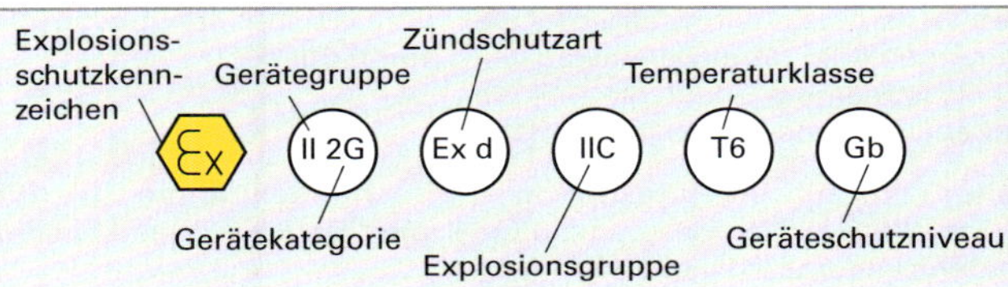

Erklärung:
- Gerätegruppe 2
- gelegentlich, selten vorhandene Gase, Nebel, Dämpfe
- druckfeste Kapselung
- Schwefelkohlenstoff
- Temperatur < 85 °C

12.7 Organisationsformen in Unternehmen
Organizational Forms for Companies

Organisationsform	Erklärung	Bemerkungen
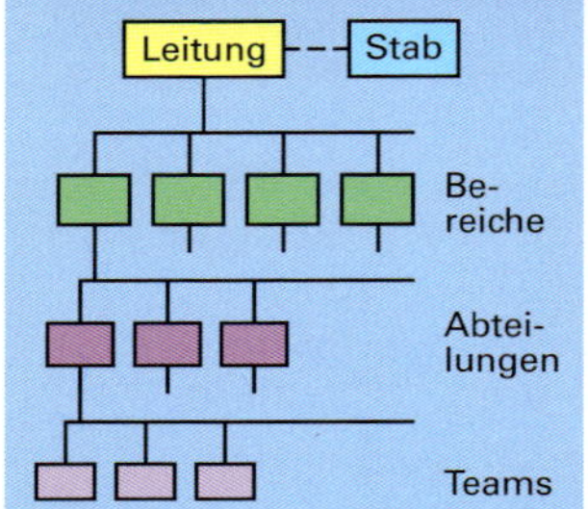 **Liniensystem**	Fachliche und personelle Weisungen gehen von oben nach unten von zentralen Stellen aus. Es liegt eine hierarchische Baumstruktur vor.	Geschäftsleitungen lassen sich in größeren Unternehmen meist von Experten, die als Stabsstellen fungieren, beraten.
	Das Unternehmen ist in Bereiche, Abteilungen und Teams gegliedert. Diese Untergliederung erfolgt nach Funktionen oder Prozessen.	Eine feinere Untergliederung ist zu vermeiden, da ein guter Informationsfluss einen kurzen Berichtsweg erfordert.
	Jeder Mitarbeiter erhält nur von seinem unmittelbaren Vorgesetzten Anweisungen. Das ausschließliche Liniensystem kommt selten vor.	Die Kompetenzen und Zuständigkeiten sind beim Liniensystem klar geregelt.
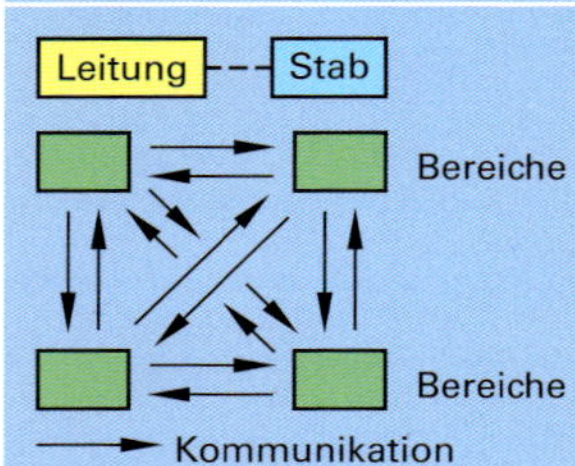 **Funktionssystem**	Beim Funktionssystem sind die Zuständigkeiten nach Funktionen oder Prozessen aufgeteilt. Die Bereichsleiter handeln selbstständig. Zwischen den Bereichen herrschen Kunden-Lieferanten-Beziehungen.	Die oberste Leitung (Leitungsteam) gibt nur Zielsetzungen aus und entscheidet in unternehmenswichtigen Fällen.
	Ein ausschließliches Funktionssystem wird nirgends angetroffen. Es wird nur auf der Bereichsleiterebene gelebt. Die unteren Leitungsebenen sind dagegen entsprechend dem Liniensystem organisiert.	Der Bereichsleiter einer Fertigung beschafft z. B. über den Bereich Informatik anhand seines genehmigten Budgets einen PC, ohne die oberste Leitung hierüber zu informieren.
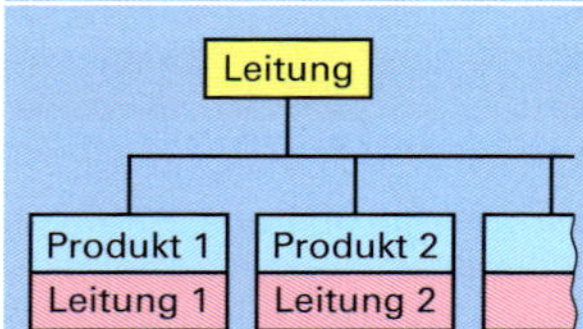 **Spartenssystem**	Beim Spartensystem unterstehen der obersten Leitung produktbezogene, eigenverantwortliche Geschäftsbereiche oder Geschäftsfelder.	Prinzipiell wird bei dieser Organisationsform auch von Unternehmen im Unternehmen gesprochen.
	Innerhalb einer Sparte kommt meist die Mischform aus Funktionssystem und Liniensystem vor.	Man kann das Spartensystem in einem Unternehmen mit einer Matrixorganisation kombinieren.
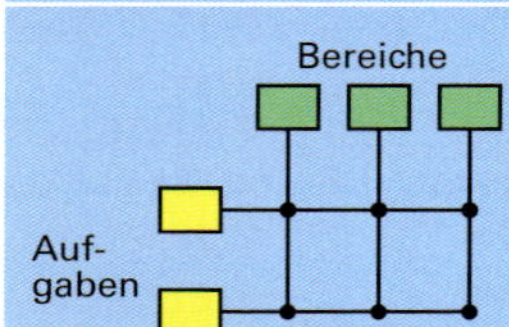 **Matrixorganisation**	Bei einer Matrixorganisation werden von einzelnen Personen oder auch von Bereichen sogenannte Querschnittsaufgaben für mehrere Bereiche wahrgenommen.	Gleiche Strategien können in unterschiedlichen Bereichen umgesetzt werden. Marketing-Strategien können z. B. von einer Personengruppe für mehrere Produktbereiche entwickelt werden.
	Die Matrixorganisation kommt nur in Verbindung mit einer der oben beschriebenen Organisationsformen vor.	Die Matrixorganisation zwingt zur Teamarbeit, da Entscheidungen und Weisungen in Abstimmung erfolgen müssen.
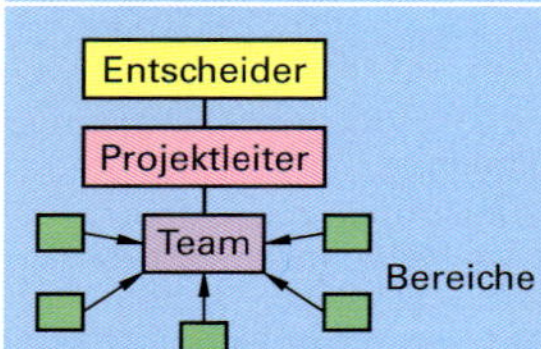 **Projektmanagement**	Diese Organisationsform kommt nur in Verbindung mit den oben beschriebenen Organisationsformen vor. Über Abteilungen oder Bereiche hinweg werden Projektteams gebildet, die eine vorgegebene Aufgabe umzusetzen haben.	Bei der Bildung von Projektteams ist zu beachten, dass gleiche Mitarbeiter nicht in zu vielen Projektteams mitwirken und somit überlastet werden.
	Geleitet wird ein Projektteam von einem Projektleiter, der meist an ein Entscheidergremium berichtet.	Nach Beendigung der Projektarbeit wird das Projektteam wieder aufgelöst.

12.8 Arbeiten im Team
Working in a Team

Begriff	Beschreibung	Bemerkungen
Team	Ein Team ist eine Gruppe von Personen mit dem Ziel, Aufgaben oder Probleme gemeinsam zu analysieren und zu lösen. Teamarbeit ist zum Bewältigen umfangreicher Aufgaben wegen fachlicher Gesichtspunkte sowie ggf. wegen der Akzeptanz der Ergebnisse notwendig. Ein Team benötigt einen Teamsprecher. In Projektteams ist dies der Projektleiter. Seine Aufgabe ist es, das Team zu leiten, zu motivieren und einen Teamgeist (Wir-Gefühl) zu erzeugen.	Bei Projektteams ist auf die richtige Zusammensetzung zu achten, z. B. dass das benötigte fachliche, technische und betriebswirtschaftliche Know-how für das zu lösende Thema vorhanden ist. Das Einbinden des Anwenders und das persönliche Miteinander bestimmt den Erfolg der Teamarbeit. In einer betrieblichen Organisation ist die Unterstützung eines Projektteams durch eine Führungskraft als Pate zweckmäßig.
Meeting	In Meetings (Besprechungen) treffen Personen zusammen, um das Lösen einer Aufgabe oder eines Problems zu besprechen. Auf einen geeigneten Raum mit notwendiger technischer Ausstattung, z. B. Beamer, Pinnwände, ist zu achten.	Ein Meeting erfordert eine Vorbereitung, einen Moderator und eine Agenda (Tagesordnung). Die Beteiligten sind anhand dieser frühzeitig zu informieren.
Agenda	Die Agenda (Tagesordnung) enthält die zu besprechenden Themen eines Meetings. Neben dem Ort und der Zeitdauer der Besprechung sind die vorgesehenen Zeitspannen für die einzelnen Themen sowie deren Verantwortliche in der Agenda niederzuschreiben.	Es ist Aufgabe des Einladenden zu einem Meeting, meist der Projektleiter, eine Agenda zu erstellen. Die Zeitspannen für die Themen müssen richtig bemessen sein. Die Verantwortlichen der zu behandelnden Themen sind frühzeitig zu informieren.
Protokoll	Im Protokoll sind die während des Meetings getroffenen Entscheidungen schriftlich festzuhalten. Es ist vom Protokollschreiber zu unterschreiben. Bei themenkritischen Besprechungen ist es von allen Besprechungsteilnehmern zu unterschreiben.	Zu Beginn eines Meetings muss der Protokollschreiber benannt werden. Im Protokoll sind Datum, Teilnehmer, Tagesordnungspunkte und getroffene Entscheidungen festzuhalten, ggf. auch Beiträge von den einzelnen Teilnehmern.
Moderator	Der Moderator ist der Organisator und Lenker eines Meetings. Dies muss nicht der Teamleiter oder Projektleiter sein.	Ein Moderator nimmt eine neutrale Position in der Meinung ein. Durch Fragestellungen muss er mit den Teilnehmern die Aufgabe erarbeiten.
Brainstorming	Brainstorming (engl. brainstorm = Geistesblitz) wird in Meetings angewandt, wenn zunächst nur Ideen gesammelt werden.	Die gesammelten Ideen sind nach Themen oder Abläufen (Prozessen) zu ordnen und daraus sind dann die weiteren Schritte abzuleiten.
Entscheidung	Entscheidungen müssen in Meetings getroffen werden. Deshalb ist zu Beginn eines Meetings das Ziel des Meetings den Teilnehmern mitzuteilen.	Getroffene Entscheidungen sind einzuhalten. Andernfalls sind die Gründe offen zu diskutieren. Dies darf allerdings nicht zu oft geschehen.
Konsens	Entscheidungen, die im Konsens der Teilnehmer (in Übereinstimmung) getroffen werden, sind von den Teilnehmern akzeptiert.	Die Fähigkeit, in strittigen Situationen Zugeständnisse und Abstriche in der Sache zu tätigen, ist eine Grundvoraussetzung für die Teamarbeit.
Abstimmung	Unter Abstimmen kann verstanden werden, eine akzeptierte Übereinkunft zu finden. Dies entspricht der Konsensfindung.	Entscheidungen, die aufgrund von Mehrheiten (Abstimmung) gefällt werden, können insbesondere bei den Anwendern von Projektergebnissen zum späteren Scheitern des Projekts führen.

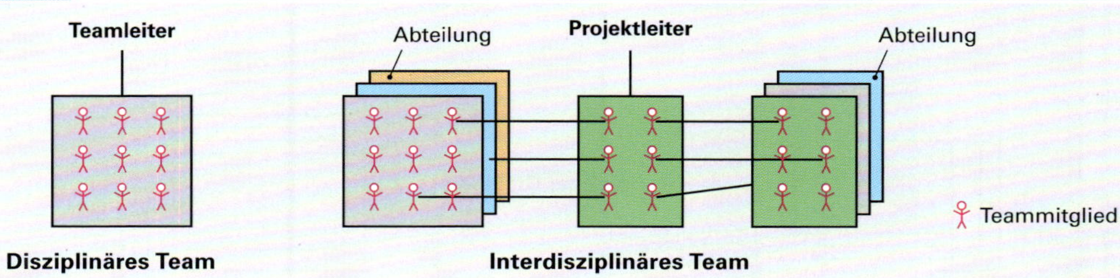

12.9 Präsentation durch Vortrag
Presentation by Discourse

Merkmal	Beschreibung	Bemerkungen
Vorbereitung	• Themenstellung klären. • Teilnehmergruppe klären: Anzahl und Niveau der Teilnehmer. • Ziel der Teilnehmer klären oder festlegen. • Dauer des Vortrages klären. • Technische Ausstattung des Vortragsraums klären. • Geeignetes Softwaretool für Erstellung von Bildern auswählen.	Das Niveau der Teilnehmer bestimmt die fachliche Tiefe des Vortrags im zur Verfügung stehenden Zeitrahmen. Wichtig ist, dass die Teilnehmer angesprochen werden. Die Teilnehmer müssen das Vorgetragene verstehen. Die Dauer des Vortrags legt bei einem Folienvortrag die Anzahl der Folien fest. Als grafisches Softwaretool wird oft Powerpoint verwendet.
Mediengerät	• LCD-Projektor oder DLP-Projektor (Beamer) für Präsentationen von PC-erzeugten Bildern, • Whiteboard (Digital Board). 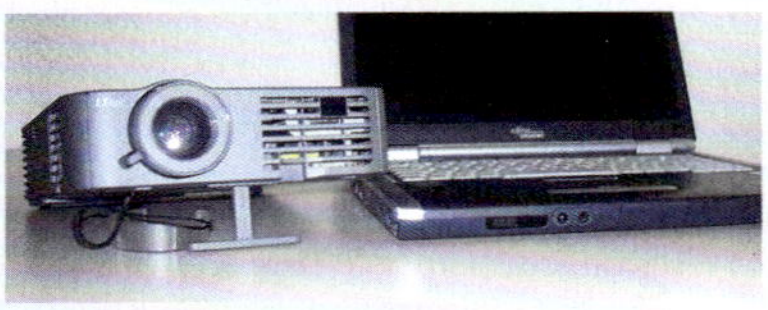 **DLP-Projektor mit Laptop-PC**	LCD von engl. Liquid Crystal Display DLP von engl. Digital Light Processing engl. beam = Strahl Technische Daten eines DLP-Projektors: • Lichtleistung 3300 lm, • Kontrastverhältnis: 2000:1 (Weiß/Schwarz), • Auflösung: 1280 × 800 Bildpunkte, • Helligkeitsverteilung: 80 % (Bildrand/Bildmitte), • Anschlüsse: USB, HDMI, DisplayPort, DVI-D, RS232, LAN, WLAN, • Gewicht: 2,8 kg. Leinwandabstand: 1 m bis 10 m
Vortragserstellung	• Eine an die Wand projizierte Bildseite (Chart, Folie, Slide) muss mindestens eine Minute stehen bleiben. • Schriftgrad (Schriftgröße) mindestens 16. • Möglichst nur sieben Schriftzeilen je Bildseite, Bildseite nicht überladen. • Diagramme und Tabellen nicht mit Zahlen überladen. • Jede Bildseite mit Bildseitenthema, einer Nummer und ggf. Firmenlogo versehen. • Alle Bildseiten ähnlich strukturieren. • Vortrag in Schwerpunkte gliedern. • Titelseite und Seite für Vortragsgliederung nicht vergessen. • Vortrag vorab laut vorsprechen, Zeit beachten.	Eine Bildseite muss vom Zuhörer in Ruhe gelesen werden können. Die Schriftgröße darf deshalb keinesfalls zu klein gewählt werden. Die Leistungsfähigkeit des Projektors sowie die Größe des Vortragsraums sind hier mitbestimmend. Als Schriftfarbe ist bei hellem Seitenhintergrund Schwarz am besten geeignet. Ein Seitenhintergrund mit Strukturen ist zu vermeiden. Zu viele Farben auf einer Bildseite verwirren. Beim Verwenden verschiedener Farben ist den Farben ein Sinn zuzuordnen. Bei Bildschirmanimationen (engl. animation = Bewegung) ist auf eine Beschränkung der bewegten Elemente zu achten.
Präsentation	• Kurze Zielangabe des Vortrags. • Nicht zu schnell sprechen. • Nicht zu viele Handbewegungen und Körperbewegungen vornehmen. • Bei der Wortwahl auf nicht allgemein bekannte Fremdworte, Fachausdrücke oder Abkürzungen verzichten. • Am Vortragsende eine kurze Zusammenfassung geben.	Der Vortragende darf keine Hektik verbreiten. In der Sprechweise ist dennoch eine gewisse Lebhaftigkeit gefordert. Zur Aufmunterung der Zuhörer kann auch einmal eine passende, kurze Anekdote erzählt werden. Zu witzig darf man nicht werden. Der Vortragende soll die Zuhörer während seines Vortrags anschauen. Auf geeignete Kleidung ist zu achten.

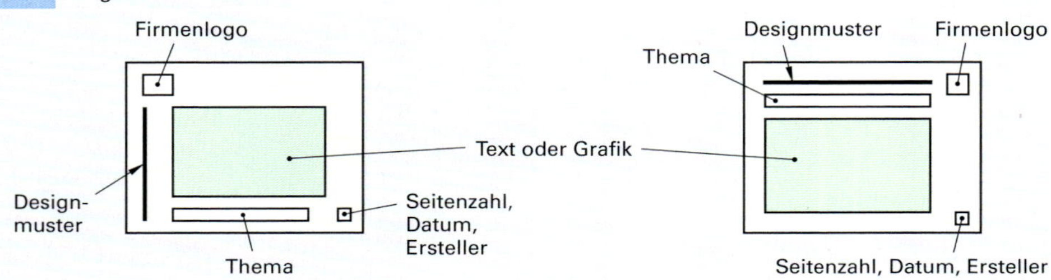

Mögliche Einteilung von Bildseiten

12.10 Ergänzungen zu erneuerbaren Energien
Supplements for renewable Energies

Art	Erklärung	Formeln, Bemerkungen

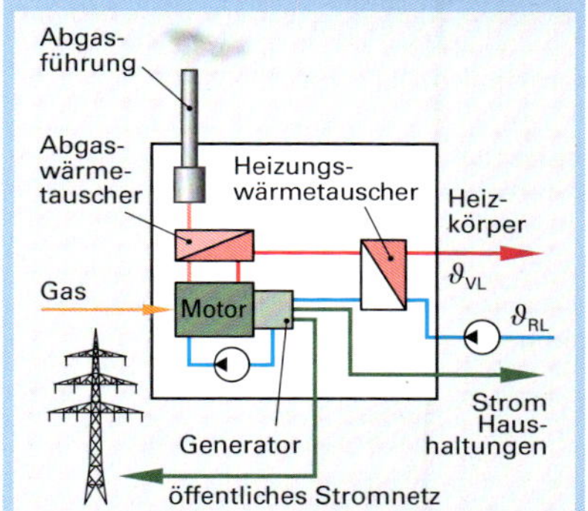

Blockheizkraftwerk BHKW
(Kraft-Wärme-Kopplung)

Energiegewinnung z.B. aus Erdöl, Erdgas, Kohle, Biomasse.

(Verbrennungs-)Motor treibt Generator an. Dieser erzeugt elektrische Energie, die dem öffentlichen Netz zugeführt wird oder bei Kleinanlagen den Haushaltungen. Die Abwärme des Motors (Abgas, gewärmtes Kühlwasser) wird über Wärmetauscher für Heizung und Warmwasser genutzt.

Große Anlagen z.B. $P_{el} = 50$ MW, kleine Anlagen ab $P_{el} \geq 2{,}5$ kW.

η_{el} 28% bis 47%,
η_{th} 34% bis 55%,
η_{ges} 85% bis 90%.
$\dot{V}$ Volumenstrom in m^3/s
ϑ_{VL}, ϑ_{RL} Vorlauf-, Rücklauftemperatur

Brennstoffleistung

$$P_B = \dot{V}_B \cdot \varrho_B \cdot H_l \quad (1)$$

Thermische Leistung

$$P_{th} = \dot{V}_W \cdot \varrho \cdot c(\vartheta_{VL} - \vartheta_{RL}) \quad (2)$$

Wirkungsgrad

$$\eta_{el} = \frac{P_{el}}{P_B} \quad (3) \qquad \eta_{th} = \frac{P_{th}}{P_B} \quad (4)$$

Stromkennzahl

$$S = P_{el}/P_{th} \quad (5)$$

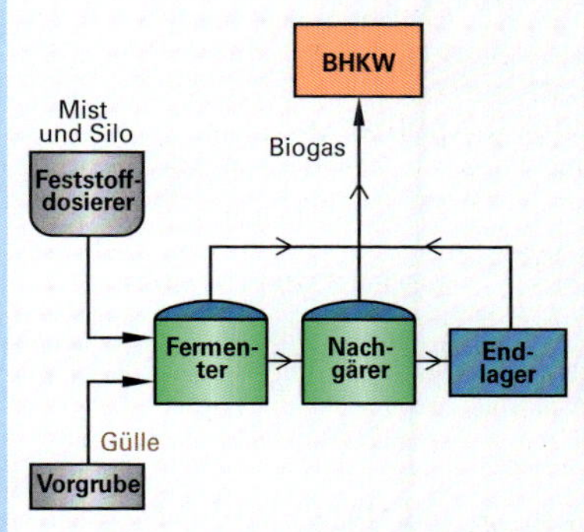

Biogasanlage

Gaserzeugung aus Biomasse, z.B. Mist, Gülle, pflanzliche Abfälle, Energiepflanzen (Mais) im Fermenter (Bioreaktor, Faulbehälter) durch:

- Hydrolyse (Enzyme spalten),
- Säurebildung, Essigsäurereaktion,
- Methanbildung.

Zu beachten Explosionsschutz, Brandschutz, Lüftung.

Die elektrische Energiegewinnung erfolgt mittels Kraft-Wärmekopplung über ein angeschlossenes Blockheizkraftwerk.

Große Anlagen z.B. $P_{el} = 10$ MW, kleine Anlagen ab $P_{el} \geq 30$ kW.

Elektrischer Energieertrag/Tag

$$W_{el} = V_{BG} \cdot C_M \cdot \eta_{elBW} \cdot 9{,}97 \text{ kWh/m}^3 \quad (6)$$

Überschlagswerte:

1 m^3 Biogas → 5 bis 7,5 kWh,
1 m^3 Biogas → 50% bis 75% Methangehalt,
1 m^3 Biogas → 0,6 l Heizöläquivalent,
1 m^3 Methan → 9,97 kWh.

Methankonzentration je nach Substraten: 53% bis 60% (0,53 bis 0,6).

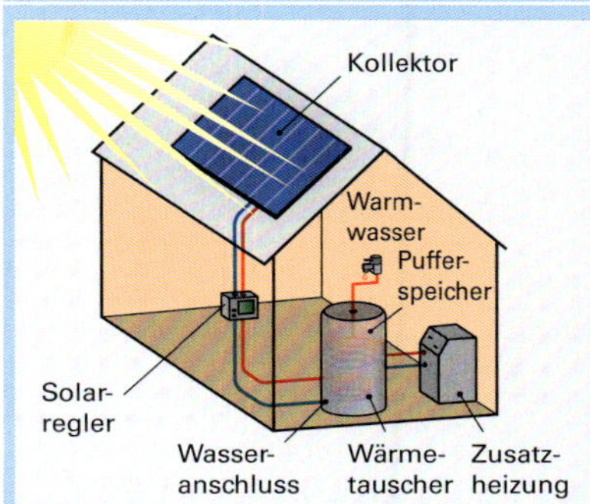

Solarthermie

Sonnenstrahlung wird mittels Solarkollektoren in Wärme umgewandelt. Als Wärmeträger dient Wasser zum Verbrauch und/oder zum Heizen.

Die eingestrahlte wirksame Solarenergie pro m^2 und Jahr (horizontal) beträgt in Deutschland 400 kWh/(m^2a). Der Solarenergieertrag ist abhängig von der Ausrichtung der Kollektoren.

Der solare Nutzungsgrad s_N ist das Verhältnis zwischen der Sonnenenergie, die auf die Solarthermiekollektoren trifft, und der letztendlich genutzten Wärme(-menge, -energie) Q.

Einfluss der Dachneigung auf den Solarertrag:

Ausrichtung	Flachdach	Dachneigung 45°	Hauswand
West	0%	−15%	−40%
Südwest	0%	+5%	−25%
Süd	0%	+10%	−20%
Südost	0%	+5%	−25%
Ost	0%	−15%	−40%

Solarenergieertrag/Jahr

$$Q = 400 \text{ kWh/(m}^2\text{a)} \cdot A_K \cdot s_N \quad (7)$$

A_K Kollektorfläche, C_M Konzentration Methan, c spez. Wärmekapazität Wärmeträger in kJ/(kg K), H_l Heizwert Brennstoff in kWh/kg oder kWh/m^3, V_{BG} Volumen Biogas in m^3/Tag, ϱ Dichte in kg/m^3. Indizes: B Brennstoff, BG Biogas, el elektrisch, th thermisch, ges gesamt, elBW elektrisch BHKW, W Wärmeträger

12.11 Normen
Standards

Art	Erklärung	Beispiel
Normbegriffe		
Norm	Eine Norm ist das veröffentlichte Ergebnis einer Normungsarbeit. Angabe Jahr und Monat nach einem Doppelpunkt, z.B. :2002-06.	DIN EN ISO 1302:2002-06
Entwurf	Vom Herausgeber der Norm zur Stellungnahme veröffentlichtes Ergebnis einer Normungsarbeit mit dem Hinweis, dass die Norm davon abweichen kann.	E DIN VDE 0100-570
Vornorm	Ergebnis einer Normungsarbeit im Rang zwischen Entwurf und Norm, die aber bei Bedarf später abweichen kann.	DIN VDE V 0664-420 (VDE V 0664-420)
Teil	Teil einer Norm, der als eigenes Druckwerk vom Herausgeber bezogen werden kann. Angabe des Teils nach -, z.B. -520.	DIN VDE 0100-520
Beiblatt	Ergänzung von meist mehreren Seiten zu einer Norm. Das Beiblatt kann als eigenes Druckwerk bezogen werden.	Beiblatt 1 zu DIN VDE 0100-520:2016-10
Anwendungs-leitfaden	Leitfaden zur Handhabung einer Norm, der als eigenes Druckwerk bezogen werden kann. Angabe nach dem Teil, z.B. 3-10.	DIN IEC 60300-3-10: 2004-04
Hauptabschnitt	Teil einer Norm, der als eigenes Druckwerk bezogen werden kann. Angabe nach dem Teil 3, z.B. -3-4.	DIN EN 60300-3-4:2008-06
Berichtigung	Änderung einer fehlerhaft herausgegebenen Norm, z.B. DIN EN 50678 Berichtigung 1:2021-12 zu DIN EN 50678:2021-02 oder VDE 0701 Berichtigung 1:2021-12 zu VDE 0701:2021-02.	DIN EN 50678 Berichtigung 1 VDE 0701 Berichtigung 1:2021-12
Arten der Normen nach Herausgeber		
DIN-Norm	Deutsche Norm, die vom Deutschen Institut für Normung (DIN) herausgegeben wird, meist mit weiteren Normungszusätzen.	DIN 18533
EN-Norm	Europäische Norm, herausgegeben von CEN (Communité Europeén de Normalisation), CENELEC oder ETSI.	EN 60300-1:2014
DIN-EN-Norm	Europäische Norm, deren Fassung den Status (Zustand) einer deutschen Norm erhalten hat. Herausgabe durch DIN.	DIN EN 60300-1:2015-01
IEC-Norm	Internationale Norm der International Electrotechnical Commission (IEC), vor allem aus dem Bereich Elektrotechnik.	IEC 60300-1:2014
DIN-IEC-Norm	Deutsche Norm, die fachlich unverändert aus der IEC-Norm übernommen ist, ohne dass letztere eine EN-Norm ist.	DIN IEC 60072-2
ISO-Norm	Internationale Norm der International Standardization Organization (ISO), Genf, vor allem aus dem Bereich Maschinenbau.	ISO 11929-1
DIN-ISO-Norm	ISO-Norm, die den Status einer DIN-Norm erhalten hat, ohne dass letztere eine EN-Norm ist.	DIN ISO 11929-1:2020-03
VDE-Bestimmung	Norm, erarbeitet vom Verband der Elektrotechnik Elektronik Informationstechnik (VDE), z.B. Teil 520, Juni 2023.	VDE 0100-520:2023-06
DIN-VDE-Norm	VDE-Bestimmung, welche den Status einer deutschen Norm erhalten hat.	DIN VDE 0100-520:2023-06
DIN-EN-Norm (VDE)	DIN-EN-Norm, die zugleich eine VDE-Bestimmung ist.	DIN EN 600204-1 (VDE 0113-1)
VDE-AR-N	VDE-Anwendungsregel für das Niederspannungsnetz. Vom VDE erarbeitete Arbeitsempfehlungen, beruhend auf VDE-Normen oder Normen mit VDE-Zuweisung.	VDE-AR-N 4105
VDI-Richtlinie	Empfehlungen des Vereins Deutscher Ingenieure (VDI), die noch nicht genormt sind.	VDI 2232:2004-01
DIN-EN-ISO	Deutsche Umsetzung einer EN-Norm, die einer ISO-Norm den Status einer EN-Norm gibt.	DIN EN ISO 4288:1998-04
OVE	Norm des Österreichischen Vereins für Elektrotechnik, Schreibweisen in Zusammensetzungen entsprechend VDE.	OVE EN 60445: 2018-03-01
UL ANSI, NEMA	Standard von Underwriters Laboratories Incorporated (ein US-amerikanisches Normeninstitut). Weitere Standards der USA.	UL 508A

Fachliches Englisch
Technical English

a.c. (alternating current) Wechselstrom
a.c. converter Wechselstromumrichter
a.c. voltage Wechselspannung
a.c.meter Wechselstromzähler
abandon, to abbrechen
abatement Abnahme
abbreviate, to (ab)kürzen
aberration Ablenkung
ability Fähigkeit
abort, to abbrechen
about etwa, über, ungefähr
abrade, to abschleifen
abrasion Abnutzung
abscissa Abszisse, x-Koordinate
absence Abwesenheit
absolute absolut
absolute maximum ratings Grenzdaten
absolute temperature scale Kelvin Skale
absorb, to absorbieren, auffangen
absorbed absorbiert
absorption Aufnahmevermögen
absorptive aufnahmefähig
abundance Häufigkeit
abuse Missbrauch
abut, to angrenzen
accelerate, to beschleunigen
acceleration Beschleunigung
accentuate, to hervorheben
accept, to annehmen, aufnehmen
acceptance Akzeptanz, Annehmbarkeit
acceptor Empfänger
access Anschluss, Zugriff
accident Störung, Unfall
account Rechnung, Berechnung
accumulation Anhäufung
accuracy Genauigkeit
accurate genau, richtig
achievable erreichbar
achieve, to erreichen
acid Säure
acidfree säurefrei
acidic sauer
acknowledge Anerkennung, Bestätigung
acquisition Erfassung, Erwerbung
across entlang, quer
active aktiv, Wirk-
active power Wirkleistung
actor Wirkungselement
actual aktuell
actuate, to auslösen, betätigen
adapt, to anpassen
adaption Anpassung, Lernfähigkeit
add, to addieren, hinzufügen
additional zusätzlich
address Adresse
advance, to fortschreiten, vorrücken
aerea Fläche, Bereich
aerea medical medizinischer Bereich
aerial Antenne
after nach (zeitlich)
again ferner, wieder
against gegen
age, to altern
aged gealtert
agenda Tagesordnung, Terminplaner
agent Mittel, Wirkstoff
aging Alterung
agitation Erschütterung
ago vor
agree, to übereinstimmen
agreement Abkommen
ahead voran
aim Ziel
air conditioning Klimatisierung
aircraft Flugzeug
alarm Warnung, Störungsmeldung
algorithm Algorithmus
align, to ausrichten, abgleichen
alloy Legierung
ambient temperature Umgebungstemperatur
ampacity Strombelastbarkeit
amperage Stromstärke in Ampere
ampere turns elektrische Durchflutung, Amperewindungen
amplifier Verstärker
ancient alt
angle Winkel
angular frequency Kreisfrequenz
anhydric wasserfrei
antenna Antenne
aperture Blende, Öffnung
apparatus Gerät
apparent offenbar, scheinbar
apparent power Scheinleistung
application Anwendung
approach Näherung
approach, to sich nähernd
approximation Näherung, näherungs...
approximative näherungsweise
arc Lichtbogen
area Fläche, Bereich
area medical medizinischer Bereich
arm's reach Handbereich
ascend, to ansteigen
at an, in, um, zu
attach, to anbringen, anschließen
attenuation Dämpfung
available verfügbar, gültig
avalanche Lawine
avoid, to vermeiden
AWG (American Wire Gauge) amerikanisches Drahtmaß

back zurück, Rück..., Rückseite
back bias Rückwärtsspannung
back cover Rückwand
back surface Rückseite
back up, to retten, sichern
back, to beistehen
backbiased in Rückwärtsrichtung vorgespannt
backbone Rückgrat
backing Unterstützung, Verstärkung
backup Datensicherung
backup, to ergänzen
balance, to abgleichen, ausgleichen
balk, to ausweichen, verhindern
ball Ball, Kugel
ball bearing Kugellager
balloone, to verbreitern, erweitern
bang Knall, lauter Schlag
bank Bank, Anordnung, Gruppe
bar Balken, Querstreifen
bare nackt, bar
bare, to entblößen
barrage Sperre
barred gesperrt
barrier Abdeckung
barring Sperre
base Sockel, Grund-
basic grundlegend, Grund...
basic insulation Basisisolierung
basic protection Basisschutz
basket Korb
bat Druckwelle
batch Stapel
batch, to abzählen
bathroom Bad
bathtube Badewanne
battery Akkumulator, Batterie
bay Rahmen, Gestell
bayonet nut connector BNC-Stecker (Bajonett-Stecker mit Überwurfmutter)
be, to sein
beam Strahl, Strahlenbündel
bear, to tragen
beat, to schlagen
because weil
bed Bett, Grundplatte
before bevor
behaviour Verhalten, Benehmen
bell Glocke, Haube
belong, to gehören
bench Bank, Werkbank
benchmark Bezugspunkt
bend Bogen, Biegung
beneath unterhalb, tiefer
between dazwischen
bias, to vorspannen, vormagnetisieren
big groß
binary binär, dual
binary code Binärcode
binary input Binäreingang
bitrate Bitrate
black schwarz
blackout Ausfall
bladder Blase
blade Blatt
blank leer, bloß
blink, to blinken
block diagram Blockschaltplan, Übersichtsschaltplan
blower Lüfter
blue blau
board Brett, Platine
body Hauptteil, Körper
bolt Bolzen, Stift
bond Kontaktierung, Verbindung

bonding Verbinden
book Buch
Boolean algebra boolesche Algebra
boost, to anheben, verstärken
boot, to laden, stoßen, nützen
bootless nutzlos
bore Bohrung, Bohrloch
both beide
bottom Boden, Grund-
bound Grenze, Grenzgebiet
boundary Grenzschicht, Trennungslinie
bow, to durchbiegen
bracket Klammer
brain Gehirn
brainstorming Anstrengen des Gehirns, Nachdenken
brake Bremse
brake, to bremsen
branch Zweig
branch box Abzweigdose
branch, to verzweigen
branchpoint Verzweigungspunkt, Knoten
braze, to hartlöten
brazing solders Hartlote
breakdown Durchbruch
breake, to brechen, unterbrechen
breaking Abschaltung
breakpoint Haltepunkt
breakthrough Durchbruch
bridge Brücke
bridge, to überbrücken
brightness Leuchtdichte
broadcast, to senden
brown braun
browse, to blättern
brush Bürste
bubble Blase
buffer Puffer
buffered gepuffert
build, to bauen
building brick Baustein
built-in eingebaut
built-in set Einbausatz
bulb Kolben, Glühbirne
bulk kompakt, massiv, Ladung, Masse
bunch, to bündeln
burden Belastung, Last
burn, to (ein)brennen
burner Brenner
burst Stoß, Impuls
bush Buchse, Hülse
busy besetzt, geschäftig
button Knopf, Taste, Schaltfläche
buzzer Summer, Sirene
bypass, to überbrücken

Cabinet Gehäuse, Schrank
cable Kabel, Leitung
calculate, to berechnen
calibrate, to abgleichen, kalibrieren
caliper Maß (Lehre)
call, to rufen, anrufen
caller Rufer
camouflage Tarnung, Täuschung
canal Kanal
cancel, to abbrechen
cancer Krebs
capacitance Kapazität
capacitor Kondensator
capture, to abtasten
carbon Kohle, Kohlenstoff
careful sorgfältig, vorsichtig
carriage Vorschub
carrier Träger
carry, to tragen, leiten
Cartesian coordinates kartesische Koordinaten
cartridge Kassette
case Fall, Angelegenheit, Gehäuse
cash bares Geld
cast iron Gusseisen
catalytic converter Katalysator
cause Grund
cell Zelle
chain Kette
chamber Kammer
change, to umwandeln
channel Kanal
characteristic Kennziffer, Kennlinie
charakter Buchstabe, Zeichen, Symbol
charge elektrische Ladung
charging technique Ladetechnik
check Prüfung, Test
chip Halbleiterplättchen
chlorine Chlor
choke Luftklappe, Drosselspule
choose, to wählen
chop, to zerhacken
chopper Zerhacker
chord Sehne (Mathe.)
circuit Stromkreis, Kreis
circuit breaker Sicherung
circuit diagram Schaltplan
circular kreisförmig
clamp Klammer
clean rein, fremdspannungsfrei, sauber
cleaning Reinigung
clear, to klären
clearance Freiraum, Rodung
client Kunde, untergeordneter Computer
clip Klemme, Klammer
clock Takt
close dicht, lückenlos
closed loop Regelkreis
cloud Wolke, Internet
cluster Anhäufung, Bündel
clutch Kupplung
coat, to beschichten
code Kennzahl, Schlüssel
code converter Code-Umsetzer
code letter Kennbuchstabe
code, to codieren, verschlüsseln
coefficient Koeffizient
coil Spule
coin Münze
coincide, to zusammenfallen
cold Kälte, kalt, stromlos
cold line stromlose Leitung
collapse, to zusammenbrechen
collect, to sammeln
collimate, to einstellen, justieren
color identification Farbkennzeichnung
colorimeter Farbmessgerät
commissioner Beauftragter
common gemeinsam
commutate, to umpolen, vertauschen
commutation Kommutierung
company Firma, Unternehmen
comparison Vergleich
compatibility Verträglichkeit, Kompatabilität
compile, to zusammensetzen
component Bestandteil, Bauteil, Bauelement
compose, to zusammensetzen
compound Mischung, Verbindung
compound, to verbinden
computation Berechnung, Verarbeitung
computer-controlled computergesteuert
concealed verdeckt, verborgen
concurrence Parallelbetrieb
condition Bedingung
conduct, to leiten
conductor Leiter
cone Kegel
configuration Anordnung
connect, to verbinden
connection diagram Anschlussplan
connector Verbinder
connector plug Stecker
console Bedienplatz
constituent Bestandteil, Komponente
construction types Bauformen
consultation Rücksprache, Beratung
contact protection Berührungsschutz
contactless kontaktlos
container Behälter
contamination Verunreinigung
content Inhalt, Rauminhalt
continue, to fortfahren
continuous duty Dauerbetrieb
contour Form, Umriss
contract, to zusammenziehen
control Steuerung, Regelung (Vorgang)
control, to steuern, regeln
controlgear Steuergerät
controlled gesteuert
controller Steuerung, Regelung (Gerät)
converter Umsetzer, Umrichter
copy, to kopieren
cosine Cosinus
contactor Schütz
counter Zähler
couple, to koppeln, umschalten
coupling Kupplung
cover Abdeckung
cover, to abdecken
create, to erzeugen
crest Kuppe, Maximum
crimp, to quetschen
cross section Querschnitt
crossing Kreuzung
current Strom, elektrischer Strom
current booster Stromverstärker
curve Kurve, Biegung
customer Kunde, Anwender
customize, to anpassen
cut, to abschneiden, trennen

d.c. (direct current) Gleichstrom
damage, to beschädigen, zerstören
damp, to abschwächen, dämpfen
danger Gefahr
dangerous gefährlich
dark dunkel
dash Stoß, Strich, Linie
data Daten, Angaben
data logger Datenerfassungsgerät
database Datenbank, Datenbestand
date Datum, Termin
dead tot, stromlos
dead short vollständiger Kurzschluss
death Tod
debug, to entwanzen, bereinigen
decay, to abfallen, zerfallen
decelerate, to (sich) verlangsamen
decide, to (sich) entscheiden
decimal dezimal
declination Abweichung
decode, to decodieren, entschlüseln
decontaminate, to Entgiftung, Entkontamination
decoupling Entkopplung
decrease, to verringern, abnehmen
decrement Abnahme
default Voreinstellung, Nichterfüllung
defrosting transformer Auftautransformator
degree Grad, Rang, Stufe
delay Laufzeit, Verzögerung
delay, to aufschieben, verzögern
delete, to zerstören, löschen
deletion Löschung
deliver, to abgeben, ausliefern
delivery Lieferung
demount, to abbauen
density Dichte
dependence Abhängigkeit
dependent on abhängig von
deplete, to ausräumen, entleeren
deployment Aufstellung, Verteilung
deposit Pfand
depress, to drücken
depth Tiefe
derating Lastminderung, Unterbelastung
design Entwurf
desk Pult, Tisch
desolder, to auslöten
despose of, to entsorgen
destination address Zieladresse
detail Einzelheit
determine, to entscheiden
development Entwicklung
deviation Abweichung, Neigung
device Bauelement, Baustein, Gerät
diagram Diagramm, Plan
dial, to wählen, auswählen
difference Differenz, Unterschied
difficult schwierig
digit Ziffer, Zeichen
digital control digitale Regelung
digital memory digitaler Speicher
digitize, to digital darstellen
dimension Abmessung
dip, to eintauchen
directory Verzeichnis
dirt Schmutz, Verschmutzung
disabling Abschaltung
disc (USA) Platte, Scheibe
discharge Entladung
disconnector Abschaltautomat
discrete einzeln, getrennt
disengage, to befreien, frei machen
disk (engl.) Platte, Scheibe
displacement Entfernung, Verlagerung
display Bildschirm, Anzeige
disposal site Deponie
dissipation Verbrauch, Verlust
distance Abstand, Distanz
distant entfernt
disturbance Störung
diversion Ablenkung
divide, to teilen, einteilen
domain Bereich, Gebiet
dominate, to dominieren, vorherrschen
dominating dominierend
doped dotiert
dot Punkt
dot, to koppeln, logisch verknüpfen
dotted line punktierte Linie
double doppelt, Doppel-
down abwärts, unten, nach unten
download, to herunterladen
downsized klein gebaut
downtime Stillstandszeit
drain Senke
draw, to zeichnen, ziehen, entnehmen
drawing Zeichnung, Plan
drift, to abweichen, verschieben
drill, to bohren
drilled hole Bohrung, Bohrloch
drive Antrieb, Laufwerk
drive, to antreiben
driver Treiber
drop-out Abfall, Ausfall
dry trocken, stromlos
dual zweifach
dummy Atrappe, Blind-
dye Farbe

earth Erde, Masse
earth electrode Erder
earth fault Erdschluss
earthing conductor Erdungsleiter
easy leicht
ecology Ökologie
edge Kante, Flanke
edge connector Steckerleiste
edit, to aufbereiten, überarbeiten
edition Ausgabe
editor Text-Aufbereitungsprogramm
educate, to erziehen, ausbilden
effect Wirkung, Ergebnis
effect, to ausführen, bewirken
effective tatsächlich, Wirk-
efficiency Wirkungsgrad, Leistungsfähigkeit
ejector Auswerfer
electric elektrisch
electric current elektrischer Strom
electric shock elektrischer Schlag
electric source Stromquelle
electrical elektrisch (adverbial)
electrical angle Phasenwinkel
electrochemistry Elektrochemie
electrode Elektrode (Stromeintrittstelle und Stromaustrittstelle)
electron beam Elektronenstrahl
electronic control elektronische Regelung
embed, to einbetten, umgeben
emergency Notfall, Not...
emergency stop Not-Halt
enable Freigabe
enclosure Umhüllung
encoder Codierer
engage, to einschalten, kuppeln
engine Maschine, Motor
engineering Technik
enhancement Anreicherung
entry Eingabe, Eingabegerät
environment Umgebung, Umwelt
equation Gleichung
equipment Apparatur, Gerät
equipotential bonding Potenzialausgleich
erase, to löschen
erect, to aufbauen, errichten
erection Aufbau, Errichtung, Montage
erratic plötzlich
error Fehler, Irrtum
error rate Fehlerrate
escape, to fliehen, entkommen
estimate, to abschätzen, schätzen
estimation Abschätzung
etch, to ätzen
evaluation Auswertung, Bewertung
evaporation Aufdampfung, Verdampfen
evenness Ebenheit
examine, to prüfen, untersuchen
exchange, to austauschen
excite, to erregen
excitement Erregung
exclude, to ausschließen
executive Leitprogramm, Leitender
exert, to anwenden
exit Ausgang
exit, to verlassen, austreten
expand, to erweitern, ausdehnen
expect, to erwarten
experience Erfahrung
experienced erprobt
explodable explosionsfähig, explodierbar
expression Ausdruck
extended ausgedehnt
extension Erweiterung
extension lead Verlängerungskabel
external außen
extraneous voltage Fremdspannung
extremal position Endlage
eye Auge

face Stirnseite, Vorderseite
faceplate Frontplatte
factory Fabrik, Werk
fade, to schwächer werden
fail Störung
failure Fehler, Ausfall
fall time Abfallzeit
fall, to fallen, abfallen
fan Fächer, Lüfter
fan in Eingangslastfaktor

fast schnell
fatality Ausfall, Versagen
fatigue, to ermüden (Werkstoffe)
fault Fehler, Störung
fault current Fehlerstrom
fault protection Fehlerschutz
fault voltage Fehlerspannung
feature Eigenschaft, Merkmal
feed, to füttern, speisen
feedback Rückkopplung
fertilizer Dünger
fetch Abruf
fiber Glasfaser, Lichtleitfaser
fiber optics Technik der Lichtwellenleiter
field Feld
field line Feldlinie
field pattern Feldlinien-Verlauf
field strength Feldstärke
field winding Erregerwicklung
file Datei
fire alarm annunciator Brandmelder
fire prevention Brandverhütung
flag Flagge, Kennzeichen
flash Blitz
flashlight Blitzlicht, Taschenlampe
flat modul flache Baugruppe
flicker, to flackern
floating fließend, erdfrei, potenzialfrei
floor heating Fußbodenheizung
floppy schlaff
fluid Flüssigkeit
fluorescent lamp Glimmlampe, Leuchtstofflampe
flux density Flussdichte
foam Schaumstoff
foot Fuß, Basis, Ende
forbidden verboten
force Kraft
formatted formatiert, formatgebunden
formula Formel
forward bias Vorwärtsspannung
forward direction Durchlassrichtung
frame Rahmen
frequency Frequenz, Häufigkeit
friction Reibung
front panel Frontplatte
fuel Kraftstoff
fuel cell Brennstoffzelle
fumes Abgase
function Betriebsweise, Funktions...
furnish, to ausrüsten
fuse Sicherung, Schmelzsicherung
fuse switch Überstrom-Schutzschalter
fusible leicht schmelzbar
fusible link abschmelzbare Verbindung
fuzzy unklar, unscharf

gain Verstärkung
gamble Glücksspiel
gap Lücke, Abstand
gas Benzin (USA), Gas
gate Gitter, Tor
gate current Steuerstrom
gate voltage Steuerspannung
gate, to auslösen, durchlassen
gauge Maß, Drahtmaß
gauge, to messen, kalibrieren
gear motor Getriebemotor
general allgemein
general purpose Allzweck-, Mehrzweck-
generate, to erzeugen
generating plant Elektrizitätswerk
get, to bekommen, haben, werden
giant Riesen-, Höchst-
gift Geschenk
glass Glas
glaze, to polieren, verglasen
glitch kurzzeitiger Störimpuls
goods Güter, Waren
green grün
greenhouse effect Treibhauseffekt
grey grau
grid Gitter, Versorgungsnetz
grind, to schleifen
grip Griff
groove Kerbe, Nut, Rille
grooved pin Kerbstift
ground (USA) Erde
ground, to erden
grounding Erdung
group Gruppe
group hunting line Sammelleitung
guide Anleitung, Handbuch
guideline Richtlinie
gun Kanone, Strahlsystem

halogen bulb Halogenlampe
hand-held equipment Handgerät
handle Griff
handle, to arbeiten, ausführen
handling Bearbeitung
handshake Händeschütteln
hang, to aufhängen, blockieren
harddisk Festplatte
harm Schaden
harmonics Oberschwingungen, harmonische
hash Gehacktes, Mischmasch
hazardous gefährlich
hazardous live part gefährliches aktives Teil
hazardous material Gefahrstoff
head Kopf
header Nachrichtenkopf, Überschrift
health Gesundheit
hear, to hören
heart Herz
heart pacer Herzschrittmacher
heat Hitze, Wärme
heat conduction Wärmeleitung
heat engine Wärmekraftmaschine
heat reservoir Wärmespeicher
heat sink Kühlkörper
heavy metal Schwermetall
hidden verborgen, versteckt
high frequency Hochfrequenz
high quality hochwertig
high-speed steel Schnellarbeitsstahl
hint Hinweis
history Geschichte, Protokoll
hole Loch, Lücke
home Grundstellung, Heim
hosed cable Schlauchleitung
host Wirt, Hauptcomputer
host computer übergeordneter Computer
hostile feindlich, unwirtlich
hot heiß, nicht geerdet
hot line 1. Spannung führende Leitung, 2. Direktverbindung
hour Stunde
housing Gehäuse
hub Speichenrad, Sternkoppler
hum, to brummen

ice Eis
icon (kleines) Bild
identification Bezeichnung
identify, to bestimmen, nachweisen
idle in Ruhe, spannungslos, leerlaufend, zwecklos
idle condition Ruhezustand
idle current Ruhestrom
idle interval stromlose Dauer
idle power Blindleistung
idle, to in Ruhe versetzen
idling Leerlauf
illuminance Beleuchtungsstärke
image Bild, Abbild
image sensor Bildabtaster
imbalance Unsymmetrie
immediate unmittelbar
immobile unbeweglich
immune unempfindlich, immun
impact, to stoßen
impedance Scheinwiderstand, impedanz
implant, to einpflanzen
implement Arbeitsgerät, Zubehör
in phase gleichphasig
inaccuracy Ungenauiglelt
inch Zoll (25,4 mm)
inching kurzes Einschalten
incident Störung
inclusion Einbau, Einschluss
increment Zunahme
independent earth electrode unabhängiger Erder
index Stichwortverzeichnis
inductor Induktionsspule, Drosselspule
inert träge
inertness Reaktionsträgheit
infeed Einspeisung, Zuführung
inflammable site feuergefährdete Betriebsstätte
inherent feedback innere Rückkopplung
inhibit Sperr...
inhibit, to blockieren, hemmen
initiate, to auslösen, beginnen
injure, to beschädigen
inlet Eingang, Eingangs-
input Eingang
input unit Eingabegerät
input voltage Eingangsspannung
input, to eingeben
instant value Augenblickswert
insulance Isolationswiderstand
insulant Isolierstoff
insulate, to isolieren, dämmen
insulate, to dämmen, isolieren
insulation test Isolationsprüfung
integrate, to einbauen, integrieren
intensity Helligkeit, Strahlstärke
inter zwischen
interchange Austausch, Wechsel-
interface Anpassungsschaltung, Schnittstelle

interface, to anschließen, verbinden
interference Störung, Einmischung
interrupt Unterbrechung
intrinsic wirklich, eigenleitend
intrude, to aufschalten
invalid ungültig
invert, to umkehren, invertieren
inverting input invertierender Eingang
iron Eisen, Lötkolben
isolate, to trennen, entriegeln

jack Buchse, Steckdose
jitter (das) Flimmern
jitter, to zittern, flattern
job management Auftragsverwaltung
jogging Tastbetrieb, Tippen
join Verbindung, Übergang
join, to verbinden, vereinigen
jump, to springen, verzweigen
jumper Überbrückungsstecker
junction Anschluss, PN-Übergang

kernel Hauptsache, innerster Kern
key Schlüssel, Taste
keyboard Tastatur
knob Knopf, Drehknopf
knock, to anklopfen
know-how Fachwissen

label Kennzeichen, Etikett
label, to kennzeichnen, markieren
lag, to nacheilen
land Land, Leiterbahn, Kontaktfleck
landfill Mülldeponie
language Sprache
large weit, umfangreich
latent gebunden
lattice (Kristall-)Gitter
law Gesetz
lay Dralllänge einer Leitung
layer Lage, Schicht
lead 1. Blei, 2. Anschlussdraht
lead voltage drop Spannungsfall
lead, to leiten, ableiten, voreilen
leading führend
leakage current Ableitstrom
least geringst, kleinst
length Länge
letter symbol Formelzeichen
level Ebene , Niveau
library Bücherei, Bibliothek
light emitting diode Leuchtdiode, LED
lighting Beleuchtung
lightning protection Blitzschutz
limit Grenze, Grenzwert
limitation Begrenzung
line Linie, Leitung
line adapter Leitungsanschluss
link Bindeglied, Schmelzeinsatz
link, to verbinden, verknüpfen
liquid crystal device Flüssigkristall-anzeige
liquids Flüssigkeiten
list Liste, Tabelle
list, to auflisten
listener Nachrichtenaufnehmer
live part aktiver Teil
load Last, Lastwiderstand
load cell Kraftmessdose
load, to laden
local lokal, örtlich
location Standort
lock, to einrasten
locking rastend
locking button rastende Taste
logic circuit Logikschaltkreis
longword Langwort (32 Bits)
loop Schleife
loss Verlust, Dämpfung
loss factor Verlustfaktor
LPZ (lightning protection zone) Blitzschutzzone
luminance Leuchtdichte
luminous intensity Lichtstärke

machine Anlage, Maschine, Computer
macro Unterprogramm
magnetdiode Magnetdiode
magnetic flux density magnetische Flussdichte
mail Post
main hauptsächlich, Versorgungs-leitungnetz
mainframe Grundgerät, Haupt-computer
mains Versorgungsnetz
mains failure Netzausfall
maintenance Wartung, Instanthaltung
management Verwaltung, Leitung
manipulation Betätigung
manual händisch, manuell, Handbuch
manually von Hand (Adverb)
mark Marke, Zeichen
master Meister, Hauptgerät
mean Mittelwert
measure Maß
measurement Messung, Maß
measuring point Prüfpunkt
melt, to schmelzen
memory Gedächtnis, Speicher
message Nachricht, Meldung
messenger Bote
metal coat Metallüberzug
meter Messgerät
micro .. Kleinst..., Mikro...
mill Fabrik
mill, to fräsen
milling Fräsen
mind, to beachten
minutes Protokoll
mobile beweglich, ortsveränderlich
mode Art, Betriebsart
modification Änderung
module Modul, Baugruppe
moisture Feuchtigkeit
monitor 1. Bildschirmgerät, 2. Prüf-programm, 3. Prüfgerät
monitor, to abhorchen, kontrollieren
monitoring system Überwachungs-system
mounting Aufbau, Montage
move, to bewegen, übertragen
multiaccess Mehrfachzugriff
multiple vielfach
multiple access Vielfachzugriff
multiplex, to bündeln (von Kanälen), Arbeiten im Multiplexbetrieb
multiply vielfach
multiply, to multiplizieren
multitag Mehrfachkennzeichnung
multitasking Mehrprozess-verarbeitung
multplier Multiplizierer
mush Störung
mute, to dämpfen
mutual gegenseitig

nail Nagel
narrow schmal
natural resource Rohstoff
need, to brauchen, benötigen
needle Nadel, Zeiger
network Netzwerk, Netz
neutral Mittelleiter, Neutralleiter
noise Lärm, Geräusch, Rauschen
noise immunity Störfestigkeit
noise value Rauschfaktor
nominal voltage Nennspannung, Bemessungsspannung
nonvolatile nichtflüchtig
notation Schreibweise, Darstellungs-weise
notch Einschnitt, Kerbe
novel neuartig
number Nummer
nut Schraubenmutter, Nut

occupy, to belegen, besetzen
off abgeschaltet
office Büro
off-line nicht an Netz angeschlossen
ohmic drop Spannungsfall
on eingeschaltet
one wave rectifier Einweggleich-richter
one-cycle multivibrator monostabile Kippschaltung
one-way circuit Einwegschaltung
on-line an Netz angeschlossen
open offen
open circuit Leerlauf
operate, to bedienen, betätigen
operating instruction Betriebs-anleitung
operating mode Betriebsart
operating system Betriebssystem
operational amplifier Operations-verstärker
opposite entgegengesetzt
optical optisch
optical conductor Lichtwellenleiter
ordinary gewöhnlich, normal
origin Ausgangspunkt, Nullpunkt
oscillation Schwingung
oscillator circuit Schwingkreis
out aus, heraus
output Abgabe, Ausbeute, Ausgang
output amplifier Ausgangsverstärker
output voltage Ausgangsspannung
output, to abgeben
over über
overcurrent Überstrom
overflow Überlauf
overhead line Freileitung

overload Überlast
overview Überblick, Übersichtsplan
overvoltage Überspannung
ozone layer Ozonschicht

pack, to bestücken, verdichten
package Pack, Verpackung, Zusammenstellung
pad Polster
page Seite
paint, to malen, aufbringen
pair (Werte-)Paar
panel Feld, Platte
paper Papier
paper jam Papierstau
parallel operation Parallelbetrieb
parallel, to parallel schalten
parity Gleichheit
parity checker Paritätsprüfer
parser Analysesystem
part Teil, Bauteil
partial teilweise
partially teilweise (adverbial)
password Kennwort
paste, to einfügen, einkleben
patch cord Verbindungsschnur
patch, to einfügen, flicken, zusammenschalten
path Pfad, Weg
path time diagram Weg-Zeit-Diagramm
pattering Strukturierung
pattern Charakteristik, Struktur
pause, to unterbrechen, warten
pay, to bezahlen
peak Spitze, Maximum
peak value Höchstwert
peak-to-peak Spitze zu Spitze
penetrate, to durchdringen, eindringen
people Leute, Volk
performance Leistungsfähigkeit, Güte
period Zeitraum
periodic duty Aussetzbetrieb
periodic operation periodischer Betrieb
permanent magnet Dauermagnet
permeability Permeabilität, magnetische Durchlässigkeit
phase control Phasensteuerung
phase fired control Anschnittsteuerung
phase locked loop Phasenregelkreis
photomultiplier Fotovervielfacher
photoprinter Fotokopiergerät
pin Stift
pink rosa
pipe Rohr, Röhre
place Platz, Ort
place of fulfillment Erfüllungsort
plant Anlage, Fabrik
plate Platte, Elektrode
playback Wiedergabe
plot, to grafisch darstellen
plug Verbindungsstecker
plug connector Steckverbinder
plug, to stecken, stöpseln
plugged gesteckt
plug-in board (große) Steckkarte
plug-in jumper Steckbrücke
point Punkt
point charge Punktladung
poison Gift
poll, to abfragen, abrufen
pollutant Schadstoff
pollution Verunreinigung
port 1. Ein-Ausgabe-Baustein, 2. Kanal
port, to übertragen
portable tragbar
position Lage, Stellung
positive slope ansteigende Flanke
powder Staub
power Arbeit, Kraft, Leistung
power booster Leistungsverstärker
power cable Netzkabel
power electronics Leistungselektronik
power factor Leistungsfaktor
power frequency Netzfrequenz
power lead Netzleitung
power outage Netzausfall
power pack Netzteil
power plant Starkstromanlage
power stage Leistungsstufe
power station Kraftwerk
power supply Stromversorgung
prealign, to voreinstellen
preamplifier Vorverstärker
precaution Warnung, Richtlinie
preceding vorhergehend
precision Genauigkeit
predominant vorherrschend
prefetching Vorab-Abruf
prescribe, to vorschreiben
preset, to voreinstellen
press, to drücken, pressen
pressure Druck, mechanische Spannung
prevalent allgemein, verbreitet
prevent, to verhindern
primary cell galvanisches Element, Primärelement
prime, to ausrüsten
print, to drucken
printer Drucker
printout Ausdruck
private network privates Netz
probe Messfühler, Sensor
probe, to mit Prüfspitze abtasten
process Fertigung, Prozess, Verfahren
profit Gewinn
profound gründlich
program abort Programmabbruch
prompt Aufforderungszeichen
protect, to schützen
protection Schutz, Absicherung
protective schützend
provide, to abgeben, versorgen
provider Versorger
pull, to ziehen
pulsatance Kreisfrequenz
pulse Impuls, Puls, Stoß
pulse edge Impulsflanke
pulse number Pulszahl
pulse operation Pulsbetrieb
pump Pumpe

quality group Gütegruppe
quench Funkenlöschung
query Fragezeichen, Abfrage
queue Warteschlange
quick schnell
quick fuse schnelle Sicherung
quicksort schnelle Sortierung
quiet ruhig, gedämpft
quit, to verlassen

rack Einschub, Gestell
radiation Strahlung
radiation dosage Strahlungsdosis
radio bearing Funkpeilung
radio interference suppression Funkentstörung
radio technology Rundfunktechnik
random zufällig, regellos
range Bereich
rate Rate, Tarif
rated current Nennstrom, Bemessungsstrom
rated power Bemessungsleistung
rating plate Leistungsschild
ratings Betriebsdaten
raw material Rohstoff
RCD (residual current protective device) Fehlerstrom-Schutzeinrichtung
reactance Blindwiderstand
reaction rate Reaktionsgeschwindigkeit
reactive Blind...
reactive factor Blindfaktor
reactor Drosselspule
read, to lesen
rear hinterer Teil, Rück...
rear, to aufziehen, erheben
reason Grund
recall Rückruf
recall, to abrufen (Daten), zurückrufen
receive, to aufnehmen, empfangen
receiver Empfänger
recharge device Ladegerät
recharge, to wiederaufladen
rechargeable wiederaufladbar
recognize, to erkennen
recombination Wiedervereinigung
record, to aufzeichnen
recovery Rückgewinnung
rectifier Gleichrichter
rectify, to gleichrichten
redundant überflüssig, redundant
reference arrow Bezugspfeil, Zählpfeil
reference power Bezugsleistung
region Bereich
regulate, to regeln
regulation Änderung
relay Relais
release Freigabe
release, to auslösen, abfallen, freigeben
releasing characteristic Auslösekennlinie
reliability Betriebssicherheit
reliable zuverlässig
remedy Fehlerbeseitigung
remote Fern-, entfernt
remote processing Fernverarbeitung
repeater Wiederholer, Zwischenverstärker
replacement Ersatz, Austausch
reply message Quittung

reply, to antworten, wiederholen
request Anforderung
rescue Rettung, Hilfe
resettable rücksetzbar
residual Rest...
residual current Differenzstrom, Fehlerstrom
residual current protective device Fehlerstrom-Schutzeinrichtung
resistance physikalischer Widerstand
resistivity spezifischer Widerstand
resistor Widerstand (als Bauelement)
resolver Drehmelder
restriction Beschränkung
restrictor Sperre
return, to zurückkehren
reversal Umkehrung
revolution Umdrehung
ring, to läuten, klingeln
ripple Welligkeit
ripple frequency Brummfrequenz
rise time Anstiegszeit
rod Stab, Stange
rotational speed Drehzahl
router Wegsucher, Pfadfinder
rubber Gummi

Safety precaution Schutzmaßnahme
safety services Sicherheitszwecke
sample Abtastwert
sample, to abtasten, Probe entnehmen
sampling Abtastung
sampling rate Abtastrate
sampling theorem Abtastheorem
satellite communication service Satellitenfunk
saturation Sättigung
save, to retten, abspeichern
scale Skala, Maßstab
scale, to maßstabgetreu ändern, skalieren
scaled skaliert, bemessen
scan, to abtasten
scanner Abtastgerät
scatter, to Funken sprühen
schedule Aufstellung, Plan
schedule, to organisieren, aufzeichnen
scheduling Planung
scope Oszilloskop
score Einschnitt, Kerbe
scramble, to krabbeln, verrühren, verschlüsseln
scrap Schrott
screen Abschirmung, Bildschirm
screen dimension Bildschirmgröße
screened geschirmt
screw Schraube
screw locks Schraubensicherung
screw threads Gewinde
screwdriver Schraubendreher
scroll, to Bildschirm rollen
seal, to abdichten
sealing Abdichtung
section Abschnitt, Kapitel, Teilung
security Sicherheit
select, to auswählen
selectance Trennschärfe
selective amplifier Selektivverstärker
selector Wähler
self selbst
self-locking selbsthemmend
self-powered mit Batterie betrieben
semiconductor Halbleiter
semipermeable halbdurchlässig
sensitivity Empfindlichkeit
sensor Messfühler, Sensor
separate, to trennen
sequence Ablauf, Folge
sequential sequenziell, folgerichtig
server Diener, Bedieneinheit
service Dienst
service instruction Bedienungsanweisung
settlement Siedlung
setup Geräte-Grundeinstellung
sewage Abwasser
sewage treatment plant Kläranlage
shape Form, Gestalt
share, to teilen, aufteilen
shear stress Scherspannung
shearing Abscherung
sheet metal Blech
shielded geschirmt
shielding Schirmung
shift, to verschieben, umschalten
shock Erschütterung, Stoß
shock current gefährlicher Körperstrom
short kurz
short circuit Kurzschluss
short, to kurzschließen
short-circuit strength Kurzschlussfestigkeit
shower Dusche
side Seite
sieve Sieb
signaling, signalling Signal-Übertragung
silicon Silicium
silicone Silikon
simultaneously gleichzeitig
sine current Sinusstrom
single-board computer Einplatinencomputer
single-phase motor Einphasenmotor
single-way connection Einwegschaltung
sink Senke, aufnehmendes Bauteil
site Standort, Lage
site, to anbringen, aufstellen
size Größe, Abmessung
skilled person Fachkraft
skin Haut
skin, to abisolieren
skip Auslassung, Sprung
skip, to übergehen, überspringen
slack joint Wackelkontakt
slacken, to durchhängen, sich lösen
slave Sklave, untergeordnetes Gerät
slave operation Master-Slave-Betrieb
slime Schlamm
slope Anstieg, Flanke, Neigung
smoothing Glättung
socket Buchse, Fassung, Steckdose
socket outlet Steckdose
soil Boden
solder Lot, Lötzinn
solder lug Lötfahne, Lötöse
solder, to löten
solid Festkörper, fest, massiv
solvent Lösemittel
sonic frequency Schallfrequenz
sound Klang, Laut, Schall
source Quelle
space Abstand, Weltraum
spark Funke
spark gap Funkenstrecke
speaker Sprecher, Nachrichtengeber
specify, to spezifizieren, angeben
speech circuit Sprechkreis
speed controller Drehzahlregler
spell, to buchstabieren, Programm erarbeiten
sphere Bereich, Kugel, Sphäre
spring Feder
stability Stabilität
stage Gerüst, Stufe, Stadium
standby electric source Ersatzstromquelle
steel Stahl
stepper motor Schrittmotor
stored program gespeichertes Programm
strength value Festigkeitswert
strip Streifen
subroutine Unterprogramm
subscriber Teilnehmer, Abonnent
substance Stoff, Substanz
supplementory insulation zusätzliche Isolierung
supply Einspeisung, Versorgung
supply payment Einspeisevergütung
supply system Versorgungseinrichtung
supporting forces Auflagerkräfte
suppression Unterdrückung
surface Oberfläche
surface mounted oberflächenmontiert
surge Stoß, Stromstoß
surge dissipator Überspannungsableiter
surge impedance Wellenwiderstand
surge protection device Überspannungsableiter
surge relay Stromstoßrelais
survey Übersicht
sustainable nachhaltig
swan socket Bajonettfassung
sweep time Ablenkzeit
switch Schalter
switchgear Schaltgerät
switching circuit Schaltkreis
switching power supply Schaltnetzteil
switching-off Ausschalten
symmetrical symmetrisch
synchronous synchron, gleichlaufend
synthesize, to künstlich erzeugen

table Tabelle, Tafel, Tisch
tabulate, to tabellieren, Tabelle aufstellen
tag Etikett, Kennzeichen
tail Ausläufer, Schwanz, hinteres Ende
talker Sprecher, Sendegerät
tank Behälter
tap Abgriff, Anzapfung
tape Gurt, Band, Streifen
target Ziel, Auftreffplatte

task Aufgabe, Rechenprozess
tax Steuer
teach, to lehren, unterrichten
technician Techniker
telecontrol device Fernwirkgerät
telephone technology Fernsprechtechnik
temporary vorübergehend
tension springs Zugfedern
terminal Endstation, Endgerät
test board Prüfplatz
thermal strip Bimetallstreifen
thread Gewindegang, Faden
thread, to aufreihen, einfädeln
three-phase current Drehstrom
three-phase power supply Drehstromnetz
three-phase transformer Drehstromtransformator
three-pin dreipolig
threshold Schwelle, Grenzwert
thumbnail Daumennagel
time Zeit
time delay Zeitverzögerung
timeout Sperrzeit
timer Zeitmesser
timing diagram Zeitablaufdiagramm
toggle Kipphebel, Kipp-
tool Werkzeug
top oben, Oberteil
torque Kraftmoment, Moment, Torsionsmoment
touch current Berührungsstrom
touch voltage Berührungsspannung
tough zäh, robust
toxin Gift
track Schiene, Spur
trackball Rollkugel, Steuerkugel
trail Schwanz, Weg
trailer Angehängtes, Nachsatz
transceiver Sende-Empfänger
transformer Wandler, Transformator
transit Durchgang, Transit
transmitter Übertrager
trap Falle
triangle Dreieck
trigger Auslöser, Auslöseimpuls
trigger, to ansteuern durch Impulse
tube Schlauch
tunable abstimmbar
tune, to abstimmen
turning Drehen
turnover Umsatz
twisted verdrillt, verseilt

Ultimate unbedingt
unbalance Unsymmetrie
unconditional unbedingt
uniphase-motor Einphasenmotor
unit Bauelement, Baustein, Einheit
universal allgemein
user Anwender, Nutzer

Validation Überprüfung
valley Tal, Minimum
value Wert
valve Ventil
versatile veränderlich, vielseitig
visible sichtbar
visual sichtbar, Seh-, Sicht-
visual power Scheinleistung
void Blase, Leerraum, Fehlerstelle
volatile flüchtig
voltage elektrische Spannung
voltage reference Bezugsspannung
volume Volumen, Lautstärke

Waste Abfall
water vapour Wasserdampf
wattage elektrische Leistung in W
wattmeter Leistungsmesser
wave Welle
web Gewebe, Netz
weld, to schweißen
welding Schweißen
width Breite, Dicke
winding Windung, Wicklung
window Fenster
wire Draht, Leiter
wire break Drahtbruch
wire stripper Abisolierwerkzeug
wireless drahtlos, Funk-
wirewound drahtgewickelt
wiring Verdrahtung
wiring system Leitungssystem, Kabelsystem
work, to arbeiten, bearbeiten, funktionieren
working voltage Betriebsspannung
worst case ungünstigster Fall
write, to schreiben, aufzeichnen
wrong unrichtig, falsch

X-radiated röntgenbestrahlt
X-ray Röntgenstrahlung
X-switch Kreuzschalter

Y-amplifier Vertikalverstärker, Y-Verstärker
Y-connection Sternschaltung
yellow gelb

Zero Null
zero flag Kennzeichen für Null
zigzag connection Zickzackschaltung
zone Bereich, Zone
zoom schrittweise Vergrößerung
zoom lense Gummilinse, Zoom-Objektiv

Sachwortverzeichnis
Subject Index

C

D

G

H

I

M

N

O

P

T

U

Bildquellenverzeichnis
List of Sources for Pictures

Die nachfolgend aufgeführten Unternehmen und Institutionen haben die bildliche Ausgestaltung des Buchs wie unten dargestellt unterstützt. Dabei sind ihnen für diese Abbildungen alle Rechte vorbehalten. Kein Teil darf ohne vorherige schriftliche Genehmigung weitergegeben, in einem Datensystem gespeichert oder in irgendeiner Form, weder elektronisch noch mechanisch, durch Fotokopie, Aufnahme oder durch andere Art übertragen werden. Gleiches gilt für alle anderen Abbildungen im Buch, welche von den Autoren selbst stammen.
Die Autoren danken allen Beteiligten sehr herzlich.

Adobe Systems Software Irland Ltd., Adobe Stock, IRL-Dublin: 91/1 © Kadmy, 114/1 © Rio Patuca Images 288/3, © uventa 133/3 c,© Dusan Kostic, 470/1 © mitifoto, 470/3 © euthymia

Agentur Focus: 109/1 © UG i.Gr.

Agilent Technologies Deutschland GmbH, Waldbronn: 136/2

Alfred Kärcher Vertriebs-GmbH, Winnenden: 438/2

ANTARIS SOLAR GmbH & Co. KG, Waldaschaff: 369/1, 369/2

Atech Innovations GmbH, Gladbeck: 397/1

BASF SE, Ludwigshafen: 51/2, 106/1

BAuA, Dortmund: 261/T1f

Beckhoff Automation GmbH, Verl: 523/2

BEHA-AMPROBE GmbH, Glottertal: 59/1

Biogest International, Dresden: 230/1

BODE Chemie GmbH, Hamburg: 116/1

Brewes GmbH, www.brewes.de, Markersdorf: 320/1

Bucher Unipektin AG, CH-Niederweningen: 397/2

Der Grüne Punkt – Duales System Deutschland GmbH, Köln: 418/1

Deutsche Metrohm GmbH & Co. KG, Filderstadt: 138/1

DGUV Test – Deutsche Gesetzliche Unfallversicherung e.V. (DGUV), Sankt Augustin: 261/T1e

dpa Picture-Alliance GmbH, Frankfurt am Main: 113/1 © picture-alliance/ dpa | epa British Petroleum Handout

DPG Deutsche Pfandsystem GmbH, Berlin: 419/2

Dr. med. J. Pennig, Warburg: 282/1

Drägerwerk & Co KGaA, Lübeck: 224/3, 226/1, 227/1, 238/1

Eaton Industries, Bonn: 380/1

Eppendorf SE, Hamburg: 133/3 b

EU-Kommission, BEL-Brüssel: 261/T1a, 261/T1b, 261/T1c oben, 357/1

Eye of Science: 109/1

Faun Umwelttechnik GmbH & Co KG, Osterholz-Scharmbeck: 229/1

Flottweg AG, Vilsbiburg: 233/1

Freiwillige Feuerwehr Bad Wimpfen, Bad Wimpfen: 257/1

Günther Spelsberg GmbH + Co. KG, Schalksmühle: 252/2

Hellma GmbH & Co. KG, Müllheim: 133/3 a

Hach Lange GmbH, Düsseldorf: 134/1

Johnson Matthey,UK- London: 459/2

KHD Humbold Wedag AG, Köln: 437/1

Koch Separation Solutions, Aachen: 413/1, 413/2

Menneckes Elektrotechnik GmbH & Co. KG , Kirchhundem: 388/1, 388/3

Merck KgaA, Darmstadt: 130/1

MEV Agency UG, Augsburg: 88/1, 89/1, 117/2, 118/2

OKAPIA KG Michael Grzimek & Co., Frankfurt: 105/1 a © John Forsdyke, OSF, 105/1 d © Kage Mikrografie, 105/1 e © M.I. Walker/NAS, 105/1 h © NAS/Lee D. Simon, 105/1 g © NAS/Omikron, 105/1 b © S. Cinti/CNRI, 105/1 f © Science Foto, 105/1 c © Scimat/NAS, 110/1 © Nigel Cattlin/Holt Studios, 113/2 © Markus Keller

Oliver Meckes/Nicole Ottawa/: 109/1

RAL gGmbH, Bonn: 273/2

SAVAS Qualitätssitze GmbH, Jülich: 237/1

Schwander GmbH, Bad Vilbel: 411/1

Siemens AG, München: 9/2, 10/1, 10/2, 14/3, 252/1, 297/2, 302/1, 305/2, 332/2, 345/1, 443/3, 521/1, 523/1, 523/3, 528/3

Solvay Fluor GmbH, Bad Wimpfen: 278/2

Stiftung Gemeinsames Rücknahmesystem Batterien, Feldkirchen: 419/1

Testo SE & Co. KgaA, Titisee-Neustadt: 233/2

UFOP, Berlin: 347/2

Umweltgutachterausschuss (UGA) beim Bundesministerium für Umwelt, Naturschutz, nukleare Sicherheit und Verbraucherschutz, Berlin: 505/2

United Nations Economic Commission for Europe, CH-Genf: 181/T3a, 181/T3b, 181/T3c, 181/T3d, 181/T3e, 181/T3f, 181/T3g, 181/T3h, 181/T3i, 182/T1a, 182/T1b, 182/T1c, 182/T1d, 182/T1e, 184/T1a, 184/T1b, 184/T1c, 185/T1a, 185/T1b, 185/T1c, 185/T1d, 186/T1a, 186/T1b, 186/T1c, 266/T1a, 266/T1b, 266/T1c, 266/T1d, 532/2, 532/3, 532/4, 532/5, 532/6, 532/7, 532/8

Universität Tübingen, Tübingen: 85/3

UVEX Safety Group, Fürth: 223/1, 224/1, 224/2, 228/1, 231/1, 235/1, 235/2

VDE, Offenbach am Main: 261/T1c unten, 261/T1d

Volkswagen AG, Wolfsburg: 471/2 oben

wenglor sensoric GmbH, Tettnang: 143/2

Westfälisches Amt für Denkmalpflege, Münster: 52/1

Wöhler Technik GmbH, Bad Wünnenberg: 166/2

ZF-Friedrichshafen AG, Friedrichshafen: 383/3

Fotos der Autoren: 9/1, 48/4, 49/1, 66/2, 107/1, 118/3, 127/1, 218/1, 223/2, 235/3, 236/1, 249/3, 253/3, 270/2, 273/1, 283/1, 288/2, 289/1, 315/1, 321/1, 330/1, 344/1, 344/2, 364/1, 364/2, 364/3, 365/1, 365/2, 365/3, 417/2, 418/2, 440/3, 441/1, 442/1, 461/2, 486/3, 497/2, 499/2, 519/1, 548/1